国外电子与通信教材系列

# 工程电路分析

## (第九版)

# Engineering Circuit Analysis

## Ninth Edition

[美] William H. Hayt, Jr.　Jack E. Kemmerly　Jamie D. Phillips　Steven M. Durbin　著

周玲玲　蒋乐天　译

U0178333

電子工業出版社
Publishing House of Electronics Industry
北京 · BEIJING

## 内 容 简 介

本书首版于1962年，目前已是第九版。作者从三个最基本的科学定理推导出电路分析中常用的分析方法及分析工具。书中首先介绍电路基本参量及基本概念，然后结合基尔霍夫电压和电流定律，介绍节点分析法和网孔分析法，以及叠加定理、电源变换等常用电路分析方法，并将运算放大器作为电路元件加以介绍；交流电路的分析开始于电容、电感的时域电路特性，然后分析 *RLC* 电路的正弦稳态响应，并介绍交流电路的功率分析方法，接着还对多相电路、磁耦合电路的性能分析进行了介绍；本书还介绍了复频率、拉普拉斯变换和 **s** 域电路分析、频率响应、傅里叶电路分析、二端口网络等内容。作者注重将理论和实践相结合，无论例题、练习、应用实例还是章后习题，很多都来自业界的典型应用，这也是本书的一大特色。

本书理论体系严谨、内容深入浅出并紧密联系工程实际，可作为电子信息类、电气工程类、计算机类和应用物理类本科生的教学用书，也可作为从事电子技术、电气工程、通信工程领域工作的工程技术人员的参考书。

William H. Hayt, Jr., Jack E. Kemmerly, Jamie D. Phillips, Steven M. Durbin
Engineering Circuit Analysis, Ninth Edition
ISBN: 9780073545516


版权贸易合同登记号　图字：01-2018-7637

**图书在版编目(CIP)数据**
工程电路分析：第九版/(美)威廉·H. 海特(William H. Hayt, Jr.) 等著；周玲玲，蒋乐天译.
北京：电子工业出版社，2021.3
书名原文：Engineering Circuit Analysis, Ninth Edition
国外电子与通信教材系列
ISBN 978-7-121-35823-4

I. ①工…　II. ①威… ②周… ③蒋…　III. ①电路分析-高等学校-教材　IV. ①TM133

中国版本图书馆 CIP 数据核字(2018)第 287765 号

责任编辑：马　岚　　　　文字编辑：袁　月
印　　刷：天津千鹤文化传播有限公司
装　　订：天津千鹤文化传播有限公司
出版发行：电子工业出版社
　　　　　北京市海淀区万寿路 173 信箱　　邮编　100036
开　　本：787×1092　1/16　印张：41.5　字数：1195 千字
版　　次：2002 年 10 月第 1 版(原著第 6 版)
　　　　　2021 年 3 月第 4 版(原著第 9 版)
印　　次：2021 年 3 月第 1 次印刷
定　　价：159.00 元

凡所购买电子工业出版社图书有缺损问题，请向购买书店调换。若书店售缺，请与本社发行部联系，联系及邮购电话：(010)88254888，88258888。
质量投诉请发邮件至 zlts@phei.com.cn，盗版侵权举报请发邮件至 dbqq@phei.com.cn。
本书咨询联系方式：classic-series-info@phei.com.cn。

# 作 者 简 介

**William H. Hayt, Jr.** Hayt 教授于美国普度大学获理学学士和硕士学位，于伊利诺伊大学获哲学博士学位。他曾在相关行业中工作过 4 年，而后再次回到普度大学担任电子工程学院教授及学院负责人，直至 1986 年获得名誉教授称号并退休。除本书以外，Hayt 教授还撰写了其他 3 本教材，其中 *Engineering Electromagnetic* 一书现已由 McGraw-Hill 公司出版至第八版。Hayt 教授加入了 Eta Kappa Nu，Tau Beta Pi，Sigma Xi，Sigma Delta Chi 等科研团体，同时也是 IEEE 会士、美国工程教育协会(ASEE)和美国高校广播台协会(NAEB)会员。Hayt 教授在普度大学任教期间，获得了包括"最佳教师奖"(Best Teacher Award)在内的诸多教学荣誉。Purdue's Book of Great Teachers(普度最伟大教师名录)亦于 1999 年 4 月 23 日收录了他的名字。这份被刻在普度纪念堂的展示板上永久展示的名录，汇集了 225 位在普度就职的老师，其中有些仍在世，有些已经离我们而去。正是由于他们将毕生的精力都投入教书育人和学术科研，他们的学生和同事才推举他们为最优秀的教育者。

**Jack E. Kemmerly** Kemmerly 教授以优异成绩获得美国天主教大学理学学士学位，丹佛大学硕士学位及普度大学博士学位。他曾担任福特汽车公司航空电子部门首席工程师，此前还曾在普度大学任教。后来被加利福尼亚州州立大学富勒顿分校聘为教授，担任电子工程系主任和工程部部长，并获得荣誉教授称号。Kemmerly 教授加入了 Eta Kappa Nu，Tau Beta Pi，Sigma Xi 和 ASEE 等团体，同时也是 IEEE 资深会员。除了在专业领域颇有建树，Kemmerly 教授还致力于少年棒球队和童子军的管理领导。

**Jamie D. Phillips** Phillips 教授在密歇根州安娜堡市的密歇根大学获电气工程学士学位、硕士学位和博士学位。他在新墨西哥州阿尔伯克基市的圣地亚国家实验室完成博士后研究工作，也是加利福尼亚州千橡市罗克韦尔科学中心的研究科学家，直到 2002 年回到密歇根大学电气工程与计算机科学系任教。Phillips 教授承担了从本科一年级到研究生的许多门课程的教学工作，课程主要覆盖电路和半导体器件。他在教学上收获了不少荣誉称号，包括大学研究生教学奖以及为研究生教学做出杰出贡献的 Arthur F. Thurnau 教授职位。Phillips 教授的研究方向主要为半导体光电子器件，尤其是红外检测器和太阳能光伏器件以及工程教育。他是 IEEE 资深会员，Eta Kappa Nu、材料研究协会及 ASEE 会员。

**Steven M. Durbin** Durbin 教授于普度大学西拉法叶分校获电子工程学士、硕士和博士学位。先后加入佛罗里达大学电子工程系及佛罗里达 A&M 大学，又于 2000 年前往新西兰坎特伯雷大学。2010 年 8 月，Durbin 教授接受了纽约大学布法罗分校物理系和电子工程系的联合任命。从 2013 年起，他在西密歇根大学电气与计算机工程系工作。他的授课方向为电路、电子学、电磁学、固态电子学和纳米技术，而科研方向主要为开发以氮氧化合物为代表的新型半导体材料及探索光电子器件新结构。Durbin 教授一手创立了新西兰国家卓越研究中心之一的麦克迪尔米德高级材料与纳米工艺研究中心。此外，他还是百余种技术出版物的联合作者。Durbin 教授是 IEEE 资深会员，也是 Eta Kappa Nu、电子设备协会、材料研究协会、AVS(前身为美国真空协会)、美国物理协会以及新西兰皇家学会会员。

# 译者序

本书是侧重于工程应用的电路分析教材。作者在每一章都给出了与本章概念相关联的实际应用的例子，比如接地问题、数字万用表的设计、光纤对讲机系统的设计、自动体外除颤仪原理、音响系统的均衡器设计、图像处理，等等。这样的编排便于读者在学习基本概念的同时，了解概念应用的场合，既使读者加深了对概念的直观理解，又使电路理论的传授过程变得更加直观和生动，这一特点也是本书作者一直以来提倡的观点，即帮助学生培养对线性电路分析的直观理解。

本书的第二个特点是作者对基本概念的阐述非常详细，特别注重从多个方面、多个层次进行讲解，如一阶电路的分析。在讲述基本概念的时候，适当地穿插一些历史背景的介绍或以小故事的形式表述抽象的基本概念，这在其他的电路分析书中难以见到。这种做法对于基本概念的理解非常有帮助。

本书对读者的先修课程要求不高，数学方面只需具备微积分的知识，物理方面也无须电磁场的概念，虽然基尔霍夫电压定律和电流定律都来源于麦克斯韦方程。因此，本书也非常适合读者自学使用。在这个版本中，作者还结合当今电路设计技术的发展，引入了 PSpice 和 MATLAB 等软件工具，在文中加入了计算机辅助分析的内容，并在课后练习中适度增加了相关的习题，便于读者检查学习效果。

本书由上海交通大学的周玲玲老师和蒋乐天老师共同翻译完成，其中第 1 章至第 8 章由蒋乐天翻译，前言、第 9 章至第 17 章、附录 1 至附录 8 由周玲玲翻译。周玲玲老师对全书译稿做了统一校订。

由于译者水平有限，书中难免有不妥和错误之处，敬请读者给予批评和指正。

# 前　　言[①]

一本书的目标读者群影响着这本书的各个方面，而且左右着编者大大小小的决定，尤其是书的节奏把握和整体风格。因此，身为作者，我们在做出任何决定前，首先明确的一点就是这部书是写给学生，而不是教师的。无论读者是否能厘清书中的技术细节，我们希望这不会影响他们阅读这本书时的愉悦心情，这也是我们最基本的理念。回顾《工程电路分析》第一版，很明显，与其说它是关于一系列指定基本命题的枯燥而无聊的论述，倒不如说它是一段生动的对话更贴切。为了保持这种对话的风格，我们在本书的更新上下了很大的功夫，以期增加与世界范围内更多不同学生的交流。

在许多大学和学院中，总是将介绍电磁基本概念的物理课程安排在电气工程课程之前或与其同时进行，并且往往从场的角度来介绍电磁概念。尽管如此，这些课程也并不需要这本专业的电路分析书籍。在学习完电路入门课程之后，不少学生会对三个简单的科学定理能衍生出如此多的分析工具感到惊奇。这三个神奇的定理分别是欧姆定律、基尔霍夫电压定律和基尔霍夫电流定律。本书的前 6 章要求读者掌握代数和联立方程组的相关知识；之后的章节对微积分的知识有一定要求。除此以外，我们已尽量提供足够的细节来帮助读者独立阅读此书。

你也许要问，本书究竟为学生设计了哪些主要的特色呢？各个独立的篇章由相对短小的节串联而成，每一节都只阐述一个重要概念。阐述的语言简单、流畅。每一个新的基本概念和术语的提出，都会同时给出直接相关的例题以及解题方法，紧随其后的是相关概念的练习，以便于学生在完成章后习题前，通过练习巩固基本概念。章后习题根据顺序，难度由浅入深，并分节编排在一起。

工程学科的学习密度较高，学生们往往面临高强度的作业负担，通常作业还有截止日期。即便如此，也不意味着课本内容就一定枯燥乏味，或没有任何的快乐成分。事实上，成功的解题过程通常就是一种快乐，学会如何去做本身也是一种快乐。在课本范围内如何做到最好是一个不断继续挖掘的过程。作者不断采纳学生的反馈意见。这些学生来自普度大学、加利福尼亚州州立大学富勒顿分校、科罗拉多州杜兰戈的路易斯堡学院、佛罗里达州州立大学和佛罗里达 A&M 大学的联合工程项目、新西兰坎特伯雷大学、水牛城大学、西密歇根大学和密歇根大学。本版采纳了来自世界范围内的主讲教师和学生的评论、修正、建议和意见，在本版中考虑以一种新的方式将这些评论收集起来，即在网站上半匿名公布评论。

《工程电路分析》第一版由 Bill Hayt 和 Jack Kemmerly 合作编写，这两位工程领域的教授十分享受教学的过程，在与学生的互动中，培养了一代又一代的未来工程师。得益于本书紧凑的结构、“直白”的写作风格，在基本理论引出以及数学推导过程中一点不晦涩。为帮助学生理解，细节的设计也直接明了，从不为了理论的阐述而阐述，而是将他们多年积累的想法贯通于整本书的写作中，他们的热情跃然纸上。

---

① 书中一些量和特殊符号等的表示形式遵从了原著。采用本书作为教材的教师，可联系 te_service@ phei. com. cn 获取教辅资料。——编者注

**第九版的主要特点**

第八版中很好的一些特色在第九版中被保留下来，其中包括连续章节的编排以及版面设计、字里行间的文字基本表述风格、大量源于实际的例题以及相关的练习、分节编排的章后习题等。变换内容集中在各自的独立章节中，但复频率的概念紧随相量概念引出，不再从拉普拉斯积分变换中得出。本书仍然选用了从第六版就开始使用的图标：

容易犯的常见错误

值得注意的地方

提示属于设计类的问题，没有唯一答案

需要计算机辅助分析的问题

提示该例题是对第 1 章提出的典型问题解决方法流程图的强化

电路分析是训练工程专业的学生一步一步思考分析再返回检查答案的强劲手段。第 1 章提出的典型问题解决方法的流程图中的步骤，在后续每一章的某例题中都有所呈现，以此来强化对基本概念的认识。

本书中基于工程分析和设计的软件只是理解和记忆基本概念的一种辅助方法，绝不能取代学习过程，因此带计算机图标的文字通常只是对习题答案的一种验证，并不能简单地依靠 MATLAB 或者 LTspice 提供答案。

第九版中显著变化的地方包括：

- 超过 1000 道新增或修改的章后习题[1]
- 特别覆盖了能量的基本概念、电路功率损耗的相关计算，以及能量在电池中的存储
- 拓展了运算放大器电路的正反馈应用，包括比较器与斯密特触发器
- 更新了瞬态分析的内容，包括 *RLC* 电路中能量传输的生动解释
- 将拉普拉斯变换以及 s 域电路分析的内容集中在单独的一章中
- 修改了频率响应的内容，从单极点/零点分析到谐振特性，编排更顺理成章
- 新增了图片和照片
- 更新了屏幕截图及计算机辅助分析软件的文本描述，使用的软件过渡到适用于 Windows 和 Mac OS 操作系统平台的免费软件 LTspice
- 新增了例题和实际应用问题
- 更新了实际应用部分，开拓了每一章的相关内容和各工程概念之间的关联，内容涵盖放大器的失真、心电图检测电路、自动体外除颤器、实际接地端的实现方法、电阻和忆阻器（有时也称为“失踪的元件”）
- 精简内容，尤其是例题，以期尽快掌握基本要点

Steve Durbin 作为合作者在 1999 年参与了这本教材的撰写，但遗憾的是一直没能有机会和 Bill 及 Jack 谈论修改的事宜，幸运的是他在普度大学做学生时聆听了 Bill Hayt 的课程。

在第九版的编写中，我们诚挚地欢迎一位新的合作者，Jamie Phillips，他富于激情，使整个修改过程成为美好的经历。Steve 和 Jamie 都要特别感谢 Raghu Srinivasan 一贯的支持，全球

[1] 登录华信教育资源网（www.hxedu.com.cn），可注册并免费下载本书奇数编号的习题的答案。——编者注

出版商负责启动了这个项目。我们第一次在一个纯粹的电子平台上进行修改，无穷无尽的一些细节小事都得到了 Thomas Scaife(高级策划经理)、Tina Bower(产品开发者)和 Jane Mohr(内容项目经理)的帮助。Steve 还要感谢许多为本书提供技术支持和/或照片资料的人，其中包括西密歇根大学的 Damon Miller 教授，日本早稻田大学的 Masakazu Kobayashi 教授，新西兰坎特伯雷大学的 Wade Enright 博士、Pat Bodger 教授、Rick Millane 教授和 Gary Turner 先生，奥塔哥大学的 Richard Blaikie 教授，佛罗里达 A&M 大学和佛罗里达州州立大学的 Reginald Perry 教授和 Jim Zheng 教授。Jamie 要感谢密歇根大学的 David Blaauw 教授，还要感谢密歇根集成电路实验室提供微处理器电路的照片。

最后，Steven 要对第九版直接或间接付出辛劳的其他人表示感谢：首先要感谢我的妻子Kristi 和我们的儿子 Sean，他们的耐心、理解、轻松的娱乐以及有益的建议对我帮助极大。每天和同事及朋友之间的交谈，无论要谈论什么、怎么交谈、谈通了什么都十分令人愉悦。特别要感谢 Martin Allen，Richard Blaikie，Steve Carr，Peter Cottrell，Wade Enright，Jeff Gray，Mike Hayes，Bill Kennedy，Susan Lord，Philippa Martin，Chris McConville，Damon Miller，Reginald Perry，Joan Redwing，Roger Reeves，Dick Schwartz，Leonard Tung，Jim Zheng，以及其他所有人给了我很多颇有深度的建议，包括我的父亲 Jesse Durbin——毕业于印地安那理工学院的电气工程师。

同样，Jamie 也要感谢对第九版修订给予直接或间接帮助的人们：首先要感谢的是我的妻子 Jamie 和我们的女儿 Brooke，感谢她们在本书修订过程中给予的无私帮助和充分理解。我还要感谢多年来在密歇根大学授课时学生们带给我快乐，他们不仅形成了我对电路分析的理解，也激励了我一如既往地尽心工作。我还要感谢密歇根大学的同事与我无数次讨论讲授电路的教学方法，特别要提到的是：Cynthia Finelli，Alexander Ganago，Leo McAfee，Fred Terry 和 Fawwaz Ulaby。

Steven M. Durbin，Kalamazoo，Michigan
Jamie D. Phillips，Ann Arbor，Michigan

# 目　　录

# 第1章 概 论

## 主要概念

- 线性电路与非线性电路
- 电路分析的四个主要内容：
  - ◇ 直流分析
  - ◇ 瞬态分析
  - ◇ 交流分析
  - ◇ 频率响应
- 电路之外的分析
- 分析和设计
- 工程软件的使用
- 解题方法

## 引言

尽管工程领域有明确的专业区分，但所有的工程师都分享相当数量的共同知识，特别是在解决问题的时候。事实上，许多工程师都发现他们可以从事各种不同的工作，有些甚至会超出他们的传统专业范围，因为他们的知识和技能可以在不同的环境下进行转换。今天的工科毕业生会从事各种不同的工作，从单个器件和系统的设计，到辅助解决各种社会经济问题，如空气和水污染治理、城市规划、通信、大规模交通、电力开发和传输、自然资源的有效利用和保护等。

很长一段时间以来，电路分析一直是从工程角度来对解决问题的方法进行传统的介绍，甚至对那些兴趣不在电气工程的人也是如此。原因很多，但其中最重要的原因之一是，在当今社会中，任何工程师都不可能遇到一个不包含电路的系统。随着电路变得越来越小，功耗越来越低，同时电源也不断减小，价格越来越便宜，嵌入式电路变得随处可见。大多数的工程在某些阶段需要团队工作，因此具备电路分析的知识有助于同项目中的每个人进行有效的沟通。

因此，本书不仅从工程角度来介绍电路分析，还会介绍解决问题的基本方法，这些方法可以解决工程师可能遇到的很多情况。此外，我们会从通用的角度来介绍一些对电路的直观理解，并且经常可以通过与电路的比较来理解一个复杂系统。本章是对本书将要涉及的技术问题的预览，其中简要讨论了分析与设计的关系，以及现代电路分析中计算机工具所发挥的重要作用。

不是所有的电气工程师都使用电路分析，但是在他们的职业生涯中，会经常用到早期学到的分析和解决问题的技巧。电路分析课程是接触这些概念最早的课程之一(太阳能反射镜：© Eugene Lu/Shuttertaock；石油钻塔：© Photodisc/Getty Images RF；雷达罩：© Jonathan Larsen/iStock/Getty Images)

## 1.1 本书概要

本书的基本主题是线性电路分析，这可能会使读者产生疑问：

“是否有非线性电路分析?”

答案当然是肯定的。我们每天都会遇到非线性电路：电视和收音机信号的接收和解码电路，微处理器中每秒数亿次(甚至数十亿次)的运算电路，光纤电缆和蜂窝网络中语音到电信号的转换电路，以及我们视野范围外的实现其他许多功能的电路。在设计、测试和实现这些非线性电路时，详细的分析是不可避免的。读者可能会问：

平板显示包含许多非线性电路，但是这些电路中的大多数都可以用线性模型来理解和分析(© Scanrail1/Shutterstock)

“为什么要学习线性电路分析?”

这是一个非常好的问题！简单的事实是，没有一个实际系统(包括电子电路)是完全线性的，但庆幸的是大量的系统在有限范围内均以非常好的线性方式工作，这就使人们可以为其建立线性系统的模型，只是要牢记其限制范围。

例如，考虑函数：　$f(x) = e^x$

对该函数的线性近似为　$f(x) \approx 1 + x$

下面进行测试。表 1.1 给出了一定范围内 $f(x)$ 的精确值和近似值。有趣的是，在 $x = 0.1$ 之前线性近似值非常精确，相对误差始终小于1%。虽然许多工程师可以使用计算器进行快速计算，但是毫无疑问，任何方法都不会比简单地加 1 更快。

**表 1.1　$e^x$ 的线性模型与精确值的比较**

| $x$ | $f(x)$ * | $1+x$ | 相对误差 ** |
|---|---|---|---|
| 0.0001 | 1.0001 | 1.0001 | 0.000 000 5% |
| 0.001 | 1.0010 | 1.001 | 0.000 05% |
| 0.01 | 1.0101 | 1.01 | 0.005% |
| 0.1 | 1.1052 | 1.1 | 0.5% |
| 1.0 | 2.7183 | 2.0 | 26% |

* 4 位有效位

** 相对误差 $\triangleq \left| 100 \times \frac{e^x - (1+x)}{e^x} \right|$

由于线性问题本质上比非线性问题更容易解决，因此我们通常为实际情况寻找合理精确的线性近似(或模型)。线性模型更容易处理和理解，从而使设计成为更直接的过程。

在后面几章中所涉及的电路都是实际电子电路的线性近似。适当的时候，我们会对存在的误差或模型的局限性进行简单讨论，但一般来说会认为线性近似对大多数应用已足够精确。当实际情况需要更高的精度要求时，将采用非线性模型，当然这将显著增加解题的复杂性。第 2 章将详细讨论线性电子电路的组成。

线性电路分析可以分为 4 部分内容：(1) 直流分析，其中电源不随时间变化；(2) 瞬态分析，其中某些事件经常会发生快速变化；(3) 交流分析，适用于交流电源和交流信号分析；(4) 频率响应，它是 4 部分内容中最一般的情况，但通常假定某事件随时间变化。本书将从电阻电路开始，它包括一些简单的例子，如手电筒或烤面包机。这可以让我们有很好的机会来学习许多强有力的工程电路分析方法，比如节点分析、网孔分析、叠加定理、电源变换、戴维南定理、诺顿定理以及几种串并联元件网络的简化方法。电阻电路的一个最重要的特点是，任何变量的时间相关性都不会影响分析过程。换句话说，如果要求得电阻电路某一时刻的参数值，则不必对电路做所有时刻的分析。所以，我们首先只考虑直流电路——这些电路的参数不随时间变化。

现代火车用电力机车驱动，分析这些电力系统的最好方法就是交流或相量分析技术(© Masakazu Kobayashi博士)

虽然诸如手电筒或汽车后窗除雾器等直流电路在日常生活中发挥着重要的作用，但是突然发生的变化更会引起人们的兴趣。在电路分析中，我们将研究突然加上能量或去掉能量的电路的技术称为瞬态分析。为了使这种电路更有意思，需要在电路中增加对电气变量的变化率产生响应的元件，这些元件的加入将导致电路方程中包含导数和积分。幸运的是，可以使用本书第一部分将要学到的简单方法来得到这些方程。

但是，并非所有的时变电路都是突然开启或突然关闭的。空调、电风扇和荧光灯只是日常生活中的几个例子。在这些情形中，基于微积分的方法会非常烦琐和耗时。幸运的是，有更好的方法来分析这些设备的瞬态响应，也许瞬态响应需要很长时间才会消失，但这类分析方法通常称为交流分析，有时也称为相量分析。

与频率相关的电路存在于许多电子设备中，设计这些设备会带来许多乐趣(© Jirapong Manustrong/Shutterstock)

最后介绍频率响应的内容。直接对时域分析中得到的微分方程进行运算有助于理解包含储能元件(比如，电容和电感)的电路的工作特性。然而也会看到，即使包含少量元件的电路分析有时也会非常困难，所以人们开发出了许多更简单的方法。这些方法包括拉普拉斯和傅里叶分析，利用这些方法可以将微分方程转换成代数方程。这些方法还使我们能够设计对特定频率具有指定响应的电路。我们每天都在使用与频率相关的电路，比如使用移动电话、选择喜欢的电台或上网等。

## 1.2 电路分析与工程的关系

值得注意的是，本书中学习的概念包含不同层次的内容。除了电路分析技术本身，还包括能够学到的解决问题的系统方法，明确具体问题的目标能力，收集对结果产生影响的信息的技巧，以及对问题准确性进行验证的实践。

熟悉诸如液体流动、机车悬置系统、桥梁设计、供应链管理和机器人技术等工程题目的学生将会发现，许多描写各种电路行为的方程与其他课程中的方程具有共同的形式。只需学会怎样“翻译”有关的变量(例如，用力替换电压、距离替换电荷、摩擦系数替换电阻等)，就可以知道怎样处理其他类型的问题。事情往往是：如果有了解决类似或有关问题的经验，直觉就会引导人们找到一个全新问题的答案。

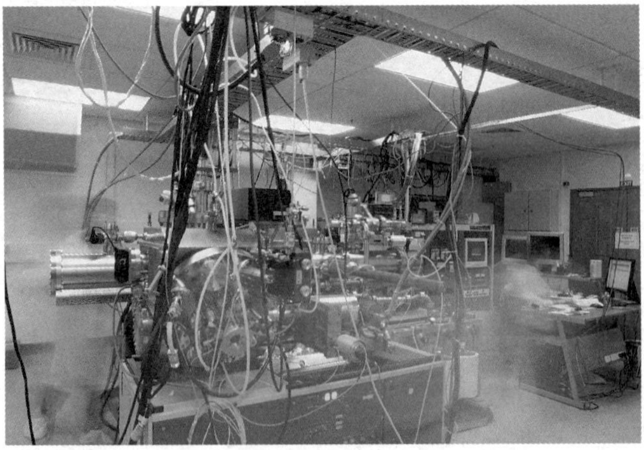

一个分子束外延增长设备。其控制方程与描述简单线性电路的方程非常类似(© Steve Durbin)

我们将要介绍的有关线性电路分析的内容是许多后续电气工程课程的基础。电子学研究建立在对二极管和晶体管电路分析的基础上，用二极管和晶体管可以组成电源、放大器和数字电路。本书所要培养的技巧被电气工程师熟练而系统地应用，有时他们甚至不用笔就可以分析一个复杂电路！本书有关时域和频域的章节直接引出信号处理、电力传输、控制理论和通信的讨论。读者将会发现频域分析是一种特别有效的方法，很容易应用于时变激励下的任何物理系统，特别是对滤波器的设计很有帮助。

一个机器人操作的实例。可以利用线性电路元件对该反馈控制系统建立模型，以确定系统不稳定时的情况（NASA Marshall空间飞行中心）

## 1.3　分析和设计

工程师们对科学原理有基本的理解，他们经常用数学术语表示实际知识，然后再与创造性结合起来，以得到具体问题的解决方法。分析是一种过程，通过这个过程可以确定问题的范围，得到理解该问题必需的信息，并计算感兴趣的参数。设计也是一个过程，通过这个过程可以对解决问题的方法进行综合。通常来说，设计问题的答案不唯一，而分析的答案通常唯一。因此，设计的最后一步总是对结果进行分析，以确定是否满足要求。

本书主要集中在分析和解决问题的能力拓展上，因为它是任何工程问题的出发点。本书的思想是通过明确的解释、合理布置的例题以及大量的练习来提高这种能力。因此，设计部分嵌入在章后习题以及后面几章中，这样做的目的是使其更具吸引力。

下一代航天飞机的两种不同的设计。尽管两者包含相同的元件，但它们都是独一无二的（来源：NASA Dryden飞行研究中心）

## 1.4　计算机辅助分析

对于许多复杂电路来说，求解这些电路的方程通常会非常烦琐。除了计算需要花费大量的时间，还很有可能造成错误。早在电子计算机问世以前，人们就迫切希望能够找到一种工具来帮助求解复杂电路方程，如 Charles Babbage 在 19 世纪 80 年代设计的纯机械的计算机“分析引擎”（Analytical Engine）就是一种可能的解决方法。最早成功用于微分方程求解的电子计算机大概是 20 世纪 40 年代的 ENIAC，光真空管就占据了整整一个大房间。随着低成本台式计算机的出现，计算机辅助电路分析已发展成一个非常有价值的日常工具，它不仅是分析工作，而且也是设计工作的一个组成部分。

当今所有的计算机芯片都是首先利用计算机仿真进行设计和分析的，该计算机仿真基于一套已知的物理规则，结合经验数据来解释现实世界的性能特征。一旦仿真结果达到了所需的结果，就可以利用该设计来提供制造实际电路或系统所需的信息。如果没有计算机辅助分析和设计，这个过程几乎不可能完成，因为当今电路中的芯片包含数百万个元件。

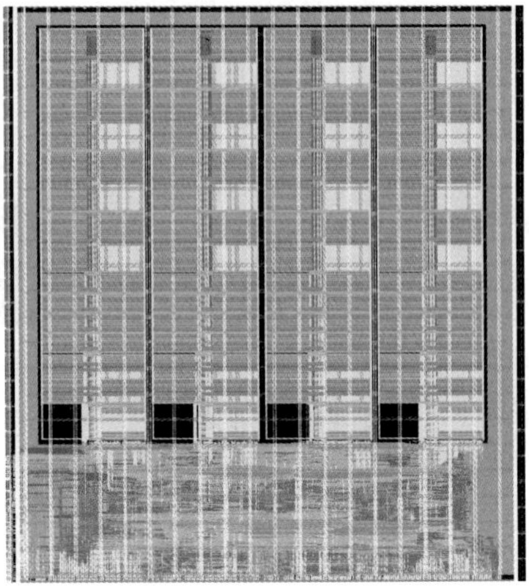

包含大约2000万个晶体管的深度学习神经网络处理器的计算机辅助设计图(来源：Jingcheng Wang，Suyoung Bang，David Blaauw和Dennis Sylvester，密歇根大学密歇根集成电路实验室)

计算机辅助设计的一个最重要的方面是最近实现的对用户透明的多任务集成。它可以使人们在计算机屏幕上很快画出电路图，并自动转换为分析程序(如将在第4章介绍的SPICE)所要求的格式。其输出结果能够自动传递给第三个程序，该程序可以对描述电路的各种感兴趣的量进行绘图。一旦工程师对设计的仿真结果感到满意，该软件就可以用元件库中的几何参数输出印制电路板。软件的集成化水平正在不断提高，最终将达到：工程师画出电路图后再按几下按键，就能得到制造完成的电路样板，然后测试！

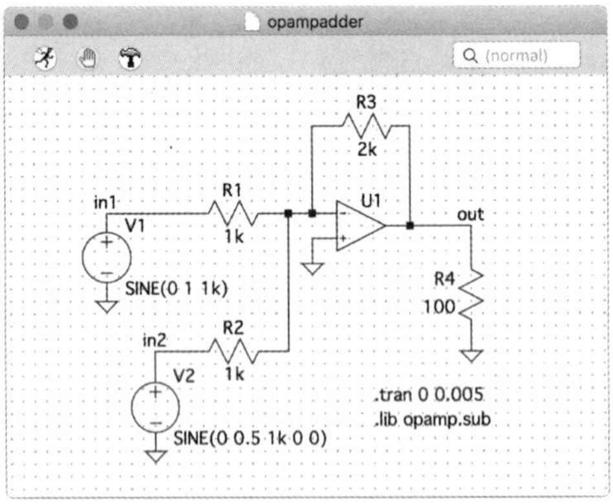


利用商用的原理图捕获软件包画出的放大电路

读者必须意识到，电路分析软件虽然好用，但却不能替代传统的纸笔分析。我们需要的是对电路工作原理的透彻理解，这样才能培养设计电路的能力。只是简单地通过运行某个软件包来得到答案有点像玩彩票：用户可能会出现输入错误，菜单选项中存在隐含的默认参数，编写的代码可能出错，这些都可能导致无法实现电路运行的近似估计。因此，如果仿真结果与期望的不一致，就可以较早发现问题，而不至于等到发现时已为时过晚。

当然，计算机辅助分析依然是一个强大的工具，它可以改变参数值来仿真电路性能的变化，能够以简单的方式来考虑不同的设计，从而可以减少重复性工作，可以将更多时间集中到工程细节上。

## 1.5　成功解题策略

读者可能已经知道，本书既讲述电路分析，同时也介绍解题方法。因此，我们希望当你还是工科学生时，应该学习怎样解题，因为此时你还没有掌握这些技巧。随着对课程的学习，你会学到各种技巧，并且当你是一个工程师的时候也会不断学到这些技巧。下面来讨论几个基本的情况。

首先，到目前为止，工科学生遇到的最通常的困难是不知道怎样开始解题。虽然随着经验的增加情况会改善，但开始的时候经验提供不了任何帮助。最好的建议是采用一些方法学上的技巧，首先仔细阅读问题(如果需要，可以多读几遍)。因为经验通常可以给我们一些怎样解决问题的直觉，本书中有很多实际的例子。除了阅读问题，拿起纸和笔进行运算也是非常有帮助的。

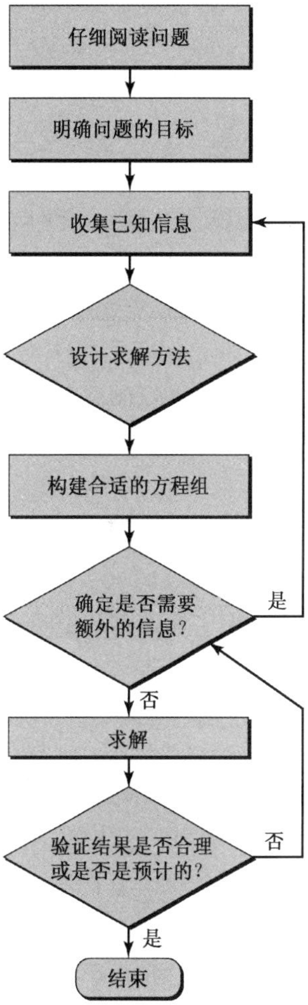


一旦仔细阅读了问题，以及我们所具有的一些有用的经验，下一步要明确问题的目标，可能是计算电压或功率，也可能是选择一个元件参数值。知道我们的目标是非常有用的。再下一步是收集尽可能多的信息，并进行一定程度的组织。

此时我们还不能开始计算。最好是先利用经验或者直觉设计求解方法。有时该方法可以起作用，有时也不起作用。按照该方法，列出初始方程组。如果得到了完整的方程组，就可以解决这个问题了；如果还不完整，则需要寻找更多的信息，或者是修改求解方法。

一旦得到了结果，此时还不能结束。**任何工程问题在结果没有测试之前都不能算解决了。**我们可以通过计算机仿真或者以不同的方法来求解，甚至可以估计结果是否合理，对此前得到的结果进行验证。

因为不是所有的读者都喜欢通过阅读来学习，因此利用右侧的流程图来总结前述步骤。这只是一个解决问题的策略，读者可以自己修改需要修改的地方。真正的关键是在一个轻松的环境下集中精神进行尝试和学习。经验是最好的老师，通过自己的错误不断吸取教训是我们成为一个有经验的工程师的必然过程。

## 深入阅读

下面这本书很便宜，并且卖得很好，它将告诉读者在面对似乎不可能解决的习题时如何制定取胜的策略：

G. Polya, *How to Solve It*. Princeton, N.J.: Princeton University Press, 1971.

# 第 2 章　基本元件和电路

## 主要概念

- 基本电气变量和相关单位：电荷、电流、电压和功率
- 电流方向和电压极性
- 计算功率时的无源符号规则
- 理想电压源和电流源
- 受控源
- 电阻和欧姆定律

## 引言

在进行电路分析时，通常需要求指定电流、电压或功率，因此我们从简单描述这些量开始介绍。我们有非常多的可以用来构建电路的元件。首先关注电阻(它是一个简单的无源元件)，再就是一些理想的电压源和电流源。随着讨论的进展，将会加入新的元件，从而可以构建更加复杂和有用的电路。

在开始之前有一个建议：当标注电压时，请密切注意“+”和“-”符号的作用，以及定义电流时箭头的重要性，因为这往往是产生错误的原因。

## 2.1　单位和尺度

为了描述可测变量的值，必须同时给出数值和单位，例如 3 米(m)。幸运的是，大家都使用同一种数制。但是对单位来说却并非如此，需要花一些时间熟悉合适的单位制。人们必须遵守一种标准单位并保证它的持久性和公认性。例如，标准长度单位不应定义为某种橡胶带上两个标记之间的距离，因为它不能持久，而且每个人都有自己的标准。

最常使用的单位制是美国国家标准局于 1964 年采用的单位制，它为所有主要专业工程协会所采用，也是当今教科书中采用的单位制，这就是国际单位制(在各种语言中一律简写为 **SI**)，它于 1960 年被国际度量衡会议所采纳。此后国际单位制经过数次修订，它建立在 7 种基本单位的基础之上：米、千克、秒、安培、开尔文、摩尔和坎德拉(见表 2.1)。这是“公制”单位，其中有几种单位在美国还未广泛使用，但在大多数国家已广泛使用。其他量的单位(如体积、力、能量等)都是从这 7 种基本单位导出的。

表 2.1　SI 基本单位

| 基本变量 | 名称 | 符号 |
|---|---|---|
| 长度 | 米 | m |
| 质量 | 千克 | kg |
| 时间 | 秒 | s |
| 电子电流 | 安培 | A |
| 热力学温度 | 开尔文 | K |
| 物质量 | 摩尔 | mol |
| 光强度 | 坎德拉 | cd |

说明：用人名命名的单位是否要大写，目前业界意见还不统一。这里我们采用最新的规则[1,2]，这些单位写成小写(比如：瓦特，watt；焦耳，joule)，但是缩写为大写字母(如 W，J)。

[1]H. Barrell, *Nature* 220, 1968, p. 651。

[2]V. N. Krutikov, T. K. Kanishcheva, S. A. Kononogov, L. K. Isaev, and N. I. Khanov, *Measurement Techniques* 51, 2008, p. 1045。

功或能量的基本单位是焦耳(J)。1 J(在国际单位制里为 1 kg $m^2s^{-2}$)等价于 0.7376 ft·lbf(英尺磅-力)。其他能量单位有卡路里(cal)，1 cal 等于 4.187 J。英国的热量单位(Btu)是 1055 J。1 kWh(千瓦时)等于 $3.6\times10^6$ J。功率定义为做功或能量消耗的速率。功率的基本单位是瓦特(W)，定义为 1 J/s。1 W 等价于 0.7376 ft·lbf/s 或 1/745.7 hp(马力)。

说明：用在食物、饮料、健身中的“卡路里”其实是千卡，即 4.187 J。

国际单位制用十进制将较大和较小的单位与基本单位相联系，用前缀指明 10 的各次幂。表 2.2 列出了前缀及其相应的符号。加阴影的部分是工程中最常见的情况。

**表 2.2　SI 前缀**

| 因子 | 名称 | 符号 | 因子 | 名称 | 符号 |
|---|---|---|---|---|---|
| $10^{-24}$ | 幺[科托](yocto) | y | $10^{24}$ | 尧[它](yotta) | Y |
| $10^{-21}$ | 仄[普托](zepto) | z | $10^{21}$ | 泽[它](zetta) | Z |
| $10^{-18}$ | 阿[托](atto) | a | $10^{18}$ | 艾[可萨](exa) | E |
| $10^{-15}$ | 飞[母托](femto) | f | $10^{15}$ | 拍[它](peta) | P |
| $10^{-12}$ | 皮[可](pico) | p | $10^{12}$ | 太[拉](tera) | T |
| $10^{-9}$ | 纳[诺](nano) | n | $10^{9}$ | 吉[咖](giga) | G |
| $10^{-6}$ | 微(micro) | μ | $10^{6}$ | 兆(mega) | M |
| $10^{-3}$ | 毫(milli) | m | $10^{3}$ | 千(kilo) | k |
| $10^{-2}$ | 厘(centi) | c | $10^{2}$ | 百(hecto) | h |
| $10^{-1}$ | 分(deci) | d | $10^{1}$ | 十(deka) | da |

必须记住这些前缀，因为它们会经常出现在本书以及其他科技图书中。几个前缀的组合(如毫微秒)是不可接受的。值得指出的是，在表示距离的单位中，“micron(μm)”比“micrometer”更常见，而 $10^{-10}$ m 常用埃(Å)表示。在电路分析和一般工程中，往往用所谓的“工程单位”来表示数值。在工程表示法中，某个量被表示为介于 1 ~ 999 之间的数字和一个适当的幂次能被 3 整除的公制单位。例如，人们更愿意将 0.048 W 表示成 48 mW，而不是 4.8 cW、$4.8\times10^{-2}$ W 或 48 000 μW。

## 练习

2.1　Krf 激光器发射的光波长为 248 nm，它等同于：(a) 0.0248 mm；(b) 2.48 μm；(c) 0.248 μm；(d) 24 800 Å。

2.2　在某集成电路中，逻辑门从开态转到关态的时间为 12 ps，它等同于：(a) 1.2 ns；(b) 120 ns；(c) 1200 ns；(d) 12 000 ns。

2.3　一个白炽灯的功率为 60 W，如果一直开着，那么它一天消耗多少能量？如果每千瓦时收费 12.5 美分，那么每周的费用为多少？

答案：2.1：(c)；2.2：(d)；2.3：5.18 MJ，1.26 美元。

## 2.2 电荷、电流、电压、功率和能量

### 电荷

电路分析中一个最基本的概念是电荷守恒。从基本物理学可知，有两类电荷：正电荷(对应于质子)和负电荷(对应于电子)。在本书的大部分电路中，考虑的只是电子流动。有许多元件(如电池、二极管和晶体管)，其正电荷的运动对于理解元件内部的工作原理是非常重要的，但是对于元件外部，一般只关心电子在连接导线上的流动。尽管电荷在电路的不同部分之间不断地传输，但是电荷的总数保持不变。换句话说，电路运行过程中，电子(或质子)既不会被产生，也不会被消灭①。运动的电荷产生电流。

说明：从表2.1可知，国际单位制中的基本单位不是从基本物理量导出的，而是与历史上的测量相一致，因此有时可能导致似乎逆向的定义。如根据物理意义应该用电子电荷来定义电流。

在国际单位制中，电荷的基本单位是库仑(C)，它通过安培来定义，指单位时间内通过导线的任意横截面的总电荷量。1 C为运载1 A电流的导线每秒流过的电荷量(见图2.1)。在该单位制中，电子电荷量为 $-1.602\times10^{-19}$ C，质子电荷量为 $+1.602\times10^{-19}$ C。

不随时间变化的电荷量一般用 $Q$ 来表示。瞬时电荷量(可能随时间变化，也可能不随时间变化)用 $q(t)$ 表示，或简记为 $q$。本书后面的论述都遵循这个约定：大写字母表示常(时不变)量，而小写字母表示更一般的量，因此常数电荷可以用 $Q$ 或 $q$ 表示，但是随时间变化的电荷必须用小写字母 $q$ 表示。

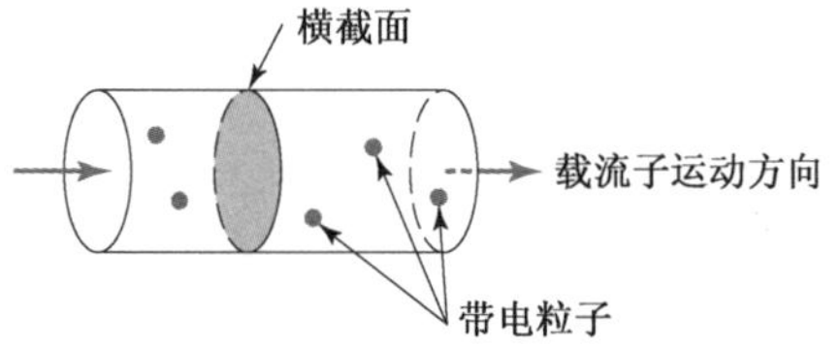


图2.1 利用流过导线的电荷来解释电流的定义。1A的电流相当于1C的电荷在1s内流过任意选择的横截面

### 电流

“电荷传输”或“电荷运动”对于学习电路的人而言是一个非常重要的基本概念，因为电荷从一个地方移到另一个地方时伴随着能量从一点传输到另一点。人们熟悉的跨区域的电力输送线就是传送能量的一个实例。同样重要的还有改变传递信息的电荷的传输速率的可能性，这个过程是通信系统(如收音机、电视和遥测)的基础。

存在于分立路径(如金属线)上的电流既有数值又有与之相关的方向，它是电荷以一定方向流过给定参考点的速率的度量。

一旦规定了参考方向，就可以设 $q(t)$ 是从任意时刻($t=0$)开始，以规定方向流过参考点的总电荷。负电荷以规定方向运动时则形成负电流；正电荷以相反方向运动时也形成负电流。例如，图2.2表示流经一段导线(比如图2.1中的导线)中给定参考点的电荷总量随时间变化的情况。

我们把在特定位置、特定方向的电流定义为净的正电荷流经该点的瞬时速率。遗憾的是，

① 出现冒烟的现象时则另当别论。

人们直到后来才意识到这个被广泛使用的定义是不正确的，实际上电流是由负电荷而不是由正电荷的流动产生的。电流用符号 $I$ 或 $i$ 来表示：

$$i = \frac{\mathrm{d}q}{\mathrm{d}t} \qquad [1]$$

电流的单位是安培(A)，以法国物理学家 A. M. Ampère 的名字命名。安培通常缩写成“amp”，但这是一种非正式的写法。1 A 等于 1 C/s。

利用式[1]计算出瞬时电流，可得到图 2.3 所示的曲线。小写字母 $i$ 表示瞬时值，大写字母 $I$ 表示常(时不变)量。

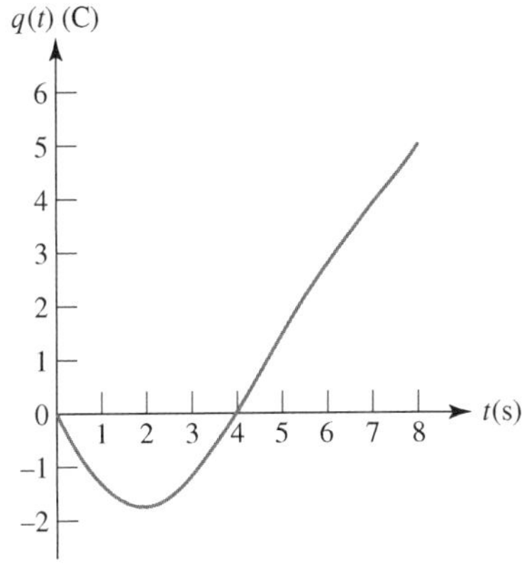


图 2.2　从 $t=0$ 开始，流经给定参考点的总电荷 $q(t)$ 的瞬时值

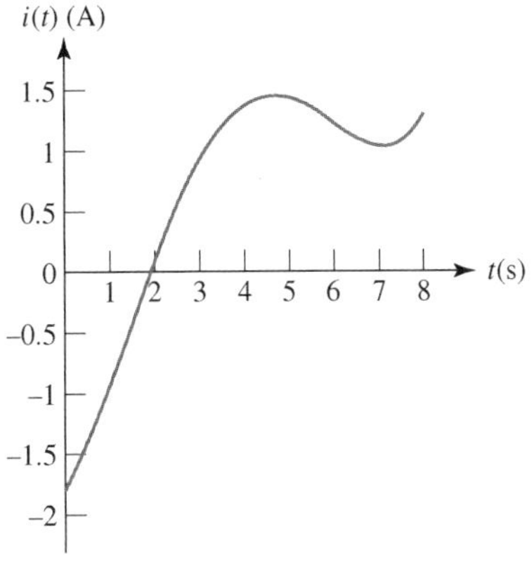


图 2.3　瞬时电流 $i=\mathrm{d}q/\mathrm{d}t$，其中 $q$ 如图 2.2 所示

从 $t_0$ 到 $t$ 传输的电荷可以用定积分表示为

$$\int_{q(t_0)}^{q(t)} \mathrm{d}q = \int_{t_0}^{t} i\,\mathrm{d}t' \qquad [2]$$

因此在整个时间段上传输的总电荷为

$$q(t) = \int_{t_0}^{t} i\,\mathrm{d}t' + q(t_0) \qquad [3]$$

图 2.4 中给出了几种不同类型的电流。不随时间变化的电流称为直流电流(简写为 dc)，如图 2.4(a)所示。可以发现许多随时间按正弦规律变化的电流的实例，如图 2.4(b)所示，普通家庭使用的电路中流过的都是这种类型的电流。该电流通常称为交流电流(简写为 ac)。以后还将讲到指数电流和衰减正弦电流，如图 2.4(c)和图 2.4(d)所示。

在导体边上附加箭头可表示电流，因此图 2.5(a)中的箭头和数值 3 A 表示净正电荷以 3 C/s的速度向右移动，或者净负电荷以 -3 C/s 的速度向左移动。图2.5(b)中也有两种可能，要么以 -3 A 的大小流向左边，要么以 +3 A 的大小流向右边。上述文字与两张图表示的电流在电效果上是等效的，我们称它们相等。一个更容易想象的非电类的类比是将电流设想为个人储蓄账户：一笔存款可以认为是负的现金流出你的账户，或者是正的现金流入你的账户。

尽管金属导体中的电流源于电子运动，但把电流看成正电荷的运动会带来很多便利。在电离化气体、电解质以及某些半导体材料中，正电荷的运动构成部分或全部的电流，因此电流的两种定义都只能部分地符合电流的物理性质。我们所采用的电流的定义和符号是标准的。

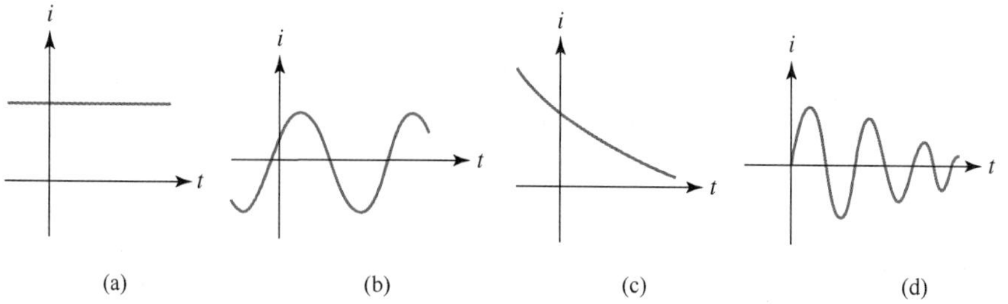


图 2.4 几种类型的电流。(a) 直流电流(dc); (b) 正弦电流(ac); (c) 指数电流; (d) 衰减正弦电流

图 2.5 同一个电流的两种表示方法

必须认识到箭头并不表示实际的电流方向，它不过是一个约定，目的是为了避免在讨论“导线中的电流”时产生歧义。箭头是电流定义中的一个基本部分！因此，讨论电流 $i_1(t)$ 的数值而没有规定方向就如同讨论未定义的东西。比如，图 2.6(a) 和图 2.6(b) 表示的电流 $i_1(t)$ 是没有意义的，而图 2.6(c) 是电流 $i_1(t)$ 的完整表示。

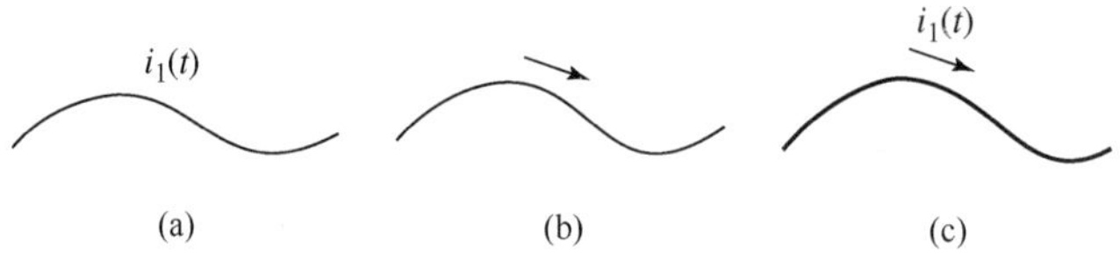


图 2.6 (a) 和 (b) 不完整、不适当和不正确的电流定义; (c) 电流 $i_1(t)$ 的正确定义

## 练习

2.4 在图 2.7 所示的导线中，电子从左向右移动形成 1 mA 的电流，求 $I_1$ 和 $I_2$。

答案: $I_1 = -1$ mA; $I_2 = +1$ mA。

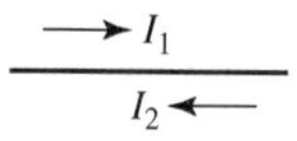


图 2.7

## 电压

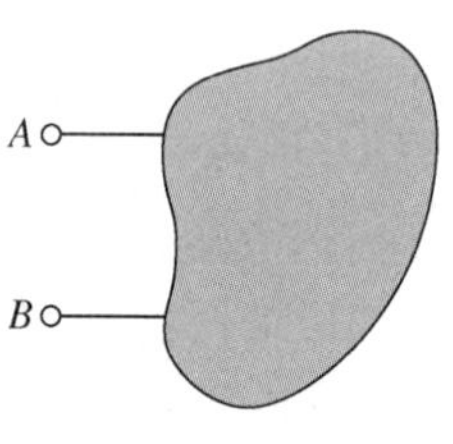


图 2.8 一般的二端电路元件

现在开始讨论电路元件，我们从一般性定义开始。诸如保险丝、灯泡、电阻、电池、电容、发电机和火花线圈，都可以表示为简单电路元件的组合。用一个无定形物体表示一般的电路元件，它有两个可以连接其他元件的端点(见图 2.8)。

电路元件有两条可供电流流入或流出的通路。在下面的讨论中将定义具体的电路元件，其性能可以通过观测端子上的电特性来描述。

在图 2.8 中，假设直流电流从端子 $A$ 流入，经过元件，然后从端子 $B$ 返回。同时假定推动电荷流过元件的过程需要消耗能量，因此在两个端子之间就存在电压(或电势差)，即电压跨接在元件上。这样，跨接在一对端子上的电压是推动电荷流过元件所需做功的度量。电压的单位是伏特①，1 伏特就是 1 J/C。电压用 $V$ 或 $v$ 表示。

电压可以存在于一对电极之间，无论电极之间是否有电流流过。例如，无论有没有东西接到电极上，汽车电池的两极之间都有 12 V 的电压。

① 我们可能要庆幸没有用 18 世纪意大利物理学家 Alessandro Giuseppe Antonio Anastasio Volta 的名字作为电压的单位。

根据能量守恒原理，迫使电荷穿过元件所花费的能量必定在别处出现。在以后讲到电路元件时会注意到，那些能量或是以某种形式存储起来并可以方便地以电的形式获得，或者以不可逆的形式转变为热、声或其他非电形式。

现在必须建立一种约定，以区分提供给元件的能量和元件所提供的能量，这可以通过选择电极 $A$ 相对于电极 $B$ 的电压符号来实现。如果正电流流入元件电极 $A$，而且外加电源必须花费能量以建立这一电流，那么电极 $A$ 相对于电极 $B$ 的电压为正，或者也可以说电极 $B$ 相对于电极 $A$ 的电压为负。

电压的意义由一对正负代数符号表示。比如，在图 2.9(a)中，将电极 $A$ 标为正号(+)，表示电极 $A$ 相对于电极 $B$ 的电压为正 $v$ 伏。如果后来发现 $v$ 的数值正巧是 −5 V，则说明 $A$ 相对于 $B$ 是 −5 V，或者说 $B$ 相对于 $A$ 是 5 V。其他情况如图 2.9(b)至图 2.9(d)所示。

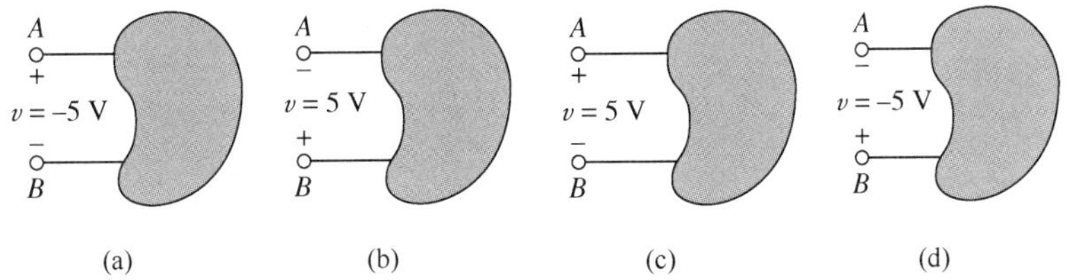


图 2.9　(a)和(b) 端子 $B$ 相对于端子 $A$ 为正 5 V；(c)和(d) 端子 $A$ 相对于端子 $B$ 为正 5 V

**说明：电压是电路元件两端之间的电势差。我们通过标注正负号来定义两端之间的电压。**

正如定义电流时一样，必须认识到代数符号的正负并不表明电压的实际极性，这只不过是一种约定，使得讨论“加在电极两端的电压”时不至于产生混淆。注意，任何电压的定义必须包含一对正负号！如果只给出变量 $v_1(t)$ 的大小而未标出正负号的位置，就如同使用未定义的量一样。图 2.10(a)和图 2.10(b) 不能用作 $v_1(t)$ 的定义，图 2.10(c) 才是正确的定义。

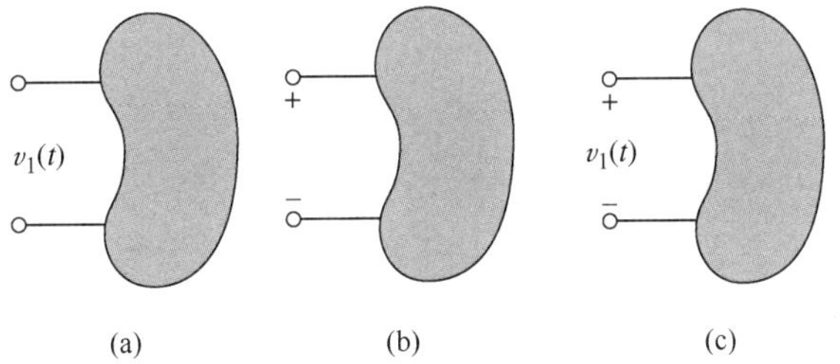


图 2.10　(a)和(b) 不充分的电压定义；(c) 正确的定义，包含变量符号和一对正负号

## 练习

2.5　已知图 2.11 所示元件的 $v_1 = 17$ V，求 $v_2$。

答案：$v_2 = -17$ V。

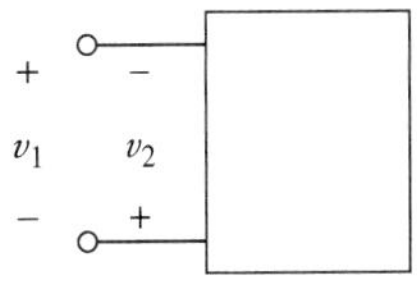


图 2.11

## 功率

我们已经定义了功率，并用 $P$ 或 $p$ 表示。如果在 1 s 内通过某个设备传输 1 C 的电荷需要用 1 J 的能量，能量的传输速率就定义为 1 W。所吸收的功率必须与每秒传输的库仑数(电流)和通过元件传输 1 C 电荷所需要的能量(电压)都成正比，因此

$$p = vi \quad [4]$$

从量纲上讲，上式右边为焦耳每库仑(J/C)和库仑每秒(C/s)的乘积，得到的量纲是焦耳每秒(J/s)或瓦特(W)。图 2.12 给出了电流、电压和功率的约定。

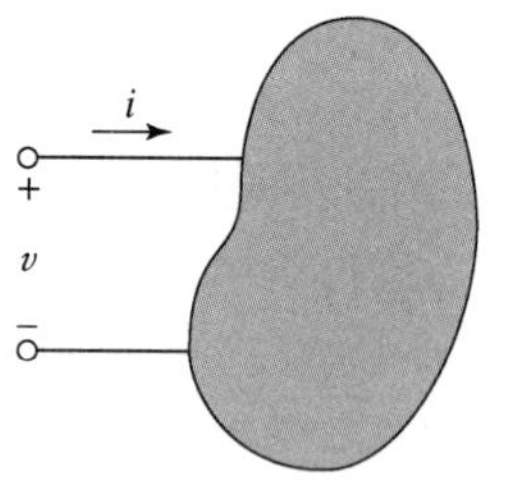


图 2.12　元件所吸收的功率为 $p = vi$。或者说元件产生或提供的功率为 $-vi$

我们已通过电路元件两端的电压和流过元件的电流，得到了该电路元件所吸收的功率的表达式。电压通过能量消耗来定义，而功率则是能量消耗的速率。但是，只有在确定电流方向后，才能说明如图 2.9 所示的 4 种情况下的能量传输。假设每个元件上面的导线存在一个方向向右、大小为 +2 A 的电流，首先考虑图 2.9(c)所示的情况，端子 $A$ 相对于端子 $B$ 为 +5 V，这意味着传输 1 C 正电荷到端子 $A$ 然后通过元件到达端子 $B$，需要 5 J 的能量。因为流入端子 $A$ 的电流为 +2 A(2 C/s 的正电荷的流动)，因此对于该元件就相当于每秒做 (5 J/C) × (2 C/s) =10 J 的功。换句话说，该元件从注入电流的物体中获得了 10 W 的功率。

从前面的分析已经知道图 2.9(c)和图 2.9(d) 没有差别，那么图 2.9(d)所描述的元件也应该吸收 10 W 的功率。这一点可以很容易证明：向端子 $A$ 注入 +2 A 的电流，就有 +2 A的电流流出端子 $B$，即有 −2 A 的电流流入端子 $B$。因此从端子 $B$ 传输电荷到端子 $A$需要 −5 J/C的能量，即该元件吸收的功率为( −5 J/C) × ( −2 C/s) = +10 W。在这种情况下唯一的难点就是必须保持负号一致，但正确答案与正参考端子的选择无关[图 2.9(c)中的端子 $A$ 和图 2.9(d)中的端子 $B$]。

现在看图 2.9(a)的情况，流入端子 $A$ 的电流同样为 +2 A。因为从端子 $A$ 传输电荷到端子 $B$ 需要 −5 J/C 的能量，因此吸收的功率为( −5 J/C) × (2 C/s) = −10 W。这意味着什么呢？怎么会吸收负的功率呢？如果从能量传输角度来考虑，2 A 的电流流入端子 $A$，每秒就有 −10 J 的能量传输到该元件。该元件实际上以 10 J/s 的速率失去能量。换句话说，它可以为其他物体提供 10 J/s(即 10 W)的功率，因此吸收负的功率就等于提供正的功率。

概括一下，图 2.12 表明，如果某元件的一个端子相对于其他端子为正 $v$ 伏，并且通过该端子流入元件的电流为 $i$，那么该元件吸收功率为 $p = vi$，也可以说，将 $p = vi$ 的功率传递给该元件。如果电流箭头指向元件标有正号的端子，则可以说符合无源符号规则。我们必须仔细研究、理解和牢记这个规则。换句话说，如果电流箭头和电压极性符号的设置使得电流流入元件标有正号的端子，就可以用指定的电压和电流的乘积表示该元件吸收的功率。如果乘积为负，那么该元件吸收负的功率，或者说实际上产生功率并传递给外部其他的器件。比如，在图 2.12 中，$v$ =5 V，$i$ = −4 A，那么该元件或者吸收 −20 W 的功率，或者产生 20 W 的功率。

> 说明：如果电流箭头指向元件标有正号的端子，则得到的 $p = vi$ 是吸收功率。如果结果为负，则表明该元件实际上产生功率。

如果可以用多种方法来完成某件事情，当采用不同方法的人试图交流时就有可能产生混淆，这时就需要某种规则。比如，我们规定地图上方为北是相当随意的，指北针并不总是指向上方。那么如果和一个将地图上方定义为南的人进行交流，就会产生混乱。因此就产生了一个通常的约定，即总是将电流的方向定为指向电压正端，而不管该元件是吸收功率还是产生功率。虽然有时会导致在电路图中标注的电流与直觉相反，但该约定本身是正确的。更自然的方法应当是将正电流标成流出一个电压或电流源，为一个或多个电路元件提供正功率。

> 说明：如果电流箭头从元件标有正号的端子流出，则 $p=vi$ 是产生的功率。如果结果为负，则表明该元件实际上吸收功率。

**例 2.1**　计算图 2.13 中各个部件吸收的功率。

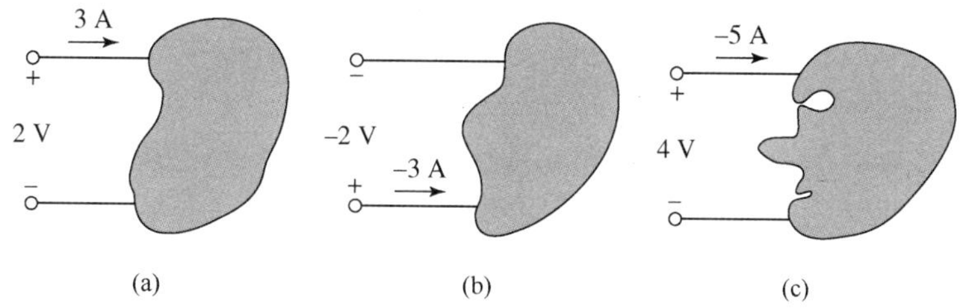


图 2.13　3 个二端元件的例子

**解**：在图 2.13(a) 中，参考电流的定义符合无源符号规则，说明该元件吸收功率。由于流入正参考端子的电流为 +3 A，因此吸收功率为

$$P=(2\ \text{V})(3\ \text{A})=6\ \text{W}$$

图 2.13(b) 有一点差别，流入正参考端子的电流为 −3 A，因此吸收功率为

$$P=(-2\ \text{V})(-3\ \text{A})=6\ \text{W}$$

可以看出这两种情况其实是等效的：+3 A 的电流流入上端相当于 +3 A 的电流流出下端，或者 −3 A 的电流流入下端。

对于图 2.13(c)，同样可以应用无源符号规则，计算得到吸收功率为

$$P=(4\ \text{V})(-5\ \text{A})=-20\ \text{W}$$

因为得到了一个负的吸收功率，所以图 2.13(c) 所示元件实际上产生了 +20 W 的功率（即它是一个能量源）。

## 练习

2.6　求图 2.14(a) 中电路元件吸收的功率。

2.7　求图 2.14(b) 中电路元件产生的功率。

2.8　求 $t=5$ ms 时传输给图 2.14(c) 中的电路元件的功率。

答案：2.6：880 mW；2.7：6.65 W；2.8：−15.53 W。

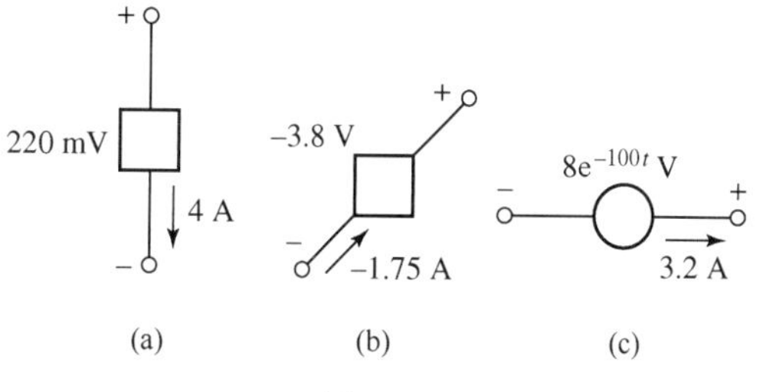


图 2.14

## 能量

在电路中，通常需要关注功率（由电压乘以电流给出）。但在许多情况下，我们也希望知道在给定时间内传输的总能量。例如，通过能量使用量可以确定电路中的电池可以持续多长时间，或者电费账单是多少。我们已经知道功率是做功的速率，因此可以定义能量（$w$）为

$$w(t)=\int_{t_0}^{t} p\,\mathrm{d}t=\int_{t_0}^{t} vi\,\mathrm{d}t \qquad [5]$$

能量的 SI 单位为焦耳(J)。可以看到能量是功率和时间的乘积(1 J = 1 W × 1 s)，也可以很方便地用瓦时(Wh)或千瓦时(kWh)来定义能量。电力部门通常以 kWh 为单位对所使用的电量进行计费。这些单位之间有以下的转换关系：

$$1\ \text{Wh} = 3600\ \text{J} \tag{6}$$

$$1\ \text{kWh} = 3.6 \times 10^6\ \text{J} \tag{7}$$

电池容量(存储的能量)也可以用 Wh 来定义。电池中的电压是恒定不变的，因此可以很方便地用电池电压和存储在电池中的总电荷($Q$)来区分，从而有

$$w = \int vi\,dt = V\int i\,dt = VQ \tag{8}$$

总电荷 $Q$ 的单位是安培时(Ah)或毫安时(mAh)，

$$1\ \text{Ah} = 3600\ \text{C} \tag{9}$$

$$1\ \text{mAh} = 3.6\ \text{C} \tag{10}$$

**例 2.2** 某电池供电的烟雾检测器的平均功耗为 0.5 mW，其电池电压为 9 V，容量为 1200 mAh。那么多久需要对该电池进行充电？

**解：** 当烟雾检测器消耗的能量达到电池存储的总能量时，该电池就需要重新充电。烟雾检测器消耗的能量为

$$w = (0.5\ \text{mW})(t)$$

电池中存储的总能量为

$$w = (1.2\ \text{Ah})(9\ \text{V})$$

令上述两式相等并求解 $t$，可以得到

$$t = \frac{(1.2\ \text{Ah})(9\ \text{V})}{(0.5 \times 10^{-3}\ \text{W})} = 2.16 \times 10^4\ \text{h}$$

$$t = 2.16 \times 10^4\ \text{h} \times \frac{(1\ \text{天})}{(24\ \text{h})} \times \frac{(1\ \text{年})}{(365\ \text{天})} = 2.47\ \text{年}$$

### 练习

2.9 手机电池的电压为 3.8 V，容量为 1.5 mAh。假设该电池能支持 12 个小时的通话时间，或者 10 天的待机时间，(a) 通话模式下的平均功耗为多少？(b) 待机模式下的平均功耗为多少？

答案：(a) 475 μW；(b) 23.75 μW。

## 2.3 电压源和电流源

利用电流和电压的概念可以更明确地定义一个电路元件。

在定义电路元件时，必须区分实际的物理器件本身和在电路中分析其行为所使用的数学模型之间的差别。模型只是一个近似。

下面用电路元件来表示元件的数学模型。为实际器件选择特定模型时，必须以实验数据或经验为基础。假定已经有了这种模型。为简单起见，首先考虑用简单模型表示的由理想器件组成的电路。

要考虑的所有简单电路元件都可以根据流过元件的电流及其两端的电压之间的关系进行

分类。比如，如果元件两端的电压与流过它的电流成线性正比关系，该元件就称为电阻。其他类型的电路元件有：电压正比于电流对时间的导数（电感），电压正比于电流对时间的积分（电容）。此外还有电压与电流完全无关的元件，电流与电压完全无关的元件，这些元件称为独立源。此外，需要定义一些特殊的电源，它们的源电压或电流取决于电路其他地方的电流或电压，这类电源称为受控源。受控源广泛应用于电子学中，尤其是在放大电路中用来对晶体管的直流和交流行为建立模型。

> 说明：根据定义，一个简单电路元件是一个二端电子器件的数学模型，并且可以完全表征电压-电流关系，而且不能再被分解为其他二端器件。

## 独立电压源

我们要考虑的第一个元件是独立电压源，电路符号如图 2.15(a)所示。下标 $s$ 只表示该电压是一个源电压，这是一种常规表示，但并不是必需的。独立电压源的特点是，端电压完全独立于流过它的电流。因此，如果给定一个电压源的端电压为 12 V，那么无论流经的电流多大，端电压永远不变。

独立电压源是一种理想电源，它并不能精确地表示任何实际物理器件，因为理想电源理论上可以提供无限的能量。理想电压源确实提供了几种实际电压源的合理近似。比如，汽车蓄电池有 12 V 的端电压，只要流过的电流不超过几安，其端电压基本上保持为常数。小电流可以从两个方向流过电池。如果电流为正且流出电池正端，那么电池为汽车前灯提供功率；如果电流为正且流入电池正端，那么电池从发电机吸收能量而被充电[①]。家用电源插座也近似于一个独立电压源，提供 $v_s = 115\sqrt{2}\cos 2\pi 60t$ V 的电压，对于小于 20 A 的电流，该表示方式都是有效的。

> 说明：你是否曾经注意过当房间里打开空调时灯会变暗，这是因为突然的一个大电流会导致电压暂时减小。当电机开始运转后，它只需要小电流来保持运行。此时，电流减小，电压恢复到原来的值，电源插座又可以重新近似为理想电压源。

需要重申的是，在图 2.15(a)中，独立电压源符号上端标注的正号并不一定表示上端电压的数值真的相对于下端为正，它只表示上端电压比下端电压高 $v_s$ 伏。在某些场合，$v_s$ 可能为负，这时上端电压相对于下端电压实际上为负。

假设图 2.15(b)中的电源上端导线有一个标有 $i$ 的电流，该电流 $i$ 方向为流入电源正端，符合无源符号规则，因此该电源的吸收功率为 $p = v_s i$。由于电源通常是向一个网络提供功率而不是吸收功率，所以可以选择图 2.15(c)所示的电流方向，以使该电源提供 $v_s i$ 的功率。这两种箭头方向都可采用，在本书中采用图 2.15(c)中的规则来表示电压源和电流源，它们不是无源元件。

具有固定端电压的独立电压源通常称为独立直流电压源，可以用图 2.16(a)或图 2.16(b)所示的符号表示。注意，在图 2.16(b)中给出了电池的物理结构，较长的一极为正端，这时正负号标注显得多余，但通常还是采用这样的标注。出于完整性的考虑，图 2.16(c)给出了独立交流电压源的符号。

---

① 或者可用朋友车里的电池，如果忘记关前灯的话。

说明：直流电压源和直流电流源的术语使用得比较普遍。从字面上看，它们的意思分别是直流电流电压源和直流电流电流源。虽然看起来有点奇怪，甚至有点重复，但这些术语已经被广泛使用而无法改正了。

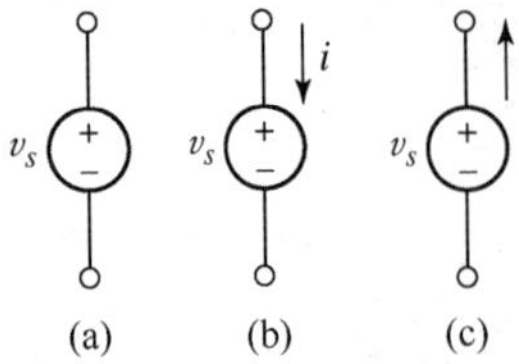


图 2.15　独立电压源的电路符号

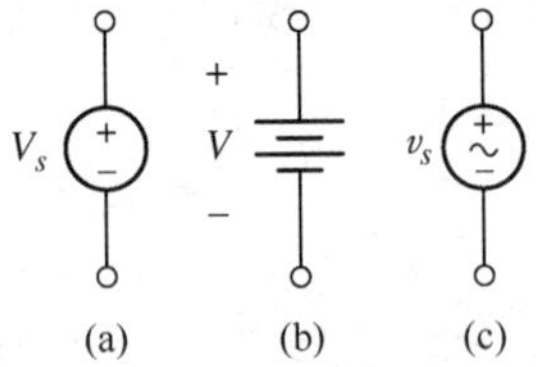


图 2.16　(a) 直流电压源符号；(b) 电池符号；(c) 交流电压源符号

## 独立电流源

另一个理想电源为独立电流源，这里流过元件的电流完全独立于其两端的电压。独立电流源的符号如图 2.17 所示。如果 $i_s$ 为常数，称该电源为独立直流电流源。类似于图 2.16(c) 所示的交流电压源，一个交流电流源通常画成在一个箭头上有一个代字号“～”的形式。

像独立电压源一样，独立电流源不过是一种物理元件的合理近似。理论上它可以提供无限的功率，因为它在任何端电压下都产生相同的有限电流，无论该电压有多大。但是它确实是实际电源的很好近似，尤其是在电子电路中。

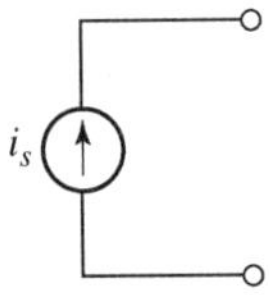


图 2.17　独立电流源的电路符号

⚠独立电压源能够提供固定电压，但可以流过任何电流，这一点许多学生都能够比较好地理解，但他们仍然经常会犯这样的错误：认为独立电流源在提供固定电流时其两端的电压为零。实际上，我们不能够预先知道电流源两端的电压为多少，它完全取决于所连接的电路。

## 受控源

上面讨论的两类理想电源称为独立源，因为电源的值不以任何方式受到电路中其他部分的影响。这与另一类理想电源(即受控源)相反，受控源的值取决于所分析系统中某处的电压或电流。这类电源出现在许多电子器件(如晶体管、运算放大器和集成电路)的等效电路模型中。为了区分独立源与受控源，人们引入了图 2.18 所示的菱形符号。在图 2.18(a) 和图 2.18(c) 中，$K$ 是无量纲的标量；在图 2.18(b) 中，$g$ 是单位为 A/V 的标量系数；在图 2.18(d) 中，$r$ 是单位为 V/A 的标量系数。控制电流 $i_x$ 和控制电压 $v_x$ 必须在电路中给予定义。

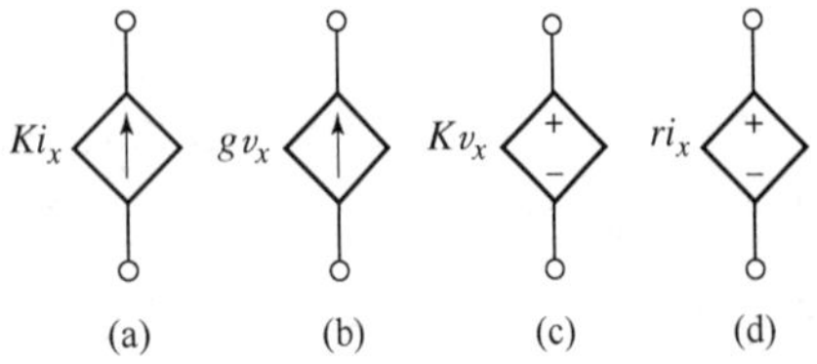


图 2.18　4 种不同类型的受控源。(a) 电流控制电流源；(b) 电压控制电流源；(c) 电压控制电压源；(d) 电流控制电压源

读者可能会感到有点奇怪，一个电流源的电流取决于一个电压，一个电压源的电压受到流过其他元件的电流控制。即使是受到远处电压控制的电压源也令人感到奇怪，但是这种电源对于建立复杂系统的模型非常有用，它可以使分析变得简单。比如，场效应管的漏极电流是栅极

电压的函数，一个模拟集成电路的输出电压是差分输入电压的函数。当在电路分析中遇到受控源时，可以直接写出受控源的整个表达式，就好像它是与独立源相关联的数值。这通常需要一个额外的方程来完成整个分析，除非控制电压或电流是方程组中明确的未知量。

**例 2.3**　电路如图 2.19(a)所示，已知 $v_2$ 为 3 V，求 $v_L$。

**解**：已经得到部分标注的电路图以及额外的信息 $v_2=3$ V，加到电路图中，得到如图 2.19(b)所示的电路。

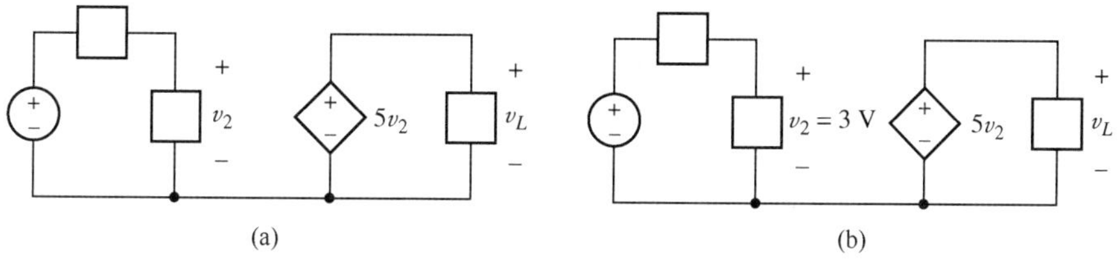


图 2.19　(a) 包含电压控制电压源的电路；(b) 含有附加信息的电路图

接着看一下给出的信息。检查电路图，可以看出电压 $v_L$ 等于受控源两端的电压，因此，

$$v_L = 5v_2$$

从这一点可以看出，只有得到 $v_2$ 才能解决问题。

回到电路图中，可以看出实际上已经知道 $v_2$，它被指定为 3 V，因此可得

$$v_2 = 3$$

现在有两个方程，其中有两个未知数，因此可以求得 $v_L=15$ V。

从这个过程可以得到重要的一点，就是花一些时间进行电路图的全面标注是值得的。最后一步必须进行验证，以确保结果正确。

## 练习

2.10　求图 2.20 所示电路中每个元件吸收的功率。

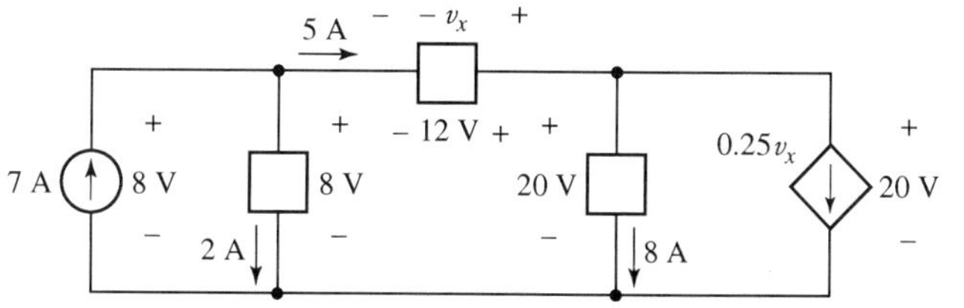


图 2.20

答案：(从左到右) −56 W；16 W；−60 W；160 W；−60 W。

受控电压源和电流源，以及独立电压源和电流源都是有源器件，它们能够向外部元件提供功率。目前我们认为一个无源元件只能接收功率，但是后面会讲到有些无源元件可以存储有限的能量，然后可以将能量返回给其他的外部元件。因为仍然希望称它们为无源元件，所以必须将原先的两个定义做一些修改。

## 网络和电路

两个或两个以上的电路元件互相连接可组成电子网络。如果该网络至少包含一条闭合路

径，则也可以称为电子电路。注意，任何一个电路都是网络，但并不是所有的网络都是电路(见图 2.21)！

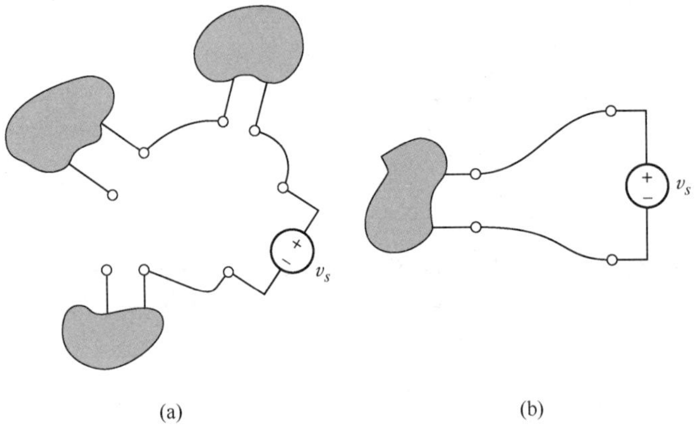


图 2.21 (a)是网络，但不是电路；(b)既是网络，也是电路

至少包含一个有源元件(如独立电压源、独立电流源)的网络称为有源网络，不包含任何有源元件的网络称为无源网络。

现在我们已经定义了电路元件，并给出了几种具体电路元件(独立源和受控源)的定义。本书余下部分将只定义 5 种其他电路元件：电阻、电感、电容、变压器和理想运算放大器(简称运放)。这些就是所有的理想元件。它们很重要，因为可以通过把它们连接起来组成网络和电路，以表示真实的器件，且可以达到要求的精度。图 2.22(a)和图 2.22(b)所示的晶体管可以用由 $v_{gs}$ 表示的电压端子和一个受控电流源表示，如图 2.22(c)所示。受控电流源产生的电流取决于电路中另一处的电压。参数 $g_m$ 通常称为跨导，它可以通过晶体管的具体细节以及连接在晶体管上的电路所确定的工作点进行计算，该值通常很小，数量级为 $10^{-2} \sim 10$ A/V。只要正弦信号源的频率不太高或太低，器件模型都具有很好的精度。在模型上加入另一些理想电路元件(如电阻和电容)进行修正后，还可以用于描述与频率相关的特性。

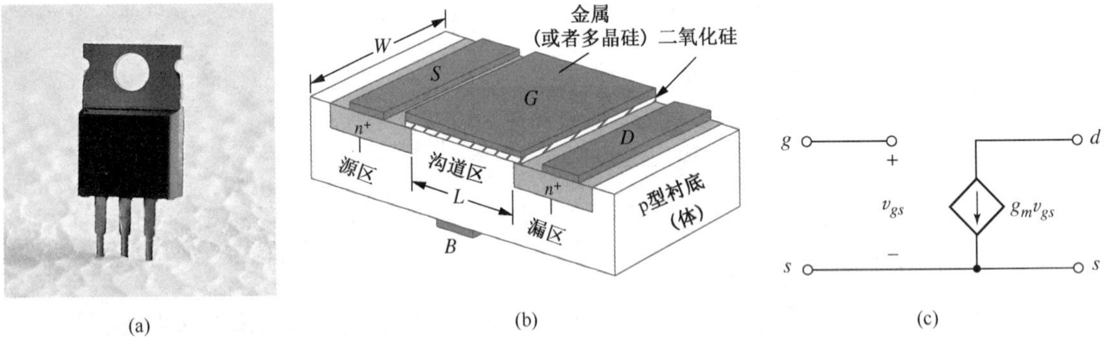


图 2.22 金属氧化物半导体场效应管(MOSFET)。(a) TO-220 封装的 IRF540 N 沟道功率 MOSFET，额定值为100 V，22 A；(b) 基本MOSFET的截面图；(c) 交流分析中使用的等效电路 [(a)和(c) © Steve Durbin；(b) R. Jaeger, Microelectronic Circuit Design, McGraw-Hill, 1997]

类似的(可能更小的)晶体管只是集成电路上很小的一部分，一个 2 mm × 2 mm 见方的 200 μm 厚的集成电路可以包含几千个晶体管和各种电阻电容，因此一个大小等于本页上一个

字母的实际器件却需要由 1 万个理想简单电路元件组成的模型表示。“电路模型”的概念广泛应用于与电气工程相关的课程中，包括电子学、能源转换和天线。

## 2.4　欧姆定律

至此，我们已经介绍了受控源、独立电压源与独立电流源，并且已知它们是理想有源器件，但在实际电路中只是作为近似表示。现在开始介绍另一个理想元件——线性电阻。电阻是最简单的无源元件，我们的讨论从德国物理学家 Georg Simon Ohm 的工作开始，他在 1827 年发表了一个小册子，描述了测量得到的电阻上的电流和电压的最初结果，并且在数学上给出了它们之间的关系，现在这个关系被称为“欧姆定律”(虽然现在已经知道，该结果由英国一位很有才气的半隐居者 Henry Cavendish 早此 46 年就已发现了)。

欧姆定律指出，导电材料两端的电压与流过该材料的电流成正比，即

$$v = Ri \qquad [11]$$

其中，比例常数 $R$ 称为电阻，单位为欧姆，即 1 V/A，习惯上用字母 Ω 表示。

如果在 $i$-$v$ 坐标轴上表示该关系，那么它是一条通过原点的直线，如图 2.23 所示。式[11]是线性方程，即为线性电阻的定义。尽管可以用一些特殊电路模拟负电阻，但电阻值通常为正值。

必须强调的是，线性电阻是一个理想电路元件，只是实际物理器件的数学模型。电阻很容易制造和购买，但是这些物理器件的电压–电流比率只是在一定的电流、电压或功率范围内保持为常数，并且还可能取决于温度和其他环境因素。通常将线性电阻简称为电阻，而非线性的电阻称为非线性电阻。

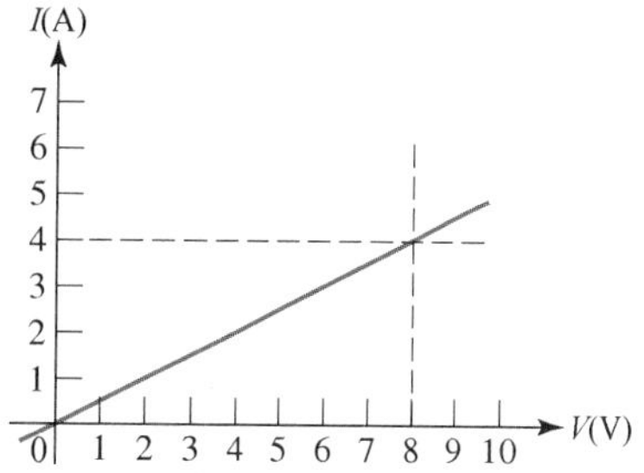


图 2.23　一个 2 Ω 线性电阻的电流–电压关系，直线的斜率为 0.5 A/V 或者 500 mΩ$^{-1}$

### 功率吸收

图 2.24 给出了几种不同的电阻封装，以及电阻最常使用的电路符号。与已经采用的电压、电流和功率的约定一致，电阻吸收的功率为 $v$ 和 $i$ 的乘积，即按照无源符号规则，选择 $v$ 和 $i$。所吸收的功率在物理上表现为热或光，并且总为正值。(正)电阻为无源元件，不能提供功率或存储能量。吸收功率也可表示成

$$p = vi = i^2R = v^2/R \qquad [12]$$

本书的作者之一(他不希望被指明)曾经有过一个不幸的经历，即不恰当地将 100 Ω 的 2 W碳膜电阻连接到 110 V 电源上，其产生的火苗、烟和爆裂令人震惊。这个操作过程表明实际的电阻只是在一定限度内表现得像一个理想线性电阻模型。在当时的情况下，那个不幸的电阻被要求去吸收121 W的功率，可是按照设计它只能承受 2 W 的功率，因此可以理解它的反应是多么激烈。

**例2.4**　图 2.24(b)所示的 560 Ω 电阻连接在电路中，要求流过 42.4 mA 的电流。计算电阻两端的电压以及消耗的功率。

**解：**根据欧姆定律，可得电阻两端的电压为

$$v = Ri = (560)(0.0424) = 23.7\ \text{V}$$

可以通过不同的方法得到电阻上消耗的功率。例如：

$$p = vi = (23.7)(0.0424) = 1.005\ \text{W}$$

或

$$p = v^2/R = (23.7)^2/560 = 1.003\ \text{W}$$

或

$$p = i^2R = (0.0424)^2(560) = 1.007\ \text{W}$$

要注意到以下几点。

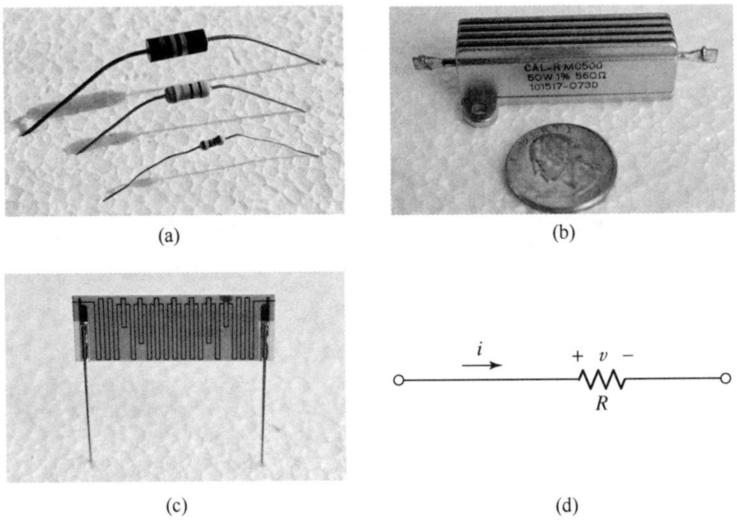


图 2.24　(a) 几种常用的电阻封装；(b) 560 Ω 功率电阻，额定功率为 50 W；(c) 由Ohmcraft 制造的5%容差、10 TΩ的电阻($10^{13}$ Ω)；(d) 电阻的电路符号，适用于(a)～(c)的任何一个电阻[(a)～(c) © Steve Durbin]

第一点，我们用 3 种不同的方法计算功率，并且得到了 3 个不同的答案！

实际上，因为只取3位有效位来对电压取约数，这就影响了其他量的计算精度。知道了这点，就可以看到结果是一致的、合理的(1%内)。

第二点，需要注意电阻的额定功率为 50 W，而电阻上消耗的功率仅为额定功率的 2%，因此，该电阻没有过热的危险。

## 练习

根据图 2.25，计算下列参数。

2.11　已知 $i = -2\ \mu\text{A}$，$v = -44$ V，求 $R$。

2.12　已知 $v = 1$ V，$R = 2\ \text{k}\Omega$，求电阻吸收的功率。

2.13　已知 $i = 3$ nA，$R = 4.7\ \text{M}\Omega$，求电阻吸收的功率。

答案：2.11：22 MΩ；2.12：500 μW；2.13：42.3 pW。

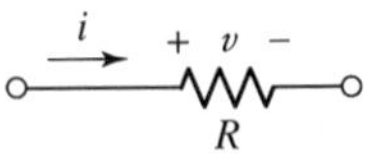


图 2.25

## 实际应用——线规

从技术上讲，任何物体(除了超导体)都会对电流流动产生阻抗，然而与所有电路教材一样，我们默认电路图中导线的电阻为零。这意味着导线两端没有电势差，因此没有功率吸收和热量产生。尽管通常这是一个合理的假设，但是当为特定应用选择合适的导线规格时，它确实忽略了一些实际情况。

电阻阻抗取决于：(1) 材料本身的电阻率；(2) 元件的几何尺寸。电阻率用符号 $\rho$ 表示，用来度量电子穿过材料的难易程度。因为电阻率是电场(V/m)与材料中流动的电流面密度($A/m^2$)之比，因此 $\rho$ 的单位一般为 $\Omega \cdot m$，当然通常也会采用公制前缀。每种材料都有不同的与温度有关的本征电阻率。表 2.3 给出了一些例子，可以看出，不同类型的铜之间的电阻率有一些小差别(小于 1%)，但不同金属之间的电阻率差别较大。尽管钢在物理特性上比铜的强度更高，但它具有更大的阻滞性。在一些技术讨论中，经常使用材料的电导率(用 $\sigma$ 表示)，它是电阻率的倒数。

**表 2.3　常用电气导线材料和电阻率 ***

| ASTM 规格 ** | 硬度和横截面形状 | 20℃时的电阻率(μΩ · cm) |
|---|---|---|
| B33 | 镀锡软铜线，圆形 | 1.7654 |
| B75 | 软铜管，OF 铜 | 1.7241 |
| B188 | 铜，硬总线管，方形或矩形 | 1.7521 |
| B189 | 表面覆盖有铅的软线，圆形 | 1.7654 |
| B230 | 硬铝，圆形 | 2.8625 |
| B227 | 覆盖有铜的钢，硬线，圆形，40 HS | 4.3971 |
| B355 | 覆盖有镍的软铜线，圆形，10 级 | 1.9592 |
| B415 | 覆盖有铝的钢，硬线，圆形 | 8.4805 |

* C. B. Rawlins, "Conductor materials," *Standard Handbook for Electrical Engineering*, 13th ed., D. G. Fink 和 H. W. Beaty, eds. New York: McGraw-Hill, 1993, pp. 4-4 to 4-8.

** 美国测试材料协会。

物体的电阻等于电阻率与其长度 $l$ 的乘积再除以截面积($A$)，如下式所示：

$$R = \rho \frac{\ell}{A} \qquad [13]$$

其中的参数如图 2.26所示。

通过选择制造金属线的材料和测量应用环境的温度，可以确定电阻率。由于金属线的电阻会吸收一定的功率，电流流动时就会产生热量。粗导线有更低的电阻且更容易散热，但这种导线比较重，体积较大，并且价格较贵，因此从实际考虑，一般都选择能够安全工作的最细导线，而不是简单地选择可获得的最大直径的导线来减少电阻。美国线规(AWG)是定义导线尺寸的标准系统。在选择线规时，较小的 AWG 对应于较大的导线直径。表 2.4 为常用 AWG 简表。对于特殊导线的应用，要以导线使用的场合以及期望的最大电流为依据，而且还必须了解当地的防火和电气安全规则。

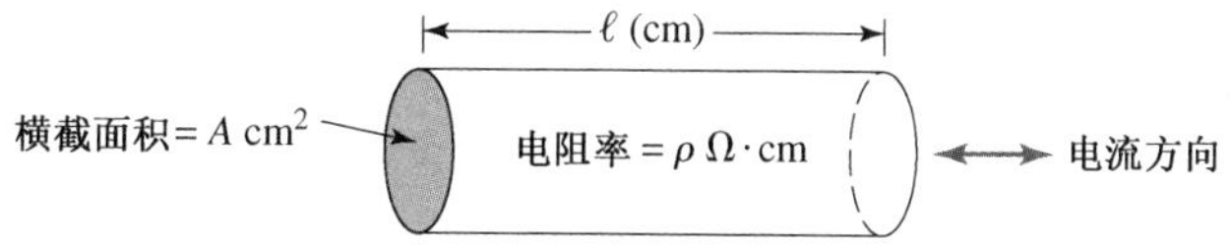


图 2.26　计算金属线电阻的几何参数的定义。假定材料的电阻率在空间上均匀分布

表 2.4 一些常用线规和(软)硬铜线电阻*

| AWG | 横截面积($mm^2$) | 20℃时每 1000 英尺(ft)的电阻 |
|---|---|---|
| 28 | 0.0804 | 65.3 |
| 24 | 0.205 | 25.7 |
| 22 | 0.324 | 16.2 |
| 18 | 0.823 | 6.39 |
| 14 | 2.08 | 2.52 |
| 12 | 3.31 | 1.59 |
| 6 | 13.3 | 0.3952 |
| 4 | 21.1 | 0.2485 |
| 2 | 33.6 | 0.1563 |

* C. B. Rawlins, et al., *Standard Handbook for Electrical Engineering*, 13th ed., D. G. Fink and H. W. Beaty, eds. New York: McGraw-Hill, 1993, pp. 4-47.

**例 2.5** 在两个相距 24 英里(mile)的岛屿间架设一条直流电力传输线，运行电压为 500 kV，系统容量为 600 MW。计算最大直流电流，并估计电缆线的电阻率。假设电缆直径为 2.5 cm，是一条硬电线(非绞线)。

**解：**将最大功率(600 MW，即 $600 \times 10^6$ W)除以运行电压(500 kV，即 $500 \times 10^3$ V)得到最大电流为

$$\frac{600 \times 10^6}{500 \times 10^3} = 1200\ \text{A}$$

电缆电阻为电压与电流之比，即

$$R_{\text{cable}} = \frac{500 \times 10^3}{1200} = 417\ \Omega$$

已知长度为 $$\ell = (24\ \text{mile})\left(\frac{5280\ \text{ft}}{1\ \text{mile}}\right)\left(\frac{12\ \text{in}}{1\ \text{ft}}\right)\left(\frac{2.54\ \text{cm}}{1\ \text{in}}\right) = 3\ 862\ 426\ \text{cm}$$

保留 2 位有效位，取约数为 $3.9 \times 10^6$cm。

电缆直径为 2.5 cm，则电缆横截面积为 4.9 $cm^2$，因此有

$$\rho_{\text{cable}} = R_{\text{cable}}\frac{A}{\ell} = 417\left(\frac{4.9}{3.9 \times 10^6}\right) = 520\ \mu\Omega \cdot \text{cm}$$

## 练习

2.14 一根 500 ft 长、AWG24 的软铜线，流过它的电流为 100 mA，则该导线两端的电压为多少？
答案：3.26 V。

## 保险丝

当设计电路时，电流容量是一个需要重点考虑的内容。电子元件和电线需要有能力来传导所设计电路中流过的电流。例如，在电动汽车的功率处理系统中，你不想使用 1/8 W 的电阻或发丝般细的导线。类似地，必须减小与短路相关的危害。这些短路可能会使电流产生很大的尖峰，从而损坏电气设备，更严重的情况下可能造成火灾或使人触电。为了保护过流情况，通常会在电路中串接上一个保险丝。保险丝就是一个简单的电阻，专门设计用来在某些特定的电流条件下

发生失效。在这种电流大小时，保险丝中的材料会熔化，导致电路开路，从而保护电路不受损害。除了将保险丝设计成在某个特定电流值失效，保险丝的电阻值设计得非常小，这样可以使保险丝上的功耗尽可能小。保险丝熔断非常类似于白炽灯烧断机制，在失效后需要被替换。也可以使用断路器来实现过流保护。防止过流的断路器的机理与保险丝完全不同，断路器可以复位和重复使用。断路器的大小和成本都比保险丝更高，选择什么样的器件取决于应用的需求。

## 电导

对线性电阻而言，其电流与电压之比也是常数：

$$\frac{i}{v} = \frac{1}{R} = G \tag{14}$$

其中，$G$ 称为电导。电导的国际标准单位为西门子(S)，即 1 A/V。早期非正式的电导单位为 mho(姆欧)，是 Ω 字母的翻转，即 ℧，有时候也写成 $\Omega^{-1}$。偶尔可以在一些电路图及教材中看到该单位仍在使用。表示电阻和电导的电路符号相同，如图 2.24(d)所示。同样，吸收的功率必须为正，可以利用电导表示为

$$p = vi = v^2 G = \frac{i^2}{G} \tag{15}$$

因此 2 Ω 电阻的电导为 1/2 S，如果流过的电流为 5 A，那么两端的电压为 10 V，吸收的功率为 50 W。

到目前为止，本节中给出的所有表达式都以瞬时电流、电压和功率表示，如 $v = iR$ 和 $p = vi$。应该知道这其实是 $v(t) = Ri(t)$ 和 $p(t) = v(t)i(t)$ 的速记。流过电阻的电流和两端的电压必须以相同的方式同时随时间变化，因此，如果 $R = 10\ \Omega$，$v = 2\sin 100t$ V，那么 $i = 0.2\sin 100t$ A。注意，功率为 $0.4\sin^2 100t$ W。一个简单的草图可以解释它们随时间变化的本质是不同的。尽管在特定时间区间内电流和电压可能为负，但吸收的功率始终为正。

## 计算机辅助分析

MATLAB 等工具在分析时变量时非常有用。下面来看一个时变的能量收集器的例子。

压电能量收集器用于从大洋海浪的运动中产生电力。产生的电压根据下面的分段方程周期性地变化。将该电压加到 50 Ω 电阻上。画出两个周期(10 s)时间内电压、功率和能量随时间的函数，并求每个周期收集到的能量。

$$\begin{aligned} v(t) &= 24\sin(\pi t)\ \text{V}, && 0 < t < 1\ \text{s} \\ v(t) &= -18\ \sin\left(\frac{\pi}{2}(t-1)\right)\ \text{V}, && 1 < t < 2\ \text{s} \\ v(t) &= -18\ \exp(2-t)\ \text{V}, && 2 < t < 5\ \text{s} \end{aligned} \tag{16}$$

**解：** 功率为 $p(t) = v(t)i(t) = v^2(t)/R$。能量为 $w(t) = \int_{t_0}^{t} p\mathrm{d}t$。能量的积分可以用求和式 $w(t) \approx \sum p(t)\Delta t$ 来近似计算，其中 $\Delta t$ 是两点之间的时间间隔。在 MATLAB 中，这个和可以手工计算，也可以利用内置函数，如 cumsum( )进行计算。

```
%Example for piezoelectric energy harvester
t_end = 10; %End time in seconds
t_pts = 500; %Number of points for time vector
```

```
t = linspace(0,t_end,t_pts); %Define time vector
dt = t_end/t_pts; %Separation between time points
R = 50; %Resistance in ohms
for i = 1:t_pts; %Iterate for each point in time
  if (t(i) < =1) v(i) = 24* sin(pi* t(i)); end
  if (t(i) >1) & (t(i) < =2); v(i) = -18* sin(pi/2* (t(i) -1)); end
  if (t(i) >2) & (t(i) < =5); v(i) = -18* exp(1* (2 - t(i))); end
  if (t(i) >5) & (t(i) < =6); v(i) = 24* sin(pi* (t(i) -5)); end
  if (t(i) >6) & (t(i) < =7); v(i) = -18* sin(pi/2* (t(i) -6)); end
  if (t(i) >7) & (t(i) < =10); v(i) = -18* exp(1* (7 - t(i))); end
  p(i) = v(i)^2/R;
end
w = cumsum(p)* dt; %Energy from cumulative sum times time
separation
%Plot results together on one plot using 'subplot' function
figure(1)
subplot(3,1,1); plot(t,v,'r'); %Plot voltage
ylabel('Voltage (V)');
subplot(3,1,2); plot(t,p,'r') %Plot power
ylabel('Power (W)')
subplot(3,1,3); plot(t,w,'r') %Plot energy
xlabel('Time (seconds)')
ylabel('Energy (J)')
```

所得到的曲线如图 2.27 所示，其中一个周期内的能量为 12.2075 W。

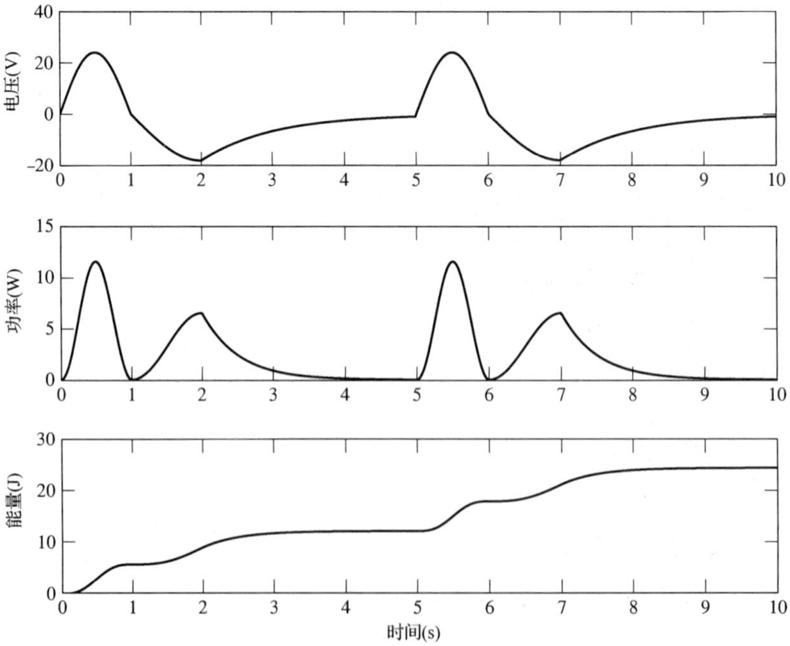


图 2.27 压电能量收集器的两个周期内的电压、功率和能量曲线

电阻可以作为定义短路和开路的基础。电阻为零时定义为短路，因为 $v = iR$，那么短路两端的电压必定为零，但可以有任意电流。同样，电阻为无穷大时定义为开路。从欧姆定律可以得到，不管开路电压多大，电流必定为零。尽管实际导线有一个很小的电阻，但我们总假定其电阻为零，除非特别说明。因此，在所有的电路图中，导线被认为是短路。

## 总结和复习

在本章中，我们介绍了单位，特别是那些与电路相关的单位，以及它们与基本单位(SI)之间的关系。我们也讨论了电流和电流源、电压和电压源，以及电压和电流相乘产生功率(能量消耗或产生的速率)。因为根据电流方向和电压极性，功率既可以为正，也可以为负，因此定义了无源符号规则，以确保可以知道一个元件是对电路的其他部分提供能量还是吸收能量。此外，介绍了 4 种称为受控源的电源，它们通常用来对复杂系统和电子器件建立模型，但它们的实际电压和电流只有在对整个电路进行分析后才能知道。最后，介绍了电阻，它是目前为止最常见的电路元件。电阻上的电压和电流是线性相关的(符合欧姆定理)。一种材料的电阻率是该材料的基本特性之一(用 Ω · cm 来度量)，然而电阻描述了器件的特性(用 Ω 表示)，因此电阻不仅与电阻率相关，而且与器件尺寸也相关(即长度和面积)。

下面是本章的一些主要内容，以及相关例题的编号。

- 电气工程中最常使用的单位制是国际单位制(SI)。
- 正电荷移动方向为正电流流动方向，即正电流流动方向与电子移动方向相反。
- 定义电流时必须同时给定数值和方向。通常用大写字母 $I$ 表示常数(直流)电流，用 $i(t)$ 或 $i$ 表示其他电流。
- 定义元件两端电压时必须在端子上标明“ + ”和“ - ”以及给出数值(既可以是数值，也可以是字母符号)。
- 如果正电流流出正电压端，则称该元件产生正功率。如果正电流流入正电压端，则该元件吸收正功率。(例 2.1 和例 2.2)
- 有 6 种电源：独立电压源、独立电流源、电流控制电流源、电压控制电流源、电压控制电压源，以及电流控制电压源。(例 2.3)
- 欧姆定律指出线性电阻两端的电压与流过的电流成正比，即 $v = Ri$。(例 2.4)
- 电阻消耗的功率(导致热量产生)为 $p = vi = i^2R = v^2/R$。(例 2.4)
- 在电路分析中，通常假定导线电阻为零，但是为具体应用选择线规时，必须查阅当地的电气和防火规则。(例 2.5)

说明：用 $i$ 或者 $i(t)$ 表示的电流可以是常量(直流)，也可以是时变量，但是用符号 $I$ 表示的电流一定是时不变的。

## 深入阅读

推荐一本深入讨论电阻特性和制造的好书：

Felix Zandman, Paul-René Simon, and Joseph Szwarc, *Resistor Theory and Technology*. Raleigh, N. C. : SciTech Publishing, 2002.

推荐一本通用的电气工程手册：

Donald G. Fink and H. Wayne Beaty, *Standard Handbook for Electrical Engineers*, 16th ed., New York: McGraw-Hill, 2013。

可以在国际标准组织的网站上参考详细的 SI：

Ambler Thompson and Barry N. Taylor, *Guide for the Use of the International System of Units (SI)*, NIST Special Publication 811, 2008 edition, www.nist.gov.

# 习题

## 2.1 单位和尺度

1. 将下列量转换成工程表示形式：

(a) 0.045 W (b) 2000 pJ (c) 0.1 ns

(d) 39 212 as (e) 3 Ω (f) 18 000 m

(g) 2 500 000 000 000 bits (h) $10^{15}$ atoms/cm$^3$(原子数/立方厘米)

2. 将下列量转换成工程表示形式：

(a) 1230 fs (b) 0.0001 dm (c) 1400 mK

(d) 32 nm (e) 13 560 kHz (f) 2021 micromoles(微摩尔)

(g) 13 deciliters(分升) (h) 1 hectometer(百米)

3. 用工程单位表示下列数值：

(a) 1212 mV (b) $10^{11}$ pA (c) 1000 yoctoseconds(幺秒)

(d) 33.9997 zeptoseconds(仄秒) (e) 13 100 attoseconds(阿秒) (f) $10^{-14}$ zettasecond(泽秒)

(g) $10^{-5}$ s (h) $10^{-9}$ Gs

4. 用米表示下面的距离：

(a) 1 Zm (b) 1 Em (c) 1 Pm (d) 1 Tm (e) 1 Gm (f) 1 Mm

5. 将下列表示转换成 SI 单位，使用合适的工程表示形式。

(a) 212 °F (b) 0 °F (c) 0 K (d) 200 hp (e) 1 yard (f) 1 m

6. 将下列表示转换成 SI 单位，使用合适的工程表示形式。

(a) 100 ℃ (b) 0 ℃ (c) 4.2 K (d) 150 hp (e) 500 Btu (f) 100 J/s

7. 完成热力学课后作业大约需要花 2 小时。这相当于多少银河年？(1 银河年 = 250 百万年)

8. 一台氮氟化物激光器产生的激光脉冲长 15 ns，并且每个脉冲的能量为 550 mJ。(a) 计算激光器的峰值瞬时输出功率。(b) 假定每秒最多可以产生 100 个脉冲，计算激光器输出的最大平均功率。

9. 你推荐的每天食物摄入量为 2500 卡路里(kcal)。如果所有这些能量都被有效处理，那么你的平均功率输出为多少？

10. 一辆电动汽车由功率为 40 hp 的单个电机驱动。如果该电机以最大输出连续运行 3 h，请计算消耗的能量。(使用工程表示形式的国际单位表示结果。)

11. 在 500 W/m$^2$ 的曝晒条件下(阳光直射)，假设太阳能电池效率(定义为输出功率与相关联的太阳能功率之比)为 10%，计算能够以一半功率驱动习题 10 中的电动汽车的光伏电池(太阳能电池)的面积。

12. 某金属氧化物压电式纳米发电机利用类似于一个人以中等速度慢跑的运动可以产生 100 pW 的电力。(a) 为了使用功率为 1 W 的 MP3，需要多少这种纳米设备？(b) 如果能够以每平方微米 5 个设备的密度将这种纳米设备直接制造到一片结构上，那么该结构需要多大面积？可行吗？

13. 假设全球有 90 亿人口，每人每天大约使用 100 W 功率。如果太阳能量为 800 W/m$^2$，转换效率(阳光到电力)为 10%，计算总共需要多大的陆地面积来建造光伏发电设备。

## 2.2 电荷、电流、电压、功率和能量

14. 从一小段铜线的一端流出并进入一个未知设备的总电荷为：$q(t)=5e^{-t/2}$ C，其中 $t$ 的单位为 s。计算流入该设备的电流，注意使用符号。

15. 流入一个双极型晶体管(BJT)集电极的电流为 1 nA，假设在 $t=0$ 之前没有电荷流入和流出集电极，该电流持续时间为 1 分钟，计算进入集电极的总电荷。

16. 存储在一个直径为 1 cm 的孤立板上的总电荷为 $-10^{13}$ C，则(a) 该板上有多少电子？(b) 电子密度(每平方米中的电子数)为多少？(c) 如果一个外部电源以每秒 $10^6$ 个电子的速率将电子加入该板，那么在电源和平板之间的电流大小是多少？

17. 在一个被遗忘的实验室里发现了一个神秘的设备，该设备从上电开始以方程 $q(t)=9-10t$ C 表示的速率积聚电荷。(a) 计算 $t=0$ s 时刻在设备中的总电荷。(b) 计算 $t=1$ s 时设备中的总电荷；(c) 求 $t=1$ s，3 s 和10 s 时流入设备的电流。

18. 某新型设备以方程 $q(t)=10t^2-22t$ mC ($t$ 的单位为 s)所示速率积聚电荷。(a) 在 $0\leqslant t<5$ s 的时间间隔内，求流入该设备的电流为零的时刻。(b) 画出在 $0\leqslant t<5$ s 的时间间隔内 $q(t)$ 和 $i(t)$ 的曲线。

19. 流过一个钨丝灯泡的电流为 $i(t)=114\sin(100\pi t)$ A。(a) 在 $t=0$ s 和 $t=2$ s 的时间间隔内，有多少次电流为零？(b) 在第 1 s 内，有多少电荷传输到该灯泡？

20. 如图 2.28 所示的电流波形的周期为 8 s。(a) 一个周期内电流的平均值为多少？(b) 如果 $q(0)=0$，画出曲线 $q(t)$，其中 $0<t<20$ s。

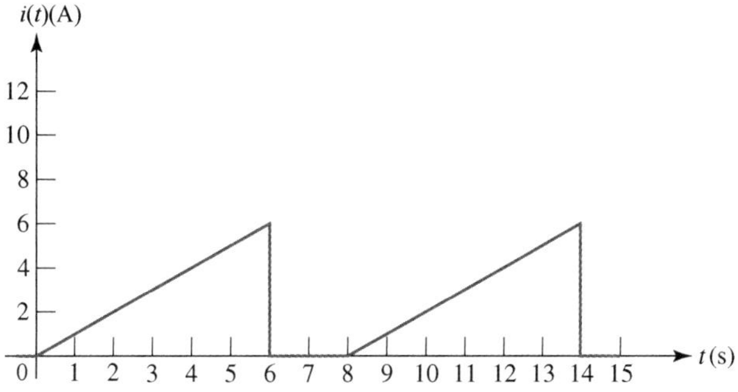


图 2.28　一个时变电流的例子

21. 图 2.29 所示的电流波形的周期为 4 s。(a) 一个周期内电流的平均值为多少？(b) 计算在 $1<t<3$ s 间隔内电流的平均值。(c) 如果 $q(0)=1$ C，画出曲线 $q(t)$，其中 $0<t<4$ s。

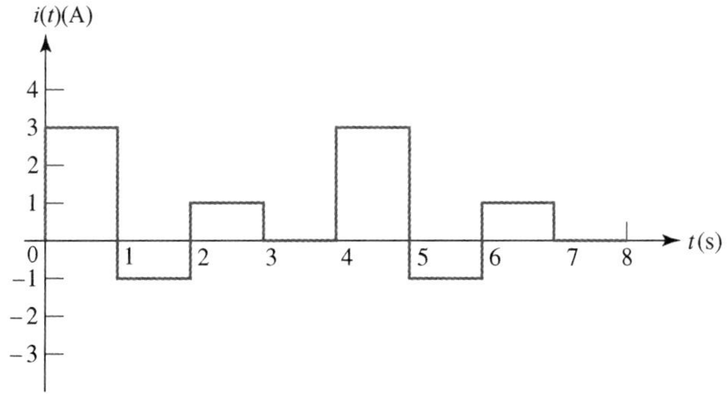


图 2.29　一个时变电流的例子

22. 随着风速增强，某风力发电系统的电流波形如下面的方程所示：

$$i(t) = \frac{1}{2}t^2 \sin\left(\frac{\pi}{8}t\right)\cos\left(\frac{\pi}{4}t\right)A$$

该电流被传输给一个 80 Ω 的电阻。画出 60 s 周期内的电流波形、功率波形和能量波形，并计算在 60 s 时间周期内收集的总能量。

23. 从一个设备中引出两根电极。左边电极为电压 $v_x$ 的正参考端(另一电极为负参考端)，右边电极为电压 $v_y$ 的正参考端(另一电极为负参考端)。如果将一个电子推入左边电极需要能量 1 mJ，求电压 $v_x$ 和 $v_y$。

24. 电压表通常使用黑笔表示负参考端，而红笔表示正参考端。(a) 解释为什么需要两支笔来测量电压。(b) 如果不小心将两支笔交换，那么下次测量会发生什么情况？

25. 求图 2.30 中每个元件吸收的功率。

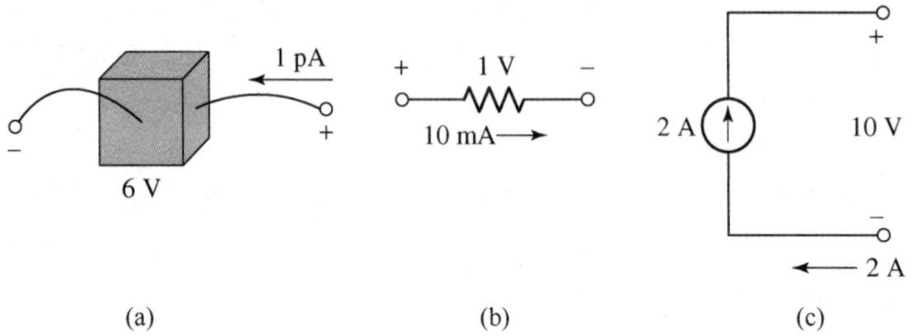


图 2.30　习题 25 的元件

26. 求图 2.31 中每个元件吸收的功率。

27. 求图 2.32 所示电路中的未知电流，并求每个元件吸收或提供的功率。验证总功率为零。

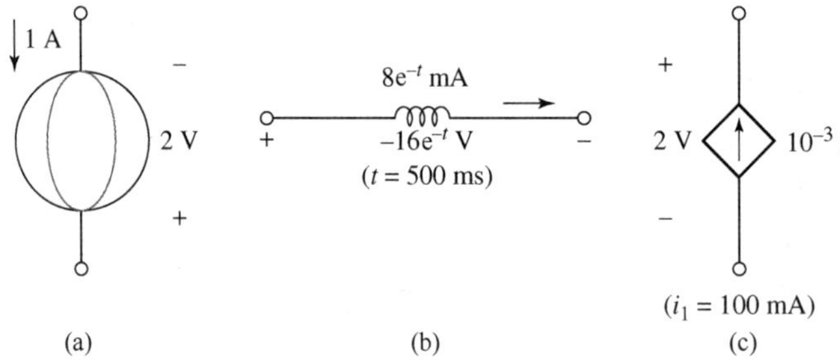


图 2.31　习题 26 的元件

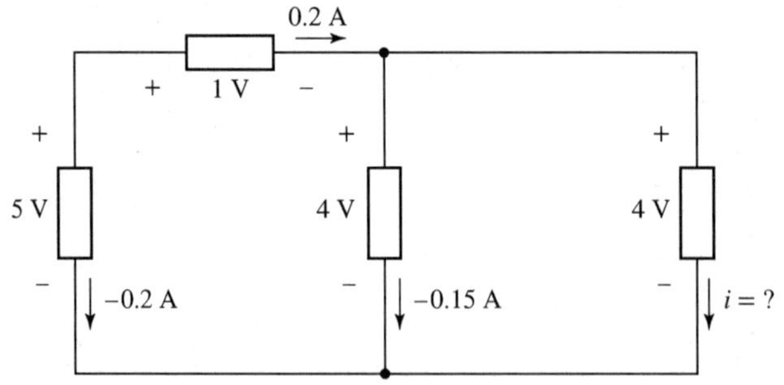


图 2.32

28. 流入电压 $v_p$ 的正参考端的电流为 1 A 的固定电流，计算 $t = 1$ s 时吸收的功率，其中 $v_p(t)$ 分别为：(a) +1 V；(b) −1 V；(c) $2 + 5\cos(5t)$ V；(d) $4e^{-2t}$ V。(e) 解释负吸收功率的意义。

29. 求图 2.33 电路中最左边元件提供的功率。

30. 图 2.34 所示的是美国佛罗里达州夏季中午 12 时暴露在直射阳光下的硅太阳能电池的电流-电压特性曲线，该曲线是通过将不同大小的电阻连接到该电池两端然后测量电流和电压得到的。(a) 短路电流值是多少？(b) 开路电压值是多少？(c) 估计从该器件可能获得的最大功率。

31. 某电力公司根据用户每天的能量消耗以不同的价格向用户收取费用：在任何 24 h 内，用电量在 20 kWh 以下时价格为 0.05 美元/kWh，超过 20 kWh 时，对所有能量使用按 0.10 美元/kWh 收取。(a) 计算每周可以有多少个 100 W的白炽灯泡连续点亮，并且花费小于 10 美元。(b) 如果连续使用 2000 kW 功率，计算每天的能耗成本。

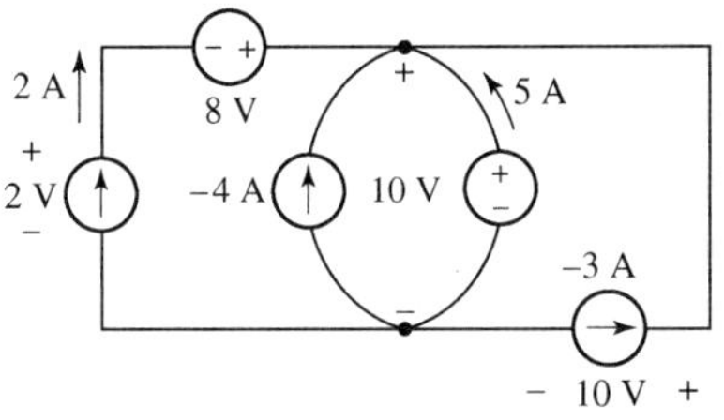


图 2.33

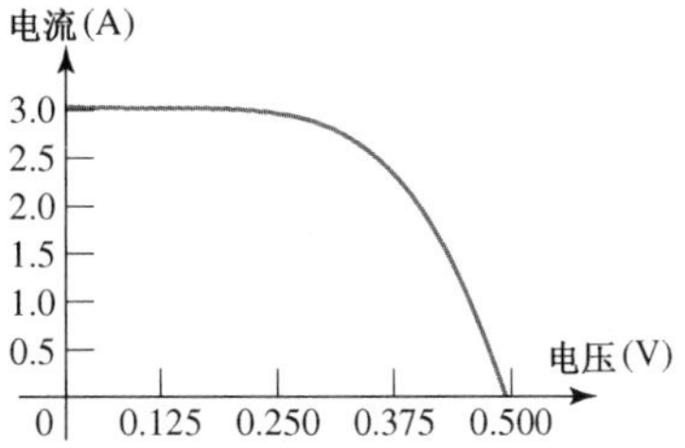


图 2.34

32. 为了鼓励用户在白天商业需求处于高峰时节省电力，公司制定了差别化的价格策略。如果晚上 9 点至上午 6 点之间使用电力，那么每千瓦时的价格是 0.033 美元，其他时间为 0.057 美元，那么一个 2.5 kW 的便携式加热器连续工作 30 天要花费多少钱？

33. 某笔记本电脑消耗的平均功率为 20 W，其可充电电池的电压为 12 V，容量为 5800 mAh，那么该电池一次充满电后，该笔记本电脑可以运行多长时间？

34. 你刚刚安装了屋顶太阳能光伏系统，它由 40 个光伏模块组成，在阳光最强的条件下，每个模块可以产生 180 W 的功率。每天平均有 5 h 的最强光照条件。如果电力价格为 15 美分/kWh，则该系统每年产生的电力价值为多少？

35. 某便携式音乐播放器需要 5 W 的功率，它由一个 3.7 V 的锂电池供电，该电池容量为 4000 mAh。该电池可以通过一个电流为 2 A，效率为 80% 的充电器进行充电。(a) 每次电池充满电后，该播放器可以运行多长时间？(b) 需要多长时间才能将该电池充满电？

## 2.3　电压源和电流源

36. 确定图 2.33 所示电路中的理想电源哪些提供正功率，哪些吸收正功率，并证明每个元件吸收的功率的代数和等于零。

37. 比较老式的白炽灯泡和新型的高效 LED 灯泡，发现它们具有相同的输出，都为 800 流明(lumens)，这相当于 5 W 的光强度(光功率)。但是，发现白炽灯泡消耗 60 W 电功率，而 LED 灯泡消耗 12 W 电功率。为什么光功率和电功率不一致？难道能量守恒定律不要求这两个量相等吗？

38. 在图 2.35 所示的电路中，流过每个元件的电流都相同。电压控制的受控源提供的电流是电压 $V_x$ 的 5 倍。(a) 当 $V_R = 10$ V，$V_x = 2$ V 时，求每个元件吸收的功率。(b) 元件 $A$ 可能是无源器件还是有源器件？为什么？

39. 在图 2.35 所示的电路中，流过每个元件的电流都相同。电压控制的受控源提供的电流是电压 $V_x$ 的 5 倍。(a) 当 $V_R = 100$ V，$V_x = 92$ V 时，求每个元件提供的功率。(b) 证明所提供功率的代数和等于零。

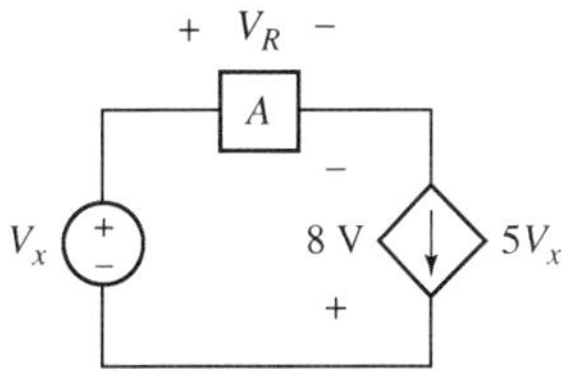


图 2.35

40. 图 2.36 所示电路中含有一个受控电流源，它提供的电流的大小和方向取决于电压 $v_1$，即 $i_2 = -3v_1$。当 $v_2 = 33i_2$，$i_2 = 100$ mA 时，求 $v_1$。

41. 图 2.37 电路中的受控源提供的电压取决于电流 $i_x$。如果该受控源要提供 1 W 的功率，那么 $i_x$ 应该多大？

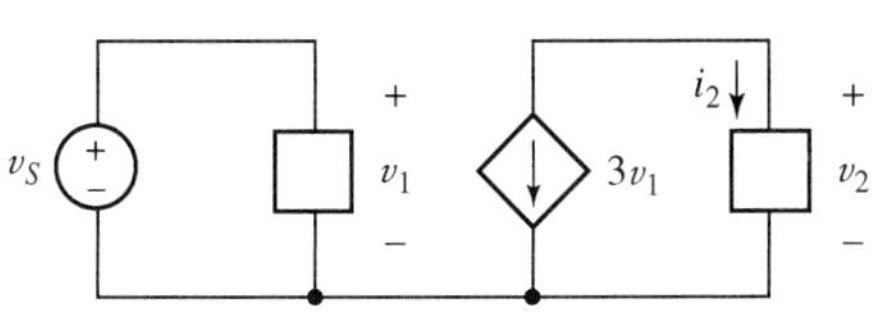


图 2.36

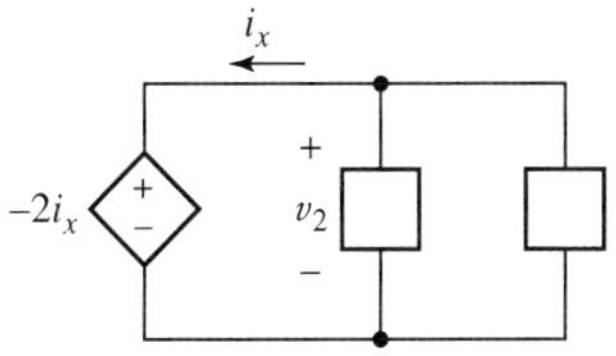


图 2.37

## 2.4 欧姆定律

42. 求流过一个 4.7 kΩ 电阻的电流大小，假设其两端电压分别为：(a) 1 mV；(b) 10 V；(c) $4e^{-t}$ V；(d) 100 cos(5$t$) V；(e) −7 V。
43. 制造实际电阻时都会存在一定的容差，因此导致其电阻值是不确定的。例如，一个容差为5%的 1 Ω 电阻实际上其电阻值可能是 0.95~1.05 Ω 范围内的任何值。计算一个容差为10%的2.2 kΩ 电阻两端的电压，其中流过该电阻的电流分别为：(a) 1 mA；(b) 4 sin 44$t$ mA。
44. (a) 画出一个 2 kΩ 电阻的电流-电压关系曲线($y$ 轴为电流)，其中电压范围为 −10 V ≤ $V_{resistor}$ ≤ +10 V，注意正确标注坐标轴。(b) 斜率为多少？(用西门子 S 表示结果。)
45. 假设流过 33 Ω 电阻上的电流为 2.8 cos($t$) A，画出 0 < $t$ < 2π s 范围内该电阻上的电压曲线。假设电压和电流都符合无源符号规则。
46. 图 2.38 给出了 3 种不同电阻性元件的伏安特性曲线。假定电压和电流符合无源符号规则，求每个元件的电阻值。

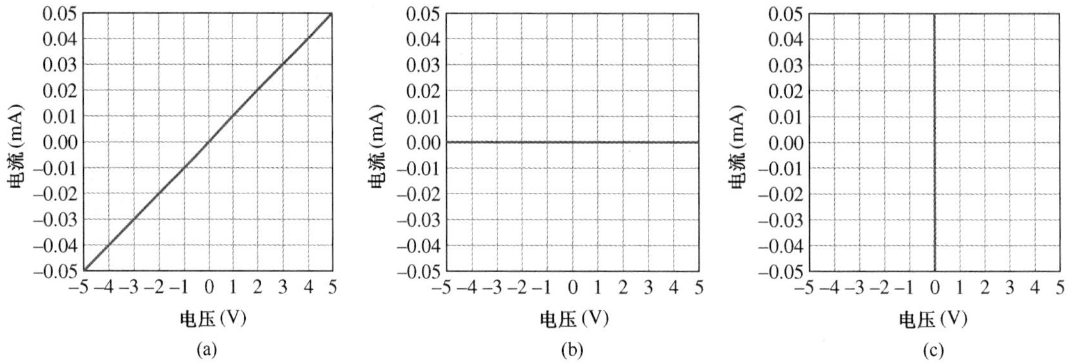


图 2.38

47. 检查图 2.38 所示的伏安特性曲线，哪一个元件最适合作为保险丝？为什么？
48. 求下列电导(用西门子 S 表示)：(a) 0 Ω；(b) 100 MΩ；(c) 200 mΩ。
49. 求流过 10 mS 电导的电流大小，假设其电压分别为：(a) 2 mV；(b) −1 V；(c) $100e^{-2t}$ V；(d) 5 sin(5$t$) V；(e) 0 V。
50. 一个容差为1%的 1 kΩ 电阻的实际阻值可能是 990~1010 Ω 范围内的任意值。假设其两端电压为 9 V，求：(a) 相应的电流范围；(b) 相应的吸收功率范围。(c) 如果电阻换成容差为 10% 的 1 kΩ 电阻，重新计算(a)和(b)。
51. 利用一个可变电压源和一个电流表测量一个未标注的电阻，获得如下实验数据。但是，该电流表的读数有些不稳定，因此引入了一些测量误差。

| 电压(V) | 电流(mA) |
|---|---|
| −2.0 | −0.89 |
| −1.2 | −0.47 |
| 0.0 | 0.01 |
| 1.0 | 0.44 |
| 1.5 | 0.70 |

(a) 画出测量得到的电流与电压的特性曲线。

(b) 利用一条最佳拟合直线，估算电阻值。

52. 如图 2.39 所示电路，利用电压源提供的总功率必须等于两个电阻吸收的总功率，证明：

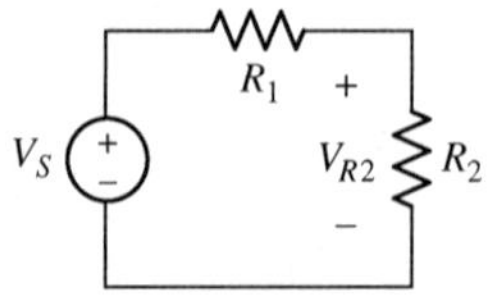


图 2.39

$$V_{R_2} = V_S \frac{R_2}{R_1 + R_2}$$

可以假定流过每个元件的电流相等(电荷守恒)。

53. 电路如图 2.39 所示，假设电阻 $R_2$代表一个非常灵敏且昂贵的电子设备。为了确保该设备不被破坏，接入 $R_1$来表示一个保险丝，该保险丝的额定电流为 5 A，电阻值为 0.1 Ω。如果电源电压为 12 V，则在保险丝被熔断之前 $R_2$能够遇到的最小电阻值为多少?

54. 求图 2.40 所示电路中的电流 $I$ 以及电阻吸收的功率。

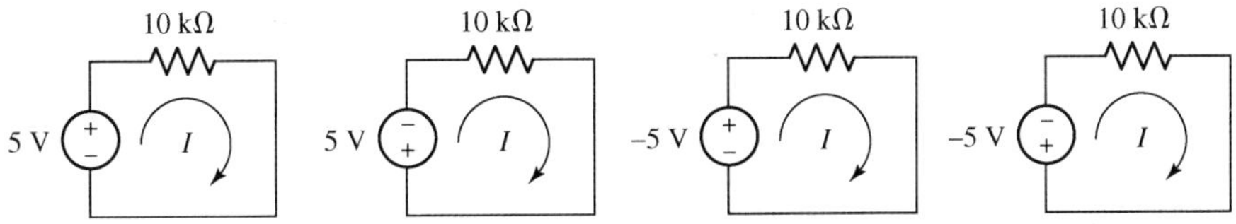


图 2.40

55. 画出 100 Ω 电阻吸收的功率与电压之间的函数关系曲线，假定电压范围为 $-2\ V \leq V_{resistor} \leq +2\ V$。

56. 建立包含一个电源、一个触觉传感器和一个保险丝的子电路。为了保证该电路安全工作，电流必须小于 250 mA。测量得到传感器的功率为 12 W，电源提供 12.2 W 功率，保险丝两端的电压为 500 mV。该电路能够被正确地保护吗?

57. 利用表 2.4 中的数据，计算下列尺寸的 50 ft 长的电线的电阻和电导：AWG2，AWG14 和 AWG28。

## 综合题

58. 为了保护一个昂贵的电路元件不会承受过高的功率，决定在电路设计中接入一个保险丝。已知该电路元件被连接到 12 V，它的最小功耗为 12 W，能够安全工作的最大功耗是 100 W，那么可以选择下面哪种额定电流的保险丝：1 A，4 A 或 10 A? 为什么?

DP 59. "N 型"单晶硅的电阻率 $\rho = (-qN_D\mu_n)^{-1}$，其中 $N_D$为磷原子浓度(原子数/cm$^3$)，$\mu_n$为电子迁移率(cm$^2$/V · s)，$q = -1.602 \times 10^{-19}$ C 是每个电子的电荷量。迁移率与 $N_D$之间的关系如图 2.41 所示。假设直径为 8 in 的硅圆片厚为 300 μm，给定磷浓度范围为 $2 \times 10^{15}\ cm^{-3} \leq N_D \leq 2 \times 10^{17}\ cm^{-3}$，设计一个 10 Ω 电阻及其适当的电阻几何图形。

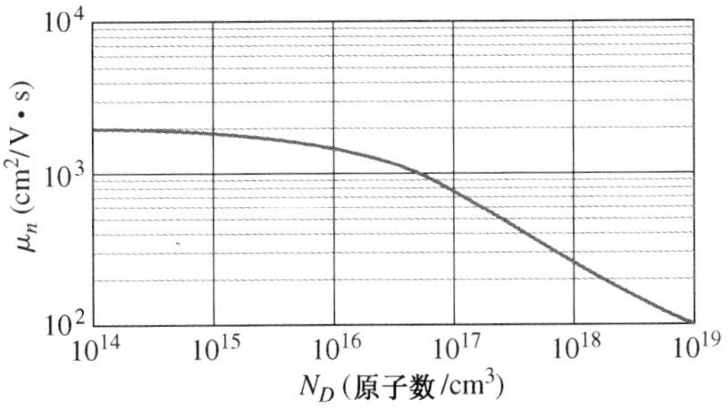


图 2.41

60. 一个直流电源与灯相距 250 ft，该灯汲取 25 A 的电流。如果使用 AWG14 的电线来连接电源和灯(注意需要两条电线，总长 500 ft)，计算在电线上损耗的功率。

61. 表 2.4 中的电阻值是在温度为 20 ℃时的值，对于其他温度可以下列关系式修正电阻值①：

① D. G. Fink and H. W. Beaty, *Standard Handbook for Electrical Engineers*, 13th ed. New York: McGraw-Hill, 1993, pp. 2-9.

$$\frac{R_2}{R_1} = \frac{234.5 + T_2}{234.5 + T_1}$$

其中，$T_1$为参考温度(这里为 20 ℃)，$T_2$为工作温度，$R_1$为参考温度下的电阻值，$R_2$为工作温度下的电阻值。

某设备依赖于外部的一段 AWG28 软铜线，其电阻值在温度为20℃时为50.0 Ω。遗憾的是，工作环境发生了变化，温度变为110.5℉。(a) 计算原来电线的长度。(b) 确定需要缩短的电线值以保持50.0 Ω 不变。

62. 某表包含一个容差为 1% 的 10 Ω 电阻。遗憾的是，前一次使用该表的人已将该电阻损坏，因此需要更换。设计一个合适的替换品，假设你至少可以得到表 2.4 中所列的各种规格的电线 1000 ft。

63. 如果 1 mA 电流流过直径为 1 mm，长为 2.3 m 的硬且圆的镀铝钢电线(B415)，那么由于电线的阻抗，损耗的功率为多少？如果换成相同尺寸的 B75 规范的电线，那么由于阻抗损耗的功率将会减少多少？

64. 如图 2.42 所示的网络可以用来对双极型晶体管建模，只要该晶体管工作在放大模式。参数$\beta$为电流增益。如果该器件$\beta = 100$，且$I_B$为 100 μA，计算：(a) 流入集电极的电流$I_C$；(b) 发射结上损耗的功率。

65. 一个 100 W 的钨丝灯泡利用灯丝上的阻抗损耗进行工作，它每秒从电源吸收 100 J 的能量。那么它每秒产生多少光学能量？这违反能量守恒原理吗？

66. 某 LED 的工作电流为 40 mA，正向电压为 2.4 V。利用两个 1.5 V 的电池设计得到如图 2.43 所示的串联电路。每个电池的容量为 2000 mAh。求所需的电阻值，以及电池能量耗光之前该电路能够工作多长时间？

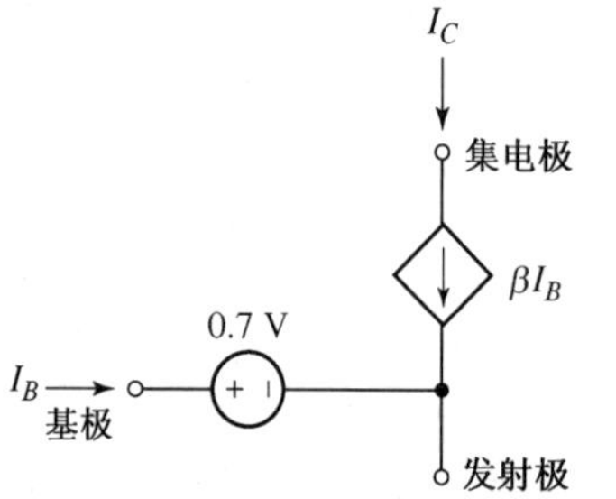


图 2.42 工作在放大区的双极型晶体管的直流模型

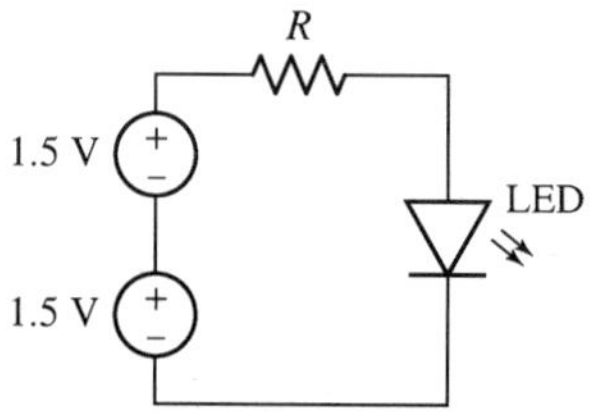


图 2.43

67. 人们发现可以利用收集室内环境光的光电池而不使用 AA 电池来对钟直接供电。光电池和 AA 电池都能提供所需的 1.5 V 电压和合适的电流。光电池的效率为 15%，成本为 6 美元，每个 AA 电池的容量为 1200 mAh，成本为 1 美元。如果使用光电池代替 AA 电池，那么什么时候能够回收成本(即光电池的成本与使用 AA 电池的成本相同的时刻)？

# 第3章　电压和电流定律

## 主要概念

- 电路术语：节点、路径、回路和支路
- 基尔霍夫电流定律(KCL)
- 基尔霍夫电压定律(KVL)
- 基本串联和并联电路的分析
- 电源的串联和并联
- 串联和并联电阻的组合
- 分压和分流原理
- 接地

## 引言

第2章已经介绍了独立电压和电流源、受控源以及电阻。我们已经知道有4种不同的受控源，它们受存在于电路中其他地方的电压或电流的控制。一旦知道一个电阻两端的电压，就可以知道流过电阻的电流(反之亦然)，但对电源来说情况并非如此。通常来说，对电路进行分析就是确定电路中完整的电流和电压信息。事实证明这是合理的，并且除了欧姆定理，我们只需要两个简单的定理：基尔霍夫电流定律(KCL)和基尔霍夫电压定律(KVL)，它们分别是电荷守恒和能量守恒的简化描述。它们适用于我们将遇到的任何电路，但在接下来的几章中还会介绍其他更有效的方法，以便对特定情况进行分析。

## 3.1　节点、路径、回路和支路

现在关注由两个或两个以上电路元件组成的简单网络中的电流-电压关系。这些元件利用电阻为零的电线(有时也称为导线)连接在一起。因为该网络由简单元件和连接导线组成，因此称为**集总参数网络**。当网络包含近乎无穷的、难以觉察的小元件时，则称为**分布参数网络**，对它的分析将面临更多的困难。本书主要讨论集总参数网络。

⚠两个或两个以上元件具有的公共连接点称为**节点**。例如，图3.1(a)所示的电路包含3个节点。有时网络的画法可能会让粗心的学生认为节点数多于实际的节点数。比如图3.1(a)中的节点1，当表示成如图3.1(b)所示的由一个导体(零电阻)连接的两个分离连接点时，就可能得到错误的节点数。原因是将一个普通的节点扩展成了零电阻的连接导线。因此，必须把连线本身或者与元件相连的连线部分作为该节点的一部分，同时还要注意每个元件各端均有一个节点。

> 说明：在实际电路中，导线通常具有一定的电阻。但该电阻与电路中其他电阻相比要小得多，因此忽略导线电阻并不会产生明显的误差。从现在开始，在讨论的理想电路中，导线电阻均假设为零。

假定从网络中的某个节点开始移动，经过一个元件到达另一端的节点，再从该节点经过另一个不同的元件到达下一个节点，继续这样的移动，直到经过所期望数量的元件为止。如果不存在经过次数多于一次的节点，则所经过的这组元件和节点就构成了**路径**。如果起点和终点为同一节点，则该路径定义为闭合路径或**回路**。

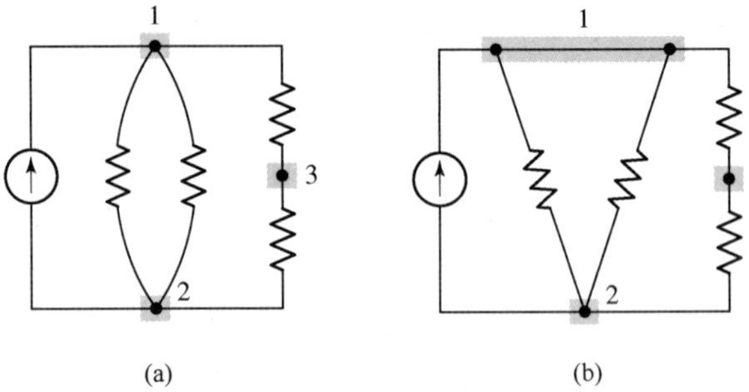


图 3.1 (a) 包含 3 个节点和 5 条支路的电路；(b) 节点 1 被画成看似两个节点，但实际仍是一个节点

比如在图 3.1(a)中，如果从节点 2 经过电流源到达节点 1，再经过右上端的电阻到达节点 3，则构成了一条路径。由于没有重新回到节点 2，所以该路径不构成回路。而如果从节点 2 经过电流源到达节点 1，再从中间左边的电阻向下到达节点 2，然后向上经过中间的电阻回到节点 1。这时并不构成一条路径，因为存在经过了两次的节点(确切地说是存在两个这样的节点)。因为回路首先必须是路径，因此它也就不构成回路。

另一个比较便利的术语是支路，定义为网络中的一条路径，这条路径只包含一个元件以及该元件两端的节点。因此，路径是一系列支路的集合。图 3.1(a)和图 3.1(b)所示电路包含 5 条支路。

## 3.2 基尔霍夫电流定律

现在开始讨论以出生于欧姆时代的德国大学教授 Gustav Robert Kirchhoff 命名的两个定律中的一个。该定律称为基尔霍夫电流定律(简写为 KCL)，简单表述为

流入任何节点的电流的代数和等于零。

该定律给出了节点上不能积聚电荷的数学描述。节点不是电路元件，显然不能存储、消灭或产生电荷，因此电流之和必定等于零。通过水力装置类比有助于理解这一点：如果 3 个水管接成 Y 形，定义流入每个水管的水流为“电流”。假定水流一直是流动的，显然不可能有 3 个同时为正的水流，否则水管将会破裂。这是因为所定义的方向与实际水流方向无关，因此所定义的“电流”必定有一个或者两个为负值。

考虑图 3.2 所示的节点，流入该节点的 4 个电流的代数和必定为零：

$$i_A + i_B + (-i_C) + (-i_D) = 0$$

显然该定律可以等效地应用于流出该节点的电流的代数和：

$$(-i_A) + (-i_B) + i_C + i_D = 0$$

有时希望写成参考方向指向节点的电流之和与指向相反方向的电流之和相等的形式：

$$i_A + i_B = i_C + i_D$$

该式表明，流入节点的电流之和必须等于流出节点的电流之和。

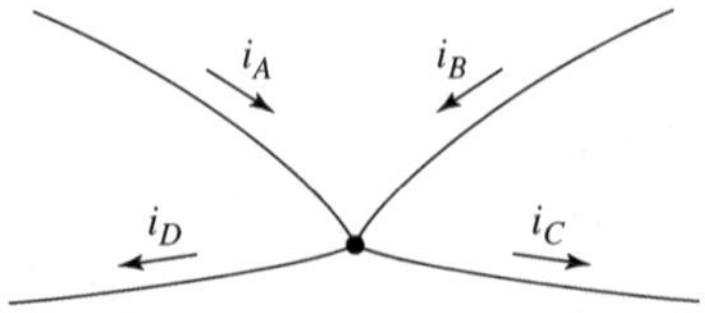


图 3.2 解释应用基尔霍夫电流定律的节点例子

基尔霍夫电流定律的紧凑表达式为

$$\sum_{n=1}^{N} i_n = 0 \qquad [1]$$

它是下式的简写：

$$i_1 + i_2 + i_3 + \cdots + i_N = 0 \qquad [2]$$

当使用式[1]或式[2]时，应理解为所有 $N$ 个电流的参考方向或者全部流向所讨论的节点，或者全部从节点流出。

**例 3.1**　电路如图 3.3(a)所示，已知电压源提供的电流为 3 A，计算流过电阻 $R_3$ 的电流。

**解：明确题目的要求**

流过电阻 $R_3$ 的电流在图中标为 $i$。

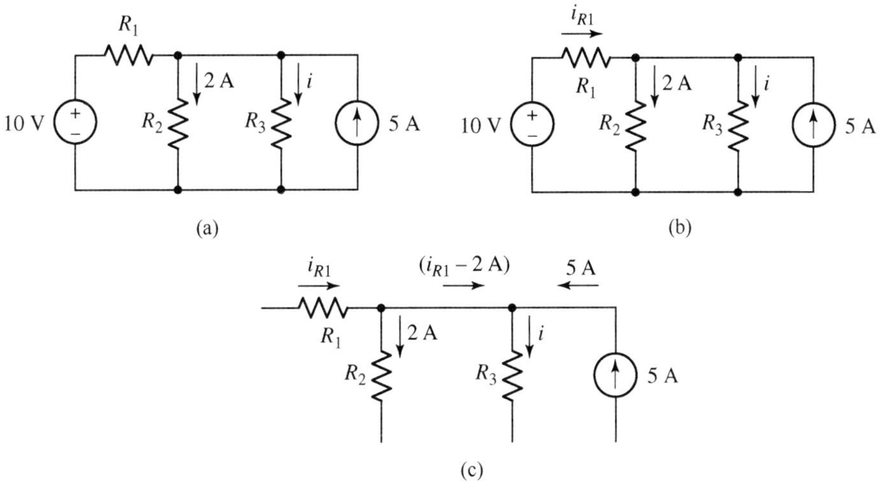


图 3.3　(a) 求流过 $R_3$ 的电流的简单电路。注意，$R_1$，$R_2$，$R_3$ 画成看似两个节点，但实际是一个节点；(b) 标注流过 $R_1$ 的电流，以便写出基尔霍夫电流方程；(c) 为清晰起见，重画流入电阻 $R_3$ 上端节点的电流

## 收集已知信息

$R_3$ 上端的节点连接到 4 条支路，其中 2 条支路电流已在图中标出：一个是从节点流出进入 $R_2$ 的 2 A 电流，另一个是从电流源流入该节点的 5 A 电流。已知从 10 V 电源流出的电流为 3 A。

## 设计方案

如果标注流过 $R_1$ 的电流，如图 3.3(b)所示，则可以写出 $R_2$ 和 $R_3$ 上端节点的基尔霍夫电流方程。

## 建立一组合适的方程

对流入该节点的电流求和：　　$i_{R_1} - 2 - i + 5 = 0$

为清晰起见，图 3.3(c)所示的局部放大的电路给出了流入该节点的电流。

**确定是否还需要其他信息**

可以看出这里只有一个方程，但却有两个未知数，因此需要再得到一个方程。本题中，已知10 V 电源提供3 A 的电流，从基尔霍夫电流定律可知，它就是电流 $i_{R1}$。

**尝试求解**

代入 $i_{R1}$，可得 $i = 3 - 2 + 5 = 6$ A。

**验证结果是否合理或是否是预计的**

验证求解过程总是值得的，而且还可以试着估算解的范围是否合理。在本例中有两个电源，分别提供5 A和3 A的电流，但没有其他独立源或受控源，因此不可能得到任何大于8 A的电流。

## 练习

3.1 (a) 计算图3.4所示电路的支路数和节点数。(b) 如果 $i_x = 3$ A，18 V 的电源提供 8 A 的电流，求 $R_A$的值。(提示：应用欧姆定律和KCL定律。)

答案：(a) 5条支路，3个节点；(b) 1 Ω。

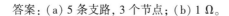

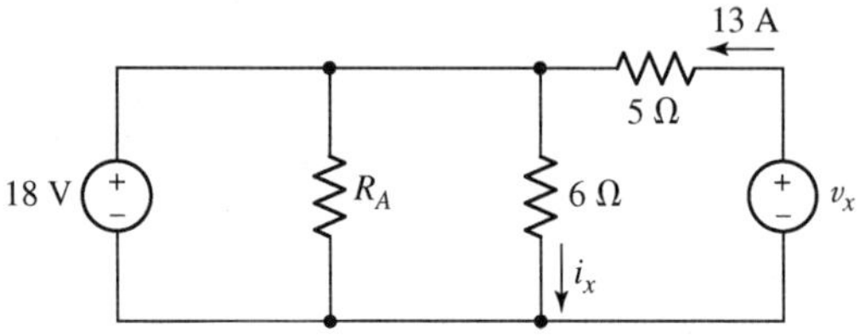


图3.4

# 3.3 基尔霍夫电压定律

电流与电路元件中的电荷流动有关，而电压是元件两端电势能量差的度量。由于某些原因，学生在初学电路分析时经常会混淆这个内容。在电路理论中，任何电压都具有唯一的值。因此，在电路中，将单位电荷从 $A$ 点移到 $B$ 点所需的能量与从 $A$ 点到 $B$ 点所选的路径无关(路径通常不止一条)。这一点可以表述为基尔霍夫电压定律(简写为KVL)，即

沿任何闭合回路的电压的代数和等于零。

在图3.5中，如果把1 C的电荷从 $A$ 点经过元件1移到 $B$ 点，根据图中标出的 $v_1$参考极性可知，需要做 $v_1$焦耳(J)的功①。同样，如果从 $A$ 点经节点 $C$ 移到 $B$ 点，则需要$(v_2 - v_3)$J的能量。所做的功与电路中的路径无关，因此任何路径都必然导致相同的电压值，因此

$$v_1 = v_2 - v_3 \qquad [3]$$

该式表明，如果沿着一个闭合路径进行移动，那么所经过各元件的电压的代数和必然为零，因此可写出

$$v_1 + v_2 + v_3 + \cdots + v_N = 0$$

或者简写为

$$\sum_{n=1}^{N} v_n = 0 \qquad [4]$$

可以使用不同的方式应用基尔霍夫电压定律。与其他方式相比，下面这种方式在列方程时不容易犯错误。在头脑中按顺时针方向沿闭合路径走一遍，如果首先遇到的是元件标有

① 选取电荷为1 C是为了数值计算上的方便，这时所做的功为(1 C)·($v_1$ J/C) = $v_1$ J。

“+”号的端子，就直接写下它的电压；如果首先遇到的是元件标有“-”号的端子，就写下该电压的负值。根据这种方法，对于图 3.5，有

$$-v_1 + v_2 - v_3 = 0$$

结果与前面的式[3]一致。

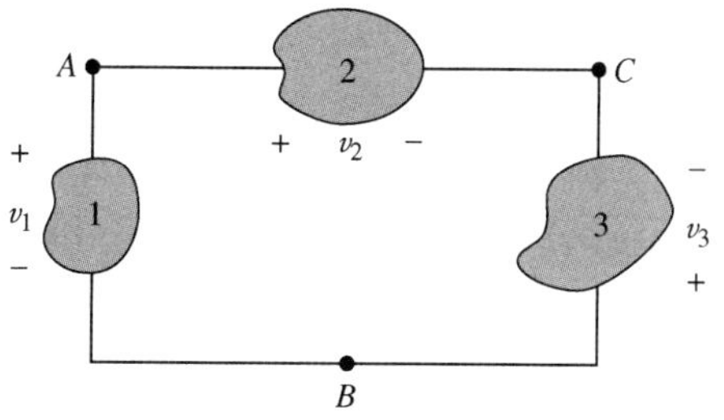


图 3.5　$A$ 点和 $B$ 点之间的电势差与所选路径无关

**例 3.2**　电路如图 3.6 所示，求 $v_x$ 和 $i_x$。

**解**：已知电路的其中两个元件两端的电压，因此可以立即应用基尔霍夫电压定律，求得 $v_x$。

从 5 V 电源的下端节点开始，沿顺时针方向对该回路应用基尔霍夫电压定律，可得

$$-5 - 7 + v_x = 0$$

因此 $v_x = 12$ V。

对该电路应用基尔霍夫电流定律，一定得到流过 3 个元件的电流相同，都为 $i_x$。然而现在已知 100 Ω 电阻两端的电压，利用欧姆定律可得

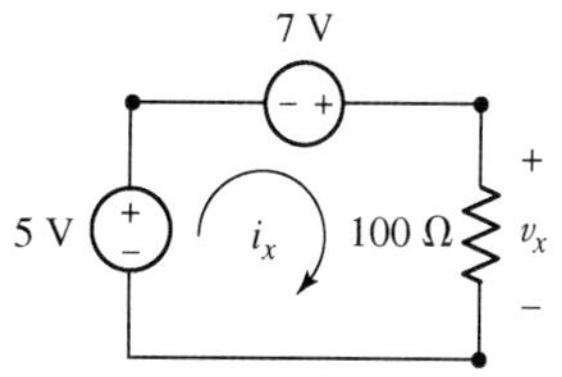


图 3.6　包含两个电压源和一个电阻的简单电路

$$i_x = \frac{v_x}{100} = \frac{12}{100}\ \text{A} = 120\ \text{mA}$$

## 练习

3.2　在图 3.7 所示的电路中，求 $i_x$ 和 $v_x$。

答案：$v_x = -4$ V；$i_x = -400$ mA。

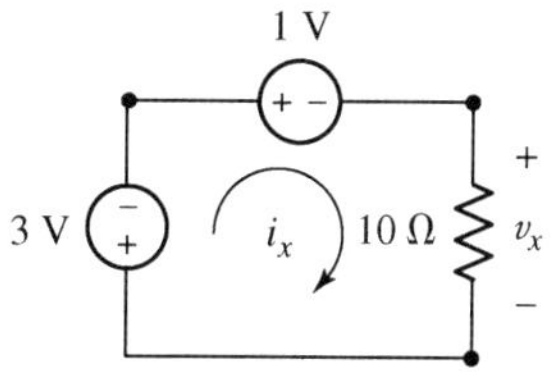


图 3.7

**例 3.3**　图 3.8 所示电路有 8 个电路元件，求 $v_{R2}$（$R_2$ 两端的电压）和 $v_x$。

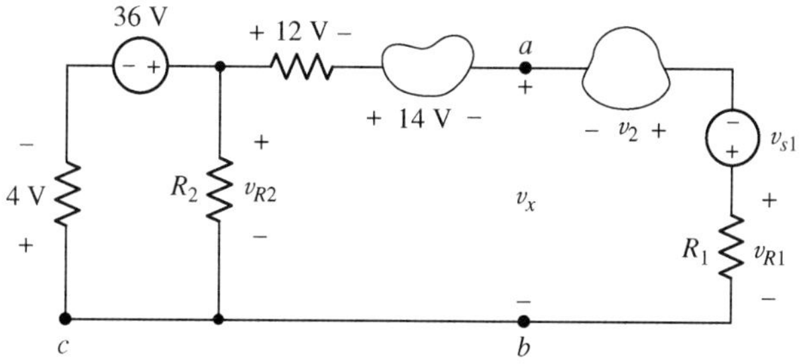


图 3.8　包含 8 个元件的电路，需求出 $v_{R2}$ 和 $v_x$

**解**：求 $v_{R2}$ 最好的方法是寻找一个可以应用基尔霍夫电压定律的回路。这里有几个选择，但仔细观察电路可知最左边的回路是一个合适的路径，因为其中有两个电压都已经给出。因此，可以对这个回路写出基尔霍夫电压方程来求得 $v_{R2}$，从 $c$ 点开始：

$$4 - 36 + v_{R2} = 0$$

得到 $v_{R2} = 32$ V。

为了求 $v_x$，可以将该电压看成右边 3 个元件两端的电压的代数和。但是，因为不知道这些量的值，所以不可能得到数值结果。然而，可以对从 $c$ 点开始向上右转到 $a$，经过 $v_x$ 到 $b$，再经

过导线到 $c$ 的回路应用基尔霍夫电压定律:

$$+4-36+12+14+v_x=0$$

可得

$$v_x=6\text{ V}$$

另一种方法是:已知 $v_{R2}$,通过 $R_2$ 可以快速得到

$$-32+12+14+v_x=0$$

同样可以得到 $v_x$ =6 V。

说明:$b$ 点和 $c$ 点以及它们之间的导线属于同一个节点。

## 练习

3.3 电路如图 3.9 所示,求:(a) $v_{R2}$;(b) $v_2$,假设 $v_{R1}$ =1 V。

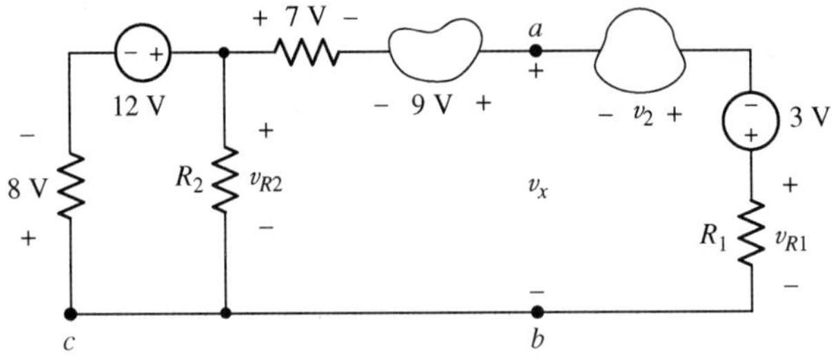


图 3.9

答案:(a) 4 V;(b) −8 V。

就像刚才所看到的,正确分析一个电路的关键是规范地标出图中所有的电压和电流。通过这种方式,仔细写出基尔霍夫电流方程和基尔霍夫电压方程就能得到正确的关系式,必要时,比如未知量多于最初得到的方程数时,再应用欧姆定律。可以用一个更详细的例子来解释这一点。

**例 3.4** 求图 3.10(a)所示电路中的 $v_x$。

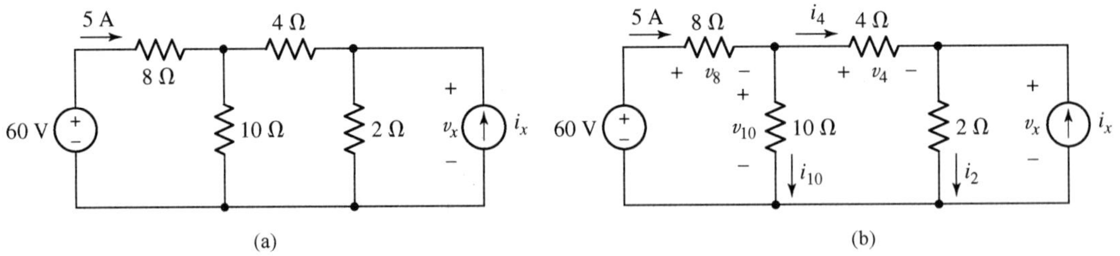


图 3.10 (a) 需要利用基尔霍夫电压方程确定 $v_x$ 的电路;(b) 标注了电压和电流的电路

**解:** 首先对电路中剩余元件的电压和电流进行标注,如图 3.10(b)所示。注意,2 Ω 电阻和电源 $i_x$ 两端的电压都为 $v_x$。

方法 A:如果可以得到流过 2 Ω 电阻的电流,则利用欧姆定律可以得到 $v_x$。写出正确的基尔霍夫电流方程,可以得到

$$i_2=i_4+i_x$$

遗憾的是，我们不知道这 3 个量中任何一个的数值，因此求解过程(暂时)受阻。幸运的是，我们有方法 B。

方法 B：因为已经知道从 60 V 电源流出的电流，所以可以先从这半边的电路考虑。不通过 $i_2$ 来求解 $v_x$，而是直接利用基尔霍夫电压定律来求解 $v_x$。写出如下基尔霍夫电压方程：

$$-60 + v_8 + v_{10} = 0$$

和

$$-v_{10} + v_4 + v_x = 0 \qquad [5]$$

这里的进展是，已经得到包含 4 个未知数的两个方程，比原来任何变量都未知的一个方程有了一点进步。事实上，因为已知流过 8 Ω 电阻的电流为 5 A，利用欧姆定律可得 $v_8 = 40$ V。因此，$v_{10} = 0 + 60 - 40 = 20$ V，所以式[5]可简化为

$$v_x = 20 - v_4$$

如果可以确定 $v_4$，问题就可以解决了。

求 $v_4$ 电压最好的方法是利用欧姆定律，因此需要求出 $i_4$。从基尔霍夫电流方程可得

$$i_4 = 5 - i_{10} = 5 - \frac{v_{10}}{10} = 5 - \frac{20}{10} = 3$$

因此，$v_4 = (4)(3) = 12$ V，并得到 $v_x = 20 - 12 = 8$ V。

## 练习

3.4　求图 3.11 所示电路中的 $v_x$。

答案：$v_x = 12.8$ V。

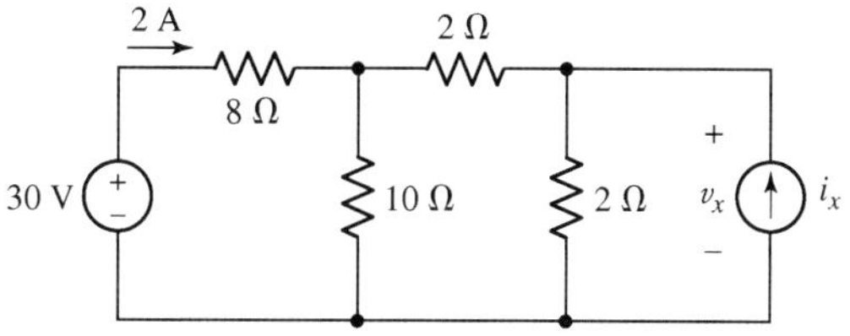


图 3.11

## 3.4　单回路电路

我们已经看到，可以对包含几个回路和多个不同元件的一个电路连续使用基尔霍夫电流定律、基尔霍夫电压定律及欧姆定律。在进一步讨论之前，首先介绍串联电路的概念(3.5 节将介绍并联电路)，因为它们是以后讲到的所有网络的基础。

在一个电路中，拥有同一个电流的所有元件的连接称为串联连接。比如，在图 3.10 所示的电路中，60 V 电源与 8 Ω 电阻串联连接，因为它们拥有同一个 5 A 电流。但是，8 Ω 电阻与 4 Ω 电阻非串联连接，因为它们具有不同的电流。注意：元件可能具有相同的电流，但非串联连接。在相邻房间的两个 100 W 灯泡可能具有相等的电流，但它们肯定不拥有同一个电流，并且不是串联连接。

图 3.12(a)所示是包含两个电池和两个电阻的简单电路。假定每个端子、连接导线以及焊点都是零电阻的，组成了图 3.12(b)所示电路图中的一个独立节点。两个电池视为理想电压源，内阻足够小，可以忽略。两个电阻假定是理想(线性)电阻。

需要求解流过每个元件的电流、每个元件两端的电压以及每个元件吸收的功率。分析的第一步是假定未知电流的参考方向。假定电流 $i$ 的参考方向为顺时针方向，从左边电压源上端流出，如图 3.12(c)所示。应用基尔霍夫电流定律，可知流过电路中其他元件的电流也必定相同。为了强调这一点，在电路图中还标出了其他几个电流标记。

分析的第二步是选择每个电阻的电压参考极性。无源符号规则要求所定义的电阻电流和电压变量要使得电流流入电压参考极性的正端。因为已经选择了电流方向，所以 $v_{R1}$ 和 $v_{R2}$ 如图 3.12(c)中所定义。

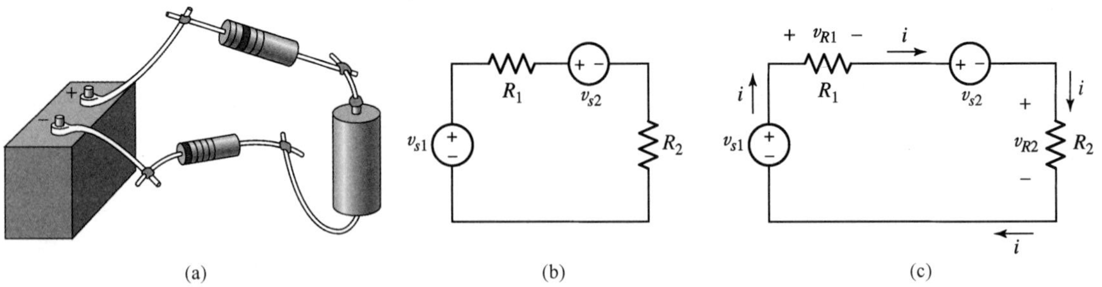


图 3.12 (a) 包含 4 个元件的单回路电路；(b) 给定电压源和电阻值的电路模型；(c) 加上电流和电压参考符号的电路

第三步对唯一的闭合回路应用基尔霍夫电压定律。假设沿电路顺时针方向移动，从左下角开始，直接写出遇到正极性的电压和负极性电压的负数：

$$-v_{s1} + v_{R1} + v_{s2} + v_{R2} = 0 \quad [6]$$

对电阻应用欧姆定律，可得 $v_{R1} = R_1 i \quad 和 \quad v_{R2} = R_2 i$

代入式[6]，可得 $-v_{s1} + R_1 i + v_{s2} + R_2 i = 0$

因为只有 $i$ 未知，可得 $$i = \frac{v_{s1} - v_{s2}}{R_1 + R_2}$$

现在利用 $v = Ri$，$p = vi$ 或 $p = i^2 R$ 可求得每个元件的电压和功率。

## 练习

3.5 电路如图 3.12(b)所示，已知 $v_{s1} = 120$ V，$v_{s2} = 30$ V，$R_1 = 30\ \Omega$，$R_2 = 15\ \Omega$，计算每个元件吸收的功率。

答案：$p_{120V} = -240$ W；$p_{30V} = 60$ W；$p_{30\Omega} = 120$ W；$p_{15\Omega} = 60$ W。

**例 3.5** 计算图 3.13(a)所示电路中每个元件吸收的功率。

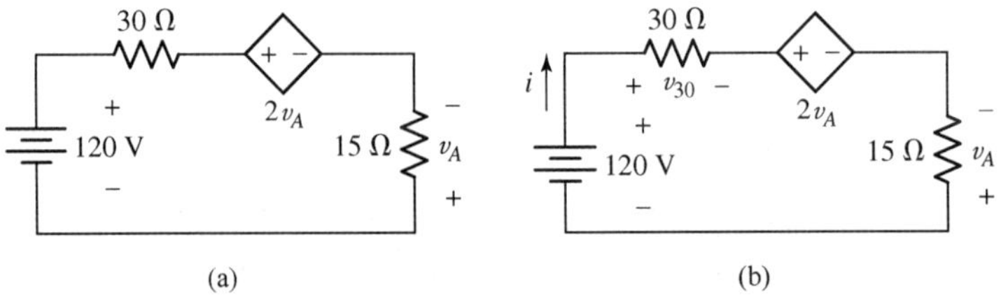


图 3.13 (a) 包含受控源的单回路电路；(b) 指定电流 $i$ 和电压 $v_{30}$

**解：** 首先为电流 $i$ 和电压 $v_{30}$ 指定图 3.13(b)所示的参考方向和参考极性。无须为15 Ω 电阻规定电压，因为受控源的控制电压 $v_A$ 已经知道。(但是必须注意 $v_A$ 的参考符号与根据无源符号规则定义的电压相反。)

该电路包含一个受控电压源，在未确定 $v_A$ 之前该值未知，但是可以使用 $2v_A$ 值(就如该值已知)。因此，对该回路建立基尔霍夫电压方程如下：

$$-120 + v_{30} + 2v_A - v_A = 0 \quad [7]$$

利用欧姆定律，引入已知电阻值：

$$v_{30} = 30i \quad 和 \quad v_A = -15i$$

注意，必须有一个负号，因为 $i$ 流入 $v_A$ 的负端。

将其代入式[7]，可得　$-120 + 30i - 30i + 15i = 0$

因此可求得　$i = 8\ \text{A}$

计算每个元件吸收的功率如下：

$$\begin{aligned} p_{120\text{V}} &= (120)(-8) = -960\ \text{W} \\ p_{30\Omega} &= (8)^2(30) \quad = 1920\ \text{W} \\ p_{\text{dep}} &= (2v_A)(8) \quad = 2[(-15)(8)](8) \\ &\qquad\qquad\qquad = -1920\ \text{W} \\ p_{15\Omega} &= (8)^2(15) \quad = 960\ \text{W} \end{aligned}$$

## 练习

3.6　在图 3.14 所示的电路中，求每个元件吸收的功率。

答案：从左边开始顺时针求得：0.768 W，1.92 W，0.2048 W，0.1792 W，-3.072 W。

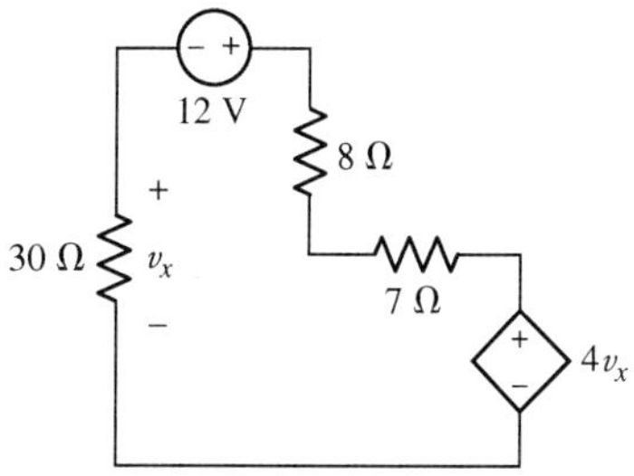


图 3.14　单回路电路

在例 3.5 和练习 3.6 中，要求计算电路中每个元件吸收的功率。然而电路中所有的吸收功率值不可能都为正，因为必须有地方产生能量。根据能量守恒原理，可以知道**电路中每个元件吸收功率之和应该等于零**。换句话说，至少有一个量为负(忽略电路不能工作的情况)。换种表达方式：各元件提供的功率之和应该等于零。更实际地说，**吸收功率之和等于提供的功率之和**。

我们用例 3.5 的图 3.13 所示电路来验证这一点，它包含两个电源(一个受控源，一个独立源)和两个电阻。将每个元件吸收的功率相加，可得

$$\sum_{\text{所有元件}} p_{\text{吸收}} = -960 + 1920 - 1920 + 960 = 0$$

实际上(和吸收功率相关的符号能说明)120 V 的电源提供 +960 W 的功率，受控源提供 +1920 W 的功率。因此，电源提供的功率之和为 960 + 1920 = 2880 W。电阻应该吸收正的功率，在本例题中功率之和为 1920 + 960 = 2880 W。因此，考虑电路的每个元件：

$$\sum p_{\text{吸收}} = \sum p_{\text{提供}}$$

与预期的结果相同。

再来看练习 3.6，读者也可以验证答案，可以看出吸收功率之和为 0.768 + 1.92 + 0.2048 + 0.1792 - 3.072 = 0。一个很有趣的现象是：12 V 独立电压源吸收 + 1.92 W 功率，这意味着该电源是消耗功率而不是提供功率。相反，该电路中所有的功率都由受控源提供，这可能吗？我们总是希望电源提供正的功率，但是由于在电路中采用了理想电源，实际上就有可能存在流入任何电源的净功率。如果该电路换个方式，同一个电源就可能对外提供功率，只是必须在电路分析完成后才知道结果。

## 3.5　单节点对电路

伴随 3.4 节讨论的单回路电路的是单节点对电路，该电路中的所有元件都连接在相同的一对节点之间。图 3.15(a)所示电路即为单节点对电路。根据基尔霍夫电压定律，可知每条支路两端的电压与其他支路两端的电压相同。电路中两端具有共同电压的元件称为**并联连接**的元件。

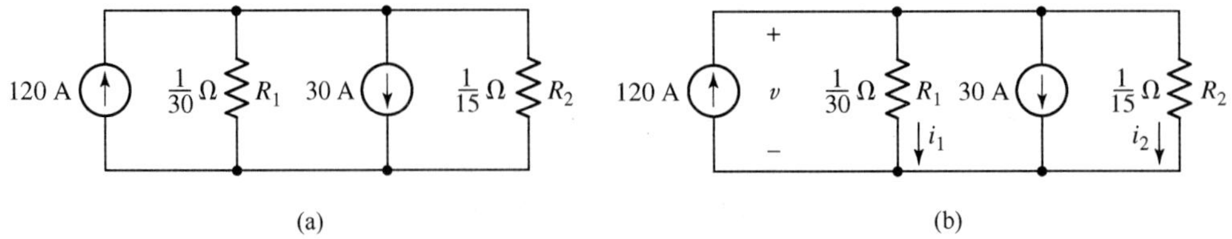


图 3.15 (a) 单节点对电路；(b) 指定一个电压和两个电流

**例 3.6** 电路如图 3.15(a)所示，求每个元件的电压、电流和功率。

**解：** 首先定义一个电压 $v$，任意选择极性，如图 3.15(b)所示。根据无源符号规则，选择两个电阻上流过的电流，如图 3.15(b)所示。

只要确定电流 $i_1$ 或 $i_2$ 就可以得到 $v$ 的值。因此，下一步就是对电路的两个节点应用基尔霍夫电流定律，流出上面节点的电流的代数和等于零：

$$-120+i_1+30+i_2=0$$

利用欧姆定律，用电压 $v$ 表示两个电流：

$$i_1=30v \quad 和 \quad i_2=15v$$

可以得到 $$-120+30v+30+15v=0$$

求解该方程，可得 $v$ 的结果为 $$v=2\text{ V}$$

然后利用欧姆定律得出 $$i_1=60\text{ A} \quad 和 \quad i_2=30\text{ A}$$

接下来可以计算每个元件吸收的功率。两个电阻吸收的功率为

$$p_{R1}=30(2)^2=120\text{ W} \quad 和 \quad p_{R2}=15(2)^2=60\text{ W}$$

两个电源吸收的功率为

$$p_{120\text{A}}=120(-2)=-240\text{ W} \quad 和 \quad p_{30\text{A}}=30(2)=60\text{ W}$$

因为 120 A 的电源吸收 −240 W 的功率，它实际上为电路中其他元件提供功率。同样，我们可以发现 30 A 的电源实际上吸收功率而不是提供功率。

## 练习

3.7 电路如图 3.16 所示，求 $v$。

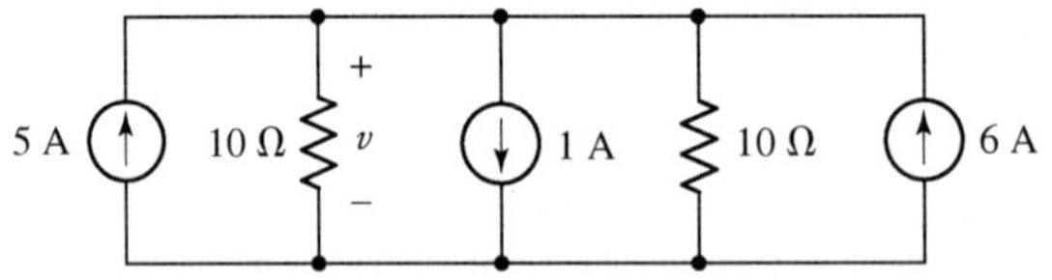


图 3.16

答案：50 V。

**例 3.7** 求图 3.17 所示电路中电压 $v$ 的值以及独立电流源提供的功率。

**解：** 根据基尔霍夫电流定律，流出上面节点的电流之和必然为零，因此

$$i_6-2i_x-0.024-i_x=0$$

同样，在电路分析未完成之前，即使受控源($2i_x$)的实际值未知，也一样可以像其他任何电流源那样看待。

对每个电阻应用欧姆定律：

$$i_6=\frac{v}{6000} \quad \text{和} \quad i_x=\frac{-v}{2000}$$

$$\frac{v}{6000}-2\left(\frac{-v}{2000}\right)-0.024-\left(\frac{-v}{2000}\right)=0$$

可得 $v=(600)(0.024)=14.4$ V。

现在可以很容易地得到该电路的其他信息，通常只需一步即可。比如，独立电流源提供的功率为 $p_{24}=14.4(0.024)=0.3456$ W(345.6 mW)。

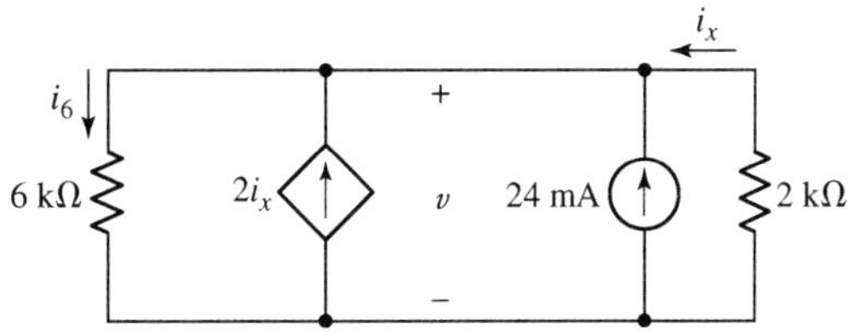


图 3.17　包含一个受控源的单节点对电路，其中指定了电压 $v$ 和电流 $i_6$

### 练习

3.8　单节点对电路如图 3.18 所示，求 $i_A$，$i_B$ 和 $i_C$。

答案：3 A；−5.4 A；6 A。

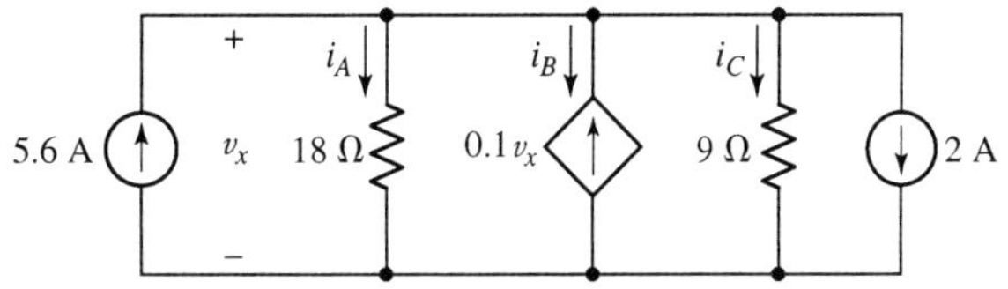


图 3.18

## 3.6　电源的串联和并联

在分析串并联电路时，通过将电源合并可以减少方程数。但是需要注意，必须保证电路中所有未合并部分的电流、电压和功率关系不变。比如，几个串联的电压源可以用一个等价的电压源代替，其电压是各独立电压源的代数和，如图 3.19(a)所示。同样，对于并联的电流源，也可以通过对各独立的电流求代数和将它们合并，并且相互之间的次序可以根据需要重新排列，如图 3.19(b)所示。

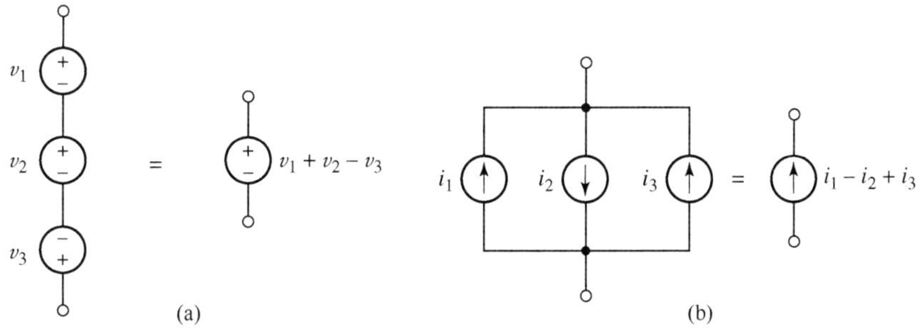


图 3.19　(a) 串联的电压源可以被单个电源取代；(b) 并联的电流源可以被单个电源取代

**例 3.8**　电路如图 3.20(a)所示，首先将电源合并成一个等效的电压源，然后求电流 $i$。

**解：** 电压源只有在串联形式下才能合并。因为流过每个电压源的电流相同($i$)，因此它们是串联连接。

从左下角开始，按顺时针方向：

$$-3-9-5+1=-16\text{ V}$$

因此，可以用一个 16 V 电源来替代 4 个电压源，该电源的负参考极性如图 3.20(b)所示。

利用基尔霍夫电压定律和欧姆定律可得

$$-16+100i+220i=0$$

或
$$i = \frac{16}{320} = 50 \text{ mA}$$

必须注意图 3.20(c)中的电路也是等效的，通过计算 $i$ 很容易验证这一点。

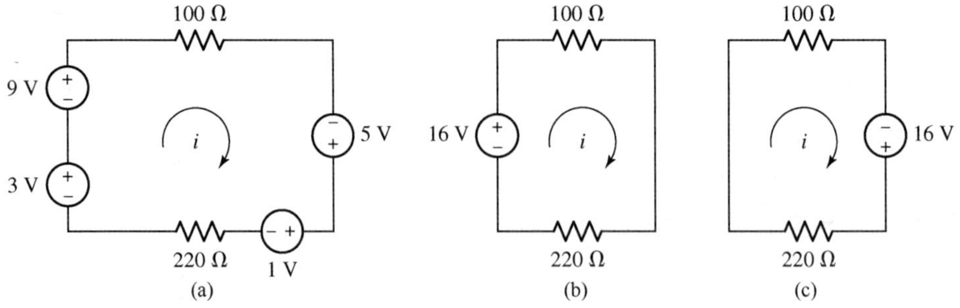


图 3.20

## 练习

3.9 对图 3.21 所示电路的 4 个电源进行合并，然后求 $i$。

答案：−54 A。

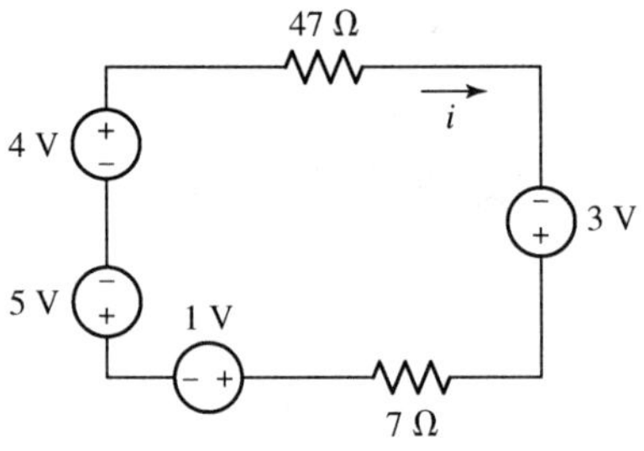


图 3.21

**例 3.9** 电路如图 3.22(a)所示，首先将电源合并成一个等效的电流源，然后求电压 $v$。

**解：** 如果每个电源两端具有相同的电压，那么这些电源可以合并。很容易验证本例中就是这种情况。因此，可以利用一个箭头向上的新的电源来替换所有的电源，只要将流向上面节点的所有电流相加：

$$2.5 - 2.5 - 3 = -3 \text{ A}$$

等效电路如图 3.22(b)所示。

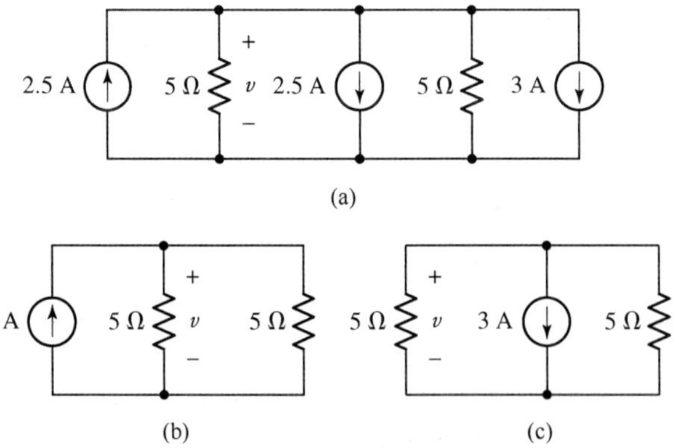


图 3.22

利用基尔霍夫电压定律可以写出

$$-3 + \frac{v}{5} + \frac{v}{5} = 0$$

求解，可得 $v = 7.5$ V。

另一个等效电路如图 3.22(c)所示。

## 练习

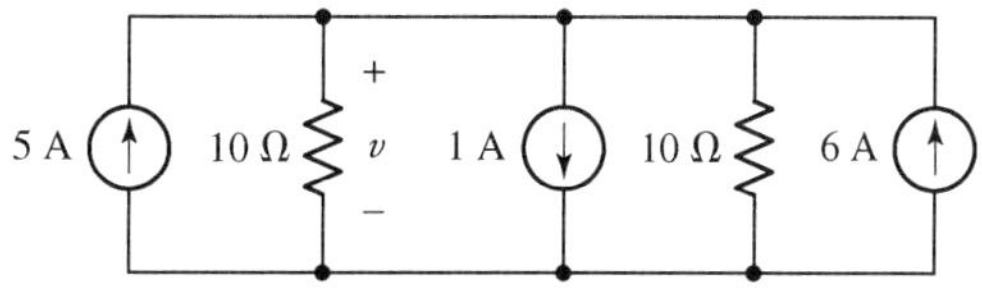


图 3.23

3.10　电路如图 3.23 所示，首先将 3 个电源合并成一个等效电源，然后求电压 $v$。

答案：50 V。

为了对电源的串联和并联进行总结，我们应该考虑两个电压源的并联，以及两个电流源的串联。例如，5 V 电源与 10 V 电源并联后等效为多少？根据电压源的定义，电压源两端的电压不能改变。而由基尔霍夫电压定律可知，5 V 必须等于 10 V，这显然是不可能的。因此，理想电压源只有当端电压在任何时候都相等时才能并联。同样，两个电流源只有在任何时候都具有相同的电流（包括符号）时才能串联。

**例 3.10**　判断图 3.24 中哪个电路是有效的。

**解**：图 3.24(a)所示电路包含两个并联的电压源。每个电源值不同，因此该电路违背了基尔霍夫电压定律。例如，如果 5 V 电源两端并联一个电阻，那么该电阻同时也与 10 V 电源并联，因此电阻两端的实际电压是歧义的，显然电路不能构建成这样的结构。如果我们尝试着在现实生活中搭建这样的电路，可以发现不可能有理想电压源——所有实际的电源都有内阻。内阻的存在使得两个实际的电源之间可以有不同的电压。据此，图 3.24(b) 是有效的电路。

图 3.24(c)所示的电路违背了基尔霍夫电流定律：流过电阻 $R$ 的电流不明确。

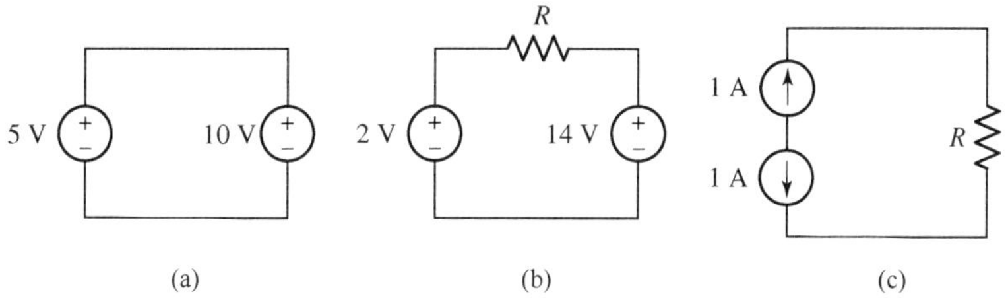


图 3.24　包含多个电源的电路，其中有些电路违背了基尔霍夫定律

## 练习

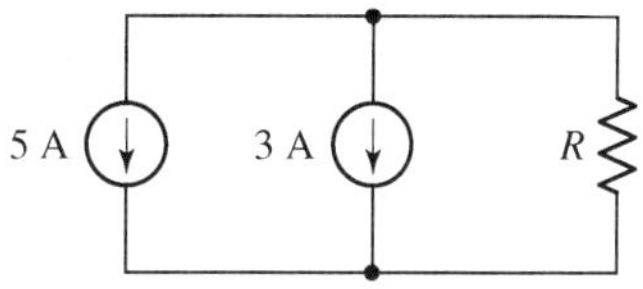


图 3.25

3.11　判断图 3.25 所示电路是否违背了基尔霍夫定律。

答案：否。但是如果没有电阻则违背基尔霍夫定律。

## 3.7　电阻的串联和并联

通常可以用一个简单的等效电阻来替换相对复杂的电阻组合。在不关心电阻组合中每个电阻的电流、电压或者功率时，这种方法特别有效。但是，必须保证电路中剩余部分的电流、电压和功率的关系不变。

考虑图 3.26(a)所示的 $N$ 个电阻的串联组合。为了简化电路，希望用单个电阻 $R_{eq}$ 来代替这 $N$ 个电阻，使得电路的剩余部分（在这里只是电压源）不会感觉到这种变化，即电源的电流、电压和功率关系必须在替换前后保持不变。

首先，应用基尔霍夫电压定律可得

$$v_s = v_1 + v_2 + \cdots + v_N$$

然后，应用欧姆定律可得

$$v_s = R_1 i + R_2 i + \cdots + R_N i = (R_1 + R_2 + \cdots + R_N)i$$

这个结果可以与图 3.26(b)所示的等效电路的方程进行比较。

$$v_s = R_{eq} i$$

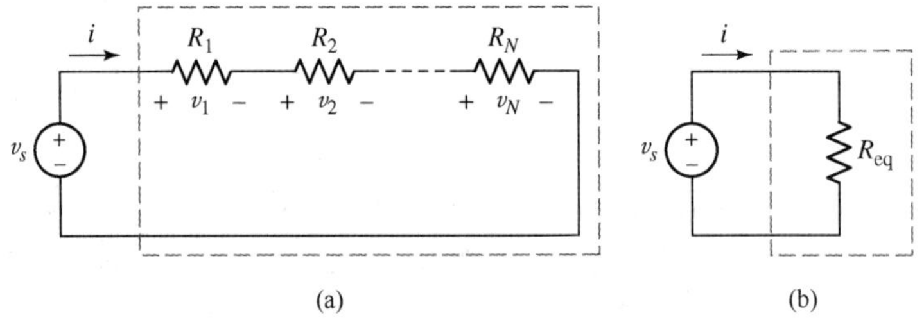


图 3.26 (a) $N$ 个电阻的串联组合；(b) 电气上的等效电路

**提示：串联电路的基尔霍夫电压方程表明元件位置的顺序变化不会对结果产生影响。**

因此，$N$ 个串联电阻的等效电阻值为

$$\boxed{R_{eq} = R_1 + R_2 + \cdots + R_N} \qquad [8]$$

即可以用一个二端元件 $R_{eq}$ 替换由 $N$ 个串联电阻组成的二端网络，并且保持 $v$-$i$ 关系不变。

⚠ 这里需要再次强调，人们有时会对合并前某个元件的电流、电压或者功率关系感兴趣。比如，受控电压源的电压可能依赖于电阻 $R_3$ 两端的电压，一旦 $R_3$ 和其他几个电阻一起合并成一个等效电阻，该电阻就不再存在了，因此不能确定其两端的电压，除非把 $R_3$ 从组合中移出来。在这种情况下，最好不把 $R_3$ 作为组合的一部分。

## 练习

3.12 电路网络如图 3.27 所示，(a) 求从 $a$ 和 $b$ 两个端子看进去的等效电阻，其中 $c$ 未连接；(b) 求从 $a$ 和 $c$ 看进去的等效电阻，其中 $b$ 未连接。

答案：(a) 16 Ω；(b) 14 Ω。

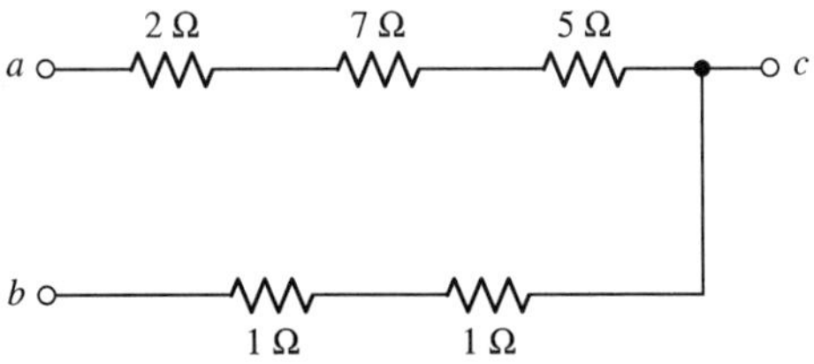


图 3.27

**例 3.11** 利用电阻和电源的组合，求图 3.28(a)所示电路中的电流 $i$ 和 80 V 电源提供的功率。

**解：** 首先交换电路中的元件位置，必须保持电源的正确方向，如图 3.28(b)所示。下一步是将 3 个电压源合并成一个 90 V 等效电源，4 个电阻合并成一个 30 Ω 等效电阻，如图 3.28(c)所示。因此，不必写出

$$-80 + 10i - 30 + 7i + 5i + 20 + 8i = 0$$

而只要写出

$$-90 + 30i = 0$$

就可以得到

$$i = 3\text{ A}$$

为了计算所给电路中 80 V 电源提供的功率，必须回到图 3.28(a)所示的电路，因为电流为 3 A，因此功率为 80 V × 3 A = 240 W。

有趣的是，在等效电路中不包含任何初始元件。

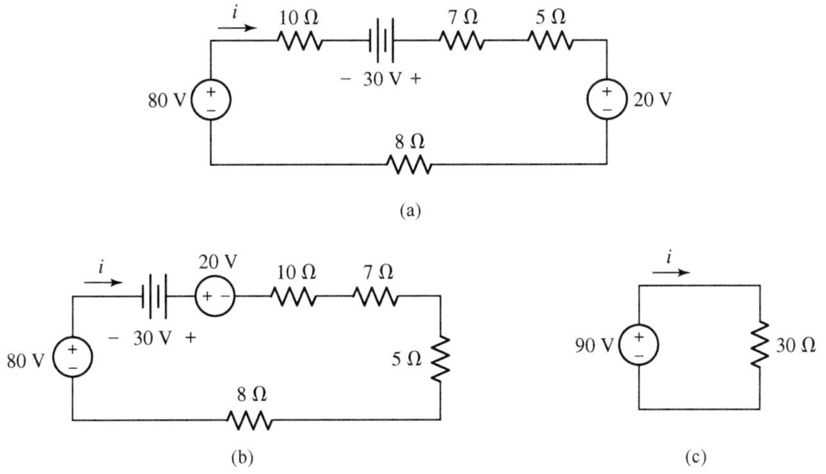


图 3.28　(a) 包含几个电源和电阻的串联电路；(b) 为清楚起见，重新安排元件位置；(c) 更简单的等效电路

## 练习

3.13　求图 3.29 所示电路中的电流 $i$。

答案：-333 mA。

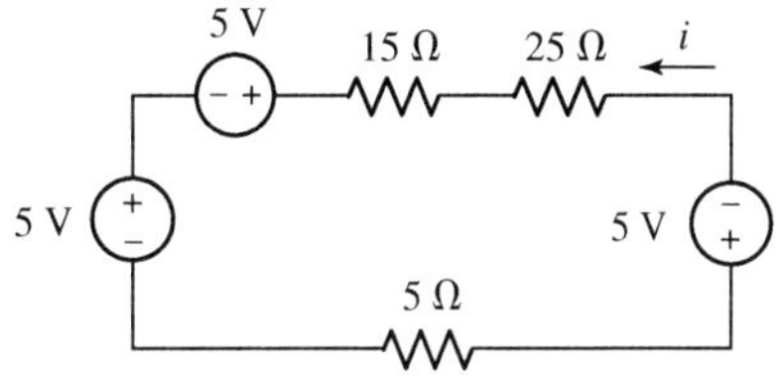


图 3.29

类似的简化过程也可以应用到并联电路中。考虑一个包含 $N$ 个并联电阻的电路，如图 3.30(a) 所示，可以得到基尔霍夫电流方程

$$i_s = i_1 + i_2 + \cdots + i_N$$

或者

$$i_s = \frac{v}{R_1} + \frac{v}{R_2} + \cdots + \frac{v}{R_N} = \frac{v}{R_{eq}}$$

因此

$$\boxed{\frac{1}{R_{eq}} = \frac{1}{R_1} + \frac{1}{R_2} + \cdots + \frac{1}{R_N}} \qquad [9]$$

该式可以写成

$$R_{eq}^{-1} = R_1^{-1} + R_2^{-1} + \cdots + R_N^{-1}$$

或者用电导表示为

$$G_{eq} = G_1 + G_2 + \cdots + G_N$$

简化(等效)电路如图 3.30(b) 所示。

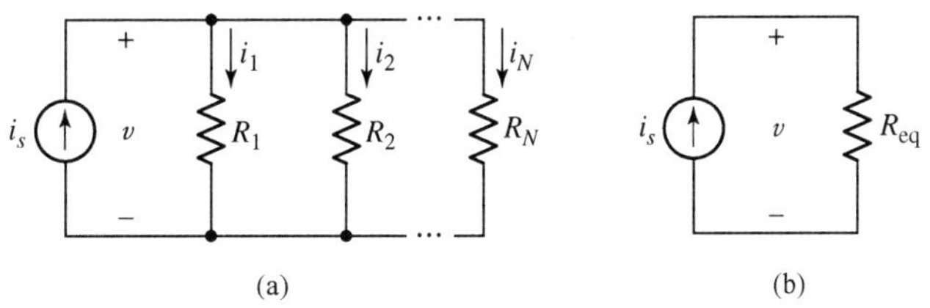


图 3.30　(a) $N$ 个电阻并联；(b) 等效电路

并联组合通常用下面的简写符号来表示：

$$R_{eq} = R_1 \| R_2 \| R_3$$

只有两个并联电阻的情况相当常见，可以表示成

$$R_{\mathrm{eq}} = R_1 \| R_2 = \frac{1}{\dfrac{1}{R_1} + \dfrac{1}{R_2}}$$

或更简单地表示为

$$\boxed{R_{\mathrm{eq}} = \frac{R_1 R_2}{R_1 + R_2}} \qquad [10]$$

必须牢记最后一个公式，但不能把式[10]扩展到大于两个电阻的情况，如

$$R_{\mathrm{eq}} \neq \frac{R_1 R_2 R_3}{R_1 + R_2 + R_3}$$

观察该方程的量纲立即可发现该方程是不正确的。

## 练习

3.14 将图3.31所示电路中的3个电流源以及两个10 Ω电阻进行合并，然后求电压 $v$。

答案：50 V。

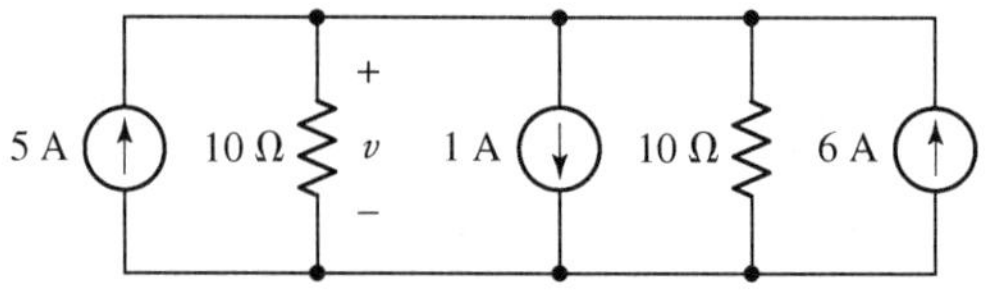


图3.31

**例3.12** 计算图3.32(a)所示电路中受控源的功率和电压。

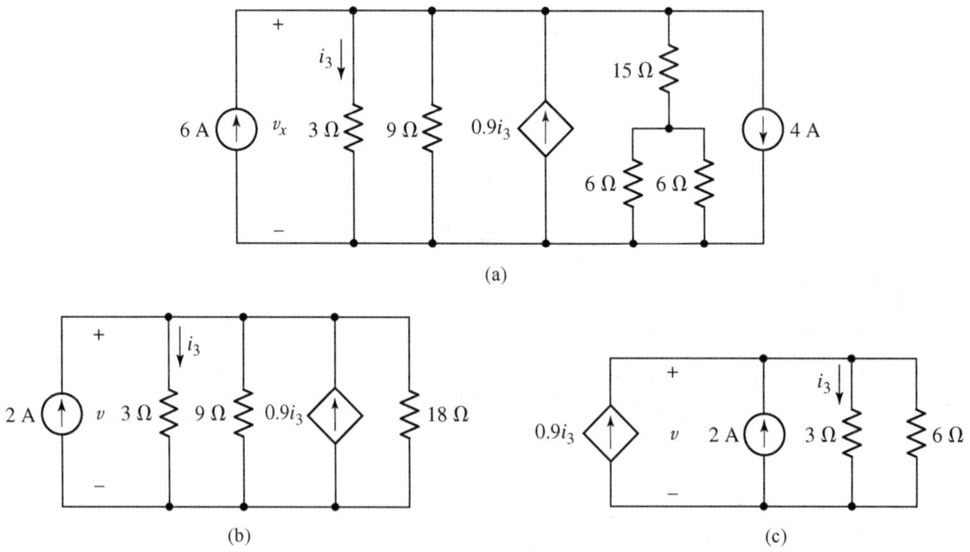


图3.32 (a) 多节点电路；(b) 将两个独立电流源合并成一个2 A的电源，用一个18 Ω电阻替换一个15 Ω电阻和两个并联连接的6 Ω电阻；(c) 简化后的等效电路

**解：** 在分析之前，首先简化电路，但注意不要把受控源包含进去，因为它的电压和功率是要求解的参数。

尽管两个独立电流源没有相邻画出，但它们实际上是并联连接的，因此可以用一个 2 A 电源替换。

两个 6 Ω 电阻并联连接可以用一个 3 Ω 电阻替换，该 3 Ω 电阻与 15 Ω 电阻串联。因此这两个 6 Ω 电阻和一个 15 Ω 电阻可以用一个 18 Ω 电阻替换，如图 3.32(b) 所示。

⚠ 无论如何，我们都不能合并剩下的 3 个电阻；控制变量 $i_3$ 取决于 3 Ω 电阻，因此该电阻必须保持不动。可以进一步简化的是 9 Ω ∥ 18 Ω = 6 Ω，如图 3.32(c) 所示。

对图 3.32(c) 所示电路上面的节点应用基尔霍夫电流定律，可得

$$-0.9i_3 - 2 + i_3 + \frac{v}{6} = 0$$

应用欧姆定律，可得

$$v = 3i_3$$

计算得到

$$i_3 = \frac{10}{3}\ \text{A}$$

因此，受控源两端的电压（与 3 Ω 电阻两端的电压相同）为

$$v = 3i_3 = 10\ \text{V}$$

所以受控源对剩余电路提供的功率为 $v \times 0.9i_3 = 10(0.9)(10/3) = 30$ W。

现在如果要求解 15 Ω 电阻所消耗的功率，则必须返回到原来的电路。该电阻与一个 3 Ω 的等效电阻串联，而在整个 18 Ω 电阻上的电压为 10 V，因此流过 15 Ω 电阻的电流为 5/9 A，并且该电阻吸收的功率为 $(5/9)^2(15)$ 或 4.63 W。

## 练习

3.15　计算图 3.33 所示电路中的电压 $v_x$。

答案：2.819 V。

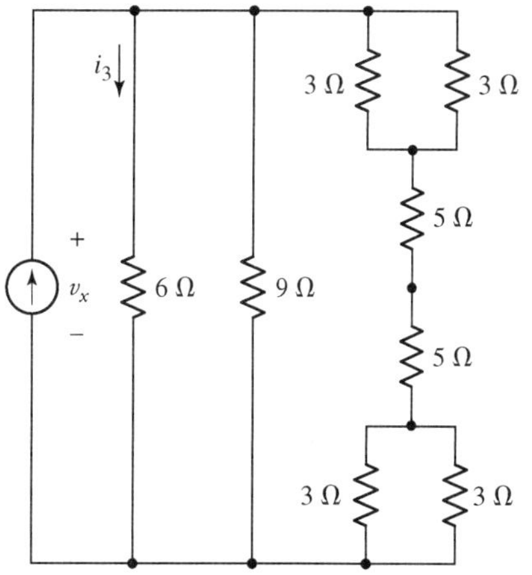


图 3.33

最后，有 3 个关于串并联组合的说明或许会对读者有所帮助。首先要说明，参见图 3.34(a) 并提出这样一个问题：“$v_s$ 和 $R$ 是并联还是串联的？”答案是：既是串联的也是并联的。这两个元件具有同一个电流，因此是串联的；同时它们又拥有同一个电压，因此是并联的。

⚠ 第二个说明是一个需要注意的地方。电路图可能会被画成难以识别串并联类型的结构。比如，在图 3.34(b) 所示电路中，只有 $R_2$ 和 $R_3$ 是并联的，$R_1$ 和 $R_8$ 是串联的。

最后一个说明是：一个电路元件并非一定要与电路中其他元件串并联。比如，图 3.34(b) 中的 $R_4$ 和 $R_5$ 与其他任何元件都不是串联或并联的，又如图 3.34(c) 中的任何元件都不与其他元件串联或并联。换句话说，我们无法利用本章中讨论的方法简化该电路。

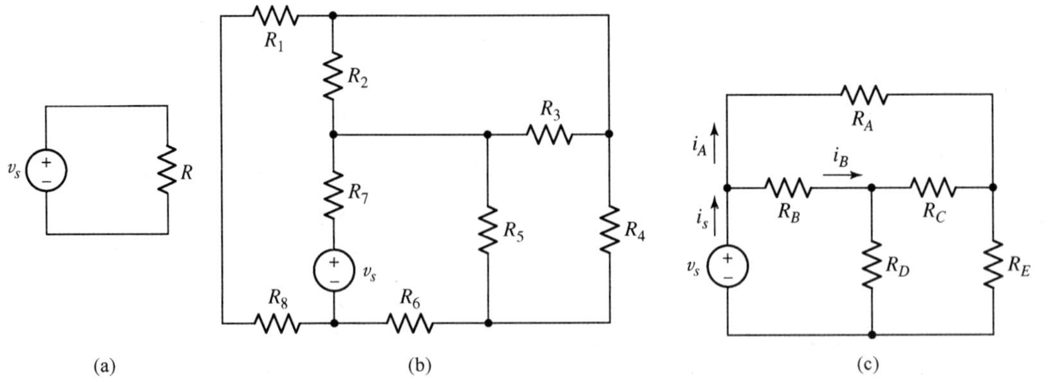


图 3.34　(a) 两个电路元件既是串联的也是并联的；(b) $R_2$和 $R_3$并联，$R_1$和$R_8$串联；(c) 此电路不存在与其他元件并联或串联的元件

## 3.8　分压和分流

通过合并电阻和电源，我们发现可以减少电路分析的工作量。另一个有用的简化方法是采用分压和分流的思想。分压指的是以总电压来表示多个串联连接的电阻中任意一个电阻上的电压。在图 3.35 所示的电路中，通过基尔霍夫电压定律和欧姆定律可求得 $R_2$两端的电压为

$$v = v_1 + v_2 = iR_1 + iR_2 = i(R_1 + R_2)$$

即

$$i = \frac{v}{R_1 + R_2}$$

因此

$$v_2 = iR_2 = \left(\frac{v}{R_1 + R_2}\right) R_2$$

或

$$v_2 = \frac{R_2}{R_1 + R_2} v$$

同样可得 $R_1$两端的电压为

$$v_1 = \frac{R_1}{R_1 + R_2} v$$

如果对图 3.35 所示的网络进行扩展，用 $R_2$，$R_3$，…，$R_N$的串联组合替换 $R_2$，则可以得到 $N$ 个串联电阻分压的一般结果为

$$\boxed{v_k = \frac{R_k}{R_1 + R_2 + \cdots + R_N} v} \qquad [11]$$

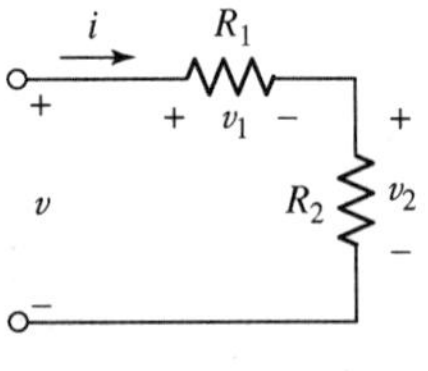


图 3.35　分压的例子

利用式[11]可以求解任意一个电阻 $R_k$两端的电压 $v_k$。

**例 3.13**　求解图 3.36(a)所示电路中的 $v_x$。

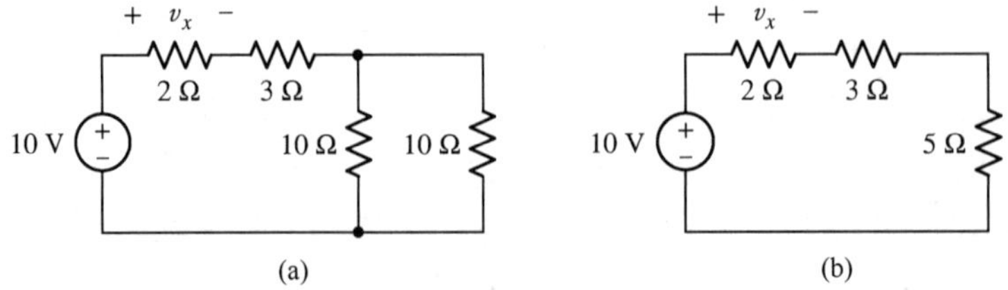


图 3.36　解释电阻合并和分压的数值例子。(a) 原始电路；(b) 简化电路

**解：** 首先将两个 10 Ω 电阻合并，替换为(10)(10)/(10+10)=5 Ω 的电阻，如图 3.36(b)所示。

如果为了进一步简化电路，再将 2 Ω 电阻和 3 Ω 电阻合并，就会丢失 $v_x$。$v_x$ 为 2 Ω 电阻两端的电压，因此对图 3.36(b)所示电路应用分压可得

$$v_x = 10\frac{2}{2+3+5} = 2\text{ V}$$

## 练习

3.16　利用分压求解图 3.37 所示电路中的 $v_x$。

答案：$v_x = 4\sin t$ V。

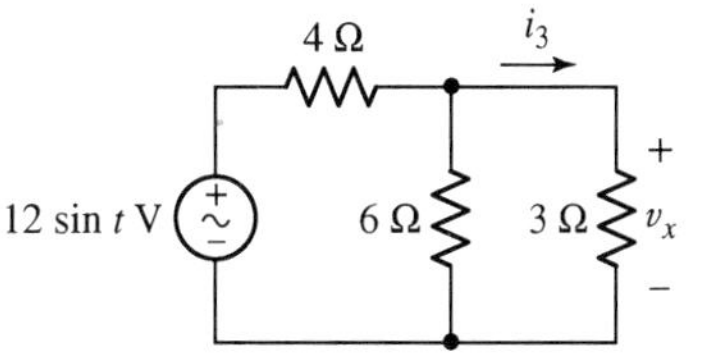


图 3.37

与分压对偶[①]的是分流。提供给并联电阻的总电流如图 3.38 所示，则流过 $R_2$ 的电流为

$$i_2 = \frac{v}{R_2} = \frac{i(R_1 \| R_2)}{R_2} = \frac{i}{R_2}\frac{R_1 R_2}{R_1+R_2}$$

或者

$$\boxed{i_2 = i\frac{R_1}{R_1+R_2}} \qquad [12]$$

同样可得

$$\boxed{i_1 = i\frac{R_2}{R_1+R_2}} \qquad [13]$$

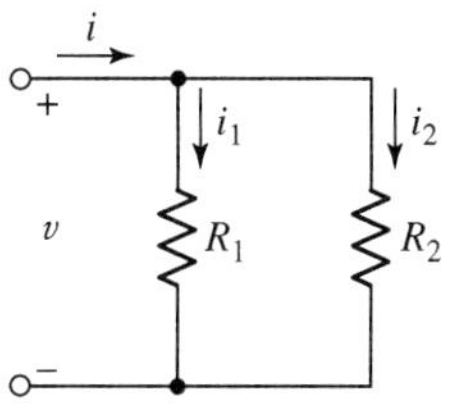


图 3.38　分流的图解

遗憾的是，最后这两个公式都有一个因子与分压中相应的因子稍有不同，因此需要小心对待，以免犯错误。很多人把分压表达式视为“显然”的，而把分流关系视为“异常”的。根据分流关系可知，并联连接中电阻越大，其上流过的电流越小。

对于 $N$ 个电阻的并联组合，流过电阻 $R_k$ 的电流为

$$\boxed{i_k = i\frac{\dfrac{1}{R_k}}{\dfrac{1}{R_1}+\dfrac{1}{R_2}+\cdots+\dfrac{1}{R_N}}} \qquad [14]$$

写成电导形式为

$$i_k = i\frac{G_k}{G_1+G_2+\cdots+G_N}$$

该式与分压表达式[11]非常类似。

**例 3.14**　写出图 3.39 所示电路中流过 3 Ω 电阻的电流表达式。

**解：** 流入 3～6 Ω 组合的总电流为

$$i(t) = \frac{12\sin t}{4+3\|6} = \frac{12\sin t}{4+2} = 2\sin t\ \text{ A}$$

根据分流原理可得 $i_3(t) = (2\sin t)\left(\dfrac{6}{6+3}\right) = \dfrac{4}{3}\sin t\ \text{ A}$

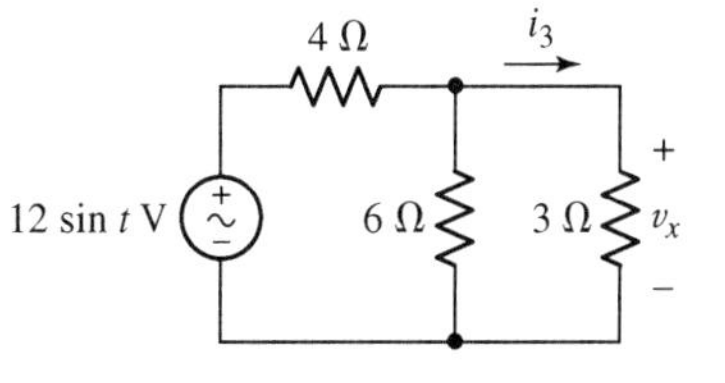


图 3.39　作为分流示例的电路。电压源符号中的波浪线表示它是一个随时间变化的正弦变量

① 在工程中经常会遇到对偶原理。在第 7 章中比较电感和电容时将简单讨论这个概念。

遗憾的是，在一些不适用的场合，分流经常被误用。比如，考虑图 3.34(c)所示电路，我们已经知道该电路不存在串联或并联的元件。没有并联电阻，就不能应用分流。即使这样，仍然有许多人对电阻 $R_A$和 $R_B$应用分流，从而写出下面的错误方程：

$$i_A \neq i_S \frac{R_B}{R_A + R_B}$$

记住，并联电阻必定位于相同节点对之间的支路上。

## 练习

3.17 在图 3.40 所示电路中，利用电阻合并方法和分流方法求解 $i_1$，$i_2$和 $v_3$。

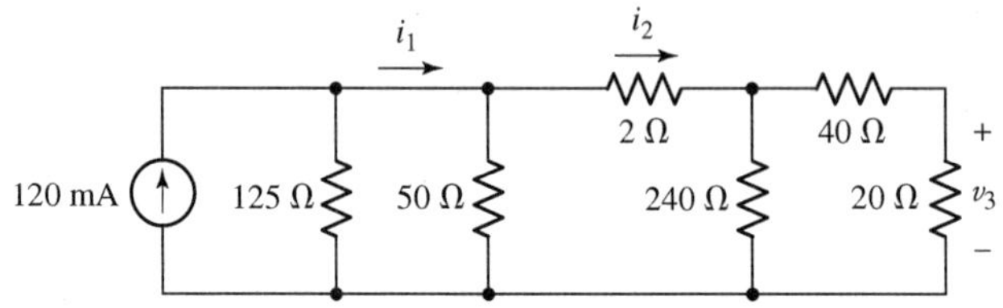


图 3.40

答案：100 mA；50 mA；0.8 V。

## 实际应用——非地理学的“地”

到目前为止，电路原理图都是以类似于图 3.41 所示电路的形式出现的，其中电压均定义在明确标出的两端之间。特别需要强调的是：电压不能定义在单个点上——它定义为两点之间的电位差。但是，许多电路原理图都采用将大地电压定义为零的约定，因此其他电压都是相对于该电压而言的。这个概念通常称为“接地”(earth ground)，它与防止火灾、致命的电击或者其他伤害而制定的安全规定有关，接地符号如图 3.42(a)所示。

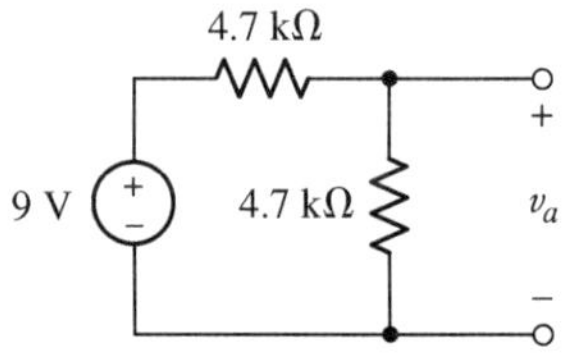


图 3.41 一个简单电路，两端的电压定义为$v_a$

因为地为零电压，因此经常用它来表示电路图中的公共端。将图 3.41 所示的电路重画成图 3.43，其中地符号表示一个公共节点。需要指出的是，对于 $v_a$的数值而言，这两个电路是等效的(都为 4.5 V)，但它们却不完全一样。图 3.41 所示的电路称为浮动电路，因为它可以根据实际应用需要安装到地球同步卫星(或者，比如飞往冥王星的卫星)的一块电路板上，但是，图 3.43 所示的电路总是需要以某种方式通过导线在物理上与大地相连接。因为这个原因，有时候也用另外两个符号来表示公共端。图 3.42(b)所示的符号通常称为信号地，任何与信号地相连的端子可能(而且通常)与大地之间存在一个大的电压。

如果电路的公共端没有通过某些低阻抗的路径与大地相接，则可能导致潜在的危险。考虑图 3.44(a)所示的电路，它描述的情况是一个人正准备触摸一个由交流电源供电的设备，该设备有一个导电(即金属)外壳。该设备的所有电路的公共端都接在一起，并在电气上与设备的外壳相连。通常用图 3.42(c)所示的外壳地(chassis ground)符号来表示这种公共端。遗憾的是，可能由于制造的差错或磨损的原因，存在接线错误。不管怎样，该外壳地不是大地接地，因此在外壳地和大地之间存在一个较大的电阻，结果是该设备不能工作。图 3.44(b) 给出了这种情况的一个伪电路图(有些文献上用人体的等效电阻符号表示)。但是，如果人没有穿橡胶鞋，其电阻就非常小。一旦人接触设备，我们就能看到为什么这个设备不能正常工作……我们只能说并不是所有的故事都会有一个好的结局。

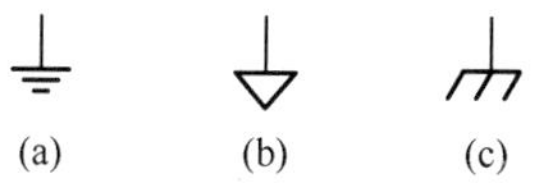


图 3.42　3 种表示接地或公共端的不同符号。(a) 大地；(b) 信号地；(c) 外壳地

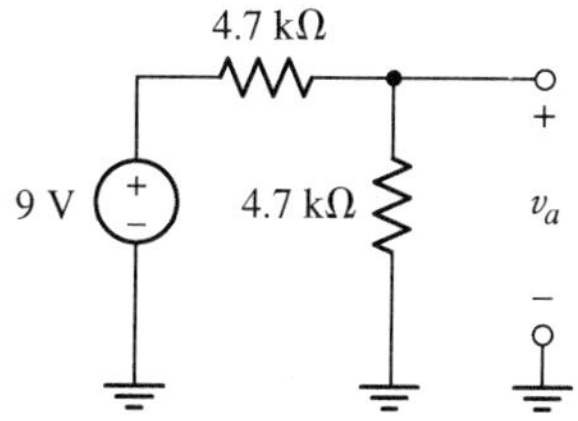


图 3.43　利用大地接地符号重画图 3.41 所示的电路。最右边的接地符号是多余的，只需要标出 $v_a$ 的正参考端；负参考端隐含地表示地或0 V

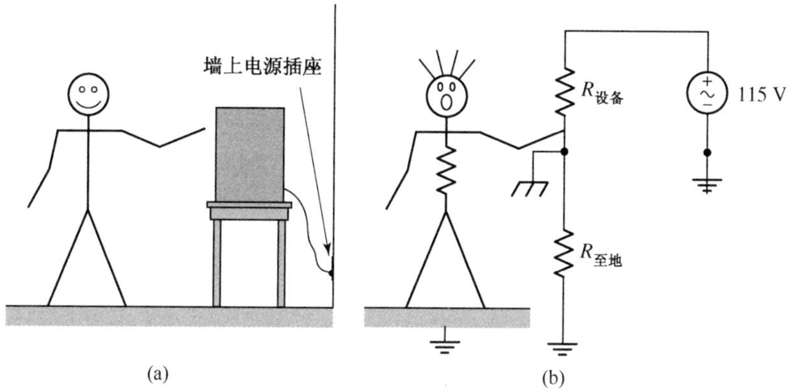


图 3.44　(a) 一个人准备去碰一个非正常接地的设备；(b) 等效电路图，这里将人用其等效电阻表示，设备也用其等效电阻表示，除人以外的接地路径也用一个电阻表示

并不是所有的“地”均为“大地”，这样一个事实会引起很多的安全和电噪声问题。比如，在老建筑物中有时会遇到这样的情况，那里的管道最初是由导电的铜管组成的，建筑物中的水管通常构成一条到大地的低阻抗路径，因此用在许多电气连接中。但是，随着这些具有腐蚀性的管道被更现代和更低成本的非导电 PVC 管道系统所取代，这些到大地的低阻抗路径将不复存在，由此将产生一个问题，即在某个特定的地区，地的成分差异很大，即两幢独立建筑物的“地”事实上可能并不相等，于是它们之间可能存在电流流动。

本书只使用大地符号。但是必须记住并不是所有的地在实际中都相等。

## 总结和复习

本章首先讨论电路元件的连接，并介绍节点、路径、回路和支路等术语。接下来介绍本书中最重要的两个内容，即基尔霍夫电流定律(KCL)和基尔霍夫电压定律(KVL)。这两个定律使我们可以分析任何电路，不管是线性电路还是其他电路，只要有一种方式能够将无源元件的电压和电流进行关联(如电阻的欧姆定律)。在单回路电路中，每个元件串联连接，因此具有相同的电流。在单节点对电路中，每个元件并联连接，因此都有共同的电压。扩展这些概念可以得到串联和并联连接的电阻的表达式。最后介绍了分压和分流的内容，这在需要特定的电压和电流，而在可选择的电源非常有限的电路设计中非常有用。

下面是本章的一些主要内容，以及相关例题的编号。

- 基尔霍夫电流定律(KCL)叙述的是流入任何节点的电流的代数和为零。(例3.1和例3.4)
- 基尔霍夫电压定律(KVL)叙述的是沿电路中任何闭合回路的电压的代数和为零。(例3.2和例3.3)
- 电路中拥有同一个电流的所有元件之间的连接称为串联连接。(例3.5)
- 电路中两端具有共同电压的元件之间的连接称为并联连接。(例3.6和例3.7)
- 串联电压源可以用一个电源替换，但要注意每个电源的极性。(例3.8和例3.10)
- 并联电流源可以用一个电源替换，但要注意每个电流的箭头方向。(例3.9和例3.10)
- $N$个电阻的串联组合可以等效为一个电阻，其阻值为$R_{eq}=R_1+R_2+\cdots+R_N$。(例3.11)
- $N$个电阻的并联组合可以等效为一个电阻，该电阻的阻值为

$$\frac{1}{R_{eq}}=\frac{1}{R_1}+\frac{1}{R_2}+\cdots+\frac{1}{R_N}$$

  (例3.12)
- 利用分压关系可以计算出串联连接电阻中的一个电阻(或者一组电阻)从总电压中分配到的电压。(例3.13)
- 利用分流关系可以计算当一个总电流流过并联连接的一排电阻后，其中任何一个电阻从总电流中分配到的电流。(例3.14)

## 深入阅读

下面这本书讨论了能量守恒原理、电荷守恒原理以及基尔霍夫定律：

R. Feynman, R. B. Leighton, M. L. Sands, *The Feynman Lectures on Physics*. Reading, Mass.: Addison-Wesley, 1989, pp. 4-1, 4-7, and 25-9.

符合2017年国家电气规则的接地的详细讨论可以在下面这本书中找到：

F. P. Hartwell, J. F. McPartland, B. McPartland, *McGraw-Hill's National Electrical Code 2017 Handbook*, 29th ed. New York: McGraw-Hill, 2017.

## 习题

### 3.1 节点、路径、回路和支路

1. 电路如图3.45所示，计算：(a)节点数；(b)元件数；(c)支路数。
2. 电路如图3.46所示，计算：(a)节点数；(b)元件数；(c)支路数。

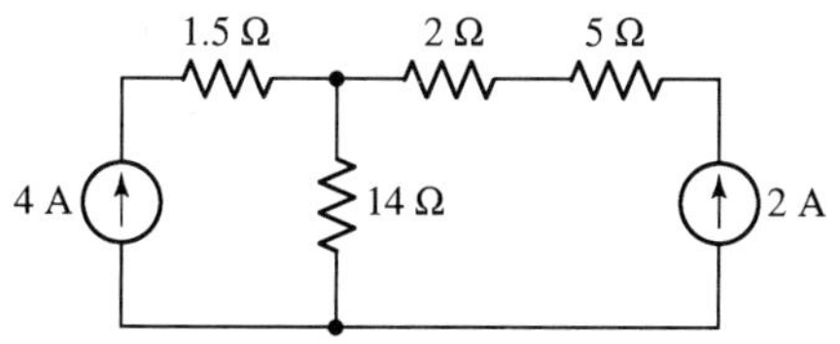


图 3.45

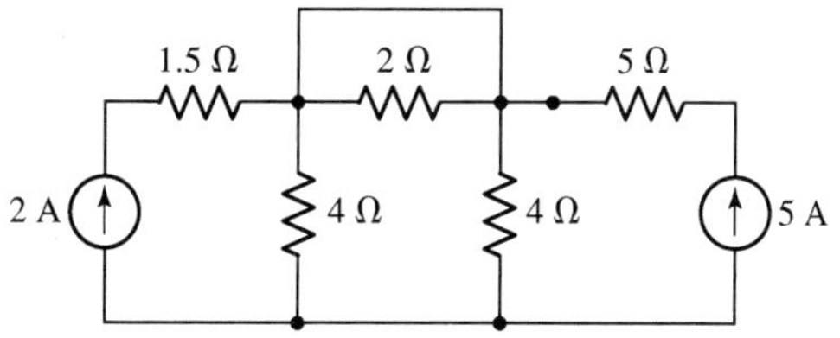


图 3.46

3. 电路如图 3.47 所示。(a) 计算节点数。(b) 从 *A* 移动到 *B*，是否组成路径？是否组成回路？(c) 从 *C* 移动到 *F* 再到 *G*，是否组成路径？是否组成回路？

4. 电路如图 3.47 所示。(a) 计算电路元件数。(b) 从 *B* 到 *C* 再到 *D* 是否组成路径？是否组成回路？(c) 从 *E* 到 *D* 到 *C* 再到 *B*，是否组成路径？是否组成回路？

5. 电路如图 3.48 所示。(a) 电路中包含多少个不同的节点？(b) 电路有多少个元件？(c) 电路有多少条支路？(d) 下列情况是否组成路径？是否组成回路？(i) *A* 到 *B*；(ii) *B* 到 *D* 到 *C* 到 *E*；(iii) *C* 到 *E* 到 *D* 到 *B* 到 *A* 到 *C*；(iv) *C* 到 *D* 到 *B* 到 *A* 到 *C* 到 *E*。

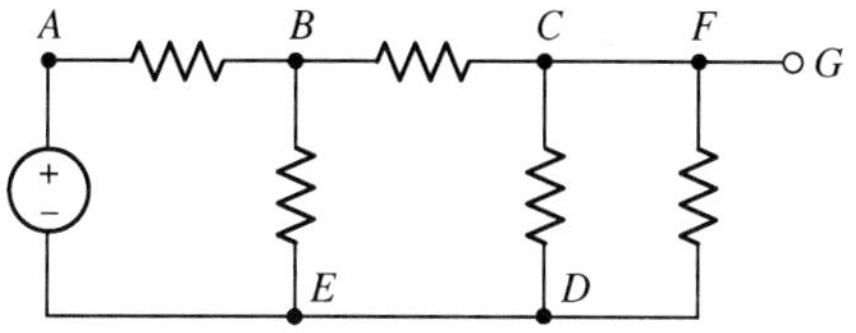


图 3.47

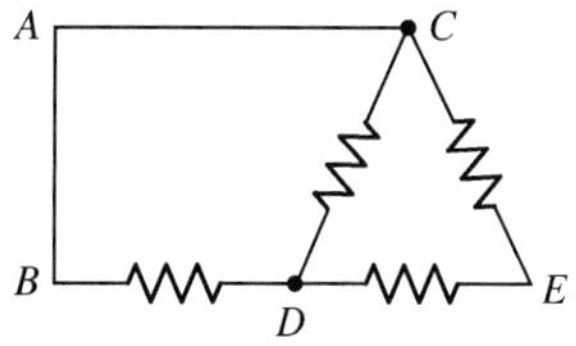


图 3.48

## 3.2　基尔霍夫电流定律

6. 某餐馆有一个由 12 个独立灯泡组成的霓虹显示标牌。当一个灯泡坏了后，该标牌呈现出无穷大的电阻值，并不能流过电流。在导线连接上，制造商提供了两种选择(见图 3.49)。根据你所学到的基尔霍夫电流定律，餐馆老板应该选择哪一个？为什么？

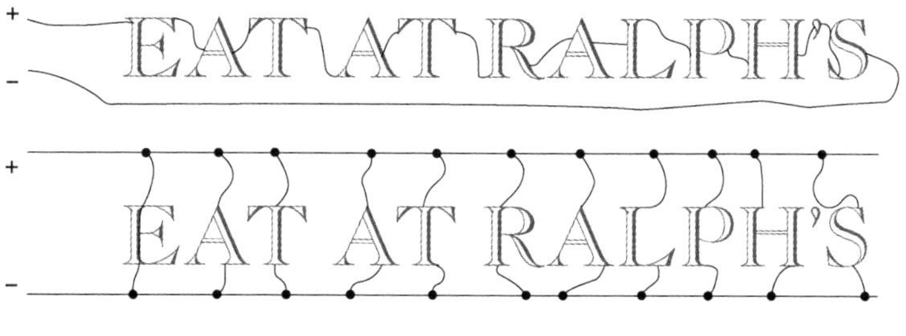


图 3.49

7. 单节点电路如图 3.50 所示。(a) 如果 $i_A = 1$ A，$i_D = -2$ A，$i_C = 3$ A，$i_E = 0$，求 $i_B$。(b) 如果 $i_A = -1$ A，$i_B = -1$ A，$i_C = -1$ A，$i_D = -1$ A，求 $i_E$。

8. 求图 3.51 所示的每个电路中的电流 *I*。

9. 电路如图 3.52 所示，电阻值未知，但已知 2 V 电源向电路提供 7 A 电流。计算所标注的电流 $i_2$。

10. 图 3.53 所示电路表示的是一个由 LED 牌组成的系统，LED 牌由蓄电池和 3 个太阳能面板供电。每个太阳能面板是不一样的，因此虽然每个面板两端的电压相同，但其提供的电流不同。如果 $I_A = 4.5$ A，$I_B = 4.3$ A，$I_C = 4.6$ A，计算流入电池的电流，

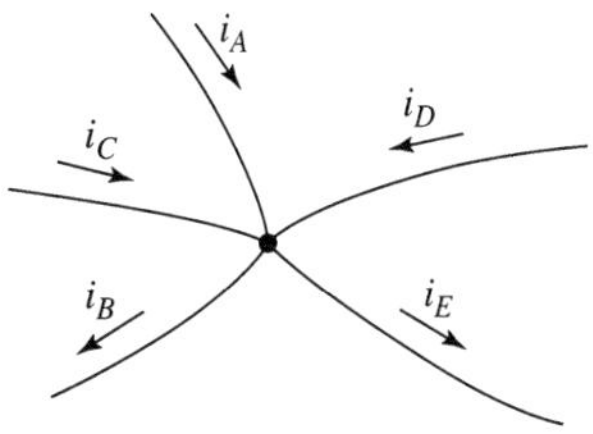


图 3.50

假设 LED 牌汲取的电流为 5.1 A。

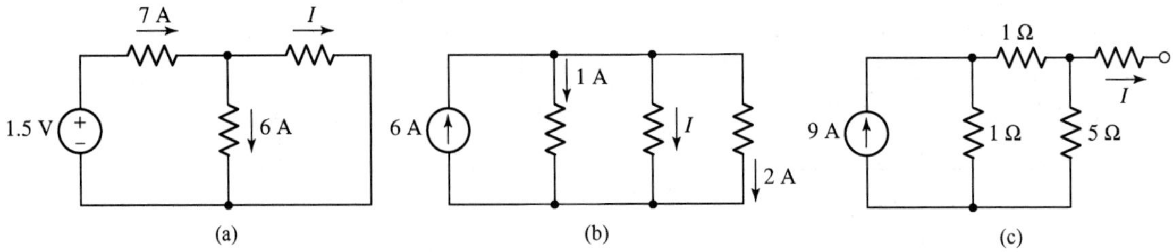


图 3.51

11. 电路如图 3.54 所示，已知电流 $i_x$ 为 1.5 A，9 V 电源提供 7.6 A电流(7.6 A 电流从 9 V 电源的正参考端流出)，计算电阻 $R_A$ 的值。

12. 电路如图 3.55 所示(处于放大工作区域的双极型晶体管的直流偏置电路模型)，测得 $I_C$ 为 1.5 mA，求 $I_B$ 和 $I_E$。

13. 求图 3.56 所示电路中的电流 $I_3$。

14. 研究图 3.57 所示电路，利用基尔霍夫电流定律解释电压 $V_x$ 必须为零的原因。

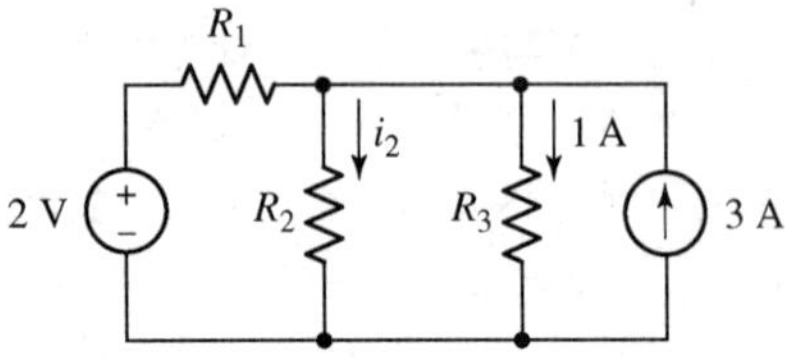


图 3.52

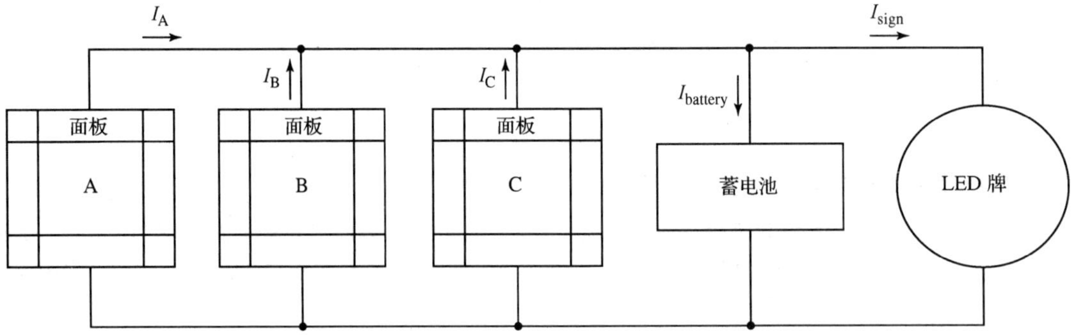


图 3.53

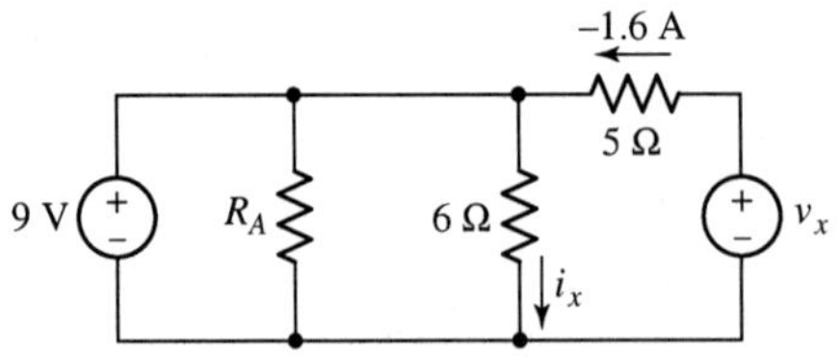


图 3.54

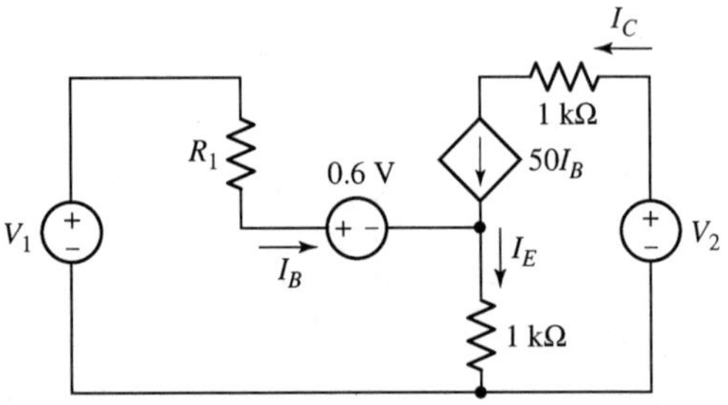


图 3.55

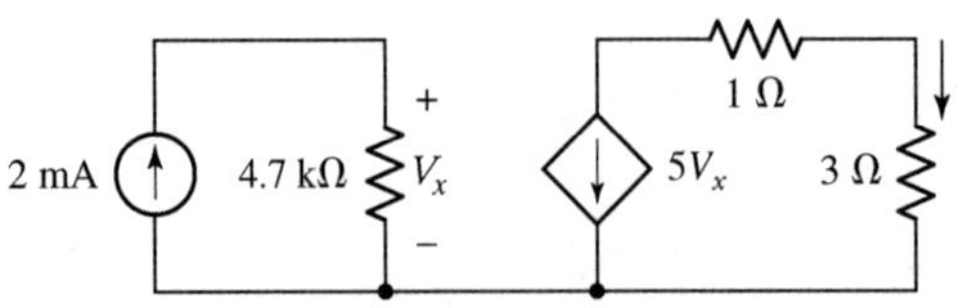


图 3.56

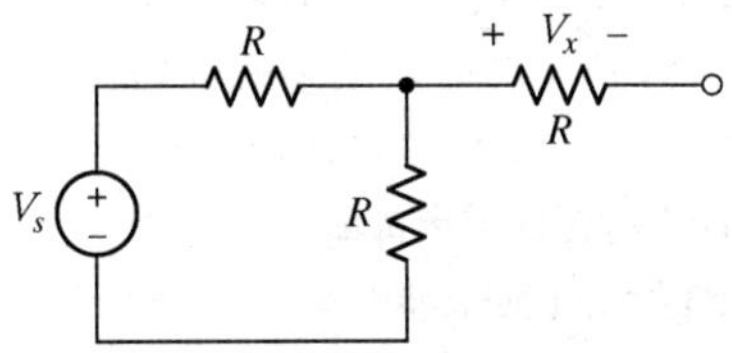


图 3.57

15. 在许多家庭中，某个房间内的多个电气插座经常是同一个电路的组成部分。在一个有 4 面墙的房间里，每面墙上都有一个电气插座，而每个插座上都接有一盏灯(用 400 Ω 电阻来表示)，画出该电路。

## 3.3　基尔霍夫电压定律

16. 电路如图 3.58 所示。(a) 如果 $v_2 = 0$，$v_3 = -17$ V，求电压 $v_1$。(b) 如果 $v_2 = -2$ V，$v_3 = +2$ V，求电压 $v_1$。(c) 如果 $v_1 = 7$ V，$v_3 = 9$ V，求电压 $v_2$。(d) 如果 $v_1 = -2.33$ V，$v_2 = -1.70$ V，求电压 $v_3$。

17. 求如图 3.59 所示的每个电路中的电压 $v_x$ 和电流 $i_x$。

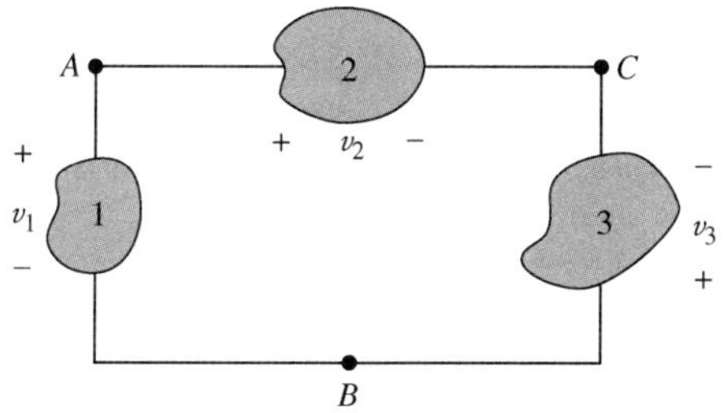


图 3.58

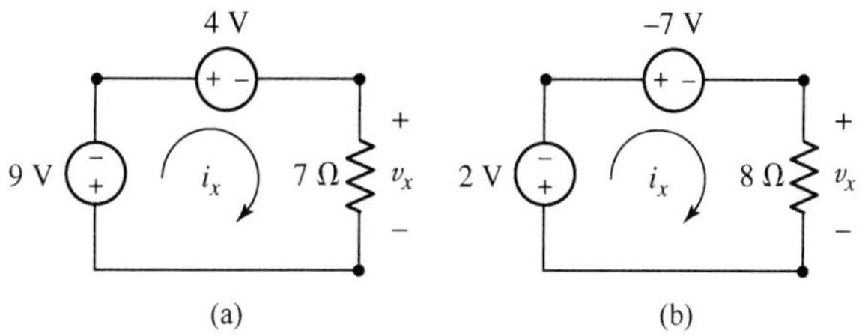


图 3.59

18. 利用基尔霍夫电压定律，求图 3.60 所示的每个电路中的电流 $i$。

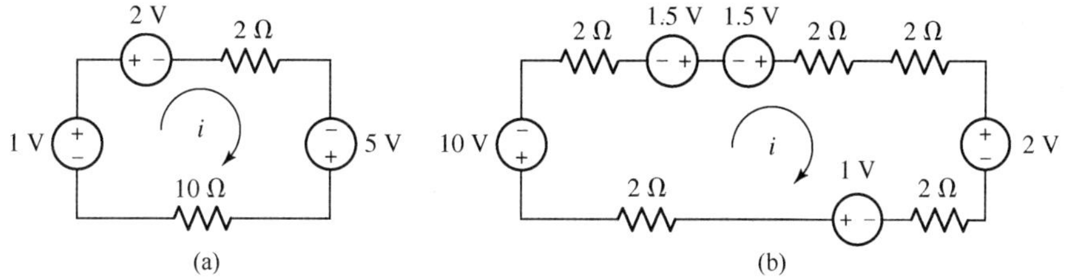


图 3.60

19. 在图 3.61 所示的电路中，已知 $v_1 = 3$ V，$v_3 = 1.5$ V，计算 $v_R$ 和 $v_2$。

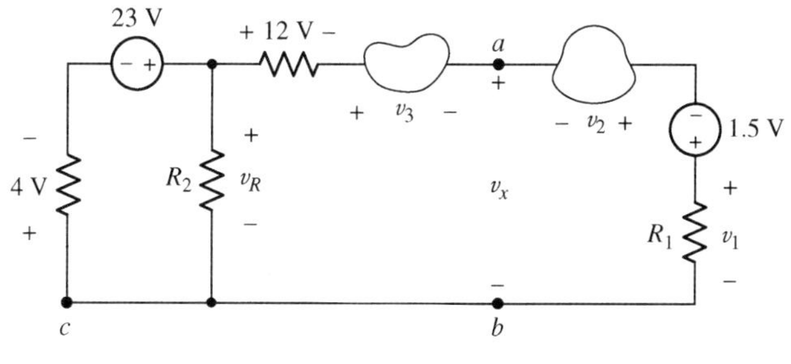


图 3.61

20. 电路如图 3.55 所示，如果 $V_2 = 15$ V，$I_B = 20$ μA，计算受控源两端的电压(上面为“+”参考端)。

21. 求图 3.62 所示电路中的 $v_x$。

22. 考虑图 3.63 所示的简单电路。(a) 利用基尔霍夫电压定律推导出下列方程：

$$v_1 = v_s \frac{R_1}{R_1 + R_2} \quad 和 \quad v_2 = v_s \frac{R_2}{R_1 + R_2}$$

(b) 在什么条件下才可能有 $|v_2| < |v_s|$？

23. (a) 求图 3.64 所示的电路中的每个电流值和电压值(如 $i_1$, $v_1$ 等)；(b) 计算每个元件吸收的功率，并验证功率之和为零。

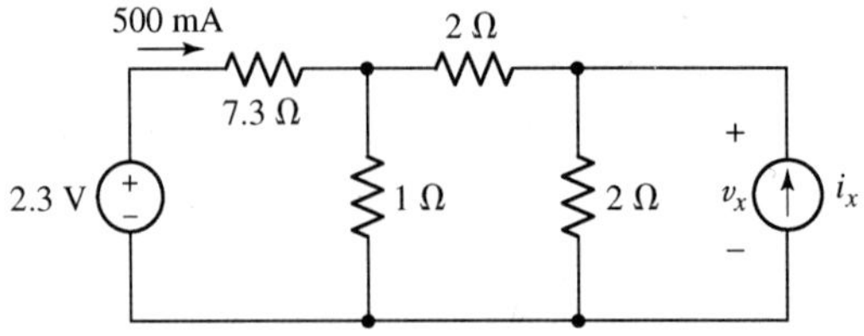


图 3.62

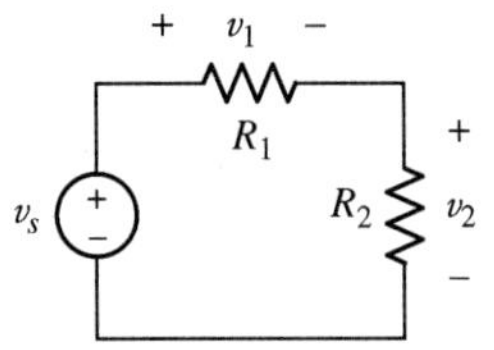


图 3.63

24. 图 3.65 所示电路包含一个运算放大器，该器件通常具有下列两个特性：(1) $V_d = 0$ V；(2) 每个输入端(标有“ - ”和“ + ”号)都没有电流流入，但输出端(标有“OUT”)可以有电流流出。这看起来好像是不可能的(与基尔霍夫电流定律直接冲突)，原因是运放符号中没有包含电源。基于这个信息，计算 $V_{out}$。(提示：需要两个基尔霍夫电压方程，这两个方程都涉及 5 V 电源。)

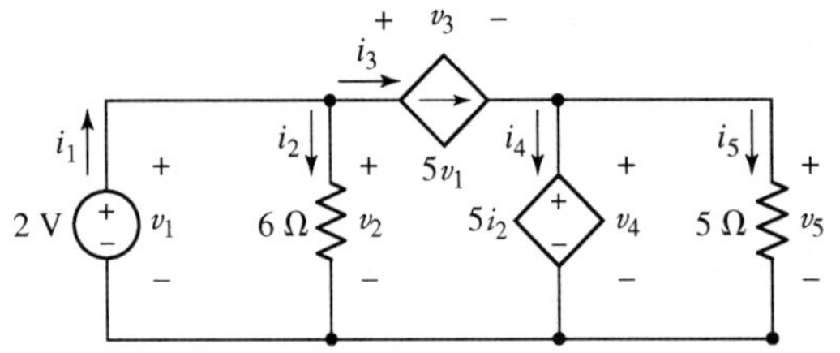


图 3.64

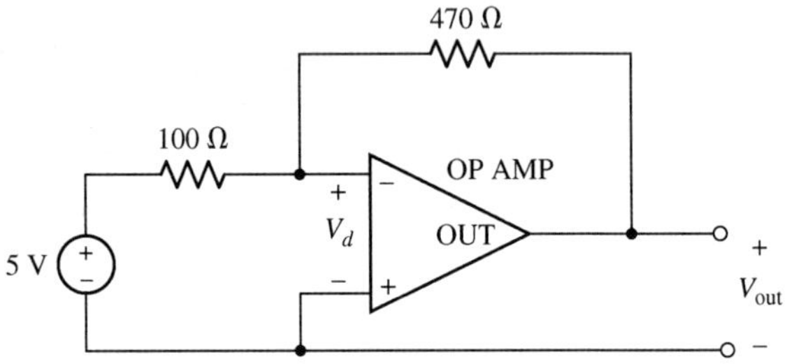


图 3.65

## 3.4 单回路电路

25. 电路如图 3.12(b)所示，已知图中参数为：$v_{s1} = -8$ V，$R_1 = 1$ Ω，$v_{s2} = 16$ V，$R_2 = 4.7$ Ω。计算每个元件吸收的功率，并验证吸收功率之和为零。

26. 电路如图 3.66 所示，求每个元件吸收的功率。

27. 电路如图 3.67 所示，求每个元件吸收的功率。

28. 电路如图 3.68 所示，求每个元件吸收的功率，假设神秘元件 $X$ 分别为：(a) 一个 13 Ω 电阻；(b) 一个受控电压源，参数为 $4v_1$，上面为正参考端；(c) 一个受控电压源，参数为 $4i_x$，上面为正参考端。

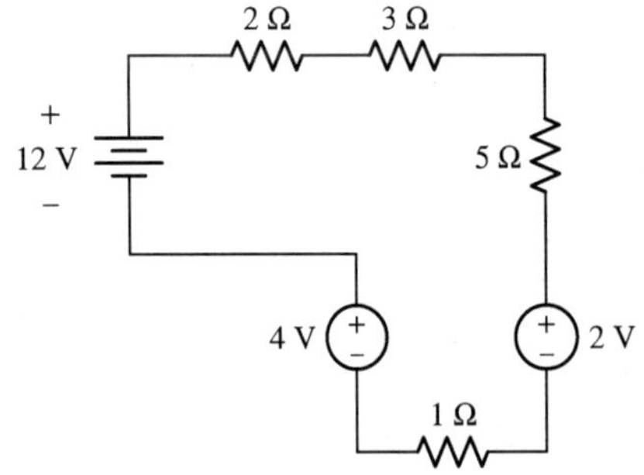


图 3.66

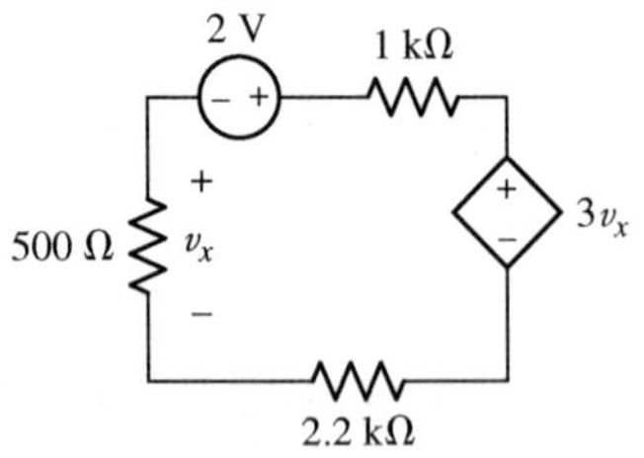


图 3.67

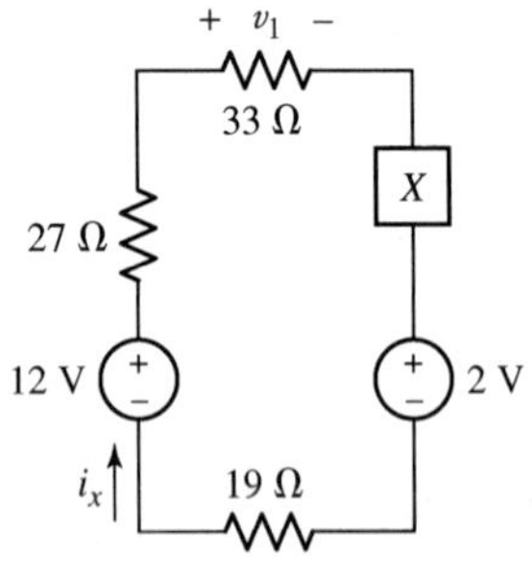


图 3.68

29. 不管欧姆定律是否适用，基尔霍夫定律总是适用的。例如，一个二极管的 $I$-$V$ 特性为

$$I_D = I_S\left(e^{V_D/V_T} - 1\right)$$

其中，室温时 $V_T = 27$ mV，$I_S$的范围为 $10^{-12} \sim 10^{-3}$ A。在图 3.69 所示的电路中，如果 $I_S = 45$ nA，利用基尔霍夫电压定律和基尔霍夫电流定律计算 $I_D$ 和 $V_D$。(注意：这个问题将得到一个超越方程，需要利用迭代方法得到数值

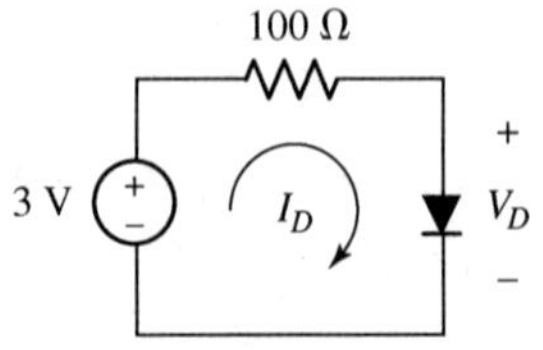


图 3.69

结果，大多数科学计算器都可以求解这种函数)。

## 3.5　单节点对电路

30. 电路如图 3.70 所示。(a) 计算两个电流 $i_1$ 和 $i_2$；(b) 计算每个元件吸收的功率。

31. 求图 3.71 所示电路中的电压 $v$，并计算两个电流源提供的功率。

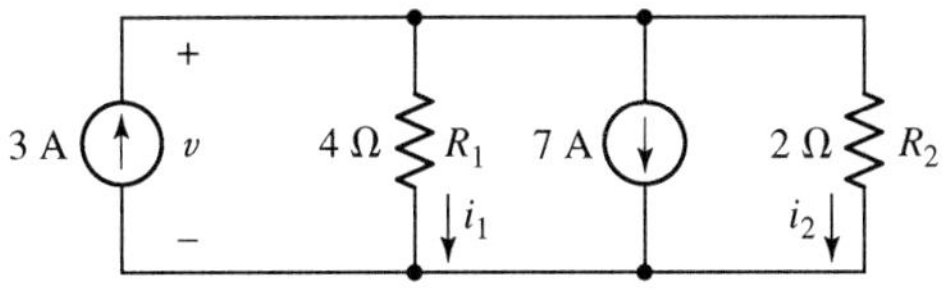


图 3.70

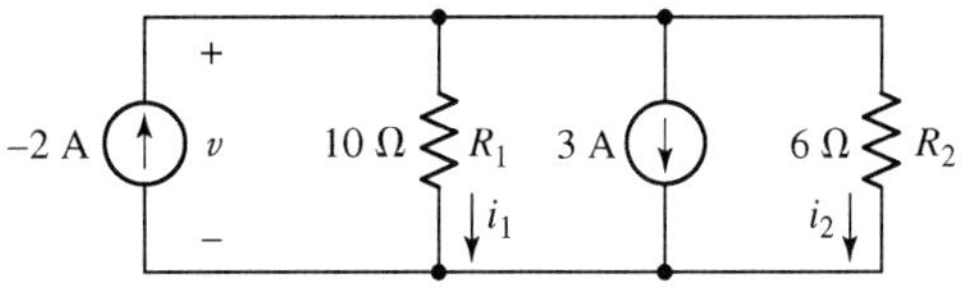


图 3.71

32. 电路如图 3.72 所示，分别求电压 $v$ 的值，分别假设 $X$ 元件为：(a) 一个 2 A 电流源，箭头朝下；(b) 一个 2 V电压源，正参考端在上面；(c) 一个受控电流源，参数为 $2v$，箭头朝下。

33. 求图 3.73 所示电路中的电压 $v$，并计算每个电流源提供的功率。

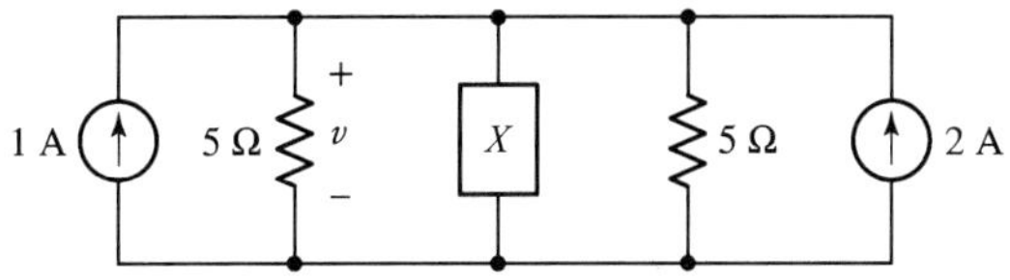


图 3.72

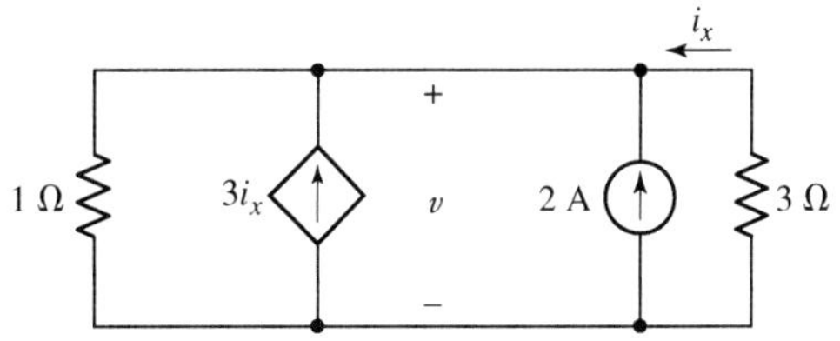


图 3.73

34. 虽然第一眼很难看出图 3.74 电路的形式，但它确实是一个单节点对电路。(a) 求每个电阻吸收的功率。(b) 求每个电流源提供的功率。(c) 证明在(a)中计算出的吸收功率之和等于(b)中计算出的提供功率之和。

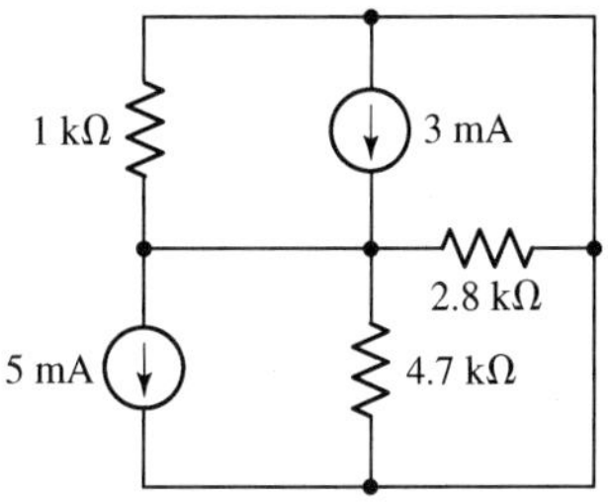


图 3.74

## 3.6　电源的串联和并联

35. 计算图 3.75(a) 中的 $v_{eq}$，分别假设：(a) $v_1 = 0$，$v_2 = -3$ V，$v_3 = +3$ V；(b) $v_1 = v_2 = v_3 = 1$ V；(c) $v_1 = -9$ V，$v_2 = 4.5$ V，$v_3 = 1$ V。

36. 计算图 3.75(b) 中的 $i_{eq}$，分别假设：(a) $i_1 = 0$，$i_2 = -3$ A，$i_3 = +3$ A；(b) $i_1 = i_2 = i_3 = 1$ A；(c) $i_1 = -9$ A，$i_2 = 4.5$ A，$i_3 = 1$ A。

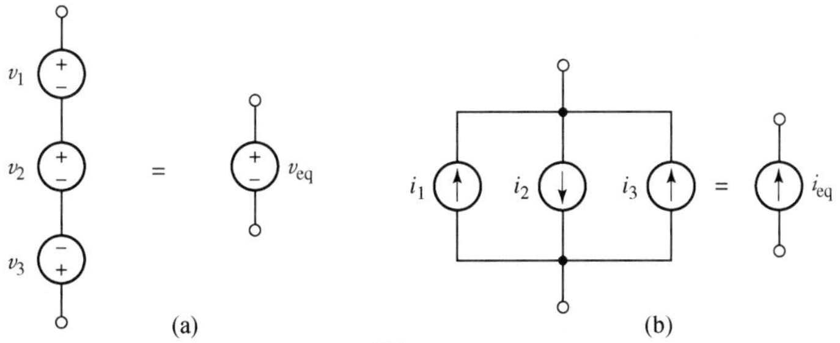


图 3.75

37. 电路如图 3.76 所示，首先将 4 个电源合并成一个等效电源，然后求电流 $i$。

38. 电路如图 3.77 所示，为了使电流 $i$ 为零，$v_1$ 应为多大？

39. (a) 电路如图 3.78 所示，首先将电路简化为一个电流源与两个电阻的并联，然后求电压 $v$。(b) 验证等效电源提供的功率等于原始电路中的每个电源提供的功率之和。

40. 图 3.79 所示电路中 $I_S$ 在多大的情况下会导致电压 $v$ 为零？

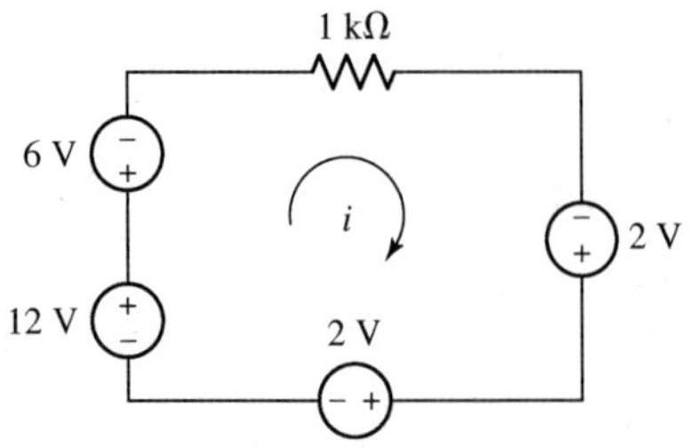


图 3.76

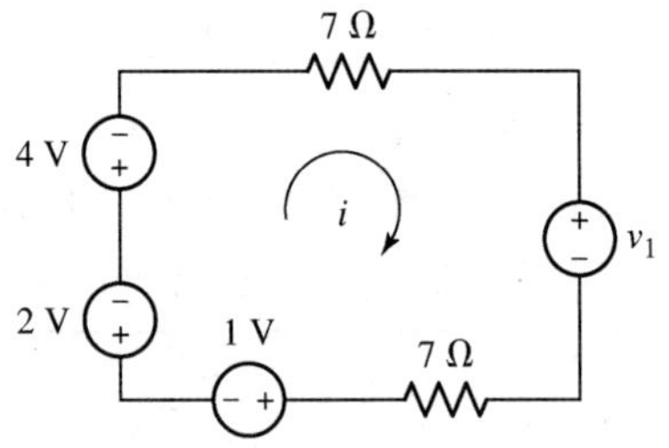


图 3.77

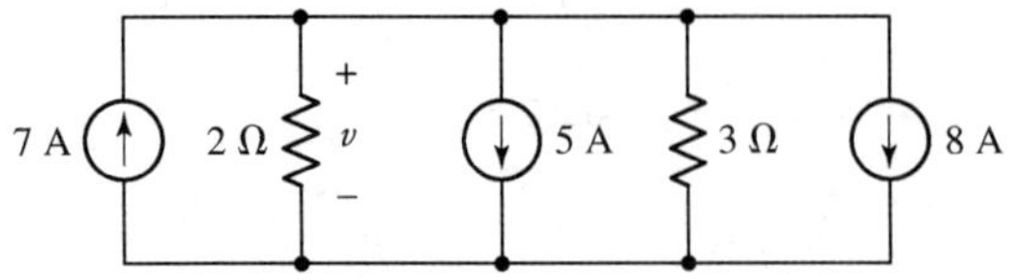


图 3.78

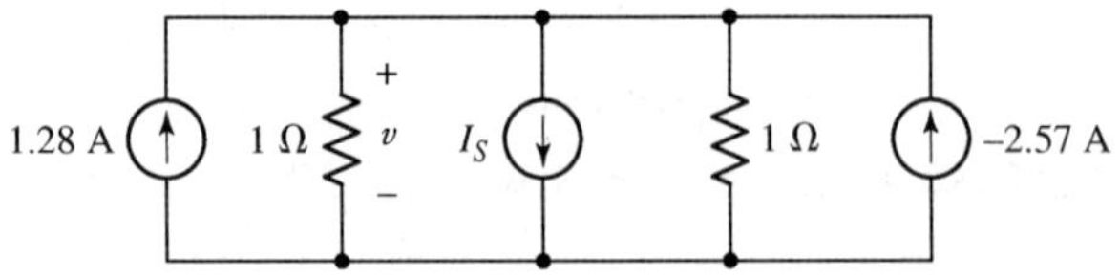


图 3.79

41. (a) 电路如图 3.80 所示，求 $I_X$和 $V_Y$的值。(b) 对该电路而言，这些值是唯一的吗？为什么？(c) 尽可能简化图 3.80 所示的电路，并保留 $v$ 和 $i$ 的值。(简化电路必须包含 1 Ω 电阻。)

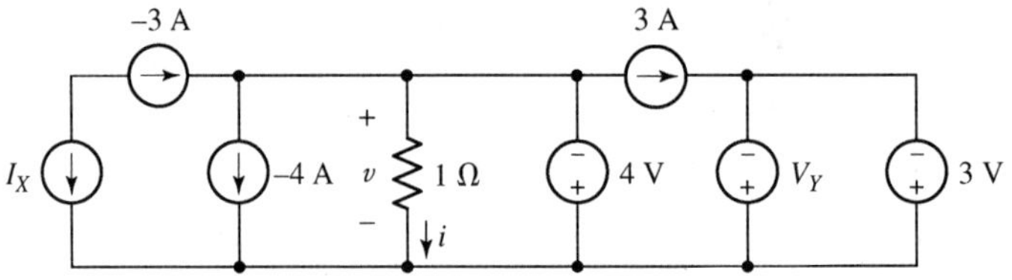


图 3.80

## 3.7 电阻的串联和并联

42. 求图 3.81 所示各网络的等效电阻。

43. 网络如图 3.82 所示，求各网络的等效电阻，分别假设：(a) $R = 2\ \Omega$；(b) $R = 4\ \Omega$；(c) $R = 0\ \Omega$。

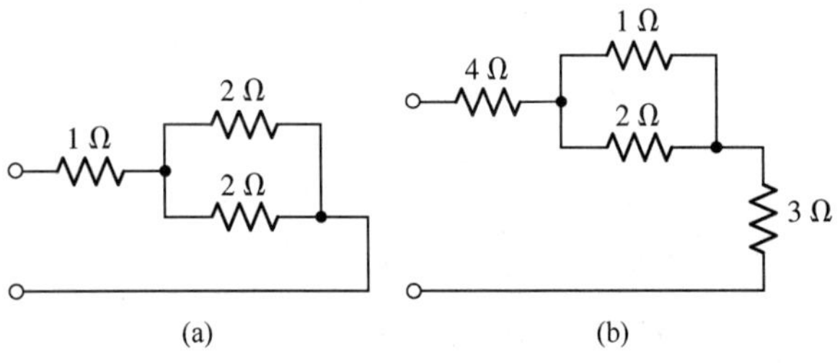


图 3.81

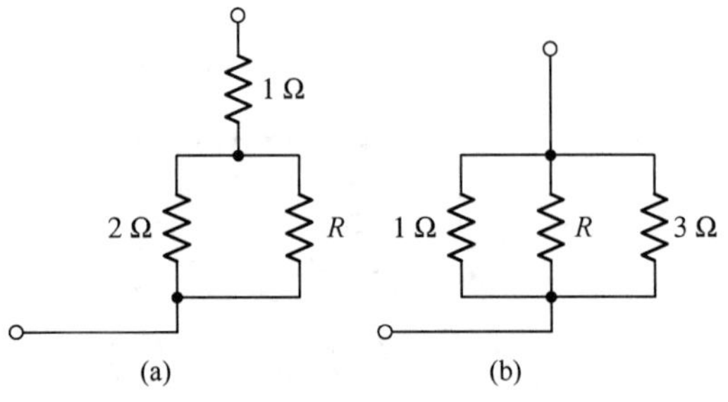


图 3.82

44. (a) 利用电阻组合，尽可能简化图 3.83 所示电路。(b) 利用简化电路计算电流 $i$。(c) 为了使电流 $i$ 减至零，1 V 电压源应该变成何值？(d) 计算 1 Ω 电阻吸收的功率。

45. (a) 利用合适的电源和电阻组合，简化图 3.84 所示的电路。(b) 利用简化电路计算电压 $v$。(c) 计算 2 A 电源向电路提供的功率。

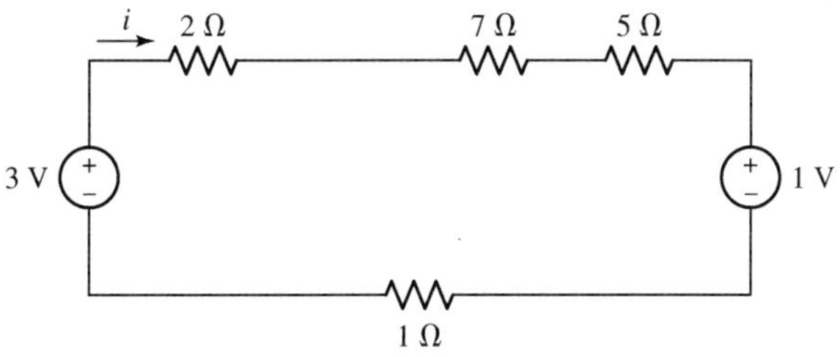


图 3.83

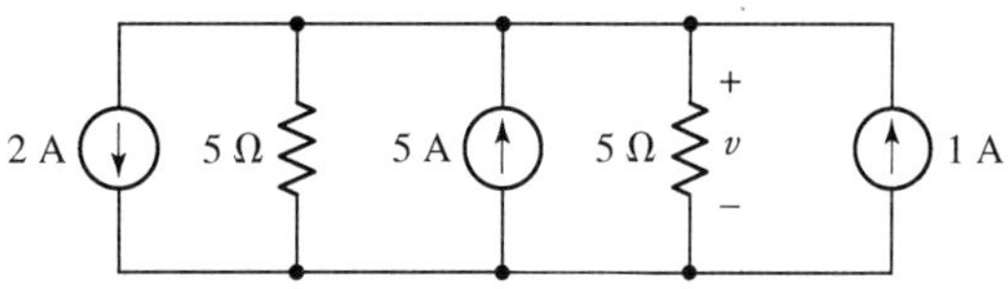


图 3.84

46. 电路如图 3.85 所示，利用合适的电阻组合技术，计算电流 $i_3$和 $v_x$。

47. 电路如图 3.86 所示，首先利用合适的电源和电阻组合方法简化电路，然后计算电压 $v_x$。

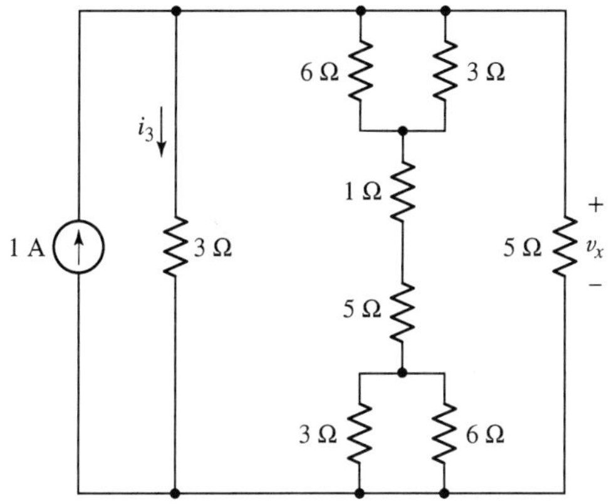


图 3.85

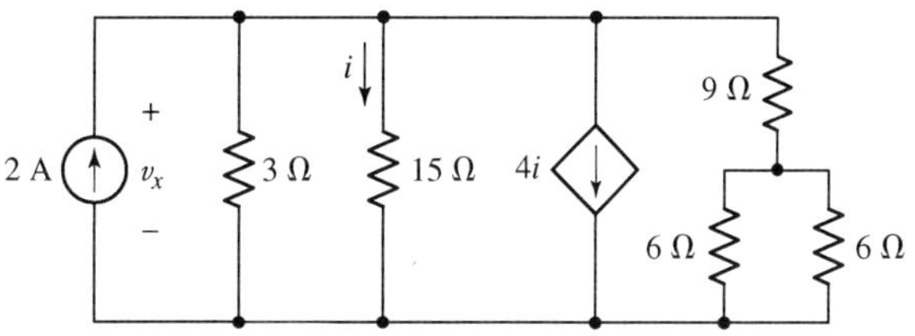


图 3.86

48. 电路如图 3.87 所示，求 15 Ω 电阻吸收的功率。

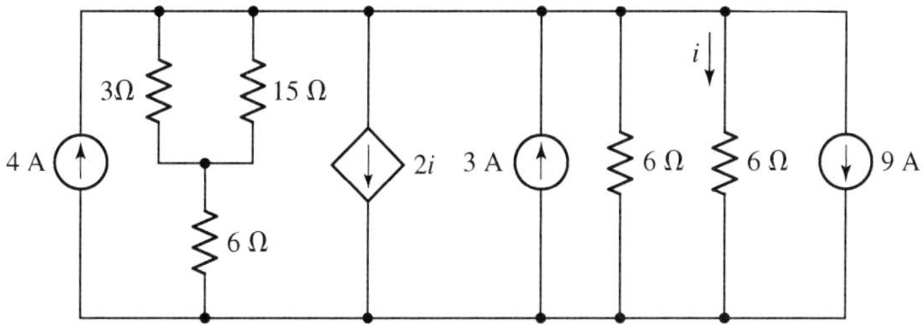


图 3.87

49. 电路如图 3.88 所示，如果 $R_1 = R_2 = \cdots = R_{11} = 10\ \Omega$，计算该网络的等效电阻 $R_{eq}$。

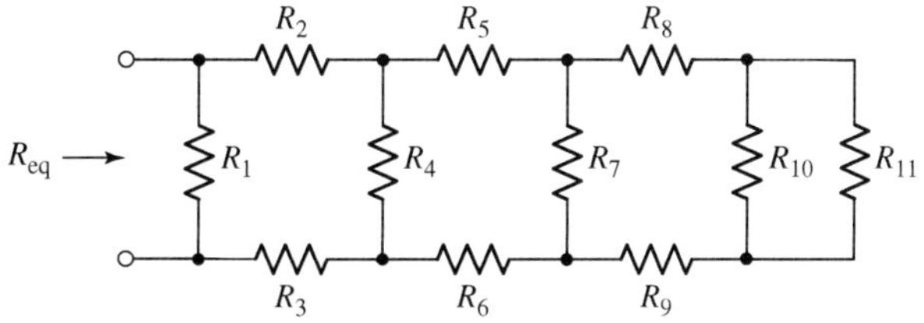


图 3.88

50. 如何合并 4 个 100 Ω 的电阻，使之分别与下列电阻等效：(a) 25 Ω；(b) 60 Ω；(c) 40 Ω。

## 3.8 分压和分流

51. 在图 3.89 所示的分压网络中，(a) 假设 $v=9.2$ V，$v_1=3$ V，计算 $v_2$；(b) 假设 $v_2=1$ V，$v=2$ V，计算 $v_1$；(c) 假设 $v_1=3$ V，$v_2=6$ V，计算 $v$；(d) 假设 $v_1=v_2$，计算 $R_1/R_2$；(e) 假设 $v=3.5$ V，$R_1=2R_2$，计算 $v_2$；(f) 假设 $v=1.8$ V，$R_1=1$ kΩ，$R_2=4.7$ kΩ，计算 $v_1$。
52. 在图 3.90 所示的分流网络中，(a) 假设 $i=8$ A，$i_2=1$ A，计算 $i_1$；(b) 假设 $R_1=100$ kΩ，$R_2=100$ kΩ，$i=1$ mA，计算 $v$；(c) 假设 $i=20$ mA，$R_1=1$ Ω，$R_2=4$ Ω，计算 $i_2$；(d) 假设 $i=10$ A，$R_1=R_2=9$ Ω，计算 $i_1$；(e) 假设 $i=10$ A，$R_1=100$ MΩ，$R_2=1$ Ω，计算 $i_2$。
53. 电路如图 3.91 所示，选择电阻 $R_1$，$R_2$，$R_3$，$R_4$ 以及电压 $v$($v<2.5$ V)的值，使得 $i_1=1$ A，$i_2=1.2$ A，$i_3=8$ A，$i_4=3.1$ A。

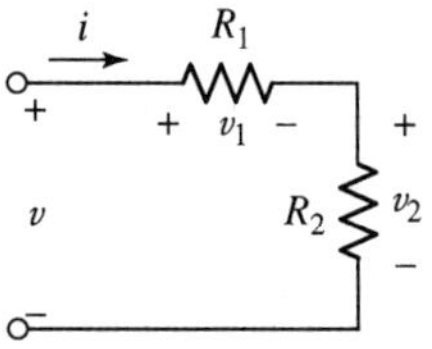


图 3.89

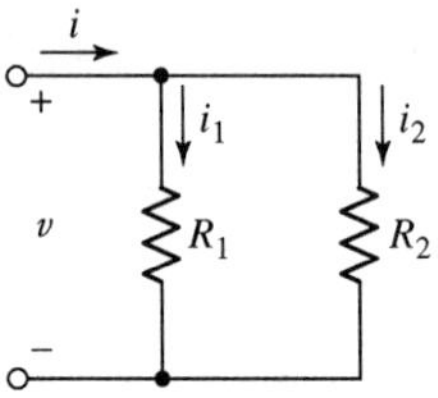


图 3.90

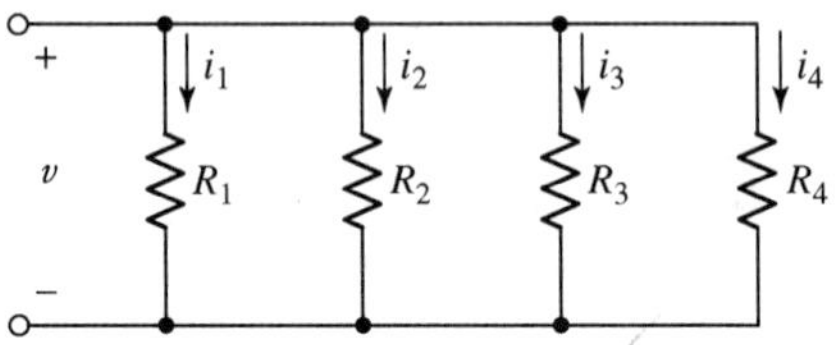


图 3.91

54. 利用分压原理辅助计算图 3.92 所示电路中的电压 $v_x$。
55. 某网络由 5 个阻值分别是 1 Ω，3 Ω，5 Ω，7 Ω 和 9 Ω 的电阻串联连接而成，如果该网络两端接 9 V 电压，利用分压原理分别计算 3 Ω 和 7 Ω 电阻两端的电压。
56. 采用合适的电阻合并和分流原理，求图 3.93 所示电路中的 $i_1$，$i_2$ 和 $v_3$。
57. 在图 3.94 所示电路中，只有电压 $v_x$ 是需要求解的。利用合适的电阻合并简化电路并利用分压关系求 $v_x$。

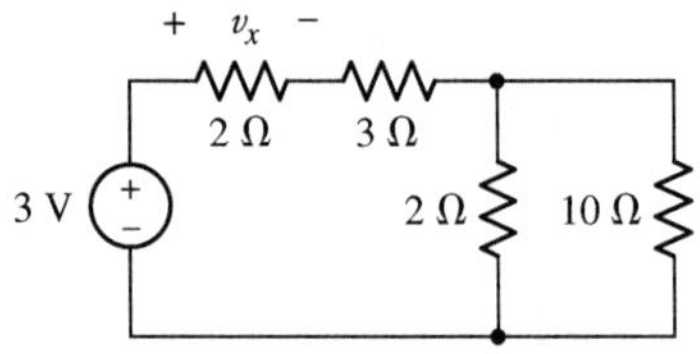


图 3.92

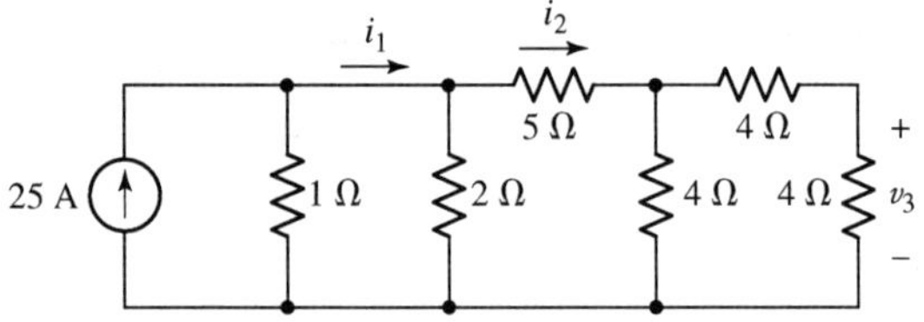


图 3.93

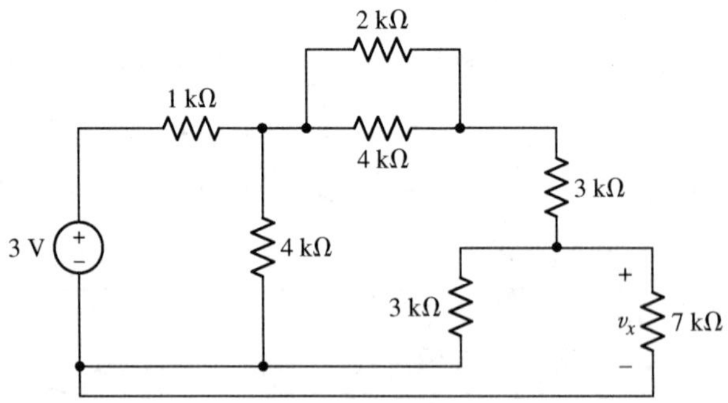


图 3.94

### 综合题

58. 图 3.95 所示电路是偏置在放大工作区域的双极型晶体管的线性模型。解释为什么在求 47 kΩ 电阻两端的电压时，分压不是一种有效方法。

59. 图 3.96 所示电路是一个场效应管放大电路的中频模型。假设参数 $g_m$(称为跨导)等于 1.2 mS, (a) 应用分流关系求流过 1 kΩ 电阻的电流。(b) 计算放大电路的输出电压 $v_{out}$。(c) 该电路能否放大信号(信号源为正弦信号)? (d) 如果输入为电压 $v_\pi$, 那么该电路能放大吗?

60. 图 3.97 所示电路通常用来对双极型晶体管放大电路的中频区建立模型。如果跨导 $g_m$ 等于 322 mS, 计算放大电路的输出电压 $v_{out}$。

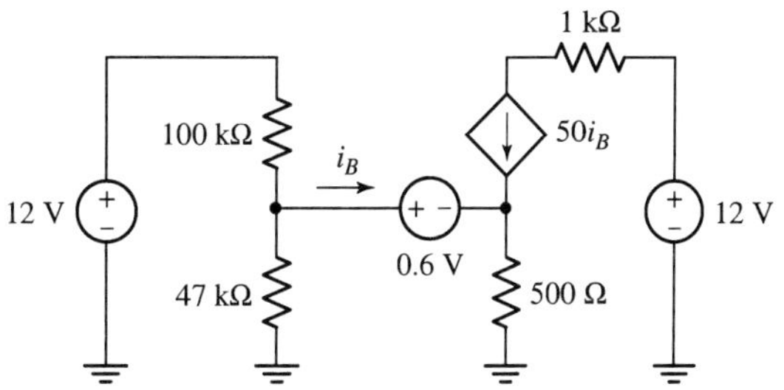


图 3.95

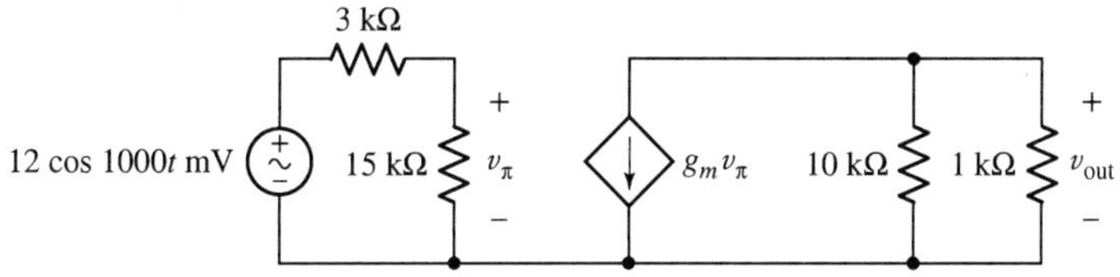


图 3.96

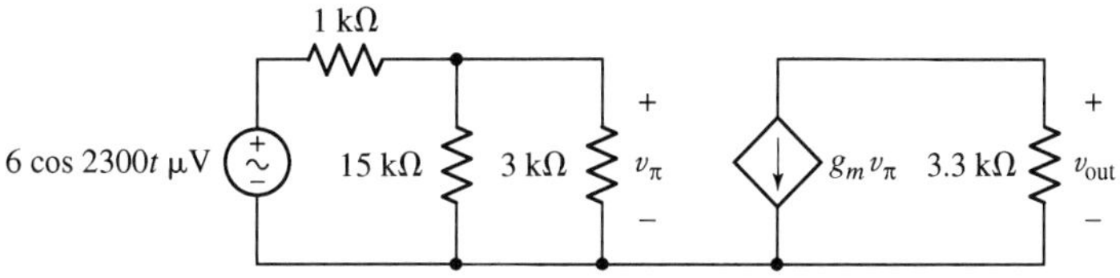


图 3.97

61. 电路如图 3.98 所示。(a) 计算两个 10 Ω 电阻两端的电压, 假设上端为正参考端。(b) 计算 47 Ω 电阻消耗的功率。(c) 如果 47 Ω 电阻的最大额定功率为 0.25 W, 那么该电路是否会超过这个额定功率? 为什么?

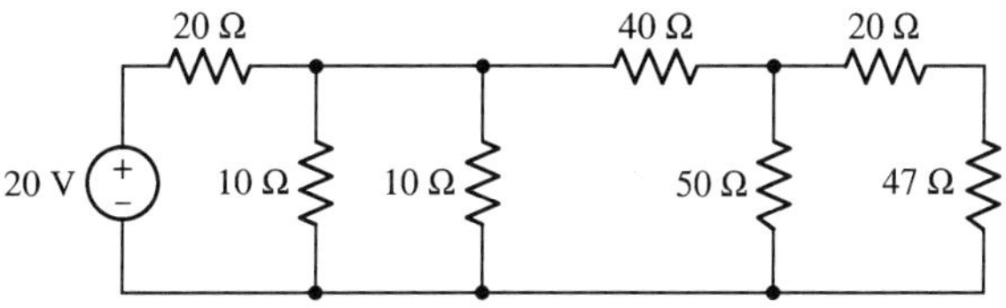


图 3.98

62. 去掉图 3.98 所示电路中最左边的 10 Ω 电阻, 分别计算: (a) 流入 40 Ω 电阻左边一端的电流。(b) 由 20 V 电源提供的功率。(c) 50 Ω 电阻消耗的功率。

63. 考虑图 3.99 所示的 7 个元件的电路。(a) 电路包含多少节点、回路和支路? (b) 计算流过每个电阻的电流。(c) 求电流源两端的电压, 假设上端是正参考端。

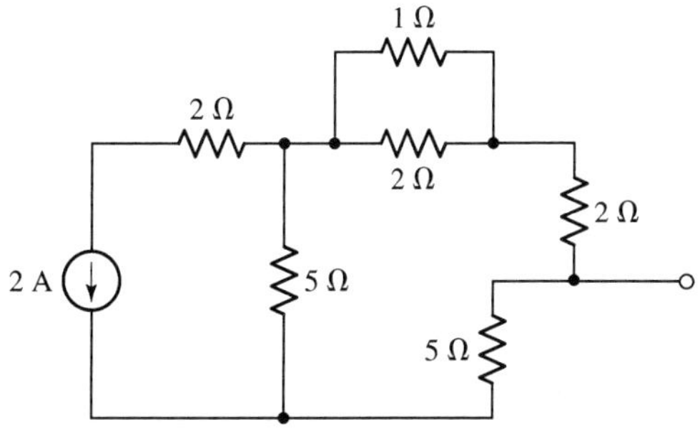


图 3.99

# 第 4 章　基本节点和网孔分析

## 主要概念

- 节点分析
- 超节点技术
- 网孔分析
- 超网孔技术
- 节点分析和网孔分析的比较
- 计算机辅助分析，包括 LTspice 和 MATLAB

## 引言

有了欧姆定律和基尔霍夫定律，就可以通过分析线性电路来得到有用的信息，如元件的电流、电压或功率。但是此时要分析的每个电路似乎都不同，因此就需要在电路分析上有某种程度的创造性。本章将介绍两种基本的电路分析方法：节点分析和网孔分析，利用这两种方法可以系统且统一地分析不同的电路。其结果是流水线型的分析，对同样复杂度的方程，产生的错误更少，最重要的是：不会出现“我不知道该怎么开始”的问题。

到目前为止，我们遇到的大多数电路都非常简单，（坦率地说）它们是否实用还有待探讨，但是这些电路对于学习基本技术非常有用。虽然本章中出现的复杂电路可以表示各种电气系统，如控制电路、通信系统、电动机、集成电路以及非电子系统的电路模型，但是我们认为现在来处理这些特定的电路还为时尚早。我们首先要讨论的是解题的方法学并将其贯穿于整本书中。

## 4.1　节点分析

下面介绍一种通用的电路分析方法，这是一种基于基尔霍夫电流定律的有效方法，称为节点分析法。第 3 章讨论了只包含两个节点的简单电路的分析，从中可以知道，分析的主要步骤是得到含有一个未知变量的方程，该未知量是该节点对两端的电压。

现在令节点数增加，并且每增加一个节点就相应地增加一个未知量以及一个方程，因此 3 个节点的电路需要有两个未知电压和两个方程；10 个节点的电路将有 9 个电压未知量和 9 个方程；一个 $N$ 节点的电路需要 $N-1$ 个电压和 $N-1$ 个方程。每个方程都是一个简单的基尔霍夫电流方程。

现在介绍节点分析的基本技巧。考虑如图 4.1(a)所示的三节点电路并重画成图 4.1(b)的形式，目的是为了强调该电路只有 3 个节点并分别用数字标注。我们的目标是求解每个元件两端的电压。下一步分析非常重要：指定某个节点为**参考节点**，该节点是 $N-1=2$ 个节点电压的负端，如图 4.1(c)所示。

如果定义具有最大连接支路数的节点为参考节点，那么得到的方程相对来说比较简单。

如果电路中包含接地节点，通常将该接地节点选择为参考节点，但是很多人喜欢将电路最下端的节点作为参考节点，特别是当电路中没有明确给出接地节点的时候。

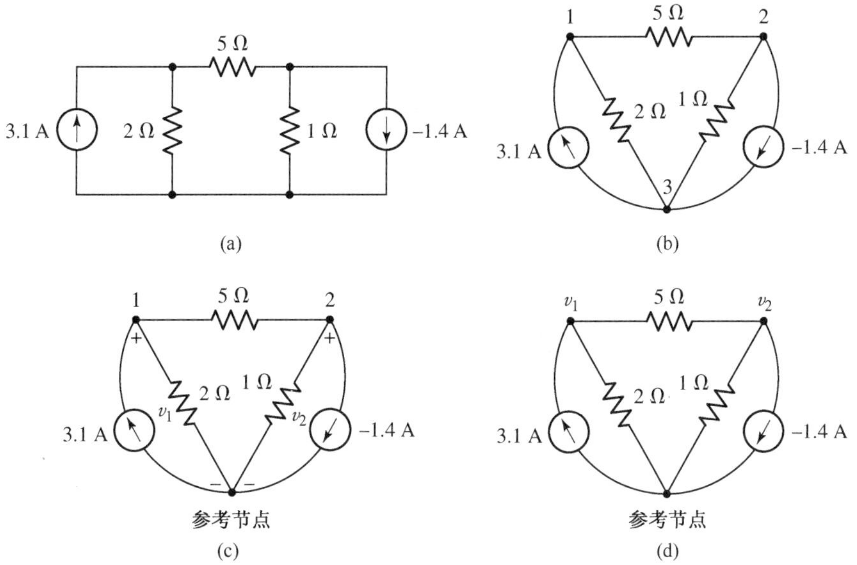


图 4.1　(a) 三节点电路；(b) 重画电路以强调节点；(c) 选择参考节点及指定电压；(d) 简化电压标注，如果需要，可以将参考点替换为"地"符号

节点 1 相对于参考节点的电压定义为 $v_1$，节点 2 相对于参考节点的电压定义为 $v_2$。有这两个电压已经足够了，因为任何两个节点之间的电压都可以通过这两个电压来表示。例如，节点 1 相对于节点 2 的电压为 $v_1 - v_2$。电压 $v_1$ 和 $v_2$ 以及它们的参考符号如图 4.1(c)所示。为了清晰起见，一旦标注了参考节点，通常会省略电压的参考符号，标有电压的节点被认为是正端，如图 4.1(d)所示，这可以理解为是一种简化的电压标注。

说明：在原理图中，参考节点定义为 0 V。但是必须记住，任何端子都可以作为参考端。因此，参考节点相对于其他定义节点的电压为 0 V，而不是相对于大地的电压为 0 V。

现在对节点 1 和节点 2 应用基尔霍夫电流定律，即通过电阻流出节点的总电流等于流入节点的总电源电流，即

$$\frac{v_1}{2} + \frac{v_1 - v_2}{5} = 3.1 \qquad [1]$$

或

$$0.7v_1 - 0.2v_2 = 3.1 \qquad [2]$$

对节点 2 可以得到

$$\frac{v_2}{1} + \frac{v_2 - v_1}{5} = -(-1.4) \qquad [3]$$

或

$$-0.2v_1 + 1.2v_2 = 1.4 \qquad [4]$$

式[2]和式[4]是必需的两个方程，包含两个未知量，很容易求解。结果为 $v_1 = 5$ V，$v_2 = 2$ V。

从该结果可以直接确定 5 Ω 电阻两端的电压：$v_{5\,\Omega} = v_1 - v_2 = 3$ V。同样可以计算得到电流以及吸收的功率。

注意，对于节点分析可以有多种方式写出基尔霍夫电流方程。比如，读者可以对所有流入指定节点的电流求代数和并令其为零。因此对于节点 1 可以写出

$$3.1-\frac{v_1}{2}-\frac{v_1-v_2}{5}=0$$

或

$$3.1+\frac{-v_1}{2}+\frac{v_2-v_1}{5}=0$$

这两个方程都与式[1]等效。

这两个方程哪一个更好呢？每个教师或学生都有自己的喜好，最重要的是方便。作者喜欢通过下列方式构建基尔霍夫电流方程：等式一边是所有的电源电流，另一边是所有的电阻电流。具体而言：

$$\sum 从电源流入节点的电流 = \sum 通过电阻离开节点的电流$$

这种方法有几个优点。首先，永远不会产生这样的混淆——究竟是“$v_1-v_2$”还是“$v_2-v_1$”呢？每个电阻电流表达式中的第一个电压对应于所写的基尔霍夫电流方程对应的节点电压，见式[1]和式[3]。其次，可以快速检查是否遗漏了某些项。简单数一下连接到该节点的电流源数以及电阻数，对它们进行分组可以使比较变得更简单。

**例 4.1** 电路如图 4.2(a)所示，求图中从左到右流过 15 Ω 电阻的电流。

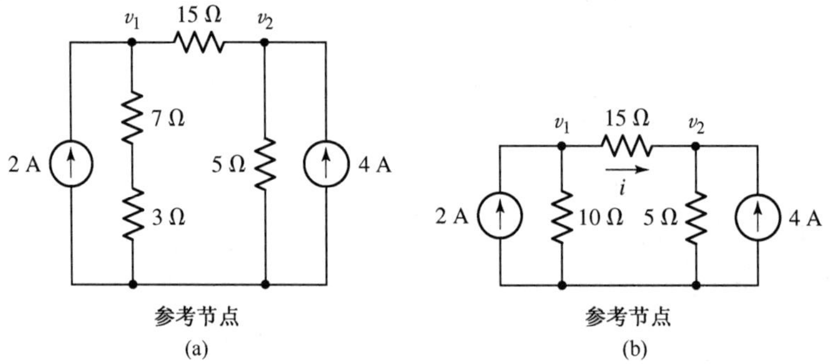


图 4.2 (a) 包含两个独立电流源的四节点电路；(b) 将两个串联电阻用一个10Ω电阻替换，将电路简化成3个节点

**解：** 通过节点分析可以直接得到节点电压 $v_1$ 和 $v_2$ 的数值，并可以得到所求的电流为 $i=(v_1-v_2)/15$。

在开始节点分析之前，首先可以看到我们并不对 7 Ω 或 3 Ω 电阻的细节感兴趣，因此可以用一个 10 Ω 电阻替换这两个串联电阻，如图 4.2(b)所示，这样可以使方程数减少。

写出节点 1 的基尔霍夫电流方程：

$$\frac{v_1}{10}+\frac{v_1-v_2}{15}=2 \qquad [5]$$

写出节点 2 的基尔霍夫电流方程：

$$\frac{v_2}{5}+\frac{v_2-v_1}{15}=4 \qquad [6]$$

重新排列，可得

$$5v_1-2v_2=60$$

和

$$-v_1+4v_2=60$$

求解可得 $v_1=20$ V，$v_2=20$ V，因此 $v_1-v_2=0$。换句话说，该电路中 15 Ω 电阻上没有电流流过。

## 练习

4.1 电路如图 4.3 所示，求节点电压 $v_1$ 和 $v_2$。

答案：$v_1 = -145/8$ V，$v_2 = 5/2$ V。

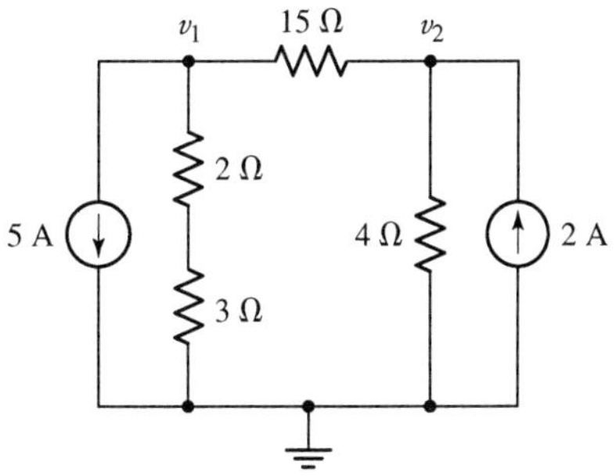


图 4.3

现在增加节点数并利用上述方法分析更复杂的问题。

**例 4.2** 求图 4.4(a)所示电路中的节点电压，底端为参考节点。

**解：明确题目的要求**

该电路中有 4 个节点。选择最下面的节点作为参考节点，并对其他 3 个节点进行如图 4.4(b)所示的标注。为了方便起见，重画电路，注意识别 4 Ω 电阻相关的两个节点。

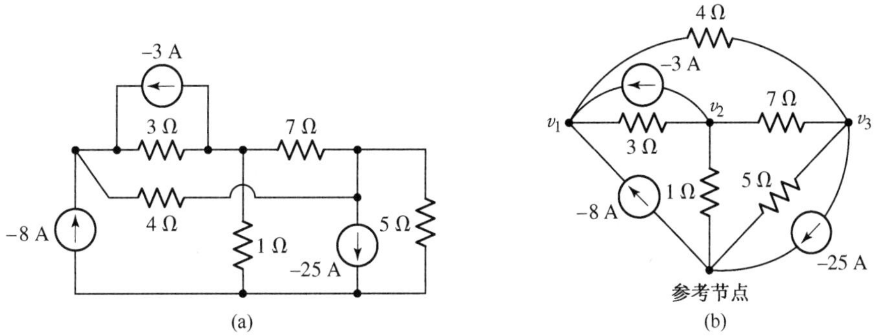


图 4.4 (a) 四节点电路；(b) 重画电路，选择参考节点并对电压进行标注

### 收集已知信息

有 3 个未知量 $v_1$，$v_2$ 和 $v_3$。已知所有的电流源和电阻值并已在图中注明。

### 方案设计

该例题非常适合用节点分析方法来进行分析，因为可以通过电流源和流过每个电阻的电流写出 3 个独立的基尔霍夫电流方程。

### 建立一组合适的方程

对节点 1 写出基尔霍夫电流方程：

$$\frac{v_1 - v_2}{3} + \frac{v_1 - v_3}{4} = -8 - 3$$

或

$$0.5833\,v_1 - 0.3333\,v_2 - 0.25\,v_3 = -11 \qquad [7]$$

写出节点 2 的方程：

$$\frac{v_2 - v_1}{3} + \frac{v_2}{1} + \frac{v_2 - v_3}{7} = -(-3)$$

或

$$-0.3333\,v_1 + 1.4762\,v_2 - 0.1429\,v_3 = 3 \qquad [8]$$

对于节点 3 则有方程

$$\frac{v_3}{5} + \frac{v_3 - v_2}{7} + \frac{v_3 - v_1}{4} = -(-25)$$

或者简化为

$$-0.25\,v_1 - 0.1429\,v_2 + 0.5929\,v_3 = 25 \qquad [9]$$

### 确定是否还需要其他信息

现在我们已得到3个方程，其中包含3个未知量。只要它们互相独立，就可以求解得到3个电压。

### 尝试求解

可以利用科学计算器(见附录2)，MATLAB等软件工具求解式[7]~式[9]，也可以通过更传统的如逐次消元法、矩阵法或者利用克拉默(Cramer)法则等方法求解。利用矩阵求逆方法和科学计算器(见附录2)，则可以以 $\mathbf{Av} = \mathbf{B}$ 的矩阵格式写出方程组：

$$\begin{bmatrix} 0.5833 & -0.3333 & -0.25 \\ -0.3333 & 1.4762 & -0.1429 \\ -0.25 & -0.1429 & 0.5929 \end{bmatrix} \begin{bmatrix} v_1 \\ v_2 \\ v_3 \end{bmatrix} = \begin{bmatrix} -11 \\ 3 \\ 25 \end{bmatrix}$$

其中

$$\mathbf{A} = \begin{bmatrix} 0.5833 & -0.3333 & -0.25 \\ -0.3333 & 1.4762 & -0.1429 \\ -0.25 & -0.1429 & 0.5929 \end{bmatrix}$$

且

$$\mathbf{B} = \begin{bmatrix} -11 \\ 3 \\ 25 \end{bmatrix}$$

将矩阵 $\mathbf{A}$ 和向量 $\mathbf{B}$ 的数据输入计算器中，并求解 $\mathbf{v} = \mathbf{A}^{-1}\mathbf{B}$，可以得到最终的结果：

$$\mathbf{v} = \begin{bmatrix} v_1 \\ v_2 \\ v_3 \end{bmatrix} = \begin{bmatrix} 5.4124 \\ 7.7375 \\ 46.3127 \end{bmatrix} \text{ V}$$

### 验证结果是否合理或是否与预计相符

将节点电压代入3个节点方程中的任何一个都可以验证是否有计算错误。除此以外，能否确定这些电压合理呢？在该电路的任何地方的电流都不可能大于 $3+8+25=36$ A。最大电阻是 $7\ \Omega$，因此不可能有超过 $7\times36=252$ V的电压。

有很多方法可以用来求解线性方程，在附录2中详细介绍了其中的几种。在科学计算器出现之前，克拉默法则在电路分析中很常用，尽管有时很烦琐，但它可以直接在一个简单的四功能计算器中使用，因此这种方法很有价值。另外，MATLAB是一个功能强大的软件包，可以大大简化求解过程，附录6中给出了一个简单教程。

在MATLAB中有几种不同的方法可以处理例4.2中遇到的问题。首先，可以把式[7]~式[9]表示成**矩阵形式**，如例题中所示。

在MATLAB中，可以写成

```
>> A = [0.5833 -0.3333 -0.25; -0.3333 1.4762 -0.1429; -0.25 -0.1429 0.5929];
>> B = [-11; 3; 25];
>> v = A\B
v =

   5.4124
   7.7375
  46.3127

>>
```

其中，空格用来对行元素进行分隔，而分号用来对列元素进行分隔。矩阵 **v** 也称为**向量**，因为它只有一列元素，并且它就是我们所要求的结果。因此 $v_1$ =5.412 V，$v_2$ =7.738 V，$v_3$ =46.31 V(有舍入误差)。在 MATLAB 中求解方程组时，推荐使用反斜杠运算符 `v = A \B`，而不推荐使用 `v = A^-1/B` 或 `v = inv(A) * B`。

如果采用 MATLAB 的符号处理器，则也可以首先写出基尔霍夫电流方程。

```
>> syms v1 v2 v3
>> eqn1 = -8 -3 = (v1 - v2)/ 3 + (v1 - v3)/ 4;
>> eqn2 = -(-3) = (v2 - v1)/ 3 + v2/ 1 + (v2 - v3)/ 7;
>> eqn3 = -(-25) = v3/ 5 + (v3 - v2)/ 7 + (v3 - v1)/ 4;
>> answer = solve(eqn1, eqn2, eqn3, [v1 v2 v3]);
>> answer.v1
ans =
720/133
>> answer.v2
ans =
147/19
>> answer.v3
ans =
880/19
>>
```

从这个程序可以得到精确的结果。调用 `solve()` 函数时，必须列出符号方程 `eqn1`，`eqn2` 以及 `eqn3`，但是变量 `v1`，`v2` 和 `v3` 必须明确指定。如果在调用 `solve()` 时变量数比方程数少，那么运算会返回一个代数结果。这里需要对解的形式进行说明，它以一种编程上称为结构的方式返回结果，在本例题中该结构称为“`answer`”。该结构中的每个元素可以用所示的名字分别访问。

## 练习

4.2　电路如图 4.5 所示，计算每个电流源两端的电压。
答案：$v_{3A}$ =5.235 V；$v_{7A}$ =11.47 V。

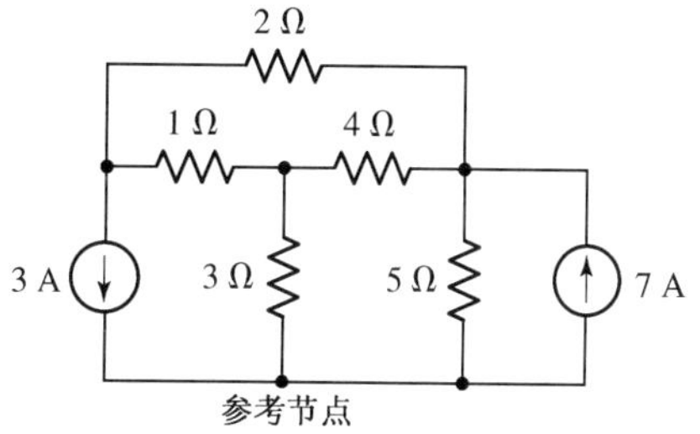

图 4.5

前面的例题已经说明了节点分析的基本方法，但当电路包含受控源时会发生什么情况并且该如何考虑呢?

**例 4.3**　求图 4.6(a)所示电路中受控电流源所提供的功率。

**解**：选择最下面的节点作为参考节点，因为它具有最大的支路连接数，如图 4.6(b)所示标注出节点电压 $v_1$ 和 $v_2$。实际上 $v_x = v_2$。

对于节点 1 写出

$$\frac{v_1 - v_2}{1} + \frac{v_1}{2} = 15 \qquad [10]$$

对于节点 2 写出

$$\frac{v_2 - v_1}{1} + \frac{v_2}{3} = 3i_1 \qquad [11]$$

遗憾的是，这里只有两个方程，但却包含 3 个未知量。这是由于电路中存在受控电流源的缘故，因为它不受节点电压的控制。因此必须再得到一个能够给出 $i_1$ 和一个或几个节点电压关系的方程。

在本例中可以看到

$$i_1 = \frac{v_1}{2} \qquad [12]$$

将式[12]代入式[11]可得(稍做简化)

$$-15v_1 + 8v_2 = 0 \qquad [13]$$

将式[10]简化成

$$3v_1 - 2v_2 = 30 \qquad [14]$$

求解得到 $v_1 = -40$ V，$v_2 = -75$ V，$i_1 = 0.5v_1 = -20$ A，因此受控源提供的功率为 $(3i_1)(v_2) = (-60)(-75) = 4.5$ kW。

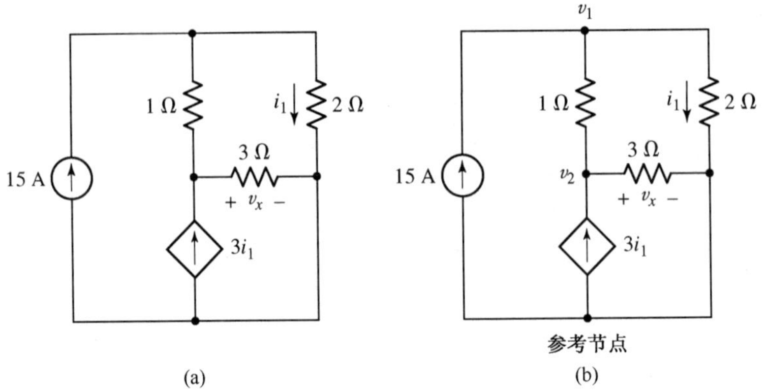


图 4.6 (a) 包含一个受控电流源的四节点电路；(b) 对电路进行标注，以便于节点分析

从上面的例题可以看到，由于受控源的存在，当控制变量不是一个节点电压时，在分析过程中需要再建立一个额外的方程。现在来考虑同一个电路，但受控电流源的控制变量为 3 Ω 电阻两端的电压，该电压其实是一个节点电压。可以发现只需两个方程就可以完成分析。

**例 4.4** 求图 4.7(a)所示电路中受控源提供的功率。

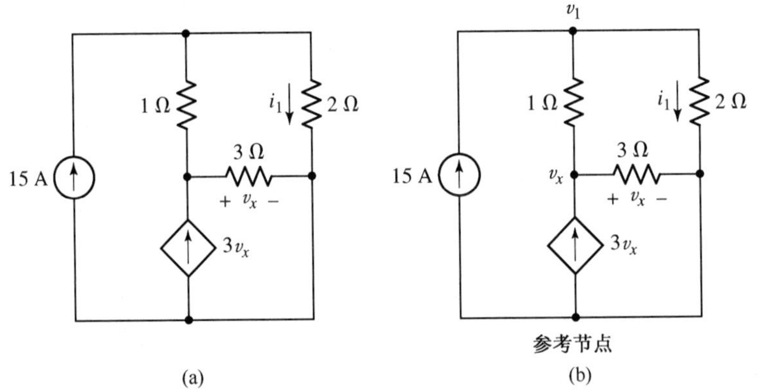


图 4.7 (a) 包含一个受控电流源的四节点电路；(b) 对电路进行标注，以便于节点分析

**解：** 选择底部节点为参考节点，并对电路进行如图 4.7(b)所示的标注。为清晰起见，明确将节点电压标注为 $v_x$。注意，本例题中参考节点的选择很重要，因为这种选择可以使 $v_x$ 是一个节点电压。

对节点 1 写出基尔霍夫电流方程：

$$\frac{v_x - v_1}{30} + \frac{v_x}{10} + \frac{v_x - v_2}{20} = 0 \qquad [15]$$

写出节点 $x$ 的方程：

$$\frac{v_x - 9}{30} + \frac{v_x}{10} + \frac{v_x - 4}{20} = 0 \qquad [16]$$

合并各项并求解，得到 $v_1 = 50/7$ V，$v_x = -30/7$ V。因此，该电路中的受控源产生的功率为 $(3v_x)(v_x) = 55.1$ W。

## 练习

4.3　电路如图 4.8 所示，当 $A$ 分别等于：(a) $2i_1$；(b) $2v_1$ 时，求节点电压 $v_1$。

答案：(a) 70/9 V；(b) −10 V。

目前为止，我们利用节点分析法只分析了所有电源都是电流源的情况。因为不知道流过电压源的电流，如果在某条支路上含有电压源，应如何使用节点分析呢？比如，利用节点分析方法来求图 4.9 所示电路中的未知电压 $v_x$。首先可以将电路最下面的节点作为参考节点，然后定义电路中的其他节点。对节点 $v_1$ 和 $v_2$ 进行标注。通过观察已知 $v_1 = 9$ V，$v_2 = 4$ V。剩余的未知节点是 $v_x$，其基尔霍夫电流方程为

$$\frac{v_x - v_1}{30} + \frac{v_x}{10} + \frac{v_x - v_2}{20} = 0 \qquad [17]$$

代入 $v_1 = 9$ V 和 $v_2 = 4$ V，可得

$$\frac{v_x - 9}{30} + \frac{v_x}{10} + \frac{v_x - 4}{20} = 0 \qquad [18]$$

求解 $v_x$ 可得

$$v_x\left(\frac{1}{30} + \frac{1}{10} + \frac{1}{20}\right) = \frac{9}{30} + \frac{4}{20} \qquad [19]$$

$$v_x = \frac{30}{11} = 2.7273 \text{ V} \qquad [20]$$

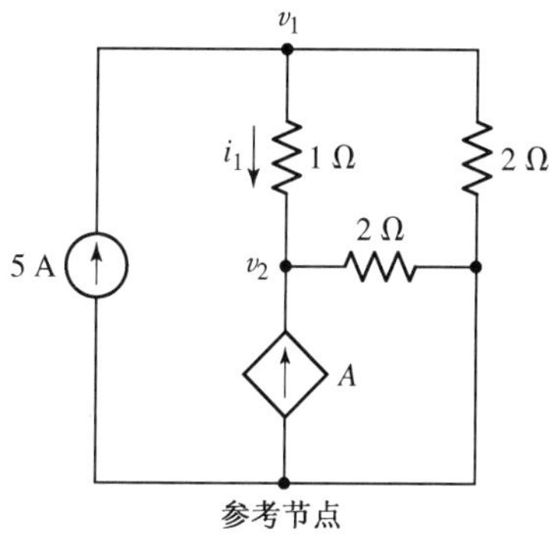


图 4.8

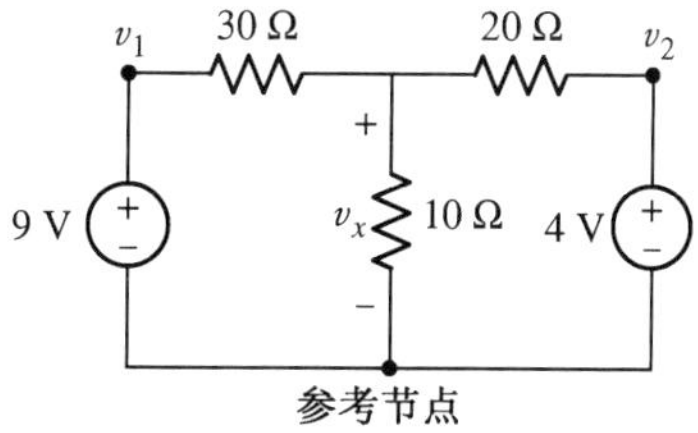


图 4.9　用节点分析方法分析含有电压源电路的例子

⚠ 可以看到，分别利用 30 Ω 电阻和 20 Ω 电阻两端的电压 $(v_x - 9)$ 和 $(v_x - 4)$，基尔霍夫电流方程定义了流过这两个电阻的电流。进行节点分析时经常会犯的一个错误是在写基尔霍夫电流表达式时忘记电压源，例如把流过 30 Ω 电阻的电流写成 $(v_x)/30$，而不是 $(v_x - 9)/30$。千万不要犯这样的错误！

## 节点分析基本过程的总结

1. **选择参考节点**。通过选择具有最大支路连接数的节点作为参考节点，可以使方程数最少。
2. **对节点电压进行标注**。以选择的参考节点为依据，正确标注。

3. **对每个非参考节点列出基尔霍夫电流方程**。方程的一边为从电源流流入节点的电流之和，方程的另一边为通过电阻流出该节点的电流之和。注意符号“-”。
4. **用合适的节点电压表示未知量**。这种情况一般出现在电路包含电压源或受控源的时候。
5. **组织方程**。根据节点电压合并方程中的各项。
6. **求解方程，得到节点电压**。

这些基本步骤对我们遇到的任何电路都适用，但如果存在电压源则需要格外小心。这种情况将在4.2节中讨论。

## 4.2 超节点

前面例题讨论了电路中包含电压源时使用节点分析方法的情况。这种情况包含一个直接与电压源串联的电阻，从而可以定义一个电流来写出基尔霍夫电流方程。如果包含一个电压源，但又无法定义流过该电压源的电流时怎么办？接下来讨论电压源对节点分析的影响。作为一个典型的例子，考虑图4.10(a)所示的电路。在图4.4所示的原始四节点电路中，将节点2和节点3之间的7 Ω电阻用22 V的电压源替换。指定同样的相对于参考节点的节点电压$v_1$，$v_2$和$v_3$。按照前面的做法，下一步是对每个非参考节点应用基尔霍夫电流定律。如果采用同样的方法，则会发现对于节点2和节点3有一些困难，原因是不知道电压源所在支路的电流，并且没有办法将电流表示成电压的函数，因为电压源的定义告诉我们电压与电流无关。

有两种方法可以解决这个问题。一种比较困难的方法是为包含电压源的支路分配一个未知的电流，然后应用3次基尔霍夫电流定律，之后对节点2和节点3之间应用基尔霍夫电压定律($v_3-v_2=22$)，结果将得到包含4个未知量的4个方程。

比较简单的方法是把节点2、节点3以及电压源作为一个超节点，并且同时对这两个节点应用基尔霍夫电流定律。超节点在图4.10(a)所示的电路中由虚线包围的区域表示，这是因为如果流出节点2的总电流为零、流出节点3的总电流为零，那么流出这两个节点组合的总电流也为零。可以看到，超节点内定义的任何电流将在基尔霍夫电流方程中消失。例如，离开节点2的电流与离开节点3的电流大小相等，方向相反。这个概念可以用图4.10(b)所示的局部放大的视图来表示。

超节点的概念利用了基尔霍夫电流定律的更一般定义：进入任何节点或封闭平面的电流的代数和为0。

**例4.5** 求图4.10(a)所示电路中未知节点电压$v_1$的值。

**解**：节点1的基尔霍夫电流方程与例4.2的相同，即

$$\frac{v_1-v_2}{3}+\frac{v_1-v_3}{4}=-8-3$$

或

$$0.5833v_1-0.3333v_2-0.2500v_3=-11 \quad [21]$$

接下来考虑由节点2和节点3组成的超节点。超节点连接两个电流源和4个电阻，因此

$$\frac{v_2-v_1}{3}+\frac{v_3-v_1}{4}+\frac{v_3}{5}+\frac{v_2}{1}=3+25$$

或

$$-0.5833v_1+1.3333v_2+0.45v_3=28 \quad [22]$$

因为有3个未知量，所以需要一个额外的方程，它必须利用节点2和节点3之间的22 V

电压源这个事实：

$$v_2 - v_3 = -22 \quad [23]$$

求解式[21]~式[23]，得到 $v_1$ 为 1.071 V。

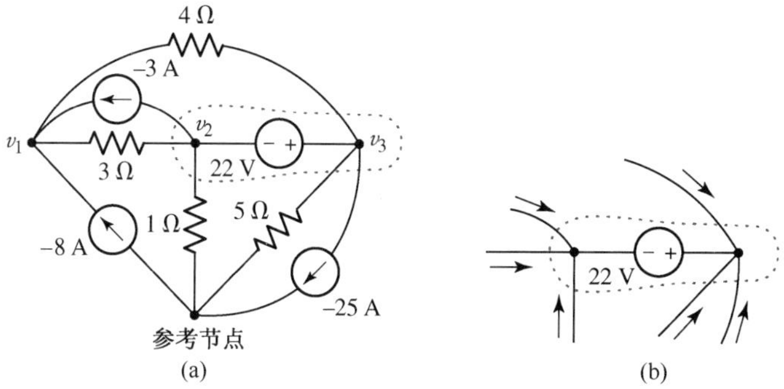


图 4.10　(a) 例 4.2 的电路，用 22 V 的电压源替换 7 Ω 电阻；(b) 对超节点定义的区域进行放大；由基尔霍夫电流定律得到流入该区域的所有电流之和为零，否则电子会堆积或消耗

## 练习

4.4　电路如图 4.11 所示，计算每个电流源两端的电压。

答案：5.375 V；375 mV。

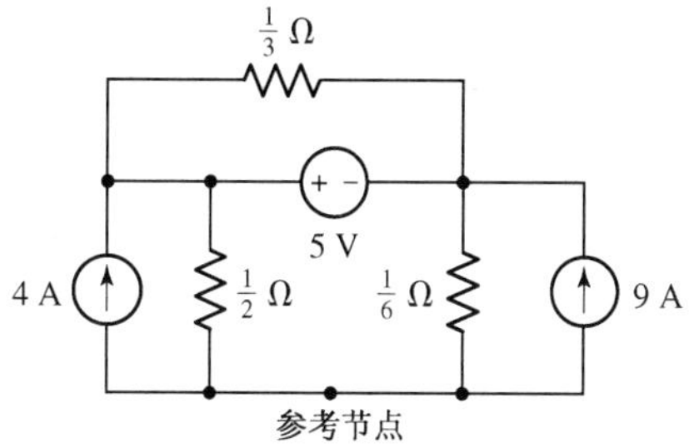


图 4.11

⚠ 可见，电压源的存在使得非参考节点的数目减少了一个(必须在该节点应用基尔霍夫电流定律来得到一个方程)，不管电压源是连接在两个非参考节点之间还是连接在一个非参考节点与参考节点之间。当分析练习 4.4 这样的电路时也应该小心，因为电阻的两端为超节点的一部分，所以实际上在基尔霍夫电流方程中必须有两个与之相应的电流项，但是它们相互抵消了。超节点分析过程总结如下。

## 超节点分析过程的总结

1. **选择参考节点**。通过选择具有最大支路连接数的节点，作为参考节点，可以使节点方程中的项数最少。
2. **标注节点电压。以选择的参考节点为依据，正确标注**。
3. **如果电路包含电压源，则可将每个电压源组成一个超节点**。通过用闭合虚线将电压源、电压源的两端以及连接在这两端之间的其他元件包围起来，可以形成一个超节点。
4. **对每个非参考节点以及每个不包含参考节点的超节点列出基尔霍夫电流方程**。方程的一边为从电流源流入节点或超节点的电流之和，另一边为通过电阻流出节点或超节点的电流之和。密切注意符号“-”。
5. **建立每个电压源两端的电压与节点电压之间的关系**。可以通过基尔霍夫电压定律完成，每个超节点需要一个这样的方程。
6. **用合适的节点电压表示未知量**。当电路中包含电压源或受控源时会出现这种情况。
7. **组织方程**。根据节点电压合并方程中的各项。
8. **求解方程得到每个节点电压**。

可以看出，超节点分析过程比一般的节点分析过程增加了两个步骤。但是实际上对一个包含电压源的电路，当该电压源不连接到参考节点时，应用超节点技术可以减少所需要的基尔霍夫电流方程数。下面考虑图 4.12 所示的电路，它包含所有的 4 种电源以及 5 个节点。

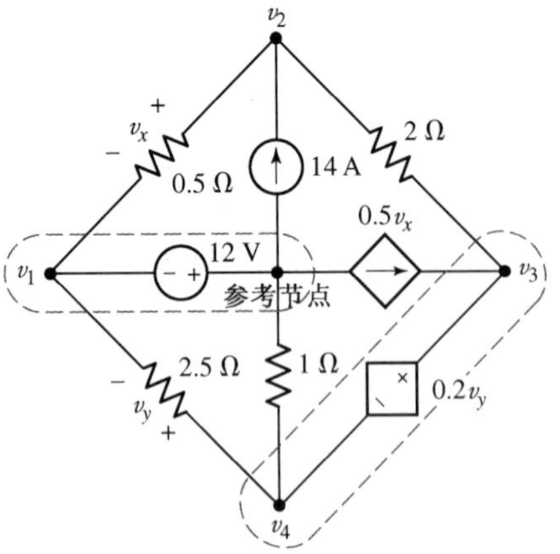


图 4.12 包含 4 种不同类型电源的五节点电路

**例 4.6** 确定图 4.12 所示电路中各节点相对参考节点的电压。

**解：** 将每个电压源定义为一个超节点后可以看出，只需要写出节点 2 和包含受控电压源的超节点的基尔霍夫电流方程。通过观察可以得到 $v_1 = -12\ \text{V}$。

对于节点 2：

$$\frac{v_2 - v_1}{0.5} + \frac{v_2 - v_3}{2} = 14 \qquad [24]$$

而对于超节点 3 和超节点 4：

$$\frac{v_3 - v_2}{2} + \frac{v_4}{1} + \frac{v_4 - v_1}{2.5} = 0.5v_x \qquad [25]$$

接下来建立电源电压与节点电压之间的关系如下：

$$v_3 - v_4 = 0.2v_y \qquad [26]$$

且

$$0.2v_y = 0.2(v_4 - v_1) \qquad [27]$$

最后，用指定的变量表示受控电流源：

$$0.5v_x = 0.5(v_2 - v_1) \qquad [28]$$

在一般的节点分析中，5 个节点需要 4 个基尔霍夫电流方程，但是通过超节点技术只需要两个方程，因为组成两个独立的超节点。每个超节点需要一个基尔霍夫电压方程（式[26]以及 $v_1 = -12\ \text{V}$，后者通过观察写出）。两个受控电源都不受节点电压的控制，因此需要两个额外的方程。

通过上述分析，现在可以消除 $v_x$ 和 $v_y$，得到了 4 个方程且包含 4 个节点电压：

$$\begin{aligned}
-2v_1 + 2.5v_2 - 0.5v_3 \qquad\qquad &= 14 \\
0.1v_1 - v_2 + 0.5v_3 + 1.4v_4 &= 0 \\
v_1 \qquad\qquad\qquad\qquad &= -12 \\
0.2v_1 \qquad + v_3 - 1.2v_4 &= 0
\end{aligned}$$

求解得到 $v_1 = -12\ \text{V}$，$v_2 = -4\ \text{V}$，$v_3 = 0\ \text{V}$，$v_4 = -2\ \text{V}$。

## 练习

4.5 求图 4.13 所示电路中的节点电压。

答案：$v_1 = 3\ \text{V}$，$v_2 = -2.33\ \text{V}$，$v_3 = -1.91\ \text{V}$，$v_4 = 0.945\ \text{V}$。

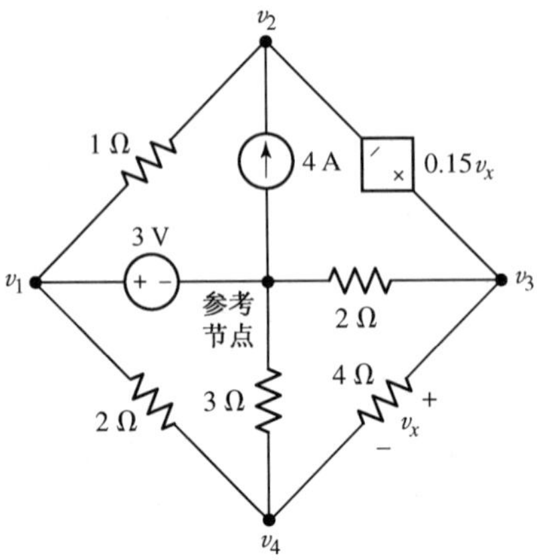


图 4.13

# 4.3 网孔分析

已经知道，当电路中只出现电流源的时候，节点分析是一种简单而直接的分析技术。如果含有电压源，则用超节点的概念也很容易解决。节点分析基于基尔霍夫电流定律，因此，读者可能想知道是否有类似的基于基尔霍夫电压定律的方法。答案是有，这就是**网孔分析**。尽管严格来说它只能应用于平面电路，但是在许多情况下已经证明网孔分析比节点分析更简单。

如果一个电路图能够在一个平面上画出，并且任何支路既不从上面跨过也不从下面穿过任何一条其他支路，这个电路就称为**平面电路**。因此，图 4.14(a)所示就是一个平面网络，图 4.14(b)所示是一个非平面网络，图 4.14(c)所示也是一个平面网络，尽管它乍一看像是一个非平面网络。

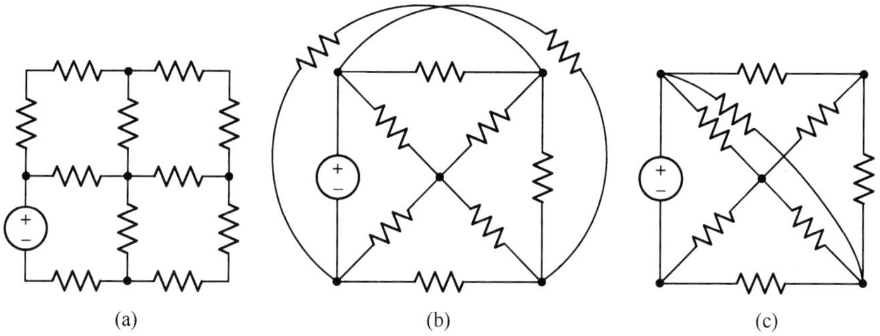

图 4.14　平面网络和非平面网络的例子，没有实点的交叉线不存在物理连接

3.1 节中定义了**路径**、**闭合路径**以及**回路**的概念。在定义网孔之前，首先考虑图 4.15 所示图形中粗线表示的支路集。第一组支路不是一条路径，因为 4 条支路都连接到中心节点，显然也不是一条回路。第二组支路不能组成路径，因为要遍历它必须两次经过中心节点。其他 4 组路径都是回路，电路包含 11 条支路。

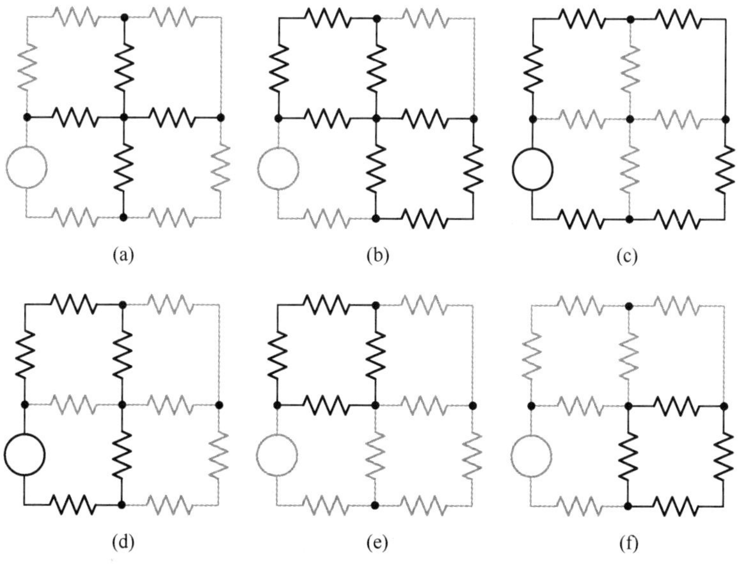

图 4.15　(a) 由粗线表示的支路集既不是路径也不是回路；(b) 此处的支路集不是路径，因为一次遍历需要两次经过中心节点；(c) 该路径是回路但不是网孔，因为它包围了其他回路；(d) 该路径是一个回路但不是网孔；(e) 和(f)这两条路径都是回路，也都是网孔

网孔是平面电路的特点，对于非平面电路则没有网孔的概念。在一个电路中，**网孔**定义为不包含任何其他回路的回路，因此图 4.15(c) 和图 4.15(d) 所示的是回路，但不是网孔，而

图 4.15(e)和图 4.15(f)所示的是网孔。如果一个电路可以画成整洁的平面形式，那么它通常看起来像具有多个格子的窗口，在窗口中每个格子的边界都可以看成一个网孔。

说明：应该注意网孔分析不能应用于非平面电路，因为它不可能对这种电路定义唯一的网孔集，因此不可能得到唯一的网孔电流。

如果一个网络是平面网络，则可以利用网孔分析法来完成分析。该方法涉及网孔电流的概念，我们通过图 4.16(a)所示的二网孔电路的分析来介绍网孔电流的概念。

与单回路电路分析一样，首先定义流过某条支路的电流。假设向右流过 6 Ω 电阻的电流为 $i_1$。对两个网孔分别应用基尔霍夫电压定律可以列出两个方程，并可以求得两个未知的电流。接着定义向右流过 4 Ω 电阻的电流为 $i_2$，也可以选择向下流过中央支路的电流为 $i_3$，但显然由基尔霍夫电流定律可知 $i_3$ 可以用前面两个假设的电流表示为 $(i_1 - i_2)$。假设的电流如图 4.16(b)所示。

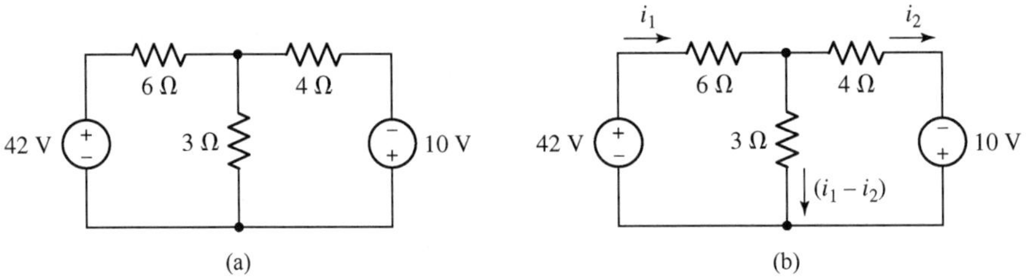


图 4.16　一个需要求解电流的简单电路

按照单回路电路的求解方法，现在对左边的网孔应用基尔霍夫电压定律，可得

$$-42 + 6i_1 + 3(i_1 - i_2) = 0$$

或

$$9i_1 - 3i_2 = 42 \qquad [29]$$

对右边网孔应用基尔霍夫电压定律，可得

$$-3(i_1 - i_2) + 4i_2 - 10 = 0$$

或

$$-3i_1 + 7i_2 = 10 \qquad [30]$$

式[29]和式[30]为独立方程，其中一个不能由另一个推导得到。由于现在有两个方程以及两个未知量，因此很容易得到

$$i_1 = 6\ \text{A}, \quad i_2 = 4\ \text{A} \quad \text{和} \quad (i_1 - i_2) = 2\ \text{A}$$

如果电路包含 $M$ 个网孔，就有 $M$ 个网孔电流，因此需要写出 $M$ 个独立的方程。

现在利用网孔电流以一种不同的方式来考虑相同的问题。我们把**网孔电流**定义为只在网孔周边流动的电流。如果我们把左边的网孔标为网孔 1，那么可以建立在该网孔中顺时针流动的网孔电流 $i_1$。网孔电流用几乎封闭的弯箭头表示，并在相应的网孔中画出，如图 4.17 所示。对另一个网孔建立网孔电流 $i_2$，同样为顺时针方向。尽管方向可任意选择，但是我们总是选择顺时针方向的网孔电流，因为由此得出的方程具有一定的对称性，并且产生的错误一定是最少的。

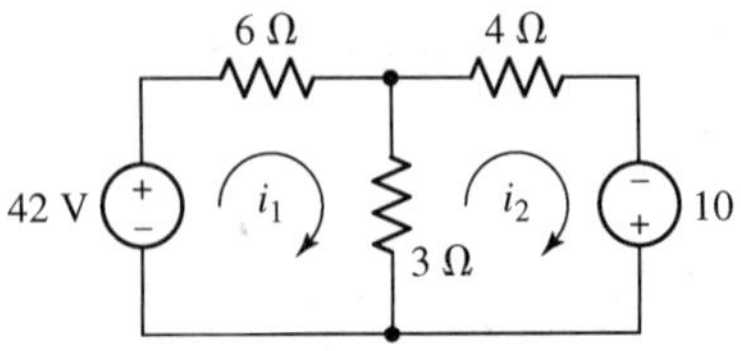


图 4.17　与图 4.16(b)所示电路相同，略有一点改变

我们不再把电流或电流方向直接标注在电路的每条支路上。流过任何支路的电流由该支路所在的各网孔的网孔电流确定。做到这一点并不难，因为任何支路都不会出现在两个以上的网孔中。例如，3 Ω 电阻同时出现在两个网孔中，向下流过该电阻的电流为 $i_1 - i_2$。6 Ω 电阻只存在于网孔 1 中，并且向右流过该支路的电流等于网孔电流 $i_1$。

说明：网孔电流往往等同于某个支路电流，如本例所示的 $i_1$ 和 $i_2$，但并不总是这样。例如，考虑一个方形的 9 网孔网络，可以发现，中间的网孔电流与任何支路中的电流都不同。

对于左边的网孔有　$-42 + 6i_1 + 3(i_1 - i_2) = 0$　[31]

而对于右边的网孔有　$3(i_2 - i_1) + 4i_2 - 10 = 0$　[32]

这两个公式与式[29]和式[30]等效。

**例 4.7**　求图 4.18(a)所示电路中 2 V 电源所提供的功率。

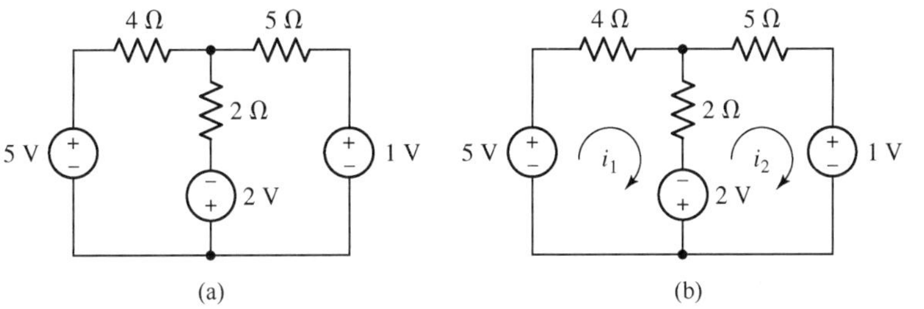


图 4.18　(a) 包含 3 个电源的二网孔电路；(b) 为网孔分析进行的电路标注

**解**：首先定义如图 4.18(b)所示的两个顺时针网孔电流。

从网孔 1 的左下角节点开始，按顺时针方向沿支路写出下列基尔霍夫电压方程：

$$-5 + 4i_1 + 2(i_1 - i_2) - 2 = 0$$

同样写出网孔 2 的方程　$+2 + 2(i_2 - i_1) + 5i_2 + 1 = 0$

整理并合并同类项，可得　$6i_1 - 2i_2 = 7$

和　$-2i_1 + 7i_2 = -3$

求解可得 $i_1 = 43/38 = 1.132$ A 和 $i_2 = -2/19 = -0.1053$ A。

流出 2 V 电源正参考极性端的电流为 $i_1 - i_2$，因此 2 V 电源提供的功率为 $(2)(1.237) = 2.474$ W。

## 练习

4.6　求图 4.19 所示电路中的电流 $i_1$ 和 $i_2$。

答案：$i_1 = +184.2$ mA；$i_2 = -157.9$ mA。

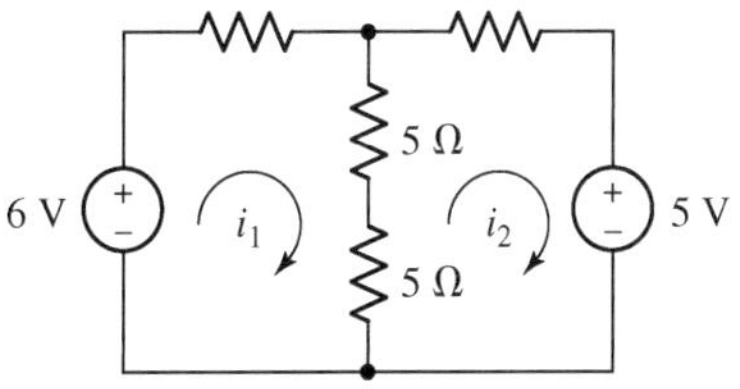


图 4.19

下面考虑一个具有 5 个节点、7 条支路及 3 个网孔的电路，如图 4.20 所示。由于多了一个网孔，该电路有些复杂。

**例 4.8**　采用网孔分析法求解图 4.20 所示电路中的 3 个网孔电流。

**解**：要求解的 3 个网孔电流如图 4.20 所示，对每个网孔应用基尔霍夫电压定律，可得

$$-7 + 1(i_1 - i_2) + 6 + 2(i_1 - i_3) = 0$$
$$1(i_2 - i_1) + 2i_2 + 3(i_2 - i_3) = 0$$
$$2(i_3 - i_1) - 6 + 3(i_3 - i_2) + 1i_3 = 0$$

简化为

$$3i_1 - i_2 - 2i_3 = 1$$
$$-i_1 + 6i_2 - 3i_3 = 0$$
$$-2i_1 - 3i_2 + 6i_3 = 6$$

求解可得 $i_1 = 3$ A, $i_2 = 2$ A 和 $i_3 = 3$ A。

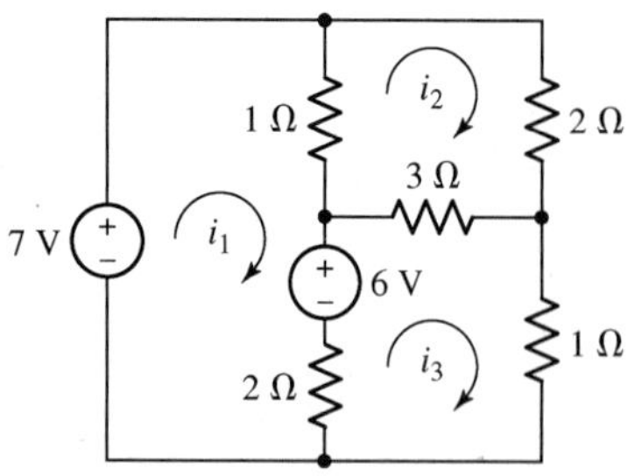


图 4.20 具有 5 个节点、7 条支路及 3 个网孔的电路

## 练习

4.7 求图 4.21 所示电路中的电流 $i_1$ 和 $i_2$。

答案: 2.220 A, 470.0 mA。

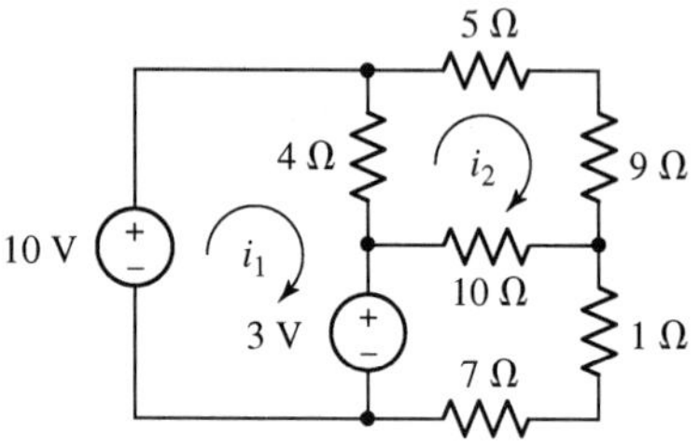


图 4.21

前面例题中的电路完全由独立电压源提供功率。如果电路中包含电流源, 那么分析可能会变得简单, 也可能会变得复杂, 我们将在 4.4 节讨论这种情况。正如在介绍节点分析法时讲到的, 受控源的存在往往需要建立除 $M$ 个网孔方程以外的一个新的方程, 除非控制变量是一个网孔电流(或几个网孔电流的和)。我们将在下面的例题中讨论这种情况。

**例 4.9** 求图 4.22(a) 所示电路中的电流 $i_1$。

**解:** 电流 $i_1$ 实际上是网孔电流, 因此可以把右边的网孔电流标为 $i_1$, 并且定义顺时针电流 $i_2$ 为左边网孔的电流, 如图 4.22(b) 所示。

对于左边的网孔, 建立基尔霍夫电压方程如下:

$$-5 - 4i_1 + 4(i_2 - i_1) + 4i_2 = 0 \qquad [33]$$

对于右边的网孔, 可得 $$4(i_1 - i_2) + 2i_1 + 3 = 0 \qquad [34]$$

合并各项, 可得 $$-8i_1 + 8i_2 = 5$$

和 $$6i_1 - 4i_2 = -3$$

求解可得 $i_2 = 375$ mA, $i_1 = -250$ mA。

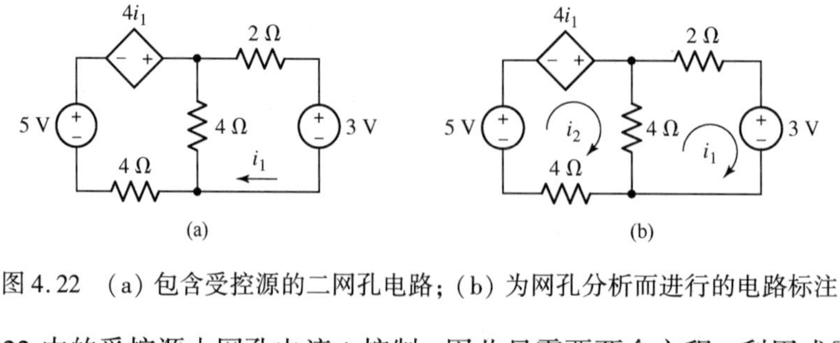


图 4.22 (a) 包含受控源的二网孔电路; (b) 为网孔分析而进行的电路标注

因为图 4.22 中的受控源由网孔电流 $i_1$ 控制, 因此只需要两个方程, 利用式[33]和式[34]可以分析该二网孔电路。在下面的例题中, 我们将考虑控制变量不是网孔电流的情况。

**例 4.10** 求图 4.23(a) 所示电路中的电流 $i_1$。

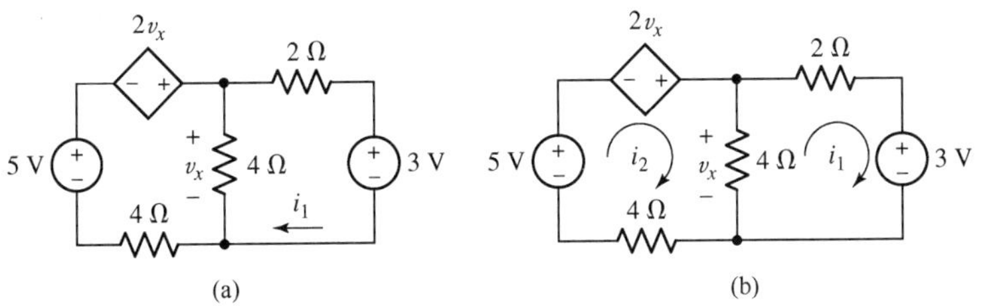


图 4.23　(a) 包含电压控制受控源的电路；(b) 为网孔分析而进行的电路标注

**解：** 为了与例 4.9 进行比较，使用与例 4.9 相同的网孔电流定义，如图 4.23(b)所示。

对于左边网孔，列出基尔霍夫电压方程为

$$-5 - 2v_x + 4(i_2 - i_1) + 4i_2 = 0 \qquad [35]$$

对于右边网孔可以得到与前面相同的方程

$$4(i_1 - i_2) + 2i_1 + 3 = 0 \qquad [36]$$

因为受控源由未知电压 $v_x$ 控制，因此面临两个方程、3 个未知量的问题。解决问题的方法是建立用网孔电流表示的 $v_x$ 的方程，即

$$v_x = 4(i_2 - i_1) \qquad [37]$$

将式[37]代入式[35]，简化方程可以得到

$$4i_1 = 5$$

求解可得 $i_1 = 1.25$ A。在这个具体例子中，除非需要求解 $i_2$，否则可以不采用式[36]。

## 练习

4.8　求解图 4.24 所示电路中的 $i_1$，假设控制变量 $A$ 分别为：(a) $2i_2$；(b) $2v_x$。

答案：(a) 1.35 A；(b) 546 mA。

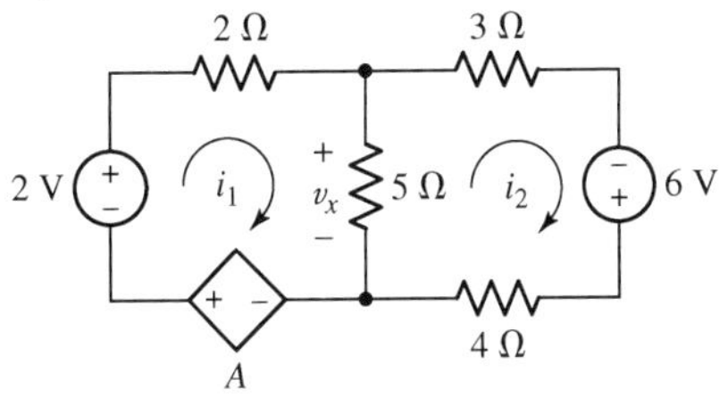


图 4.24

网孔分析过程可以总结为以下 6 个步骤。它可以应用于我们遇到的任何平面电路，但电流源的存在需要额外注意。这种情况将在 4.4 节中讨论。

## 网孔分析基本过程的总结

1. **确定电路是否为平面电路。** 如果不是，则应采用节点分析法。
2. **计算网孔数并对网孔电流进行标注。** 如果必要，则需重画电路。通常来讲，以顺时针方向进行所有网孔电流的定义可以简化分析。
3. **列出每个网孔的基尔霍夫电压方程。** 从一个合适的节点出发沿网孔电流方向进行。密切注意符号“－”。如果电流源位于网孔周边，则无须基尔霍夫电压方程，通过观察可直接得到网孔电流。
4. **用合适的网孔电流表示未知量。** 这种情况只发生在电路包含电流源或受控源的时候。
5. **组织方程。** 根据网孔电流进行各项合并。
6. **求解方程组，得到网孔电流。**

## 4.4 超网孔

当网络中包含电流源时，怎么修改这个分析过程呢？从节点分析得到的启示是：应该有两种可能的方法。第一种可以对电流源两端设定一个未知电压，然后同以前一样对每个网孔应用基尔霍夫电压定律，再建立电源电流和分配的网孔电流之间的关系。总体来说这种方法相对麻烦一些。

另一种较好的方法是类似于节点分析中的超节点方法。这种方法将电压源完全包含在超节点中，从而对于每个电压源都会使非参考节点数减少 1。现在创建一个超网孔，它由两个网孔组成，这两个网孔以电流源作为公共元件，因此该电流源就位于超网孔的内部，从而每存在一个电流源就会使网孔数减 1。如果电流源位于电路周边，电流源所在的网孔就可以忽略，因此只需对新得到的网络中的那些超网孔或网孔应用基尔霍夫电压定律。

**例 4.11** 求解图 4.25(a)所示电路中的 3 个网孔电流。

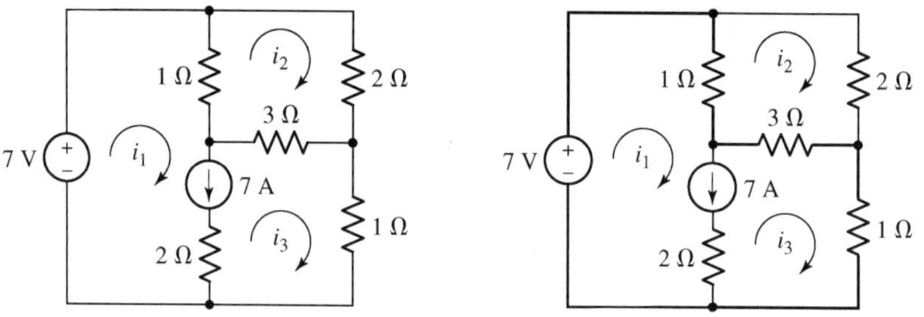


(a) (b)

图 4.25 (a) 包含一个独立电流源的三网孔电路；(b) 由粗线表示的一个超网孔

**解**：可以看到 7 A 的独立电流源位于两个网孔的公共边界上，因此可创建一个超网孔，其中包含网孔 1 和网孔 3，如图 4.25(b)所示。对这个回路应用基尔霍夫电压定律，可得

$$-7 + 1(i_1 - i_2) + 3(i_3 - i_2) + 1i_3 = 0$$

或

$$i_1 - 4i_2 + 4i_3 = 7 \qquad [38]$$

对于网孔 2，可得

$$1(i_2 - i_1) + 2i_2 + 3(i_2 - i_3) = 0$$

或

$$-i_1 + 6i_2 - 3i_3 = 0 \qquad [39]$$

最后，独立源电流与网孔电流的关系为

$$i_1 - i_3 = 7 \qquad [40]$$

对式[38] ~ 式[40]进行求解，可得 $i_1 = 9$ A，$i_2 = 2.5$ A，$i_3 = 2$ A。

### 练习

4.9 求图 4.26 所示电路中的电流 $i_1$。

答案：-1.93 A。

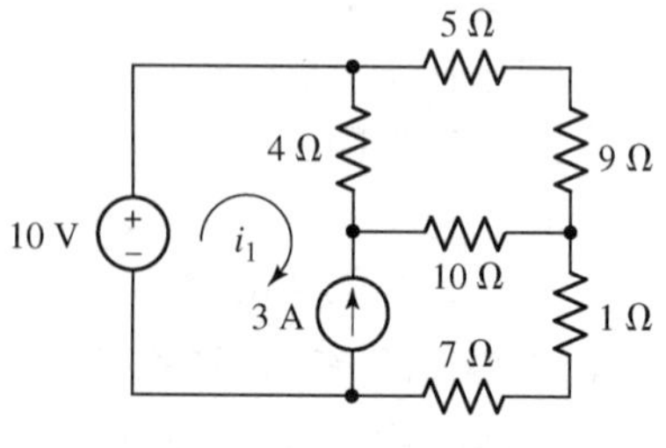


图 4.26

如果存在一个或多个受控源，则只需用网孔电流来表示受控源变量以及受控源的控制变量。比如，在图 4.27 中，可以看到该网络同时包含受控电流源和独立电流源。下面来看这两个电源的存在会对电路分析产生怎样的影响以及如何简化。

**例 4.12**　计算图 4.27 所示电路中的 3 个未知电流。

**解：** 这两个电流源位于网孔 1 和网孔 3 中。因为 15 A 的电源位于电路周边，因此无须考虑网孔 1，因为很明显 $i_1 = 15$ A。

由于已经知道其中一个网孔电流与受控电流源相关，因此不必写出网孔 1 和网孔 3 的超网孔方程。相反，只要利用基尔霍夫电流定律就可以简单写出 $i_1$ 和 $i_3$ 与受控源电流的关系为

$$\frac{v_x}{9} = i_3 - i_1 = \frac{3(i_3 - i_2)}{9}$$

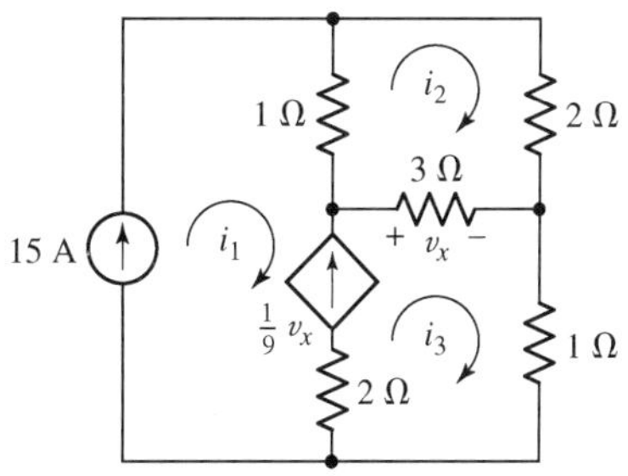


图 4.27　包含一个受控电流源和一个独立电流源的三网孔电路

可以将其写成更简洁的形式：

$$-i_1 + \frac{1}{3}i_2 + \frac{2}{3}i_3 = 0 \quad \text{或} \quad \frac{1}{3}i_2 + \frac{2}{3}i_3 = 15 \qquad [41]$$

现在的情况是：一个方程，两个未知量，因此需要做的是写出网孔 2 的基尔霍夫电压方程：

$$1(i_2 - i_1) + 2i_2 + 3(i_2 - i_3) = 0$$

或

$$6i_2 - 3i_3 = 15 \qquad [42]$$

求解式[41]和式[42]，可得 $i_2 = 11$ A，$i_3 = 17$ A，另外前面通过观察已得到 $i_1 = 15$ A。

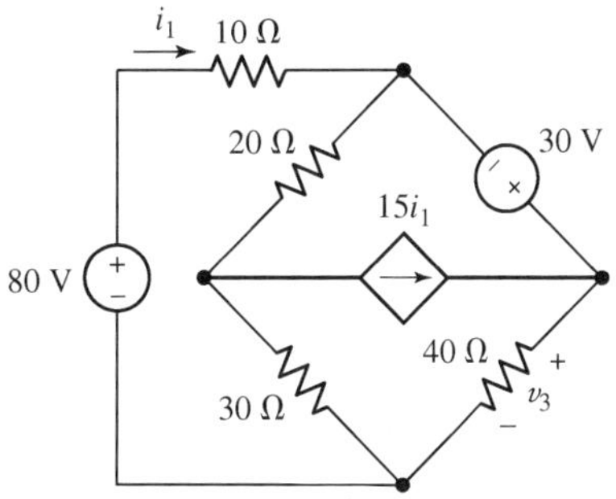


图 4.28

## 练习

4.10　求图 4.28 所示电路中的电压 $v_3$。

答案：104.2 V。

现在可以总结出获得网孔方程的一般方法，不管电路中是否存在受控源、电压源和/或电流源，只要电路可以画成平面电路即可。

## 超网孔分析过程的总结

1. **确定电路是否为平面电路**。如果不是，则应采用节点分析法。
2. **计算网孔数并对 $M$ 个网孔电流进行标注**。如果必要，则需重画电路。通常来讲，以顺时针方向进行所有网孔电流的定义可以简化分析。
3. **如果电路包含两个网孔共享的电流源，则应用这两个网孔共同组成一个超网孔**。用包围圈画出超网孔有助于列出基尔霍夫电压方程。
4. **列出每个网孔/超网孔的基尔霍夫电压方程**。从一个合适的节点出发，沿网孔电流方向进行。密切注意符号“－”。如果电流源位于网孔周边，则无须基尔霍夫电压方程，通过观察可直接得到网孔电流。
5. **写出每个电流源电流与网孔电流的关系方程**。通过应用基尔霍夫电流定律即可，每定义一个超网孔就需要一个这样的方程。
6. **用合适的网孔电流表示未知量**。这种情况只发生在电路包含电流源或受控源的时候。
7. **组织方程**。根据网孔电流进行各项合并。
8. **求解方程组，得到网孔电流**。

## 4.5 节点分析和网孔分析的比较

现在已经介绍了两种明显不同的电路分析方法。读者显然会问：是否一种方法要优于另一种方法？当然，如果电路为非平面网络，则毫无疑问，只能采用节点分析法。

但是，如果考虑平面电路，那么确实存在这种情况，即其中的一种方法可能会比另一种方法更好一些。如果使用节点分析法，那么具有 $N$ 个节点的电路将至少需要 $N-1$ 个基尔霍夫电流方程，每个超节点将减少一个方程。如果同一个电路有 $M$ 个不同的网孔，那么至多可得到 $M$ 个基尔霍夫电压方程，每个超网孔将减少一个方程。基于这些事实，我们应该选择具有较少方程的分析方法。

如果电路中包含一个或多个受控源，那么每个控制变量都可能影响我们对节点分析法和网孔分析法的选择。例如，利用节点分析法时，由节点电压控制的受控电压源就无须额外的方程。同样，当利用网孔分析法时，由网孔电流控制的受控电流源也无须额外的方程。那么当包含由电流控制的受控电压源时会怎样呢？或者当包含由电压控制的受控电流源时又会怎样呢？只要控制变量可以很容易地与网孔电流建立关系，那么网孔分析法可能是比较简单的方法。同样，如果控制变量可以很容易地与节点电压建立关系，那么节点分析法是较好的选择。最后一点是必须牢记的：电源的位置。如果电流源位于网孔周边，那么无论是受控源还是独立源，用网孔分析法会更简单；如果电压源连接到参考端，那么用节点分析法会更容易。

当两种方法得到的方程数相同时，就要看求解的量了。节点分析法直接得到节点电压，而网孔分析法得到电流。例如，如果我们要求流过一组电阻的电流，若采用节点分析法，则在节点分析完成后，还必须对每个电阻利用欧姆定律求出电流。

举例来说，考虑图 4.29 所示的电路，求电流 $i_x$。

选择最下面的节点为参考节点，这时有 4 个非参考节点。尽管这意味着可以写出 4 个不同的方程，但没有必要标出 100 V 电源和 8 Ω 电阻之间的节点，因为该节点电压显然为 100 V。因此，可将剩余节点电压记为 $v_1$，$v_2$ 和 $v_3$，如图 4.30 所示。

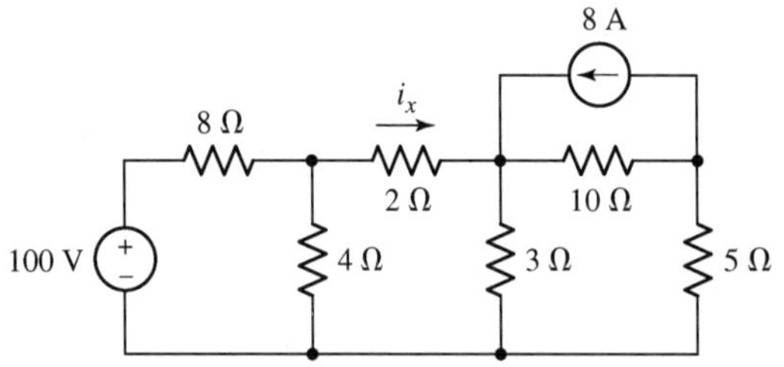


图 4.29 有 5 个节点和 4 个网孔的平面电路

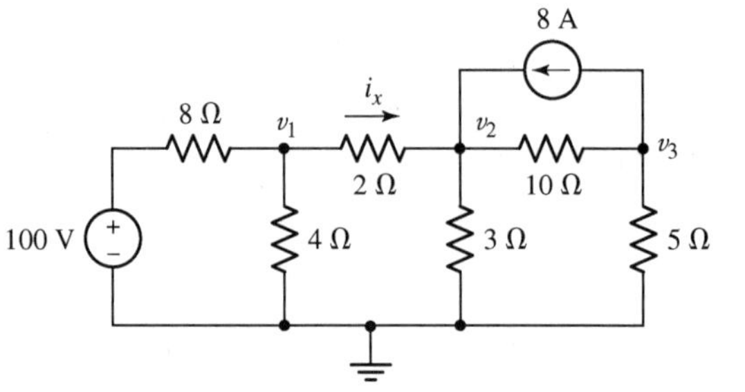


图 4.30 对图 4.29 所示电路进行节点电压标注后得到的电路。注意接地符号表明该端是参考端

写出下列方程：

$$\frac{v_1-100}{8}+\frac{v_1}{4}+\frac{v_1-v_2}{2}=0 \quad 或 \quad 0.875v_1-0.5v_2=12.5 \qquad [43]$$

$$\frac{v_2-v_1}{2}+\frac{v_2}{3}+\frac{v_2-v_3}{10}-8=0 \quad 或 \quad -0.5v_1-0.9333v_2-0.1v_3=8 \qquad [44]$$

$$\frac{v_3 - v_2}{10} + \frac{v_3}{5} + 8 = 0 \qquad \text{或} \quad -0.1v_2 + 0.3v_3 = -8 \tag{45}$$

求解可得 $v_1 = 25.89$ V，$v_2 = 20.31$ V。应用欧姆定律可得电流 $i_x$ 为

$$i_x = \frac{v_1 - v_2}{2} = 2.79 \text{ A} \tag{46}$$

接下来采用网孔分析法来求解。从图 4.31 可知有 4 个不同的网孔，但显然 $i_4 = -8$ A，因此只需写出 3 个不同的方程。

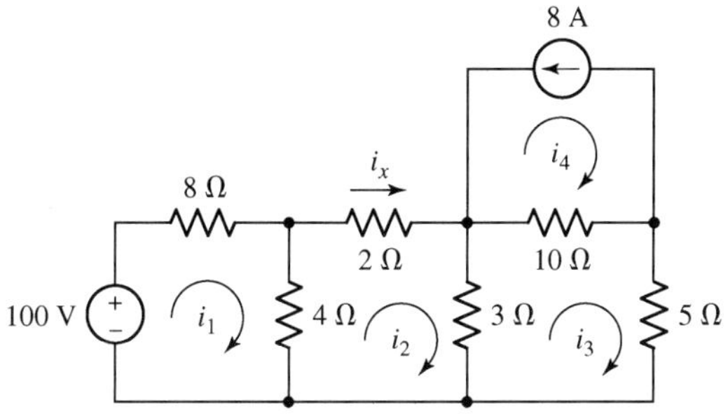


图 4.31　对图 4.28 所示电路进行网孔电流标注

写出网孔 1、网孔 2 和网孔 3 的基尔霍夫电压方程：

$$-100 + 8i_1 + 4(i_1 - i_2) = 0 \qquad \text{或} \quad 12i_1 - 4i_2 = 100 \tag{47}$$

$$4(i_2 - i_1) + 2i_2 + 3(i_2 - i_3) = 0 \qquad \text{或} \quad -4i_1 + 9i_2 - 3i_3 = 0 \tag{48}$$

$$3(i_3 - i_2) + 10(i_3 + 8) + 5i_3 = 0 \qquad \text{或} \quad -3i_2 + 18i_3 = -80 \tag{49}$$

求解可得 $i_2 (= i_x) = 2.79$ A。对本例来说，网孔分析法更简单。但是因为两种方法都有效，因此可以利用两种方法来求解同一个问题，从而可以验证结果。

## 4.6 计算机辅助电路分析

我们已经知道，构建一个相对复杂的电路并不需要很多元件。分析更复杂的电路时，显然更容易犯错，并且手工验证非常耗时。计算机辅助设计(CAD)软件通常用来进行快速电路分析，这些软件将原理图绘制工具和印制电路板或者电路布局工具集成在一起。SPICE(Simulation Program with Integrated Circuit Emphasis)是一款通用的开源电路仿真软件，最早是在 20 世纪 70 年代由加州大学伯克利分校开发出来的，现在已成为一个工业标准。现在有很多以 SPICE 程序库为核心、包含直观图形界面的软件包，它们有各自的优缺点。本书采用凌特公司(Linear Technology，现在为模拟器件公司的子公司)推出的自由软件 LTspice，它可以运行在 Windows 系统和 Mac OS X 系统上，现在被广泛使用。

⚠ 尽管计算机辅助分析是确定电路中电压和电流的一种相对快速的方法，但是不应该用它完全代替传统的“纸笔”分析。原因如下：首先，先学会分析后才能够进行设计，过多依赖软件工具将限制必要的分析技能的培养，这类似于过早在小学中引入计算器。其次，长时间使用这些复杂的软件包后，在输入数据时显然不可能不犯错误。如果对仿真可以给出什么样的结果缺乏基本的理解，那么要确定该仿真结果是否正确是不可能的，因此“计算机辅助分析”这个名称本身就是一个恰当的描述。无论如何，人类的智慧是无穷的。

举例来说，考虑如图4.16(b)所示电路，它包括两个直流电压源和3个电阻。用SPICE对该电路进行仿真可以得到电流 $i_1$ 和 $i_2$。图4.32(a) 是利用LTspice[①]得到的电路图。

为了确定网孔电流，只需运行偏置点仿真。在 **Draft** 下，选择 **SPICE directive**，输入 **.op**，然后单击 **Run**!即可。在波形数据窗口中，在电路图上使用.op数据标记可以直接查看仿真结果，也可以通过日志文件(log文件)查看仿真结果。日志文件(快捷键为Ctrl + L)如图4.32(b)所示。可以看到，两个电流 $i_1$ 和 $i_2$ 分别为6 A和4 A，与前面求得的结果相同。必须注意电流的方向。LTspice和其他软件包一般不显示电流方向。对于LTspice，仿真后可将光标移动到某个元件上来查看上面的电流方向(会显示一个带箭头的电流图标)。LTspice采用无源符号规则，但是需要知道元件的极性分配(本节最后的实际应用中会有更详细的介绍)。

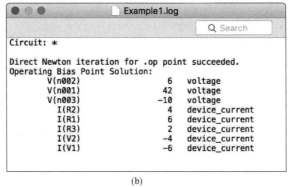

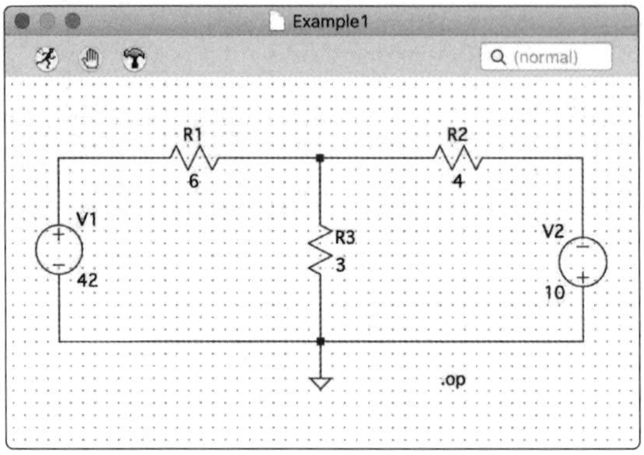


(a)

```
Example1.log

Circuit: *

Direct Newton iteration for .op point succeeded.
Operating Bias Point Solution:
        V(n002)              6    voltage
        V(n001)             42    voltage
        V(n003)            -10    voltage
          I(R2)              4    device_current
          I(R1)              6    device_current
          I(R3)              2    device_current
          I(V2)             -4    device_current
          I(V1)             -6    device_current
```

(b)

图4.32　(a) 图4.16(a)所示的电路，现在用LTspice画出；(b) 仿真运行后的输出，显示了每个节点的电压和流过每个元件的电流

再举一个例子，考虑图4.33(a)所示的电路，它包含一个直流电压源、一个直流电流源以及一个受控电流源。我们关心的是3个节点电压，通过节点分析法或网孔分析法都可以求得电路上部从左到右的3个电压分别为82.91 V，69.9 V和59.9 V。图4.33(b)所示的电路是已经执行了仿真命令的电路，3个节点电压已直接显示在电路图中。注意，利用电流源 **bi** 画出受控源，其中电流由电路中另一个电压或电流定义。节点 **Va** 和 **Vb** 用 **Net Name** 来定义，然后受控源的电流值通过函数 **I = 0.2 * (v(Va) - v(Vb))** 定义。

---

① LTspice和电路图绘制简单教程参见附录4。

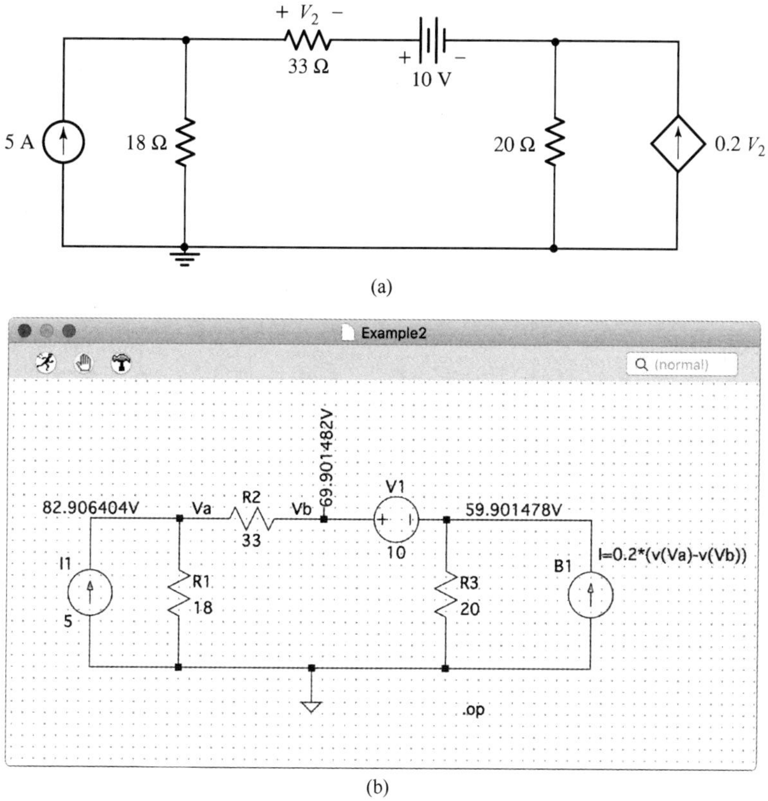


图 4.33　(a) 包含受控电流源的电路；(b) 利用原理图绘制工具画出的电路，在原理图上直接给出了仿真结果

## 实际应用——基于节点的电路定义

结合计算机辅助电路分析来描述电路的最常用方法是利用一些图形化的原理图绘制软件包，其中的一个例子如图 4.33 所示。但是 SPICE 出现于这种软件之前，它要求用一种特殊的文本方式来描述电路。这种格式基于穿孔机使用的语法。电路描述的基础是元件的定义，元件的每个端子都有一个节点号。虽然我们已经介绍了两种不同的电路分析方法：节点分析法和网孔分析法，然而有趣的是 SPICE 明确地采用节点分析法来编写。

虽然基于图形的交互软件非常方便，但是能够读懂由原理图绘制工具生成的基于文本的“输入面板”(input deck)，对找出问题是很有帮助的。掌握这种能力的最简单方法是学会如何直接从用户编写的输入面板运行 SPICE。熟练用户有时会发现使用基于本文的电路定义会比使用图形界面更快捷、更方便。

例如，考虑下面的分压电路及其相应的输入面板的例子(以星号开始的行是注释行，SPICE 运行时会跳过它们)。每个元件由节点号和元件值定义，并将列出的第一个节点定义为正极性端子，第二个节点定义为负极性端子。

```
* Example SPICE input deck for a simple voltage divider circuit.
.OP(请求 SPICE 确定电路的直流工作点)
```

R1 1 2 1k(R1 定义在节点 1 和节点 2 之间，电阻值为 1 kΩ)

R2 2 0 1k(R2 定义在节点 2 和节点 0 之间，电阻值为 1 kΩ)

V1 1 0 5(V1 定义在节点 1 和节点 0 之间)

.end (输入面板结束)

可以利用 LTspice 中的 **New ASCII File** 功能或自己喜欢的文本编辑器来创建输入面板。将文件保存为 Example_text. cir，接下来调用 LTspice（见附录 4）。原理图绘制软件会创建一个包含需要执行的仿真指令的网表。在本例中，该网表既可由原理图输入软件创建，也可通过手工创建。

单击左上角的 **Run!** 命令就可以开始仿真了。为了看到结果，使用 **Open Log File**(快捷键为 Ctrl + L)，它可以给出图 4.34(b)所示的窗口。值得注意的是，输出给出的是节点电压(节点 1 为 5 V，电阻 R2 两端为 2.5 V)，但电流是按照无源符号规则给出的，即流过电阻的电流为 +2.5 mA，流过电压源的电流为 -2.5 mA。

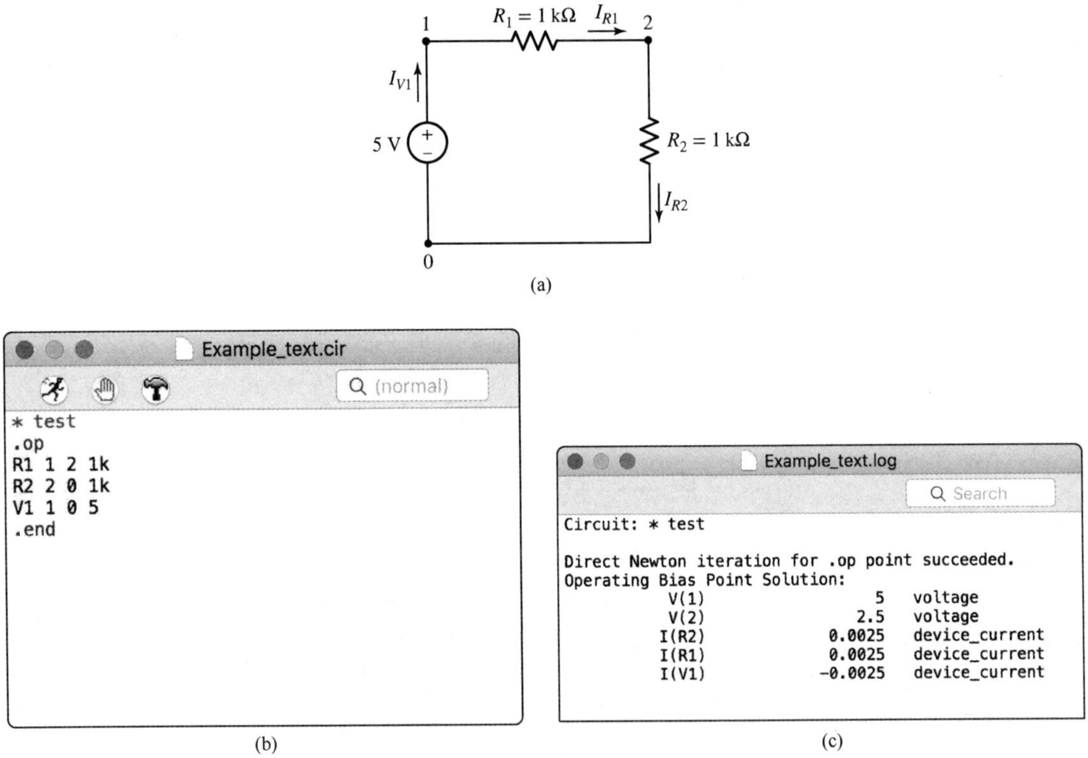


图 4.34 (a) 分压器电路图；(b) LTspice 窗口，描述分压器的输入面板；(c) 输出日志文件，给出了节点电压和流过每个元件的电流。注意R1两端的电压需要仿真后做相减运算才能得到

此时，计算机辅助分析的真正能力已经显现：一旦在电路图绘制程序中画出电路，就很容易通过改变元件值来进行实验并观察元件值对电流和电压的影响。可以通过对前面的例题和练习中的电路进行仿真来获得一些体验。

## 总结和复习

尽管第 3 章介绍了基尔霍夫电流定律和基尔霍夫电压定律，并且这两种方法都可以对任何电路进行分析，但是在实际情况中，更系统、更有条理的方法被证明有很大帮助。因此，本章介绍了基于基尔霍夫电流定律的节点分析法，它可以求得每个节点的电压(相对于指定的参考节点)。通常需要求解一组方程，除非接有电压源(这样电压源就会自动给出节点电压)。受控源的控制变量就像独立源的数值一样写出。通常需要一个额外的方程，除非受控源由节点电压控制。当一个电压源接在两个节点之间时，可以通过创建超节点来扩展基本的节点分析法；基尔霍夫电流定律要求流入据此定义的超节点的电流之和等于流出的电流之和。

除了节点分析法，还介绍了基于基尔霍夫电压定律的网孔分析法，利用该方法可以得到完整的网孔电流。但它并不总是表示流过任何指定元件的净电流(例如，如果某元件由两个网孔共享)。如果网孔周边存在一个电流源，则将会简化电路分析；如果电流源由不同网孔共享，则超网孔技术是最佳的选择。在这种情况下，围绕避开共享电流源的路径写出基尔霍夫电压方程，然后利用电源将相应的两个电流进行关联。

一个共同的问题是：“应该选择哪种分析技术?”我们讨论了一些内容，可以通过这些内容针对给定电路来选择分析方法，其中包括电路是否是平面电路，电源的类型是什么、如何连接，以及需要什么样的信息(即电压、电流或功率)。对于复杂电路，要找到一个最优的方法所花的时间可能比利用这种最优方法所节省的时间多得多，因此，在这种情况下，大多数人会选择他们最习惯的方法。最后本章介绍了 LTspice，一个通用的电路仿真工具，用它来验证结果是非常有用的。

下面是本章的一些主要内容，以及相关例题的编号。

- 在开始分析之前，应该画出整洁且简单的电路图，并标出所有元件和电源的值。(例 4.1)
- 如果选择节点分析法，则
  - 选择其中一个节点为参考节点，然后依次将节点电压标为 $v_1$，$v_2$，…，$v_{N-1}$。记住，每个电压都是相对于参考节点的电压。(例 4.1 和例 4.2)
  - 如果电路只包含电流源，则对每个非参考节点应用基尔霍夫电流定律。(例 4.1 和例 4.2)
  - 如果电路包含电压源，则将每个电压源各组成一个超节点，然后对每个非参考节点和超节点继续应用基尔霍夫电流定律。(例 4.5 和例 4.6)
- 如果采用网孔分析法，则首先确定电路为平面网络。
  - 为每个网孔分配一个顺时针方向的网孔电流：$i_1$，$i_2$，…，$i_M$。(例 4.7)
  - 如果电路只包含电压源，则对每个网孔应用基尔霍夫电压定律。(例 4.7 至例 4.9)
  - 如果电路包含电流源，则对由两个网孔共有的电流源创建超网孔，然后对每个网孔及超网孔应用基尔霍夫电压定律。(例 4.11 和例 4.12)
- 在应用节点分析法时，如果受控源的控制变量为电流，则应针对受控源增加额外的方程；但如果控制变量为节点电压，则无须增加方程。相反，对于网孔分析法，如果受控源的控制变量为电压，则针对受控源增加额外的方程；但如果控制变量为网孔电流，则

无须增加方程。(例 4.3、例 4.4、例 4.6、例 4.9、例 4.10 和例 4.12)

- 对于平面网络，在选择应用节点分析法还是网孔分析法时，如果该电路的节点/超节点数比网孔/超网孔数少，则应用节点分析法将得到更少的方程数。
- 计算机辅助电路分析在检查结果以及分析元件数很多的电路时非常有用。但必须利用常识检查仿真结果。

## 深入阅读

在下面的书籍中可以找到有关节点分析和网孔分析的详细描述：

R. A. DeCarlo and P. M. Lin, *Linear Circuit Analysis*, 2nd ed. New York: Oxford University Press, 2001.

SPICE 参考手册：

P. Tuinenga, *SPICE: A Guide to Circuit Simulation and Analysis Using PSPICE*, 3rd ed. Upper Saddle River, N. J.: Prentice-Hall, 1995.

## 习题

### 4.1 节点分析

1. 求解下列方程组。

(a) $2v_2 - 4v_1 = 9$ 和 $v_1 - 5v_2 = -4$。

(b) $-v_1 + 2v_3 = 8$; $2v_1 + v_2 - 5v_3 = -7$; $4v_1 + 5v_2 + 8v_3 = 6$

2. (a) 求解下列方程组。

$$3 = \frac{v_1}{5} - \frac{v_2 - v_1}{22} + \frac{v_1 - v_3}{3}$$

$$2 - 1 = \frac{v_2 - v_1}{22} + \frac{v_2 - v_3}{14}$$

$$0 = \frac{v_3}{10} + \frac{v_3 - v_1}{3} + \frac{v_3 - v_2}{14}$$

(b) 利用 MATLAB 对结果进行验证。

3. (a) 求解下列方程组。

$$7 = \frac{v_1}{2} - \frac{v_2 - v_1}{12} + \frac{v_1 - v_3}{19}$$

$$15 = \frac{v_2 - v_1}{12} + \frac{v_2 - v_3}{2}$$

$$4 = \frac{v_3}{7} + \frac{v_3 - v_1}{19} + \frac{v_3 - v_2}{2}$$

(b) 利用 MATLAB 对结果进行验证。

4. 修正(并运行验证)下列 MATLAB 代码：

```
syms e1 e2 e3
e1 =3 =v1/7 - (v2 - v1)/2 + (v1 - v3)/3;
e2 =2 == (v2 - v1)/2 + (v2 - v3)/14;
e  =0 ==v3/10 + (v3 - v1)/3 + (v3 - v2)/14;
a =sove(e e2 e3, [v1 v2 v3]);
```

5. 电路如图 4.35 所示，利用节点分析法求电流 $i$。
6. 计算图 4.36 所示电路中 1 Ω 电阻消耗的功率。
7. 电路如图 4.37 所示，求电流 $i_x$。
8. 利用节点分析技术，求图 4.38 所示电路中的 $v_1 - v_2$。
9. 电路如图 4.39 所示，求电压 $v_x$。
10. 电路如图 4.40 所示，求电压 $v_o$。

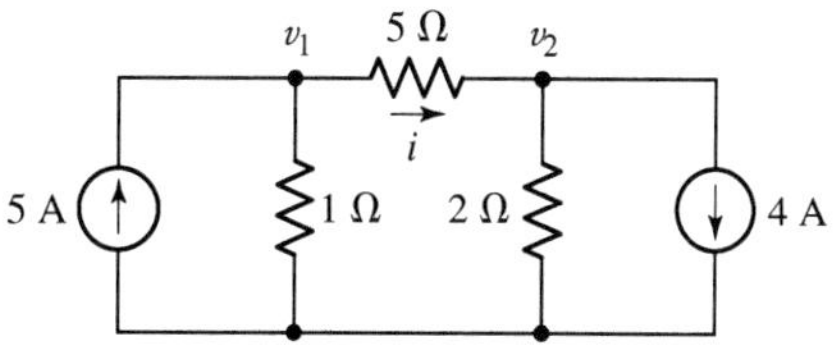

图 4.35

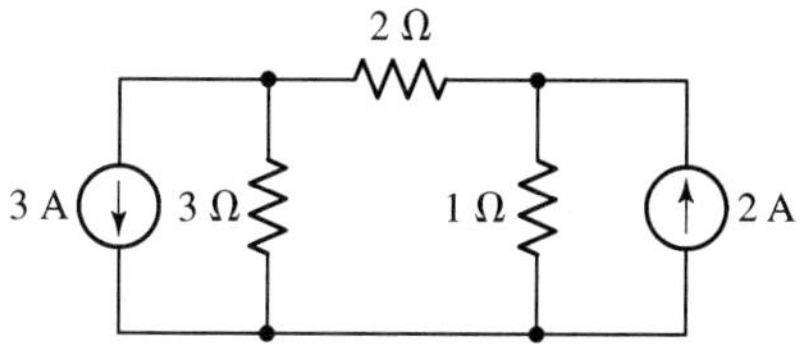

图 4.36

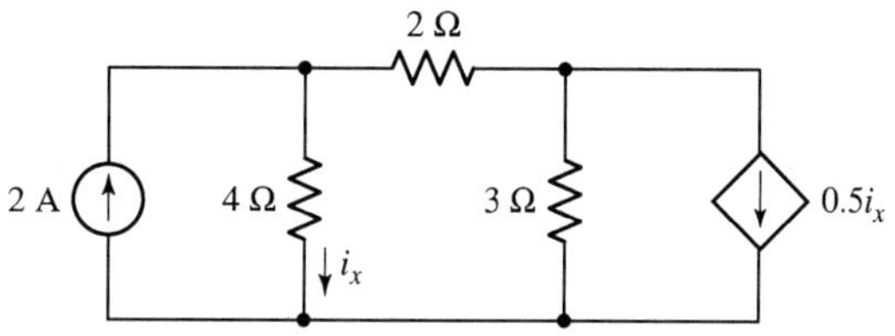

图 4.37

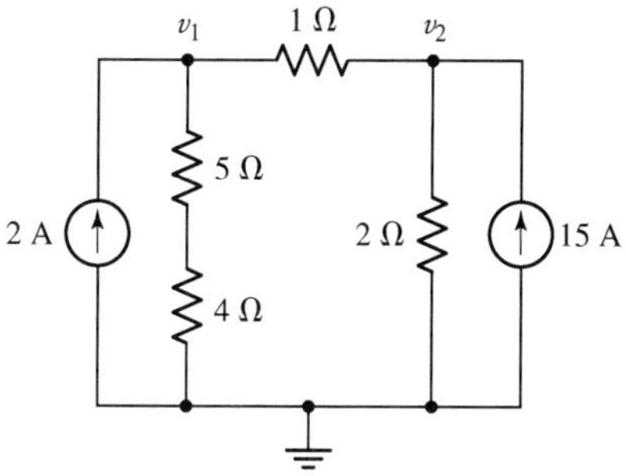

图 4.38

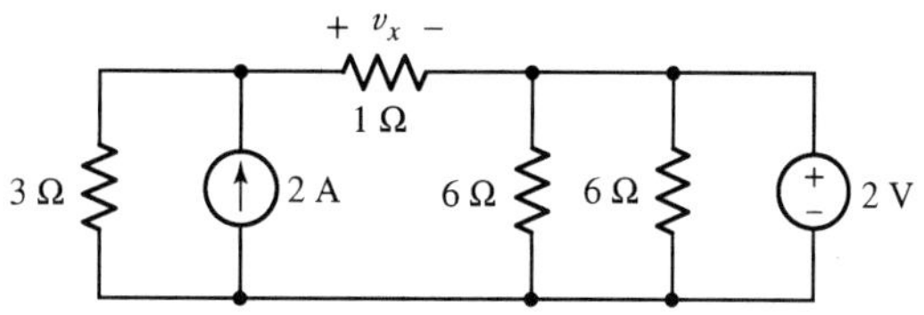

图 4.39

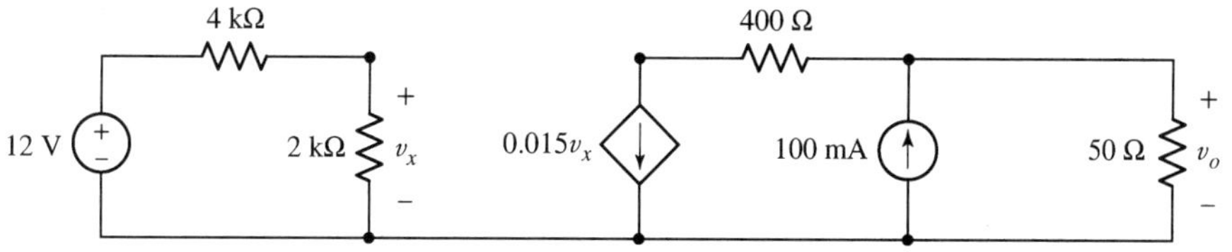

图 4.40

11. 使用节点分析法求如图 4.41 所示电路中的 $v_P$。

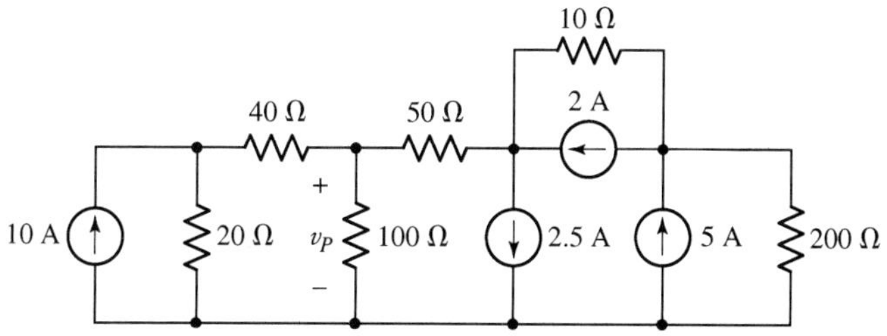

图 4.41

12. 电路如图 4.42 所示，设底端节点为参考节点，求 5 Ω 电阻两端的电压，并计算 7 Ω 电阻消耗的功率。
13. 电路如图 4.43 所示，利用节点分析法求电流 $i_5$。

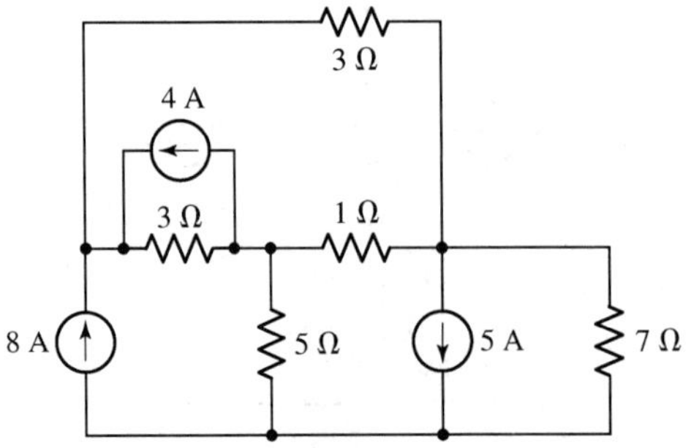


图 4.42

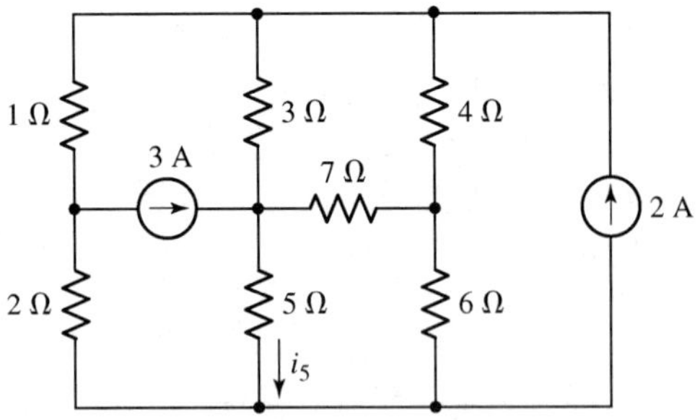


图 4.43

14. 求图 4.44 所示电路中各个节点的电压值。

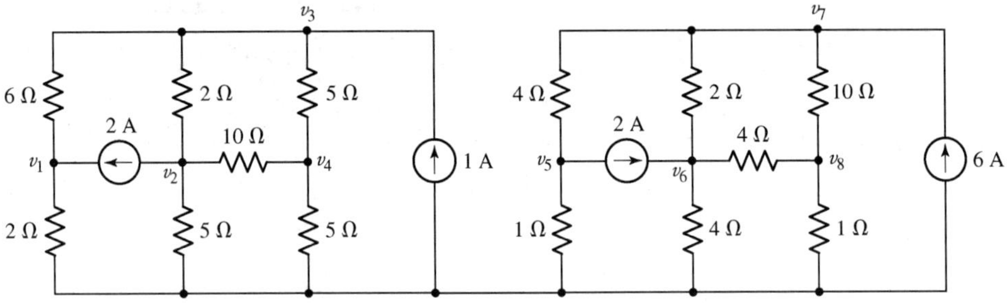


图 4.44

15. 利用节点分析法求如图 4.45 所示电路中的电流 $i_2$。

16. 利用节点分析法求如图 4.46 所示电路中的电流 $i_1$。

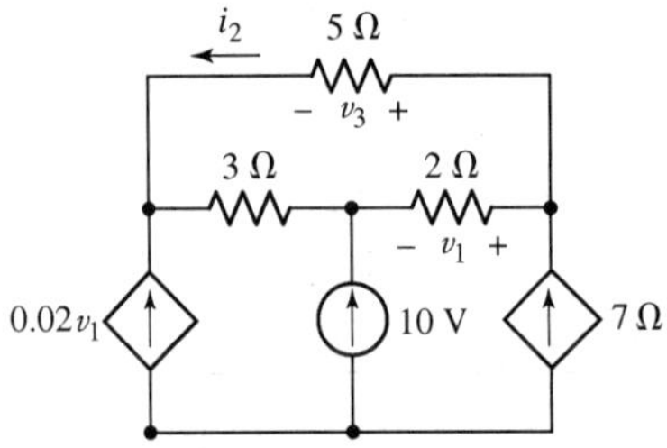


图 4.45

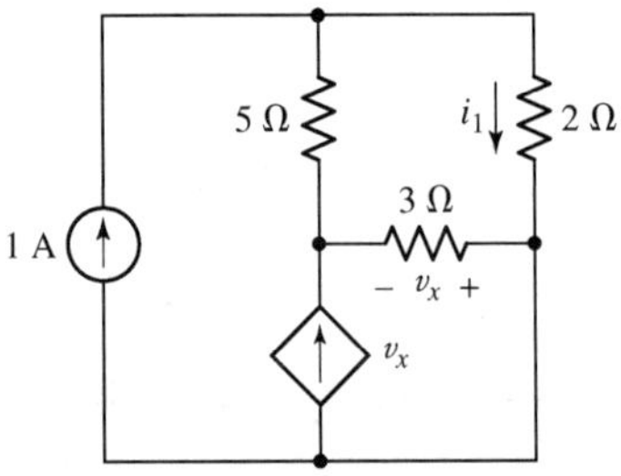


图 4.46

17. 电路如图 4.47 所示，求电压 $v_x$。

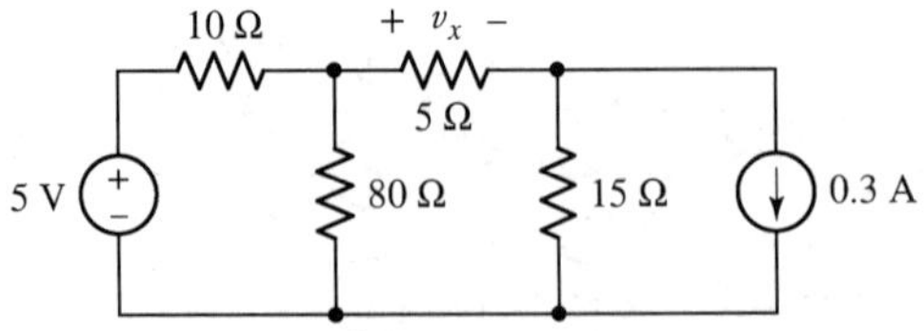


图 4.47

## 4.2 超节点

18. 采用超节点分析法，求图 4.48 所示电路中所标注的节点电压。

19. 电路如图 4.49 所示，求电压 $v_1$ 的值。

20. 电路如图 4.50 所示，求所有 4 个节点的电压。

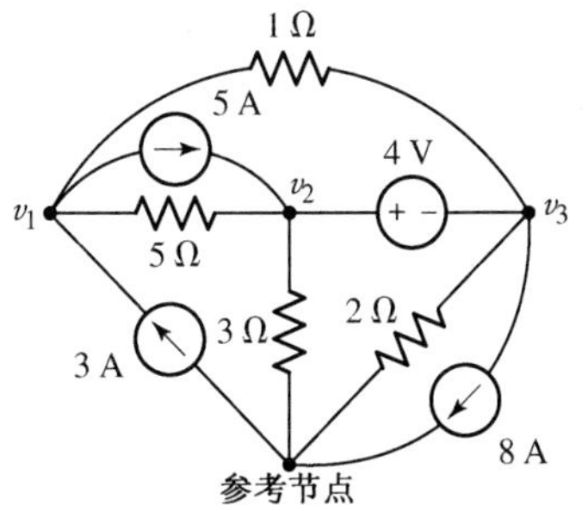


图 4.48

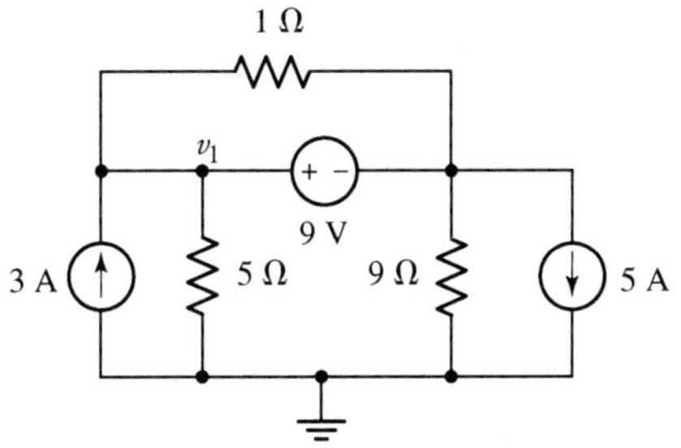


图 4.49

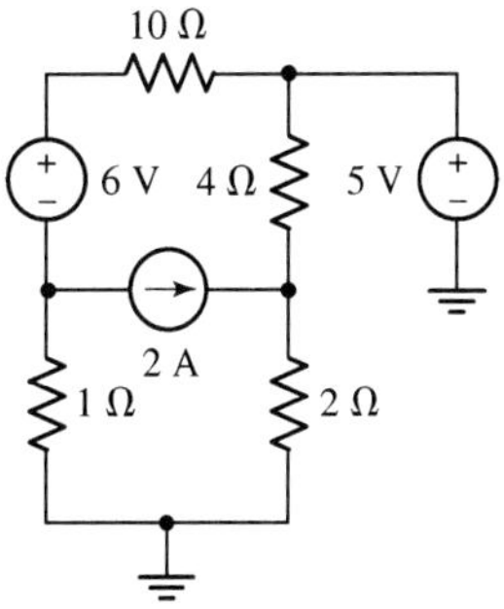


图 4.50

21. 电路如图 4.51 所示，采用节点/超节点方法确定 1 Ω 电阻消耗的功率。

22. 电路如图 4.52 所示，求 1 V 电源提供的功率值。

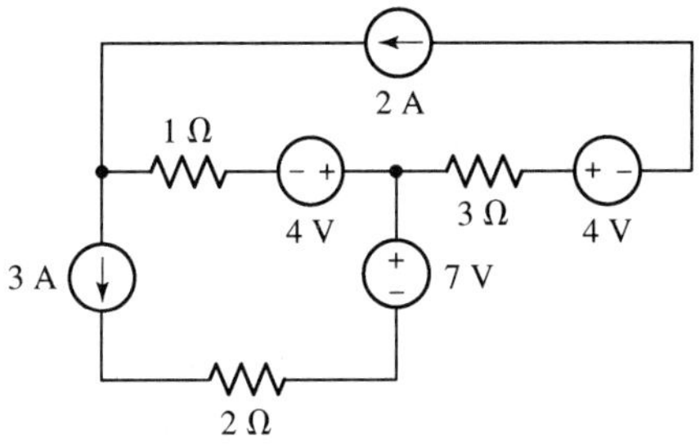


图 4.51

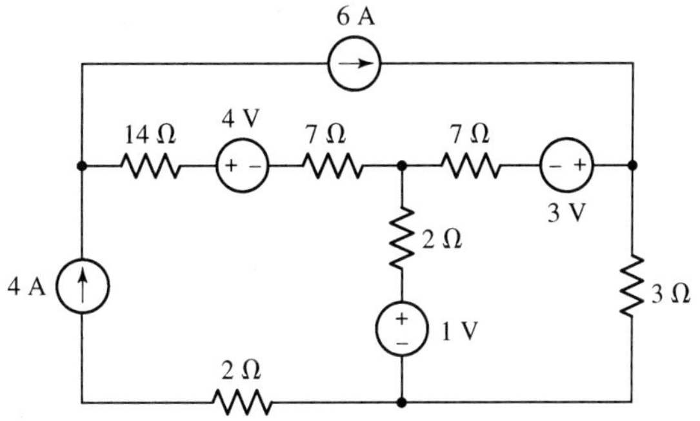


图 4.52

23. 求图 4.53 所示电路中的节点电压 $v_1$ 和 $v_2$。

24. 如果图 4.53 所示电路中去掉上面的 5 V 电压源(开路)，重做习题 23。

25. 如果图 4.53 所示电路中右边的 12 V 电压源替换成一个 1 A 的电流源(箭头向上)，重做习题 23。

26. 求图 4.54 所示电路中的电压 $v_x$ 以及 1 A 电源提供的功率。

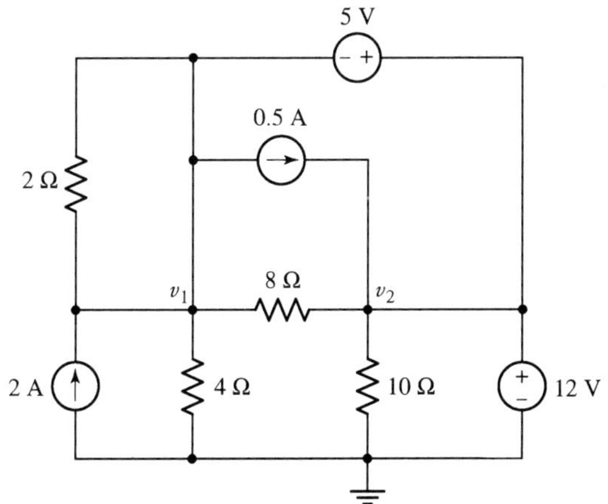


图 4.53

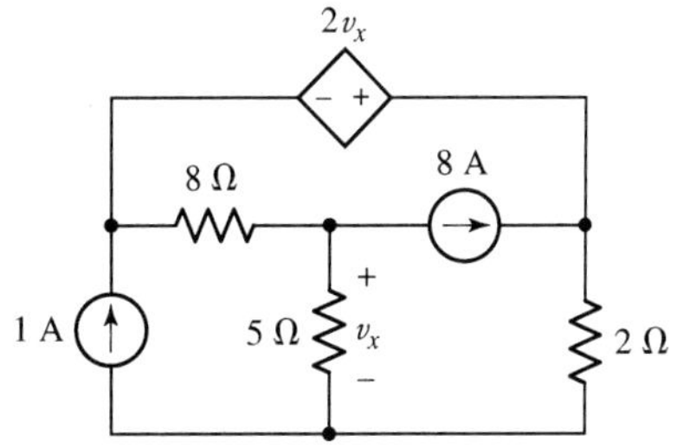


图 4.54

27. 考虑图 4.55 所示电路，求电流 $i_1$。

28. 电路如图 4.56 所示，要求 $v_x$ 等于 0，求 $k$ 的值。

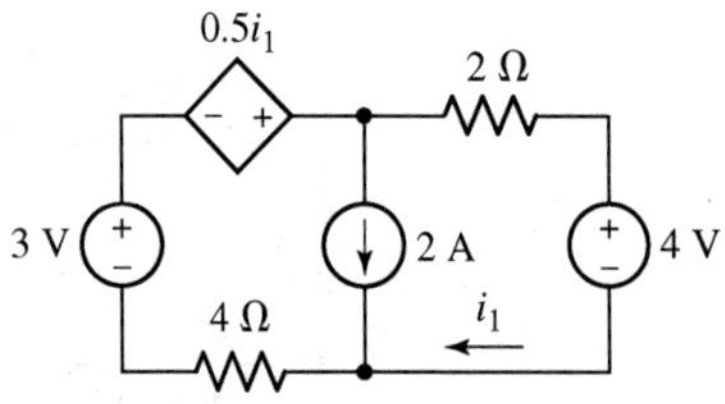


图 4.55

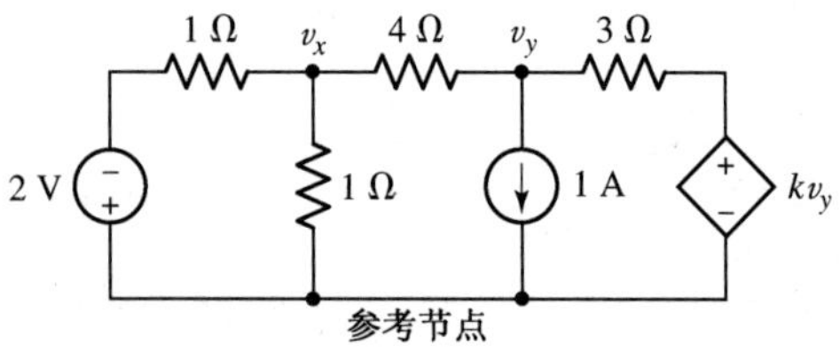


图 4.56

29. 电路如图 4.57 所示，求 3 Ω 电阻两端的电压 $v_1$。
30. 电路如图 4.58 所示，求所有的 4 个节点的电压。
31. 电路如图 4.59 所示，求未知节点的电压 $v_1$，$v_2$，$v_3$ 和 $v_4$。

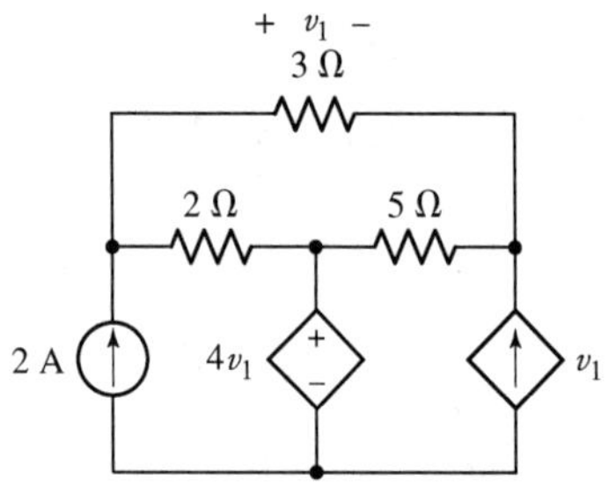


图 4.57

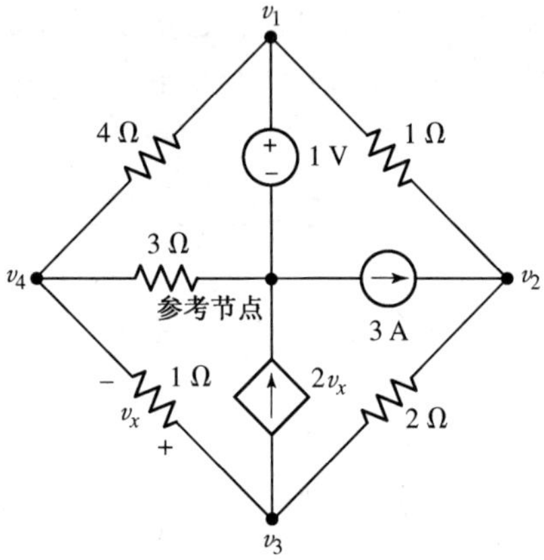


图 4.58

## 4.3 网孔分析

32. 电路如图 4.60 所示，求每个电压源正参考端流出的电流。
33. 计算图 4.61 所示电路中的两个网孔的电流 $i_1$ 和 $i_2$。
34. 利用网孔分析方法求图 4.62 所示电路中的两个网孔电流。
35. 求图 4.63 所示电路中的三个网孔的电流。
36. 计算图 4.63 所示电路中每个电阻消耗的功率。
37. 求图 4.64 所示电路中的未知电压 $v_x$。

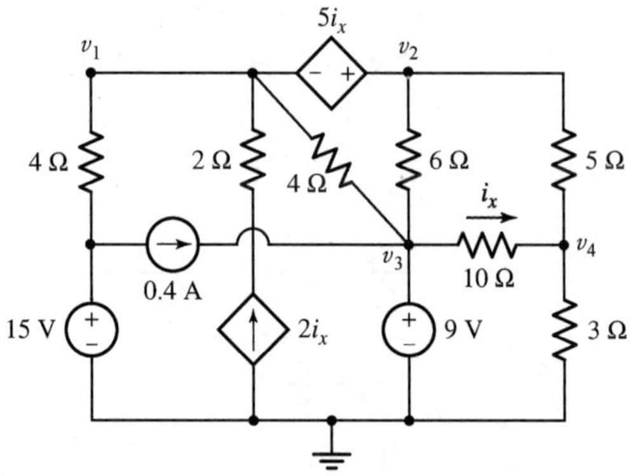


图 4.59

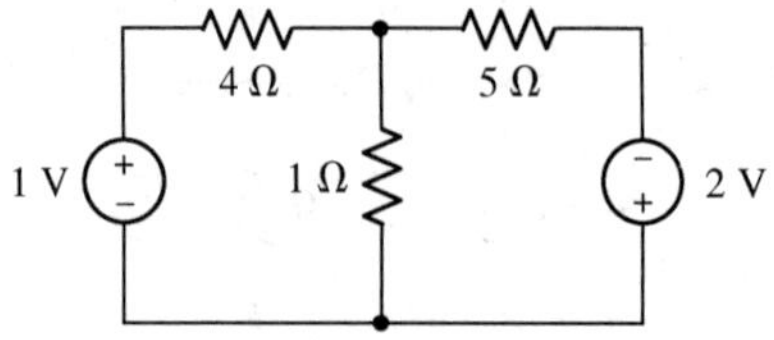


图 4.60

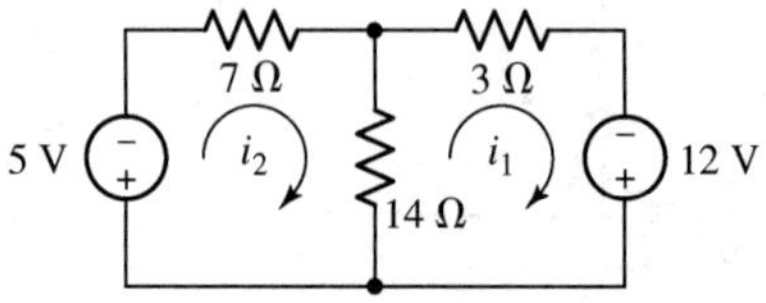


图 4.61

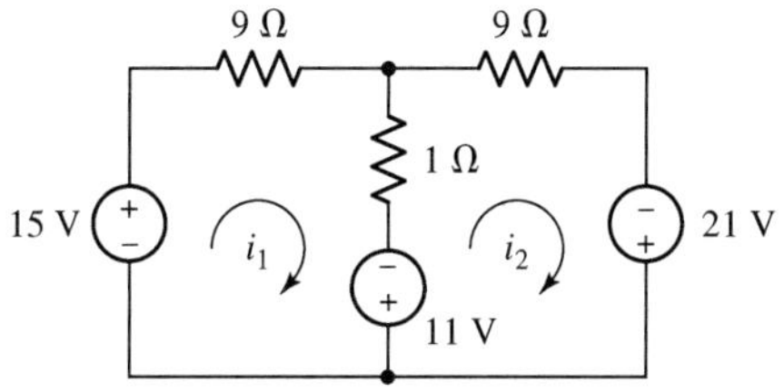


图 4.62

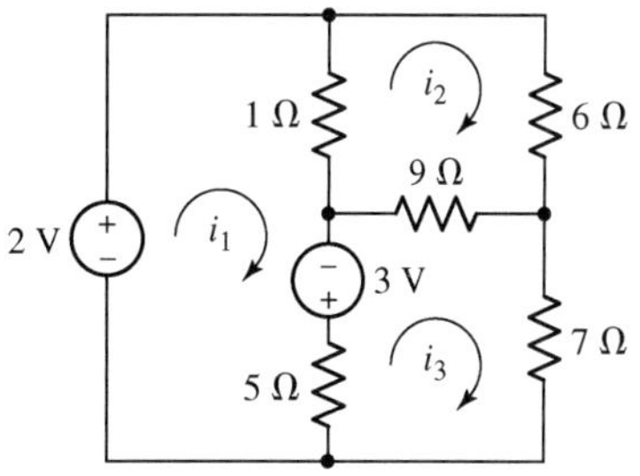


图 4.63

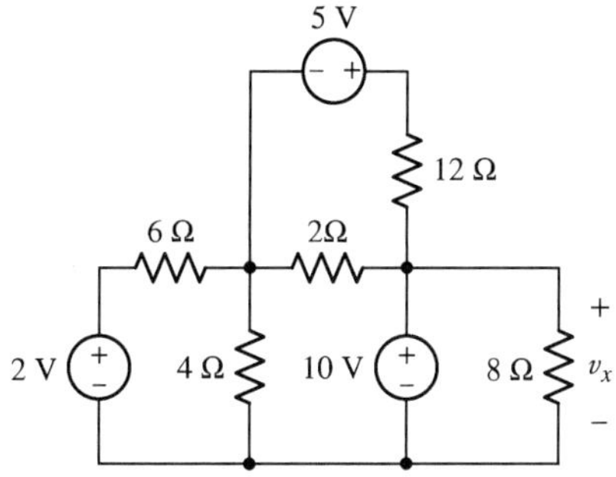


图 4.64

38. 计算图 4.65 所示电路中的电流 $i_x$。

39. 电路如图 4.66 所示，利用网孔分析法求电流 $i$ 的值。

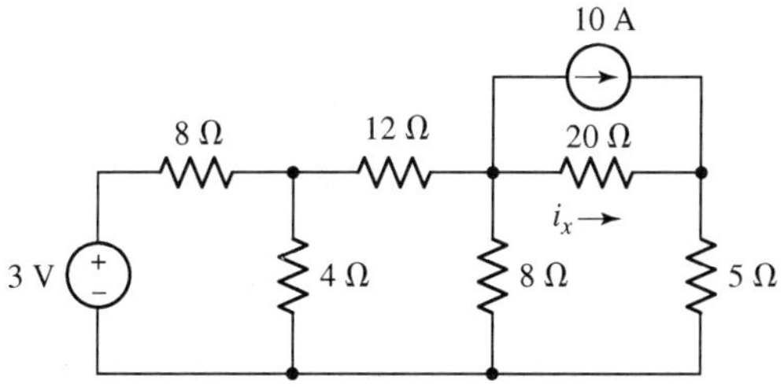


图 4.65

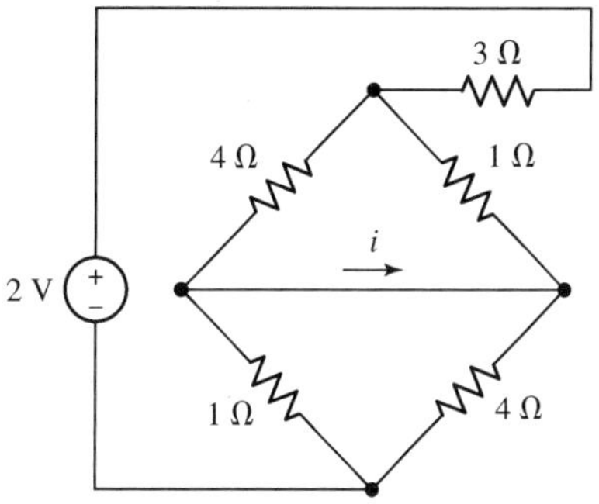


图 4.66

40. 电路如图 4.67 所示，求 4 Ω 电阻消耗的功率。

41. (a) 利用网孔分析法求如图 4.68 所示电路中 1 Ω 电阻消耗的功率。(b) 利用节点分析法对上述结果进行验证。

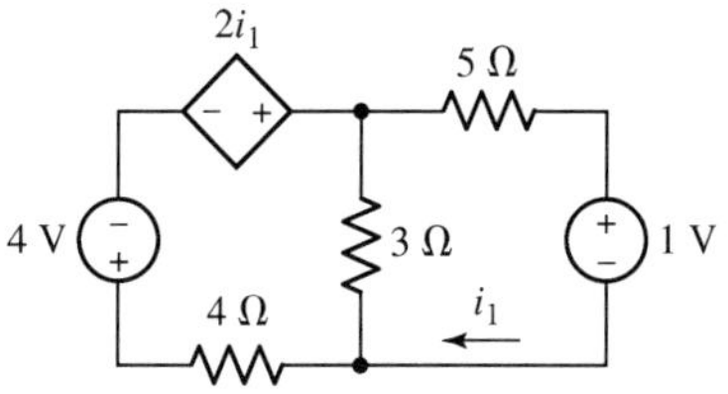


图 4.67

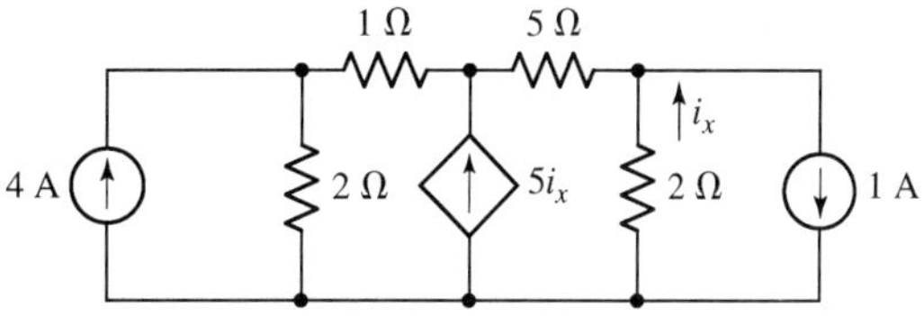


图 4.68

42. 对图 4.69 所示电路定义 3 个顺时针的网孔电流，并采用网孔分析法求这 3 个值。

43. 采用网孔分析法求图 4.70 所示电路中的 $i_x$ 和 $v_a$。

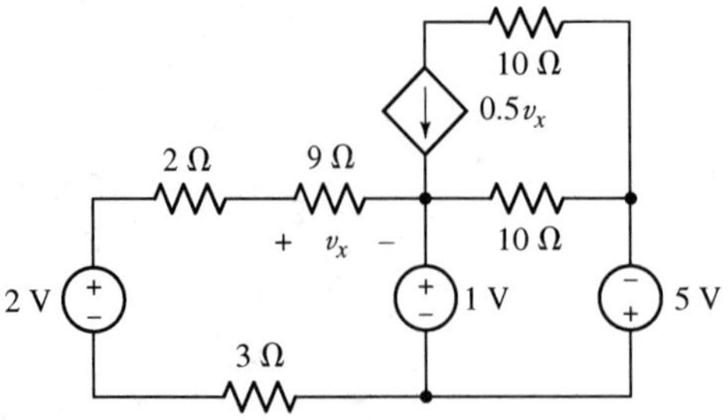


图 4.69

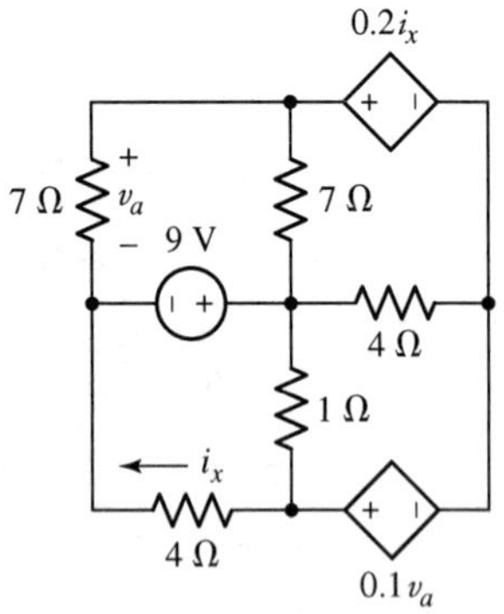


图 4.70

## 4.4 超网孔

44. 求图 4.71 中的 3 个网孔电流。

45. 利用超网孔技术，求图 4.72 所示电路中的网孔电流 $i_3$，并计算 1 Ω 电阻所消耗的功率。

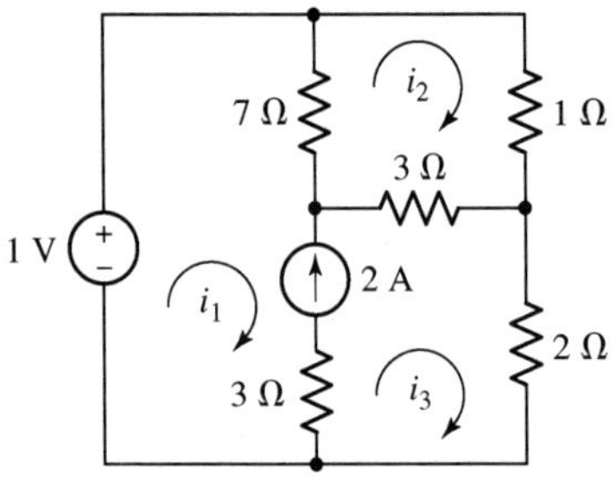


图 4.71

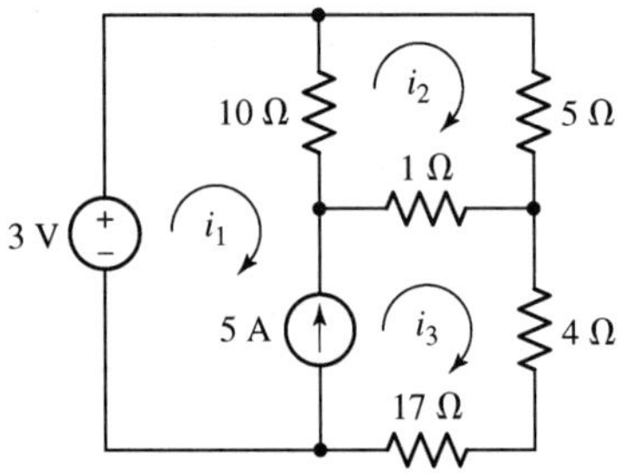


图 4.72

46. 电路如图 4.73 所示，求网孔电流 $i_1$ 以及 1 Ω 电阻所消耗的功率。

47. 计算图 4.74 所示电路中的 3 个网孔电流。

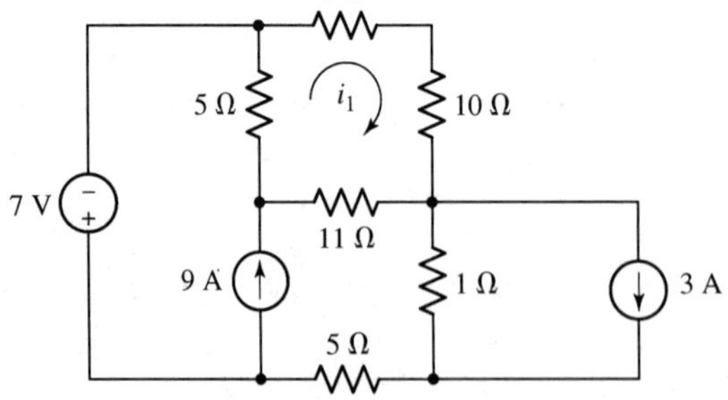


图 4.73

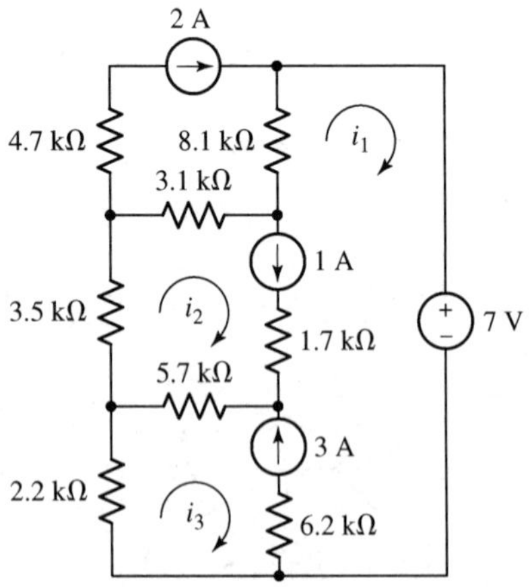


图 4.74

48. 利用网孔分析方法求图 4.75 所示电路中的电流 $i_x$。

49. 仔细应用超网孔技术，求图 4.76 中的所有 3 个网孔电流。

50. 求图 4.77 所示电路中 1 V 电源提供的功率。

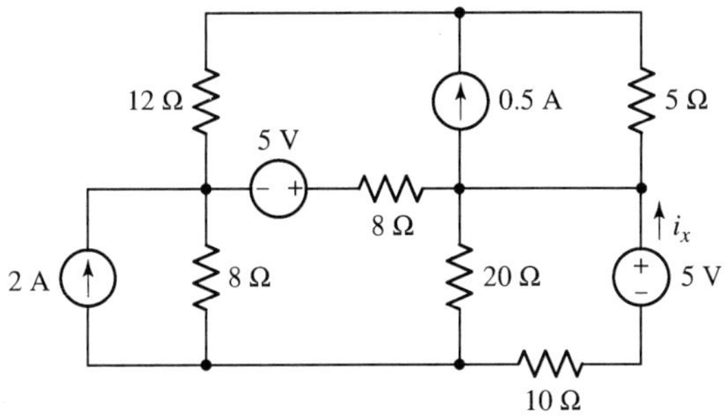


图 4.75

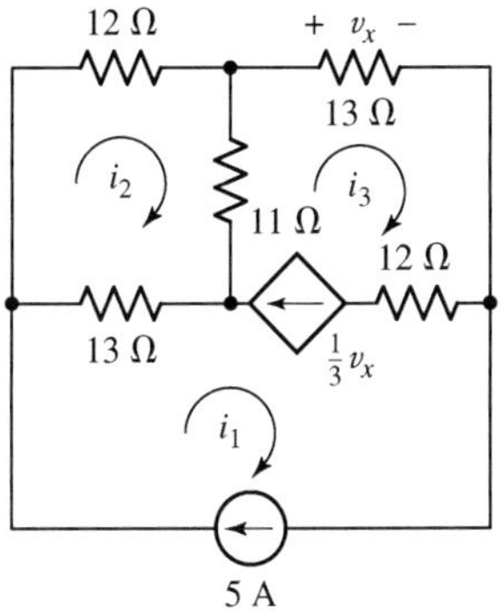


图 4.76

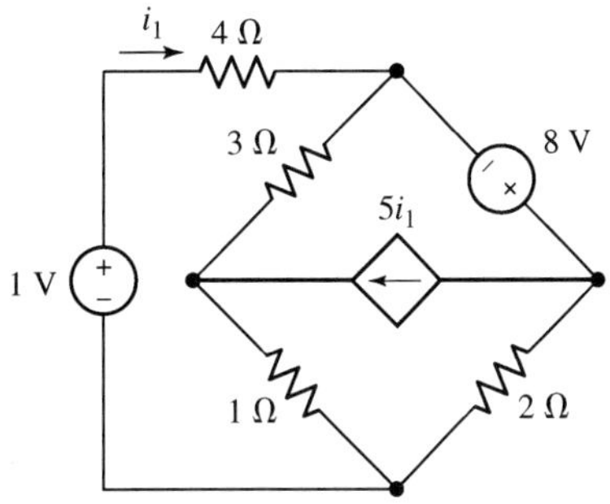


图 4.77

51. 电路如图 4.78 所示，定义 3 个顺时针方向的网孔电流，并利用超网孔技术求 $v_3$ 的值。
52. 求图 4.79 所示电路中 10 Ω 电阻所吸收的功率。

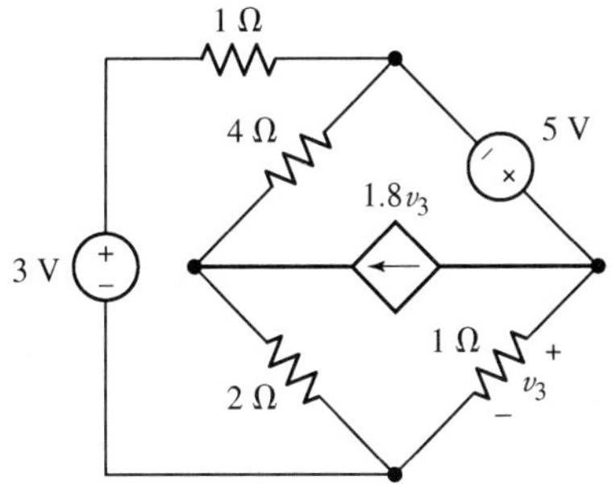


图 4.78

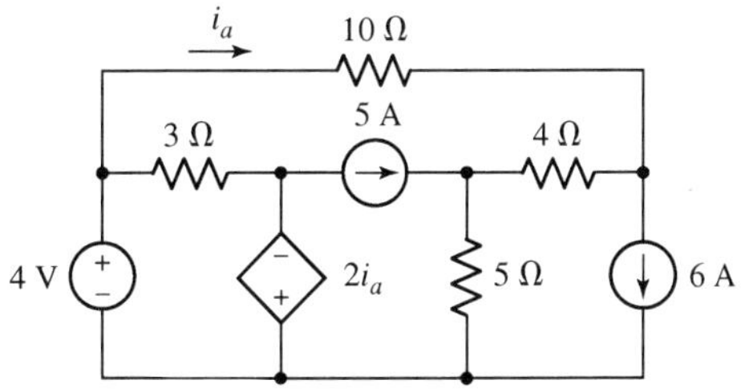


图 4.79

## 4.5 节点分析和网孔分析的比较

53. 电路如图 4.80 所示。(a) 为了求得 $i_5$，需要多少个节点方程？或者(b) 需要多少个网孔方程？(c) 如果只需要求解 7 Ω 电阻两端的电压，那么你倾向的方法会发生变化吗？为什么？
54. 修改图 4.80 所示电路，将 3 A 电源替换成一个正参考端连接到 7 Ω 电阻的 3 V 电源。(a) 为了求得 $i_5$，需要几个节点方程？或者(b) 需要几个网孔方程？(c) 如果只需要求 7 Ω 电阻两端的电压，那么你倾向的方法会发生变化吗？为什么？
55. 图 4.81 所示电路包含 3 个电源。(a) 为了求 $v_1$ 和 $v_2$，节点分析法和网孔分析法中的哪一种能得到更少的方程？为什么？(b) 如果电压源被替换成电流源，电流源被替换成电压源，对于(a)的答案会改变吗？为什么？

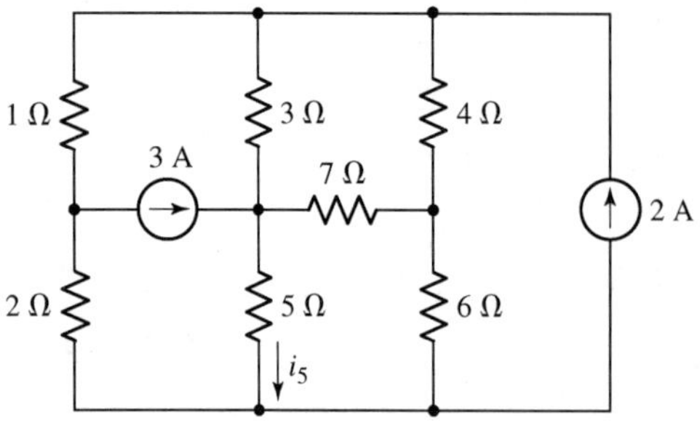


图 4.80

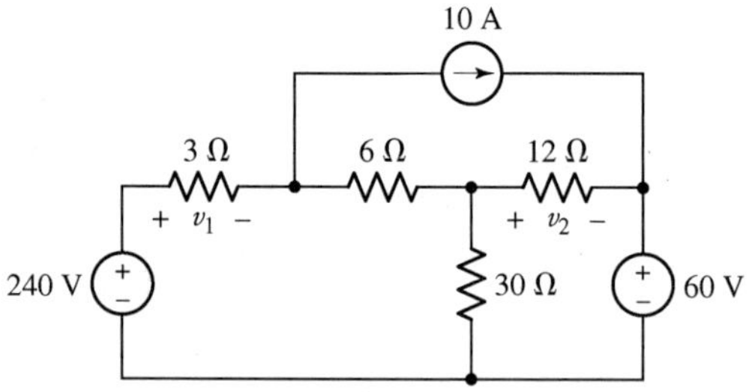


图 4.81

56. 电路如图 4.82 所示，分别用下列方法求电压 $v_x$：(a) 网孔分析法；(b) 节点分析法。(c) 哪种方法更简单？为什么？

57. 考虑图 4.83 所示的 5 个电源的电路，分别确定求解 $v_1$ 所需的方程总数：(a) 利用节点分析法；(b) 利用网孔分析法。(c) 哪种方法更好？这与 40 Ω 电阻哪端作为参考节点有关吗？为什么？

58. 将图 4.83 所示电路中的受控电压源替换成受控电流源，箭头方向向上。控制表达式 0.1 $v_1$ 保持不变，$V_2$ 为 0。(a) 为了求得 40 Ω 电阻消耗的功率，如果采用节点分析，则需要多少个方程？(b) 网孔分析法是否适合？为什么？

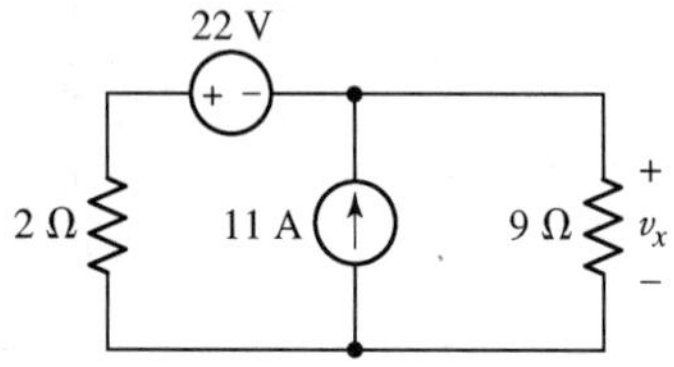


图 4.82

59. 研究图 4.84 所示电路，为了求 $v_1$ 和 $v_3$，分别采用以下方法必须获得多少个方程？(a) 节点分析法；(b) 网孔分析法。

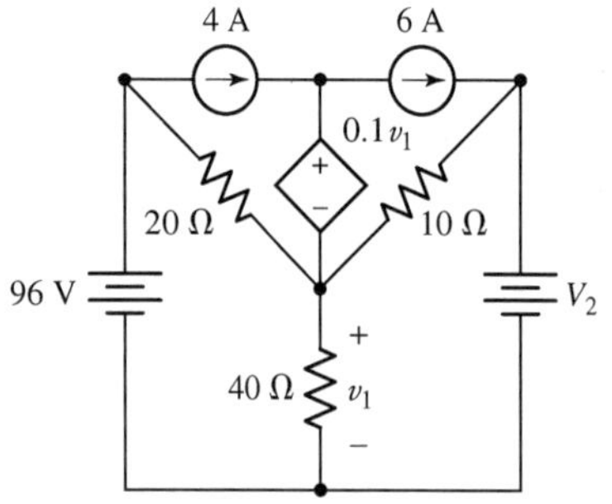


图 4.83

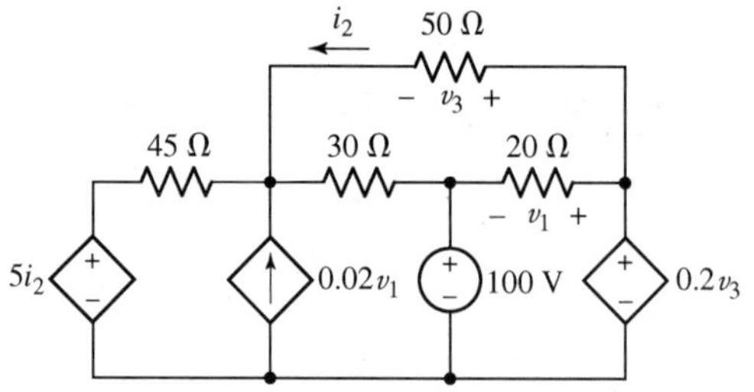


图 4.84

DP 60. 从求解与所有元件相关的电压和电流的角度考虑。(a) 设计一个 5 个节点、4 个网孔的电路，要求用节点分析法更简单。(b) 仅通过替换一个元件来改变你设计的电路，要求此时用网孔分析法更简单。

## 4.6 计算机辅助电路分析

61. 利用 LTspice (或类似的 CAD 工具)验证习题 5 的结果。提交一份正确标注的原理图以及突出显示结果的打印稿，包括手工计算的结果。

62. 利用 LTspice(或类似的 CAD 工具)验证习题 8 的结果。提交一份正确标注的原理图以及突出显示两个节点电压的打印稿，包括手工计算的结果。

63. 利用 LTspice(或类似的 CAD 工具)验证习题 12 中 5 Ω 电阻两端的电压。提交一份正确标注的原理图以及突出显示结果的打印稿，包括手工计算的结果。

64. 利用 LTspice(或类似的 CAD 工具)验证习题 14 的每个节点电压。提交一份正确标注的原理图以及突出显示节点电压的打印稿，包括手工计算的结果。

65. 利用 LTspice (或类似的 CAD 工具)验证图 4.46 所示电路中 $i_1$ 和 $v_x$ 的结果。提交一份正确标注的原理图以及显示结果的打印稿，包括手工计算的结果。

66. 图 4.85 所示为某 LTspice 电路图，用来对图 4.55 所示电路进行仿真。仿真结果给出 $i_1 = -1.4544$，但发现该结果是错误的。找到出错的地方，并重新仿真电路，以获得正确的结果。

67. (a) 电路如图 4.86 所示，设计 SPICE 的输入面板以求得电压 $v_9$。提交一份输出文件以及结果的打印稿。(b) 手工计算验证结果。

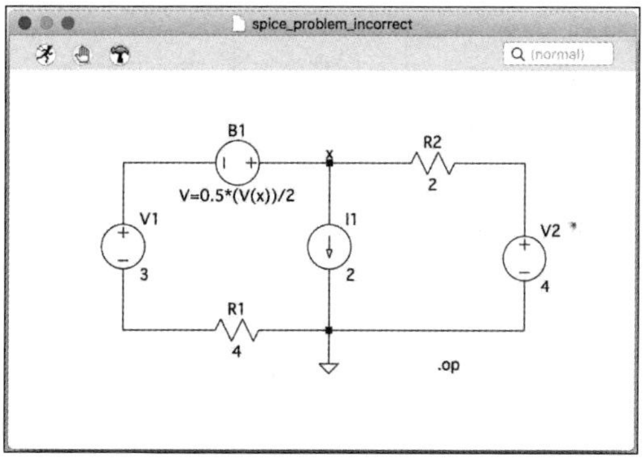


图 4.85

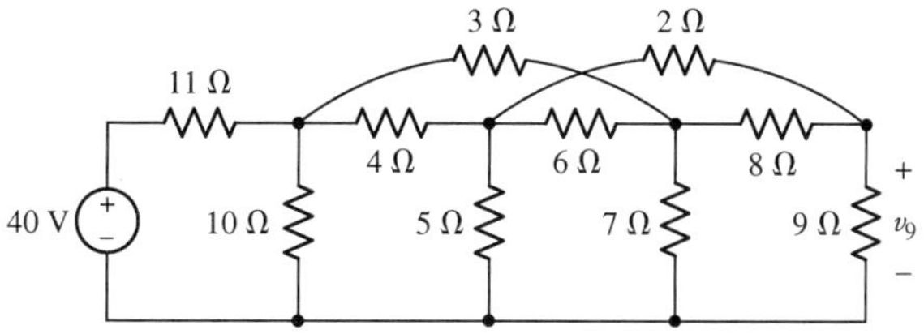


图 4.86

## 综合题

68. 在一个安静的区域，一所房子中安装了一长串户外彩灯，将 12 V 的交流适配器插上插座后，房屋主人马上发现两盏灯已烧坏。(a) 这些灯是串联连接还是并联连接的？为什么？(b) 写出 SPICE 输入面板来仿真这些彩灯，假定使用 AWG24 的软铜导线，用 12 V 直流电源供电，单个灯的额定功率为 10 mW，共有 44 盏灯。提交一个打印的输出文件，并突出表示 12 V 电源提供的功率。(c) 用手工计算验证仿真结果。

DP 69. 考虑图 4.87 所示电路，采用节点分析或网孔分析技术作为设计工具，要求 $i_1$ 的值为 200 mA，元件 $A$，$B$，$C$，$D$，$E$ 和 $F$ 必须是值为非零的电流源或电压源。

70. (a) 在什么情况下独立电压源的存在可以大大简化节点分析？为什么？(b) 在什么情况下，独立电流源的存在可以大大简化网孔分析？为什么？(c) 节点分析法基于什么样的基本物理原理？(d) 网孔分析法基于什么样的基本物理原理？

71. 参考图 4.88，(a) 如果元件 $A$ 是一根短路线，那么为了求得 $i_2$，用节点分析和网孔分析哪个更合适？请计算结果。(b) 用正确的 LTspice 仿真验证结果。提交一份合适标注的原理图以及结果。

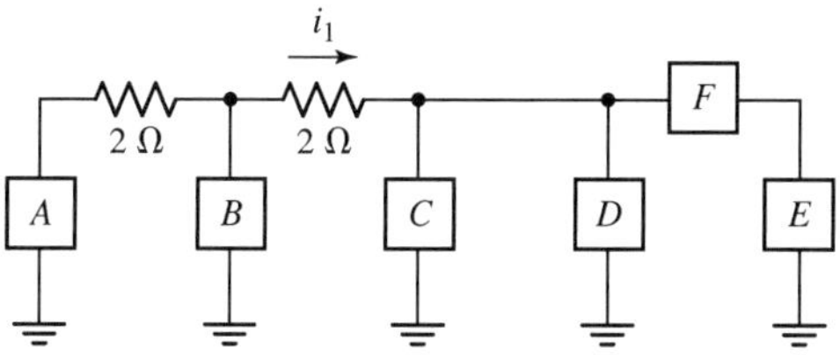


图 4.87

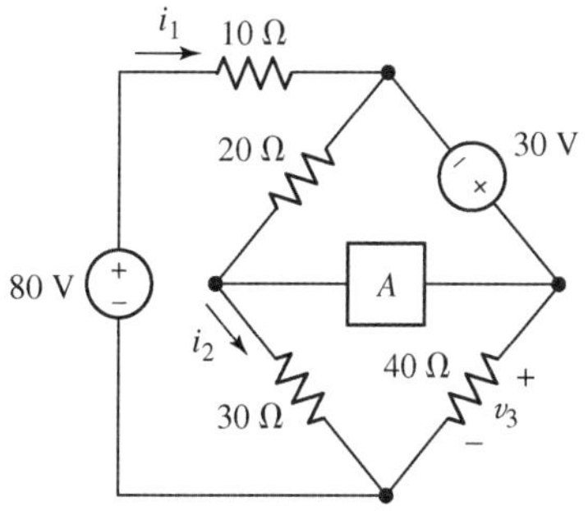


图 4.88

72. 考虑一个包含红色、绿色和蓝色 LED 的 LED 电路，如图 4.89 所示。LED 相当于电压源，从而得到图 4.89 所示电路，其中每个 LED 发出的光与流过该 LED 的电流成正比。(a) 计算流过每个 LED 的电流($I_{\text{Red}}$，$I_{\text{Green}}$和 $I_{\text{Blue}}$)，假设 $R_1 = R_2 = R_3 = 100\ \Omega$。(b) 求使流过每个 LED 的电流都为 4 mA 的 $R_1$，$R_2$和 $R_3$的值。

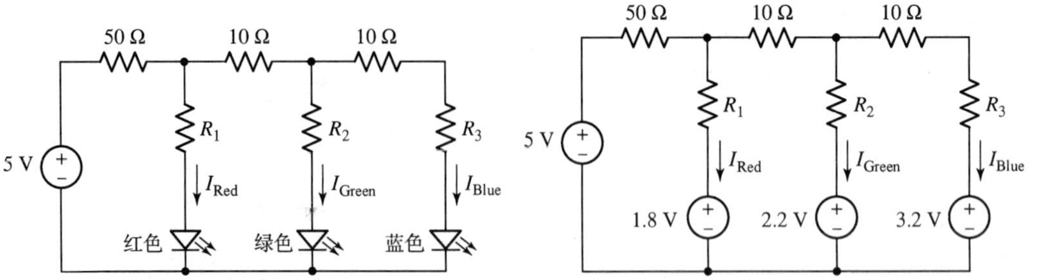


图 4.89

73. 图 4.89 所示的 LED 电路用于产生 RGB 颜色板中所需的任何颜色。利用 LTspice 和把 LED 表示为电压源的模型来研究当 $R_1$电阻值从 100 Ω 变到 1 kΩ 时如何对颜色造成影响。假设其他电阻为 $R_2 = R_3 = 100\ \Omega$。为 $R_1$定义一个变量，如{**rvariable**}(包括大括号)，并利用参数扫描语句来实现这个目标。然后使用 SPICE 指令，如**.step param rvariable 100 1k 20**，使变量从 100 变化到 1000，步长为 20。(a) 画出所有三个 LED 的电流与 $R_1$的函数关系，并对结果进行解释。(b) 求 RGB 颜色图表，并描述颜色如何随 $R_1$改变($R_1$从 100 Ω 变到 1 kΩ)。(c) 求 $R_1$的值，使得产生卡其色，该颜色的 RGB 十六进制代码为 C2BD23，RGB(194，189，35)。

74. 某光敏电路如图 4.90 所示，包含一个值随光照变化的电阻(光敏电阻 $R_{\text{light}}$)和一个可变电阻(电位器 $R_{\text{pot}}$)。该电路接成惠斯登电桥形式，在平衡条件下对于某个定义的光照值和相应的 $R_{\text{light}}$值有 $V_{\text{out}} = 0$。(a) 用 $R_S$，$R_1$，$R_2$，$R_{\text{light}}$和 $R_{\text{pot}}$推导出 $V_{\text{out}}$的代数表达式。(b) 利用电路中给定的数值，计算 $R_{\text{pot}}$值，使电路当 $R_{\text{light}} = 200\ \Omega$(光照为 500 lux)时处于平衡状态。(c) 如果光照增强到 600 lux 时光敏电阻值减小了 2%(假设电阻值随光照的变化是线性的)，那么如果测量得到 $V_{\text{out}} = 150$ mV，则光照应该为多少?

75. 利用 SPICE 分析习题 74 中的电路。(a) 改变 $R_{\text{pot}}$的值使电路在 500 lux(即 $R_{\text{light}} = 200\ \Omega$)时达到平衡。使用参数扫描来对电路进行仿真。为 $R_{\text{pot}}$定义一个变量，如{**potentiometer**}(包含大括号)，使用 SPICE 指令，如**.step param potentiometer 150 250 2**，使变量从 150 变化到 250，步长为 2。(b) 假设光照增强到 600 lux 时光敏电阻值减小了 2%，利用 SPICE 求输出电压 $V_{\text{out}}$。

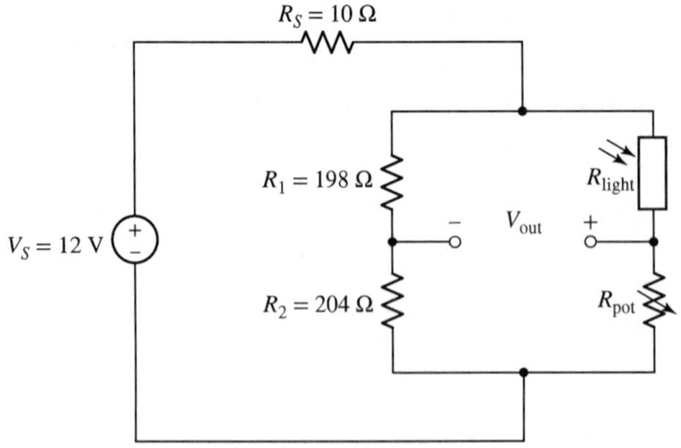


图 4.90

# 第 5 章　常用电路分析方法

## 主要概念

- 叠加定理——确定不同电源的单独贡献
- 简化电路的电源变换
- 戴维南定理
- 诺顿定理
- 戴维南和诺顿等效网络
- 最大功率传输
- 电阻网络的△-Y 变换
- 选择特定的分析方法
- 直流扫描仿真

## 引言

第 4 章中描述的节点分析法和网孔分析法是可靠且非常有效的方法。但是，它们都需要构建描述特定电路的完整的方程组(即使只关心一个电流、电压或功率量)。本章将讨论几种不同的分析方法，它们可以分离出电路的特定部分，以简化分析。介绍完这些方法后，我们将关注怎样选择这些方法。

## 5.1　线性和叠加

本书要分析的所有电路都可归结为线性电路，因此需要更确切地定义线性电路，然后考虑最重要的线性结果——叠加定理。该定理是一个基本定理，并且会在线性电路分析中不断出现。实际上，叠加定理对非线性电路的不可应用性恰恰是非线性电路较难分析的原因。

叠加定理指的是包含一个以上独立源的线性电路的响应(电流或电压)可以通过将每个独立源单独产生的响应相加而得到。

### 线性元件和线性电路

首先，线性元件定义为具有线性伏安关系的无源元件。线性伏安关系仅仅指若通过元件的电流乘以常数 $K$，则元件两端的电压也将乘以相同的常数 $K$。这里只定义了一个无源元件(电阻)，其伏安关系为

$$v(t) = Ri(t)$$

显然它是线性的。实际上，如果将 $v(t)$ 作为 $i(t)$ 的函数作图，那么它将是一条直线。

线性受控源定义为输出电流或电压只与电路中指定的电流或电压(或相应量之和)的一次幂成正比的受控电流源或受控电压源。

说明：受控电流源 $v_s=0.6i_1-14v_2$ 是线性的，而 $v_s=0.6i_1^2$ 和 $v_s=0.6i_1v_2$ 是非线性的。

现在可以给出**线性电路**的定义了，即完全由独立源、线性受控源和线性元件组成的电路。从该定义可以看出①响应与激励源成比例，或者说所有独立源的电压或电流乘以常数 $K$ 将使所有的电流和电压响应也增大为原来的 $K$ 倍(包括受控源的电压或电流输出)。

## 叠加定理

线性最重要的结果是**叠加性**。

首先通过图 5.1 所示电路得出叠加定理的具体内容，该电路包含两个独立电流源 $i_a$ 和 $i_b$。电源通常称为**激励函数**，电源在各节点产生的节点电压称为**响应函数**，或简称为**响应**。激励函数和响应都可能是时间的函数。该电路的两个节点方程为

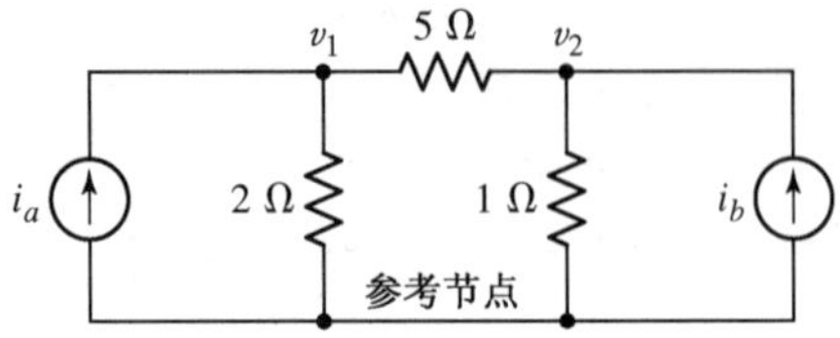


图 5.1 包含两个独立电流源的电路

$$0.7v_1-0.2v_2=i_a \quad [1]$$

$$-0.2v_1+1.2v_2=i_b \quad [2]$$

现在我们做一个实验 $x$。将两个激励函数改为 $i_{ax}$ 和 $i_{bx}$，产生的两个未知电压也将发生变化，分别记为 $v_{1x}$ 和 $v_{2x}$。因此，

$$0.7v_{1x}-0.2v_{2x}=i_{ax} \quad [3]$$

$$-0.2v_{1x}+1.2v_{2x}=i_{bx} \quad [4]$$

接下来做实验 $y$。将电源电流改为 $i_{ay}$ 和 $i_{by}$，测量得到响应为 $v_{1y}$ 和 $v_{2y}$：

$$0.7v_{1y}-0.2v_{2y}=i_{ay} \quad [5]$$

$$-0.2v_{1y}+1.2v_{2y}=i_{by} \quad [6]$$

这 3 组方程描述的是同一个电路，只是电源的电流不同。

对后面两组方程进行相加或叠加，即将式[3]和式[5]相加，得到

$$(0.7v_{1x}+0.7v_{1y})-(0.2v_{2x}+0.2v_{2y})=i_{ax}+i_{ay} \quad [7]$$

$$0.7v_1 \qquad - \qquad 0.2v_2 \qquad = \qquad i_a \quad [1]$$

将式[4]和式[6]相加，得到

$$-(0.2v_{1x}+0.2v_{1y})+(1.2v_{2x}+1.2v_{2y})=i_{bx}+i_{by} \quad [8]$$

$$-0.2v_1 \qquad + \qquad 1.2v_2 \qquad = \qquad i_b \quad [2]$$

其中，我们将式[1]排在式[7]下面，将式[2]排在式[8]下面，以便于比较。

由于这些方程都为线性方程，因此可以对式[7]和式[1]以及式[8]和式[2]进行比较，从而得出一个有趣的结论。如果选择 $i_{ax}$ 和 $i_{ay}$ 使它们的和为 $i_a$，以及选择 $i_{bx}$ 和 $i_{by}$ 使它们的和为 $i_b$，那么响应 $v_1$ 和 $v_2$ 可以分别通过将 $v_{1x}$ 与 $v_{1y}$ 相加，将 $v_{2x}$ 与 $v_{2y}$ 相加得到。换句话说，可以进行实验

① 证明过程：首先对线性电路应用节点分析法，可以得到如下形式的线性方程：

$$a_1v_1+a_2v_2+\cdots+a_Nv_N=b$$

其中，$a_i$ 为常数(由电阻或电导值、出现在受控源表达式中的常数，以及 0 或 ±1 组合而成)，$v_i$ 为未知的节点电压(响应)，$b$ 是独立源的值或各个独立源的值之和。给定一组这样的方程，如果将所有的 $b$ 乘以 $K$，显然这一新方程组的解就是节点电压 $Kv_1$，$Kv_2$，…，$Kv_N$。

$x$，记下响应，然后进行实验 $y$，记下响应，最后将两组响应进行相加，从而可以导出叠加定理的基本概念：将其他独立源“关闭”或“置零”以观察单个独立源(及其产生的响应)。

如果将电压源电压降到 0 V，就可以得到短路线，如图 5.2(a)所示。如果将电流源电流降到 0 A，就可以得到断开的电路，如图 5.2(b)所示。因此，叠加定理可以描述如下：

在任何一个线性电阻网络中，任何电阻或电源两端的电压，或流经任何电阻或电源的电流，都可以通过每一个**独立**源单独作用引起的电压或电流响应的代数和得到。此时其他所有的独立电压源用短接电路替代，其他所有的独立电流源用断开电路替代。

因此，如果有 $N$ 个独立源，必须做 $N$ 次实验，每次实验中只有一个独立源起作用，其他都不起作用，即关闭或置零。注意，一般受控源在每次实验中都是起作用的。

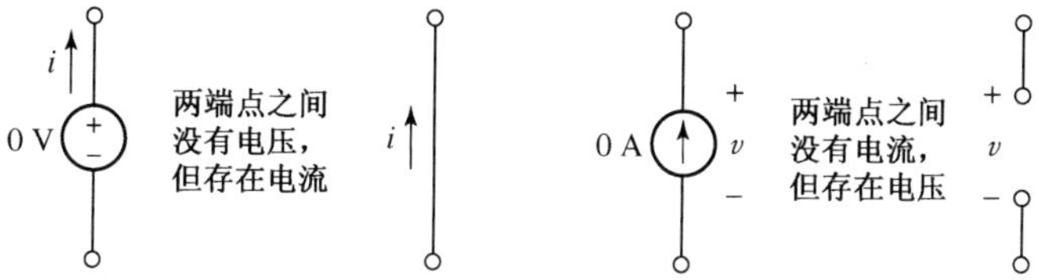


图 5.2　(a) 置零的电压源相当于一个短接电路；(b) 置零的电流源相当于一个断开电路。在每种情况下，右边的等效表示可以替换到电路图中以辅助电路分析

在上述几次实验中，独立源并不一定只能取给定值或零值，只要几次实验中独立源取值的和等于原来的值就行。不过置零的独立源通常可以使电路最简化。

根据刚才的例子可以写出一个很有用的定理。一组独立源可以选择性地设为工作和不工作。比如，假定有 3 个独立源，定理指出可以这样求得电路响应：将 3 个源单独作用的结果相加；或者让第一个和第二个源工作，而让第三个源不工作，然后将结果与第三个源单独工作的结果相加。

**例 5.1**　电路如图 5.3(a)所示，利用叠加定理求出未知支路电流 $i_x$。

**解**：首先将电流源置零并重画电路，得到图 5.3(b)所示电路，其中置零的电流源用开路替代。由电压源产生的部分 $i_x$ 记为 $i'_x$，很容易求得为 0.2 A。

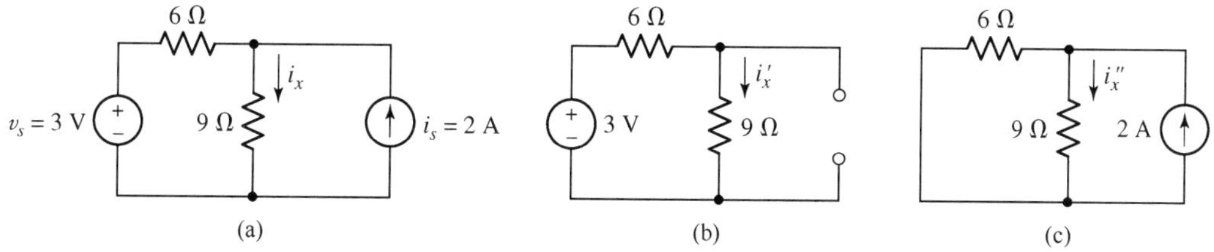


图 5.3　(a) 包含两个独立源的电路，其中支路电流 $i_x$ 为需要求解的量；(b) 将电流源开路后得到的电路；(c) 将电压源短路后得到的电路

接下来设图 5.3(a)中的电压源为零，得到图 5.3(c)所示电路，其中置零的电压源用短路替代，利用电流分流关系可以得出 $i''_x$(由 2 A 电流源产生的部分 $i_x$)为 0.8 A。

将这两部分相加可以计算完整电流 $i_x$：

$$i_x = i_{x|3\text{V}} + i_{x|2\text{A}} = i'_x + i''_x$$

即

$$i_x = \frac{3}{6+9} + 2\left(\frac{6}{6+9}\right) = 0.2 + 0.8 = 1.0\ \text{A}$$

考虑例5.1的另一种方法是3 V电源和2 A电源都作用于该电路，产生一个总电流$i_x$流过9 Ω电阻。但是3 V电源对$i_x$的贡献并不取决于2 A电源对$i_x$的贡献，反之亦然。比如，如果将2 A电源的输出增大为4 A，那么该电源为流过9 Ω电阻的总电流$i_x$贡献1.6A的电流。然而，3 V电源仍然只为$i_x$贡献0.2 A的电流，因此新的总电流为0.2 +1.6 =1.8 A。

## 练习

5.1 电路如图5.4所示，利用叠加定理计算电流$i_x$。

答案：660 mA。

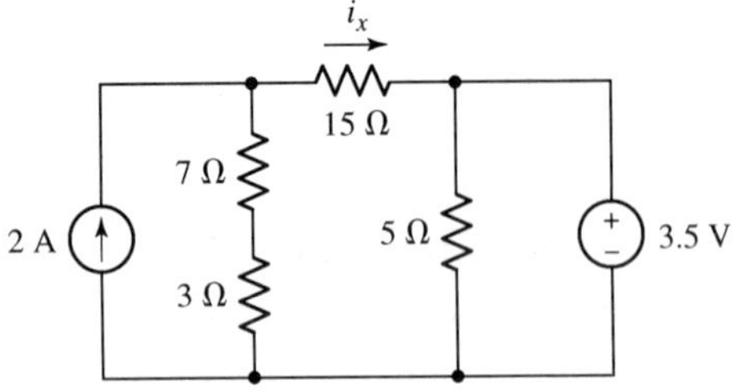


图5.4

如前所述，在考虑一个具体电路时，应用叠加定理并不能减少工作量，因为为了得到响应需要对几个新电路进行分析。但是，在区分复杂电路不同部分的重要性时，叠加定理就显得非常有用了。叠加定理也是第10章中将要介绍的相量分析的基础。

**例5.2** 电路如图5.5(a)所示，确定电流源$I_x$的最大值，保证每个电阻上的功率不超过额定值而导致过热。

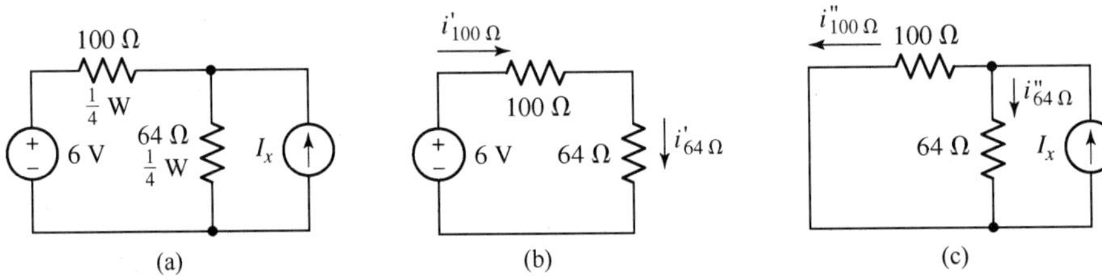


图5.5 (a)包含两个电阻的电路，电阻额定功率为1/4 W；(b)只有6V电源作用时的电路；(c)$I_x$电源作用时的电路

**解：明确题目的要求**

每个电阻额定的最大功耗为250 mW。如果电路允许超过该值(任何一个电阻被迫流过太大的电流)将产生过热，从而有可能导致事故。6 V电源不能改变，因此需要列出包含$I_x$和流过每个电阻的最大电流的方程。

**收集已知信息**

基于250 mW的额定功率，可以得出100 Ω电阻所能承受的最大电流为

$$\sqrt{\frac{P_{\max}}{R}} = \sqrt{\frac{0.250}{100}} = 50\ \text{mA}$$

同样，流过64 Ω电阻的电流必须小于62.5 mA。

**方案设计**

可以采用节点分析法或网孔分析法来求解，但叠加定理可能更具优势，因为我们感兴趣的是电流源的作用。

**建立一组合适的方程**

应用叠加定理重画电路，如图5.5(b)所示，可求得6 V电源为100 Ω电阻贡献的电流为

$$i'_{100\ \Omega}=\frac{6}{100+64}=36.59\ \text{mA}$$

因为 64 Ω 电阻和 100 Ω 电阻串联，因此该电源对 64 Ω 电阻贡献的电流也为 $i'_{64\ \Omega}=36.59$ mA。

图 5.5(c)所示的电路为电流分流器，可以看出 $i''_{64\ \Omega}$应该与 $i'_{64\ \Omega}$相加，而 $i''_{100\ \Omega}$与 $i'_{100\ \Omega}$方向相反。因此 $I_x$对 64 Ω 电阻贡献的电流为 62.5 − 36.59 = 25.91 mA，对 100 Ω 电阻贡献的电流为 50 − ( − 36.59) = 86.59 mA。

因此 100 Ω 电阻对 $I_x$的约束条件为

$$I_x<(86.59\times10^{-3})\left(\frac{100+64}{64}\right)$$

64 Ω 电阻对 $I_x$的约束条件为　$$I_x<(25.91\times10^{-3})\left(\frac{100+64}{100}\right)$$

**尝试求解**

首先考虑 100 Ω 电阻，可以看出 $I_x$ 必须满足 $I_x<221.9$ mA。64 Ω 电阻的限制使得 $I_x<42.49$ mA。为了同时满足两个约束条件，$I_x$ 必须小于 42.49 mA。如果电流增大，那么 64 Ω电阻将先于 100 Ω 电阻发生过热。

**验证结果是否合理或是否与预计相符**

考察这个解的特别有效的方法是应用下一例题中介绍的 LTspice 中的直流扫描分析方法。一个有趣的问题是：64 Ω 电阻真的会首先过热吗?

最初我们觉得由于 100 Ω 电阻的最大允许电流较小，似乎应该用它的电流来约束电流 $I_x$。但是因为 $I_x$与 6 V 电源在 100 Ω 电阻上产生的电流的方向相反，而与 6 V 电源在 64 Ω 电阻上产生的电流的方向相同，所以结论是 64 Ω 电阻约束了电流 $I_x$。

**例 5.3**　电路如图 5.6(a)所示，利用叠加定理求 $i_x$的值。

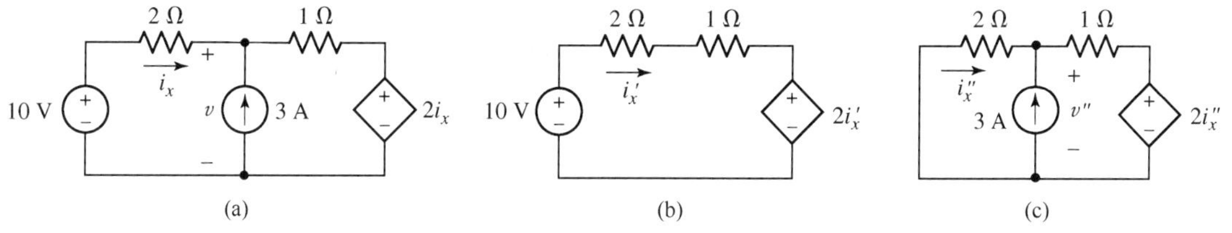


图 5.6　(a) 包含两个独立源和一个受控源的电路，其中支路电流 $i_x$为需要求解的量；(b) 3 A电源开路后的电路；(c) 10 V电源短路后的电路

**解**：首先将 3 A 电源开路[见图 5.6(b)]，得到唯一的网孔方程为

$$-10+2i'_x+i'_x+2i'_x=0$$

求解得

$$i'_x=2\ \text{A}$$

接下来，将 10 V 电源短路[见图 5.6(c)]，写出单节点方程

$$\frac{v''}{2}+\frac{v''-2i''_x}{1}=3$$

并且写出受控源控制变量与 $v''$的关系：

$$v''=2(-i''_x)$$

可求得 $$i_x'' = -0.6\ \text{A}$$

因此, $$i_x = i_x' + i_x'' = 2 + (-0.6) = 1.4\ \text{A}$$

⚠值得注意的是，在重画子电路时，总是使用某种标注以表示所引用的变量不是原始变量，这样做是为了防止对有关变量求和时可能出现的灾难性错误。

## 练习

5.2 电路如图5.7所示，利用叠加定理求每个电流源两端的电压。

答案：$v_{1|2A} = 9.180$ V，$v_{2|2A} = -1.148$ V，$v_{1|3V} = 1.967$ V，$v_{2|3V} = -0.246$ V；$v_1 = 11.147$ V，$v_2 = -1.394$ V。

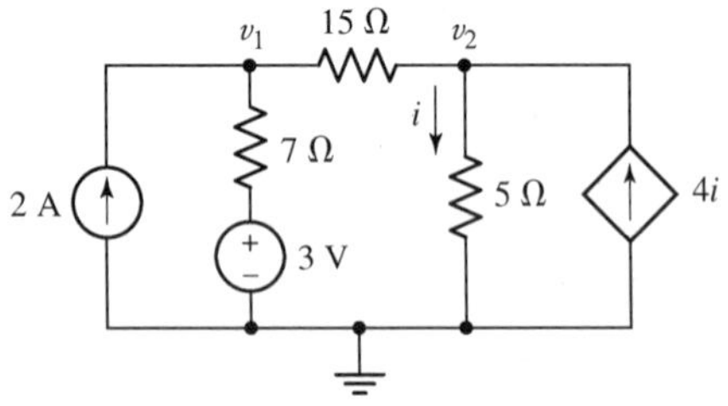


图5.7

## 基本叠加定理求解过程的总结

1. **选择其中一个独立源，设置其他所有独立源为零**。这意味着电压源短路，电流源开路，而受控源保留在电路中。
2. **利用合适的符号(如 $v'$，$i_2''$)重新标注电压和电流**。确保对受控源的控制变量重新标注，以免出现混淆。
3. **分析简化后的电路，求得所需求解的电流或电压**。
4. **重复步骤1~3直到考虑了所有的独立源**。
5. **将单独分析得到的电流或电压相加**。在相加时必须注意电压符号和电流方向。
6. **功率不能相加**。如果要求解功率，那么只有在所有的电流分量或电压分量相加以后才能计算功率。

注意，步骤1可以有几种方式。第一，独立源可以成组考虑(如果这样可以简化分析)，前提是每个独立源不被重复考虑；第二，不一定把电源设为零，虽然此举是最好的。例如，一个3 V电源可以分成两个1.5 V的电源，因为1.5 + 1.5 = 3 V，作用与0 + 3 = 3 V一样。但是这样做不可能简化分析，所以没有多大意义。

## 计算机辅助分析

LTspice不仅对验证电路分析的正确性非常有用，而且还有助于确定每个电源对某个响应的贡献大小。为此，需要应用直流参数扫描(DC Parameter Sweep)方法。

考虑例5.2中给出的电路，要求在两个电阻上的功率不超过额定功率的条件下，确定电流源允许提供的最大正电流。利用LTspice电路图抓取工具重画电路，如图5.8所示。注意，电流源未分配具体数值。

输入并保存电路图以后，下一步就是指定直流扫描参数。该选项可以为电压源或电流源(该例中为电流源 $I_x$)指定一定范围的值，而不是具体数值。在**Edit**菜单中选择**SPICE Analysis**，然后可以得到如图5.9所示的对话框。

接下来选择**DC sweep**标签，选择**1st Source**标签，然后在**Name of 1st source to sweep:**框中输入Ix。在**Type of Sweep**下有几个选项：**Linear**，**Octave**，**Decade**和**List**。最后一个选项允许我们为Ix分配指定的数值。但是，为了产生光滑曲线，选择执行**Linear**扫描，**Start value**(起始值)为0 mA，**Stop Value**(终止值)为50 mA，**Increment**(步长)为0.01 mA。注意，在非Windows环境下，可能没有菜单系统，此时SPICE指令(以.dc为起始的行)直接加到电路图上。

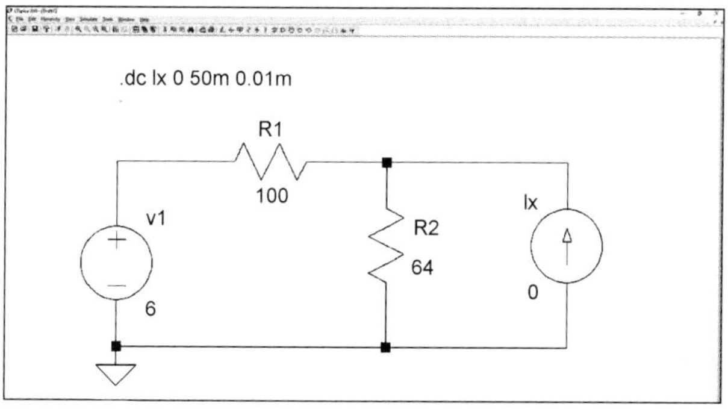


图 5.8　例 5.2 的电路

现在在**Simulate** 菜单中选择**Run**。当图形输出窗口出现后，窗口上会显示横轴(对应于 Ix 变量)，但必须选择纵轴变量。从**Plot Settings** 菜单中选择 **Add Trace**，单击 **I(R1)**，然后在 **Expression(s) to add**:框中输入一个星号，再次单击 **I(R1)**，插入另一个星号，最后输入 100。这是为了让绘图程序画出 100 Ω 电阻所吸收的功率。类似地，重复上述过程，画出 64 Ω 电阻所吸收的功率，最后结果如图 5.10(a)所示。第三次在 **Plot Settings** 菜单中选择 **Add Trace**，在 **Expression(s) to add**:框中输入 0.250，即可在曲线图中加上一条位于 250 mW 的水平参考线。

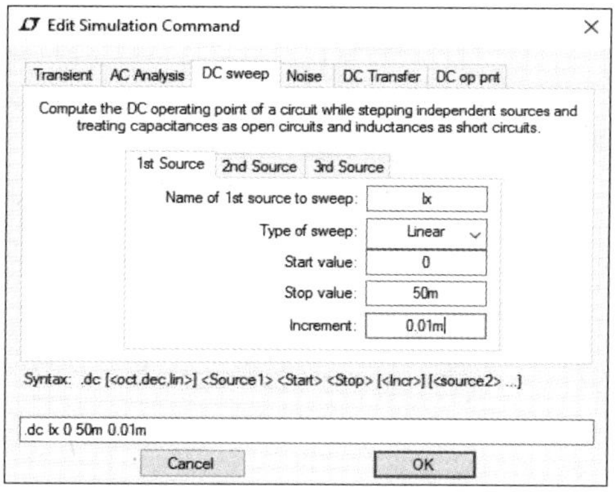


图 5.9　直流扫描对话框，其中 Ix 为扫描变量，m代表“milli”，即$10^{-3}$

应该可以看到有两条 y 轴，左边一条对应于 250 mW 的基准线，我们必须手工调整它的限制，以便与右边的 y 轴的尺度相适应，右边 y 轴的默认单位为 $mA^2$，因为是两个电流相乘的结果。

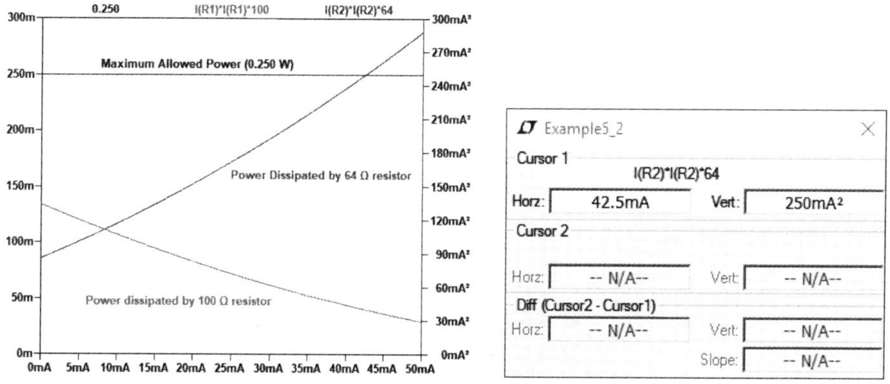


(a)　　　　(b)

图 5.10　(a) 显示两个电阻各自吸收功率的输出曲线，图中还包括一条 250 mW的水平参考线，以及为帮助阅读所加的文字；(b) 光标对话框

从曲线中可以看出，64 Ω 电阻确实在 Ix = 43 mA 附近超过了 250 mW 的额定功率。相反，无论电流源 Ix 怎样变化(只要在 0 ~ 50 mA 范围内)，100 Ω 电阻上的功率始终未达到250 mW。事实上，随着电流源电流的增加，它吸收的功率在下降。如果需要更精确的结果，则可以使用

光标工具。利用光标工具可以在图形窗口上部选择要激活的表达式。图 5.10(b) 给出了把光标拖动到 42.52 mA 的结果，在该电流水平上，64 Ω 电阻上的功率刚好达到它的最大额定值 250 mW。降低直流扫描所用的步长大小可以提高曲线显示精度。

遗憾的是，在分析含有受控源的电路时，应用叠加定理几乎不会少花时间，因为每次至少要分析含有两个电源的电路：一个独立源和所有的受控源。

⚠ 必须时刻记住叠加定理的限制。它只能应用于线性响应，所以最常见的非线性响应(功率)不属于叠加定理的应用范围。例如，考虑两个 1 V 电池与 1 Ω 电阻串联。显然，提供给电阻的功率是 4 W，但是如果错误地应用叠加定理，则会得到：每个电池单独作用可提供 1 W 的功率，所以总功率为 2 W。这显然是不正确的，但却是一个非常容易犯的错误。

## 5.2 电源变换

### 实际电压源

到目前为止，我们考虑的都是理想电源，其两端电压与流过它的电流无关。看看实际情况，考虑一个 9 V 的简单独立电压源(理想)，将它连接到一个 1 Ω 电阻。9 V 电压源将产生一个 9 A 电流流过该 1 Ω 电阻(这看起来非常合理)，但是如果电阻换成 1 μΩ，则同样的电源将产生 9 000 000 A 电流(这看起来并不合理)。在理论上，我们可以继续将电阻降低到 0 Ω，此时就会出现矛盾，电源将在一个短路线两端维持 9 V 的电压，而欧姆定律告诉我们这显然不可能发生($V=9=RI=0$?)。

当我们做这类实验时，实际情况怎样呢？例如，如果要启动一辆前大灯已经打开的汽车，会注意到当汽车电池需要同时提供一个大的启动电流(约为 100 A或更大)和前大灯电流时，大灯会变暗。如果用图 5.11(a)所示的一个理想的 12 V 电源来对汽车的 12 V 电池来建模，则无法解释看到的现象。换句话说，我们的模型在负载需要从电源获得大电流时出现了问题。

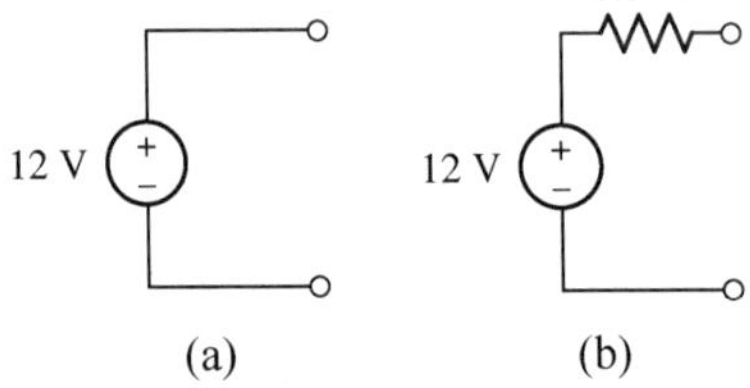


图 5.11 (a) 表示 12 V 汽车电池的理想电压源；(b) 能够表示大电流下端电压降低的效应的精确模型。一个电量耗尽的电池的串联电阻显著增加，使得我们在开路时测得一个合理的电压，但是当加上启动电路后测得一个小电压

为了更好地近似实际器件的性能，必须修改理想电压源，使其能够表示大电流下端电压降低的效应。假定通过实验观察到，当汽车电池没有电流流过时其两端电压为 12 V，而当流过 100 A 电流时两端电压变为 11 V，那么该如何对此现象建立模型呢？一个更精确的模型可能是一个 12 V 的理想电压源串联一个电阻，该电阻在流过电流为 100 A 时呈现 1 V 的电压降，计算得到电阻阻值为 1 V/100 A = 0.01 Ω，该电阻与理想电压源串联组成一个实际电压源，如图 5.11(b)所示。因此，我们采用两个理想电路元件(独立电压源和电阻)的串联组合来模拟实际器件。

当然，不能指望在汽车电池内部找到这样的理想元件结构。任何实际器件在其端子上可以表示成一定的电流电压关系。问题是需要构造出理想元件的某种组合，该组合至少在一定的电流、电压和功率范围内能够具有类似的电流电压特性。

在图 5.12(a)所示电路中，由两个元件组成的汽车电池实际模型连接到某一负载电阻 $R_L$上。实际电源的端电压与电阻 $R_L$两端的电压相同，标为 $V_L$①。图 5.12(b)所示为该实际电源负载电压 $V_L$与负载电流 $I_L$的关系曲线。图 5.12(a)所示电路的基尔霍夫电压方程可以用 $I_L$和 $V_L$写为

$$12 = 0.01I_L + V_L$$

因此，

$$V_L = -0.01I_L + 12$$

这是 $I_L$和 $V_L$的线性方程，图 5.12(b)所示的曲线为一条直线，线上每一点对应于不同的 $R_L$值。例如，直线的中点对应于负载电阻等于实际电源的内阻或 $R_L = 0.01\ \Omega$。此时，负载电压为理想电源电压的一半。

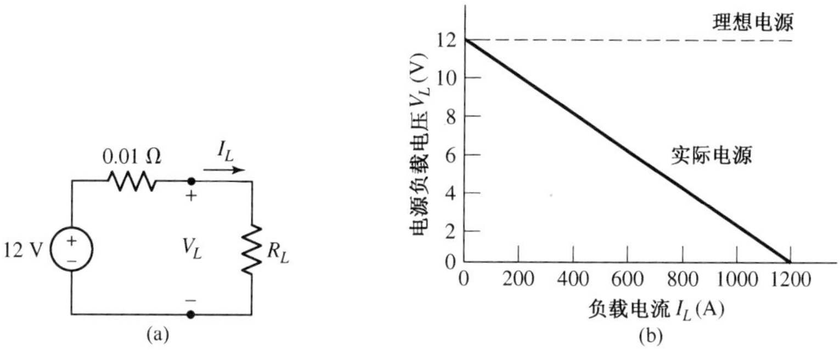


图 5.12　(a) 近似表示 12 V 汽车电池性能的实际电源，它接有负载电阻 $R_L$；(b) $I_L$和 $V_L$之间呈线性关系

当 $R_L = \infty$ 以及负载任何时候都没有电流时，实际电源为开路并且端电压或开路电压为 $V_{Loc} = 12$ V。相反，如果 $R_L = 0$，即负载端短路，则负载电流或短路电流 $I_{Lsc} = 1200$ A。(实际上，该试验会导致电路短接，以及电池和连接到电路中的任何其他测量仪器损坏!)

对于实际电压源，$V_L$-$I_L$关系是一条直线，可以注意到 $V_{Loc}$和 $I_{Lsc}$的值唯一地确定了整个 $V_L$-$I_L$曲线。

图 5.12(b)所示的水平虚线表示理想电压源的 $V_L$-$I_L$曲线，对任何负载电流值，端电压都为常数。只有当负载电流较小时，实际电源的端电压才比较接近理想电压源的值。

现在考虑如图 5.13(a)所示的一般实际电压源。理想电源电压为 $v_s$，电阻 $R_s$称为内阻或输出电阻，它们串联连接。同时必须注意，该电阻并不作为一个分立元件而真实存在，只是用来说明当负载电流增大时端电压会减小的现象。它的存在可以更贴切地模拟实际电压源的特性。

$v_L$与 $i_L$的线性关系为

$$v_L = v_s - R_s i_L \qquad [9]$$

曲线如图 5.13(b)所示。开路电压($R_L = \infty$，$i_L = 0$)为

$$v_{Loc} = v_s \qquad [10]$$

短路电流($R_L = 0$，$v_L = 0$)为

$$i_{Lsc} = \frac{v_s}{R_s} \qquad [11]$$

这些值是图 5.13(b)中直线的两个截点，可以用它们来完整地定义直线。

① 从这里开始将尽量遵守参数标识规范，用大写字母标记严格的直流量，用小写字母标记含有时变成分的量。可是在描写那些既适用于直流，又适用于交流的一般定理时，将继续使用小写字母，以强调概念的一般性质。

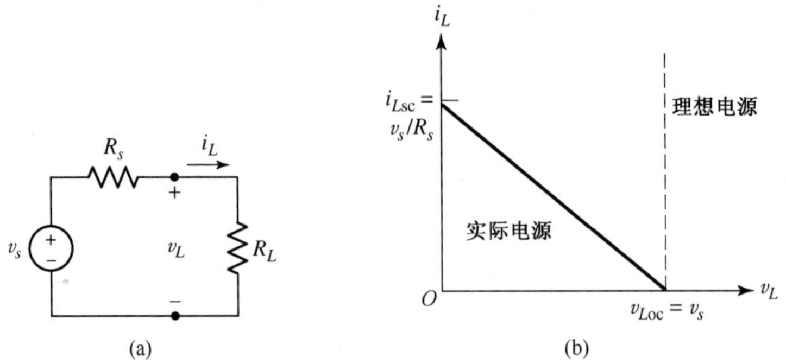


图 5.13 (a) 接有负载电阻 $R_L$的一般实际电压源；(b) 实际电压源的端电压随着$i_L$增大而减小，随着$R_L=V_L/i_L$减小而减小。理想电压源的端电压在任何负载电流下保持不变(同时画出)

## 实际电流源

现实中也不存在理想电流源，因为没有一个实际器件能够提供不变的电流而不考虑连接到它的负载电阻或它两端的电压大小。一些晶体管电路可以在很大的负载电阻范围内提供固定的电流，但负载电阻总是很大，以至于流过的电流很小。无限的功率永远是不可能得到的(很遗憾)。

一个实际电流源定义为一个理想电流源与一个内阻 $R_p$的并联，如图 5.14(a)所示，图中给出了与负载电阻 $R_L$相关的电流 $i_L$和 $v_L$。由基尔霍夫电流定律可知

$$i_L = i_s - \frac{v_L}{R_p} \qquad [12]$$

这也是一个线性方程。开路电压和短路电流分别为

$$v_{Loc} = R_p i_s \qquad [13]$$

和

$$i_{Lsc} = i_s \qquad [14]$$

通过改变 $R_L$的大小可以观察到负载电流随负载电压变化的情况，如图 5.14(b)所示。直线从短路端(即“西北”端)出发，直到开路端(即“东南”端)，对应电阻 $R_L$从零变到无穷大。中点出现在 $R_L=R_p$处。显然，只是在较小的负载电压下，负载电流 $i_L$才近似等于理想电流源的电流，此时 $R_L$的值小于 $R_p$。

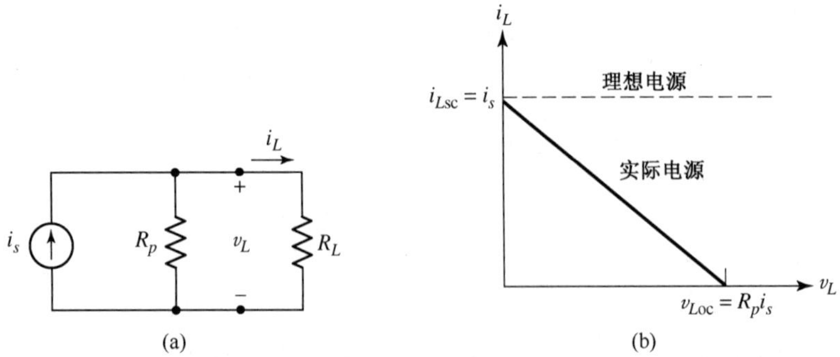


图 5.14 (a) 接有负载电阻 $R_L$的一般实际电流源；(b) 实际电流源提供的负载电流和负载电压的函数关系

## 实际电源的等效

毫无疑问，我们可以改善模型来提高电源的精度。此时已经有了一个实际电压源模型和一个实际电流源模型。在进一步学习之前，首先比较图 5.13(b)和图 5.14(b)。一个是包含电压源的电路结果，而另一个是包含电流源的电路结果，但两个图本身却是无法区分的。

可以证明，这并不是巧合。实际上，我们可以证明实际电压源可以等效为实际电流源，这意味着一个负载电阻 $R_L$ 连接到电压源和电流源将会有相同的 $v_L$ 和 $i_L$。也意味着两种电源可以互相替代，而其余电路不会变化。

考虑图 5.15(a)所示的实际电压源和电阻 $R_L$，以及图 5.15(b)所示的实际电流源和电阻 $R_L$ 组成的电路。通过简单计算可知图 5.15(a)所示电路中负载 $R_L$ 两端的电压为

$$v_L = v_s \frac{R_L}{R_s + R_L} \tag{15}$$

通过类似计算可知图 5.15(b)所示电路中负载 $R_L$ 两端的电压为

$$v_L = \left(i_s \frac{R_p}{R_p + R_L}\right) \cdot R_L$$

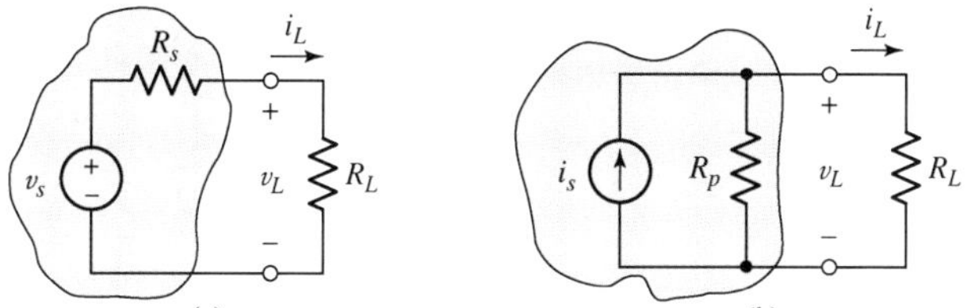


图 5.15　(a) 接有负载电阻 $R_L$ 的给定实际电压源；(b) 接有同一负载的等效电流源

若要使这两个实际电源在电气上等效，则必须有

$$R_s = R_p \tag{16}$$

和

$$v_s = R_p i_s = R_s i_s \tag{17}$$

其中 $R_s$ 表示两个实际电源的内阻，这是习惯性标注。

我们用图 5.16(a)所示的实际电流源来解释这些概念。因为内阻为 2 Ω，所以等效的实际电压源的内阻也为 2 Ω，包含在实际电压源内的理想电压源的电压为 2 × 3 = 6 V。等效的实际电压源如图 5.16(b)所示。

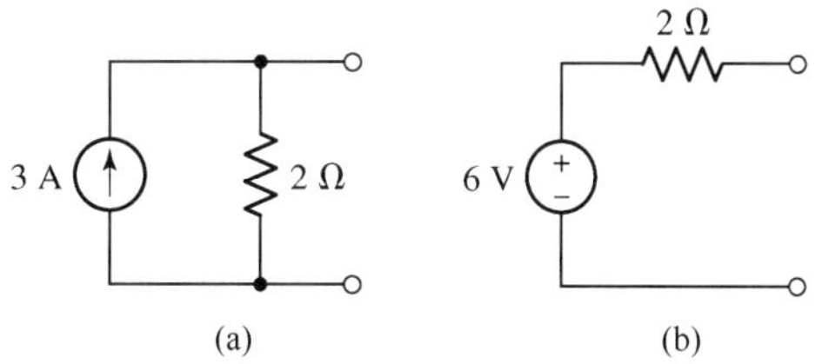


图 5.16　(a) 给定的实际电流源；(b) 等效的实际电压源

⚠为了检查等效性，假设两个电源接 4 Ω电阻。在两种情况下，与 4 Ω 电阻关联的电流都为 1 A，电压都为 4 V，功率都为 4 W。但是，必须非常注意理想电流源提供的总功率是 12 W，而理想电压源只提供 6 W 的功率。此外，实际电流源内阻吸收 8 W 功率，而实际电压源内阻只吸收 2 W 功率，因此可以看出两个实际电源只是在输出到负载端时等效，它们内部并不等效。

**例 5.4**　将图 5.17(a)所示电路中的 9 mA 电源变换成等效电压源后，计算流过 4.7 kΩ 电阻的电流。

**解:** 9 mA 电源与 5 kΩ 电阻并联。移去这些元件，而使其两端悬空，然后用一个与 5 kΩ 电阻串联的电压源替换，如图 5.17(b) 所示，该电压源的值必定是 $0.09 \times 5000 = 45$ V。

写出基尔霍夫电压方程为

$$-45 + 5000I + 4700I + 3000I + 3 = 0$$

可以很容易求出电流 $I = 3.307$ mA。

可以通过利用节点分析法或网孔分析法来分析图 5.17(a) 所示电路，以验证结果。

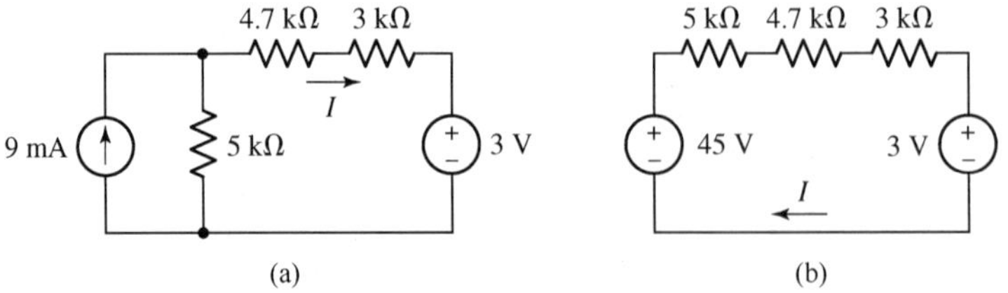


图 5.17 (a) 包含电压源和电流源的电路；(b) 9 mA 电流源变换成等效电压源后的电路

## 练习

5.3 电路如图 5.18 所示，对电压源进行电源变换后，计算流过 47 kΩ 电阻的电流 $I_X$。

答案：192 μA。

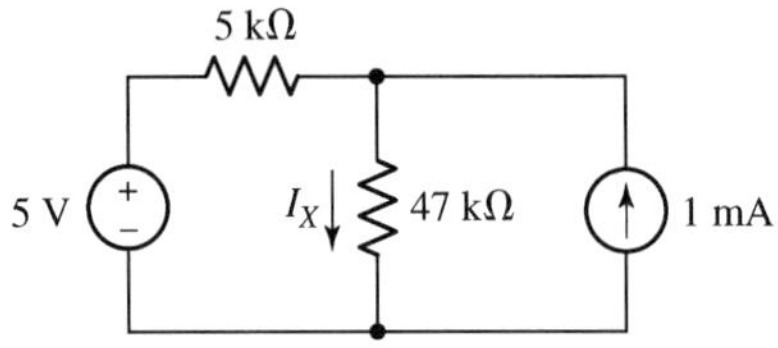


图 5.18

**例 5.5** 首先利用电源变换简化图 5.19(a) 所示的电路，然后计算流过 2 Ω 电阻的电流。

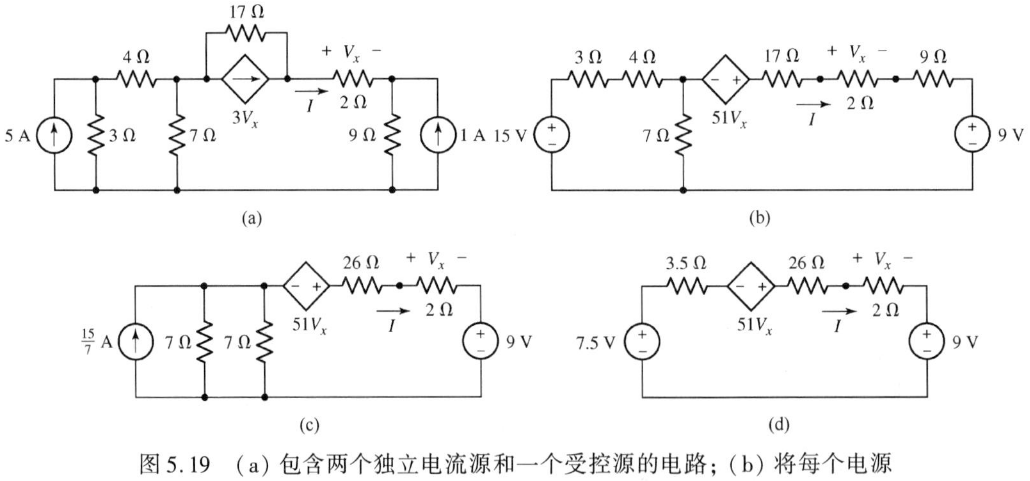


图 5.19 (a) 包含两个独立电流源和一个受控源的电路；(b) 将每个电源变换成电压源后的电路；(c) 进一步合并后的电路；(d) 最终电路

**解:** 首先将每个电流源变换成电压源，如图 5.19(b) 所示，其目的是将该电路转换成单回路电路。

必须注意保留 2 Ω 电阻，有两个原因：首先，它两端的电压是受控源的控制变量；其次，我们要得到流过它的电流。但是，由于 17 Ω 电阻和 9 Ω 电阻串联，因此可以将它们合并。同样可以将 3 Ω 电阻和 4 Ω 电阻合并成一个 7 Ω 电阻，用它可以将 15 V 电源变换成 15/7 A 的电源，如图 5.19(c) 所示。

最后再进行一步简化，将两个 7 Ω 电阻合并成一个 3.5 Ω 电阻，然后将 15/7 A 电流源变换成 7.5 V 电压源。结果得到如图 5.19(d) 所示的单回路电路。

利用基尔霍夫电压定律可以求得电流 $I$：

$$-7.5+3.5I-51V_x+28I+9=0$$

其中，
$$V_x=2I$$

因此，
$$I=21.28\text{ mA}$$

## 练习

5.4　电路如图 5.20 所示，连续利用电源变换方法，计算 1 MΩ 电阻两端的电压 $V$。

答案：27.2 V。

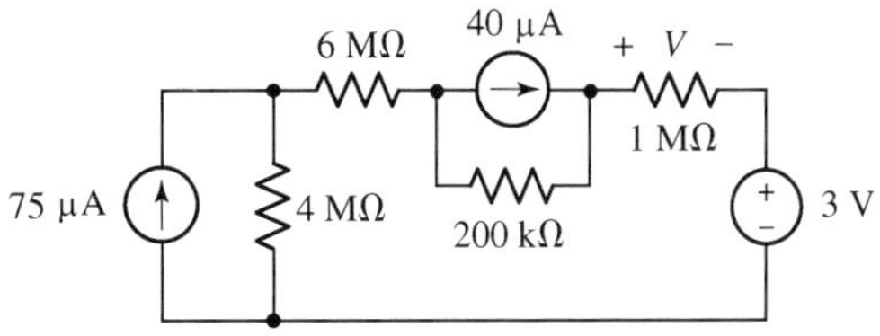


图 5.20

## 几个关键点

⚠ 我们以对实际电源和电源变换的具体观察结果作为总结。首先，当对电压源进行变换时，必须确保电源实际上与考虑的电阻串联连接。例如，参见图 5.21 所示电路，利用 10 Ω 电阻对电压源进行电源变换非常有效，因为它们是串联的。但是，尝试对 60 V 电源和 30 Ω 电阻进行电源变换是不正确的，这是一个非常常见的错误类型。

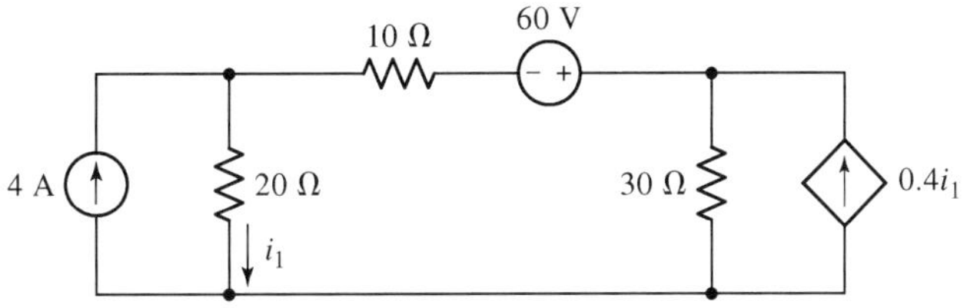


图 5.21　如何确定是否可以执行电源变换的电路

⚠ 同样，当对电流源和电阻组合进行变换时，必须确保它们是并联的。考虑图 5.22(a) 所示电路中的电流源，因为它与 3 Ω 电阻并联，因此可以对它们进行电源变换，但是变换后可能会不知道电阻该放在何处。在这种情况下，首先将需要变换的元件重画成图 5.22(b) 所示的电路，然后得到正确变换后的电压源和电阻的串联，如图 5.22(c) 所示，电阻可以画在电压源的上面，也可以画在下面。

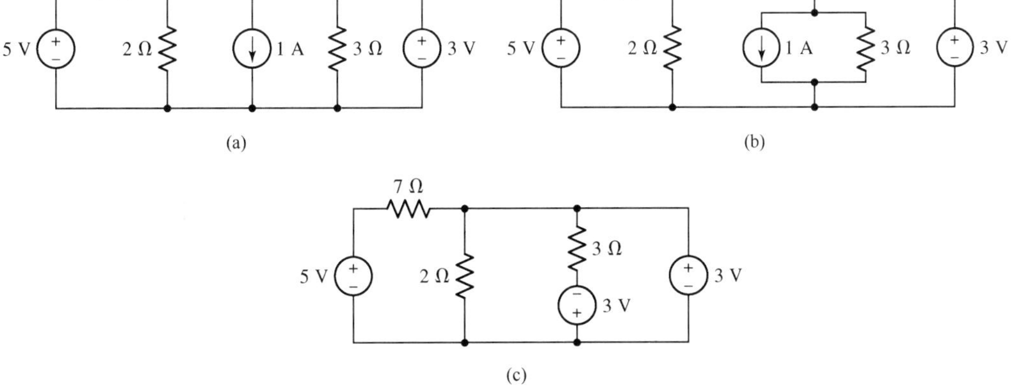


图 5.22　(a) 包含电流源的电路，该电流源可以变换到电压源；(b) 为了避免错误，重画后得到的电路；(c) 变换后的电压源和电阻的组合

有时也需要考虑电流源与电阻串联的情况，以及电压源和电阻并联的情况。首先考虑图5.23(a)所示的简单电路，其中我们只关心电阻$R_2$两端的电压。注意，不管电阻$R_1$为多大，$V_{R_2}=I_xR_2$。尽管可以对该电路进行不合适的电源变换，但实际上可以忽略电阻$R_1$(只要我们对它不感兴趣)。类似的情况是电压源与电阻的并联，如图5.23(b)所示。同样，如果只对电阻$R_2$的某些量感兴趣，则可能会尝试着对电压源和电阻$R_1$进行电源变换(这很奇怪，并且也不对)。实际上，如果只关心$R_2$，就可以忽略电阻$R_1$，它的存在不会改变电阻$R_2$两端的电压以及流过它的电流和消耗的功率。

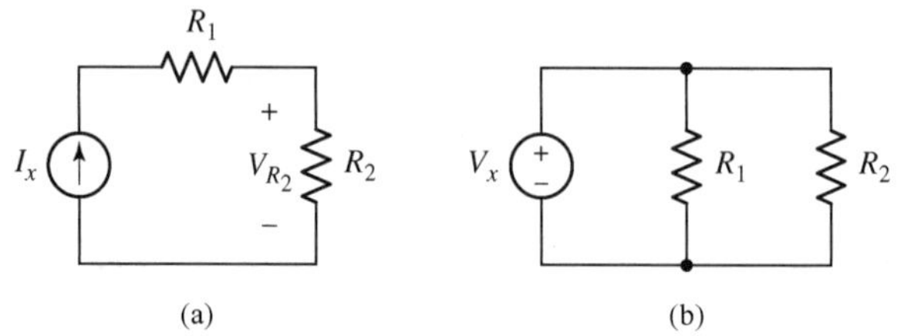


图5.23 (a)一个电流源与电阻$R_1$串联的电路；(b)一个电压源与两个电阻并联的电路

### 电源变换的小结

1. **在电源变换中，一般的目标是在最终电路中只出现电压源或电流源。**特别是进行这样的变换可以使节点分析或网孔分析变得更简单。
2. **可以连续使用电源变换，最终使电阻和电源合并，以简化电路。**
3. **在电源变换过程中，电阻值不能改变，但它不是同一个电阻。**这意味着在执行电源变换时，与原来的电阻相关的电流或电压将丢失。
4. **如果与某个电阻相关的电压或电流是受控源的控制变量，那么该电阻不能包含在任何电源变换中。**原来的电阻必须在最后的电路中完好地保留下来。
5. **如果与某个元件关联的电压或电流是我们所关心的变量，那么该元件不能包含在任何电源变换中。**原来的元件必须在最终电路中完好地保留下来。
6. **在电源变换时，电流源的箭头对应电压源的“+”端。**
7. **对电流源和电阻进行电源变换，要求这两个元件并联。**
8. **对电压源和电阻进行电源变换，要求这两个元件串联。**

## 5.3 戴维南和诺顿等效电路

至此已经介绍了电源变换和叠加定理，现在可以导出两个能够对许多线性电路进行简化的分析方法。第一个以从事电信研究的法国工程师L. C. Thévenin命名，他于1883年发表了戴维南定理；第二个可以认为是第一个的推论，归功于一位在贝尔实验室工作的科学家E. L. Norton。

假设我们只需对电路的一部分进行分析。比如，某个电路可能由许多电源和电阻组成，如图5.24(a)所示，我们可能需要求出该电路除单一负载电阻以外的剩余部分传输到该负载的电流、电压和功率，或者可能希望求出负载电阻取不同值时的响应。戴维南定理告诉我们，可以用一个独立电压源和一个电阻的串联来替换除负载电阻以外的电路部分，如图5.24(b)所示，而在负载电阻上测量得到的响应不会改变。利用诺顿定理可以得到由一个独立电流源和电阻并联组成的等效电路，如图5.24(c)所示。

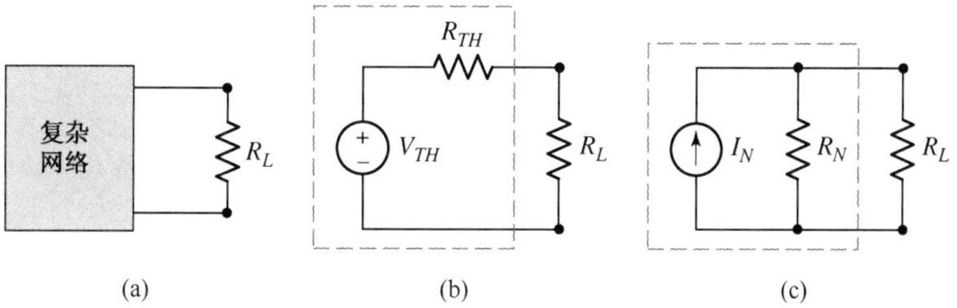


图5.24 (a)包含负载电阻$R_L$的复杂网络；(b)戴维南等效网络接至负载电阻$R_L$；(c)诺顿等效网络接至负载电阻$R_L$

很明显，戴维南和诺顿定理的一个主要应用就是用一个非常简单的等效电路替换一大块复杂的电路。利用新得到的简单电路可以快速计算原来电路提供给负载的电流、电压和功率。此举还有助于选择最佳的负载电阻值。例如，在晶体管功率放大器中，利用戴维南或诺顿等效电路能够确定从放大器输出并传递给扬声器的最大功率。

**例5.6** 考虑如图5.25(a)所示电路，确定网络$A$的戴维南等效电路，并计算传递给负载电阻$R_L$的功率。

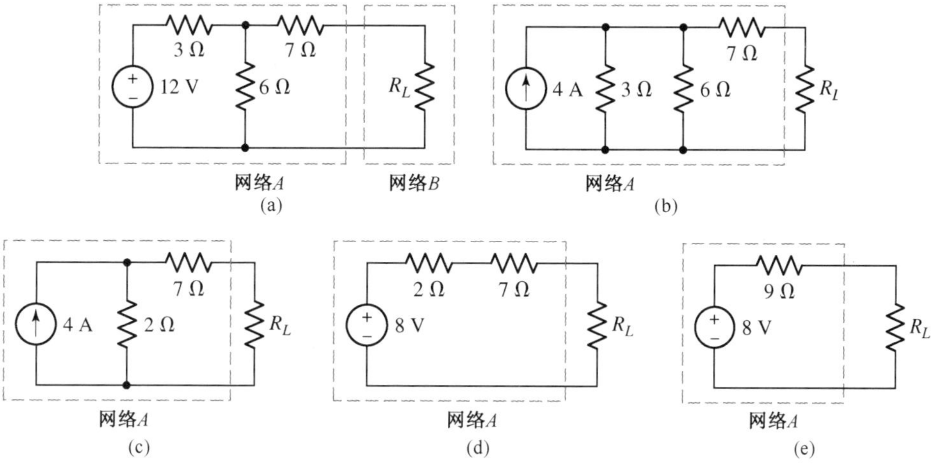


图5.25 (a)分解为两个网络的电路；(b)~(d)简化网络$A$的中间步骤；(e)戴维南等效电路

**解：** 虚线区域将电路分解为网络$A$和网络$B$。我们感兴趣的主要是网络$B$，它只包含负载电阻$R_L$。网络$A$可以通过连续的电源变换进行简化。

首先把12 V电源和3 Ω电阻看成实际电压源，并用由4 A电源与3 Ω电阻并联构成的实际电流源来替换，如图5.25(b)所示。然后将并联电阻合并成2 Ω电阻，如图5.25(c)所示，将得到的实际电流源变换为实际电压源，如图5.25(d)所示。最后得到如图5.25(e)所示的电路。

从负载电阻$R_L$的角度看，这时的网络$A$(戴维南等效)等效于原始网络$A$；从读者角度看，这时的电路更简单，可以更容易地计算出传输到负载的功率为

$$P_L=\left(\frac{8}{9+R_L}\right)^2 R_L$$

再进一步，从等效电路可以看出 $R_L$ 两端能够得到的最大电压为 8 V，此时 $R_L=\infty$。将网络 $A$ 变换成一个实际电流源(诺顿等效)，可以看出 $R_L$ 的最大电流为 8/9 A，此时 $R_L=0$。这两点在原来的电路中很难得出。

## 练习

5.5 连续采用电源变换，求图 5.26 所示电路中特别标注的网络的诺顿等效电路。

答案：1 A，5 Ω。

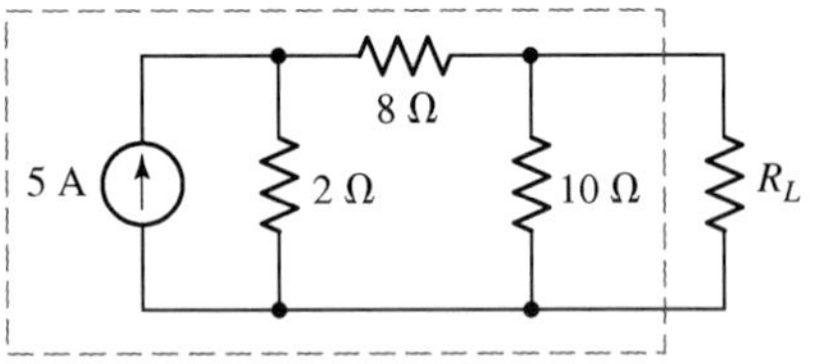


图 5.26

## 戴维南定理

在例 5.6 中，利用电源变换方法求戴维南或诺顿等效网络很有效，但是当电路包含受控源或由大量的元件组成时，它就变得不实用了。另一种方法是采用戴维南定理(或诺顿定理)。我们用一个正式的过程来表述该定理①，然后考虑几种方法使其能够更有效地解决我们遇到的问题。

## 戴维南定理的阐述

1. 给定任何线性电路，将它分成两个网络：$A$ 和 $B$，用两条导线将它们相连。$A$ 是将要简化的网络，$B$ 原封不动地保留。
2. 断开网络 $B$。此时网络 $A$ 两端的电压定义为 $v_{oc}$。
3. 将网络 $A$ 中的所有独立源关闭或置零，形成一个无源网络。受控源保持不变。
4. 用一个电压值为 $v_{oc}$ 的独立电压源与该无源网络串联连接。不必使电路完整，让另外两个端子保持断开。
5. 将网络 $B$ 接入新的网络 $A$ 的两端。$B$ 中所有的电流和电压将保持不变。

注意，如果每个网络都包含受控源，那么受控源的控制变量必须与受控源在同一个网络中。

⚠ 下面来看戴维南定理是否可以成功地应用到图 5.25 所示的电路中。在例 5.6 中已经得到 $R_L$ 左边电路的等效电路，然而是否有更容易的方法可以得到相同的结果呢？

**例 5.7** 采用戴维南定理求图 5.25(a)所示电路中 $R_L$ 左边电路的戴维南等效电路。

**解**：首先将 $R_L$ 断开。注意，在图 5.27(a)所示电路中，没有电流流过 7 Ω 电阻。因此 6 Ω 电阻两端的电压为 $V_{oc}$(7 Ω 电阻上没有电流流过，因此它两端没有电压降)，根据分压可得

$$V_{oc}=12\left(\frac{6}{3+6}\right)=8\text{ V}$$

将网络 $A$ 置零(即用短路线代替 12 V 电源)，向无源网络看进去，其电路为 7 Ω

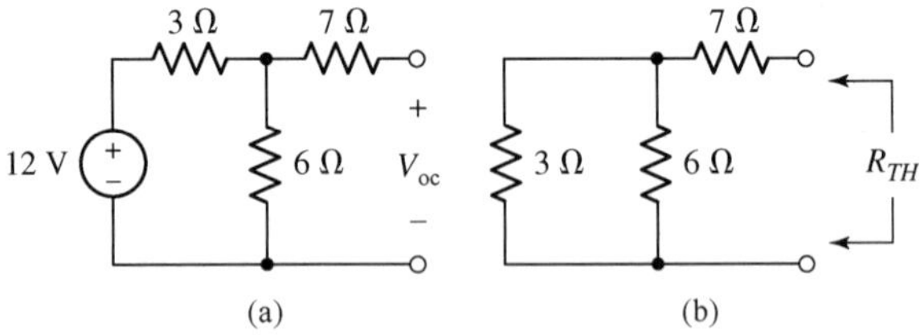


图 5.27 (a) 将图 5.25(a)所示网络 $B$(电阻 $R_L$)断开后的电路，外接端口上的电压为 $V_{oc}$；(b) 令图5.25(a)所示网络中的独立源为零，从连接网络 $B$ 的端口处向网络 $A$ 看进去，以确定网络 $A$ 的等效电阻

① 由于戴维南定理的证明比较长，因此将它放在附录 3 中，有兴趣的读者可以查阅。

电阻串接由 6 Ω 和 3 Ω 电阻的并联组合所构成的电路，如图 5.27(b) 所示。

因此，该无源网络可以用一个 9 Ω 电阻表示，该电阻为网络 $A$ 的戴维南等效电阻。戴维南等效电路为 $V_{oc}$ 与 9 Ω 电阻的串联，与前面的结果一致。

## 练习

5.6 利用戴维南定理求图 5.28 所示电路中流过 2 Ω 电阻的电流(提示：将 2 Ω 电阻作为网络 $B$)。

答案：$V_{TH}=2.571$ V，$R_{TH}=7.857$ Ω，$I_{2\Omega}=260.8$ mA。

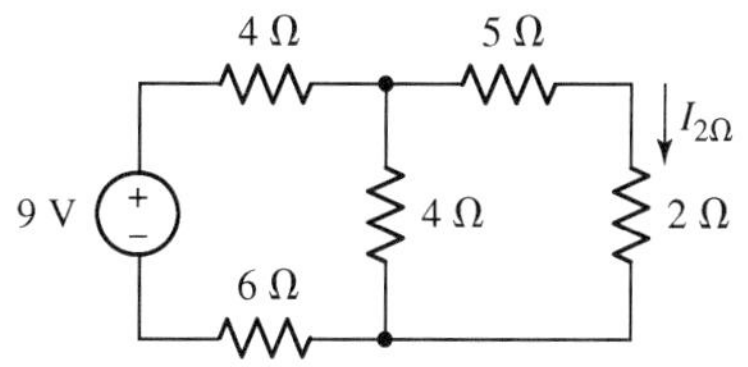


图 5.28

## 几个关键点

前面介绍的求等效电路的方法与网络 $B$ 完全无关，因为事先已说明要除去网络 $B$，并测量网络 $A$ 产生的开路电压，该操作与网络 $B$ 毫不相关。在定理中提到网络 $B$，只是想表明：不管连接到网络 $A$ 的元件是一个怎样的组合(网络 $B$ 代表一般网络)，都可以获得网络 $A$ 的等效电路。

关于该定理有几点需要强调：

- 对网络 $A$ 或网络 $B$ 的唯一限制是，网络 $A$ 中所有受控源的控制变量也必须包含在网络 $A$ 中。对于网络 $B$ 也一样。
- 对网络 $A$ 或网络 $B$ 的复杂性没有限制。允许包含独立电压源或电流源、线性受控电压源或电流源、电阻或任何其他线性电路元件的任意组合。
- 无源网络 $A$ 可以用单个等效电阻 $R_{TH}$ 来表示，该电阻称为戴维南等效电阻。无论无源网络 $A$ 中是否存在受控源，这一点都适用，稍后将给出解释。
- 戴维南等效电路包含两个元件：电压源和串联电阻。其中任何一个都可以为零，但这并不常见。

## 诺顿定理

诺顿定理与戴维南定理非常相似，表述如下：

1. 给定任何一个线性电路，将它分成两个网络 $A$ 和网络 $B$，用两条导线将它们相连。网络 $A$ 是将要简化的网络，网络 $B$ 原封不动地保留。如前所述，如果任何一个网络包含受控源，那么受控源及其控制变量必须在同一个网络中。
2. 将网络 $B$ 断开，并将网络 $A$ 的两个端子短接。定义流过网络 $A$ 的短路电流为 $i_{sc}$。
3. 将网络 $A$ 中的所有独立源关闭或置零，形成一个无源网络。受控源保持不变。
4. 用一个电流值为 $i_{sc}$ 的独立电流源与该无源网络并联连接。留出两个未连接的端子。
5. 将网络 $B$ 接入新的网络 $A$ 的两端。网络 $B$ 中的所有电流和电压将保持不变。

线性网络的诺顿等效电路为诺顿电流源 $i_{sc}$ 与戴维南电阻 $R_{TH}$ 的并联。因此，可以看出实际上可以通过对戴维南等效电路进行电源变换得到网络的诺顿等效电路。这样就得到了 $v_{oc}$，$i_{sc}$ 和 $R_{TH}$ 之间的直接关系：

$$v_{oc}=R_{TH}i_{sc} \qquad [18]$$

在包含受控源的电路中，经常会发现通过求开路电压和短路电流以及 $R_{TH}$ 的值来确定戴维南或诺顿等效电路更加方便，因此最好熟练掌握求解开路电压和短路电流(即使是在下面的简单例题中)。如果分别求得了戴维南和诺顿等效电路，则可以用式[18]来检验。

下面来考虑3个求戴维南或诺顿等效电路的例子。

**例5.8** 求图5.29(a)所示网络中连接到1 kΩ 电阻网络的戴维南和诺顿等效电路。

**解：** 从题目可知，网络$B$为1 kΩ 电阻，网络$A$为除1 kΩ 电阻外的剩余电路。

注意到一旦网络$B$断开，就没有电流流过3 kΩ 电阻，因此首先利用叠加定理求网络$A$的戴维南等效。将电流源置零，可得$V_{oc|4V}=4$ V。将电压源置零，可得

$$V_{oc|_{2mA}} = 0.002\times2000 = 4\text{ V} \qquad (\text{因此 } V_{oc} = 4 + 4 = 8\text{ V})$$

为了求得$R_{TH}$，将两个电源都设为0，如图5.29(b)所示。通过观察，$R_{TH}=2$ kΩ +3 kΩ = 5 kΩ。完整的戴维南等效以及将网络$B$重新连接后的电路如图5.29(c)所示。

对戴维南等效做简单电源变换就可以得到诺顿等效，得到电流源为8/5000 = 1.6 mA，与5 kΩ电阻并联[见图5.29(d)]。

**检验：** 从图5.29(a)直接求诺顿等效。移去1 kΩ 电阻，并将网络$A$两端短接，利用叠加和分流求得如图5.29(e)所示电路中的$I_{sc}$为

$$I_{sc} = I_{sc|_{4V}} + I_{sc|_{2mA}} = \frac{4}{2+3} + 2\times\frac{2}{2+3}$$
$$= 0.8 + 0.8 = 1.6\text{ mA}$$

完成检验。

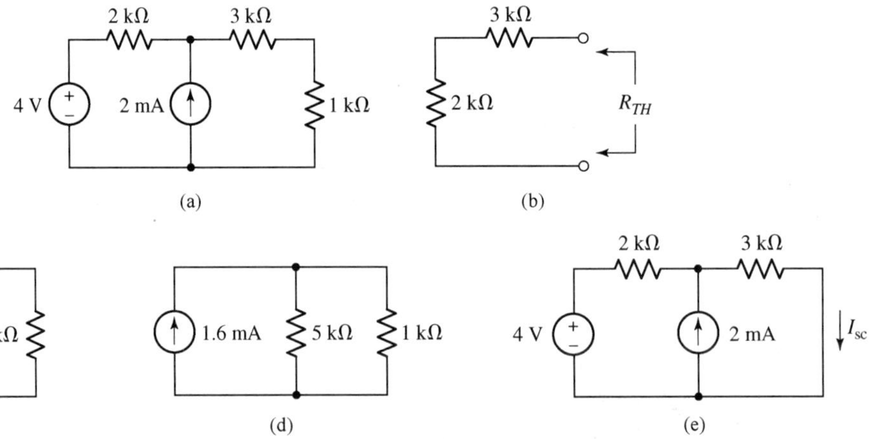

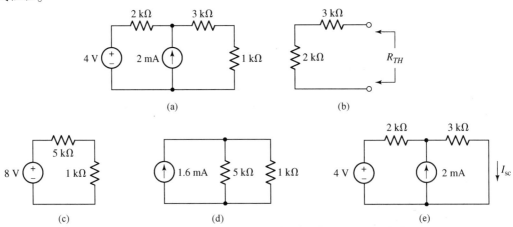

图5.29 (a) 给定电路，其中1 kΩ 电阻指定为网络$B$；(b)所有独立源置零后的网络$A$；(c) 网络$A$的戴维南等效；(d) 网络$A$的诺顿等效；(e) 求$I_{sc}$的电路

## 练习

5.7 确定图5.30所示电路的戴维南和诺顿等效电路。

答案：−7.857 V，−3.235 mA，2.429 kΩ。

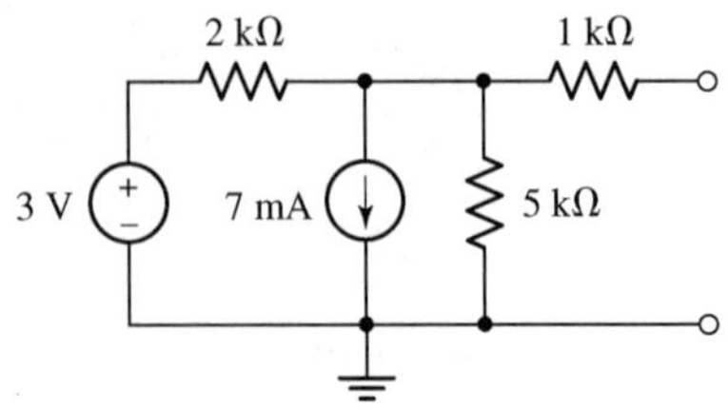


图5.30

## 存在受控源的情况

从技术上讲，在利用戴维南定理或诺顿定理时并不一定要有网络$B$。即使该网络的两个端子没有连接到其他网络，也可以要求得到某个网络的等效电路。假设网络$B$不属于简化过程所涉及的网络，但如果它包含受控源，则必须小心处理。在这种情况下，控制变量及与其关联的元件必须包含在网络$B$中，而不能包含在网络$A$中，否

则无法分析最后的电路，因为控制变量将会丢失。

如果网络 $A$ 包含受控源，那么必须确保控制变量及与其关联的元件未包含在网络 $B$ 中。到目前为止，我们只考虑包含电阻和独立源的电路。尽管从技术上讲，当创建戴维南或诺顿等效电路时受控源保留在无源网络中是正确的，然而实际上这并不能得到任何简化。我们想要得到的是一个独立电压源与单个电阻的串联，或一个独立电流源与单个电阻的并联，即两个元件的等效。在下面的例题中，讨论将包含把受控源和电阻的网络简化成单个电阻的方法。

**例 5.9**　确定图 5.31(a)所示电路的戴维南等效电路。

**解**：为了求得 $V_{oc}$，我们注意到 $v_x = V_{oc}$，而且受控源电流必定流过 2 kΩ 电阻，因为没有电流能够流过 3 kΩ 电阻。围绕外环应用基尔霍夫电压定律：

$$-4 + 2 \times 10^3 \left(-\frac{v_x}{4000}\right) + 3 \times 10^3(0) + v_x = 0$$

和

$$v_x = 8 \text{ V} = V_{oc}$$

然后，根据戴维南定理，等效电路由无源网络 $A$ 与 8 V 电源串联构成，如图 5.31(b)所示。该结果虽然正确，但不够简单，也不太有用。在线性电阻网络情况下，一定能找到无源网络 $A$ 的更简单的等效电路，即 $R_{TH}$。

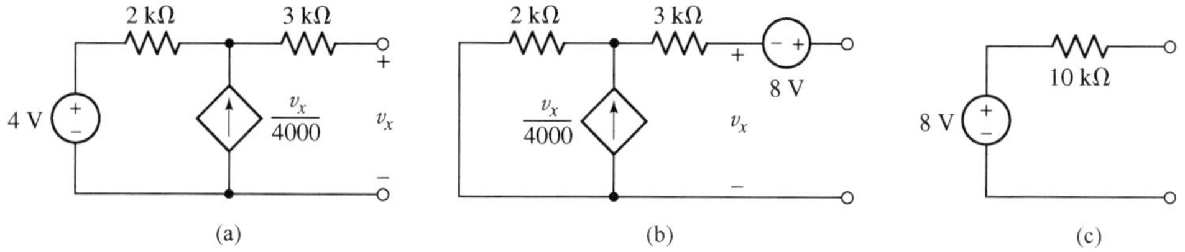


图 5.31　(a) 需要求戴维南等效电路的网络；(b) 可能得到的无用的戴维南等效电路形式；(c) 该线性电阻网络的最佳戴维南等效形式

受控源的存在使得我们不能通过电阻合并直接得到无源网络的 $R_{TH}$，因此需要求 $I_{sc}$。将图 5.31(a)所示电路的输出端短路，显然有 $V_x = 0$，则受控电流源为零，因此 $I_{sc} = 4/(5 \times 10^3) = 0.8$ mA，由此可得

$$R_{TH} = \frac{V_{oc}}{I_{sc}} = \frac{8}{0.8 \times 10^{-3}} = 10 \text{ k}\Omega$$

从而得到图 5.31(c)所示的可接受的戴维南等效电路。

## 练习

5.8　求图 5.32 所示网络的戴维南等效电路（提示：对受控源进行电源变换将有助于求解）。

答案：−502.5 mV，−100.5 Ω。

注意：电阻值为负看起来有点奇怪。在实际中，这样的事情是可能的，例如可以通过一些创新的电路设计来完成某些如图 5.32 所示的受控电流源的事情。

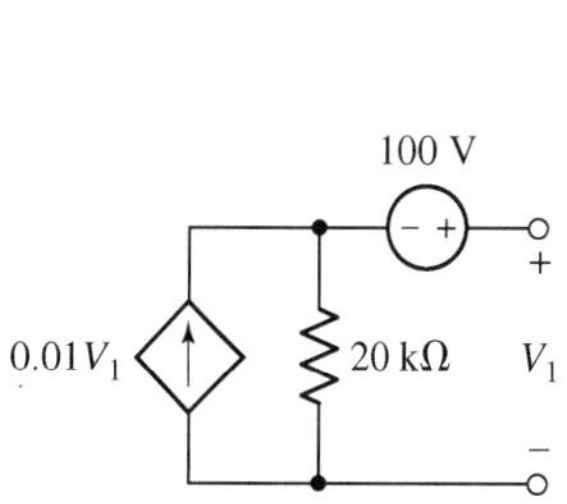


图 5.32

作为另外一个例子，考虑包含受控源但不包含独立源的网络。

**例 5.10**　求图 5.33(a)所示电路的戴维南等效电路。

**解**：因为最右边端子已经开路，$i = 0$，因此受控源为零，所以 $v_{oc} = 0$。

接着求该二端网络表示的 $R_{TH}$的值，但是不能采用求解 $v_{oc}$和 $i_{sc}$进而获得其相除的商的方法，因为网络不含独立源，$v_{oc}$和 $i_{sc}$均为零，因此需要采用一点技巧。

外加一个 1 A 电源，测量由此产生的电压 $v_{test}$，然后设 $R_{TH} = v_{test}/1$。参见图 5.33(b)，可以得到 $i = -1$ A。采用节点分析法：

$$\frac{v_{test} - 1.5(-1)}{3} + \frac{v_{test}}{2} = 1$$

可得

$$v_{test} = 0.6 \text{ V}$$

因此，

$$R_{TH} = 0.6 \ \Omega$$

戴维南等效电路如图 5.33(c)所示。

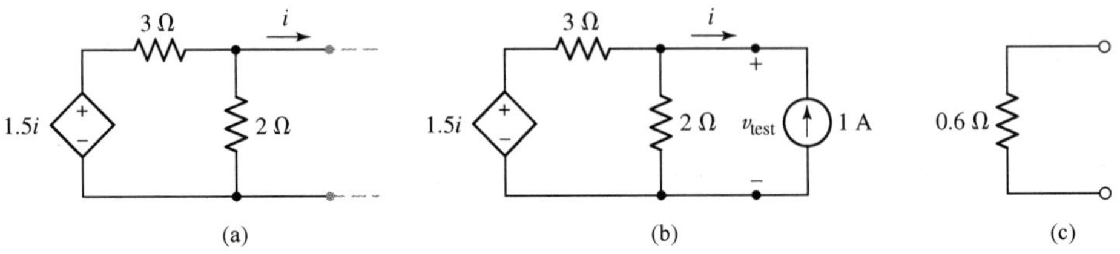


图 5.33 (a) 不包含独立源的网络；(b) 获得 $R_{TH}$的虚拟测量；(c) 原始电路的戴维南等效电路

## 过程的简短回顾

我们给出了 3 个确定戴维南或诺顿等效电路的例题。第一个例子(见图 5.29)只包含独立源和电阻，可以采用几种不同的方法。一种方法是计算无源网络的 $R_{TH}$，然后计算有源网络的 $V_{oc}$。也可以求 $R_{TH}$和 $I_{sc}$，或者 $V_{oc}$和 $I_{sc}$。

第二个例子(见图 5.31)包含独立源和受控源，采用的方法是求 $V_{oc}$和 $I_{sc}$。因为受控源不能置零，所以不容易求得无源网络的 $R_{TH}$。

⚠最后一个例子不包含任何独立源，因此戴维南和诺顿等效电路不包含独立源。通过施加 1 A电源，然后计算 $v_{test} = 1 \times R_{TH}$，求得 $R_{TH}$。也可以施加 1 V 电源，确定 $i = 1/R_{TH}$，求得 $R_{TH}$。这两种方法可用于任何含受控源的电路，但是先要将所有独立源置零。

另外两种方法具有一定的吸引力，因为它们适用于所考虑的 3 种网络类型中的任何一种。首先用电压源 $v_s$取代网络 $B$，定义离开其正端的电流为 $i$，然后分析网络 $A$ 以获得 $i$，按照 $v_s = ai + b$ 的形式写出方程，因此 $a = R_{TH}$，$b = v_{oc}$。

也可以施加一个独立源 $i_s$，设它的电压为 $v$，然后确定 $i_s = cv - d$，其中 $c = 1/R_{TH}$，$d = i_{sc}$(负号是由于假定两个电流源箭头都指向同一个节点)。最后两种方法是通用方法，但是其他方法可能更容易或更快地得到结果。

尽管本书几乎完全专注于线性电路的分析，但是我们应当知道，如果网络 $B$ 为非线性，只要网络 $A$ 为线性，戴维南和诺顿定理就都有效。

## 实际应用——数字万用表

最常用的电子测试设备是数字万用表(DMM)，如图 5.34 所示，可用来测量电压、电流和电阻值。

进行电压测量时，从数字万用表引出的两条导线连接在合适的电路元件两端，如图 5.35 所示。正参考端标有“V/Ω”符号，而负参考端(通常指公共端)一般标有“COM”字样。习惯用法是红笔表示正参考端，而用黑笔表示公共端。

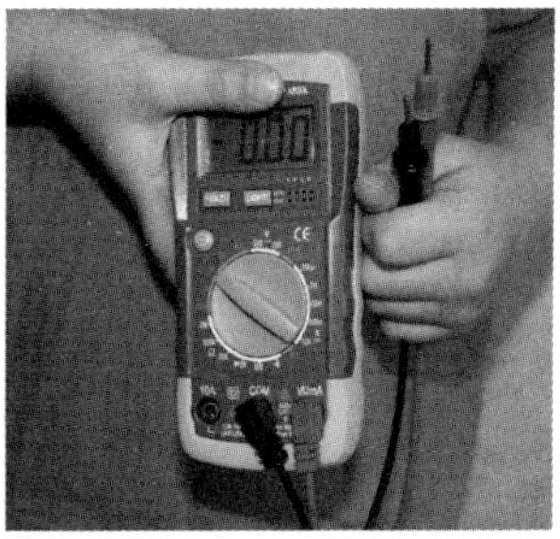

图 5.34　手持式数字万用表

( © Steve Durbin )

从戴维南和诺顿等效电路的讨论可知，很显然数字万用表有它自己的戴维南等效电阻。该等效电阻与电路并联，并且其值会影响测量结果(见图 5.36)。在测量电压时，数字万用表不向被测电路提供功率，因此其戴维南等效电路只包含一个电阻，称为 $R_{DMM}$。

一个高性能的数字万用表的输入电阻通常为 10 MΩ 或更高。因此测量电压 $V$ 出现在1 kΩ ‖ 10 MΩ = 999.9 Ω两端。根据分压原理可求得 $V$ = 4.4998 V，比预期的 4.5 V 略小。因此电压表有限的输入电阻在测量时引入了一个小误差。

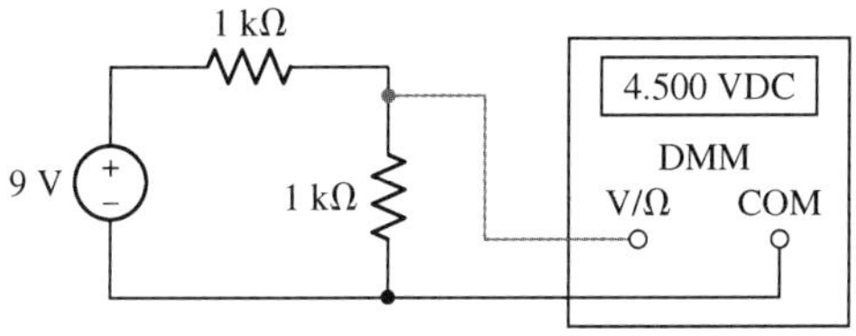


图 5.35　测量电压时的连接方法

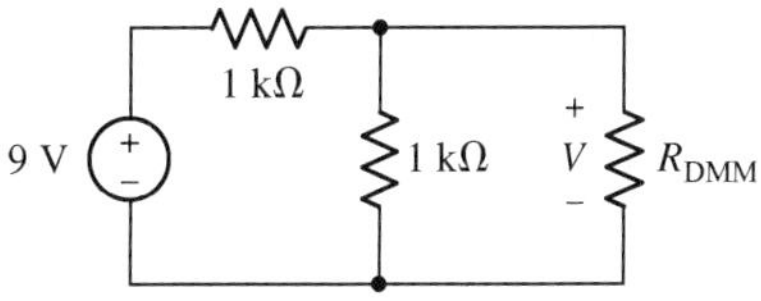


图 5.36　图 5.35 中的数字万用表用它的戴维南等效电阻$R_{DMM}$表示

为了测量电流，数字万用表必须与电路元件串联连接，通常要求将导线切开(见图 5.37)，即数字万用表的一条导线接到表的公共端，另一根接到通常标有“A”(表示电流测量)的一端。同样，在这种测量中，数字万用表不向电路提供功率。

可以看到数字万用表的戴维南等效电阻($R_{DMM}$)与电路串联，因此它的值会影响测量结果。写出该回路的简单基尔霍夫电压方程：

$$-9 + 1000I + R_{DMM}I + 1000I = 0$$

注意，因为已经将万用表重新配置成电流测量，因此戴维南等效电阻与电压测量时的等效电阻不同。实际上，理想的 $R_{DMM}$ 要求在电流测量时为 0，在电压测量时为∞。如果此时 $R_{DMM}$ 为0.1 Ω，可以看到测量的电流 $I$ 为4.4998 mA，与预期的4.5 mA 只有微小的差别。根据电压表所能显示的位数，在测量时数字万用表的非零电阻的影响可能觉察不到。

可以用同一个电表测量电阻，只要在测量过程中没有独立源参与工作即可。在内部，一个已知电流流过被测电阻，用电压表电路测量产生的电压。用诺顿等效电路取代数字万用表(现在包含一个工作的独立电流源以产生预定的电流)，可见 $R_{DMM}$ 与未知的待测电阻 $R$ 并联(见图 5.38)。

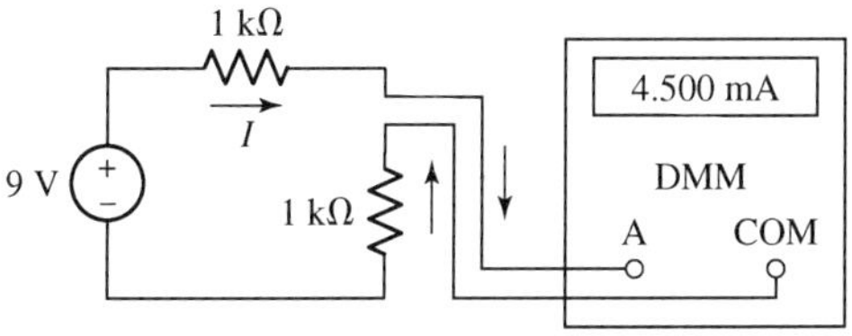


图 5.37　测量电流时数字万用表的连接

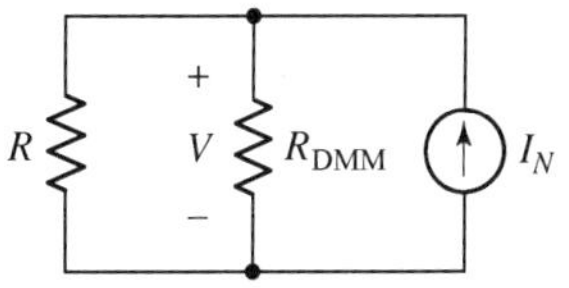


图 5.38　用诺顿等效电路取代电阻测量接法时的数字万用表，可见$R_{DMM}$与未知的待测电阻$R$并联

实际上，数字万用表测量的是 $R \parallel R_{\text{DMM}}$。如果 $R_{\text{DMM}} = 10\ \text{M}\Omega$，$R = 10\ \Omega$，则 $R_{\text{measured}} = 9.999\,99\ \Omega$，在大多数情况下，这就足够精确了。但是，如果 $R = 10\ \text{M}\Omega$，那么 $R_{\text{measured}} = 5\ \text{M}\Omega$，因此数字万用表的输入电阻实际上限制了所能测量的电阻值的上限，必须采用特殊的方法来测量比较大的电阻。需要注意的是，如果数字万用表是可编程的并且知道 $R_{\text{DMM}}$的值，则可以对结果进行补偿，以测量较高阻值的电阻。

## 练习

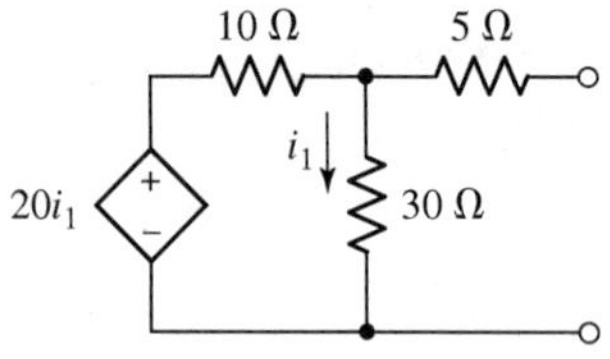


图 5.39

5.9 求图 5.39 所示网络的戴维南等效电路(提示：用 1 V 测试电源)。
答案：$I_{\text{test}} = 50\ \text{mA}$，因此 $R_{TH} = 20\ \Omega$。

# 5.4 最大功率传输

考察实际电压源或电流源可以得出一个非常有用的功率定理。对于图 5.40 所示的实际电压源，传输给负载 $R_L$的功率为

$$p_L = i_L^2 R_L = \frac{v_s^2 R_L}{(R_s + R_L)^2} \qquad [19]$$

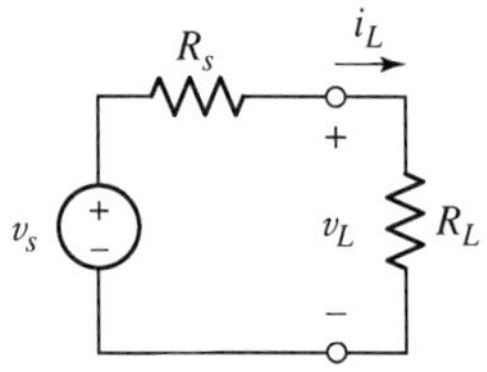


图 5.40 连接到负载电阻 $R_L$的实际电压源

为了求得从给定实际电源获得最大功率的 $R_L$的值，将上式对 $R_L$求导：

$$\frac{\mathrm{d}p_L}{\mathrm{d}R_L} = \frac{(R_s + R_L)^2 v_s^2 - v_s^2 R_L (2)(R_s + R_L)}{(R_s + R_L)^4}$$

并令导数为零，可得

$$2R_L(R_s + R_L) = (R_s + R_L)^2$$

因此有

$$R_s = R_L$$

因为 $R_L = 0$ 和 $R_L = \infty$ 都将使功率最小($p_L = 0$)，并且已经推导出实际电压源和电流源之间的等效，因此可以证明下面的**最大功率传输定理**：

当 $R_L = R_s$ 时，一个与电阻 $R_s$ 串联的独立电压源，或一个与电阻 $R_s$ 并联的独立电流源，向负载电阻 $R_L$提供最大功率。

读者也可以利用网络的戴维南等效电阻来认识最大功率传输定理：

当 $R_L$等于网络的戴维南等效电阻时，网络提供给负载电阻 $R_L$的功率最大。

因此，最大功率传输定理指出，2 Ω 电阻从图 5.16 所示的两种实际电源吸收最大功率(4.5 W)，而在图 5.11 中，0.01 Ω 的电阻获得最大功率(3.6 kW)。

从一个电源获得最大功率和给负载提供最大功率之间有一个明显的不同。如果负载网络的戴维南等效电阻等于它所连接的网络的戴维南等效电阻，那么负载网络将从它所连接的那个网络获得最大功率。负载电阻的任何变化都将减小传输给负载的功率。但是只考虑网络本身的戴维南等效电路时，如果从电压源获得可能的最大电流(将网络两端短路即可)，那么将从该电压源获得可能的最大功率，只是在这种极端条件下负载获得的功率为零(此时负载为短路)，因为 $p = i^2 R$，并且该网络两端被短路，使得 $R = 0$。

对式[19]应用一些代数运算并考虑最大功率传输要求，即 $R_L=R_S=R_{TH}$，可得

$$p_{max}|_{提供给负载}=\frac{v_s^2}{4R_s}=\frac{v_{TH}^2}{4R_{TH}}$$

其中，$v_{TH}$和 $R_{TH}$是图 5.40 所示电路中的实际电压源，同时它也可以是一些具体电源的戴维南等效电路。

⚠ 人们经常会对最大功率定理产生误解。该定理有助于选择一个最优的负载，使得该负载可以吸收最大的功率。如果已经指定了负载电阻，最大功率定理就没有任何帮助。如果可以影响连接到负载的网络的戴维南等效电阻，那么使它等于负载并不能保证有最大功率传输到负载上。考虑戴维南等效电阻上的功率损失可以证实这一点。

**例 5.11** 图 5.41 所示电路为共发射极双极型晶体管放大器的模型。选择负载电阻 $R_L$，使从放大器传输给该负载的功率最大，并计算实际吸收的功率。

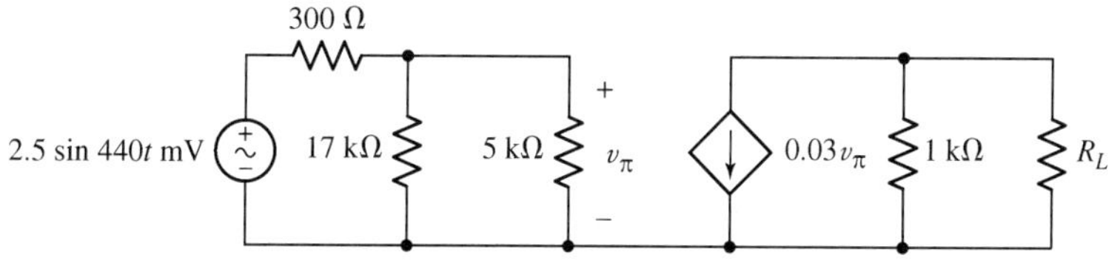


图 5.41 共发射极放大器的小信号模型，负载电阻未指定

**解**：因为要确定负载电阻，因此可应用最大功率传输定理。第一步求剩余电路的戴维南等效电路。

首先确定戴维南等效电阻，要求移去 $R_L$ 并将独立源短路，如图 5.42(a)所示。

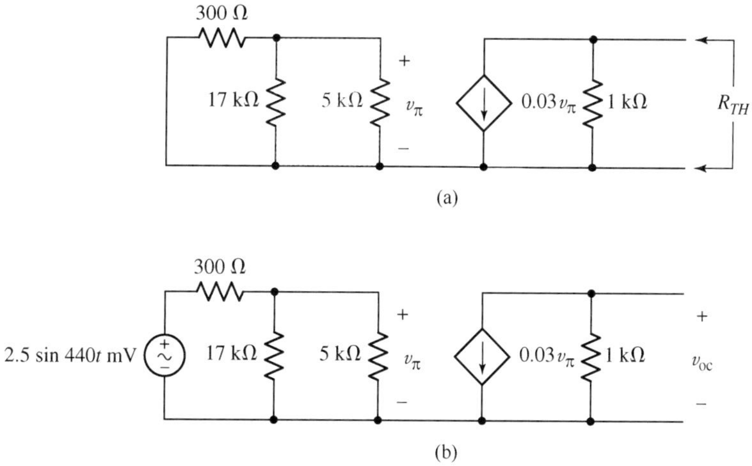


图 5.42 (a) 移去 $R_L$，以及独立源短路后的电路；(b) 求 $v_{TH}$的电路

因为 $v_\pi=0$，受控源为开路，因此 $R_{TH}=1\ \text{k}\Omega$。可以在 1 kΩ 电阻两端接上一个 1 A 的独立电流源来验证，此时 $v_\pi$仍然为零，因此受控源仍然不工作，从而不对 $R_{TH}$产生影响。

为了使传输给负载的功率最大，$R_L$必须设为 $R_{TH}=1\ \text{k}\Omega$。

为了求 $v_{TH}$，考虑图 5.42(b)所示电路，它是将 $R_L$移走后得到的电路(见图 5.41)。可以写出

$$v_{oc}=-0.03v_\pi(1000)=-30v_\pi$$

其中，电压 $v_\pi$ 可以通过简单的分压原理得到：

$$v_\pi = (2.5 \times 10^{-3} \sin 440t)\left(\frac{3864}{300 + 3864}\right)$$

因此戴维南等效电路为 -69.6 sin 440$t$ mV 的电压源与 1 kΩ 电阻的串联。

最大传输功率为 $$p_{\max} = \frac{v_{TH}^2}{4R_{TH}} = \boxed{1.211 \sin^2 440t\ \mu\text{W}}$$

### 练习

5.10 考虑图 5.43 所示的电路。

(a) 能够传输给任何 $R_{out}$ 的最大功率为多少？

(b) 如果 $R_{out}$ = 3 kΩ，求传输给该电阻的功率。

(c) 能够得到 20 mW 功率的两个不同的 $R_{out}$ 值是多大？

答案：(a) 306 mW；(b) 230 mW；(c) 59.2 kΩ 和 16.88 Ω。

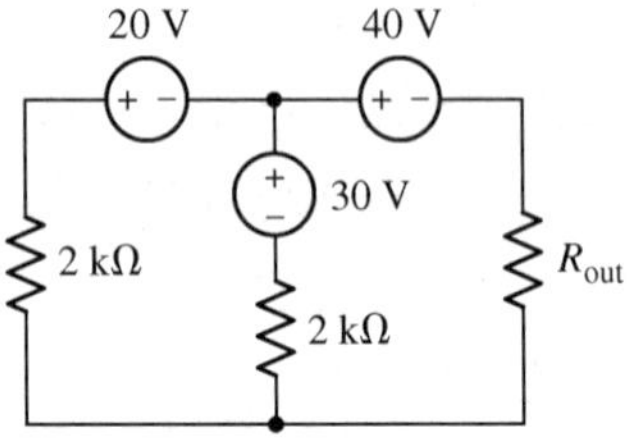


图 5.43

## 5.5 △-Y 转换

前面已经讲到，利用电阻的串并联组合常常能够简化电路。在不存在串并联的情况下，通常可以使用电源变换来简化电路。根据网络理论，存在另一种有用的技术，称为 **△-Y 转换**。

考虑图 5.44 所示电路，这时无法采用串并联组合来进行电路的简化[注意图 5.44(a)和图 5.44(b)相同，图 5.44(c)和图 5.44(d)相同]，并且不存在任何电源，也不能进行电源变换。但是，这两种类型之间的电路却是可以互相转换的。

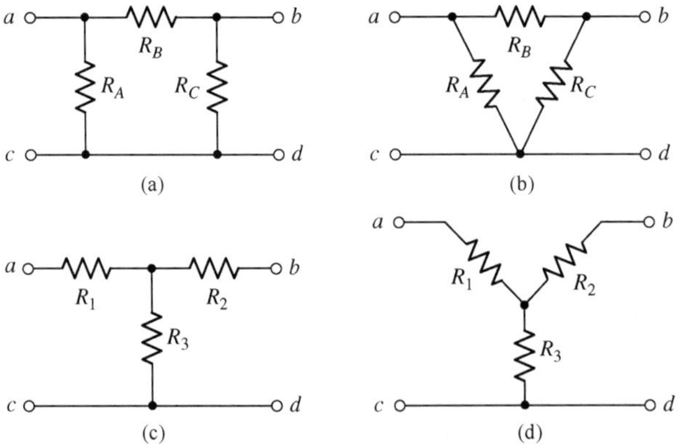


图 5.44 (a) 包含 3 个电阻的 Π 形网络；(b) 画成△形而与(a) 相同的网络；(c)3 个电阻组成的 T 形网络；(d) 画成 Y 形而与(c) 相同的网络

首先定义两个电压 $v_{ac}$，$v_{bc}$ 和 3 个电流 $i_1$，$i_2$，$i_3$，如图 5.45 所示。如果这两个网络等效，那么端口电压和电流必须相等(在 T 形网络中没有电流 $i_2$)。通过网孔分析可定义 $R_A$，$R_B$，$R_C$ 和 $R_1$，$R_2$，$R_3$ 之间的一组关系。比如，对于图 5.45(a)所示的网络，可以写出

$$R_A i_1 - R_A i_2 = v_{ac} \quad [20]$$

$$-R_A i_1 + (R_A + R_B + R_C) i_2 - R_C i_3 = 0 \quad [21]$$

$$-R_C i_2 + R_C i_3 = -v_{bc} \quad [22]$$

对于图 5.45(b)所示的网络：

$$(R_1+R_3)i_1-R_3i_3 = v_{ac} \quad [23]$$

$$-R_3i_1+(R_2+R_3)i_3 = -v_{bc} \quad [24]$$

接下来利用式[21]将式[20]和式[22]中的 $i_2$ 消去，可得

$$\left(R_A-\frac{R_A^2}{R_A+R_B+R_C}\right)i_1-\frac{R_AR_C}{R_A+R_B+R_C}i_3=v_{ac} \quad [25]$$

和

$$-\frac{R_AR_C}{R_A+R_B+R_C}i_1+\left(\frac{R_C-R_C^2}{R_A+R_B+R_C}\right)i_3=-v_{bc} \quad [26]$$

比较式[25]和式[23]，可看出

$$R_3=\frac{R_AR_C}{R_A+R_B+R_C}$$

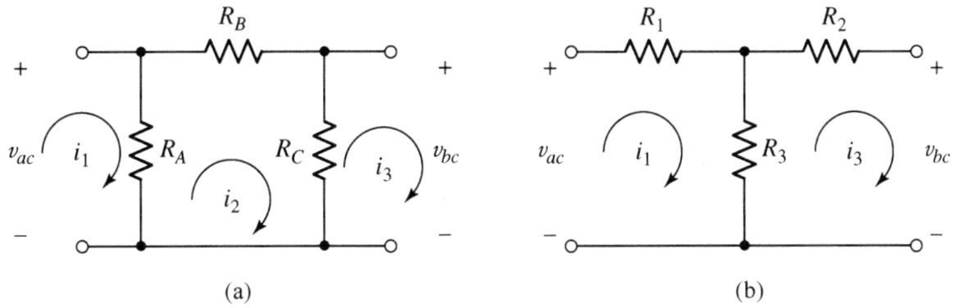


图 5.45　(a) 已标注的 Π 形网络；(b) 已标注的 T 形网络

同样，可以得出用 $R_A$，$R_B$，$R_C$ 表示的 $R_1$ 和 $R_2$，以及用 $R_1$，$R_2$，$R_3$ 表示的 $R_A$，$R_B$ 和 $R_C$。读者可以自行完成剩余的推导。因此，将 Y 形网络转换成△形网络，通过下式可以计算得到新电阻值：

$$R_A=\frac{R_1R_2+R_2R_3+R_3R_1}{R_2}$$

$$R_B=\frac{R_1R_2+R_2R_3+R_3R_1}{R_3}$$

$$R_C=\frac{R_1R_2+R_2R_3+R_3R_1}{R_1}$$

从△形网络到 Y 形网络的转换为

$$R_1=\frac{R_AR_B}{R_A+R_B+R_C}$$

$$R_2=\frac{R_BR_C}{R_A+R_B+R_C}$$

$$R_3=\frac{R_CR_A}{R_A+R_B+R_C}$$

尽管有时需要集中思想才能辨别实际网络，但这些公式的应用却很简单。

**例 5.12**　采用△-Y 转换方法，求图 5.46(a)所示电路的戴维南等效电阻。

**解**：可以看出图 5.46(a)所示网络由两个△形网络组成，它们共享 3 Ω 电阻。这里必须十分小心，不能把两个△形网络转换成两个 Y 形网络。将 1 Ω，4 Ω 和 3 Ω 电阻组成的上部网络转换成图 5.46(b)所示的 Y 形网络后，这个原因显而易见。

注意，在将上部网络转换成Y形网络时已经去掉了3 Ω电阻。结果是没办法将原来由2 Ω，5 Ω和3 Ω电阻组成的△形网络转换成Y形网络。

接下来将3/8 Ω电阻和2 Ω电阻合并，将3/2 Ω电阻和5 Ω电阻合并，如图5.46(c)所示。现在是19/8 Ω电阻和13/2 Ω电阻并联，该并联组合再与1/2 Ω电阻串联。因此，可以用一个159/71 Ω电阻替换原来的图5.46(a)所示的网络，如图5.46(d)所示。

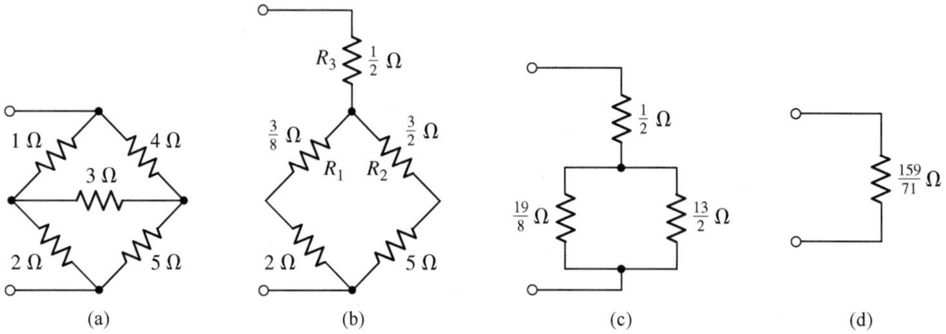


图5.46 (a)给定电阻网络，需要求解输入电阻；(b)上部△形网络用等效的Y形网络替代；(c)和(d)串并联组合后得到的单个电阻

### 练习

5.11 采用△-Y转换方法，求图5.47所示电路的戴维南等效电阻。

答案：11.43 Ω。

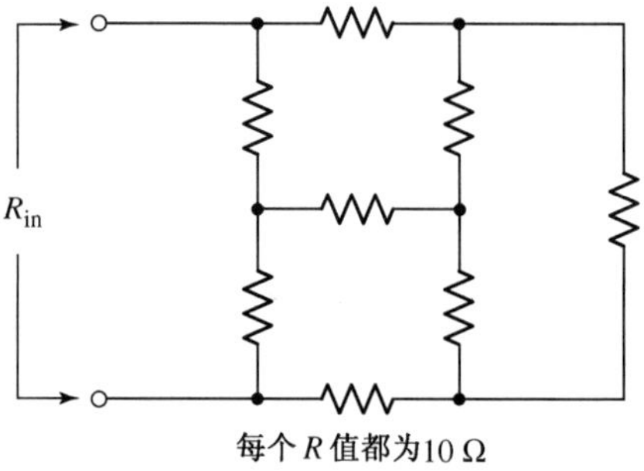


图5.47

## 5.6 选择一种方法：各种方法的总结

第3章介绍了基尔霍夫电流定律(KCL)和基尔霍夫电压定律(KVL)。这两个定律适用于我们遇到的任何电路，只要小心考虑电路代表的整个系统即可。原因是基尔霍夫电流定律和基尔霍夫电压定律分别强调电荷守恒和能量守恒，这是非常基本的原理。根据基尔霍夫电流定律推导出了节点分析法，根据基尔霍夫电压定律可推导出网孔分析法(遗憾的是，其只适用于平面网络)，它们都是非常有效的方法。

大多数情况下，本书讨论的是适用于线性电路的分析方法。如果已知电路只含线性元件(换句话说，所有电压和电流都与线性函数相关联)，那么在应用网孔分析法或节点分析法之前，通常可以简化电路。在讨论关于线性系统的许多知识时，最重要的结论也许就是适用于线性系统的叠加定理。当多个给定独立源作用于电路时，可以将每个电源独立的贡献叠加起来。这个方法在工程领域的应用极其普遍。在许多实际情况中将会发现，尽管有几个源同时作用于系统，然而往往只有一个主导系统响应。只要系统线性模型足够精确，应用叠加定理可以很快辨识出相应的源。

但是从电路分析来看，除非要求确定哪个独立源对指定的响应贡献最大，否则直接进行节点分析或网孔分析往往是最直接的策略。原因是对一个包含12个独立源的电路应用叠加定理需要将原来的电路重画12次，并且对于每个子电路经常不得不进行节点分析或网孔分析。

另外，电源变换技术在电路分析中是一种非常有用的方法。进行电源变换可以将那些原电路中不是串联或并联的电阻与电源合并。电源变换还可以使原电路中所有或至少大多数电源变换为同一种电源(全部成为电压源或全部成为电流源)，因此节点分析法或网孔分析法会变得直截了当。

戴维南定理非常重要，原因有几个方面。在处理电子线路时，我们总能知道电路中不同部分的戴维南等效电阻，特别是放大器各级的输入和输出电阻。原因在于实现阻抗匹配常常是使给定电路性能最优的最好方法。在最大功率传输的讨论中已经看到这一点，它要求负载电阻与相连网络的戴维南等效电阻匹配。但是，在日常电路分析中，将一部分电路变换为其戴维南或诺顿等效电路并不比分析一个完整电路的工作量少。因此，就像叠加定理那样，只是求部分电路的特定响应时才应用戴维南和诺顿定理。

## 总结和复习

尽管第 4 章已经明确了节点分析法和网孔分析法可用于分析我们遇到的任何电路(只要有方法能够建立起所有无源元件的伏安关系，比如利用欧姆定律表示电阻的伏安关系)，但事实上通常无须求得所有的电压或电流，有时只需要关心一个大电路中的一个元件或一小部分。在这些情况下，我们可以利用线性电路这个限定条件。从这个条件可以导出其他的分析工具：可以区分每个电源单独贡献的叠加原理；可以将电压源与电阻串联的网络转换成电流源与电阻并联的电源变换技术；最有效的戴维南(诺顿)等效。

这些内容的一个有趣的衍生是最大功率传输的问题。假设可以用两个网络来表示任意复杂的电路：一个无源网络，一个有源网络。那么，当无源网络的戴维南等效电路等于有源网络的戴维南等效电阻时，无源网络可以得到最大的功率传输。最后，介绍了Δ-Y 转换，利用该转换技术可以简化那些不能使用标准串并联组合的电阻网络。

我们仍然有这样的问题：“应该用哪种方法来分析电路呢?”通常答案与电路的要求有关。经验可以给予我们帮助，但并不能完全正确地给出哪种方法最好的答案。我们所关心的问题是元件是否可以改变，这可以帮助确定叠加原理、戴维南等效或利用电源变换和Δ-Y 变换技术的电路简化方法是否可行。

下面是本章的一些主要内容，以及相关例题的编号。

- 叠加定理是指线性电路中的响应可以通过对独立源单独作用产生的响应求和得到。(例 5.1 至例 5.3)
- 当必须确定每个电源对特定响应的单独贡献时，往往应用叠加定理。(例 5.2 和例5.3)
- 实际电压源的模型是一个电阻与一个独立电压源相串联。实际电流源的模型是一个电阻与一个独立电流源相并联。
- 电源变换可以将实际电压源转换成实际电流源，反之亦然。(例 5.4)
- 连续使用电源变换能够实现电阻和电源的合并，从而可以简化电路的分析。(例 5.5)
- 网络的戴维南等效电路为一个电阻与一个独立电压源的串联。诺顿等效电路是该电阻与一个独立电流源的并联。(例 5.6)

- 求解戴维南等效电阻有几种不同的方法，取决于网络中是否包含受控源。(例 5.7 至例 5.10)
- 当负载电阻与它连接的网络的戴维南等效电阻相匹配时具有最大功率传输。(例 5.11)
- 对于△形电阻网络，很容易将它转换成 Y 形网络。在分析之前，这有助于简化电路。反之，Y 形电阻网络也可以很容易地转换成△形网络，以简化网络。(例 5.12)

## 深入阅读

关于电池技术的书籍，包括内阻的特性：

T. B. Reddy, ed. *Linden's Handbook of Batteries*, 4th ed. New York: McGraw-Hill Education, 2010.

详细讨论分析不同电路的理论和病态电路的书籍：

R. A. DeCarlo 和 P. M. Lin, *Linear Circuits*, 3rd ed. Dubuque, IA: Kendall Hunt Publishing, 2009.

## 习题

### 5.1 线性和叠加

1. 线性系统比较简单，因此，工程师通常会对实际(非线性)系统建立线性模型来辅助分析和设计。这种模型在一个有限的范围内会有较高的精度。例如，考虑简单的指数函数 $e^x$，该函数的泰勒级数为

$$e^x \approx 1 + x + \frac{x^2}{2} + \frac{x^3}{6} + \cdots$$

(a) 将线性(一阶)项之后的泰勒级数截去，以构建线性模型。(b) 计算模型函数在 $x = 0.000005$, 0.0005, 0.05, 0.5 和 5.0 时的值。(c) 在哪些 $x$ 值下，该线性模型给出 $e^x$ 的合理近似？为什么？

2. 对于函数 $y(t) = 4\sin 2t$，构建一个线性估计模型。(a) 计算该模型在 $t = 0$, 0.001, 0.01, 0.1 和 1.0 时的值。(b) 在哪些 $t$ 值下，该线性模型给出了非线性函数 $y(t)$ 的合理近似？为什么？

3. 考虑图 5.48 所示电路，利用叠加定理分别求在两个独立源激励下的 $i_8$ 的两个分量。

4. (a) 应用叠加定理求图 5.49 所示电路中的电流 $i$。(b) 给出 1 V 电源对总电流 $i$ 贡献的百分比。(c) 只改变10 A电源的值，调整图 5.49 所示电路，使得两个电源对电流 $i$ 的贡献相等。

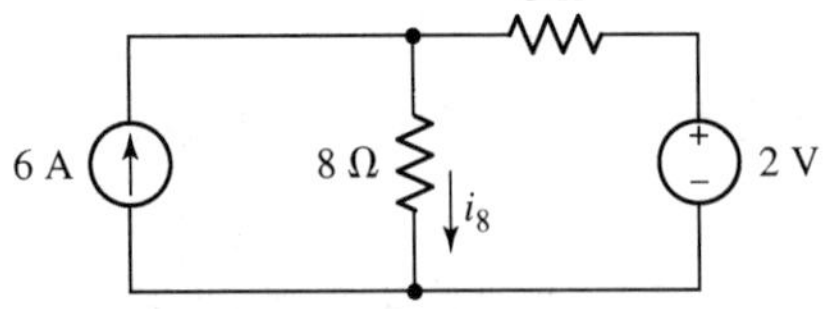


图 5.48

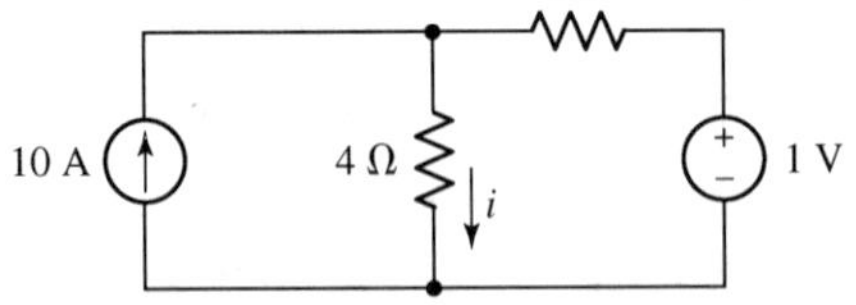


图 5.49

5. (a) 应用叠加定理，每次只考虑一个电源，计算图 5.50 所示电路中的 $i_x$。(b) 求每个电源对电流 $i_x$ 贡献的百分比。(c) 只调整电流源的值，改变电路，使 $i_x$ 加倍。

6. (a) 求图 5.51 所示电路中两个电流源对节点电压 $v_1$ 的单独贡献。(b) 求 1 Ω 电阻的功耗。

7. (a) 求图 5.52 所示电路中两个电流源对节点电压 $v_2$ 的单独贡献。(b) 利用直流扫描分析而不是执行两次独立仿真来验证结果，并提交一份已标注的电路图、相关的输出以及结果的简单总结。

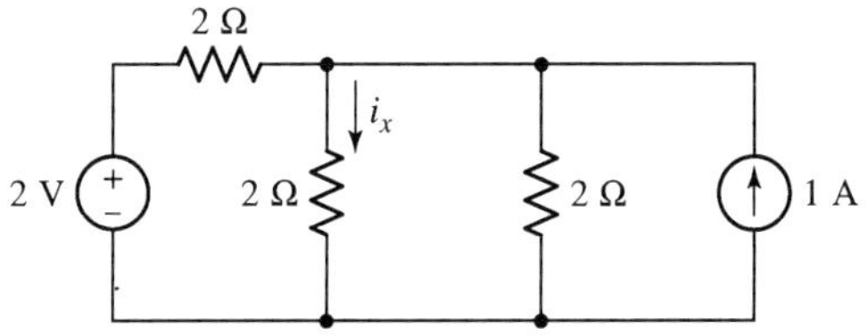


图 5.50

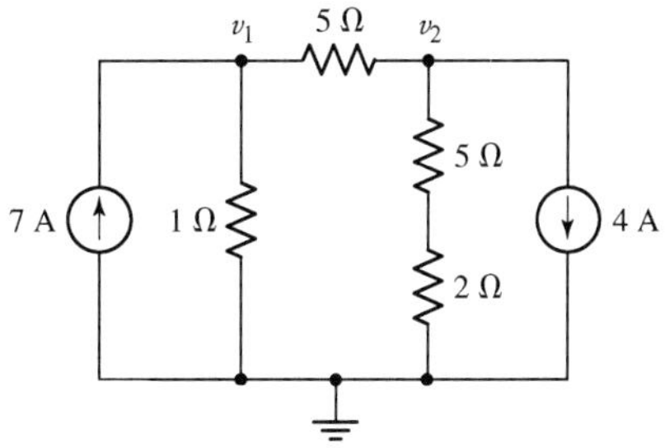


图 5.51

8. 研究图 5.53 所示电路，改变两个电压源的值，分别使得：(a) $i_1$加倍；(b) $i_1$的方向改变，但大小不变。

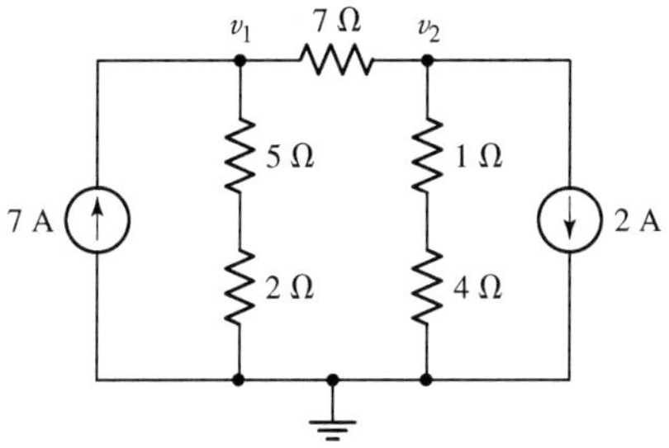


图 5.52

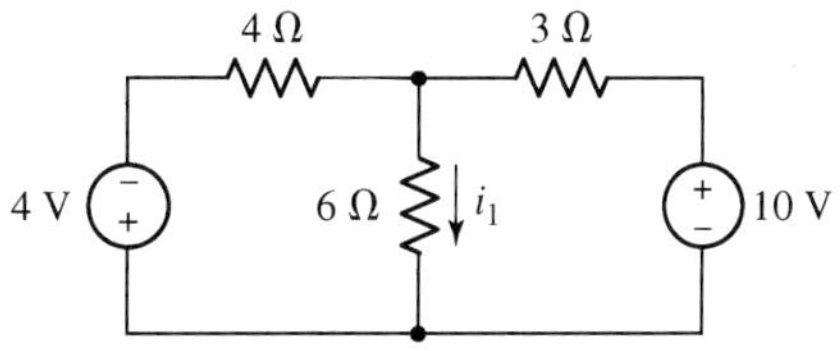


图 5.53

9. 考虑图 5.54 所示的 3 个电路，分析每个电路，并证明 $V_x = V'_x + V''_x$(也就是说，尽管叠加定理大多用于将电源置零，但事实上叠加定理具有更广泛的意义)。

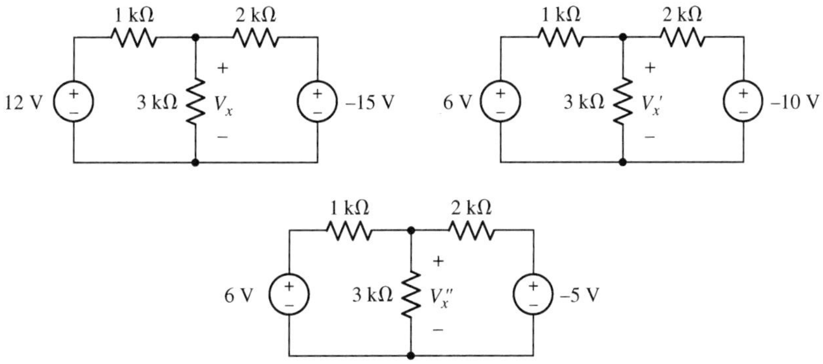


图 5.54

10. (a) 利用叠加定理求图 5.55 所示电路中的电压 $v_x$。(b) 如果 $v_x$要减少 10%，那么 2 A 电源应变为多大值？(c) 执行 3 次直流扫描(对每个电源各执行 1 次)来验证结果，并提交一份已标注的电路图、相关的输出以及结果的简单总结。

11. 应用叠加定理求图 5.56 所示电路中的电流 $I_x$。

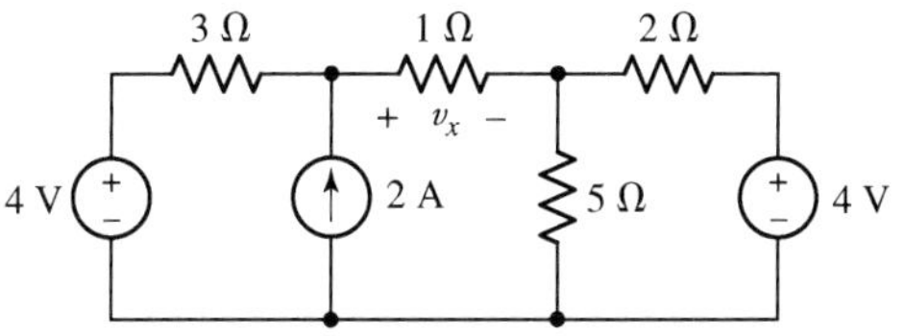


图 5.55

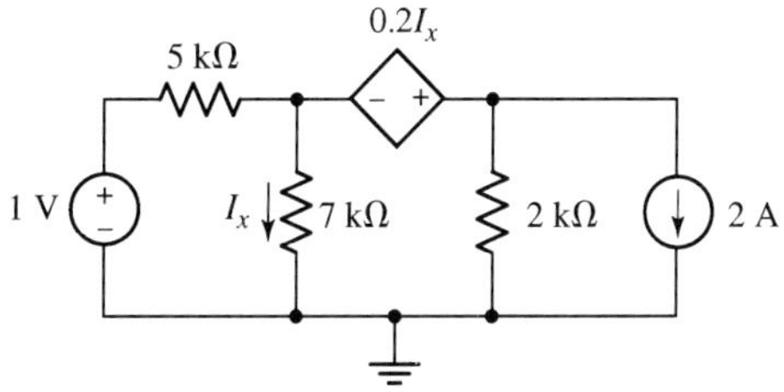


图 5.56

12. (a) 应用叠加定理求如图 5.57 所示电路中每个独立源对电流 $i_x$ 的单独贡献。(b) 计算每个 1 Ω 电阻吸收的功率。

## 5.2 电源变换

13. 对图 5.58 所示的每个电路执行合适的电源变换。注意保留 4 Ω 电阻。

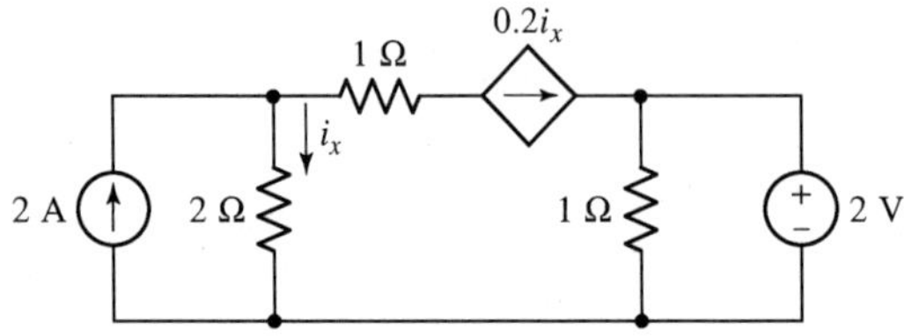


图 5.57

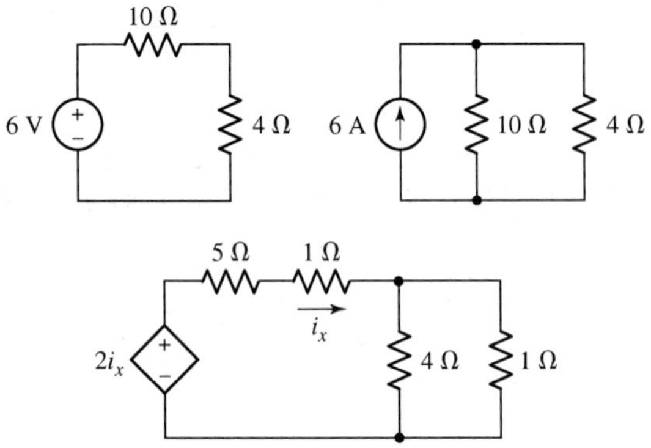


图 5.58

14. (a) 电路如图 5.59 所示，画出 0≤$R$≤∞ 范围内 $i_L$对 $v_L$的关系曲线。(b) 画出 0≤$R$≤∞ 范围内网络传输给 $R$ 的功率曲线。(c) 首先进行电源变换，然后重做(b)。

15. 电路如图 5.60 所示，首先应用电源变换及电阻的串并联组合将电路简化成只有 3 个元件，然后求电流 $I$。

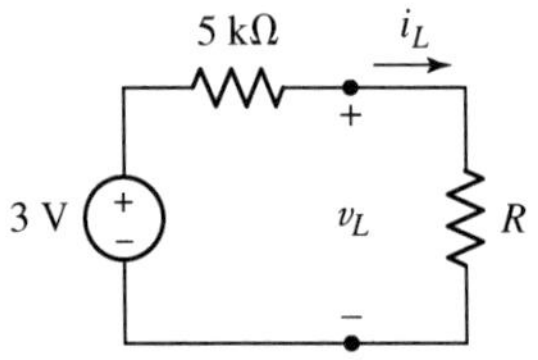


图 5.59

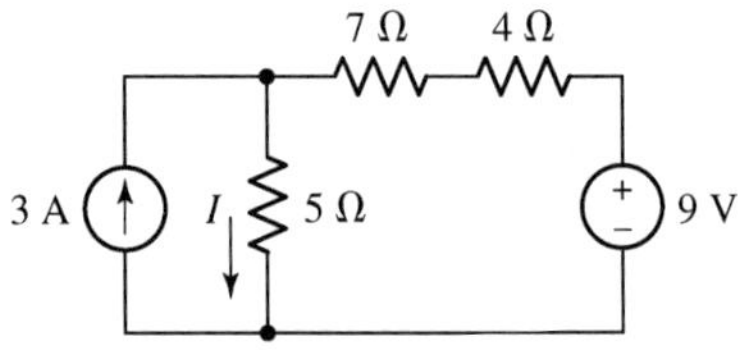


图 5.60

16. 验证图 5.22(a)所示电路中 7 Ω 电阻所吸收的功率等于经过图 5.22(c)所示的电源变换后所吸收的功率。

17. (a) 电路如图 5.61 所示，首先将电路变换为只包含电阻和电压源的电路，然后求电流 $i$。(b) 仿真验证两种情况下的电流相同。

18. (a) 连续应用电源变换，将图 5.62 所示电路简化成一个电压源与一个电阻串联，且它们都与6 MΩ 电阻串联。(b) 利用简化电路求 6 MΩ 电阻消耗的功率。

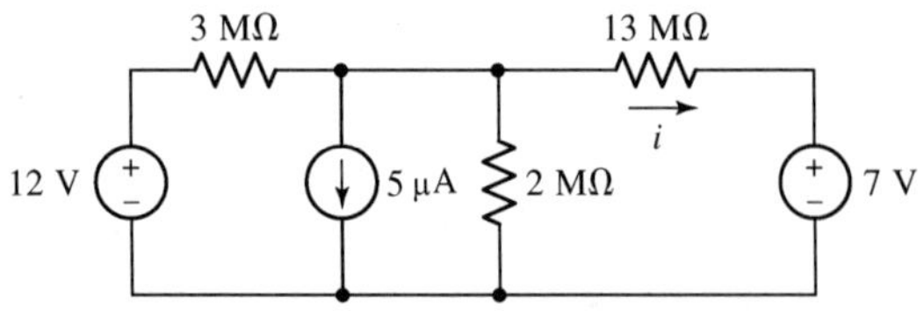


图 5.61

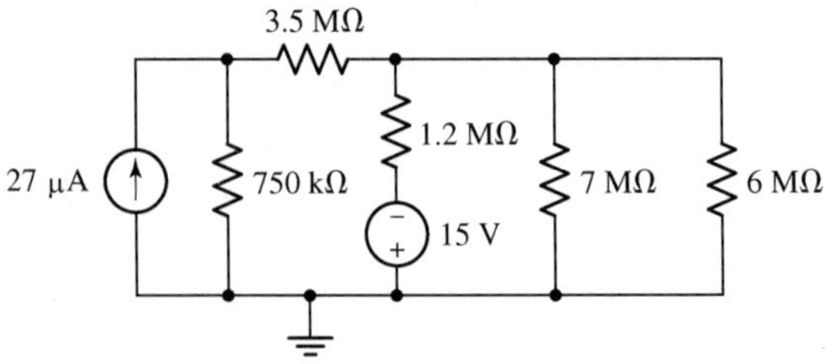


图 5.62

19. (a) 尽可能利用电源变换和元件合并技术简化图 5.63 所示电路，使其只包含 7 V 电源、一个电阻和另外一个电压源。(b) 验证 7 V 电源在两个电路中提供相同的功率。

20. (a) 连续应用电源变换，简化图 5.64 所示电路，使其最终只包含一个电压源、17 Ω 电阻以及另外一个电阻。(b) 计算 17 Ω 电阻消耗的功率。(c) 对两个电路进行仿真并验证前述结果。

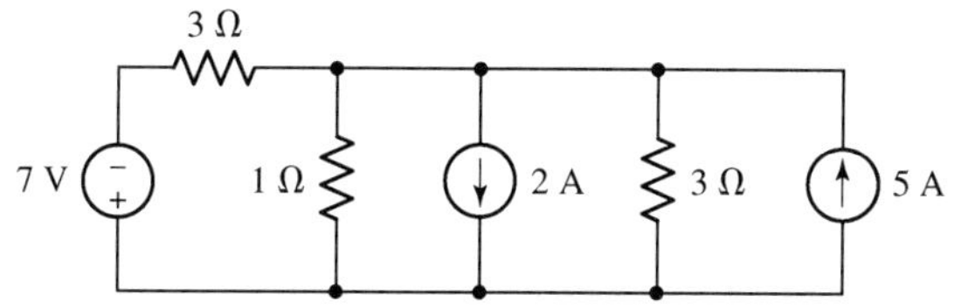


图 5.63

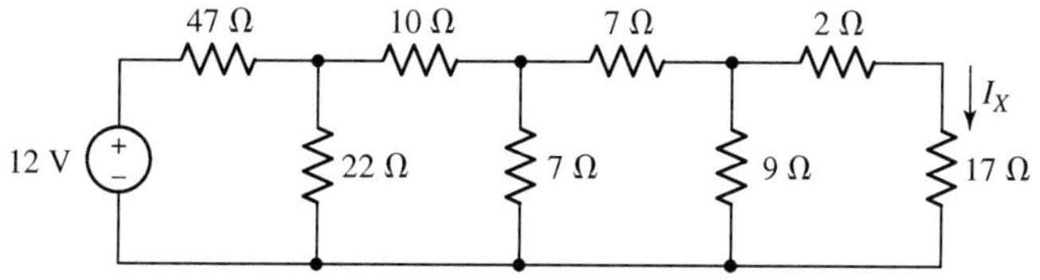


图 5.64

21. 首先，利用电源变换将图 5.65 所示电路中的所有 3 个电源转换成电压源，然后尽可能简化电路并计算 4 Ω 电阻两端的电压 $V_x$。画出和标注简化后的电路。

22. (a) 利用电源变换，将图 5.66 所示电路中的两个电压源变换成合适的电流源。(b) 利用简化的新电路，计算 7 Ω 电阻所消耗的功率。(c) 对两个电路进行仿真并验证上述结果。

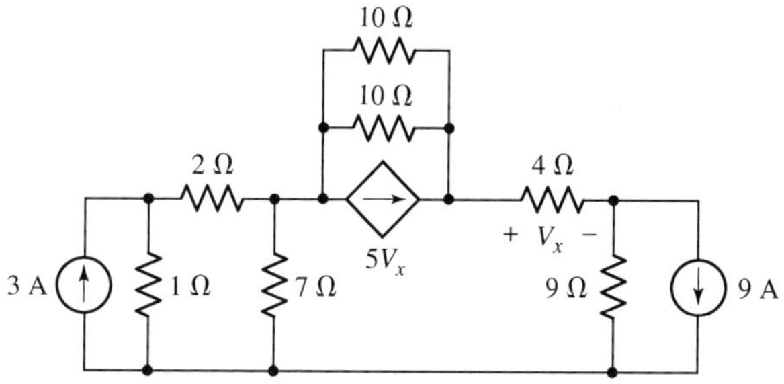


图 5.65

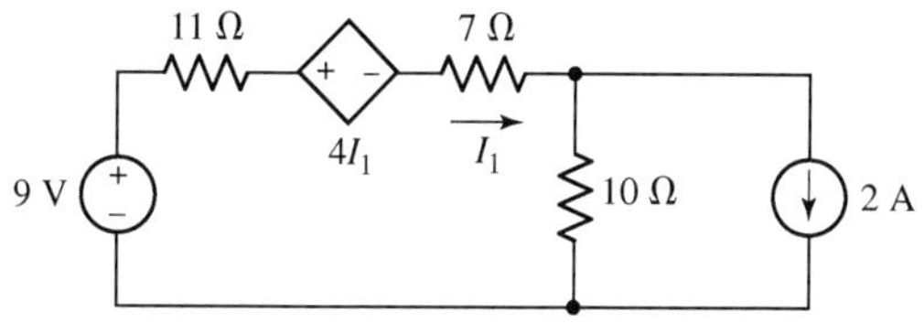


图 5.66

23. 将图 5.67 所示电路中的所有独立源转换成电流源，然后求 $I_B$ 的表达式。

24. 电路如图 5.68 所示，首先将两个电压源转换成电流源，并尽可能简化元件数量，然后求电压 $v_3$。

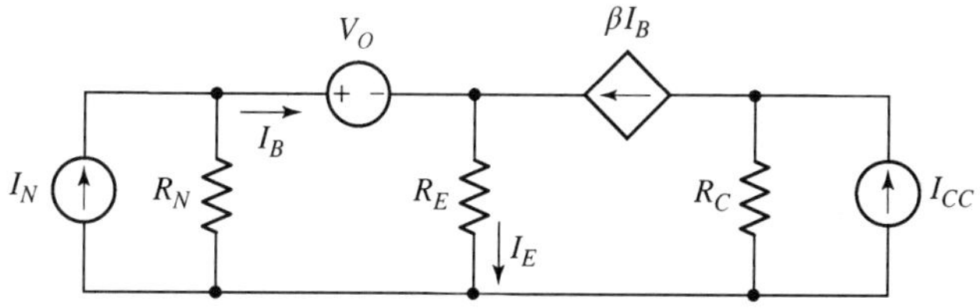


图 5.67

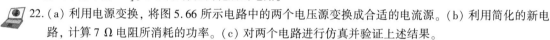

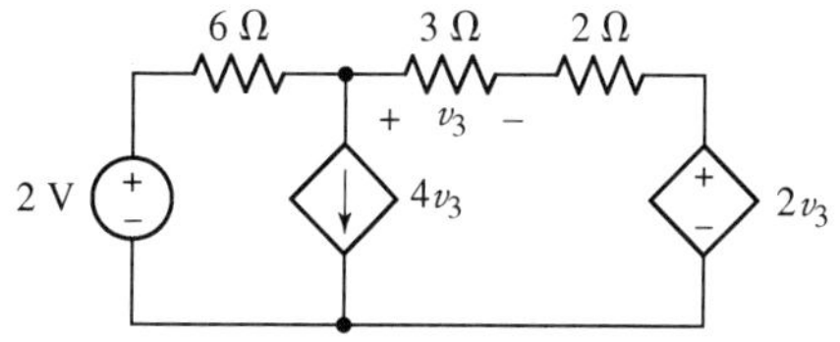


图 5.68

## 5.3 戴维南和诺顿等效电路

25. 电路如图 5.69 所示。(a) 求连接到 $R_L$ 的网络的戴维南等效。(b) 如果 $R_L$ = 1 Ω，3.5 Ω，6.257 Ω 和 9.8 Ω，分别求 $v_L$。

26. (a) 如图 5.69 所示电路，求连接到 $R_L$ 的网络的诺顿等效。(b) 画出电阻 $R_L$ 上消耗的功率与 $i_L$ 的关系曲线，曲线范围为 $0 < R_L < 5$ Ω。(c) 利用该曲线，估计当 $R_L$ 的值为多大时，其消耗功率达到最大值。

27. (a) 如图 5.70 所示电路，求连接到 $R_L$ 的网络的诺顿等效。(b) 求相同网络的戴维南等效。(c) 当 $R_L$ = 0 Ω, 1 Ω, 2 Ω, 5 Ω 和 10 Ω 时，求 $R_L$ 消耗的功率。

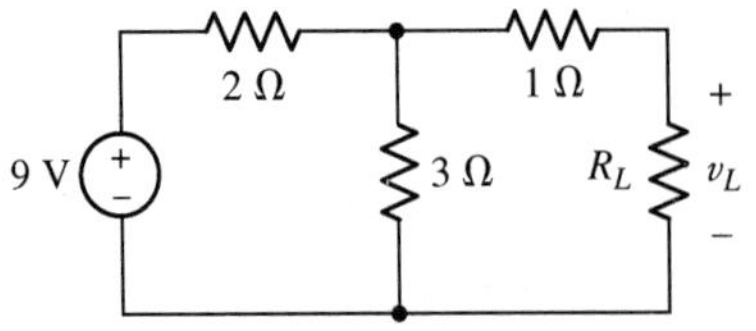


图 5.69

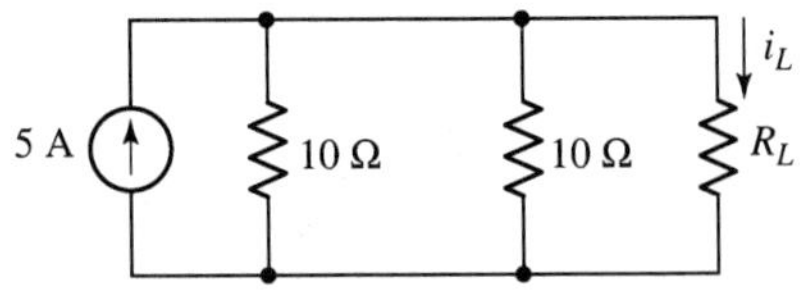


图 5.70

28. (a) 电路如图 5.71 所示，首先求 $V_{oc}$ 和 $I_{sc}$(方向为流入 $V_{oc}$ 的正参考端)，然后由此求该电路的戴维南等效。(b) 将一个 4.7 kΩ 电阻连接到新网络的两端，并计算该电阻消耗的功率。

29. 电路如图 5.71 所示。(a) 首先求 $V_{oc}$ 和 $I_{sc}$(方向为流入 $V_{oc}$ 的正参考端)，然后由此求该电路的诺顿等效。(b) 将一个 1.7 kΩ 电阻连接到新网络的两端，并计算提供给该电阻的功率。

30. (a) 利用戴维南定理将图 5.72 所示电路表示成两个元件组成的一个简单等效。(b) 将 100 Ω 电阻连接到该等效电路的开放端，求提供给该电阻的功率。(c) 将该 100 Ω 电阻直接连接到原电路的开放端，计算功率并验证(b)的答案。

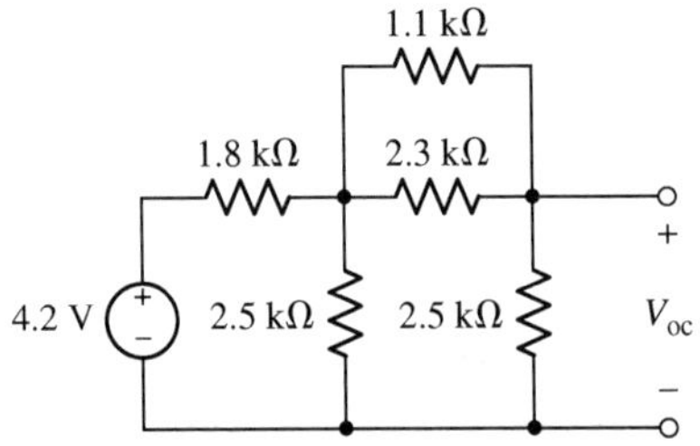


图 5.71

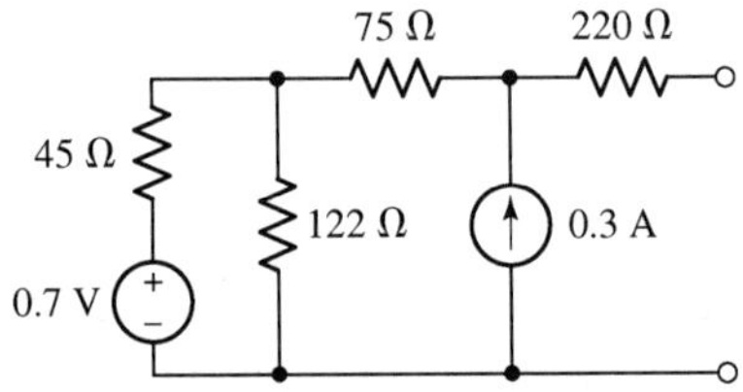


图 5.72

31. (a) 利用戴维南定理将图 5.73 所示网络表示成两个元件组成的等效。(b) 将 1 Ω 电阻连接到该网络的两端，求提供给该电阻的功率。(c) 对原始电路和简化电路进行仿真并验证结果。

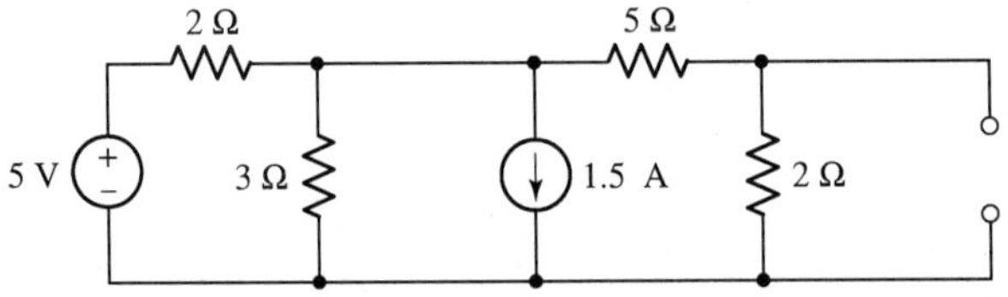


图 5.73

32. 网络如图 5.74 所示，求从悬空两端看进去的戴维南等效。

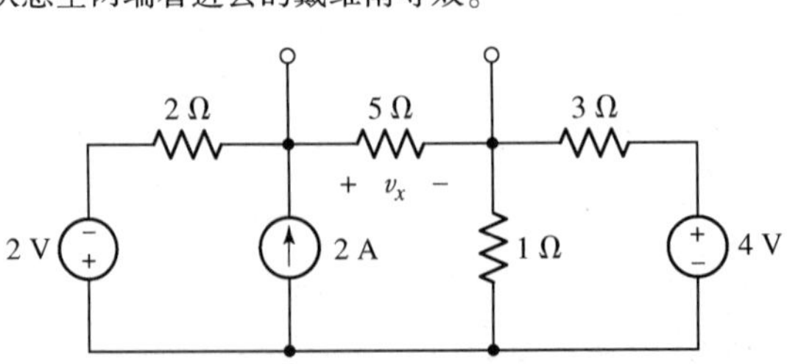


图 5.74

33. (a) 网络如图 5.74 所示，求从悬空两端看进去的诺顿等效。(b) 将一个 5 Ω 电阻并联连接到已有的 5 Ω 电阻两端，求新加入的 5 Ω 电阻消耗的功率。(c) 如果将悬空两端短接，求流过该短接线的电流。

34. 电路如图 5.75 所示。(a) 利用诺顿定理将连接到 $R_L$ 的网络简化成只有两个元件的网络。(b) 计算向下流过 $R_L$ 的电流，如果它的大小为 3.3 kΩ。(c) 对两个电路进行仿真并验证结果。

35. (a) 电路如图 5.76 所示，首先求 $V_{oc}$ 和 $I_{sc}$，然后计算从开放端看进去的戴维南等效电阻值。(b) 将一个 1 A 测试电源连接到原电路的开放端，并将电压源短接，求 $R_{TH}$。(c) 将一个1 V测试源连接到原电路的开放端，并将 2 V 电源置零，求 $R_{TH}$。

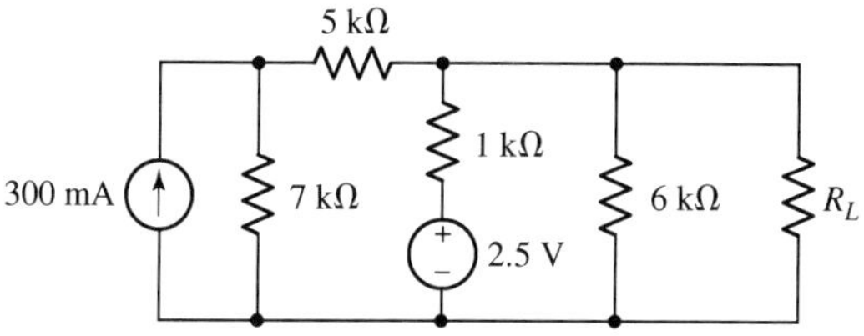


图 5.75

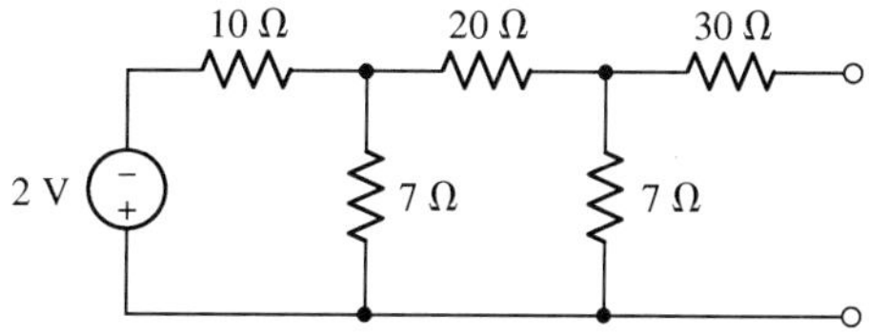


图 5.76

36. 电路如图 5.77 所示。(a) 首先求 $V_{oc}$ 和 $I_{sc}$，然后计算从开放端看进去的戴维南等效电阻值。(b) 将一个 1 A测试电源连接到原电路的开放端，并将其他电流源关闭，求 $R_{TH}$。(c) 将一个1 V 测试源连接到原电路的开放端，并将原电源置零，求 $R_{TH}$。

37. 电路如图 5.78 所示，求从电路开放端看进去的戴维南等效电阻值，过程为：(a) 求 $V_{oc}$ 和 $I_{sc}$，然后计算它们的比值；(b) 将所有独立源置零，然后利用电阻组合技术；(c) 连接一个未知电流源到开放的两端，将所有其他电源置零，求该电源两端的电压表达式，并求两者的比值。

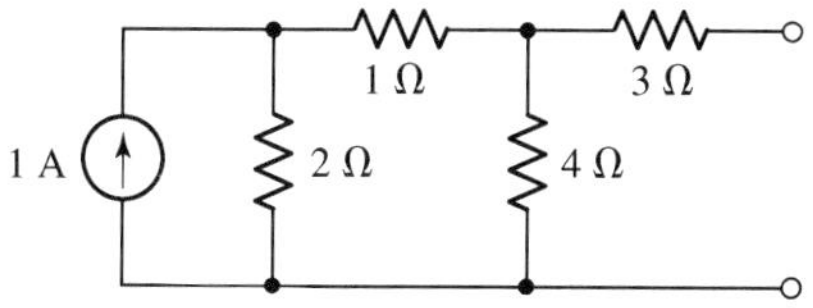


图 5.77

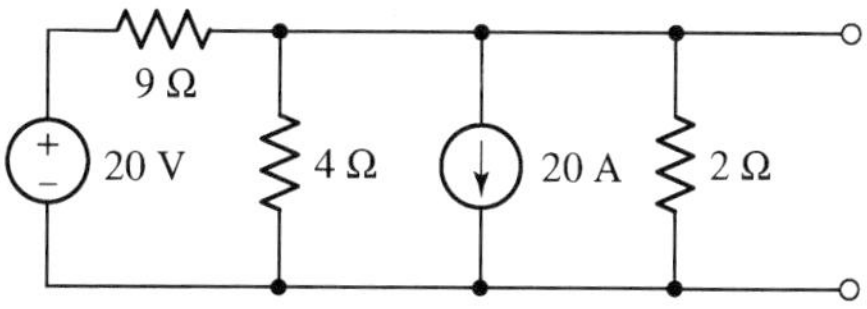


图 5.78

38. 网络如图 5.79 所示，分别求解戴维南等效：(a) 从 $a$ 和 $b$ 两端看进去；(b) 从 $a$ 和 $c$ 两端看进去；(c) 从 $b$ 和 $c$ 两端看进去。(d) 用合适的电路仿真工具验证结果。(提示：在要求的两端连接上一个测试源。)

39. 电路如图 5.80 所示，确定从开放端看进去的戴维南等效和诺顿等效。(在答案中不应该有受控源。)

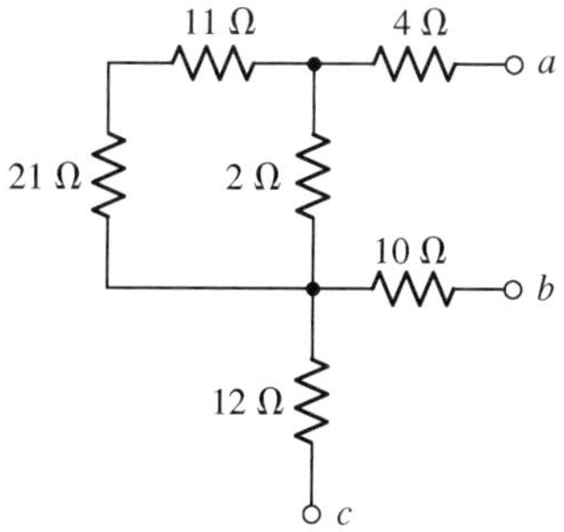


图 5.79

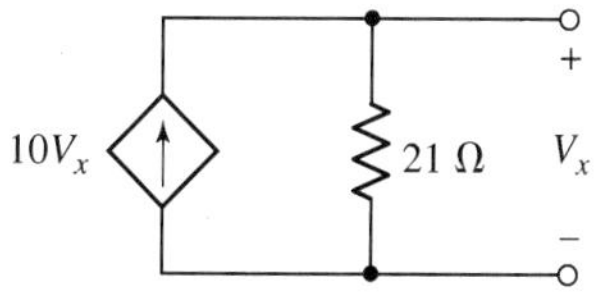


图 5.80

40. 电路如图 5.81 所示，求从 $a$ 和 $b$ 两端看进去的诺顿等效。(在答案中不应该有受控源。)

41. 电路如图 5.82 所示。(a) 求连接在 $a$ 和 $b$ 两端的 1 kΩ 电阻消耗的功率。(b) 求连接在 $a$ 和 $b$ 两端的 4.7 kΩ电阻消耗的功率。(c) 求连接在 $a$ 和 $b$ 两端的 10.54 kΩ 电阻消耗的功率。

42. 电路如图 5.83 所示，求从 $a$ 和 $b$ 两端看进去的戴维南等效和诺顿等效。

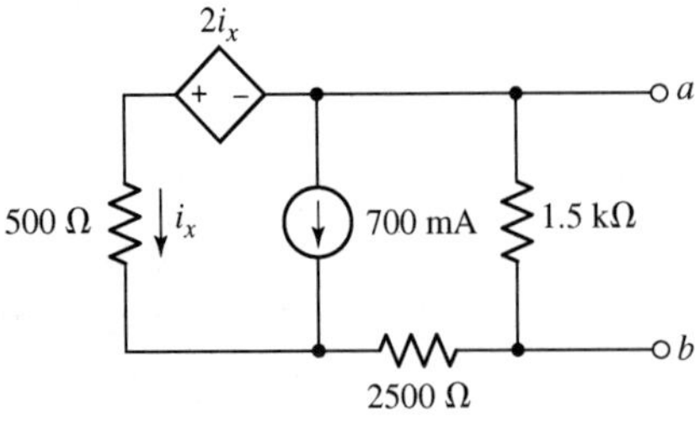


图 5.81

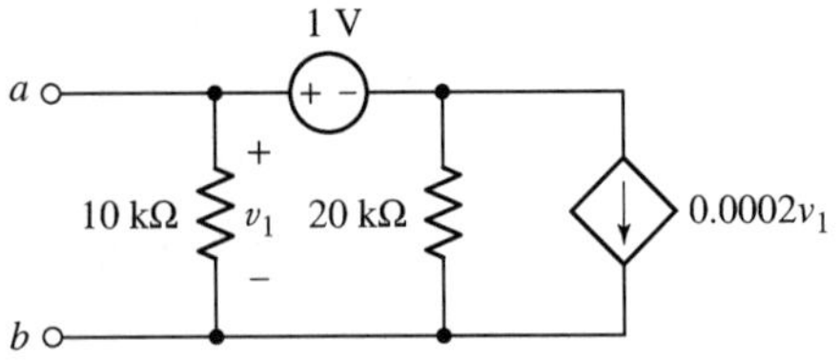


图 5.82

43. 电路如图 5.84 所示，求虚线右边电路的戴维南等效电阻。该电路是共源场效应管放大电路，求解的是其输入电阻。

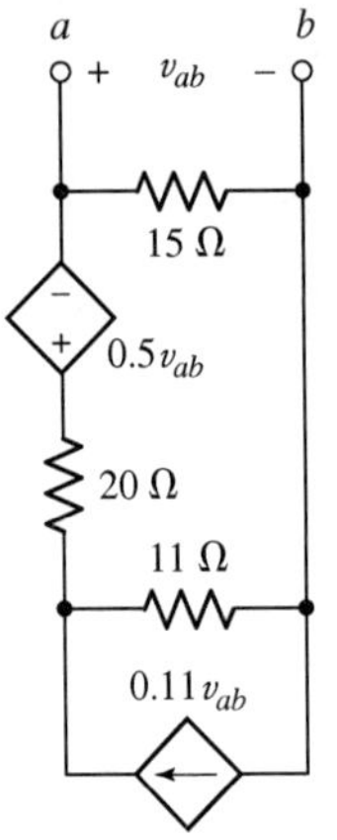


图 5.83

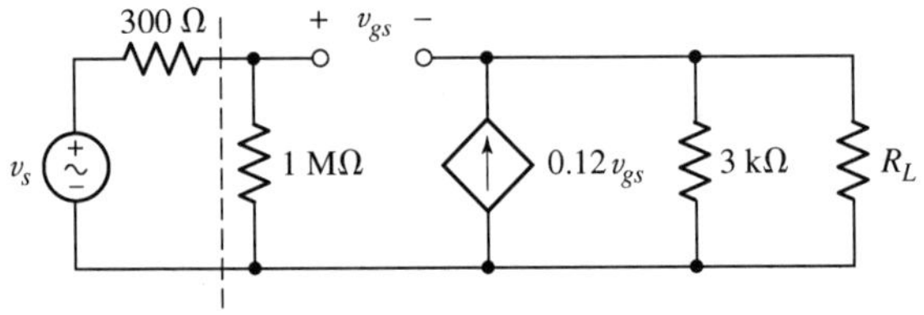


图 5.84

44. 电路如图 5.85 所示，求虚线右边电路的戴维南等效电阻。该电路是共集晶体管放大电路，求解的是输入电阻。

45. 图 5.86 所示电路是相当精确的运算放大电路模型。其中 $R_i$ 和 $A$ 非常大，$R_o$ 近似为零，连接在地和标有 $v_{out}$ 端子之间的负载电阻(例如扬声器)两端的电压是输入信号 $v_{in}$ 的 $-R_f/R_1$ 倍。求该电路的戴维南等效电路，注意 $v_{out}$。

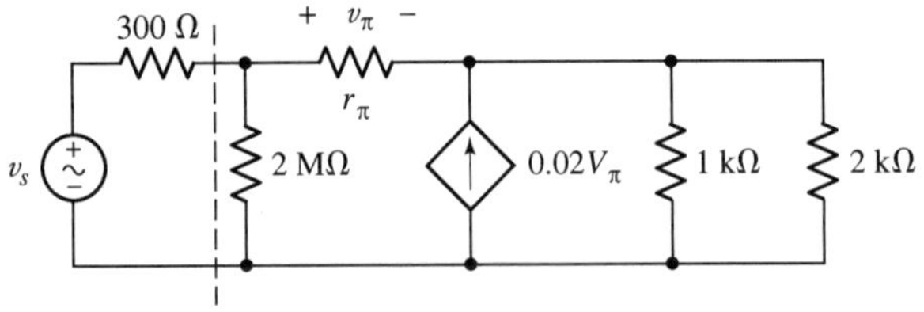


图 5.85

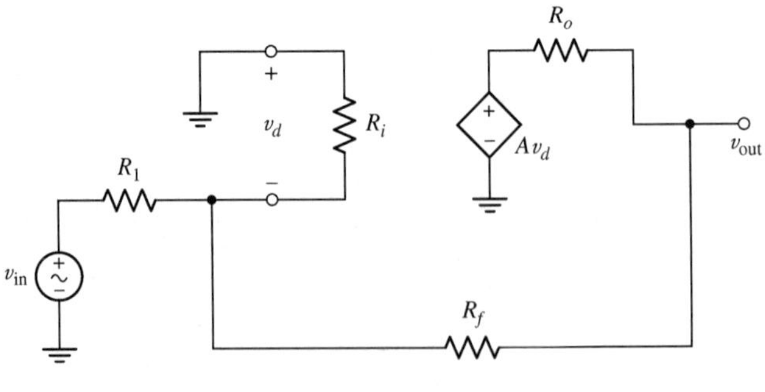


图 5.86

## 5.4 最大功率传输

46. (a) 电路如图 5.87 所示，求连接到电阻 $R_L$ 的戴维南等效。(b) 画出当 $0 \leq R_L \leq 10$ kΩ 时，电阻 $R_L$ 吸收的功

率与 $R_L$ 的函数关系。(c) 当 $R_L$ 值为多大时将得到最大的功率传输？(d) 当 $R_L$ 值为多大时得到的功率是 (c) 中的功率的 50%？

47. 电路如图 5.88 所示。(a) 求连接到 $R_{out}$ 的戴维南等效。(b) 选择 $R_{out}$，使得传输到它上面的功率最大。

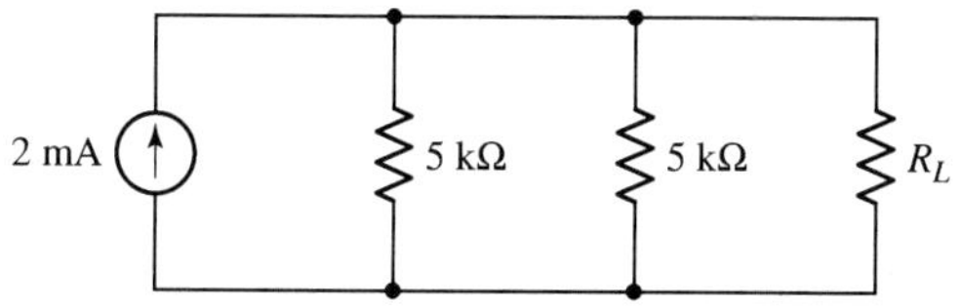


图 5.87

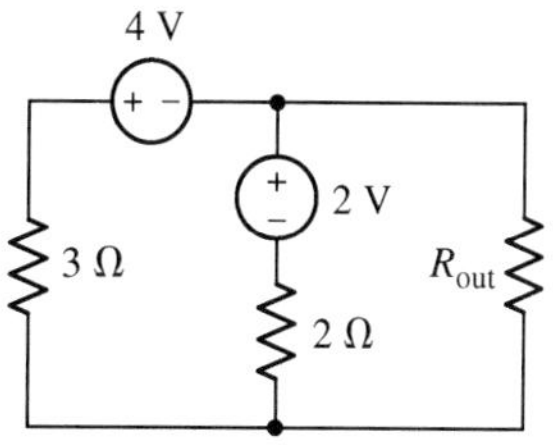


图 5.88

48. 电路如图 5.89 所示。(a) 求连接到电阻 $R_{out}$ 的诺顿等效。(b) 选择 $R_{out}$，使得传输到它上面的功率最大。

49. 假定可以确定墙上插座的戴维南等效电阻，为什么烤面包机、微波炉和电视机的生产商不将各种设备的戴维南等效电阻与电源戴维南等效电阻相匹配？不允许从发电厂到家用电器的最大功率传输吗？

50. 电路如图 5.90 所示，当 $R_L$ 为多大时确保它能吸收最大功率？

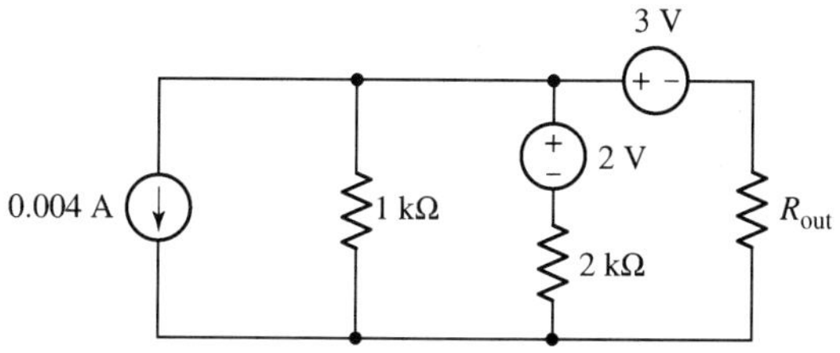


图 5.89

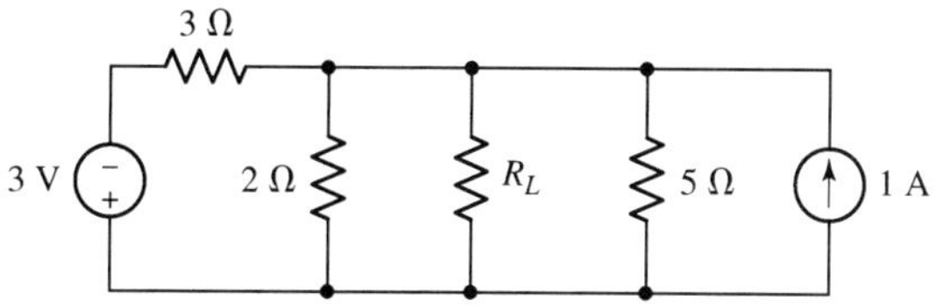


图 5.90

51. 电路如图 5.91 所示。(a) 求 $a$ 和 $b$ 两端定义的网络的戴维南等效。(b) 求诺顿等效。(c) 连接在开放两端的电阻值为多大时具有最大功率传输？

52. 电路如图 5.92 所示。(a) 求 3.3 Ω 电阻吸收的功率。(b) 用另一个电阻替换 3.3 Ω 电阻，使得它能从剩余电路吸收最大功率。

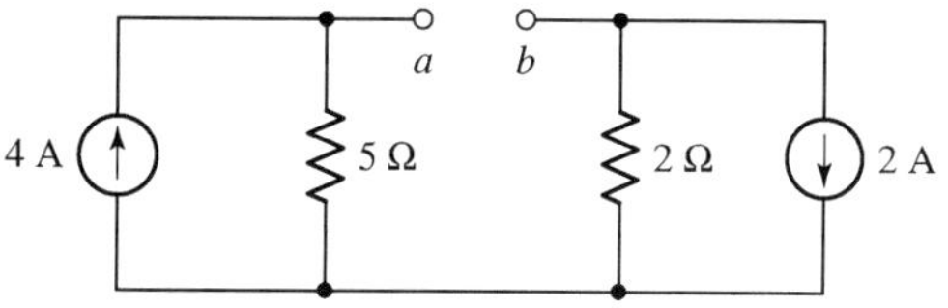


图 5.91

53. 电路如图 5.93 所示，选择 $R_L$ 的值，使其能从电路吸收最大功率。

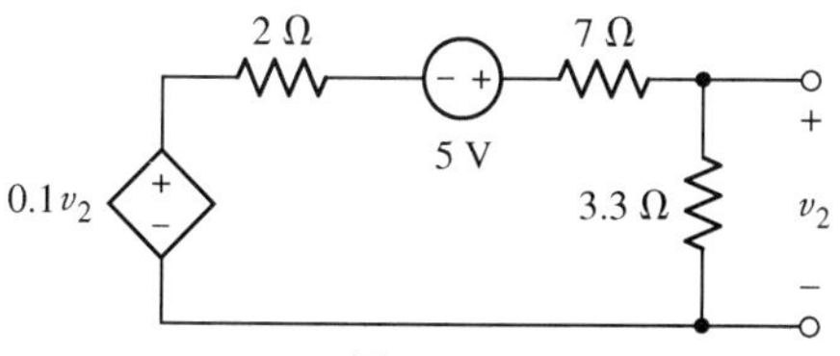


图 5.92

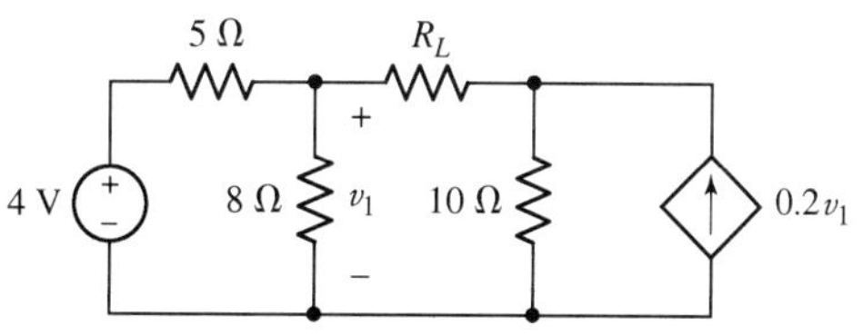


图 5.93

54. 电路如图 5.94 所示，$a$ 和 $b$ 两端接上电阻，该电阻阻值为多大时将吸收最大功率？

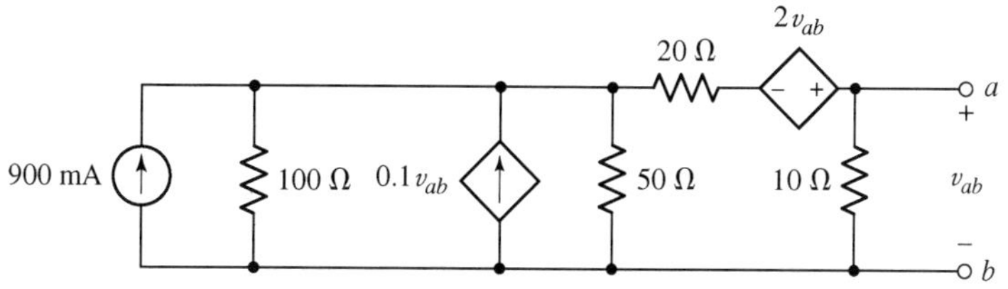


图 5.94

## 5.5 △-Y 转换

55. 推导将 Y 形网络转换为△形网络的方程。

56. 将图 5.95 所示的△形(或 Π 形)网络转换成 Y 形网络。

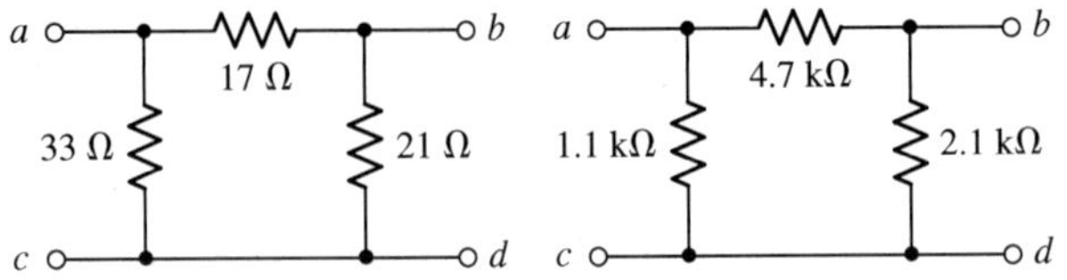


图 5.95

57. 将图 5.96 所示的 Y 形(或 T 形)网络转换成△形网络。

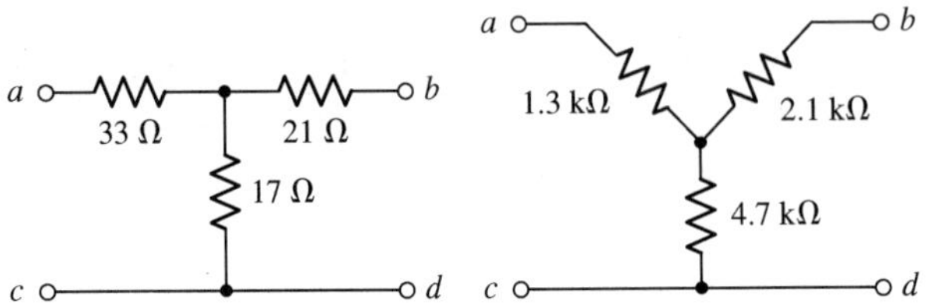


图 5.96

58. 网络如图 5.97 所示，选择 $R$ 值，使得该网络的等效电阻为 9 Ω。取两位有效位。

59. 网络如图 5.98 所示，选择 $R$ 值，使得该网络的等效电阻为 70.6 Ω。

60. 求图 5.99 所示网络的有效电阻 $R_{in}$。

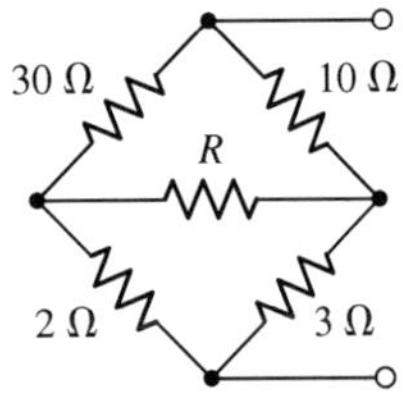


图 5.97

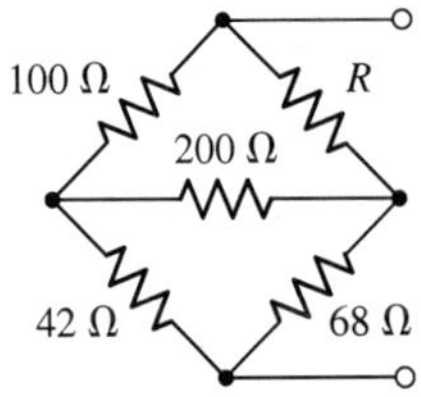


图 5.98

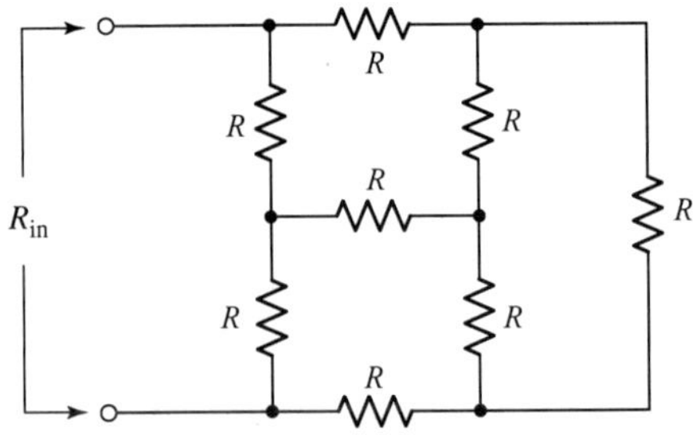


每个 $R$ 值都为 2.2 kΩ

图 5.99

61. 计算图 5.100 所示电路的 $R_{in}$。

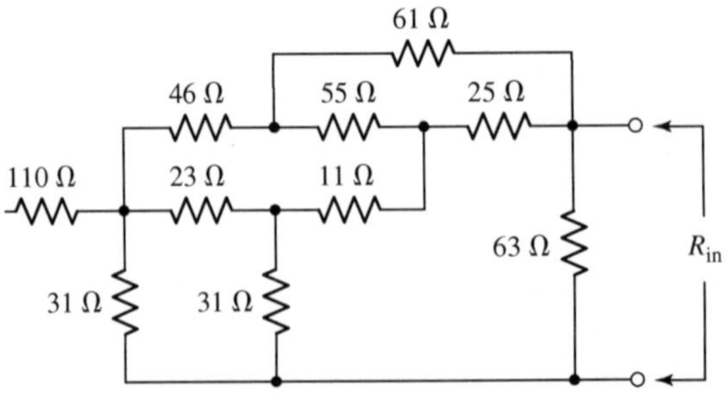


图 5.100

62. 利用△-Y 转换方法求解图 5.101 中的 $R_{in}$。

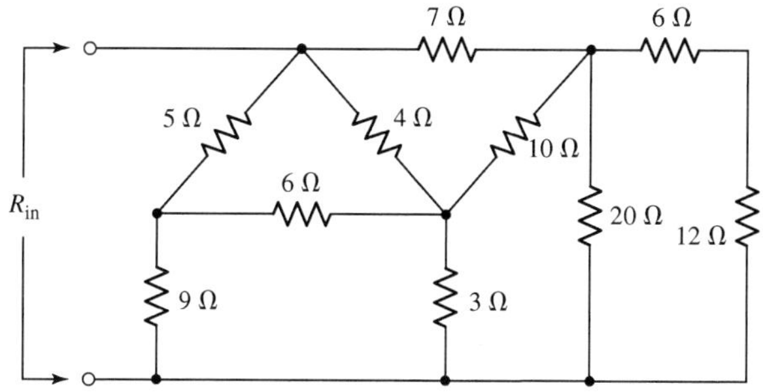


图 5.101

63. (a) 网络如图 5.102 所示，求包含两个元件的戴维南等效。(b) 计算连接在开放端的 1 Ω 电阻吸收的功率。

64. (a) 利用合适的方法求解图 5.103 所示网络的戴维南等效和诺顿等效。(b) 对三个电路各自连上 1 Ω 电阻后进行仿真验证结果。

65. (a) 用一个等效的 T 形网络替换图 5.104 所示网络中最左边的 Δ 形网络。(b) 用计算机仿真验证它们的实际等效性（提示：增加负载电阻）。

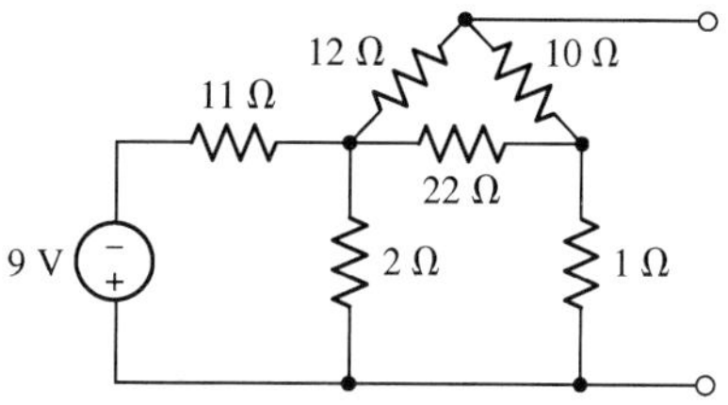


图 5.102

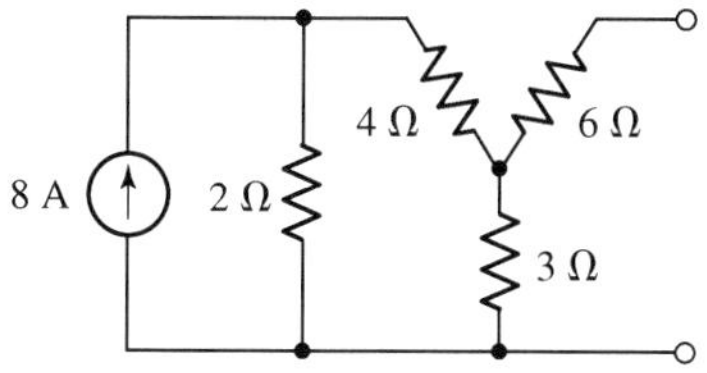


图 5.103

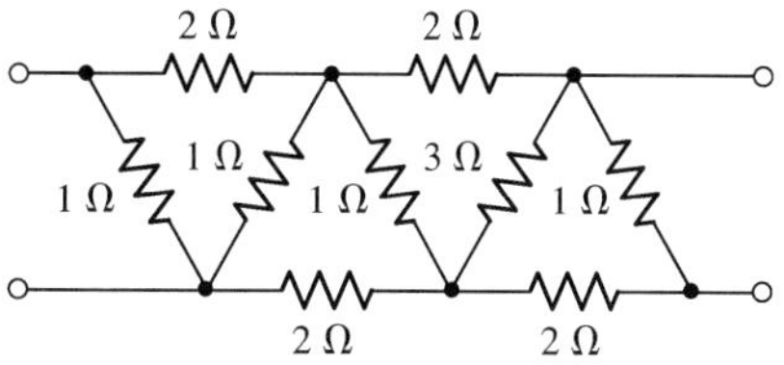


图 5.104

## 5.6　选择一种方法：各种方法的总结

66. 电路如图 5.105 所示，在开放两端接上一个电阻，求该电阻吸收的功率，假设电阻值分别为：(a) 1 Ω；(b) 100 Ω；(c) 2.65 kΩ；(d) 1.13 MΩ。

67. 已知某些类型的负载电阻会连接到图 5.106 所示网络的 $a$ 和 $b$ 两端。(a) 改变 25 V 电源值，使得两个电压源对负载电阻贡献的电流相同，假设选择的电阻值使得它能吸收最大功率。(b) 计算负载电阻值。

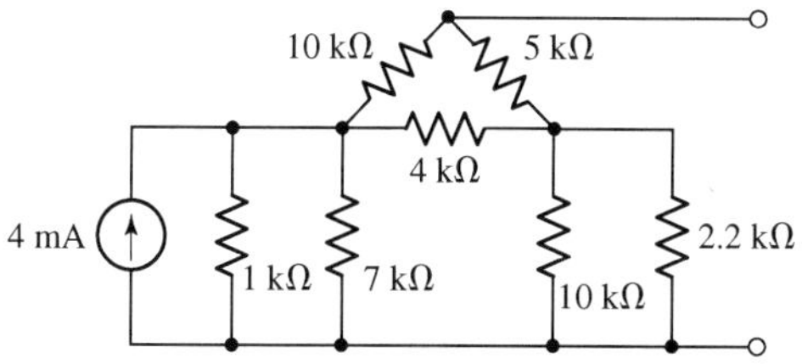


图 5.105

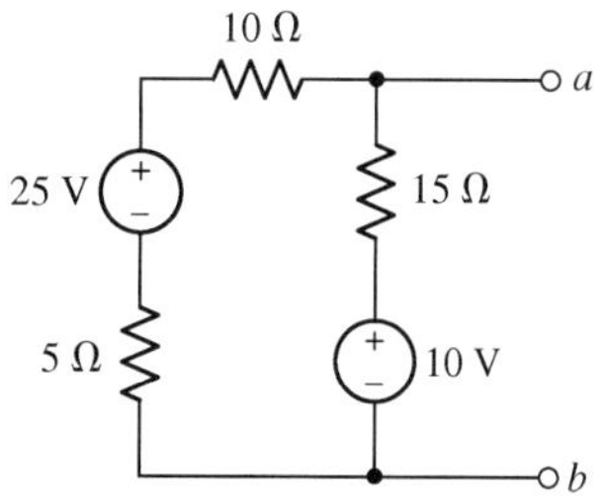


图 5.106

68. 一个 2.57 Ω 的负载连接到图 5.106 所示网络的 $a$ 和 $b$ 两端。遗憾的是，传输到该负载的功率只有要求值的 50%。现在修改电路，只改变电压源，使得传输到负载上的功率满足要求。

69. 一个负载电阻连接到图 5.107 所示电路的开放端，仔细选择该电阻值，确保从剩余电路传输的功率最大。(a) 求该电阻值。(b) 如果负载电阻吸收的功率是要求的 3 倍，修改电路使其满足要求，同时必须满足最大功率传输的条件。

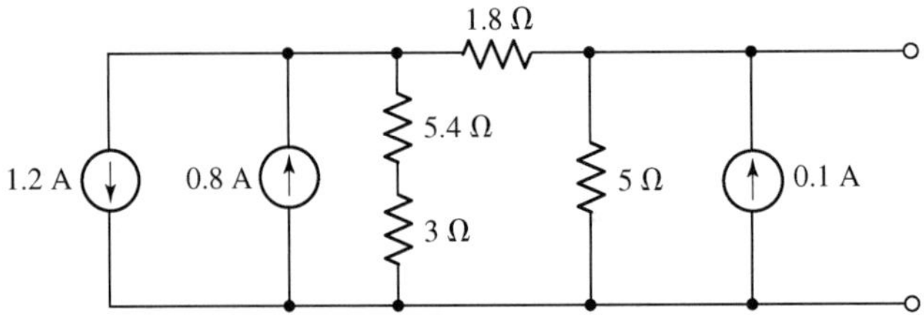


图 5.107

70. 需要对图 5.107 所示电路实施备份。但连接到开放端的元件未知，也不确定该元件是否是线性的。如果使用一个简单电池，那么其开路电压(没有负载)应为多少？内阻为多少？

## 综合题

71. 三个 45 W 灯泡最初接成 Y 形网络，每一端口接有 120 V 交流电源，现将它接成△形网络。未使用中线连接。如果每一个灯泡的亮度正比于它得到的功率，设计一个新的 120 V 交流电源电路，使三个灯泡在△接法下与 Y 形接法时具有相同的亮度。用 LTspice 将电路中每个灯泡得到的功率(用适当阻值的电阻模拟灯泡)与原来 Y 形接法时每个灯泡的功率相比较，以证实你的设计。

72. (a) 用一般术语解释怎样用电源变换在分析之前简化电路。(b) 即使电源变换可以大大简化某个电路，什么时候这种简化并不值得？(c) 将电路中所有独立源乘以相同的因子，那么电路中其他所有的电压和电流也将乘以相同的因子。为什么对受控源不能乘以相同的因子？(d) 在一般电路中，如果将某独立电压源设为 0，那么流过它的电流为多少？(e) 在一般电路中，如果将某独立电流源设为 0，那么它两端的电压为多少？

73. 图 5.108 所示电路中的负载电阻在由于过热而发生爆炸之前能够安全承受的最大功率为 1 W。指示灯可以看成 10.6 Ω 电阻，如果流过它的电流小于 1 A，但是流过指示灯的电流大于 1 A，则该指示灯等效成 15 Ω 的电阻，那么 $I_S$ 的最大允许值为多少？用适当的计算机仿真验证结果。

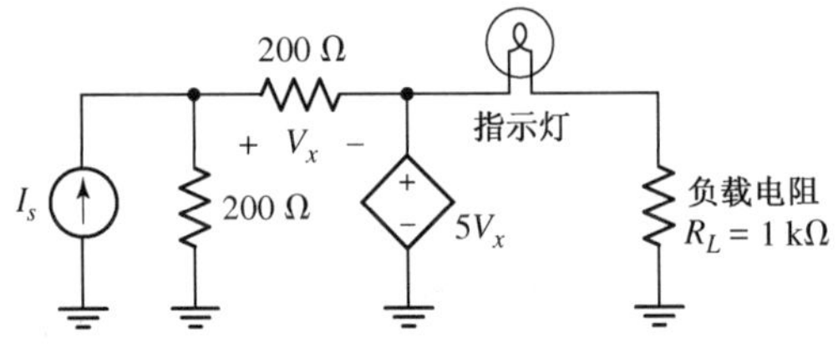


图 5.108

74. 某红色发光二极管的额定电流为 35 mA，如果超过该值将会发生过热并导致严重损坏。LED 的电阻是其电流的非线性函数，但是制造者保证其最小电阻为 47 Ω，最大电阻为 117 Ω。可用的驱动电源只有 9 V 电池。设计一个合适的电路，在不损坏发光管的条件下为它提供最大功率。只允许使用标准电阻值的组合。

75. 作为安全系统的一部分，一段非常细的 100 Ω 导线用不导电环氧树脂接到窗户上。只给定一个盒子，内装 12 个可充电的 1.5 V AAA 电池，1000 个 1 Ω 电阻和一个 2900 Hz 压电蜂鸣器。该蜂鸣器在 6 V 时产生 15 mA 电流(其最大额定电流)。设计一个电路，当窗户被打破(细电线当然也被折断)时该蜂鸣器启动。注意，蜂鸣器工作至少需要 6 V(最大为 28 V)的直流电压。

76. 电路如图 5.90 所示。(a) 利用戴维南定理求从电阻 $R_L$ 看进去的等效网络。(b) 利用电源变换将电路简化成诺顿等效电路。(c) 如果 $R_L$ 等于戴维南等效电阻的一半，计算传输给 $R_L$ 的功率。

# 第 6 章　运算放大器

## 主要概念

- 理想运算放大器的特性
- 反相放大器和同相放大器
- 求和放大电路和差分放大电路
- 运算放大器级联
- 电压增益和反馈
- 比较器和施密特触发器
- 仪表用放大电路
- 非理想运算放大器的特性

## 引言

前面已经介绍了许多电路分析技术，但这里主要关注只有电源和电阻或无源器件组成的一般电路。在无源器件中无法直接控制电子流动。而电子学要求能够利用电气输入（比如在计算或放大音频信号时的输入/输出关系）来控制电子流动。能够控制电子流动的有源器件是非线性的，但通常可以利用线性模型有效处理。本章将介绍这种类型的器件之一：运算放大器（简称为运放）。该器件广泛用于传感器电路、控制电路、信号处理电路以及放大器电路等。

## 6.1　背景

运算放大器的起源可以追溯到 20 世纪 40 年代，当时用真空管构建基本电路来实现数学运算，如加法、减法、乘法、除法、微分和积分，这使得人们可以构建用来求解复杂微分方程的模拟（与数字相对应）计算机。第一个商用运放器件一般被认为是 K2-W，由波士顿 Philbrick 公司大约在 1952 年到 20 世纪 70 年代早期制造，如图 6.1(a)所示。这些早期的真空管器件的质量为 3 盎司（85 g），体积为 3.8 cm × 5.4 cm × 10.4 cm，价格约为 22 美元。相比较而言，现代集成运放（如 LMx58 系列）的质量小于 500 mg，体积为 5.7 mm × 4.9 mm × 1.8 mm，价格约为 0.25 美元。与基于真空管的运放相比，现代集成电路运放由 25 个或更多的晶体管以及所需要的电阻和电容构建，这些晶体管全部构建在同一个硅芯片上，以此来获得需要的性能。因此，它们运行在更低的直流电源电压下（例如，±18 V 或更低，而 K2-W 需要 ±300 V），并且更加可靠，具有更小的体积，如图 6.1(b)和图 6.1(c)所示。在某些情况下，一块集成电路芯片可能包含多个运放。

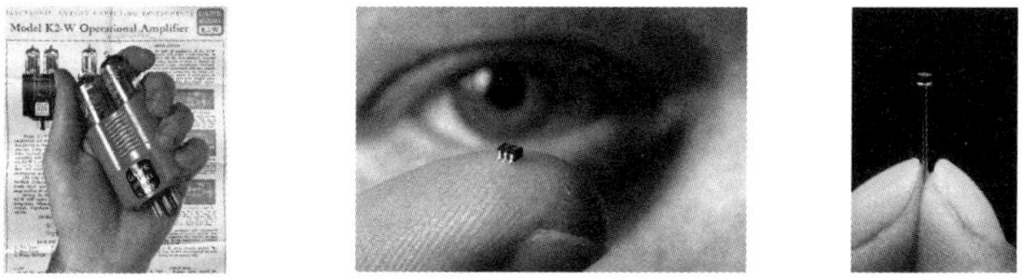


(a)　　(b)　　(c)

图 6.1　(a) Philbrick 公司生产的基于对称 12AX7A 真空管对的 K2-W 运放；(b) 用于各种电话和游戏中的LMV321运放；(c) LMC6035运放，它将114个晶体管封装在一起，大小如针尖[(a) © Steve Durbin；(b) 和(c) 由Texas Instruments授权使用]

运算放大器是一个电压放大器，有两个输入端和一个输出端。标有“ + ”符号的输入端称为同相输入端，标有“ - ”符号的输入端称为反相输入端。除了一个输出引脚和两个输入引脚，其他引脚向内部晶体管提供电源并用于外部调整，以便对运放进行平衡和补偿。运放的通用符号如图 6.2(a)所示。此时，我们不关心运放或集成电路的内部电路，只关心输入端和输出端之间的电压和电流的关系，因此目前使用图 6.2(b)所示的简单电气符号。

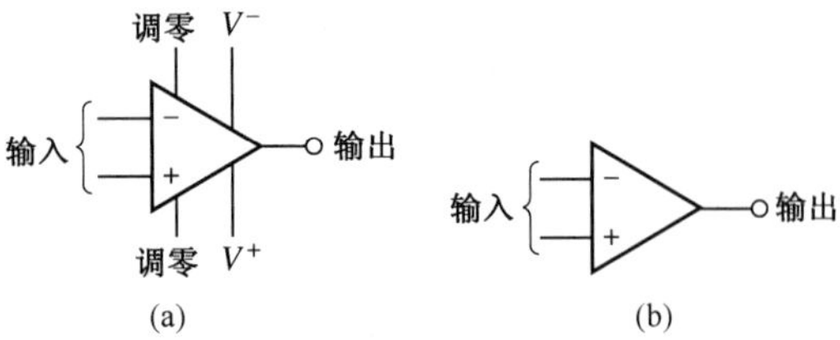


图 6.2 (a) 运放的电气符号；(b) 显示了电路图中所需的最少连接端子

## 6.2 理想运放

实际上，大多数运放性能很好，以至于经常可将其作为理想运放来处理。理想运放的特性可以用图 6.3 所示的等效电路来描述。从图中可以看出，运放是一个用压控电压源描述的简单电压放大器。为什么运放与我们已经分析过的含有受控源的电路有这么大的差别？主要的差别在于运放有非常大的电压增益(图 6.3 中的参数 $A$)，对于理想运放，其增益为无穷大。无穷大的增益意味着要么输出电压无穷大，要么输入端之间的电压差为零。

图 6.3 所示的等效电路和增益无穷大的假设是下面两个分析理想运放电路的基本规则的基础。

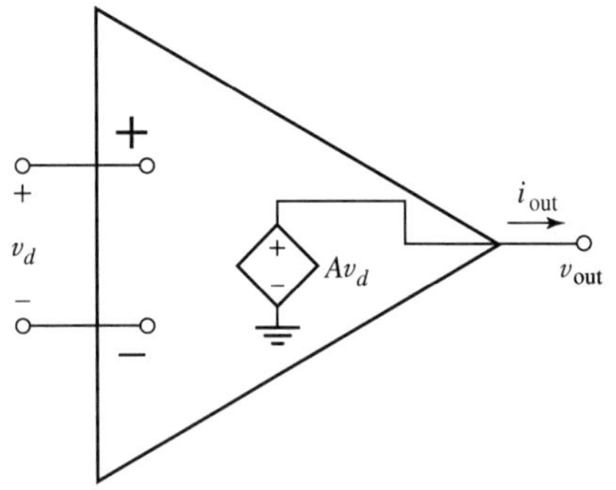


图 6.3 理想运放的等效电路

**理想运放规则**

1. 没有电流流入两个输入端(输出端有电流)；
2. 两个输入端之间没有电压差。

在实际运放中，输入端会有一个非常小的泄漏电流流入(有时小于 40 fA)。两个输入端之间也可能存在非常小的电压(实际上电压增益并非无穷大)。但是，与大多数电路中的其他电压和电流相比，这些值非常小，以至于在电路分析中包含这些值不会影响计算结果。

在分析运放电路时，必须牢记另外一点。与到目前为止研究的电路相反，运放电路的输出总是依赖于某种输入。因此，分析运放电路的目的是要得到用输入量表示的输出表达式。我们将会发现分析运放电路的一种好的方法是从运放的输入端开始分析。

图 6.4 所示的电路称为**反相放大器**。从输入电压源开始，利用基尔霍夫电压定律进行分析，以得到用输入电压 $v_{in}$ 和电阻值表示的输出电压 $v_{out}$。因为理想运放规则 1 表明反相输入端没有电流流入，因此标为 $i$ 的电流只流过 $R_1$ 和 $R_f$ 两个电阻，所以可以写出

$$-v_{in} + R_1 i + R_f i + v_{out} = 0$$

重新整理可以得到输出与输入的关系表达式为

$$v_{out} = v_{in} - (R_1 + R_f)i \qquad [1]$$

现在我们还没有使用理想运放规则 2。因为同相输入端接地，因此同相输入端电压为 0 V。

根据规则 2，反相输入端电压也为 0 V。这并不意味着两个输入端在物理上短路，而且必须注意不要试图做这样的假设。相反，这两个输入电压仅仅是相互跟随，如果其中的一个电压发生变化，那么另一个电压会由内部电路拉到相同的值。因此，可以写出另一个基尔霍夫电压方程：

$$-v_{\text{in}} + R_1 i + 0 = 0$$

或

$$i = \frac{v_{\text{in}}}{R_1} \qquad [2]$$

将式[2]和式[1]合并，得到用 $v_{\text{in}}$ 表示的 $v_{\text{out}}$ 的表达式为

$$v_{\text{out}} = -\frac{R_f}{R_1} v_{\text{in}} \qquad [3]$$

该结果表明输出电压 $v_{\text{out}}$ 是输入电压 $v_{\text{in}}$ 的($-R_f/R_1$)倍，或者说将输入电压放大了电阻定义的负常数倍。将 $v_{\text{in}} = 5\ \sin 3t$ mV，$R_1 = 4.7$ kΩ，$R_f = 47$ kΩ 代入式[3]，可得

$$v_{\text{out}} = -50 \sin 3t \quad \text{mV}$$

因为已知 $R_f > R_1$，所以该电路放大了输入电压信号 $v_{\text{in}}$。如果选择 $R_f < R_1$，则信号将被衰减。同时还要注意到，输出电压与输入电压符号相反①，因此称为“反相放大器”。图 6.5 给出了输出曲线以及输入波形以便于比较。

说明：事实上，该组态电路的反相输入端电压为 0 V，通常也称为“虚地”。这并不意味着反相输入引脚直接接地。注意，学生有时会犯直接接地的错误。运放内部电路具备调整功能，使得两个输入端之间不存在电压差。但是两个输入端之间不短接。

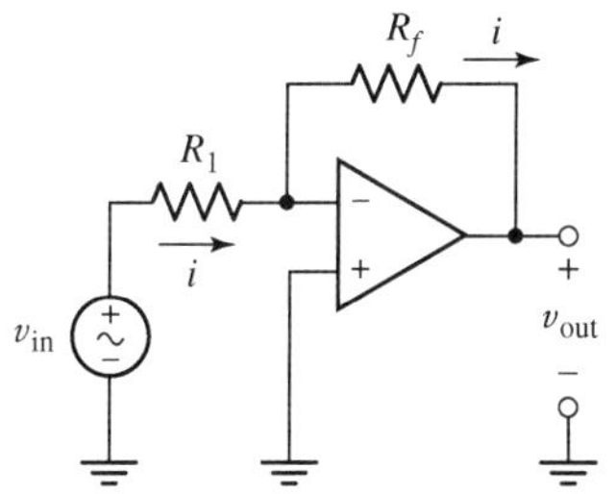


图 6.4　运放构成的反相放大电路，电流 $i$ 通过运放输出引脚流向地

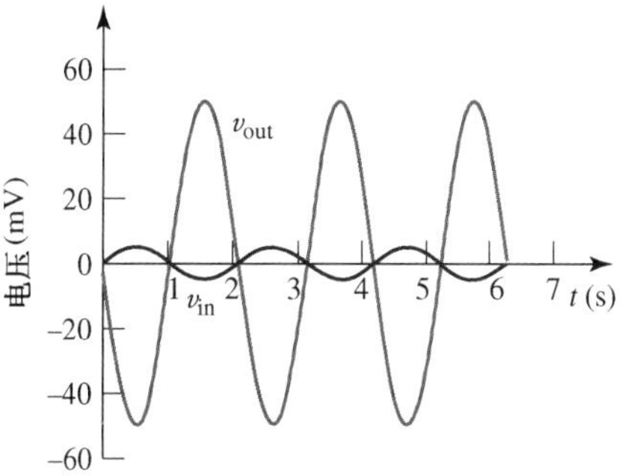


图 6.5　反相放大器的输入和输出信号波形

此时需要指出的是，理想运放似乎违背了基尔霍夫电流定律。具体地说，在上述电路中，两个输入端都没有电流流入，但输出端却有电流流出。这意味着运放在某种程度上能够在某个地方创建电子或永久保存电子(取决于电流方向)。显然这是不可能的。产生该矛盾是因为把运放与无源元件(例如电阻)同样对待了。事实上，只有连到外部电源中运放才能工作，正是通过这些电源，输出端上才有电流流入或流出。

尽管图 6.4 所示的反相放大器可以放大交流信号(该例子中是一个频率为 3 rad/s，幅度为 5 mV 的正弦波)，但是它也可以很好地实现直流信号的放大。图 6.6 所示就是这种情况，选择

① 或者说输出与输入有 180°的相位差，这样表述可以使读者印象更深刻。

$R_1$, $R_f$的值，可使输出电压为 -10 V。

该电路与图 6.4 所示的电路相同，但是输入的是 2.5 V 的直流信号。因为其他因素没有变化，因此式[3]对该电路同样有效。为了得到期望的输出，只要 $R_f$与 $R_1$的比例为 10/2.5 或 4 即可。因为这是唯一的一个比例，因此只需简单地为一个电阻选取方便的值，另一个电阻值就可以相应地确定了。比如，选择 $R_1 = 100\ \Omega$(得到 $R_f = 400\ \Omega$)，或选择 $R_f = 8\ \text{M}\Omega$(得到 $R_1 = 2\ \text{M}\Omega$)。实际上，其他约束条件(如偏置电流)可能会限制我们的选择。

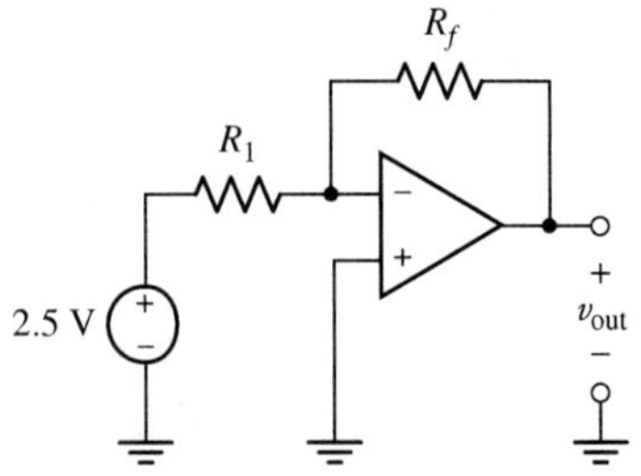


图 6.6 输入为 2.5 V 的反相放大电路

因此，该电路结构相当于一类电压放大器(或**衰减器**，如果 $R_f$与 $R_1$的比值小于 1)，但是该电路输出与输入的符号相反，这个特性有时显得不太方便，因此人们设计了另外一种结构的电路，称为同相放大器，如图 6.7 所示。我们将在下面的例题中讨论这个电路。

**例 6.1** 同相放大电路如图 6.6(a)所示，已知 $v_{in} = 5\sin 3t$ mV，$R_1 = 4.7\ \text{k}\Omega$，$R_f = 47\ \text{k}\Omega$，画出输出信号波形。

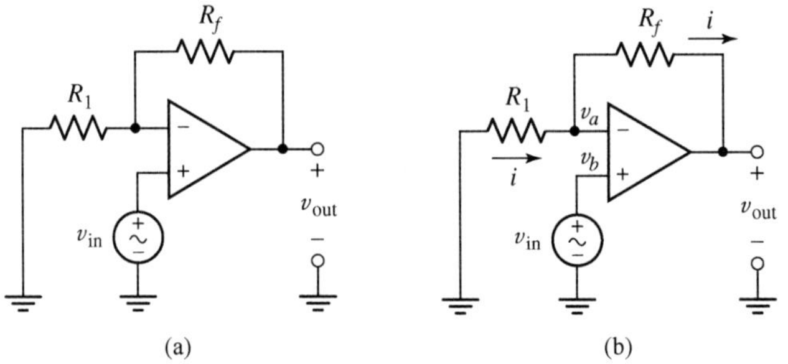


图 6.7 (a) 运放用于组成同相放大器；(b) 标出了流过 $R_1$和 $R_f$的电流以及两个输入电压的电路

**解：明确题目的要求**

求出只用已知量 $v_{in}$，$R_1$和 $R_f$表示的 $v_{out}$的表达式。

### 收集已知信息

因为电阻值和输入波形已经指定，因此可首先标出如图 6.7(b)所示的电流 $i$ 和两个输入电压。假定运放是理想运放。

### 方案设计

虽然网孔分析是学生喜欢的方法，但已经证明在大多数运放电路中应用节点分析更加实用，因为没有一种直接方法能够确定流出运放输出端的电流。

### 建立一组合适的方程

我们注意到，定义流过两个电阻的电流相同，意味着使用了理想运放规则 1：没有电流流入反相输入端。然后利用节点分析方法求以 $v_{in}$表示的 $v_{out}$的表达式，于是得到在节点 $a$：

$$0 = \frac{v_a}{R_1} + \frac{v_a - v_{out}}{R_f} \tag{4}$$

在节点 $b$：

$$v_b = v_{in} \tag{5}$$

**确定是否还需要其他信息**

题目要求获得输入和输出的关系表达式，但是式[4]和式[5]都不满足这个要求。因为还没有应用理想运放规则 2，因此以后将看到，几乎在每个运放电路的分析中，为得到最终的表达式，两个规定都要用到。

因此，$v_a = v_b = v_{in}$，这时式[4]变为

$$0 = \frac{v_{in}}{R_1} + \frac{v_{in} - v_{out}}{R_f}$$

**尝试求解**

重新整理，可得输出电压用输入电压 $v_{in}$ 表示的表达式为

$$v_{out} = \left(1 + \frac{R_f}{R_1}\right) v_{in} = 11 v_{in} = 55 \sin 3t \quad \text{mV}$$

**验证结果是否合理或是否与预计相符**

输入波形如图 6.8 所示，为了便于比较，同时也给出了输入波形。与反相放大器的输出波形相比，该输入和输出在相位上是同相的。这个结果应该能够预料得到，从它的名字“同相放大器”就可以知道。

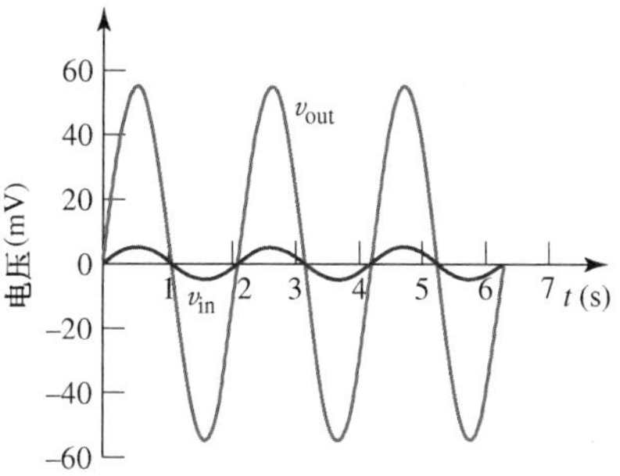


图 6.8　同相放大器的输入和输出信号波形

## 练习

6.1　电路如图 6.9 所示，推导出用 $v_{in}$ 表示 $v_{out}$ 的表达式。

答案：$v_{out} = v_{in}$。该电路称为“电压跟随器”，因为输出电压跟随输入电压。

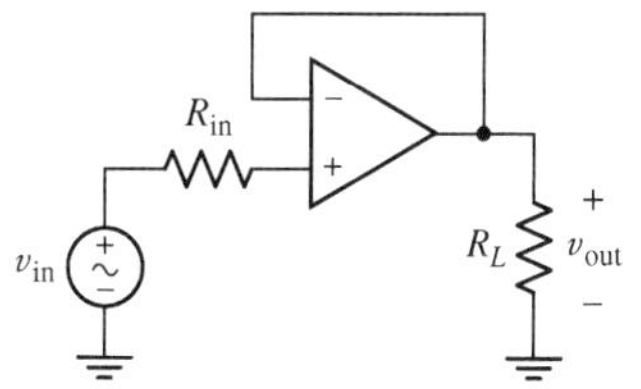


图 6.9

如同反相放大器，同相放大器也可以应用于直流和交流的情况，但它的电压增益为 $v_{out}/v_{in} = 1 + (R_f/R_1)$，因此，如果设 $R_f = 9\ \Omega$，$R_1 = 1\ \Omega$，那么可以得到输出 $v_{out}$ 是输入电压 $v_{in}$ 的 10 倍。与反相放大器相比，同相放大器的输出和输入总是具有相同的符号，并且输出电压不会小于输入电压，最小增益为 1。选择什么样的放大器取决于具体应用。图 6.9 所示的电压跟随器相当于 $R_1$ 为无穷，$R_f$ 为零的同相放大器，在这种特殊情况下，输出与输入在符号上和幅度上都相同。这看起来是一种无意义的电路，但必须牢记电压跟随器不从输入汲取电流(理想情况下)，因此可以作为输入电压 $v_{in}$ 和连接在运放输出端的一些电阻负载 $R_L$ 之间的**缓冲器**。

前面已经提到，运算放大器的名字来源于该器件主要用来进行模拟(即非数字的、实时的、现实世界中的)信号的数学运算。在下面两个电路中可以看到，它们包含输入电压信号的加法和减法运算。

**例 6.2**　运放电路如图 6.10 所示，该电路称为“加法放大器”。求用 $v_1$，$v_2$ 和 $v_3$ 表示 $v_{out}$ 的表达式。

**解**：首先，该电路类似于图 6.4 所示的反相放大器。题目要求推导 $v_{out}$(在该例题中是负载电阻 $R_L$ 两端的电压)用输入($v_1$，$v_2$ 和 $v_3$)表示的表达式。因为反相输入端没有电流流入，因此，可以写为

$$i_1 + i_2 + i_3 = i$$

这样可以写出标有 $v_a$ 节点的下列方程：

$$\frac{v_1 - v_a}{R} + \frac{v_2 - v_a}{R} + \frac{v_3 - v_a}{R} = \frac{v_a - v_{out}}{R_f}$$

该方程包含 $v_{out}$ 和输入电压，但遗憾的是它还包含节点电压 $v_a$。为了消除该未知量，需要写出额外的 $v_a$ 与 $v_{out}$、输入电压、$R_f$ 和 $R$ 之间的关系表达式。此时我们还未使用理想运放规则2。记住，在分析运放电路时，几乎都要使用这两个规则。因为 $v_a = v_b = 0$，所以可以写出

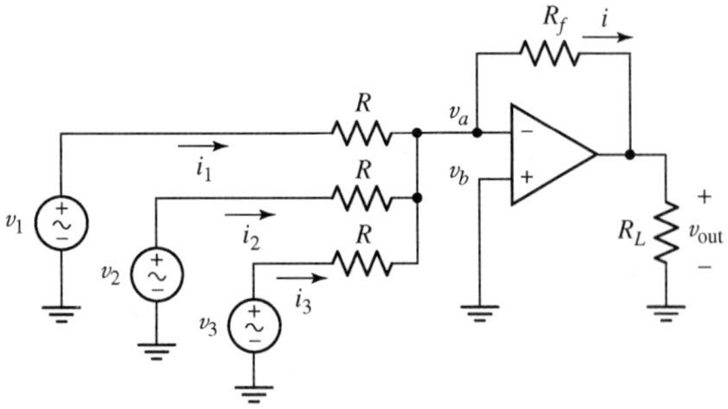


图 6.10 具有 3 个输入的基本加法放大器

$$\frac{v_1}{R} + \frac{v_2}{R} + \frac{v_3}{R} = -\frac{v_{out}}{R_f}$$

重新排列，可得下面 $v_{out}$ 的表达式：

$$v_{out} = -\frac{R_f}{R}(v_1 + v_2 + v_3) \qquad [6]$$

在 $v_2 = v_3 = 0$ 的特殊情况下，可以看到结果与式[3]一致。

从这个结果可以看到几种有趣的情况。首先，如果选取 $R_f = R$，那么输出是3个输入信号 $v_1$，$v_2$ 和 $v_3$ 之和的相反数。此外，可以选择 $R_f$ 与 $R$ 的比值，使得结果是输入之和乘以一个固定常数。

此外，我们注意到 $R_L$ 并不出现在最后的表达式中。只要该电阻值不是非常小，以至于输出被短路，该电路的运算就不会受到影响。此时还未考虑运放的详细模型，利用该详细模型可以估计过小的 $R_L$ 对运算的影响。该电阻表示用来监测放大器输出的设备的戴维南等效电阻。如果输出设备是一个简单的电压表，$R_L$ 就表示从电压表两端看进去的戴维南等效电阻(典型值为 10 MΩ 或更大)。输出设备也可能是扬声器(典型值为 8 Ω)，在这种情况下，听到的是3个不同声源发出的声音之和，$v_1$，$v_2$ 和 $v_3$ 就可能表示麦克风。

⚠注意：人们通常会试着假定图 6.10 中的电流 $i$ 不仅流过电阻 $R_f$ 而且也流过 $R_L$，这是不正确的。电流很可能会流过运放输出端，但流过这两个电阻的电流不是相同的电流。由于这个原因，我们总是尽量避免写出运放输出端的基尔霍夫电流方程，从而导致对于大多数运放电路更多地选择节点分析方法。

为了方便起见，我们在表 6.1 中对常见的运放电路进行了总结。

## 练习

6.2 电路如图 6.11 所示，该电路称为**差分放大器**。推导出 $v_{out}$ 用 $v_1$ 和 $v_2$ 表示的表达式。

答案：$v_{out} = v_2 - v_1$。提示：利用分压原理得到 $v_b$。

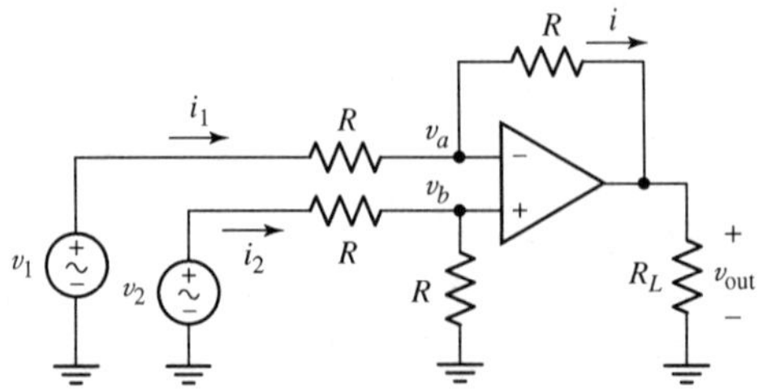


图 6.11

**表 6.1　常见运放电路总结**

| 名称 | 电路原理图 | 输入-输出关系 |
| --- | --- | --- |
| 反相放大器 | 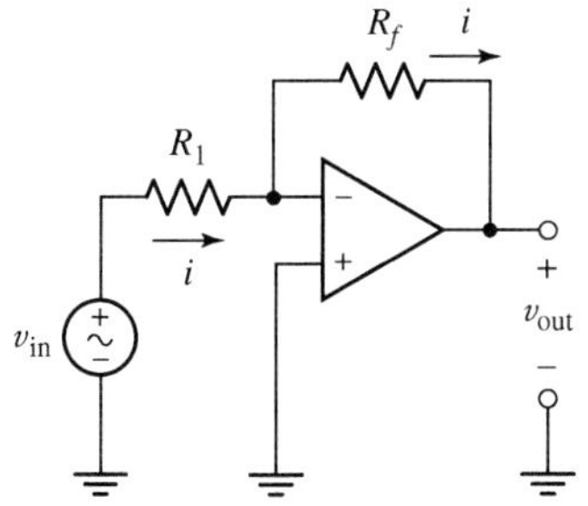 | $v_{out} = -\frac{R_f}{R_1}v_{in}$ |
| 同相放大器 | 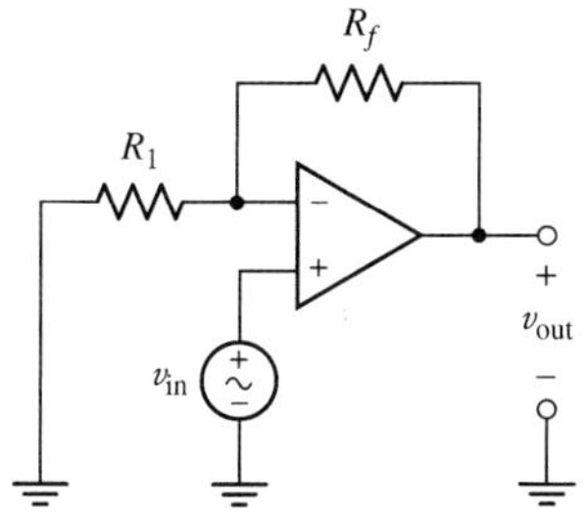 | $v_{out} = \left(1 + \frac{R_f}{R_1}\right)v_{in}$ |
| 电压跟随器<br>（也称为单位增益放大器） | 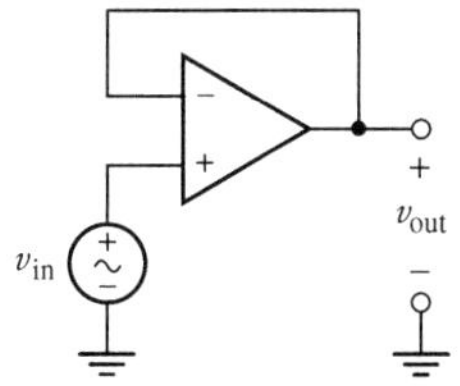 | $v_{out} = v_{in}$ |
| 求和放大器 | 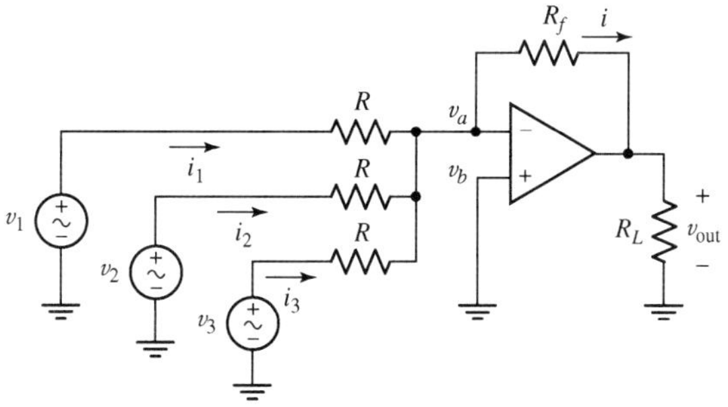 | $v_{out} = -\frac{R_f}{R_1}(v_1 + v_2 + v_3)$ |
| 差分放大器 | 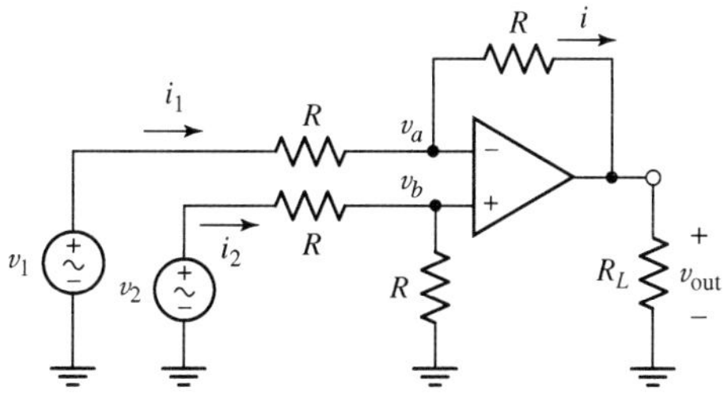 | $v_{out} = v_2 - v_1$ |

## 实际应用——光纤对讲机系统

点到点的对讲系统可以用几种不同的方法来实现，具体取决于系统的应用环境。低功耗的射频(RF)系统虽然工作得非常好并且成本低，但是容易受到其他射频信号的干扰，而且容易被窃听。利用简单导线将两个对讲系统连接起来可以消除许多射频干扰，并增强了保密性。但是，导线容易腐蚀，而且当导线外面的塑料绝缘层磨损时容易造成短路。另外，对于飞机及其相关应用，导线的质量是一个需要考虑的问题(见图 6.12)。

图 6.12 应用环境经常会限制设计(© Michael Melford/Riser/Getty Images)

另一种方法是把从麦克风产生的电信号转换为光信号，让光信号通过一根细小(直径约为 50 μm)的光纤进行传输后，再将光信号转变回电信号，并经过放大后传送到扬声器中。该系统的一个电路原理图如图 6.13 所示，双向通信需要两个这样的系统。

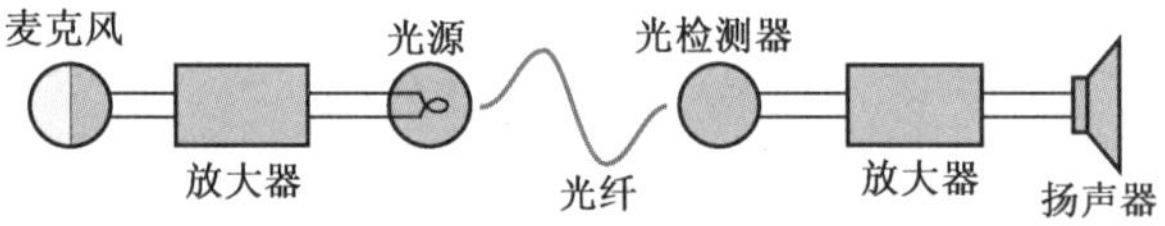


图 6.13 简单光纤单向对讲系统的原理框图

可以分别考虑发送电路和接收电路，因为两个电路实际上在电气上是独立的。图 6.14 所示是一个简单的信号发生电路，它包括一个麦克风、一个发光二极管(LED)和一个用来驱动发光二极管的同相运放电路。图中没有给出运放本身需要的电源连接。发光二极管的光输出大体上与它的电流成正比，但是当电流非常大或非常小的时候并非如此。

已知该放大器的增益为

$$\frac{v_{\text{out}}}{v_{\text{in}}} = 1 + \frac{R_f}{R_1}$$

它与发光二极管的电阻无关。为了选择 $R_f$和 $R_1$，需要知道从麦克风来的输入电压以及驱动发光二极管所需的输出电压。通过快速测量可知，当人们使用一般的话音时，麦克风的典型电压输出峰值为 40 mV。发光二极管制造商推荐其工作在 1.6 V 左右，因此设计增益为 1.6/0.04 = 40。任意选择 $R_1$ = 1 kΩ，则 $R_f$为 39 kΩ。

图 6.15 所示为单向对讲系统的接收机部分。它将光纤中的光信号转换成电信号，并将电信号放大，使得可以从扬声器中发出听得见的声音。

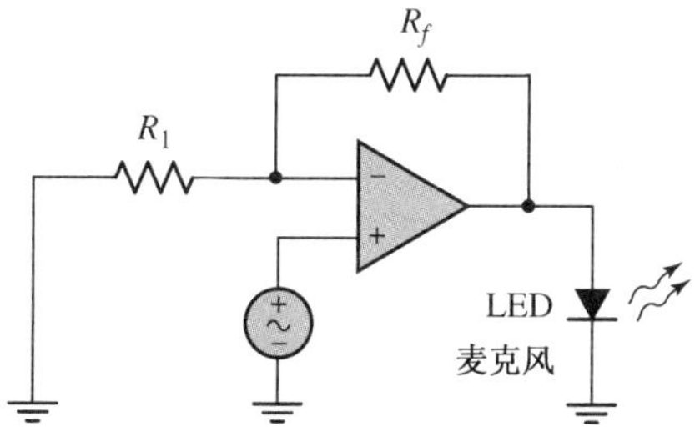


图 6.14　用于将麦克风产生的电信号转换成光信号并通过光纤传输的电路

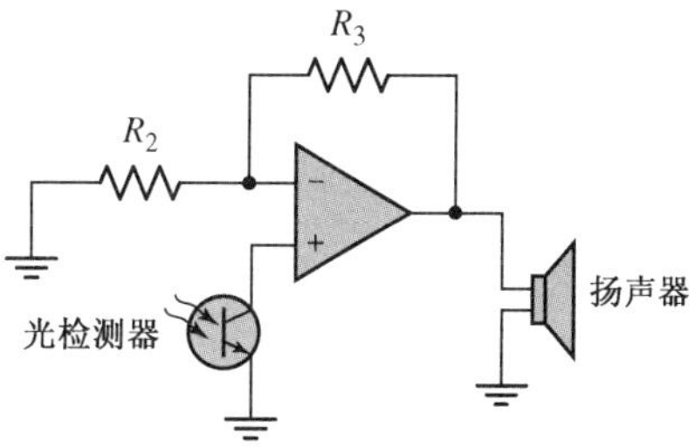


图 6.15　用来将光信号转换成音频信号的接收机电路

将传输电路的发光二极管输出耦合到光纤后，从光检测器可以检测到大约 10 mV 的信号。扬声器的最大额定功率为 100 mW，等效电阻为 8 Ω。这相当于扬声器最大电压为 894 mV，因此需要选择 $R_2$ 和 $R_3$ 以得到 894/10 = 89.4 的增益。任意选择 $R_2$ = 10 kΩ，则需要选取 $R_3$ = 884 kΩ，这样就完成了设计。

该电路虽然可以工作，但是 LED 的非线性特性会导致音频信号的明显失真。我们将改进的设计留在更深入的主题中讨论。

## 计算机辅助分析

我们已经看到，SPICE 是一个强大的电路分析工具，其中也包含运放电路的分析。SPICE 仿真的一个强大功能是可以定义特定运放的具体性能来求得精确的结果。关于运放具体性能的详细内容将在 6.5 节中介绍。现在，我们可以用理想运放模型来进行 SPICE 仿真。

**例**：对具有两个正弦输入、增益(放大倍数)为 2 的加法放大器进行仿真。两个正弦输入的频率都为 1 kHz，幅度分别为 1 V 和 0.5 V。

可以在 LTspice 中构建该电路，如图 6.16 所示。插入元件 **opamp** 来表示理想运放。注意，LTspice 中有几种不同的运放模型供选择，其中 **opamp** 模型只包含两个输入端和一个输出端(没有电源引脚和调零引脚)。为了明确理想运放的特性，需要加入一个 SPICE 指令来定义运放的特性。这可以通过加入一个子电路**.sub** 文件来实现，该文件由指令**.lib opamp.sub** 加入。利用标准电压源定义正弦电压源。当定义电源值时，单击 **Advanced**，在时域函数内选择类型 **SINE**，然后输入所需的幅度(0.5 V 或 1 V)和频率(1 kHz)。电阻值可以任意选择，只要 $R_f/R$ 的比值能够使增益为 2($R$ = 1 kΩ，$R_f$ = 2 kΩ)。因为这是一个时变分析，所以需要通过 SPICE 指令**.tran** 来运行瞬态分析。在本例中，使用命令**.tran 0 0.005**，所以分析就从 0 s 开始，在 0.005 s 时结束(1 kHz 输入信号的 5 个周期)。

仿真结果如图 6.16 所示。可以看到，该加法放大器的输入电压是两个正弦输入电压的反相求和。输出幅度为 3 V，它是输入幅度 0.5 V 和 1 V 的和，再乘以 $R_f/R$ 所设的倍数。该仿真分析描述了一个相对简单的求和放大器，显然 SPICE 也是分析相对复杂运放电路的强大工具。

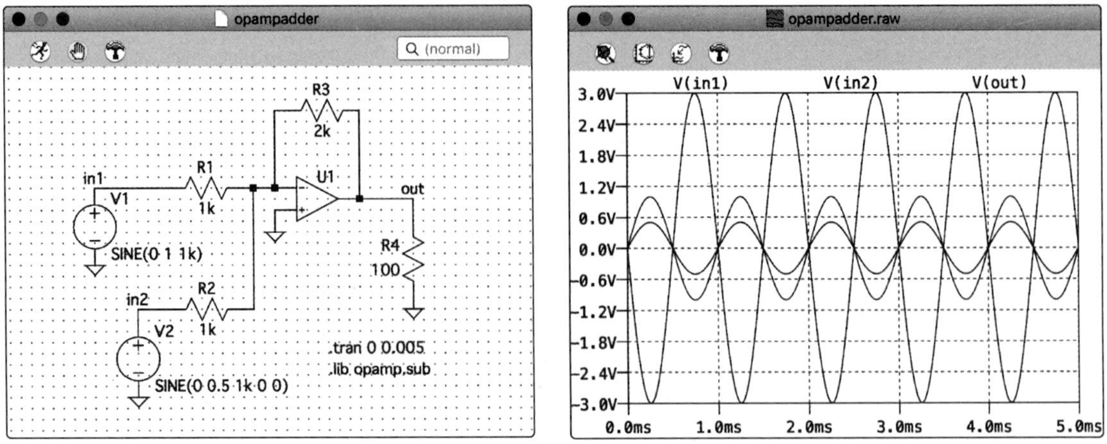


(a) (b)

图6.16 (a) 电路图；(b) 求和放大器电路的 LTspice 仿真输出结果

## 6.3 级联

尽管运放是一种非常通用的多功能器件，但是有许多应用只采用单个运放是不能完成的。在这种情况下，通常可以将几个独立的运放级联在一个更大的电路中来满足应用需求。图6.17所示的就是这样的一个例子，包含图6.10所示的加法放大电路，该加法放大电路只有两个输入源，输出端连接到一个反相放大器。这是一个两级运放电路。

前面已经单独分析了这两种类型的放大电路。基于前面的分析，如果这两个运放电路断开，则

$$v_x = -\frac{R_f}{R}(v_1 + v_2) \tag{7}$$

且

$$v_{\text{out}} = -\frac{R_2}{R_1}v_x \tag{8}$$

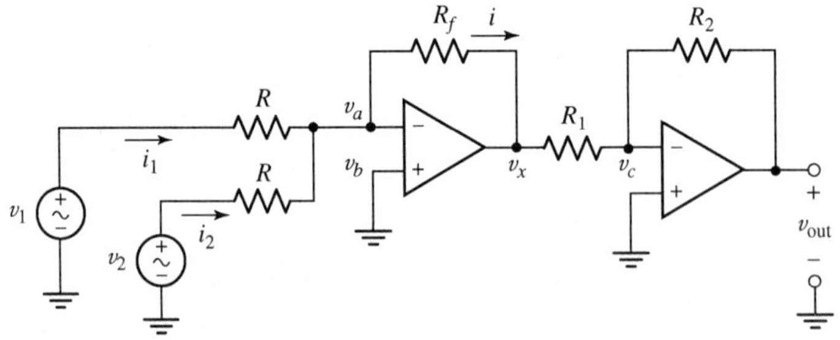


图6.17 两级运放电路，由一个加法放大器级联一个反相放大器组成

实际上，因为这两个电路在一个单节点上连接，并且 $v_x$ 电压不受连接的影响，所以可以合并式[7]和式[8]：

$$v_{\text{out}} = \frac{R_2}{R_1}\frac{R_f}{R}(v_1 + v_2) \tag{9}$$

该式描述了图6.17所示电路的输入-输出特性。但是，并不是总能将这种电路简化成我们熟

悉的单级电路，因此需要了解如何将图 6.17 所示的两级电路作为一个整体来分析。

当分析级联电路时，从最后一级开始往回向输入端分析的方法有时非常有用。根据理想运放规则 1，流过 $R_1$ 和 $R_2$ 的电流相同。标有节点 $v_c$ 的节点方程为

$$\frac{v_c - v_x}{R_1} + \frac{v_c - v_{\text{out}}}{R_2} = 0 \qquad [10]$$

应用理想运放规则 2，设式[10]中的 $v_c = 0$，可得

$$\frac{v_x}{R_1} + \frac{v_{\text{out}}}{R_2} = 0 \qquad [11]$$

因为目的是得到 $v_{\text{out}}$ 用 $v_1$ 和 $v_2$ 表示的表达式，因此回到运放规则 1 可得到 $v_x$ 用两个输入量表示的表达式。

对第 1 级运放的反相输入端应用理想运放规则 1，可得

$$\frac{v_a - v_x}{R_f} + \frac{v_a - v_1}{R} + \frac{v_a - v_2}{R} = 0 \qquad [12]$$

根据理想运放规则 2，由于 $v_a = v_b = 0$，因此可以将式[12]中的 $v_a$ 置为零，式[12]变为

$$\frac{v_x}{R_f} + \frac{v_1}{R} + \frac{v_2}{R} = 0 \qquad [13]$$

现在已经得到用 $v_x$（见式[11]）表示的 $v_{\text{out}}$ 的表达式，以及用 $v_1$ 和 $v_2$ 表示的 $v_x$ 的表达式（见式[13]）。它们分别等于式[7]和式[8]，这意味着将两个单独的电路级联成图 6.17 所示的电路不会影响每一级的输入–输出关系。合并式[11]和式[13]，求得级联放大电路的输入–输出关系为

$$v_{\text{out}} = \frac{R_2}{R_1}\frac{R_f}{R}(v_1 + v_2) \qquad [14]$$

该式等同于式[9]。

因此，该级联电路是一个加法放大器，但输入和输出之间的相位没有翻转。仔细选择电阻值，可以放大或衰减两个输入电压的和。如果选择 $R_2 = R_1$ 以及 $R_f = R$，则可以得到 $v_{\text{out}} = v_1 + v_2$ 的放大电路。

**例 6.3**　在一个小型月球轨道飞行器中安装了一个多箱气体推进燃料系统。每个箱中燃料的数量通过测量箱中压力（单位为 psia①）来监视。箱子容积以及传感器压力和电压范围的技术细节如表 6.2 所示。设计一个能够给出正直流电压信号的电路，该信号与剩余总燃料成正比，并且 1 V = 100%。

**解：**从表 6.2 可以看出该系统有 3 个分开的气体箱子，因此要求有 3 个单独的传感器。每个传感器的额定压力最大为 12 500 psia，相应的最大输出为 5 V。因此，当箱子 1 被充满时，它的传感器给出的电压信号为 5 × (10 000/12 500) = 4 V；监测箱子 2 的传感器的数据也一样。但是，连接到箱子 3 的传感器提供的最大电压信号只有 5 × (2000/12 500) = 800 mV。

图 6.18(a)所示电路是一种可能的答案，它采用 $v_1$，$v_2$ 和 $v_3$ 代表 3 个传感器输出的加法放大器，后面级联上一个反相放大器来调整电压符号和幅度。因为不知道传感器的输出电阻，因此每个传感器都采用图 6.18(b)所示的缓冲器。这样得到的电路的传感器上没有电流流过（理想情况下）。

为了使电路尽可能简单，首先选择 $R_1$，$R_2$，$R_3$ 和 $R_4$ 都为 1 kΩ，也可以选择任何值，只要 4 个电阻相等即可。因此，加法放大器的输出为

① 磅/英寸$^2$。这是以真空为参考测量得到的压力。

$$v_x = -(v_1 + v_2 + v_3)$$

最后一级必须将该电压反相，并且将其调整到当所有3个箱子都被充满时输出电压为1 V。箱子都被充满时有 $v_x = -(4+4+0.8) = -8.8$ V，因此最后一级的电压比例要求为 $R_6/R_5 = 1/8.8$。任意选择 $R_6 = 1$ kΩ，则可求得 $R_5$ 为 8.8 kΩ，至此设计完成。

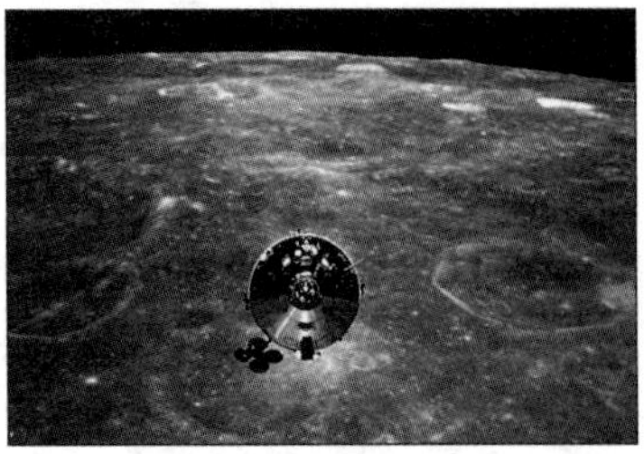

(© ullstein bild/Getty Images)

**表 6.2 箱中压力监视系统的技术数据**

| | |
|---|---|
| 箱子 1 容积 | 10 000 psia |
| 箱子 2 容积 | 10 000 psia |
| 箱子 3 容积 | 2000 psia |
| 传感器压力范围 | 0 ~ 12 500 psia |
| 传感器电压输出范围 | 0 ~ 5 V |

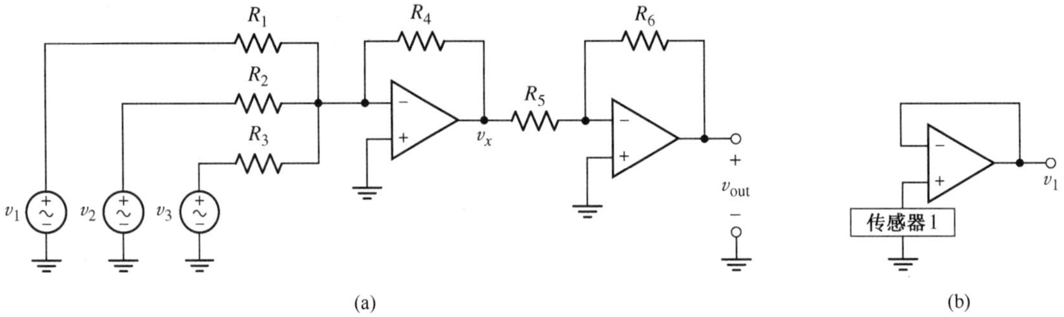


图 6.18 (a) 测量总剩余燃料的电路；(b) 缓冲器设计，可避免由于传感器内阻未知引入的误差，以及对提供输出电流的能力限制。每个传感器使用一个这样的缓冲器，然后向加法放大器级提供输入 $v_1$，$v_2$ 和 $v_3$

## 练习

6.3 一座古桥正在被破坏。在维修之前，只允许质量小于 1600 kg 的汽车通过。为了对质量进行监测，人们设计了一个有 4 个触点的称重系统。该系统有 4 个独立的电压信号，分别来自 4 个轮子接触点，并有 1 mV 等同于 1 kg。设计一个电路，该电路可以输出一个正电压信号来表示汽车的总质量(该电压信号显示在数字万用表中)，要求 1 mV = 1 kg。可以假定轮子触点电压信号无须缓冲。

答案：见图 6.19。

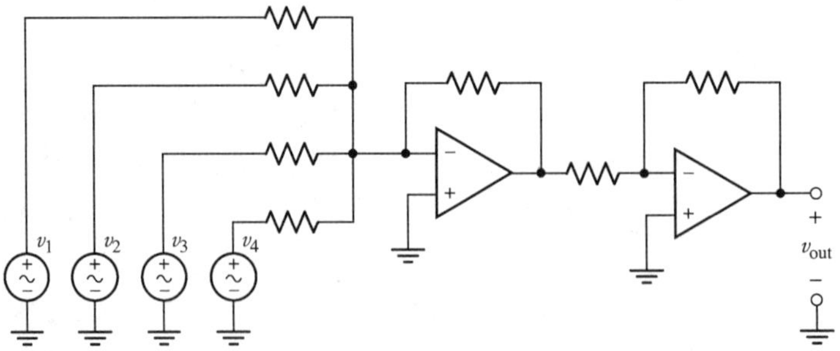


图 6.19 练习 6.3 提出问题的一种可能的解答。所有电阻都为 10 kΩ(可以选取任何电阻，只要它们都相等)。输入电压 $v_1$，$v_2$，$v_3$ 和 $v_4$ 表示从4个轮子传感器得到的电压信号，$v_{out}$ 是输出信号，它连接到数字万用表的正输入端。所有5个电压都以地为参考点，数字万用表的公共端也连接到地

# 6.4　反馈、比较器和仪表放大器

## 负反馈和正反馈

前面讨论的每个运放电路都有一个特征，即其输出端和反相输入端之间有一个电气连接，这称为闭环工作。可以看到，输出端和输入端之间的电气连接(反馈)总是连接到反相输入端。为什么不能连接到同相输入端？如果连接到同相输入端会发生什么结果？下面来看图 6.20 所示的两种情况的电压跟随器电路，其中反馈分别连接到反相输入端和同相输入端。

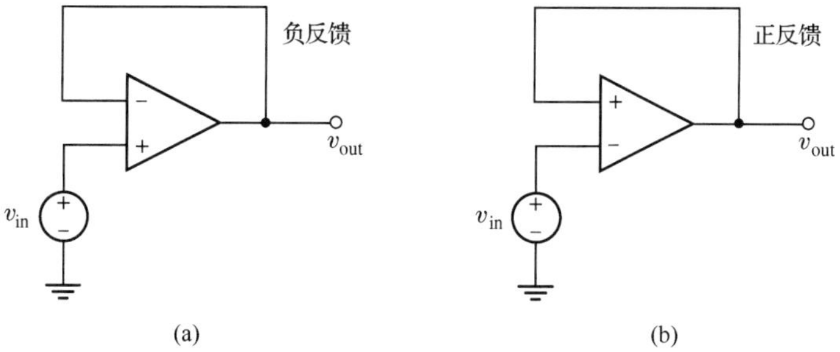


图 6.20　(a) 连接成负反馈和正反馈的电压跟随器运放电路；(b) 相关的等效电路模型

对于负反馈情况，可以看到

$$v_{out} = A v_d = A(v_{in} - v_{out})$$

已经知道 $A$ 是运放的增益，是一个非常大的值(理想情况下为无穷大)。输出电压由输入端和输出端之间的电压差决定，同时又被返回到输入端。假设初始状态为 $v_{in} > v_{out}$。两个输入端之间的差值为 $v_d = v_{in} - v_{out} > 0$，因此 $v_{out}$将增大。$v_{out}$的增大被反馈回运放的反相输入端，使得 $v_d$减小。使输入值减小的反馈组态称为**负反馈**。

当初始状态为 $v_{in} < v_{out}$时，同样的分析可以得到 $v_d < 0$，其中 $v_{out}$将减小，$v_d$的幅度也将减小。对于上面的两种初始状态，最终的结果都是运放和负反馈组态使输出进入一个稳定状态，即输出电压近似等于输入电压。

为了从数学上进行说明，重新排列前式，可得

$$v_{out} = \left(\frac{A}{A+1}\right) v_{in}$$

可以看到输出稍小于输入，然后被反馈回运放的反相端。当 $A$ 非常大时，输出将稳定于 $v_{out} \approx v_{in}$。

对于正反馈情况，可以看到

$$v_{out} = A v_d = A(v_{out} - v_{in})$$

$v_{in} < v_{out}$的初始状态将导致 $v_d = v_{out} - v_{in} > 0$，因此 $v_{out}$将增大。$v_{out}$的增大将被反馈回运放的同相输入端，使得 $v_d$的幅度持续增大。使输入值增大的反馈组态称为**正反馈**。

对 $v_{in} > v_{out}$的初始状态进行同样的分析，可以得到 $v_d < 0$，其中 $v_{out}$将减小，$v_d$的幅度将增大。在这种情况下，相当于 $v_d$变得更负。对于两种初始状态，最后的结果是运放和正反馈使输出进入一个**不稳定的状态**，即 $v_{out}$将变为正无穷或负无穷。实际上，运放输出只能达到由提供给该器件的电源确定的一个电压值。由于输出电压被电源限制，因此称运放处于**饱和状态**。

为了从数学上进行说明，重新排列前式，可得

$$v_{out} = \left(\frac{A}{A-1}\right) v_{in}$$

可以看到输出稍大于输入，然后被反馈回运放的同相输入端。

总结一下，**负反馈**是将输入减去一部分输出的过程，而**正反馈**是在输入的基础上加上一部分输出的过程。在负反馈情况下，如果某些事件改变了放大器的特性而使输出增大，那么同时输入将减小。太大的负反馈将阻碍任何有用的放大，但是一个小的负反馈可以提高稳定性。一个负反馈的例子就是我们用手靠近火焰的过程。越靠近火焰，从手传来的负反馈信号将越大。然而，如果负反馈的比例过大，则会使我们对热量生厌而远离火焰，直至冻坏为止。正反馈往往会导致系统不稳定。一个典型的例子是用麦克风直接对着扬声器，开始时非常微弱的声音将很快被反复放大，直到系统发出刺耳的尖叫。

⚠ 理想运放规则及其电路分析技术只能用于负反馈组态，不能用于正反馈运放电路。

## 比较器

闭环是将运放用做放大器的一种优先选取的方法，因为它可以将电路性能与温度或制造差异引起的开环增益变化分隔开来。但是有许多应用需要使用处于开环状态的运放。在这类应用中通常使用**比较器**，其设计与通常用来改善开环工作速度的运放略有不同。

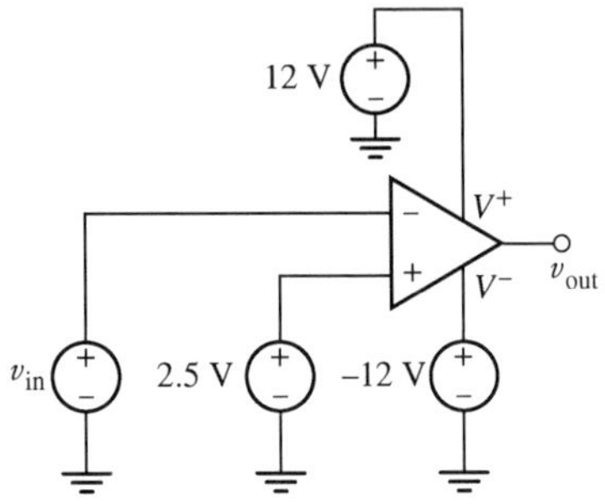


图 6.21　一个比较器电路的实例，参考电压为2.5 V

图6.21(a)所示是一个简单的比较器电路，其中同相输入端接有2.5 V 的参考电压，被比较的电压($v_{in}$)接到反相输入端。因为运放的开环增益 $A$ 非常大，所以在两个输入端之间无须很大的电压差就能使运放达到饱和。因此，比较器 +12 V 的输出表示输入电压小于参考电压，而 −12 V的输出表示输入电压大于参考电压。如果将参考电压连接到反相输入端，则将得到相反的结果。

$$v_{out} = \begin{cases} 12\text{ V}, & v_{in} < 2.5\text{ V} \\ -12\text{ V}, & v_{in} > 2.5\text{ V} \end{cases}$$

## 计算机辅助分析

使用 SPICE 对图6.21 所示的比较器电路进行仿真。仍然使用运放的理性模型，另外还需要使用一个 SPICE 模型来定义连接到运放的电源。在本例中，使用 **UniversalOpAmp2** 器件来描述运放，电路如图6.22(a)所示。$v_{out}$ 与 $v_{in}$ 的关系可以通过直流扫描命令来仿真。SPICE 指令 **.dc Vin 0 5 0.01** 定义了电压源 **Vin** 从0 V 开始，到5 V 结束，步长为0.01 V 的直流扫描。

比较器电路的输出如图6.22(b)所示，其中响应在正负饱和电压之间摆动，没有线性放大区域。得到的结果与前面的分析和方程非常一致。

**例6.4**　设计一个电路，当电压信号低于3 V 时，该电路输出5 V 的“逻辑1”电平，否则输出为0 V。

**解：**因为希望比较器的输出在0 V 和5 V 之间摆动，因此将使用单电源供电的运放，电源电压 +5 V，连接方式如图6.23 所示。将 +3 V 参考电压接到同相输入端，该参考电压利用两个1.5 V 电池串联得到。然后将输入电压信号(表示成 $v_{signal}$)接到反相输入端。事实上，比较器电路的饱和电压范围比电源电压范围略小，因此需要通过测试或模拟做一些调整。

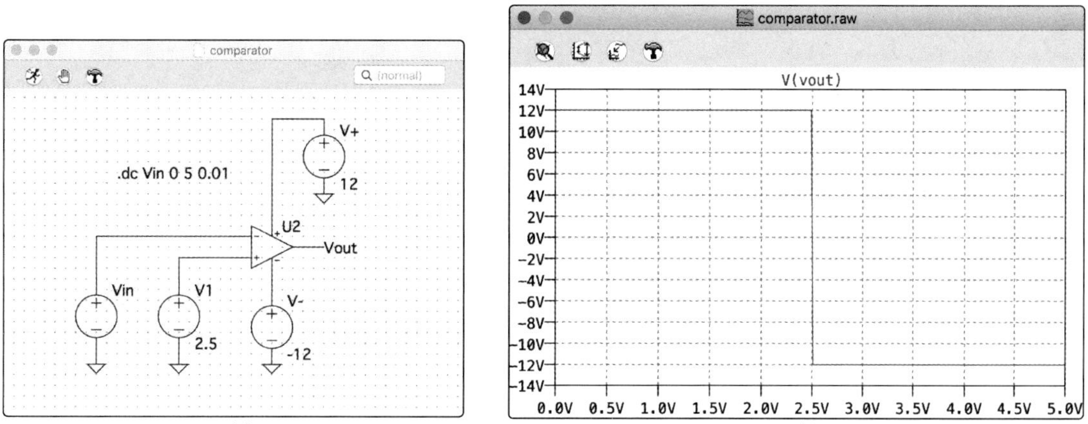


(a)　　　　　　　　(b)

图 6.22　(a) 参考电压为 2.5 V 的比较器电路图；(b) 输入/输出特性曲线

## 练习

6.4　设计一个电路，当一个特定电压($v_{signal}$)超过 0 V 时给出 12 V 输出，否则给出 -2 V 输出。

答案：一种可能的解决方案如图 6.24 所示。

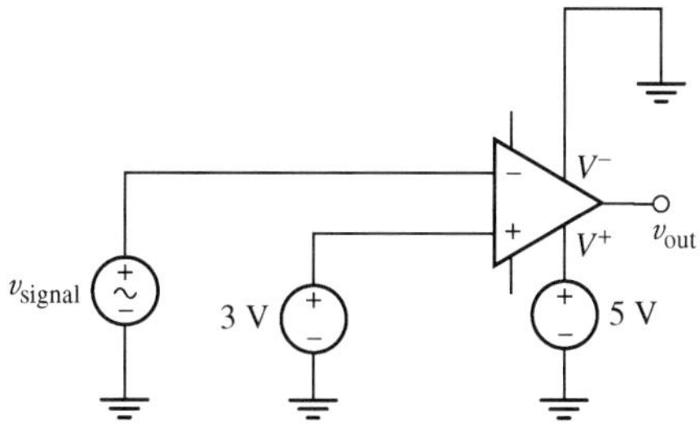


图 6.23　所求电路的一种可能的设计方案

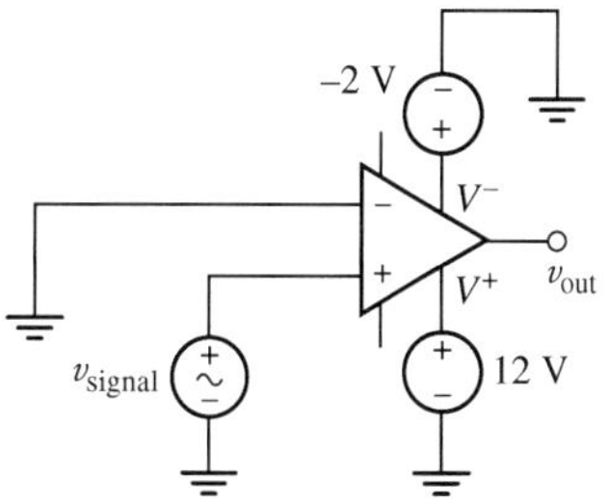


图 6.24　练习 6.4 的一种可能的解决方案

比较器电路也可以使用正反馈组态，如图 6.25(a)所示。与前面关于正反馈和比较器电路的分析类似，输出电压 $V_{out}$将变为电源电压 $V^+$和 $V^-$，取决于 $V_x$和 $V_{in}$之间的电压差的符号。由分压器可得同相输入端的电压 $V_x$为

$$V_x = \frac{R_1}{R_1 + R_2} V_{out}$$

假设从输出电压为高状态($V_{out} = V^+$)时开始分析，输出将保持高状态直到 $V_{in}$超过 $V_x$，此时运放输入端之间的电压差为负。输入端的负电压将使输出变成低状态($V_{out} = V^-$)。因此输出将在取两个阈值输入电压 ${V_T}^{upper}$和 ${V_T}^{lower}$时切换，两个阈值电压分别为

$$V_{in} = {V_T}^{upper} = \frac{R_1}{R_1 + R_2} V^+$$

和

$$V_{in} = {V_T}^{lower} = \frac{R_1}{R_1 + R_2} V^-$$

电路行为取决于 $V_{out}$的当前状态，因此具有**记忆**。输出响应如图 6.25(b)所示。两个切换阈值取决于当前状态的行为称为**滞后**。具有滞后的比较器电路称为**施密特触发器**，是控制和信号调理应用中经常使用的电路。与单个比较电压相比，滞后窗口的主要优势在于可以减小对噪声信号的敏感度。

图6.25(a)中的电路输出将保持为高直到 $V_{in}$ 超过上阈值电压 $V_T^{upper}$，此时电路将切换到低状态。一旦输出为低，它将保持低状态直到 $V_{in}$ 减小到低于下阈值电压 $V_T^{lower}$。施密特触发器的工作行为与用于控制温度的恒温调节器非常类似。例如，将输出电压作为加热器的输出信号，而利用输入电压来指示温度。施密特触发器的下阈值和上阈值可用于定义所需的温度窗口。当温度超过上阈值时，加热器关闭；当温度低于下阈值时，加热器重新打开。由阈值定义的温度窗口在减小噪声方面非常有用：假设温度读数在设置的目标温度附近有一个小的波动(变化量可能是0.1°的数量级)，该波动可能会造成加热系统快速但不必要地打开和关闭。施密特触发器中的滞后会降低对波动的敏感性。下面的例题给出了一个同相组态，可用于诸如空调等冷却系统中的温度控制。除了温度控制，施密特触发器以及具有滞后的相关电路可用于很多应用，包括数字电路中的信号调理。

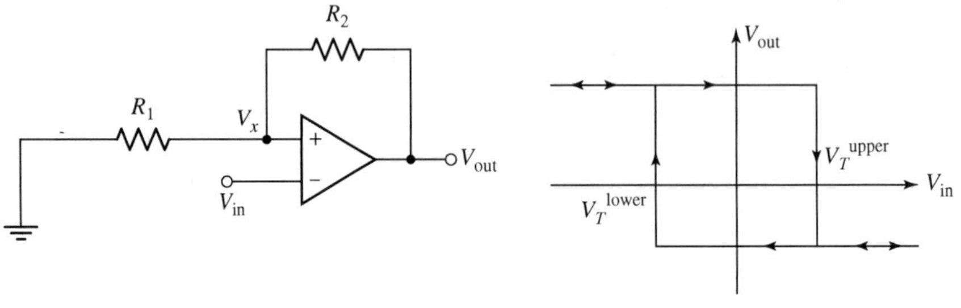


(a) (b)

图6.25 (a)反相比较器施密特触发器电路；(b)给出滞后效果的电压输出和输入之间的关系

**例6.5** 图6.26所示电路是一个同相组态的比较器施密特触发器。求该电路的阈值电压，并画出 $V_{out}$ 和 $V_{in}$ 的关系曲线，其中 $R_1 = 400\ \Omega$，$R_2 = 1.2\ \text{k}\Omega$，$V^+ = 15\ \text{V}$，$V^{-1} = -12\ \text{V}$。

**解**：首先在运放的同相端(假设节点电压为 $V_x$)写出基尔霍夫电流方程来得到输入和输出的关系：

$$\frac{(V_x - V_{in})}{R_1} + \frac{(V_x - V_{out})}{R_2} = 0$$

求解 $V_x$ 并重新排列各项，可得

$$V_x = \frac{R_2}{R_1 + R_2} V_{in} + \frac{R_1}{R_1 + R_2} V_{out}$$

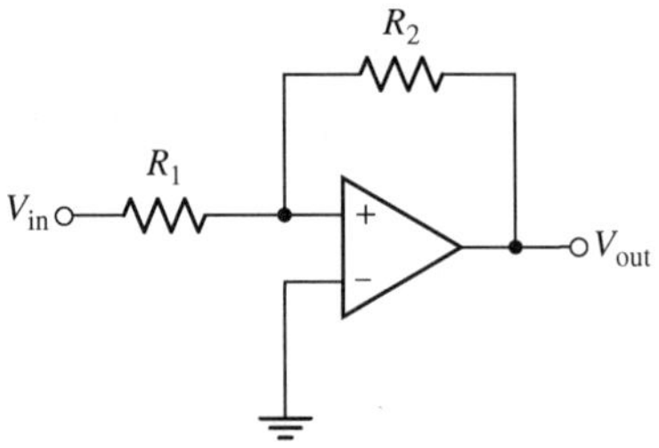


图6.26 同相比较器施密特触发器

当运放的反相端和同相端之间的电压差为0时(即 $V_x = 0$)得到触发器的阈值电压。求得 $V_{in}$ 为

$$V_{in} = -\left[\left(\frac{R_1}{R_1 + R_2}\right)\bigg/\left(\frac{R_2}{R_1 + R_2}\right)\right] V_{out} = -\frac{R_1}{R_2} V_{out}$$

通过电源电压求得两个输出电压为 $V^+$ 和 $V^-$，下阈值电压和上阈值电压分别为

$$V_{in} = V_T^{lower} = -\frac{R_1}{R_2} V^+$$

和

$$V_{in} = V_T^{upper} = -\frac{R_1}{R_2} V^-$$

当电路初始状态为低，即 $V_{out} = V^-$ 时，输出保持低状态直到运放的同相端变成正(只要运放的同相端和反相端之间的电压差为正)，此时 $V_{in} > V_T^{upper}$。这将使输出电压 $V_{out} = V^+$。接下来将保持高状态直到 $V_{in} < V_T^{lower}$，然后输出电压 $V_{out} = V^-$。代入数值，可得到下列数值结果以及如图6.27所示的响应。

$$V_{out} = \begin{cases} -12\text{ V}, & \text{低状态} \\ 15\text{ V}, & \text{高状态} \end{cases}$$

$$V_T^{\text{lower}} = -\frac{400}{1200}15 = -5\text{ V}$$

和

$$V_T^{\text{upper}} = -\frac{400}{1200}(-12\ ) = 4\text{ V}$$

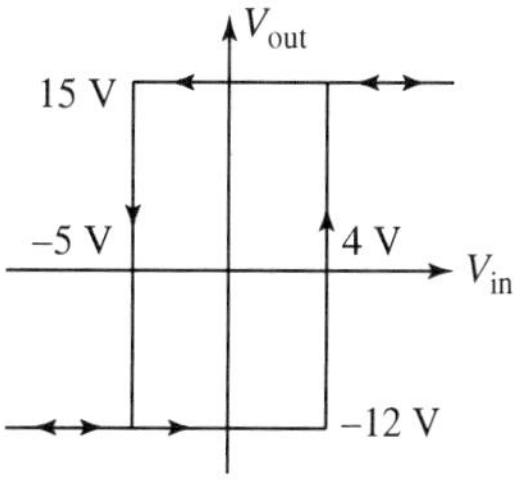


图6.27　同相比较器施密特触发器的输出电压

## 练习

6.5　设计一个同相施密特触发器，要求输出为±5 V，阈值电压为±2 V。

答案：利用图6.26所示的同相组态，电源为$V^+ = 5$ V，$V^- = -5$ V；$R_1/R_2 = 2/5$。

## 仪表放大器

基本比较器电路对器件输入端的电压差起作用，但是它不能放大信号，因为输出与输入不成比例。图6.11所示的差分放大器也对反相输入端和同相输入端之间的电压差起作用，而且可以提供与该差值电压成正比的输出，条件是采取措施避免电路进入饱和。当输入电压非常小时，更好的选择是一种称为**仪表放大器**的器件，它实际上是将3个运放器件封装成了一个器件。

图6.28(a)所示是一个通用仪表放大器配置的例子，图6.28(b)所示是它的符号。每个输入直接接到电压跟随器，两个电压跟随器的输出接至差分放大器。该器件特别适合于以下应用：输入电压信号非常小的应用（如毫伏数量级），如由热电偶或应变仪产生的信号；存在几伏的共模噪声信号的应用。

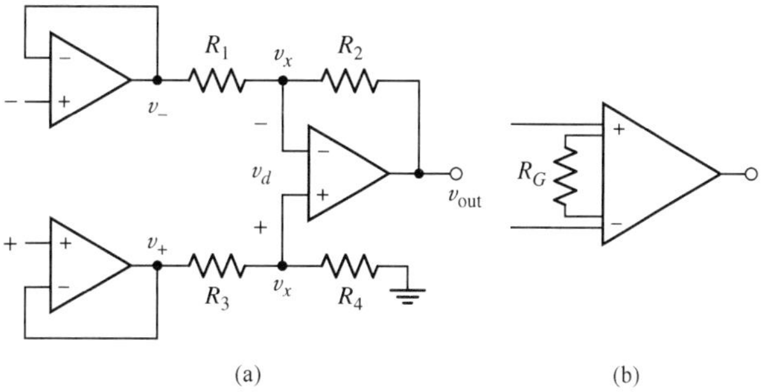


图6.28　(a) 通用仪表放大器；(b) 通用符号

如果仪表放大器的所有器件都制造在同一个硅片上，就可能得到非常匹配的器件特性以及两组电阻精确的比值。为了使仪表放大器的共模信号的抑制达到最大，假设$R_4/R_3 = R_2/R_1$，从而可以对输入信号的共模分量进行相同的放大。为了更进一步进行探讨，将上面的电压跟随器的输出电压记为$v_-$，下面的电压跟随器的输出电压记为$v_+$。假定3个运放都是理想运放，并且将差分放大器的两个输入电压记为$v_x$，则可以写出下面的节点方程：

$$\frac{v_x - v_-}{R_1} + \frac{v_x - v_{out}}{R_2} = 0 \tag{15}$$

和

$$\frac{v_x - v_+}{R_3} + \frac{v_x}{R_4} = 0 \tag{16}$$

求解式[16]可得

$$v_x = \frac{v_+}{1 + R_3/R_4} \tag{17}$$

将其代入式[15]，得到用输入表示的$v_{out}$的表达式为

$$v_{out} = \frac{R_4}{R_3}\left(\frac{1 + R_2/R_1}{1 + R_4/R_3}\right)v_+ - \frac{R_2}{R_1}v_- \tag{18}$$

从式[18]可以清楚地看出，一般情况下会对两个输入端输入的共模分量进行放大。但是

在特殊情况下，当 $R_4/R_3 = R_2/R_1 = K$ 时，式[18]简化为 $K(v_+ - v_-) = Kv_d$，因此(假定理想运放)只有差模信号被放大，增益才为电阻的比值。因为这些电阻在仪表放大器的内部，因此使用者接触不到，实际器件(如 AD622)允许通过在两个引脚之间接上外部电阻[图 6.28(b)中为 $R_G$]来设置 1～1000 范围内的增益。

## 实际应用——心电图

心血管系统是人体内将含氧血液传输给细胞的复杂而又精细的系统。血液循环系统类似于电子电路，其中心脏(电源)将血液(电子)通过血管(导线)输送给身体细胞(电阻负载)。我们自然会想到心脏内控制肌肉的收缩，那么它究竟是如何工作的？心脏有自己内部的电力系统，利用电信号来触发肌肉收缩，从而控制心率和节奏，如图 6.29(a)所示。心房和心室的有序收缩提供了血液流动所需的顺序，并受到称为窦房结的心脏起搏器控制。由窦房结产生的电力信号以一种有序而有节奏的方式进行传播来刺激心肌。由心脏电力系统产生的电压变化可以在皮肤上测量得到。心电图(electrocardiogram, ECG)就是对这些电力信号的测量，其中产生的波形如图 6.29(c)所示，它提供了一种非侵入式的心脏问题检测方法。

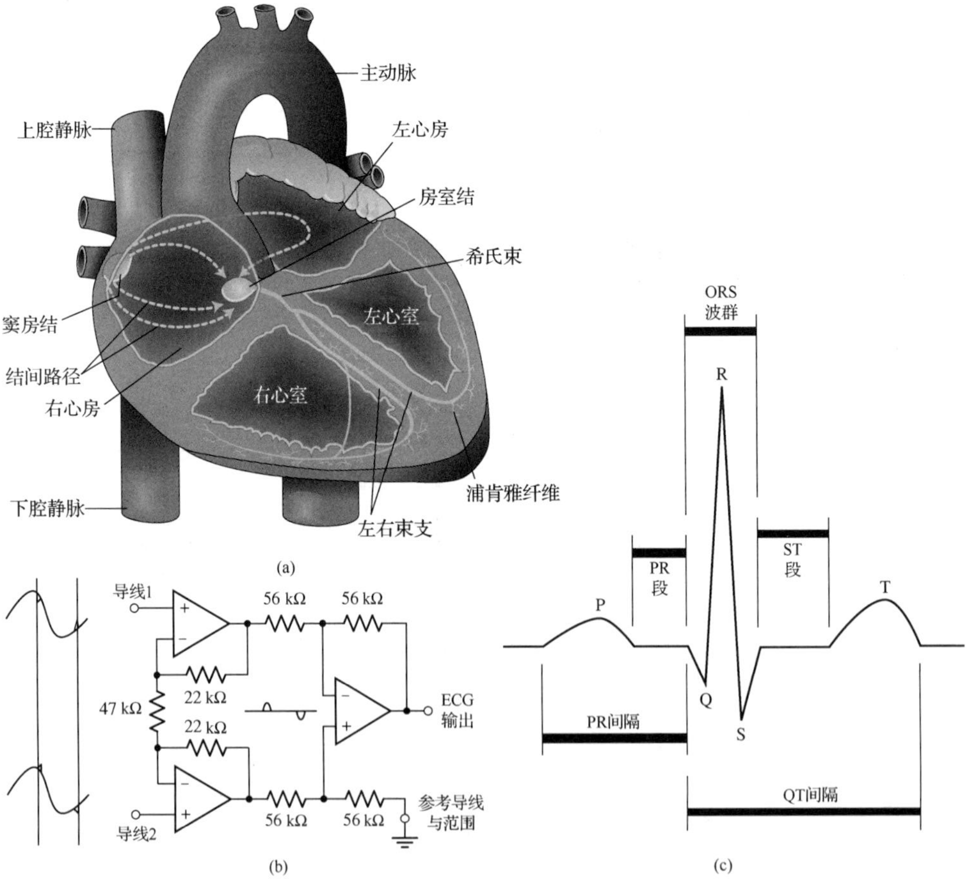


图 6.29 (a) 心脏电力系统图(© McGraw-Hill Education)；(b) 基于仪表放大器的三电极心电图电路的原理图；(c) 正常的心电图信号

为了测量心电图信号，将电极放置在身体的不同部位，对该电力信号按照心脏节奏传输后的电压差进行比较。电极数量以及放置位置可能不一样，但 12 个电极的心电图是最传统的。在所有情况下，测量两个电极之间的电压差，其中心电图波形的幅度大约为 1 mV。心电图的精确测量需要一个具有高输入阻抗、高增益和高共模抑制比(CMRR，在 6.5 节中讨论)的差分放大器。在本章中已经看到，如图 6.29(b)所示的仪表放大器最适合用于这种应用。心电图的典型指标包括输入电阻大于 10 MΩ、增益大于 1000 和 CMRR 大于 $10^5$。

## 6.5　实际考虑

### 更详细的运放模型

在 6.2 节中已经知道，可以将运放看成电压控制的受控电压源，其中运放的输出由受控电压源提供，而受控电压源的控制电压为输入端两端的电压。图 6.30 给出了实际运放的一个合理模型的原理框图，包含一个电压增益为 $A$、输出电阻为 $R_o$ 且输入电阻为 $R_i$ 的受控电压源。表 6.3 给出了几种常见运放的典型参数值。

参数 $A$ 称为运放的**开环电压增益**，其典型范围为 $10^5 \sim 10^6$。我们注意到，表 6.3 所列的所有运放都具有非常大的开环电压增益，尤其与例 6.1 中的同相放大电路的电压增益 11 相比更是如此。要记住运放本身的开环电压增益和特定运放电路的**闭环电压增益**之间的区别。这里，环路指的是输出引脚和反相输入引脚之间的一条外部路径，可以是一条导线、一个电阻或其他类型的元件，具体取决于不同的应用。

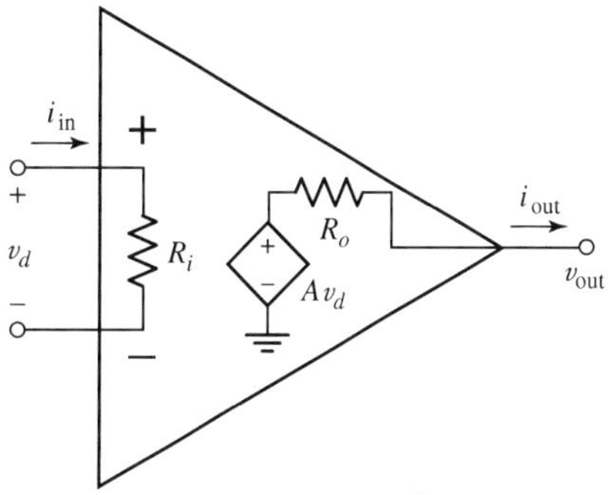


图 6.30　一个更详细的运放模型

μA741 是一种很常用的通用运放，由仙童公司在 1968 年首先制造出来。它被认为是所有运放的祖先，数十年来一直被广泛使用。μA741 的成功是因为它孕育出了大量的其他器件，这些器件为一些特殊应用提供了高性能，如表 6.3 所示。μA741 的特性参数如下：开环电压增益为 200 000，输入电阻为 2 MΩ，输出电阻为 75 Ω。为分析理想运放模型对实际器件的特性的近似程度，下面重新来看图 6.4 所示的反相放大电路。

**表 6.3　几种类型运放的典型参数值**

| 型号 | μA741 | LM324 | LT1001 | LF411 | AD549K |
|---|---|---|---|---|---|
| 说明 | 通用目的 | 低功耗 | 高精度 | 低失调，低漂移 JFET 输入 | 超低输入偏置电流 |
| 开环电压增益 $A$ | $2\times10^5$ | $10^5$ | $8\times10^5$ | $2\times10^5$ | $10^6$ |
| 输入电阻 | 2 MΩ | * | 100 MΩ | 1 TΩ | 10 TΩ |
| 输出电阻 | 75 Ω | * | * | ~1 Ω | ~15 Ω |
| 输入偏置电流 | 80 nA | 45 nA | 0.5 nA | 50 pA | 75 fA |
| 输入失调电压 | 1.0 mV | 2.0 mV | 7 μV | 0.8 mV | 0.150 mV |
| 共模抑制比(CMRR) | 90 dB | 85 dB | 110 dB | 100 dB | 100 dB |

*　制造商未提供。

**例 6.6** 参见图 6.30 所示的 μA741 运放模型，使用恰当的参数重新分析如图 6.4 所示的反相放大电路。

**解**：首先用详细模型替代图 6.4 中的理想运放模型，得到图 6.31 所示的电路。

⚠注意，不能再使用理想运放规则，因为这里已经不使用理想运放模型了。因此，写出两个节点方程：

$$\frac{-v_d - v_{\text{in}}}{R_1} + \frac{-v_d - v_{\text{out}}}{R_f} + \frac{-v_d}{R_i} = 0$$

$$\frac{v_{\text{out}} + v_d}{R_f} + \frac{v_{\text{out}} - Av_d}{R_o} = 0$$

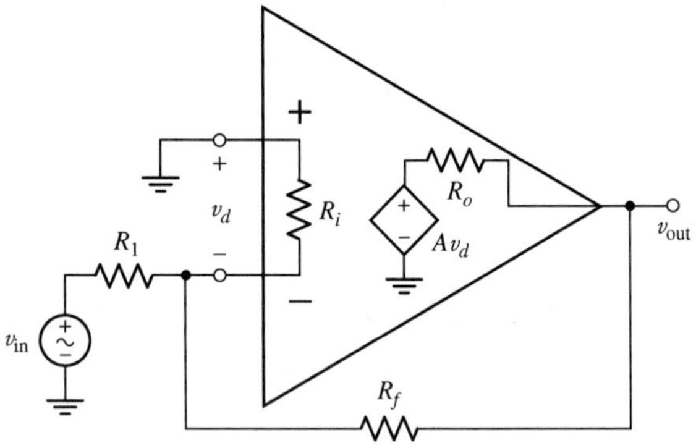


图 6.31 使用详细运放模型的反相放大电路

进行一些直接但有些烦琐的代数运算后可以消去 $v_d$，联立上面两个方程，可以得到下面用 $v_{\text{in}}$ 表示的 $v_{\text{out}}$ 的表达式：

$$v_{\text{out}} = \left[\frac{R_o + R_f}{R_o - AR_f}\left(\frac{1}{R_1} + \frac{1}{R_f} + \frac{1}{R_i}\right) - \frac{1}{R_f}\right]^{-1} \frac{v_{\text{in}}}{R_1} \qquad [19]$$

将 $v_{\text{in}} = 5\sin 3t$ mV，$R_1 = 4.7\ \text{k}\Omega$，$R_f = 47\ \text{k}\Omega$，$R_o = 75\ \Omega$，$R_i = 2\ \text{M}\Omega$ 和 $A = 2 \times 10^5$ 代入式[19]，可得

$$v_{\text{out}} = -9.999\,448\, v_{\text{in}} = -49.997\,24 \sin 3t \text{ mV}$$

把上面的结果与采用理想运放模型得到的表达式($v_{\text{out}} = -10v_{\text{in}} = -50 \sin 3t$ mV)进行比较，可以看到，理想运放是一个相当精确的模型。而且采用理想运放模型后，极大地简化了电路分析中的代数运算。我们注意到，如果允许 $A \to \infty$，$R_o \to 0$，$R_i \to \infty$，式[19]就可以简化为

$$v_{\text{out}} = -\frac{R_f}{R_1} v_{\text{in}}$$

这与前面假设运放是理想时的反相放大器推导出的结论一样。

## 练习

6.6 运放电路如图 6.4 所示，假设开环增益($A$)有限，输入电阻($R_i$)有限，输出电阻($R_o$)为零，求用 $v_{\text{in}}$ 表示的 $v_{\text{out}}$ 的表达式。

答案：$v_{\text{out}}/v_{\text{in}} = -AR_fR_i/[(1+A)R_1R_i + R_1R_f + R_fR_i]$。

## 理想运放规则的推导

前面已经讲到，理想运放模型对于实际器件特性的近似非常精确。事实上，使用上面的有限开环增益、有限输入电阻和非零输出电阻的更详细的模型，可以直接推导出前面两个理想运放规则。

参考图 6.30，可以看到实际运放的开路输出电压可以表示为

$$v_{\text{out}} = Av_d \qquad [20]$$

重新整理该方程，可得 $v_d$(有时称为**差分输入电压**)可以写成

$$v_d = \frac{v_{\text{out}}}{A} \qquad [21]$$

读者或许会想到，实际运放的输出电压 $v_{out}$ 的幅度应该有一个限制。正如 6.4 节所讨论的，运放饱和值接近电流电压值，其典型值为 5 ~ 24 V。如果用 μA741 的开环增益 $2\times10^5$ 除以 24 V，则可得到 $v_d = 120$ μV。尽管它不为零，但是与输出电压 24 V 相比，如此小的数值实际上可以视为零。理想运放具有无穷大的开环增益，所以无论 $v_{out}$ 有多大，总有 $v_d = 0$，由此可以得出理想运放规则 2。

理想运放规则 1 表述为："没有电流流入两个输入端。"参考图 6.30，运放输入电流为

$$i_{in} = \frac{v_d}{R_i}$$

我们刚刚知道 $v_d$ 是一个非常小的电压。从表 6.3 中可知，典型运放的输入电阻非常大，数量级从 MΩ 到 TΩ。利用上面的 $v_d = 120$ μV 和 $R_i = 2$ MΩ，可以计算得到输入电流为 60 pA。这是一个非常小的电流，需要一个特制的安培表(称为皮安培表)来测量。从表 6.3 可以看到 μA741 的典型输入电流(更确切的术语是**输入偏置电流**)只有 80 nA，比估计值大 3 个数量级。这是使用的运放模型的一个缺点，因为它不能为输入偏置电流提供精确值。与典型运放电路中的其他电流相比，可以将该电流视为零，现代运放(例如 AD549)甚至具有更小的输入偏置电流。因此，可以得出结论：理想运放规则 1 是非常合理的假定。

从前面的讨论可以很清楚地看到，理想运放具有无限大的开环增益和无限大的输入电阻，但是没有考虑运放的输出电阻以及它对电路可能产生的影响。参考图 6.30，可以看到

$$v_{out} = Av_d - R_o i_{out}$$

其中，$i_{out}$ 是从运放输出引脚流出的电流。因此，非零的 $R_o$ 值将使输出电压减小，当输出电流增大时，它的影响将越来越明显。因此，理想运放规定输出电阻为 0 Ω。μA741 的最大输出电阻为 75 Ω，现代器件(如 AD549)具有更小的输出电阻。

## 共模抑制

运放有时称为差分放大器，因为输出与两个输入端之间的电压差成正比。这意味着如果在两个输入端施加相同的电压，那么期望的输出电压为零。运放的这个特点是最吸引人的特性之一，称为**共模抑制**。图 6.32 所示电路的输出电压为

$$v_{out} = v_2 - v_1$$

如果 $v_1 = 2 + 3\sin 3t$ V，$v_2 = 2$ V，那么其输出将为 $-3\sin 3t$ V；$v_1$ 和 $v_2$ 共有的 2 V 分量不会被放大，而且也不会在输出端出现。

对于实际运放，事实上可以发现共模信号对输出有一个小的贡献。为了比较不同的运放，通常用**共模抑制比**(CMRR)来表示运放抑制共模信号的能力。定义 $v_{oCM}$ 为两个输入相等时($v_1 = v_2 = v_{CM}$)的输出电压，可以确定运放的共模增益 $A_{CM}$ 为

$$A_{CM} = \left|\frac{v_{o_{CM}}}{v_{CM}}\right|$$

然后定义 CMRR 为差模增益 $A$ 与共模增益 $A_{CM}$ 的比：

$$\text{CMRR} \equiv \left|\frac{A}{A_{CM}}\right| \qquad [22]$$

实际经常以对数表示成分贝的形式(dB)：

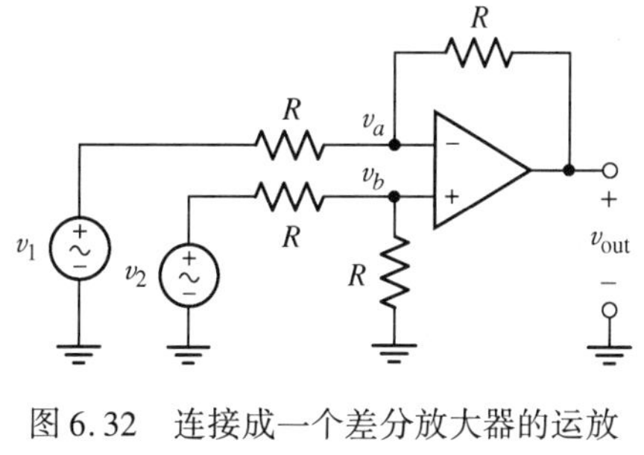


图 6.32　连接成一个差分放大器的运放

$$\text{CMRR}_{(\text{dB})} \equiv 20\log_{10}\left|\frac{A}{A_{\text{CM}}}\right| \quad \text{dB} \qquad [23]$$

表6.3给出了几个不同运放的典型值，100 dB 表示 $A$ 与 $A_{\text{CM}}$ 比值的绝对值为 $10^5$。

## 饱和

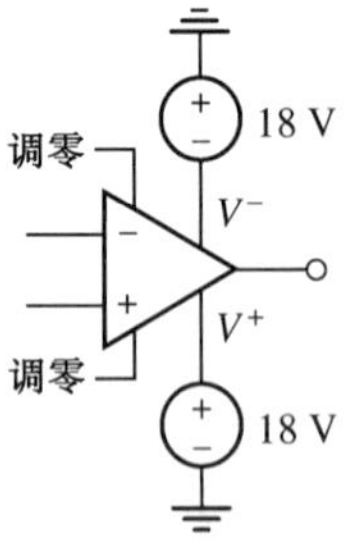


图6.33 接有正负电源的运放。使用18V电源作为例子，注意每个电源的极性

到目前为止，我们都把运放看成纯线性电路，而且假定其特性与接入电路的方式无关。实际上，为了使运放内部电路工作，必须向运放提供电源(见图6.33)。正电源(典型范围为5～24 V)接到 $V^+$ 端，相同幅度的负电源接到 $V^-$ 端。也有一些应用使用单电源或所用的两个电源的幅度不相等。运放制造商通常会指定最大的电源电压，超过该电压会损坏内部的晶体管。

当设计运放电路时，电源电压是一个关键的选择，因为它们给出了运放最大可能的输出电压①。比如，考虑如图6.32所示的运放电路，它连接成同相放大器，增益为10。图6.34所示的是LTspice仿真结果，实际上可发现只在±1.71 V的输入电压范围内该运放具有线性特点。超出这个范围，输出电压不再与输入电压成比例，而是达到了17.6 V的最大幅度。这个重要的非线性结果称为**饱和**，它表示输入电压的进一步增加不会导致输出电压的变化。该现象说明实际运放的输出不能超过其电源电压。例如，如果运放的电源为+9 V和-5 V，那么输出电压将被限制在-5～+9 V的范围内。运放输出成为限制在正负饱和电压范围内的线性响应。作为一般原则，在设计运放电路时总是要求避免进入饱和区，这就需要根据闭环增益和最大输入电压来仔细选取运放的工作电压。

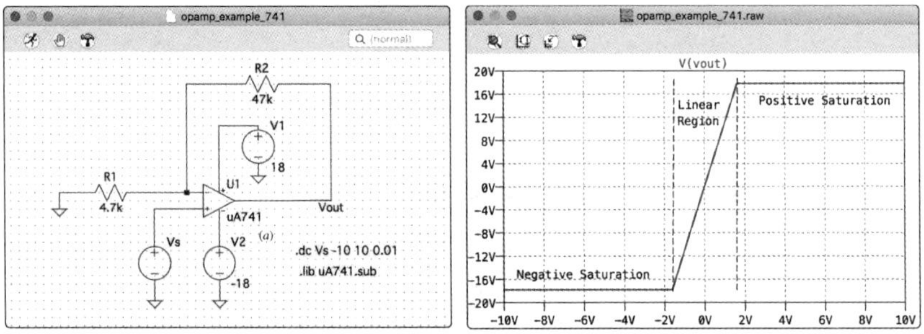


(a) (b)

图6.34 μA741接成同相放大器的输入-输出仿真结果，该放大器增益为10，由±18 V的电源供电

## 输入失调电压

正如我们所看到的，在使用运放时有许多实际考虑需要牢记在心。特别需要指出的非理想特性是：即使两个输入端短接，实际运放也可能具有非零输出。这时的输出值称为失调电压，使输出恢复为零所需的输入电压称为**输入失调电压**。参考表6.3可以看到输入失调电压的典型值为毫伏(mV)数量级或更小。

① 实际上发现最大输出电压略小于电源电压，约小1 V。

大多数运放提供标有“调零”或“平衡”的两个引脚。通过在这两个引脚之间接上可变电阻，可调整输出电压。可变电阻是一种三端器件，通常用在收音机音量控制之类的应用中，它有一个环形旋钮，通过旋转它可改变电阻的阻值。另外，它还有3 个接线端。如果只使用变阻器两端，那么不管旋钮的位置在哪里，其电阻都是固定的。如果使用中间的接线端和两端的其中一个接线端，则可变电阻器的阻值依赖于旋钮位置。图 6. 35 所示的电路是用来调整运放输出电压的典型电路，在设备制造商的数据手册中通常会给出特定器件的可选电路。

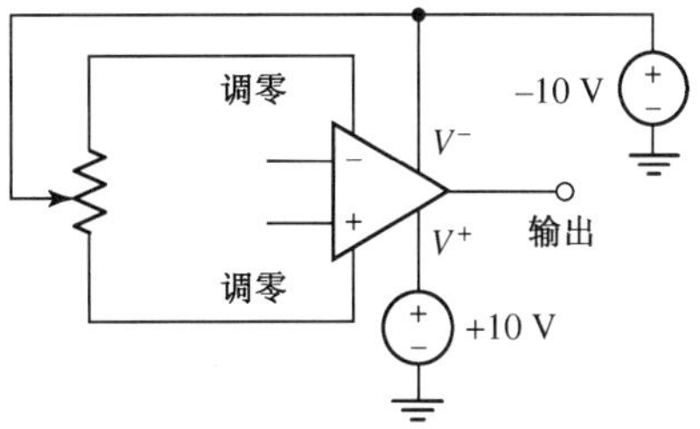


图 6. 35　使输出电压为零的外部参考电路。使用 ± 10V 电源作为例子，实际使用的电源电压通过选取确定

## 封装

现代运放有许多不同类型的封装形式。有些类型适合于高温工作，并且有许多不同方法可以将集成电路安装到印制电路板上。图 6. 36 给出了 LM741 的几种不同的封装形式，该器件由国家半导体公司制造。标有“NC”的引脚表示不连接。图中所示的封装类型是标准形式，在很多集成电路中使用，有时集成电路实际的引脚数比所需的数目要多。

## 计算机辅助分析

在估算运放电路的输出时，LTspice 是一种很有用的工具，特别是在时变输入的情况下。但是我们会发现，通常情形下，采用理想运放模型的结果与 SPICE 的仿真结果相当吻合。

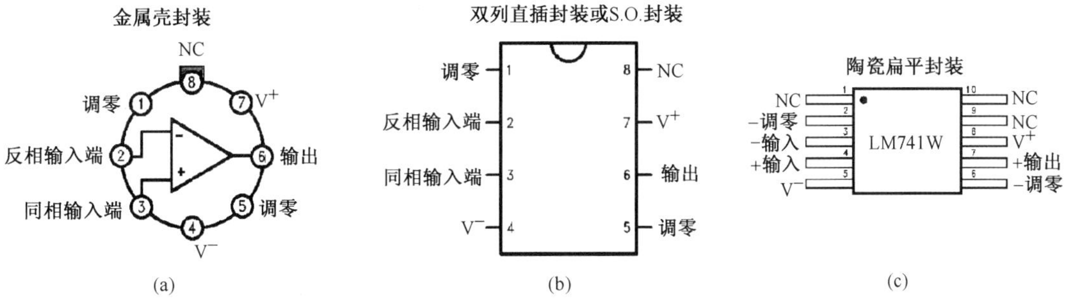


图 6. 36　LM741 运放的几种不同的封装形式。(a) 金属壳封装；(b) 双列直插封装；(c) 陶瓷扁平封装(© 2011，由美国国家半导体公司授权使用)

当执行运放电路的 SPICE 仿真时，记住必须连接正负直流电源(LM324 是个例外，它由单电源供电)。尽管调零引脚用来使输出电压为零，但是 SPICE 并没有内置任何失调，因此这些引脚通常是悬空的。

LTspice 中 **UniversalOpAmp2** 器件是一个非常好的通用模型，它包含电源。希望对某特定运放的输出进行更精确的仿真时，至少有如下两种选择。

(1) 选择 LTspice 库(包括 Linear Technologies 公司所有的器件)中已有的器件。也可以创建自己的器件，并把它包含在 LTspice 库中(器件创建超出了本书范围)。

(2) 选择器件 **OpAmp2**，使用 SPICE 模型来描述其工作行为。SPICE 模型是一个文本文件，通常可以从器件制造商处获得，该文件也需要保存在 LTspice 库中(例如，在 Mac 环境中运行的 LTspice 库为 ~/Library/Application Support/LTspice/lib)。比如，SPICE 模型 uA741.sub 用来对图 6.34 电路进行仿真。通过点击鼠标右键并在 **SpiceModel Value** 中输入所需的文件(例如，uA741.sub)，可定义所需的 SPICE 模型。利用指令 **.lib** 加入该模型的 SPICE 指令，在本例中，使用 **.lib uA741.sub** 命令。

**例 6.7** 在 LTspice 中使用 LT1001 高精度运放对图 6.4 所示的电路进行仿真。如果使用 ±15 V 的电源，确定在什么时候达到饱和。将利用理想运放模型得到的增益与 LTspice 仿真得到的增益进行比较。

**解：**首先利用原理图捕获工具画出图 6.4 所示的反相放大器，如图 6.37 所示。注意，利用两个独立的 15 V 直流电源来为运放供电。

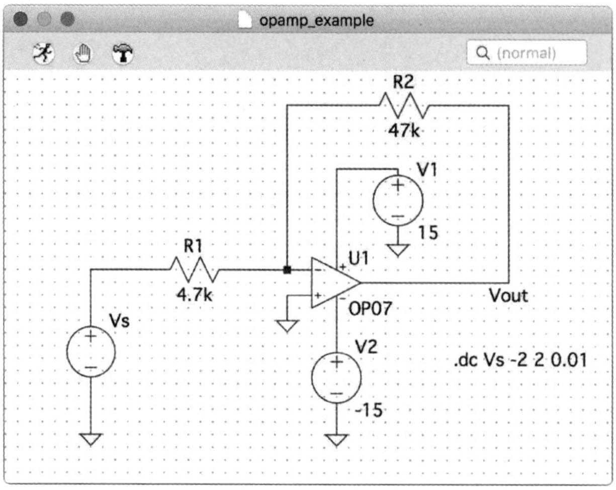


图 6.37 图 6.4 的反相放大器，使用 LT1001 运放

利用理想运放模型分析得到的增益为 −10。输入为 5 sin 3*t* mV 时，输出电压为 −50 sin 3*t* mV。但是，在该分析中隐含的假设是任何输入电压都被放大 −10 倍。事实上，这只对小的输入电压成立，如果输入电压增加到某个值，则输出将最终达到饱和，饱和输出电压接近于相应的电源电压。

利用 SPICE 指令 **.dc Vs −2 2 0.01** 执行直流扫描，扫描范围为 −2 V ~ +2 V，这比电源电压除以增益得到的值略大，因此结果会包含正、负饱和区域。

利用光标工具查看仿真结果非常方便。点击波形窗口顶部的输出变量[本例中为 **V(vout)**]即可在图中增加一个十字线，同时有一个弹出窗口会显示十字线处的数据。然后可以点击和拖拽十字线到感兴趣的点，以查看数据。再次点击输出变量将在图中增加另一个十字线。利用光标工具查看图 6.38(a)所示的仿真结果，可以发现放大器的输入-输出特性在相当大的输入电压范围内确实是线性的，这个线性范围约为 $-1.40\ \text{V} < V_s < +1.40\ \text{V}$，如图 6.38(b)所示，但略小于正负电源电压除以增益所得到的范围。在该范围以外运放的输出趋于饱和，这时输出基本不依赖于输入电压。因此，在这两个饱和区域，电路并不表现为线性放大器。

可以看到，当输入电压为 $V_s = 1.0\ \text{V}$ 时，输出电压为 −9.999 852 2 V，其数值比采用理想运放模型求得的 −10 V 略小，与例 6.6 中采用分析模型得到的值 −9.999 448 V 也略有不同。

尽管如此，采用 SPICE 模型算出的值与采用前面两种分析模型求得的值最多相差万分之几，这表明对于现代集成运放电路来说，理想运放模型是一种相当精确的近似。

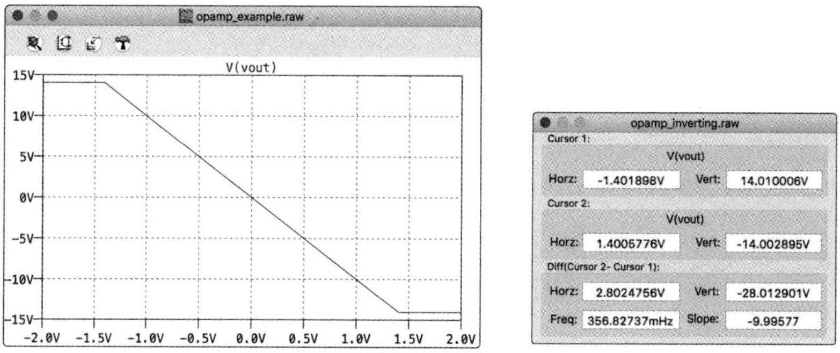


(a)　(b)

图 6.38　(a) 反相放大器电路的输出电压，光标工具指出了饱和起始点；(b) 光标窗口

### 练习

6.7　利用 SPICE 对使用 LT1001 运放的电压跟随器进行仿真，输入为 2 V，电源电压为 ±12 V。输出电压与 2 V 的理想值之间差多少？

答案：1.999 996 5 V，相差 3.5 μV。

## 总结和复习

本章介绍了一个新的电路元件(三端器件)，称为运算放大器(一般简称为运放)。在许多电路分析情况中，运放被近似成理想器件，满足两个规则。本章详细介绍了几种运放电路，包括增益为 $R_f/R_1$ 的反相放大器，增益为 $1+R_f/R_1$ 的同相放大器，以及求和放大器。也介绍了电压跟随器和差分放大器，但是这两个电路的分析留给读者自己完成。级联运算电路非常有用，因为它可以将一个设计分解到不同的单元部分，而每部分都有自己明确的功能。

反相运放电路和同相运放电路，以及求和和差分等数学运算放大器都使用负反馈，并且由电阻值来给出所需的电路增益。正反馈将导致电路运行不稳定，使得输出饱和。饱和工作可以提供非常有用的电路，包括根据输入将信号转变成高输出值和低输出值的比较器，包括具有记忆和滞后特性的比较器电路——施密特触发器。运放电路的一种特殊情况是对两个输入端之间的电压差进行比较，这种电路是仪表放大器，它用于放大非常小的电压。

现代运放都非常接近于理想特性，我们发现，当选择基于受控源的更详细的模型时情况也是如此。但是，有时仍然会遇到非理想情况，因此我们考虑利用负反馈的作用来减小温度和制造相关因素对一些参数(如共模抑制和饱和)的影响。

下面是本章的一些关键内容，以及相关例题的编号。

- 在分析理想运放电路时必须应用两个基本规则：1. 没有电流流入两个输入端；2. 两个输入端之间没有电压差。(例 6.1)
- 分析运放电路的目的通常是要得到用输入变量来表示的输出电压。(例 6.1 和例 6.2)
- 在分析运放电路时，节点分析通常是最佳选择，并且较好的方法是从输入端开始分析，然后向输出端进行。(例 6.1 和例 6.2)

- 无法预先假定运放的输出电流，必须在输出电压独立确定后才能求出该电流。(例 6.2)
- 对于级联的运放，可以通过每次分析一级来得到输出与输入的关系。(例 6.3)
- 运放的输出引脚和反相输入引脚之间几乎都会连接一个电阻，它可以为电路引入负反馈以提高稳定性。(6.4 节)
- 比较器是运放在饱和区的应用。这些电路以开环方式工作，因此没有外部反馈电阻。(例 6.4 和例 6.5)
- 理想运放模型基于以下近似：无限大的开环增益 $A$，无限大的输入电阻 $R_i$，零输出电阻 $R_o$。(例 6.6)
- 在实际电路中，运放的输出电压范围受实际供电电源电压的限制。(例 6.7)

## 深入阅读

可参阅以下两本讨论运放应用的书籍：

R. Mancini(ed.), *Op Amps Are for Everyone*, 2nd ed. Amsterdam: Newnes, 2003. 也可以在德州仪器网站(www.ti.com)上获得。

W. G. Jung, *Op Amp Cookbook*, 3rd ed. Upper Saddle River, N. J.: Prentice Hall, 1997.

有关运算放大器的实现的最早报告之一如下：

J. R. Ragazzini, R. M. Randall, F. A. Russell, "Analysis of problems in dynamics by electronic circuits", *Proceedings of the IRE* **35**(5), 1947, pp. 444-452.

在模拟器件公司网站(www.analog.com)上可以找到早期运放的应用手册：

George A. Philbrick Researches, Inc., *Applications Manual for Computing Amplifiers for Modelling, Measuring, Manipulating & Much Else.* Norwood, Mass.: Analog Devices, 1998.

## 习题

### 6.2 理想运放

1. 运放电路如图 6.39 所示，计算 $v_{out}$。分别假设：(a) $v_{in}=5$ V 和 $R_1=R_2=100\ \Omega$；(b) $v_{in}=1$ V，$R_2=200\ R_1$；(c) $v_{in}=20\sin 5t$ V，$R_1=4.7$ kΩ，$R_2=47$ kΩ。
2. 将一个 100 Ω 电阻连接在图 6.39 所示电路中的运放输出端和地之间，求该电阻消耗的功率。假设 $v_{in}=4$ V，并且分别有：(a) $R_1=2R_2$；(b) $R_1=1$ kΩ，$R_2=22$ kΩ；(c) $R_1=100\ \Omega$，$R_2=101\ \Omega$。
3. 电路如图 6.40 所示，计算 $v_{out}$。分别假设：(a) $v_{in}=5$ V，$R_1=R_2=100$ kΩ，$R_L=100\ \Omega$；(b) $v_{in}=2$ V，$R_1=0.1R_2$，$R_L=\infty$；(c) $v_{in}=43.5$ V，$R_1=1$ kΩ，$R_2=0$，$R_L=1\ \Omega$。

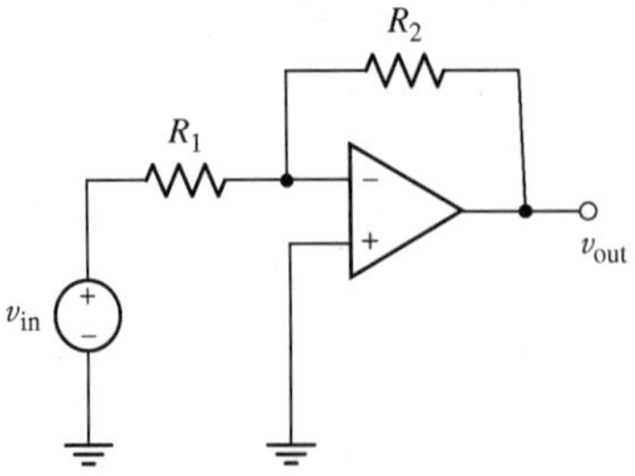


图 6.39

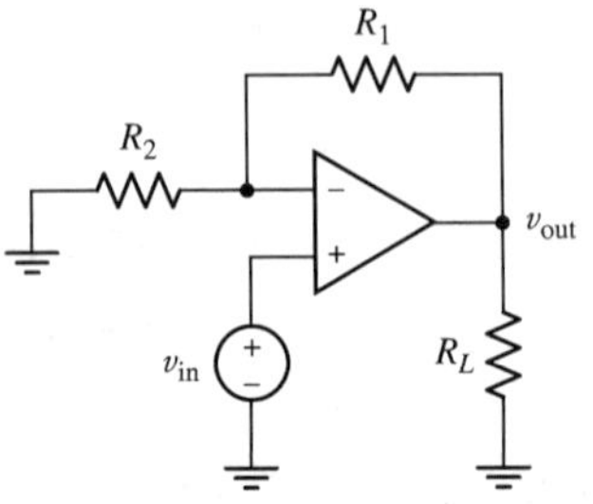


图 6.40

4. 电路如图 6.40 所示，求运放所有端子上的电流值，其中 $R_1 = 500\ \Omega$，$R_2 = 100\ \Omega$，$R_L = 50\ \Omega$。

DP 5. (a) 设计一个电路，它可以将电压 $v_1(t) = 9\cos 5t$ V 转换成 $-4\cos 5t$ V。(b) 分析最终电路来验证设计结果。

DP 6. 某负载电阻需要固定的 5 V 直流电源。遗憾的是，它的阻值随温度变化。设计一个电路来提供满足要求的电压，但只能使用 9 V 电池和容差为 10% 的标准电阻。

7. 电路如图 6.40 所示，$R_1 = R_L = 50\ \Omega$。计算 $R_2$ 的值，要求传输给 $R_L$ 的功率为 5 W，分别假设 $V_{in}$ 为：(a) 5 V；(b) 1.5 V。(c) 如果 $R_L$ 变为 22 Ω，重复计算(a)和(b)。

8. 计算图 6.41 电路中的 $v_{out}$，分别假设：(a) $i_{in} = 1$ mA，$R_p = 2.2$ kΩ，$R_3 = 1$ kΩ；(b) $i_{in} = 2$ A，$R_p = 1.1\ \Omega$，$R_3 = 8.5\ \Omega$。(c) 针对每种情况，电路是同相放大器还是反相放大器？为什么？

DP 9. (a) 仅利用单个运放设计一个电路，它能够将两个电压 $v_1$ 和 $v_2$ 相加，并使输出电压是这两个电压和的两倍(可以接受负值，即 $|v_{out}| = 2v_1 + 2v_2$)。(b) 分析电路以此验证设计结果。

DP 10. (a) 设计一个能够提供电流 $i$ 的电路，电流 $i$ 的大小等于 3 个输入电压 $v_1$，$v_2$ 和 $v_3$ 之和。(b) 分析电路并以此验证设计结果。

DP 11. (a) 设计一个能够提供电压 $v_{out}$ 的电路，该电压等于两个电压 $v_2$ 和 $v_1$ 的差值(即 $v_{out} = v_2 - v_1$)，但只有下列电阻可供选择：2 个 1.5 kΩ 电阻，4 个 6 kΩ 电阻或 3 个 500 Ω 电阻。(b) 分析电路以此验证设计结果。

12. 求图 6.42 所示电路中的电压 $v_0$ 和电流 $i_0$。

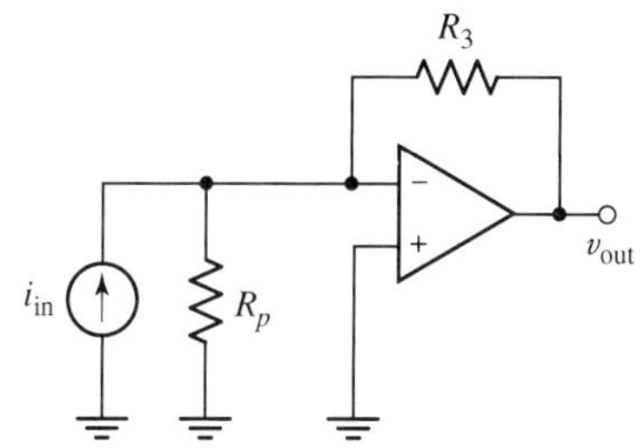


图 6.41

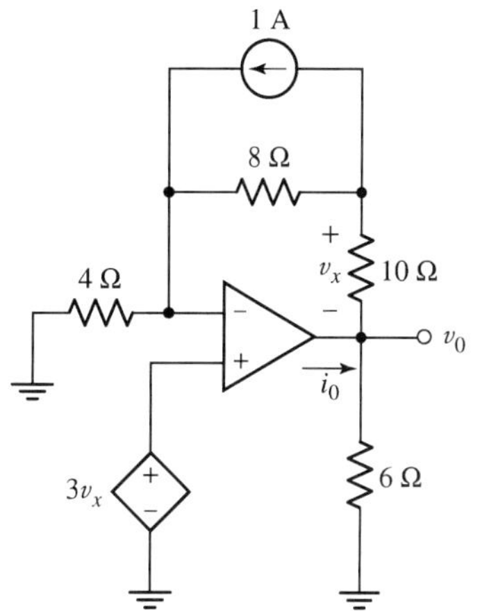


图 6.42

13. 分析图 6.43 所示电路，求 $V_1$ 对地的电压值。

14. 电路如图 6.44 所示，推导出用 $v_1$ 和 $v_2$ 表示的 $v_{out}$ 的表达式。

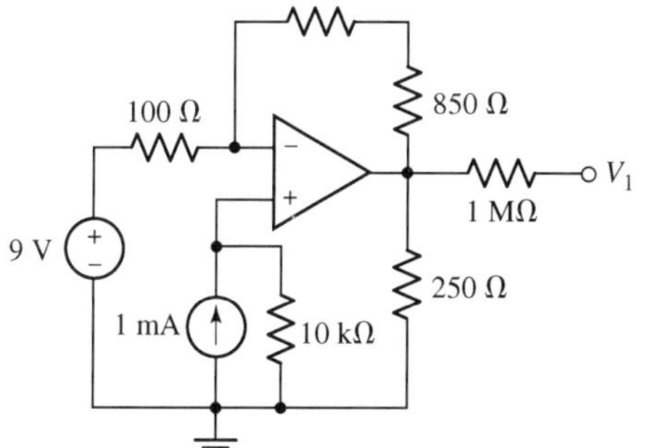


图 6.43

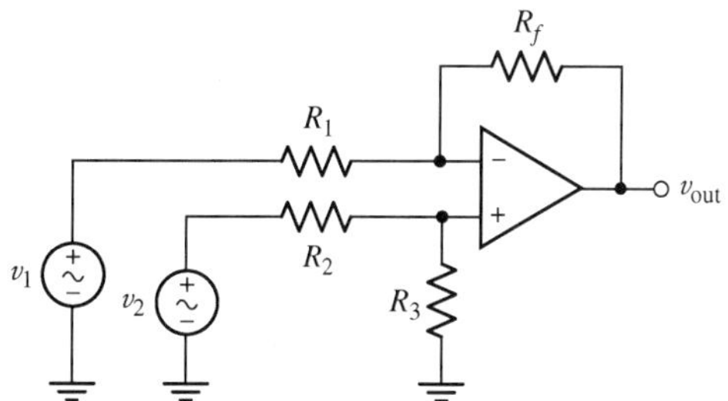


图 6.44

15. 指出图 6.45 中每个图的错误之处，为什么？假定两个运放是理想运放。

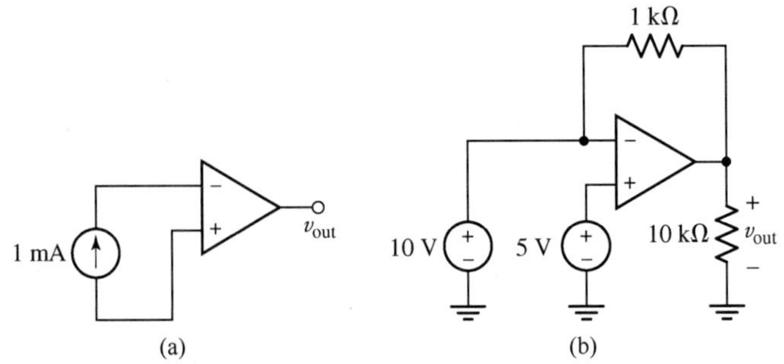


图 6.45

16. 电路如图 6.46 所示，假设 $I_s = 2$ mA，$R_Y = 4.7$ kΩ，$R_X = 1$ kΩ，$R_f = 500$ Ω，计算 $v_{out}$。
17. 电路如图 6.46 所示，$I_s = -5/3$ mA，$R_Y = 2R_X = 500$ Ω，假设要求 $v_{out} = 2$ V，求 $R_f$。
18. 电路如图 6.47 所示，计算 $v_{out}$，分别假设：(a) $v_s = 2\cos 100t$ mV；(b) $v_s 2\sin(4t + 19°)$ V。

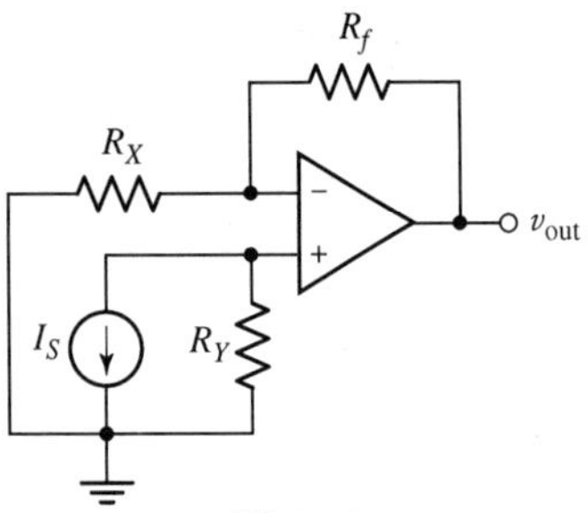


图 6.46

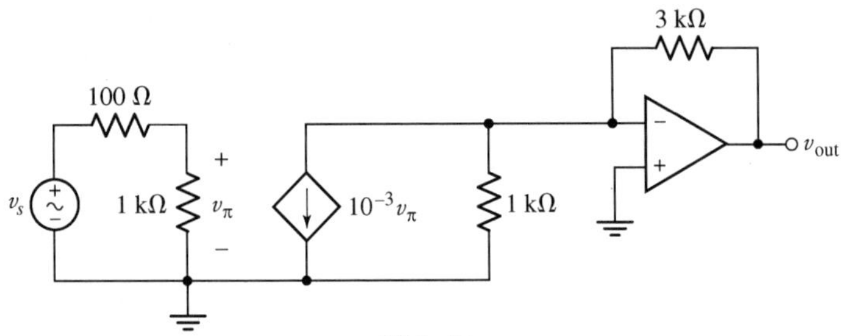


图 6.47

## 6.3 级联

19. 电路如图 6.48 所示，如果 $R_x = 1$ kΩ，计算 $v_{out}$。
20. 电路如图 6.48 所示，计算 $R_x$的值，使得 $v_{out} = 10$ V。
21. 电路如图 6.49 所示，画出 $v_{out}$与下列参数的关系曲线：(a) $v_{in}$，$-2\text{ V} \leq v_{in} \leq +2$ V，$R_4 = 2$ kΩ；(b) $R_4$，$1\text{ k}\Omega \leq R_4 \leq 10$ kΩ，$v_{in} = 300$ mV。
22. 利用 SPICE 中的参数扫描重做习题 21。
23. 求图 6.50 所示电路中的 $v_{out}$的表达式，分别假设 $v_1$为：(a) 0 V；(b) 1 V；(c) −5 V；(d) 2 sin 100$t$ V。

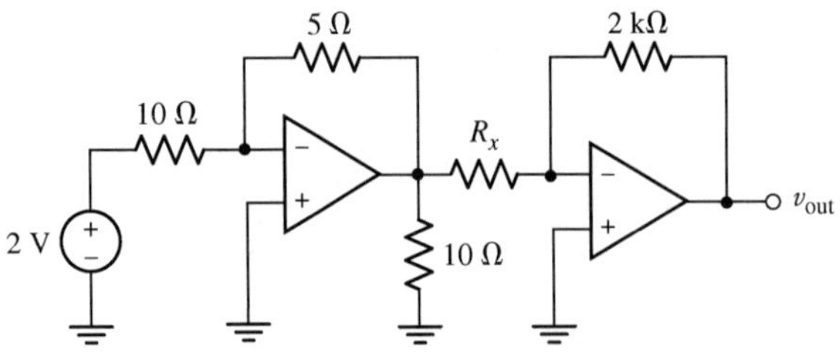


图 6.48

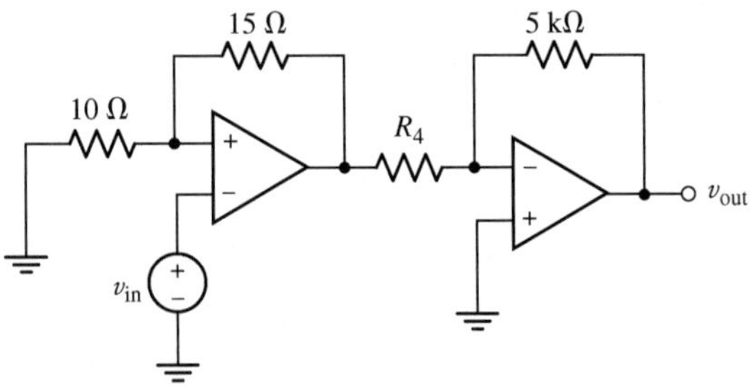


图 6.49

24. 断开图 6.50 中的 1.5 V 电源，将图 6.49 所示电路的输出端连接到 500 Ω 电阻的左边端子，计算 $v_{out}$。假设 $R_4 = 2$ kΩ，并分别有：(a) $v_{in} = 2$ V，$v_1 = 1$ V；(b) $v_{in} = 1$ V，$v_1 = 0$ V；(c) $v_{in} = 1$ V，$v_1 = -1$ V。
25. 电路如图 6.51 所示，计算 $v_{out}$。分别假设：(a) $v_1 = 2v_2 = 0.5v_3 = 2.2$ V，$R_1 = R_2 = R_3 = 50$ kΩ；(b) $v_1 = 0$ V，$v_2 = -8$ V，$v_3 = 9$ V，$R_1 = 0.5R_2 = 0.4R_3 = 100$ kΩ。

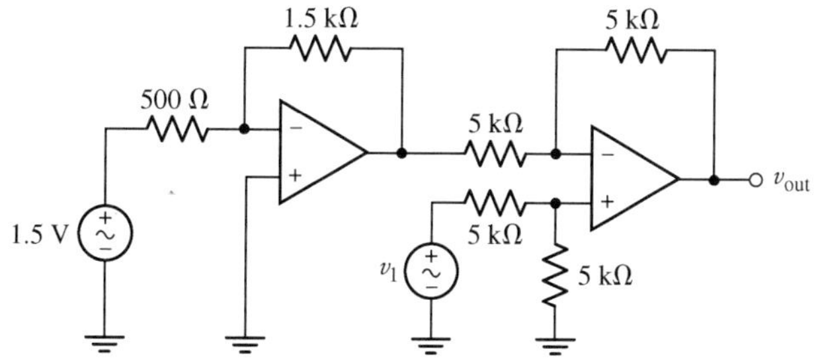


图 6.50

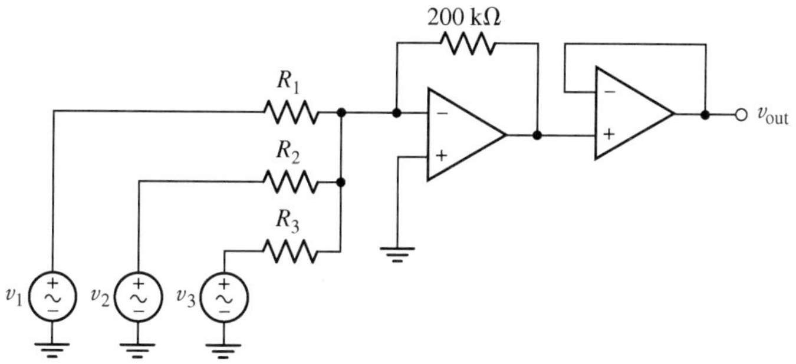


图 6.51

DP 26. (a) 设计一个电路，它能够将来自 3 个不同压力传感器的电压相加，并输出一个与电压之和成线性关系的正电压 $v_{out}$，要求当 3 个电压都为 0 V 时，$v_{out}=0$ V，而当 3 个电压都取最大值时，$v_{out}=2$ V。每个传感器的电压范围为 0 V$\leqslant v_{sensor}\leqslant$5 V。(b) 分析最后的电路并以此验证设计结果。

DP 27. (a) 设计一个电路，它能够产生一个与两个正电压 $v_1$ 和 $v_2$ 的差值成正比的输出电压 $v_{out}$，当两个电压相等时，$v_{out}=0$ V；当 $v_1-v_2=1$ V 时，$v_{out}=10$ V。(b) 分析最后的电路并以此验证设计结果。

DP 28. (a) 用 3 个压力传感器来确认从某长途喷气式飞机的悬挂系统中获取的质量读数。每个传感器的刻度为 1 kg 对应于 10 μV。设计一个电路，它能够将 3 个传感器的电压信号相加得到一个输出电压，并且 400 000 kg(飞机的最大起飞质量)对应于 10 V 电压。(b) 分析最后的电路并以此验证设计结果。

DP 29. (a)由 4 个独立的氧气箱向某深海潜水器提供氧气，每个箱子里都有一个压力传感器，它能够测量 0 (对应于 0 V 输出) ~500 巴(bar)(对应于 5 V 输出)的压力。设计一个电路，它能够输出正比于所有氧气箱中的总压力的电压信号，并且 0 巴时对应于 1.5 V 电压，2000 巴时对应于 3 V 电压。(b) 分析最终电路并以此验证设计结果。

30. 电路如图 6.52 所示，$v_{in}=8$ V，选择 $R_1$，$R_2$ 和 $R_3$ 的值，使得输出电压 $v_{out}=4$ V。

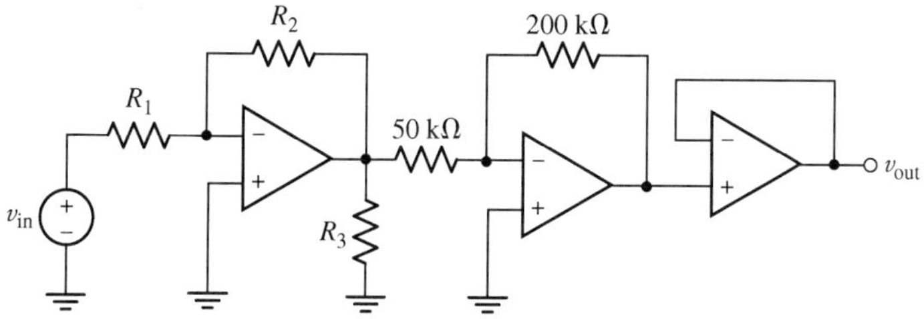


图 6.52

31. 电路如图 6.53 所示，推导出用 $v_{in}$ 表示的 $v_{out}$ 的表达式。

32. 求图 6.54 所示电路中的 $v_{out}$ 值。

33. 计算图 6.55 所示电路中的 $v_0$。

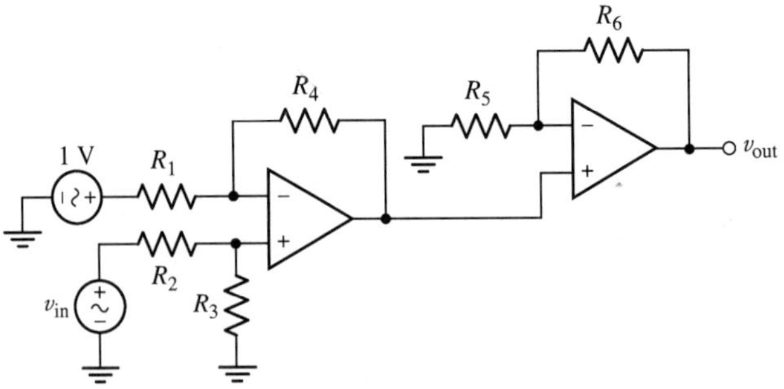


图 6.53

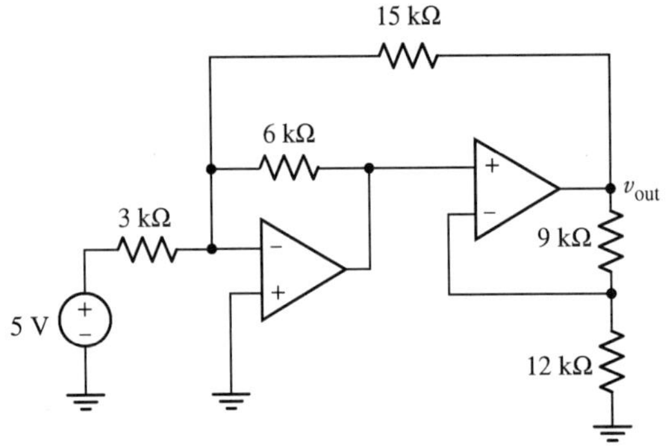


图 6.54

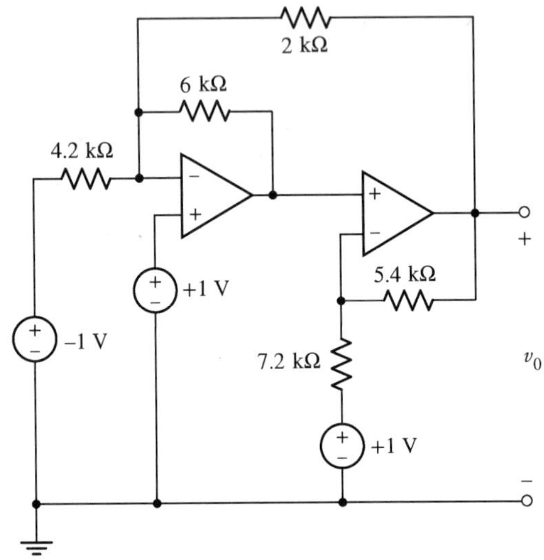


图 6.55

## 6.4 反馈、比较器和仪表放大器

DP 34. 人的皮肤(特别是潮湿的时候)在一定程度上相当于电力导线。假设指尖压在两个端子之间产生的阻值小于 10 MΩ，设计一个电路，它能够在这个非机械开关关闭时输出 +1 V 电压，打开时输出 −1 V 电压。

35. 图 6.56 中的温度报警电路使用一个温度传感器，它的阻值根据 $R = 80[1 + \alpha(T - 25)]$ Ω 随温度变化，其中 $T$ 为温度(单位为摄氏度)，$\alpha$ 为温度灵敏度，其值为 0.004/℃。求输出 $v_{out}$ 与温度的函数关系。

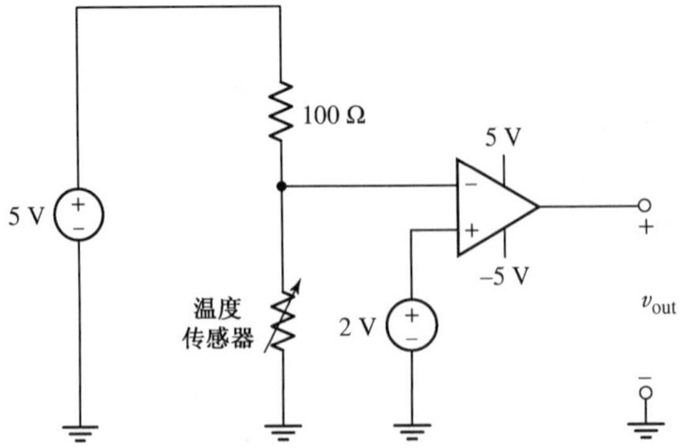


图 6.56

36. 设计一个电路，在 $v_{in}$ 的作用下，它会输出如下电压：

$$v_{out} = \begin{cases} +2.5\text{ V}, & v_{in} > 1\text{ V} \\ 1.2\text{ V}, & \text{其他} \end{cases}$$

37. 电路如图 6.57 所示，画出 $-5\text{ V} \leq v_{active} \leq +5\text{ V}$ 区间内用 $v_{active}$ 表示的输出电压 $v_{out}$ 的曲线，分别假设：(a) $v_{ref} = -3$ V；(b) $v_{ref} = +3$ V。

38. 电路如图 6.58 所示。(a) 画出 $-5\text{ V} \leq v_1 \leq +5\text{ V}$ 区间内用 $v_1$ 表示的输出电压 $v_{out}$ 的曲线，并且 $v_2 = +2$ V；(b) 画出 $-5\text{ V} \leq v_2 \leq +5\text{ V}$ 区间内用 $v_2$ 表示的输出电压 $v_{out}$ 的曲线，并且 $v_1 = +2$ V。

39. 电路如图 6.59 所示，画出 $-2\text{ V} \leq v_{active} \leq +2\text{ V}$ 区间内用 $v_{active}$ 表示的输出电压 $v_{out}$ 的曲线。在 SPICE 中利用你选择的运放模型验证结果(确保模型中包含电源端子)。提交一份正确标注并有结果的电路图。

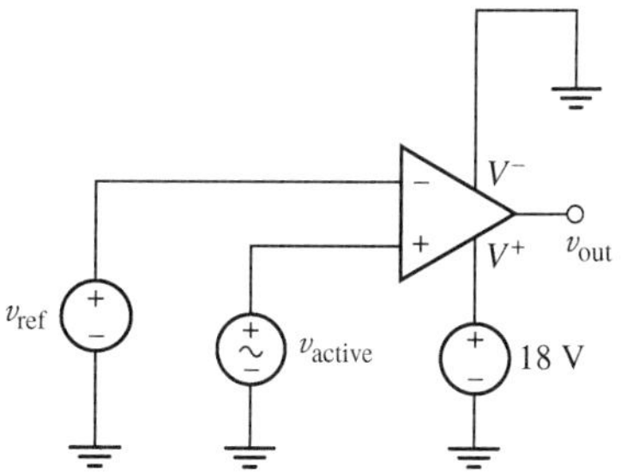


图 6.57

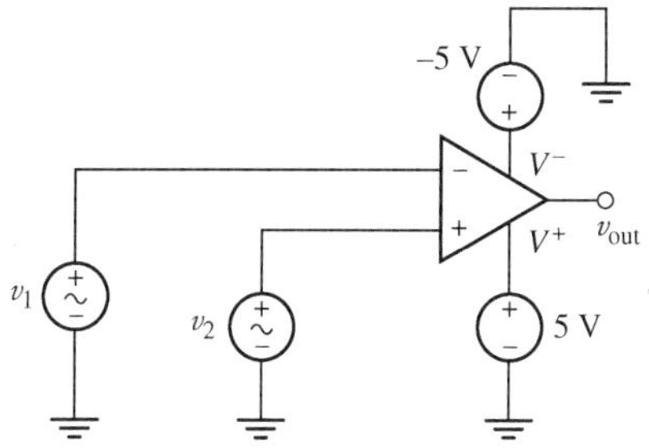


图 6.58

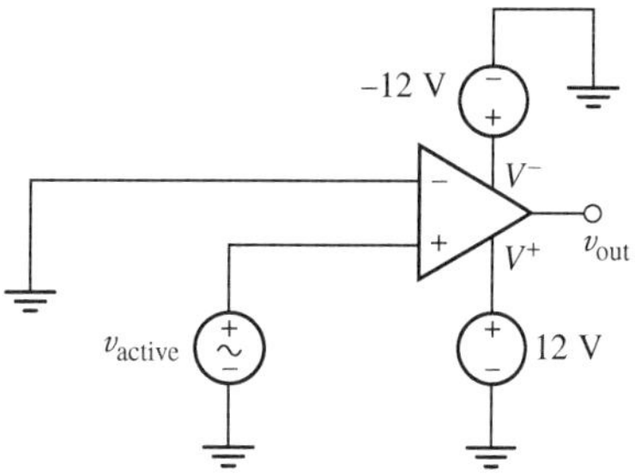


图 6.59

40. 在数字逻辑应用中，+5 V 信号表示逻辑 1，而 0 V 信号表示逻辑 0。为了利用数字计算机处理现实世界中的信息，需要某些类型的接口，包括模数(A/D)转换器，该器件将模拟信号转变成数字信号。设计一个电路，使它相当于 1 位模数转换器，使任何小于 1.5 V 的信号都产生逻辑 0，而任何大于 1.5 V的信号都产生逻辑 1。

41. 利用习题 35 的电路中的温度传感器设计一个温度报警电路，当温度超过 100℃时输出 +5 V 电压，而温度低于 10℃时输出 −5 V 电压。(提示：将温度传感器放在使用正负电源的电阻网络中。)

42. 检查图 6.60 中的比较器施密特触发电路，它包含一个输入电压 $v_{in}$，参考电压 $v_{ref}$ 和单个电源 $V_s$。求用电路参数表示的触发电压，并画出输出 $v_{out}$ 相对于 $v_{in}$ 的特性曲线。

43. 设计图 6.60 所示的单电源供电的比较器施密特触发器的电路参数值，使得输出电压为 0 V 或 5 V，记忆窗口为 1 V ~ 4 V。利用 SPICE 中的 **.dc** 扫描命令对设计得到的电路进行仿真。注意：需要做两次扫描和作图：一次为电压增大的过程，另一次为电压减小的过程。

44. 已经为无人机设计了一个鲁棒性传感电路，该电路在无人机正常飞行时输出 +5 V 电压，而传感器在指标范围以外时输出 0 V 电压。但是，发现输出在 2 V 的幅度上有一个正弦噪声信号。设计一个施密特触发器，使得 0 V 或 5 V 的输出中没有噪声。

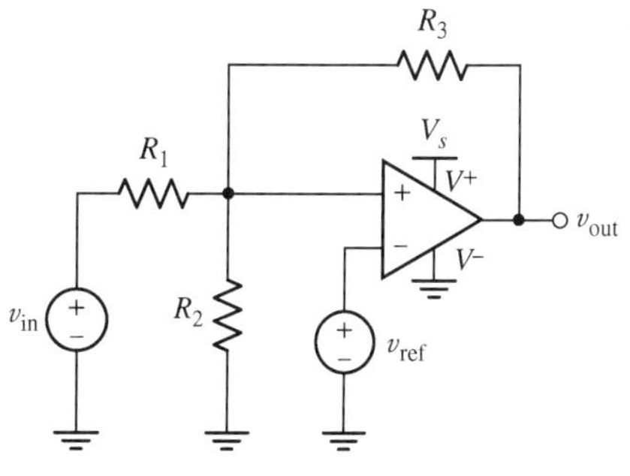


图 6.60

45. 利用合适的 SPICE 仿真来验证完成习题 44 的目标施密特触发器。可以利用 LTspice 中诸如 **bv** 器件的行为电源来定义具有直流和交流分量的电源。

46. 仪表放大器如图 6.28(a)所示，假设三个内部运放都是理想的，求该电路的 CMRR，分别假设：(a) $R_1 = R_3$，$R_2 = R_4$；(b)所有四个电阻值都不一样。

47. 仪表放大器的常见应用是测量电阻应变仪电路的电压。传感器通过几何变形产生变化的电阻值来工作，如同第2章式[6]所示。它们通常是桥式电路的一部分，如图6.61(a)所示，其中应变仪的电阻为 $R_G$。(a) 证明 $V_{out}=V_{in}\left[\frac{R_2}{R_1+R_2}-\frac{R_3}{R_3+R_{Gauge}}\right]$；(b) 验证当3个固定电阻 $R_1$，$R_2$和 $R_3$都等于 $R_{Gauge}$时，$V_{out}=0$ V；(c) 对于某个应用，应变电阻未发生几何变形时的电阻值为5 kΩ，最大变形时电阻会增加50 mΩ，可用电源只有±12 V。利用图6.61(b)所示的仪表放大器设计一个电路，使得当应变仪具有最大负载时，该电路会产生+1 V的电压信号。

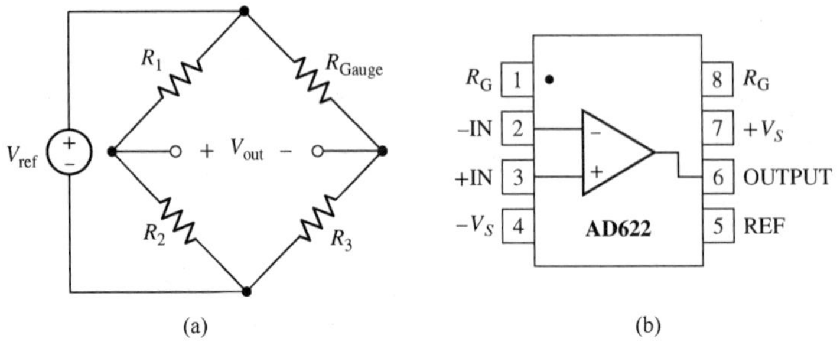


图6.61

## AD622 规范

通过在引脚1和引脚8之间连接一个值为 $R=\frac{50.5}{G-1}$ kΩ 的电阻，可使放大器增益 $G$ 在2~1000范围内变化。

## 6.5 实际考虑

48. (a) 利用表6.3给出的μA741运放参数分析图6.62所示电路，并计算 $v_{out}$的值。(b) 将该结果与用理想运放模型计算得到的结果进行比较。

49. 如果用运放的详细模型(非理想模型)来分析图6.62所示电路，计算开环增益 $A$，要求获得的闭环增益与其理想值的误差在2%以内。

50. 电路如图6.62所示，计算差分输入电压和输入偏置电流，假设运放分别为：(a) μA741；(b) LF411；(c) AD549K。

51. (a) 利用表6.3给出的μA741运放参数分析图6.11所示电路，其中 $R=1.5$ kΩ，$v_1=2$ V，$v_2=5$ V。(b) 将该结果与用理想运放模型计算得到的结果进行比较。

52. 电路如图6.63所示，将470 Ω电阻短路，计算 $v_{out}$，分别利用：(a) 理想运放模型；(b) 表6.3中给出的μA741运放参数；(c) 合适的SPICE仿真。(d) 比较(a)~(c)得到的结果，并对任何可能的出入做出说明。

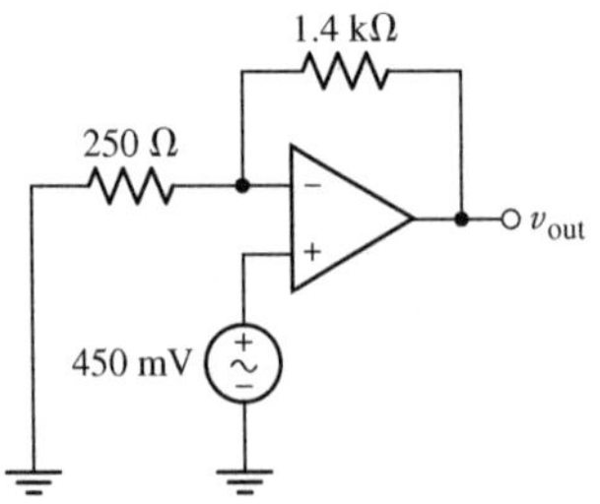


图6.62

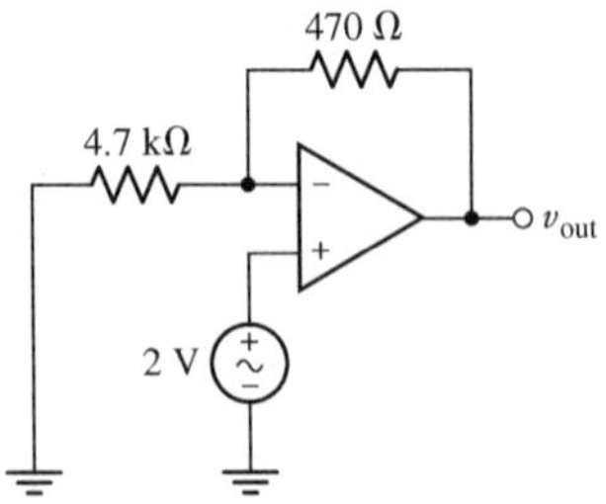


图6.63

53. (a) 电路如图6.63所示，如果运放(假定是LT1001)由±9 V电源供电，那么在出现明显的饱和结果之前，470 Ω电阻最大能增大到多少？(b) 用合适的仿真验证结果。

54. 图6.32所示的差分放大器电路的共模信号最大可以达到5 V。那么当分别使用μA741，LM324和LT1001运放时，这个共模输入的变化会如何改变输出电压？

## 综合题

55. 如图 6.64 所示的电路称为 Howland 电流源。分别推导出用 $V_1$ 和 $V_2$ 表示的 $v_{out}$ 和 $I_L$ 的表达式。

56. 如图 6.64 所示的电路称为 Howland 电流源，假设 $V_2 = 0$，$R_1 = R_3$ 且 $R_2 = R_4$，求当 $R_1 = 2R_2 = 1\ k\Omega$，$R_L = 100\ \Omega$ 时的电流 $I_L$。

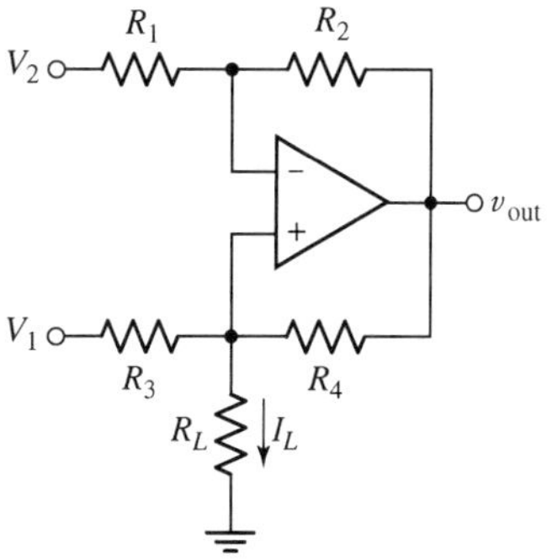

图 6.64

DP 57. (a) 某电子开关，当输入没有电压时处于打开状态，当要关闭时，需要在 1 mA 电流时输入 5 V 电压。现有某麦克风，它能够产生 250 mV 的峰值电压，设计一个电路，可以通过人向该麦克风说话给开关提供能量。注意，一般声音的音频电平不可能达到麦克风的峰值电压。(b) 如果要实现该电路，请对所有需要考虑的问题进行讨论。

DP 58. 你组建了一个乐队(尽管有很多反对意见)。实际上，该乐队演出效果非常好，除了主唱有点五音不全。设计一个电路，它能够将乐队使用的 5 个麦克风的输出电压相加来得到单个电压信号，该电压信号将被加入放大器。除各电压无须等同放大以外，其中一个麦克风的输出应该被衰减，使得它的峰值电压是其他任何麦克风峰值电压的 10%。

DP 59. 镉硫化物(CdS)通常用来制造电阻，它们的值取决于表面的光照强度。在图 6.65 中，使用一个 CdS 光电池作为反馈电阻 $R_f$。在完全黑暗的情况下，它的电阻为 100 kΩ，当光强度为 6 堪时，电阻为 10 kΩ。$R_L$ 表示一个电路，当该电路两端施加 1.5 V 电压或更小电压时，该电路工作。选择 $R_1$ 和 $V_s$ 的值，使 $R_L$ 表示的电路在光强度大于或等于 2 堪时工作。

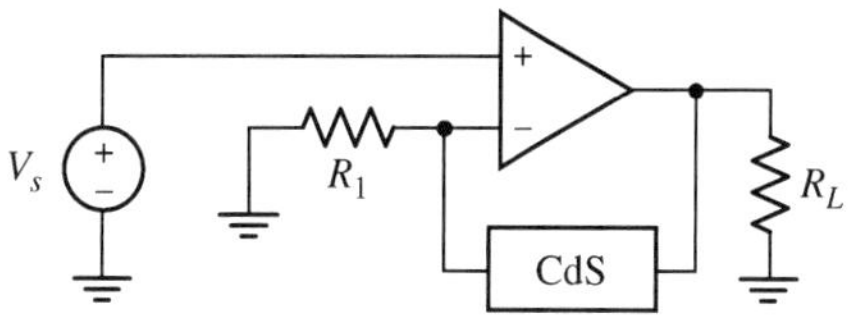

图 6.65

60. 你利用黄昏/黎明光线传感器来自动打开室外的灯，但是你邻居的灯光和路过的汽车前大灯灯光给出了错误的信息，使得你的灯在亮度为 500 lux 时被关闭了。利用一个运放电路来设计你的传感器，以检测光线传感器输出，并提供一个控制灯的电压输出。光线传感器是一个 $R = 2000\ e^{-x/500}\ \Omega$ 的电阻，其中 $x$ 是以 lux 为单位的亮度。该电路能够在黄昏亮度低于 200 lux 时打开灯，并将亮的状态保持到黎明时分亮度超过 1000 lux。

61. 设计一个工作在 5 V 电源下的施密特触发电路，它能够从数字信号中将噪声去除。设计该电路的阈值电压为 1 V 和 3.5 V，输出为 0 V 或 5 V。在 SPICE 中通过瞬态响应仿真来验证和输出你的结果，输入为包含噪声的方波。在 LTspice 中，这种形式的输入可以用行为电压源器件 **bv** 来定义，使用 **sgn**(sign)，**sin** 和 **white**(随机白噪声)函数来给出输入函数。例如，函数 **V = 2.5 * (sgn(sin(2 * pi * time * 500)) + 1) + 5 * (white(5e5 * time))** 可用来表示幅度为 5 V，频率为 500 Hz，具有白噪声的方波。

DP 62. 某办公楼外的喷泉在流速为 100 l/s 时可以达到 5 m 的最大高度。从水源到喷泉的线路上有一个可以电子控制的可变位置阀门，当所加电压为 0 V 时，阀门处于完全打开状态，而电压为 5 V 时，阀门处于关闭状态。在逆风条件下，喷泉的最大高度会发生改变，当风速超过 50 km/h 时，高度不会超过2 m。现有一个风速传感器，它的刻度为 1 V 电压，对应于 25 km/h 的风速。设计一个电路，可以根据指标利用风速传感器来控制喷泉。

63. 利用 SPICE 对图 6.28 中的仪表放大器进行仿真，其中 $R_1 = R_3 = 1\ k\Omega$，$R_2 = R_4 = 100\ k\Omega$，输入信号包含一个可以在 0 V ~ 5 V 之间变化的直流电压和一个幅度为 1 mV 的正弦交流信号。将使用 LT1001 等高精度运放模型得到的电路的性能和使用通用 μA741 运放得到的电路的性能进行对比。给出正确的输入和输出曲线，特别是要对两个电路在共模抑制方面的差别进行讨论。

64. 电路如图 6.44 所示，假设所有电阻值都为 5 kΩ，画出 $v_{out}$ 随时间变化的曲线。假设：(a) $v_1 = 5\sin 5t$ V，$v_2 = 5\cos 5t$ V；(b) $v_1 = 4e^{-t}$ V，$v_2 = 5e^{-2t}$ V；(c) $v_1 = 2$ V，$v_2 = e^{-t}$ V。

# 第 7 章　电容和电感

## 主要概念

- 理想电容的电压-电流关系
- 理想电感的电压-电流关系
- 计算电容和电感中存储的能量
- 电容和电感对时变信号的响应分析
- 串联和并联组合
- 含有电容的运放电路
- 储能元件的计算机模型

## 引言

本章将介绍两种新的无源电路元件——电容和电感，这两种元件都能够存储和提供有限的能量。虽然它们被归类于线性元件，但是这两个新元件的电流-电压关系却与时间有关，因此引申出许多有趣的电路。我们将要讲到，电容和电感值的范围可以很大，因此有时会主导电路性能，有时其影响又会非常小。在现代应用中这个特性继续存在，特别是随着计算机和通信系统的工作频率越来越高以及集成的元件数量越来越多，该特性更不可忽视。

## 7.1　电容

### 理想电容模型

前面我们把独立源和受控源称为有源元件，而把线性电阻称为无源元件。但是有源和无源的定义仍然有些模糊，需要进一步明确。现在将**有源元件**定义为能够在无限时间内向外部电路提供大于零的平均功率的元件。理想电源是有源元件，运放也是有源元件。**无源元件**定义为不能在无限时间内提供大于零的平均功率的元件。电阻就属于这一类，其接收到的能量都被转换成热量，并且永远不能提供能量。

现在介绍一种新的无源电路元件——电容。我们通过电压-电流关系来定义电容 $C$：

$$\boxed{i = C\frac{\mathrm{d}v}{\mathrm{d}t}} \qquad [1]$$

其中，$v$ 和 $i$ 满足无源元件的符号规则，如图 7.1 所示。应该牢记：$v$ 和 $i$ 是时间的函数，如果需要，可以写成 $v(t)$ 和 $i(t)$。从式[1]可以得到电容的单位为安培·秒/伏特(A·s/V)或库仑/伏特(C/V)。现在定义**法拉**①(F)为 1 库仑/伏特(C/V)，并将其作为电容的单位。

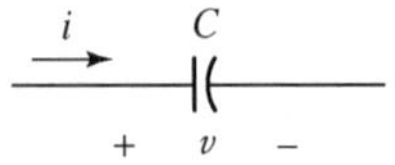


图 7.1　电容的电气符号以及电流-电压符号规则

① 以 19 世纪英国科学家 Michael Faraday 命名。

由式[1]定义的理想电容只是实际器件的数学模型。电容由两个能够存储能量的导电平板组成，两个平板之间由电阻非常大的绝缘薄层隔开。如果这个电阻足够大以至于可视为无限值，那么电容极板上的等量正负电荷永远不会中和，至少不会通过该元件内的任何路径进行中和。如图 7.1 所示的电路符号能够说明实际电容元件的结构。

假设将一个外部器件连接到电容上，并产生一个正的电流，它从电容的一个极板流入，并从另一个极板流出。在元件的两端，流入和流出的电流大小相同，这对任何电路元件都成立。现在来考察电容内部的情况。进入一个极板的正电流表示正电荷正在通过引线流向该极板，这些电荷不能穿过电容内部，因此将聚集在极板上。事实上，电流与该电荷之间具有如下关系：

$$i = \frac{dq}{dt}$$

现在将该极板看成一个大的节点，然后应用基尔霍夫电流定律。显然该定理不成立，因为电流从外部电路流入极板，但是并没有电流从极板流出。在一个多世纪以前，苏格兰人麦克斯韦(James Clerk Maxwell)就发现了这个矛盾，后来他发展了一套统一的电磁理论来解释这个矛盾。他假设当电场或电压随时间变化时均产生“位移电流”。在电容两个极板内部流动的位移电流正好与从电容引线流入的传导电流相等。因此，如果同时考虑传导电流和位移电流，则会满足基尔霍夫电流定律。但是电路分析并不关心内部位移电流，并且既然它恰好与传导电流相等，那么可以将麦克斯韦的假设作为联系传导电流与电容两端变化的电压的纽带。

由两个相距为 $d$、面积为 $A$ 的平行导电极板组成的电容器的电容为 $C = \varepsilon A/d$，其中 $\varepsilon$ 是两个极板间的绝缘体的介电常数，并且假定导电极板的尺寸要比 $d$ 大得多。对于空气或真空，$\varepsilon = \varepsilon_0 = 8.854$ pF/m。大多数电容都采用比空气介电常数大得多的薄电介质层来减小器件的尺寸。图 7.2 给出了几种不同类型的商用电容的实例，但是应该记住：任何两个不直接接触的导电平面都存在一个非零电容(尽管可能很小)。还需要注意的是，几百微法(μF)的电容属于大电容。

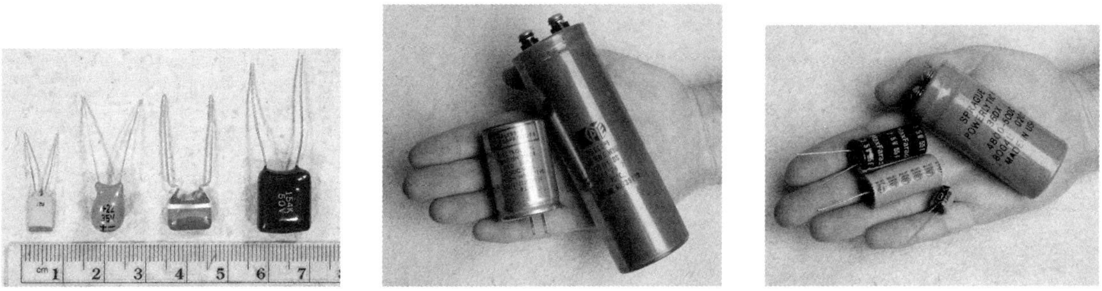

(a)　(b)　(c)

图 7.2　几种商用电容。(a) 从左到右：270 pF 陶瓷电容，20 μF 钽电容，15 nF 聚酯电容，150 nF 聚酯电容；(b) 左：2000 μF，40 V 电解电容；右：25 000 μF，35 V 电解电容；(c) 从最小的那个开始沿顺时针方向：100 μF 63 V 电解电容；2200 μF 50 V 电解电容；55 F 2.5 V 电解电容；4800 μF 50 V 电解电容。大容量电容通常要求具有比较大的封装，但是上面有一个例外，知道这是基于什么样的折中考虑吗？[(a) ~ (c) © Steve Durbin]

从式[1]的定义方程可以发现该数学模型的几个重要特性。在电容两端加上恒定电压将产生大小为零的电流，因此对直流而言电容呈现开路特性。这个现象可以通过电容符号形象地表示。另外，电压的突变需要无穷大的电流。因为这在实际中是不可能的，因此需要防止电容两端的电压在零时间间隔内的变化。

**例7.1** 对于图7.1所示的电容，如果 $C=2$ F，两个电压波形如图7.3所示，分别求流过该电容的电流 $i$。

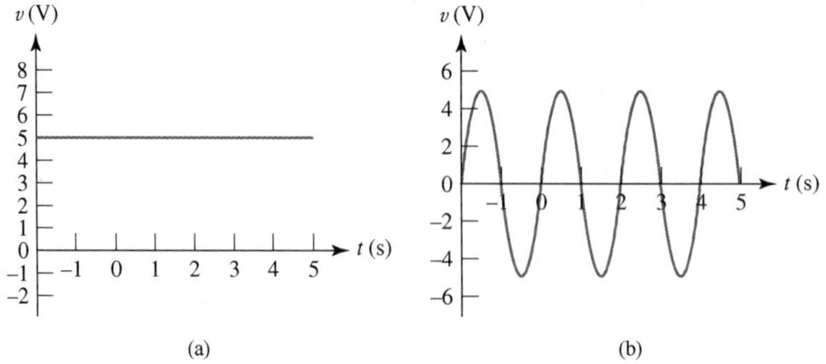


图7.3 (a) 加在电容两端的直流电压；(b) 加在电容两端的正弦电压

**解**：由式[1]可知电流 $i$ 与电容两端的电压 $v$ 之间的关系为

$$i = C\frac{\mathrm{d}v}{\mathrm{d}t}$$

对于图7.3(a)所示的电压，$\mathrm{d}v/\mathrm{d}t=0$，因此 $i=0$，结果如图7.4(a)所示。对于图7.3(b)所示的正弦波，预计得到的电流为具有相同频率和两倍幅度大小(因为 $C=2$ F)的余弦电流，结果如图7.4(b)所示。

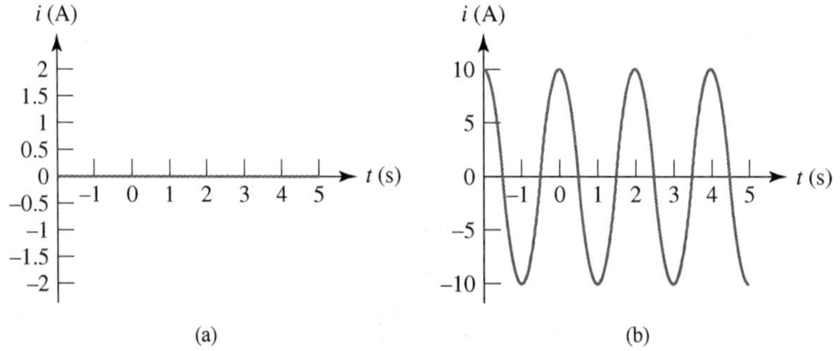


图7.4 (a) 因为所加电压为直流，因此 $i=0$；(b) 对于正弦电压，响应为余弦电流

## 练习

7.1 当5 mF电容两端加上的电压 $v$ 为(a) −20 V和(b) $2e^{-5t}$ V时，求流过该电容的电流。

答案：(a) 0 A；(b) $-50e^{-5t}$ mA。

## 电压-电流积分关系

通过对式[1]积分，可以将电容电压用电流来表示。首先得到

$$\mathrm{d}v = \frac{1}{C}i(t)\,\mathrm{d}t$$

然后对时间从 $t_0$ 到 $t$ 进行积分①，得到相应的 $v(t_0)$ 到 $v(t)$ 的电压为

$$v(t)=\frac{1}{C}\int_{t_0}^{t} i(t')\,\mathrm{d}t'+v(t_0) \qquad [2]$$

式[2]也可以写成不定积分加上积分常数的形式：

$$v(t)=\frac{1}{C}\int i\,\mathrm{d}t+k$$

最后，在许多实际问题中会发现电容两端的初始电压 $v(t_0)$ 难以确定，在这种情况下，为方便起见，假定 $t_0=-\infty$，$v(-\infty)=0$，从而可得

$$v(t)=\frac{1}{C}\int_{-\infty}^{t} i\,\mathrm{d}t'$$

因为电流在任意时间区间内的积分等于在这个时间区间内电流流入的那个极板上所积累的电荷，因此也可以将电容定义为

$$q(t)=Cv(t)$$

其中，$q(t)$ 和 $v(t)$ 分别表示任何一个极板上的电荷值，以及两个极板之间的电压。

**例 7.2**　流过电容的电流如图 7.5(a)所示，求相应的电容电压，其中电容大小为 5 μF。

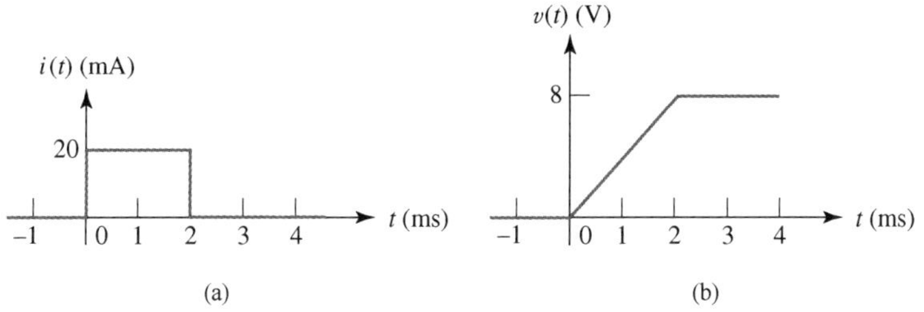


图 7.5　(a) 加到 5 μF 电容上的电流；(b) 通过积分所得到的电压波形

**解**：此处利用式[2]比较合适：

$$v(t)=\frac{1}{C}\int_{t_0}^{t} i(t')\,\mathrm{d}t'+v(t_0)$$

但是需要通过图形来说明。已知电压在 $t$ 和 $t_0$ 时刻的差与电流曲线在此时间区间内的面积成正比，比例常数为 $1/C$。

从图 7.5(a) 可以看到有 3 个不同的时间区间：$t\leqslant 0$，$0\leqslant t\leqslant 2$ ms 和 $t\geqslant 2$ ms。把第一段区间更明确地定义为从 $-\infty$ 到 0，因此 $t_0=-\infty$，可以注意到有两种情况，这两种情况都是直到 $t=0$ 电流都为零时所产生的结果。第一种是

$$v(t_0)=v(-\infty)=0$$

第二种是电流在 $t_0=-\infty$ 和 0 之间的积分为零，在该区间内 $i=0$，从而可得

$$v(t)=0+v(-\infty), \qquad -\infty\leqslant t\leqslant 0$$

或

$$v(t)=0, \qquad t\leqslant 0$$

如果现在考虑矩形脉冲表示的时间区间，可得

① 注意，当积分变量 $t$ 也是积分限的情况下，采用另一个变量 $t'$ 来表示积分变量则不会改变结果。

$$v(t) = \frac{1}{5\times10^{-6}}\int_0^t 20\times10^{-3}\,dt' + v(0)$$

因为 $v(0)=0$，所以，

$$v(t) = 4000t, \qquad 0 \leqslant t \leqslant 2\text{ ms}$$

因为在该脉冲之后的半无限区间内积分也为零，所以

$$v(t) = 8, \qquad t \geqslant 2\text{ ms}$$

该结果可以用图形更简单地表示出来，如图7.5(b)所示。

## 练习

7.2 如果100 pF电容两端的电压随时间变化的关系如图7.6所示，求流过该电容的电流。

答案：0 A，$-\infty \leqslant t \leqslant 1$ ms；200 nA，1 ms$\leqslant t \leqslant$2 ms；0 A，$t \geqslant 2$ ms。

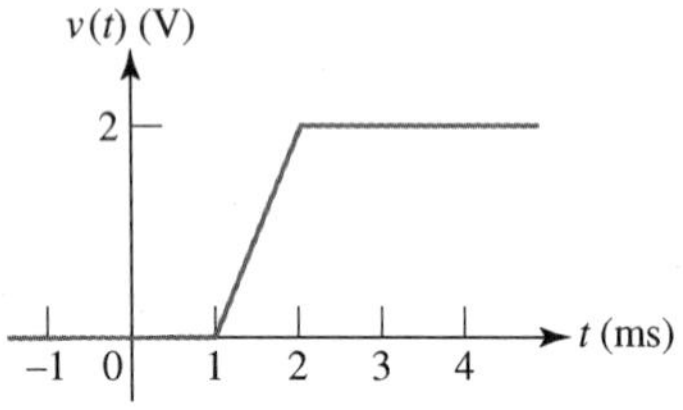


图7.6

## 能量存储

为确定电容存储的能量，首先分析传递给电容的功率：

$$p = vi = Cv\frac{dv}{dt}$$

然后对感兴趣的时间区间进行积分：

$$\int_{t_0}^{t} p\,dt' = C\int_{t_0}^{t} v\frac{dv}{dt'}\,dt' = C\int_{v(t_0)}^{v(t)} v'\,dv' = \frac{1}{2}C\left\{[v(t)]^2 - [v(t_0)]^2\right\}$$

因此，

$$w_C(t) - w_C(t_0) = \tfrac{1}{2}C\left\{[v(t)]^2 - [v(t_0)]^2\right\} \qquad [3]$$

其中，存储的能量为 $w_C(t_0)$，单位为焦尔(J)，$t_0$时刻的电压为 $v(t_0)$。如果在 $t_0$时刻电容存储能量为零，那么此时的电容电压也为零，因此

$$\boxed{w_C(t) = \tfrac{1}{2}Cv^2} \qquad [4]$$

下面考虑一个简单的数值例子。如图7.7所示，一个正弦电压源与一个1 MΩ电阻和一个20 μF电容并联。并联电阻可以看成实际电容的两个极板之间的电介质所具有的电阻(理想电容具有无穷大的电阻)。

**例7.3** 求图7.7所示电容存储的最大能量以及电阻消耗的能量，时间区间为 $0<t<0.5$ s。

**解：明确题目的要求**

由于存储在电容中的能量随时间变化，因此需要求解在指定时间间隔内能量的最大值。还需要求解在这个区间内电阻消耗的总能量。实际上这是两个完全不同的问题。

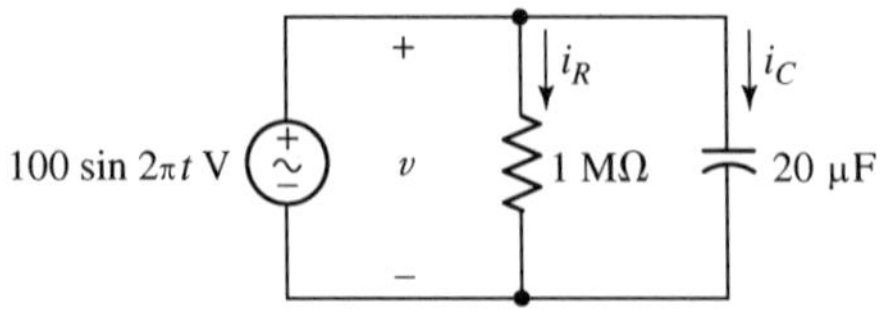


图7.7 一个并联 *RC* 网络加上一个正弦电压源。1 MΩ电阻可以表示实际电容电介质层的有限电阻

**收集已知信息**

电路中唯一的能量源是独立电压源，它的值为100 sin $2\pi t$ V。我们只对 $0<t<0.5$ s的时间间隔感兴趣。电路已经正确标注。

**设计方案**

通过计算电压和式[4]来求电容中的能量。为了求出该区间内电阻消耗的能量，需要对消耗的功率 $p_R = i_R^2 \cdot R$ 进行积分。

**建立一组合适的方程**

存储在电容中的能量为

$$w_C(t) = \frac{1}{2}Cv^2 = 0.1\sin^2 2\pi t \text{ J}$$

利用电流 $i_R$ 表示电阻消耗的功率，其电流表达式为

$$i_R = \frac{v}{R} = 10^{-4}\sin 2\pi t \text{ A}$$

因此，

$$p_R = i_R^2 R = (10^{-4})(10^6)\sin^2 2\pi t$$

在 0 ~ 0.5 s 之间电阻消耗的能量为

$$w_R = \int_0^{0.5} p_R \,\mathrm{d}t = \int_0^{0.5} 10^{-2}\sin^2 2\pi t \,\mathrm{d}t \text{ J}$$

**确定是否还需要其他信息**

我们已经得到存储在电容中的能量表达式，其曲线如图 7.8 所示。电阻消耗的能量表达式中不包含任何未知量，因此可以计算结果。

**尝试求解**

从存储在电容中的能量表达式曲线可以看出，它从 $t = 0$ 时刻的零增大到 $t = 1/4$ s 时刻的最大值 100 mJ，然后在另一个 1/4 s 后降到零。因此，$w_{C_{max}} = 100$ mJ。计算电阻消耗能量的积分表达式，可得 $w_R = 2.5$ mJ。

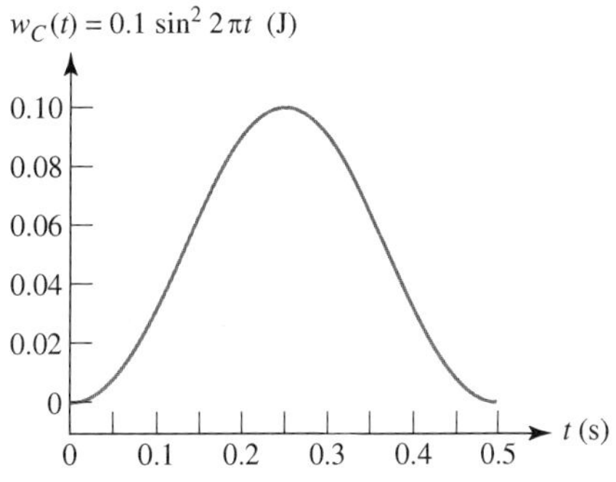


图 7.8 存储在电容中的能量随时间变化的曲线

**验证结果是否合理或是否与预计结果一致**

存储的能量不可能是负值，这在曲线中已经得到证实。此外，因为 $\sin 2\pi t$ 的最大值为 1，因此预计的最大能量为 $(1/2)(20\times10^{-6})(100)^2 = 100$ mJ。

在 0 ~ 500 ms 时间段内电阻消耗 2.5 mJ 的能量，但是在此期间内的某个时刻，电容存储了 100 mJ 的最大能量，那么其他 97.5 mJ 的能量到哪里去了？为了回答这个问题，下面计算电容电流：

$$i_C = 20\times10^{-6}\frac{\mathrm{d}v}{\mathrm{d}t} = 0.004\pi\cos 2\pi t$$

$i_s$ 定义为流入电压源的电流：

$$i_s = -i_C - i_R$$

图 7.9 中画出了这两个电流。可以看到流过电阻的电流是电源电流的一小部分，这不难理解，因为 1 MΩ 是一个相当大的电阻值。当电流从电源流出时，一小部分传递给电阻，剩余的流入电容。在 $t = 250$ ms 以后，电源电流改变了符号，此时电流从电容流回电源。存储在电容中的大部分能量被返回到理想电压源，一小部分消耗在电阻中。

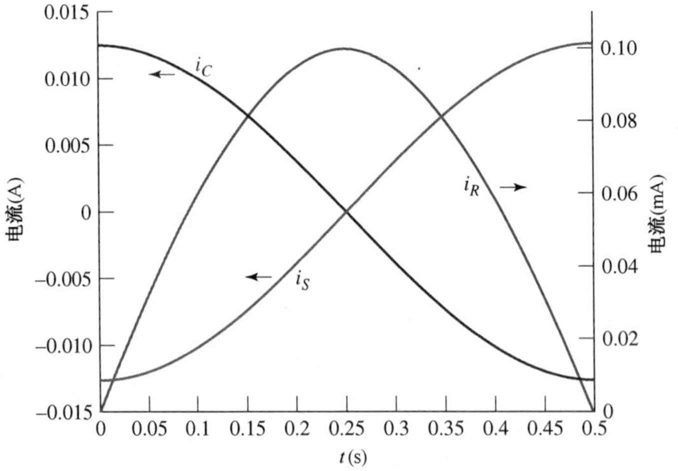


图 7.9 在 0 ~ 500 ms 时间段内流过电阻、电容和电源的电流曲线。注意，$i_s$ 定义为流入电源的正端

## 练习

7.3 如果 1000 μF 电容两端的电压为 1.5 cos $10^5 t$ V，计算电容在 $t = 50$ μs 时存储的能量。
答案：90.52 μJ。

### 理想电容的重要特性

1. 如果电容两端的电压不随时间变化，那么流过电容的电流为零，因此电容对于直流而言相当于开路。
2. 即使流过电容的电流为零，比如电容两端的电压是常数时，电容中也可存储有限的能量。
3. 不可能在零时间间隔内改变电容两端的电压，因为这要求流过电容的电流为无限大。电容对于电压突变的抵抗类似于弹簧对于位移突变的抵抗。
4. 理想电容永远不会消耗能量，只会存储能量。从数学模型上来说这是正确的，但是对于实际电容来说并不正确，因为电介质和封装都会使电容具有一定的内阻。因此，当实际电容从电源上断开后，最终会完全放电。

## 7.2 电感

### 理想电感模型

在 19 世纪早期，丹麦科学家奥斯特发现，当导体中有电流流过时，导体周围将产生磁场(导线中有电流流过时将影响附近的指南针)。此后不久，安培做了几个精密的测量实验，结果表明磁场和产生它的电流之间呈线性关系。大约 20 年后，英国实验物理学家法拉第和美国发明家亨利几乎同时发现①：变化的磁场可以使附近的电路产生电压。他们证明了这个电压与产生磁场的电流随时间的变化率成正比，比例系数即为现在所说的**电感**且用符号 $L$ 表示，因而有

$$v = L\frac{\mathrm{d}i}{\mathrm{d}t} \tag{5}$$

① 法拉第更早一点。

其中，$v$ 和 $i$ 都是时间的函数。为了强调这一点，可以将它们写成 $v(t)$ 和 $i(t)$。

电感的电路符号如图7.10所示，注意它符合无源符号规则，这一点与电阻和电容相同。电感的单位是**亨利**(H)，由定义公式可以看出亨利只是伏特·秒/安培(V·s/A)的简洁表示。

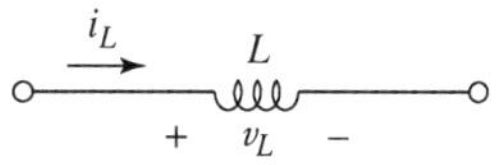


图7.10 电感的电气符号和电流-电压的符号规则

由式[5]定义的电感是一个数学模型，是一个用来近似实际器件的理想元件。实际电感可以通过将一定长度的导线绕成线圈而制成，因此等效于增大产生磁场的电流，同时也增大了附近感应出法拉第电压的电路的“数目”。这两方面影响产生的结果是线圈的电感大致与电感匝数的平方成正比。例如，一个外形类似于有很小螺距的长螺旋杆的电感或线圈的电感值为 $\mu N^2A/s$，其中 $A$ 为横截面积，$s$ 为螺旋杆轴向长度，$N$ 为线圈匝数，$\mu$ 为与螺旋杆内部材料有关的常量(称为磁导率)。在真空中(和空气非常接近)，$\mu=\mu_0=4\pi\times10^{-7}$ H/m $=4\pi$ nH/cm。图7.11所示是几种常见的电感。

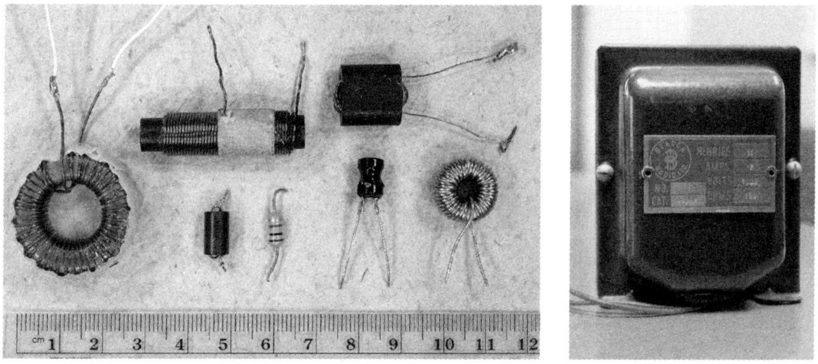

(a) (b)

图7.11 (a)几种不同类型的可以买到的电感，这些电感有时也称为扼流圈。从最左边开始沿顺时针方向分别为：287 μH铁氧体磁心环形电感；266 μH铁氧体磁心柱形电感；215 μH铁氧体磁心电感，用于甚高频；85 μH铁粉磁心环形电感；10 μH桶形电感；100 μH轴向引线电感，用于射频抑制的7 μH有损耗磁心电感；(b)一个11 H电感，体积为10 cm(高)×8 cm(宽)×8 cm(深)((a)和(b)© Steve Durbin)

现在通过考察式[5]来获得该数学模型的一些电气特性。该式表明，电感两端的电压与流过电感的电流的变化率成正比。特别是当电感流过固定不变的电流时，不管电流的大小是多少，电感两端的电压都为零。因此，电感对于直流呈现短路特性。

从式[5]可以得出的另一个事实是，电流的突变或者电流的不连续变化必然导致电感两端电压为无穷大。换句话说，如果试图使电感电流产生突变，那么必须在电感两端加上无穷大的电压。尽管从理论上说可以存在电压为无穷大的激励函数，但对于实际器件而言，这种情况永远不会出现。后面将看到，电感电流的突变还要求存储在电感上的能量产生突变，能量的突变要求在该时刻具有无穷大的功率，而无穷大的功率在实际物理世界中同样不存在。为了避免出现无穷大的电压和无穷大的功率，不允许电感电流在瞬间从一个值跳变到另一个值。

如果试图将有电流流过的实际电感突然断开，那么在开关处将产生电弧。这在某些汽车的点火系统中很有用，即流过火花线圈的电流被分流器截断，于是在火花塞上将产生电弧。尽管这不是瞬时产生的，但却发生在一个很短的时间间隔里，从而可以产生一个很大的电压。在很小距离上存在大电压等同于存在一个很大的电场，存储的能量将通过空气电离后的电弧路径而释放。

式[5]也可以通过图形方法解释(或求解)，参见例7.4。

**例 7.4** 流过 3 H 电感的电流波形如图 7.12(a)所示，求电感电压并画出草图。

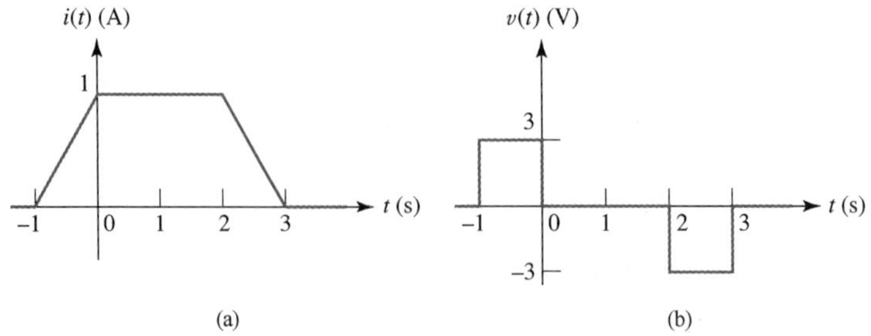


图 7.12 (a) 3 H 电感上的电流；(b) 相应的电压波形，$v = 3\ \mathrm{d}i/\mathrm{d}t$

**解：** 只要电压 $v$ 和电流 $i$ 满足无源符号规则，就可以利用式[5]从图 7.12(a) 得到 $v$：

$$v = 3\frac{\mathrm{d}i}{\mathrm{d}t}$$

当 $t < -1$ s 时电流为零，因此在此区间内电压也为零。然后电流以 1 A/s 的速率开始线性增加，因此产生 $L\ \mathrm{d}i/\mathrm{d}t = 3$ V 的固定电压。在接下来的 2 s 间隔内电流不变，因此电压再次为零。最后电流下降，使得 $\mathrm{d}i/\mathrm{d}t = -1$ A/s，因此 $v = -3$ V。当 $t > 3$ s 时，$i(t)$ 为常数(0)，因此 $v(t) = 0$。完整的电压波形如图 7.12(b) 所示。

## 练习

7.4 流过 200 mH 电感的电流如图 7.13 所示。假设满足无源符号规则，求 $v_L$ 在 $t$ 等于下列情况下的值：(a) 0；(b) 2 ms；(c) 6 ms。

答案：(a) 0.4 V；(b) 0.2 V；(c) −0.267 V。

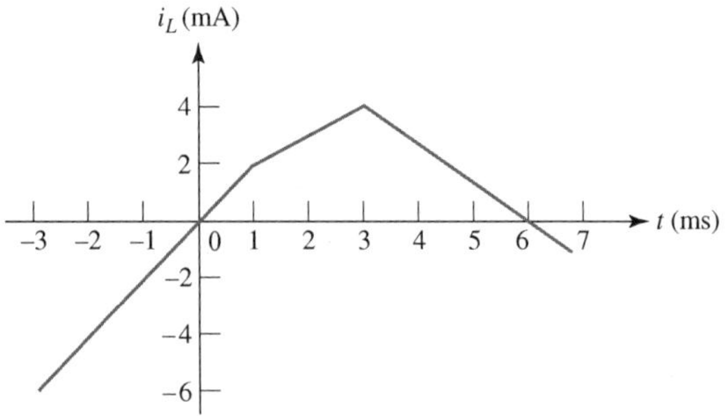


图 7.13

下面来分析电流在 0 ~ 1 A 之间快速上升和下降时对电压的影响。

**例 7.5** 将图 7.14(a)所示电流波形加到例 7.4 的电感上，求产生的电感电压。

**解：** 注意，上升和下降时间减小到 0.1 s，因此每个导数的幅度变为原来的 10 倍。电流和电压曲线分别如图 7.14(a)和图 7.14(b)所示。有趣的是，可以看到在图 7.12(b) 和图 7.14(b) 的电压波形中，各电压脉冲的面积均为 3 V·s。

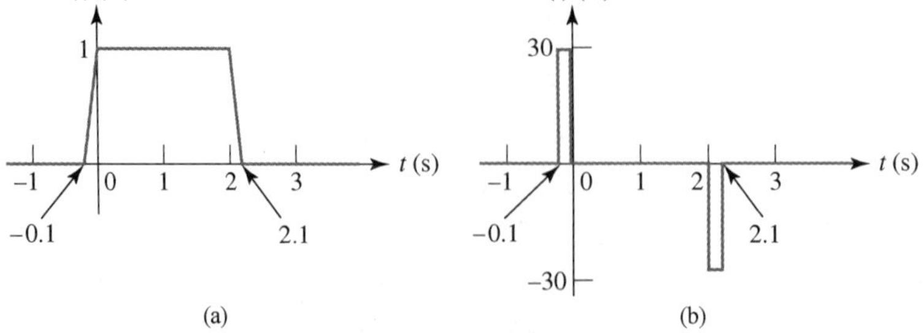


图 7.14 (a) 图 7.12(a)所示的电流从 0 A 变到 1 A 以及从 1 A 变到 0 A 的时间区间减小为原来的1/10；(b) 产生的相应电压波形。为清晰起见，放大了脉冲宽度

出于好奇，我们继续分析。继续减小电流波形的上升时间和下降时间将使电压幅度成比例地增大，但这只发生在电流上升或下降区间。电流的突变将产生无穷大的电压尖峰（每个尖峰的面积均为 3 V · s），如图 7.15(a) 和图 7.15(b) 所示。或者，从相反但同样有效的另一个角度来看，产生无穷大的电压尖峰需要电流的突变。

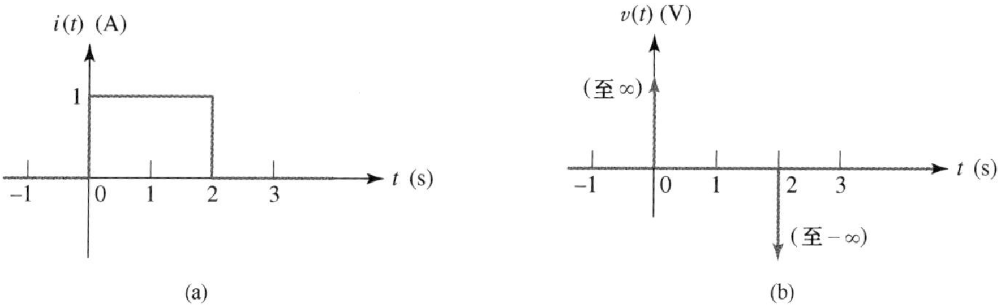


图 7.15　(a) 图 7.14(a) 所示的电流从 0 A 变到 1 A 和从 1 A 变到 0 A 所需要的时间减小到 0，上升和下降成为突变；(b) 3 H 电感上的电压由一个正无穷大尖峰和一个负无穷大尖峰组成

## 练习

7.5　如图 7.14(a) 所示的电流波形有相同的上升和下降时间，都为 0.1 s（100 ms）。计算在同一个电感两端最大的正负电压，假设上升和下降时间分别变为：(a) 1 ms, 1 ms；(b) 12 μs, 64 μs；(c) 1 s, 1 ns。

答案：(a) 3 kV，−3 kV；(b) 250 kV，−46.88 kV；(c) 3 V，−3 GV。

### 电压-电流积分关系

我们已经通过一个简单的微分方程定义了电感：

$$v = L\frac{\mathrm{d}i}{\mathrm{d}t}$$

从这个关系式可以得出几个关于电感特性的结论。例如，对于直流电流而言，可以将电感视为短路。另外，不允许电感电流从一个值跳变到另一个值，因为这要求电感具有无穷大的电压和功率。从这个简单的电感定义式中还可以得到其他信息。将公式改写成稍微不同的形式：

$$\mathrm{d}i = \frac{1}{L}v\,\mathrm{d}t$$

现在可以引入积分。首先考虑两边的积分限。需要求出时刻 $t$ 的电流 $i$，这两个值分别规定了公式两边的积分上限；同样，对于下限也不失一般性，假定电流在时刻 $t_0$ 的电流为 $i(t_0)$，因此

$$\int_{i(t_0)}^{i(t)} \mathrm{d}i' = \frac{1}{L}\int_{t_0}^{t} v(t')\,\mathrm{d}t'$$

可以得到下面的方程：

$$i(t) - i(t_0) = \frac{1}{L}\int_{t_0}^{t} v\,\mathrm{d}t'$$

或

$$\boxed{i(t) = \frac{1}{L}\int_{t_0}^{t} v\,\mathrm{d}t' + i(t_0)} \qquad [6]$$

式[5]用电流来表示电感电压，而式[6]用电压来表示电流。后者还可能有其他形式。可以将该积分写成一个不定积分和积分常数 $k$ 的形式：

$$i(t) = \frac{1}{L}\int v\,dt + k \qquad [7]$$

仍然假定求解的是一个实际问题，这时可选取 $t_0$ 为 $-\infty$，以保证电感初始时没有任何电流和能量。因此，如果 $i(t_0) = i(-\infty) = 0$，则

$$i(t) = \frac{1}{L}\int_{-\infty}^{t} v\,dt' \qquad [8]$$

下面通过例题来看看这几个积分的应用，其中电感两端的电压是已知的。

**例 7.6** 一个 2 H 电感两端的电压为 6 cos 5t V。如果 $i(t = -\pi/2) = 1$ A，求电感电流。

**解**：从式[6]可得

$$i(t) = \frac{1}{2}\int_{t_0}^{t} 6\cos 5t'\,dt' + i(t_0)$$

或

$$i(t) = \frac{1}{2}\left(\frac{6}{5}\right)\sin 5t - \frac{1}{2}\left(\frac{6}{5}\right)\sin 5t_0 + i(t_0)$$
$$= 0.6\sin 5t - 0.6\sin 5t_0 + i(t_0)$$

第一项表示电感电流以正弦方式变化，第二项和第三项表示一个常量，当给定某个时刻的电流值后就可以求出这个常量。已知 $t = -\pi/2$ s 时的电流为 1 A，即当 $t_0$ 为 $-\pi/2$ 时 $i(t_0) = 1$，于是得到

$$i(t) = 0.6\sin 5t - 0.6\sin(-2.5\pi) + 1$$

或

$$i(t) = 0.6\sin 5t + 1.6$$

或者可以从式[7]得到

$$i(t) = 0.6\sin 5t + k$$

通过令 $t = -\pi/2$ 时电流等于 1 A，可以得到 $k$ 的值为

$$1 = 0.6\sin(-2.5\pi) + k$$

或

$$k = 1 + 0.6 = 1.6$$

于是和前面一样，可以得到

$$i(t) = 0.6\sin 5t + 1.6$$

如果使用式[8]求解，则对于这个特定的电压值而言将会出现问题。因为该公式建立在 $t = -\infty$ 时电流为零的基础之上，这对于实际的物理世界来说是正确的，但现在处理的是一个数学模型，其中的元件和激励函数都是理想的。积分后会出现问题，积分得到

$$i(t) = 0.6\sin 5t'\Big|_{-\infty}^{t}$$

尝试求出在积分下限时的积分结果为

$$i(t) = 0.6\sin 5t - 0.6\sin(-\infty)$$

$\pm\infty$ 的正弦值是不确定的，因此不可能求出该表达式。所以只有当求解的函数在 $t\to-\infty$ 时趋于零，式[8]才有用。

## 练习

7.6 一个 100 mH 的电感两端的电压为 $v_L = 2e^{-3t}$ V，如果 $i_L(-0.5) = 1$ A，求电感电流。

答案：$-\frac{20}{3}e^{-3t} + 30.9$ A。

但是，不能简单地给出以后将只采用某个公式的结论，因为这些公式各有其优越性，具体取决于不同的问题和应用。式[6]是一种通用的方法，它明确表明了积分常数为电流。式[7]是式[6]的简洁形式，但是没有很好地体现出积分常数的性质。最后，式[8]是一个很好的表达式，因为其中不含有任何常数，但它只适用于当 $t=-\infty$ 时电流为零或者当 $t=-\infty$ 时电流有确切解析表达式的情形。

## 能量存储

现在考虑功率和能量。吸收的功率等于电流和电压的乘积：

$$p = vi = Li\,\frac{di}{dt}$$

电感接收的能量 $w_L$ 存储在线圈周围的磁场中。可用功率在所求时间区间的积分表示能量的变化：

$$\int_{t_0}^{t} p\,dt' = L\int_{t_0}^{t} i\,\frac{di}{dt'}\,dt' = L\int_{i(t_0)}^{i(t)} i'\,di'$$

$$= \frac{1}{2}L\left\{[i(t)]^2 - [i(t_0)]^2\right\}$$

因此，

$$w_L(t) - w_L(t_0) = \frac{1}{2}L\left\{[i(t)]^2 - [i(t_0)]^2\right\} \qquad [9]$$

其中，假定在 $t_0$ 时刻电流为 $i(t_0)$。在使用该能量表达式时，通常假定 $t_0$ 取为电流为零的时刻，且假定该时刻的能量为零，于是电感存储的能量可以简单表示为

$$\boxed{w_L(t) = \frac{1}{2}Li^2} \qquad [10]$$

其中，能量为零的参考时刻就是电感电流为零的任何时刻。在以后的任何时刻，只要电流为零，就可以知道线圈中没有存储能量。而只要电流不为零，无论其方向或符号如何，都必然有能量存储在电感中。从而，功率可以在某段时间传送到电感，然后又会被释放出来，对于理想电感而言，存储的所有能量都可以被释放出来，而存储的电荷和代理商的佣金都不可能存在于电感的数学模型中。但是，实际线圈都是用实际导线制造的，从而必然具有一定的电阻，这时能量就不能够无损耗地存储和释放了。

可以用一个简单的例子来说明上面的结论。在图 7.16 中，3 H 电感与 0.1 Ω 电阻以及正弦电流源 $i_s = 12\sin(\pi t/6)$ A 相串联，电阻可以看成实际线圈的导线中必然存在的等效电阻。

**例 7.7**　求图 7.16 所示的电感中能够存储的最大能量，并计算有多少能量在电感的存储和释放过程中被电阻消耗掉。

**解**：电感中存储的能量为

$$w_L = \frac{1}{2}Li^2 = 216\sin^2\frac{\pi t}{6}\ \text{J}$$

该能量从 $t=0$ 时的零增大到 $t=3$ s 时的 216 J，因此存储在电感中的最大能量为 216 J。

能量在 $t=3$ s 时达到峰值后又逐渐被电感完全释放出来。下面分析 216 J 的能量在 6 s 的时间内经过存储和释放这一过程所消耗的能量。电阻上消耗的功率为

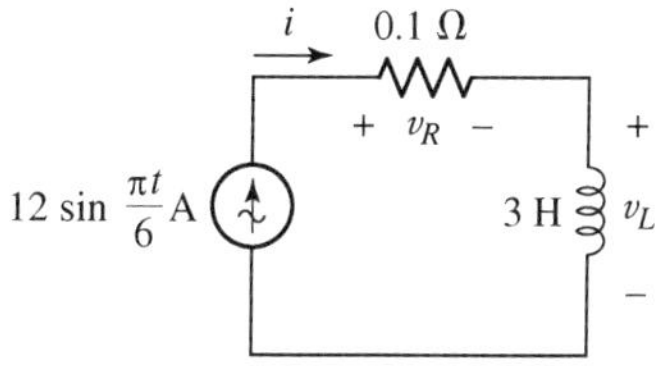


图 7.16　正弦电流作为激励函数加到串联 $RL$ 电路。0.1 Ω 电阻表示制造电感的导线的内在电阻

$$p_R = i^2R = 14.4\sin^2\frac{\pi t}{6}\ \text{W}$$

在这6 s时间内电阻转换成的热量的能量为

$$w_R = \int_0^6 p_R\,\mathrm{d}t = \int_0^6 14.4\sin^2\frac{\pi}{6}t\,\mathrm{d}t$$

或

$$w_R = \int_0^6 14.4\left(\frac{1}{2}\right)\left(1-\cos\frac{\pi}{3}t\right)\mathrm{d}t = 43.2\ \text{J}$$

因此，电感在6 s时间内存储和释放216 J能量的过程中一共消耗了43.2 J能量。该数值相当于所存储的最大能量的20%，不过，对于具有这么大电感的线圈来说，这是合理的；对于电感约为100 μH的线圈，可以估计出这个值约为2% ~3%。

## 练习

7.7 假定图7.10所示电路的电感$L = 25$ mH。(a) 如果$i_L = 10te^{-100t}$ A，求$t = 12$ ms时的$v_L$；(b) 如果$v_L = 6e^{-12t}$ V，$i_L(0) = 10$ A，求$t = 0.1$ s时的$i_L$；如果$i_L = 8(1-e^{-40t})$ mA，求：(c) $t = 50$ ms时传送到电感的功率；(d) $t = 40$ ms时电感存储的能量。

答案：(a) −15.06 mV；(b) 24.0 A；(c) 7.49 μW；(d) 0.510 μJ。

下面来概括一下由定义式$v = L\mathrm{d}i/\mathrm{d}t$导出的电感的4个重要特性。

## 理想电感的重要特性

1. 如果流过电感的电流不随时间变化，那么电感两端没有电压，因此电感对于直流呈现短路特性。
2. 即使电感两端的电压为零，比如当流过电感的电流为常数时，电感中也能存储有限的能量。
3. 不可能在零时间内改变流过电感的电流，因为这要求电感两端有无穷大的电压。电感对于电流突变的抵抗类似于物体对于速度突变的抵抗。
4. 电感永远不会消耗能量，但可以存储能量。尽管这对于数学模型来说是正确的，但对于实际电感来说却是不正确的，因为电感存在串联电阻。一个例外是利用超导体导电来构建电感的时候。

如果将上面这几句话的某些词语用它们的“对偶”词语来替换，即将“电感”替换为“电容”，“电流”替换为“电压”，“流过”替换为“两端”，短路替换为“开路”，“弹簧”替换为“物体”，“位移”替换为“速度”，就得到了前面给出的关于电容的特性的表述，反之亦然。这是一件很有趣的事，在7.6节中将详细讨论这种对偶关系。

## 实际应用——寻找缺失的元件

到目前为止，已经介绍了3种不同的二端无源元件：电阻、电容和电感，并通过电流-电压关系进行了定义(分别是$v = Ri$，$i = C\,\mathrm{d}v/\mathrm{d}t$和$v = L\,\mathrm{d}i/\mathrm{d}t$)。但是，从更基本的角度讲，这三者用来关联4个基本变量：电荷$q$、电流$i$、电压$v$和磁链$\varphi$。电荷、电流和电压在第2章中已讨论过。磁链是磁通量和导线匝数的乘积，可以用线圈两端的电压表示为$\varphi = \int v\,\mathrm{d}t$或者$v = \mathrm{d}\varphi/\mathrm{d}t$。

图7.17用图形方式表示了这4个量之间的相互关系。首先，除任何电路元件及其特性

外，还有 $dq = i\,dt$（见第 2 章）以及这里给出的 $d\varphi = v\,dt$。通过电容可建立电荷和电压之间的关系，因为有 $C = dq/dv$ 或者 $dq = C\,dv$。电阻元件给出了电压和电流的直接关系，为了统一起见，可以表示为 $dv = R\,di$。从图 7.17 周边按逆时针方向可以看到，与电感相关的表示电压和电流的方程也可以用电流 $i$ 和磁链 $\varphi$ 来写出，因为重新排列可以得到 $v\,dt = L\,di$，并且已知 $d\varphi = v\,dt$，因此对于电感可以得到 $d\varphi = L\,di$。

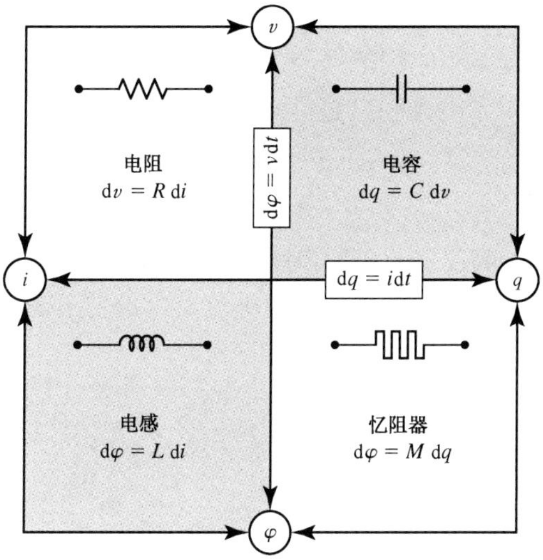


图 7.17　4 个基本二端无源元件（电阻、电容、电感以及忆阻器）及其相互关系的图形表示。注意磁链通常用希腊字母 $\lambda$ 来表示，以便与磁流区分：$\lambda = N\varphi$，其中 $N$ 为匝数，$\varphi$ 为磁流。（由 Macmillan 出版公司授权使用。Nature Publishing Group, "Electronics: The Fourth Element," Volume 453, pg. 42, 2008）

到目前为止，我们已经得到了基于电容的 $q$ 和 $v$ 的关系，以及基于电阻的 $v$ 和 $i$ 的关系，以及基于电感的 $i$ 和 $\varphi$ 的关系。但是，还没有任何元件来联系 $\varphi$ 和 $q$，从对称的角度来看，应该存在这种可能。在 20 世纪 70 年代早期，蔡少棠教授提出了一个新的器件（一个遗失的二端电路元件），并命名为存储电阻器，或**忆阻器**①。他进一步说明一个忆阻器的电气特性应为非线性，并取决于它对历史的记忆状态。换句话说，一个忆阻器的特点是具有记忆功能，并因此得名。除了蔡少棠教授，其他人也提出了类似的器件，这种器件在实际电路应用中并不多见，但在器件建模和信号处理中有很多应用。

后来很少听到关于这种假设器件的信息，直到 2008 年在美国帕洛阿尔托（Palo Alto）的惠普实验室的 Dmitri Strukov 及其同事发表了一篇短文，宣称找到了忆阻器②。他们解释了用近 40 年时间才实现了蔡少棠教授 1971 年假设的这种器件的几个原因。其中最重要的原因是尺寸。在制造忆阻器原型时，纳米技术（至少小于 1000 nm 尺寸的制造工艺，相当于人的头发直径的 1%）发挥了重要的作用。在两个铂电极之间加入 5 nm 厚的氧化层，构成了整个器件。该器件的非线性电气特性立即产生了巨大的反响，尤其是它在集成电路中可能的应用，因为此时集成电路中的器件尺寸已经快接近最小极限，许多人相信这类新器件将进一步扩展集成电路的密度和功能。忆阻器能否实现这个目标还有待观察，并且在它能够实用之前还有很多工作要做。

---

① L. O. Chua, "Memristor—The missing circuit element," *IEEE Transactions on Circuit Theory* **CT-18(5)**, 1971, p. 507.

② D. B. Strukov, G. S. Snider, D. R. Stewart, and R. S. Williams, "The missing memristor found," *Nature* **453**, 208, p. 80.

## 7.3 电感和电容的组合

既然将电感和电容归为无源电路元件，那么需要确定电阻电路分析中推导出来的方法对于电感和电容电路是否仍然有效。同时，类似于第3章中电阻组合的方法，如果可以把电感或电容串联或并联的组合用简单的等效电路来替换，那么将非常方便。

首先来看两个基尔霍夫定律，它们都是公理。但是，在得出两个定律时并没有对组成网络的元件类型加以限制，所以对于电感和电容仍然有效。

### 电感串联

首先考虑将理想电压源加到 $N$ 个电感的串联组合上，如图7.18(a)所示。希望有一个电感值为 $L_{eq}$ 的等效电感可以替代该串联组合，使得电源电流 $i(t)$ 保持不变。等效电路如图7.18(b)所示。对原始电路应用基尔霍夫电压定律，可得

$$\begin{aligned} v_s &= v_1 + v_2 + \cdots + v_N \\ &= L_1\frac{\mathrm{d}i}{\mathrm{d}t} + L_2\frac{\mathrm{d}i}{\mathrm{d}t} + \cdots + L_N\frac{\mathrm{d}i}{\mathrm{d}t} \\ &= (L_1 + L_2 + \cdots + L_N)\frac{\mathrm{d}i}{\mathrm{d}t} \end{aligned}$$

或写成更简洁的形式：

$$v_s = \sum_{n=1}^{N} v_n = \sum_{n=1}^{N} L_n\frac{\mathrm{d}i}{\mathrm{d}t} = \frac{\mathrm{d}i}{\mathrm{d}t}\sum_{n=1}^{N} L_n$$

对于等效电路，有

$$v_s = L_{eq}\frac{\mathrm{d}i}{\mathrm{d}t}$$

因此等效电感为

$$L_{eq} = L_1 + L_2 + \cdots + L_N$$

或

$$L_{eq} = \sum_{n=1}^{N} L_n \qquad [11]$$

该电感等效于几个电感的串联，等效电感值等于原始电路中各电感值之和。这与串联连接的电阻得到的结果完全相同。

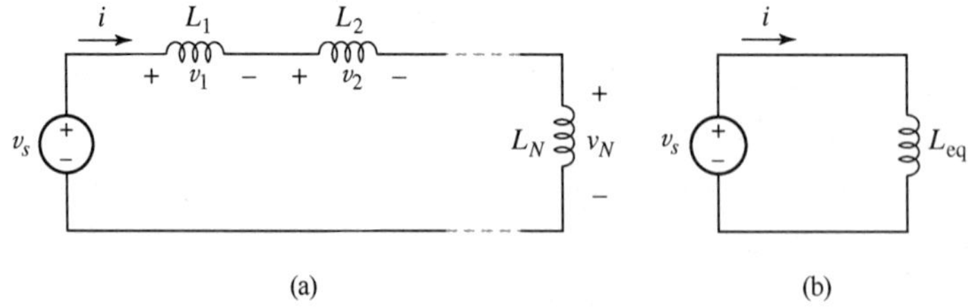


图7.18 (a) $N$ 个电感的串联组合；(b) 等效电路，其中 $L_{eq} = L_1 + L_2 + \cdots + L_N$

### 电感并联

对原电路列出单一节点方程，可以得到并联电感组合的等效电感：

$$i_s = \sum_{n=1}^{N} i_n = \sum_{n=1}^{N} \left[ \frac{1}{L_n} \int_{t_0}^{t} v \, dt' + i_n(t_0) \right]$$
$$= \left( \sum_{n=1}^{N} \frac{1}{L_n} \right) \int_{t_0}^{t} v \, dt' + \sum_{n=1}^{N} i_n(t_0)$$

如图 7.19(a)所示。将它与图 7.19(b)所示的等效电路进行比较，可得

$$i_s = \frac{1}{L_{eq}} \int_{t_0}^{t} v \, dt' + i_s(t_0)$$

因为基尔霍夫电流定律要求 $i_s(t_0)$ 等于 $t_0$ 时刻各支路的电流之和，所以两个积分项必须相同，因此

$$L_{eq} = \frac{1}{1/L_1 + 1/L_2 + \cdots + 1/L_N} \qquad [12]$$

对于两个电感并联的特殊情况，可得

$$L_{eq} = \frac{L_1 L_2}{L_1 + L_2} \qquad [13]$$

注意，电感的并联组合与电阻的并联组合的结论完全相同。

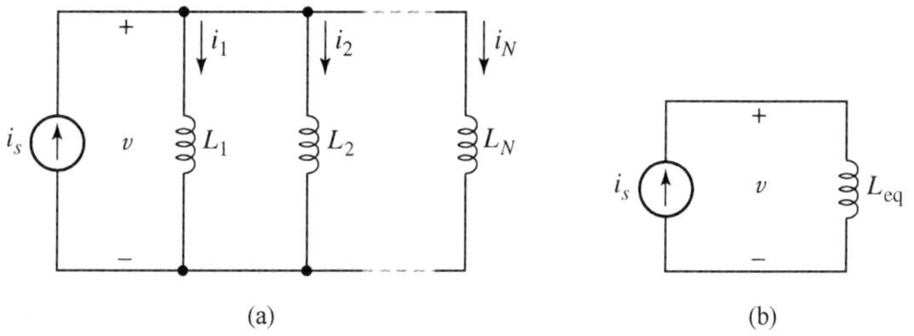


图 7.19　(a) $N$ 个电感的并联组合；(b) 等效电路，其中 $L_{eq} = [1/L_1 + 1/L_2 + \cdots + 1/L_N]^{-1}$

## 电容串联

为了得到 $N$ 个串联电容的等效电容，使用图 7.20(a)所示的电路，图 7.20(b)所示为其等效电路，可以写出

$$v_s = \sum_{n=1}^{N} v_n = \sum_{n=1}^{N} \left[ \frac{1}{C_n} \int_{t_0}^{t} i \, dt' + v_n(t_0) \right]$$
$$= \left( \sum_{n=1}^{N} \frac{1}{C_n} \right) \int_{t_0}^{t} i \, dt' + \sum_{n=1}^{N} v_n(t_0)$$

以及

$$v_s = \frac{1}{C_{eq}} \int_{t_0}^{t} i \, dt' + v_s(t_0)$$

然而，根据基尔霍夫电压定律可知，$v_s(t_0)$ 必须等于 $t_0$ 时刻各电容电压之和，因此

$$C_{eq} = \frac{1}{1/C_1 + 1/C_2 + \cdots + 1/C_N} \qquad [14]$$

串联电容组合与串联电导组合的结论相同，或者说与并联电阻组合的结果相同。对于两个电容的串联，有

$$C_{eq} = \frac{C_1 C_2}{C_1 + C_2} \qquad [15]$$

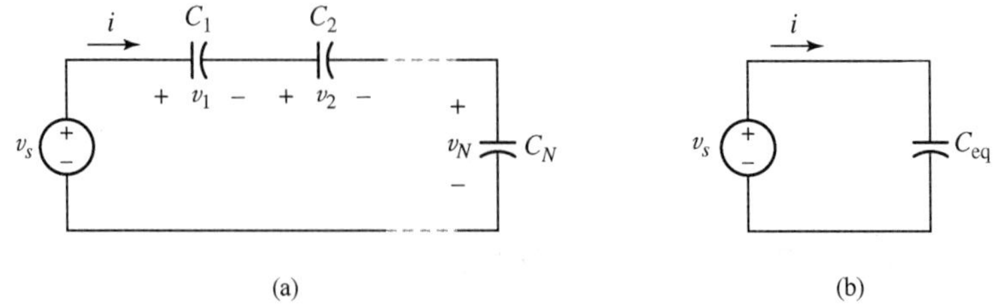


图 7.20 (a) $N$ 个电容的串联组合; (b) 等效电路, 其中 $C_{eq} = [1/C_1 + 1/C_2 + \cdots + 1/C_N]^{-1}$

## 电容并联

最后, 利用图 7.21 所示的电路, 可以得到 $N$ 个并联电容等效的电容值为

$$C_{eq} = C_1 + C_2 + \cdots + C_N \qquad [16]$$

可以看出并联电容组合与前面串联电阻组合的结论相同, 也就是说, 简单地将所有的电容相加即可。

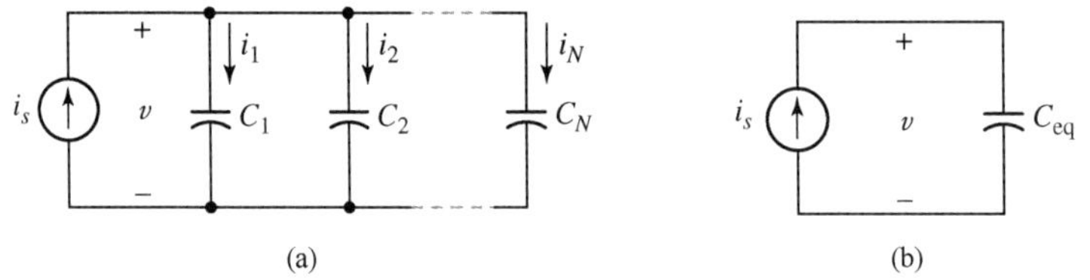


图 7.21 (a) $N$ 个电容的并联组合; (b) 等效电路, 其中 $C_{eq} = C_1 + C_2 + \cdots + C_N$

⚠这些公式必须记住。电感的并联和串联公式与相应的电阻公式相同, 因而它们通常被认为是“显然的”, 而对于电容的串联和并联的相应表达式需要特别注意, 因为它们的形式与电阻或电感相反, 如果计算时过于匆忙, 那么往往会犯错误。

**例 7.8** 利用串并联组合, 简化图 7.22(a)所示的网络。

**解:** 首先将 6 μF 和 3 μF 的串联电容合并成 2 μF 的等效电容, 然后将该电容与并联的 1 μF 电容合并成 3 μF 的等效电容。此外, 3 H 和 2 H 电感用一个等效的 1.2 H 电感替换, 然后与0.8 H的电感相加, 得到 2 H 的总等效电感。这个更简单(也很经济)的等效网络如图 7.22(b)所示。

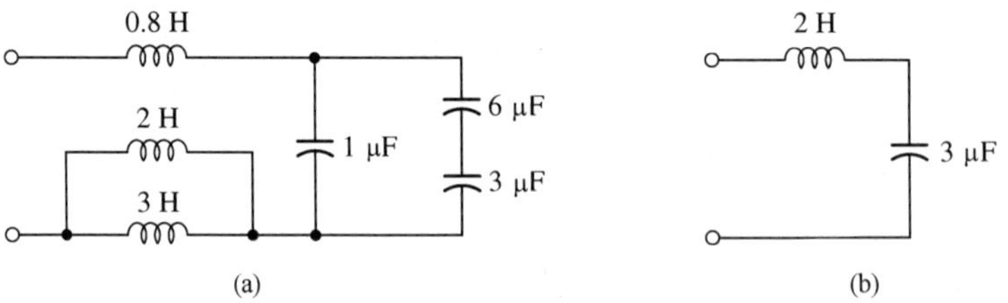


图 7.22 (a) 给定的 $LC$ 网络; (b) 更简单的等效电路

## 练习

7.8 网络如图 7.23 所示, 求 $C_{eq}$。

答案: 3.18 μF。

图 7.24 所示的网络包含 3 个电感和 3 个电容, 但是没有可以合并的串并联电容和电感, 因此不能用上面的方法来简化该网络。

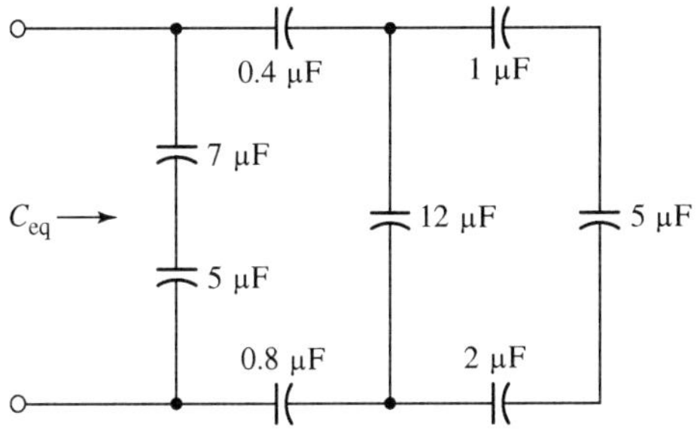


图 7.23

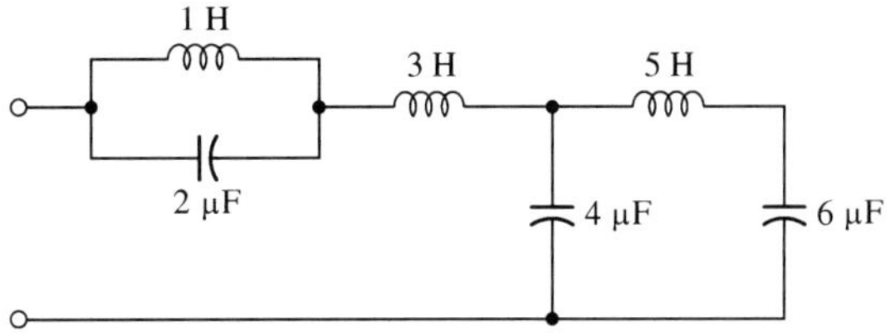


图 7.24　一个 *LC* 网络，其中没有可以合并的串并联电容和电感

## 7.4　线性性质及其推论

接下来讨论节点分析和网孔分析。因为前面已经讲过可以放心使用基尔霍夫定律，因此可以比较容易地写出足够的独立方程组。但是，这些方程是常系数线性微积分方程，因此很难将它们描述出来，更不用说去求解了。这里写出它们的目的只是为了熟悉如何在 *RLC* 电路中应用基尔霍夫定律，在后面的几章中将讨论简单情形下的求解过程。

**例 7.9**　电路如图 7.25 所示，写出合适的节点方程。

**解：**指定的节点电压如图 7.25 所示，将流出中心节点的电流相加，可得

$$\frac{1}{L}\int_{t_0}^{t}(v_1-v_s)\,\mathrm{d}t'+i_L(t_0)+\frac{v_1-v_2}{R}+C_2\frac{\mathrm{d}v_1}{\mathrm{d}t}=0$$

其中，$i_L(t_0)$ 对应积分开始时刻的电感电流值。对于右边节点有

$$C_1\frac{\mathrm{d}(v_2-v_s)}{\mathrm{d}t}+\frac{v_2-v_1}{R}-i_s=0$$

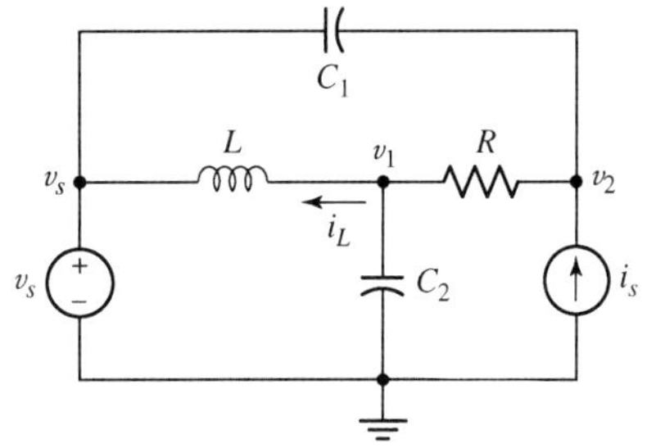


图 7.25　四节点 *RLC* 电路，已指定节点电压

重写这两个方程，可得

$$\frac{v_1}{R}+C_2\frac{\mathrm{d}v_1}{\mathrm{d}t}+\frac{1}{L}\int_{t_0}^{t}v_1\,\mathrm{d}t'-\frac{v_2}{R}=\frac{1}{L}\int_{t_0}^{t}v_s\,\mathrm{d}t'-i_L(t_0)-\frac{v_1}{R}+\frac{v_2}{R}+C_1\frac{\mathrm{d}v_2}{\mathrm{d}t}=C_1\frac{\mathrm{d}v_s}{\mathrm{d}t}+i_s$$

这些就是前面说过的微积分方程，可以注意到几个有趣的特点。首先，电压源 $v_s$ 恰好分别以积分和微分的形式出现在两个公式中，而不是简单地以 $v_s$ 的形式出现。因为两个电源在所有时刻的值都是确定的，所以可以求出它们的积分或者微分。其次，电感电流的初始值 $i_L(t_0)$ 相当于在中心节点处的一个电源电流（恒定不变）。

### 练习

7.9　如果图 7.26 所示电路中的 $v_C(t)=4\cos 10^5 t$ V，求 $v_s(t)$。

答案：$-2.4\cos 10^5 t$ V。

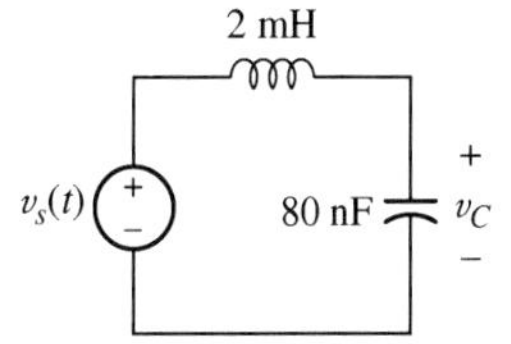


图 7.26

此时，我们不会尝试着对这些微积分方程进行求解。但是需要指出，当电压激励函数为时间的正弦函数时，可以分别对 3 个无源元件定义电压–电流比（称为阻抗）或者电流–电压比（称为导纳）。这样，

上面方程中的两个节点电压前的因子将简化为简单的相乘因子，于是方程组变成了线性代数方程组，这样就可以像以前一样采用行列式或者简单的线性消元法来求解。

还可以看出将线性性质应用于 *RLC* 电路的好处。根据前面线性电路的定义，这些电路仍属于线性电路，因为电容和电感的伏安关系都是线性关系。对于电感来说，有

$$v = L\frac{\mathrm{d}i}{\mathrm{d}t}$$

电流乘以常数 $K$ 将使电压也变为原来的 $K$ 倍。在积分公式中，

$$i(t) = \frac{1}{L}\int_{t_0}^{t} v\,\mathrm{d}t' + i(t_0)$$

可以看出，如果每一项都增大 $K$ 倍，那么初始电流值也必须增大相同的倍数。

对电容进行类似的研究也可以得到电容是线性元件的结论。因此，由独立源、线性受控源，以及线性电阻、电容和电感组成的电路为线性电路。

在这个线性电路中，响应同样与激励函数成正比。可以这样来证明：首先写出一般的微积分方程，将所有具有 $Ri$，$L\,\mathrm{d}i/\mathrm{d}t$ 和$\frac{1}{C}\int i\,\mathrm{d}t$ 形式的项放在方程左边，将独立源电压放在方程右边。下面就是具有这种形式的方程的一个简单例子：

$$Ri + L\frac{\mathrm{d}i}{\mathrm{d}t} + \frac{1}{C}\int_{0}^{t} i\,\mathrm{d}t' + v_C(t_0) = v_s$$

如果现在每个独立源都增大 $K$ 倍，那么每个方程的右边也都增大 $K$ 倍。方程左边的项或者是包含回路电流的线性项，或者是初始电容电压。为了使所有这些响应(回路电流)都增大 $K$ 倍，显然电容初始电压也必须增大 $K$ 倍。也就是说，必须把初始电容电压作为独立源电压来对待，即也要增大 $K$ 倍。同样，初始电感电流在节点分析中作为独立源电流。

因此，电源和响应之间的比例关系可以扩展到一般 *RLC* 电路，从而叠加定理依然适用。但是在应用叠加定理时，必须将初始电容电压和初始电感电流作为独立源来处理，每个初始值必须在适当的时候移去。在第 5 章中已经讲到，叠加定理是电阻电路的线性特性的必然结果。电阻电路的线性特性是因为电阻上的电压-电流关系和基尔霍夫定律均是线性的。

在对 *RLC* 电路应用叠加定理之前，首先必须得到只存在一个独立源时求解电路方程组的方法。此时应该明确线性电路响应的幅度与电源的幅度成正比。在以后使用叠加定理时，要考虑到 $t = t_0$时的电感电流或者电容电压相当于一个电源，并且在适当的时候将它们移去。

戴维南定理和诺顿定理基于初始电路的线性性质、基尔霍夫定律和叠加定理。一般 *RLC* 电路都满足这些要求，因此包含任何独立电压源和电流源、线性受控电压和电流源、线性电阻、电容和电感组合的电路，都可以用这两个定理来分析。

## 7.5 含有电容的简单运放电路

第 6 章已经介绍了由理想运放构成的几种不同类型的放大电路。可以发现，几乎在所有的情形下，输出与输入电压的关系都是通过电阻比值的组合形式联系起来的。如果用一个电容来替换其中的一个或多个电阻，那么有可能得到一些有趣的电路，在这些电路中，输出必定与输入电压的微分或积分成正比。这些电路广泛应用于实际工作中。例如，可以将一个速度

传感器接到一个微分运放电路中，提供一个与加速度成正比的信号；又如，可以对一段给定时间内测量的电流进行积分，从而得到表示向金属电极注入总电荷的输出信号。

为了利用理想运放得到积分器，将运放的同相输入端接地，利用一个理想电容作为反馈元件接在输出端和反相输入端之间，通过一个理想电阻将信号源 $v_s$ 接到反相输入端，如图 7.27 所示。

对反相输入端进行节点分析：

$$0=\frac{v_a-v_s}{R_1}+i$$

流过电容的电流 $i$ 与其两端的电压之间的关系为

$$i=C_f\frac{dv_{C_f}}{dt}$$

可以得到

$$0=\frac{v_a-v_s}{R_1}+C_f\frac{dv_{C_f}}{dt}$$

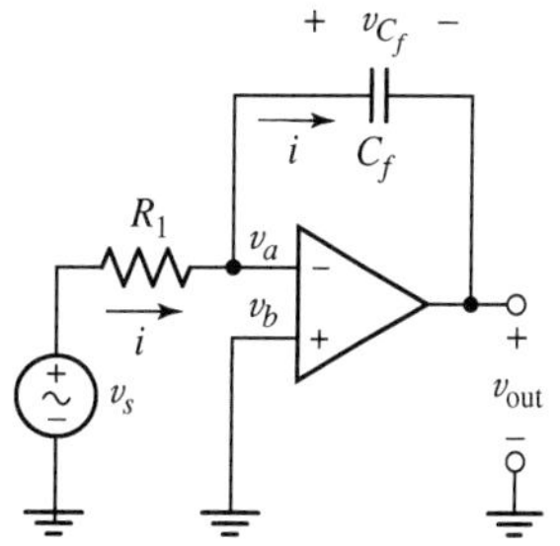


图 7.27　由理想运放连接成的积分器

根据理想运放规则 2，可知 $v_a=v_b=0$，因此

$$0=-\frac{v_s}{R_1}+C_f\frac{dv_{C_f}}{dt}$$

积分并求解 $v_{out}$，可得

$$v_{C_f}=v_a-v_{out}=0-v_{out}=\frac{1}{R_1C_f}\int_0^t v_s\,dt'+v_{C_f}(0)$$

即

$$v_{out}=-\frac{1}{R_1C_f}\int_0^t v_s\,dt'-v_{C_f}(0) \qquad [17]$$

这样，用一个电阻、一个电容和一个运放组成了一个积分器。注意，输出电压的第一项为输入从 $t'=0$ 到 $t$ 积分的负数的 $1/RC$ 倍，第二项为 $v_{C_f}$ 初始值的负数。可以通过选取合适的 $R$ 和 $C$ 值使 $(RC)^{-1}$ 等于 1，比如取 $R=1\ \text{M}\Omega$，$C=1\ \mu\text{F}$，而取其他值时，输出电压将相应地增大或减小。

在结束对积分电路的讨论以前，喜欢思考的读者可能会问："可以用电感来替换电容得到一个微分电路吗?"确实可以，不过在电路设计中，考虑到电感的尺寸大、重量大、成本高以及具有的寄生电阻和电容，因此总是尽可能少用电感。事实上，如果将图 7.27 所示的电阻和电容的位置交换，就可以得到微分器了。

**例 7.10**　运放电路如图 7.28 所示，推导输出电压的表达式。

**解**：已知 $v_{C_1}\triangleq v_a-v_s$，首先写出反相输入端的节点方程：

$$0=C_1\frac{dv_{C_1}}{dt}+\frac{v_a-v_{out}}{R_f}$$

根据理想运放规则 2，可得 $v_a=v_b=0$，因此

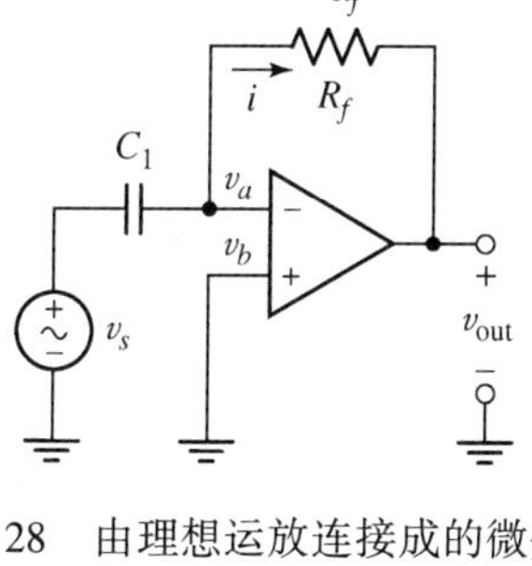


图 7.28　由理想运放连接成的微分器

$$C_1\frac{dv_{C_1}}{dt}=\frac{v_{out}}{R_f}$$

求解 $v_{out}$，得到　$v_{out}=R_fC_1\dfrac{dv_{C_1}}{dt}$

因为 $v_{C_1}=v_a-v_s=-v_s$，因此

$$v_{out}=-R_fC_1\frac{dv_s}{dt}$$

通过将图 7.27 所示电路中的电阻和电容位置互换，就可以从积分器得到微分器。

## 练习

7.10 电路如图 7.29 所示，用 $v_s$ 推导出 $v_{out}$ 的表达式。

答案：$v_{out} = -L_f/R_1\ dv_s/dt$。

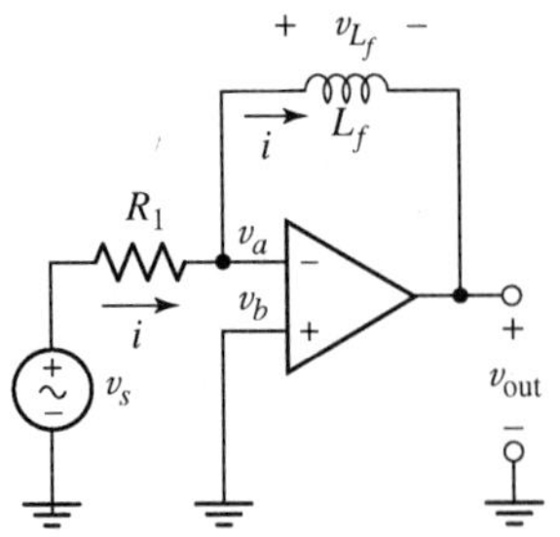


图 7.29

## 7.6 对偶

对偶的概念应用于许多基本工程概念中。本节将用电路方程来定义对偶。如果描述一个电路的网孔方程与描述另一个电路的节点方程有相同的数学形式，则称这两个电路对偶。如果一个电路的各网孔方程与另一个电路相应的节点方程在数值上也相同，则称它们为完全对偶。当然，电流和电压变量本身不可能相同，对偶本身只是指对偶电路所表现出的性质。

下面通过图 7.30 所示电路的两个网孔方程来解释该定义，并用它来构造一个与之完全对偶的电路。设两个网孔电流为 $i_1$ 和 $i_2$，则网孔方程为

$$3i_1 + 4\frac{di_1}{dt} - 4\frac{di_2}{dt} = 2\cos 6t \tag{18}$$

$$-4\frac{di_1}{dt} + 4\frac{di_2}{dt} + \frac{1}{8}\int_0^t i_2\,dt' + 5i_2 = -10 \tag{19}$$

现在可以来构造与该电路完全对偶的电路的两个方程。由于希望它们是节点方程，因此首先将式[18]和式[19]中的网孔电流 $i_1$ 和 $i_2$ 替换为两个节点电压 $v_1$ 和 $v_2$，可得

$$3v_1 + 4\frac{dv_1}{dt} - 4\frac{dv_2}{dt} = 2\cos 6t \tag{20}$$

$$-4\frac{dv_1}{dt} + 4\frac{dv_2}{dt} + \frac{1}{8}\int_0^t v_2\,dt' + 5v_2 = -10 \tag{21}$$

现在来构造由这两个节点方程表示的电路。

首先画出一条线表示参考节点，然后建立两个节点，这两个节点为 $v_1$ 和 $v_2$ 的正参考点。式[20]表示在节点 1 和参考节点之间接有一个 2 cos 6$t$ A 的电流源，它提供流入节点 1 的电流。该方程同时也显示了在节点 1 和参考节点之间存在一个 3 S 的电导。对于式[21]，首先考虑非公共项，即在式[20]中未出现的项，这些项表明在节点 2 和参考节点之间接有一个 8 H 的电感和一个 5 S 的电导(并联)。式[20]和式[21]中相同的两项表示节点 1 和节点 2 之间存在一个 4 F 电容，即该电容连接在这两个节点之间。式[21]右边的常数项表示电感电流在 $t$ = 0 时的值，即 $i_L(0)$ = 10 A。对偶电路如图 7.31 所示。这两组方程在数值上相同，因此完全对偶。

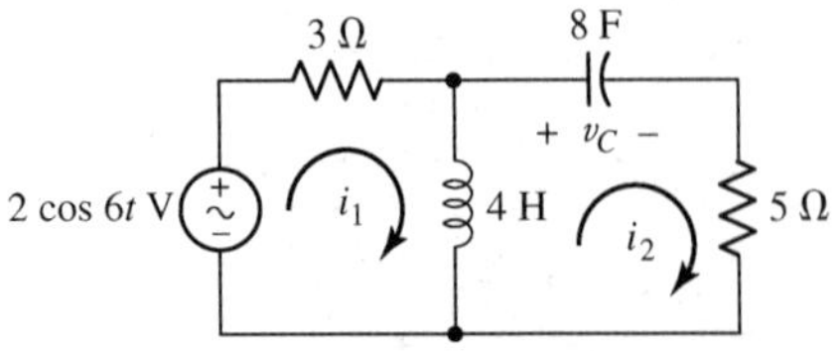


图 7.30 给定电路，应用对偶定义得到对偶电路。注意 $v_C(0)$ = 10 V

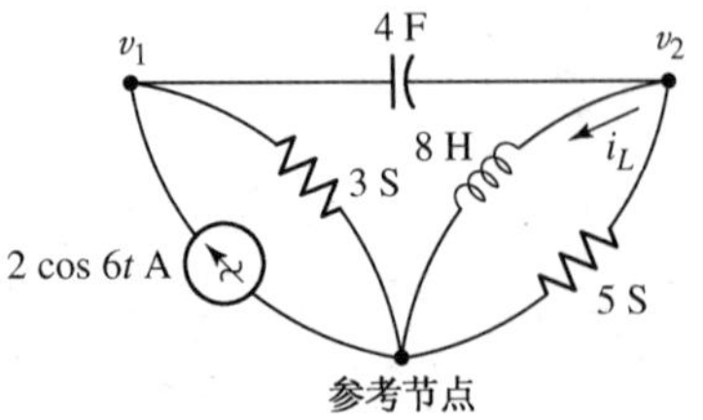


图 7.31 与图 7.30 电路完全对偶的电路

对偶电路可以用更简单的方法得到，因为无须写出方程。为了构建给定电路的对偶电路，以其网孔方程来考虑电路。因为每一个网孔需要有一个非参考节点与之对应，另外还必须有一个参考节点，所以在所给电路中的各网孔中间分别放置一个节点，然后在电路图附近画一条线，或者画一个将电路图围起来的环作为参考节点。位于两个网孔之间的每个公共元件在相应的网孔方程中产生相同的项（不包括符号），因此必须将它替换为这样一个元件，使之在两个节点方程中产生对偶项。于是，这个对偶元件必须连接在该公共元件所在的两个网孔内的两个非参考节点之间。

很容易确定对偶元件本身的性质。只要将电感替换成电容，电容替换成电感，电导替换成电阻，电阻替换成电导，两组方程的数学形式就会是相同的，因此图 7.30 所示电路中网孔 1 和网孔 2 公共的 4 H 电感在对偶电路中对应于节点 1 和节点 2 之间的 4 F 电容。

只出现在一个网孔中的元件，在对偶电路中必须出现在相应的节点和参考节点之间。参考图 7.30 所示的电路，2 cos 6$t$ V 的电压源只出现在网孔 1 中，因此其对偶元件为 2 cos 6$t$ A 的电流源，并且只连接在节点 1 和参考节点之间。因为电压源为顺时针方向的，所以电流源的方向必定为流入非参考节点。最后，必须给出给定电路中 8 F 电容两端的初始电压的对偶。方程已经显示该初始电压的对偶为流过电感的初始电流且数值相同，通过将所给电路中的初始电压和对偶电路中的初始电流均视为电源，很容易判断出该电流的方向。因此，如果在给定电路中将 $v_C$ 作为一个电源，则它将出现在网孔方程的右边，数值为 $-v_C$；在对偶电路中，将电流 $i_L$ 作为电源使得节点方程右边出现 $-i_L$ 项。因为当作为电源时，每项都有相同的符号，因此如果 $v_C(0)=10$ V，那么 $i_L(0)$ 必定为 10 A。

图 7.30 电路重画在图 7.32 中，直接在原电路图中构建出其完全对偶的电路。该对偶电路可以这样给出：只要在给定元件公共的两个网孔内的两个节点之间画出该给定元件的对偶元件即可。画出包围给定电路的参考节点将有助于得到对偶电路。把对偶电路画成标准形式，如图 7.31 所示。

构建对偶电路的另一个例子如图 7.33(a) 和图 7.33(b) 所示。因为没有指定元件值，所以这两个电路对偶，但并非完全对偶。在图 7.33(b) 所示的每个网孔中间放置一个节点，然后根据前面的过程可以从对偶电路恢复到原始电路。

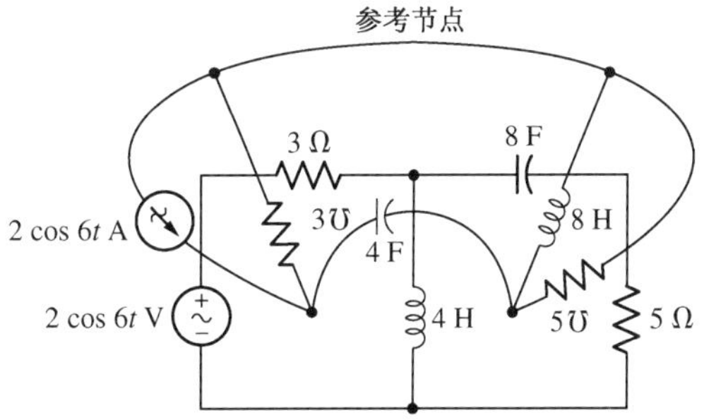


图 7.32　直接在图 7.30 所示电路图上构建对偶电路

对偶概念也可以用描述电路分析的语言来表示。例如，如果给定一个电压源与一个电容串联，那么可以得到如下重要描述：“电压源产生电流流过电容。”其对偶描述为：“电流源产生电压加在电感两端。”如果文字描述不太严谨，如“电流沿串联电路流过”，那么得到其对偶需要一定的创造性①。

可以通过戴维南定理和诺顿定理来练习使用对偶语言。

我们已经介绍了对偶元件、对偶语言和对偶电路。那么什么是对偶网络呢？考虑串联连接的电阻 $R$ 和电感 $L$。通过在给定网络中连接理想电源，很容易得到该二端网络的对偶。该对

① 有人建议为：“电压存在于整个并联电路中。”

偶电路为对偶电源与一个大小等于 $R$ 的电导 $G$ 以及一个大小等于 $L$ 的电容 $C$ 并联。可以将对偶网络看成连接到对偶电源的二端网络，它由 $G$ 和 $C$ 并联组成。

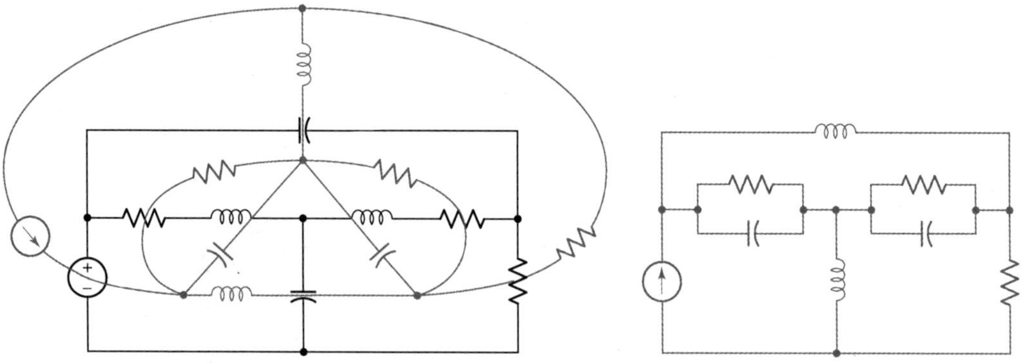

(a) (b)

图 7.33 (a) 在给定电路(黑色)上构建给定电路的对偶电路(灰色)；(b)为了与原电路比较,将对偶电路画成传统形式

在结束对偶定义之前，应该指出定义对偶的基础是网孔方程和节点方程。因为非平面电路不能用网孔方程来描述，所以非平面电路不存在对偶电路。

可以使用对偶原理来减少分析简单标准电路的工作。在分析过串联 $RL$ 电路之后，无须再分析并联 $RC$ 电路。这并不是因为 $RC$ 电路不重要，而是因为已经了解了对偶网络的分析过程。由于复杂电路的分析不容易实现，因此对偶原理通常不能提供任何快速解答。

## 练习

7.11 写出图 7.34(a)所示电路的单节点方程，并通过直接代入证明其解为 $v = -80e^{-10^6 t}$ mV。已知这个结果，求：(a) $v_1$；(b) $v_2$；(c) 图 7.34(b)所示的 $i$。

答案：(a) $-8e^{-10^6 t}$ mV；(b) $16e^{-10^6 t}$ mV；(c) $-80e^{-10^6 t}$ mV。

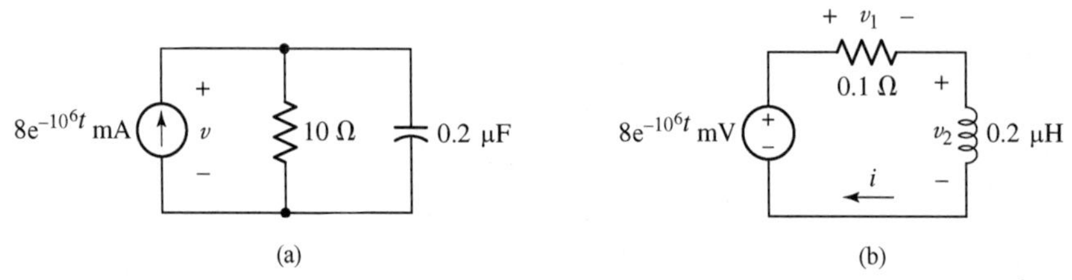


图 7.34

# 7.7 电容电路和电感电路的计算机建模

当利用软件来分析包含电容和电感的电路时，经常需要指定每个元件的初始条件，即 $v_C(0)$ 和 $i_L(0)$。有不同的方法可以实现这个功能(取决于具体的软件包)，在 LTspice 中可通过指定与电容相关的节点上的电压或者流过电感的电流来完成。使用**SPICE Directive** 命令(可以在**Edit** 菜单下找到)创建的**.ic** 指令可以完成这项任务，如图 7.35 所示。关闭窗口后，该文本可以放在电路图中的任何地方。

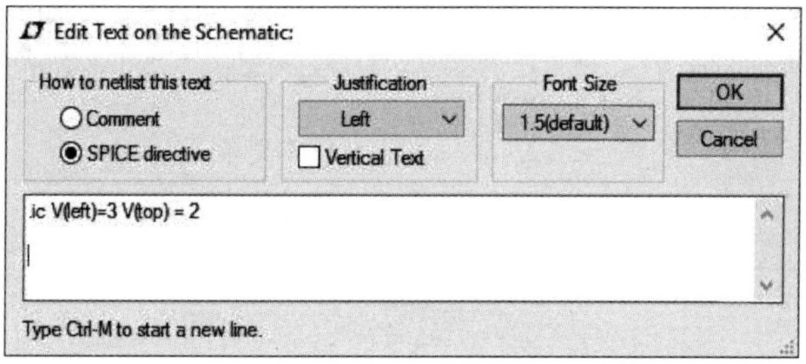


图7.35　文本编辑对话框，用于输入连接在节点 left 和节点 top 之间的电容的初始条件。电容两端的初始电压为1 V，left节点为正参考端

**例7.11**　电路如图7.36所示，如果 $v_s = 1.5\ \sin 100t$ V，$R_1 = 10$ kΩ，$C_f = 4.7$ μF，$v_C(0) = 2$ V，计算出仿真电路的输出电压波形。

**解**：首先画出电路原理图，确保设置电容两端的初始电压(见图7.37)。注意，必须把频率从100 rad/s 转换成 $100/2\pi = 15.92$ Hz。

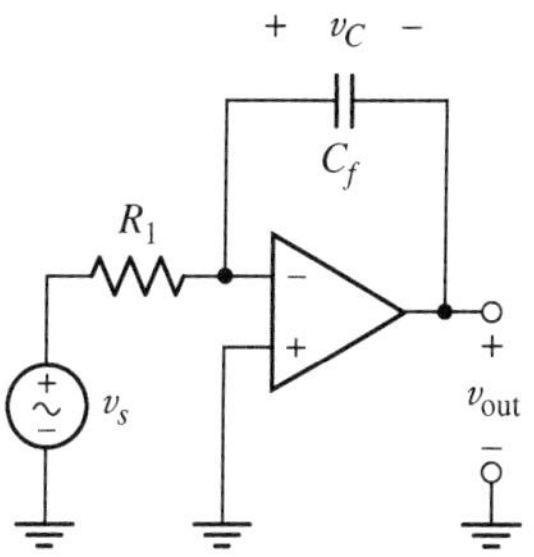


图7.36　积分运放电路

为了得到时变电压和电流，需要执行瞬态分析。为了简化，我们使用 **Label Net** 功能来命名3个节点(Vs，In，Out)，在 LTspice 的 Windows 版本中，**Label Net** 功能在 **Edit** 菜单下(Mac OS 版本中为 **Draft** 下的 **Net Name** 功能)。右键单击电源，然后选择 **Advanced** 即可显示图7.38所示界面来设置交流(ac)参数。

为了获得时变电压和电流，需要进行瞬态分析。在 **Edit** 菜单下，选择 **SPICE Analysis** 则会显示如图7.39所示的对话框。其中，**Stop time** 代表仿真结束的时间；**LTspice** 会选择自己的离散时间来计算各种电压和电流。偶尔会显示报错信息，表明瞬态分析方案不收敛，或者输出波形没有我们想要的那么平滑。在这种情况下，设置 **Maximum Timestep** 的值就很有用处，在这个例子里，其值已设置为 **0.5 ms**。还有一种替代方法是在 **SPICE directive** 方式下直接输入 **.tran 0 0.5 0 0.5m**。**SPICE directive** 的 **Mac OS** 版需要使用文本条目，因为没有提供 **SPICE Analysis** 菜单。

根据之前的分析和式[17]，输出波形与输入波形积分的负数成正比，即 $v_{out} = 0.319\cos 100\,t - 2.319$ V，如图7.40所示。电容上的2 V 初始电压使得输出电压具有非零平均值，而不像输入信号那样平均值为零。

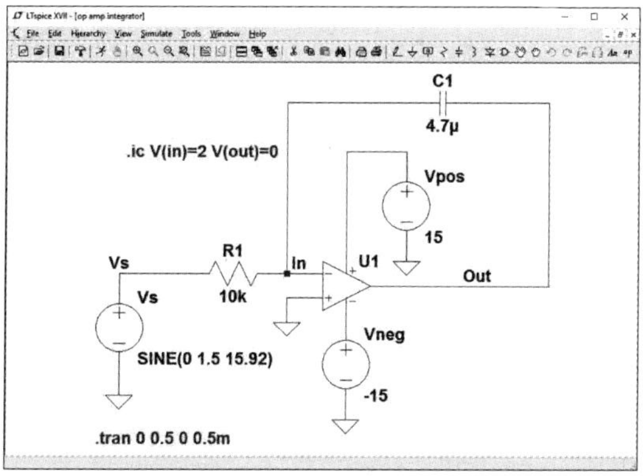


图7.37　图7.36所示电路的原理图，用.ic 指令将初始电容电压设为2 V

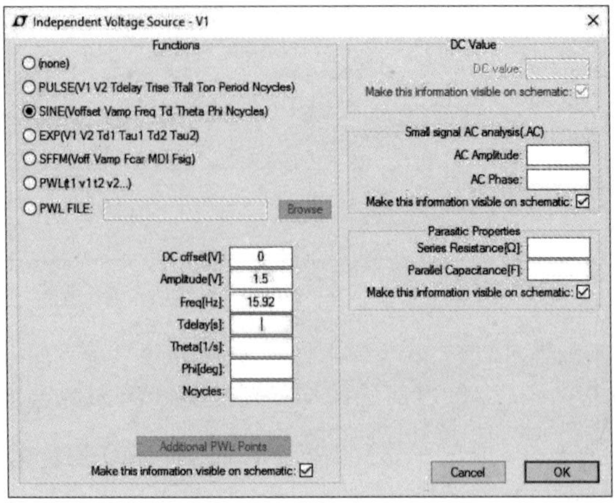


图 7.38　在 LTspice 的 Windows 版本中设置正弦电源参数的对话框。在MacOS版本中编辑**Advanced**设置的界面略有不同

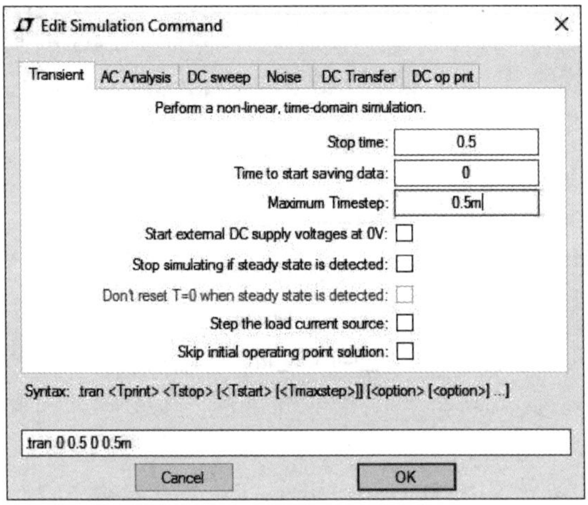


图 7.39　设置瞬态分析的对话框。选取终止时间为 0.5 s，以便获得几个周期的输出波形(1/15.92≈0.06 s)

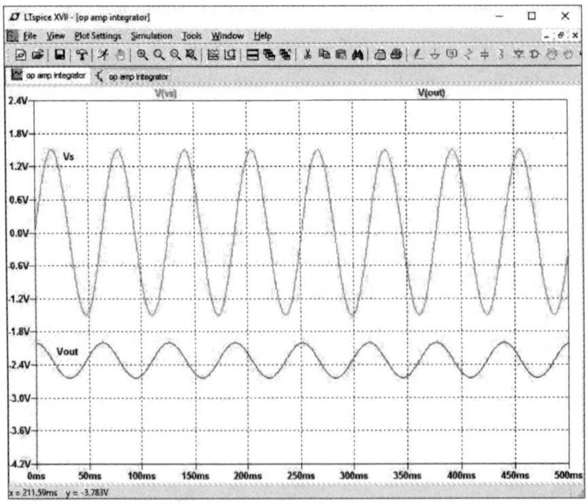


图 7.40　积分电路的仿真输出结果，同时给出输入波形以便于比较

## 总结和复习

大量的实际电路可以仅利用电阻和电压/电流源来有效建立模型。但是，大多数日常生活中的有趣的事情都包含随时间变化的现象。在这种情况下，电容和电感就变得非常重要。我们可以利用这些储能元件来设计如频选滤波器、电容器组、电动汽车电动机等。理想电容的模型具有无穷大的并联电阻，并且电流与两端电压的时间变化率相关，电容的单位为法拉(F)。相反，理想电感具有零串联电阻，并且两端电压与电流的时间变化率相关，电感单位为亨利(H)。这两种元件都可以存储能量：电容中存在的能量(存储在电场中)与两端电压的平方成正比，而电感中存在的能量(存储在磁场中)与其电流的平方成正比。

类似于电阻，可以利用串/并联组合来简化电容(或电感)的连接。这些等效来源于基尔霍夫电流定律和基尔霍夫电压定律的有效应用。一旦简化了电路(注意不要将我们感兴趣的电压或电流简化掉)，可以将节点分析和网孔分析应用于含电容和电感的电路。

下面是本章的一些主要内容，以及相关例题的编号。

- 流过电容的电流为 $i = C\ \mathrm{d}v/\mathrm{d}t$。(例 7.1)
- 电容两端的电压与其电流的关系为 (例 7.2)

$$v(t) = \frac{1}{C}\int_{t_0}^{t} i(t')\,\mathrm{d}t' + v(t_0)$$

- 电容对于直流电压呈现开路特性。(例 7.1)
- 电感两端的电压为 $v = L\ \mathrm{d}i/\mathrm{d}t$。(例 7.4 和例 7.5)
- 流过电感的电流与其电压的关系为 (例 7.6)

$$i(t) = \frac{1}{L}\int_{t_0}^{t} v\,\mathrm{d}t' + i(t_0)$$

- 电感对于直流电流呈现短路特性。(例 7.4 和例 7.5)
- 存储在电容中的能量为$\frac{1}{2}Cv^2$，而存储在电感中的能量为$\frac{1}{2}Li^2$。两者都以没有能量存储的时刻作为参考时刻。(例 7.3 和例 7.7)
- 电感的串联和并联组合等同于电阻的串联和并联组合。(例 7.8)
- 电容的串联和并联组合等同于电阻的并联和串联组合。(例 7.8)
- 由于电容和电感都是线性元件，因此基尔霍夫电压定律、基尔霍夫电流定律、叠加定理、戴维南定理和诺顿定理、节点分析法和网孔分析法都可以应用在电容和电感电路中。(例 7.9)
- 将电容作为反相运算放大器的反馈元件将使输出电压与输入电压的积分成正比。交换输入电阻和反馈电容的位置将使输出电压与输入电压的微分成正比。(例 7.10)
- LTspice 允许设置电容两端的初始电压和流过电感的初始电流。通过瞬态分析可以得到这 3 类元件组成电路的时域响应细节。(例 7.11)

## 深入阅读

不同电容和电感类型的选择及其特性的详细介绍：

H. B. Drexler, *Passive Electronic Component Handbook*, 2nd ed. , C. A. Harper, ed. New York: McGraw-Hill, 2003, pp. 69-203.

C. J. Kaiser, *The Inductor Handbook*. Olathe, Kans. : C. J. Publishing, 1996.

两本描述基于电容的运放电路的书籍：

B. Carter, *Op Amps Are For Everyone*, 4nd ed. Boston: Newnes, 2013.

W. G. Jung, *IC Op Amp Cookbook*, 3rd ed. Upper Saddle River, N. J. : Prentice-Hall, 1997.

还可以获得很多/基于忆阻器技术的资源，例如：

R. Tetzlaff, ed., *Memristors and Memristive Systems*. Heidelberg, Germany: Springer, 2016.

# 习题

## 7.1 电容

1. 利用无源符号规则，计算 $t \geq 0$ 时流过 100 pF 电容的电流。假设电容两端的电压 $v_C(t)$ 分别为：(a) 5 V；(b) $10e^{-t}$ V；(c) 2 sin 0.01$t$ V；(d) −5 +2 sin 0.01$t$ V。
2. 将图 7.41 所示的电压波形加到 10 nF 电容两端，画出 $t \geq 0$ 时流过该电容的电流。假定电流和电压符合无源符号规则。
3. (a) 如果将图 7.42 所示的电压波形加到 1 μF 电容两端，画出 $t > 0$ 时流过该电容的电流。假定电流和电压符合无源符号规则。(b) 如果电容换成 20 nF，重新完成(a)。

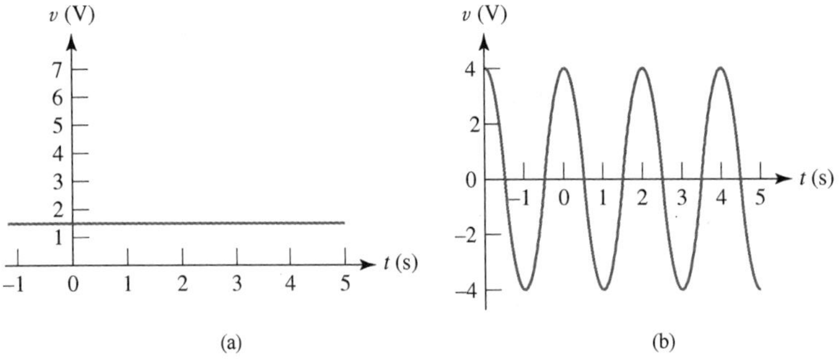


图 7.41

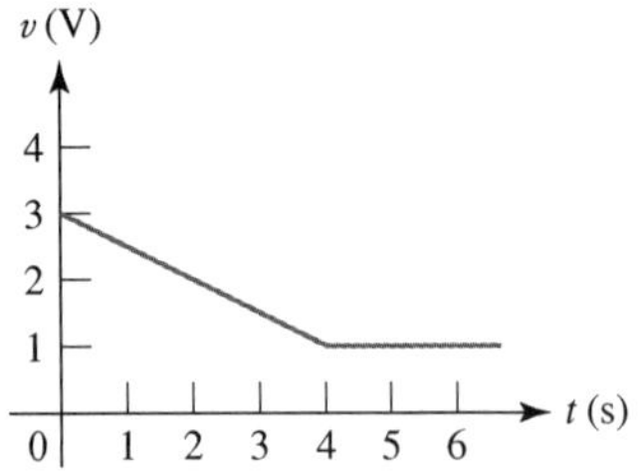


图 7.42

4. 某电容由两块铜板构成，每块尺寸为 2.5 mm × 2.5 mm，厚度为 300 μm。这两块铜板面对面放置，相隔25 μm。计算其电容，假设：(a) 两块铜板之间填充物的介电常数为 $15\varepsilon_0$；(b) 两块铜板之间填充物的介电常数为 $1.5\varepsilon_0$；(c) 两块板间距加倍，中间填充空气；(d) 铜板面积加倍，间隔内填充空气。
5. 两片直径分别为 25 mm 的导电金属片面对面放置，间距为 0.1 mm。计算其电容量，假设中间填充物分别为：(a) 空气；(b) 聚酯薄膜；(c) $SiO_2$(二氧化硅)。

DP 6. 用 1 μm 厚的金箔制造一个 100 nF 电容，其体积与标准 AAA 电池体积完全相同。此外，只可用介电常数为 $3.1\varepsilon_0$的绝缘材料。

DP 7. 设计一个电容，其电容值可通过简单的 10 mm 的线性运动在 100 ~ 200 pF 范围内调节。

DP 8. 设计一个电容，其电容值可通过挤压两个平板在 250 ~ 500 pnF 范围内调节。挤压距离最大不超过 0.1 mm。

9. 一个硅材料 PN 结二极管的结电容 $C_j$ 可以用下式表示：

$$C_j = \frac{K_s \varepsilon_0 A}{W}$$

其中，硅的 $K_s = 11.8$，$\varepsilon_0$ 为真空介电常数，$A$ 为 PN 结横截面积，$W$ 为耗尽层宽度。$W$ 不仅与二极管的结构有关，还与接到两端的电压有关，并且

$$W = \sqrt{\frac{2K_s\varepsilon_0}{qN}(V_{bi} - V_A)}$$

二极管大量用于电子电路中，因为可以将二极管用于压控电容。假设上式的参数为 $N = 5.0 \times 10^{18}\ cm^{-3}$，$V_{bi} = 0.62$ V，$q = 1.6 \times 10^{-19}$ C，分别计算横截面积为 $A = 2\ \mu m^2$ 的二极管在加上电压 $V_A = -1$ V，$-3$ V 和 $-10$ V 时的电容量。

10. 流过 2 F 电容的电流波形如图 7.43 所示，画出在该电容两端产生的电压波形，假设符合无源符号规则。

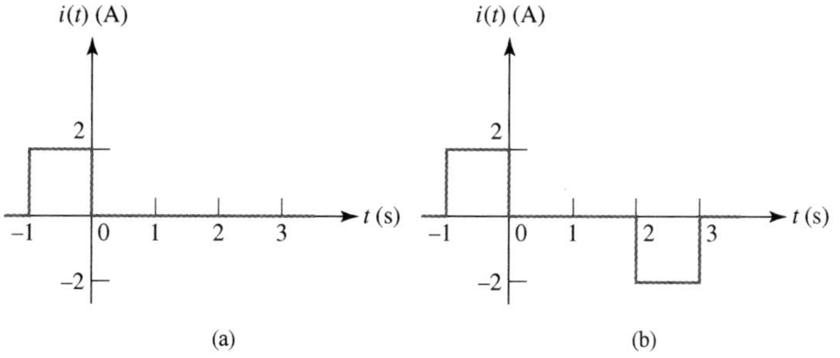


图 7.43

11. 流过 1 mF 电容的电流如图 7.44 所示。(a) 假设符合无源符号规则，画出该电容两端的电压波形。(b) 计算 200 ms，600 ms 和 1.2 s 时的电压值。

12. 计算 $t = 1$ s 时存储在电容中的能量，分别假设：(a) $t > 0$，$C = 1.4$ F，$v_C = 8$ V；(b) $t > 0$，$C = 22$ pF，$v_C = 0.8$ V；(c) $C = 18$ nF，$v_C(1) = 12$ V，$v_C(0) = 2$ V，$w_C(0) = 295$ nJ。

13. 某 150 pF 电容连接到一个电压源，当 $t \geq 0$ 时，$v_C(t) = 12e^{-2t}$ V；当 $t < 0$ 时，$v_C(t) = 12$ V。计算存储在电容中的能量，时刻 $t$ 分别等于：(a) 0；(b) 200 ms；(c) 500 ms；(d) 1 s。

14. 求图 7.45 所示的每个电路中 40 Ω 电阻消耗的功率以及 $v_C$ 电压。

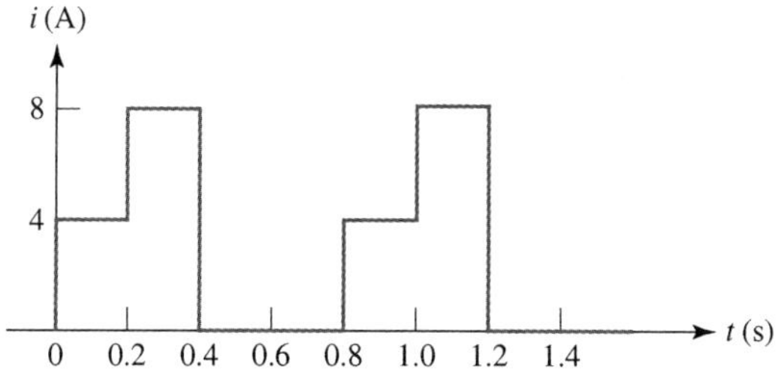


图 7.44

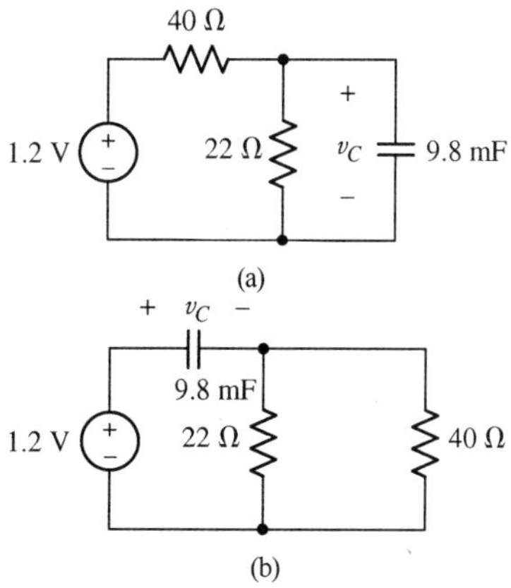


图 7.45

15. 对于图 7.46 中的每个电路，计算电压 $v_C$。

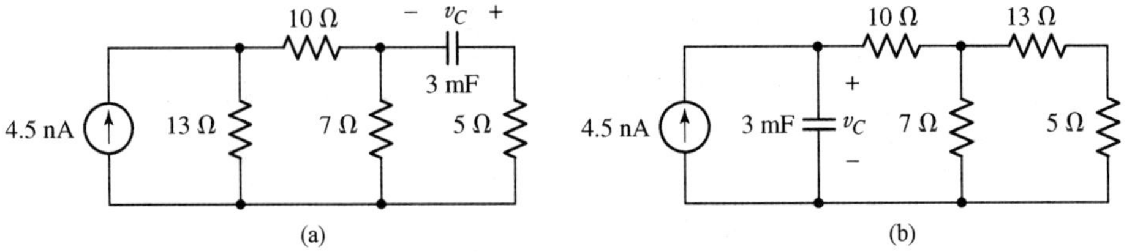


图 7.46

## 7.2 电感

DP 16. 用 AWG28 软铜线设计一个 30 nH 的电感。画出设计图，为清楚起见，在需要的地方标出几何尺寸。假设线圈中间只有空气。

17. 如果流过某 75 mH 电感的电流如图 7.47 所示，(a) 画出 $t \geqslant 0$ 时该电感两端的电压曲线，假定符合无源符号规则；(b) 计算 $t=1$ s，2.9 s 和 3.1 s 时的电压。

18. 流过某 17 nH 铝电感的电流如图 7.48 所示，画出 $t \geqslant 0$ 时该电感两端的电压波形，假定符合无源符号规则。

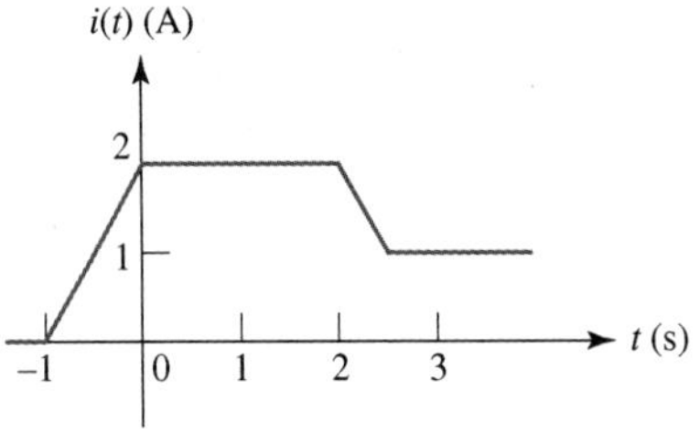


图 7.47

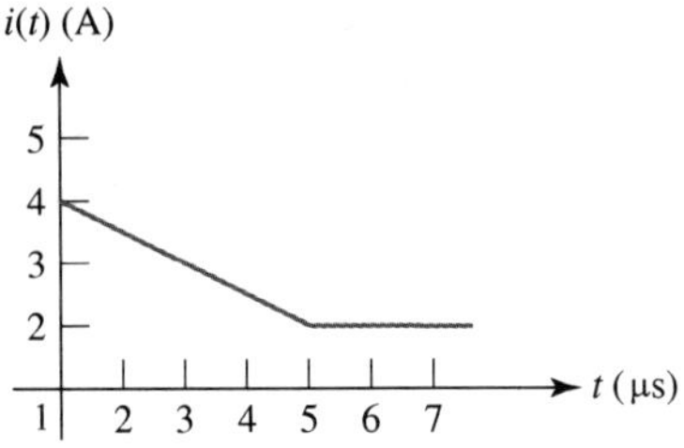


图 7.48

19. 计算 $t \geqslant 0$ 时 4 mH 电感两端的电压，分别假设电流(符合无源符号规则)为：(a) −10 mA；(b) $3\sin 6t$ A；(c) $11+115\sqrt{2}\cos(100\pi t-9°)$ A；(d) $15e^{-t}$ nA；(e) $3+te^{-10t}$ A。

20. 计算 $t \geqslant 0$ 时 8 pH 电感两端的电压，分别假设电流(符合无源符号规则)为：(a) 8 mA；(b) 800 m A；(c) 8 A；(d) $4e^{-t}$ A；(e) $-3+te^{-t}$ A。

21. 计算图 7.49 所示每个电路的 $v_L$ 和 $i_L$，其中 $i_S=1$ mA，$v_S=2$ V。

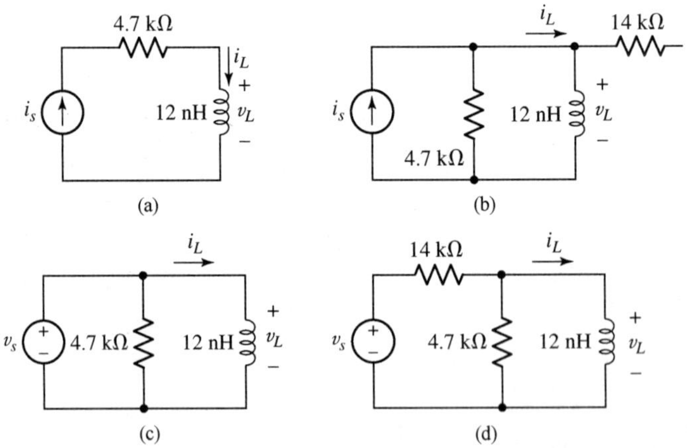


图 7.49

22. 如图 7.14 所示的电流波形的上升时间为 0.1 s(100 ms)，下降时间相同。将该电流加到 200 nH 电感的电压正参考端，画出预计的电压波形，分别假设上升时间和下降时间改变为：(a) 200 ms，200 ms；(b) 10 ms，50 ms。

23. 电流波形如图 7.50 所示，求在该电流激励下的电感电压(符合无源符号规则，并且 $L=1$ H)在下列 $t$ 时刻的值：(a) −1 s；(b) 0 s；(c) 1.5 s；(d) 2.5 s；(e) 4 s；(f) 5 s。

24. 求流过 6 mH 电感的电流，分别假设电压（符合无源符号规则）为：(a) 5 V；(b) 100 sin 120π$t$，$t \geq 0$；0，$t<0$。

25. 2 H 电感两端的电压为 $v_L=4t$。已知 $i_L(-0.1)=100\ \mu A$，计算 $t$ 分别为下列时刻时的电流值：(a) 0；(b) 1.5 ms；(c) 45 ms（假设符合无源符号规则）。

26. 计算存储在 1 nH 电感中的能量，分别假设流过该电感的电流为：(a) 0 mA；(b) 1 mA；(c) 20 A；(d) 5 sin 6$t$ mA，$t>0$。

27. 求 $t=1$ ms 时 33 mH 电感中存储的能量，分别假设流过的电流 $i_L$ 为：(a) 7 A；(b) $3-9e^{-103t}$ mA。

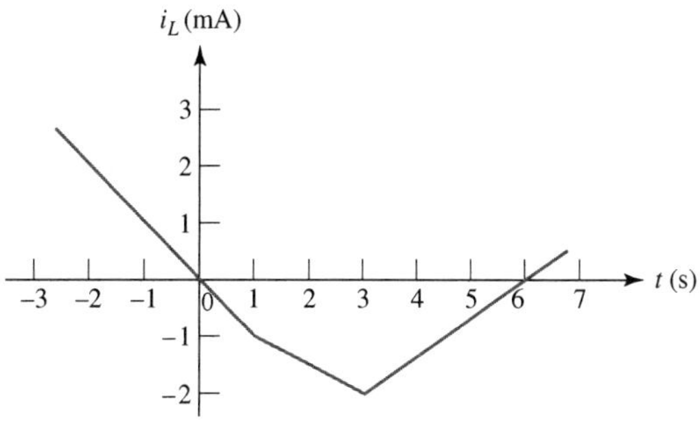


图 7.50

28. 假设图 7.51 所示电路已经连接了很长时间，求每个电路中的电流 $i_x$。

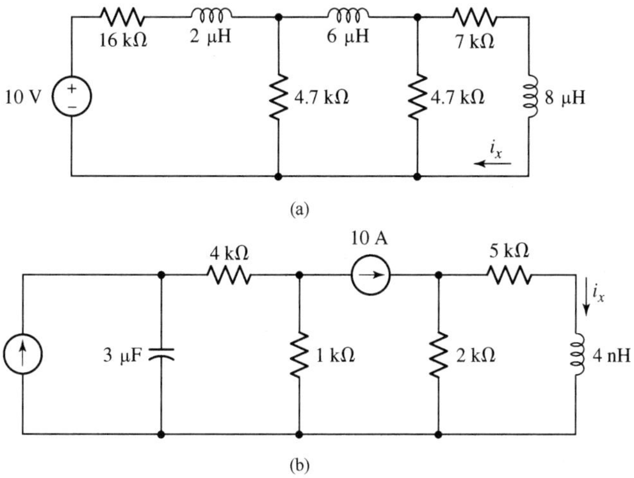


图 7.51

29. 假设图 7.52 所示电路已经工作了很长时间，计算电压 $v_x$。分别假设：(a) 10 Ω 电阻连接在 $x$ 和 $y$ 两端；(b) 1 H 电感连接在 $x$ 和 $y$ 两端；(c) 1 F 电容连接在 $x$ 和 $y$ 两端；(d) 一个 4 H 电感和一个 1 Ω 电阻并联连接在 $x$ 和 $y$ 两端。

30. 电路如图 7.53 所示。(a) 计算从电感两端看进去的戴维南等效电路。(b) 求两个电阻消耗的功率。(c) 计算存储在电感中的能量。

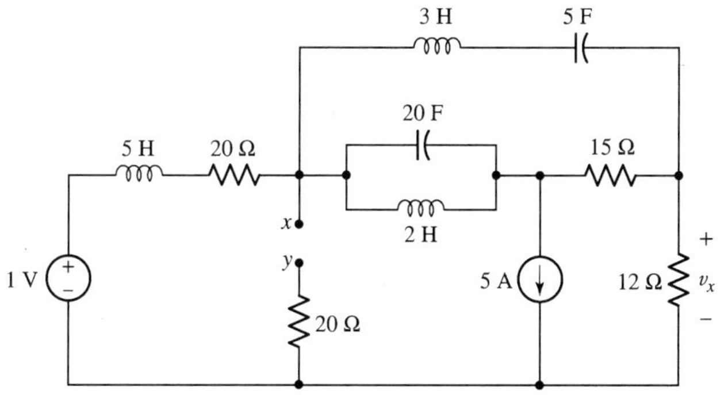


图 7.52

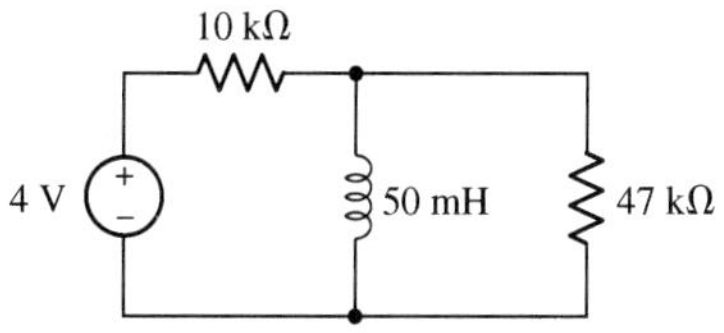


图 7.53

## 7.3　电感和电容的组合

31. 网络如图 7.54 所示，假设所有电容都为 1 F，求该网络的等效电容。

32. 网络如图 7.55 所示，假设所有电感值都为 $L$，求该网络的等效电感。

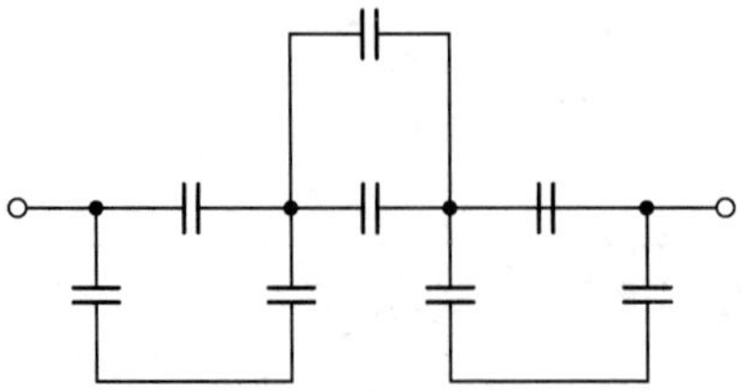

图 7.54

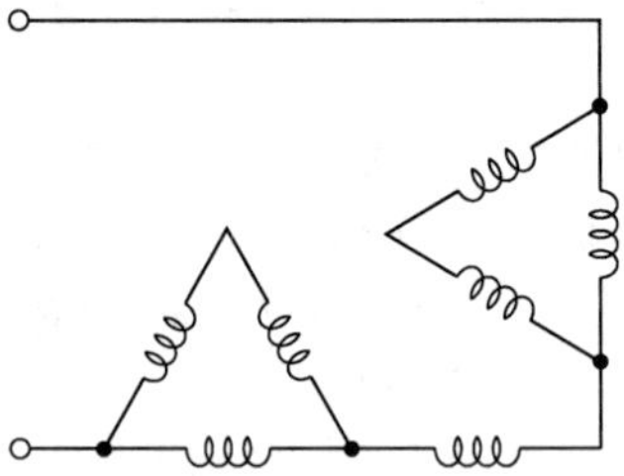

图 7.55

DP 33. 用多个 1 nH 电感设计两个网络，要求每个网络的等效电感都为 1.25 nH。

34. 计算图 7.56 所示网络的等效电容 $C_{eq}$。

35. 求图 7.57 所示网络的等效电容 $C_{eq}$。

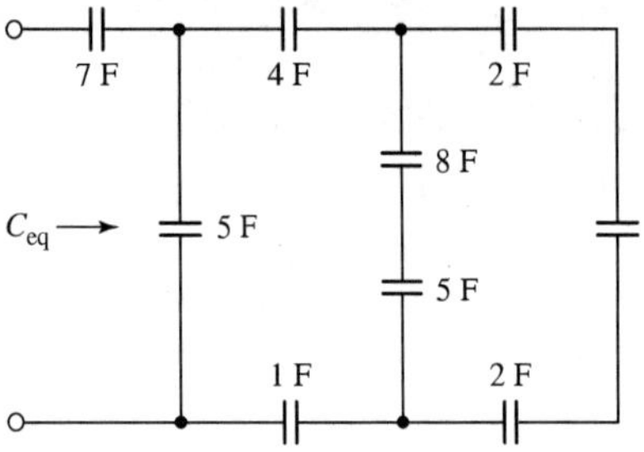


图 7.56

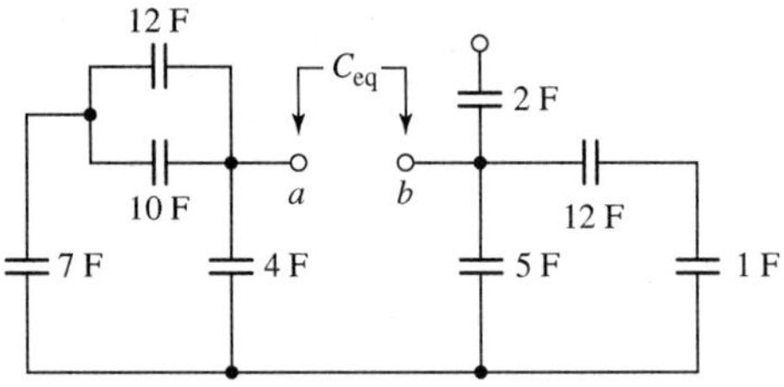


图 7.57

36. 利用合适的组合技术，求图 7.58 所示网络的等效电感 $L_{eq}$。

37. 简化图 7.59 所示电路，使之具有尽可能少的元件。注意，电压 $v_x$ 是我们需要关心的电压。

38. 电路如图 7.60 所示。(a) 如果每个元件都为 10 Ω 电阻，求 $R_{eq}$。(b) 如果每个元件都为 10 H 电感，求 $L_{eq}$。(c) 如果每个元件都为 10 F 电容，求 $C_{eq}$。

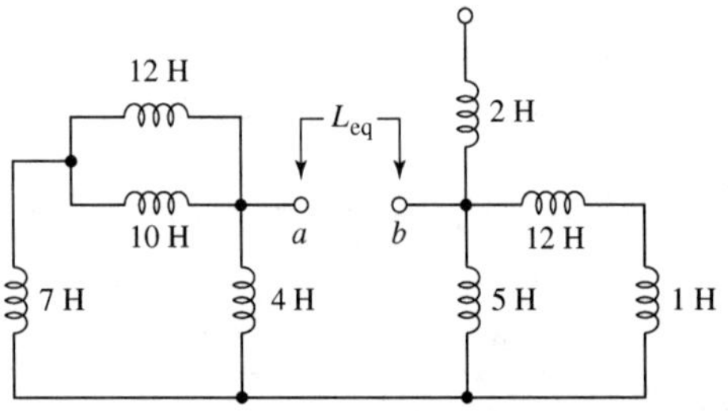


图 7.58

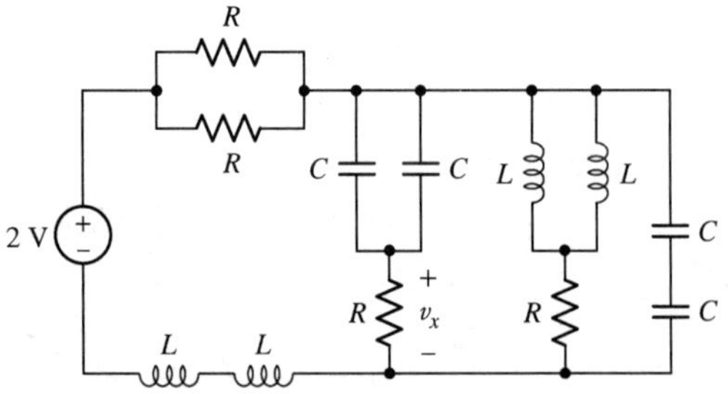


图 7.59

39. 求图 7.61 所示网络从 $a$ 和 $b$ 两端看进去的等效电感。

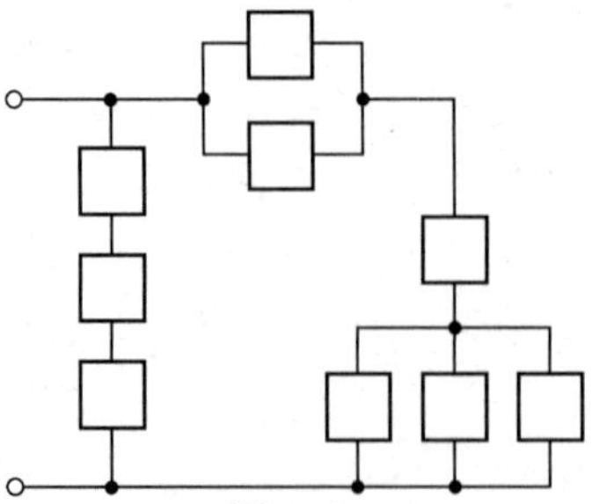

图 7.60

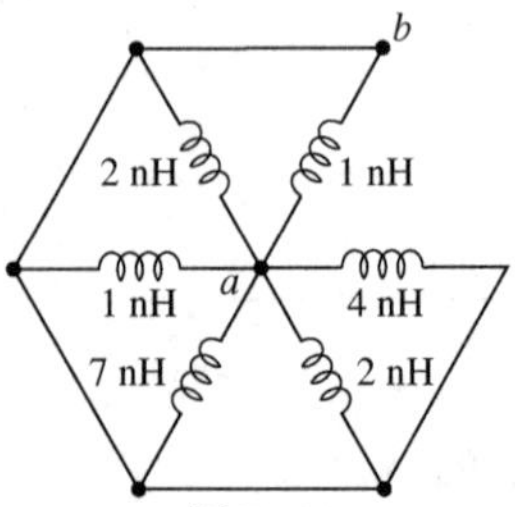


图 7.61

40. 简化图 7.62 所示电路，使之具有最少数量的元件。

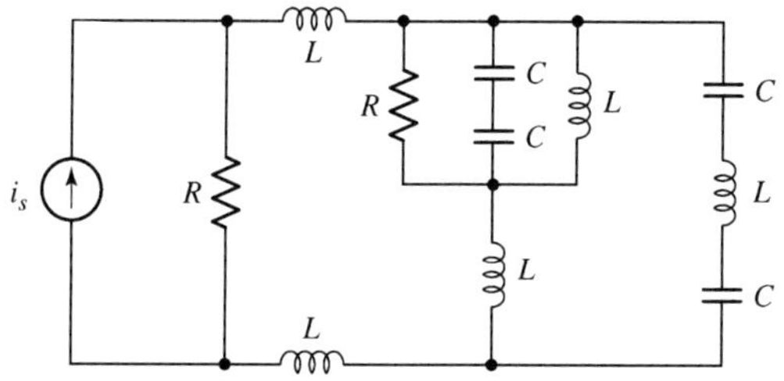


图 7.62

41. 简化图 7.63 所示网络，使之具有最少数量的元件，其中每个电感都为 2 nH，每个电容都为 2 nF。

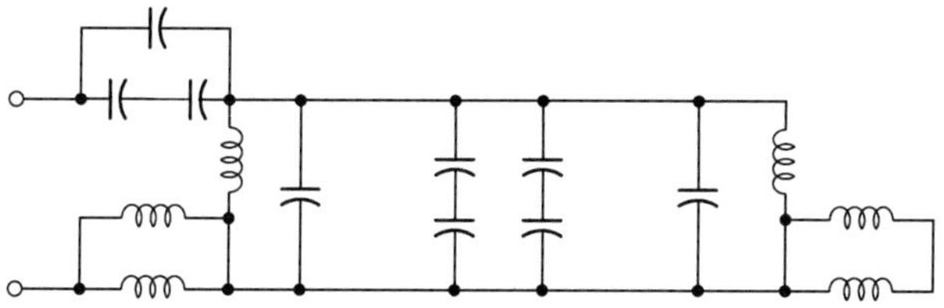

图 7.63

42. 网络如图 7.64 所示，$L_1=1$ H，$L_2=L_3=2$ H，$L_4=L_5=L_6=3$ H。(a) 求等效电感。(b) 当级数为 $N$ 时，求该网络的等效电感表达式。假定第 $N$ 级由 $N$ 个电感组成，每个电感的电感值为 $N(H)$。

43. 简化图 7.65 所示网络，假定所有元件都是 10 pF 电容。

44. 简化图 7.65 所示网络，假定所有元件都是 10 H 电感。

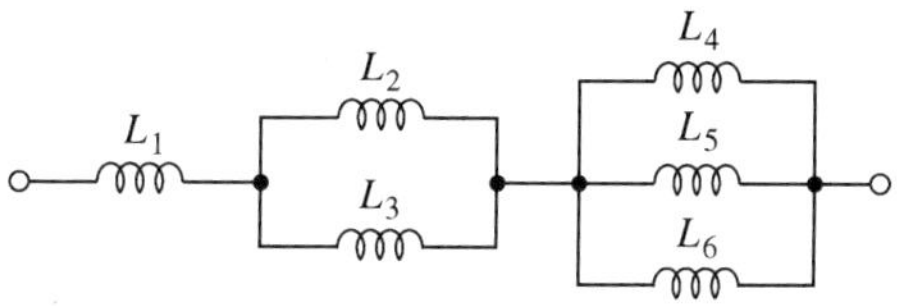


图 7.64

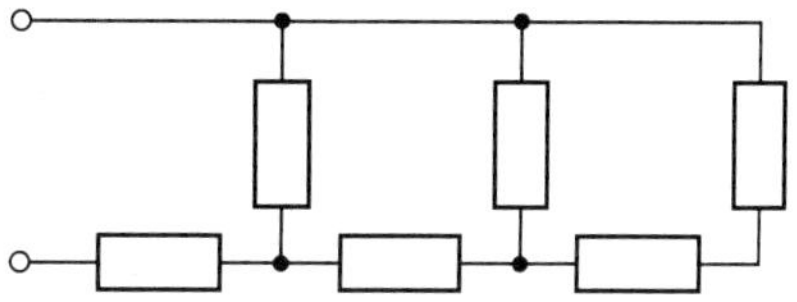

图 7.65

## 7.4　线性性质及其推论

45. 电路如图 7.66 所示。(a) 写出完整的节点方程组。(b) 写出完整的网孔方程组。

46. 写出图 7.67 所示电路的网孔方程。

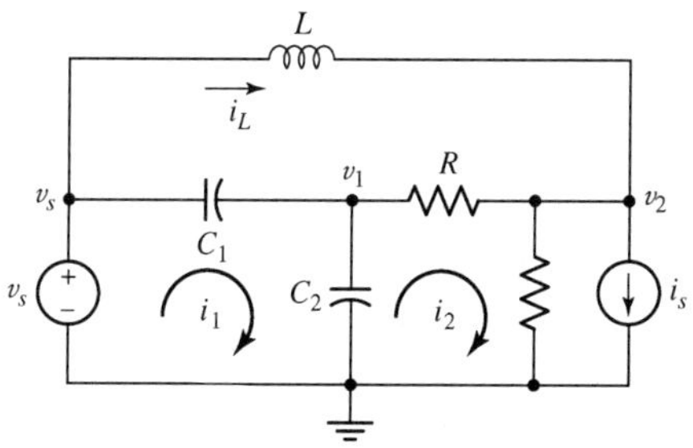


图 7.66

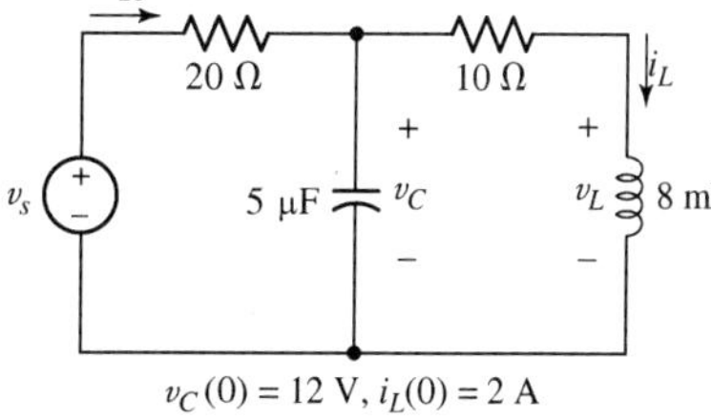


图 7.67

47. 在图 7.68 所示电路中，假设 $i_s=60\mathrm{e}^{-200t}$ mA，$i_1(0)=20$ mA。(a) 求 $t$ 为任何值时，$v(t)$ 的表达式。(b) 求 $t\geqslant0$ 时 $i_1(t)$ 的表达式；(c) 求 $t\geqslant0$ 时 $i_2(t)$ 的表达式。

48. 图 7.69 所示电路的初始存储能量为 0，设 $v_s = 100e^{-80t}$ V。(a) 求 $t$ 为任何值时的 $i(t)$ 的表达式。(b) 求 $t \geq 0$ 时 $v_1(t)$ 的表达式。(c) 求 $t \geq 0$ 时 $v_2(t)$ 的表达式。

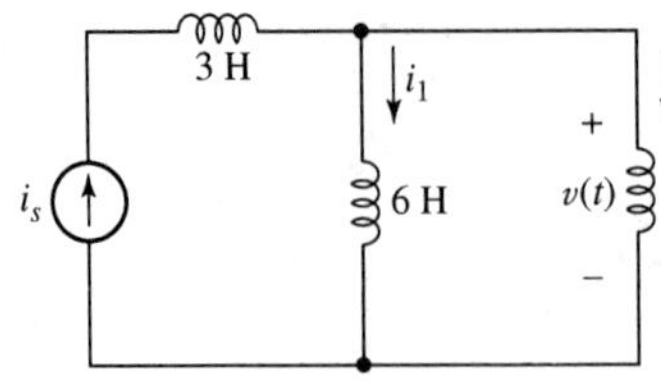


图 7.68

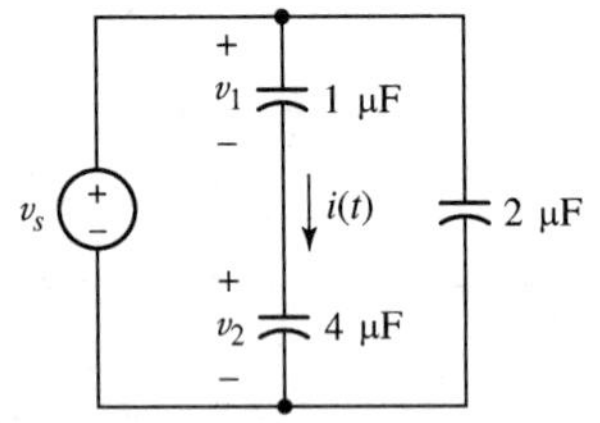


图 7.69

49. 假定图 7.70 所示电路中所有电源已连接且工作了很长的时间，利用叠加原理求 $v_C(t)$ 和 $v_L(t)$。

50. 电路如图 7.71 所示，假定 $t=0$ 时没有存储任何能量，列出完整的网孔方程组。

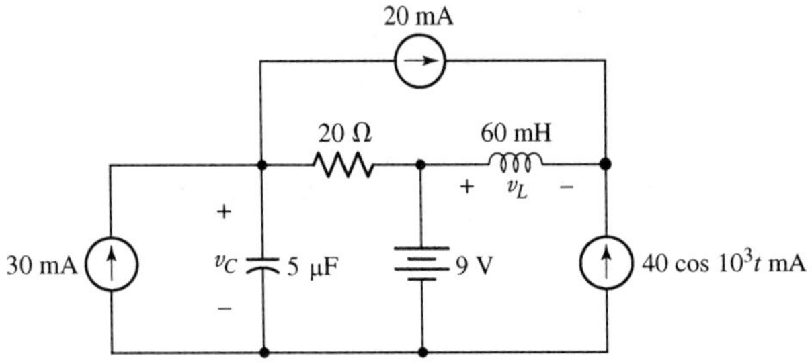


图 7.70

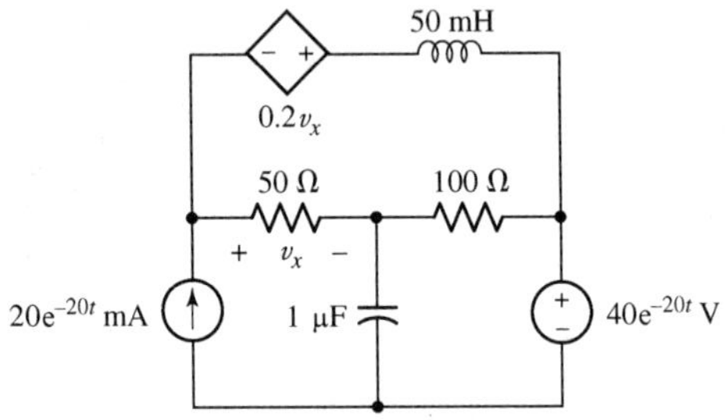


图 7.71

## 7.5 含有电容的简单运放电路

51. 交换图 7.27 所示电路中 $R_1$ 和 $C_f$ 的位置，并假定运放的 $R_i = \infty$，$R_o = 0$ 和 $A = \infty$，求用 $v_s(t)$ 表示的 $v_{out}(t)$。

52. 积分放大电路如图 7.27 所示，$R_1 = 100$ kΩ，$C_f = 500$ μF，$v_s = 20 \sin 540t$ mV，计算 $v_{out}$。

53. 放大电路如图 7.72 所示，推导 $v_{out}$ 与 $v_s$ 的关系表达式。

54. 电路如图 7.73 所示，假设初始电容没有存储任何能量，求 $v_{out}$，假设 $v_s$ 为：(a) 5 sin 20$t$ mV；(b) $2e^{-t}$ V。

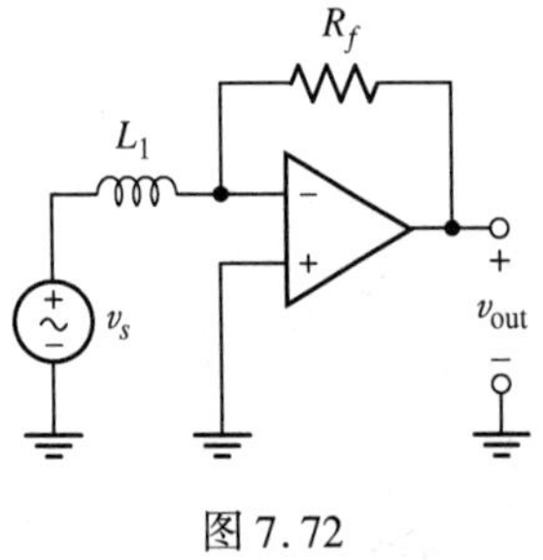


图 7.72

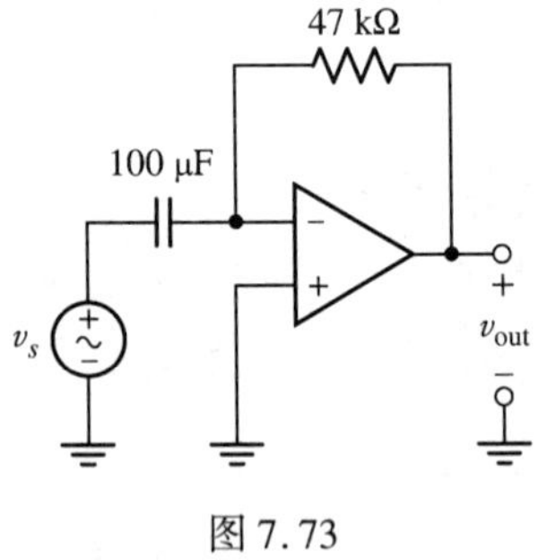


图 7.73

DP 55. 某个用来从溶解成分中提取晶体的新设备经常出问题。产品经理想通过监测冷却率查看其是否与产品出问题有关。该系统有两个输出端，这两端的电压与熔炉温度成线性比例关系，并且当温度为 30℃时，电压为 30 mV，温度为 1000℃时，电压为 1 V。设计一个电路，它的输出电压代表冷却率，刻度为 1 V = 1 ℃/s。

DP 56. 某气象气球上的一个高度传感器能够输出刻度为 1 mV = 1 m(海拔高度)的电压。设计一个电路，它的输出电压信号与上升速率(正)或下降速率(负)成正比，并且对应于每 1 m/s 的上升速率有 1 mV 的输出。假设最大高度为 1000 m。

DP 57. 卫星面对的一个问题是暴露在高能粒子中，这可能会对高精密电子设备以及太阳能电池造成破坏。某新型通信卫星装备了大小为 1 cm × 1 cm 的高能粒子检测装置，它可以给出一个电流，该电流等于每秒撞击其表面的粒子数。设计一个电路，使其输出电压为撞击的粒子总数，刻度为 1 V = 100 万次撞击。

58. 装在某精密移动设备上的速度传感器的输出被标定为某个信号，该信号为 10 mV 时对应于 1 m/s 的线性运动。如果该设备突然震动，则它可能会受损。因为力 = 质量 × 加速度，所以监测速度的变化率可确定设备是否异常运动。(a) 设计一个电路，它能够输出与线性加速度成正比的电压，并有 10 mV = 1 m/s²。(b) 该应用需要多少个传感器电路组合？

59. 某油箱中的一个浮力传感器被连接到一个可变电阻上（通常称为电位器），并且油箱满时（100 L）① 对应 10 Ω，油箱空时对应 0 Ω。(a) 设计一个电路，它能够输出电压，该电压反映剩余油量，并有 0 V = 空，5 V = 满。(b) 设计一个电路，该电路输出电压反映油料消耗速率，并且 1 V = 1 L/s。

## 7.6 对偶

60. (a) 如果 $I_s = 3\sin t$ A，画出图 7.74 所示电路的完全对偶电路。(b) 标出新（对偶）变量。(c) 写出两个电路的节点方程。

61. (a) 画出图 7.75 所示电路的完全对偶电路。(b) 标出新（对偶）变量。(c) 写出两个电路的网孔方程。

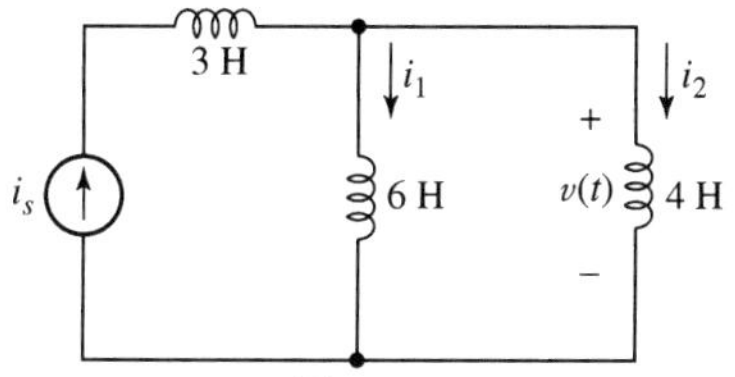


图 7.74

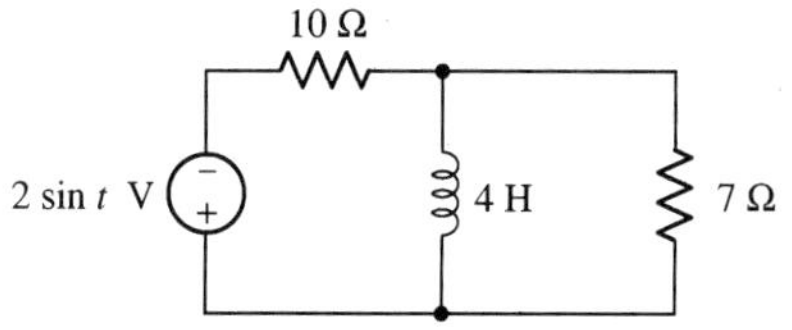


图 7.75

62. (a) 如果 $v_s = 2\sin t$ V，画出图 7.76 所示电路的完全对偶电路并标出新（对偶）变量。(b) 写出原始电路的节点方程和对偶电路的的网孔方程。

63. (a) 画出图 7.77 所示电路的完全对偶电路。(b) 标出新（对偶）变量。

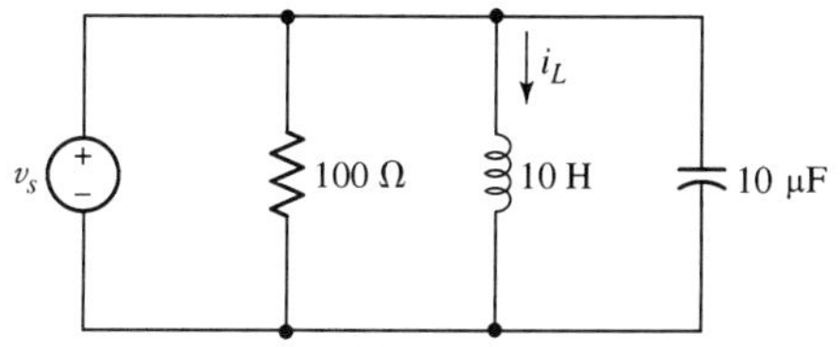


图 7.76

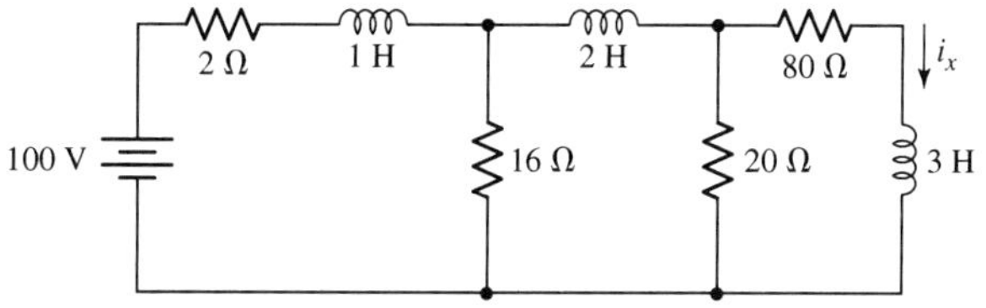


图 7.77

64. 画出图 7.78 所示电路的完全对偶电路。

## 7.7 电容电路和电感电路的计算机建模

65. 电路如图 7.79 所示，以底部节点为参考点，计算：(a) 流过电感的电流。(b) 46 kΩ 电阻消耗的功率。(c) 用合适的仿真验证结果。

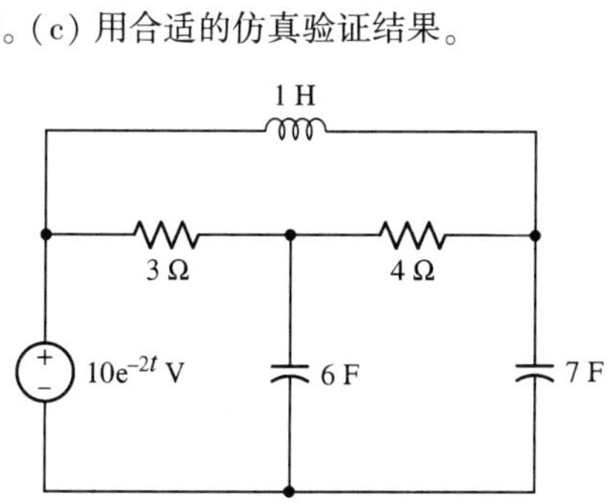


图 7.78

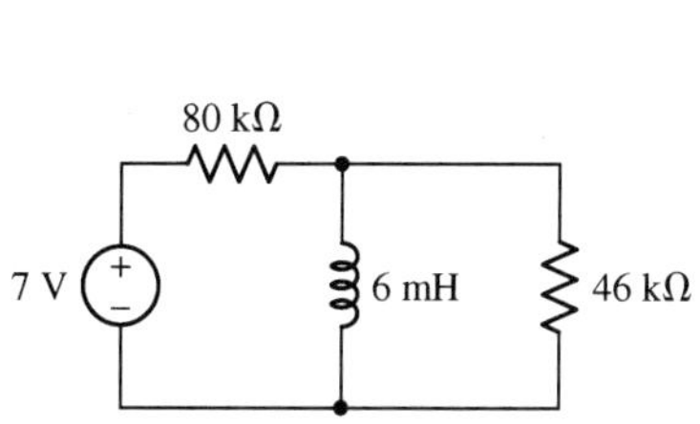


图 7.79

① 1 L（升）= 0.001 m³。——编者注

66. 4 元件电路如图 7.80 所示。(a) 计算每个电阻吸收的功率。(b) 求电容两端的电压。(c) 计算存储在电容中的能量；(d) 用合适的仿真验证结果。

67. (a) 计算图 7.81 所示电路中的 $i_L$ 和 $v_x$。(b) 求存储在电感和电容中的能量。(c) 用合适的仿真验证结果。

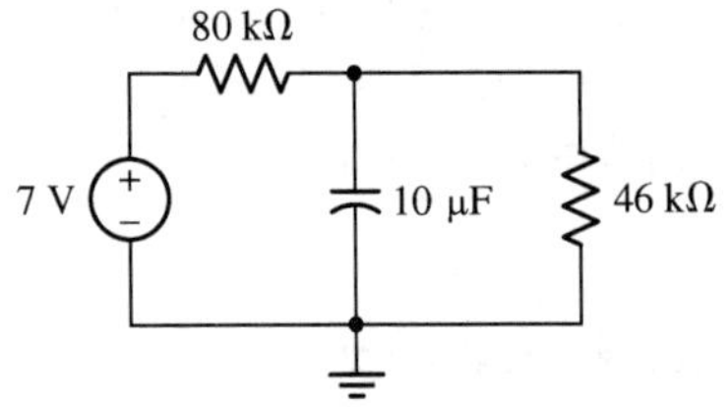


图 7.80

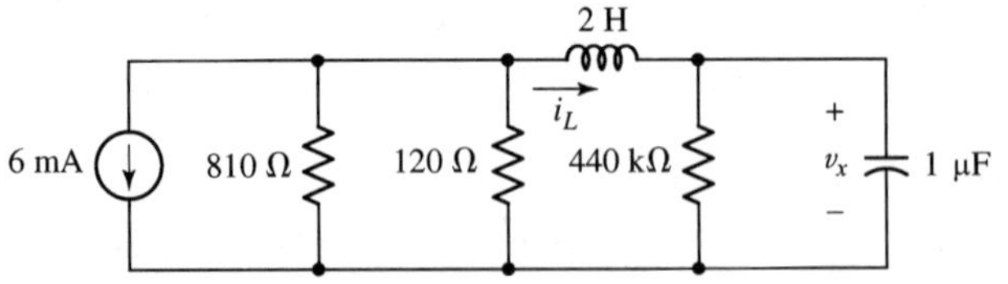


图 7.81

68. 电路如图 7.82 所示，$i_L(0) = 1$ mA。(a) 计算 $t = 0$ 时刻存储在元件中的能量。(b) 在 $0 \leqslant t \leqslant 500$ ns 范围内，对电路执行瞬态分析，求 $t = 0$ ns，130 ns，260 ns 和 500 ns 时的 $i_L$。(c) $t = 130$ ns 时有多少初始能量保留在电感中？$t = 500$ ns 时呢？

69. 电路如图 7.83 所示，10 μF 电容两端的初始电压为 9 V，即 $v(0) = 9$ V。(a) 计算电容中存储的初始能量。(b) 当 $t > 0$ 时，能量会保留在电容中吗？为什么？(c) 在 $0 \leqslant t \leqslant 2.5$ s 范围内，对电路执行瞬态分析，求 $t = 460$ ms，920 ms 和 2.3 s 时的 $v(t)$ 值。(d) $t = 460$ ms 时有多少初始能量保留在电容中？$t = 2.3$ s时呢？

70. 电路如图 7.84 所示。(a) 计算存储在每个储能元件中的能量。(b) 用合适的仿真验证结果。

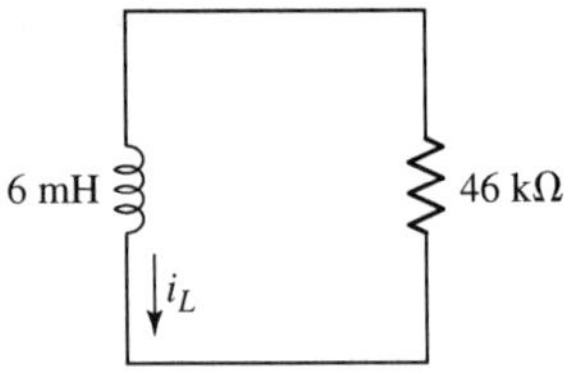


图 7.82

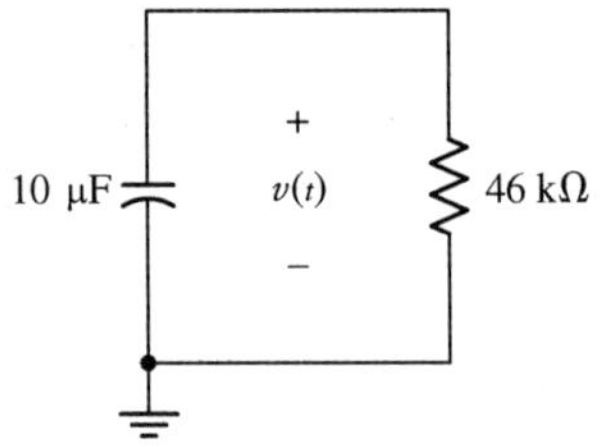


图 7.83

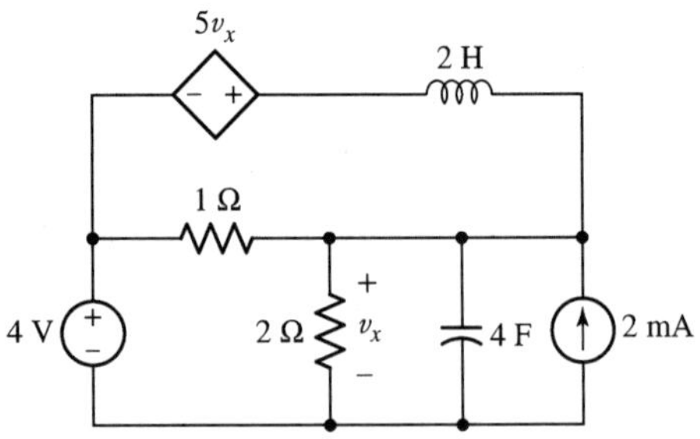


图 7.84

## 综合题

71. 电路如图 7.28 所示。(a) 如果 $R_f = 1$ kΩ，$C_1 = 1$ nF，$v_s$是 1 kHz 的正弦信号源，其峰值电压为 2 V，画出 $0 \leqslant t \leqslant 5$ ms 范围内的 $v_{\text{out}}$。(b) 运放使用 ±15 V 电源，进行合适的瞬态仿真，并输出 $v_{\text{out}}$波形。

72. (a) 放大电路如图 7.29 所示，如果 $v_s$为 60 Hz 且峰值电压为 400 mV 的正弦信号源，$R_1 = 1$ kΩ，$L_f =$ 250 mH，画出 $0 \leqslant t \leqslant 100$ ms 范围内的 $v_{\text{out}}$。(b) 用合适的瞬态仿真验证结果，并同时画出 $v_s$ 和 $v_{\text{out}}$。(注意尺度非常不同，因此如果使用 LTspice，使用**Plot Settings** 菜单下的 **Add Plot Pane**，并在每个面板中画一条曲线，就可以清楚地看到两个输出。)

73. 电路如图 7.72 所示。(a) 如果 $R_f = 47$ Ω，$L_1 = 100$ mH，$v_s$是 2 kHz 的正弦信号源，其峰值电压为2 V，画出 $0 \leqslant t \leqslant 2.5$ ms 范围内的 $v_{\text{out}}$。(b) 用合适的瞬态仿真验证结果，并同时输出 $v_s$ 和 $v_{\text{out}}$。

# 第 8 章　基本 *RC* 和 *RL* 电路

## 主要概念

- *RC* 和 *RL* 时间常数
- 自由响应和受迫响应
- 计算直流激励下随时间变化的响应
- 如何确定初始条件及其对电路响应的影响
- 阶跃函数输入和包含开关的电路分析
- 利用单位阶跃函数构造脉冲函数
- 连续开关电路的响应

## 引言

第 7 章给出了同时包含电感和电容的几种电路的响应方程，但并没有对其中的任何一个进行求解。下面对只含有电阻和电容或者只含有电阻和电感的简单电路进行求解。

尽管将要考虑的电路形式是非常基本的，但它们具有重要的实用价值。这种形式的网络应用于电子放大器、自动控制系统、运算放大器、通信设备和许多其他应用中。熟悉这种电路能够使我们估算出放大器的输出对快速变化的输入的跟随精度，或者可以估算出当电动机的场电流变化时电动机响应速度的快慢。理解了基本 *RC* 和 *RL* 电路后，还可以对放大器或者电动机做一些调整，以得到所需的响应。

## 8.1　无源 *RC* 电路

电容和电感是储能元件，它们的电流-电压关系用微分方程（即 $i = C\dfrac{\mathrm{d}v}{\mathrm{d}t}$和 $v = L\dfrac{\mathrm{d}i}{\mathrm{d}t}$）来描述。包含这些元件的电路分析需要求解微分方程，以得到电流和电压随时间变化的瞬时值。电路响应由两个分量组成：**稳态响应**（不随时间变化）和**瞬态响应**（随时间变化）。电路响应也可以分为**自由响应**和**受迫响应**。自由响应描述了没有外部电源时的电路行为，取决于电路本身的特性（元件类型、元件值、元件的互连）。受迫响应描述了由外部电源产生的额外响应。完全响应是稳态响应和瞬态响应之和，或自由响应和受迫响应之和。例如，电路中某个节点的电压的完全响应是

$$v_{\text{完全}} = v_{\text{稳态}} + v_{\text{瞬态}}$$

或

$$v_{\text{完全}} = v_{\text{自由}} + v_{\text{受迫}}$$

现在来考虑如图 8.1 所示的 *RC* 电路，它的初始条件 $v(0) = V_0$。可以看到该电路没有外部电源或激励函数，因此该无源电路的解就是电路的自由响应。写出电路上面节点的基尔霍夫电流方程就得到了描述电压 $v$ 的方程：

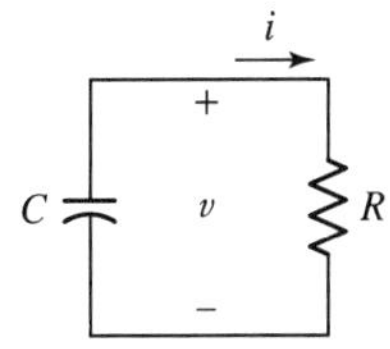


图 8.1　一个并联 *RC* 电路，要求求解 $v(t)$，满足初始条件$v(0) = V_0$

$$C\frac{\mathrm{d}v}{\mathrm{d}t}+\frac{v}{R}=0 \qquad [1]$$

我们的目标是得到满足该方程同时在 $t=0$ 时刻值为 $V_0$ 的 $v(t)$ 的表达式。有几种不同的方法来求得这个解。

说明：在一个无源电路中讨论时变电压看起来有些奇怪！要记住的是，这里仅知道 $t=0$ 时刻的电压值，并不知道该时刻以前的电压值；同样，也不知道 $t=0$ 时刻前电路所处的状态。一个非零电压意味着电容中存储了能量，因此必定在某个时刻存在某个电源。幸运的是，在分析电路时并不需要知道这些情况。

## 直接积分方法

将电压和时间分离，然后进行积分即可直接求得方程的解。把电压变量合并后放在方程的左边，把时间变量合并后和电路常数放在方程的右边，可得

$$\frac{\mathrm{d}v}{v}=-\frac{1}{RC}\mathrm{d}t$$

方程两边分别对电压和时间进行积分，得到

$$\int_{V_0}^{v(t)}\frac{\mathrm{d}v'}{v'}=\int_0^t-\frac{1}{RC}\mathrm{d}t'$$

对 $t>0$ 时间范围进行积分，同时利用初始条件 $t=0$ 时为 $V_0$，计算可得

$$\ln v'\Big|_{V_0}^{v(t)}=-\frac{1}{RC}\mathrm{d}t'\Big|_0^t$$

因此有

$$\ln v(t)-\ln V_0=-\frac{1}{RC}(t-0)$$

对方程两边取指数并求解 $v(t)$，得到最后的结果为

$$v(t)=V_0\mathrm{e}^{-t/RC}$$

**例 8.1** 电路如图 8.2 所示，计算在什么时间电压 $v$ 减小到 $t=0$ 时刻的电压值的一半[$v(0)=V_0$]。

**解**：随时间变化的电压为 $v(t)=V_0\mathrm{e}^{-t/RC}$，其中需要求 $v(t)=V_0/2$ 的时刻。

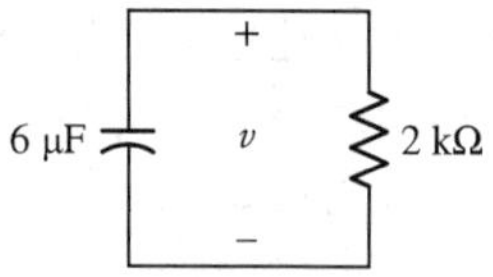

图 8.2

$$v(t)=V_0\mathrm{e}^{-t/RC}=V_0/2$$

求解 $t$ 可得(注意方程中初始值 $V_0$ 被消掉了)

$$t=-RC\ln\left(\frac{1}{2}\right)$$

$$t=-(2\times10^3)(6\times10^{-6})\ln\left(\frac{1}{2}\right)$$

$$t=8.3178\times10^{-3}\,\mathrm{s}=8.3178\ \mathrm{ms}$$

## 练习

8.1 电路如图 8.2 所示，求电容值，使 $t>10$ ms 时 $v(t)<V_0/10$。

答案：$C<2.1715$ μF。

## 更一般的求解方法

直接积分方法可以很好地求得无源 RC 电路的解，但它只能用于变量可以分开的情况。另一种方法是首先猜测或假设解具有某种形式，然后进行验证。下面来讨论这种方法，它具有图 8.3 所示的流程图，能够帮助我们分析更复杂的电路。电路分析中遇到的许多微分方程的解都可以用指数函数或几个指数函数的和来表示。假设式[1]的解具有如下指数形式：

$$v(t) = A\mathrm{e}^{st}$$

其中，$A$ 和 $s$ 是未知常数。将该假设的解代入式[1]，可得

$$C\frac{\mathrm{d}(A\mathrm{e}^{st})}{\mathrm{d}t} + \frac{A\mathrm{e}^{st}}{R} = 0$$

$$sCA\,\mathrm{e}^{st} + \frac{(A\mathrm{e}^{st})}{R} = 0$$

$$\left(sC + \frac{1}{R}\right)A\mathrm{e}^{st} = 0$$

要使上述方程在所有时刻都成立，必然有 $A = 0$，$s = -\infty$，或$(sC + 1/R) = 0$。$A = 0$ 或 $s = -\infty$ 的情况不可能是我们的解，因此必须选择：

$$\left(sC + \frac{1}{R}\right) = 0$$

$$s = -\frac{1}{RC}$$

代入上面假设的解，可得

$$v(t) = A\mathrm{e}^{-t/RC}$$

将 $t = 0$ 时刻 $v(0) = V_0$的初始条件代入，可以计算出剩余未知常数 $A$。最终可以得到解为

$$v(t) = V_0\mathrm{e}^{-t/RC} \qquad [2]$$

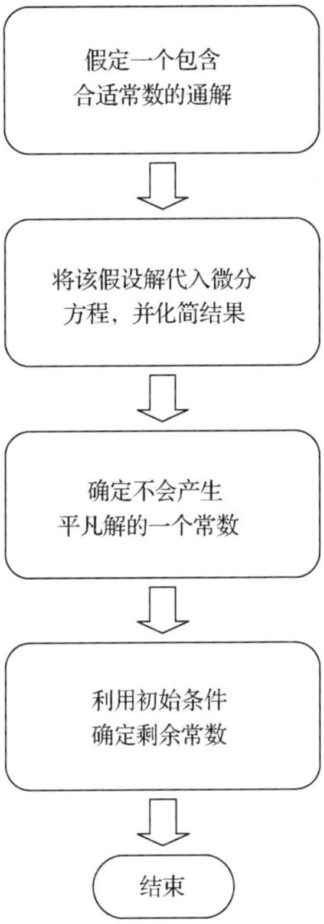


图 8.3　一阶微分方程一般求解方法的流程图，基于经验来假定解的形式

**例 8.2**　电路如图 8.4(a)所示，求 $t = 200$ μs 时电压 $v$ 的值。

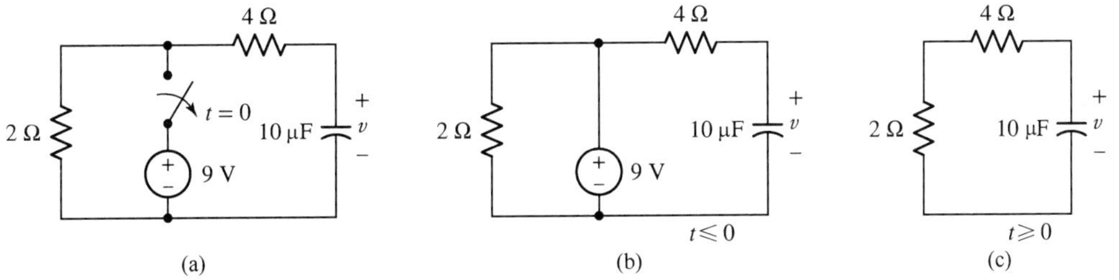


图 8.4　(a) 一个简单的 RC 电路，其中开关在 $t = 0$ 时打开；(b) $t = 0$ 以前电路的存在形式；(c) 开关打开并且9 V电源被移走后的电路

**解：**为了求得所需的电压，需要将电路画成两个不同的电路：一个是开关打开之前的电路，如图 8.4(b)所示；另一个是开关打开后的电路，如图 8.4(c)所示。

分析图 8.4(b)所示电路的唯一目的就是求得电容电压的初始值，假设该电路的瞬态过程已经完全消失，使得该电路完全就是一个直流电路。因为没有电流流过电容和 4 Ω 电阻，因此有

$$v(0) = 9 \text{ V} \qquad [3]$$

接下来分析图 8.4(c)所示的电路，可得

$$\tau = RC = (2+4)(10\times10^{-6}) = 60\times10^{-6} \text{ s}$$

因此，根据式[2]，可得

$$v(t) = v(0)\mathrm{e}^{-t/RC} = v(0)\mathrm{e}^{-t/60\times10^{-6}} \qquad [4]$$

$t=0$ 时刻两个电路中的电容电压必须相等，但是对其他电压或电流没有这样的限制。将式[3]代入式[4]，可得

$$v(t) = 9\mathrm{e}^{-t/60\times10^{-6}} \text{ V}$$

因此 $v(200\times10^{-6}) = 321.1$ mV(低于最大值的 4%)。

### 练习

8.2 仔细观察图 8.5 所示电路中的开关打开后电路如何变化，分别求 $t=0$ 和 $t=160$ μs 时 $v(t)$ 的值。

答案：50 V，18.39 V。

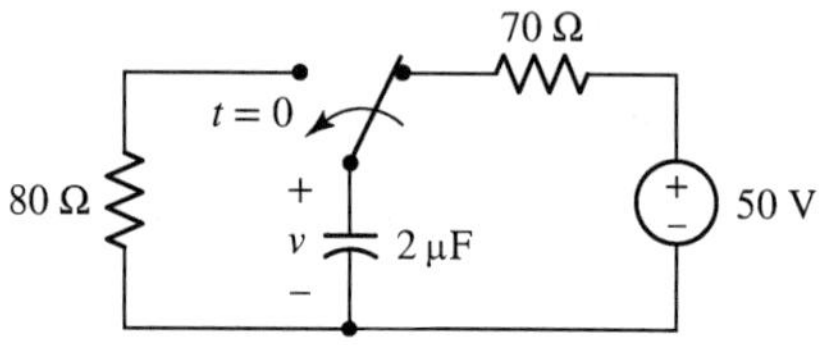


图 8.5

### 计算能量

在解释响应之前，参考图 8.1 所示的电路，检查功率和能量的关系。电阻中消耗的功率为

$$p_R = \frac{v^2}{R} = \frac{V_0^2}{R}\mathrm{e}^{-2t/RC}$$

通过对瞬时功率进行从零时刻到无穷时刻的积分，可得电阻上转换为热量的总能量为

$$w_R = \int_0^\infty p_R \mathrm{d}t = \frac{(V_0)^2}{R}\int_0^\infty \mathrm{e}^{-2t/RC}\mathrm{d}t$$

$$= \frac{(V_0)^2}{R}\left(\frac{-RC}{2}\right)\mathrm{e}^{-2t/RC}\Big|_0^\infty = \frac{1}{2}C(V_0)^2$$

这是预计的结果，因为最初存储在电容中的能量为 $\frac{C(V_0)^2}{2}$，而在无穷时刻因为电压最终为零，从而导致电容中不再存储能量，因此所有初始能量都被电阻消耗掉了。

## 8.2 指数响应特性

现在考虑串联 $RC$ 电路响应的本质。已知电容电压可表示为

$$v(t) = V_0\mathrm{e}^{-t/RC}$$

在 $t=0$ 时刻，电压值为 $V_0$，但随着时间的增加，电压逐步减小并趋于零。该电压 $v(t)/V_0$ 随时间 $t$ 的指数衰减曲线如图 8.6 所示。指数是无量纲的，而 $RC$ 的乘积具有时间的量纲。该时间称为时间常数，它反映了 $RC$ 电路的电压响应的衰减速率。时间常数用 $\tau$ 表示：

$$\tau = RC$$

因为画出的函数为 $\mathrm{e}^{-t/RC}$，所以只要 $RC$ 保持不变，那么该曲线也保持不变。因此，具有相同 $RC$ 乘积和时间常数的所有串联 $RC$ 电路必定有相同的曲线。

时间常数表示从初始值开始的近似时间衰减。从数学上讲，如果电压以初始速率持续下降，时间常数就是电压下降到零所需的时间。电压响应的下降速率(斜率)为

$$\frac{\mathrm{d}}{\mathrm{d}t}\frac{v}{V_0}\bigg|_{t=0} = -RC\,\mathrm{e}^{-\frac{t}{RC}}\bigg|_{t=0} = -RC$$

继续以该速率衰减，会得到与时间轴的一个交点 $t = RC = \tau$。

串联 $RC$ 电路的时间常数如图 8.7 所示，只需要画出曲线在 $t = 0$ 时刻的切线，该切线与时间轴的交点即表示时间常数。这通常是从示波器上估计时间常数的一种简便方法。

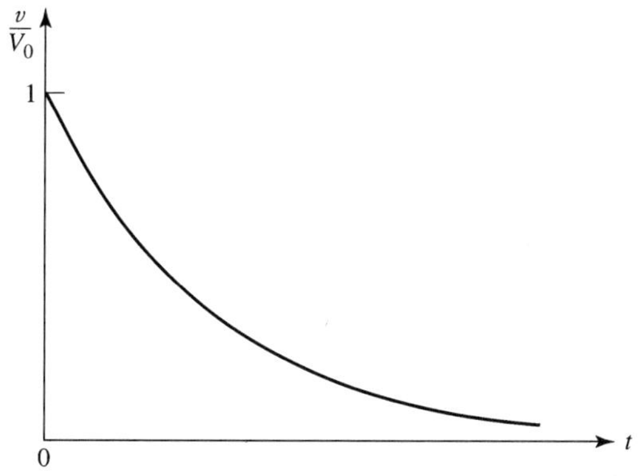


图 8.6　$\mathrm{e}^{-t/RC}$关于时间 $t$ 的曲线

通过确定 $v(t)/V_0$在 $t = \tau$时刻的值，可以得到时间常数$\tau$的另一种重要的解释：

$$\frac{v(\tau)}{V_0} = \mathrm{e}^{-1} = 0.3679 \qquad \text{或} \qquad v(\tau) = 0.3679\,V_0$$

可见，经过一个$\tau$的时间，响应下降为初始值的 36.8%，因此从这个方面也可以确定$\tau$的值，如图 8.8 所示。很容易测量一个$\tau$的时间间隔内电压的衰减，使用计算器可知，$t = \tau$时 $v(t)/V_0$的值为 0.3679，$t = 2\tau$时为 0.1353，$t = 3\tau$时为 0.04979，$t = 4\tau$时为 0.018 32，$t = 5\tau$时为 0.006 738。从零时刻开始经过 3 ~ 5 个时间常数后，可以认为此时的电压值与其初始值相比可以忽略。因此，如果要问："电压需要多长时间衰减到零?"则可以这样回答："大约在 5 个时间常数后。"此时的电压比其初始值的 1% 还要小。

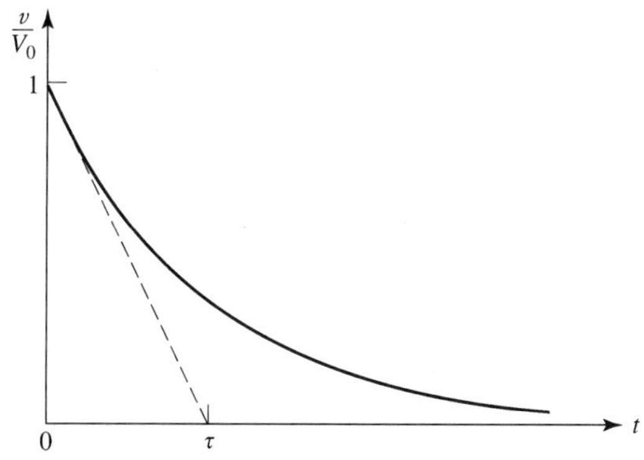


图 8.7　串联 $RC$ 电路的时间常数$\tau$等于 $RC$。如果以等于最初衰减速率的固定速率衰减，$\tau$就是响应曲线衰减到零所需的时间

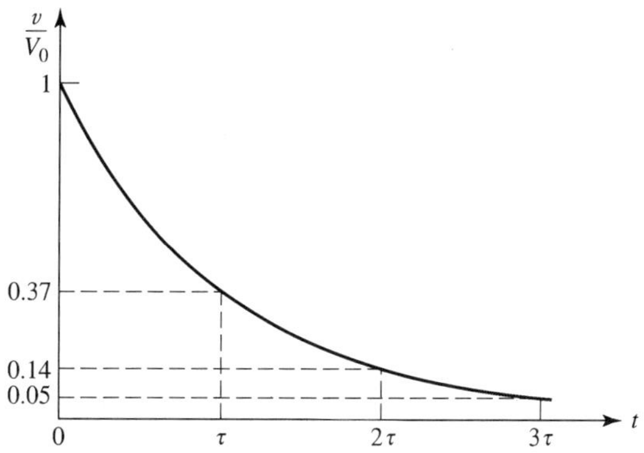


图 8.8　串联 $RC$ 电路中的电压在 $t = \tau$，$t = 2\tau$ 和 $t = 3\tau$ 时分别下降到初始值的37%，14% 和5%

**例 8.3**　串联 $RC$ 电路的时间常数为$\tau_0$。如果该时间常数增大 4 倍，那么 $t = 2\tau_0$时的电压如何变化?

**解：**

$$v(t) = V_0\mathrm{e}^{-t/\tau}$$

两个不同时间常数时的电压比值为

$$\frac{V_0 \mathrm{e}^{-2\tau_0/\tau_0}}{V_0 \mathrm{e}^{-2\tau_0/4\tau_0}} = \frac{\mathrm{e}^{-2}}{\mathrm{e}^{-1/2}} = 0.2231$$

时间常数增大 4 倍，使得电压响应具有更快的衰减，在 $t = 2\tau_0$ 时刻电压将下降到初始值的 22.3% 左右。

## 练习

8.3 在一个无源串联 *RC* 电路中，求下列比值：(a) $v(2\tau)/v(\tau)$；(b) $v(0.5\tau)/v(0)$；(c) $t/\tau$，假定 $v(t)/v(0)=0.2$；(d) $t/\tau$，假定 $v(0) - v(t) = v(0)\ln 2$。

答案：(a) 0.368；(b) 0.607；(c) 1.609；(d) 1.181。

## 计算机辅助分析

当考虑无源电路的响应时，LTspice 的瞬态分析非常有用。本例将使用一个特殊功能来更改一个元件的参数，类似于其他仿真中改变直流电压的方式。这可以通过加入 SPICE 指令 **.step param** 来实现。图 8.9 给出了完整的 *RC* 电路，它包含一个初始电压为 5 V 的 10 μF 电容以及电阻值可以扫描变化的电阻。在本例中，选择 10 Ω，100 Ω 和 1 kΩ 电阻值。通过下面的步骤来进行瞬态响应的仿真。

1. **设置电路的初始条件**。首先，利用 **Net Name** 对电容节点进行标注（本例中标注为 Cap_voltage）。利用 **SPICE Directive** *.ic V(Cap_voltage)* = 5 将该节点的初始条件设为 5 V。
2. **定义电阻值**。对于电阻元件的电阻值，输入文本 {*Resistance*} 将会把数值替换成一个变量。利用 **SPICE Directive** *.step param Resistance list 10 100 1k* 定义你希望的电阻值。该指令会根据提供的 *list* 数据对 *parameter Resistance* 进行扫描。
3. **定义仿真**。要研究瞬态响应，因此使用 **SPICE Directive** *. tran* <*Tstop*>，其中 <*Tstop*> 是仿真结束的时间。在本例中，选择在 5 ms 时结束仿真。

最终得到的电路图，包括给出的 SPICE 指令，如图 8.9 所示。

仿真结束后会打开 **Waveform Data** 窗口。为了输出瞬态响应，使用 **Add Traces** 命令选择 *Cap_voltage* 节点，或直接点击电路图中的节点，然后响应会出现在 Waveform Data 窗口中，如图 8.10 所示。

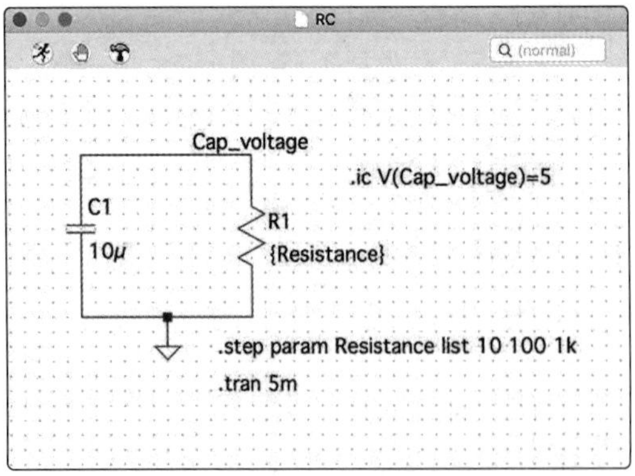


图 8.9 LTspice 中画出的简单 *RC* 电路

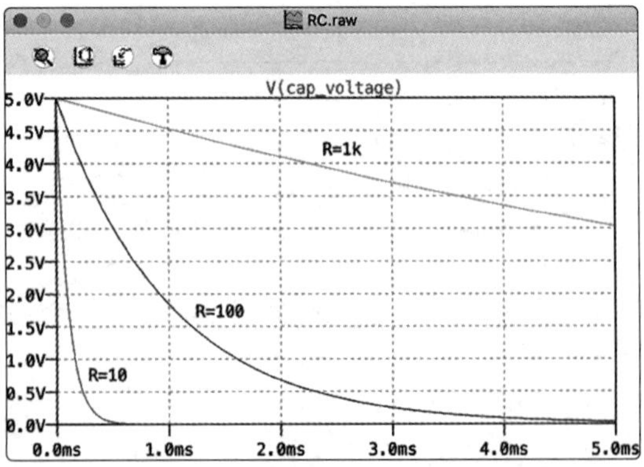


图 8.10 在三种电阻取值情况下，*Cap_voltage* 节点的输出曲线

为什么具有更大的时间常数 $RC$ 值时响应曲线反而衰减得更慢呢？下面分析每个元件的影响。

利用时间常数 $\tau$ 写出串联 $RC$ 电路的响应为

$$v(t) = V_0 e^{-t/\tau}$$

如果 $C$ 增大，那么对于相同的初始电压，存储的能量也更大，这使得电阻需要更长的时间来消耗更大的能量。也可以通过增大 $R$ 来增大 $RC$ 值。在这种情况下，对于相同的初始电压，流入电阻的功率将更大，因此也需要更长的时间来消耗存储的能量。这个影响可以在图 8.10 所示的仿真结果中清楚地看到。

## 8.3　无源 RL 电路

类似于电容，电感也会存储能量，并且在电路中也会有类似的随时间变化的响应。现在来分析如图 8.11 所示的并联(或者说串联)$RL$ 电路与 $RC$ 电路的相似之处。

假定随时间变化的电流为 $i(t)$，该电流在 $t=0$ 时刻的初始值为 $i(0)=I_0$。对该电路应用基尔霍夫电压定律，可以得到以未知电流表示的方程：

$$Ri + v_L = Ri + L\frac{di}{dt} = 0$$

或

$$\frac{di}{dt} + \frac{R}{L}i = 0$$

与下式相比，该微分方程有类似的形式：

$$\frac{dv}{dt} + \frac{v}{RC} = 0$$

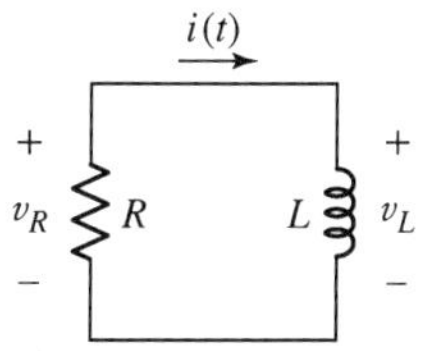


图 8.11　一个串联 $RL$ 电路，需要确定 $i(t)$，初始条件为 $i(0)=I_0$

可以看出，用 $i$ 代替 $v$，用 $L/R$ 代替 $RC$ 即可得到与前面相同的方程。这是因为现在分析的 $RL$ 电路是前面分析的 $RC$ 电路的对偶电路。根据对偶性可知，如果一个电路的电阻是另一个电路电阻的倒数，且 $L$ 在数值上与 $C$ 相等，那么 $RC$ 电路的 $v(t)$ 与 $RL$ 电路的 $i(t)$ 的表达式完全相同，因此 $RC$ 电路的响应为

$$v(t) = v(0)e^{-t/RC} = V_0 e^{-t/RC}$$

对于 $RL$ 电路可以立即写出

$$i(t) = i(0)\,e^{-tR/L} = I_0 e^{-tR/L} \qquad [5]$$

利用 8.1 节中直接求解串联 $RC$ 电路微分方程的过程可以得到相同的结果。

现在讨论式[5]表示的 $RL$ 电路的电流响应的物理本质。在 $t=0$ 时刻得到正确的初始条件，随着时间趋于无穷大，电流变为零。该结果与我们的想法一致：如果有任何电流流过电感，那么能量将持续地流入电阻并以热量的形式被电阻耗尽，因此最终的电流值必然等于零。$RL$ 电路的时间常数可以使用对偶性得到，既可以根据 $RC$ 电路的时间常数的表达式来求得，也可以根据响应经过一个时间常数后下降到其初始值的 37% 来求得：

$$i(t) = I_0 e^{-tR/L} = I_0 e^{-t/\tau}$$

因此，

$$\boxed{\tau = L/R} \qquad [6]$$

由于对负指数函数和时间常数 $\tau$ 的含义非常清楚，因此很容易画出如图 8.12 所示的响应

曲线。$L$ 值越大或 $R$ 值越小，时间常数就越大，存储的能量被消耗得就越慢。在流过电阻的电流固定的情况下，电阻越小，其消耗的功率就越小，于是需要更长的时间将存储的能量转为热量。在流过电阻的电流固定的情况下，电感越大，其存储的能量就越大，于是也需要更长的时间来消耗初始能量。

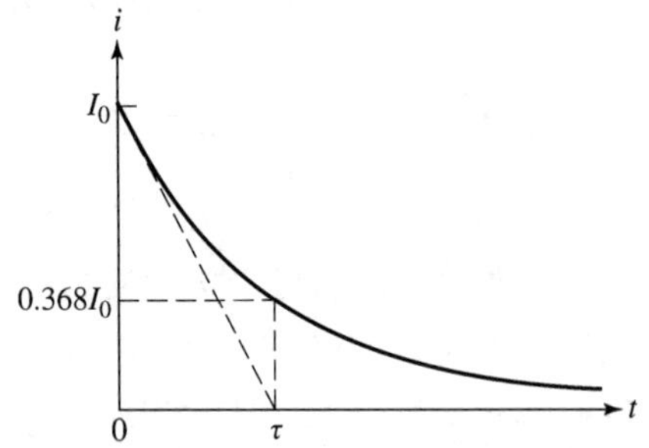


图 8.12 并联 $RL$ 电路中电感电流 $i(t)$ 关于时间 $t$ 的函数。$i(t)$ 的初始值为 $I_0$

**例 8.4** 如图 8.13 所示的电感在 $t=0$ 时有 $i_L=2$ A，求 $t>0$ 时 $i_L(t)$ 的表达式，并求 $t=200$ μs 时的值。

**解：** 该电路与刚刚分析过的电路类型相同，因此电感电流具有下面的形式：

$$i_L = I_0 e^{-Rt/L}$$

其中，$R=200\ \Omega$，$L=50$ mH，$I_0$ 是 $t=0$ 时刻流过电感的初始电流，因此

$$i_L(t) = 2e^{-4000t}$$

将 $t=200\times10^{-6}$ s 代入，求得 $i_L(t)=898.7$ mA，小于初始值的一半。

## 练习

8.4 电路如图 8.14 所示，已知 $i_R(0)=6$ A，求 $t=1$ ns 时流过电阻的电流 $i_R$。

答案：812 mA。

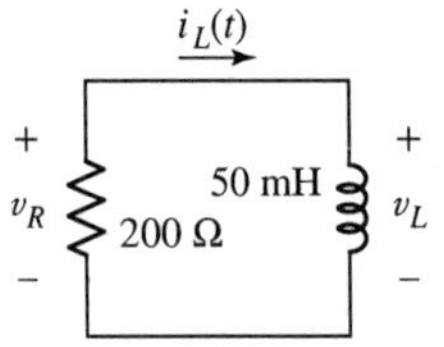


图 8.13 一个简单的 $RL$ 电路，其中 $t=0$ 时刻电感存储了能量

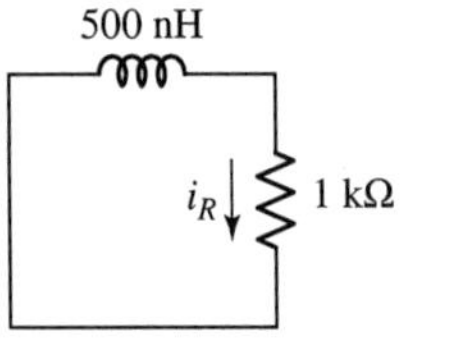


图 8.14 练习 8.4 的电路图

**例 8.5** 电路如图 8.15(a) 所示，求 $t=200$ ms 时电压 $v$ 的值。

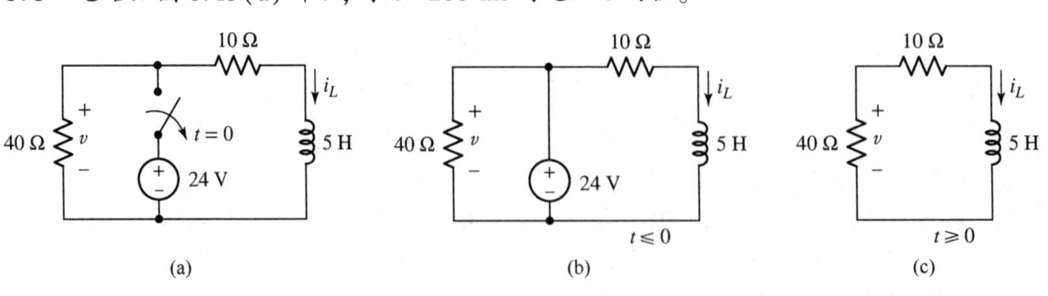


图 8.15 (a) 一个简单的 $RL$ 电路，其中开关在 $t=0$ 时打开；(b) $t=0$ 时刻以前电路的存在形式；(c) 开关打开及 24 V 电源被移走后的电路

**解：明确题目的要求**

图 8.15(a) 所示的原理图实际上表示两个不同的电路：一个是开关闭合时的电路，如

图 8.15(b) 所示；另一个是开关打开时的电路，如图 8.15(c) 所示。要求解的是图 8.15(c) 所示电路的 $v(0.2)$。

**收集已知信息**

这两个电路都已正确地重画和标注。接下来假设图 8.15(b) 所示电路运行了很长时间，这样电路中任何瞬态响应均已消失。除非明确说明，否则我们可能在这些例子中都做这样的假定。该电路确定了 $i_L(0)$。

**设计方案**

通过写出基尔霍夫电压方程来分析图 8.15(c) 所示的电路。最终希望得到只有 $v$ 和 $t$ 变量的微分方程，然后可以求解微分方程而得到 $v(t)$。

**建立一组合适的方程**

参考图 8.15(c)，写出
$$-v + 10 i_L + 5\frac{\mathrm{d} i_L}{\mathrm{d}t} = 0$$

将 $i_L = -v/40$ 代入，求得
$$\frac{5}{40}\frac{\mathrm{d}v}{\mathrm{d}t} + \left(\frac{10}{40} + 1\right)v = 0$$

或者更简单的方程
$$\frac{\mathrm{d}v}{\mathrm{d}t} + 10v = 0 \qquad [7]$$

**确定是否还需要其他信息**

从前面的过程可知，写出 $v$ 的完整表达式需要知道它在特定时刻的信息，最方便的就是选择 $t=0$ 时刻。通过观察图 8.15(b) 所示电路，得到 $v(0) = 24$ V，但这只在开关打开之前成立。在开关打开的时刻，电阻电压可以变为任何值，但电感电流必须保持不变。

在图 8.15(b) 所示电路中，$i_L = 24/10 = 2.4$ A，因为对于直流电流而言电感相当于短路，因此在图 8.15(c) 所示电路中，$i_L(0) = 2.4$ A（这是分析这类电路的关键点），从而可求得 $v(0) = (40)(-2.4) = -96$ V。

**尝试求解**

前面所述的 3 种基本方法都可以使用。首先写出式[7]的特征方程
$$s + 10 = 0$$

求解可得 $s = -10$，因此
$$v(t) = A\,\mathrm{e}^{-10t} \qquad [8]$$

（代入式[7]左边，得到
$$-10A\mathrm{e}^{-10t} + 10A\mathrm{e}^{-10t} = 0$$
结果同预期的一样）。

在式[8]中，令 $t=0$，利用 $v(0) = -96$ V 求解 $A$，因此
$$v(t) = -96\,\mathrm{e}^{-10t} \qquad [9]$$

从而得到 $v(0.2) = -12.99$ V，低于最大电压 $-96$ V。

**验证结果是否合理或是否与预计结果一致**

不写出 $v$ 的微分方程，而是写出 $i_L$ 的微分方程为

$$40i_L + 10i_L + 5\frac{di_L}{dt} = 0$$

或

$$\frac{di_L}{dt} + 10i_L = 0$$

可得到解 $i_L = Be^{-10t}$。利用 $i_L(0) = 2.4$，可求得 $i_L(t) = 2.4e^{-10t}$。因为 $v = -40i_L$，再一次得到式[9]。必须注意：电感电流和电阻电压有相同的指数项**并不是巧合**。

## 练习

8.5 求图 8.16 所示电路中 $t>0$ 时的电感电压 $v$。

答案：$-25e^{-2t}$ V。

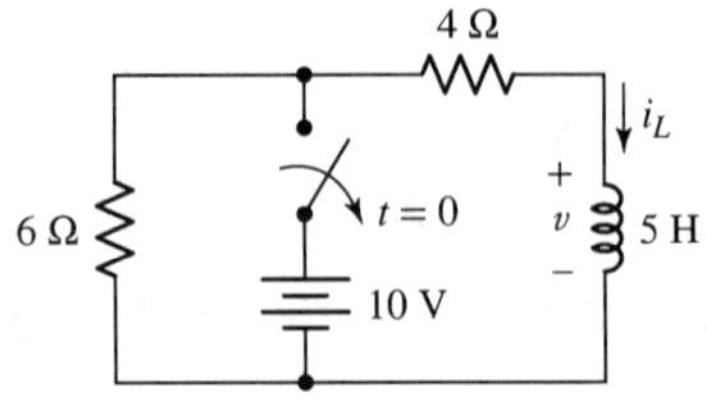


图 8.16 练习 8.5 的电路

## 8.4 更一般的观察方法

从例 8.2 和例 8.5 可以间接看到，无论电路中包含多少个电阻，当只存在一个储能元件时，可以得到单个时间常数($\tau = L/R$ 或 $\tau = RC$)，其中 $R$ 就是储能元件两端的戴维南等效电阻。(看起来有点奇怪，人们甚至可以对一个含受控源的电路计算时间常数!)

我们希望求解自由响应的许多 $RC$ 或 $RL$ 电路包含多个电阻和电容/电感。假定电路包含单个电容或电感，但有多个电阻。电容或电感两端的电阻网络可以用一个等效电阻来替换，分别写出 $RC$ 和 $RL$ 等效电路的时间常数的表达式为

$$\tau = R_{eq}C$$

和

$$\tau = L/R_{eq}$$

如果电路中包含多个电容(或多个电感)，并且可以利用串并联组合进行合并，那么电路可以进一步推广成 $C_{eq}$(或 $L_{eq}$)，它具有单个时间常数。但是必须知道只有所有电容或电感元件能够合并成一个等效 $C_{eq}$或 $L_{eq}$，该结果才正确，否则电路将有多个时间常数。

由于电容电压或电感电流具有指数时间相关性，因此电路中其他每个电压和电流都必须有相同的函数形式。通过考虑将电容作为电压源施加到一个电阻网络上，即可明白这一点。电阻网络中每个电流和电压与电源都有相同的时间相关性，因为根据欧姆定理 $v = iR$，电阻网络将对电源的任何变化都同步做出响应。

利用 $e^{-t/\tau}$ 这个时间函数，可以使用一个一般的过程来对含有单个储能元件的电路中的任何电流或电压进行求解。该方法可以用于含有一个电感或多个电阻的任何电路，也可以用于那些含有两个或更多电感，或者含有两个或更多电阻的特殊电路(如果该特殊电路可以通过电阻组合或电感组合简化成单个电感和单个电阻)。

### 含有单个储能元件的无源 *RC* 和 *RL* 电路

1. 利用戴维南等效电路求解时间常数。
2. 求感兴趣的变量的初始条件。
3. 求得结果。

$$\boxed{v(t) = v(0^+)e^{-t/\tau}}$$

或

$$\boxed{i(t) = i(0^+)e^{-t/\tau}}$$

## 初始条件：$t=0^+$ 和 $t=0^-$

在求解一般 RC 和 RL 电路时，最需要技巧的可能是求初始条件，这也是最可能产生错误的地方。在前面的过程中，为什么我们使用标记$(0^+)$而不是简单的$(0)$？在电容情况下，电容两端的电压不能瞬时变化，但流过电容的电流可以瞬时变化。例如，当电容被充电到某给定的电压，然后处于稳定状态时，电流为 0。如果该电容在 $t=0$ 时刻由于开关闭合被接入一个电阻网络中，那么电流将会瞬时从 $i=0$ 变化到一个非零值从而通过网络进行放电。换句话说，在开关闭合前后瞬间的电容电压相等，即 $v(0^-)=v(0^+)$，但电流并不相等，即 $i(0^-)\neq i(0^+)$。反之，流过电感的电流不会瞬时变化，但电感两端的电压可以瞬时变化，因此$i(0^-)=i(0^+)$，$v(0^-)\neq v(0^+)$。

因此，为了求得 RC 或 RL 电路的初始条件，需要分析触发时间响应的事件(如开关)前后瞬间的电路。作为一个例子，求图 8.17 所示电路中的电流 $i_2$，假设 $t=0$ 时刻电感已存储了一定的能量，因此 $i_L(0)=I_0$。

电感对应的等效电阻为

$$R_{\text{eq}}=R_3+R_4+\frac{R_1R_2}{R_1+R_2}$$

因此时间常数为

$$\tau=\frac{L}{R_{\text{eq}}}$$

现在需要初始条件，它与给定的值 $i_L(0^+)=I_0$ 相关。利用分流可得

$$i_2(0^+)=-\frac{R_1}{R_1+R_2}I_0$$

最后求得解为

$$i_2(t)=i_2(0^+)\,\mathrm{e}^{-t/\tau}=-\frac{R_1}{R_1+R_2}I_0\,\mathrm{e}^{-t/\tau}$$

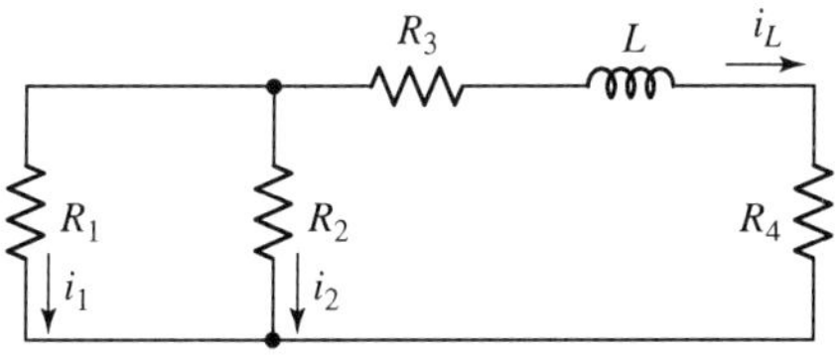


图 8.17　包含一个电感和数个电阻的无源电路，通过确定时间常数$\tau=L/R_{\text{eq}}$来分析电路

**例 8.6**　电路如图 8.18(a)所示，如果 $v(0^-)=V_0$，求 $v(0^+)$和 $i_1(0^+)$。

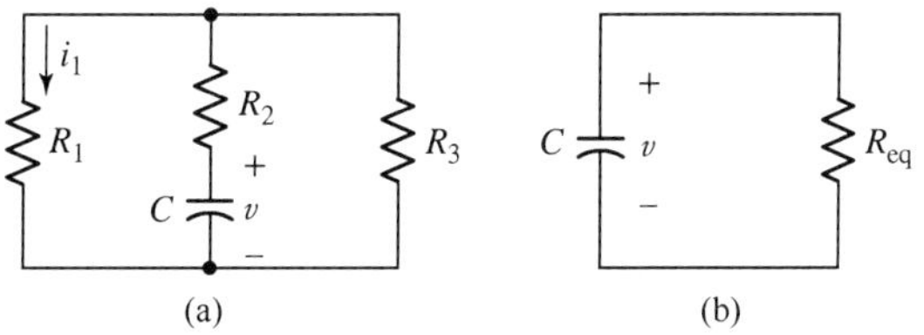


图 8.18　(a) 包含一个电容和数个电阻的电路；(b) 多个电阻用一个等效电阻替换，时间常数为$\tau=R_{\text{eq}}C$

**解**：首先将图 8.18(a)所示的电路简化成图 8.18(b)所示的电路，可以写出

$$v=V_0\,\mathrm{e}^{-t/R_{\text{eq}}C}$$

其中，
$$v(0^+)=v(0^-)=V_0,\quad R_{eq}=R_2+\frac{R_1R_3}{R_1+R_3}$$

该网络的电阻部分中的每个电流和电压都有 $Ae^{-t/R_{eq}C}$ 的形式，其中 $A$ 是其电流或电压的初始值。因此，$R_1$ 中的电流可以表示成
$$i_1=i_1(0^+)e^{-t/\tau}$$

其中，
$$\tau=\left(R_2+\frac{R_1R_3}{R_1+R_3}\right)C$$

从初始条件可以求得 $i_1(0^+)$。$t=0^+$ 时刻电路中任何电流都来源于电容。$v$ 不能瞬时变化，即 $v(0^+)=v(0^-)=V_0$，因此有
$$i_1(0^+)=\frac{V_0}{R_2+R_1R_3/(R_1+R_3)}\frac{R_3}{R_1+R_3}$$

## 练习

8.6 求图 8.19 所示电路中的 $v_C$ 和 $v_o$，分别假设 $t$ 为：(a) $0^-$；(b) $0^+$；(c) 1.3 ms。

答案：(a) 100 V，38.4 V；(b) 100 V，25.6 V；(c) 59.5 V，15.22 V。

8.7 电路如图 8.20 所示，当 $t=0.15$ s 时，分别求：(a) $i_L$；(b) $i_1$；(c) $i_2$。

答案：(a) 0.756 A；(b) 0；(c) 1.244 A。

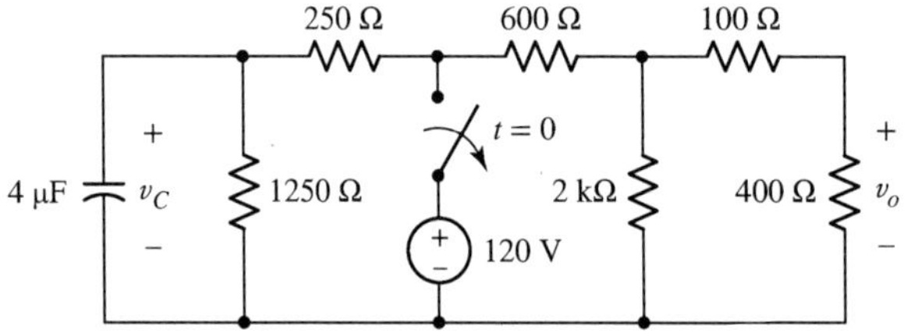


图 8.19

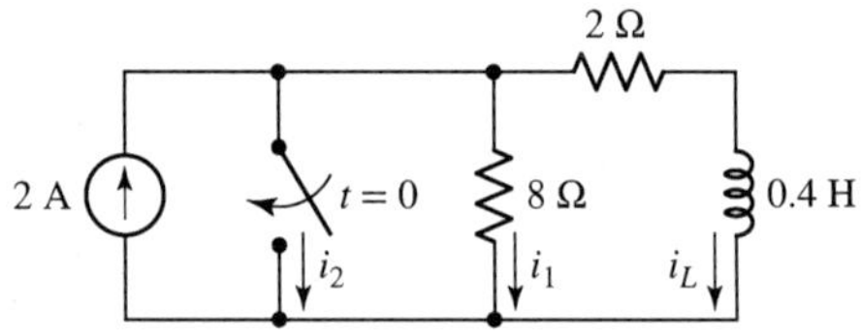


图 8.20

可以看到，上述过程使用戴维南等效电路描述连接到储能元件两端的网络。在前面的戴维南等效电路的讨论中，我们知道它们也可以包含受控源。因此上述分析 *RC* 和 *RL* 电路的过程可以类似地应用于可以用戴维南等效描述的任何网络，包括含有受控源的网络。下面的例题和练习就是这种情况。

**例 8.7** 电路如图 8.21(a)所示，如果 $v_C(0^-)=2$ V，求 $t>0$ 时的电压 $v_C$。

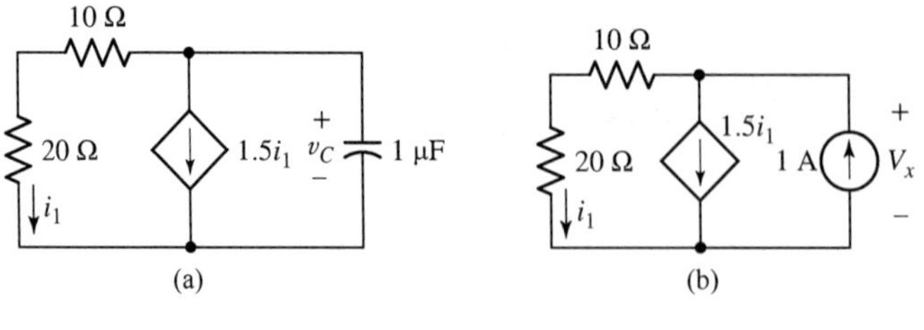


图 8.21 (a) 一个简单的 *RC* 电路，包含不受电容电压或电流控制的受控源；(b) 求与电容相连的网络的戴维南等效电阻的电路

**解：** 受控源不受电容电压或电流控制，因此可以通过求解电容左边网络的戴维南等效电路开始分析。如图 8.21(b)所示，接上一个 1 A 的参考电源，即

$$\frac{V_x}{30}+1.5i_1=1$$

其中，

$$i_1=\frac{V_x}{30}$$

进行一些代数运算，求得 $V_x=12$ V，该网络的戴维南等效电阻为 12 Ω。因此该电路的时间常数为

$$\tau=12(1\times10^{-6})=12\ \mu\text{s}$$

初始条件为 $v_C(0^+)=v_C(0^-)=2$ V，因此

$$v_C(t)=2\text{e}^{-t/12\times10^{-6}}\ \text{V} \qquad [10]$$

## 练习

8.8　(a) 考虑如图 8.22 所示电路，如果 $v_C(0^-)=11$ V，确定 $t>0$ 时的电压 $v_C(t)$。(b) 电路是否稳定？

答案：(a) $v_C(t)=11\text{e}^{-2\times1000\,t/3}$ V，$t>0$；(b) 稳定电路，电压随时间呈指数衰减而不是增长。

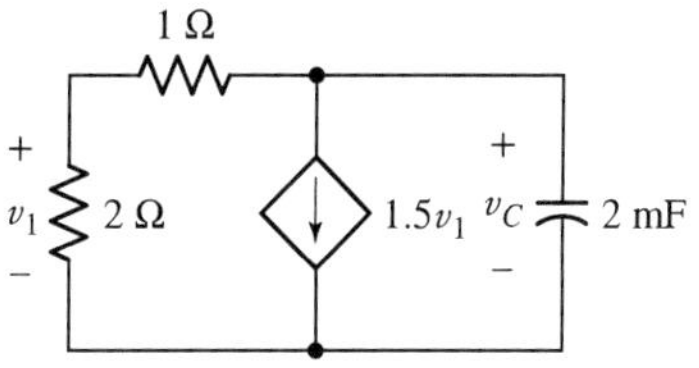


图 8.22　练习 8.8 的电路

一些同时包含多个电阻和多个电容的电路可以简化为仅包含单个电阻和单个电容的等效电路，但这要求原来的电路可以划分为两部分：一部分包含所有的电阻，另一部分包含所有的电容，而且这两部分仅通过两根理想导线相连接。否则，需要用多个时间常数和多个指数项来描述这类电路（保留在尽可能简化后的电路中的每个储能元件对应一个时间常数）。

**例 8.8**　电路如图 8.23(a) 所示，确定 $t>0$ 时的 $i_1$ 和 $i_L$。

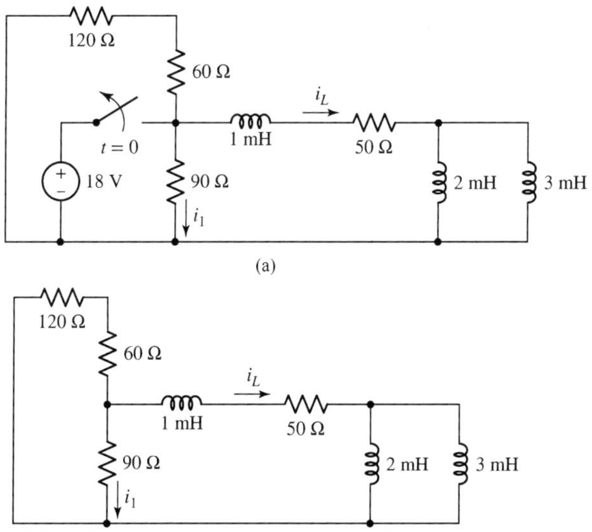


图 8.23　(a) 包含多个电阻和电感的电路；(b) $t=0$ 之后，电路简化成110 Ω的等效电阻与 $L_{eq}=2.2$mH的等效电感的串联

**解**：$t=0$ 之后，电压源从电路中断开，如图 8.23(b) 所示，可以很容易地求出等效电感为

$$L_{eq}=\frac{2\times3}{2+3}+1=2.2\ \text{mH}$$

与等效电感串联的等效电阻为

$$R_{eq}=\frac{90(60+120)}{90+180}+50=110\ \Omega$$

时间常数为

$$\tau=\frac{L_{eq}}{R_{eq}}=\frac{2.2\times10^{-3}}{110}=20\ \mu s$$

因此，自由响应的形式为 $Ke^{-50\,000t}$，其中 $K$ 为未知常量。考虑开关打开之前那个时刻的电路($t=0^-$)，$i_L=18/50$ A。因为 $i_L(0^+)=i_L(0^-)$，已知在 $t=0^+$ 时刻 $i_L=18/50$ A 或 $i_L=360$ mA，所以

$$i_L=\begin{cases}360\ \text{mA}, & t<0\\ 360e^{-50\,000t}\ \text{mA}, & t\geqslant0\end{cases}$$

对于 $i_1$，在 $t=0$ 时刻没有不能突变的约束，因此它在 $t=0^-$ 时刻的值(18/90 A 或 200 mA)与求 $t>0$ 时的 $i_1$ 不相关。相反，必须通过 $i_L(0^+)$ 来求解 $i_1(0^+)$。利用分流定理可得

$$i_1(0^+)=-i_L(0^+)\frac{120+60}{120+60+90}=-240\ \text{mA}$$

因此，

$$i_1=\begin{cases}200\ \text{mA}, & t<0\\ -240e^{-50\,000t}\ \text{mA}, & t\geqslant0\end{cases}$$

需要留心试图将某些理想元件直接相连的情况。例如，如果试图将 $t=0$ 以前具有不同电压的两个理想电容串接起来，则在使用理想电容模型时将会产生问题。不过，实际电容都具有一定的电阻，能量可以通过它们被损耗。

## 8.5 单位阶跃函数

前面已经介绍了不包含电源或激励函数的 $RL$ 和 $RC$ 电路的响应。这个响应称为**自由响应**，因为它的形式只取决于电路本身。得到响应的原因在于电路中电感或电容元件存储了初始能量。在某些情况下，会遇到包含电源和开关的电路，在 $t=0$ 时刻执行特定的开关操作可移去电路中的所有电源，而电路中存储了已知量的能量。换句话说，前面解决的是能源在瞬间从电路移走后的问题，现在必须考虑能源在瞬间接入电路时产生的响应类型。

这里将重点讨论突然加上的能源是直流电源时会产生什么样的响应。每个电子器件都必须接上电源才能工作，并且大多数器件在其生命周期中会被多次打开和关闭，因此我们的研究适用于许多实际情况。即使现在只限于直流电源，但这些简单的例子却可以描述许多实际设备的工作情况。例如，下面要分析的第一个电路可以描述直流电动机启动时电流的建立过程。在微处理器中，采用方波电压脉冲来表示数或者命令，在其他许多电子和晶体管电路中，也可以找到产生和应用方波电压脉冲的例子。在电视接收机的同步和扫描电路中，以及在使用脉冲调制的通信系统、雷达系统和许多其他应用中，也都存在类似的电路。

前面已经提到过能源的“突然接入”，此时指在零时刻突然接入①。因此，与电池串联的开关的闭合等效为一个激励函数，它在开关闭合前为零，而在闭合瞬间之后等于电池电压。这种激励函数在开关闭合时刻有一个跳变或者不连续。这种具有不连续导数的激励函数称为**奇异函数**，两种最重要的奇异函数是**单位阶跃函数**和**单位脉冲函数**。

---

① 这在物理上当然是不可能的，但如果事件发生的时间与描述该电路工作情况的其他时间相比非常短，则它近似正确，并且便于数学描述。

单位阶跃函数定义为时间的函数，时间小于零时其值为 0，而时间大于零时其值为 1。如果以 $(t-t_0)$ 作为参数，用符号 $u$ 来表示单位阶跃函数，那么对所有小于 $t_0$ 的 $t$ 值，$u(t-t_0)$ 必然为 0；对所有大于 $t_0$ 的其他 $t$ 值，$u(t-t_0)$ 必然为 1；而在 $t=t_0$ 处，$u(t-t_0)$ 从 0 跳变到 1，它在 $t=t_0$ 时的值没有定义，但是对任意接近 $t=t_0$ 的时刻，$u(t-t_0)$ 值都是已知的，通常用 $u(t_0^-)=0$ 和 $u(t_0^+)=1$ 来表示。单位阶跃激励函数可以用下式简洁地定义为

$$u(t-t_0)=\begin{cases}0, & t<t_0\\ 1, & t>t_0\end{cases}$$

图 8.24 是该函数的图形表示。注意，在 $t=t_0$ 时刻是一条单位长度的垂直线。尽管该垂直线严格来说不是定义的一部分，但通常在每个图形中都会给出。

注意，单位阶跃函数不一定必须是时间的函数，例如可以用 $u(x-x_0)$ 来表示一个单位阶跃函数，其中的 $x$ 可能是以米(m)为单位的长度或者频率等。

在电路分析中，通常将不连续或开关操作发生的瞬间时刻定义为 $t=0$。由于 $t_0=0$，因此用 $u(t-0)$ 表示相应的单位阶跃函数，或更简单地表示为 $u(t)$，如图 8.25 所示，即

$$u(t)=\begin{cases}0, & t<0\\ 1, & t>0\end{cases}$$

单位阶跃函数本身是无量纲的。如果希望用它表示一个电压，那么 $u(t-t_0)$ 必须乘以一个常数电压，如 5 V。因此 $v(t)=5u(t-0.2)$ V 表示一个理想电压源，该电压源在 $t=0.2$ s 之前为零，而在 $t=0.2$ s 之后为 5 V。图 8.26(a)所示为一个电源被连接到一般网络中的情况。

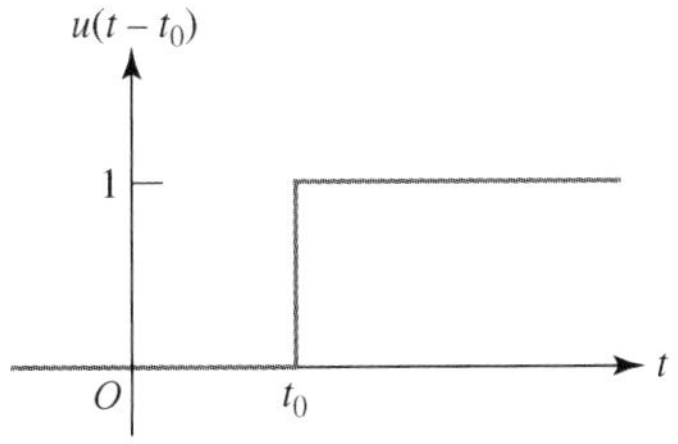


图 8.24　单位阶跃函数 $u(t-t_0)$

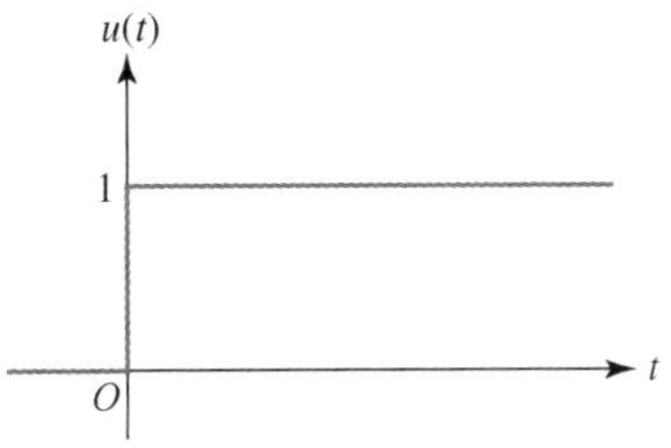


图 8.25　作为时间 $t$ 的函数的单位阶跃函数 $u(t)$

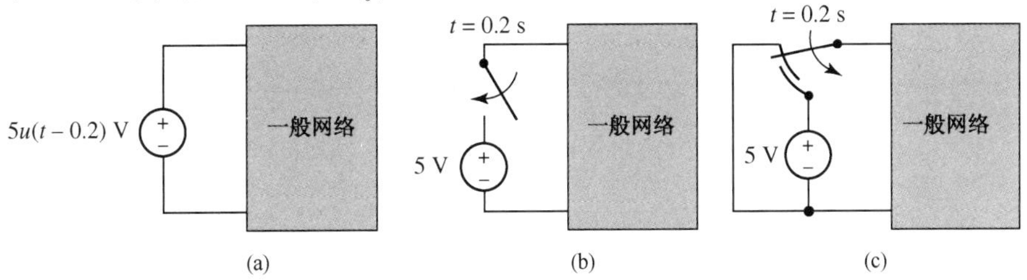


图 8.26　(a) 一个电压阶跃函数作为驱动一般网络的电源；(b) 一个简单电路，尽管不是(a)的完全等效电路，但可以作为(a)在某些情况下的等效；(c) (a)的完全等效电路

## 实际电源和单位阶跃函数

读者很自然地会问，与这些不连续的激励函数等效的实际电源是什么？这里的等效是指两个网络的电压-电流特性相同。对于图 8.26(a)中的阶跃电压源，电压-电流特性非常简单：在 $t=0.2$ s 之前电压为零，而在 $t=0.2$ s 之后电压为 5 V，在这两个时间段内的电流可以为任意有限值。第一个可能想到的是图 8.26(b)所示等效电路，即 5 V 直流电源与一个在 $t=0.2$ s 时闭合的开关相串联的形式。但是该网络在 $t<0.2$ s 时不等效，因为在这个时间段内，电池和开

关两端的电压完全未知，该等效电源为开路，其两端的电压可以是任意值。在$t = 0.2$ s之后，网络等效，如果只对这段时间感兴趣，并且在$t = 0.2$ s时刻从两个网络中流出的初始电流相同，那么图8.26(b)是图8.26(a)的一个有用的等效。

为了得到与电压阶跃激励函数完全等效的电路，可以使用一个单刀双掷开关。在$t = 0.2$ s前，使用该开关可保证这个一般网络输入端的电压为零。在$t = 0.2$ s后，开关打到另一端，得到5 V的恒定电压输入。在$t = 0.2$ s时，电压是不确定的(符合阶跃激励函数的定义)，并且电池是短路的(幸运的是，这里只是在处理数学模型)。图8.26(a)的完全等效网络如图8.26(c)所示。

图8.27(a)是一个电流阶跃函数驱动一般网络的例子。如果用一个直流电源与一个开关($t = t_0$时打开)并联网络来替代该电路，则必须意识到这两个电路只有在$t = t_0$时刻以后等效。但是只有在两个电路初始条件相同时，这两个电路在$t = t_0$时刻以后的响应才相同。图8.27(b)所示的电路隐含地意味着$t < t_0$时电流源两端没有电压。但是图8.27(a)所示的电路并不是这种情况。然而，我们经常交换使用图8.27(a)和图8.27(b)所示的电路。完全与图8.27(a)等效的电路是图8.26(c)所示电路的对偶，图8.27(b)所示的完全等效电路无法单独用电流和电压阶跃函数来构建①。

## 矩形脉冲函数

与单位阶跃函数相乘可以得到许多非常有用的函数。通过下面的条件可定义一个矩形电压脉冲：

$$u(t) = \begin{cases} 0, & t < t_0 \\ V_0, & t_0 < t < t_1 \\ 0, & t > t_1 \end{cases}$$

该脉冲波形如图8.28所示。该脉冲能否用单位阶跃函数表示呢？我们来考虑两个单位阶跃函数的差值：$u(t - t_0) - u(t - t_1)$。这两个阶跃函数如图8.29(a)所示，它们的差值为一个矩形脉冲。电源$V_0u(t - t_0) - V_0u(t - t_1)$可以提供图8.29(b)所示的电压。

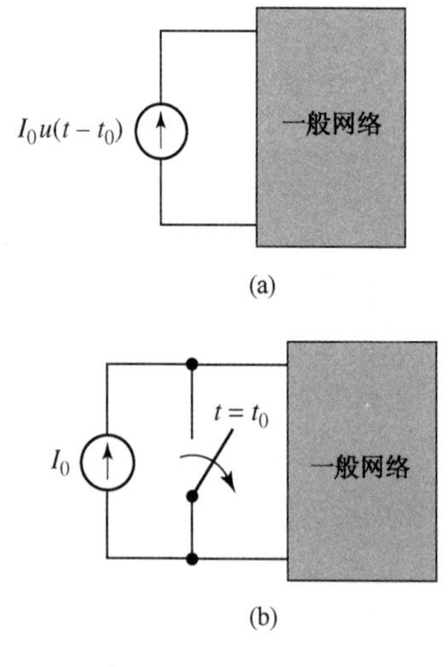


图8.27 (a) 一个电流阶跃函数加到一个一般网络；(b) 一个简单电路，尽管不是(a)的完全等效电路，但经常作为(a)在许多情况下的等效

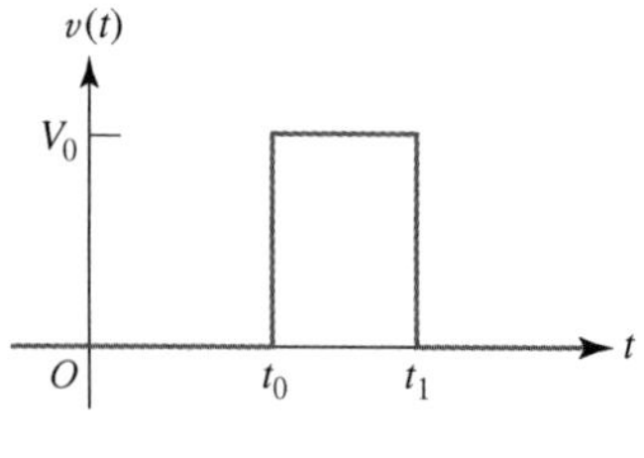


图8.28 一个有用的激励函数，矩形电压脉冲

① 可以得到等效电路的条件是：在$t = t_0$之前流过开关的电流为已知。

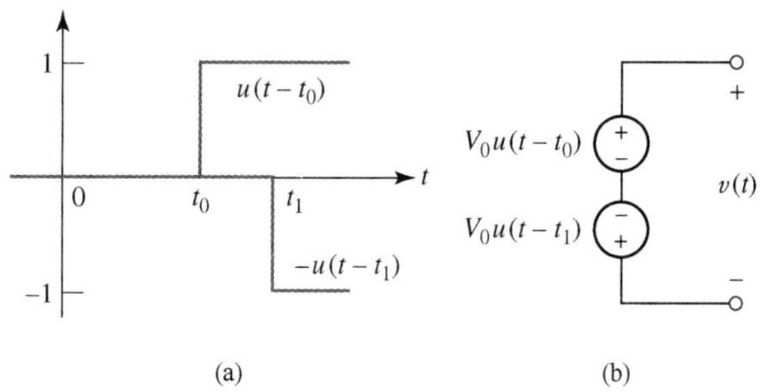


图 8.29　(a) 单位阶跃函数 $u(t-t_0)$ 和 $-u(t-t_1)$；(b) 产生图 8.28 所示矩形脉冲电压的电源

如果在 $t=t_0$ 时刻，网络突然接上一个正弦电压源 $V_m \sin \omega t$，则合适的电压函数为 $v(t)=V_m u(t-t_0)\sin \omega t$。如果要表示对工作在 47 MHz(295 Mrad/s) 下的无线遥控小车突然发送能量，则可以用第二个单位阶跃激励函数在 70 ns 后接入，从而将正弦电源关闭①。其电压脉冲可写为

$$v(t)=V_m[u(t-t_0)-u(t-t_0-7\times 10^{-8})]\sin(295\times 10^6 t)$$

该函数如图 8.30 所示。

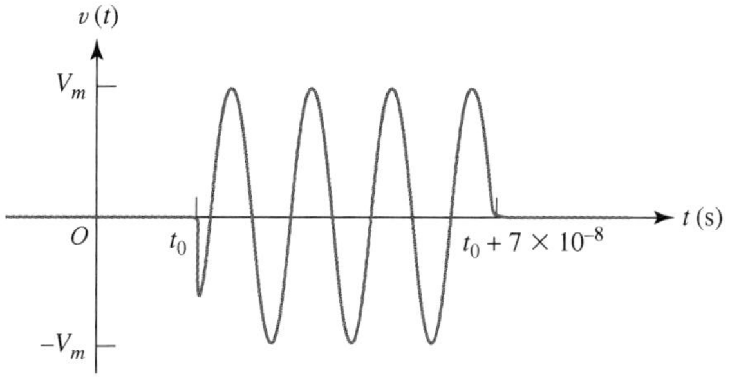


图 8.30　一个 47 MHz 的射频脉冲，用 $v(t)=V_m[u(t-t_0)-u(t-t_0-7\times 10^{-8})]\sin(295\times 10^6 t)$ 描述

## 练习

8.9　求出 $t=0.8$ 时下面各表达式的值：(a) $3u(t)-2u(-t)+0.8u(1-t)$；(b) $[4u(t)]u(-t)$；(c) $2u(t)\sin \pi t$。

答案：(a) 3.8；(b) 0；(c) 1.176。

## 8.6　受激 RC 电路

下面分析将直流电源瞬间接入电路的情形。电路含有一个电压为 $V_0$ 的电池，它与一个开关、一个电阻 $R$ 和一个电容 $C$ 串联。$t=0$ 时开关闭合，如图 8.31 所示。显然，在 $t=0$ 之前电流 $i(t)$ 为零，假设在 $t=0$ 之前电容没有充电，$v(t)$ 也为零。于是可以将电池和开关替换成阶跃电压函数 $V_0u(t)$，它在 $t=0$ 之前不产生响应。在 $t=0$ 之后，两个电路完全相同。因此，可以根据图 8.31(a) 所示的电路，或根据图 8.31(b) 所示的等效电路来求解电压 $v(t)$。

通过写出合适的电路方程，然后求解微分方程，可求得 $v(t)$。对电阻电流和电容电流应用基尔霍夫电流定律，可得

① 显然，可以很好地控制这个小车。作用时间是 70 ns。

$$C\frac{dv}{dt}+\frac{v-V_0}{R}=0, \qquad t>0$$

将激励函数放在方程的左边并乘以 $R$,

$$RC\frac{dv}{dt}+v=V_0 \qquad [11]$$

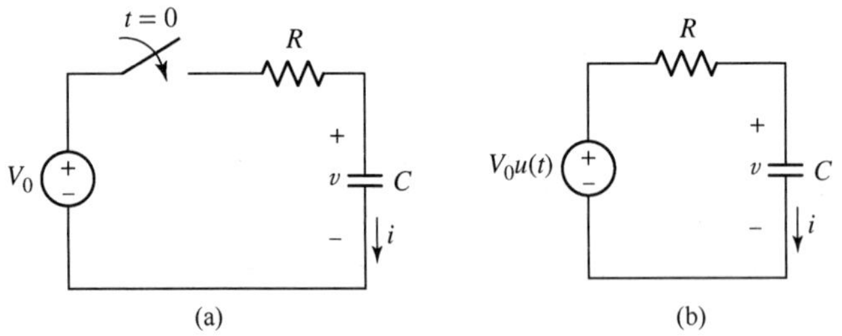


图 8.31 (a) 给定电路; (b) 一个等效电路, 在电容最初没有充电的情况下具有相同的 $v(t)$ 响应

如 8.1 节所述, 完全响应是自由响应和受迫响应之和, 即

$$v=v_n+v_f$$

其中, $v$ 为完全响应, $v_n$为自由响应, $v_f$为受迫响应。

完全响应由两部分组成: 自由响应和受迫响应。自由响应是电路本身的特性, 与电源无关。其形式可以通过分析无源电路求得, 幅度取决于电源的初始幅度和存储的初始能量。受迫响应具有激励函数的特性, 可以通过求解所有开关已完成操作(打开或闭合)很长时间的电路得到。现在只考虑了开关和直流电源, 因此受迫响应只是简单直流电路问题的解。

## 自由响应

自由响应是没有电源或激励函数时的解。从式[11]中去掉电源项, 可得

$$RC\frac{dv}{dt}+v=0$$

此时 $RC$(和 $RL$)电路的分析就是无源电路的分析, 其中已经求得自由响应为

$$v_n=A\,e^{-t/RC}$$

因为完全响应既取决于自由响应又取决于受迫响应, 所以幅度 $A$ 与初始值并不相等。只有在求解完全响应后并利用电路的初始条件, 才能求得未知常数 $A$。

## 受迫响应

可以使用与 8.1 节中的一般求解过程类似的方法来求受迫响应。在该方法中, 我们假设一个解, 然后将该解用到微分方程中。在这种情况下, 会有一个是常数的受迫响应, 因此可以假设受迫响应解也是一个常数。

$$v_f=K$$

将该受迫响应解代入微分方程(式[11])中, 可得

$$RC\frac{d(K)}{dt}+K=V_0$$

常数 $K$ 与时间无关, 因此可得

$$v_f=K=V_0$$

可以看到，不用计算微分方程也可以得到受迫响应，因为它是时间在无穷大时的完全响应。因此通过观察自由响应消失后的最终电路可以求得受迫响应。但是前面概括的技术也可以用于更复杂的激励函数，比如与时间相关的函数。

## 确定完全响应

通过将自由响应解和受迫响应解相加可以得到完全响应解，然后利用初始条件来求得未知常数。完全解为

$$v = v_n + v_f = A\,e^{-t/RC} + V_0 \qquad [12]$$

当 $t<0$ 时，电压源为零，相应的电容电压为 $v(0^-)=0$。因为电容电压不能突变，因此有 $v(0^+)=v(0^-)=0$。代入 $t>0$ 时的完全响应

$$v(0^+) = A\,e^{-(0)/RC} + V_0 = 0$$

$$A = -V_0$$

将 $A$ 值代入式[12]，可得

$$v = -V_0\,e^{-t/RC} + V_0$$

重新排列可得

$$v = V_0(1 - e^{-t/RC})$$

图 8.32 给出了响应曲线，图中可以看到电容电压从初始值零到最终值 $V_0$ 的建立过程。瞬态响应的时间常数为 $\tau = RC$。瞬态过程在 $3\tau$ 时间内有效完成。在一个时间常数内，电压上升到最终值的 63.2%。

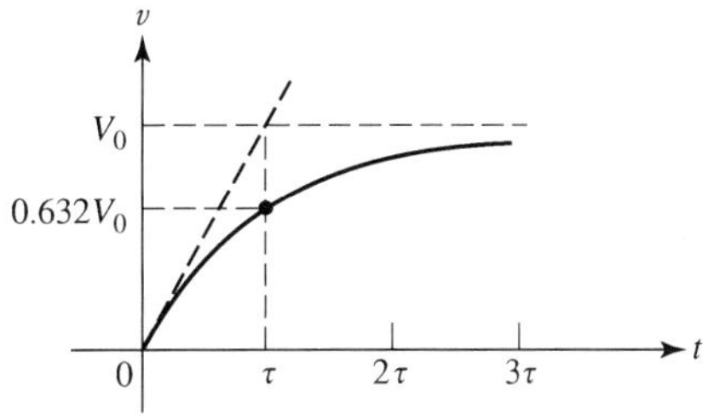

图 8.32　图 8.31 中电容两端的电压。初始时刻的斜率与常数受迫响应在 $t=\tau$ 处相交

现在假设前面电路中的电容的初始值非零，然后在 $t=0$ 时刻切换到一个较大的值，如图 8.33所示。在这种情况下，电容在两个不同的电压源之间切换。从数学上讲，该电路也可以通过一个 $2+3u(t)$ V 的电压源来描述。直觉告诉我们，电容的初始值 $v(0^+)=v(0^-)=2$ V，并根据时间常数充电到最终值 $v(\infty)=5$ V。下面进行验证。

可以利用上面相同的过程来求解，但是以更一般的术语 $v(0^+)$ 和 $v(\infty)$ 来写出变量。自由解与前面一样，即

$$v_n = Ae^{-t/RC}$$

可以写出更一般的受迫响应解　$v_f = v(\infty)$

它是自由响应消失后的最终电压。

完全响应为　$v = v_n + v_f = A\,e^{-t/RC} + v(\infty)$

其中需要根据初始条件求得未知常量 $A$。在 $t=0^+$ 时刻计算，

$$v(0^+) = A\,e^{-(0)/RC} + v(\infty) = A + v(\infty)$$

因此，　$A = v(0^+) - v(\infty)$

且　$v = [v(0^+) - v(\infty)]\,e^{-t/RC} + v(\infty)$

将数值代入，可得

$$v = [2-5]\,e^{-t/(120\times5\times10^{-3})} + 5 = 5 - 3\,e^{-t/(0.6\text{ s})}\text{ V}$$

该电路的电压响应如图 8.34 所示。分析这种解决方案会发现,电容电压从 $t=0$ 时的 2 V,以指数形式增长到 5 V 的终值(时间常数 $\tau=RC=0.6$ s)。

已经知道具有单个电容(或等效电容 $C_{eq}$)的电路要求电路中的每个电压和电流都必须有相同的函数特性,因此可以使用一个一般过程来求得 $RC$ 电路中任何地方的电流和电压的阶跃响应,而无须重复求解微分方程。

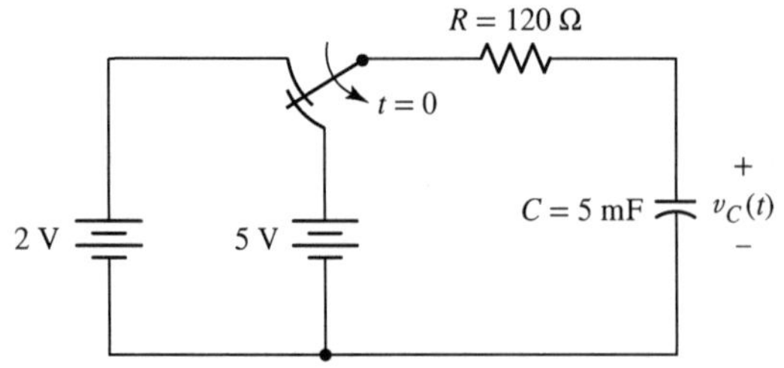


图 8.33 在两个不同的电压源之间切换的电容电路

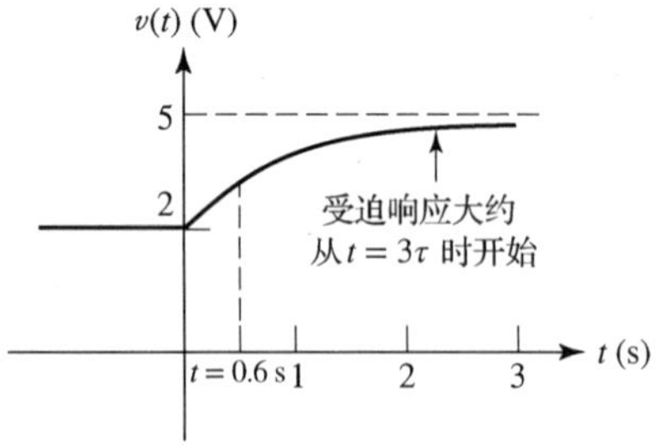


图 8.34 图 8.33 所示电路的电压响应

**求 $RC$ 电路阶跃响应的过程**

1. 将所有独立源置零,简化电路得到 $R_{eq}$ 和 $C_{eq}$,求出时间常数 $\tau_{eq}=R_{eq}C_{eq}$。
2. 求初始条件 $v(0^+)$ 或 $i(0^+)$ [记住,任何电容电压有 $v_C(0^-)=v_C(0^+)$]。
3. 求最终值 $v(\infty)$ 或 $i(\infty)$。
4. 最终响应为

$$\boxed{v=v(\infty)+[v(0^+)-v(\infty)]\,\mathrm{e}^{-t/\tau}}$$

或

$$\boxed{i=i(\infty)+[i(0^+)-i(\infty)]\,\mathrm{e}^{-t/\tau}}$$

**例 8.9** 电路如图 8.35 所示,求任何时刻电容电压 $v_C(t)$ 和 200 Ω 电阻中的电流 $i(t)$。

**解**:首先考虑 $t>0$ 时的电路来求得 $R_{eq}$ 和 $C_{eq}$ 以及时间常数。只有单个电容,且 $C=50$ mF。将 50 V 电源短接并计算等效电阻(从电容看过去的戴维南等效电阻)和时间常数分别为

$$R_{eq}=\frac{1}{\dfrac{1}{50}+\dfrac{1}{200}+\dfrac{1}{60}}=24\ \Omega$$

和

$$\tau=R_{eq}C=(24)(0.050)=1.2\ \text{s}$$

为了求得初始条件,考虑 $t<0$ 时的电路状态,即开关处于位置 $a$,电路如图 8.35(b)所示。与通常一样,假设不存在瞬态响应,只有 120 V 电源产生的受迫响应与 $v_C(0^-)$ 相关。利用简单的分压规则就可以得到初始电压

$$v_C(0)=\frac{50}{50+10}(120)=100\ \text{V}$$

由于电容电压值不能瞬时变化,因此在 $t=0^-$ 和 $t=0^+$ 时,该电压相等。

为了方便起见,$t>0$ 时相应的电路重画于图 8.35(c)中。为了计算开关在 $b$ 时的受迫响应,需到等到所有电压和电流都已经停止变化为止,因此电容相当于开路。再一次使用分压规则:

$$v_C(\infty)=50\left(\frac{200\parallel 50}{60+200\parallel 50}\right)$$
$$=50\left(\frac{(50)(200)/250}{60+(50)(200)/(250)}\right)=20\ \text{V}$$

$$v_C=v_C(\infty)+\left[v_C(0^+)-v_C(\infty)\right]\mathrm{e}^{-t/\tau}$$

因此，

$$v_C=v_C=20+(100-20)\,\mathrm{e}^{-t/1.2}\ \text{V}$$

或

$$v_C=20+80\,\mathrm{e}^{-t/1.2}\ \text{V},\qquad t\geqslant 0$$

且

$$v_C=100\ \text{V},\qquad t<0$$

图 8.36(a)所示的是该响应的波形，由此可再次看到自由响应是从初始值到最终响应的过渡。

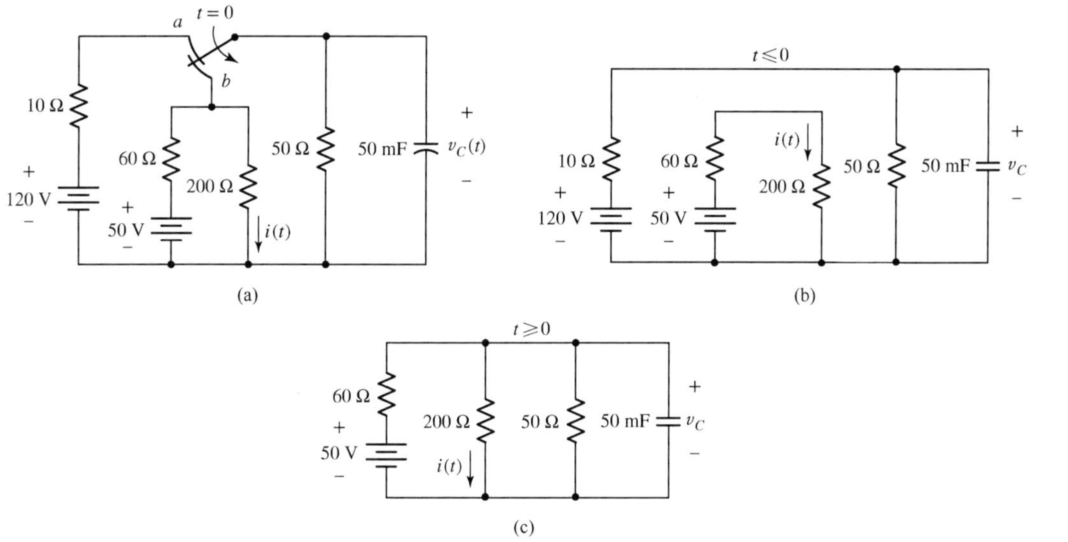


图 8.35　(a) 一个 *RC* 电路，其中 $v_C$ 和 $i$ 的完全响应等于各自的自由响应和受迫响应之和；(b) $t\leqslant 0$ 时的电路；(c) $t\geqslant 0$ 时的电路

接下来求解 $i(t)$。该响应在开关变换的瞬间不一定保持不变。显然，当处在位置 $a$ 时，$i(0^-)=50/260=192.3\ \text{mA}$；我们还需要知道处在位置 $b$ 时的 $i(0^+)$，这可以通过储能元件(电容)来求得。在开关切换期间 $v_C$ 必须保持 100 V 不变，该条件决定了 $t=0^+$ 时刻其他的电流和电压。因为 $v_C(0^+)=100\ \text{V}$，且电容与 200 Ω 电阻并联，因此可得 $i(0^+)=0.5\ \text{A}$。当开关切换到位置 $b$ 时，该电流的受迫响应为

$$i(\infty)=\frac{50}{60+(50)(200)/(50+200)}\left(\frac{50}{50+200}\right)=0.1\ \text{A}$$

合并受迫响应和自由响应，可得

$$i=i(\infty)+\left[i(0^+)-i(\infty)\right]\mathrm{e}^{-t/\tau}\ \text{A}$$
$$i=0.1+[0.5-0.1]\,\mathrm{e}^{-t/1.2}\ \text{A}$$

因此，

$$i(t)=0.1923\ \text{A},\qquad t<0$$
$$i(t)=0.1+0.4\,\mathrm{e}^{-t/1.2}\ \text{A},\qquad t>0$$

或

$$i(t)=0.1923+\left(-0.0923+0.4\,\mathrm{e}^{-t/1.2}\right)u(t)\ \text{A}$$

其中最后一个表达式对所有的时间 $t$ 都成立。

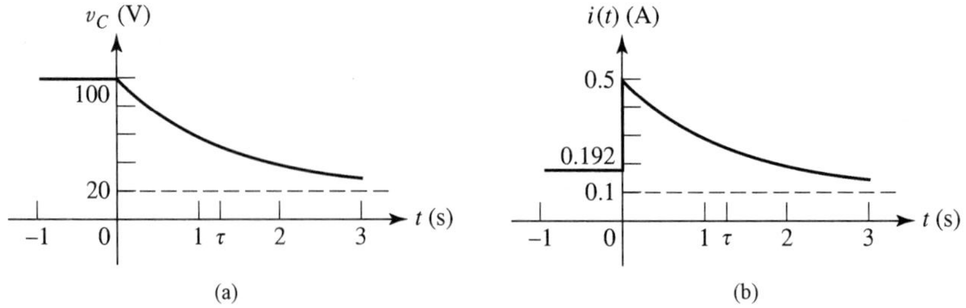


图 8.36　图 8.35 电路中的响应波形。(a) $v_C$响应；(b) $i$ 响应

可以利用 $u(-t)$ 简洁地写出完全响应，因为当 $t<0$ 时 $u(-t)$ 为 1，当 $t>0$ 时 $u(-t)$ 为 0，所以

$$i(t)=0.1923u(-t)+(0.1+0.4\mathrm{e}^{-t/1.2})u(t)\ \mathrm{A}$$

该响应曲线如图 8.36(b) 所示。注意，只需 4 个参数就可以写出单储能元件电路响应的函数形式或画出图形：开关动作之前的常数(0.1923 A)，开关动作后瞬间时刻的值(0.5 A)，恒定的受迫响应(0.1 A)，以及时间常数(1.2 s)。然后可以很容易地写出或者画出负指数函数。

### 练习

8.10　对于图 8.37 所示的电路，求 $t$ 为下列时刻 $v_C(t)$ 的值：(a) $0^-$；(b) $0^+$；(c) $\infty$；(d) 0.08 s。

答案：(a) 20 V；(b) 20 V；(c) 28 V；(d) 24.4 V。

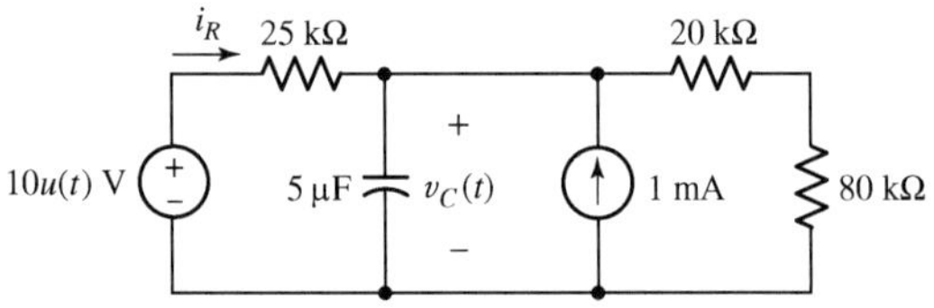


图 8.37

### 培养直觉理解

将完全响应分为自由响应和受迫响应的原因可以从物理上进行分析。前面已经讲过，电路最终必然表现为受迫响应，但是操作(打开或闭合)开关的瞬间，电容的初始电压(或者 *RL* 电路中流过电感的电流)的值取决于存储在这些元件中的能量，所以这些电流或者电压与受迫响应决定的电流或电压的大小不一样，因此两者之间必然存在一个过渡阶段。在这个过渡阶段，电压或者电流从给定的初始值过渡到由激励源确定的最终值。在完全响应表达式中，体现这个从初值到终值的过渡过程的部分称为自由响应(通常也称为瞬态响应)。如果要以这些术语来描述简单无源 *RC* 电路的响应，那么可以说受迫响应为零，自由响应可以看成由存储的能量决定的初始响应与零受迫响应之间的过渡。

以上的讨论仅对那些自由响应最终会消失的电路才有效。对于每个元件都具有一定电阻的实际电路，这通常是正确的，不过也有例外，比如许多“病态”电路，它们的自由响应在时间趋于无穷大时并不会消失。比如由一串电感组成的环形电路中的电流，或者一串电容中的各电容电压。

## 8.7　受激 *RL* 电路

任何 *RL* 电路的完全响应也可以利用与已经详细讨论的 *RC* 电路类似的过程来求得。正如 *RC* 和 *RL* 电路的非受迫响应解，主要的差别是时间常数和电感的初始条件 $i_L(0^-)=i_L(0^+)$。一般的过程可以概括如下。

**RL 电路阶跃响应过程**

1. 将所有独立源置零，简化电路得到 $R_{eq}$ 和 $L_{eq}$，求出时间常数 $\tau_{eq} = L_{eq}/R_{eq}$。
2. 求初始条件 $v(0^+)$ 或 $i(0^+)$。记住，任何电感电流都有 $i_L(0^-) = i_L(0^+)$。
3. 求最终值 $v(\infty)$ 或 $i(\infty)$。
4. 最终响应为

$$\boxed{v = v(\infty) + [v(0^+) - v(\infty)]\,\mathrm{e}^{-t/\tau}}$$

或

$$\boxed{i = i(\infty) + [i(0^+) - i(\infty)]\,\mathrm{e}^{-t/\tau}}$$

**例 8.10** 求图 8.38 所示电路中对所有时间的 $i(t)$ 的表达式。

**解**：该电路包含一个直流电压源和一个阶跃电压源。可以用戴维南等效电路来替换电感左边的电路，不过这里只需要知道它等效为一个电阻串联一个电压源即可。该电路只包含一个储能元件——电感。我们首先注意到

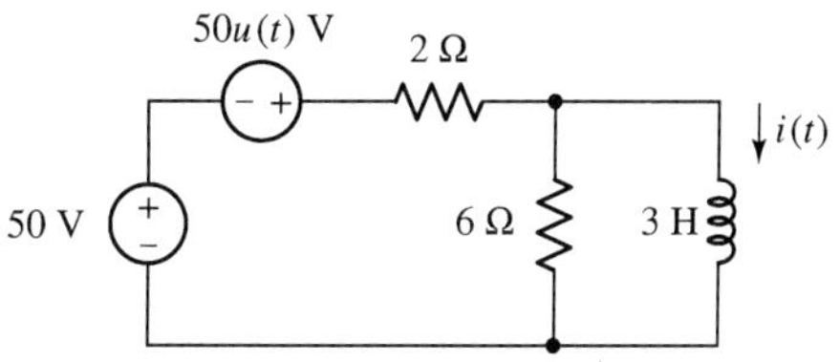


图 8.38 例 8.10 的电路

$$\tau = \frac{L}{R_{eq}} = \frac{3}{1.5} = 2\ \mathrm{s}$$

在 $t=0$ 之前，50 V 电源落在 2 Ω 电阻两端（注意到 6 Ω 电阻由于电感被短路）。此时流过电感的电流 $i(0)=25$ A，并且它不能瞬时变化。同样，很长时间后 2 Ω 电阻两端的受迫响应的总电压为 100 V，得到 $i(\infty)=50$ A。因此，

$$i = i(\infty) + [i(0^+) - i(\infty)]\,\mathrm{e}^{-t/\tau}$$

$$i = 50 + (25 - 50)\mathrm{e}^{-0.5t}\ \mathrm{A}, \qquad t > 0$$

或者，

$$i = 50 - 25\,\mathrm{e}^{-0.5t}\ \mathrm{A}, \qquad t > 0$$

它与下面的表达式一起构成了完全解：

$$i = 25\ \mathrm{A} \qquad t < 0$$

或者写成对所有 $t$ 都有效的单个表达式：

$$i = 25 + 25\left(1 - \mathrm{e}^{-0.5t}\right)u(t)\ \mathrm{A}$$

完全响应曲线如图 8.39 所示。注意自由响应是怎样将 $t<0$ 时的响应与恒定不变的受迫响应连接起来的。

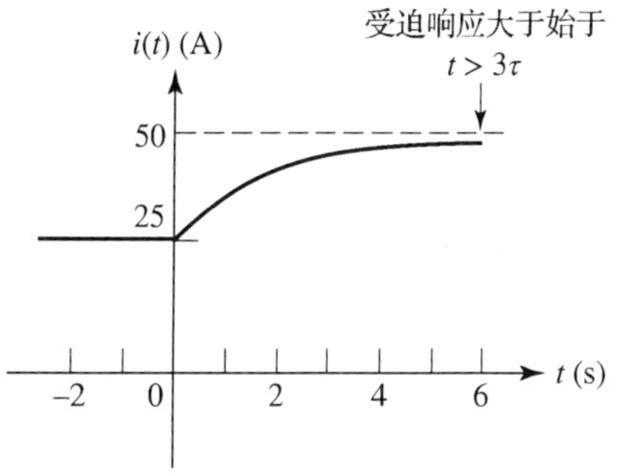


图 8.39 图 8.38 所示电路的响应 $i(t)$ 曲线，曲线值大于零

## 练习

8.11 电压源 $v_s = 20\,u(t)$ V 与 200 Ω 电阻以及 4 H 电感串联，求下列时刻电感电流的幅度：(a) $0^-$；(b) $0^+$；(c) 8 ms；(d) 15 ms。

答案：(a) 0；(b) 0；(c) 32.97 mA；(d) 52.76 mA。

**例 8.11** 对于图 8.40 所示的电路，求 $t=\infty$，$3^-$ 和 $3^+$ 时以及电源值改变后 100 μs 时的 $i(t)$。

**解**：所有瞬态都已经消失后（$t\to\infty$），电路是一个由12 V 电压源驱动的简单直流电路。电感相当于短路，因此有

$$i(\infty)=\frac{12}{1000}=12\ \text{mA}$$

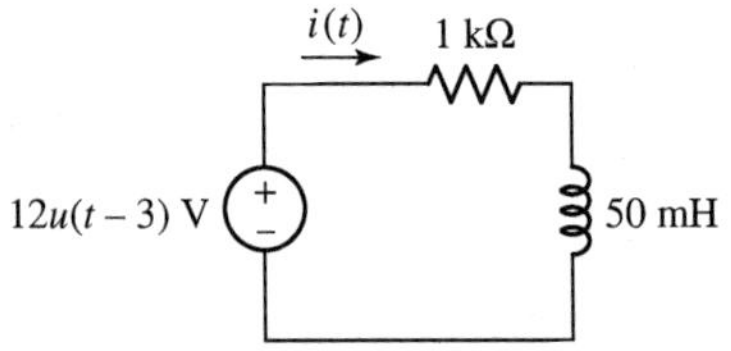


图 8.40 一个简单 *RL* 电路，由一个电压阶跃函数驱动

$i(3^-)$是什么意思呢？这只是一个记号，便于表示电压源值变化前的瞬时时刻。当 $t<3$ 时，$u(t-3)=0$。因此，$i(3^-)=0$。

在 $t=3^+$ 时刻，激励函数 $12u(t-3)=12$ V。但是，因为电感电流不能在零时间间隔内发生变化，因此 $i(3^+)=i(3^-)=0$。

分析 $t>3$ s 时的电路的最直接方法是写出解

$$i(t')=\left(\frac{V_0}{R}-\frac{V_0}{R}e^{-Rt'/L}\right)u(t')$$

其中变量 $t'$ 表示时间轴的一个变换，有

$$t'=t-3$$

那么，由于已知 $V_0/R=12$ mA，$R/L=20\ 000\ \text{s}^{-1}$，因此有

$$i(t-3)=(12-12e^{-20\ 000(t-3)})\ u(t-3)\ \text{mA} \qquad [13]$$

上式可以写成更简单的形式：

$$i(t)=(12-12e^{-20\ 000(t-3)})\ u(t-3)\ \text{mA} \qquad [14]$$

因为单位阶跃函数在 $t<3$ 时为0。将 $t=3.0001$ s 代入式[13]或式[14]，可求得在电源值发生变化后 100 μs 时，$i=10.38$ mA。

## 练习

8.12 电压源 $60-40u(t)$ V 与一个 10 Ω 电阻以及一个 50 mH 电感串联。求 $t$ 为下列值时电感电流和电压的幅度：(a) $0^-$；(b) $0^+$；(c) ∞；(d) 3 ms。

答案：(a) 6 A，0 V；(b) 6 A，40 V；(c) 2 A，0 V；(d) 4.20 A，22.0 V。

## 练习

8.13 考虑如图8.41 所示的电路，它在 $t=0$ 开关打开前已工作了很长时间。求 $t$ 为下列时刻 $i_R$ 的值：(a) $0^-$；(b) $0^+$；(c) ∞；(d) 1.5 ms。

答案：(a) 0；(b) 10 mA；(c) 4 mA；(d) 5.34 mA。

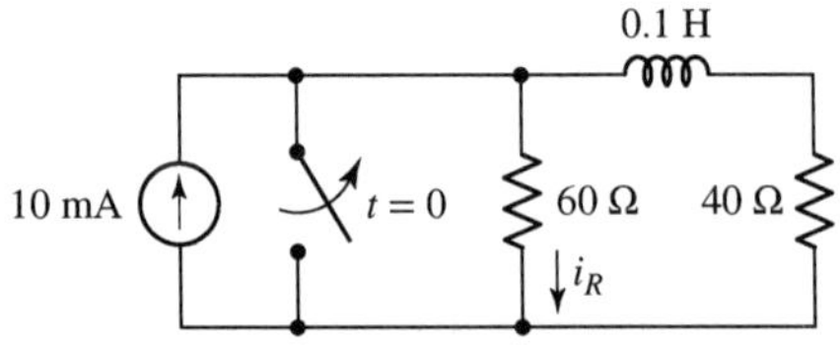


图 8.41

# 8.8 连续开关电路的响应预测

在例8.11 中，我们简单考虑了一个 *RL* 电路加上脉冲波形后的响应，其中电源先被接入电路，然后又被移出电路。在实际工作中，这种情况非常常见，因为只有很少的电路仅加电一次(如乘用车辆气囊触发电路)。在预测简单 *RL* 和 *RC* 电路受到脉冲或脉冲串(有时称为**连续开关电路**)激励的响应时，关键因素是电路时间常数与定义脉冲序列的不同时间之间的相对大小。基本分析原理是，储能元件是否有时间在脉冲结束之前完全充电，以及是否有时间在下一个脉冲开始之前完全放电。

考虑图 8.42(a)所示的电路，它接入一个脉冲电压源，该电压源采用 7 个独立参数来描述，如图 8.42(b)所示。波形处于 **V1** 和 **V2** 之间。从 **V1** 变化到 **V2** 所需的时间 $t_r$ 称为**上升时**

间(**Tr**)，从 **V2** 变到 **V1** 所需的时间 $t_f$ 称为**下降时间**(**Tf**)。脉冲持续时间 $W_p$ 称为**脉冲宽度**(**Ton**)，波形周期 $T$(**Tperiod**)是脉冲重复所需的时间。我们还注意到，SPICE 允许脉冲串开始之前有一个时间延迟(**Td**)，这对于某些结构的电路很有用，它可以允许初始瞬态响应衰减。可以用(**Ncycles**)指定周期数。为了编辑电压源的这些参数，可右键单击电源，然后单击 **Advanced** 按钮，在时域函数中选择类型 **PULSE**。设定电压源的窗口如图 8.42(c)所示。

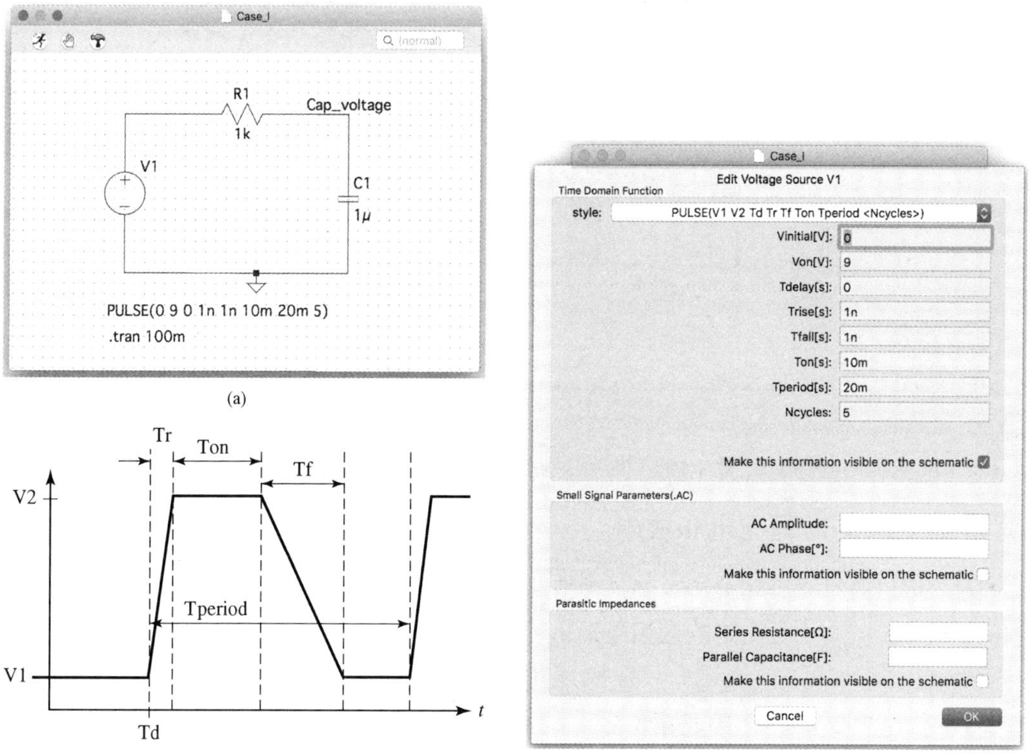


(a)　(b)　(c)

图 8.42　(a) 接有脉冲电压波形的简单 *RC* 原理电路图；(b) SPICE **PULSE** 参数定义图；(c) LTspice 中 **PULSE** 电压源的定义

为了便于讨论，设时间延迟为零，V1 = 0，V2 = 9 V。该电路时间常数 $\tau = RC = 1$ ms，从而设上升时间和下降时间为 1 ns。尽管 SPICE 不允许电压在零时间间隔内发生变化(因为它利用离散时间间隔来求解微分方程)，但是与电路时间常数相比，1 ns 可以合理地近似为瞬时。

这里考虑 4 种情况(总结在表 8.1 中)。前两种情况中，由于脉冲宽度 $W_p$ 远大于电路时间常数 $\tau$，因此脉冲开始时产生的瞬态在脉冲结束之前就已经消失。后两种情况则相反：脉冲宽度很小以至于电容在脉冲结束之前没有时间完全充电。当两个脉冲之间的时间间隔($T - W_p$)小于(情况 II)或大于(情况 III)电路时间常数时，电路响应也具有类似的结果。

**表 8.1　脉冲宽度和周期相对于 1 ms 电路时间常数的 4 种不同情况**

| 情况 | 脉冲宽度 $W_p$ | 周期 $T$ |
|---|---|---|
| I | 10 ms ( $\tau \ll W_p$ ) | 20 ms ( $\tau \ll T - W_p$ ) |
| II | 10 ms ( $\tau \ll W_p$ ) | 10.1 ms ( $\tau \gg T - W_p$ ) |
| III | 0.1 ms ( $\tau \gg W_p$ ) | 10.1 ms ( $\tau \ll T - W_p$ ) |
| IV | 0.1 ms ( $\tau \gg W_p$ ) | 0.2 ms ( $\tau \gg T - W_p$ ) |

图 8.43 中画出了每种情况的电路响应，这里可以任意选择电容电压作为感兴趣的变量，因为任何电压和电流都具有相同的时间依赖性。在情况 I 中，电容有时间完全充电和完全放电，如图 8.43(a)所示。在情况 II 中，如图 8.43(b)所示，脉冲之间的时间间隔减小，电容不再有足够的时间完全放电。相反，在情况 III 和情况 IV 中，分别如图 8.43(c)和图 8.43(d)所示，电容没有时间完全充电。

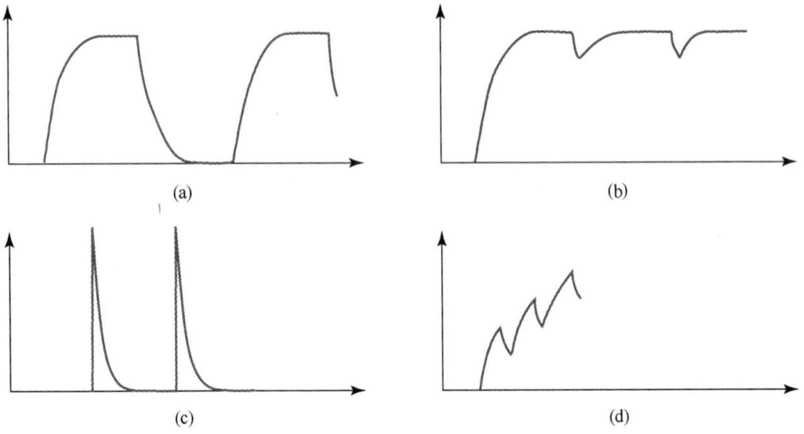


图 8.43 *RC* 电路的电容电压，脉冲宽度和周期分别对应：(a) 情况 I；(b) 情况 II；(c) 情况 III；(d) 情况 IV

## 情况 I：有足够的时间充电和放电

当然，可以通过一系列分析得到每种情况下响应的精确值。首先考虑情况 I。因为电容有足够的时间完全充电，且受迫响应相当于 9 V 直流驱动电压，因此第一个脉冲的完全响应为

$$v_C(t) = 9 + Ae^{-1000t}\ \text{V}$$

由于 $v_C(0)=0$，$A=-9$ V，因此在 0 ms < $t$ < 10 ms 的时间间隔内有

$$v_C(t) = 9(1 - e^{-1000t})\ \text{V} \qquad [15]$$

在 $t=10$ ms 时，电源突然降为 0 V，电容开始通过电阻放电。在这个时间区间内，得到的是一个无源 *RC* 电路，其响应为

$$v_C(t) = Be^{-1000(t-0.01)}, \qquad 10\ \text{ms} < t < 20\ \text{ms} \qquad [16]$$

其中，$B=8.999\ 59$ V，该值是通过将 $t=10$ ms 代入式[15]求得的，取整为 9 V。注意，计算得到的值与在脉冲结束之前初始瞬态已经结束的假设一致。

在 $t=20$ ms 时，电压源立即跳到 9 V。在此之前的电容电压通过将 $t=20$ ms 代入式[16]求得，$v_C(20\ \text{ms})=408.6\ \mu\text{V}$，与 9 V 相比，近似为零。

如果取 4 位有效位，那么在第二个脉冲开始时电容电压为零，与起始点一样，因此式[15]和式[16]组成后续脉冲响应的基础，可以写为

$$v_C(t) = \begin{cases} 9(1-e^{-1000t})\ \text{V}, & 0\ \text{ms} \leqslant t \leqslant 10\ \text{ms} \\ 9e^{-1000(t-0.01)}\ \text{V}, & 10\ \text{ms} < t \leqslant 20\ \text{ms} \\ 9(1-e^{-1000(t-0.02)})\ \text{V}, & 20\ \text{ms} < t \leqslant 30\ \text{ms} \\ 9e^{-1000(t-0.03)}\ \text{V}, & 30\ \text{ms} < t \leqslant 40\ \text{ms} \end{cases}$$

依次类推。

### 情况 II：有足够时间完全充电但没有时间完全放电

接下来，要分析电容不能完全放电的情况(情况 II)。式[15]仍然描述了 0 ms < $t$ < 10 ms 区间内的情况，式[16]描述了两个脉冲之间的电容电压，只是时间间隔缩减为 10 ms < $t$ < 10.1 ms。

在 $t$ = 10.1 ms 时，即第二个脉冲刚开始之前，电容电压 $v_C$ = 8.144 V，因为电容只有 0.1 ms的放电时间，所以当接下来的脉冲开始时，它还剩余最大能量的82%。因此，在接下来的时间段内：

$$v_C(t) = 9 + C\mathrm{e}^{-1000(t-10.1\times10^{-3})}\ \mathrm{V}, \qquad 10.1\ \mathrm{ms} < t < 20.1\ \mathrm{ms}$$

其中，$v_C$(10.1 ms) = 9 + $C$ = 8.144 V，$C$ = −0.856 V，因此

$$v_C(t) = 9 - 0.856\mathrm{e}^{-1000(t-10.1\times10^{-3})}\ \mathrm{V}, \qquad 10.1\ \mathrm{ms} < t < 20.1\ \mathrm{ms}$$

该脉冲比前面的脉冲更快地达到9 V 的峰值电压。

### 情况 III：没有时间完全充电但有时间完全放电

在电压脉冲结束之前且瞬态过程没有结束时会发生什么？实际上，这就是情况 III。下式如同情况 I 中的公式：

$$v_C(t) = 9 + A\mathrm{e}^{-1000t}\ \mathrm{V} \qquad [17]$$

上式仍然适用于这种情况，但只在 0 ms < $t$ < 0.1 ms 区间内有效。由于初始条件不变，所以 $A$ = −9 V。现在，在 $t$ = 0.1 ms 时，即第一个脉冲结束之前的瞬间，求得 $v_C$ = 0.8565 V。这与电容有足够时间完全充电时能够达到的9 V 的最大电压相距甚远，这是由于脉冲宽度只有电路时间常数的1/10 导致的直接结果。

此时电容开始放电，因此

$$v_C(t) = B\mathrm{e}^{-1000(t-1\times10^{-4})}\ \mathrm{V}, \qquad 0.1\ \mathrm{ms} < t < 10.1\ \mathrm{ms} \qquad [18]$$

已经得到 $v_C(0.1^-\ \mathrm{ms})$ = 0.8565 V，因此 $v_C(0.1^+\ \mathrm{ms})$ = 0.8565 V，将该值代入式[18]。求得 $B$ = 0.8565 V。在 $t$ = 10.1 ms 时，即第二个脉冲刚开始之前，电容电压已经基本衰减到 0 V，它同时也是第二个脉冲开始时的初始条件，因此式[17]可以重写成

$$v_C(t) = 9 - 9\mathrm{e}^{-1000(t-10.1\times10^{-3})}\ \mathrm{V}, \qquad 10.1\ \mathrm{ms} < t < 10.2\ \mathrm{ms} \qquad [19]$$

该式用于描述相应的响应。

### 情况 IV：没有时间完全充电和放电

最后，分析脉冲宽度和周期很短以至于电容没有时间完全充电和放电的情况。根据经验可得

$$v_C(t) = 9 - 9\mathrm{e}^{-1000t}\ \mathrm{V}, \qquad 0\ \mathrm{ms} < t < 0.1\ \mathrm{ms} \qquad [20]$$

$$v_C(t) = 0.8565\mathrm{e}^{-1000(t-1\times10^{-4})}\ \mathrm{V}, \qquad 0.1\ \mathrm{ms} < t < 0.2\ \mathrm{ms} \qquad [21]$$

$$v_C(t) = 9 + C_{\mathrm{e}}^{-1000(t-2\times10^{-4})}\ \mathrm{V}, \qquad 0.2\ \mathrm{ms} < t < 0.3\ \mathrm{ms} \qquad [22]$$

$$v_C(t) = D_{\mathrm{e}}^{-1000(t-3\times10^{-4})}\ \mathrm{V}, \qquad 0.3\ \mathrm{ms} < t < 0.4\ \mathrm{ms} \qquad [23]$$

在 $t$ = 0.2 ms，第二个脉冲刚开始之前，电容电压衰减至 $v_C$ = 0.7750 V，由于没有足够的

时间完全放电，因此电容保留了初始充电得到的大部分能量。在 0.2 ms $<t<$ 0.3 ms 区间内，将 $v_C(0.2^+)=v_C(0.2^-)=0.7750$ V 代入式[22]，求得 $C=-8.225$ V。接着，计算式[22]在 $t=0.3$ ms时的值，由于第二个脉冲结束前 $v_C=1.558$ V，从而求得 $D=1.558$ V，经过几个脉冲，电容慢慢充电到不断增大的电压值，此时如果输出详细的响应将有助于分析，图 8.44 给出了情况 I 到情况 IV 的 LTspice 仿真结果。特别要注意的是，在图 8.44(d)中，细节的充电/放电瞬态响应在形状上类似于图 8.44(a) ~ 图 8.44(c)所示，它叠加在$(1-e^{-t/\tau})$的充电响应上，经过 3 ~ 5 个时间常数，电容电压达到最大值。在这种情况下，单个脉冲周期不能使电容完全充电或放电。

我们没有预测 $t \gg 5\tau$时响应的特点，虽然这是我们非常感兴趣的。注意，图 8.44(d)所示的响应约从 4 ms 开始，具有一个 4.50 V 的平均值，该值是电压源脉冲允许电容完全充电时可达到的值的一半。实际上，该平均值可以通过直流电容电压乘以脉冲宽度与周期的比值得到。

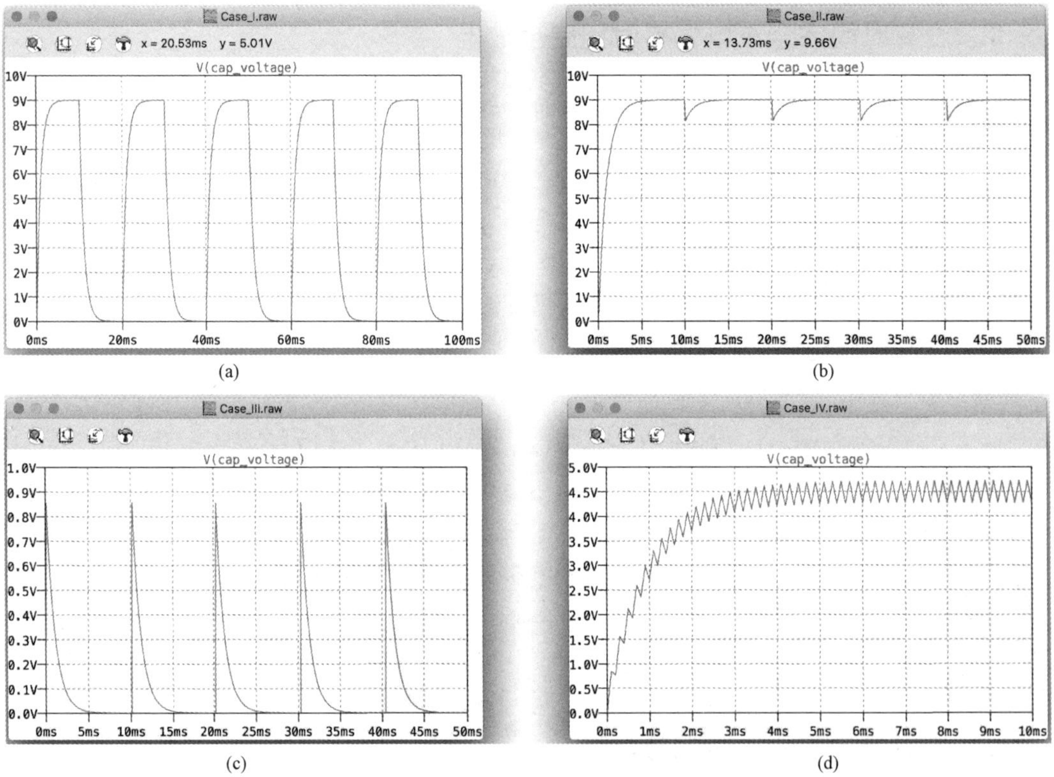


图 8.44 LTspice 仿真结果。(a) 情况 I；(b) 情况 II；(c) 情况 III；(d) 情况 IV

## 练习

8.14 电路如图 8.45(a)所示，分别画出以下条件下的 $0<t<6$ s 范围内的 $i_L(t)$：(a) $v_s(t)=3u(t)-3u(t-2)+3u(t-4)-3u(t-6)+\cdots$；(b) $v_S(t)=3u(t)-3u(t-2)+3u(t-2.1)-3u(t-4.1)+\cdots$。

答案：(a) 如图 8.45(b)所示；(b) 如图 8.45(c)所示。

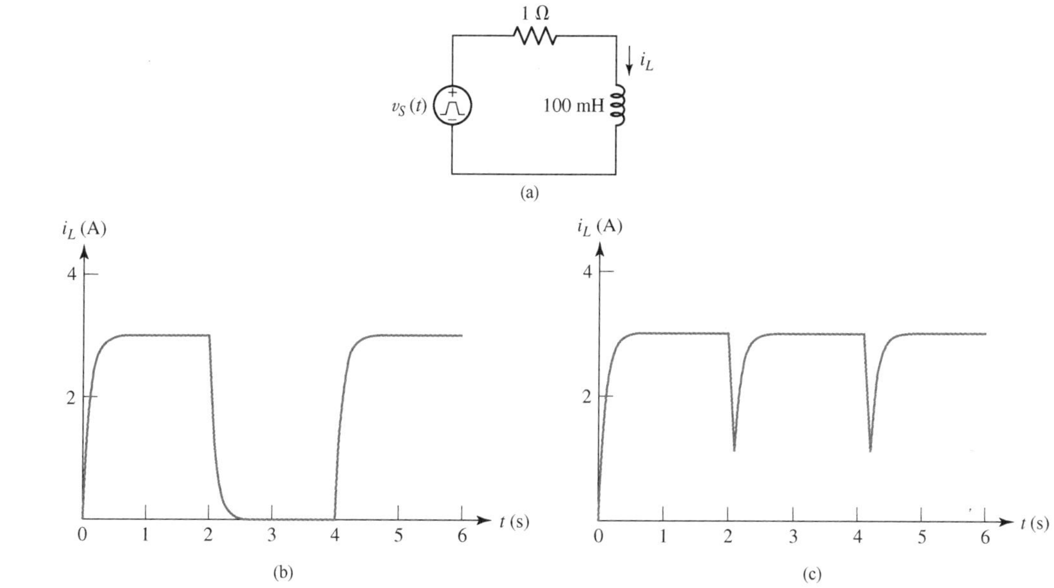


图 8.45　(a) 练习 8.14 的电路；(b) 练习 8.14(a)的答案；(c) 练习 8.14(b)的答案

## 实际应用——数字集成电路中的频率限制

现代集成电路，如可编程逻辑阵列(Programmable Logic Array，PAL)和微处理器(见图 8.46)，都是由称为门的晶体管电路连接而成的。

图 8.46　尺寸小于 1 美分硬币的硅集成电路芯片
(© Photographer's Choice/Getty Images)

数字信号用 1 和 0 的组合来表示，可以是数据或指令(如“加”或“减”)。从电气上来说，用高电压表示逻辑 1，用低电压表示逻辑 0。实际上，它们都有对应的电压范围。例如，在 7400 系列的 TTL 逻辑集成电路中，2～5 V 之间的任何电压将被解释为逻辑 1，0～0.8 V 之间的电压被解释为逻辑 0，0.8～2 V 之间的电压不与任何逻辑状态相对应，如图 8.47 所示。

数字电路中的一个关键参数是工作速度。这里，“速度”指的是将一个门从一个逻辑态切换到另一个逻辑态(从逻辑 0 到逻辑 1，或者相反)的速度，以及将一个门的输出传到另一个门的输入所需的延迟。尽管晶体管的固有电容会影响切换速度，但目前限制数字集成电路速度的主要因素还是互连路径。可以用一个简单的 *RC* 电路来模拟两个逻辑门之间的连接路径(当然随着集成电路特征尺寸的不断减小，需要用更精确的模型来精确估算电路的性能)。例如，考虑一条长 2000 μm、宽 2 μm 的连接路径。在典型的硅集成电路中，这样的路径可以用一个0.5 pF电容与一个 100 Ω 电阻来模拟，如图 8.48 所示。

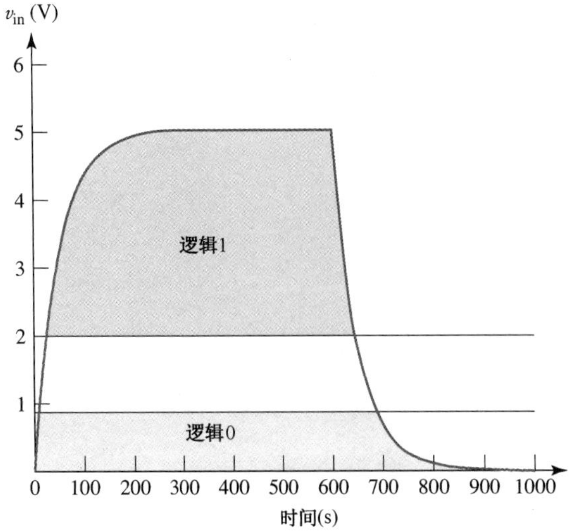


图 8.47 路径电容的充电/放电特性，分别表示TTL逻辑1和逻辑0的电压范围

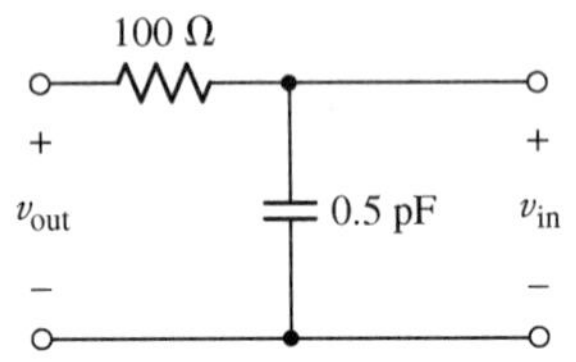


图 8.48 集成电路路径模型

假设电压 $v_{out}$表示门的输出电压，它从逻辑 0 状态变化到逻辑 1 状态。第二个门输入端的电压为 $v_{in}$，我们感兴趣的是 $v_{in}$变为 $v_{out}$值所需的时间。

假定该0.5 pF 电容最初没有电荷，即 $v_{in}(0)=0$，计算 $RC$ 时间常数为 $\tau=RC=50$ ps，定义 $v_{out}$发生变化的时刻为 $t=0$，可得

$$v_{in}(t) = Ae^{-t/\tau} + v_{out}(0)$$

设 $v_{in}(0)=0$，求得 $A=-v_{out}(0)$，因此

$$v_{in}(t) = v_{out}(0)[1 - e^{-t/\tau}]$$

检查该方程，可以看到 $v_{in}$在经过约 $5\tau$(即 250 ps)后达到 $v_{out}(0)$。如果在该瞬态过程结束之前 $v_{out}$再次发生改变，那么电容没有足够的时间完全充电。在这种情况下，$v_{in}$将小于$v_{out}(0)$。例如，假定 $v_{out}(0)$等于逻辑 1 电压的最小值，则意味着 $v_{in}$将不会随之变为逻辑 1。如果这时 $v_{out}$突然变为 0 V(逻辑 0)，则电容将开始放电，从而使得 $v_{in}$进一步减小。因此，如果逻辑状态切换得太快，将不能够使信息从一个门传到另一个门。

因此，门逻辑状态能够变化的最快速度是$(5\tau)^{-1}$。这可以用最大工作频率来表示：

$$f_{max} = \frac{1}{2(5\tau)} = 2\text{ GHz}$$

其中，因子 2 表示充电/放电周期。如果需要集成电路工作在更高频率来执行更快的计算，则需要减小互连电容和/或互连电阻。

## 时变受迫响应

类似于刚刚讨论的开关响应，怎么求 $RC$ 或 $RL$ 电路在除恒定不变的激励函数以外的激励函数作用下产生的响应？可以使用类似的过程来求解电路的受迫响应，但此时受迫响应具有时变特性。下面的例题和练习就是这种情况。

**例 8.12** 电路如图 8.49 所示，求 $t>0$ 时 $v(t)$的表达式。

**解**：根据经验，完全响应的形式为

$$v(t)=v_f+v_n$$

其中，$v_f$类似于激励函数，$v_n$的形式为 $Ae^{-t/\tau}$。

那么时间常数$\tau$等于多少呢？我们用开路来替换电源，并求得与电容并联的戴维南等效电阻为

$$R_{eq}=4.7+10=14.7\ \Omega$$

因此，时间常数 $\tau=R_{eq}C=323.4\ \mu s$，或 $1/\tau=3.092\times10^3\ s^{-1}$。

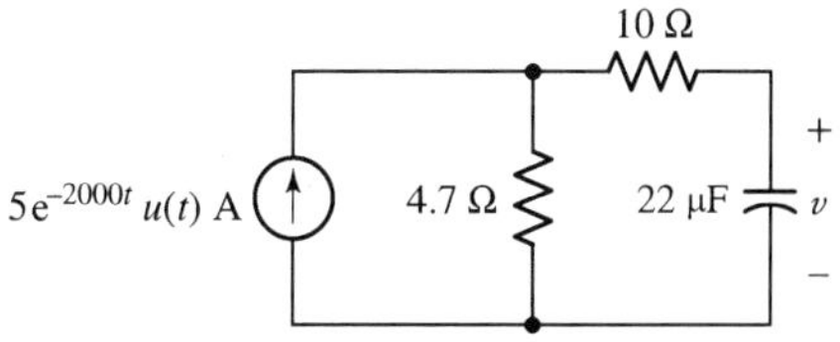


图 8.49 由指数衰减激励函数驱动的简单 RC 电路

可以用几种不同的方法来求解，但最直接的方法是进行电源变换，得到一个电压源 $23.5e^{-2000t}u(t)$ V 与 14.7 Ω 和 22 μF 电容的串联(注意，这里并没有改变时间常数)。

写出 $t>0$ 时的简单基尔霍夫电压方程：

$$23.5e^{-2000t}=(14.7)(22\times10^{-6})\frac{dv}{dt}+v$$

重新排列得到

$$\frac{dv}{dt}+3.092\times10^3v=72.67\times10^3\ e^{-2000t} \qquad [24]$$

其中自由响应是时间常数为$\tau$的指数，即

$$v_n(t)=A\,e^{-t/\tau}=Ae^{-3092t}$$

受迫响应也将是指数时间响应 $v_f(t)=Ke^{-2000t}$。将受迫响应代入式[24]，并求 $K$，

$$v_f(t)=66.55e^{-2000t}$$

将自由响应和受迫响应相加，则有

$$v(t)=66.55e^{-2000t}+Ae^{-3092t}\ \text{V} \qquad [25]$$

唯一的电源由 $t<0$ 时为零值的阶跃函数控制，从而可知 $v(0^-)=0$。因为 $v$ 为电容电压，$v(0^+)=v(0^-)$，因此求得初始条件 $v(0)=0$。将该值代入式[25]，求得 $A=-66.55$ V，因此

$$v(t)=66.55(e^{-2000t}-e^{-3092t})\ \text{V},\qquad t>0$$

## 练习

8.15 电路如图 8.50 所示，求 $t>0$ 时的电容电压 $v$。

答案：$23.5\cos 3t+22.8\times10^{-3}\sin 3t-23.5e^{-3092t}$ V。

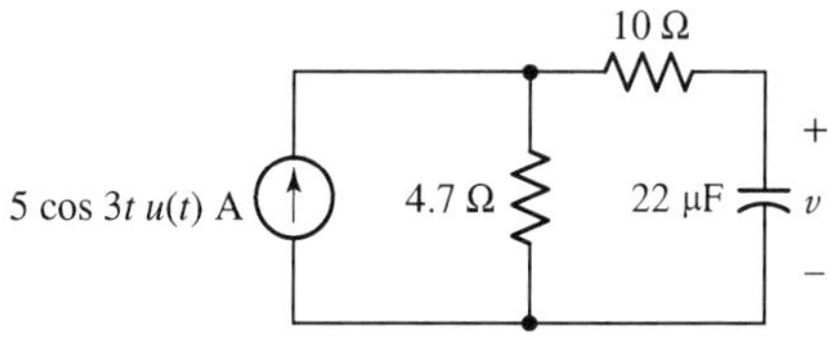


图 8.50 正弦函数激励下的 RC 电路

## 总结和复习

本章介绍了包含单个储能元件(电感或电容)的电路，它可以通过一个特定时间参数，即电路时间常数($\tau=L/R$ 或 $\tau=RC$)来描述。如果改变存储在这些元件中的能量(充电或者放电)，那么电路的任何电压和电流都会包含指数项 $e^{-t/\tau}$。从改变存储能量的时刻开始大约 5 个时间常数后，瞬态响应基本消失，此时电路中基本上只剩下 $t>0$ 时刻开始驱动电路的独立源产生的受迫响应。当确定纯直流信号的受迫响应时，可以将电感看成短路，而将电容看成开路。

我们的分析首先从无源电路的时间常数开始，这类电路具有零受迫响应，并且其瞬态响应完全由 $t=0$ 时刻存储的能量来决定。原因归结为电容电压不能在瞬时时间内发生变化(否则产生无穷大的电流)，用 $v_C(0^+)=v_C(0^-)$ 来表示。同样，流过电感的电流不能在瞬间发生改变，用 $i_L(0^+)=i_L(0^-)$ 表示。电路的完全响应总是可以表示成瞬态响应和受迫响应之和。对

于完全响应，利用初始条件可以求得出现在瞬态响应中的未知常数。

接着从分析和 SPICE 的角度讨论了开关模型。在数学上，用单位阶跃函数$u(t-t_0)$来表示，该函数在 $t<t_0$时值为 0，在 $t>t_0$时值为 1，当 $t=t_0$时值不确定。从 $t$ 为指定时刻开始，单位阶跃函数可以激活一个电路(连接电源从而可以产生电流)。利用阶跃函数的组合可以创建脉冲和更复杂的波形。在连续开关电路中，电源被不断接入和断开。可以发现，这类电路的行为与周期、脉冲宽度和电路时间常数密切相关。

下面是本章的一些主要内容，以及相关例题的编号。

- 对于含有电容和电感的电路，当电源瞬时接入或者移出时，电路的响应总是由两部分组成：自由响应和受迫响应。
- 自由响应(也称为瞬态响应)的形式只取决于元件值和元件的连接方式。(例 8.1，例 8.2 和例 8.4)
- 可以简化为一个等效电容 $C$ 和一个等效电阻 $R$ 的电路的自由响应为 $v(t)=V_0e^{-t/\tau}$，其中 $\tau=RC$ 为电路的时间常数。(例 8.1 至例 8.3)
- 可以简化为一个等效电感 $L$ 和一个等效电阻 $R$ 的电路的自由响应为 $i(t)=I_0e^{-t/\tau}$，其中 $\tau=L/R$ 为电路的时间常数。(例 8.4 和例 8.5)
- 含有受控源的电路可以利用戴维南过程用一个电阻来表示。(例 8.6 至例 8.8)
- 单位阶跃函数是模拟开关闭合或打开的一种有用的方法，但是要注意初始条件。(例 8.10)
- 受迫响应的形式是激励函数形式的镜像，因此直流激励函数总是产生恒定的受迫响应。(例 8.9 和例 8.10)
- 由直流电源激励的 $RL$ 或 $RC$ 电路的完全响应的形式为$f(t)=f(\infty)+[f(0^+)-f(\infty)]e^{-t/\tau}$，或总响应 = 终值 + (初值 - 终值)$e^{-t/\tau}$。(例 8.9 至例 8.11)
- $RL$ 或 $RC$ 电路的完全响应也可以通过写出感兴趣物理量的单个微分方程并求解得到。(例 8.12)
- 当处理连续开关电路或输入了脉冲波形的电路时，相关问题是相对于电路的时间常数，储能元件是否有足够的时间完全充电和放电。

## 深入阅读

微分方程求解方法可在下面的书籍中找到：

W. E. Boyce and R. C. DiPrima, *Elementary Differential Equations and Boundary Value Problems*, 7th ed. New York: Wiley, 2002。

电路瞬态响应的详细描述可在下面的书籍中找到：

E. Weber, *Linear Transient Analysis Volume I.* New York: Wiley, 1954。(已不再印刷，但在许多大学图书馆可找到。)

## 习题

### 8.1 无源 *RC* 电路

1. 某无源 $RC$ 电路有 $R=4\ k\Omega$，$C=22\ \mu F$，$v(0)=5\ V$，(a) 写出 $t>0$ 时 $v(t)$的表达式。(b) 计算 $t=0$,50 ms 和 500 ms 时的 $v(t)$值。(c) 计算 $t=0$，50 ms 和 500 ms 时电容存储的能量。

2. 某无源 RC 电路有 $v(0)=12$ V，$R=100\ \Omega$。(a) 选择 $C$，使得 $v(250\ \mu s)=5.215$ V。(b) 分别计算 $t=0$，250 μs，500 μs 和 1 ms 时电容存储的能量。

3. 图 8.51 所示电路中的电阻用来表示 3.1 nF 电容的两块电板之间的绝缘层，其值大小为 55 MΩ。在 $t=0$ 时刻之前电容存储了 200 mJ 能量。(a) 写出 $t\geqslant 0$ 范围内 $v(t)$ 的表达式。(b) 计算 $t=170$ ms 时保留在电容中的能量。(c) 画出 $0<t<850$ ms 范围内 $v(t)$ 的曲线，并给出 $t=2\tau$ 时 $v(t)$ 的值。

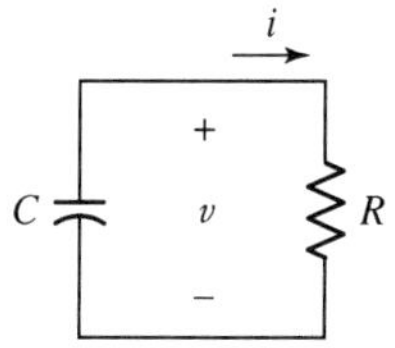

图 8.51

4. 图 8.51 所示电路中的电阻值为 1 Ω，它连接到一个 22 mF 的电容两端。电容绝缘层具有无穷大电阻，并且在 $t=0$ 时刻之前电容存储了 891 mJ 能量。(a) 写出 $t\geqslant 0$ 范围内 $v(t)$ 的表达式。(b) 分别计算 $t=11$ ms 和33 ms时保留在电容中的能量。(c) 如果已知电容绝缘层有漏电，并有 100 kΩ 的阻值，再次计算(a)和(b)。

5. 计算图 8.51 所示电路的时间常数，假设 $C=10$ mF，且电阻 $R$ 分别为：(a) 1 Ω；(b) 10 Ω；(c) 100 Ω。(d) 用合适的参数扫描仿真验证结果。(提示：光标工具可以派上用场，并且时间常数与电容两端的初始电压无关。)

6. 假定图 8.52 所示电路中的开关已经闭合了很长时间，任何瞬态都已经消失。(a) 求电路时间常数。(b) 分别计算 $t=\tau$，$2\tau$，$5\tau$ 时的电压 $v(t)$。

7. 假定图 8.53 所示电路中的开关在 $t=0$ 时刻打开之前已经闭合了很长时间。(a) 求电路时间常数。(b) 写出 $t>0$ 时的 $i_1(t)$ 表达式。(c) 求 $t=500$ ms 时 12 Ω 电阻消耗的功率。

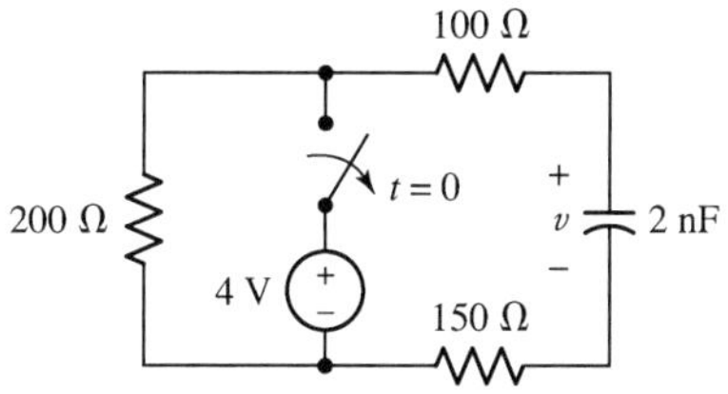

图 8.52

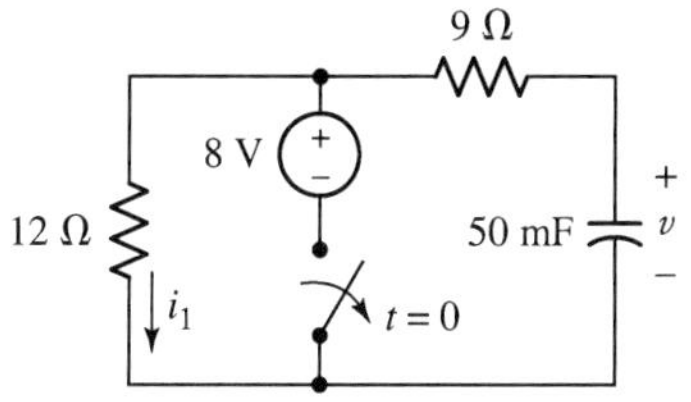

图 8.53

8. 图 8.54 所示电路中 12 V 电源上面的开关已经闭合了很长时间，最后在 $t=0$ 时刻打开。(a) 计算电路常数。(b) 写出 $t>0$ 时 $v(t)$ 的表达式；(c) 求开关打开后 170 ms 时电容存储的能量。

9. 电路如图 8.55 所示。(a) 分别计算 $t=0$，984 s 和 1236 s 时的 $v(t)$。(b) 求 $t=100$ s 时保留在电容中的能量。

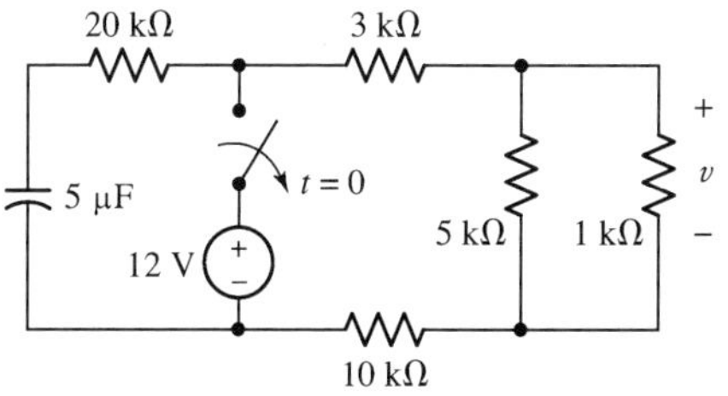

图 8.54

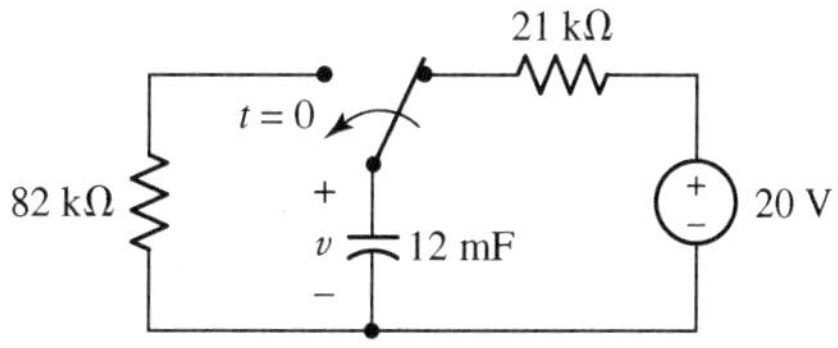

图 8.55

10. 图 8.56 中的开关在 $t=0$ 时刻打开之前已经闭合了很长时间。(a) 求 $t>0$ 时图中 $v(t)$ 和 $i(t)$ 的表达式。(b) 计算 $t=1$ ms 时的 $v$ 和 $i$。

11. 电路如图 8.56 所示，(a) 求开关打开之前电容存储的能量。(b) 求 $t>0$ 时电容存储的能量的表达式以及电容提供的功率表达式。(c) 画出合适时间范围内 $w(t)$ 和 $p(t)$ 的曲线。

DP 12. 设计一个基于电容的电路，它能够同时满足下面的指标：(a) $t=0$ 时的初始电压为 9 V；(b) $t=2$ ms 时电压衰减到 1.2 V；(c) $t>0$ 时最大电流幅度(绝对值)为 1 mA；(d) $t>100$ ns 时最大电流幅度为 0.4 mA。画出电路原理图，并标出所有元件值。

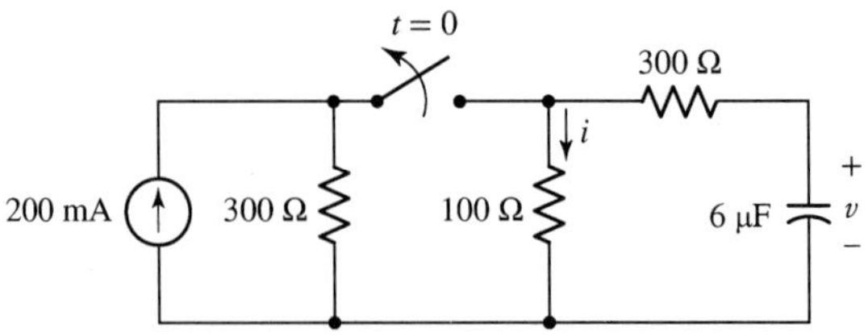


图 8.56

## 8.2 指数响应特性

13. (a) 画出在 $0 \leqslant t \leqslant 2.5$ s 范围内 $f(t) = 10e^{-2t}$ 的曲线，$x$ 和 $y$ 坐标都采用线性刻度。(b) $y$ 坐标采用对数坐标，重新画出曲线。[提示：在这里半对数函数 semilogy() 非常有用]。(c) 在该指数函数中，2 的单位是什么？(d) 什么时候该函数的值分别为 9，8，1？

14. 流过 1 kΩ 电阻的电流 $i(t)$ 为：$i(t) = 5e^{-10t}$ mA，$t \geqslant 0$。(a) 求电阻上的电压幅度分别为 5 V，2.5 V，0.5 V 以及 5 mV 时的时间 $t$ 值。(b) 利用线性坐标画出 $0 \leqslant t \leqslant 1$ s 范围内该函数的曲线。(c) 画出该曲线在 $t = 0$ 时的切线，并求该切线与时间轴的相交点。

15. 放射性碳年代测定与我们的电路一样具有类似的指数时间关系。一个生物与其周围具有相同比例的放射性$^{14}C$，但该生物死亡后，它不再获取$^{14}C$，而是该放射性同位素被衰减成$^{12}C$。衰减函数为

$$N = N_0 e^{-\lambda t}$$

其中，$N_0$是死亡时$^{14}C$ 的浓度，$N$ 是死亡后某给定时刻$^{14}C$ 的浓度，$\lambda$ 是常数。已知$^{14}C$ 的半衰期为 5700 年 ($N/N_0 = 1/2$)，(a) 求常数$\lambda$的单位。(b) 求某外星人化石的大致年龄，该化石中的$^{14}C$ 浓度为 16 g，预计其初始浓度为 42 g。

16. 电路如图 8.4 所示，计算时间常数，分别假设 4 Ω 电阻被替换为：(a) 短路；(b) 一个 1 Ω 电阻；(c) 两个5 Ω电阻串联；(d) 一个 100 Ω 电阻。(e) 用 SPICE 中合适的参数扫描仿真验证结果。

DP 17. 设计一个电路，它能够在某初始时刻产生 1 mA 电流，并且在此后 5 s 提供 368 μA 电流。可以指定一个初始电容电压而无须知道它怎样产生。

## 8.3 无源 *RL* 电路

18. 电路如图 8.11 所示。假设 $R = 1$ kΩ，$L = 1$ nH，$i(0) = -3$ mA。(a) 写出 $t \geqslant 0$ 时 $i(t)$ 的表达式。(b) 分别计算$\tau = 0$，$t = 1$ ps，2 ps 和 5 ps 时的 $i(t)$ 值。(c) 分别计算 $t = 0$，1 ps 和 5 ps 时电感存储的能量。

19. 电路如图 8.11 所示，假设 $i(0) = 1$ A，$R = 100$ Ω。(a) 选择 $L$，使得 $i(50\text{ ms}) = 368$ mA。(b) 分别计算 $t = 0$，50 ms，100 ms 和 150 ms 时电感存储的能量。

20. 电路如图 8.11 所示，选择两个元件值使得 $L/R = 1$，$i(0) = -5$ A，$v_R(0) = 10$ V，(a) 分别计算 $t = 0$，1 s，2 s，3 s，4 s 和 5 s 时的 $v_R(t)$。(b) 分别计算$t = 0$，1 s 和 5 s 时电阻消耗的功率。(c) 当 $t = 5$ s 时，电感存储的能量是初始能量的百分之多少？

21. 图 8.11 所示电路中的元件值未知，如果初始流过电感的电流 $i(0)$ 为 6 μA，并求得 $i(1\text{ ms}) = 2.207$ μA，计算 $R$ 与 $L$ 的比值。

22. 假设图 8.57 所示电路中的开关已经闭合了很长时间，分别计算下列条件下的 $i_L(t)$：(a) 开关打开之前的瞬间；(b) 开关打开后的瞬间；(c) $t = 15.8$ μs；(d) $t = 31.5$ μs；(e) $t = 78.8$ μs。

23. 图 8.57 所示电路中的开关已经闭合了很长时间，分别计算下列条件下的电压 $v$ 以及存储在电感中的能量：(a) 开关打开之前的瞬间；(b) 开关打开之后的瞬间；(c) $t = 8$ μs；(d) $t = 80$ μs。

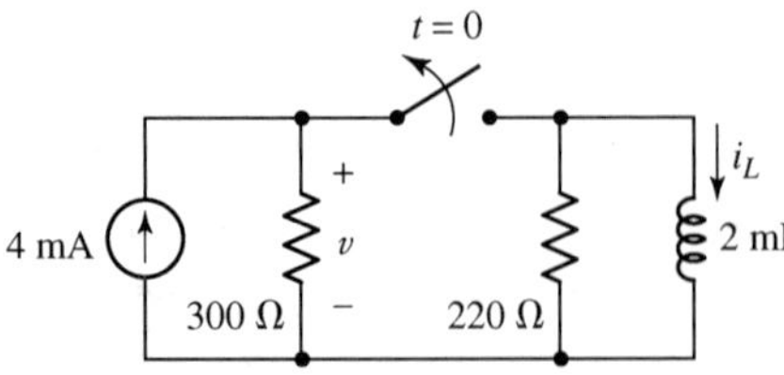


图 8.57

24. 图 8.58 所示电路中的开关在 $t=0$ 时刻打开之前已经闭合了很长时间，(a) 推导 $t \geqslant 0$ 时 $i_L$ 和 $v$ 的表达式。(b) 计算开关打开之前的瞬间，开关打开之后的瞬间，以及 $t=470\ \mu s$ 时的 $i_L(t)$ 和 $v(t)$。

25. 假设图 8.59 所示电路中的开关处于打开状态已经很长时间。(a) 求 $t \geqslant 0$ 时 $i_W$ 的表达式。(b) 计算 $t=0$ 和 1.3 ns时的 $i_W$。

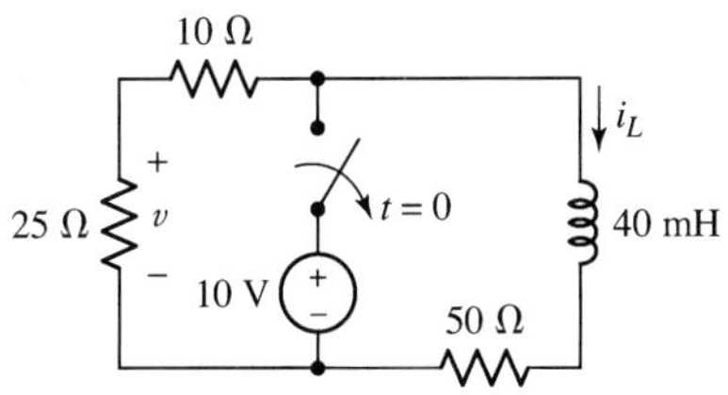


图 8.58

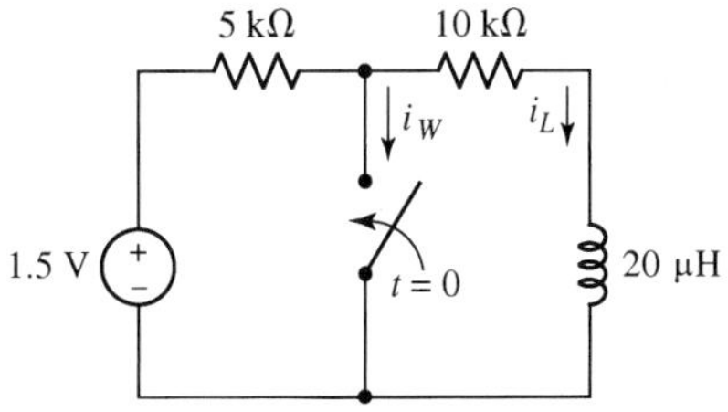


图 8.59

## 8.4　更一般的观察方法

26. (a) 写出图 8.60 所示电路中 $t>0$ 时电阻 $R_3$ 两端的电压 $v(t)$ 的表达式。(b) 如果 $R_1=2R_2=3R_3=4R_4=1.2\ k\Omega$，$L=1\ mH$，并且 $i_L(0^-)=3\ mA$，计算 $v(t=500\ ns)$。

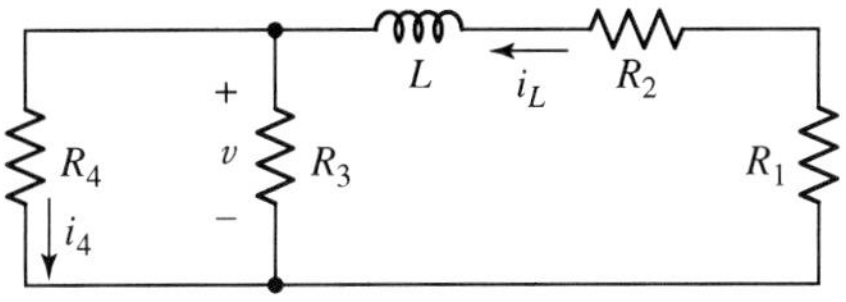


图 8.60

27. 电路如图 8.61 所示，计算 $i_x$，$i_L$ 和 $v_L$ 分别在 $t$ 等于下列时刻的值：(a) $0^-$；(b) $0^+$。

28. 图 8.62 中的开关在 $t=0$ 时刻打开之前已经闭合了 6 年，求 $t$ 为下列时刻的 $i_L$，$v_L$ 和 $v_R$：(a) $0^-$；(b) $0^+$；(c) 1 μs；(d) 10 μs。

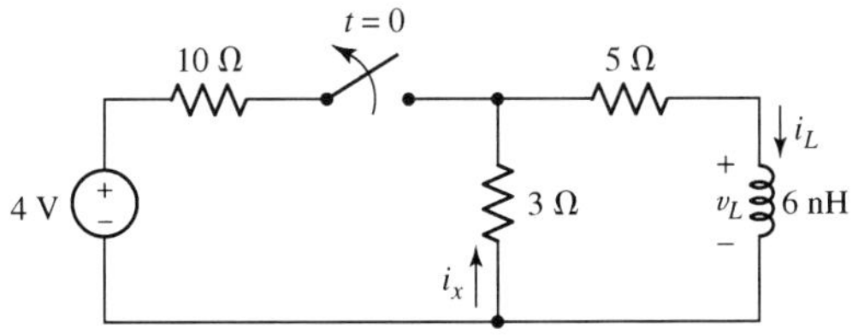


图 8.61

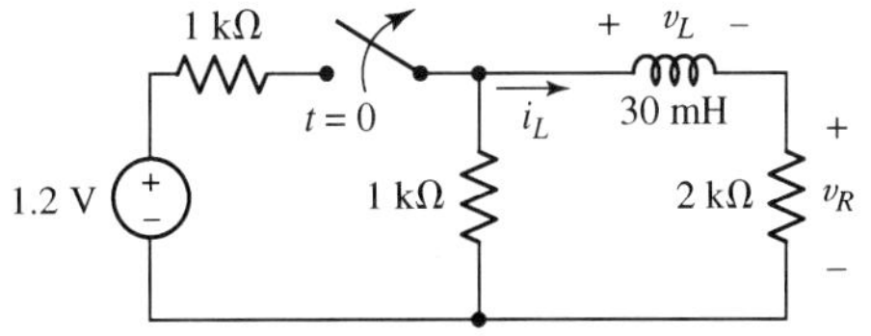


图 8.62

29. 电路如图 8.63 所示，分别写出 $t>0$ 时 $i_1(t)$ 和 $i_L(t)$ 的表达式。

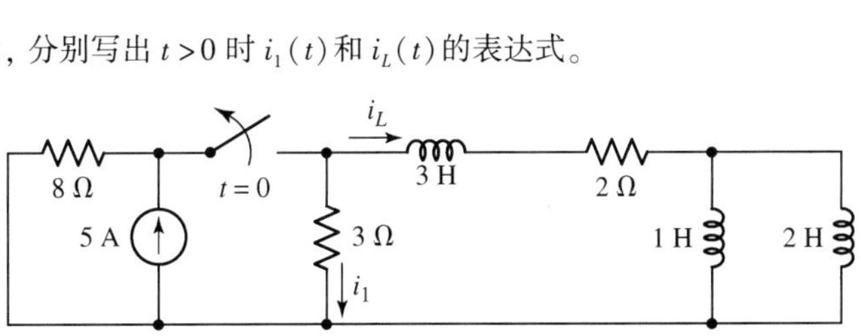


图 8.63

30. 一个简单无源 $RL$ 电路中的电阻两端的电压为 $5e^{-90t}$ V，$t>0$，电感值未知。(a) 在何时电感电压将是它最大值的一半？(b) 在什么时候电感电流达到其最大值的 10%？

31. 电路如图 8.64 所示，计算 $t$ 为下列时刻电流 $i_1$ 和 $i_2$ 的值：(a) 1 ms；(b) 3 ms。

32. (a) 写出图 8.65 所示电路中 $v_x$ 的表达式。(b) 计算 $t=5$ ms 时的 $v_x$ 值。(c) 用合适的 SPICE 仿真验证结果。(提示:利用**.ic SPICE** 指令定义 $t>0$ 时的电路,并定义初始值。)

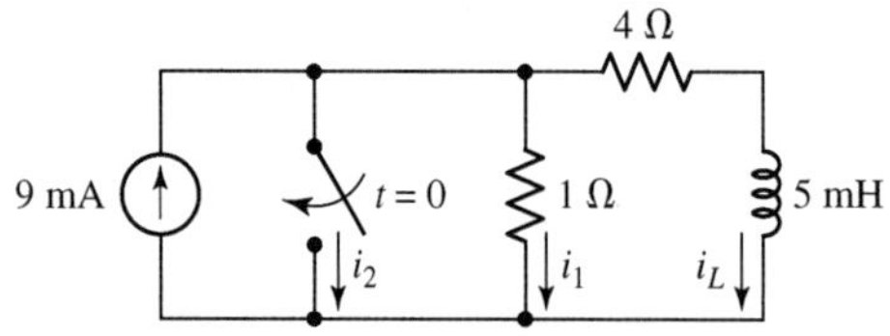


图 8.64

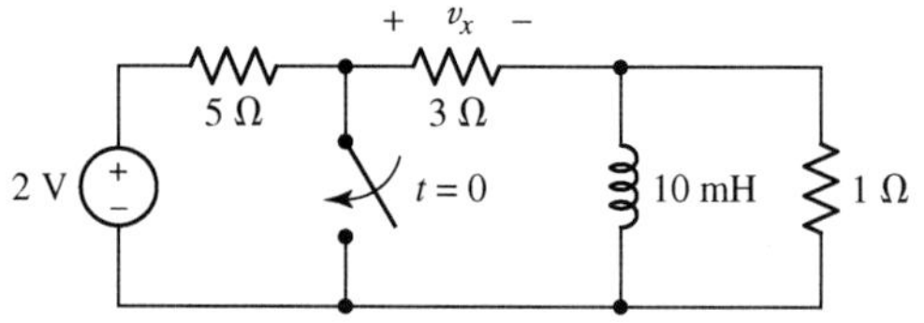


图 8.65

33. 设计一个完整电路,它能够在 $a$ 和 $b$ 两端提供一个电压 $v_{ab}$,要求当 $t=0^-$ 时 $v_{ab}=5$ V;当 $t=1$ s 时 $v_{ab}=2$ V;当 $t=5$ 时 $v_{ab}<60$ mV。利用合适的 SPICE 仿真验证电路的运行情况。(提示:利用**.ic SPICE** 指令定义 $t>0$ 时的电路,并定义初始值。)

34. 电路如图 8.66 所示,选择电阻 $R_0$ 和 $R_1$ 值,使得 $v_C(0.65)=5.22$ V,$v_C(2.21)=1$ V。

35. 测量得到图 8.67 所示电路中的电容电压 $v_C$ 在 $t=0^-$ 时为 2.5 V。(a) 求 $v_C(0^+)$,$i_1(0^+)$ 和 $v(0^+)$。(b) 选择 $C$ 值,使得电路时间常数为 14 s。

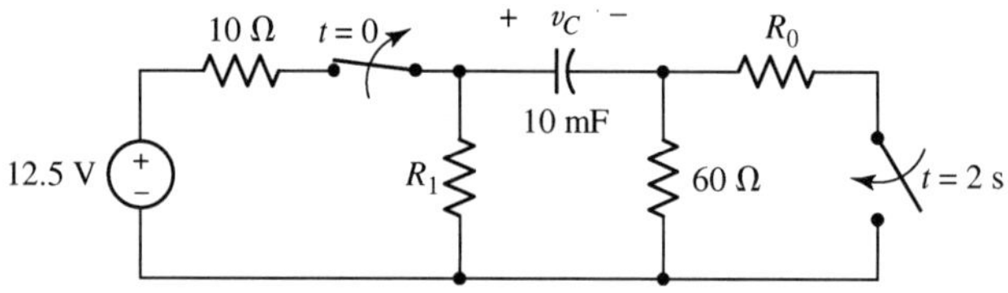


图 8.66

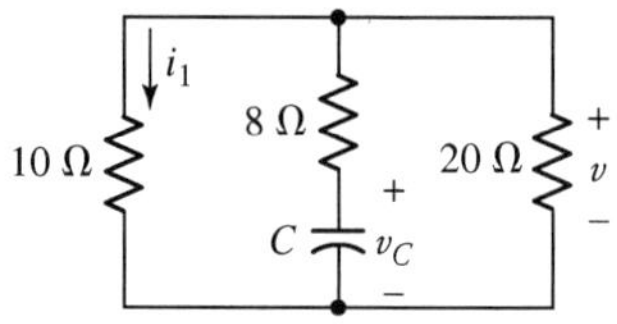


图 8.67

36. 求图 8.68 所示电路中的 $v_C(t)$ 和 $v_o(t)$,$t$ 分别为:(a) $0^-$;(b) $0^+$;(c) 10 ms;(d) 12 ms。

37. 电路如图 8.69 所示,求:(a) $v_C(0^-)$;(b) $v_C(0^+)$;(c) 电路时间常数;(d) $v_C(3\text{ ms})$。

38. 图 8.70 所示电路中的开关在处于 $A$ 端很长时间后在 $t=0$ 时移到 $B$ 端,这使得两个电容串接在一起,从而在两个电容两端产生大小相等、方向相反的直流电压。(a) 求 $v_1(0^-)$,$v_2(0^-)$ 和 $v_R(0^-)$。(b) 求 $v_1(0^+)$,$v_2(0^+)$ 和 $v_R(0^+)$。(c) 求 $v_R(t)$ 的时间常数。(d) 求 $t>0$ 时的 $v_R(t)$。(e) 求 $i(t)$。(f) 由 $i(t)$ 和初始条件求出 $v_1(t)$ 和 $v_2(t)$。(g) 证明 $t=\infty$ 时电容存储的能量加上 20 kΩ 电阻上消耗的能量等于 $t=0$ 时电容存储的能量。

39. 图 8.71 所示电路中的电感在 $t=0^-$ 时存储了 54 nJ 能量。计算下列 $t$ 时刻保留在电感中的能量:(a) $0^+$;(b) 1 ms;(c) 5 ms。

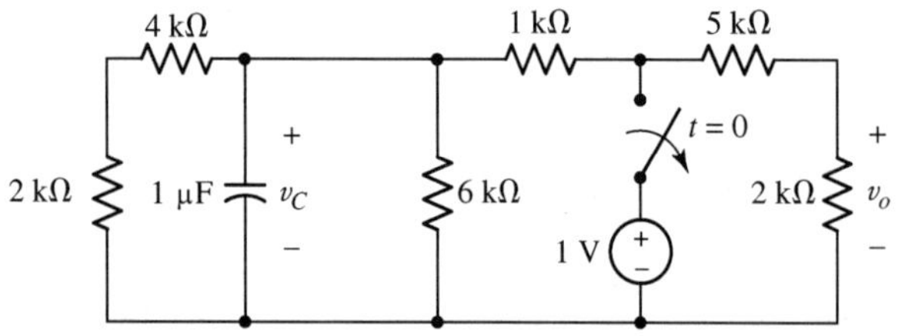


图 8.68

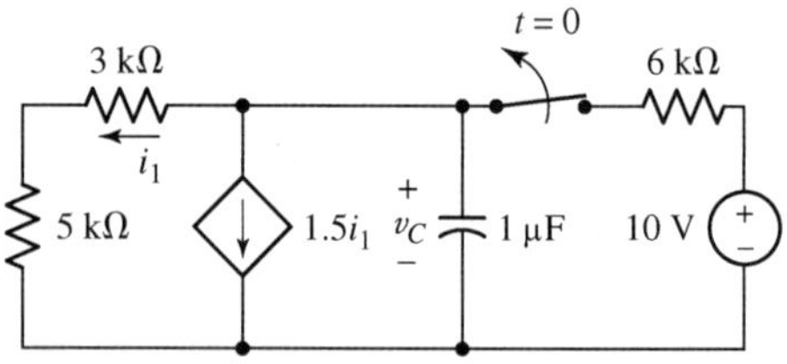


图 8.69

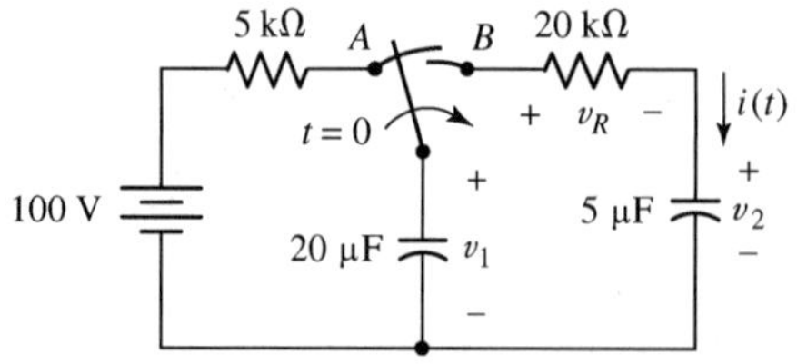


图 8.70

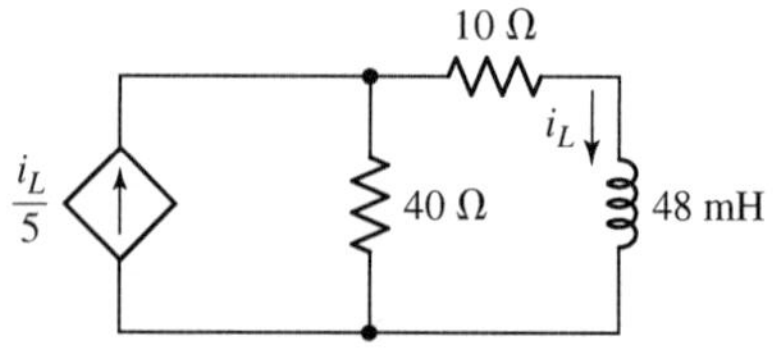


图 8.71

## 8.5　单位阶跃函数

40. 计算下列函数在 $t=-2, 0^+$ 和 $+2$ 时的值：(a) $f(t)=3u(t)$；(b) $g(t)=5u(-t)+3$；(c) $h(t)=5u(t-3)$；(d) $z(t)=7u(1-t)+4u(t+3)$。
41. 假设 $u(0)=1$，计算下列函数在 $t=-1$, 0 和 +3 时的值：(a) $f(t)=tu(1-t)$；(b) $g(t)=8+2u(2-t)$；(c) $h(t)=u(t+1)-u(t-1)+u(t+2)-u(t-4)$；(d) $z(t)=1+u(3-t)+u(t-2)$。
42. 画出下列函数在 $-3\leqslant t\leqslant 3$ 范围内的曲线：(a) $v(t)=3-u(2-t)-2u(t)$ V；(b) $i(t)=u(t)-u(t-0.5)+u(t-1)-u(t-1.5)+u(t-2)-u(t-2.5)$ A；(c) $q(t)=8u(-t)$ C。
43. 利用阶跃函数构建能够描述图 8.72 所示波形的方程。
44. 利用合适的阶跃函数来描述图 8.73 所示的电压波形。
45. 利用 MATLAB 的 heaviside($x$) 函数来表示单位阶跃函数。利用 MATLAB 画出图 8.30 所示的函数。

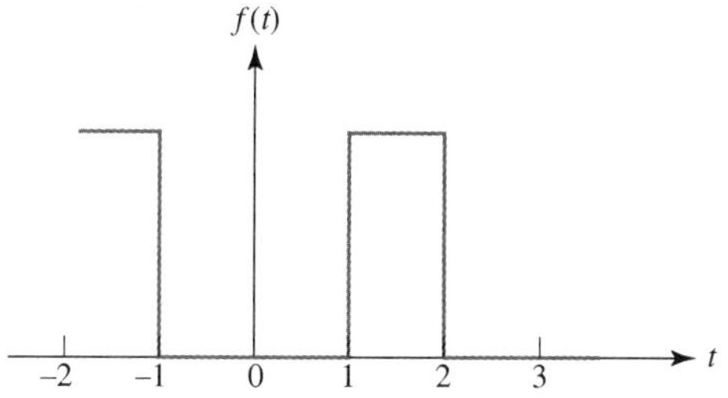


图 8.72

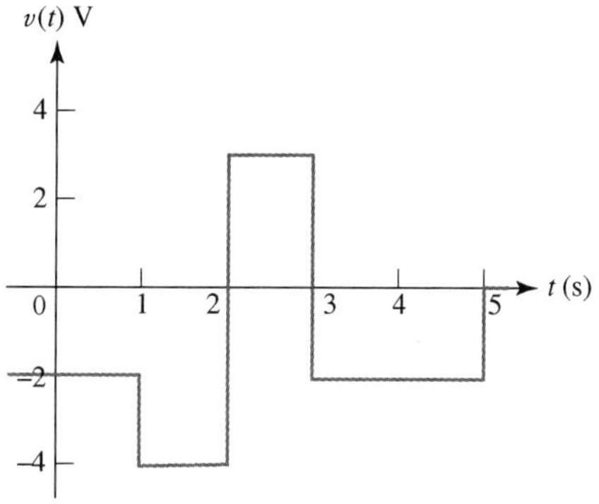


图 8.73

## 8.6　受激 RC 电路

46. 电路如图 8.74 所示，计算 $v(t)$ 在下列时刻的值：(a) $t=0^-$；(b) $t=0^+$；(c) $t=2$ ms；(d) $t=5$ ms。

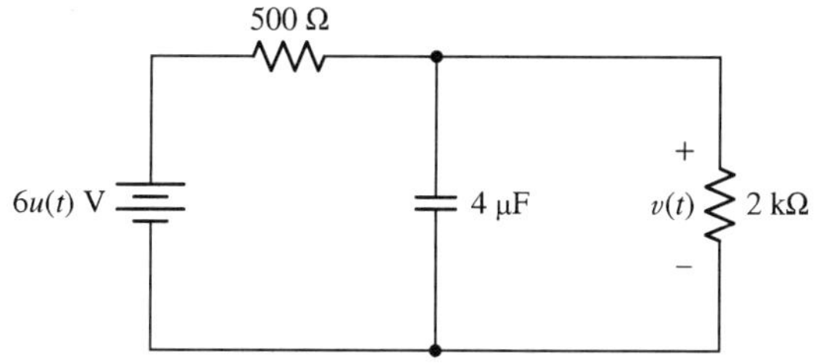


图 8.74

47. 电路如图 8.75 所示，(a) 求 $v_C(0^-)$，$v_C(0^+)$，$i_C(0^-)$ 和 $i_C(0^+)$。(b) 计算 $v_C(20\ \text{ms})$ 和 $i_C(20\ \text{ms})$。(c) 用合适的 SPICE 仿真验证(b)的结果。

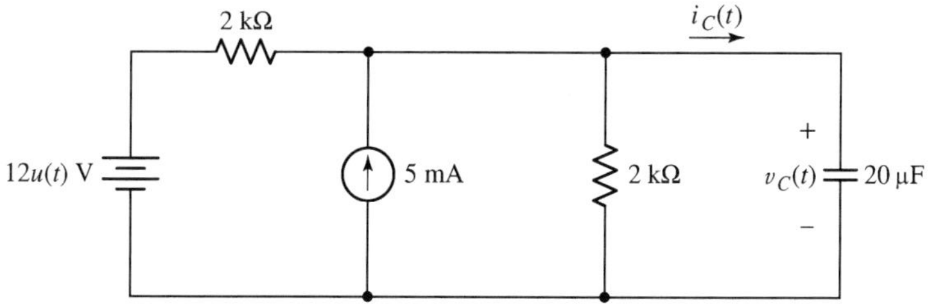


图 8.75

48. (a) 求图 8.76 所示电路中对于所有 $t$ 值的 $v_C$ 的表达式。(b) 画出 $0 \leqslant t \leqslant 4\ \mu s$ 范围内 $v_C(t)$ 的曲线。

49. 求能够描述图 8.77 所示电路中 $i_A$ 在 $-1\ \text{ms} \leqslant t \leqslant 5\ \text{ms}$ 范围内行为的表达式。

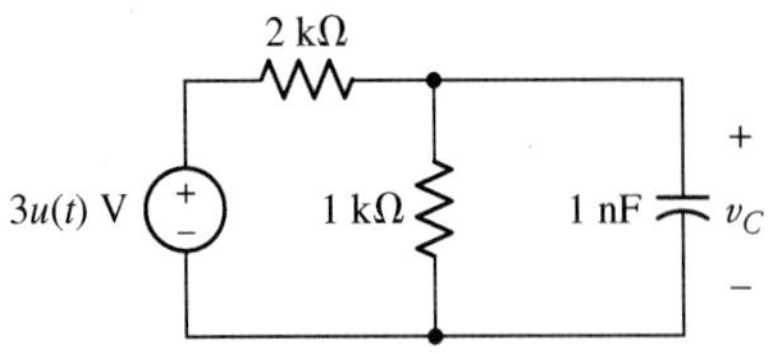


图 8.76

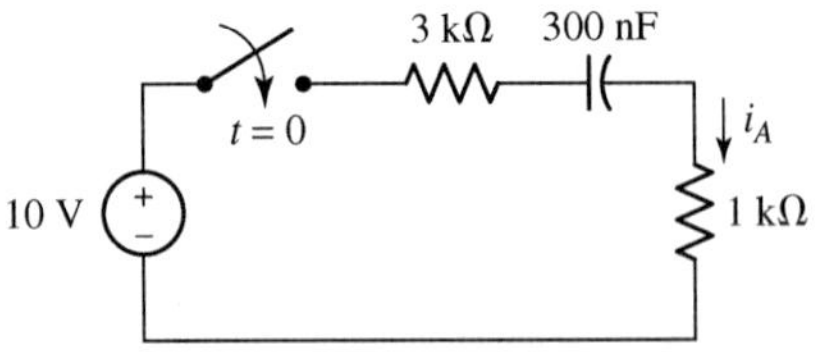


图 8.77

50. 要构建一个便携式太阳能充电电路，它由一个超级电容和一个太阳能电池组成，能够提供 100 mA 电流和 3 V 电压。如果串联电阻为 10 Ω，超级电容为 50 F，(a) 求电容能够达到的总存储能量；(b) 求充电到总容量的 95% 时所需的时间。

51. 图 8.78 所示电路中的开关在 $t = 0$ 时打开之前已经闭合了很长时间。(a) 求 $t = 70$ ms 时 $i_x$ 的值。(b) 用合适的 SPICE 仿真验证结果。

52. 图 8.78 所示电路中的开关在 $t = 0$ 时闭合之前已经打开了很长时间。(a) 求 $t = 70$ ms 时 $i_x$ 的值。(b) 用合适的 SPICE 仿真验证结果。

53. 图 8.79 所示电路中的开关处于 $a$ 位置已经相当长时间，在 $t = 0$ 时它由 $a$ 移到 $b$。(a) 求对于所有 $t$ 值有效的 $i(t)$ 和 $v_C(t)$ 的表达式。(b) 求 $t = 33\ \mu s$ 时保留在电容中的能量。

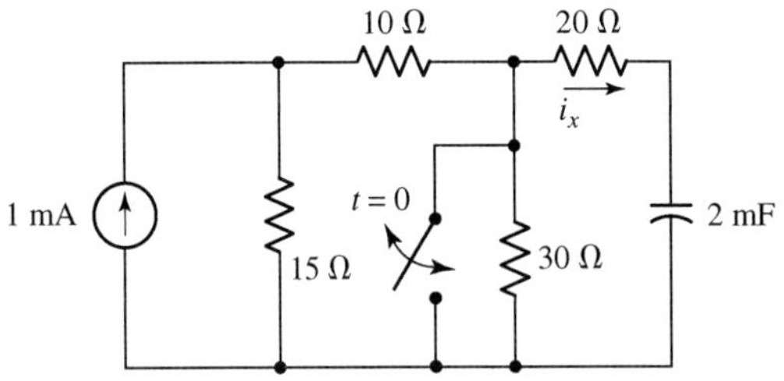


图 8.78

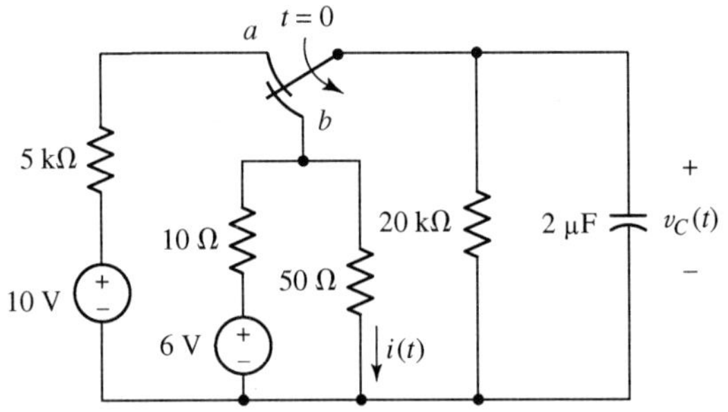


图 8.79

54. 图 8.80 所示电路中的开关处于 $a$ 位置已经相当长时间，在 $t = 0$ 时刻切换到 $b$ 位置。(a) 求 $t = 0^-$ 时刻 5 Ω 电阻上消耗的功率。(b) 求 $t = 2$ ms 时 3 Ω 电阻消耗的功率。

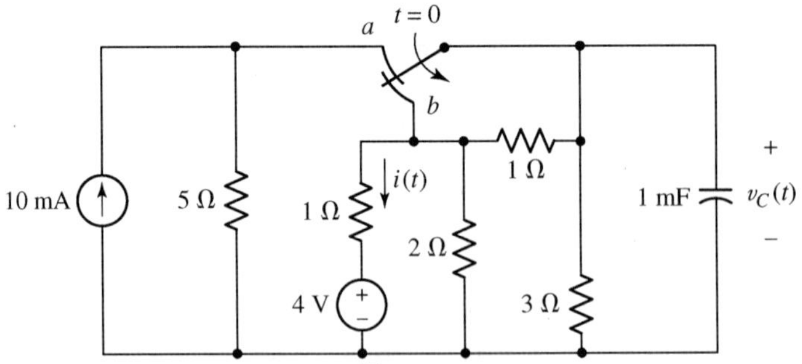


图 8.80

55. 电路如图 8.81 所示。(a) 求对于所有 $t$ 值有效的 $v_C$ 的表达式。(b) 求 $t = 0^+$，$t = 25\ \mu s$ 和 $t = 150\ \mu s$ 时保留在电容中的能量。

56. 图 8.81 所示电路中的受控源在制造时被错误地装倒了，即箭头一端实际被连接到了电压源的负极。电容最初处于完全放电状态。如果 5 Ω 电阻的额定功率为 2 W，那么在什么时候电路会坏掉？

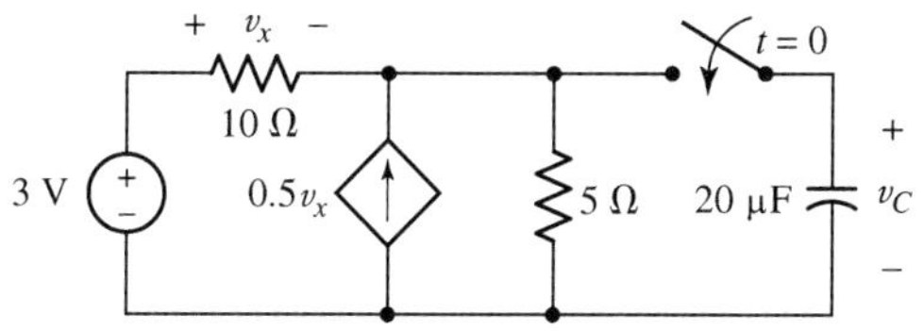


图 8.81

57. 电路如图 8.82 所示。(a) 求对于所有 $t$ 值有效的 $v$ 的表达式。(b) 画出 $0 \leq t \leq 3$ s 范围内该结果的曲线。

58. 求图 8.83 所示的运放电路中电压 $v_x$ 的表达式。

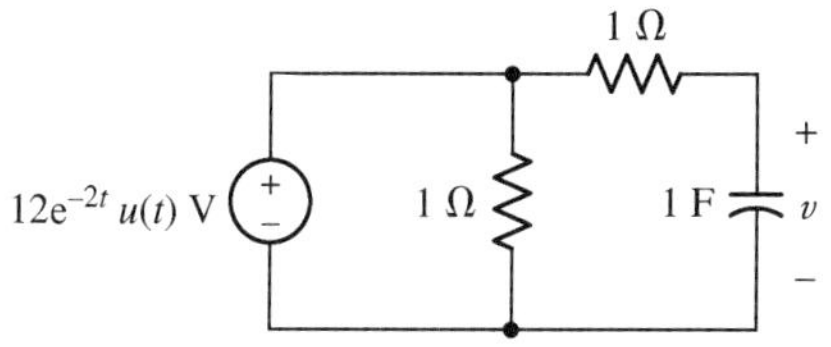


图 8.82

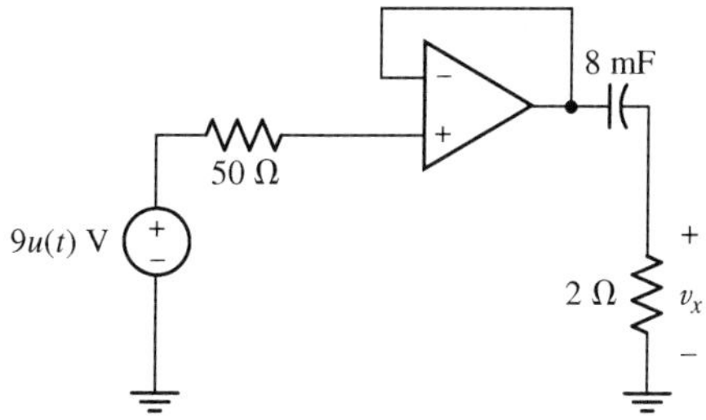


图 8.83

## 8.7　受激 *RL* 电路

59. 电路如图 8.84 所示，分别计算 $i(t)$ 在下列时刻的值：(a) $t = 0^-$；(b) $t = 0^+$；(c) $t = 1^-$；(d) $t = 1^+$；(e) $t = 2$ ms。

60. 电路如图 8.85 所示，(a) 求 $v_L(0^-)$，$v_L(0^+)$，$i_L(0^-)$ 和 $i_L(0^+)$；(b) 计算 $i_L(150\text{ ns})$。(c) 用合适的 SPICE 仿真验证(b)的结果。

61. 图 8.86 所示电路包含两个独立源，其中一个只在 $t > 0$ 时起作用。(a) 求对所有时间 $t$ 都有效的 $i_L(t)$ 的表达式。(b) 计算 $t = 10$ μs，20 μs 和 50 μs 时的 $i_L(t)$。

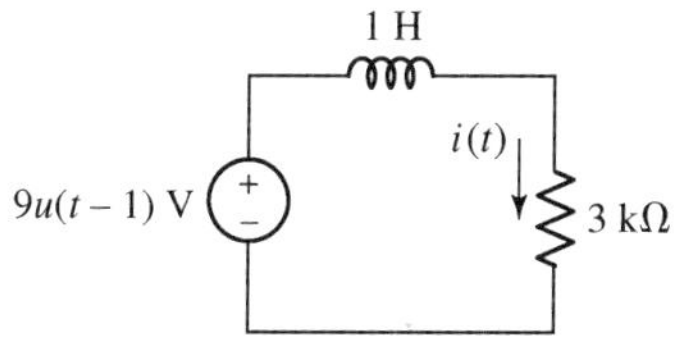


图 8.84

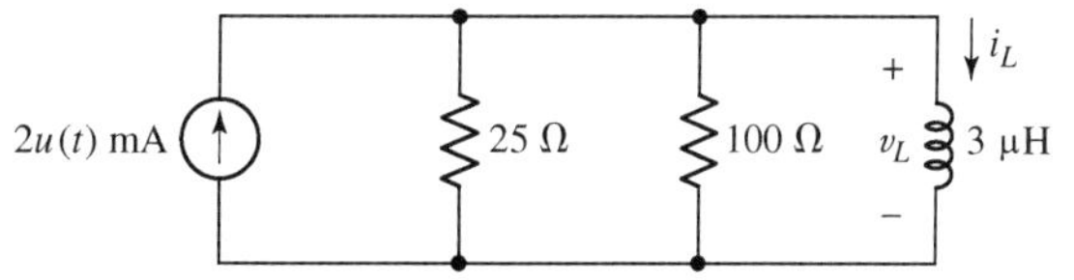


图 8.85

62. 图 8.87 所示电路由 $t < 0$ 时不起作用的电源供电。(a) 求对所有时间 $t$ 都有效的 $i(t)$ 的表达式。(b) 画出 $-1\text{ ms} \leq t \leq 10$ ms 范围内前述结果的曲线。

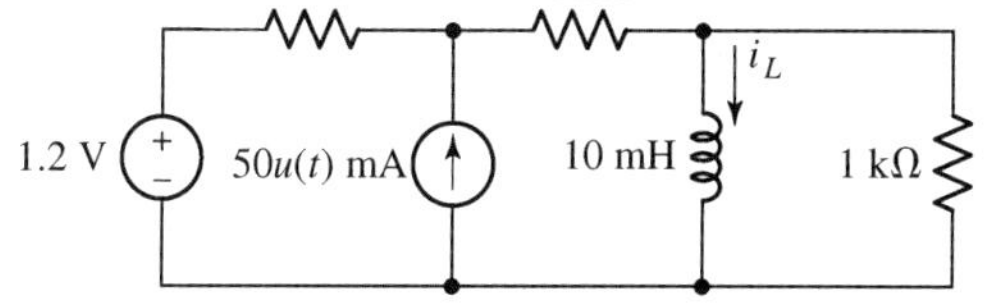


图 8.86

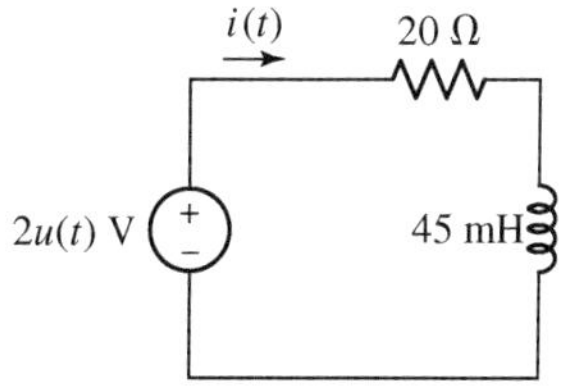


图 8.87

63. 电路如图 8.88 所示。(a) 求对所有时间 $t$ 都有效的 $i(t)$ 的表达式。(b) 求对所有时间 $t$ 都有效的 $v_R(t)$ 的表达式。(c) 画出 $-1\text{ s} \leq t \leq 6$ s 范围内 $i(t)$ 和 $v_R(t)$ 的曲线。

64. 某串联 *RL* 电路的电压在 $t = 0$ 时从零跳变到 5 V，电阻值为 10 Ω。现在要形象地表示 $t = 2$ ms 时电感值如何影响电流。利用 SPICE 来仿真 $t = 2$ ms 时的电流，电感值的范围为 1 ~ 100 mH。使用对数坐标，并使用

SPICE 指令，如 **.step dec param inductance 1m 100m 10**。利用 **.save I(L1)；.meas tran out find I(L1) AT =2m；.option plotwinsize =0 numdgt =15** 来保存数据和测量数据。然后在 LTspice 中右键单击 SPICE 误差日志并选择 **plot .stop' ed .meas data** 进行输出。

65. 两电源电路如图 8.89 所示，注意其中一个电源总是发挥作用。(a) 求对所有 $t$ 都有效的 $i(t)$ 的表达式。(b) 何时存储在电感中的能量达到其最大值的 99%？

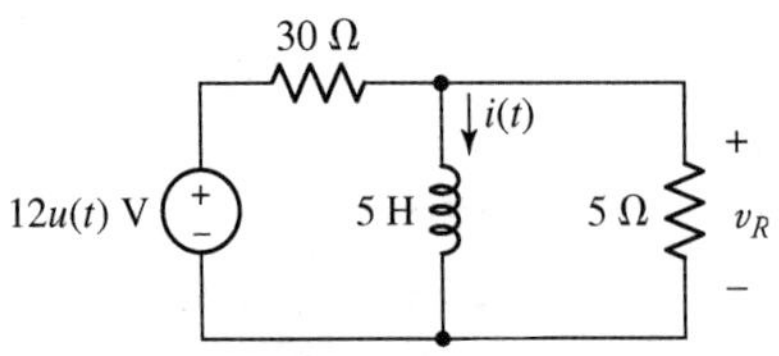


图 8.88

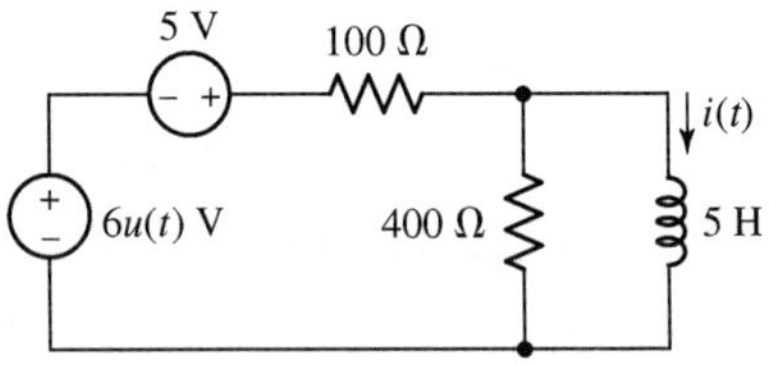


图 8.89

66. (a) 求图 8.90 所示电路中对于所有 $t$ 值都有效的 $i_L$ 的表达式。(b) 画出在 $-1\ \text{ms} \leqslant t \leqslant 3\ \text{ms}$ 范围内所得结果的曲线。

67. 求图 8.91 所示电路中 $i(t)$ 的表达式，并计算在 $t = 2.5$ ms 时 40 Ω 电阻上消耗的功率。

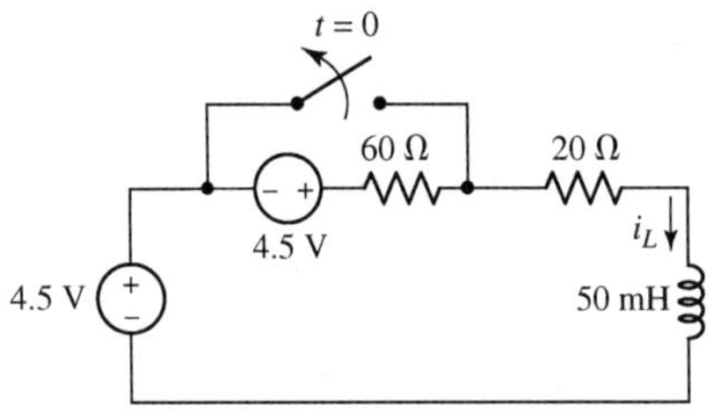


图 8.90

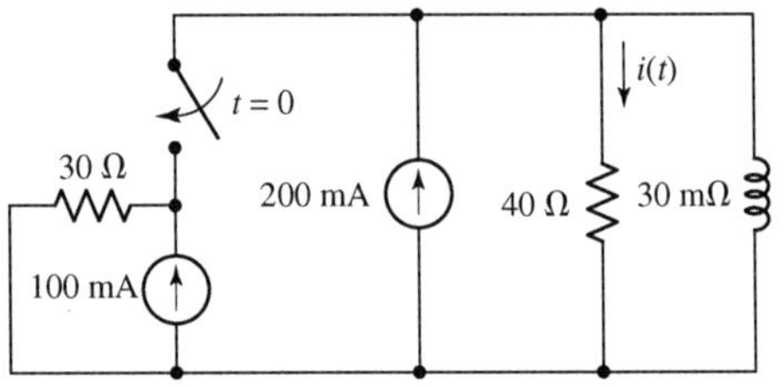


图 8.91

68. 求图 8.92 所示电路中对所有时间 $t$ 都有效的 $i_1$ 的表达式。

69. 画出图 8.93 所示电路中电流 $i(t)$ 的曲线，分别假设：(a) $R = 10\ \Omega$；(b) $R = 1\ \Omega$。哪种情况下电感存储更多的能量(暂时存储)？为什么？

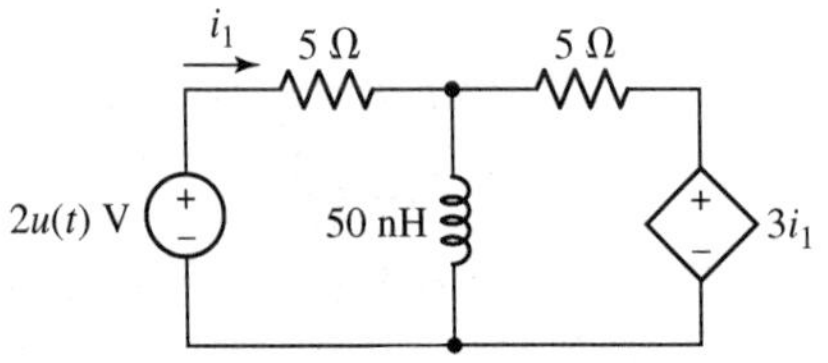


图 8.92

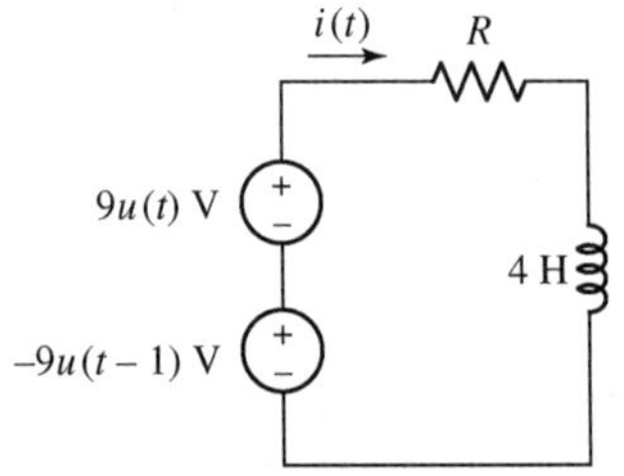


图 8.93

70. 某直流电动机可以用一个串联 $RL$ 电路来建模(本习题中忽略反电动势电压)，其中转速与电路中的电流成正比。该电动机的 $R = 10\ \Omega$，$L = 20$ mH，如果它的 2.5 V 电源电压突然增加到 5 V，那么该电动机转速达到其最大转速的 95% 需要花多长时间？

## 8.8 连续开关电路的响应预测

71. 画出图 8.45(a) 所示电路中电流 $i_L$ 的曲线，假设 100 mH 电感由 1 nH 电感替换，并且 $v_s(t)$ 波形分别为：(a) $5u(t) - 5u(t - 10^{-9}) + 5u(t - 2\times10^{-9})$ V，$0 \leqslant t \leqslant 4$ ns；(b) $9u(t) - 5u(t - 10^{-8}) + 5u(t - 2\times10^{-8})$ V，$0 \leqslant t \leqslant 40$ ns。

72. 图 8.45(a) 所示电路中的 100 mH 电感被替换成 1 H 电感，画出电感电流 $i_L$ 的曲线，假设电源电压 $v_s(t)$ 分别为：(a) $5u(t) - 5u(t - 0.01) + 5u(t - 0.02)$ V，$0 \leqslant t \leqslant 40$ ms；(b) $5u(t) - 5u(t - 10) + 5u(t - 10.1)$ V，$0 \leqslant t \leqslant 11$ s。

73. 电路如图 8.94 所示，画出至少 3 个周期的电容两端电压 $v_C$ 的曲线，其中 $R=1\ \Omega$，$C=1$ F，$v_s(t)$为脉冲波形，并且分别有：(a) 最小 0 V，最大 2 V，上升时间和下降时间为 1 ms，脉冲宽度为 10 s，周期为 20 s；(b) 最小0 V，最大 2 V，上升时间和下降时间为 1 ms，脉冲宽度为 10 ms，周期为 20 ms。(c) 用合适的 SPICE 仿真验证结果。

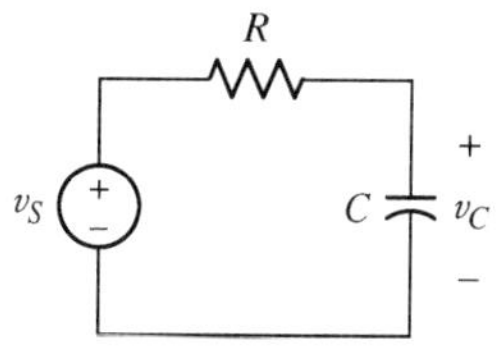


图 8.94

74. 电路如图 8.94 所示，画出至少 3 个周期的电容两端电压 $v_C$ 的曲线，其中 $R=1\ \Omega$，$C=1$ F，$v_s(t)$为脉冲波形，并且分别有：(a) 最小 0 V，最大 2 V，上升时间和下降时间为 1 ms，脉冲宽度为 10 s，周期为10.01 s；(b) 最小 0 V，最大 2 V，上升时间和下降时间为 1 ms，脉冲宽度为 10 ms，周期为 10 s。(c) 用合适的 SPICE 仿真验证结果。

75. 某串联 *RC* 连续开关电路的 $R=200\ \Omega$，$C=50\ \mu$F。输入是一个 5 V 脉冲电压源，其脉冲宽度为 50 ms，周期为 55 ms(脉冲之外的电压为 0 V)，上升时间和下降时间都为零。计算三个周期的电容电压，并利用 MATLAB 画出曲线。

## 综合题

76. 图 8.95 所示电路包含一个电压控制的电压源和两个电阻。(a) 计算电路时间常数。(b) 求对于所有 $t$ 值有效的 $v_x$ 的表达式。(c) 画出6 个时间常数范围内 4 Ω 电阻消耗功率的曲线。(d) 如果受控源方向反接，重新计算(a)～(c)的结果。(e) 这两个电路稳定吗？为什么？

77. 在图 8.95 所示的电路中，在电感的位置错误地安装了一个 3 mF 的电容，而且后来知道该实际电容并不是理想电容，它的绝缘层会呈现 10 kΩ 的阻值(该电阻相当于与理想电容并联)。(a) 分别计算考虑和不考虑电容绝缘层的电阻效应时电路的时间常数，绝缘层的电阻效应对结果有多少影响？(b) 计算 $t=200$ ms 时的 $v_x$。绝缘层电阻会有很大的影响吗？为什么？

78. 电路如图 8.96 所示，假设运放理想，推导 $v_o(t)$ 的表达式，假设 $v_s$ 分别为：(a) $4u(t)$ V；(b) $4e^{-130\,000t}u(t)$ V。

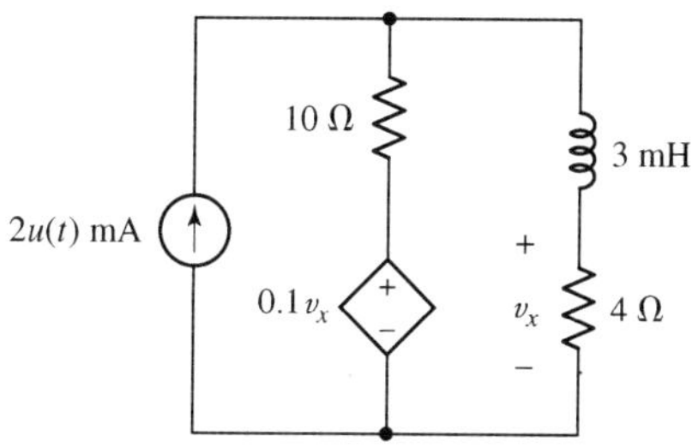


图 8.95

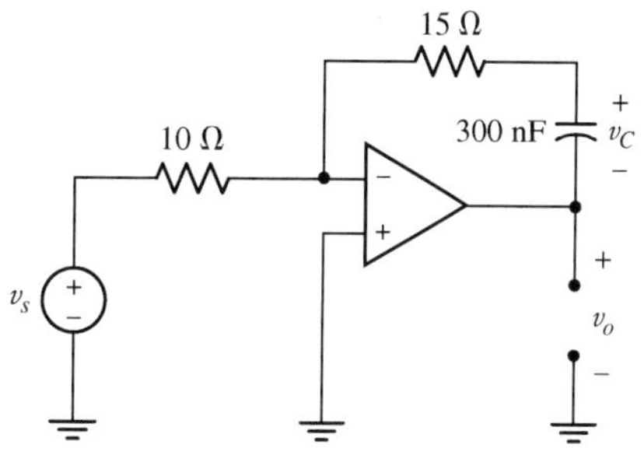


图 8.96

79. 通过在并联组态和串联组态之间进行连续切换，可以利用存储在电容中的能量，将来自电源的电压提升到更高的电压值。如果电路的有效时间常数大于切换频率，就可以得到 DC-DC 升压变换器，通常称其为开关电容电路。对于图 8.97 所示的电压倍增开关电容电路，设计 $C_1$ 和 $C_2$ 的值，要求满足下列指标：(1) 最大充电周期为 0.2 ms；(2) 当接上负载后，电压 $V_{out}>9.5$ V的时间为 0.5 ms。假设充电周期为 0.2 ms，放电周期为 0.5 ms，验证你的设计结果，并画出电容电压曲线。

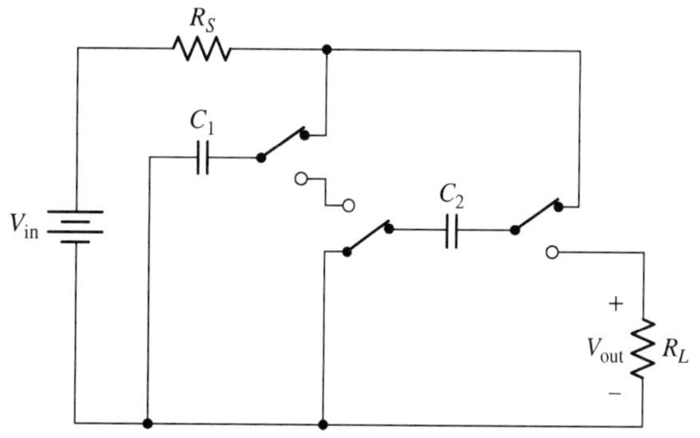


图 8.97

# 第 9 章 *RLC* 电路

## 主要概念

- 串联和并联 *RLC* 电路的谐振频率与阻尼因子
- 过阻尼响应
- 临界阻尼响应
- 欠阻尼响应
- 利用两个初始条件
- *RLC* 电路的完全响应(自由响应 + 受迫响应)
- 利用运放电路表示微分方程

## 引言

第 8 章介绍的电路只含有**一个**储能元件，讨论的是电容或者电感在无源网络中充电或放电的时间，由此得到的电路微分方程是一阶的。本章讨论的电路将同时**包含**电感**和**电容，由此得到的电压或电流的微分方程是**二阶的**。第 8 章学到的知识可以拓展到本章被称为 *RLC* 电路的分析中，但需要**两个**初始条件来求解每一个微分方程。这样的电路在实际应用中很常见，比如振荡器和频率滤波器。二阶微分方程在模拟一些实际情况时也很有用，例如汽车的悬挂系统、温度控制器，甚至飞机中对升降舵和副翼进行控制的响应。

## 9.1 无源并联电路

有两种基本类型的 *RLC* 电路：并联连接和串联连接。首先考虑并联 *RLC* 电路只是随意选择的结果，其实任何一个都可以首先讨论。这些理想元件的组合是许多通信网络中某些电路的很好的模型。例如，它可以表示收音机中的一些放大器的重要部分，从而使得放大器在一个窄频带内(窄带以外放大倍数几乎为零)具有很高的电压放大倍数。

频率选择性让我们能够收听某个电台的声音而屏蔽掉其他电台的声音。*RLC* 电路的另一个频域应用是倍频和谐波抑制滤波器。即便是讨论最简单的此类应用，也要涉及谐振、频率响应和阻抗等概念，这些概念到现在都还没有学过。可以这样说，理解并联 *RLC* 电路的自由响应是今后深入学习通信网络和滤波器设计以及其他诸多应用的基础。

当一个实际电容与一个电感并联连接，并且该电容有一个有限的电阻值时，可以得到图 9.1 所示的等效电路模型。电阻用来模拟电容中的能量损失。随着时间的推移，所有实际电容即使没有连接在电路中，最后也都会完全放电。实际电感的能量损失同样可以考虑通过加上一个理想电阻来表示(与理想电感串联)。但是为了简化，我们只讨论理想电感与具有电阻的电容并联的情况。

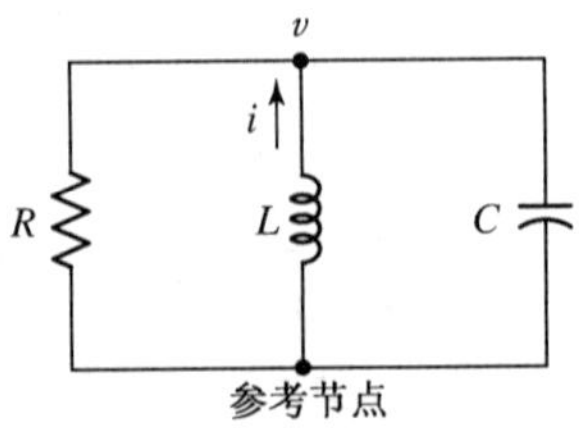

图 9.1 无源并联 *RLC* 电路

正如学习 RL 和 RC 电路，我们首先考虑并联 RLC 电路的自由响应，其中一个或两个储能元件具有非零初始能量（目前这还不是很重要），用电感电流或者电容电压在 $t=0^+$ 时的值表示。一旦完成了 RLC 电路的无源响应分析，再处理激励为直流电源、开关电源、阶跃电源的响应就会比较简单，而电路的完全响应其实就是这两部分响应之和。

## 物理直觉——将会发生什么？

在求解任何方程之前，我们先想一下电路会发生什么状况？假设电容已被充电，流过电感的电流为零。从第 8 章得到的直觉告诉我们，电容开始放电，其电流会流过电阻和电感。当电流流过电感的时候，能量被存储在电感中且尽力维持电流流动。能量在电容和电感之间传输，导致振荡发生。电阻器将消耗一部分能量，从而会抑制振荡的继续。这和弹簧的情况类似，即弹簧产生振荡，但是外力，例如摩擦力会抑制振荡的继续（从数学上可以证明，它们的微分方程极其类似！）。这种状况由时间或者振荡的频率以及阻尼行为的幅度共同决定。如果没有阻尼行为的发生，则振荡将无限期地持续下去，但阻尼效应总是和振荡伴随着一起存在的。

仔细观察我们的电路，特别是能量传输的变化过程，已在图 9.2 中说明：

1. 电容放电，能量存储在电感中，$v$ 为正，$i$ 为负；
2. 电感释放能量，能量又被电容存储，$v$ 为负，$i$ 为正；
3. 电容放电，能量存储在电感中，$v$ 为负，$i$ 为正；
4. 电感释放能量，电容存储能量，$v$ 为正，$i$ 为正。

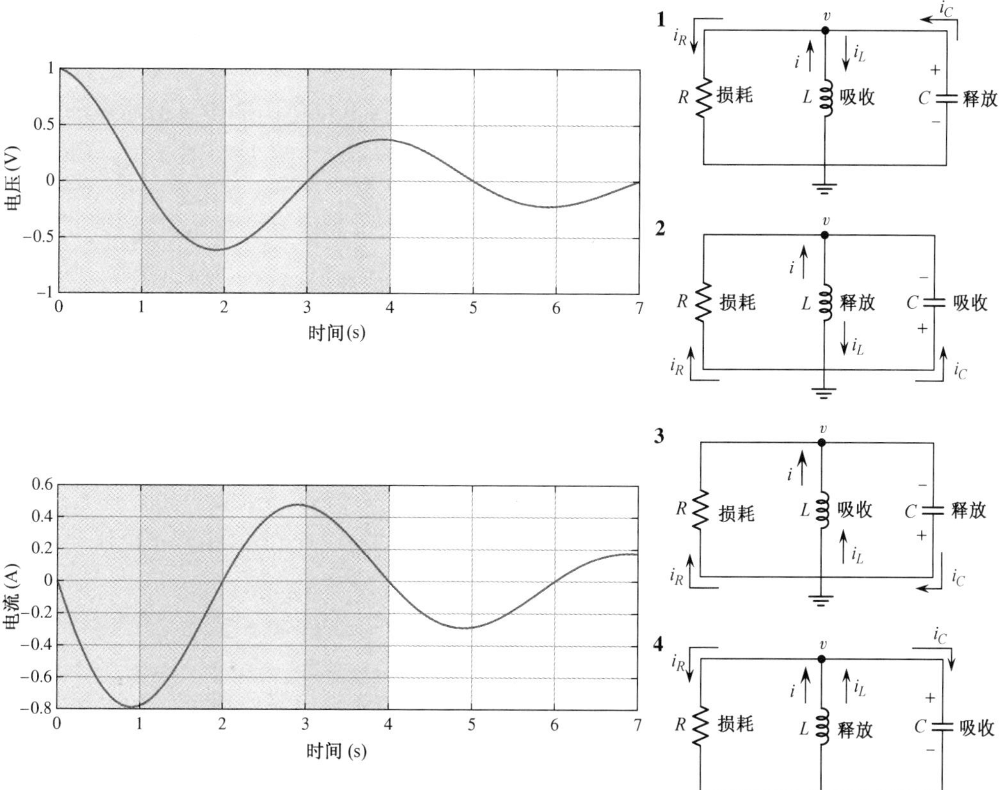


图 9.2　振荡时能量传输的表示，并联 RLC 电路具有阻尼特性

纵观整个能量传输过程，电阻是消耗能量的。如果能量在电容与电感之间传输前就已被消耗掉，那么振荡是无法发生的！定性描述提供了 *RLC* 电路中能量传输的直观概念(对无阻尼情况而言是非常正确的)，虽然我们发现即便对有阻尼的电路，电容和电感都可以释放能量，使得振荡能够存在几个时间段。总之，我们不可能始终直接得到电压和电流振荡波形的节点/波腹之间的相关性，必须在数学上进行深入分析。

### 并联 *RLC* 电路的微分方程

在下面的分析中，假定能量最初可能存储在电感和电容中，即电感电流和电容电压都存在非零初始值。参考图 9.1 所示的电路，写出如下单节点方程：

$$\frac{v}{R}+\frac{1}{L}\int_{t_0}^{t} v\,\mathrm{d}t'-i(t_0)+C\frac{\mathrm{d}v}{\mathrm{d}t}=0 \qquad [1]$$

注意，负号是因为假定了 $i$ 的方向。求解式[1]必须利用以下初始条件：

$$i(0^+)=I_0 \qquad [2]$$

和

$$v(0^+)=V_0 \qquad [3]$$

将式[1]两边对时间进行求导，得到线性齐次二阶微分方程为

$$C\frac{\mathrm{d}^2v}{\mathrm{d}t^2}+\frac{1}{R}\frac{\mathrm{d}v}{\mathrm{d}t}+\frac{1}{L}v=0 \qquad [4]$$

它的解 $v(t)$ 就是自由响应。

### 微分方程的解

有许多方法可以求解式[4]，参见微分方程教科书，这里只使用最快且最简单的方法。首先假定一个解，然后根据直觉与经验选取出解的一种可能形式。根据以前处理一阶方程的经验，可以尝试使用指数形式，为此假定

$$v=A\mathrm{e}^{st} \qquad [5]$$

如果需要，可以允许 $A$ 和 $s$ 为复数，从而尽可能地使其一般化。将式[5]代入式[4]，可得

$$CAs^2\mathrm{e}^{st}+\frac{1}{R}As\mathrm{e}^{st}+\frac{1}{L}A\mathrm{e}^{st}=0$$

或

$$A\mathrm{e}^{st}\left(Cs^2+\frac{1}{R}s+\frac{1}{L}\right)=0$$

为了使该方程对任何时间都成立，3 个因子($A$，$\mathrm{e}^{st}$和括号内的表达式)中至少有一个为 0。如果前两个因子中的任何一个为 0，那么 $v(t)=0$。该结果表明这个假定解不能满足给定的初始条件，因此只能将最后一个因子设为 0：

$$Cs^2+\frac{1}{R}s+\frac{1}{L}=0 \qquad [6]$$

该方程通常称为辅助方程或**特征方程**，如 8.1 节所述。如果满足该方程，那么假定的解正确。因为式[6]是二次方程，所以它有两个解，设为 $s_1$ 和 $s_2$：

$$s_1=-\frac{1}{2RC}+\sqrt{\left(\frac{1}{2RC}\right)^2-\frac{1}{LC}} \qquad [7]$$

和
$$s_2 = -\frac{1}{2RC} - \sqrt{\left(\frac{1}{2RC}\right)^2 - \frac{1}{LC}} \qquad [8]$$

如果假定解中的 $s$ 为式[7]或式[8]之一，那么该解满足所给的微分方程，于是可得到微分方程的一个有效解。

假定在式[5]中，用 $s_1$ 替换 $s$，则可得
$$v_1 = A_1 e^{s_1 t}$$
类似地有
$$v_2 = A_2 e^{s_2 t}$$
前者满足微分方程
$$C\frac{d^2 v_1}{dt^2} + \frac{1}{R}\frac{dv_1}{dt} + \frac{1}{L}v_1 = 0$$
后者满足
$$C\frac{d^2 v_2}{dt^2} + \frac{1}{R}\frac{dv_2}{dt} + \frac{1}{L}v_2 = 0$$
将这两个微分方程相加并合并同类项，可得
$$C\frac{d^2(v_1+v_2)}{dt^2} + \frac{1}{R}\frac{d(v_1+v_2)}{dt} + \frac{1}{L}(v_1+v_2) = 0$$
可以看出这两个解的和也是解，且满足线性原理，因此得到自由响应的一般形式为
$$v(t) = A_1 e^{s_1 t} + A_2 e^{s_2 t} \qquad [9]$$
其中，$s_1$ 和 $s_2$ 由式[7]和式[8]给出；$A_1$ 和 $A_2$ 是两个任意常数，这两个值必须满足两个指定的初始条件。

## 频率变量的定义

如果画出 $v(t)$ 随时间变化的曲线，则从式[9]给出的自由响应的形式出发并不能得到很多关于该曲线的特性。而 $A_1$ 和 $A_2$ 的相对幅度对于确定响应曲线的形状很重要。此外，常数 $s_1$ 和 $s_2$ 可以是实数或共轭复数，具体取决于给定网络中 $R$，$L$ 和 $C$ 的值，而且这两种情况会得到完全不同的响应形式，因此有必要对式[9]进行一些简化。

因为指数 $s_1 t$ 和 $s_2 t$ 是无量纲的，因此 $s_1$ 和 $s_2$ 的单位必须为无量纲量“每秒”。因此从式[7]和式[8]可以看到 $1/(2RC)$ 和 $1/\sqrt{LC}$ 的单位也必须为 $s^{-1}$（即秒$^{-1}$）。这种类型的单位称为**频率**。

下面定义一个新的变量 $\omega_0$：
$$\omega_0 = \frac{1}{\sqrt{LC}} \qquad [10]$$
这里将其预留给**谐振频率**。另一方面，我们将 $1/(2RC)$ 称为**奈培频率**或者**指数阻尼系数**，用符号 $\alpha$ 表示为
$$\alpha = \frac{1}{2RC} \qquad [11]$$

之所以称 $\alpha$ 为指数阻尼系数，是因为它表示自由响应衰减到其稳态值或终值（通常为零）的快速程度。$s$，$s_1$ 和 $s_2$ 称为**复频率**，它们是进行下一步讨论的基础。

应该注意，$s_1$，$s_2$，$\alpha$ 和 $\omega_0$ 只是用来简化 $RLC$ 电路讨论的符号，它们没有任何新的特性。例如，说“$\alpha$”要比说“$2RC$ 的倒数”来得简单。

利用这些结果可写出并联 $RLC$ 电路的自由响应为
$$v(t) = A_1 e^{s_1 t} + A_2 e^{s_2 t} \qquad [9]$$

其中，

$$s_1 = -\alpha + \sqrt{\alpha^2 - \omega_0^2} \qquad [12]$$

$$s_2 = -\alpha - \sqrt{\alpha^2 - \omega_0^2} \qquad [13]$$

$$\alpha = \frac{1}{2RC} \qquad [11]$$

$$\omega_0 = \frac{1}{\sqrt{LC}} \qquad [10]$$

且 $A_1$ 和 $A_2$ 必须通过初始条件求得。

> 说明：控制系统领域的工程师喜欢把 $\alpha$ 与 $\omega_0$ 的比值用 $\zeta$ 表示，称为阻尼比。

> 说明：过阻尼：$\alpha > \omega_0$
> 临界阻尼：$\alpha = \omega_0$
> 欠阻尼：$\alpha < \omega_0$

可见，式[12]和式[13]有两种可能的情况，具体取决于 $\alpha$ 和 $\omega_0$ 的相对大小(由 $R$, $L$ 和 $C$ 确定)。如果 $\alpha > \omega_0$，那么 $s_1$ 和 $s_2$ 都是实数，得到的响应称为**过阻尼响应**。相反，如果 $\alpha < \omega_0$，那么 $s_1$ 和 $s_2$ 都具有非零的虚部，得到的响应称为**欠阻尼响应**。下面将分别讨论这两种情况，以及 $\alpha = \omega_0$ 的特殊情况，这种特殊情况下得到的响应称为**临界阻尼响应**。另外还应该注意，由式[9]~式[13]组成的一般响应不仅能够描述电压，还能够描述并联 *RLC* 电路中的所有 3 个支路电流。当然，每种情况下的常数 $A_1$ 和 $A_2$ 各不相同。

**例 9.1** 考虑一个并联 *RLC* 电路，电感为 10 mH，电容为 100 μF。求产生过阻尼响应和欠阻尼响应的电阻值。

**解**：首先计算电路的谐振频率：

$$\omega_0 = \sqrt{\frac{1}{LC}} = \sqrt{\frac{1}{(10 \times 10^{-3})(100 \times 10^{-6})}} = 10^3 \text{ rad/s}$$

如果 $\alpha > \omega_0$ 则产生过阻尼响应，如果 $\alpha < \omega_0$ 则产生欠阻尼响应。因此，

$$\frac{1}{2RC} > 10^3$$

所以

$$R < \frac{1}{(2000)(100 \times 10^{-6})}$$

或 $R < 5\ \Omega$，这将得到过阻尼响应，$R > 5\ \Omega$ 将得到欠阻尼响应。

### 练习

9.1 一个并联 *RLC* 电路包含一个 100 Ω 电阻，其他参数包括 $\alpha = 1000\ \text{s}^{-1}$ 和 $\omega_0 = 800$ rad/s。求：(a) $C$；(b) $L$；(c) $s_1$；(d) $s_2$。

答案：(a) 5 μF；(b) 312.5 mH；(c) $-400\ \text{s}^{-1}$；(d) $-1600\ \text{s}^{-1}$。

## 9.2 过阻尼并联 *RLC* 电路

比较式[10]和式[11]可以看出，如果 $LC > 4R^2C^2$，则 $\alpha$ 将大于 $\omega_0$。在这种情况下，$s_1$ 和 $s_2$ 公式中的根号内部均为实数，$s_1$ 和 $s_2$ 也都为实数。此外，将下列不等式

$$\alpha > \sqrt{\alpha^2 - \omega_0^2}$$

$$\left(-\alpha - \sqrt{\alpha^2 - \omega_0^2}\right) < \left(-\alpha + \sqrt{\alpha^2 - \omega_0^2}\right) < 0$$

应用到式[12]和式[13]中，可以得到 $s_1$ 和 $s_2$ 都为负实数。因此，响应 $v(t)$ 可以表示成两个衰减指数项的代数和，并且随着时间的增加，每项都将趋于零。事实上，因为 $s_2$ 的绝对值大于 $s_1$ 的绝对值，因此包含 $s_2$ 的项有更大的衰减速度，并且对于较大的时间值，可以写出其极限表达式为

$$v(t) \to A_1 e^{s_1 t} \to 0, \quad \text{若 } t \to \infty$$

接下来确定符合初始条件的常数 $A_1$ 和 $A_2$。对于该 $RLC$ 电路，选择 $R = 6\ \Omega$，$L = 7\ \mathrm{H}$。为了便于计算，选择 $C = \dfrac{1}{42}\ \mathrm{F}$。电路的初始储能由初始电压 $v(0) = 0$ 和初始电感电流 $i(0) = 10\ \mathrm{A}$ 表示，其中 $v$ 和 $i$ 的定义如图 9.3 所示。

很容易确定以下几个参数值：

$$\alpha = 3.5, \qquad \omega_0 = \sqrt{6} \qquad (\text{所有 } s^{-1})$$
$$s_1 = -1, \qquad s_2 = -6$$

可以立即得到自由响应的一般形式：

$$v(t) = A_1 e^{-t} + A_2 e^{-6t} \tag{14}$$

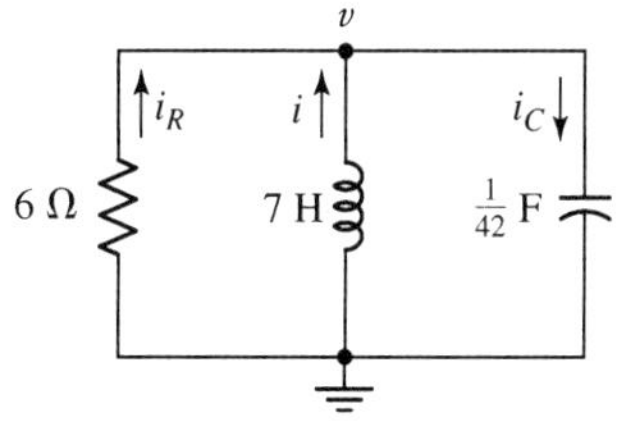


图 9.3　用于数值分析例题的并联 $RLC$ 电路，该电路为过阻尼电路

## 计算 $A_1$ 和 $A_2$ 的值

现在只需要计算两个常数 $A_1$ 和 $A_2$ 了。如果已知响应 $v(t)$ 在两个不同时刻的值，那么可以将这两个值代入式[14]来求得 $A_1$ 和 $A_2$。但是，我们只知道 $v(t)$ 的一个瞬时值：

$$v(0) = 0$$

因而，

$$0 = A_1 + A_2 \tag{15}$$

通过对式[14]中的 $v(t)$ 对时间求导，可以得到将 $A_1$ 和 $A_2$ 联系起来的第二个方程，而利用另一个初始条件 $i(0) = 10\ \mathrm{A}$ 即可确定导数 $\mathrm{d}v/\mathrm{d}t$ 的初始值。最后，令这两个结果相等，即可得到所需的方程。将式[14]两边对 $t$ 求导：

$$\frac{\mathrm{d}v}{\mathrm{d}t} = -A_1 e^{-t} - 6A_2 e^{-6t}$$

计算 $t = 0$ 时的导数：

$$\left.\frac{\mathrm{d}v}{\mathrm{d}t}\right|_{t=0} = -A_1 - 6A_2$$

得到第二个方程。看起来这似乎有助于求解，但是因为不知道导数的初始值，所以并没有真正得到关于两个未知量的两个方程。我们该怎么办呢？注意：表达式 $\mathrm{d}v/\mathrm{d}t$ 表示的是电容电流，这是因为

$$i_C = C\frac{\mathrm{d}v}{\mathrm{d}t}$$

基尔霍夫电流定律在任何时刻都必须成立，因为它基于电荷守恒定理。因此，可以写出

$$-i_C(0) + i(0) + i_R(0) = 0$$

将电容电流代入并除以 $C$，可得

$$\left.\frac{\mathrm{d}v}{\mathrm{d}t}\right|_{t=0} = \frac{i_C(0)}{C} = \frac{i(0) + i_R(0)}{C} = \frac{i(0)}{C} = 420\ \mathrm{V/s}$$

因为电阻上的零初始电压要求流过电阻上的初始电流也等于零，因此得到第二个方程：

$$420 = -A_1 - 6A_2 \qquad [16]$$

求解式[15]和式[16]得到 $A_1 = 84$ V，$A_2 = -84$ V。因此，该电路自由响应的最终数值解为

$$v(t) = 84(e^{-t} - e^{-6t})\ \text{V} \qquad [17]$$

说明：在对 *RLC* 电路的讨论中，需要注意完全确定响应总是需要两个初始条件。其中的一个条件往往很容易得到，即根据电压或者电流在 $t = 0$ 处的值即可得到。寻找第二个方程通常麻烦一些，因为尽管在讨论中已知初始电流和初始电压，但其中的一个需要通过对所假定的解求导来间接得到。

**例 9.2** 求图 9.4(a)所示电路中 $v_C(t)$ 在 $t > 0$ 时的表达式。

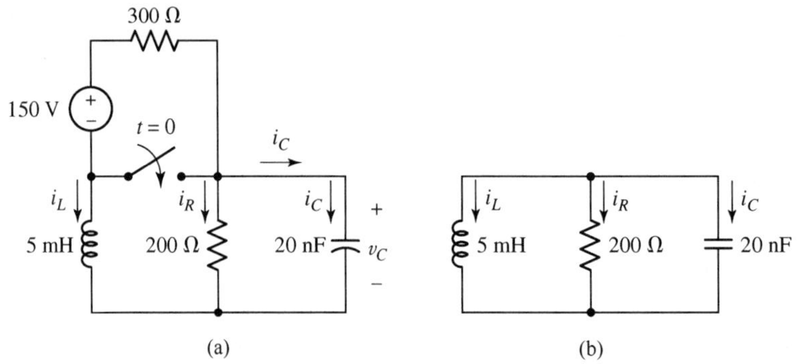


图 9.4 (a) 一个 *RLC* 电路，在 $t = 0$ 时变为无源电路；(b) $t > 0$ 时的电路，其中由于开关的作用，150 V电源和300 Ω电阻被短路，因此不再与 $v_C$ 相关

**解：明确题目的要求**

需要求开关闭合后的电容电压。开关闭合则断开了连接到电感或电容上的电源。

**收集已知信息**

开关闭合后，电容与 200 Ω 电阻和 5 mH 电感并联，如图 9.4(b) 所示。因此，$\alpha = 1/(2RC) = 125\ 000\ \text{s}^{-1}$，$\omega_0 = 1/\sqrt{LC} = 100\ 000$ rad/s，$s_1 = -\alpha + \sqrt{\alpha^2 - \omega_0^2} = -50\ 000\ \text{s}^{-1}$，$s_2 = -\alpha - \sqrt{\alpha^2 - \omega_0^2} = -200\ 000\ \text{s}^{-1}$。

**设计方案**

因为 $\alpha > \omega_0$，所以该电路为过阻尼电路，电容电压的形式为

$$v_C(t) = A_1 e^{s_1 t} + A_2 e^{s_2 t}$$

已知 $s_1$ 和 $s_2$，需要利用初始条件来确定 $A_1$ 和 $A_2$。为此，需要分析 $t = 0^-$ 时的电路，如图 9.5(a)所示，求 $i_L(0^-)$ 和 $v_C(0^-)$。假设这些值不发生变化，然后分析 $t = 0^+$ 时的电路。

**建立一组合适的方程**

在图 9.5(a)中，电感短路且电容开路，可以得到

$$i_L(0^-) = -\frac{150}{200+300} = -300\ \text{mA}$$

和

$$v_C(0^-) = 150\frac{200}{200+300} = 60\ \text{V}$$

在图 9.5(b) 中，画出 $t=0^+$ 时的电路，其中分别用电源表示电感电流和电容电压以简化电路。因为这两个量都不能在零时间内发生变化，因此 $v_C(0^+)=60$ V。

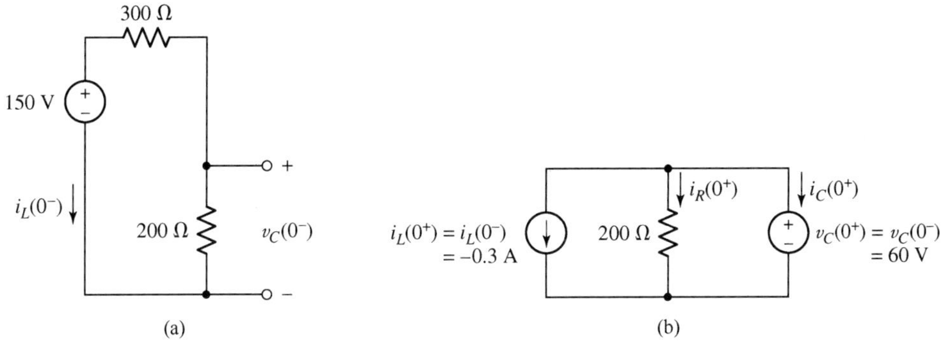


图 9.5　(a) $t=0^-$ 时的等效电路；(b) $t=0^+$ 时的等效电路，利用理想电源表示初始电感电流和初始电容电压

### 确定是否还需要其他信息

已经得到电容电压方程：$v_C(t) = A_1 e^{-50\,000t} + A_2 e^{-200\,000t}$。现在已知 $v_C(0)=60$ V，但仍需要第三个方程。对电容电压方程进行微分：

$$\frac{dv_C}{dt} = -50\,000A_1e^{-50\,000t} - 200\,000A_2e^{-200\,000t}$$

可以将它表示成电容电流 $i_C = C(dv_C/dt)$。回到图 9.5(b)，利用基尔霍夫电流定律可以得到

$$i_C(0^+) = -i_L(0^+) - i_R(0^+) = 0.3 - [v_C(0^+)/200] = 0$$

### 尝试求解

应用第一个初始条件，得到

$$v_C(0) = A_1 + A_2 = 60$$

应用第二个初始条件，得到

$$i_C(0) = -20\times10^{-9}(50\,000A_1 + 200\,000A_2) = 0$$

求解可得 $A_1 = 80$ V 和 $A_2 = -20$ V，所以

$$v_C(t) = 80e^{-50\,000t} - 20e^{-200\,000t}\ \text{V},\quad t>0$$

### 验证结果是否合理或是否与预计结果一致

我们至少可以验证 $t=0$ 时的结果。验证得到 $v_C(0)=60$ V。求导并乘以 $20\times10^{-9}$ 也可以验证 $i_C(0)=0$。同样，$t>0$ 以后的电路是无源的，$v_C(t)$ 最终将在 $t$ 趋于无穷大时衰减至零，答案与此也是相符的。

## 练习

9.2 图9.6所示电路中的开关已经打开很长时间了，在 $t=0$ 时闭合。求：(a) $i_L(0^-)$；(b) $v_C(0^-)$；(c) $i_R(0^+)$；(d) $i_C(0^+)$；(e) $v_C(0.2)$。

答案：(a) 1 A；(b) 48 V；(c) 2 A；(d) −3 A；(e) −17.54 V。

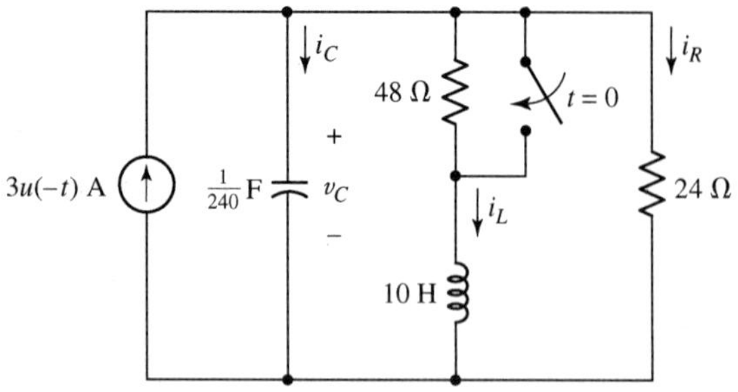


图9.6

前面已经提到，过阻尼响应的形式可以适用于任何电压和电流量，在下面的例子中可以看到这一结论。

**例9.3** $t=0$ 之后图9.7(a)所示电路可以简化成一个简单并联 *RLC* 电路。求电阻电流 $i_R$ 对所有时间有效的表达式。

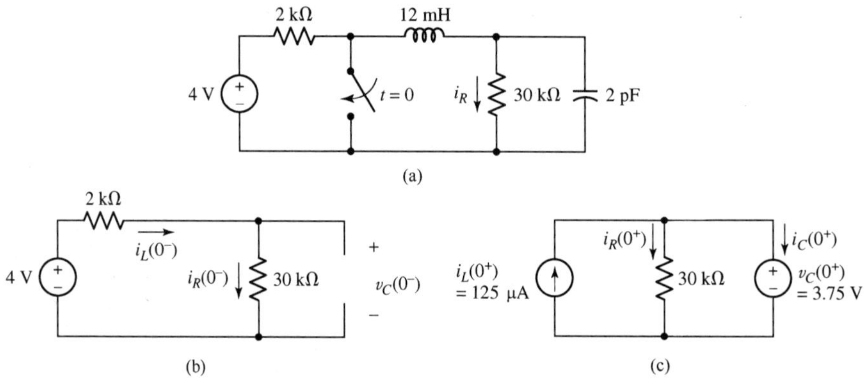


图9.7 (a) 需要求 $i_R$ 的电路；(b) $t=0^-$ 时的等效电路；(c) $t=0^+$ 时的等效电路

**解**：$t>0$ 时，该电路为并联 *RLC* 电路，其中 $R=30\ \text{k}\Omega$，$L=12\ \text{mH}$，$C=2\ \text{pF}$，则 $\alpha=8.333\times10^6\ \text{s}^{-1}$，$\omega_0=6.455\times10^6\ \text{rad/s}$，因而是一个过阻尼响应，且 $s_1=-3.063\times10^6\ \text{s}^{-1}$，$s_2=-13.60\times10^6\ \text{s}^{-1}$。因此，

$$i_R(t)=A_1\text{e}^{s_1t}+A_2\text{e}^{s_2t},\qquad t>0 \qquad [18]$$

为了确定 $A_1$ 和 $A_2$ 的值，首先分析 $t=0^-$ 时的电路，如图9.7(b)所示，可以看到 $i_L(0^-)=i_R(0^-)=4/32\times10^3=125\ \mu\text{A}$，$v_C(0^-)=4\times30/32=3.75\ \text{V}$。

在 $t=0^+$ 时的电路中，如图9.7(c)所示，我们只知道 $i_L(0^+)=125\ \mu\text{A}$，$v_C(0^+)=3.75\ \text{V}$。但是，根据欧姆定律可以计算得到 $i_R(0^+)=3.75/30\times10^3=125\ \mu\text{A}$，这是第一个初始条件。因此，

$$i_R(0)=A_1+A_2=125\times10^{-6} \qquad [19]$$

如何得到第二个初始条件呢？如果将式[18]乘以 $30\times10^3$，可以得到 $v_C(t)$ 的表达式。对它求导并乘以 2 pF，得到 $i_C(t)$ 的表达式为

$$i_C=C\frac{\text{d}v_C}{\text{d}t}=(2\times10^{-12})(30\times10^3)(A_1s_1\text{e}^{s_1t}+A_2s_2\text{e}^{s_2t})$$

根据基尔霍夫电流定律可得 $\quad i_C(0^+)=i_L(0^+)-i_R(0^+)=0$

因此， $-(2\times10^{-12})(30\times10^{3})(3.063\times10^{6}A_1+13.60\times10^{6}A_2)=0$ [20]

求解式[19]和式[20]，得到 $A_1=161.3\ \mu A$，$A_2=-36.34\ \mu A$。因此，

$$i_R=\begin{cases}125\ \mu\text{A}, & t<0\\ 161.3\text{e}^{-3.063\times10^6 t}-36.34\text{e}^{-13.6\times10^6 t}\ \mu\text{A}, & t>0\end{cases}$$

## 练习

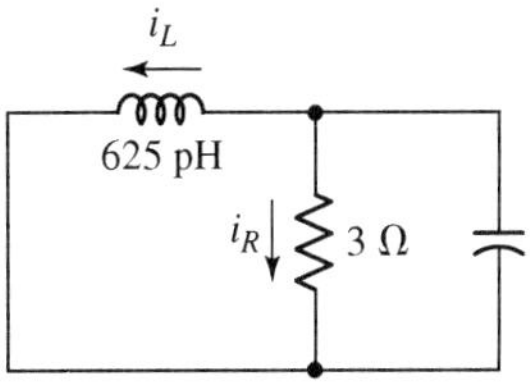

图 9.8 练习 9.3 的电路

9.3 电路如图 9.8 所示，如果 $i_L(0^-)=6$ A，$v_C(0^+)=0$ V，$t>0$，求流过电阻的电流 $i_R$，电路在 $t=0$ 之前的结构未知。

答案：$i_R(t)=2.437(\text{e}^{-7.823\times10^{10}t}-\text{e}^{-0.511\times10^{10}t})$ A。

## 过阻尼响应的图形表示

现在分析式[17]，看看是否可以得到关于该电路的一些额外信息。可以把第一个指数项的时间常数看成 1 s，而另一项的时间常数看成 1/6 s。两者都从单位幅度开始衰减，但后者衰减得更快，并且 $v(t)$ 始终为正。随着时间趋于无穷大，每项都趋于零，最终响应消失。因此响应曲线在 $t=0$ 时为零，在 $t=\infty$ 时为零，并且始终为非负。因为该响应不是处处为零，所以必定有一个最大值并且不难计算。对响应进行微分：

$$\frac{\text{d}v}{\text{d}t}=84(-\text{e}^{-t}+6\text{e}^{-6t})$$

令导数等于零，求电压取得最大值的时刻 $t_m$：

$$0=-\text{e}^{-t_m}+6\text{e}^{-6t_m}$$

再运算一次： $\text{e}^{5t_m}=6$

可得 $t_m=0.358$ s

和 $v(t_m)=48.9$ V

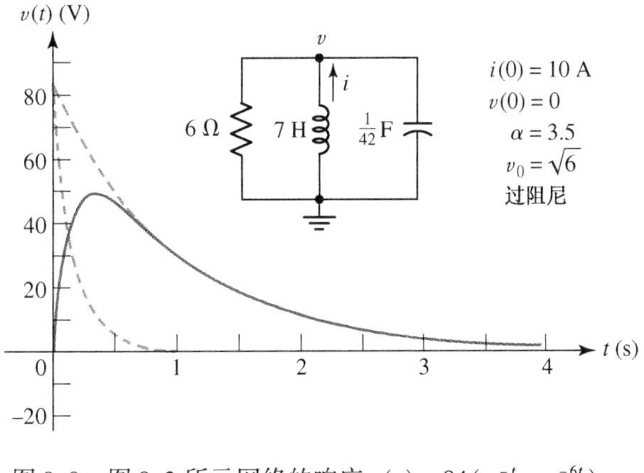

图 9.9 图 9.3 所示网络的响应 $v(t)=84(\text{e}^{-t}-\text{e}^{-6t})$

分别画出两个指数项 $84\text{e}^{-t}$ 和 $84\text{e}^{-6t}$ 的曲线，然后取它们的差值便可以得到响应曲线，如图 9.9 所示，这两个指数项用虚线表示，它们的差值[即总响应 $v(t)$]用实线画出。该曲线也可以验证前面的预测，对于较大的 $t$，函数 $v(t)$ 的特性主要表现为 $84\text{e}^{-t}$，即包含 $s_1$ 和 $s_2$ 中幅度较小的指数项。

人们经常会问的一个问题是，响应的瞬态实际需要多长时间会发生部分消失(或衰减掉)。实际上，希望瞬态响应越快趋于零越好，就是要求**下降时间** $t_s$ 最小。当然从理论上讲，$t_s$ 为无穷大，因此 $v(t)$ 在有限时间内永远不会达到零。但是当 $v(t)$ 的幅度下降到低于最大绝对值 $|v_m|$ 的 1% 时，该存在的响应可以忽略。下降到这个值所需的时间定义为下降时间。在本例中，因为 $|v_m|=v_m=48.9$ V，因此下降时间是响应下降到 0.489 V 时所需的时间。用该值替代式[17]中的 $v(t)$ 并忽略第二个指数项，可求得下降时间为 5.15 s。

**例 9.4** 当 $t>0$ 时，某无源并联 *RLC* 电路中的电容电流为 $i_C(t)=2\text{e}^{-2t}-4\text{e}^{-t}$ A。画出 $0<t<5$ s 范围内电流的曲线并计算下降时间。

**解**：首先画出两个单独项所表示的曲线，如图 9.10 所示，然后将它们相减得到 $i_C(t)$。显然，最大值为 $|-2|=2$ A。因此需要求出 $|i_C|$ 减小到 20 mA 时所需的时间，或

$$2e^{-2t_s}-4e^{-t_s}=-0.02 \quad [21]$$

可以使用科学计算器的迭代方法求出结果为 $t_s=5.296$ s。如果没有这个计算器，则可以将 $t\geqslant t_s$ 时的式[21]近似为

$$-4e^{-t_s}=-0.02 \quad [22]$$

解得

$$t_s=-\ln\left(\frac{0.02}{4}\right)=5.298\ \text{s} \quad [23]$$

它非常接近于精确解(精度优于 0.1%)。

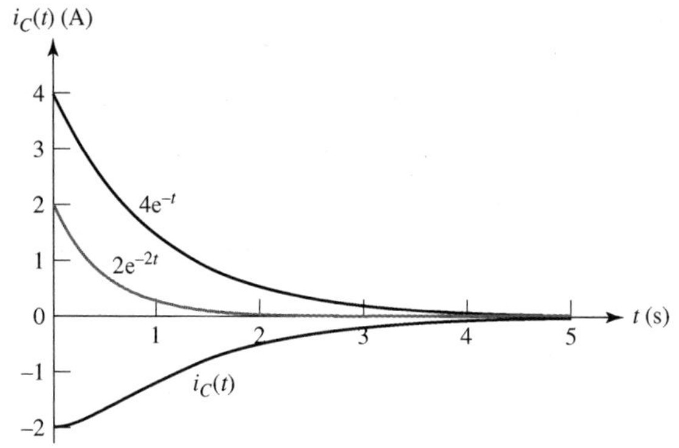


图 9.10 电流响应 $i_C(t)=2e^{-2t}-4e^{-t}$ A 及其两个单独项所表示的曲线

## 练习

9.4 (a) 画出电压 $v_R(t)=2e^{-t}-4e^{-3t}$ V 在 $0<t<5$ s 范围内的曲线；(b) 估计下降时间；(c) 计算最大正值以及出现该值的时间。

答案：(a) 参见图 9.11；(b) 5.9 s；(c) 544 mV，896 ms。

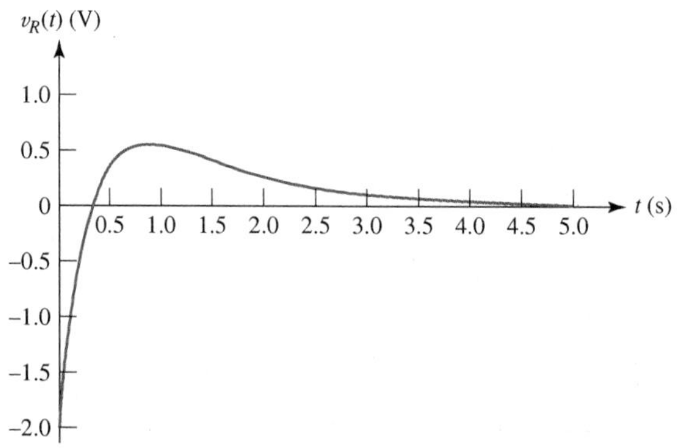


图 9.11 练习 9.4 的(a)的响应曲线

# 9.3 临界阻尼响应

过阻尼情况的特征是

$$\alpha>\omega_0$$

或

$$LC>4R^2C^2$$

这使得 $s_1$ 和 $s_2$ 都是负实数，响应被表示成两个负指数的代数和。

现在调整元件值使得 $\alpha$ 和 $\omega_0$ 相等。这是一种非常特殊的情况，称为**临界阻尼**。如果试着构造一个属于临界阻尼的并联 *RLC* 电路，那么可能是在做一件不可能的事情，因为不可能使 $\alpha$ 和 $\omega_0$ 完全相等。但是考虑到完整性，我们将讨论临界阻尼电路，因为它是过阻尼和欠阻尼之间的一个过渡。

说明：所谓“不可能”是一种很强的语气，这么说是因为在实际中很难使元件的实际值在 1% 范围以内接近其标称值，因此得到精确等于 $4R^2C$ 的 $L$，只是在理论上有可能。即使为了找到正确的参数而愿意测量大量的元件，也不太可能实现。

当满足下式时得到临界阻尼：

$$\alpha = \omega_0$$

或

$$LC = 4R^2C^2$$

$$L = 4R^2C$$

在 9.1 节最后讨论的例子中，通过改变 3 个元件中任何一个的值可以达到临界阻尼。我们来改变 $R$：增大 $R$ 的值直至达到临界阻尼，这时 $\omega_0$ 保持不变。得到 $R$ 等于 $7\sqrt{6}/2\ \Omega$；$L$ 仍为 7 H，$C$ 保持 1/42 F 不变，因此求得

$$\alpha = \omega_0 = \sqrt{6}\ \mathrm{s}^{-1}$$

$$s_1 = s_2 = -\sqrt{6}\ \mathrm{s}^{-1}$$

指定的初始条件为 $v(0)=0$，$i(0)=10$ A。

## 临界阻尼响应的形式

假定响应是两个指数的和：　$v(t) \stackrel{?}{=} A_1 e^{-\sqrt{6}t} + A_2 e^{-\sqrt{6}t}$

可以写成　$v(t) \stackrel{?}{=} A_3 e^{-\sqrt{6}t}$

此时，可能会感觉失去了求解的方向。得到的响应只包含一个常数，但却有两个初始条件：$v(0)=0$ 和 $i(0)=10$ A。这个唯一的常数必须满足这两个条件。如果设 $A_3=0$，那么 $v(t)=0$，这与初始电容电压一致。但是，尽管在 $t=0^+$ 时刻电容中没有能量，然而在电感中却存储了 350 J 的初始能量，这将导致瞬态电流流出电感，使得所有 3 个元件的两端都有非零电压。这与我们提出的结果相矛盾。

以上的数学推导和电路分析过程都很严密，因此如果以上的推导并没有错误却造成了现在的困境，那必然是由于从一个并不正确的假定开始所导致的。而前面只做了一个假定，即假定微分方程的解具有上面的形式。现在看来，对于临界阻尼这种特殊情形，这个假定并不正确。当 $\alpha=\omega_0$ 时，微分方程式[4]变为

$$\frac{d^2v}{dt^2} + 2\alpha\frac{dv}{dt} + \alpha^2 v = 0$$

该方程的解并不难求得，但我们在这里不求解该方程，因为任何一本微分方程教科书中都可以找到这种标准类型的方程。方程的解为

$$v = e^{-\alpha t}(A_1 t + A_2) \qquad [24]$$

必须注意，该解仍然可以表示成两项之和，其中一项是我们熟悉的负指数，另一项是一个负指数的 $t$ 倍。还应该注意方程的解包含两个待定常数。

## 求 $A_1$ 和 $A_2$

现在来完成上面的数值例子。将 $\alpha$ 的已知值代入式[24]，得到

$$v = A_1 t\mathrm{e}^{-\sqrt{6}t} + A_2\mathrm{e}^{-\sqrt{6}t}$$

首先，利用 $v(t)$ 本身的初始条件 $v(0)=0$ 来确定 $A_1$ 和 $A_2$ 的值，得到 $A_2=0$。得到这个简单结果是因为已选取了响应 $v(t)$ 的初始值为零，而对于一般情形，通常需要联立求解两个方程来解出 $A_1$ 和 $A_2$。与阻尼情形一样，第二个初始条件必须在导数 $\mathrm{d}v/\mathrm{d}t$ 中使用。因此，我们对 $v$ 进行求导，并记住已得到了 $A_2=0$，这时

$$\frac{\mathrm{d}v}{\mathrm{d}t} = A_1 t(-\sqrt{6})\mathrm{e}^{-\sqrt{6}t} + A_1\mathrm{e}^{-\sqrt{6}t}$$

计算 $t=0$ 时的值：

$$\left.\frac{\mathrm{d}v}{\mathrm{d}t}\right|_{t=0} = A_1$$

用初始电容电流来表示该导数：

$$\left.\frac{\mathrm{d}v}{\mathrm{d}t}\right|_{t=0} = \frac{i_C(0)}{C} = \frac{i_R(0)}{C} + \frac{i(0)}{C}$$

其中，$i_C$，$i_R$ 和 $i$ 的参考方向如图 9.3 所示，因此

$$A_1 = 420\ \mathrm{V}$$

所以响应为

$$v(t) = 420t\mathrm{e}^{-2.45t}\ \mathrm{V} \qquad [25]$$

## 临界阻尼响应的图形表示

在详细画出该响应之前，先通过定性分析确定它的形状。指定的初始值为零，并且满足式[25]。显然不能立刻得出响应随 $t$ 变为无穷大而趋于零，因为 $t\mathrm{e}^{-2.45t}$ 是一个不确定的形式。但是很容易利用洛必达(L' Hôspital)法则来解决这个难题，从而可以得到

$$\lim_{t\to\infty} v(t) = 420 \lim_{t\to\infty} \frac{t}{\mathrm{e}^{2.45t}} = 420 \lim_{t\to\infty} \frac{1}{2.45\mathrm{e}^{2.45t}} = 0$$

再次看到该响应从零开始，以零终止，并且始终为正值。在 $t_m$ 时刻有一个最大值 $v_m$。对于本例有

$$t_m = 0.408\ \mathrm{s} \qquad \text{和} \qquad v_m = 63.1\ \mathrm{V}$$

该最大值大于过阻尼情况下得到的最大值，这是因为电阻越大，损失越小。出现最大值的时间比过阻尼情况下的晚。求解下式可以确定下降时间 $t_S$：

$$\frac{v_m}{100} = 420 t_s \mathrm{e}^{-2.45t_s}$$

则 $t_S$ 为(利用试探法或者计算器的 SOLVE 程序)

$$t_s = 3.12\ \mathrm{s}$$

这比过阻尼情况下得到的值(5.15 s)小得多。实际上可以证明，在 $L$ 和 $C$ 给定的情况下，选取 $R$ 值，使电路达到临界阻尼时，其下降时间比选取任何其他 $R$ 值使电路过阻尼时的下降时间都更小。不过，将电阻再增大一些还可以得到更好(即更小)的下降时间。轻微欠阻尼的响应将在它消失之前与时间轴相交，从而得到最短的下降时间。

临界阻尼响应曲线如图 9.12 所示，它与过阻尼(以及欠阻尼)情形的比较可参考图 9.17。

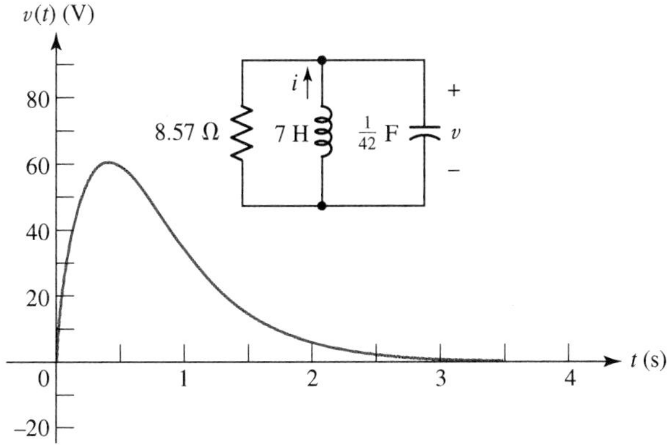


图 9.12 通过改变图 9.3 所示网络中的电阻 $R$ 得到的临界阻尼响应，$v(t)=420te^{-2.45t}$

**例 9.5** 选择 $R_1$ 的值使图 9.13 所示电路在 $t>0$ 时具有临界阻尼响应的特性，选择 $R_2$ 的值使 $v(0)=2$ V。

**解**：我们注意到在 $t=0^-$ 时，电流源工作，电感短路，因此 $R_2$ 两端的电压 $v(0^-)$ 为

$$v(0^-)=5R_2$$

选择 $R_2$ 的值等于 400 mΩ，得到 $v(0)=2$ V。

开关闭合后，电流源关闭，$R_2$ 被短路，则电路变为并联 *RLC* 电路，它包含 $R_1$、一个 4 H 电感以及一个 1 nF 电容。

通过计算可得（对于 $t>0$）

$$\alpha=\frac{1}{2RC}$$
$$=\frac{1}{2\times10^{-9}R_1}$$

和

$$\omega_0=\frac{1}{\sqrt{LC}}$$
$$=\frac{1}{\sqrt{4\times10^{-9}}}$$
$$=15\ 810\ \text{rad/s}$$

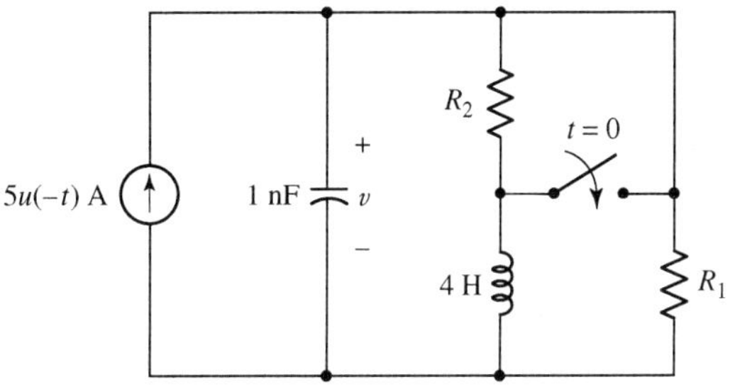


图 9.13 给定电路，在开关闭合后简化成一个并联*RLC*电路

因此，为了使电路在 $t>0$ 时具有临界阻尼响应，需要选择 $R_1=31.63$ kΩ。注意：尽管把结果舍入成 4 位有效位，这仍不是精确的临界阻尼响应（一种非常难以产生的情况）。

## 练习

9.5 电路如图 9.14 所示，(a) 选取 $R_1$ 的值使得 $t=0$ 之后的响应为临界阻尼响应；(b) 选取 $R_2$ 的值使 $v(0)=100$ V；(c) 求 $t=1$ ms 时的 $v(t)$。

答案：(a) 1 kΩ；(b) 250 Ω；(c) −212 V。

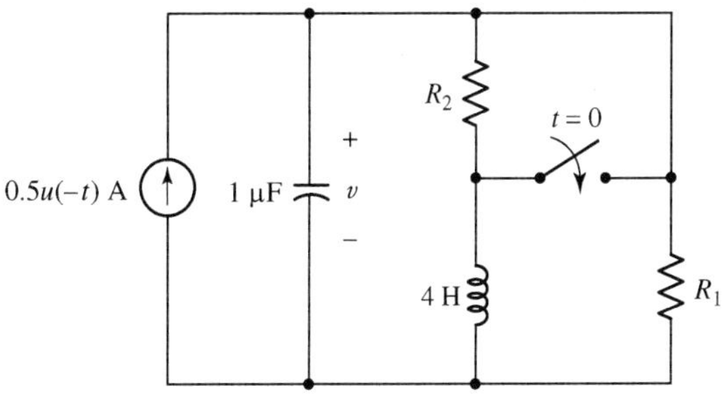


图 9.14

## 9.4 欠阻尼并联 *RLC* 电路

继续 9.3 节的分析，即再度增大 $R$，将得到称为**欠阻尼**响应的情形。因此，阻尼系数 $\alpha$ 减小，而 $\omega_0$ 保持不变，$\alpha^2$将小于 $\omega_0^2$，$s_1$ 和 $s_2$ 公式中根号内部为负数，这使得此时的响应呈现出与以前不同的特性，不过这时无须回到基本微分方程进行求解。利用复数可以将指数形式的响应表示为衰减的正弦响应。该响应完全由实量组成，这里的复量只用于推导①。

### 欠阻尼响应的形式

从指数形式开始：
$$v(t) = A_1 e^{s_1 t} + A_2 e^{s_2 t}$$

其中，
$$s_{1,2} = -\alpha \pm \sqrt{\alpha^2 - \omega_0^2}$$

然后设
$$\sqrt{\alpha^2 - \omega_0^2} = \sqrt{-1}\sqrt{\omega_0^2 - \alpha^2} = \mathrm{j}\sqrt{\omega_0^2 - \alpha^2}$$

其中，$\mathrm{j} \equiv \sqrt{-1}$。

> 说明：在电子工程中，使用“j”代替“i”来表示 $\sqrt{-1}$，以避免与电流相混淆。

现在采用新的平方根，对于欠阻尼情况，它是实数，我们称它为**本征谐振频率** $\omega_d$：

$$\omega_d = \sqrt{\omega_0^2 - \alpha^2}$$

现在响应可以写成
$$v(t) = e^{-\alpha t}(A_1 e^{\mathrm{j}\omega_d t} + A_2 e^{-\mathrm{j}\omega_d t}) \qquad [26]$$

或写成比较长的等效形式：

$$v(t) = e^{-\alpha t}\left\{(A_1 + A_2)\left[\frac{e^{\mathrm{j}\omega_d t} + e^{-\mathrm{j}\omega_d t}}{2}\right] + \mathrm{j}(A_1 - A_2)\left[\frac{e^{\mathrm{j}\omega_d t} - e^{-\mathrm{j}\omega_d t}}{\mathrm{j}2}\right]\right\}$$

应用附录 5 中的恒等式，上面方程中第一个方括号内的表达式等于 $\cos\omega_d t$，第二个方括号内的表达式等于 $\sin\omega_d t$，因此

$$v(t) = e^{-\alpha t}[(A_1 + A_2)\cos\omega_d t + \mathrm{j}(A_1 - A_2)\sin\omega_d t]$$

用新的符号表示乘积因子：
$$v(t) = e^{-\alpha t}(B_1\cos\omega_d t + B_2\sin\omega_d t) \qquad [27]$$

其中，式[26]和式[27]相等。

奇怪的是，最初表达式中有复数，但现在完全是实数。应该记住，最初允许 $A_1$，$A_2$，$s_1$ 和 $s_2$ 为复数。不管怎样，如果处理的是欠阻尼情形，那么已经得到了与复数无关的表达式，因此不必再考虑复数了。因为 $\alpha$，$\omega_d$ 和 $t$ 均为实量，所以 $v(t)$ 也必然是一个实量(它可以显示在示波器和电压计上，或者画在图纸上)。式[27]是所求的欠阻尼响应的函数形式，可以通过将它直接代入原来的微分方程，以验证其正确性，这项工作就留给那些心有疑虑的读者。同样，必须选取两个实常量 $B_1$ 和 $B_2$，以满足给定的初始条件。

回到图 9.3 所示的简单并联 *RLC* 电路，其中 $R = 6\ \Omega$，$C = 1/42$ F，$L = 7$ H，现在将电阻进

① 关于复数的复习可参阅附录 5。

一步增大到 10.5 Ω，因此

$$\alpha = \frac{1}{2RC} = 2\ \text{s}^{-1}$$

$$\omega_0 = \frac{1}{\sqrt{RLC}} = \sqrt{6}\ \text{s}^{-1}$$

且

$$\omega_d = \sqrt{\omega_0^2 - \alpha^2} = \sqrt{2}\ \text{rad/s}$$

除了常数未知，已经求得的响应为

$$v(t) = \text{e}^{-2t}(B_1 \cos\sqrt{2}t + B_2 \sin\sqrt{2}t)$$

## $B_1$ 和 $B_2$ 的值

确定这两个常数的过程同前面一样。如果仍然假定 $v(0)=0$，$i(0)=10$，那么 $B_1$ 必定为 0，因此

$$v(t) = B_2\text{e}^{-2t}\sin\sqrt{2}t$$

其导数为

$$\frac{\text{d}v}{\text{d}t} = \sqrt{2}B_2\text{e}^{-2t}\cos\sqrt{2}t - 2B_2\text{e}^{-2t}\sin\sqrt{2}t$$

在 $t=0$ 时刻为

$$\left.\frac{\text{d}v}{\text{d}t}\right|_{t=0} = \sqrt{2}B_2 = \frac{i_C(0)}{C} = 420$$

其中，$i_C$ 如图 9.3 所示定义，因此 $v(t) = 210\sqrt{2}\text{e}^{-2t}\sin\sqrt{2}t$。

## 欠阻尼响应的图形表示

同前面一样，因为加入了初始电压条件，所以这个响应函数的初始值为零，同时因为当 $t$ 较大时指数项消失，因此该响应的终值为零。随着 $t$ 从零增大到某个小的正值，$v(t)$ 将以 $210\sqrt{2}\ \sin\sqrt{2}t$ 的规律增大，因为此时指数项仍近似为 1。但是在某个时刻 $t_m$，指数项开始快速衰减，其衰减速度比 $\sin\sqrt{2}t$ 增长速度更快，于是 $v(t)$ 在达到某个最大值 $v_m$ 后开始减小。需要指出的是，$t_m$ 并不是 $\sin\sqrt{2}t$ 达到最大值时的 $t$ 值，但它必定在 $\sin\sqrt{2}t$ 达到最大值之前。

当 $t=\pi/\sqrt{2}$ 时，$v(t)$ 等于零，因此在 $\pi/\sqrt{2} < t < \sqrt{2}\pi$ 区间内响应为负，在 $t=\sqrt{2}\pi$ 时响应再度为零。因此，$v(t)$ 是一个时间的振荡函数，在无限多个时刻(即 $t=n\pi/\sqrt{2}$ 处)与时间轴相交，其中 $n$ 为正整数。不过，在本例中，电路的响应只是轻微欠阻尼，指数项使得该函数快速地衰减，因此在该图中并不能看到更多的交点。

随着 $\alpha$ 的减小，响应的振荡特性越来越明显。如果 $\alpha$ 为零，即电阻取无穷大，那么 $v(t)$ 是一个无阻尼正弦波，以恒定幅度振荡。这种情况下，不存在 $v(t)$ 下降并保持在其最大值的 1% 以下的时刻，所以下降时间为无限大。不过，在实际中振荡过程不可能永远持续。这里之所以得到无阻尼正弦波，是因为假定了电路中具有一个初始能量，但并没有给出任何消耗该能量的方式，于是能量最初位于电感，然后转到电容，接着又回到电感，如此反复，以至无穷。

## 有限电阻的作用

阻值有限的电阻 $R$ 在并联 $RLC$ 电路中充当能量的某种转移媒介，每当能量从 $L$ 转移到 $C$ 或者从 $C$ 转移到 $L$ 时，电阻就会消耗一部分能量，不久，它就会消耗完所有的能量，以至于 $L$

和 $C$ 上均没有能量，也没有电压和电流。不过，实际的并联 $RLC$ 电路可以将 $R$ 取得足够大，使得自然无阻尼振荡可以持续几年而无须额外补充能量。

回到本例，通过求导确定 $v(t)$ 的第一个最大值：

$$v_{m_1} = 71.8\ \text{V} \qquad t_{m_1} = 0.435\ \text{s}$$

以及后续的最小值 $$v_{m_2} = -0.845\ \text{V} \qquad t_{m_2} = 2.66\ \text{s}$$

依次类推。响应曲线如图 9.15 所示。图 9.16 中画出了几种欠阻尼电路的响应曲线。

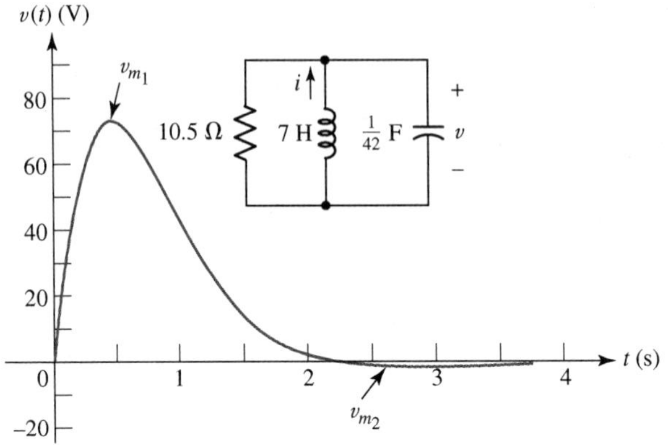


图 9.15　图 9.3 所示电路中增大 $R$ 产生的欠阻尼响应 $v(t) = 210\sqrt{2}\,e^{-2t}\sin\sqrt{2}t$

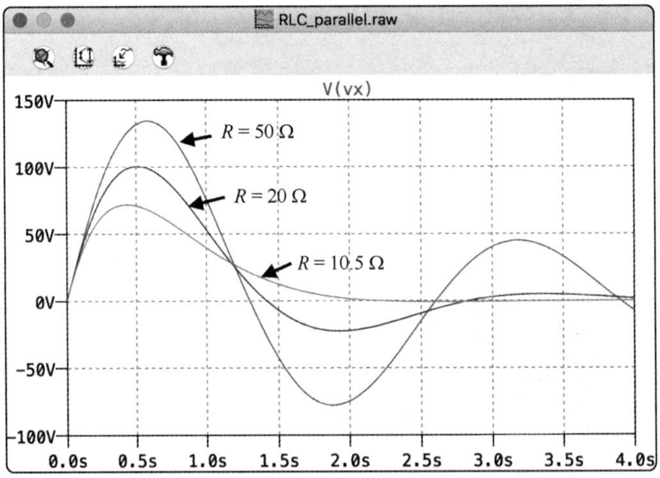


图 9.16　该网络对 3 个不同的电阻值进行仿真得到的欠阻尼电压响应，随着R的增大，振荡的特性变得更明显

通过试探法可以求得下降时间，对于 $R = 10.5\ \Omega$，下降时间为 2.92 s，它比临界阻尼时的更小。注意，$t_s$ 比 $t_{m_2}$ 大，这是因为 $v_{m_2}$ 的幅度比 $v_{m_1}$ 的幅度的 1% 大。这表明稍微减小 $R$ 可以减小负峰的幅度，并使得 $t_s$ 小于 $t_{m_2}$。

该网络的过阻尼、临界阻尼和欠阻尼响应的 LTspice 仿真结果如图 9.17 所示，对它们进行比较可以得到以下的一般结论：

- 当通过增加并联电阻来改变阻尼时，响应的最大幅度将增大，阻尼将减小。
- 当处于欠阻尼时，响应开始振荡，轻微欠阻尼时的响应具有最小的下降时间。

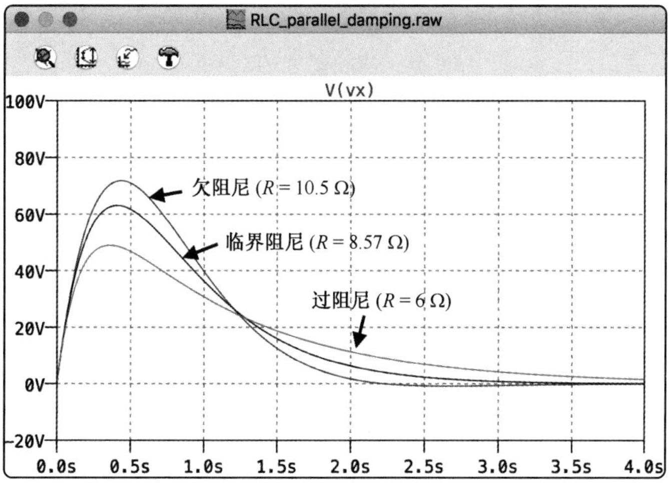


图 9.17 通过改变并联电阻对例题中的网络进行仿真得到的过阻尼、临界阻尼和欠阻尼电压响应

**例 9.6** 对于图 9.18(a)所示电路，求 $i_L(t)$ 并画出波形。

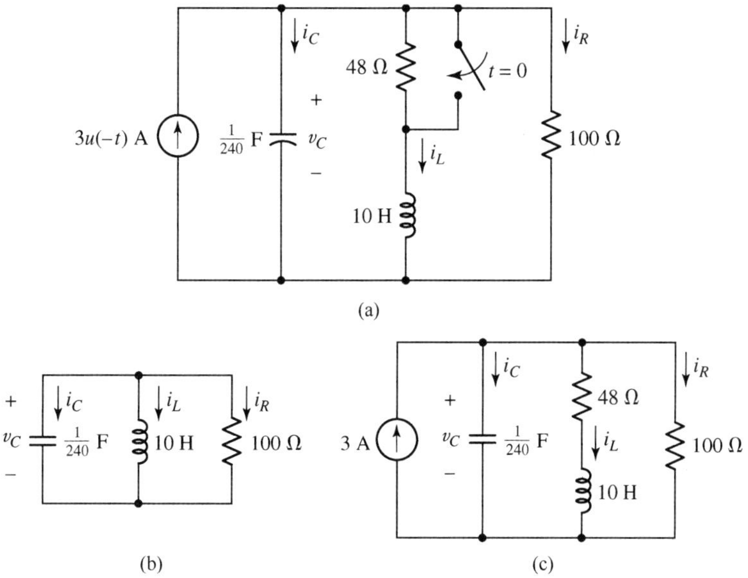


图 9.18 (a) 并联 *RLC* 电路，需要求电流 $i_L(t)$；(b) $t \geq 0$ 时的电路；(c) 确定初始条件的电路

**解：** 在 $t=0$ 时，3 A 电源和 48 Ω 电阻都被移走，得到如图 9.18(b)所示的电路。因此，$\alpha=1.2\ \text{s}^{-1}$，$\omega_0=4.899$ rad/s。因为 $\alpha<\omega_0$，所以电路为欠阻尼电路，响应形式为

$$i_L(t) = e^{-\alpha t}(B_1 \cos \omega_d t + B_2 \sin \omega_d t) \qquad [28]$$

其中，$\omega_d=\sqrt{\omega_0^2-\alpha^2}=4.750$ rad/s。接下来求解 $B_1$ 和 $B_2$。

图 9.18(c)所示为 $t=0^-$ 时的电路。将电感短路，电容开路，得到的结果是 $v_C(0^-)=97.30$ V，$i_L(0^-)=2.027$ A。这两个量都不能在零时间间隔内变化，因此 $v_C(0^+)=97.30$ V，$i_L(0^+)=2.027$ A。

将 $i_L(0)=2.027$ 代入式[28]，得到 $B_1=2.027$ A。为了确定另一个常数，首先对式[28]进行微分：

$$\begin{aligned}\frac{\mathrm{d}i_L}{\mathrm{d}t} &= \mathrm{e}^{-\alpha t}(-B_1\omega_d \sin\omega_d t + B_2\omega_d\cos\omega_d t)\\ &\quad -\alpha \mathrm{e}^{-\alpha t}(B_1\cos\omega_d t + B_2\sin\omega_d t)\end{aligned} \qquad [29]$$

注意，$v_L(t)=L(\mathrm{d}i_L/\mathrm{d}t)$。参考图9.18(b)所示电路，可以看到$v_L(0^+)=v_C(0^+)=97.3$ V。因此，将式[29]乘以$L=10$ H，并设$t=0$，求得

$$v_L(0) = 10(B_2\omega_d) - 10\alpha B_1 = 97.3$$

求解可得$B_2=2.561$ A，以及

$$i_L = \mathrm{e}^{-1.2t}(2.027\cos 4.75t + 2.561\sin 4.75t)\ \mathrm{A}$$

其波形如图9.19所示。

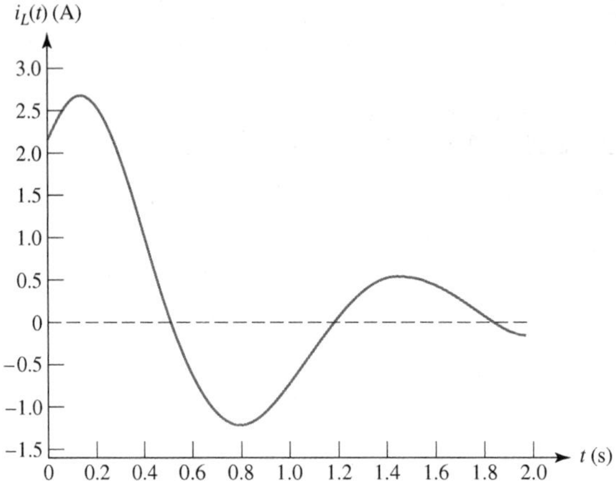


图9.19 $i_L(t)$的波形，具有明显的欠阻尼响应的特点

## 练习

9.6 图9.20所示电路中的开关处于左边位置已有很长时间了，在$t=0$时移向右边。求：(a) $t=0^+$时的$\mathrm{d}v/\mathrm{d}t$；(b) $t=1$ ms时的$v$；(c) 使$v=0$且$t>0$的首个时间值$t_0$。

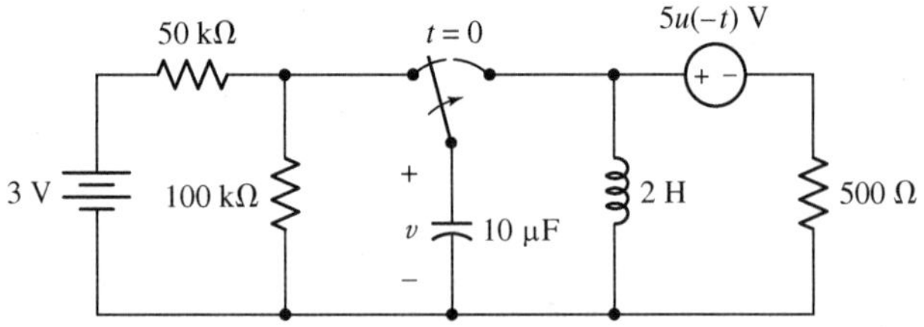


图9.20

答案：(a) −1400 V/s；(b) 0.695 V；(c) 1.609 ms。

## 计算机辅助分析

SPICE的一个很有用的特性就是能够对仿真得到的电压和电流进行数学运算。本例将利用这个特性来证明并联$RLC$电路中的能量传输，该能量从初始存储指定能量(1.25 μJ)的电容传输给没有初始储能的电感。

选择100 nF电容和7 μH电感，计算得到$\omega_0=1.195\times10^6\ \mathrm{s}^{-1}$。为了考虑过阻尼、临界阻尼和欠阻尼的情况，需要分别选取合适的并联电阻值，使得$\alpha>\omega_0$(过阻尼)，$\alpha=\omega_0$(临界阻尼)和$\alpha<\omega_0$(欠阻尼)。

从前面的分析已经知道，对于并联$RLC$电路，$\alpha=(2RC)^{-1}$。选取$R=4.1833$ Ω，使得电路接近于临界阻尼的情况，要使$\alpha$精确等于$\omega_0$是不可能的。如果增大电阻，则存储在其他两个元件中的能量将损耗得更慢，从而会得到欠阻尼响应。选取$R=100$ Ω可使电路处于这种情况。选取$R=1$ Ω(一个非常小的电阻)可以得到过阻尼响应。

因此要进行 3 个仿真，仿真过程中分别取上面选定的电阻值。电容初始存储的 1.25 μJ 能量相当于初始电容电压为 5 V，据此来设定电容的初始条件。由于这是二阶电路，需要两个初始值，也就是电感的初始储能为零，或者说电流等于零。

在 LTspice 中画出的电路图结果如图 9.21(a)所示。利用 SPICE 描述的**.ic = V(Vx) =5 I(L1) =0** 来设置电容的初始电压和电感的初始电流，其中 **Vx** 定义为电容的节点名称。利用 SPICE 描述的**.tran 3u** 来执行瞬态仿真，仿真时间终止于 3 μs(欠阻尼情况下，需要仿真的时间在 30 μs 以上才能完整显示振荡特性)。

接下来开始仿真，在波形窗口中单击 **Add Trace(s)**。我们希望画出在电感和电容上存储的能量随时间变化的曲线。对于电容，$w = 1/2C\,v^2$，所以在 **Expression(s) to Add to Plot** 区域输入等式，键入“**0.5 * 100E -9 * V(Vx) * V(Vx)**”，然后单击 **OK** 按钮。重复以上的步骤，用“7E -6”替代“100E -9”，用“**I(L1)**”替代“**V(Vx)**”，得到存储在电感上的能量。

图 9.21 所示的是 3 个仿真结果的图形。由于表达式使用的是电容和电感的无量纲系数，不是法拉或者亨利，因此图中的输出单位是 $V^2$ 和 $A^2$，也不是焦耳。在图 9.21(b)中，可以看到电路中剩余的能量不断地在电容和电感之间传输，直到能量被电阻完全(最终)消耗。将电阻值减小到4.1833 Ω 可以得到临界阻尼电路，能量输出如图 9.21(c)所示。在电容和电感之间的能量传输的振荡性大大减小。可以看到大约在 0.8 μs 时传输给电感的能量达到峰值，然后下降到零。过阻尼响应如图 9.21(d)所示。注意，在过阻尼情况下能量消耗得更快，并且传输给电感的能量非常少，因为大多数能量被电阻快速消耗了。

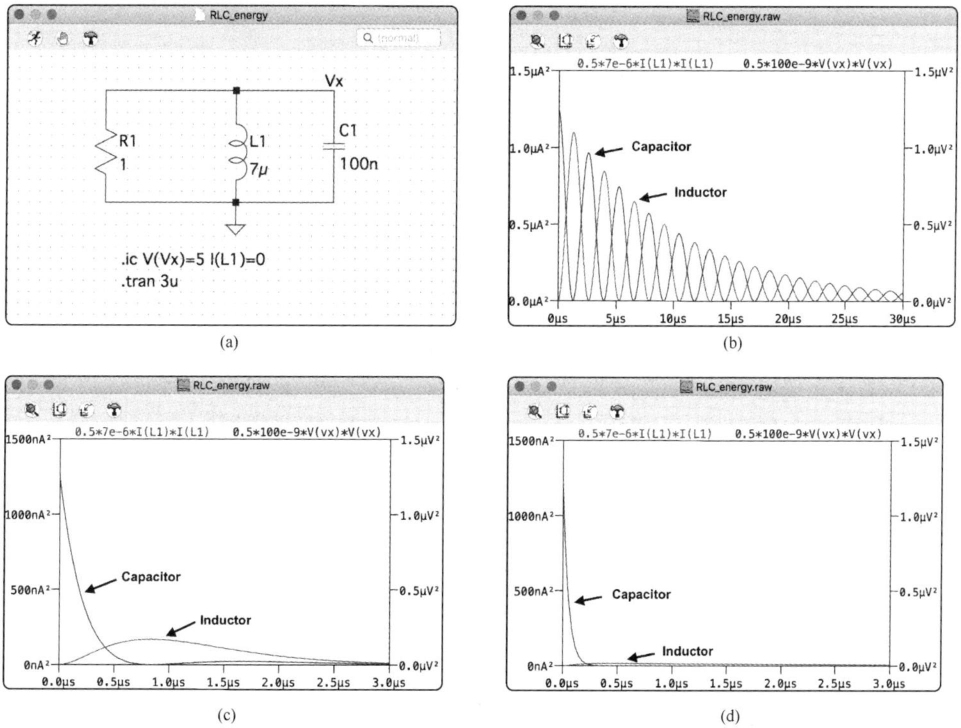


图 9.21　并联 *RLC* 电路中的能量传输。(a) 并联 *RLC* 电路；(b) $R = 100\ \Omega$(欠阻尼)；(c) $R = 4.1833\ \Omega$(临界阻尼)；(d) $R = 1\ \Omega$(过阻尼)

## 9.5 无源串联 RLC 电路

现在来确定由一个理想电阻、一个理想电感和一个理想电容串联而成的电路模型的自由响应。理想电阻可以表示连接到串联 LC 或 RLC 电路的物理电阻，可以表示电感中的欧姆损耗与铁磁损耗，可以表示所有其他损耗能量的器件。

串联 RLC 电路是并联 RLC 电路的对偶，这个事实使得该电路的分析非常简单。图 9.22(a)所示的是串联 RLC 电路，其基本微积分方程为

$$L\frac{\mathrm{d}i}{\mathrm{d}t}+Ri+\frac{1}{C}\int_{t_0}^{t} i\,\mathrm{d}t'-v_C(t_0)=0$$

可以将其与下面的并联 RLC 电路的方程进行比较：

$$C\frac{\mathrm{d}v}{\mathrm{d}t}+\frac{1}{R}v+\frac{1}{L}\int_{t_0}^{t} v\,\mathrm{d}t'-i_L(t_0)=0$$

并将并联 RLC 电路重新画出，如图 9.22(b) 所示。对这两个方程进行微分，得到的如下两个二阶方程仍是对偶的：

$$L\frac{\mathrm{d}^2i}{\mathrm{d}t^2}+R\frac{\mathrm{d}i}{\mathrm{d}t}+\frac{1}{C}i=0 \qquad [30]$$

$$C\frac{\mathrm{d}^2v}{\mathrm{d}t^2}+\frac{1}{R}\frac{\mathrm{d}v}{\mathrm{d}t}+\frac{1}{L}v=0 \qquad [31]$$

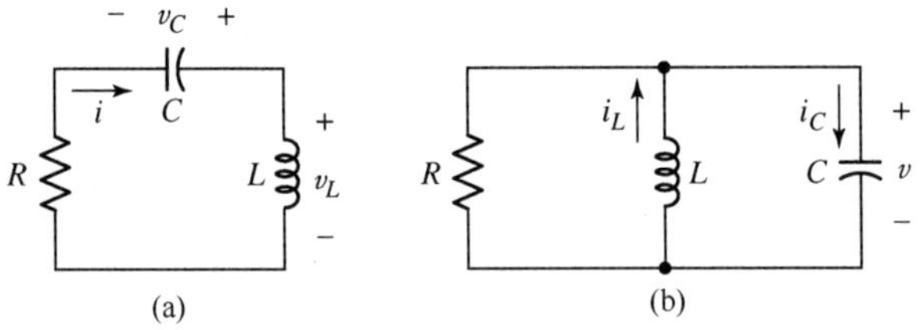


图 9.22 (a) 串联 RLC 电路；(b) 并联 RLC 电路。(a) 是(b)的对偶电路，当然元件值不相同

对并联 RLC 电路的完整讨论直接适用于串联 RLC 电路，电容电压和电感电流的初始条件等效于电感电流和电容电压的初始条件，电压响应变为电流响应。因此可以采用对偶语言重新描述前面 4 节的内容，从而得到关于串联 RLC 电路的完整描述。但实际上并不需要这个过程。

### 串联电路响应的简单总结

下面对串联电路响应进行一个简单的总结。电路如图 9.22(a)所示，过阻尼响应为

$$i(t)=A_1\mathrm{e}^{s_1t}+A_2\mathrm{e}^{s_2t}$$

其中，

$$s_{1,2}=-\frac{R}{2L}\pm\sqrt{\left(\frac{R}{2L}\right)^2-\frac{1}{LC}}=-\alpha\pm\sqrt{\alpha^2-\omega_0^2}$$

因此，

$$\alpha=\frac{R}{2L}$$

$$\omega_0 = \frac{1}{\sqrt{LC}}$$

临界阻尼响应的形式为 $$i(t) = e^{-\alpha t}(A_1 t + A_2)$$

欠阻尼响应为 $$i(t) = e^{-\alpha t}(B_1 \cos\omega_d t + B_2 \sin\omega_d t)$$

其中，
$$\omega_d = \sqrt{\omega_0^2 - \alpha^2}$$

⚠显然，如果以参数 $\alpha$，$\omega_0$ 和 $\omega_d$ 来表示，那么对偶情形下响应的数学形式完全相同。无论在串联电路还是并联电路中，增大 $\alpha$ 的值而保持 $\omega_0$ 不变，电路将趋于过阻尼响应。唯一需要注意的一点是，在计算 $\alpha$ 时对于并联电路等于 $1/(2RC)$，而对于串联电路等于 $R/(2L)$。因此，增大 $\alpha$ 可以通过增大串联电路中的电阻或者减小并联电路中的电阻来实现。为方便起见，并联和串联 *RLC* 电路的关键方程列在表 9.1 中。

**表 9.1 无源 *RLC* 电路相关方程的总结**

| 条件 | 判据 | $\alpha$ | $\omega_0$ | 响应 |
|---|---|---|---|---|
| 过阻尼 | $\alpha > \omega_0$ | $\frac{1}{2RC}$(并联)<br>$\frac{R}{2L}$(串联) | $\frac{1}{\sqrt{LC}}$ | $A_1 e^{s_1 t} + A_2 e^{s_2 t}$<br>其中，$s_{1,2} = -\alpha \pm \sqrt{\alpha^2 - \omega_0^2}$ |
| 临界阻尼 | $\alpha = \omega_0$ | $\frac{1}{2RC}$(并联)<br>$\frac{R}{2L}$(串联) | $\frac{1}{\sqrt{LC}}$ | $e^{-\alpha t}(A_1 t + A_2)$ |
| 欠阻尼 | $\alpha < \omega_0$ | $\frac{1}{2RC}$(并联)<br>$\frac{R}{2L}$(串联) | $\frac{1}{\sqrt{LC}}$ | $e^{-\alpha t}(B_1 \cos\omega_d t + B_2 \sin\omega_d t)$<br>其中，$\omega_d = \sqrt{\omega_0^2 - \alpha^2}$ |

**例 9.7** 给定图 9.23 所示的串联 *RLC* 电路，其中 $L = 1$ H，$R = 2$ kΩ，$C = 1/401$ μF，$i(0) = 2$ mA，$v_C(0) = 2$ V，求 $t > 0$ 时的 $i(t)$，并画出波形。

**解：** 求得 $\alpha = R/(2L) = 1000\ \text{s}^{-1}$，$\omega_0 = 1/\sqrt{LC} = 20\ 025$ rad/s，从而表明这是一个欠阻尼响应，计算出 $\omega_d$ 的值为20 000 rad/s。除了两个任意常量尚未求出，响应的形式是已知的，即

$$i(t) = e^{-1000t}(B_1 \cos 20\,000t + B_2 \sin 20\,000t)$$

因为已知 $i(0) = 2$ mA，将该值代入上式，可得

$$B_1 = 0.002\ \text{A}$$

因此，

$$i(t) = e^{-1000t}(0.002 \cos 20\,000t + B_2 \sin 20\,000t)\ \text{A}$$

剩下的初始条件必须应用于导数中，对响应求导：

$$\frac{di}{dt} = e^{-1000t}(-40 \sin 20\,000t + 20\,000 B_2 \cos 20\,000t - 2\cos 20\,000t - 1000 B_2 \sin 20\,000t)$$

和

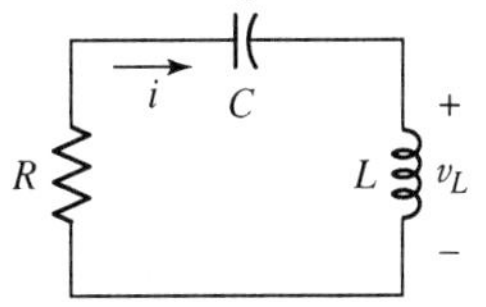


图 9.23 一个简单无源 *RLC* 电路，其中 $t = 0$ 时电感和电容中都存储着能量

$$\left.\frac{\mathrm{d}i}{\mathrm{d}t}\right|_{t=0}=20\,000B_2-2=\frac{v_L(0)}{L}$$

$$=\frac{v_C(0)-Ri(0)}{L}$$

$$=\frac{2-2000(0.002)}{1}=-2\ \mathrm{A/s}$$

可得

$$B_2=0$$

则响应为

$$i(t)=2\mathrm{e}^{-1000t}\cos 20\,000t\ \ \mathrm{mA}$$

首先画出两个指数包络 $2\mathrm{e}^{-1000t}$ 和 $-2\mathrm{e}^{-1000t}$，如图 9.24 中的虚线所示。正弦波的 1/4 周期点的位置为 $20\,000t=0$，$\pi/2$，$\pi$ 等，即 $t=0.078\,54k$ ms，$k=0,1,2,\cdots$。把这些点标注在时间轴上，即可快速地画出该振荡曲线。

利用上面的包络很容易求出下降时间。令 $2\mathrm{e}^{-1000t_s}$ mA 等于其最大值的 1%，即 2 mA，则有 $\mathrm{e}^{-1000t_s}=0.01$，因此 $t_s=4.61$ ms 是一个经常使用的近似值。

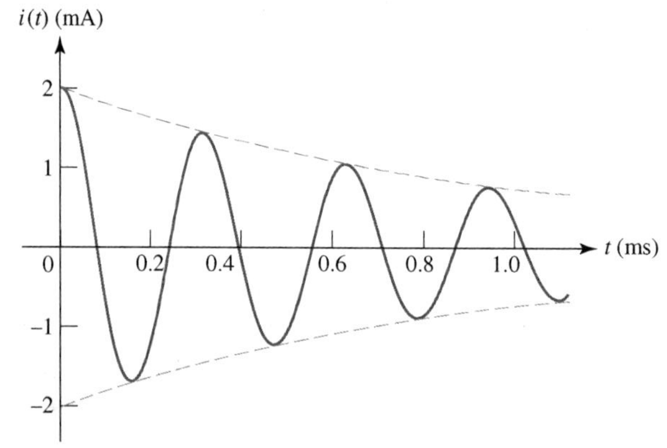


图 9.24　欠阻尼串联 *RLC* 电路的电流响应，其中 $\alpha=1000\ \mathrm{s}^{-1}$，$\omega_0=20\,000\ \mathrm{s}^{-1}$，$i(0)=2$ mA 且 $v_C(0)=2$ V。画出曲线的包络，以此来简化曲线的绘制，包络用一对虚线表示

## 练习

9.7　参考图 9.25 所示的电路，求：(a) $\alpha$；(b) $\omega_0$；(c) $i(0^+)$；(d) $\mathrm{d}i/\mathrm{d}t|_{t=0^+}$；(e) $i(12\ \mathrm{ms})$。

答案：(a) $100\ \mathrm{s}^{-1}$；(b) 224 rad/s；(c) 1 A；(d) 0；(e) −0.1204 A。

作为最后一个例子，考虑电路中包含受控源的情况。如果受控源的控制电流或电压不是我们关心的量，则可以简单求得连接到电感或电容两端的戴维南等效电路，否则必须写出合适的微积分方程并进行求导运算，然后对得到的微分方程进行求解。

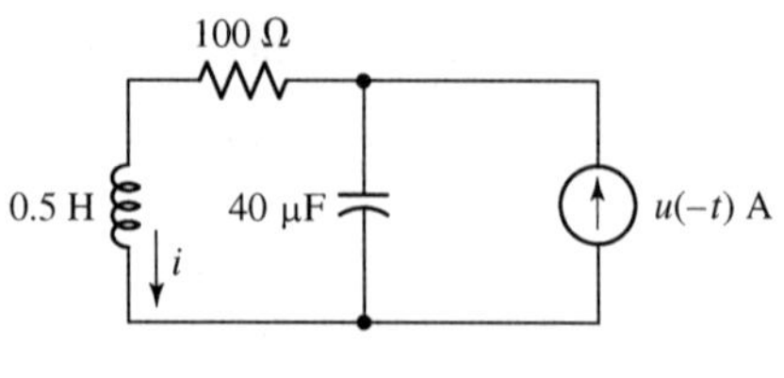


图 9.25

**例 9.8**　电路如图 9.26(a) 所示，求 $t>0$ 时 $v_C(t)$ 的表达式。

**解：** 由于只对 $v_C(t)$ 感兴趣，因此首先可以求得 $t=0^+$ 时刻与电感和电容串联的戴维南等效电阻。通过将一个 1 A 电源接入电路来求解该电阻，如图 9.26(b) 所示。从该电路可得

$$v_{\mathrm{test}}=11i-3i=8i=8(1)=8\ \mathrm{V}$$

因此，$R_{eq}=8\ \Omega$，从而 $\alpha=R/2L=0.8\ \text{s}^{-1}$，$\omega_0=1/\sqrt{LC}=10\ \text{rad/s}$，这意味着是一个欠阻尼响应，$\omega_d=9.968\ \text{rad/s}$，响应形式为

$$v_C(t)=\mathrm{e}^{-0.8t}(B_1\cos 9.968t+B_2\sin 9.968t) \qquad [32]$$

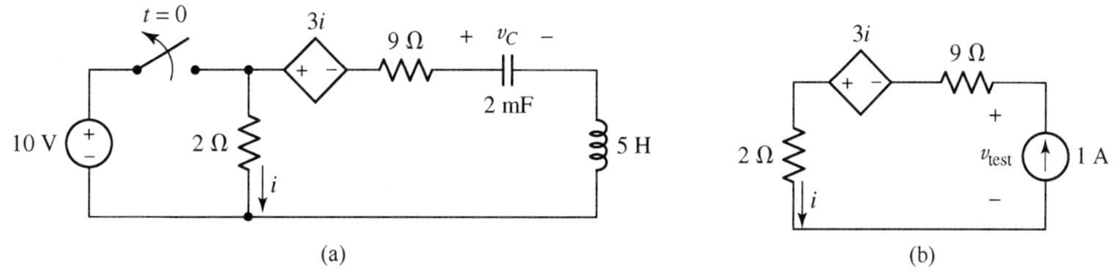


图 9.26　(a) 一个包含受控源的 RLC 电路；(b) 求 $R_{eq}$ 的电路

考虑 $t=0^-$ 时的电路。我们注意到，由于存在电容，所以 $i_L(0^-)=0$。根据欧姆定律，$i(0^-)=5$ A，因此

$$v_C(0^+)=v_C(0^-)=10-3i=10-15=-5\ \text{V}$$

将上面的条件代入式[32]，可得 $B_1=-5$ V。对式[32]求导并计算 $t=0$ 的值：

$$\left.\frac{\mathrm{d}v_C}{\mathrm{d}t}\right|_{t=0}=-0.8B_1+9.968B_2=4+9.968B_2 \qquad [33]$$

从图 9.26(a) 可以得到　$$i=-C\frac{\mathrm{d}v_C}{\mathrm{d}t}$$

因此，在式[33]中使用 $i(0^+)=i_L(0^-)=0$，可得到 $B_2=-0.4013$ V，由此写出

$$v_C(t)=-\mathrm{e}^{-0.8t}(5\cos 9.968t+0.4013\sin 9.968t)\ \text{V},\qquad t>0$$

该电路的 SPICE 仿真结果如图 9.27 所示，符合我们的分析结果。

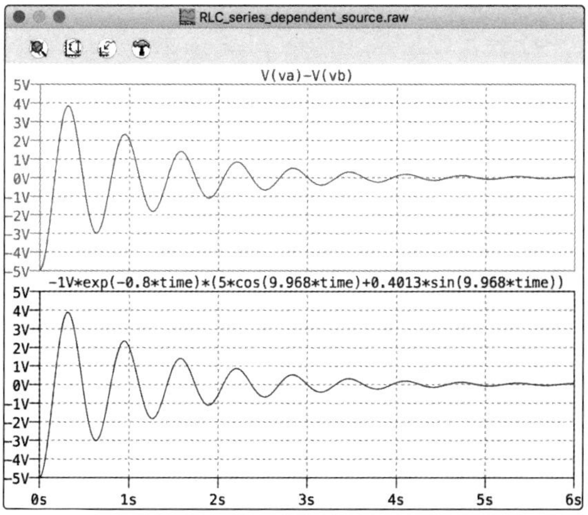


图 9.27　图 9.26(a)所示电路的 SPICE 仿真结果，曲线为电容两端的电压仿真结果[在仿真器中用**V(va) - V(vb)**定义)]与计算结果的比较。注意，在LTspice的波形设置控制按钮中需要使用**Use radian measure waveform expression**命令检查弧度与角度

### 练习

9.8 电路如图9.28所示，如果 $v_C(0^-)=10\ \text{V}$，$i_L(0^-)=0$，求 $t>0$ 时 $i_L(t)$ 的表达式。注意，尽管戴维南方法在这里没有用处，但是受控源将 $v_C$ 和 $i_L$ 关联起来，从而使电路方程成为一阶线性微分方程。

答案：$i_L(t)=-30e^{-300t}\ \text{A},\ t>0$。

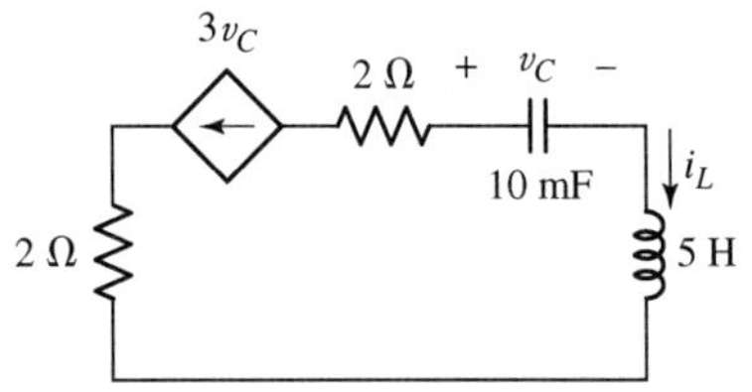


图9.28 练习9.8的电路

## 9.6 *RLC* 电路的完全响应

现在考虑接有直流电源的 *RLC* 电路，该电源会在电路中产生不随时间变为无穷大而消失的受迫响应。

按照与 *RL* 和 *RC* 电路相同的求解过程可以求得一般解，其基本步骤如下(可以不按此顺序)。

**求解 *RLC* 电路的步骤总结**

1. 确定初始条件。
2. 得到受迫响应的数值解。
3. 写出合适的自由响应的形式，包括所需要的待定系数。计算 $\alpha$ 和 $\omega_0$ 的值，以及判断属于欠阻尼、临界阻尼还是过阻尼的情况。
4. 将受迫响应和自由响应相加，得到全响应。
5. 利用初始条件，求响应及其导数在 $t=0$ 时的值，解出待定系数。

⚠对学生而言，最后一步是最麻烦的，因为要充分利用初始条件计算电路在 $t=0$ 时的值。对于包含直流电源的电路，其初始条件的确定与前面讨论过的无源电路初始条件的确定基本相同，但是在接下来的例题中还要再强调这个问题。

在确定和应用初始条件时产生的困惑主要是由于没有一套可以遵循的明确规则。对每个特定的问题进行分析时，都会发觉这个问题或多或少包含一些独特之处，这也是有难度的常见原因。

### 容易求得的部分响应

一个二阶系统的完全响应(假定为电压响应)包含一个受迫响应，对于直流激励来说它是常量，即

$$v_f(t)=V_f$$

此外还包含一个自由响应：

$$v_n(t)=Ae^{s_1t}+Be^{s_2t}$$

因此

$$v(t)=V_f+Ae^{s_1t}+Be^{s_2t}$$

假定已经通过电路和激励函数得到 $s_1$，$s_2$ 和 $V_f$，只有 $A$ 和 $B$ 需要待定。最后一个方程给出了 $A$，$B$，$v$ 和 $t$ 的函数依赖关系，代入 $t=0^+$ 时的已知 $v$ 值可以得到一个关于 $A$ 和 $B$ 的方程：$v(0^+)=V_f+A+B$，这就是完全响应中容易求出的部分。

## 其他部分的响应

我们还需要另一个 $A$ 和 $B$ 之间的关系，遗憾的是，通常需要对响应求导并将 $t=0^+$ 时已知的 $dv/dt$ 值代入，才能求得

$$\frac{dv}{dt}=0+s_1Ae^{s_1t}+s_2Be^{s_2t}$$

这样就有了两个关于 $A$ 和 $B$ 关系的方程，联立求解这两个方程可求得两个常数。

剩下的唯一问题是确定 $t=0^+$ 时 $v$ 和 $dv/dt$ 的值。假设 $v$ 为电容电压 $v_C$，因此 $i_C=Cdv_C/dt$，可以看到，$dv/dt$ 的初始值与某个电容电流的初始值有关。如果可以得到电容的初始电流值，就可以得到 $dv/dt$ 的值。$v(0^+)$ 通常很容易得到，但求解 $dv/dt$ 的初始值往往更困难一些。如果选择电感电流 $i_L$ 为响应，那么 $di_L/dt$ 的初始值与某些电感电压的初始值相关。除电容电压和电感电流以外的变量，可以通过将它们的初始值及其导数的初始值用相应的 $v_C$ 和 $i_L$ 表示来得到。

我们通过对图 9.29 所示电路的详细分析来解释这个过程并求得所有这些数值。为了简化分析，这里使用了一个非实际的大电容。

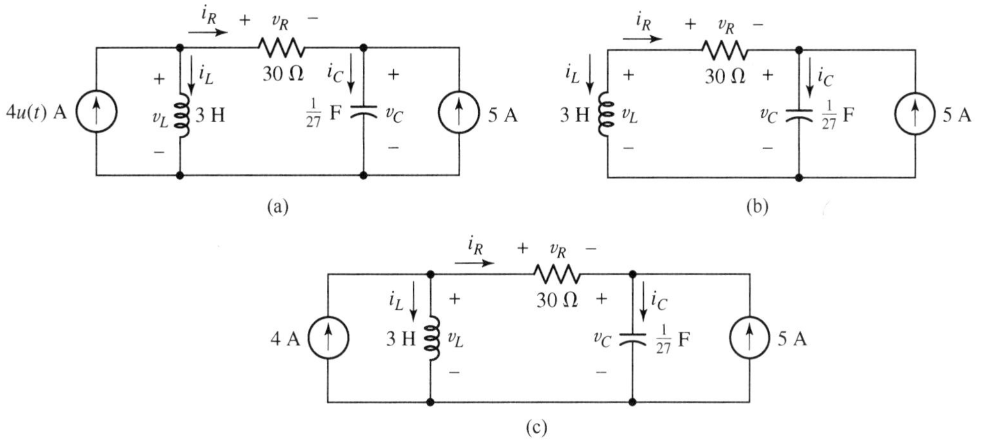


图 9.29　(a) 一个 *RLC* 电路，用来解释求解初始条件的几个过程，所要求的响应为 $v_C(t)$；(b) $t=0^-$；(c) $t>0$

**例 9.9**　在图 9.29(a) 所示电路中有 3 个无源元件，每个元件都定义了其上的电压和电流。求 $t=0^-$ 和 $t=0^+$ 时这 6 个量。

**解：** 我们的目标是求 $t=0^-$ 和 $t=0^+$ 时刻每个元件上的电压和电流值。一旦这些量已知，就可以很容易地求得导数的初始值。

1. $\boldsymbol{t=0^-}$　在 $t=0^-$ 时刻，只有右边的电流源工作，如图 9.29(b) 所示。假定电路处于这个状态已经很长时间了，因此所有的电流和电压都为常数，所以当电感流过直流电流时，其两端的电压为零，即

$$v_L(0^-)=0$$

当电容两端为直流电压 $(-v_R)$ 时，流过的电流为零，即

$$i_C(0^-)=0$$

接下来对右边节点采用基尔霍夫电流定律，可得

$$i_R(0^-) = -5\ \text{A}$$

同样可以得到 $$v_R(0^-) = -150\ \text{V}$$

现在对左边网络采用基尔霍夫电压定律，可得

$$v_C(0^-) = 150\ \text{V}$$

利用基尔霍夫电流定律求得电感电流为

$$i_L(0^-) = 5\ \text{A}$$

**2. $t=0^+$** 在 $t=0^-$ 到 $t=0^+$ 的时间间隔内，左边的电流源变为有效，在 $t=0^-$ 时刻的许多电压和电流将发生突变。相应的电路如图 9.29(c)所示。接下来的分析必须从那些不能发生变化的量(即电感电流和电容电压)开始。在开关变化期间，这些量都必须保持不变，因此

$$i_L(0^+) = 5\ \text{A} \qquad 且 \qquad v_C(0^+) = 150\ \text{V}$$

已知左边节点的两个电流，可以得到

$$i_R(0^+) = -1\ \text{A} \qquad 且 \qquad v_R(0^+) = -30\ \text{V}$$

因此， $$i_C(0^+) = 4\ \text{A} \qquad 且 \qquad v_L(0^+) = 120\ \text{V}$$

现在求出了 $t=0^-$ 时刻的 6 个初始值和 $t=0^+$ 时刻的 6 个量。在后面的 6 个值中，只有电感电流和电容电压与 $t=0^-$ 时刻的值相同。

我们也可以采用略微不同的方法来求解 $t=0^-$ 和 $t=0^+$ 时刻的电压和电流值。在开关操作之前，电路中只存在直流电流和电压，因此电感短路，电容开路。据此重画电路图 9.29(a)，如图 9.30(a)所示。只有右边的电流源有效，其 5 A 的电流流过电阻和电感，因此 $i_R(0^-) = -5$ A，$v_R(0^-) = -150$ V，$i_L(0^-) = 5$ A，$v_L(0^-) = 0$，$i_C(0^-) = 0$，$v_C(0^-) = 150$ V，可见与前面得到的结果一致。

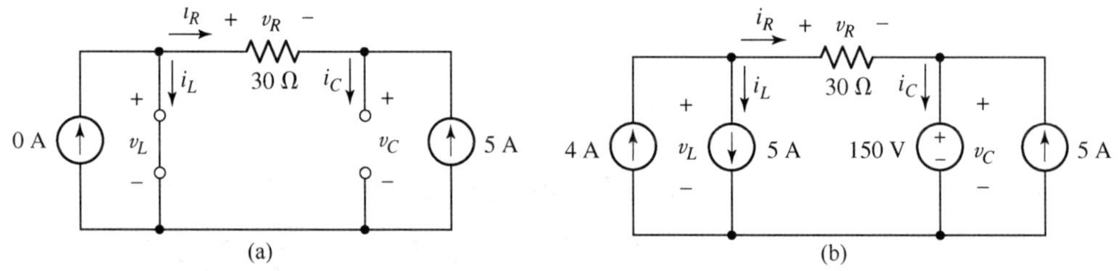


图 9.30 (a) 等效于图 9.29(a) 在 $t=0^-$ 时刻的电路；(b) $t=0^+$ 时刻的等效电路

现在通过画出 $t=0^+$ 时刻的等效电路来求解电压和电流。在开关变换期间，每个电感电流和电容电压必须保持不变，因此用电流源替代电感，用电压源替代电容。在不连续处，用这些电源来维持电容电压和电感电流不变，于是得到如图 9.30(b)所示的等效电路。注意，图 9.30(b)所示电路只在 $0^-$ 和 $0^+$ 的时间间隔内有效。

分析该直流电路可得到 $t=0^+$ 时刻的电流和电压。求解过程并不困难，但由于这个网络中存在的电源较多，所以看起来比较复杂。不过，第 3 章已经讨论了这类问题的求解方法，这里并没有介绍任何新的内容。首先求电流，从左上端的节点开始，可以看到 $i_R(0^+) = 4-5 = -1$ A；然后考虑右上端的节点，可以得到 $i_C(0^+) = -1+5 = 4$ A。因此，可以得到 $i_L(0^+) = 5$ A。

接下来计算电压，利用欧姆定律可得 $v_R(0^+) = 30(-1) = -30$ V。对于电感，根据基尔霍夫电

压定律可得$v_L(0^+) = -30 + 150 = 120$ V。最后，根据已知的$v_C(0^+) = 150$ V，即可得到所有在$t = 0^+$时的值。

## 练习

9.9 电路如图9.31所示，设$i_s = 10u(-t) - 20u(t)$ A，求：(a) $i_L(0^-)$；(b) $v_C(0^+)$；(c) $v_R(0^+)$；(d) $i_L(\infty)$；(e) $i_L(0.1\text{ ms})$。

答案：(a) 10 A；(b) 200 V；(c) 200 V；(d) −20 A；(e) 2.07 A。

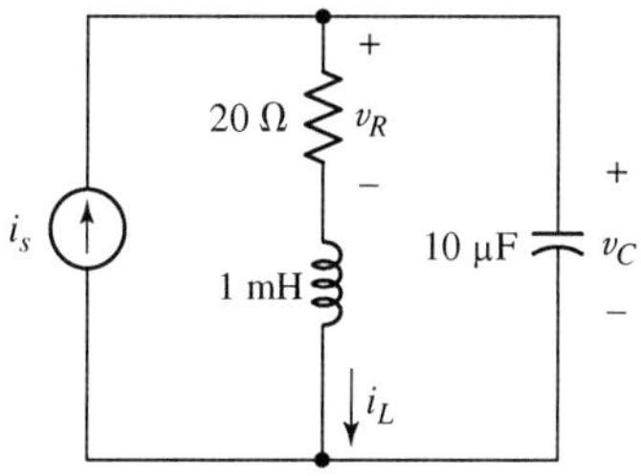

图9.31

**例9.10** 电路如图9.32所示，通过求出$t = 0^+$时3个电压和3个电流的一阶导数，可完成其初始条件的计算，最终确定图9.29所示电路的初始条件。

**解**：从两个储能元件开始求解。对于电感有

$$v_L = L\frac{\mathrm{d}i_L}{\mathrm{d}t}$$

特别是
$$v_L(0^+) = L\left.\frac{\mathrm{d}i_L}{\mathrm{d}t}\right|_{t=0^+}$$

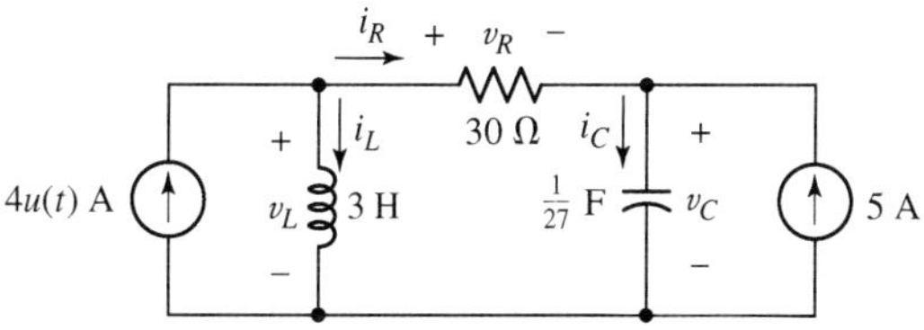

图9.32 图9.29的电路，重复用于例9.10

因此，
$$\left.\frac{\mathrm{d}i_L}{\mathrm{d}t}\right|_{t=0^+} = \frac{v_L(0^+)}{L} = \frac{120}{3} = 40\text{ A/s}$$

同样，
$$\left.\frac{\mathrm{d}v_C}{\mathrm{d}t}\right|_{t=0^+} = \frac{i_C(0^+)}{C} = \frac{4}{1/27} = 108\text{ V/s}$$

对于导数，基尔霍夫电流定律和基尔霍夫电压定律仍然适用，因此可以求出其他4个导数。例如，在图9.32所示电路的左边节点有

$$4 - i_L - i_R = 0, \qquad t > 0$$

从而，
$$0 - \frac{\mathrm{d}i_L}{\mathrm{d}t} - \frac{\mathrm{d}i_R}{\mathrm{d}t} = 0, \qquad t > 0$$

因此
$$\left.\frac{\mathrm{d}i_R}{\mathrm{d}t}\right|_{t=0^+} = -40\text{ A/s}$$

剩余的3个导数初始值为
$$\left.\frac{\mathrm{d}v_R}{\mathrm{d}t}\right|_{t=0^+} = -1200\text{ V/s}$$

$$\left.\frac{\mathrm{d}v_L}{\mathrm{d}t}\right|_{t=0^+} = -1092\text{ V/s}$$

和
$$\left.\frac{\mathrm{d}i_C}{\mathrm{d}t}\right|_{t=0^+} = -40\text{ A/s}$$

在结束确定初始值的讨论之前，必须指出前面至少省略了一种求解的有效方法，即首先对初始电路列出一般的节点或者回路方程，然后代入在$t = 0^-$时已知为零的电感电压和电容电流的值，之后就可以得到$t = 0^-$时的其他几个电压或电流值，并容易求出剩余的量。对$t = 0^+$可以进行类似的分析。这是一种很重要的分析方法，尤其是对于那些不能采用前面简单的循序渐进的方法来分析的复杂电路，必须采用这种方法。

下面求解图9.32所示电路的响应$v_C(t)$。当两个电源均不起作用时，电路表现为一个串

联 $RLC$ 电路，容易求出 $s_1$ 和 $s_2$ 分别为 $-1$ 和 $-9$。仅通过观察就可以得到受迫响应；如果有必要，也可以通过画出电路的直流等效来求出受迫响应，这时的等效电路与图 9.30(a)所示类似，只是多了一个 4 A 的电流源。求出的受迫响应为 150 V，因此有

$$v_C(t) = 150 + A\mathrm{e}^{-t} + B\mathrm{e}^{-9t}$$

和

$$v_C(0^+) = 150 = 150 + A + B$$

或

$$A + B = 0$$

然后，

$$\frac{\mathrm{d}v_C}{\mathrm{d}t} = -A\mathrm{e}^{-t} - 9B\mathrm{e}^{-9t}$$

且

$$\left.\frac{\mathrm{d}v_C}{\mathrm{d}t}\right|_{t=0^+} = 108 = -A - 9B$$

最后求得

$$A = 13.5, \qquad B = -13.5$$

和

$$v_C(t) = 150 + 13.5(\mathrm{e}^{-t} - \mathrm{e}^{-9t})\ \mathrm{V}$$

## 求解过程总结

当希望确定一个简单三元件 $RLC$ 电路的瞬态特性时，其求解过程可以总结如下：首先必须确定要分析的是串联电路还是并联电路，以便于使用正确的 $\alpha$ 表达式。这两个方程分别为

$$\alpha = \frac{1}{2RC} \qquad (\text{并联}RLC)$$

$$\alpha = \frac{R}{2L} \qquad (\text{串联}RLC)$$

然后比较 $\alpha$ 和 $\omega_0$。对于两种电路，$\omega_0$ 均为

$$\omega_0 = \frac{1}{\sqrt{LC}}$$

如果 $\alpha > \omega_0$，则电路为过阻尼，自由响应具有以下形式：

$$f_n(t) = A_1\mathrm{e}^{s_1 t} + A_2\mathrm{e}^{s_2 t}$$

其中，

$$s_{1,2} = -\alpha \pm \sqrt{\alpha^2 - \omega_0^2}$$

如果 $\alpha = \omega_0$，则电路为临界阻尼，其响应形式为

$$f_n(t) = \mathrm{e}^{-\alpha t}(A_1 t + A_2)$$

最后，如果 $\alpha < \omega_0$，则得到的是欠阻尼响应：

$$f_n(t) = \mathrm{e}^{-\alpha t}(A_1 \cos\omega_d t + A_2 \sin\omega_d t)$$

其中，

$$\omega_d = \sqrt{\omega_0^2 - \alpha^2}$$

最后要考虑的是独立源。如果在开关切换或不连续过程结束后，独立源在电路中不起作用，那么电路为无源电路，自由响应即为完全响应；如果存在独立源，则为有源电路，因此必须确定受迫响应，这时的完全响应为上面两个响应之和：

$$f(t) = f_f(t) + f_n(t)$$

这可以应用于电路中的任何电流或电压。最后一步是利用给定的初始条件来求解未知的常数。

## 实际应用——自动体外除颤仪

心搏骤停、心脏突然停止跳动之类的征兆如果不能在几分钟内处理，就会给生命造成致命的危害。引起心跳搏停的主要原因是心室颤动导致心室无法泵出血液，心脏的电节奏被打乱。应用电击可以恢复心脏的正常跳动节奏，从而挽救生命。许多公共场所现在都能提供自动体外除颤仪(Automated External Defibrillator, AED)用于急救。除颤仪包括一个心跳节奏检查设备，在需要的时候还可提供电击。电击器释放一剂量的电能给心脏，以重置心脏的电系统和心肌。那么AED 是如何工作的呢?

电源或电池首先给电容充电至合适的一剂量电能。典型的电压值为 5 kV，一般通过一个直流变换器或变压器实现。然后通过与病人胸部接触的电极板将电容放电，其电能以电击的形式传递给病人。电流必须持续至少 ms 级的时间才有效。为了维持持续的电流，电路中的电感就会配合工作，即流入病人身体的电流是受阻碍的，电阻包括织物以及电极板之间的接触电阻，实现了一个完整的串联 *RLC* 电路！电路的典型元件参数为 $C=50\ \mu F$，$L=50\ mH$，$R=50\ \Omega$。在 50 kV 的电源作用下，就能产生电击，且持续时间近似为 6 ms。

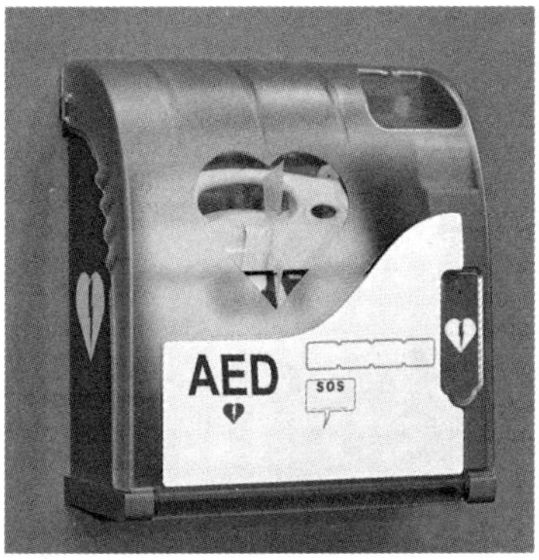


(a)

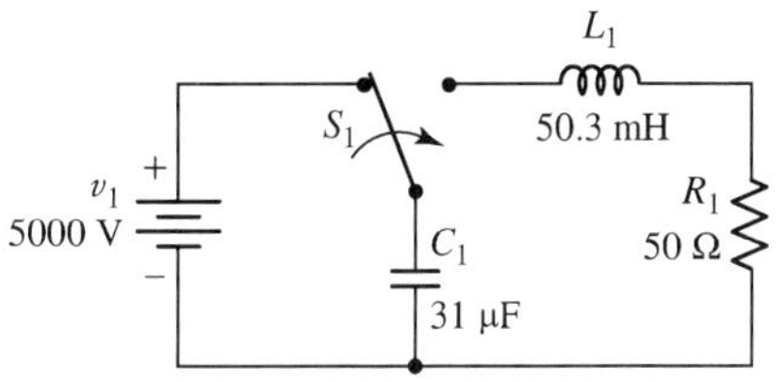


(b)

图 9.33　(a) AED 设备的图示，它常被放置在建筑物中，用于恢复心脏的正常跳动节奏；(b) 用于AED中的电路图实例

### 练习

9.10　电路如图 9.34 所示，设 $v_s=10+20\,u(t)$ V，求：(a) $i_L(0)$；(b) $v_C(0)$；(c) $i_{L,f}$；(d) $i_L(0.1\ s)$。

答案：(a) 0.2 A；(b) 10 V；(c) 0.6 A；(d) 0.319 A。

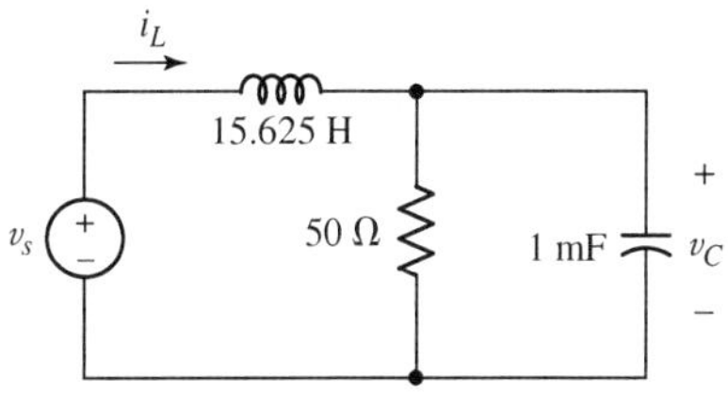


图 9.34

## 9.7　无损耗 *LC* 电路

当我们讨论无源 *RLC* 电路时，其中的电阻 *R* 显然起到了消耗电路中初始储能的作用。如果把电阻移走，将发生什么情况呢？具体而言，并联 *RLC* 电路中的电阻无穷大，或串联 *RLC*

电路中的电阻为零，那么将得到一个简单的 $LC$ 回路，该电路的振荡响应可以永久保持。首先来看一个例子，然后讨论若不使用电感如何得到同样的响应。

考虑图 9.35 所示的无源电路，其中 $L=4$ H，$C=1/36$ F，选取该值是为了计算方便。设 $i(0)=-1/6$ A和 $v(0)=0$，求得 $\alpha=0$ 和 $\omega_0^2=9\ \text{s}^{-2}$，所以 $\omega_d=3$ rad/s。如果忽略指数衰减项，则电压 $v$ 为

$$v = A\cos 3t + B\sin 3t$$

因为 $v(0)=0$，可以看到 $A=0$。接下来有

$$\left.\frac{\mathrm{d}v}{\mathrm{d}t}\right|_{t=0} = 3B = -\frac{i(0)}{1/36}$$

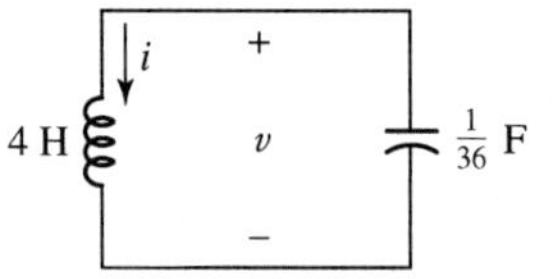


图 9.35　无损耗电路，如果 $v(0)=0$，$i(0)=-1/6$ A，则输出无阻尼的正弦振荡响应 $v=2\sin 3t$ V

但是 $i(0)=-1/6$ A，因此在 $t=0$ 时，$\mathrm{d}v/\mathrm{d}t=6$ V/s。所以，$B=2$ V，而且

$$v = 2\sin 3t\ \text{V}$$

这是一个无阻尼正弦响应，换句话说，该电压响应不会衰减。

**例 9.11**　电路如图 9.36 所示，求 $t>0$ 时的 $i(t)$。

**解：**当 $t<0$ 时，电容被充电到初始电压 $v(0)=9$ V，电感的初始电流 $i(0)=0$。$t>0$ 时，电容断开与电压源的连接，但以初始储能状态连接至电感，得到 $LC$ 结构的电路。可求得 $\alpha=0$，$\omega_0^2=1/((3\times10^{-3})(40/3\times1\times10^{-6}))\ \text{s}^{-2}$，因此 $\omega_d=5000$ rad/s。

$$i = A\cos(5000t) + B\sin(5000t)$$

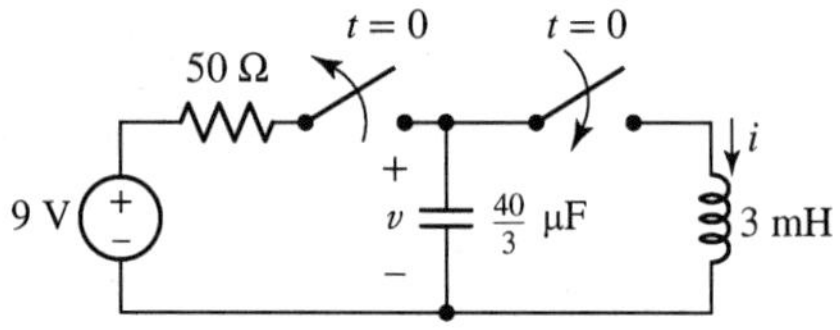


图 9.36　例 9.11 的电路

因为 $i(0)=0$，所以 $A=0$。将初始条件用于 $t=0^+$ 时电流的导数，即

$$\left.\frac{\mathrm{d}i}{\mathrm{d}t}\right|_{t=0^+} = 5000B = \frac{v(0^+)}{L}$$

已知 $v(0^+)=9$ V，因此在 $t=0^+$ 时有 $\mathrm{d}i/\mathrm{d}t=3000$ A/s，从而求得 $B=0.6$ A，所以电流在 $t>0$ 时为

$$i = 0.6\sin(5000t)\ \text{A}$$

## 练习

9.11　改变图 9.36 所示电路中电容和电压源的值，使得振荡频率为 1 kHz，总能量为 0.96 mJ。

答案：8.44 μF；15.1 V。

现在讨论不利用 $LC$ 电路时如何得到该电压。我们希望写出 $v$ 符合的微分方程，然后用运放构建能够产生该微分方程的解的电路结构。尽管是对一个特定例子的讨论，但这是一种通用方法，可以用来解决任何线性齐次微分方程。

对于图 9.35 所示的 $LC$ 电路，把 $v$ 作为我们讨论的变量，并将向下的电感和电容电流之和设为零，即

$$i + C\frac{\mathrm{d}v}{\mathrm{d}t} = \frac{1}{L}\int v\,\mathrm{d}t + C\frac{\mathrm{d}v}{\mathrm{d}t} = 0$$

进行微分可得

$$\frac{1}{L}v + C\frac{\mathrm{d}^2v}{\mathrm{d}t^2} = 0$$

或
$$\frac{d^2v}{dt^2}=-\frac{1}{LC}v$$

代入电路参数，可得
$$\frac{d^2v}{dt^2}=-9v$$

为了求解微分方程，首先注意到可以把结果积分两次。假设我们得到了振荡电路，但不再使用电感（通常较难得到，成本昂贵，不易找到已集成的电路）。我们已经了解了运算放大器可以成为积分器，两级积分器级联就可以得到同样的结果。

假定此处的最高阶导数 $d^2v/dt^2$ 可以在运放结构中的任意点 $A$ 得到。现在使用 7.5 节中讨论的积分器结构，令其中的 $RC=1$。输入为 $d^2v/dt^2$，则输出必定为 $-dv/dt$，其中符号的变化是因为使用了反相组态的积分器。现在，负的一阶导数作为第二级积分器的输入，因此输出为 $v(t)$。为完成设计，我们将 $v$ 乘以 $-9$ 就可以得到 $A$ 点对应的二阶导数。采用反相组态的运算放大器很容易实现 9 倍的放大，并且会改变符号。

图 9.37 所示的电路是一个反相放大器。对于理想运放，输入电流和输入电压都为零，因此向右流过 $R_1$ 的电流为 $v_s/R_1$，而向左流过 $R_f$ 的电流为 $v_o/R_f$。因为它们的和等于零，所以

$$\frac{v_o}{v_s}=-\frac{R_f}{R_1}$$

因此可以得到增益为 $-9$ 的放大器，例如设置 $R_f=90\ \text{k}\Omega$，$R_1=10\ \text{k}\Omega$。

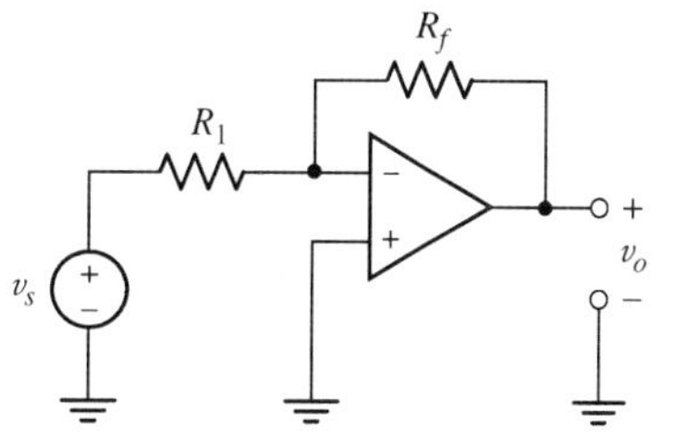

图 9.37　反相运算放大器，增益 $v_o/v_s=-R_f/R_1$，运放是理想的

如果设每个积分器中的 $R$ 为 1 MΩ，$C$ 为 1 μF，那么对于两个积分器有

$$v_o=-\int_0^t v_s\,dt'+v_o(0)$$

现在，反相放大器的输出组成了 $A$ 点的假定输入，得到的运放电路结构如图 9.38 所示。初始条件由电容存储的能量来表示，并与 $LC$ 谐振电路的情况相匹配。$LC$ 电路定义电容零储能，即 $v=0$，而电感储能用 $i(0)=-1/6$ A 表示。我们可以同样定义电容的初始电压，只要在电路图中画出 $t=0$ 时开关切换至电压源或短路线即可。分析我们的电路，输出端在 $t=0$ 时有 $v=2$ V 的电压，右边电容两端的电压也是如此（左边电容两端是短路线）。如果左边开关在 $t=0$ 时闭合，而控制两个初始条件的开关同时打开，那么第二个积分器的输出将是无阻尼正弦波 $v=2\sin 3t$ V。

注意，图 9.35 所示的 $LC$ 电路和 9.38 所示的运放电路有相同的输出，但是运放电路不包含电感。然而它工作起来好像包含电感，其输出端与地之间的电压即为所需的正弦电压。这在电路设计中有非常大的好处，因为电感与电容相比通常会比较笨重和昂贵，其损耗也很大（因而和“理想”模型有相当的差距）。

## 练习

9.12　电路如图 9.38 所示，如果输出为图 9.39 所示电路中的电压 $v(t)$，确定 $R_f$ 的值以及两个初始电压。

答案：250 kΩ；400 V；10 V。

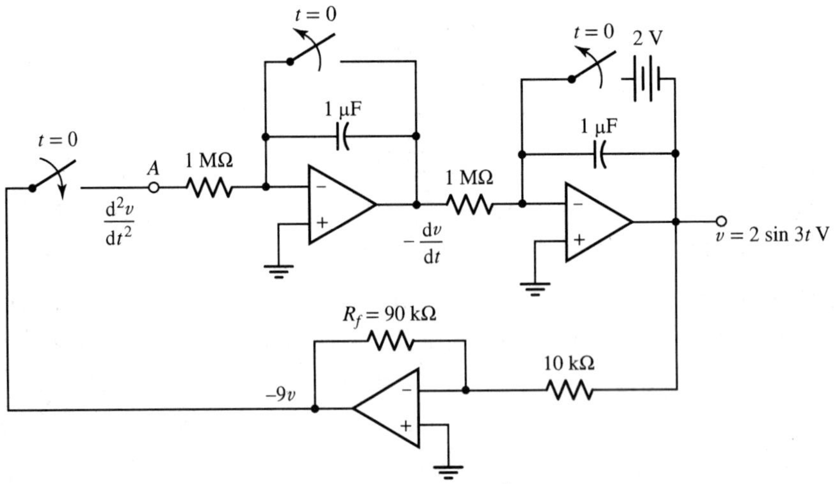


图 9.38　两个积分器和一个反相放大器连接在一起，给出微分方程 $d^2v/dt^2 = -9v$ 的解

## 总结和复习

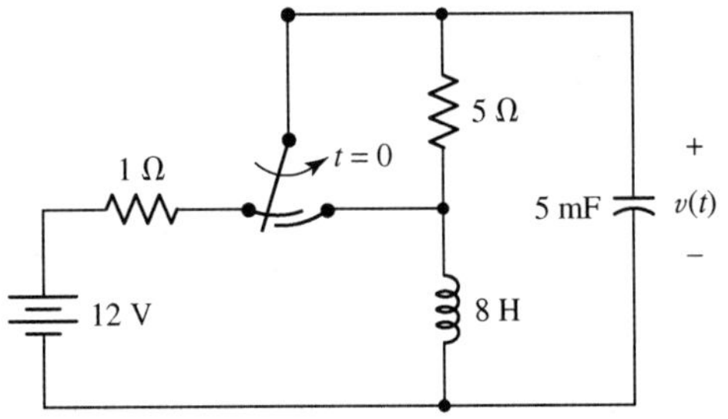


图 9.39

第 8 章讨论的简单 *RL* 和 *RC* 电路基本上实现了开关作用于电路后的两件事情：充电和放电，而且都由储能元件的初始条件决定。本章讨论的电路有两个储能元件(电容和电感)，产生了很有趣的响应。它有两种基本结构：串联 *RLC* 和并联 *RLC* 电路。分析这样的电路将得到一个二阶偏微分方程，方程的阶数与储能元件的个数有关(如果我们构造的电路仅由电阻和电容组成，且电容无法再进行串并联组合，最终得到的偏微分方程也可以是二阶的)。

依据与储能元件相连的电阻阻值，*RLC* 电路的瞬态响应可以是过阻尼的(指数衰减)，也可以是欠阻尼的(衰减，但是振荡的)。当然，“特殊情况”的临界阻尼在现实中很难实现。振荡可以是有用的(如无线网络中传输信息)，也可以不是那么有用(如音乐会上放大器和麦克风之间发生啸叫)。虽然讨论的电路不能产生持续的振荡信号，但至少我们发现了可以产生振荡的一种方法，而且可以设计所需的振荡频率。对串联 *RLC* 电路没有花太多时间讨论，因为除了参数 $\alpha$ 不同，电路方程是相同的，稍做调整的只是如何利用初始条件来求解电路瞬态响应所需的两个未知系数。其实，字里行间还是有两个技巧要掌握：一是利用第二个初始条件，需要对响应方程求一次导数；二是无论利用初始条件列写的是基尔霍夫电流方程还是基尔霍夫电压方程，都是在 $t=0$ 时刻，记住这一点有助于方程的简化，因为可以提早设置 $t=0$ 的电路。

本章最后讨论的全响应求解方法和第 8 章所讨论的略有不同，将电阻性损耗完全从电路中移出(设并联电阻为无穷大，串联电阻为零)，这种情况或许我们会遇到，那时会发生什么呢？对这一问题的简单概述就是本章最后讨论的内容，也就是 *LC* 电路，以及用运放电路近似实现的微分方程。

下面是本章的主要内容，以及相关例题的编号。

- 包含两个储能元件且不能用串联/并联组合合并的电路可以用一个二阶微分方程描述。
- 根据 $R$，$L$ 和 $C$ 的相对数值，串联和并联 RLC 电路属于三种情况之一：过阻尼 $(\alpha>\omega_0)$；临界阻尼 $(\alpha=\omega_0)$；欠阻尼 $(\alpha<\omega_0)$。(例 9.1)
- 对于并联 RLC 电路，$\alpha=1/(2RC)$，$\omega_0=1/\sqrt{LC}$。(例 9.1)
- 对于串联 RLC 电路，$\alpha=R/(2L)$，$\omega_0=1/\sqrt{LC}$。(例 9.7)
- 过阻尼响应的典型形式为两个指数项之和，其中一个比另一个衰减得更快，例如 $A_1\mathrm{e}^{-t}+A_2\mathrm{e}^{-6t}$。(例 9.2 至例 9.4)
- 临界阻尼响应的典型形式为 $\mathrm{e}^{-\alpha t}(A_1t+A_2)$。(例 9.5)
- 欠阻尼响应的典型形式为一个以指数衰减的正弦波：$\mathrm{e}^{-\alpha t}(B_1\cos\omega_d t+B_2\sin\omega_d t)$。(例 9.6至例 9.8)
- 在 RLC 电路的瞬态响应期间，能量在储能元件与电路的电阻性器件之间传递。电阻性器件充当消耗初始存储能量的角色。(参见“计算机辅助分析”一节)
- 完全响应是受迫响应与自由响应之和。在这种情况下，总响应必须在求解常数之前确定。(例 9.9 和例 9.10)
- 无阻尼 RLC 电路产生的响应是可永久持续的振荡。这也是 LC 电路可能的响应(尽管实际情况下有限电阻始终存在)，或者是用运放和电容设计成的合适电路响应。

## 深入阅读

可以在下面这本书的第 3 章中找到关于模拟网络的详细描述：

E. Weber, *Linear Transient Analysis Volume I*. New York: Wiley, 1954. (已不再印刷，但许多大学图书馆里都有。)

## 习题

### 9.1 无源并联电路

1. 某无源并联 RLC 电路，已知 $R=1\ \mathrm{k\Omega}$，$C=3\ \mu\mathrm{F}$，电路响应是过阻尼的。(a)确定电感 $L$。(b)列写电阻两端的电压 $v$ 的方程，假设 $v(0^-)=9\ \mathrm{V}$，$dv/dt|_{t=0^+}=2\ \mathrm{V/s}$。
2. 无源并联 RLC 电路的元件值为 $C=10\ \mathrm{mF}$，$L=2\ \mathrm{nH}$。(a) 确定电路恰好过阻尼时的电阻 $R$ 的值。(b) 列写流过电阻的电流 $i$ 的方程，假设 $i_R(0^+)=13\ \mathrm{pA}$，$di_R/dt|_{t=0^+}=1\ \mathrm{nA/s}$。
3. 无源并联 RLC 电路的元件值为 $C=16\ \mathrm{mF}$，$L=1\ \mathrm{mH}$，选择电阻 $R$ 的值，使得：(a) 恰好过阻尼；(b) 恰好欠阻尼；(c) 临界阻尼。(d) 如果电阻有 1% 和 10% 的公差，(a)条件下的答案有变化吗？(e) 将(c)条件下的阻尼系数增加 20%，现在的电路属于欠阻尼、过阻尼还是临界阻尼？为什么？
4. 计算无源并联 RLC 电路的 $\alpha$，$\omega_0$，$s_1$ 和 $s_2$，分别设：(a) $R=4\ \Omega$，$L=2.22\ \mathrm{H}$ 和 $C=12.5\ \mathrm{mF}$；(b) $L=1\ \mathrm{nH}$，$C=1\ \mathrm{pF}$，$R$ 的值是电路能够产生欠阻尼振荡时电阻值的 1%。(c) 计算(a)和(b)条件下的阻尼比。
5. 需要构造习题 1 的电路，但发现没有 1 kΩ 的电阻，除了电容和电感，只有一根 1 m 长的AWG24 软铜线，请用此铜线并联连接电容和电感，计算此时电路的 $\alpha$，$\omega_0$，$s_1$ 和 $s_2$，并证明电路仍然是过阻尼的。
6. 并联 RLC 电路的电感为 2 mH，电阻为 50 Ω。电容的范围为 10 nF ~ 10 μF。(a) 画出 $\alpha$ 和 $\omega_0$ 与电容之间的关系，采用对数坐标(标注欠阻尼和过阻尼响应的区域)。(b) 计算临界阻尼情况下的 $C$，$\alpha$ 和 $\omega_0$ 的值。

7. 并联 $RLC$ 电路由 $R=500\ \Omega$，$C=10\ \mu F$ 和满足临界阻尼的电感 $L$ 组成。(a) 确定 $L$ 的值，比较该值与印制电路板安装元件值的大小。(b) 增加一个并联电阻，求其值使得阻尼比等于 10。(c) 继续增加阻尼比，将导致电路产生过阻尼、欠阻尼还是临界阻尼响应？为什么？

## 9.2 过阻尼并联 *RLC* 电路

8. 并联 $RLC$ 电路的 $R=1\ k\Omega$，$L=50\ mH$，$C=2\ nF$。如果电容的初始值为 4 V，电感的初始电流为 50 mA(从并联节点的正端流入)，求电路的电压响应表达式并估算 $t=5\ \mu s$ 时的值。

9. 已知电容两端的电压为 $v_C(t)=10e^{-10t}-5e^{-4t}$ V。(a) 画出上述两项各自的曲线，时间范围为 $0\leq t\leq 1.5$ s。(b) 画出电容电压在上述时间范围内的曲线。

10. 流过某电感的电流为 $i_L(t)=0.20e^{-2t}-0.6e^{-3t}$ V。(a) 画出上述两项各自的曲线，时间范围为 $0\leq t\leq 1.5$ s。(b) 画出电感电流在上述时间范围内的曲线。(c) 画出存储在电感(假设电感量为 1 H)中的能量在 $0\leq t\leq 1.5$ s 内的曲线。

11. 流过无源并联 $RLC$ 电路中 5 Ω 电阻上的电流为 $i_R(t)=2e^{-t}-3e^{-8t}$ A，$t>0$。确定：(a) 出现的最大电流幅度及其时刻；(b) 下降时间；(c) 电阻吸收了 2.5 W 功率的时间 $t$。

12. 电路如图 9.40 所示，求电压 $v_C(t)$ 在 $t>0$ 后的表达式。

13. 考虑图 9.40 所示的电路，求：(a) 电流 $i_L(t)$ 的表达式，$t>0$；(b) 电流 $i_R(t)$ 的表达式，$t>0$；(c) 确定电流 $i_L$ 和 $i_R$ 的下降时间。

14. 电路如图 9.41 所示，求：(a) $i_C(0^-)$；(b) $i_L(0^-)$；(c) $i_R(0^-)$；(d) $v_C(0^-)$；(e) $i_C(0^+)$；(f) $i_L(0^+)$；(g) $i_R(0^+)$；(h) $v_C(0^+)$。

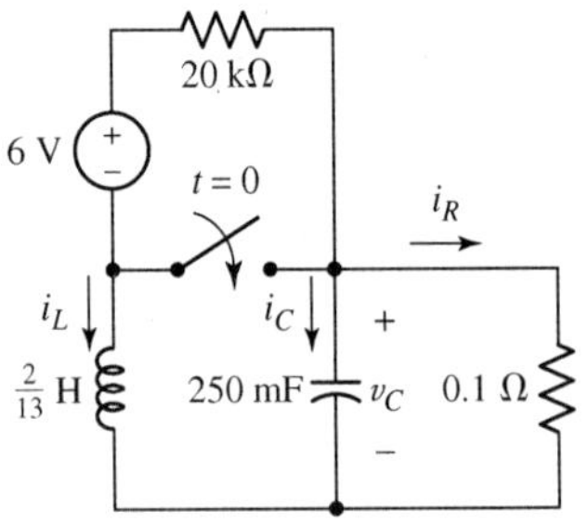


图 9.40

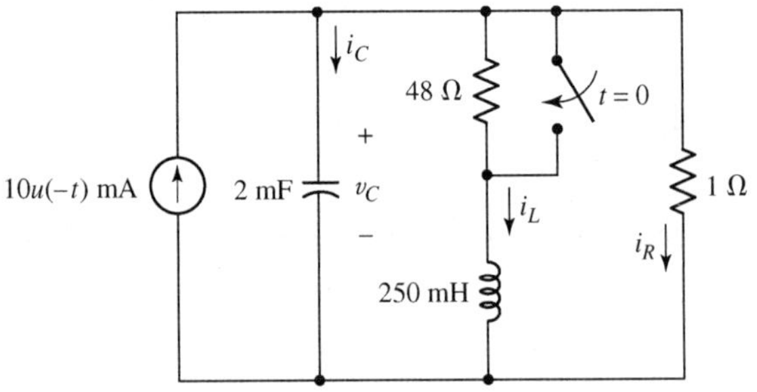


图 9.41

15. (a) 假设满足无源符号规则，求图 9.41 所示电路中 1 Ω 电阻两端的电压表达式，$t>0$。(b) 求电阻电压的下降时间。

16. 电路如图 9.42 所示。(a) 求电压 $v(t)$ 的表达式，$t>0$。(b) 计算电感电流的最大值及其出现的时间。(c) 求下降时间。

17. 电路如图 9.43 所示，$i(t)$ 和 $v(t)$ 已在图中标注，求各自的表达式，其中 $t>0$。

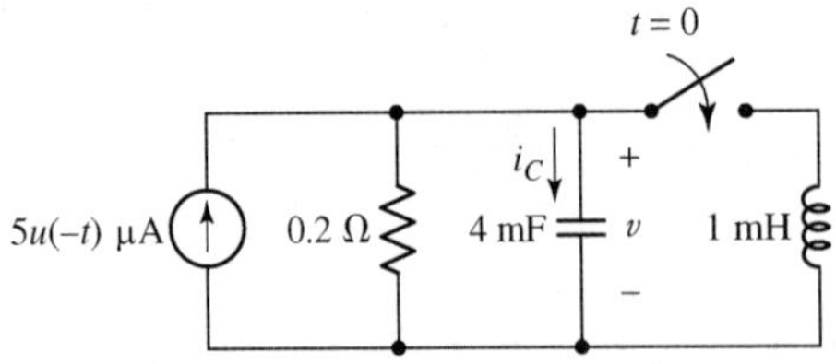


图 9.42

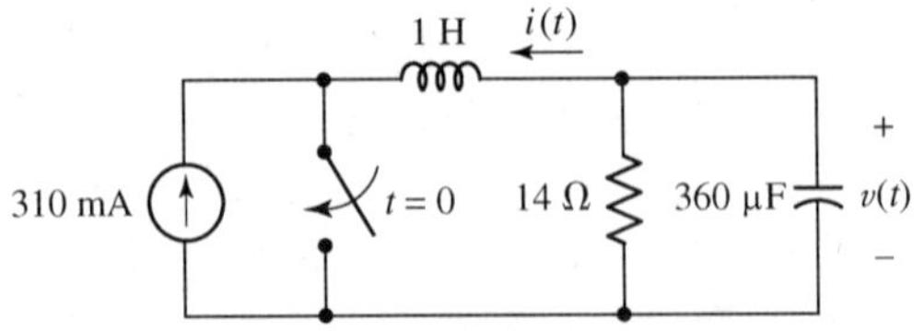


图 9.43

18. 电路如图 9.43 所示，将 14 Ω 的电阻用 1 Ω 的电阻替代。(a) 求电容中存储的能量随时间变化的表达式，$t>0$。(b) 求电容存储的能量下降到最大值的一半的时间。(c) 用 SPICE 仿真结果对答案进行验证。

DP 19. 设计一个完整的并联 *RLC* 电路，要求呈现过阻尼响应，下降时间为 1 s，阻尼比为 15。

20. 电路如图 9.44 所示，两个电阻的值分别为 $R_1 = 0.752\ \Omega$，$R_2 = 1.268\ \Omega$。(a) 求电容存储的能量的表达式，$t > 0$。(b) 确定电流 $i_A$ 的下降时间。

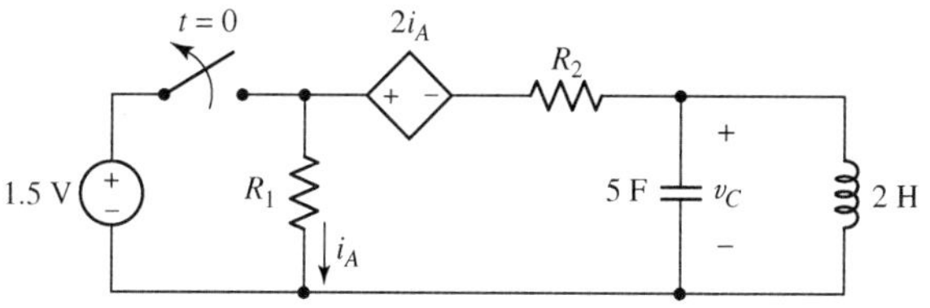


图 9.44

## 9.3 临界阻尼响应

21. 电动机线圈的电感量为 8 H，并联了一个 2 μF 电容和一个未知阻值的电阻，电路的响应要求为临界阻尼。(a) 确定电阻的阻值。(b) 计算 α。(c) 写出流过电阻的电流方程，假设上部节点电压标注为 $v$，底部节点接地，且 $v = Ri_r$。(d) 验证你的方程是以下电路微分方程的解：

$$\frac{\mathrm{d}i_r}{\mathrm{d}t} + 2\alpha\frac{\mathrm{d}i_r}{\mathrm{d}t} + \alpha^2 i_r = 0$$

22. *RLC* 电路产生临界阻尼的条件是自由振荡频率 $\omega_0$ 等于阻尼系数 α，即 $L = 4R^2C$，其中隐含着量纲满足 $1\ \mathrm{H} = 1\ \Omega^2 \cdot \mathrm{F}$，用 SI 标准单位中的量纲验证上述 3 个量纲之间的关系(见第 2 章)。

23. 一个临界阻尼并联 *RLC* 电路的组成元件分别为 40 Ω、8 nF 和 51.2 μH。(a) 验证电路确实属于临界阻尼响应。(b) 为什么实际制作成的电路难以真正实现临界阻尼？(c) 电感的初始储能为 1 mJ，电容无初始储能，确定在 $t = 500$ ns 时电容电压的幅度、电容电压绝对值的最大值，以及下降时间。

DP 24. 无源并联 *RLC* 电路的电容初始电压为 9 V，电感电流为零。设计一个临界阻尼电路，满足振荡电压用20 μs 以上的时间衰减至 100 mV 以下。电阻的阻值范围为 10 Ω ~ 1 kΩ。

25. 临界阻尼并联 *RLC* 电路的组成元件为 40 Ω 电阻和 2 pF 电容。(a) 确定电感值 $L$。(b) 为什么实际制作成的电路难以真正实现临界阻尼？(c) 电感的初始储能为零，电容初始储能为 10 pJ，确定在 $t = 2$ ns 时，电阻吸收的功率。

26. 电路如图 9.45 所示，已知 $i_S(t) = 30u(-t)$ mA。(a) 选择 $R_1$ 的值，使得 $v(0^+) = 6$ V。(b) 计算 $v(2\ \mathrm{ms})$。(c) 确定电容电压的下降时间。(d) 电感电流和电容电压的下降时间一致吗？

27. 图 9.43 所示电路中的电感值发生了变化，使得电路成为临界阻尼响应。(a) 确定新的电感值。(b) 分别计算电感和电容在 $t = 10$ ms 时所存储的能量。

28. 重新构造图 9.44 所示的电路，即受控源改为 $-60i_A$，电容改为 2 μF，$R_1 = R_2 = 10\ \Omega$。(a) 计算电路实现临界阻尼所需要的电感值。(b) 确定电阻 $R_2$ 在 $t = 300$ μs 时所吸收的功率。

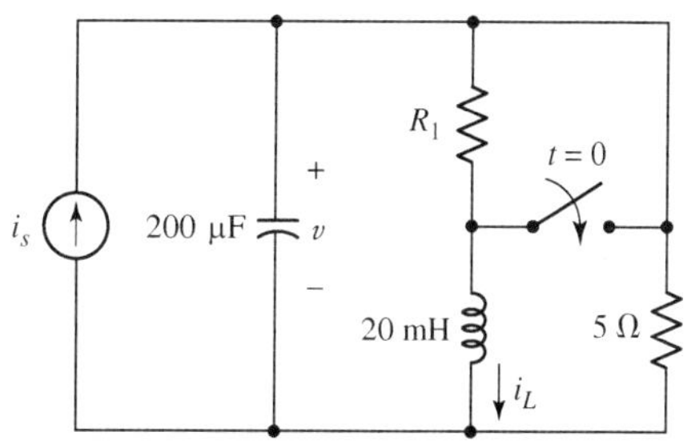


图 9.45

## 9.4 欠阻尼并联 RLC 电路

29. (a) 对并联 *RLC* 电路推导用 $C$ 和 $L$ 表示的电阻 $R$ 的表达式，使得电路实现的是欠阻尼响应。(b) 如果 $C = 1$ nF，$L = 10$ mH，确定电阻 $R$ 的值，使得电路恰好产生欠阻尼响应。(c) 如果阻尼比增大，电路是更加欠阻尼还是略微欠阻尼，为什么？(d) 计算 α 和 $\omega_d$ 的值，其中电阻为(b)确定的 $R$ 值。

30. 图 9.1 所示电路的元件值为 10 kΩ，72 μH 和 18 pF。(a) 计算 α，$\omega_d$ 和 $\omega_0$ 的值，电路属于过阻尼、临界阻尼还是欠阻尼状态？(b) 写出电容电压 $v(t)$ 的自由响应表达式。(c) 如果电容初始储能为 1 nJ，求

$t=300$ ns时的电压 $v$ 的值。

31. 无源电路如图 9.1 所示，组成电路的元件值为 10 mH 电感、1 mF 电容和 1.5 kΩ 电阻。(a) 计算 $\alpha$，$\omega_d$ 和 $\omega_0$ 的值。(b) 写出电流 $i$ 所满足的方程，$t>0$。(c) 确定电流 $i$ 的最大值以及出现最大值的时间，假设电感无初始储能，且 $v(0^-)=9$ V。

32. (a) 画出习题 31 中电流 $i$ 的波形，其中电阻值分别等于 1.5 kΩ，15 kΩ 和 150 kΩ。将 3 种情况下的曲线画在一个坐标系中，时间轴延伸至可观察出每个下降时间；(b) 确定相应的下降时间。

33. 分析习题 31 中的电路，求 $v(t)$，$t>0$，其中电阻 $R$ 的值分别等于：(a) 2 kΩ；(b) 2 Ω；(c) 画出在 $0\leqslant t\leqslant 60$ ms 时间段内的响应曲线；(d) 用 SPICE 仿真结果对答案进行验证。

34. 无源并联 $RLC$ 电路的电容为 5 μF，电感为 10 mH。利用 SPICE 仿真软件对电阻值在 50 ~ 200 Ω 范围且以 10 Ω 作为步进量的电路进行仿真。确定在此范围内的电阻值，以使振荡特性满足时间在 3 ms 以上电压下降至 ±200 mV 以下。除了执行步进命令，还可以使用 **.meas tran output max abs (V(x)) trig at = 3 ms** 命令来求得时间在 3 ms 以上电压 $V_x$ 的最大值，可分配给变量 **output**，还可以利用 **.save** 命令来将数据存储在 SPICE 的日志文件中。

35. 电路如图 9.46 所示，求：(a) $i_C(0^-)$；(b) $i_L(0^-)$；(c) $i_R(0^-)$；(d) $v_C(0^-)$；(e) $i_C(0^+)$；(f) $i_L(0^+)$；(g) $i_R(0^+)$；(h) $v_C(0^+)$。

36. 求图 9.46 所示电路中电压 $v_L(t)$ 的表达式，$t>0$。画出响应曲线，并保证能观察到下降时间。

37. 电路如图 9.47 所示，确定：(a) $t>0$ 之后第一个 $v(t)=0$ 的时间；(b) 下降时间。

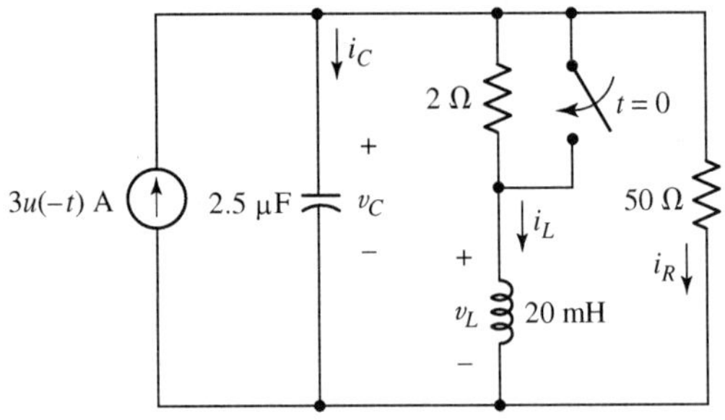

图 9.46

38. (a) 设计并联 $RLC$ 电路，使得电容电压具有振荡频率 100 rad/s，最大值为 10 V，出现在 $t=0$ 时刻，第二个和第三个最大值都超过 6 V。(b) 用 SPICE 仿真结果对答案进行验证。

39. 图 9.48 所示的电路恰好发生欠阻尼。(a) 计算 $\alpha$ 和 $\omega_d$ 的值。(b) 求 $i_L(t)$ 的表达式，$t>0$。(c) 确定在 $t=200$ ms时存储在电感和电容中的能量。

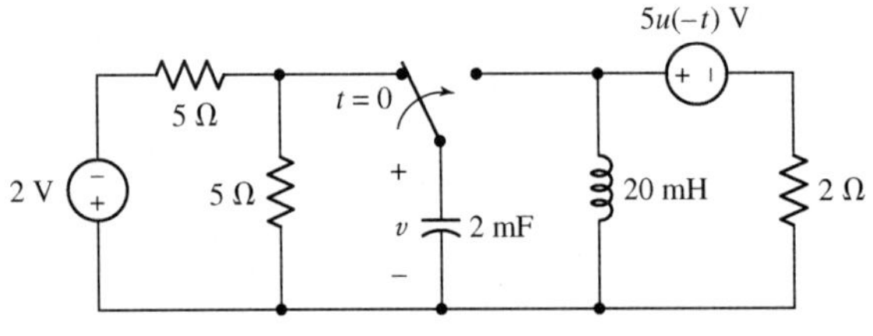

图 9.47

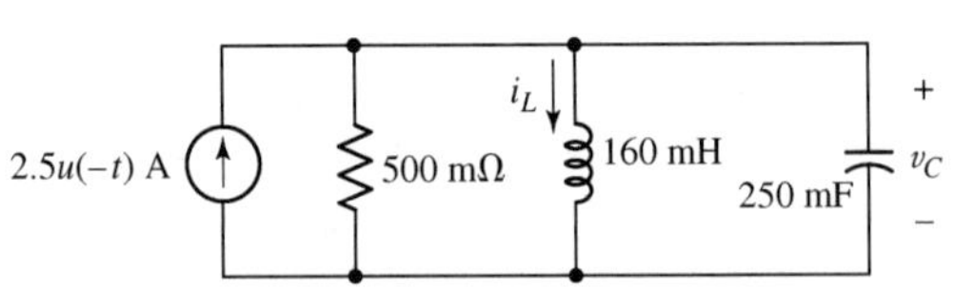

图 9.48

40. 在构造图 9.48 所示的电路时，不小心误装了 500 MΩ 的电阻。(a) 计算 $\alpha$ 和 $\omega_d$ 的值。(b) 求 $i_L(t)$ 的表达式，$t>0$。(c) 计算电感中存储的能量降到其最大值的 10% 所需要的时间。

## 9.5 无源串联 *RLC* 电路

41. 图 9.22(a) 所示的电路含有 160 mF 电容和 250 mH 电感，确定电阻的值，使得电路实现：(a) 临界阻尼响应。(b) 恰好欠阻尼响应。(c) 如果这是一个并联 $RLC$ 电路，比较(a)和(b)的答案。

42. 值分别为 $R=2$ Ω，$C=1$ mF 和 $L=2$ mH 的元件组成图 9.22(a) 所示的电路。如果 $v_C(0^-)=1$ V，电感中无初始电流流过，计算 $t=1$ ms，2 ms 和 3 ms 时电流 $i(t)$ 的值。

43. 无源串联 $RLC$ 电路的 $R=15$ Ω，$L=25$ mH，$C=50$ μF。如果初始电流为 300 mA，电容无初始储能，求

电流的表达式并计算 $t=6$ ms 时的值。

44. 由 3 个元件组成的串联 *RLC* 电路同习题 42 的电路，且元件值也不变，但初始条件变为 $v_C(0^-)=2$ V，$i(0^-)=1$ mA。(a) 求电流 $i(t)$ 的表达式，$t>0$。(b) 用 SPICE 仿真结果对答案进行验证。

45. 图 9.23 所示的串联电路由 3 个元件组成，元件值分别为 $R=1$ kΩ，$C=2$ mF 和 $L=1$ mH。在 $t=0^-$ 时初始条件为$v_C(0^-)=-4$ V，电感无初始储能。(a) 求电压 $v_C(t)$ 的表达式，$t>0$。(b) 画出 $0\leqslant t\leqslant 6$ μs 区间内的波形。

46. 电路如图 9.49 所示，计算：(a) $\alpha$；(b) $\omega_0$；(c) $i(0^+)$；(d) $\mathrm{d}i/\mathrm{d}t|_{0^+}$；(e) $t=6$ s 时电流 $i(t)$ 值。

47. 电路如图 9.50 所示，写出标注为 $v_C$ 的表达式，其中 $t>0$。

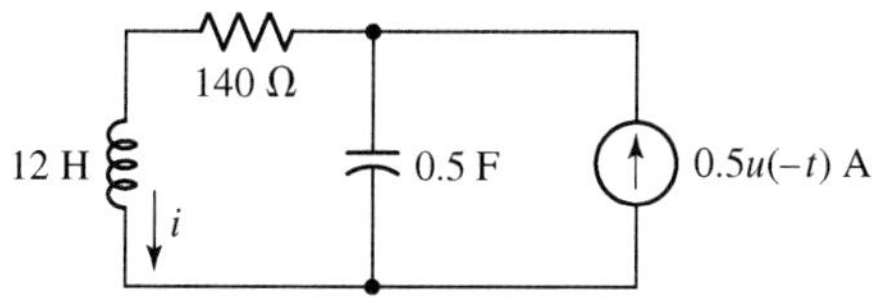


图 9.49

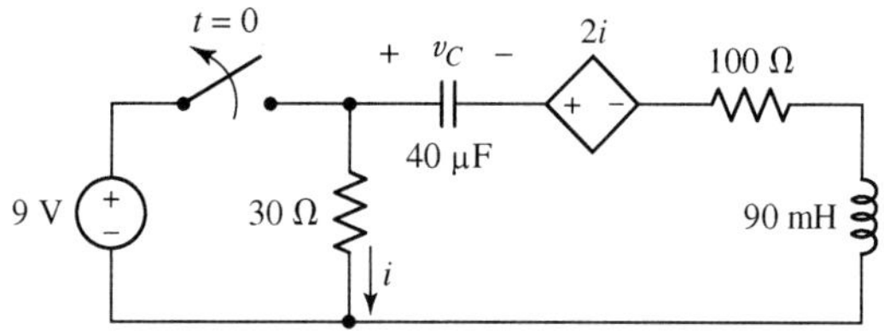


图 9.50

48. 串联 *RLC* 电路如图 9.50 所示。(a) 求电流 $i$ 的表达式，$t>0$。(b) 计算 $i(0.8\text{ ms})$和 $i(4\text{ ms})$的值。(c) 用SPICE 仿真结果对(b)的答案进行验证。

49. 电路如图 9.51 所示，求电流 $i_1$ 的表达式，其中 $t>0$。

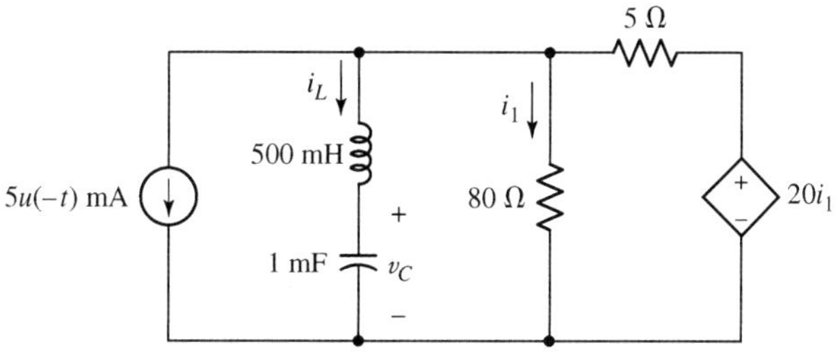


图 9.51

## 9.6　*RLC* 电路的完全响应

50. 电路如图 9.52 所示，开关位于位置 $a$ 有很长时间了，电容无初始储能。在 $t=0$ 时开关打到 $b$ 位置。确定电容、电感的初始值及终值(每个元件都需要电流和电压两个值)。

51. 电路如图 9.52 所示，求电容电压 $v_C(t)$ 的表达式，$t>0$。

52. 串联电路如图 9.53 所示，设 $R=1$ Ω。(a) 计算 $\alpha$ 和 $\omega_0$ 的值。(b) 如果 $i_s=3u(-t)+2u(t)$ mA，求 $v_R(0^-)$，$i_L(0^-)$，$v_C(0^-)$，$v_R(0^+)$，$i_L(0^+)$，$v_C(0^+)$，$i_L(\infty)$和 $v_C(\infty)$。

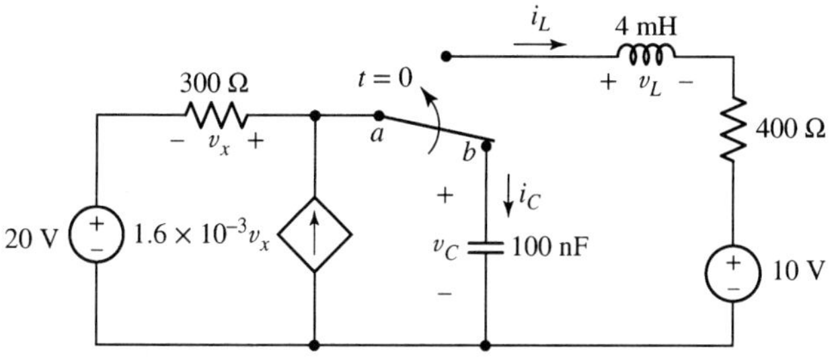


图 9.52

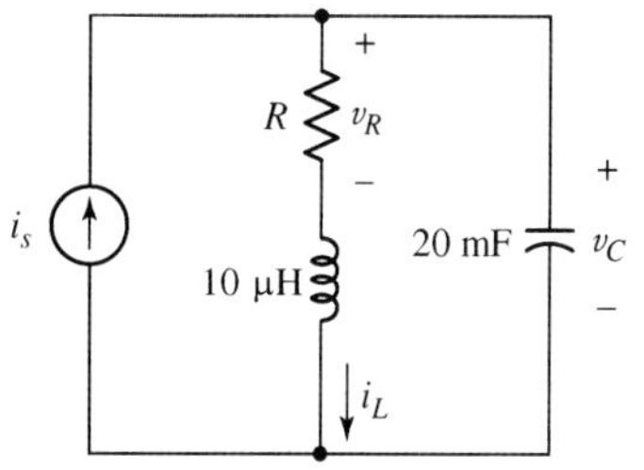


图 9.53

53. 电路如图 9.54 所示，求图中所标注的电压和电流的导数在 $t=0^+$ 时的值。

54. 电路如图 9.55 所示，如果 $v_s(t)=-8+2u(t)$ V，确定下列各值：(a) $v_C(0^+)$；(b) $i_L(0^+)$；(c) $v_C(\infty)$；(d) $v_C(t=150\ \text{ms})$。

55. 电路如图 9.55 所示，其中 15 Ω 电阻被一个 500 mΩ 电阻取代，设电压源 $v_s=1-2u(t)$ V，确定下列各值：(a) $i_L(0^+)$；(b) $v_C(0^+)$；(c) $i_L(\infty)$；(d) $v_C(4\ \text{ms})$。

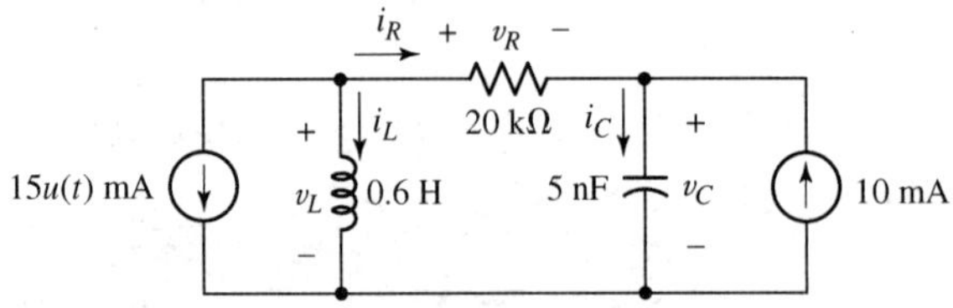


图 9.54

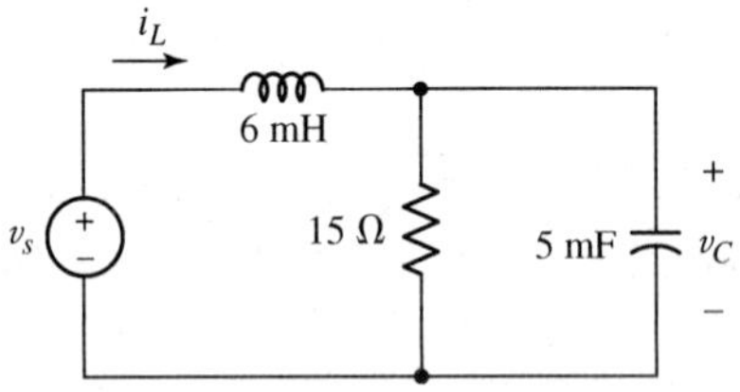


图 9.55

56. 电路如图 9.56 所示，(a) 求电流 $i_L$ 在 $t>0$ 以后的表达式，其中 $i_1=8-10u(t)$ mA。(b) 画出变量在 $0\leqslant t\leqslant 2$ ms区间内的曲线。

57. 串联 *RLC* 电路如图 9.56 所示，10 Ω 电阻被一个 1 kΩ 电阻取代，电源 $i_1=5u(t)-4$ mA，(a) 求电流 $i_L$ 在 $t>0$以后的表达式。(b) 画出变量在$0\leqslant t\leqslant 200$ μs 区间内的曲线。

58. 电路如图 9.57 所示。(a) 求电压 $v_C(t)$在 $t>0$ 以后的表达式。(b) 求 $t=10$ ms 和 $t=600$ ms 时电压 $v_C$ 的值。(c) 用 SPICE 仿真结果对(b)的答案进行验证。

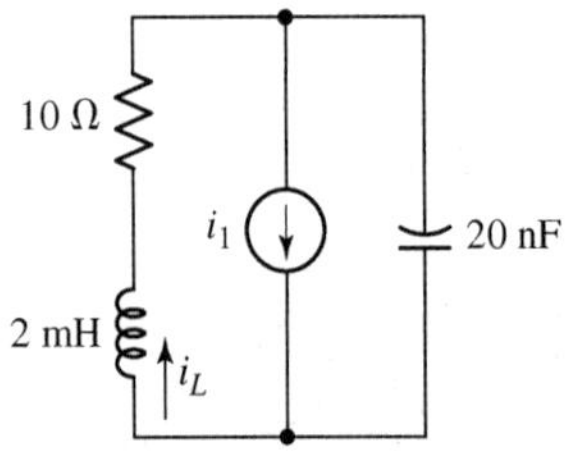


图 9.56

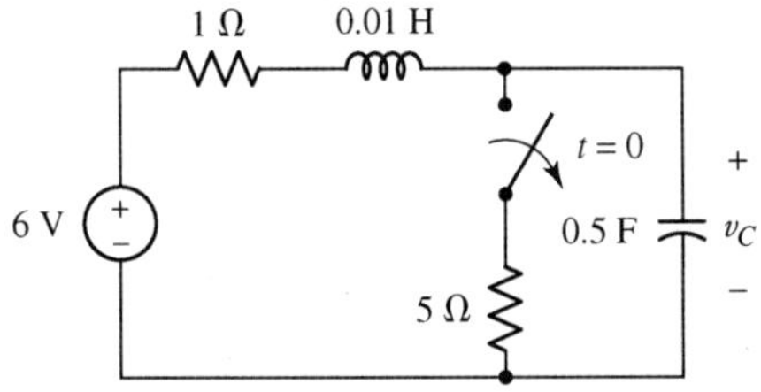


图 9.57

59. 电路如图 9.57 所示，其中的 1 Ω 电阻被一个 100 mΩ 电阻取代，5 Ω 电阻被一个 200 mΩ 电阻取代，假设符合无源符号规则，(a) 求流过电容的电流在 $t>0$ 以后的表达式。(b) 画出变量在$0\leqslant t\leqslant 2$ s 区间内的曲线。

60. 某电路的电感负载为 2 μH，电容为 500 nF，电阻为 50 Ω。利用这些元件值构建串联或者并联 *RLC* 电路，使电路不产生“振铃“(振荡)，或者瞬态响应特别快。设计该电路，使其对脉冲电压的响应在 50 μs 时达到终值的一半。必须使用给定的元件，但允许增加额外的电阻。

61. (a) 调整图 9.58 所示电路中 3 Ω 电阻的值，使得电路恰好实现过阻尼响应。(b) 利用新的电阻值，求 $v_C(t)$和 $i_L(t)$的表达式，$t>0$。(c) 画出电容和电感存储的能量关系曲线，$t>0$。

62. 电路如图 9.59 所示，求电压 $v_C(t)$和电流 $i_L(t)$在两个不同时间窗口内的表达式；(a) $0<t<2$ μs；(b) $t>2$ μs。

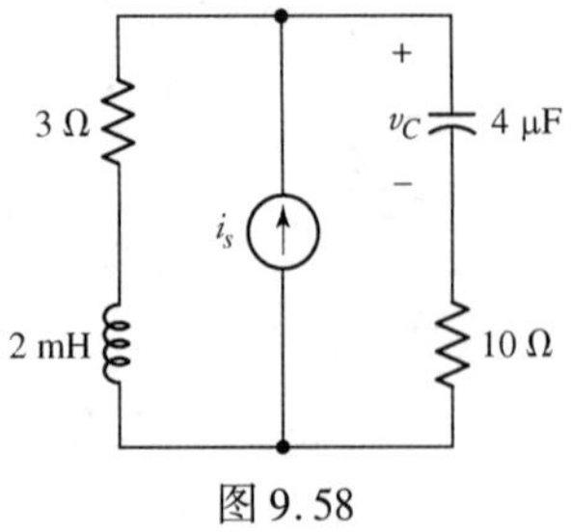


图 9.58

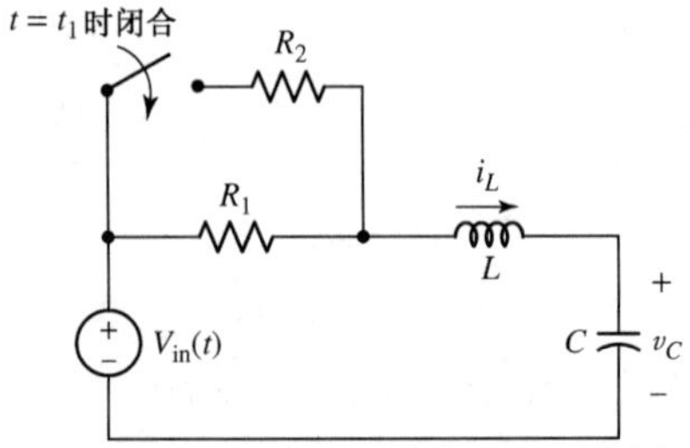


$L=1\ \mu\text{H}$; $C=1\ \mu\text{F}$; $R_1=2\ \Omega$; $R_2=1.5454\ \Omega$;
$V_{\text{in}}(t)=[u(t)+2u(t-t_1)]\text{V}$; $t_1=2\ \mu\text{s}$

图 9.59

## 9.7 无损耗 LC 电路

63. 图 9.60 所示 LC 电路中的电容在 $t=0$ 时存储的初始能量为 20 pJ，而电感在 $t=0$ 时存储的初始能量为零。(a) 确定电容的电压和电流，$t>0$。(b) 画出电容和电感存储的能量关系曲线，$0<t<5$ ns。

DP 64. 设计一个运放电路来模拟图 9.60 所示 LC 电路的电压响应。

DP 65. 设计一个运放电路，使其输出等同于图 9.61 所示电路的电流 $i(t)$，$t>0$。

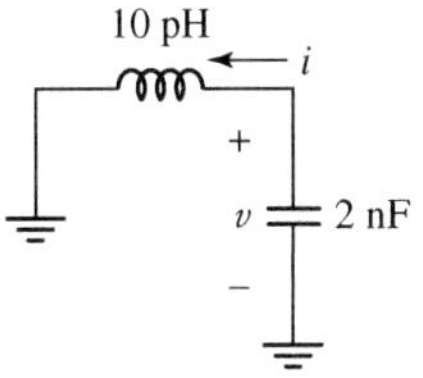


图 9.60

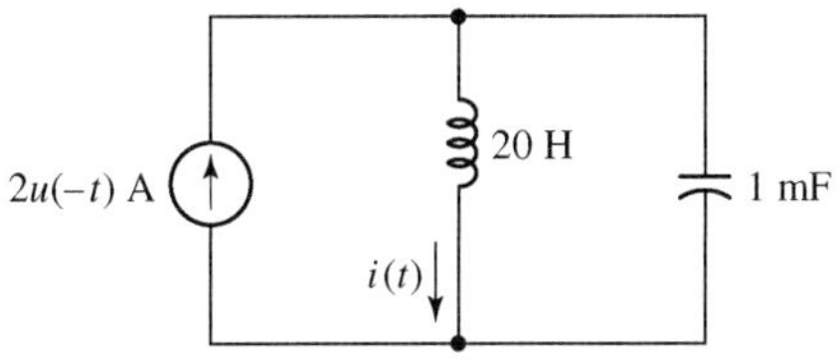


图 9.61

66. 假设图 9.62 所示电路中的开关已经闭合了很长时间。开关在 $t=0$ 时打开，又在 $t=t_1=2\pi$ s 时闭合。(a) 确定 $v(t)$ 在 $0<t<t_1$ 和 $t>t_1$ 区间内的表达式。(b) 画出结果的图形。

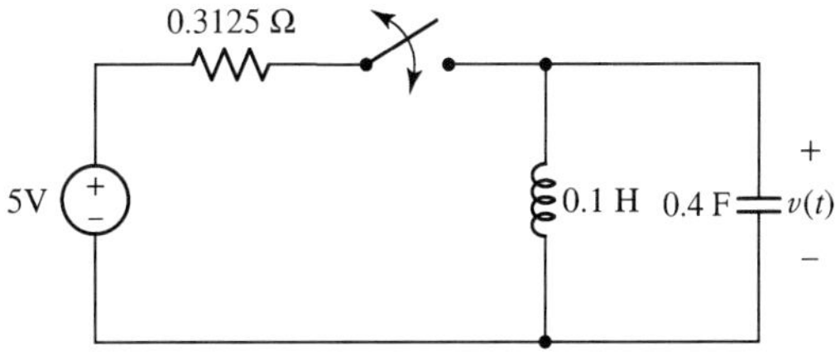


图 9.62

### 综合题

67. 电路如图 9.63 所示，电容值为 1 F，确定在下列时刻 $v_C(t)$ 的值：(a) $t=-1$ s；(b) $t=0^+$；(c) $t=20$ s。

DP 68. 某机器人手臂需要脉冲电流来启动电动机。设计一个 RLC 电路来给 50 Ω 的负载电阻提供 $t=1$ ms 时幅度为 500 mA 的脉冲电流，之后维持 250 mA 或更高的电流，持续时间至少 1 ms。脉冲电流必须在 $t>15$ ms 后衰减至 50 mA。画出电路图并分析结果，然后用 MATLAB 或者 SPICE 仿真结果对答案进行验证。

DP 69. 火花发生器需要一个 10 kV 的短电压脉冲激励。设计一个 RLC 电路来给 1 kΩ 的负载电阻提供 $t=5$ μs 时幅度为 10 kV 的脉冲电压，之后维持 5 kV 或更高的电压，持续时间至少 5 μs。脉冲电压必须在 $t>50$ μs 后衰减至 500 V。画出电路图并分析结果，然后用 MATLAB 或者 SPICE 仿真结果对答案进行验证。(在设计电路之前，首先要确保设计所用的元件能够承受如此高的电压！)

70. 汽车悬挂系统的物理行为与 RLC 电路十分类似。可用如下的差分方程定义：

$$m\frac{d^2p(t)}{dt^2}+\mu_f\frac{dp(t)}{dt}+Kp(t)=0$$

其中 $p(t)$ 为气缸减震器的位置变量，$m$ 为车轮的质量，$\mu_f$ 为摩擦系数，$K$ 为弹簧的倔强系数。其等效电路如图 9.64 所示。假设在 $t=0$ 时悬挂处于初始位置，$p(0)=0$，但经历一次颠簸使得 $t=0$ 时的 $dp/dt=1/15$ ms。利用等效电路来模拟 $p(t)$，然后用 MATLAB 或者 SPICE 画出 $p(t)$，已知 $\mu_f$ 分别等于 300 Ns/m，750 Ns/m 和 1500 Ns/m。系统的倔强系数 $K=22$ kN/m，车轮的质量 $m=30$ kg。

DP 71. 无损 LC 电路可用于控制振荡器，以产生无线通信系统中的可变的振荡频率。(a) 设计一个 LC 电路，产生幅度为 5 V，频率为 400 kHz 的振荡波形，可用电感的最大值是 400 nH。现在假设有一个 0.2 mΩ 损耗电阻与 LC 振荡器串联。(b) 确定振荡频率因电阻而产生的变化。(c) 确定振荡输出电压幅度衰减到 4.8 V 所需的最大时间。(d) 确定在此时间段内能量的损耗(利用 MATLAB 软件来计算能量损耗十分有用。)

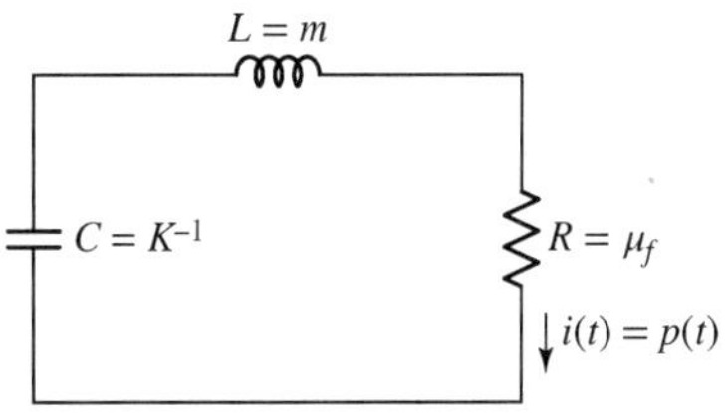


图 9.64

# 第 10 章　正弦稳态分析

## 主要概念

- 正弦函数的特性
- 正弦波的相量表示
- 时域和频域的转换
- 阻抗和导纳
- 电抗和电纳
- 频域的并联和串联组合
- 利用相量确定受迫响应
- 电路分析技术在频域内的应用

## 引言

线性电路的完全响应包含两部分：自由响应和受迫响应。自由响应是电路条件的突然变化引起的短暂的瞬态响应，受迫响应是电路在任何独立源作用下的长期的稳态响应。到目前为止，我们考虑的唯一受迫响应是由直流电源引起的。另一个非常常见的激励函数是正弦波。该函数可以描述市电电压，以及连接到家庭居住区及工业区的电力线上的高压电压。

本章不关注瞬态响应，而是讨论正弦电压和电流激励下的电路（电视机、烤面包机、电力配电网络，等等）的稳态响应。我们利用一个非常有效的方法来分析这种电路，这种方法可以将微积分方程转换成代数方程。在明白转换如何进行之前，我们有必要先复习贯穿于本章的正弦电压和电流函数的一些重要概念。

## 10.1　正弦波特性

考虑一个以正弦形式变化的电压：

$$v(t) = V_m \sin \omega t$$

其波形如图 10.1(a)和图 10.1(b)所示。正弦波的幅度为 $V_m$，幅角为 $\omega t$，弧度频率或角频率为 $\omega$。在图 10.1(a)中，画出的 $V_m \sin \omega t$ 是幅角 $\omega t$ 的函数。显然，正弦波具有周期性。该函数每 2π 弧度重复一次，因此**周期**为 2π 弧度。在图 10.1(b)中，$V_m \sin \omega t$ 被表示成随时间 $t$ 变化的曲线，显然该曲线也具有周期性。周期为 $T$ 的正弦曲线必然每秒重复 $1/T$ 次，即它的频率 $f$ 为 $1/T$ 赫兹（Hertz），简写为 Hz。因此，

$$f = \frac{1}{T}$$

由于

$$\omega T = 2\pi$$

因此可以得到频率和角频率之间的一般关系为

$$\boxed{\omega = 2\pi f}$$

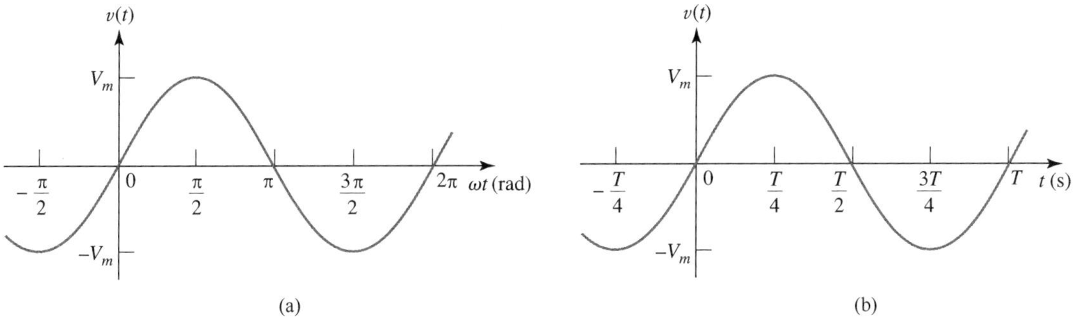


图 10.1　正弦函数 $v(t)=V_m\sin\omega t$。(a) 随 $\omega t$ 变化的曲线；(b) 随 $t$ 变化的曲线

## 滞后和超前

正弦函数的更通用的形式是

$$v(t) = V_m \sin(\omega t + \theta) \qquad [1]$$

这种形式的函数在幅角中包括一个相角 $\theta$。图 10.2 画出了式[1]随 $\omega t$ 变化的曲线，其中相角表示从初始的正弦曲线(图中以粗线所示)往左移动的弧度，或者说在时间上超前。因为曲线 $V_m\sin(\omega t+\theta)$ 上的点比曲线 $V_m\sin\omega t$ 上相应的点早发生 $\theta$ 弧度，或早 $\theta/\omega$ 秒，所以称 $V_m\sin(\omega t+\theta)$ 比 $V_m\sin\omega t$ 超前 $\theta$ 弧度。因此，也可以说，$\sin\omega t$ 比 $\sin(\omega t+\theta)$ **滞后** $\theta$ 弧度，比 $\sin(\omega t+\theta)$ **超前** $-\theta$ 弧度，或比 $\sin(\omega t-\theta)$ 超前 $\theta$ 弧度。

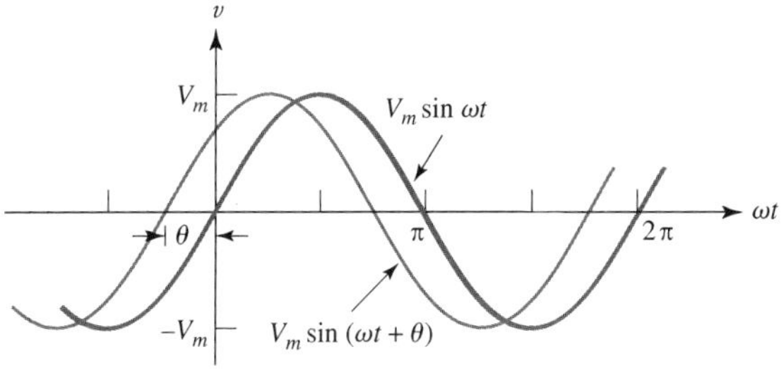


图 10.2　正弦波 $V_m\sin(\omega t+\theta)$ 比 $V_m\sin\omega t$ 超前 $\theta$ 弧度

说明：将弧度转换成角度，只需将相角乘以 180/π 即可。

超前和滞后这两种情况下，两条正弦曲线均称为不同相；反之，如果相角相等，则称两条正弦曲线同相。

在电气工程领域中，相角通常用度表示，而不用弧度表示。为了避免混淆，应该使用度的符号。因此，需要将

$$v = 100\sin\left(2\pi 1000t - \frac{\pi}{6}\right)$$

形式改写成

$$v = 100\sin(2\pi 1000t - 30^\circ)$$

⚠ 计算该表达式在特定时刻的值，如 $t=10^{-4}$ s，则应先计算 $2\pi 1000t$ 等于 $0.2\pi$ rad，然后必须将其表示为 36°，才能用它减去 30°。千万不要将弧度和角度相混淆。

需要对相位进行比较的两个正弦波必须具备以下条件：

1. 都写成正弦形式，或都写成余弦形式。
2. 都写成正幅度的形式。
3. 两个函数具有相同的频率。

## 正弦到余弦的转换

正弦和余弦在本质上是相同的函数，但却有90°的相位差，因此 $\sin\omega t=\cos(\omega t-90°)$。任何正弦函数在幅角上加上或减去360°的倍数都不会改变函数值，因此可以说

$$\begin{aligned} v_1 &= V_{m_1}\cos(5t+10°) \\ &= V_{m_1}\sin(5t+90°+10°) \\ &= V_{m_1}\sin(5t+100°) \end{aligned}$$

超前

$$v_2 = V_{m_2}\sin(5t-30°)$$

130°。也可以说 $v_1$ 滞后 $v_2$ 230°，因为 $v_1$ 也可以写成

$$v_1 = V_{m_1}\sin(5t-260°)$$

假定 $V_{m_1}$ 和 $V_{m_2}$ 都是正值。图 10.3 给出了一种图形表示形式，我们注意到，两个正弦函数的频率必须相同(本例中为 5 rad/s)，否则这种比较就会失去意义。通常，两个正弦函数的相位差用小于等于 180°的角度来表示。

**注意**：$-\sin\omega t=\sin(\omega t\pm180°)$；$-\cos\omega t=\cos(\omega t\pm180°)$；$\mp\sin\omega t=\cos(\omega t\pm90°)$；$\pm\cos\omega t=\sin(\omega t\pm90°)$。

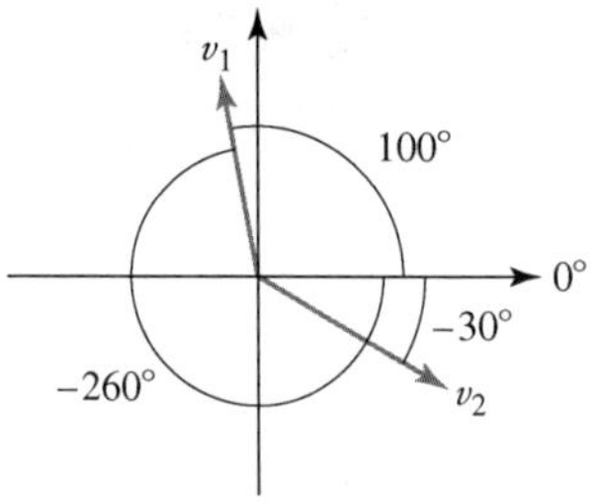


图 10.3 两个正弦波 $v_1$ 和 $v_2$ 的图形表示。每个正弦函数的幅度用相应箭头的长度表示，相角用相对于正 x 轴方向的夹角表示。在该图中，$v_1$ 比 $v_2$ 超前100° + 30° = 130°。但也可以说 $v_2$ 比 $v_1$ 超前230°。通常用小于等于180°的角度来表示相位差

两个正弦波之间超前和滞后的概念被广泛使用，可以同时从数学和图形上来理解其关系。

## 练习

10.1 求 $i_1$ 滞后于 $v_1$ 的角度，设 $v_1=120\cos(120\pi t-40°)$ V，$i_1$ 分别等于：(a) $2.5\cos(120\pi t+20°)$ A；(b) $1.4\sin(120\pi t-70°)$ A；(c) $-0.8\cos(120\pi t-110°)$ A。

10.2 如果 $40\cos(100t-40°)-20\sin(100t+170°)=A\cos100t+B\sin100t=C\cos(100t+\theta)$，求 $A$，$B$，$C$ 和 $\theta$。

答案：10.1：(a) −60°；(b) 120°；(c) −110°。
10.2：27.2；45.4；52.9；−59.1°。

## 10.2　正弦函数激励下的受迫响应

由于已经熟悉了正弦函数的数学特性，下面将一个正弦激励函数应用于一个简单电路，以求解受迫响应。首先写出给定电路的微分方程，该方程的完全响应包含两部分：通解(自由响应)和特解(受迫响应)。本章假定不关心电路暂时存在的响应(即自由响应)，而只关心那些长期存在的响应(即“稳态”响应)。

### 稳态响应

⚠稳态响应与受迫响应是同义的，通常将要分析的电路称为处于正弦稳态。遗憾的是，很多人错误地认为稳态就是“不随时间变化”。对于直流激励函数产生的响应，这是正确的；但是对于正弦稳态响应，它显然是随时间变化的。所以，这里的稳态仅仅指暂态或者说自由响应消失后所达到的状态。

受迫响应的数学形式为激励函数加上它的各阶导数和一次积分，从而可以得到一种求解受迫响应的方法，即假定它的解由一些函数的和组成，这些函数均含有待定的幅度，通过直接代入微分方程可以确定这些未知幅度。不过下面将要讲到，这将是一个冗长的过程，所以需要寻找另一种更简单的求解方法。

考虑图 10.4 所示的串联 $RL$ 电路。正弦电源电压 $v_s = V_m \cos \omega t$ 已经接入电路很长时间了，电路的自由响应也已经完全消失。我们来寻求受迫响应(稳态响应)，它必须满足下面的微分方程：

$$L\frac{\mathrm{d}i}{\mathrm{d}t} + Ri = V_m \cos \omega t$$

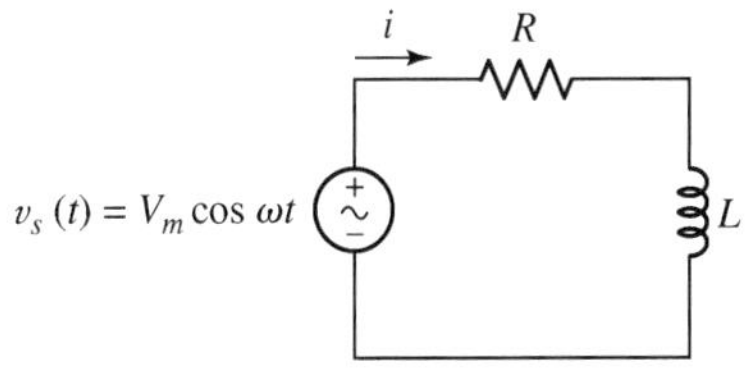


图 10.4　一个用于求解受迫响应的串联 $RL$ 电路

该方程是通过对上述简单回路应用基尔霍夫电压定律得到的。在导数等于零的时刻，可以看到该电流必然有 $i \propto \cos \omega t$ 的形式。同样，在电流等于零时，其导数必定正比于 $\cos \omega t$，这表明电流具有$\sin \omega t$的形式。因此假设受迫响应具有下面的一般形式：

$$i(t) = I_1 \cos \omega t + I_2 \sin \omega t$$

其中，$I_1$ 和 $I_2$ 是实常数，它们的值取决于 $V_m$，$R$，$L$ 和 $\omega$。该响应不存在常数项和指数项。将该假设解代入微分方程，可得

$$L(-I_1\omega \sin \omega t + I_2\omega \cos \omega t) + R(I_1 \cos \omega t + I_2 \sin \omega t) = V_m \cos \omega t$$

如果合并正弦和余弦项，可得

$$(-LI_1\omega + RI_2) \sin \omega t + (LI_2\omega + RI_1 - V_m) \cos \omega t = 0$$

此方程必须对所有的时间 $t$ 都成立，而这只有当 $\cos \omega t$ 和 $\sin \omega t$ 前的乘积因子均为零时才可能做到，因此

$$-\omega LI_1 + RI_2 = 0 \qquad 和 \qquad \omega LI_2 + RI_1 - V_m = 0$$

从而得到 $I_1$ 和 $I_2$ 的解为　$$I_1 = \frac{RV_m}{R^2 + \omega^2 L^2}, \qquad I_2 = \frac{\omega L V_m}{R^2 + \omega^2 L^2}$$

因此，得到受迫响应为　$$i(t) = \frac{RV_m}{R^2 + \omega^2 L^2} \cos \omega t + \frac{\omega L V_m}{R^2 + \omega^2 L^2} \sin \omega t \qquad [2]$$

## 一个更简洁的直观形式

上面得到的受迫响应的表达式有些复杂，可以将响应表示成包含相角的单个正弦函数或者余弦函数的形式，这样更直观一些。这里将其表示成余弦函数：

$$i(t) = A\cos(\omega t - \theta) \qquad [3]$$

至少有两种求 $A$ 和 $\theta$ 的方法。一种是将式[3]直接代入原始微分方程，另一种是令式[2]和式[3]相等。这里选择后一种方法，将函数 $\cos(\omega t - \theta)$ 展开如下：

$$A\cos\theta\cos\omega t + A\sin\theta\sin\omega t = \frac{RV_m}{R^2+\omega^2L^2}\cos\omega t + \frac{\omega LV_m}{R^2+\omega^2L^2}\sin\omega t$$

剩下的工作是合并同类项，再进行一些简单推导，这些作为练习留给读者完成。结果为

$$\theta = \arctan\frac{\omega L}{R}$$

和

$$A = \frac{V_m}{\sqrt{R^2+\omega^2L^2}}$$

因此受迫响应的另一种形式为

$$i(t) = \frac{V_m}{\sqrt{R^2+\omega^2L^2}}\cos\left(\omega t - \arctan\frac{\omega L}{R}\right) \qquad [4]$$

可见，响应的幅度与激励函数的幅度成正比，否则将不满足线性性质。此外，电流滞后于所加电压 $\arctan(\omega L/R)$ 的角度，它在0°和90°之间。当 $\omega$ 为零或 $L$ 为零时，电流必定与电压同相，因为前者对应于直流电压的情形，而后者对应于电阻电路的情形，这个结果与前面得到的结果一致。如果 $R$ 为零，则电流将滞后电压90°。对于电感来说，如果遵循无源符号规则，则电流恰好滞后电压90°，同样可以证明：流过电容的电流将比其两端的电压超前90°。

> 说明：很久以前，符号 $E$(电动势)也被用于表示电压，所以学生们都把短语“ELI the ICE man”作为记住“电感上的电压超前电流和电容上的电流超前电压”的简单方法，现在电压用的是符号 $V$，情况就不同了。

电流与电压的相位差取决于 $\omega L$ 与 $R$ 的比值。$\omega L$ 称为电感的感抗，单位为欧姆(Ω)，它代表电感对流过的正弦电流的抵抗能力。

**例 10.1** 求图 10.5(a)所示电路中的电流 $i_L$，假设瞬态响应已经完全消失。

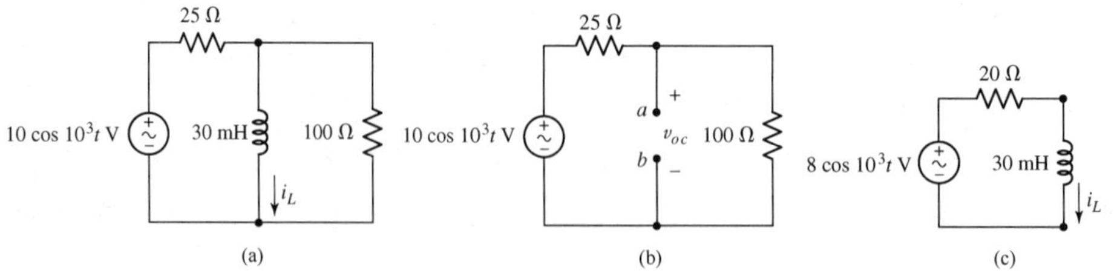


图 10.5 (a) 例 10.1 的电路，需要求解电流 $i_L$；(b) 求 $a$ 和 $b$ 两端的戴维南等效；(c) 简化的电路

**解：** 尽管电路有一个正弦电源和一个电感，但还包含两个电阻，而且不是一个单回路电路。为了应用前面分析的结果，需要求出图 10.5(b)中从 $a$ 和 $b$ 两端看进去的戴维南等效电路。

开路电压 $v_{oc}$ 为

$$v_{oc} = (10\cos 10^3 t)\frac{100}{100+25} = 8\cos 10^3 t \ \text{V}$$

因为没有受控源，所以可以通过将独立源置零并计算无源网络的电阻来求得 $R_{th}$，得到 $R_{th} = (25\times100)/(25+100) = 20\ \Omega$。

因此得到一个串联 *RL* 电路，$L=30$ mH，$R_{th}=20\ \Omega$，电源电压为 $8\cos 10^3 t$ V，如图 10.5(c)所示。根据从一般 *RL* 串联电路中得到的式[4]，可得

$$\begin{aligned} i_L &= \frac{8}{\sqrt{20^2+(10^3\times 30\times 10^{-3})^2}}\cos\left(10^3 t - \arctan\frac{30}{20}\right) \\ &= 222\cos(10^3 t - 56.3^\circ)\ \text{mA} \end{aligned}$$

电压和电流波形如图 10.6 所示。所用的 MATLAB 代码如下：

```
>> t = linspace(0,8e-3,1000);
>> v = 8* cos(1000* t);
>> i = 0.222* cos(1000* t - 56.3* pi/180);
>> plotyy(t,v,t,i);
>> xlabel('time(s)');
```

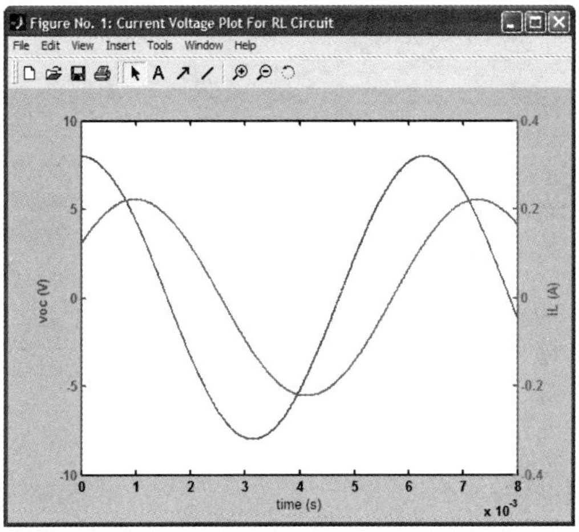


图 10.6　利用 MATLAB 画出的电压和电流波形

注意，电流和电压波形的相位差不等于 90°。这是因为没有画出电感电压的缘故，这里留给读者作为练习。

## 练习

10.3　电路如图 10.7 所示，设 $v_s = 40\cos 8000t$ V。利用戴维南定理求 $t=0$ 时的参数值：(a) $i_L$；(b) $v_L$；(c) $i_R$；(d) $i_s$。

答案：(a) 18.71 mA；(b) 15.97 V；(c) 5.32 mA；(d) 24.0 mA。

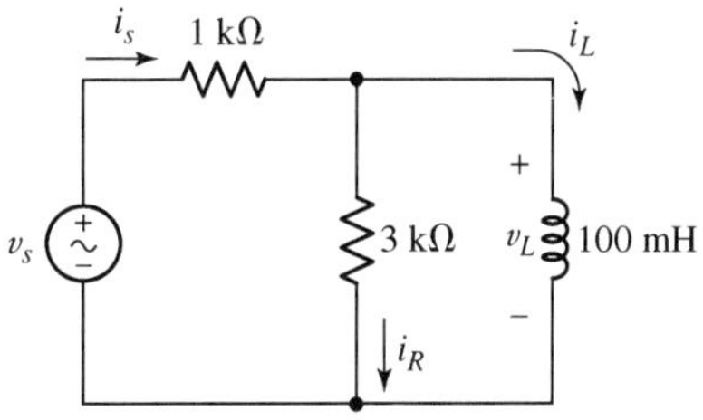


图 10.7

## 10.3　复激励函数

前面我们用比较直接的方法得到了正确的答案，但这种方法不适合所有电路，应用于某些电路时可能会出现第一次分析此类电路时带来的麻烦。真正的问题不在于时变电源，如电感(和电

容)，因为只是求解代数方程，所以纯电阻电路在正弦电源作用下的响应分析比起直流源并没有增加多少难度。事实证明，存在另一种适合任何线性电路求解电路稳态响应的方法，这种方法只采用简单的代数表达式。

这种方法的本质在于正弦形式和指数形式通过复数相关联，这就是欧拉公式，如

$$e^{j\theta} = \cos\theta + j\sin\theta$$

对余弦函数求导得到(负的)正弦函数，对指数函数求导得到的还是一个指数函数。至此读者可能会想："一切都很好，可我从来也没有在电路中遇到过虚数!"一点没错，但接下来我们还是要在电路中增加一个虚激励源，从而得到一个复数激励源，它可以(极大地)简化电路的分析。起初看起来这好像有点奇怪，但略加思考，发现实激励产生实响应，虚激励产生虚响应，两者的叠加应该是复激励产生复响应。因此，可以将复数电压或电流的实部和虚部单独分开讨论。

在图 10.8 中，将下面的正弦电压加入一个一般网络：

$$V_m\cos(\omega t + \theta) \qquad [5]$$

为使问题简化，假设该网络只包含无源元件(即非独立源)，需要确定网络的某些支路上的电流响应，式[5]中的参数都为实数。

说明：附录 5 给出了复数和与复数相关的一些参量的定义，并回顾了复数的运算，导出了欧拉公式，以及指数形式与极坐标形式之间的关系。

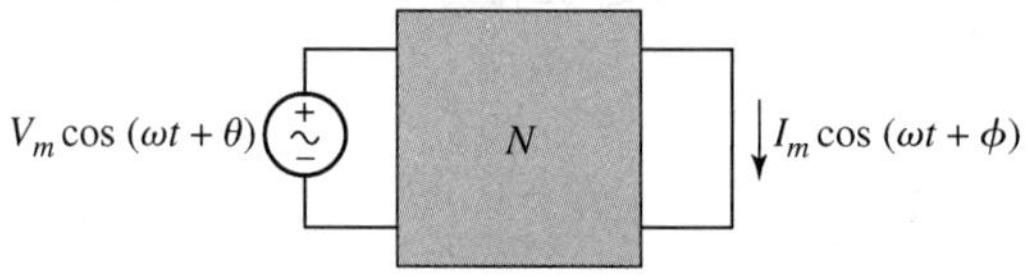


图 10.8　正弦激励函数 $V_m\cos(\omega t+\theta)$ 产生正弦稳态响应 $I_m\cos(\omega t+\phi)$

已经证明，可以将响应表示成下面的一般余弦函数：

$$I_m\cos(\omega t + \phi) \qquad [6]$$

在线性电路中，一个正弦激励函数总是会产生一个具有相同频率的正弦受迫响应。

现在将激励函数的相角移位 90°，或者说改变定义 $t=0$ 的时刻。因此，激励函数变为

$$V_m\cos(\omega t + \theta - 90^\circ) = V_m\sin(\omega t + \theta) \qquad [7]$$

把它加入同一个网络，则产生相应的响应：

$$I_m\cos(\omega t + \phi - 90^\circ) = I_m\sin(\omega t + \phi) \qquad [8]$$

下面加入一个虚激励函数，虽然不能在实验室中做到这一点，但在数学上可以实现。

## 虚电源产生虚响应

构造一个简单的虚电源，只需将式[7]乘以虚数运算符 j 即可。将下面的电源接入网络：

$$jV_m\sin(\omega t + \theta) \qquad [9]$$

响应是什么呢？如果将电源增大为原来的两倍，根据线性原理，响应也应该变为原来的两倍；激励函数乘以常数 $k$ 将使响应乘以相同的常数 $k$。因此，如果取这个常量为 $\sqrt{-1}$，那么该关系同样成立，因此式[9]的虚电源产生的响应为

$$jI_m\sin(\omega t + \phi) \qquad [10]$$

该虚电源和响应如图 10.9 所示。

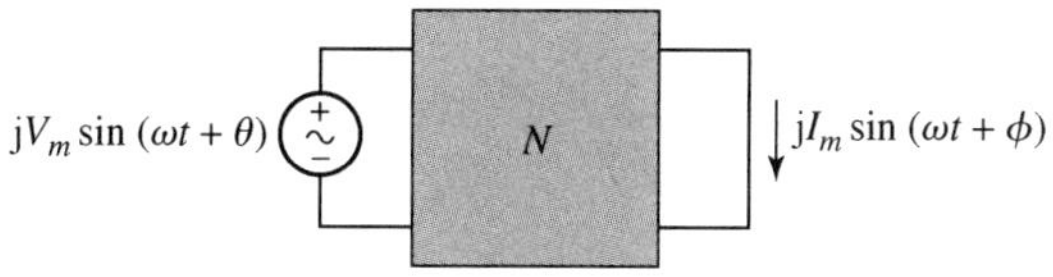


图 10.9　图 10.8 所示的网络中，虚正弦激励函数 $jV_m \sin(\omega t+\theta)$ 产生虚正弦响应 $jI_m \sin(\omega t+\phi)$

## 应用复激励函数

一个实电源将产生一个实响应，同样，一个虚电源将产生一个虚响应。因为处理的是线性电路，所以可以使用叠加定理求得复激励函数(实激励函数与虚激励函数之和)作用下产生的响应。因此式[5]和式[9]的激励函数之和

$$V_m \cos(\omega t+\theta) + jV_m \sin(\omega t+\theta) \qquad [11]$$

必定会产生式[6]与式[10]之和组成的响应：

$$I_m \cos(\omega t+\phi) + jI_m \sin(\omega t+\phi) \qquad [12]$$

利用欧拉公式，可将复电源和复响应表示成更简单的形式，如 $\cos(\omega t+\theta)+j\sin(\omega t+\theta)=e^{j(\omega t+\theta)}$，即式[11]的电源可以写成

$$V_m e^{j(\omega t+\theta)} \qquad [13]$$

式[12]的响应可以写成

$$I_m e^{j(\omega t+\phi)} \qquad [14]$$

图 10.10 所示为复电源和复响应。

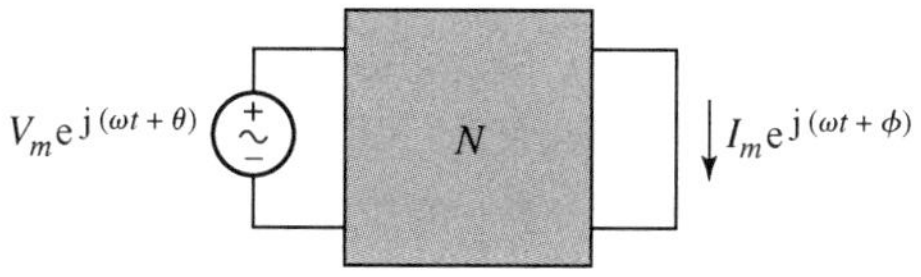


图 10.10　图 10.8 所示的网络中，复激励函数 $V_m e^{j(\omega t+\theta)}$ 产生复响应 $I_m e^{j(\omega t+\phi)}$

线性性质保证了复响应的实部一定是由复激励的实部产生的，而复响应的虚部一定是由复激励的虚部产生的。我们的任务并不是将一个实激励函数加到电路中，以求其产生的实响应，而是用一个复激励函数替代给定的实激励函数，然后求得复响应，使复响应的实部等于给定实激励的实响应。该分析过程的好处是将描述电路稳态响应的微分方程变为简单的代数方程。

## 将微分方程转化为代数方程

现在以图 10.11 所示的简单 *RL* 串联电路为例来解释。接入的实电源为 $V_m \cos \omega t$，需要求出实响应 $i(t)$。因为

$$V_m \cos \omega t = \mathrm{Re}\{V_m \cos \omega t + jV_m \sin \omega t\} = \mathrm{Re}\{V_m e^{j\omega t}\}$$

所以复电源必须为

$$V_m e^{j\omega t}$$

将复响应表示为幅度 $I_m$ 和相角 $\phi$ 待定的形式：

$$I_m e^{j(\omega t+\phi)}$$

写出该电路的微分方程：

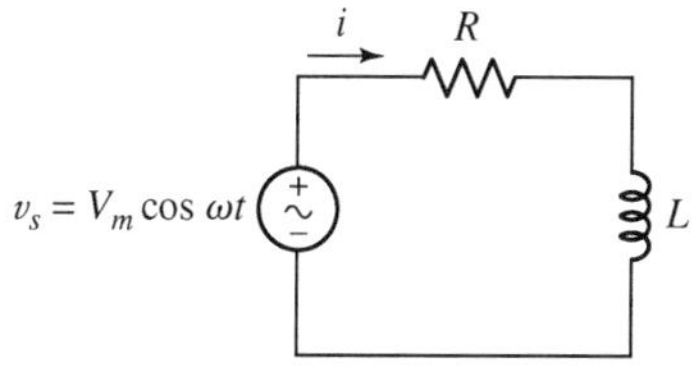


图 10.11　一个处于正弦稳态的简单电路，采用复激励函数对其进行分析

$$Ri + L\frac{di}{dt} = v_s$$

代入 $v_s$ 和 $i$ 的复数表达式，得到

$$RI_m e^{j(\omega t+\phi)} + L\frac{d}{dt}(I_m e^{j(\omega t+\phi)}) = V_m e^{j\omega t}$$

求出式中的导数，可得

$$RI_m e^{j(\omega t+\phi)} + j\omega L I_m e^{j(\omega t+\phi)} = V_m e^{j\omega t}$$

这样便得到了一个代数方程。为了确定 $I_m$ 和 $\phi$，方程两边除以相同的因子 $e^{j\omega t}$，得到

$$RI_m e^{j\phi} + j\omega L I_m e^{j\phi} = V_m$$

对左边提取公因子，

$$I_m e^{j\phi}(R + j\omega L) = V_m$$

重新整理，得到

$$I_m e^{j\phi} = \frac{V_m}{R + j\omega L}$$

再将等式右边表示成指数或者极坐标形式，从而可以求出 $I_m$ 和 $\phi$：

$$I_m e^{j\phi} = \frac{V_m}{\sqrt{R^2 + \omega^2 L^2}} e^{j[-\arctan(\omega L/R)]} \qquad [15]$$

因此有

$$I_m = \frac{V_m}{\sqrt{R^2 + \omega^2 L^2}}$$

和

$$\phi = -\arctan\frac{\omega L}{R}$$

采用极坐标表示形式，可以写成

$$I_m \underline{/\phi}$$

或

$$V_m/\sqrt{R^2 + \omega^2 L^2}\ \underline{/-\arctan(\omega L/R)}$$

式[15]为复响应。由于已经得到 $I_m$ 和 $\phi$，因此可以立即写出 $i(t)$ 的表达式。但是，可以采用另一种更严格的方法来求解，即通过在式[15]两边同时乘以因子 $e^{j\omega t}$，然后取实部得到实响应 $i(t)$。采用上面任意一种方法均可以得到

$$i(t) = I_m\cos(\omega t + \phi) = \frac{V_m}{\sqrt{R^2 + \omega^2 L^2}}\cos\left(\omega t - \arctan\frac{\omega L}{R}\right)$$

它与式[4]中得到的响应一致。

**例 10.2** 简单 $RC$ 电路如图 10.12(a)所示，采用一个合适的复激励求稳态时的电容电压。

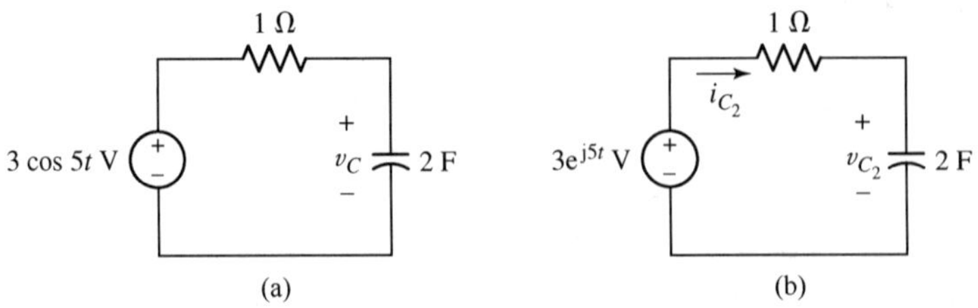


图 10.12 (a) $RC$ 电路用于求解电容上的稳态电压；(b) 修改后的电路，实激励源被复激励源替代

**解：** 因为实激励为 3cos 5$t$，所以用一个复激励 $3e^{j5t}$ V 的电源来替代实激励源，并在满足无源符号规则的情况下，定义新的电容电压为 $v_{C_2}$，流过的电流为 $i_{C_2}$，如图 10.12(b)所示。

运用基尔霍夫电压定律可列写出微分方程：

$$-3e^{j5t}+1i_{C_2}+v_{C_2}=0$$

或
$$-3e^{j5t}+2\frac{dv_{C_2}}{dt}+v_{C_2}=0$$

我们期望的响应形式同激励源，即

$$v_{C_2}=V_m e^{j5t}$$

将上式代入微分方程并简化，得到

$$j10V_m e^{j5t}+V_m e^{j5t}=3e^{j5t}$$

消去指数项，得到
$$V_m=\frac{3}{1+j10}=\frac{3}{\sqrt{1+10^2}}\underline{/-\arctan(10/1)}\ \text{V}$$

则稳态时的电容电压为

$$\text{Re}\{v_{C_2}\}=\text{Re}\{29.85e^{-j84.3^\circ}e^{j5t}\ \text{mV}\}=29.85\cos(5t-84.3^\circ)\ \text{mV}$$

## 练习

10.4　计算下列表达式并将结果表示成笛卡儿坐标形式：(a) $[(2\underline{/30^\circ})\times(5\underline{/-110^\circ})](1+j2)$；(b) $(5\underline{/-200^\circ})+4\underline{/20^\circ}$。计算下列表达式并将结果表示成极坐标的形式：(c) $(2-j7)/(3-j)$；(d) $8-j4+[(5\underline{/80^\circ})/(2\underline{/20^\circ})]$。

10.5　假定采用无源符号规则。(a) 将复电流 $4e^{j800t}$ A 接入 1 mF 电容与 2 Ω 电阻的串联组合，求串联组合两端的复电压。(b) 将复电压 $100e^{j2000t}$ V 接入 10 mH 电感和 50 Ω 电阻的并联组合两端，求产生的复电流。

答案：10.4：(a) 21.4 − j6.38；(b) −0.940 + j3.08；(c) $2.30\underline{/-55.6^\circ}$；(d) $9.43\underline{/-11.22^\circ}$。

10.5：(a) $9.43e^{j(800t-32.0^\circ)}$ V；(b) $5.39e^{j(2000t-68.2^\circ)}$ A。

说明：如果在求解这些问题时遇到困难，可参考附录 5。

## 10.4　相量

在 10.3 节可看到，增加的虚正弦激励源满足代数方程，该方程描述的正是电路的稳态响应。电路分析的中间过程曾经在等式两边消去了复指数项，因为从求导之后直到得到响应的实部之前，我们并不需要指数项。因此，我们关注的就是两个参数：幅度和相角，它们可以直接得到，而无须求实部。另一个观点是，任何电路中的电压和电流都含有 $e^{j\omega t}$，我们的分析虽然和频率有关，但频率并不改变，所以带入带出 $e^{j\omega t}$ 反而会浪费时间。

回到例 10.2，电源可表示为

$$3e^{j0^\circ}\ \text{V}\qquad (\text{或甚至为}\ 3\ \text{V})$$

电容电压为 $V_m e^{j\phi}$，最终求得的结果是 $0.02985e^{-j84.3^\circ}$ V，电源频率在这里被隐含了，没有它就无法构造任何电压和电流。

说明：$e^{j0}=\cos 0+j\sin 0=1$。

通常将该复数量写成极坐标形式而不是指数形式，这样是为了节省时间和精力。因此，源电压为

$$v(t) = V_m \cos \omega t = V_m \cos(\omega t + 0°)$$

现在将其表示成复数形式 $V_m \underline{/0°}$

电流响应 $i(t) = I_m \cos(\omega t + \phi)$

可变为 $I_m \underline{/\phi}$

这种复数的缩减表示称为**相量**(phasor)[①]。

> 说明：记住，我们讨论的稳态电路的响应一定是在激励源的频率上产生的，所以频率 $\omega$ 一定是已知的。

下面回顾一下将一个实正弦电压或电流变换成相量的过程，然后将给出更有意义的相量定义及其符号。

一个实正弦电流为 $i(t) = I_m \cos(\omega t + \phi)$

利用欧拉公式将其表示成一个复变量的实部：

$$i(t) = \text{Re}\left\{I_m e^{j(\omega t + \phi)}\right\}$$

然后，去掉符号 Re{ }，用复变量来表示这个电流，从而给电流添加了虚部，但是没有改变原来的实部。再去掉因子 $e^{j\omega t}$，进一步简化为

$$\mathbf{I} = I_m e^{j\phi}$$

将结果表示成极坐标形式 $\mathbf{I} = I_m \underline{/\phi}$

这个复数表示就是相量表示。相量是一个复量，因此用粗体表示。在相量表示中采用大写字母是因为相量不是关于时间的函数，它只包含幅度和相角信息。为了表示这种差别，将 $i(t)$ 称为时域表示，而将相量 $\mathbf{I}$ 称为频域表示。需要指出的是，频域表示并不明确包含频率。从频域回到时域的过程恰好是前面变换的相反过程，因此，给定相量电压：

$$\mathbf{V} = 115\underline{/-45°}\ \text{V}$$

已知 $\omega = 500$ rad/s，可以直接写出等效的时域表示：

$$v(t) = 115 \cos(500t - 45°)\ \text{V}$$

如果需要写成正弦形式，$v(t)$ 则为

$$v(t) = 115 \sin(500t + 45°)\ \text{V}$$

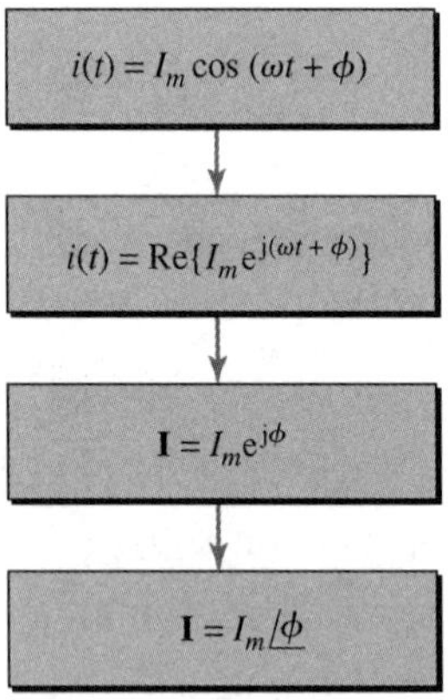


将 $i(t)$ 变成 $\mathbf{I}$ 的过程称为从时域到频域的相量变换

## 练习

10.6 设 $\omega = 2000$ rad/s，$t = 1$ ms。求下列相量电流的瞬时值：(a) j10 A；(b) 20 + j10 A；(c) 20 + j(10 $\underline{/20°}$) A。

答案：(a) −9.09 A；(b) −17.42 A；(c) −15.44 A。

---

① 不要将它与移相器混淆，移相器是电视机中的一个有趣器件。

**例 10.3** 将时域电压 $v(t)=100\cos(400t-30°)$ V 变换成频域电压。

**解**：时域表达式是包含相角的余弦形式，因此去掉 $\omega=400$ rad/s 可得

$$\mathbf{V}=100\underline{/-30°}\ \text{V}$$

注意，我们跳过了几个步骤而直接写出这个表达式。这也是读者有时会感到困惑的地方，因为他们容易忘记相量形式不等于时域电压 $v(t)$。事实上，相量形式只是将相应的虚部加上时域函数 $v(t)$ 而得到的复量的简洁形式。

## 练习

10.7 将下面关于时间的函数转化为相量形式：(a) $-5\sin(580t-110°)$；(b) $3\cos 600t-5\sin(600t+110°)$；(c) $8\cos(4t-30°)+4\sin(4t-100°)$。提示：首先将函数表示成带有正幅度的单个余弦函数。

答案：(a) $5\underline{/-20°}$；(b) $2.41\underline{/-134.8°}$；(c) $4.46\underline{/-47.9°}$。

说明：一些有用的三角函数变换公式可在书末查到。

基于相量的分析方法的作用是，可将电感和电容上的电压与电流之间的关系表示成代数关系，如同电阻的情况一样。既然可以在时域和频域之间互相转换，那么通过分别对 3 种无源元件建立相量电压与相量电流的关系，可以进一步简化正弦稳态的分析过程。

## 电阻

电阻是最简单的情况。在时域中，如图 10.13(a)所示，定义方程为

$$v(t)=Ri(t)$$

应用复数电压： $$v(t)=V_m e^{j(\omega t+\theta)}=V_m\cos(\omega t+\theta)+jV_m\sin(\omega t+\theta) \qquad [16]$$

假定复数电流响应为 $$i(t)=I_m e^{j(\omega t+\phi)}=I_m\cos(\omega t+\phi)+jI_m\sin(\omega t+\phi) \qquad [17]$$

因此， $$V_m e^{j(\omega t+\theta)}=Ri(t)=RI_m e^{j(\omega t+\phi)}$$

等式两边除以 $e^{j\omega t}$，得到 $$V_m e^{j\theta}=RI_m e^{j\phi}$$

或表示成极坐标形式：

$$V_m\underline{/\theta}=RI_m\underline{/\phi}$$

这里的 $V_m\underline{/\theta}$ 和 $I_m\underline{/\phi}$ 表示一般形式的相量电压 **V** 和相量电流 **I**，因此

$$\mathbf{V}=R\mathbf{I} \qquad [18]$$

电阻上相量形式的电压-电流关系与电阻在时域的电流与电压的关系具有相同的形式。图 10.13(b)解释了相量形式的方程。由于 $\theta$ 和 $\phi$ 相等，因此电阻上的电流和电压总是同相的。

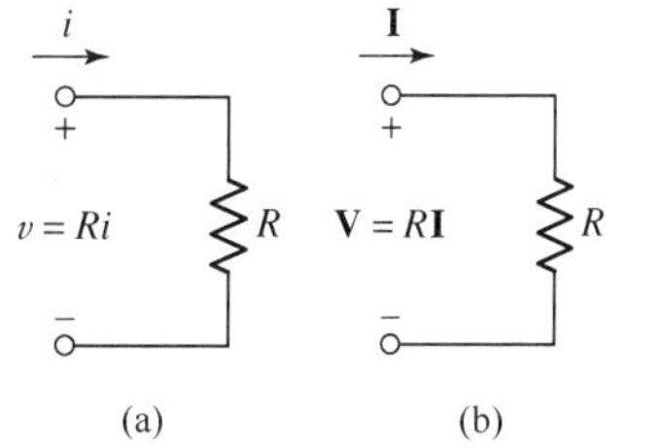

图 10.13 电阻上的相关电压和电流关系。(a) 时域，$v=Ri$；(b) 频域，$\mathbf{V}=R\mathbf{I}$

说明：欧姆定律对于时域和频域均正确，即电阻两端的电压总是等于电阻乘以流过它的电流。

作为应用时域和频域关系式的例子，假设一个4 Ω电阻两端的电压为 8 cos(100$t$ −50°) V。在时域上，求得的电流一定为

$$i(t)=\frac{v(t)}{R}=2\cos(100t-50^\circ)\ \text{A}$$

该电压的相量形式为 $8\,\underline{/-50^\circ}$ V，因此

$$\mathbf{I}=\frac{\mathbf{V}}{R}=2\underline{/-50^\circ}\ \text{A}$$

如果将它转化到时域，显然可以得到相同的表达式。但可以得出这样的结论：在频域上分析电阻电路并不能节省时间和精力。

## 电感

下面讨论电感。时域表示如图 10.14(a)所示，时域表达式方程为

$$v(t)=L\frac{\text{d}i(t)}{\text{d}t} \qquad [19]$$

将复电压方程式[16]和复电流方程式[17]代入式[19]：

$$V_m e^{\text{j}(\omega t+\theta)}=L\frac{\text{d}}{\text{d}t}I_m e^{\text{j}(\omega t+\phi)}$$

求出式中的导数：

$$V_m e^{\text{j}(\omega t+\theta)}=\text{j}\omega L I_m e^{\text{j}(\omega t+\phi)}$$

两边同时除以 $e^{\text{j}\omega t}$，得到

$$V_m e^{\text{j}\theta}=\text{j}\omega L I_m e^{\text{j}\phi}$$

则相量关系为

$$\boxed{\mathbf{V}=\text{j}\omega L\mathbf{I}} \qquad [20]$$

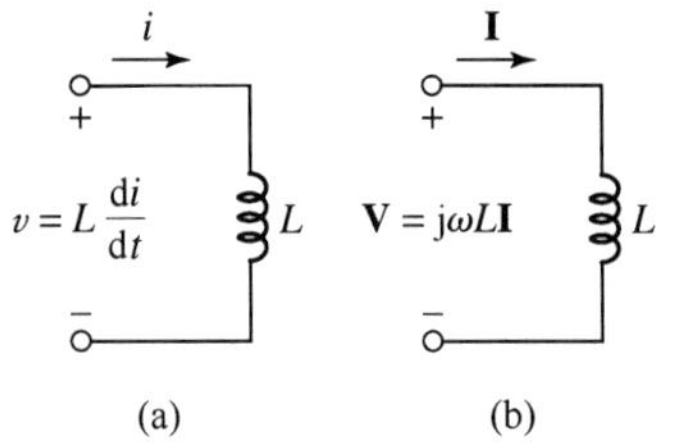


图 10.14 电感上的相关电压和电流关系。(a) 时域，$v=L\text{d}i/\text{d}t$；(b) 频域，$\mathbf{V}=\text{j}\omega L\mathbf{I}$

式[19]的时域微分方程变成了式[20]的频域代数方程。图 10.14(b) 给出了相量关系。注意，因子 j$\omega L$ 的相角为 +90°，于是电感上的相量电流 **I** 比相量电压 **V** 滞后 90°。

**例 10.4** 已知 $\omega$ = 100 rad/s，将电压 $8\,\underline{/-50^\circ}$ V 加到 4 H 电感的两端，求电感上流过的相量电流和时域电流。

**解**：利用刚才得到的表达式：

$$\mathbf{I}=\frac{\mathbf{V}}{\text{j}\omega L}=\frac{8\underline{/-50^\circ}}{\text{j}100(4)}=-\text{j}0.02\underline{/-50^\circ}=(1\underline{/-90^\circ})(0.02\underline{/-50^\circ})$$

或

$$\mathbf{I}=0.02\underline{/-140^\circ}\ \text{A}$$

将该电流表示成时域形式：

$$i(t)=0.02\cos(100t-140^\circ)\ \text{A}=20\cos(100t-140^\circ)\ \text{mA}$$

## 电容

最后一个元件是电容。时域电流-电压关系为

$$i(t)=C\frac{\text{d}v(t)}{\text{d}t}$$

与前面类似，首先将 $v(t)$ 和 $i(t)$ 替换为式[16]和式[17]所表示的复量，求出式中的导数，然

后去掉因子 $e^{j\omega t}$，即可得到电容上的相量电压 **V** 与相量电流 **I** 的关系：

$$\mathbf{I} = \mathrm{j}\omega C\mathbf{V} \tag{21}$$

由上式可知，电容上的电流 **I** 比电压 **V** 超前 90°。然而需要注意，这并不是指电流响应比产生它的电压早 1/4 周期出现！现在分析的是稳态响应，指的是不断增大的电压引起的电流最大值比电压最大值早出现 90°。

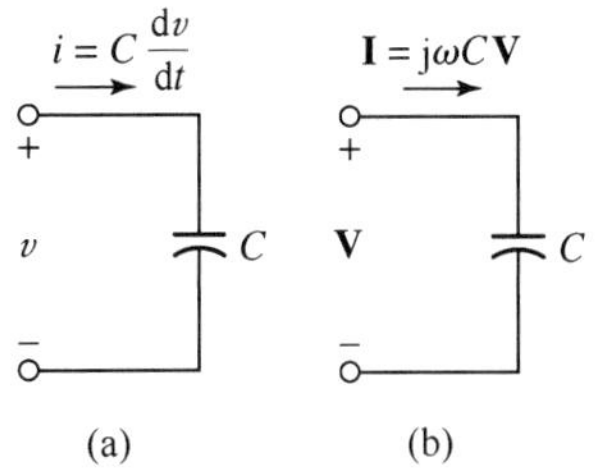


图 10.15　电容电流与电压的(a)时域和(b)频域关系

图 10.15(a)和图 10.15(b)所示是时域和频域表示方式的比较。现在已经得到了 3 个无源元件的 **V-I** 关系。其结果总结在表 10.1 中，其中 3 个元件的时域 $v$-$i$ 表达式和频域 **V-I** 表达式分别放在了相邻的两栏中。所有的相量方程均为代数方程，而且是线性的。电感和电容的方程与电阻的欧姆定律很相似，事实上，我们在像使用欧姆定律那样使用它们。

**表 10.1　时域伏安表达式和频域伏安表达式的比较**

| 时域 | | 频域 | |
|---|---|---|---|
| 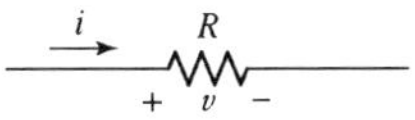 | $v = Ri$ | $\mathbf{V} = R\mathbf{I}$ | 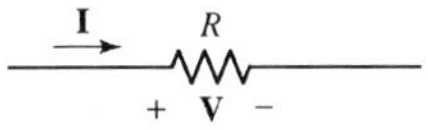 |
| 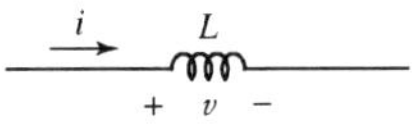 | $v = L\frac{di}{dt}$ | $\mathbf{V} = j\omega L\mathbf{I}$ | 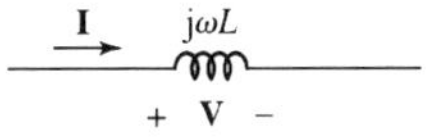 |
| 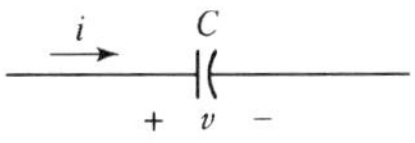 | $v = \frac{1}{C}\int i\,dt$ | $\mathbf{V} = \frac{1}{j\omega C}\mathbf{I}$ | 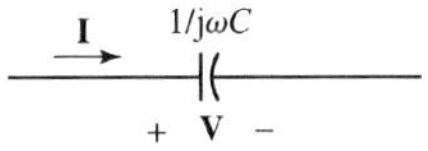 |

## 基尔霍夫定律的相量形式

基尔霍夫电压定律在时域中可以写为

$$v_1(t) + v_2(t) + \cdots + v_N(t) = 0$$

现在，运用欧拉公式将每个实电压 $v_i$ 均替换成实部等于这个实电压的复电压，然后去掉因子 $e^{j\omega t}$，从而得到

$$\mathbf{V}_1 + \mathbf{V}_2 + \cdots + \mathbf{V}_N = 0$$

因此，可以看出基尔霍夫电压定律不仅适用于相量电压，并且与时域的形式相同。同样可以证明基尔霍夫电流定律也适用于相量电流，而且与时域的形式也相同。

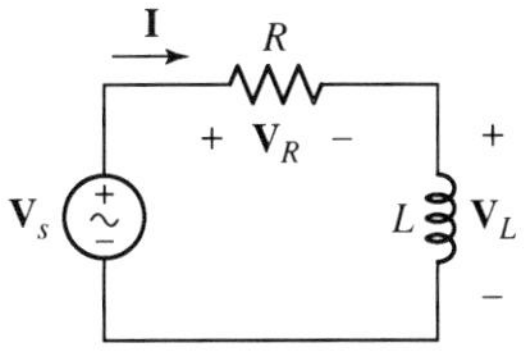


图 10.16　具有相量电压的串联RL电路

现在分析之前已经讨论过多次的串联 *RL* 电路。电路如图 10.16所示，图中给出了相量电流和一些相量电压。首先求得相量电流，然后得到时域的电流。根据基尔霍夫电压定律：

$$\mathbf{V}_R + \mathbf{V}_L = \mathbf{V}_s$$

根据最新得到的元件的 **V-I** 关系，可得

$$R\mathbf{I} + j\omega L\mathbf{I} = \mathbf{V}_s$$

然后求得用源电压 $\mathbf{V}_s$ 表示的相量电流：

$$\mathbf{I}=\frac{\mathbf{V}_s}{R+\mathrm{j}\omega L}$$

设源电压幅度为 $V_m$，相角为0°，因此

$$\mathbf{I}=\frac{V_m\underline{/0^\circ}}{R+\mathrm{j}\omega L}$$

首先将电流写成极坐标形式：

$$\mathbf{I}=\frac{V_m}{\sqrt{R^2+\omega^2L^2}}\underline{/[-\arctan(\omega L/R)]}$$

然后采用相应步骤求出其时域表达式，同样的表达式在本章开始时费了很多功夫才得到。

**例 10.5** 对图 10.17 所示的 *RLC* 电路，设电源工作频率为 $\omega=2$ rad/s，电流 $\mathbf{I}_C=2\underline{/28^\circ}$ A，求电流 $\mathbf{I}_s$ 和 $i_s(t)$。

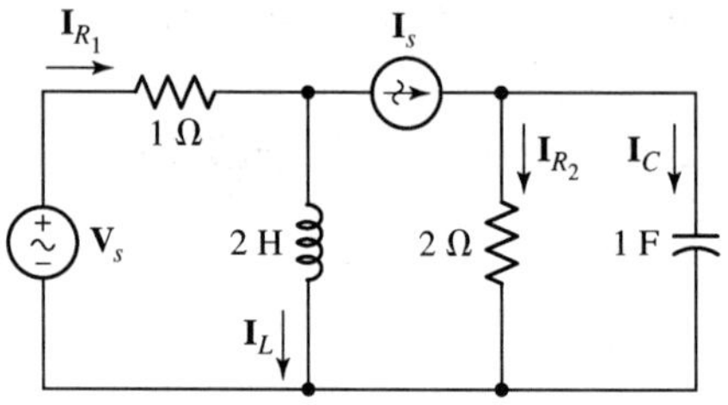


图 10.17 具有 3 网孔的电路。每个电源的工作频率相同，都为 ω

**解：** 已知 $\mathbf{I}_C$，求 $\mathbf{I}_s$，只需利用基尔霍夫电流定律即可。如果设电容电压 $\mathbf{V}_C$ 符合无源符号规则，则

$$\mathbf{V}_C=\frac{1}{\mathrm{j}\omega C}\mathbf{I}_C=\frac{-\mathrm{j}}{2}\mathbf{I}_C=\frac{-\mathrm{j}}{2}(2\underline{/28^\circ})=(0.5\underline{/-90^\circ})(2\underline{/28^\circ})=1\underline{/-62^\circ}\text{ V}$$

该电压同时也是 2 Ω 电阻上的电压，因此从上向下流的电流 $\mathbf{I}_{R_2}$ 为

$$\mathbf{I}_{R_2}=\frac{1}{2}\mathbf{V}_C=\frac{1}{2}\underline{/-62^\circ}\text{ A}$$

由基尔霍夫电流定律得到

$$i_s(t)=2.06\cos(2t+14^\circ)\ \text{A}$$

在已知 ω 的情况下，可以从 $\mathbf{I}_s$ 得到 $i_s(t)$ 的表达式：

$$i_s(t)=2.06\cos(2t+14^\circ)\ \text{A}$$

### 练习

10.8 在图 10.17 所示电路中，设所有电源的工作频率为 $\omega=1$ rad/s，已知 $\mathbf{I}_C=2\underline{/28^\circ}$ A，$\mathbf{I}_L=3\underline{/53^\circ}$ A。求：(a) $\mathbf{I}_s$；(b) $\mathbf{V}_s$；(c) $i_{R_1}(t)$。

答案：(a) $3\underline{/-62^\circ}$ A；(b) $3.71\underline{/-4.5^\circ}$ V；(c) $3.22\cos(t-4.5^\circ)$ A。

## 10.5 阻抗和导纳

3 个无源元件在频域上的电流–电压关系如下(假定符合无源符号规则)：

$$\mathbf{V}=R\mathbf{I},\quad \mathbf{V}=\mathrm{j}\omega L\mathbf{I},\quad \mathbf{V}=\frac{\mathbf{I}}{\mathrm{j}\omega C}$$

将这些方程写成相量电压与相量电流之比:

$$\frac{\mathbf{V}}{\mathbf{I}} = R, \quad \frac{\mathbf{V}}{\mathbf{I}} = \mathrm{j}\omega L, \quad \frac{\mathbf{V}}{\mathbf{I}} = \frac{1}{\mathrm{j}\omega C}$$

可以发现这些比值取决于元件值(对于电感和电容还取决于频率)。除了是复量从而其运算必须符合复数的运算规则,处理这些比值采用的方法与处理电阻时的相同。

⚠定义相量电压与相量电流的比值为**阻抗**,用字母 **Z** 表示。阻抗是一个复数,单位为欧姆(Ω)。阻抗不是相量,不能通过乘以 $e^{j\omega t}$ 并取实部而将其转换到时域中。对于电感,它在时域中的大小用 $L$ 表示,而在频域中用阻抗 $\mathrm{j}\omega L$ 表示。一个电容在时域中的电容值为 $C$,而在频域中阻抗大小为 $1/(\mathrm{j}\omega C)$。阻抗是频域量,不是时域变量。

注意:$\mathbf{Z}_R = R$,$\mathbf{Z}_L = \mathrm{j}\omega L$,$\mathbf{Z}_C = \dfrac{1}{\mathrm{j}\omega C}$。

## 阻抗的串联组合

在频域中,利用两个基尔霍夫定律可实现阻抗的串联和并联组合,其规则与电阻的相同。例如,在 $\omega = 10 \times 10^3$ rad/s 时,5 mH 电感与 100 μF 电容的串联组合可以被替换为单个阻抗,其值等于电感与电容的阻抗之和。电感阻抗为

$$\mathbf{Z}_L = \mathrm{j}\omega L = \mathrm{j}50\ \Omega$$

电容阻抗为

$$\mathbf{Z}_C = \frac{1}{\mathrm{j}\omega C} = \frac{-\mathrm{j}}{\omega C} = -\mathrm{j}1\ \Omega$$

因此串联组合的阻抗为

$$\mathbf{Z}_{\mathrm{eq}} = \mathbf{Z}_L + \mathbf{Z}_C = \mathrm{j}50 - \mathrm{j}1 = \mathrm{j}49\ \Omega$$

⚠电感和电容的阻抗是频率的函数,因此该等效阻抗只能适用于给定的频率。对于本例,$\omega =$ 10 000 rad/s。如果改变频率,例如取 $\omega = 5000$ rad/s,则 $\mathbf{Z}_{\mathrm{eq}} = \mathrm{j}23\ \Omega$。

说明:$1/\mathrm{j} = -\mathrm{j}$。

## 阻抗的并联组合

当 $\omega = 10\ 000$ rad/s 时,计算 5 mH 电感与 100 μF 电容的并联组合的阻抗与计算并联电阻的方法完全相同:

$$\mathbf{Z}_{\mathrm{eq}} = \frac{(\mathrm{j}50)(-\mathrm{j}1)}{\mathrm{j}50 - \mathrm{j}1} = \frac{50}{\mathrm{j}49} = -\mathrm{j}1.020\ \Omega$$

当 $\omega = 5000$ rad/s 时,并联组合的等效阻抗为 $-\mathrm{j}2.17\ \Omega$。

## 电抗

表示阻抗的复数或复变量既可以用笛卡儿坐标($\mathbf{Z} = R + \mathrm{j}X$)也可以用极坐标($\mathbf{Z} = |\mathbf{Z}|\angle\theta$)表示。笛卡儿坐标形式中的实部只来源于实际的电阻,其虚部称为**电抗**,来源于存储能量的元件。电阻和电抗的单位均为欧姆,但电抗通常与频率有关。理想电阻的电抗等于零,理想电感和电容都是纯电抗性质的(其特性为零电阻)。含有电感和电容的串并联组合是否会产生一个零电抗?答案是肯定的。比如,一个 1 Ω、1 F 电容和 1 H 电感串联,工作频率 $\omega = 1$ rad/s,则

$\mathbf{Z}_{eq} = 1 - j(1)(1) + j(1)(1) = 1\ \Omega$。在该特定频率，串联组合的等效值为 1 Ω，但是只要频率在 $\omega = 1$ rad/s 附近有一点偏差，就将得到非零电抗。

**例 10.6** 求图 10.18(a)所示网络的等效阻抗，工作频率为 5 rad/s。

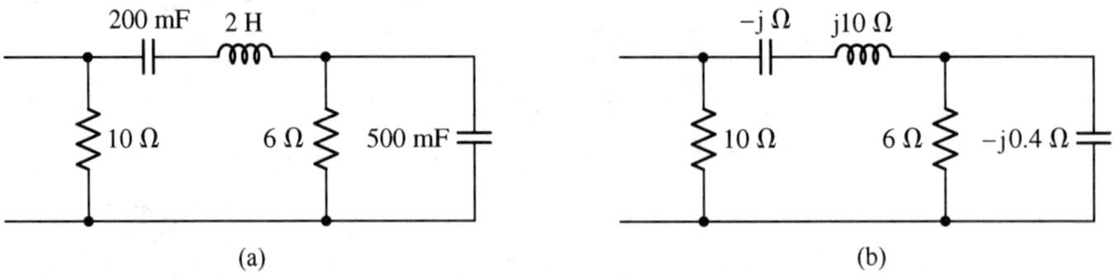


图 10.18 (a) 将被与之等效的单个阻抗替代的网络；(b) 各元件被替换为工作在 $\omega = 5$ rad/s 的阻抗

**解：**首先将电阻、电容和电感转换成图 10.18(b)所示的相应阻抗。

观察网络，可以看到 6 Ω 阻抗与 −j0.4 Ω 阻抗并联，其组合的等效阻抗为

$$\frac{(6)(-j0.4)}{6 - j0.4} = 0.026\,55 - j0.3982\ \Omega$$

然后它又与 −j Ω 和 j10 Ω 阻抗串联，因此

$$0.0265 - j0.3982 - j + j10 = 0.026\,55 + j8.602\ \Omega$$

这个新阻抗又与 10 Ω 电阻并联，因此该网络的等效阻抗为

$$10 \parallel (0.026\,55 + j8.602) = \frac{10(0.026\,55 + j8.602)}{10 + 0.026\,55 + j8.602}$$
$$= 4.255 + j4.929\ \Omega$$

也可以将该阻抗表示成极坐标形式 $6.511\angle 49.20^\circ\ \Omega$。

## 练习

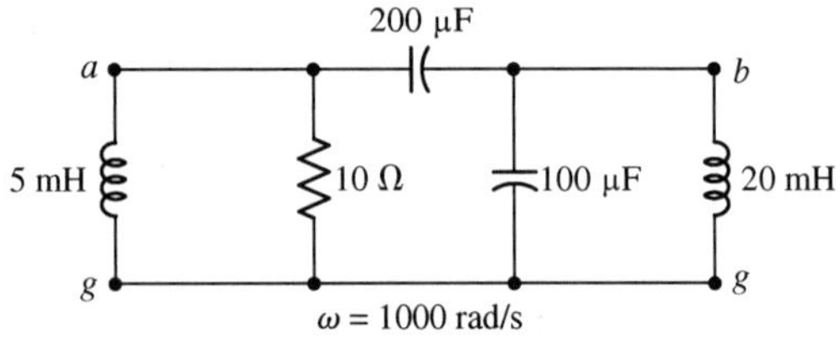


图 10.19

10.9 网络如图 10.19 所示，求位于各端点之间的输入阻抗 $\mathbf{Z}_{in}$：(a) $a$ 和 $g$；(b) $b$ 和 $g$；(c) $a$ 和 $b$。

答案：(a) 2.81 + j4.49 Ω；(b) 1.798 − j1.124 Ω；(c) 0.1124 − j3.82 Ω。

⚠ 必须注意，阻抗中的电阻部分未必等于网络中电阻的阻值。例如，10 Ω 电阻与 5 H 电感在 $\omega = 4$ rad/s 时的串联等效阻抗为 $\mathbf{Z} = 10 + j20\ \Omega$，或表示成极坐标形式 $22.4\angle 63.4^\circ\ \Omega$。这时，阻抗的电阻部分确实等于网络中电阻的阻值，这是因为该网络是一个简单的串联网络，如果将这两个元件换成并联连接，则其等效阻抗为 10(j20)/(10 + j20) Ω，即 8 + j4 Ω，这时阻抗的电阻部分为 8 Ω。

**例 10.7** 求图 10.20(a)所示电路中的电流 $i(t)$。

**解：明确题目的要求**

需要求解由 3000 rad/s 的电压源引起的流过 1.5 kΩ 电阻的正弦稳态电流。

### 收集已知信息

首先画出频域的等效电路。电源变换成频域表示的 $40\angle -90^\circ$ V，频域响应记为 **I**，电感和电容在 $\omega = 3000$ rad/s 时的阻抗分别为 j 1 kΩ 和 −j 2 kΩ。相应的频域电路如图 10.20(b) 所示。

## 设计方案

分析图 10.20(b)所示电路得到 **I**，结合阻抗和欧姆定律来求解。然后利用 $\omega = 3000$ rad/s 将 **I** 变换成时域表达式。

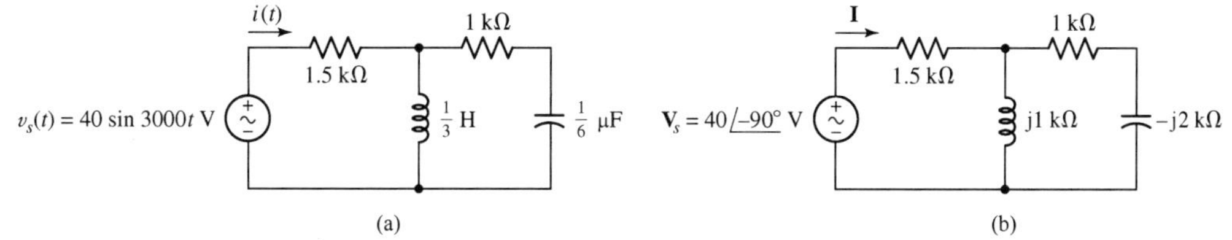


图 10.20　(a) 一个 *RLC* 电路，需要求解正弦受迫响应 $i(t)$；(b) 给定电路在 $\omega = 3000$ rad/s 时的频域等效电路

## 建立一组合适的方程

$$\begin{aligned}\mathbf{Z}_{\text{eq}} &= 1.5 + \frac{(\mathrm{j})(1-2\mathrm{j})}{\mathrm{j}+1-2\mathrm{j}} = 1.5 + \frac{2+\mathrm{j}}{1-\mathrm{j}} \\ &= 1.5 + \frac{2+\mathrm{j}}{1-\mathrm{j}}\frac{1+\mathrm{j}}{1+\mathrm{j}} = 1.5 + \frac{1+\mathrm{j}3}{2} \\ &= 2 + \mathrm{j}1.5 = 2.5\underline{/36.87^\circ}\ \mathrm{k\Omega}\end{aligned}$$

则相位电流为

$$\mathbf{I} = \frac{\mathbf{V}_s}{\mathbf{Z}_{\text{eq}}}$$

## 确定是否还需要其他信息

代入已知数值，求得

$$\mathbf{I} = \frac{40\underline{/-90^\circ}}{2.5\underline{/36.87^\circ}}\ \mathrm{mA}$$

利用该式以及 $\omega = 3000$ rad/s，就可以求得 $i(t)$。

## 尝试求解

上面的复杂表达式可以简化成简单的极坐标表示的复数：

$$\mathbf{I} = \frac{40}{2.5}\underline{/-90^\circ - 36.87^\circ}\ \mathrm{mA} = 16.00\underline{/-126.9^\circ}\ \mathrm{mA}$$

将该电流转换成时域表达式，得到响应为

$$i(t) = 16\cos(3000t - 126.9^\circ)\ \mathrm{mA}$$

## 验证结果是否合理或是否与预计结果一致

连接到电源的有效阻抗的相角为 $+36.87^\circ$，从而表明其具有电感的特点，或者说电流滞后于电压。因为电压源的相角为 $-90^\circ$(已经将其转换成余弦电源)，由此可以看出结果是一致的。

## 练习

10.10　在图 10.21 所示的频域电路中，求：(a) $\mathbf{I}_1$；(b) $\mathbf{I}_2$；(c) $\mathbf{I}_3$。

答案：(a) $28.3\underline{/45^\circ}$ A；(b) $20\underline{/90^\circ}$ A；(c) $20\underline{/0^\circ}$ A。

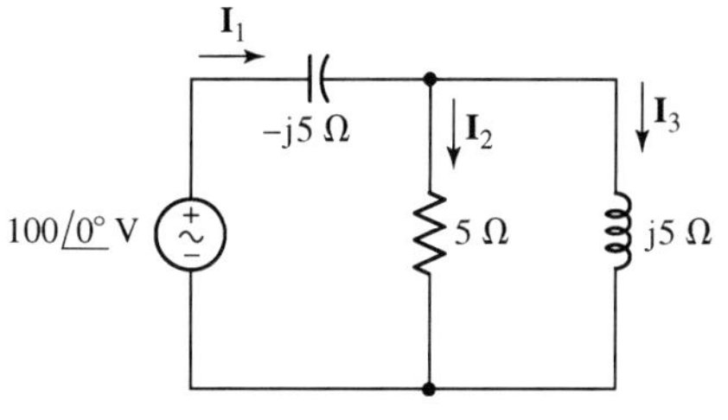


图 10.21

⚠在列出时域或者频域关系式时，需要特别注意，不要列出部分在时域、部分在频域的等式，那样是错误的。当等式中同时包含复数和时间 $t$ 时(因式 $e^{j\omega t}$ 除外)，就会出现这种错误。另外，这种情况通常是在数学推导中而不是实际应用中出现，因此如果看到一个等式同时包含 j 和 $t$ 或者 $\angle$ 和 $t$，就表明出现了错误。

例如，等式

$$\mathbf{I} = \frac{\mathbf{V}_s}{\mathbf{Z}_{eq}} = \frac{40\angle -90^\circ}{2.5\angle 36.9^\circ} = 16\angle -126.9^\circ \text{ mA}$$

是正确的，而下面的式子则是错误的：

$$i(t) \not= \frac{40\sin 3000t}{2.5\angle 36.9^\circ} \qquad \text{或} \qquad i(t) \not= \frac{40\sin 3000t}{2+\mathrm{j}1.5}$$

## 导纳

虽然阻抗的概念很有用，基于电阻的经验我们对其也比较熟悉，但阻抗的倒数也很有应用价值。该倒数被定义为**导纳 Y**，它是无源网络或者电路元件的物理量，简单地说就是电流与电压的比值。

导纳的实部称为**电导** $G$，虚部称为**电纳** $B$，所有这 3 个量($\mathbf{Y}$, $G$ 和 $B$)的量纲均为西门子(S)。因此，

$$\mathbf{Y} = G + \mathrm{j}B = \frac{1}{\mathbf{Z}} = \frac{1}{R+\mathrm{j}X} \qquad [22]$$

⚠需要仔细观察式[22]，它并不表示导纳的实部等于阻抗实部的倒数，或者说导纳的虚部等于阻抗虚部的倒数。

说明：阻抗和导纳有一个通用的术语——**导抗**，但很少使用。

## 练习

10.11 写出下面各导纳的值并以笛卡儿坐标形式表示：(a) 阻抗 $\mathbf{Z} = 1000 + \mathrm{j}\,400\ \Omega$；(b) 由 800 Ω 电阻、1 mH电感和 2 nF 电容组成的并联网络，已知 $\omega = 1$ Mrad/s；(c) 由 800 Ω 电阻、1 mH 电感和 2 nF 电容组成的串联网络，已知 $\omega = 1$ Mrad/s。

答案：(a) 0.862 – j0.345 mS；(b) 1.25 + j1 mS；(c) 0.899 – j0.562 mS。

# 10.6 节点分析和网孔分析

前面讲到，采用节点和网孔分析法对电路进行分析很有效，于是读者自然要问：对于正弦稳态的相量和阻抗，这些方法是否仍然适用？我们已经知道，两个基尔霍夫定律对于相量仍然成立，而且，对于无源元件可利用类似欧姆定律的 $\mathbf{V} = \mathbf{ZI}$。因此可以采用节点分析法来分析正弦稳态电路。根据类似的推理可知，对于正弦稳态电路，网孔分析仍然有效，而且通常很有用。

**例 10.8**　求图 10.22 所示电路中的时域节点电压 $v_1(t)$ 和 $v_2(t)$。

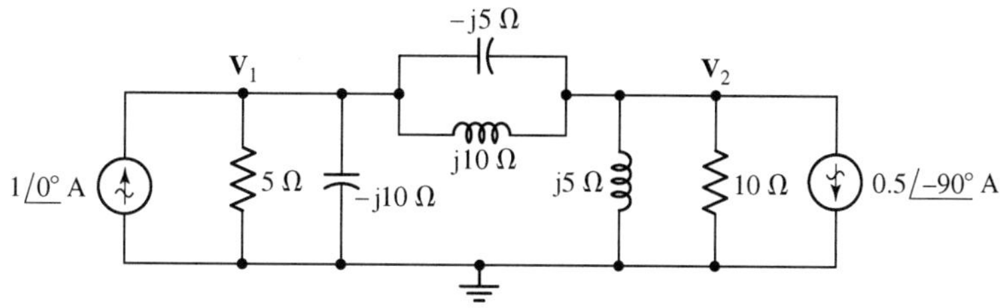


图 10.22　一个频域电路，其中已标出节点电压 $\mathbf{V}_1$ 和 $\mathbf{V}_2$

**解：** 两个电流源均以相量形式给出，并且图中已标出了相量节点电压 $\mathbf{V}_1$ 和 $\mathbf{V}_2$。对左边节点应用基尔霍夫电流定律，得到

$$\frac{\mathbf{V}_1}{5}+\frac{\mathbf{V}_1}{-\mathrm{j}10}+\frac{\mathbf{V}_1-\mathbf{V}_2}{-\mathrm{j}5}+\frac{\mathbf{V}_1-\mathbf{V}_2}{\mathrm{j}10}=1\underline{/0^\circ}=1+\mathrm{j}0$$

对于右边节点则有　$$\frac{\mathbf{V}_2-\mathbf{V}_1}{-\mathrm{j}5}+\frac{\mathbf{V}_2-\mathbf{V}_1}{\mathrm{j}10}+\frac{\mathbf{V}_2}{\mathrm{j}5}+\frac{\mathbf{V}_2}{10}=-(0.5\underline{/-90^\circ})=\mathrm{j}0.5$$

合并同类项可得　$$(0.2+\mathrm{j}0.2)\mathbf{V}_1-\mathrm{j}0.1\mathbf{V}_2=1$$

和　$$-\mathrm{j}0.1\mathbf{V}_1+(0.1-\mathrm{j}0.1)\mathbf{V}_2=\mathrm{j}0.5$$

用科学计算器很容易求解这些方程并得到 $\mathbf{V}_1=1-\mathrm{j}2$ V，$\mathbf{V}_2=-2+\mathrm{j}4$ V。

通过将 $\mathbf{V}_1$ 和 $\mathbf{V}_2$ 表示成极坐标形式，可得到时域解，其极坐标形式为

$$\mathbf{V}_1=2.24\underline{/-63.4^\circ}$$
$$\mathbf{V}_2=4.47\underline{/116.6^\circ}$$

转化成时域形式为　$$v_1(t)=2.24\cos(\omega t-63.4^\circ)\ \mathrm{V}$$
$$v_2(t)=4.47\cos(\omega t+116.6^\circ)\ \mathrm{V}$$

注意，为了计算电路图中的阻抗值，必须知道 $\omega$ 值。此外，两个电源的频率必须与之相同。

## 练习

10.12　利用节点分析法分析图 10.23 所示电路，求 $\mathbf{V}_1$ 和 $\mathbf{V}_2$。

答案：$1.062\underline{/23.3^\circ}$ V；$1.593\underline{/-50.0^\circ}$ V。

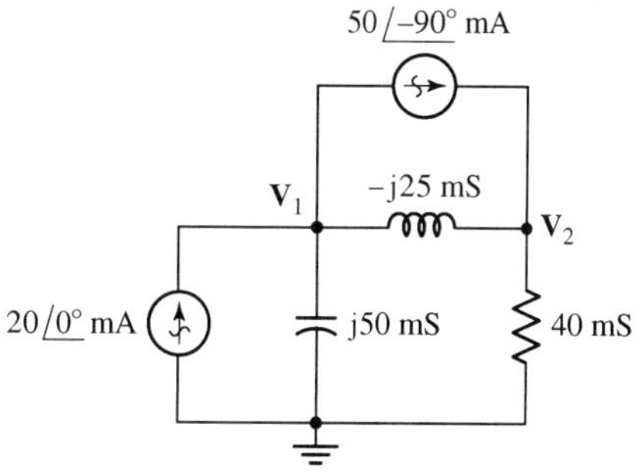


图 10.23

现在来看网孔分析的例子，需要记住，所有电源的频率必须相同，否则不可能给电路中的电抗定义数值。10.7 节中会讲到解决这种问题的唯一方法是应用叠加定理。

**例 10.9**　电路如图 10.24(a)所示，求电流 $i_1$ 和 $i_2$ 的时域表达式。

**解：** 从左边电源可知 $\omega=10^3$ rad/s。画出相应的频域电路，如图 10.24(b)所示，并给网孔电流 $\mathbf{I}_1$ 和 $\mathbf{I}_2$ 赋值。

对于网孔 1，有　$$3\mathbf{I}_1+\mathrm{j}4(\mathbf{I}_1-\mathbf{I}_2)=10\underline{/0^\circ}$$

或　$$(3+\mathrm{j}4)\mathbf{I}_1-\mathrm{j}4\mathbf{I}_2=10$$

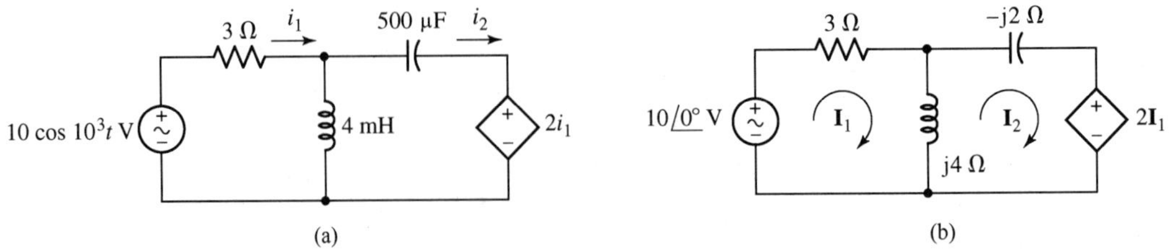


图 10.24 (a) 包含一个受控源的时域电路；(b) 相应的频域电路

对于网孔 2，有

$$j4(\mathbf{I}_2 - \mathbf{I}_1) - j2\mathbf{I}_2 + 2\mathbf{I}_1 = 0$$

或

$$(2 - j4)\mathbf{I}_1 + j2\mathbf{I}_2 = 0$$

求解得到

$$\mathbf{I}_1 = \frac{14 + j8}{13} = 1.24\angle 29.7^\circ \text{ A}$$

$$\mathbf{I}_2 = \frac{20 + j30}{13} = 2.77\angle 56.3^\circ \text{ A}$$

因此，

$$i_1(t) = 1.24\cos(10^3t + 29.7^\circ) \text{ A}$$

$$i_2(t) = 2.77\cos(10^3t + 56.3^\circ) \text{ A}$$

## 练习

10.13 利用网孔分析法分析图 10.25 所示的电路，求 $\mathbf{I}_1$ 和 $\mathbf{I}_2$。

答案：4.87 $\angle -164.6^\circ$ A；7.17 $\angle -144.9^\circ$ A。

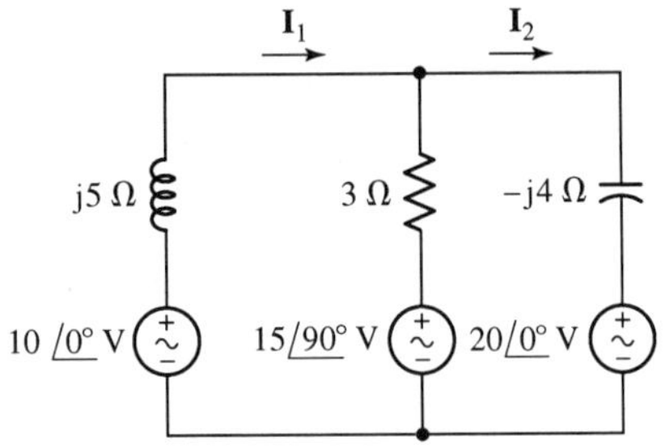


图 10.25

## 实际应用——晶体管放大器的截止频率

晶体管放大电路是许多现代电子设备的组成部分。常见的一个应用是移动电话(见图 10.26)，其中，语音信号被叠加到高频载波上。遗憾的是，晶体管内部固有的电容限制了其应用的频率范围，当将晶体管用于特定应用时，必须考虑这一点。

图 10.27(a)所示是双极型晶体管的高频混合π模型。实际上，晶体管是非线性器件，但是这个简单的线性模型对实际器件工作行为的描述已相当精确。两个电容($C_\pi$ 和 $C_\mu$)被用来表示晶体管的内部电容，如果要提高模型的精度，可以增加电容和电阻的个数。图 10.27(b)所示是将晶体管模型插入共发射极放大电路中的情形。

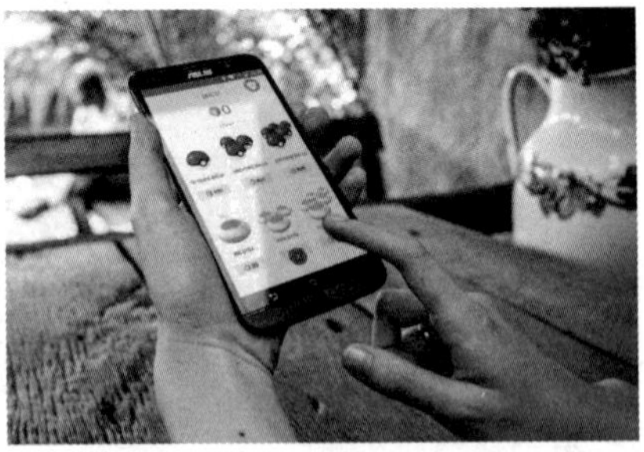

图 10.26 晶体管放大器被用于许多设备，包括移动电话。通常采用线性电路模型来分析它们对频率的性能(©pim pic/Shutterstock)

假定有一个正弦稳态信号，可用其戴维南等效 $\mathbf{V}_s$ 和 $R_s$ 表示。我们感兴趣的是输出电压 $\mathbf{V}_{out}$ 与输入电压 $\mathbf{V}_{in}$ 之比。当 $\mathbf{V}_s$ 的频率增大时，由于晶体管内部电容的作用，放大倍数将减小，最终会限制电路可以正常工作的频率范围。在输出端写出如下节点方程：

$$-g_m\mathbf{V}_\pi=\frac{\mathbf{V}_{\text{out}}-\mathbf{V}_{\text{in}}}{1/\text{j}\omega C_\mu}+\frac{\mathbf{V}_{\text{out}}}{R_C\parallel R_L}$$

求出用 $\mathbf{V}_{\text{in}}$表示的 $\mathbf{V}_{\text{out}}$，并注意 $\mathbf{V}_\pi=\mathbf{V}_{\text{in}}$，得到放大器的增益为

$$\begin{aligned}\frac{\mathbf{V}_{\text{out}}}{\mathbf{V}_{\text{in}}}&=\frac{-g_m(R_C\|R_L)(1/\text{j}\omega C_\mu)+(R_C\|R_L)}{(R_C\|R_L)+(1/\text{j}\omega C_\mu)}\\&=\frac{-g_m(R_C\|R_L)+\text{j}\omega(R_C\|R_L)C_\mu}{1+\text{j}\omega(R_C\|R_L)C_\mu}\end{aligned}$$

给定典型值 $g_m=30$ mS，$R_C=R_L=2$ kΩ，$C_\mu=5$ pF，可以画出增益的幅度随频率(注意 $\omega=2\pi f$)变化的曲线。其半对数曲线如图 10.28(a)所示，生成该曲线的 MATLAB 语句如图 10.28(b)所示。有趣的是(但并不是很出乎意料)，放大器的增益依赖于频率。事实上，还可以设想将这个电路用做滤波器以滤去不感兴趣的频率。不过，至少在较低的频率范围，增益基本上与输入信号源的频率无关。

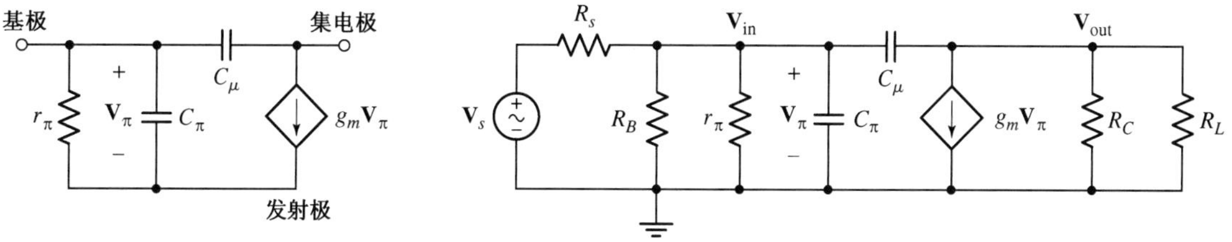


图 10.27　(a) 晶体管的高频混合 π 模型；(b) 采用混合 π 模型的共发射极放大电路

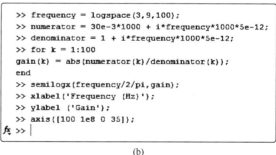

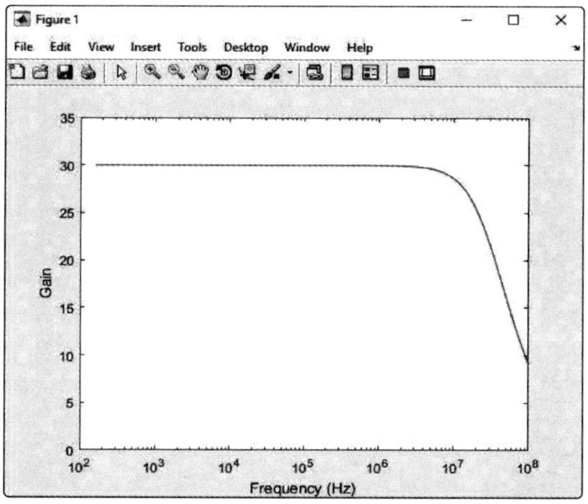


(a)

```
>> frequency = logspace(3,9,100);
>> numerator = 30e-3*1000 + i*frequency*1000*5e-12;
>> denominator = 1 + i*frequency*1000*5e-12;
>> for k = 1:100
gain(k) = abs(numerator(k)/denominator(k));
end
>> semilogx(frequency/2/pi,gain);
>> xlabel('Frequency (Hz)');
>> ylabel ('Gain');
>> axis([100 1e8 0 35]);
>>
```

(b)

图 10.28　(a) 放大器增益随频率变化的函数，在高频区域，放大器不再能够有效地放大；(b) MATLAB语句用于画图。注意“i”为虚数单位，而不是“j”

在描述放大器时，通常将增益下降到其最大值的 $1/\sqrt{2}$ 时的频率作为参考频率。从图 10.28(a)可知，最大增益幅度为 30，增益幅度大约在 30 MHz 频率处下降到 $30/\sqrt{2}=21$，通常将该频率称为放大器的截止频率或者转角(corner)频率。如果需要放大电路工作在更高的频率，则必须减小内部电容(这就是说，必须采用另外一种晶体管)，或者必须对电路的某些地方进行重新设计。

必须指出，只定义对 $\mathbf{V}_{in}$ 的增益并不能完全描述放大器依赖于频率的特性。如果只是简单地考虑 $C_\pi$，这种现象就非常显而易见。因为随着 $\omega \to \infty$，$Z_{C_\pi} \to 0$，所以 $\mathbf{V}_{in} \to 0$，而在前面导出的公式中并没有体现出这一点，为此需要推导出用 $\mathbf{V}_s$ 表示的 $\mathbf{V}_{out}$ 的表达式，这时两个电容均出现在表达式中。不过，推导出这个表达式需要进行更多的代数运算。

## 10.7 叠加定理、电源变换和戴维南定理

在第7章中介绍了电感和电容后，我们发现包含这些元件的电路仍然是线性电路，线性理论仍然适用。这些理论包括叠加定理、戴维南和诺顿定理以及电源变换。因此我们知道，这些方法可以应用于现在考虑的电路中，而采用正弦电源和只求解受迫响应的事实并不重要。以相量来分析电路的事实也不重要，它们仍然是线性电路。前面曾讲过，通过将实电源和虚电源合并来得到复电源时，就是利用了线性特性和叠加定理。

到目前为止，所有的讨论均限于单电源电路，或者所有电源均工作在同一个频率下的多电源电路，这对于定义电感和电容的确切阻抗是必需的，但是也很容易将相量分析的概念扩展到对工作在不同频率下的多电源电路的分析上，此时可以应用叠加定理来求出各个电源单独存在时产生的电压和电流，然后将它们在时域叠加。如果其中有几个电源工作在同一个频率下，那么可以同时考虑这些电源并利用叠加定理得到它们的总响应，然后将这个响应与工作在不同频率下的其他电源的响应相加。

**例 10.10** 利用叠加定理求图 10.22 所示电路中的 $\mathbf{V}_1$，该电路重画成图 10.29(a)所示。

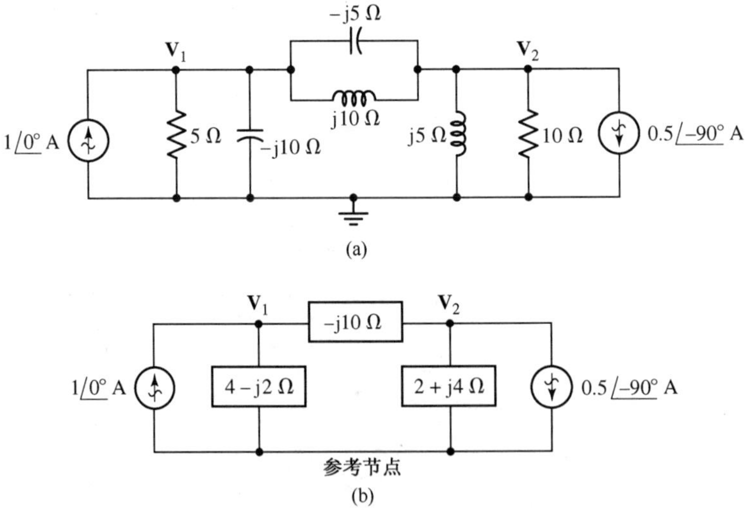


图 10.29 (a) 图 10.22 的电路，需要求 $\mathbf{V}_1$；(b) 利用各自相量的响应的叠加求 $\mathbf{V}_1$

**解：** 首先重画电路，如图 10.29(b)所示，其中每对并联阻抗被单个等效阻抗替换。也就是说，将 $5 \parallel -\mathrm{j}10\ \Omega$ 替换为 $4-\mathrm{j}2\ \Omega$，将 $\mathrm{j}10 \parallel -\mathrm{j}5\ \Omega$ 替换为 $-\mathrm{j}10\ \Omega$，将 $10 \parallel \mathrm{j}5\ \Omega$ 替换为 $2+\mathrm{j}4\ \Omega$。为了求得 $\mathbf{V}_1$，首先假定只有左边电源工作，求出部分响应 $\mathbf{V}_{1L}$。$1\underline{/0^\circ}$ 电源与下面的阻抗并联：

$$(4-\mathrm{j}2)\parallel(-\mathrm{j}10+2+\mathrm{j}4)$$

因此

$$\mathbf{V}_{1L}=1\underline{/0^\circ}\frac{(4-\mathrm{j}2)(-\mathrm{j}10+2+\mathrm{j}4)}{4-\mathrm{j}2-\mathrm{j}10+2+\mathrm{j}4}=\frac{-4-\mathrm{j}28}{6-\mathrm{j}8}=2-\mathrm{j}2\ \mathrm{V}$$

当只有右边电源有效时，应用分流定理和欧姆定律，得到

$$\mathbf{V}_{1R}=(-0.5\underline{/-90^\circ})\left(\frac{2+\mathrm{j}4}{4-\mathrm{j}2-\mathrm{j}10+2+\mathrm{j}4}\right)(4-\mathrm{j}2)=-1\ \mathrm{V}$$

然后求和：

$$\mathbf{V}_1=\mathbf{V}_{1L}+\mathbf{V}_{1R}=2-\mathrm{j}2-1=1-\mathrm{j}2\ \mathrm{V}$$

该式与例 10.8 得到的结果一致。

我们将会看到，当处理包含具有不同工作频率的电源的电路时，叠加定理非常有用。

## 练习

10.14　利用叠加定理分析图 10.30 所示的电路，分别求 $\mathbf{V}_1$：(a) 当只有 $20\underline{/0^\circ}$ mA 电源工作时；(b) 当只有 $50\underline{/-90^\circ}$ mA 电源工作时。

答案：(a) 0.1951 − j0.556 V；(b) 0.780 + j0.976 V。

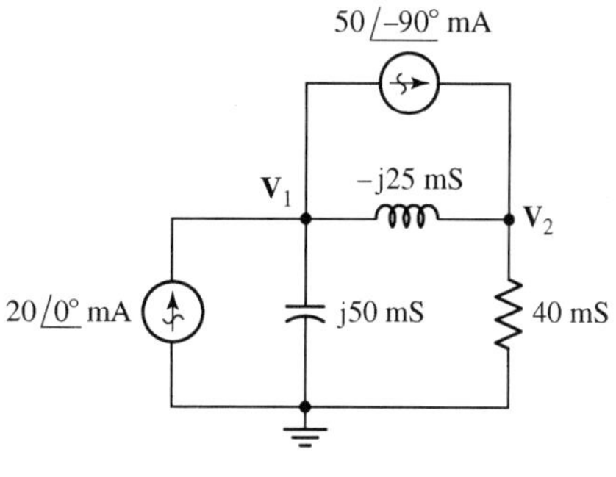


图 10.30

**例 10.11**　电路如图 10.31(a)所示，求从 −j10 Ω 阻抗看进去的戴维南等效，并利用它计算 $\mathbf{V}_1$。

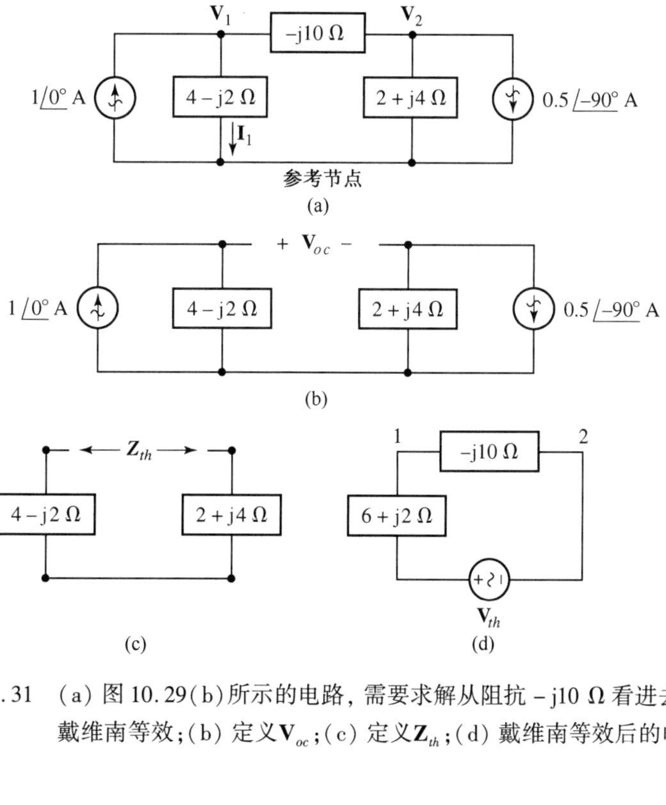


图 10.31　(a) 图 10.29(b)所示的电路，需要求解从阻抗 − j10 Ω 看进去的戴维南等效；(b) 定义 $\mathbf{V}_{oc}$；(c) 定义 $\mathbf{Z}_{th}$；(d) 戴维南等效后的电路

**解**：图 10.31(b) 中定义了开路电压，所以

$$\mathbf{V}_{oc} = (1\angle 0^\circ)(4 - j2) - (-0.5\angle -90^\circ)(2 + j4)$$
$$= 4 - j2 + 2 - j1 = 6 - j3\ \text{V}$$

从图 10.31(c) 所示无源电路的负载端看进去的阻抗是剩下的两个阻抗之和，因此

$$\mathbf{Z}_{th} = 6 + j2\ \Omega$$

这样，将电路重新画成如图 10.31(d) 所示，从节点 1 流过负载 –j10 Ω 到节点 2 的电流为

$$\mathbf{I}_{12} = \frac{6 - j3}{6 + j2 - j10} = 0.6 + j0.3\ \text{A}$$

现在已知流过图 10.31(a) 所示电路的 –j10 Ω 阻抗的电流。注意，不能利用图 10.31(d) 求出 $\mathbf{V}_1$，因为该电路已不包含参考节点了。于是，回到最初的电路，将左边的电流源减去上面得到的 0.6 + j0.3 A 电流，可得到向下流过(4 – j2) Ω 电阻所在支路的电流为

$$\mathbf{I}_1 = 1 - 0.6 - j0.3 = 0.4 - j0.3\ \text{A}$$

因此

$$\mathbf{V}_1 = (0.4 - j0.3)(4 - j2) = 1 - j2\ \text{V}$$

结果同前面一样。

假定只对 $\mathbf{V}_1$ 感兴趣，可能会想到对图 10.31(a) 右边的 3 个元件应用诺顿定理，这是一个不错的想法。也可以连续使用电源变换来简化电路。因此第 4 章和第 5 章讨论的方法和技术都可以应用到频域中的电路。这里难在必须用到复数，但无须更多理论上的考虑。

## 练习

10.15 对于图 10.32 所示的电路，求：(a) 开路电压 $\mathbf{V}_{ab}$；(b) a 和 b 之间的短路电流，电流方向向下；(c) 与电流源并联的戴维南等效阻抗 $\mathbf{Z}_{ab}$。

答案：(a) 16.77∠–33.4° V；(b) 2.60 + j1.500 A；(c) 2.5 – j5 Ω。

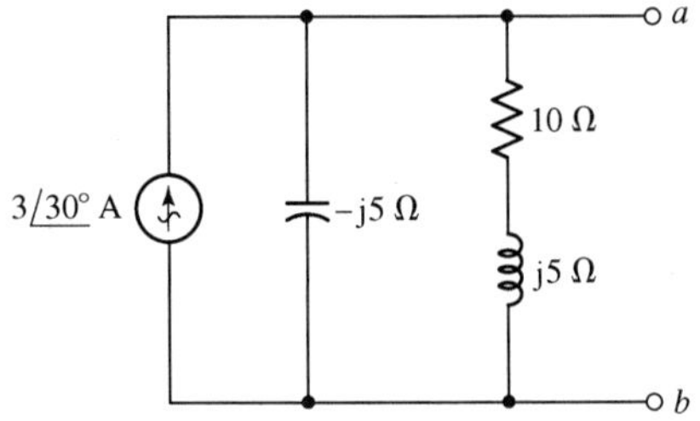


图 10.32

**例 10.12** 求图 10.33(a) 所示电路中 10 Ω 电阻消耗的功率。

**解**：观察该电路，可能会想到通过写出两个节点方程，或者进行两次电源变换立即得到 10 Ω 电阻两端的电压。

遗憾的是，这是不可能的，因为两个电源具有不同的频率。在这种情况下，无法计算电路中任何电感或电容的阻抗，因为不知道用哪一个 ω。

解决这个问题的唯一方法是应用叠加定理，将所有具有相同频率的电源放在同一个子电路中，如图 10.33(b) 和图 10.33(c) 所示。

> 说明：在介绍信号处理的内容时会讲到傅里叶方法。傅里叶是一位法国数学家，他发明了用正弦组合来表示任意函数的方法。对于线性电路，当知道电路对一般正弦激励函数的响应时，就可以通过将任意激励函数表示成傅里叶级数再利用叠加定理，将电路对任意激励的响应表示出来。

在图 10.33(b) 所示的子电路中，利用分流定理可以快速计算出电流 $\mathbf{I}'$：

$$\mathbf{I}' = 2\underline{/0^\circ}\left[\frac{-\mathrm{j}0.4}{10-\mathrm{j}-\mathrm{j}0.4}\right] = 79.23\underline{/-82.03^\circ}\ \mathrm{mA}$$

从而有

$$i' = 79.23\cos(5t - 82.03^\circ)\ \mathrm{mA}$$

同样可以求得

$$\mathbf{I}'' = 5\underline{/0^\circ}\left[\frac{-\mathrm{j}1.667}{10-\mathrm{j}0.6667-\mathrm{j}1.667}\right] = 811.7\underline{/-76.86^\circ}\ \mathrm{mA}$$

从而有

$$i'' = 811.7\cos(3t - 76.86^\circ)\ \mathrm{mA}$$

⚠注意，无论怎样将图 10.32(b)和图 10.32(c)中的两个相量电流 $\mathbf{I}'$和 $\mathbf{I}''$相加，这都是不正确的。下一步应该是将这两个时域电流相加，对该结果求平方，再乘以 10，得到图 10.33(a)中 10 Ω 电阻吸收的功率：

$$p_{10} = (i' + i'')^2 \times 10 = 10[79.23\cos(5t - 82.03^\circ) + 811.7\cos(3t - 76.86^\circ)]^2\ \mu\mathrm{W}$$

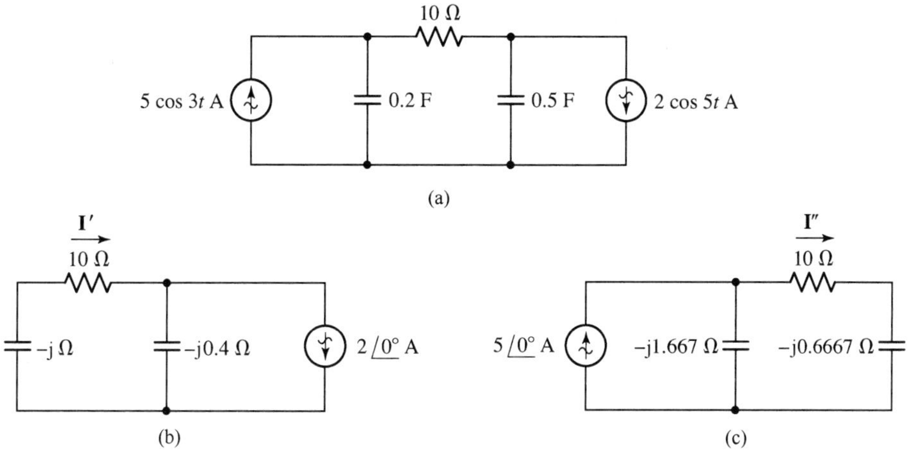


图 10.33　(a) 一个简单电路，但电源的工作频率不同；(b) 左边电源不工作时的电路；(c) 右边电源不工作时的电路

## 练习

10.16　求图 10.34 所示电路中流过 4 Ω 电阻的电流。

答案：$i = 175.6\cos(2t - 20.55^\circ) + 547.1\cos(5t - 43.16^\circ)$ mA。

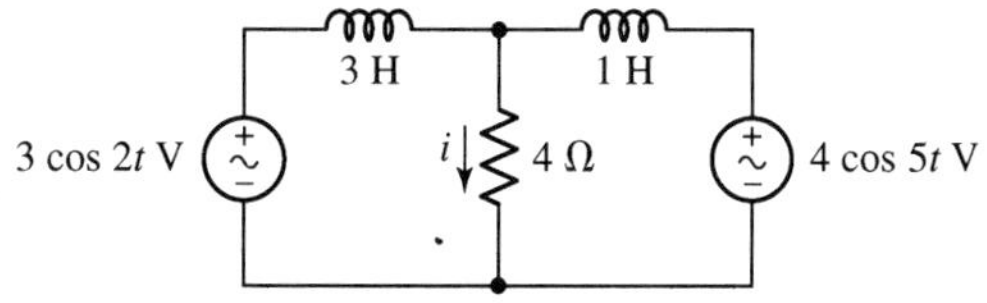


图 10.34

## 计算机辅助分析

在 LTspice 中可以对电路进行正弦稳态分析。方法是通过定义直流电流源和电压源的幅度和相位。

下面对图 10.20(a)所示电路进行仿真，将电路重画于图 10.35 中。

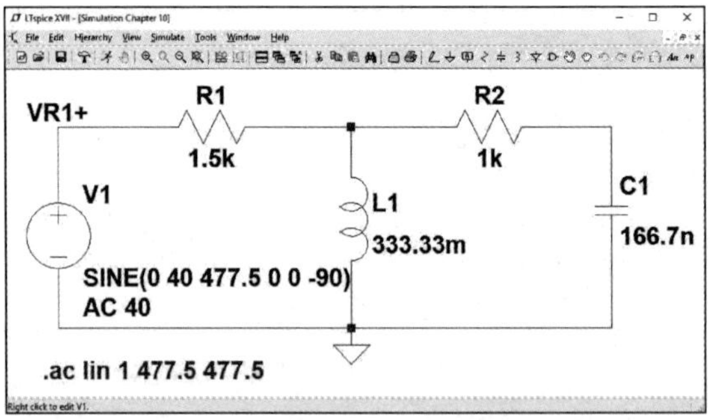


图 10.35　图 10.20(a)的电路，工作频率 $\omega = 3000$ rad/s。需要求解流过 1.5 kΩ 电阻上的电流。注意，如果在放置电阻的过程中发生了旋转，就在$I$(R1)的仿真结果中引入了 180°的相移，因为元件上电流的流动方向在其网表中已定义为从第一个节点流入

可以直接在电压源上右键单击设置电源参数，然后选择 **Advanced**(见图 10.36)。本次仿真的电源频率实际上是通过 SPICE 分析对话框定义的，产生**.ac** 命令并放置在电路图上(对于 Mac OS 采用另一种方法，可直接进入 SPICE 的 directive)。选择 **Linear** 扫描并设置 **Number of points** 为 1。由于我们只对 3000 rad/s(477.5 Hz)的频率感兴趣，因此 **Start Frequency** 和 **End Frequency** 都选择 477.5。

在选择**Simulate** 下的**Run** 之后即可得到仿真结果。R1 电阻上的电流幅度为 0.0159976 A，即 16 mA。相角为 −36.8671°。因此，流过 R1 的电流为

$$\mathbf{I} = 16\sin(3000t - 36.9^{\circ})\ \text{mA}$$

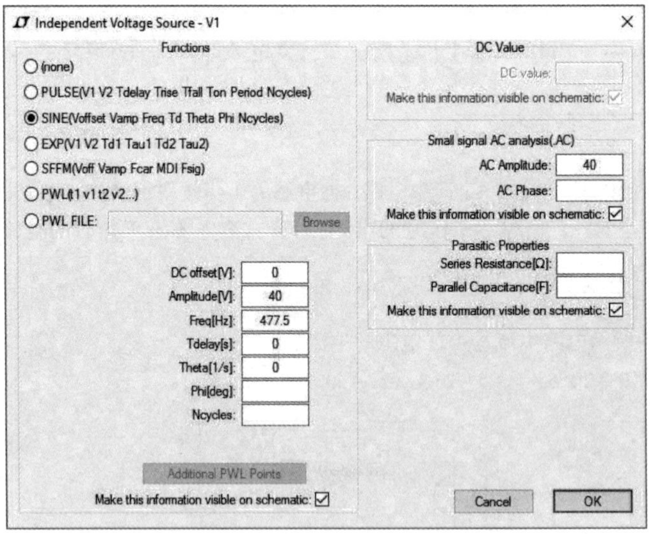


图 10.36　设置电源频率的对话框

## 10.8　相量图

相量图是复平面内表示电路中相量电压与相量电流关系的图形。我们已经熟悉了复数在复平面中的图形表示及其加减法。因为相量电压和电流都是复数，所以可以利用复平面中的点

来表示。例如，相量电压 $\mathbf{V}_1=6+\mathrm{j}8=10\underline{/53.1^\circ}$ V，在复电压平面中的表示如图 10.37 所示，其中 $x$ 轴是实电压轴，$y$ 轴是虚电压轴，电压 $\mathbf{V}_1$ 由从原点出发的箭头确定。因为在复平面中很容易进行加减运算并表示出相应的运算过程，所以在相量图中很容易进行相量的加减运算。对于乘法和除法运算，则对应于相量相角的加减和幅度的改变。图 10.38(a)所示是 $\mathbf{V}_1$ 和另一个相量电压 $\mathbf{V}_2=3-\mathrm{j}4=5\underline{/-53.1^\circ}$ V 以及它们的和，图 10.38(b) 给出了相量电流 $\mathbf{I}_1$，它是相量电压 $\mathbf{V}_1$ 与导纳 $\mathbf{Y}=1+\mathrm{j}1$ S 的乘积。

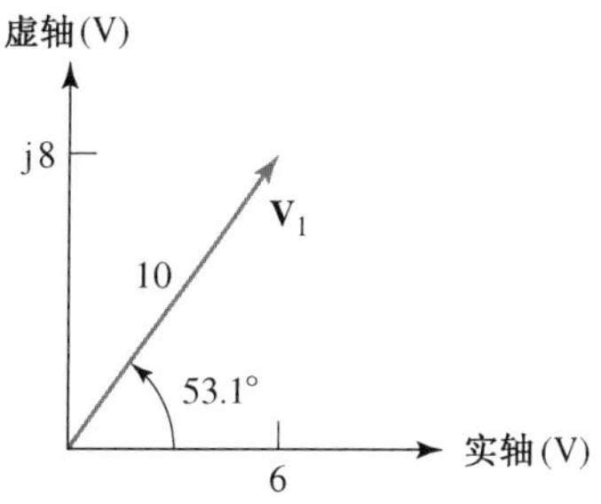


图 10.37 表示相量电压 $\mathbf{V}_1=6+\mathrm{j}8=10\underline{/53.1^\circ}$ V 的相量图

最后这个相量图在同一个复平面上画出了电流和电压相量，其幅度尺度不同，但角度尺度相同。例如，相量电压的尺度为 1 cm 长表示 100 V 电压，而相量电流的尺度为 1 cm 长表示3 mA电流。在同一个图中画出两个相量，可以使我们更容易确定哪个波形超前或哪个波形滞后。

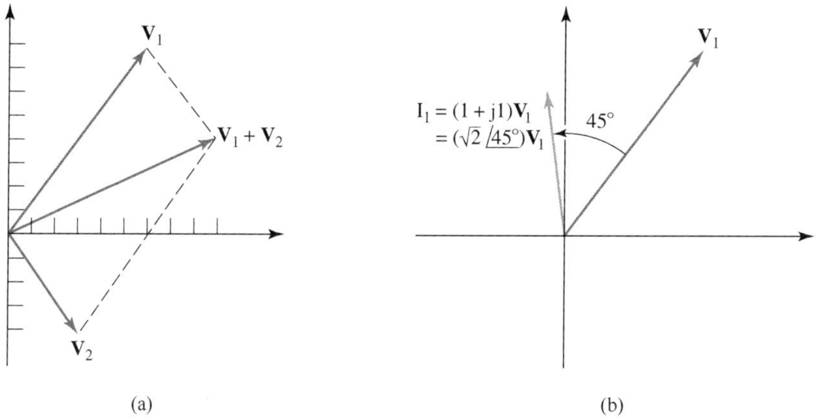


图 10.38 (a) 一个相量图，表示 $\mathbf{V}_1=6+\mathrm{j}8$ V 与 $\mathbf{V}_2=3-\mathrm{j}4$ V 之和，$\mathbf{V}_1+\mathbf{V}_2=9+\mathrm{j}4$ V $=9.85\underline{/24.0^\circ}$ V；(b) 表示 $\mathbf{V}_1$ 和 $\mathbf{I}_1$ 的相量图，其中 $\mathbf{I}_1=\mathbf{Y}\mathbf{V}_1$，$\mathbf{Y}=(1+\mathrm{j}1)$ S $=\sqrt{2}\underline{/45^\circ}$ S。电流和电压幅度的尺度不同

根据相量图可以得到从时域到频域变换的有趣解释。因为既可以从时域的角度来解释相量图，也可以从频域的角度来解释相量图。到目前为止，我们采用的是频域解释，因为相量在相量图中被直接画出。下面从时域的角度进行解释。首先来看图 10.39(a)所示的相量电压 $\mathbf{V}=V_m\underline{/\alpha}$，为了将 $\mathbf{V}$ 变换到时域，下一步必须将这个相量乘以 $\mathrm{e}^{\mathrm{j}\omega t}$，得到复电压 $V_m\mathrm{e}^{\mathrm{j}\alpha}\mathrm{e}^{\mathrm{j}\omega t}=V_m\underline{/\omega t+\alpha}$。该电压也可以解释为相量，只不过其相角随时间线性增长。因此，在相量图中，它表示旋转的线段，其瞬时位置比 $V_m\underline{/\alpha}$ 超前 $\omega t$ 弧度(逆时针方向)。图 10.39(b)所示的相量图中同时画出了 $V_m\underline{/\alpha}$ 和 $V_m\underline{/\omega t+\alpha}$。再取 $V_m\underline{/\omega t+\alpha}$ 的实部即可完成到时域的变换。这个复量的实部为 $V_m\underline{/\omega t+\alpha}$ 在实轴上的投影，即 $V_m\cos(\omega t+\alpha)$。

综上所述，画在相量图中的相量就是频域相量，如果使相量以角速度 $\omega$ rad/s 沿逆时针方向旋转，那么它在实轴上的投影即为时域表示。如果将相量图中表示相量 $\mathbf{V}$ 的箭头想像成旋转的箭头，则它在实轴的投影为瞬时电压 $v(t)$ 在 $\omega t=0$ 时的快照，从而有助于理解以上内容。

下面构造几个简单电路的相量图。图 10.40(a)所示的串联 *RLC* 电路有几个不同的电压，但只有一个电流。将该电流作为参考相量可以很容易地画出其相量图。任意选择 $\mathbf{I} = I_m \angle 0°$，并将其放到相量图中的实轴上，如图 10.40(b)所示。然后，计算电阻、电容和电感上的电压，并将它们画到相量图中，显然它们之间具有相应的 90°相位差关系。这 3 个电压的和等于电源电压。并且，对于该电路，由于 $\mathbf{Z}_C = -\mathbf{Z}_L$，因此这个电路处于后面将要定义的“谐振”状态，电源电压与电阻电压相等。将相量图中所示的合适的相量相加，即可得到电阻和电感或电阻和电容两端的总电压。

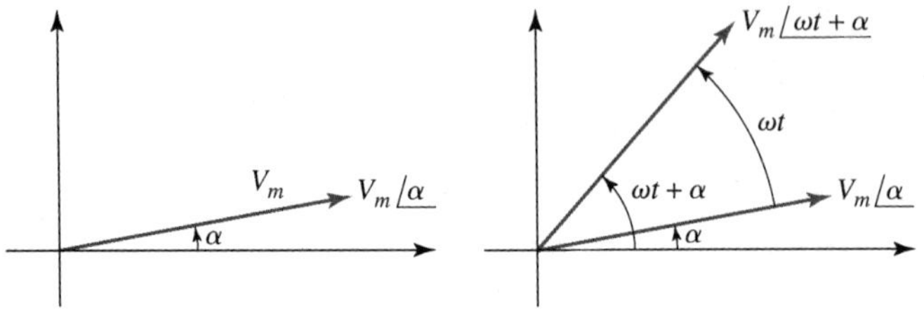


(a) (b)

图 10.39 (a) 相量电压 $V_m \angle \alpha$；(b) 将复电压 $V_m \angle \omega t + \alpha$ 表示为某特定时刻的相量，该相量比 $V_m \angle \alpha$ 超前 $\omega t$ 弧度

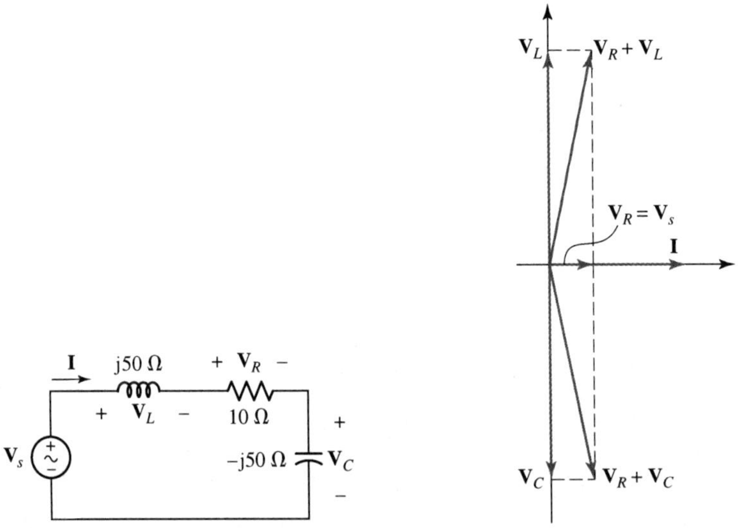


(a) (b)

图 10.40 (a) 一个串联 *RLC* 电路；(b) 该电路的相量图，将电流 **I** 作为参考相量以便于分析

图 10.41(a)是一个简单的并联电路，其中将两个节点之间的电压作为参考相量。假定 $\mathbf{V} = 1 \angle 0°$ V。电阻电流为 $\mathbf{I}_R = 0.2 \angle 0°$ A，与参考电压同相。电容电流 $\mathbf{I}_C = \mathrm{j}0.1$ A 比参考电压超前 90°。将这二者加到相量图中后如图 10.41(b)所示，将其相加可以得到电源电流。结果为 $\mathbf{I}_s = 0.2 + \mathrm{j}0.1$ A。

如果最初指定电源电流为 $1 \angle 0°$ A，但节点电压未知，那么仍然可以先假定一个节点电压(例如 $\mathbf{V} = 1 \angle 0°$ V)，并且将它作为参考相量来构造相量图。然后，采用与以前相同的步骤完成相量图的构造。求出由这个假定节点电压产生的电源电流，仍为 $0.2 + \mathrm{j}0.1$ A，而实际的电源电流为 $1 \angle 0°$ A，因此实际的节点电压可以通过将假定节点电压乘以 $1 \angle 0° / (0.2 + \mathrm{j}0.1)$ 而得到，为 $4 - j2$ V $= \sqrt{20}\angle{-26.6°}$ V。根据假定参考电压得到的相量图与实际相量图的区别是：尺度上的变化（假定的相量图缩小了一个因子 $1/\sqrt{20}$）；相角上的旋转（假定的相量图逆时针旋转了 26.6°）。

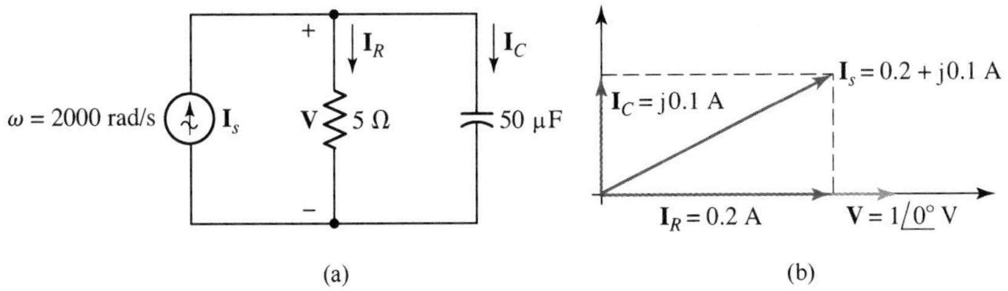


图 10.41　(a) 一个并联 *RC* 电路；(b) 该电路的相量图，采用节点电压 **V** 为参考相量以便于分析

**例 10.13**　电路如图 10.42 所示，在相量图中画出 $\mathbf{I}_R$，$\mathbf{I}_L$ 和 $\mathbf{I}_C$。通过对这些电流进行组合，确定 $\mathbf{I}_s$ 超前 $\mathbf{I}_R$，$\mathbf{I}_C$ 和 $\mathbf{I}_x$ 的相角。

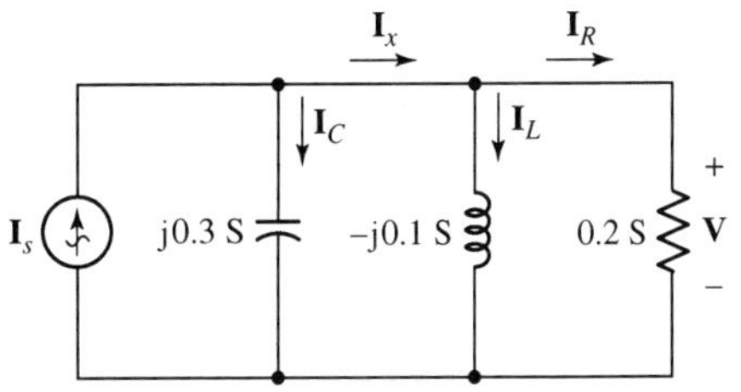


图 10.42　求解多个电流的简单电路

**解：** 首先选择一个合适的参考相量。通过对电路进行观察需要确定的变量，看出只要 **V** 已知，$\mathbf{I}_R$，$\mathbf{I}_L$ 和 $\mathbf{I}_C$ 就可以通过应用欧姆定律计算得到。因此，为了简单起见，选择 $\mathbf{V} = 1\angle 0°$ V，然后计算

$$\mathbf{I}_R = (0.2)1\angle 0° = 0.2\angle 0° \text{ A}$$
$$\mathbf{I}_L = (-j0.1)1\angle 0° = 0.1\angle{-90°} \text{ A}$$
$$\mathbf{I}_C = (j0.3)1\angle 0° = 0.3\angle 90° \text{ A}$$

相应的相量图如图 10.43(a) 所示。此外还需要求解相量电流 $\mathbf{I}_s$ 和 $\mathbf{I}_x$。图 10.43(b) 所示的是得到 $\mathbf{I}_x = \mathbf{I}_L + \mathbf{I}_R = 0.2 - j0.1 = 0.224\angle{-26.6°}$ A 的过程，图 10.43(c) 所示的是得到 $\mathbf{I}_s = \mathbf{I}_C + \mathbf{I}_x = 0.283\angle 45°$ A 的过程。从图 10.43(c) 可以确定 $\mathbf{I}_s$ 比 $\mathbf{I}_R$ 超前 45°，比 $\mathbf{I}_C$ 超前 −45°，比 $\mathbf{I}_x$ 超前 45° + 26.6° = 71.6°。这些角度只是相对数值，精确数值将取决于 $\mathbf{I}_s$。同样，**V** 的实际值（这里为简单起见假定为 $1\angle 0°$ V）也取决于 $\mathbf{I}_s$。

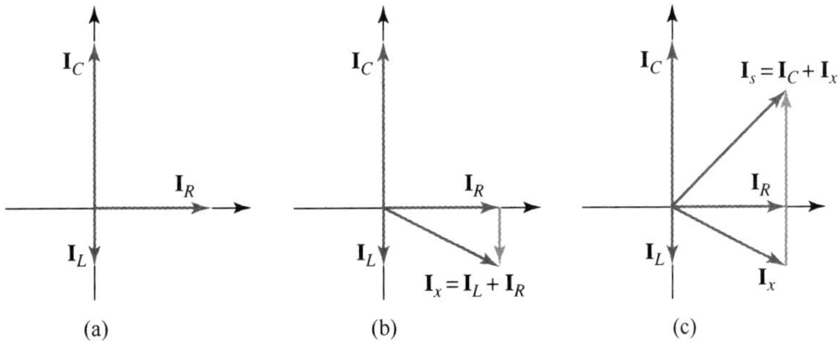


图 10.43　(a) 取 **V** 的参考值为 $\mathbf{V} = 1\angle 0°$ 而构造的相量图；(b) 用图解法求 $\mathbf{I}_x = \mathbf{I}_L + \mathbf{I}_R$；(c) 用图解法求 $\mathbf{I}_s = \mathbf{I}_C + \mathbf{I}_x$

## 练习

10.17　对图 10.44 所示电路，为 $\mathbf{I}_C$ 选择一个合适的参考值，在相量图中画出 $\mathbf{V}_R$，$\mathbf{V}_2$，$\mathbf{V}_1$ 和 $\mathbf{V}_s$，并计

算：(a) $\mathbf{V}_s$与 $\mathbf{V}_1$ 的长度比；(b) $\mathbf{V}_1$ 与 $\mathbf{V}_2$ 的长度比；(c) $\mathbf{V}_s$与 $\mathbf{V}_R$ 的长度比。

答案：(a) 1.90；(b) 1.00；(c) 2.12。

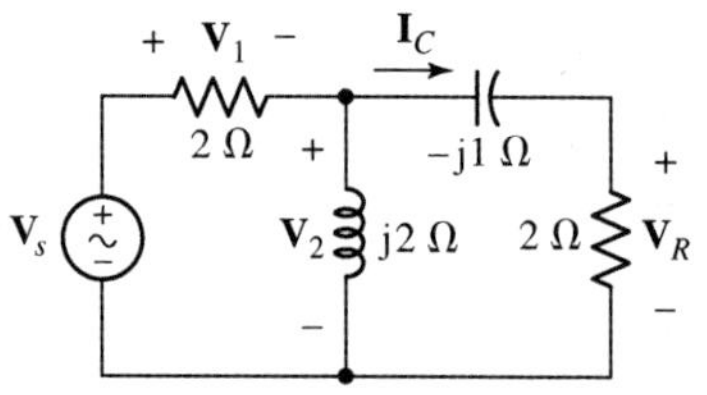

图 10.44

## 总结和复习

本章讨论的是电路在正弦激励下的稳态分析，对电路分析而言，只是某个方面的有限电路分析，因为电路的瞬态响应不在讨论范围内。但很多情况下，这样的分析已经足够了，去除一些冗余信息，对提高分析速度是有利的。该分析方法的基本思想是，我们在实激励源上所增加的每一个虚激励源，它们通过欧拉公式可以转变为一个复激励源。由于指数函数的导数是另一个指数函数，因此通过网孔分析和节点分析得到的微分方程将转变为代数方程。

本章引入了一些新的术语：滞后、超前、阻抗、导纳以及相当重要的相量。电压和电流之间的相量关系产生了阻抗，其中电阻仍由实数表示(同前)，电感用 $\mathbf{Z} = j\omega L$ 表示，电容用 $-j/\omega C$ 表示(其中 $\omega$ 是电源的工作频率)。据此可知，第 3 章至第 5 章中学过的电路分析方法都可以应用于本章。

答案中的虚部或许看起来有点奇怪，但是要得到响应在时域的表达式还是比较直接和简单的，仅从相量表达式中就可以得到。我们所讨论参数的幅度就是余弦函数的振幅，相角就是余弦函数的相位，而频率则等于原始电路的工作频率(在分析过程中频率会消失，但其值在整个分析过程中未做任何改变)。本章最后介绍的是相量图，其分析方法在分析大多数的正弦电路时，相对于便宜的科学计算器这类工具而言还是有优势的。在接下来的一章介绍交流功率计算时会用到这类分析方法。

下面是本章的主要内容，以及相关例题的编号。

- 如果两个正弦波(或两个余弦波)都具有正的幅度和相同的频率，那么通过比较它们的相角可以确定哪个波形超前，哪个波形滞后。
- 线性电路对正弦电压源或者电流源的受迫响应总可以写成与正弦电源具有相同频率的单个正弦函数的形式。(例 10.1)
- 相量包含幅度和相角，电路的频率为驱动电路的正弦激励源的频率。(例 10.2)
- 对任何正弦函数都可以进行相量变换，反之亦然：$\mathbf{V}_m \cos(\omega t + \phi) \leftrightarrow V_m \underline{/\ \phi}$。(例 10.3)
- 在将时域电路变换成相应的频域电路时，电阻、电容和电感用各自的阻抗替代(有时用导纳)。(例 10.4 和例 10.6)
    - 电阻的阻抗就是电阻。
    - 电容的阻抗为 $1/(j\omega C)\ \Omega$。
    - 电感的阻抗为 $j\omega L\ \Omega$。
- 阻抗的串联和并联组合方式均与电阻相同。(例 10.6)
- 之前对电阻电路进行分析的所有方法都适用于包含电容和/或电感的电路，只要将电路中的所有元件都用频域的等效元件替换。(例 10.5，例 10.7 至例 10.11)
- 相量分析只能在单频率电路中应用，否则必须使用叠加定理，然后将时域的每部分响应相加以得到完全响应。(例 10.12)

- 当使用方便的激励函数时，相量图的作用比较大，但最后的结果需要进行相应的尺度变换。(例 10.13)

## 深入阅读

下面是一本很好的关于相量分析技术的书籍：

R. A. DeCarlo and P. M. Lin, *Linear Circuit*, 3rd ed. Dubuque, IA: Kendall Hunt Publishing, 2009.

在下面书籍的第 7 章中讨论了晶体管的频率模型：

W. H. Hayt, Jr., and G. W. Neudeck, *Electronic Circuit Analysis and Design*, 2nd ed. New York: Wiley, 1995.

## 习题

### 10.1　正弦波特性

1. (a) 计算 $5\sin(5t-9°)$ 在 $t=0$, 0.01 s 和 0.1 s 时的值。(b) 计算 $4\cos 2t$ 在 $t=0$, 1 s 和 1.5 s 时的值。(c) 计算 $3.2\cos(6t+15°)$ 和 $3.2\sin(6t+105°)$ 在 $t=0$, 0.01 s 和 0.1 s 时的值。

2. (a) 将下列函数表示成单余弦函数：$300\sin 628t$, $4\sin(3\pi t+30°)$, $14\sin(50t-5°)-10\cos 50t$。(b) 将下列函数表示成单正弦函数：$2\cos(100t+45°)$, $3\cos 4000t$, $5\cos(2t-90°)+10\sin(2t)$。

3. 确定 $v_1$ 超前 $i_1$ 的角度，假设 $v_1=10\cos(10t-45°)$，$i_1$ 分别为：(a) $5\cos 10t$；(b) $5\cos(10t-80°)$；(c) $5\cos(10t-40°)$；(d) $5\cos(10t+40°)$；(e) $5\sin(10t-19°)$。

4. 确定 $v_1$ 滞后 $i_1$ 的角度，假设 $v_1=3\cos(10^4t-5°)$，$i_1$ 分别为：(a) $5\cos 10^4t$；(b) $5\cos(10^4t-14°)$；(c) $5\cos(10^4t-23°)$；(d) $5\cos(10^4t+23°)$；(e) $5\sin(10^4t-390°)$。

5. 确定以下各对函数哪个是滞后的。(a) $\cos 4t, \sin 4t$；(b) $\cos(4t-80°), \cos 4t$；(c) $\cos(4t+80°), \cos 4t$；(d) $-\sin 5t, \cos(5t+2°)$；(e) $\sin 5t+\cos 5t, \cos(5t-45°)$。

6. 首先将下列函数转换成单正弦函数，其次计算函数值等于零的前 3 个时间点。(a) $\cos 3t-7\sin 3t$；(b) $\cos(10t+45°)$；(c) $\cos 5t-\sin 5t$。

7. (a) 确定习题 6 中的函数等于 1 时的前两个时间点，同样先将函数转换成单正弦函数。(b) 利用合适的软件包画出波形，验证答案的正确性。

8. 傅里叶级数是将周期函数表示成正弦函数的强有力的工具。例如，图 10.45 所示的三角波函数可以表示成

$$v(t)=\frac{8}{\pi^2}\left(\sin\pi t-\frac{1}{3^2}\sin 3\pi t+\frac{1}{5^2}\sin 5\pi t-\frac{1}{7^2}\sin 7\pi t+\cdots\right)$$

其中前若干项的近似精度相当高。(a) 将 $v(t)$ 写成分段函数表示式并计算其在 $t=0.25$ s 时的精确值。(b) 利用傅里叶级数的第 1 项近似计算 $t=0.25$ s 时的 $v(t)$ 值。(c) 重复(b)，取级数的前 3 项。(d) 画出只用第 1 项表示的 $v(t)$ 的波形。(e) 画出只用第 1 项和第 2 项表示的 $v(t)$ 的波形。(f) 画出只用前 3 项表示的 $v(t)$ 的波形。

9. 家用电气设备的电源电压为 110 V, 115 V 或 120 V，但它们都不是电压的峰值，而是电压的有效值(也称为均方根值)，定义为

$$V_{rms}=\sqrt{\frac{1}{T}\int_0^T V_m^2\cos^2(\omega t)\,dt}$$

其中，$T$ 为波形的周期，$V_m$ 为峰值电压，$\omega$ 为波形的频率(在北美地区 $f=60$ Hz)。(a) 根据积分定义表达式，证明正弦函数的有效值为

$$V_{\mathrm{rms}}=\frac{V_m}{\sqrt{2}}$$

(b) 计算 110 V, 115 V 和 120 V 所对应的峰值电压。

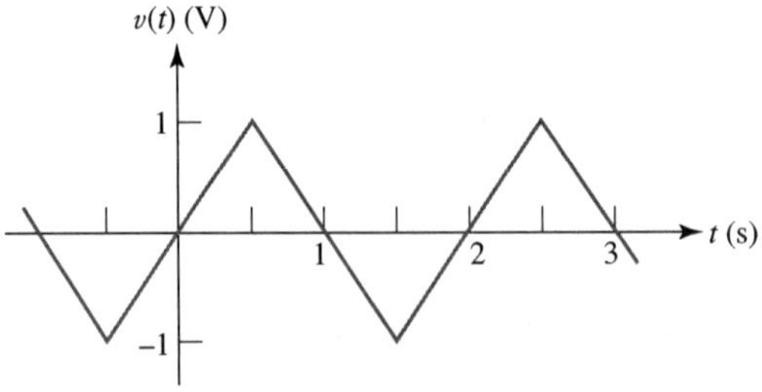


图 10.45

## 10.2 正弦函数激励下的受迫响应

10. 电路如图 10.46 所示，设电源电压 $v_s=4.53\cos 30t$ V，(a) 假设已无瞬态响应，计算 $i_L$ 在 $t=0$ 时的值。(b) 求 $t>0$ 以后 $v_L(t)$ 的表达式，用单正弦函数表示，同样假设已无瞬态响应。

11. 假设图 10.47 所示电路中的瞬态响应已经消失，确定电流 $i_L$ 的表达式，用单正弦函数表示。

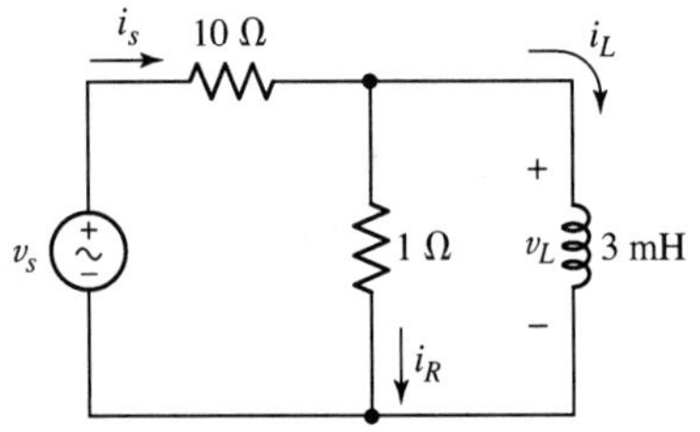


图 10.46

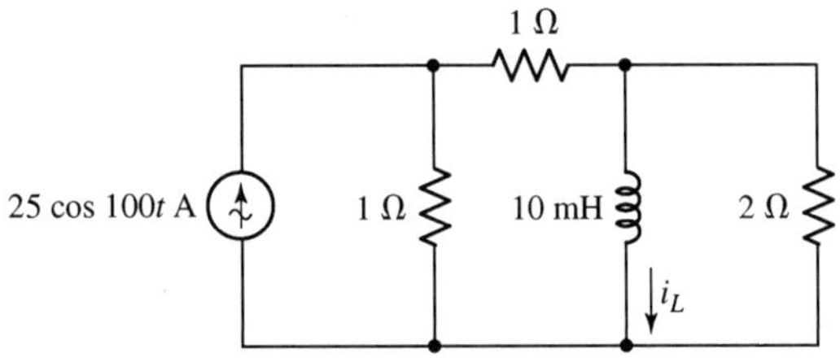


图 10.47

12. 电路如图 10.47 所示，计算 2 Ω 电阻消耗的功率，假设电路中的瞬态响应已经消失，并将答案用单正弦函数表示。

13. 电路如图 10.48 所示，求电压 $v_C$ 的表达式，用单正弦函数表示。假设在 $t=0$ 之前电路的瞬态响应已经消失。

14. 计算图 10.48 所示电路中储能元件电容在 $t=785$ ms 和 $t=1.57$ s 时存储的能量。

15. 电路如图 10.49 所示，求 10 Ω 电阻上消耗功率的表达式，假设电路已无瞬态响应。

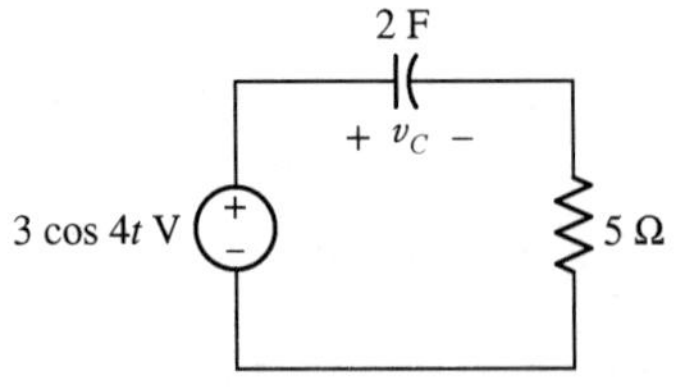


图 10.48

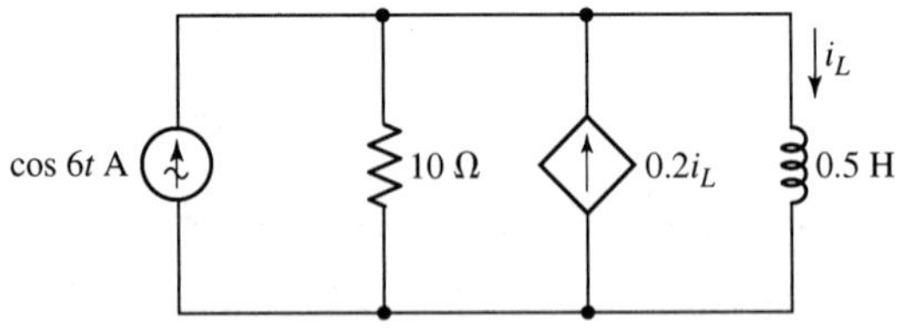


图 10.49

## 10.3 复激励函数

16. 将下列复数表示成笛卡儿坐标形式：(a) $50\underline{/-75°}$；(b) $19e^{j30°}$；(c) $2.5\underline{/-30°}+0.5\underline{/45°}$。将下列复数转换成极坐标形式：(d) $(2+j2)(2-j2)$；(e) $(2+j2)(5\underline{/22°})$。

17. 将下列表达式表示成极坐标形式：(a) $1+e^{j45°}$；(b) $(-j)(j^2)$；(c) 32。将下列复数表示成笛卡儿坐标形式：(d) $2-e^{j45°}$；(e) $-j+5\underline{/0°}$。

18. 将下列复数表示成极坐标形式：(a) $4(8-j8)$；(b) $4\angle 5^\circ - 2\angle 15^\circ$；(c) $(2+j9)-5\angle 0^\circ$；(d) $\frac{-j}{10+5j}-3\angle 40^\circ+2$。

19. 将下列复数表示成笛卡儿坐标形式：(a) $3(3\angle 30^\circ)$；(b) $2\angle 25^\circ+5\angle -10^\circ$；(c) $(12+j90)-5\angle 30^\circ$；(d) $\frac{10+5j}{8-j}+2\angle 60^\circ+1$。

20. 经过适当的推导，将下列表达式分别表示成笛卡儿坐标和极坐标形式：(a) $\frac{2+j3}{1+8\angle 90^\circ}-4$；(b) $\left(\frac{10\angle 25^\circ}{5\angle -10^\circ}+\frac{3\angle 15^\circ}{3-5j}\right)2j$；(c) $\left[\frac{(1-j)(1+j)+1\angle 0^\circ}{-j}\right](3\angle -90^\circ)+\frac{j}{1\angle -45^\circ}$。

21. 在图 10.50 所示电路中插入一个合适的复激励源，利用该激励源求 $i_C(t)$ 和 $v_C(t)$ 在稳态时的表达式。

22. 电路如图 10.51 所示，设 $i_s = 2\cos 5t$ A，将其用合适的复激励源取代，并求解 $i_L(t)$ 的稳态表达式。

23. 电路如图 10.51 所示，如果改变 $i_s$ 使得 $i_L(t) = 1.8\cos(5t + 26.6^\circ)$ A，求 $i_s$。

24. 电路如图 10.52 所示，采用合适的复激励源，求电流 $i_L$ 的稳态响应。

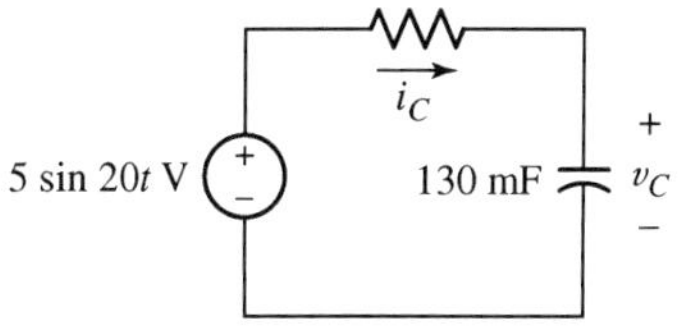


图 10.50

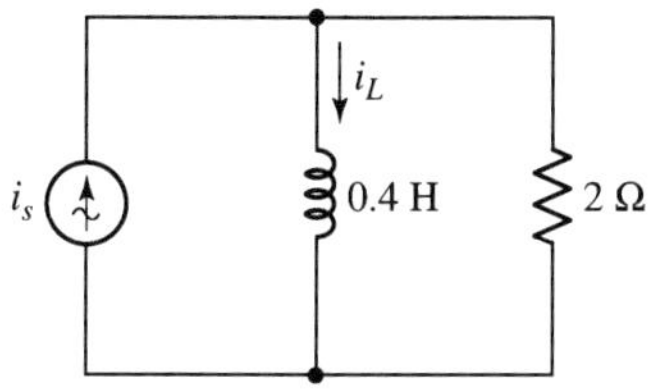


图 10.51

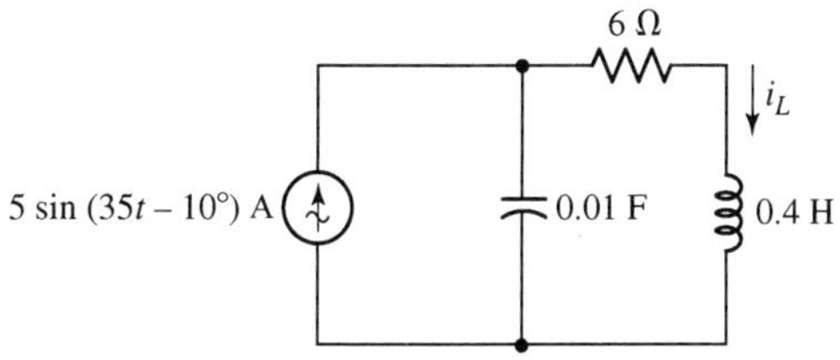


图 10.52

## 10.4　相量

25. 将以下各式转换成相量形式：(a) $28\cos(20t)$；(b) $32\sin(2t-90^\circ)$；(c) $\sin(9t+45^\circ)$；(d) $5\cos 10t + 8\cos(10t+45^\circ)$。

26. 将以下各式转换成相量形式：(a) $11\sin 100t$；(b) $11\cos 100t$；(c) $11\cos(100t-90^\circ)$；(d) $3\cos 100t - 3\sin 100t$。

27. 假设工作频率为 1 kHz，将下列相量表达式转换成时域单余弦函数：(a) $9\angle 65^\circ$ V；(b) $\frac{2\angle 31^\circ}{4\angle 25^\circ}$ A；(c) $22\angle 14^\circ - 8\angle 33^\circ$ V。

28. 下列复激励源被写成笛卡儿坐标和极坐标混合形式，重写各式，使其符合相量表示形式(例如幅度和角度)：(a) $\frac{2-j}{5\angle 45^\circ}$ V；(b) $\frac{6\angle 20^\circ}{1000}-j$ V；(c) $(j)(52.5\angle -90^\circ)$ V。

29. 假设工作频率为 50 Hz，写出习题 28 中各物理量在 $t=10$ ms 和 $t=25$ ms 时的瞬时电压值。

30. 假设工作频率为 50 Hz，写出习题 27 中各物理量在 $t=10$ ms 和 $t=25$ ms 时的瞬时电压值。

31. 假设符合无源符号规则，且工作频率为 5 rad/s，计算跨接在下列元件两端的相量电压，已知相量电流为 $\mathbf{I} = 2\angle 0^\circ$ mA：(a) 1 个 1 kΩ 电阻；(b) 1 个 1 mF 电容；(c) 1 个 1 nH 电感。

32. (a) 一个电路按照 1 Ω 电阻、1 F 电容和 1 H 电感的顺序串联在一起，假设工作频率 $\omega = 1$ rad/s，且符合无源符号规则，已知电阻上的电压为 $1\angle 30^\circ$ V，求流过电阻的电流的幅度和相角。(b) 求电阻上的相量电压与电容-电感串联组合上的相量电压的比值。(c) 假设工作频率加倍，重新计算电阻上的相量电压与电容-电感串联组合上的相量电压的比值。

33. 假设符合无源符号规则，且工作频率为 314 rad/s，已知相量电流为 $\mathbf{I} = 10\angle 0^\circ$ mA，计算跨接在下列元件两端的相量电压 $\mathbf{V}$：(a) 1 个 2 Ω 电阻；(b) 1 个 1 F 电容；(c) 1 个 1 H 电感；(d) 1 个 2 Ω 电阻串联 1 个 1 F 电容；(e) 1 个 2 Ω 电阻串联 1 个 1 H 电感。(f) 计算(a)～(e)确定的电压在 $t = 0$ 时的瞬时值。

34. 频域电路如图 10.53 所示，已知 $\mathbf{I}_{10} = 2\angle 42^\circ$ mA，假设 $\mathbf{V} = 40\angle 132^\circ$ mV。(a) 接在 25 Ω 电阻右边的元件最可能是什么类型的？(b) 该元件值为多少？假设工作频率是 1000 rad/s。

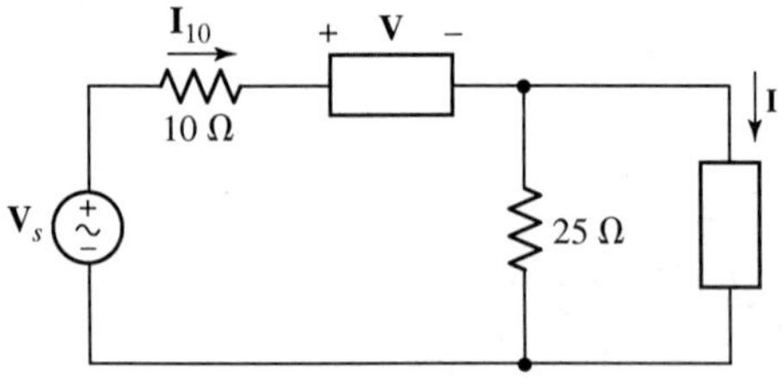


图 10.53

35. 频域电路如图 10.53 所示，已知 $\mathbf{I}_{10} = 4\angle 35^\circ$ A，$\mathbf{V} = 10\angle 35^\circ$ V，$\mathbf{I} = 2\angle 35^\circ$ A。(a) 产生 $\mathbf{V}$ 的元件最可能的类型是什么？其值是多少？(b) 求电压 $\mathbf{V}_s$。

## 10.5 阻抗和导纳

36. (a) 求 1 Ω 电阻和 2 F 电容串联以后的等效阻抗 $\mathbf{Z}_{eq}$ 与 $\omega$ 之间的关系表达式。(b) 画出 $\mathbf{Z}_{eq}$ 的幅度随 $\omega$ 变化的曲线，频率坐标为对数坐标，频率范围为 $0.1 < \omega < 100$ rad/s。(c) 画出 $\mathbf{Z}_{eq}$ 的角度(用度数表示)随 $\omega$ 变化的曲线，频率坐标为对数坐标，频率范围为 $0.1 < \omega < 100$ rad/s。[提示：MATLAB 函数 semilogx( )在作图时很有用。]

37. 假设工作频率为 20 rad/s，确定下列等效阻抗：(a) 1 kΩ 电阻并联 1 mH 电感；(b) 10 Ω 电阻并联 1 F 电容与 1 H 电感的串联组合。

38. (a) 求 1 Ω 电阻和 10 mH 电感并联以后的等效阻抗 $\mathbf{Z}_{eq}$ 与 $\omega$ 之间的关系表达式。(b) 画出 $\mathbf{Z}_{eq}$ 的幅度随 $\omega$ 变化的曲线，频率坐标为对数坐标，频率范围为 $1 < \omega < 10^5$ rad/s。(c) 画出 $\mathbf{Z}_{eq}$ 的角度(用度数表示)随 $\omega$ 变化的曲线，频率坐标为对数坐标，频率范围为 $1 < \omega < 10^5$ rad/s。[提示：MATLAB 函数 semilogx( )在作图时很有用。]

39. 假设工作频率为 1000 rad/s，确定下列等效导纳：(a) 25 Ω 电阻串联 20 mH 电感；(b) 25 Ω 电阻并联 20 mH电感；(c) 25 Ω 电阻并联 20 mH 电感和 20 mF 电容。

40. 电路如图 10.54 所示，求从开路端口看进去的等效阻抗，分别假设：(a) $\omega = 1$ rad/s；(b) $\omega = 10$ rad/s；(c) $\omega = 100$ rad/s。

41. 变换图 10.54 所示电路中电容和电感的位置，计算从开路端口看进去的等效阻抗，假设 $\omega = 25$ rad/s。

42. 电路如图 10.55 所示，求 $\mathbf{V}$。假设盒子中分别包含：(a) 3 Ω 电阻串联 2 mH 电感；(b) 3 Ω 电阻串联 125 μF电容；(c) 3 Ω 电阻、2 mH 电感和 125 μF 电容相串联；(d) 3 Ω 电阻、2 mH 电感和 125 μF 电容相串联，但 $\omega = 4$ krad/s。

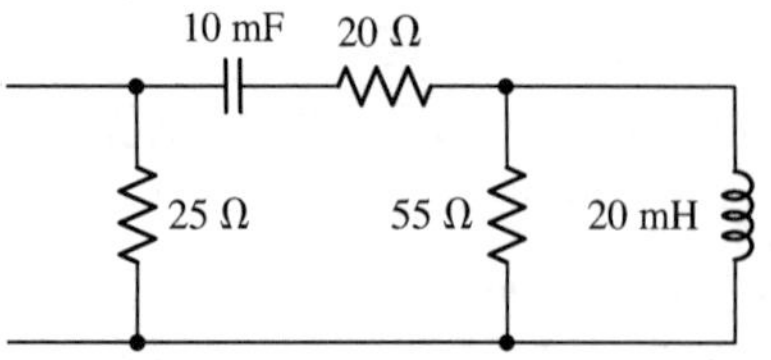


图 10.54

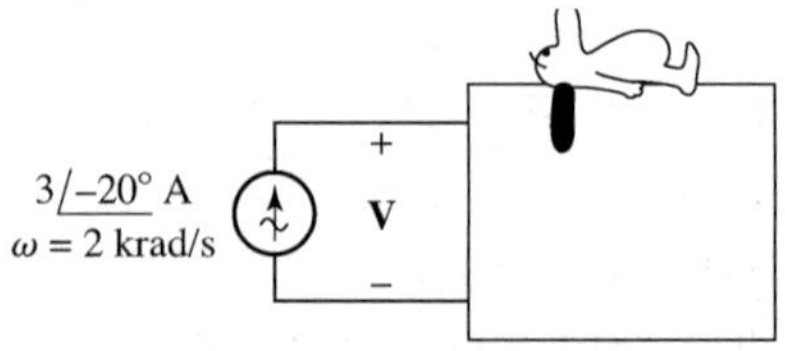


图 10.55

43. 求图 10.56 所示电路从开路端看进去的等效阻抗，假设频率 $f$ 分别为：(a) 1 Hz；(b) 1 kHz；(c) 1 MHz；(d) 1 GHz。

44. 采用基于相量的分析方法，求图 10.57 所示电路中的电流 $i(t)$ 的表达式。

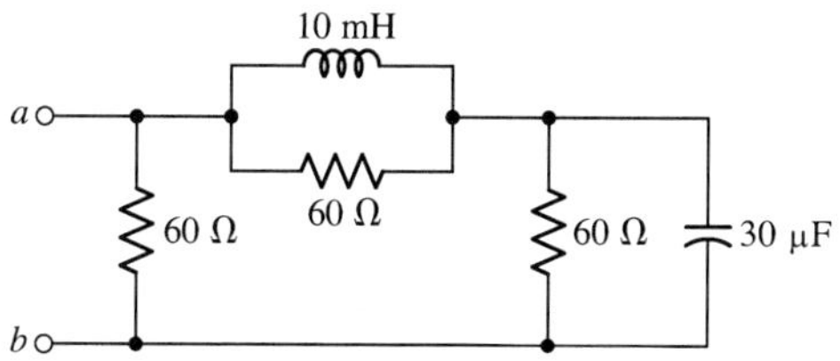


图 10.56

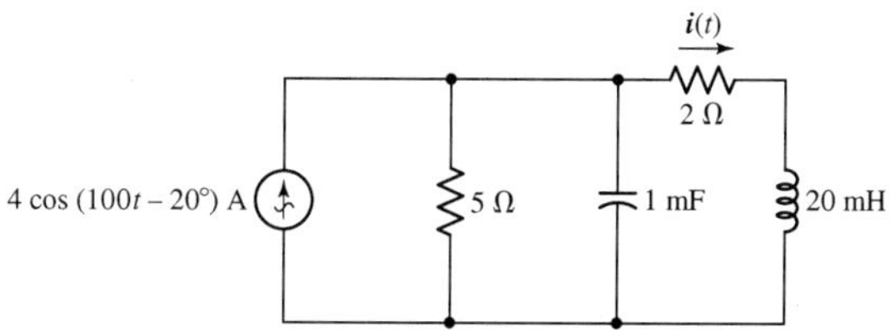


图 10.57

DP 45. 设计一个由电阻、电容和/或电感组成的电路，使其等效阻抗在 $\omega = 100$ rad/s 时分别等于：(a) 1 Ω，至少用 1 个电感；(b) $7\angle 10^\circ$ Ω；(c) 3 – j4 Ω。

DP 46. 设计一个由电阻、电容和/或电感组成的电路，使其等效导纳在 $\omega = 10$ rad/s 时分别等于：(a) 1 S，至少用 1 个电容；(b) $12\angle -18^\circ$ S；(c) 2 + j mS。

## 10.6　节点分析和网孔分析

47. 电路如图 10.58 所示。(a) 重新画出用合适的相量和阻抗进行标记的电路图。(b) 采用节点分析法求电压 $v_1(t)$ 和 $v_2(t)$。

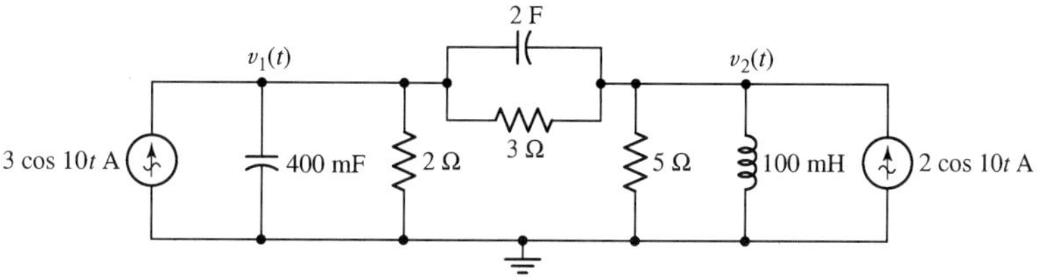


图 10.58

48. 电路如图 10.59 所示。(a) 重新画出用合适的相量和阻抗做标记的电路图。(b) 求 3 个网孔电流的表达式。

49. 回到图 10.59，采用基于相量的分析方法，求两个节点电压。

50. 图 10.60 所示的是相量电路图，设 $\mathbf{V}_1 = 10\angle -80^\circ$ V，$\mathbf{V}_2 = 4\angle -0^\circ$ V，$\mathbf{V}_3 = 2\angle -23^\circ$ V，计算电流 $\mathbf{I}_1$ 和 $\mathbf{I}_2$。

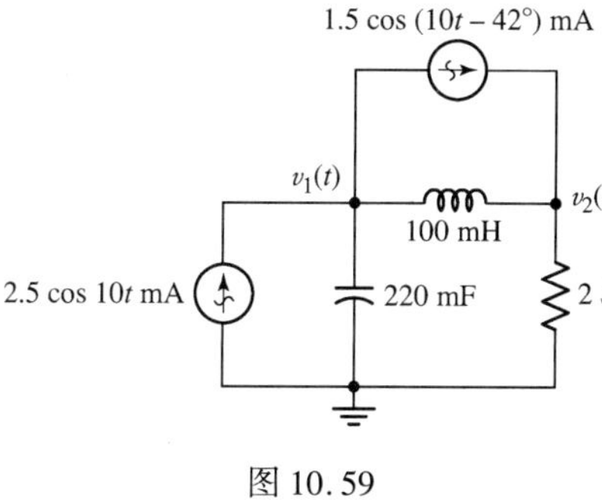


图 10.59

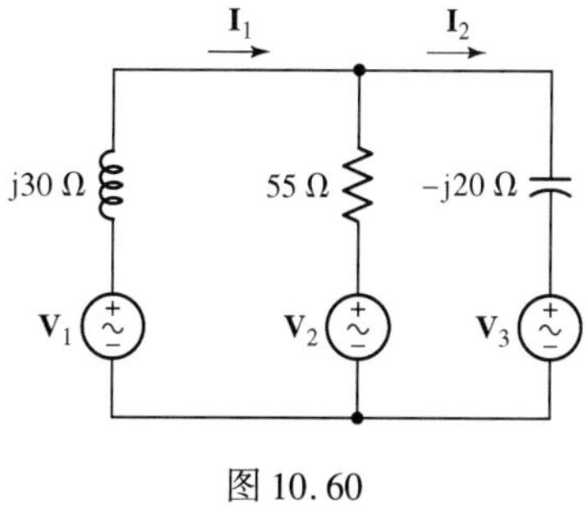


图 10.60

51. 图 10.60 所示的是相量电路图，设 $\mathbf{V}_1 = 3\angle 0^\circ$ V，$\mathbf{V}_2 = 5.5\angle -130^\circ$ V 以及 $\mathbf{V}_3 = 1.5\angle 17^\circ$ V，求电流 $\mathbf{I}_1$ 与 $\mathbf{I}_2$ 的比值。

52. 采用相量分析法求图 10.61 所示电路的两个网孔电流 $i_1$ 和 $i_2$。

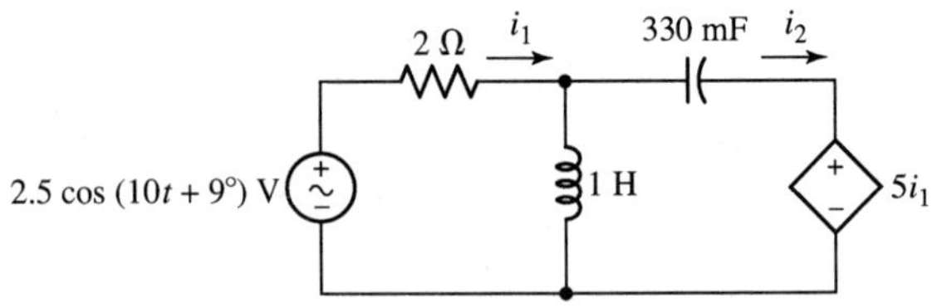


图 10.61

53. 电路如图 10.62 所示，设 $\mathbf{I}_1 = 5\angle -18^\circ$ A 且 $\mathbf{I}_2 = 2\angle 5^\circ$ A，求电流 $\mathbf{I}_B$。

54. 电路如图 10.62 所示，设 $\mathbf{I}_1 = 15\angle 0^\circ$ A 且 $\mathbf{I}_2 = 25\angle 131^\circ$ A，求电压 $\mathbf{V}_2$。

55. 电路如图 10.63 所示，采用相量分析法，求电压 $v_x$ 的表达式。

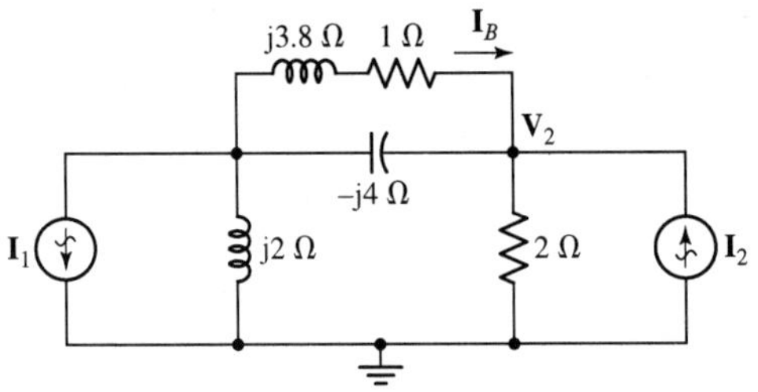


图 10.62

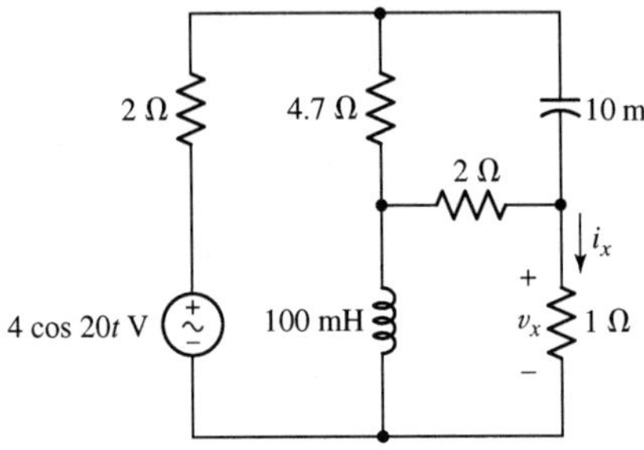


图 10.63

56. 求图 10.63 所示电路中的电流 $i_x$。

57. 电路如图 10.64 所示，按顺时针方向选取 4 个网孔电流，求这 4 个电流的表达式，已知 $v_1 = 133\cos(14t + 77^\circ)$ V，$v_2 = 55\cos(14t + 22^\circ)$ V。

58. 电路如图 10.64 所示，设底部节点为参考节点，求两个节点电压，已知 $v_1 = 0.009\cos(500t + 0.5^\circ)$ V，$v_2 = 0.004\cos(500t + 1.5^\circ)$ V。

59. 图 10.65 所示电路的运放具有无限大的输入阻抗、零输出阻抗和有限大的增益(正实数)，$A = -\mathbf{V}_o/\mathbf{V}_i$。(a) 构造一个基本微分电路，其中 $\mathbf{Z}_f = R_f$，求 $\mathbf{V}_o/\mathbf{V}_s$，并证明当 $\mathbf{A}\to\infty$ 时，$\mathbf{V}_o/\mathbf{V}_s \to -j\omega C_1 R_f$。(b) 若 $\mathbf{Z}_f$ 为 $C_f$ 与 $R_f$ 的并联等效阻抗，求 $\mathbf{V}_o/\mathbf{V}_s$，并证明当 $\mathbf{A}\to\infty$ 时，$\mathbf{V}_o/\mathbf{V}_s \to -j\omega C_1 R_f/(1 + j\omega C_1 R_f)$。

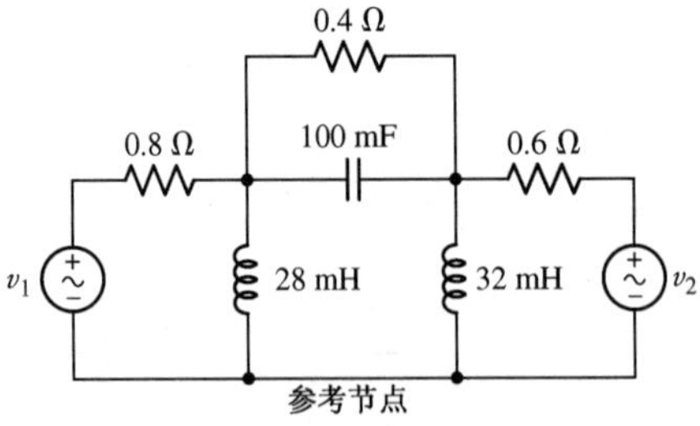


图 10.64

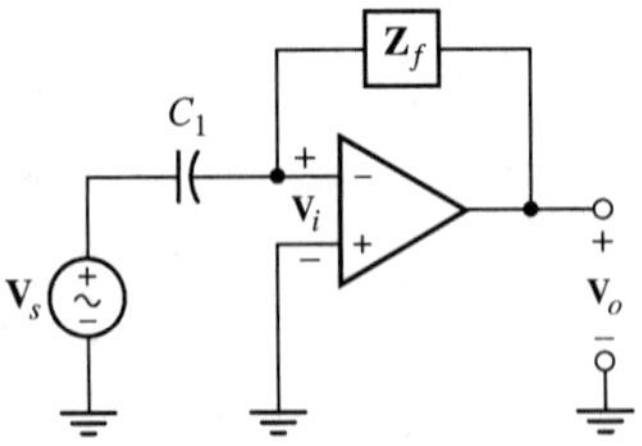


图 10.65

60. 电路如图 10.66 所示，求图中所标注的 4 个网孔电流的表达式。

## 10.7 叠加定理、电源变换和戴维南定理

61. 电路如图 10.67 所示，求两个电源单独作用时的节点电压 $\mathbf{V}_1$ 和 $\mathbf{V}_2$。

62. 电路如图 10.68 所示，设 $\mathbf{I}_1 = 33\angle 3^\circ$ mA，$\mathbf{I}_2 = 51\angle -91^\circ$ mA，求电压 $\mathbf{V}_1$ 和 $\mathbf{V}_2$。

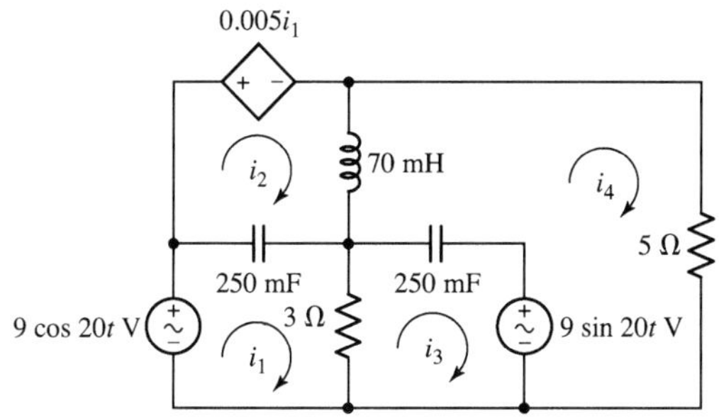


图 10.66

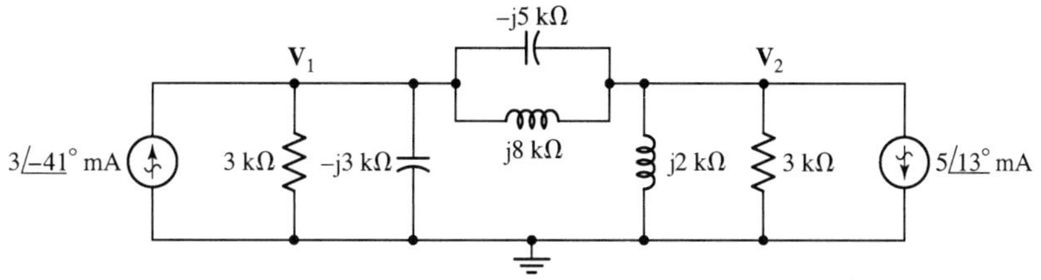


图 10.67

63. 相量域电路如图 10.68 所示，假设工作频率为 2.5 rad/s，遗憾的是，制造部门在组装时装错了电源，每个电源都工作在不同的频率上，设 $i_1(t) = 4\cos 40t$ mA，$i_2(t) = 4\sin 30t$ mA，求电压 $v_1(t)$和 $v_2(t)$。

64. 电路如图 10.69 所示，求从(2 – j) Ω 阻抗两端看进去的戴维南等效，并用其确定电流 $\mathbf{I}_1$。

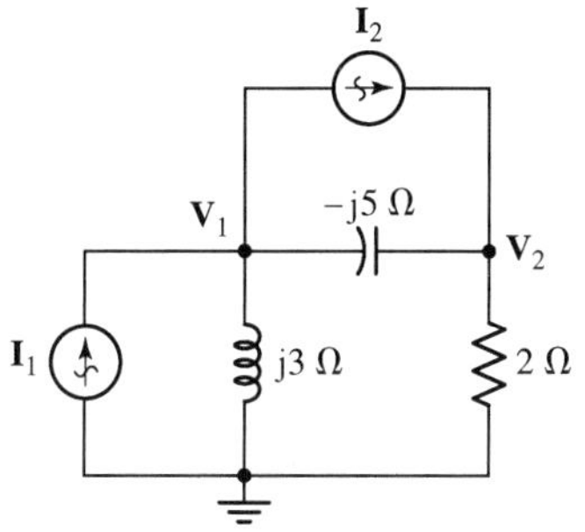


图 10.68

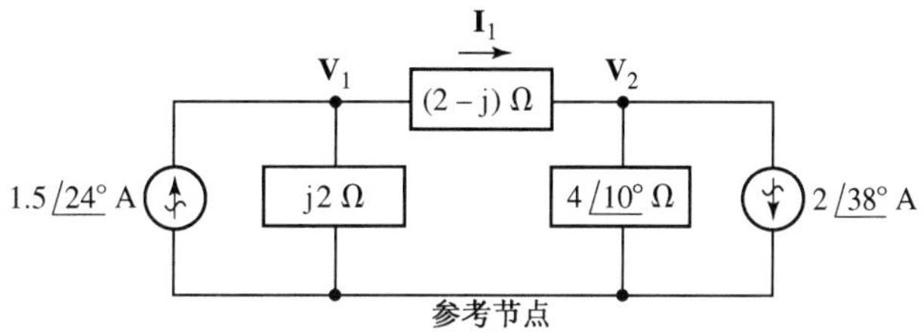


图 10.69

65. 电路如图 10.69 所示，阻抗(2 – j) Ω 被(1 + j) Ω 取代，对每一个电源实行变换，并尽可能简化电路，计算流过(1 + j) Ω 阻抗的电流。

66. 电路如图 10.70 所示。(a) 求从 $a$ 和 $b$ 两端看进去的戴维南等效电路。(b) 求从 $a$ 和 $b$ 两端看进去的诺顿等效电路。(c) 设 $a$ 和 $b$ 两端连接了一个(7 – j2) Ω 的阻抗，求从 $a$ 流到 $b$ 的电流。

67. 电路如图 10.71 所示，已知 $i_{s1} = 8\cos(4t - 9°)$ A，$i_{s2} = 5\cos 4t$ A，$v_{s3} = 2\sin 4t$ V。(a) 在相量域重画该电路。(b) 利用电源变换，将该电路简化成单电流源电路。(c) 计算电压 $v_L(t)$。(d) 用合适的仿真对结果进行验证。

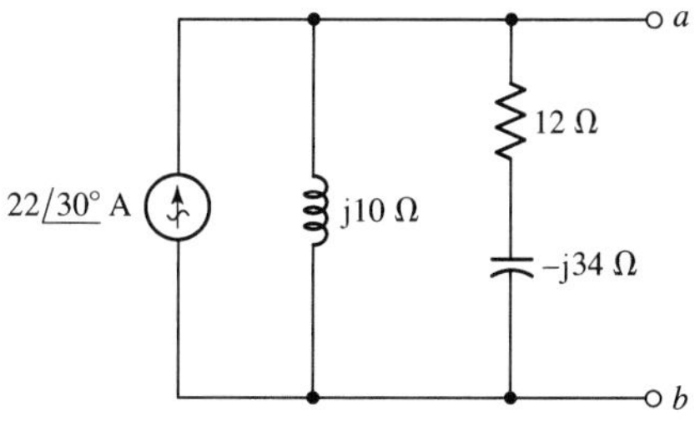


图 10.70

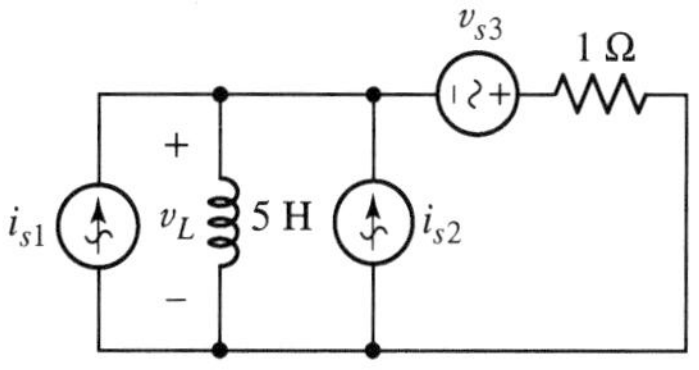


图 10.71

68. 电路如图 10.72 所示，求每个电源单独作用时对电压 $v_1(t)$ 的贡献。

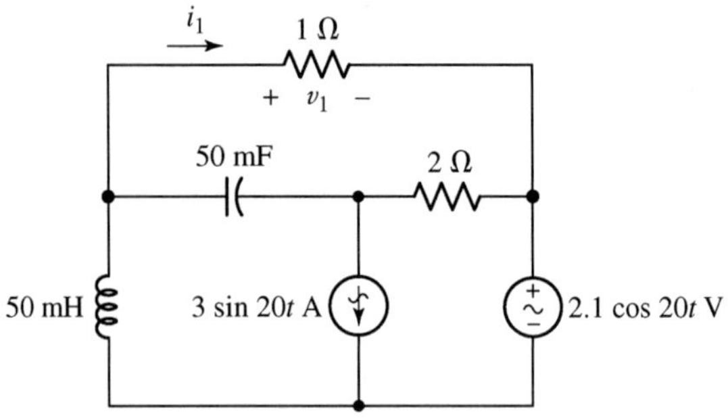


图 10.72

69. 电路如图 10.73 所示，求 1 Ω 电阻上消耗的功率，并用 LTspice 仿真对结果进行验证。

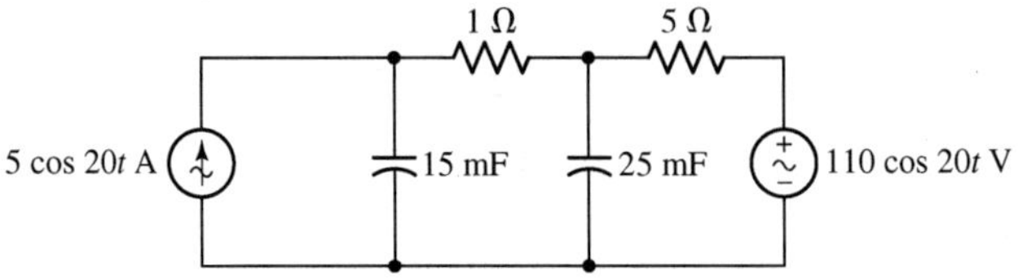


图 10.73

70. 电路如图 10.74 所示，设 $\omega = 1$ rad/s，求从 $a$ 和 $b$ 两端看进去的诺顿等效电路，即构造一个诺顿等效电流源 $\mathbf{I}_N$ 并联电阻 $R_N$ 和电感 $L_N$ 或者电容 $C_N$。

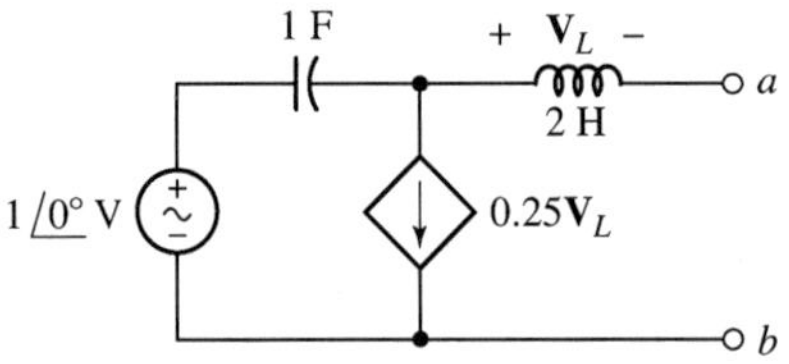


图 10.74

## 10.8 相量图

71. 电路如图 10.75 所示，选择电流源 $\mathbf{I}_s$ 可使电压 $\mathbf{V} = 5\,\underline{/120°}$ V。(a) 画出表示 $\mathbf{I}_R$，$\mathbf{I}_L$ 和 $\mathbf{I}_C$ 的相量图。(b) 利用此相量图确定 $\mathbf{I}_s$ 超前 $\mathbf{I}_R$，$\mathbf{I}_C$ 和 $\mathbf{I}_L$ 的角度。

72. 设 $\mathbf{V}_1 = 100\,\underline{/0°}$ V，$|\mathbf{V}_2| = 140$ V 以及 $|\mathbf{V}_1 + \mathbf{V}_2| = 120$ V，利用图解法求电压 $\mathbf{V}_2$ 的角度的两个可能解。

73. (a) 电路如图 10.76 所示，计算 $\mathbf{I}_L$，$\mathbf{I}_R$，$\mathbf{I}_C$，$\mathbf{V}_L$，$\mathbf{V}_R$ 和 $\mathbf{V}_C$ 的值。(b) 采用以下比例关系：1 个单位长度代表 50 V 电压或者 25 A 电流，画出所有 7 个参量的相量图并证明 $\mathbf{I}_L = \mathbf{I}_R + \mathbf{I}_C$ 和 $\mathbf{V}_s = \mathbf{V}_L + \mathbf{V}_R$。

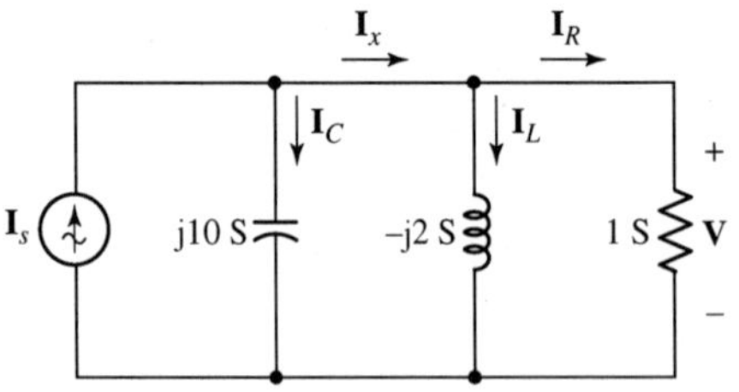


图 10.75

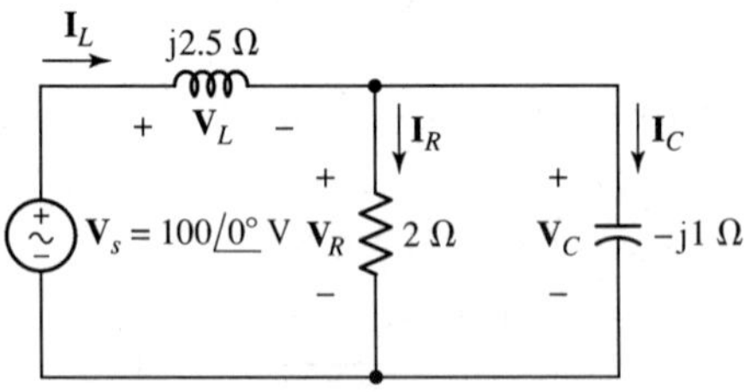


图 10.76

74. 电路如图 10.77 所示。(a) 求 $\mathbf{I}_1$，$\mathbf{I}_2$ 和 $\mathbf{I}_3$ 的值。(b) 画出 $\mathbf{V}_s$，$\mathbf{I}_1$，$\mathbf{I}_2$ 和 $\mathbf{I}_3$ 的相量图(比例关系：1 个单位长度表示 50 V 电压或 2 A 电流)。(c) 用图解法求 $\mathbf{I}_s$ 的幅度和相角。

75. 电路如图 10.78 所示，选择电压源 $\mathbf{V}_s$ 可使 $\mathbf{I}_C = 1\,\underline{/0°}$ A。(a) 画出 $\mathbf{V}_1$，$\mathbf{V}_2$，$\mathbf{V}_s$ 和 $\mathbf{V}_R$ 的相量图。(b) 利用相量图确定 $\mathbf{V}_2$ 与 $\mathbf{V}_1$ 的比值。

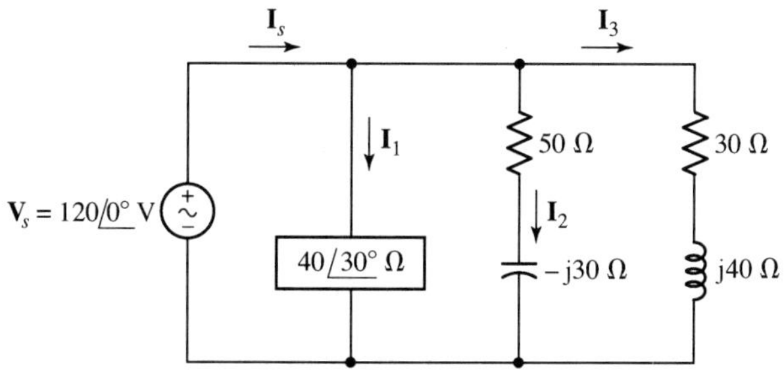


图 10.77

## 综合题

76. 电路如图 10.79 所示。(a) 画出表示该电路的相量。(b) 确定从电容两端看进去的戴维南等效电路，并用该等效电路计算电容电压 $v_C(t)$。(c) 求从电压源正端流出的电流。(d) 用合适的 LTspice 仿真对结果进行验证。

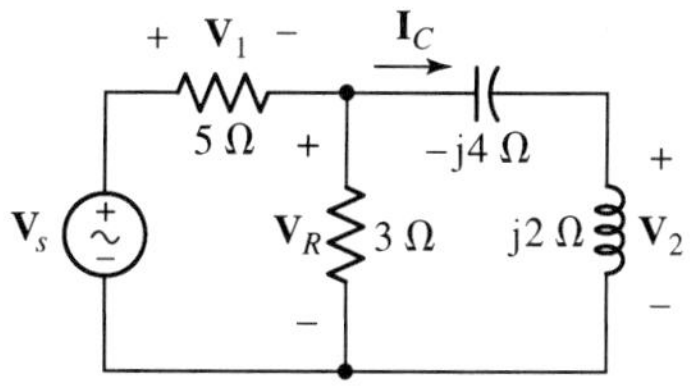


图 10.78

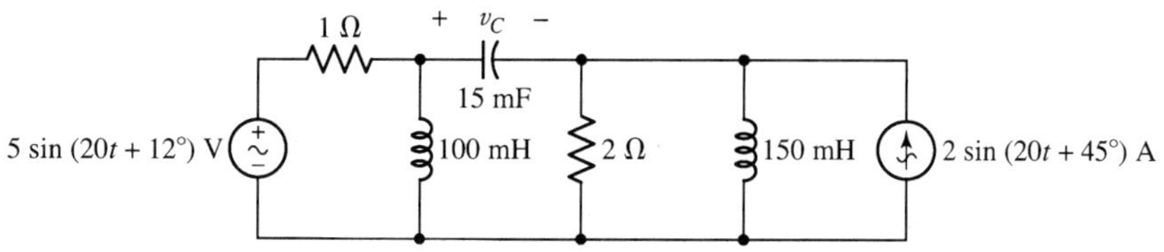


图 10.79

77. 电路如图 10.79 所示，但遗憾的是电流源的工作频率并不如图所示，实际为 19 rad/s，计算实际的电容电压并与要求的正确频率下的电容电压进行比较。

78. 电路如图 10.80 所示。(a) 画出相应的相量图。(b) 求 $\mathbf{V}_o/\mathbf{V}_s$ 的表达式。(c) 画出相量电压比的幅度 $|\mathbf{V}_o/\mathbf{V}_s|$ 随频率变化的关系曲线，频率范围为 0.01 rad/s $\leqslant \omega \leqslant$ 100 rad/s（采用对数坐标）。(d) 电路对低频信号还是对高频信号的传输更有效？

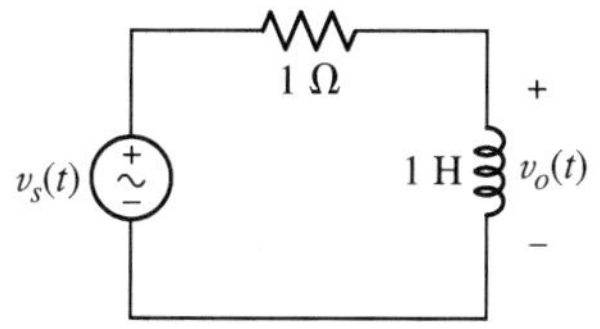


图 10.80

79. (a) 将图 10.80 所示电路中的电感用 1 F 电容取代，重做习题 78。(b) 如果我们设计的电路在其“转角频率”上，输出将下降到其最大值的 $1/\sqrt{2}$ 倍，重新设计电路，使转角频率等于2 kHz。

80. 设计一个纯无源网络（只含有电阻，电容和电感），使其在 $f$ = 628 MHz 频率上的阻抗等于 $0.5\angle 5.7°$ Ω。

# 第 11 章　交流电路的功率分析

## 主要概念

- 计算瞬时功率
- 正弦激励源提供的平均功率
- 均方根值(RMS)
- 无功功率
- 复功率、平均功率和无功功率之间的关系
- 负载的功率因数

## 引言

通常，电路分析的一部分工作是确定电路提供的功率或消耗的功率(或两者兼有)。对于交流功率，我们发现先前介绍的简单方法并不能描述特定系统工作时的情景，因此本章将介绍几种与功率有关的不同物理量。

首先考虑瞬时功率，即所讨论的元件或网络上的时域电压与时域电流的乘积。有时瞬时功率是非常有用的，因为对器件而言，为了保证其安全工作或者工作在可用的范围内，其上的最大功率值是受限的。比如，当峰值功率超过限定值后，晶体管和真空管放大器都会产生失真的输出，从而导致扬声器发出失真的声音。但是，我们对瞬时功率感兴趣的主要原因是它提供了计算另一个重要的物理量(即平均功率)的方法。正如长途旅行时，描述行进过程的最佳参量是平均速度一样，我们对瞬时速度的关注只是为了避免超速而带来的危险或招来交通警察。

实际问题中涉及的平均功率数值小到零点几皮瓦的来自外太空的遥测信号，大到高保真音响系统中输送给扬声器的几瓦功率，再到早晨咖啡壶所需要的几百瓦的功率，甚至大到大峡谷水电站产生的 100 亿瓦的电力。我们知道，其实平均功率的概念也是有局限性的，特别是在处理电抗负载与电源交换能量的时候。然而，一旦引入电力上用到的无功功率、复功率和功率因数等概念，将有助于问题的解决。

## 11.1　瞬时功率

任何元件上的瞬时功率等于其上的瞬时电压与瞬时电流的乘积(假设符合无源符号规则)，即①

$$p(t) = v(t)i(t) \qquad [1]$$

如果是电阻元件 $R$，那么功率可以只用电压或电流表示：

$$p(t) = v(t)i(t) = i^2(t)R = \frac{v^2(t)}{R} \qquad [2]$$

---

① 先前用小写的斜体字表示的变量是时间的函数，到现在为止一直遵守这个约定。但是，在本章中，为了强调这些变量是在某些特定的时段测得的，将明确标注出与时间的关系。

对于纯电感元件，考虑到其上的电压和电流关系，可得

$$p(t)=v(t)i(t)=Li(t)\frac{\mathrm{d}i(t)}{\mathrm{d}t}=\frac{1}{L}v(t)\int_{-\infty}^{t}v(t')\,\mathrm{d}t' \quad [3]$$

其中，任意假定在 $t=-\infty$ 时的电压等于零。对于纯电容元件，同样有

$$p(t)=v(t)i(t)=Cv(t)\frac{\mathrm{d}v(t)}{\mathrm{d}t}=\frac{1}{C}i(t)\int_{-\infty}^{t}i(t')\,\mathrm{d}t' \quad [4]$$

其中，电流的假设同电压。

例如，考虑图 11.1 所示的串联 $RL$ 电路，激励源是阶跃电压源，我们熟悉的电流响应为

$$i(t)=\frac{V_0}{R}(1-\mathrm{e}^{-Rt/L})u(t)$$

则电源提供的总功率或者无源网络吸收的总功率为

$$p(t)=v(t)i(t)=\frac{V_0^2}{R}(1-\mathrm{e}^{-Rt/L})u(t)$$

因为 $v=V_0$。

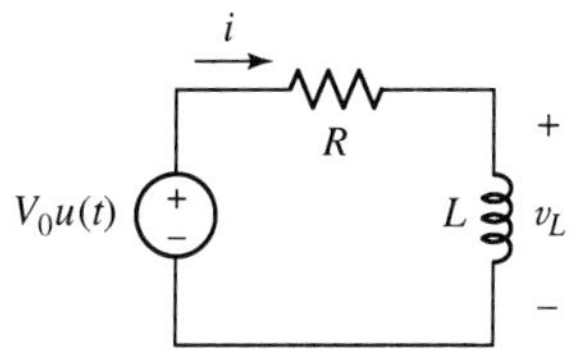


图 11.1　负载 $R$ 上的瞬时功率 $p_R(t)=i^2(t)R=(V_0^2/R)(1-\mathrm{e}^{-Rt/L})^2u(t)$

提供给电阻的功率为

$$p_R(t)=i^2(t)R=\frac{V_0^2}{R}(1-\mathrm{e}^{-Rt/L})^2u(t)$$

为了确定电感吸收的功率，首先求解电感两端的电压：

$$\begin{aligned}v_L(t)&=L\frac{\mathrm{d}i(t)}{\mathrm{d}t}\\&=V_0\mathrm{e}^{-Rt/L}u(t)+\frac{LV_0}{R}(1-\mathrm{e}^{-Rt/L})\frac{\mathrm{d}u(t)}{\mathrm{d}t}\\&=V_0\mathrm{e}^{-Rt/L}u(t)\end{aligned}$$

因为当 $t>0$ 时，$\mathrm{d}u(t)/\mathrm{d}t$ 为零，并且当 $t=0$ 时，$(1-\mathrm{e}^{-Rt/L})$ 也为零，因此电感吸收的功率为

$$p_L(t)=v_L(t)i(t)=\frac{V_0^2}{R}\mathrm{e}^{-Rt/L}(1-\mathrm{e}^{-Rt/L})u(t)$$

只需几步简单的代数运算，即可证明

$$p(t)=p_R(t)+p_L(t)$$

它可以用来验证上述推导是否正确，结果已画在图 11.2 中。

## 正弦激励下的功率

将图 11.1 中的激励源改成正弦激励源 $V_m\cos\omega t$，则可以写出我们熟悉的时域稳态响应：

$$i(t)=I_m\cos(\omega t+\phi)$$

其中，

$$I_m=\frac{V_m}{\sqrt{R^2+\omega^2L^2}} \quad \text{和} \quad \phi=-\arctan\frac{\omega L}{R}$$

这样，正弦稳态时激励源提供给整个电路的功率为

$$p(t)=v(t)i(t)=V_mI_m\cos(\omega t+\phi)\cos\omega t$$

利用三角函数积化和差的转换格式，很容易将两个三角函数的积写成

$$p(t)=\frac{V_m I_m}{2}[\cos(2\omega t+\phi)+\cos\phi]$$

$$=\underbrace{\frac{V_m I_m}{2}\cos\phi}_{\text{常数}}+\underbrace{\frac{V_m I_m}{2}\cos(2\omega t+\phi)}_{\text{频率为}2\omega}$$

最后得到的公式有一些特点，这些特点对于一般正弦稳态电路都适用。上一行中第 1 项不是时间的函数；第 2 项是周期函数，但其频率是激励信号的两倍，且还是正弦波。由于正弦波和余弦波的平均值等于零(整数个积分周期内的平均)，因此该例表明：平均功率等于 $\frac{1}{2}V_m I_m\cos\phi$；后面将会讲到，事实确实如此。

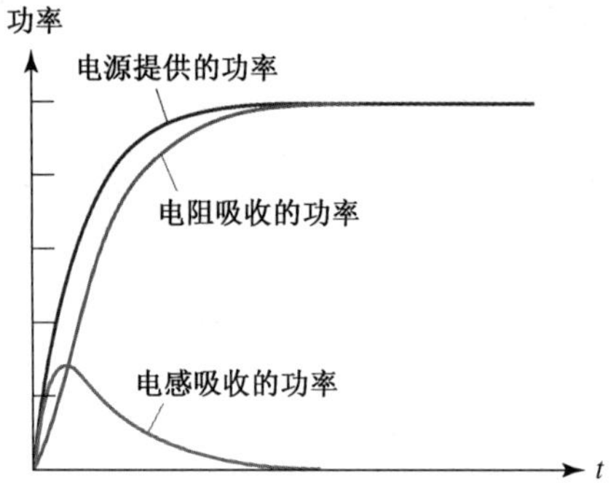


图 11.2 $p(t)$，$p_R(t)$和$p_L(t)$的波形。当瞬态过程结束后，电路回到稳态。由于电路中唯一的电源是直流源，电感最终呈现短路特性，因而吸收功率为零

**例 11.1** $40+60u(t)$ V 的电压源和 5 μF 电容及 200 Ω 的电阻组成串联电路。求 $t=1.2$ ms 时电容和电阻所吸收的功率。

**解**：在 $t=0^-$ 时，电路中没有电流，电容两端的电压等于 40 V。在 $t=0^+$ 时，加在串联电容和电阻上的电压跳变到 100 V。由于电容两端的电压 $v_C$ 不能突变，因此电阻上的电压在 $t=0^+$ 时等于 60 V；

$t=0^+$ 时流过所有元件的电流等于 60/200 = 300 mA；$t>0$ 时的电流为

$$i(t)=300e^{-t/\tau}\ \text{mA}$$

其中，$\tau=RC=1$ ms。因此 $t=1.2$ ms 时的电流为 90.36 mA，此刻电阻吸收的功率为

$$i^2(t)R=1.633\ \text{W}$$

电容吸收的瞬时功率等于 $i(t)v_C(t)$。由于 $t>0$ 之后加在这两个元件两端的总电压始终是 100 V，而电阻上的电压为 $60e^{-t/\tau}$，因此

$$v_C(t)=100-60e^{-t/\tau}\ \text{V}$$

可以求得 $v_C(1.2\ \text{ms})=100-60e^{-1.2}=81.93$ V，则 $t=1.2$ ms 时电容吸收的功率为(90.36 mA)(81.93 V) = 7.403 W。

## 练习

11.1 电流源 $12\cos 2000t$ A 和 200 Ω 电阻及 0.2 H 电感组成并联电路。假设满足稳态条件，求 $t=1$ ms 时下列元件所吸收的功率：(a) 电阻；(b) 电感；(c) 正弦电源。

答案：(a) 13.98 kW；(b) −5.63 kW；(c) −8.35 kW。

## 11.2　平均功率

当我们谈论瞬时功率的平均值时，求平均值的积分区间必须具有明确的定义。首先选择一般的时间区间 $t_1$ 到 $t_2$，然后将 $p(t)$ 从 $t_1$ 积分到 $t_2$，再除以时间间隔 $t_2-t_1$，即

$$P=\frac{1}{t_2-t_1}\int_{t_1}^{t_2} p(t)\,\mathrm{d}t \qquad [5]$$

平均值用大写字母 $P$ 表示。它不是时间的函数，也无须采用任何下标来特别指明该参数，但它是积分区间起止时间 $t_1$ 和 $t_2$ 的函数。假如 $p(t)$ 是周期函数，那么 $P$ 和特定积分区间的依赖关系有比较简单的形式，因此我们首先分析这种情况。

### 周期波形的平均功率

假设激励函数和电路响应均是周期性的，虽然未必是正弦稳态的，但是符合稳态条件。数学上，定义周期函数为

$$f(t)=f(t+T) \qquad [6]$$

其中，$T$ 是周期。现在证明用式[5]表示的瞬时功率在一个周期内的平均值和积分的起始时间无关。

图 11.3 所示的是一个周期函数 $p(t)$ 的波形。首先计算积分区间从 $t_1$ 到 $t_2$ 这个周期内的均值，其中 $t_2=t_1+T$，则有

$$P_1=\frac{1}{T}\int_{t_1}^{t_1+T} p(t)\,\mathrm{d}t$$

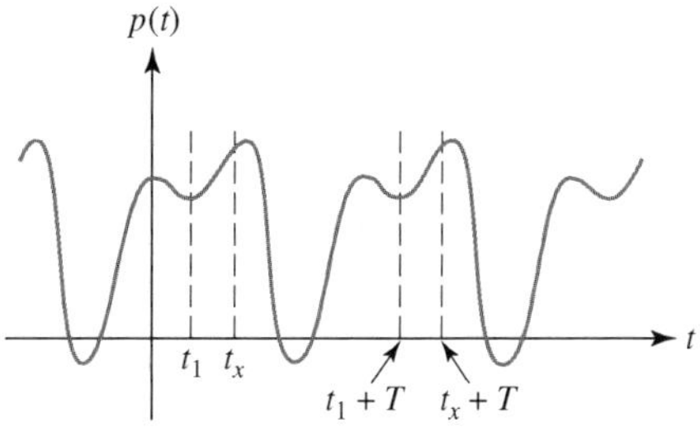


图 11.3　周期函数 $p(t)$ 在任何一个周期 $T$ 内的平均值都等于 $P$

然后对另一段时间 $t_x$ 到 $t_x+T$ 求积分，即

$$P_x=\frac{1}{T}\int_{t_x}^{t_x+T} p(t)\,\mathrm{d}t$$

从图解中可以看到 $P_1$ 与 $P_x$ 这两个积分是相等的，因为周期性曲线所包含的两个区域面积是相等的。因此，**平均功率**的计算就是将瞬时功率在任何一个周期段内积分再除以该周期：

$$P=\frac{1}{T}\int_{t_x}^{t_x+T} p(t)\,\mathrm{d}t \qquad [7]$$

需要说明的是，积分区间可以是整数个周期，只要被除的时间段也是相同的整数个周期即可。如果将这一概念拓展到无限积分，即在整个时间段上先对变量 $\tau$ 进行积分再取极限，则有

$$P=\lim_{\tau\to\infty}\frac{1}{\tau}\int_{-\tau/2}^{\tau/2} p(t)\,\mathrm{d}t \qquad [8]$$

可以发现，有些周期函数在“无限域”上的积分有其便利的一面。

### 正弦稳态下的平均功率

现在讨论正弦稳态情况下的一般结论。假设正弦电压的一般表达式为

$$v(t) = V_m \cos(\omega t + \theta)$$

电流为

$$i(t) = I_m \cos(\omega t + \phi)$$

相应元件上的瞬时功率为

$$p(t) = V_m I_m \cos(\omega t + \theta)\cos(\omega t + \phi)$$

将上述两个余弦函数的乘积项表示为和角余弦与差角余弦之和的一半:

$$p(t) = \underbrace{\tfrac{1}{2}V_m I_m \cos(\theta - \phi)}_{\text{常数}} + \underbrace{\tfrac{1}{2}V_m I_m \cos(2\omega t + \theta + \phi)}_{\text{频率为}2\omega} \quad [9]$$

通过对结果进行观察, 可以免去一些积分工作。上面一行的第 1 项是常数, 与时间 $t$ 无关; 第 2 项是余弦函数, 表明 $p(t)$ 也是周期函数, 周期为 $(1/2)T$。注意, $T$ 是给定的电压和电流的周期, 而不是功率的周期, 功率的周期是 $(1/2)T$。但是如果需要, 求平均值时的积分区间也可以是一个 $T$, 但必须除以 $T$。我们知道, 余弦和正弦函数在一个周期内的平均值等于零, 所以无须对式[9]进行积分, 通过观察即可得到第 2 项在一个周期 $T$(或 $(1/2)\ T$) 内的平均值等于零, 而第 1 项常数项的平均值即为其本身, 因此

$$\boxed{P = \tfrac{1}{2}V_m I_m \cos(\theta - \phi)} \quad [10]$$

这个重要的结论曾在前一节针对特定电路分析时得到过, 显然它同样适用于一般的正弦稳态电路, 即平均功率等于三者乘积的一半: 电压峰值、电流峰值、电压与电流相位差的余弦值。这里的相位差没有特别的意义。平均功率也可写成相量形式

$$\boxed{P = \tfrac{1}{2}\mathrm{Re}\{\mathbf{V}\mathbf{I}^*\}}$$

说明: 前面曾讲过 $T = 1/f = 2\pi/\omega$。

说明: 符号 $\mathbf{I}^*$ 表示复数 $\mathbf{I}$ 的复共轭。形式为所有的"j"用"$-$j"代替。细节可参阅附录 5。

这里有两种特殊情况值得单独考虑: 一是理想电阻获得的平均功率, 二是理想电抗(仅含电容和电感的电路组合)获得的平均功率。

**例 11.2** 给定时域电压 $v = 4\cos(\pi t/6)$ V, 则相应的相量电压 $\mathbf{V} = 4\underline{/0^\circ}$ V, 该电压作用在阻抗 $\mathbf{Z} = 2\underline{/60^\circ}\ \Omega$ 上, 求阻抗上的平均功率和瞬时功率的表达式。

**解**: 相量电流为 $\mathbf{V}/\mathbf{Z} = 2\underline{/-60^\circ}$ A, 因此平均功率为

$$P = \tfrac{1}{2}(4)(2)\cos 60^\circ = 2\ \text{W}$$

时域电压为

$$v(t) = 4\cos\frac{\pi t}{6}\ \text{V}$$

时域电流为

$$i(t) = 2\cos\left(\frac{\pi t}{6} - 60^\circ\right)\ \text{A}$$

瞬时功率为上述两者的乘积

$$p(t) = 8\cos\frac{\pi t}{6}\cos\left(\frac{\pi t}{6} - 60^\circ\right)$$
$$= 2 + 4\cos\left(\frac{\pi t}{3} - 60^\circ\right)\ \text{W}$$

将三者随时间变化的曲线画在同一个时间轴上，如图 11.4 所示。从图中很容易看出平均功率为 2 W，瞬时功率的周期为 6 s(电流或电压周期的一半)，且电压或者电流过零时必定对应瞬时功率等于零。

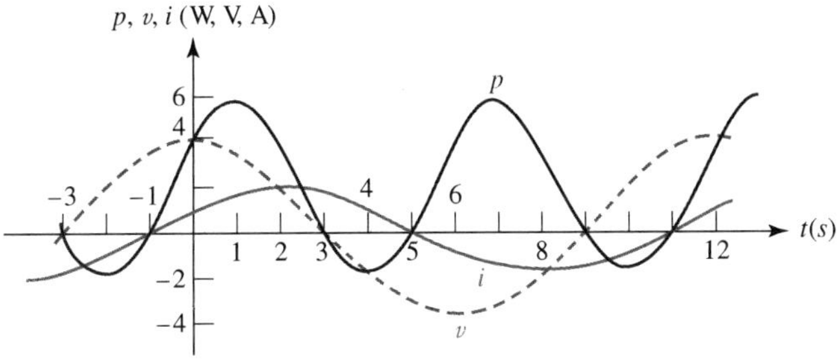


图 11.4　简单电路上的 $v(t)$，$i(t)$ 和 $p(t)$ 的时间波形。相量电压 $\mathbf{V} = 4\underline{/0^\circ}$ V，加在阻抗 $\mathbf{Z} = 2\underline{/60^\circ}\,\Omega$ 上，其中 $\omega = \pi/6$ rad/s

## 练习

11.2　给定相量电压 $\mathbf{V} = 115\sqrt{2}\underline{/45^\circ}$ V，加在阻抗 $\mathbf{Z} = 16.26\underline{/19.3^\circ}\ \Omega$ 上，写出瞬时功率的表达式并计算平均功率，其中 $\omega = 50$ rad/s。

答案：$767.5 + 813.2\cos(100t + 70.7^\circ)$ W；767.5 W。

## 理想电阻吸收的平均功率

纯电阻上的电流相量和其上的电压相量之间没有相位差，所以

$$P_R = \tfrac{1}{2}V_m I_m \cos 0 = \tfrac{1}{2}V_m I_m$$

或者

$$P_R = \tfrac{1}{2}I_m^2 R \qquad [11]$$

或者

$$P_R = \frac{V_m^2}{2R} \qquad [12]$$

利用相量形式可以得到相同的结果，$\{\mathbf{VI}^*\}$ 为实数，因此 $P = \frac{1}{2}\text{Re}\{\mathbf{VI}^*\} = \frac{1}{2}\text{Re}\{(I_m R)I_m\underline{/0^\circ}\} = \frac{1}{2}I_m^2 R$。

说明：我们现在计算的是正弦激励源提供给电阻的平均功率，注意不要和瞬时功率相混淆，因为它们的形式相似。

⚠ 式[11]和式[12]非常重要，可用来确定正弦电压或电流在纯电阻上产生的平均功率。遗憾的是它们经常被误用。常见的错误是式[12]中的电压并不是电阻上的电压。只要注意到式[11]中的电流是流过电阻的电流、式[12]中的电压是电阻两端的电压，结果就一定会令人满意。当然，不要忘记系数是 1/2。

## 纯电抗吸收的平均功率

任何纯电抗元件(不含电阻)吸收的平均功率恒等于零，因为纯电抗元件上的电压和电流相位差等于90°，$\cos(\theta-\phi)=\cos\pm 90°=0$(或者在相量表示中，$\mathbf{VI}^*$是虚数)，因此

$$P_X = 0$$

由理想电容和电感组成的网络吸收的平均功率也等于零，但瞬时功率只在特定的时刻才等于零，因此在整个周期的某个时间段流入网络的功率必定等于在另一时间段流出网络的功率，所以没有功率损耗。

**例 11.3**　电流 $\mathbf{I}=5\underline{/20°}$ A 流过阻抗 $\mathbf{Z}_L=8-\mathrm{j}11\ \Omega$，求该阻抗获得的平均功率。

**解**：利用式[11]可以很快得到结果。只有 8 Ω 要计算平均功率，因为 j11 Ω 不会吸收任何平均功率。因此，

$$P=\frac{1}{2}(5^2)8=100\ \mathrm{W}$$

我们也可以直接利用相量来处理问题，只是需要多一些计算：

$$\mathbf{I}=5\underline{/20°}=4.6985+\mathrm{j}1.7101\ \mathrm{A}$$

$$\mathbf{V}=\mathbf{IZ_L}=(4.6985+\mathrm{j}1.7101)(8-\mathrm{j}11)=56.3988-\mathrm{j}38.0023\ \mathrm{V}$$

$$P=\frac{1}{2}\mathrm{Re}\{\mathbf{VI}^*\}=\frac{1}{2}\mathrm{Re}\{(56.3988-\mathrm{j}38.0023)(4.6985-1.7101)\}$$

$$P=100\ \mathrm{W}$$

## 练习

11.3　电流 $\mathbf{I}=2+\mathrm{j}5$ A 流过阻抗 $6\underline{/25°}\ \Omega$，计算该阻抗获得的平均功率。

答案：78.85 W。

**例 11.4**　求图 11.5 所示电路中 3 个无源元件吸收的平均功率，并计算两个激励源提供的平均功率。

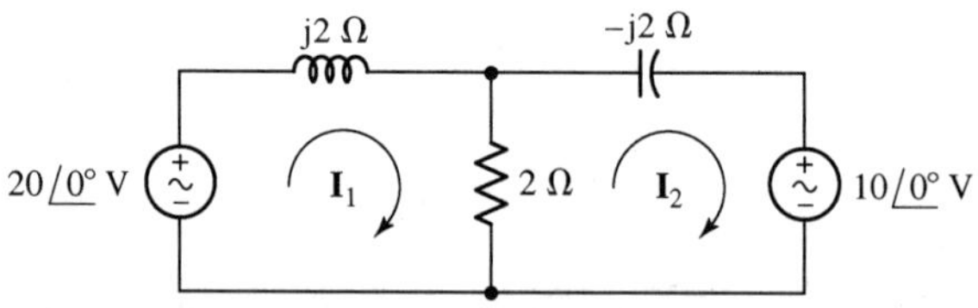


图 11.5　正弦稳态情况下，电抗元件上的平均功率等于零

**解**：无须对电路进行分析，就能得到两个电抗元件吸收的平均功率等于零的结论。

电流 $\mathbf{I}_1$ 和 $\mathbf{I}_2$ 的值可以通过多种方法计算得到，比如网孔分析法、节点分析法或者叠加定理，其数值为

$$\mathbf{I}_1=5-\mathrm{j}10=11.18\underline{/-63.43°}\ \mathrm{A}$$
$$\mathbf{I}_2=5-\mathrm{j}5=7.071\underline{/-45°}\ \mathrm{A}$$

向下流过 2 Ω 电阻的电流为

$$\mathbf{I}_1-\mathbf{I}_2=-\mathrm{j}5=5\underline{/-90°}\ \mathrm{A}$$

即 $I_m=5$ A。式[11]是计算电阻上吸收的平均功率的最简单的方法：

$$P_R = \frac{1}{2}I_m^2 R = \frac{1}{2}(5^2)2 = 25\ \text{W}$$

该值经得起式[10]和式[12]的检验。现在讨论左边的激励源。电压 $20\,\underline{/0^\circ}$ V 和流过的电流 $\mathbf{I}_1 = 11.18\,\underline{/-63.43^\circ}$ A 满足有源符号规则，所以该激励源提供的平均功率为

$$P_{\text{left}} = \frac{1}{2}(20)(11.18)\cos[0^\circ - (-63.43^\circ)] = 50\ \text{W}$$

采用同样的方法，根据无源符号规则，计算右边的激励源提供的平均功率为

$$P_{\text{right}} = \frac{1}{2}(10)(7.071)\cos(0^\circ + 45^\circ) = 25\ \text{W}$$

因为 50 = 25 + 25，从而验证了功率关系。

## 练习

11.4　电路如图 11.6 所示，计算每一个无源元件获得的平均功率，通过计算两个电源提供的功率对答案进行验证。

答案：0，37.6 mW，0，42.0 mW，-4.4 mW。

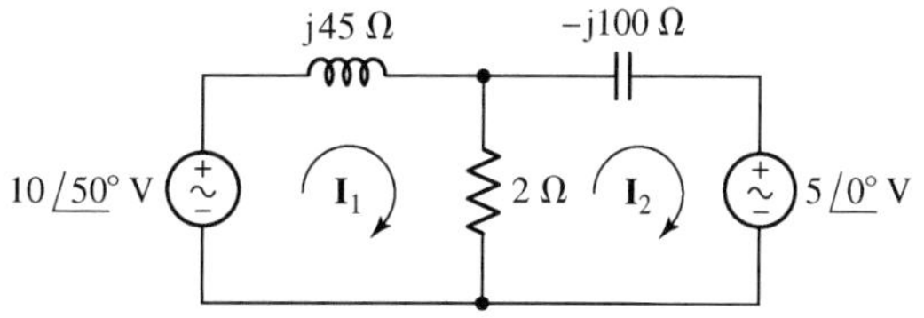


图 11.6

## 非周期函数的平均功率

我们需要关注非周期函数。典型的非周期功率函数的例子是求解指向“射电星”的射电望远镜输出功率的平均值。另一种情况是几个周期函数相加，每一个函数的周期不同且找不到共同的周期，比如

$$i(t) = \sin t + \sin \pi t \qquad [13]$$

这是一个非周期函数，因为这两个正弦函数的周期之比是无理数。当 $t=0$ 时，这两项都等于零且有增加的趋势，但第一项只有当 $t = 2\pi n$ 时才等于零，其中 $n$ 是整数，周期性要求 $\pi t$ 或者 $\pi(2\pi n)$ 必须等于 $2\pi m$，而 $m$ 也是一个整数。显然，该方程是无解的($m$ 和 $n$ 都是整数)。这里需要对非周期函数(即式[13])和周期函数的比较做一些解释：

$$i(t) = \sin t + \sin 3.14t \qquad [14]$$

其中，3.14 是精确的小数表示，不是对 3.141 592…的诠释。稍微花些功夫[①]即可证明：电流函数的周期等于 100π s。

无论是式[14]的周期函数，还是式[13]的非周期函数，计算该电流提供给 1 Ω 电阻的平均功率，都需要在一个无限区间上进行积分。就我们所掌握的计算简单函数平均值的知识，无法求解大多数实际情况下的积分。因此，在计算式[13]的电流所产生的平均功率时，应用了式[8]：

$$P = \lim_{\tau\to\infty}\frac{1}{\tau}\int_{-\tau/2}^{\tau/2}(\sin^2 t + \sin^2 \pi t + 2\sin t \sin \pi t)\,\mathrm{d}t$$

现在可以认为 $P$ 是 3 个均值之和。$\sin^2 t$ 在无限积分区间上的平均值可用 $(1/2 - 1/2\cos 2t)$ 取代 $\sin^2 t$ 求得，平均值为 1/2 。同样，$\sin^2 \pi t$ 的平均值也等于 1/2 ，最后一项可以看成两个余弦函数的和，而每一个余弦函数的平均值都等于零，因此

① $T_1 = 2\pi$ 和 $T_2 = 2\pi/3.14$。求解整数 $m$ 和 $n$，使得 $2\pi n = 2\pi m/3.14$，或者 $3.14n = m$，亦或 $314n/100 = m$。或者，$157n = 50m$，则最小的 $n = 50$，$m = 157$。这时周期 $T = 2\pi n = 100\pi$，或者 $T = 2\pi(157/3.14) = 100\pi$ s。

$$P = \frac{1}{2} + \frac{1}{2} = 1\ \text{W}$$

对周期函数(即式[14])的计算可得到与之相符的结果。将上述方法应用于由多个不同周期、幅值任意的正弦函数相加而成的电流函数，即

$$i(t) = I_{m1}\cos\omega_1 t + I_{m2}\cos\omega_2 t + \cdots + I_{mN}\cos\omega_N t \qquad [15]$$

则该电流提供给负载电阻 $R$ 的平均功率为

$$P = \frac{1}{2}\left(I_{m1}^2 + I_{m2}^2 + \cdots + I_{mN}^2\right)R \qquad [16]$$

⚠ 即使每一项电流的初相位是任意的，该结论也不会改变。推导如此重要结论的步骤非常简单：对电流函数平方、积分、求极限。同样，结论本身也相当简单，因为可以看出：对式[15]的特殊电流，每一项的频率都不相同，但功率是满足叠加定理的。然而，叠加定理不适用于两个直流电流之和的情况，也不适用于两个频率相同的正弦电流之和的情况。

**例 11.5** 电流 $i_1 = 2\cos 10t - 3\cos 20t$ A 流过 4 Ω 电阻，计算该电流所提供的平均功率。

**解：** 由于这是两个不同频率的正弦项，因此可以分别求出这两项的平均值，然后相加，从而可计算出该电流提供给 4 Ω 电阻的平均功率为 $1/2(2)^2 \times 4 + 1/2 \times (3^2) \times 4 = 8 + 18 = 26$ W。

**例 11.6** 电流 $i_2 = 2\cos 10t - 3\cos 10t$ A 流过 4 Ω 电阻，计算该电流所提供的平均功率。

**解：** 这里，电流的两个组成项具有相同的频率，因此必须先组合成该频率下单一的正弦项，即 $i_2 = 2\cos 10t - 3\cos 10t = -\cos 10t$。由于只有这一项电流流过 4 Ω 电阻，所以平均功率为 $1/2 \times (1^2) \times 4 = 2$ W。

### 练习

11.5 电压源 $v_s$ 连接在 4 Ω 电阻的两端，分别计算当 $v_s$ 为以下各值时电阻上所消耗的平均功率。(a) $8\sin 200t$ V；(b) $8\sin 200t - 6\cos(200t - 45°)$ V；(c) $8\sin 200t - 4\sin 100t$ V；(d) $8\sin 200t - 6\cos(200t - 45°) - 5\sin 100t + 4$ V。

答案：(a) 8.00 W；(b) 4.01 W；(c) 10.00 W；(d) 11.14 W。

## 11.3 最大功率传输

前面讨论的最大功率传输原理应用于电阻负载和电阻性源阻抗。假设将戴维南电源 $\mathbf{V}_{TH}$ 和阻抗 $\mathbf{Z}_{TH} = R_{TH} + jX_{TH}$ 连接到负载 $\mathbf{Z}_L = R_L + jX_L$，可以证明当 $R_L = R_{TH}$，$X_L = -X_{TH}$，即 $\mathbf{Z}_L = \mathbf{Z}_{TH}^*$ 时，提供给负载的功率最大。这一结论经常被称为正弦稳态最大功率传输定理。

说明：一个与阻抗 $\mathbf{Z}_{TH}$ 串联的独立电压源或者一个与阻抗 $\mathbf{Z}_{TH}$ 并联的独立电流源与负载相连，当负载阻抗 $\mathbf{Z}_L$ 等于 $\mathbf{Z}_{TH}$ 的复共轭，即 $\mathbf{Z}_L = \mathbf{Z}_{TH}^*$ 时，电源提供给负载阻抗 $\mathbf{Z}_L$ 的平均功率最大。

### 传输给负载的平均功率

详细的证明留给读者，但图 11.7 所示的简单回路有助于理解基本的分析方法。戴维南等效阻抗 $\mathbf{Z}_{TH}$ 可以写成两部分之和：$R_{TH} + jX_{TH}$；负载阻抗 $\mathbf{Z}_L$ 同样可以写成两部分之和：$R_L + jX_L$。那么，整个回路电流为

$$\mathbf{I}_L = \frac{\mathbf{V}_{TH}}{\mathbf{Z}_{TH} + \mathbf{Z}_L} = \frac{\mathbf{V}_{TH}}{R_{TH} + \mathrm{j}X_{TH} + R_L + \mathrm{j}X_L} = \frac{\mathbf{V}_{TH}}{R_{TH} + R_L + \mathrm{j}(X_{TH} + X_L)}$$

和

$$\mathbf{V}_L = \mathbf{V}_{TH}\frac{\mathbf{Z}_L}{\mathbf{Z}_{TH} + \mathbf{Z}_L} = \mathbf{V}_{TH}\frac{R_L + \mathrm{j}X_L}{R_{TH} + \mathrm{j}X_{TH} + R_L + \mathrm{j}X_L} = \mathbf{V}_{TH}\frac{R_L + \mathrm{j}X_L}{R_{TH} + R_L + \mathrm{j}(X_{TH} + X_L)}$$

电流 $\mathbf{I}_L$ 的幅值为

$$\frac{|\mathbf{V}_{TH}|}{\sqrt{(R_{TH} + R_L)^2 + (X_{TH} + X_L)^2}}$$

相角为

$$\angle\mathbf{V}_{TH} - \arctan\left(\frac{X_{TH} + X_L}{R_{TH} + R_L}\right)$$

同样，电压 $\mathbf{V}_L$ 的幅值为

$$\frac{|\mathbf{V}_{TH}|\sqrt{R_L^2 + X_L^2}}{\sqrt{(R_{TH} + R_L)^2 + (X_{TH} + X_L)^2}}$$

相角为

$$\angle\mathbf{V}_{TH} + \arctan\left(\frac{X_L}{R_L}\right) - \arctan\left(\frac{X_{TH} + X_L}{R_{TH} + R_L}\right)$$

利用式[10]可以求得提供给负载 $\mathbf{Z}_L$ 的平均功率 $P$ 的表达式：

$$P = \frac{\frac{1}{2}|\mathbf{V}_{TH}|^2\sqrt{R_L^2 + X_L^2}}{(R_{TH} + R_L)^2 + (X_{TH} + X_L)^2}\cos\left(\arctan\left(\frac{X_L}{R_L}\right)\right) \qquad [17]$$

为了证明最大平均功率确实在 $\mathbf{Z}_L = \mathbf{Z}_{TH}^*$时得到，需要分两步进行分析。第一步，令式[17]对 $R_L$ 的导数必须等于零；第二步，令式[17]对 $X_L$ 的导数也必须等于零。详细证明留给读者作为练习完成。

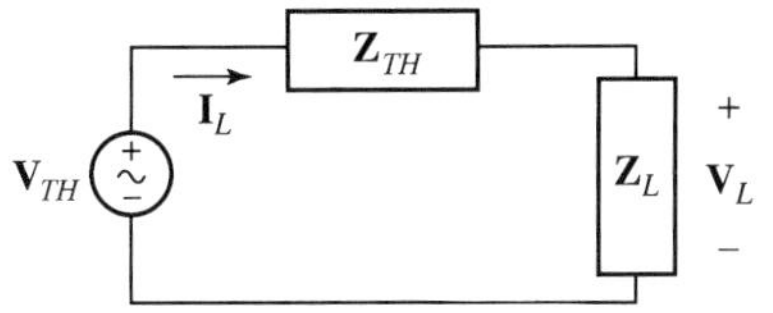


图 11.7　推导最大功率传输定理的简单回路，电路工作在正弦稳态情况下

**例 11.7**　一个串联电路由正弦电压源 3cos (100$t$ − 3°) V，500 Ω 电阻，30 mH 电感以及一个未知阻抗组成。若已知激励源向未知阻抗提供的是最大平均功率，求该未知阻抗的值。

**解**：电路的相量形式如图 11.8 所示，很容易看出未知阻抗 $\mathbf{Z}_?$与 $3\angle -3°$ V 电源和 500 + j3 Ω的戴维南阻抗相串联。

因为图 11.8 所示电路已经具有求解最大平均功率传输的形式，所以很容易得到激励源能够向 $\mathbf{Z}_{TH}$的复共轭提供最大平均功率，即

$$\mathbf{Z}_? = \mathbf{Z}_{TH}^* = 500 - \mathrm{j}3\ \Omega$$

该阻抗可以有多种组成方式：500 Ω 电阻串联一个 −j3 Ω 阻抗的电容，电路的工作频率是 100 rad/s，因此相应的电容是 3.333 mF。

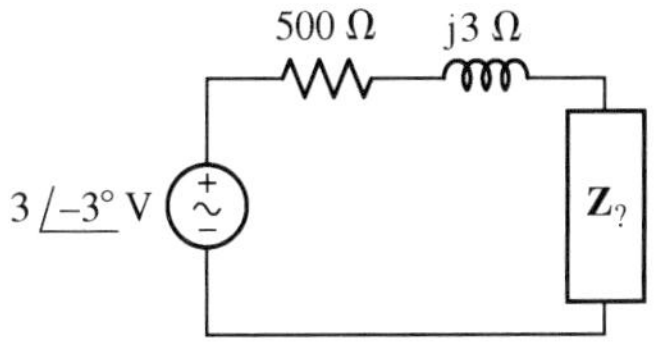


图 11.8　简单串联电路的相量表示，电路由正弦电压源、电阻、电感和未知阻抗串联而成

## 练习

11.6 如果例 11.7 中的 30 mH 电感被 10 μF 电容取代，且已知未知阻抗 $\mathbf{Z}_?$ 吸收的是最大平均功率，那么 $\mathbf{Z}_?$ 的感性部分的电感值是多少？

答案：10 H。

## 阻抗匹配

我们知道，最大功率传输发生在负载电阻等于提供功率的电路的串联电阻，或者等于提供功率的电源的共轭复阻抗时。但是，提供功率的电路的阻抗通常与实际所需的负载阻抗不同。例如，功率放大器的输出电阻低于扬声器的特性电阻(扬声器作为负载的行为特性、机械响应等)。应该如何在此情况下提供最大功率呢？对于正弦信号输入，可以在电源与负载之间接入**阻抗匹配**电路，使其成为共轭复数，如图 11.9 所示。阻抗匹配电路有特别重要的应用，尤其在处理微弱信号或者功率损耗成为最大的关键问题时。例如，收音机和移动电话的天线就需要进行阻抗匹配，以便确定用户的位置和电池的电量。

考虑一个功率放大器，其工作频率为 31.83 MHz，输出电阻为 100 Ω，作为源提供功率给 50 Ω天线。给负载增加一个 50 pF 的并联电容，可知电容的阻抗为

$$\mathbf{Z}_C = \frac{1}{j\omega C} = \frac{1}{j(2\pi \times 31.83 \times 10^6)(50 \times 10^{-12})} = -j100$$

观察发现，从负载两端看进去的等效阻抗为

$$\mathbf{Z}_{eq} = \frac{R_S \mathbf{Z}_C}{R_S + \mathbf{Z}_C} = \frac{(100)(-j100)}{100 - j100} = 50 - j50$$

增加了并联电容以后，我们要传输能量的电源的阻抗的实部为 50 Ω！但现在的等效阻抗变成了 50 - j50，因此戴维南等效电源成为

$$\mathbf{V}_{TH} = \frac{(-j100)}{100 - j100}\mathbf{V}_S = \left(\frac{1}{2} - j\frac{1}{2}\right)\mathbf{V}_S = \frac{\mathbf{V}_S}{\sqrt{2}} \angle -45°$$

为了实现阻抗匹配，需要增加合适的元件，以抵消从负载端看进去的阻抗的虚部。因为电感的阻抗为 $j\omega L$，因此可以串联一个 + j50，即 $L = 50/(2\pi \times 31.83 \times 10^6) = 250$ nH 的电感。现在加上的阻抗匹配网络就可以将最大功率传输给负载了。额外增加的并联电容和串联电感 $L$ 就构成了匹配网络。由于匹配需求是变化的，因此存在许多其他匹配网络结构，包括 Π 形网络、T 形网络等。匹配网络带来了许多深奥的主题(详见章末习题)。之前的例题有对纯电阻负载阻抗和电源阻抗的分析，阻抗匹配的概念同样适用于复阻抗，只是伴随着大量的更复杂的代数计算！

**例 11.8** 电路如图 11.10 所示，电源电压的幅度 $V_m = 5$ V。计算并比较 3 个电路中负载电阻上得到的平均功率。

**解：** 对图 11.10(a)所示的情况，不存在匹配网络，求出电流的幅度 $I_m = 5/(100 + 50) = 1/30$ A，负载电阻获得的平均功率为

$$P = \frac{1}{2} I_m^2 R = \frac{1}{2}\left(\frac{1}{30}\right)^2 (50) = 27.78 \text{ mW}$$

对于图 11.10(b)所示的电路，负载上的电流发生了变化，因为额外增加了并联电容，从图 11.10(b)所示等效阻抗的右边，可求得

$$\mathbf{I}_L = \frac{5\left(\frac{1}{2} - \mathrm{j}\frac{1}{2}\right)}{100 - \mathrm{j}50} = 0.03 - \mathrm{j}0.01 = 0.03162\angle{-18.435^\circ}\ \mathrm{A}$$

负载上的平均功率为

$$P = \frac{1}{2}(0.03162)^2(50) = 25.00\ \mathrm{mW}$$

重复计算图 11.10(c)所示的完整匹配网络，电流与平均功率分别为

$$\mathbf{I}_L = \frac{5\left(\frac{1}{2} - \mathrm{j}\frac{1}{2}\right)}{100} = 0.025 - \mathrm{j}0.025 = 0.03536\angle{-45^\circ}\ \mathrm{A}$$

$$P = \frac{1}{2}(0.03536)^2(50) = 31.26\ \mathrm{mW}$$

我们发现，匹配电路在传输能量给负载方面起到了很好的提升作用！注意，单独增加并联电容来满足源阻抗实部的条件，实际上降低了负载电阻得到的功率。只有再增加串联电感来抵消阻抗的虚部，才能实现功率的最大传输。

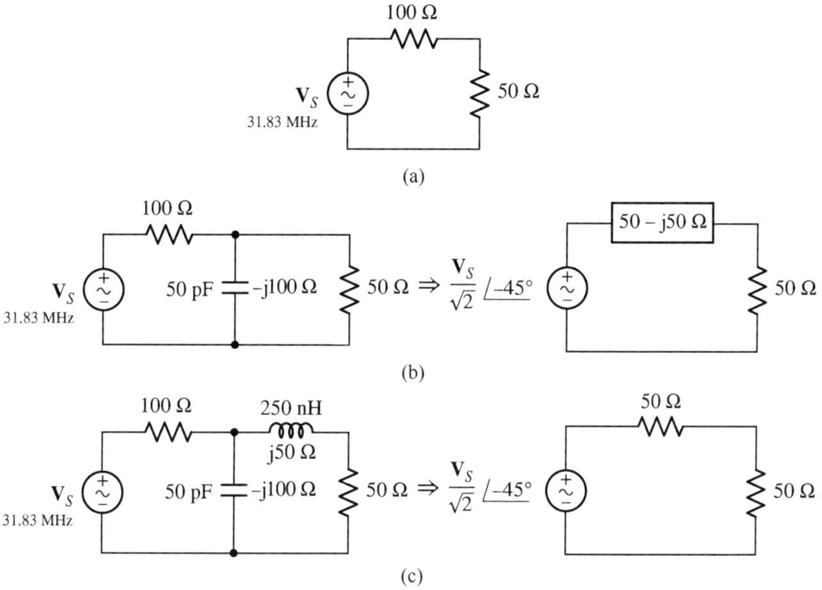


图 11.10　正弦稳态工作的电路，在负载电阻与源电阻不同时的阻抗匹配实例。(a) 原始电路；(b)增加并联电容；(c)电容并联与电感串联提供了在特定电源频率下的阻抗匹配条件

## 练习

11.7　电路如图 11.10(a)所示，如果电源的工作频率变为 100 MHz，求匹配网络所需的电容和电感值。

答案：15.915 pF 和 79.58 nH。

## 11.4　电流和电压的有效值

在北美地区，大多数电源插座提供频率为 60 Hz 且电压值为 115 V(有些地方是典型的 50 Hz，240 V)的正弦电压。“115 V”到底是什么意思呢？它肯定不是瞬时值，因为电压不是常数；它也不是用 $V_m$ 表示的幅度值；如果用示波器显示来自电源插座的电压波形，会发现电压

的幅度值等于 $115\sqrt{2}$，即 162.6 V。显然，它也不符合平均值 115 V 的概念，因为正弦波形的平均值等于零。我们发现，对正弦函数的正半周或负半周求平均将得到较为接近的数值，因为如果用整流型电压表测量电源插座的交流电压，则读数是 103.5 V。可见 115 V 是正弦电压的**有效值**，它是电压源向电阻负载提供功率的有效性的度量。

## 周期波形的有效值

我们随意地选择电流来定义电流波形的有效值，当然选择电压也可以。任何周期电流的有效值等于某个直流电流，该直流电流在电阻 $R$ 上产生的平均功率与周期电流在这个电阻上产生的平均功率相等。

换句话说，我们让周期电流流过电阻 $R$，得到瞬时功率 $i^2R$，然后求 $i^2R$ 在一个周期内的平均值。接下来，使一个直流电流流过相同的电阻，调整直流电流的值，使电阻上获得与周期电流相同的平均功率，这时直流电流的幅度就是周期电流的有效值。图 11.11 很好地说明了这个概念。

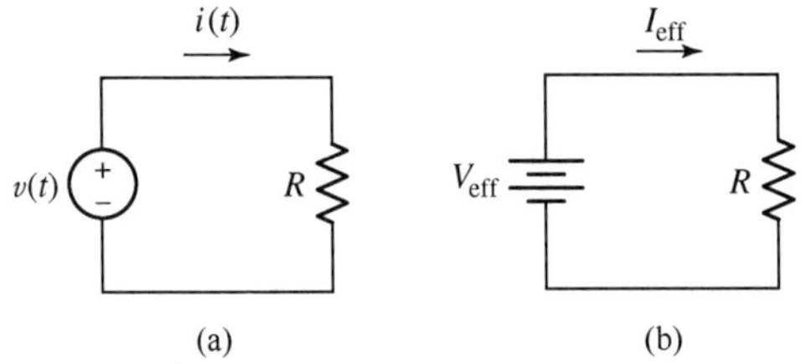


图 11.11　如果电阻在(a)和(b)中获得相同的平均功率，那么 $i(t)$ 的有效值就等于 $I_{\text{eff}}$，$v(t)$ 的有效值等于 $V_{\text{eff}}$

现在可以很容易地得到电流有效值的通用数学表达式。周期电流 $i(t)$ 在电阻上产生的平均功率为

$$P=\frac{1}{T}\int_0^T i^2R\,\mathrm{d}t=\frac{R}{T}\int_0^T i^2\,\mathrm{d}t$$

其中，$T$ 是电流 $i(t)$ 的周期。直流电流在该电阻上产生的功率为

$$P=I_{\text{eff}}^2R$$

令两个表达式相等，解出 $I_{\text{eff}}$：

$$\boxed{I_{\text{eff}}=\sqrt{\frac{1}{T}\int_0^T i^2\,\mathrm{d}t}}\qquad[18]$$

结果与电阻 $R$ 无关，这与上面所述的概念是吻合的。分别用 $v$ 和 $V_{\text{eff}}$ 替换 $i$ 和 $I_{\text{eff}}$，可以得到周期电压有效值的类似表达式。

注意，求有效值的第一步是对时间函数求平方，然后取平方函数在一个周期内的平均值，最后对均值求平方根函数。简单地说，求解有效值的过程就是对平方函数的平均值求平方根，因此有效值通常也称为**均方根值**，或简称 **rms** 值。

## 正弦波形的有效值(RMS)

正弦波形是极其重要的一种特殊情况。我们选择正弦电流为

$$i(t)=I_m\cos(\omega t+\phi)$$

其周期为

$$T=\frac{2\pi}{\omega}$$

将电流代入式[18]，求得有效值为

$$\begin{aligned}I_{\text{eff}}&=\sqrt{\frac{1}{T}\int_0^T I_m^2\cos^2(\omega t+\phi)\,\mathrm{d}t}\\&=I_m\sqrt{\frac{\omega}{2\pi}\int_0^{2\pi/\omega}\left[\frac{1}{2}+\frac{1}{2}\cos(2\omega t+2\phi)\right]\mathrm{d}t}\\&=I_m\sqrt{\frac{\omega}{4\pi}[t]_0^{2\pi/\omega}}\\&=\frac{I_m}{\sqrt{2}}\end{aligned}$$

正弦电流的有效值是与相角无关的实数，其数值等于电流幅度值乘以 $1/\sqrt{2}=0.707$ 倍，所以电流 $\sqrt{2}\cos(\omega t+\phi)$ A 的有效值为 1 A，它提供给任何电阻的平均功率与直流电流 1 A 提供的平均功率相同。

需要特别小心的是，周期电流有效值与幅值之间的系数 $\sqrt{2}$ 只适用于正弦函数。对于锯齿波函数，其有效值等于电流的最大值除以 $\sqrt{3}$。在求有效值时所用的最大值除以某个系数，该系数只取决于给定周期函数的数学形式，它既可以是有理数，也可以是无理数，具体由函数的性质决定。

## 利用有效值计算平均功率

利用有效值计算平均功率时，只需对正弦电压或电流计算平均功率的表达式稍做简化即可，即去掉系数 1/2 。比如，正弦电流在负载电阻 $R$ 上产生的平均功率为

$$P=\tfrac{1}{2}I_m^2R$$

因为 $I_{\text{eff}}=I_m/\sqrt{2}$ ，所以平均功率可以写成

$$P=I_{\text{eff}}^2R \qquad [19]$$

计算功率的其他表达式也可以用有效值改写为

$$P=V_{\text{eff}}I_{\text{eff}}\cos(\theta-\phi) \qquad [20]$$

$$P=\frac{V_{\text{eff}}^2}{R} \qquad [21]$$

说明：利用等效直流量定义有效值的事实，给我们提供了计算电阻电路平均功率的公式，这些公式与直流分析得到的公式相同。

虽然我们成功地去掉了计算平均功率的表达式中的系数 1/2 ，但是在确定给出的正弦量是用幅度表示还是用有效值表示时，必须格外小心。实际应用时，有效值通常用在电力传输或分配以及旋转电机领域，而在电子和通信领域往往使用幅度值。除非明确使用术语“有效值”或是特别指出，否则一般采用幅度值。

正弦稳态情况下，相量电压和电流既可以用有效值表示，也可以用幅度值表示，两者的区别仅体现在系数$\sqrt{2}$上。比如，如果电压 $50\,\angle 30^\circ$ V 是用幅度值表示的，那么同样的电压用有效值表示，则为 $35.4\,\angle 30^\circ$ V rms。

## 多频电路的有效值

为了计算由多个不同频率的正弦波相加而成的周期或非周期波形的有效值，我们利用 11.2 节推导的适合计算平均功率的式[16]，并用有效值重写为

$$P = \left(I_{1\text{eff}}^2 + I_{2\text{eff}}^2 + \cdots + I_{N\text{eff}}^2\right)R \qquad [22]$$

从中可以看出，由不同频率的正弦函数组成的电流的有效值可以表示为

$$I_{\text{eff}} = \sqrt{I_{1\text{eff}}^2 + I_{2\text{eff}}^2 + \cdots + I_{N\text{eff}}^2} \qquad [23]$$

结果表明：如果正弦电流是 60 Hz，5 A rms，流过 2 Ω 电阻，则平均功率为 $5^2(2)=50$ W；如果第二个电流(可能是 120 Hz，3 A rms)同时流过该电阻，那么电阻吸收的总平均功率就是$3^2\times(2)+50=68$ W。利用式[23]，可知 60 Hz 和 120 Hz 电流之和的有效值为 5.831 A，那么产生的平均功率应该为 $P=5.831^2(2)=68$ W，该结果与先前得到的结果一致。但是，如果第二个电流还是 60 Hz 频率，那么这两个电流之和的有效值可以是 2 ~ 8 A 之间的任何值，电阻吸收的功率是 8 ~ 128 W 之间的任何值，具体取决于这两个电流分量之间的相对相位。

说明：注意直流量 $K$ 的有效值就是 $K$，不是 $K/\sqrt{2}$。

## 练习

11.7 计算下列各周期电压的有效值：(a) $6\cos 25t$；(b) $6\cos 25t+4\sin(25t+30^\circ)$；(c) $6\cos 25t+5\cos^2(25t)$；(d) $6\cos 25t+5\sin 30t+4$ V。

答案：(a) 4.24 V；(b) 6.16 V；(c) 5.23 V；(d) 6.82 V。

## 计算机辅助分析

SPICE 提供了计算功率的几种有用方法。特别是内置函数允许用户既可以画出瞬时功率的波形，又可以计算出平均功率。作为例子，参见图 11.12，这是一个简单的分压电路，激励源是 60 Hz 且幅度为 $115\sqrt{2}$ V 的正弦波。电阻代表电源插座的典型值：一个不需要的 0.05 Ω 串联电阻和一个 15 Ω 的表示热量的负载电阻，现在开始进行电压波形的瞬态仿真，时间为一个周期(1/60 s = 16.67 ms)。

与画电路元件上的电流波形一样，仿真开始后单击电路元件即可画出瞬时功率的波形。为了在 LTspice 中画出瞬时功率波形，按住 **ALT** 键并单击元件(会看到出现了一个温度计图标，替代了画电流图形时在电路元件上放置的光标)。可直接键入表达式，即 **V(load)*I(Rload)**，画出功率波形。电阻 Rseries 和 Rload 上的瞬时功率波形如图 11.13 所示。

在 LTspice 中按住 **Ctrl** 键并单击波形窗口中的变量表达式，即可得到平均功率。此时会显示数据参数，如图 11.14 所示，包括平均值(Rload 的 875.41 W 和 Rseries 的 2.918 W)。这和计算得到的 Rload 的功率$\frac{1}{2}\left(162.6\,\frac{15}{15+0.05}\right)\left(162.\,\frac{6}{15.05}\right)=875$ W 是一致的，对 Rseries 的验

证可得到类似的结果。总之，负载消耗近似为 875 W 的平均功率，而不需要的串联电阻只消耗了 3 W 的功率。本实例是一个相对较简单的分压电路，因此即便手工计算也比较简单，但更为复杂的电路分析就能体会到使用 SPICE 软件分析功率带来的极大便利。

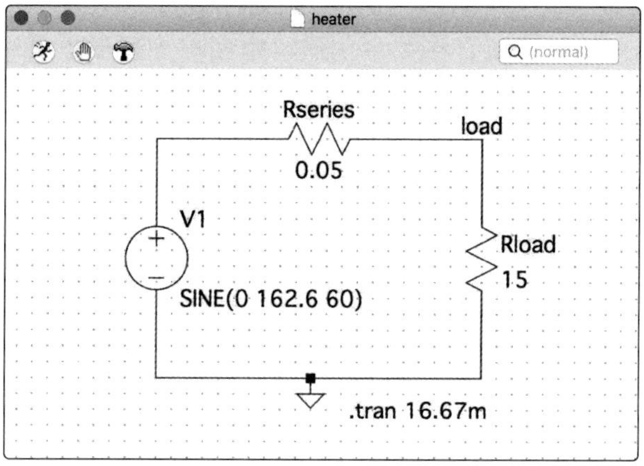


图 11.12　60 Hz，115 V rms 电压源激励的简单分压电路

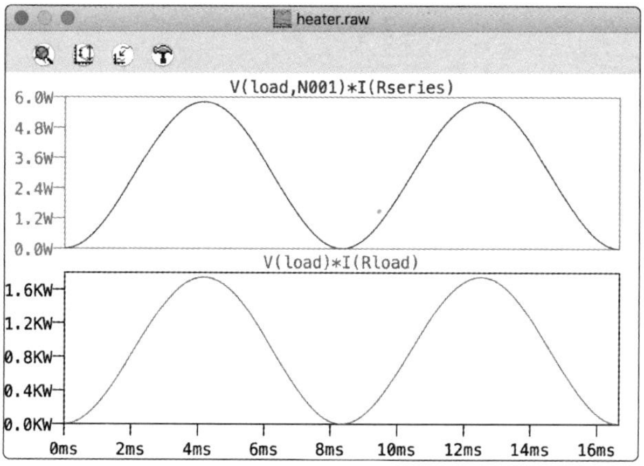


图 11.13　图 11.12 所示电路中电阻 Rseries 和 Rload 上的瞬时功率波形

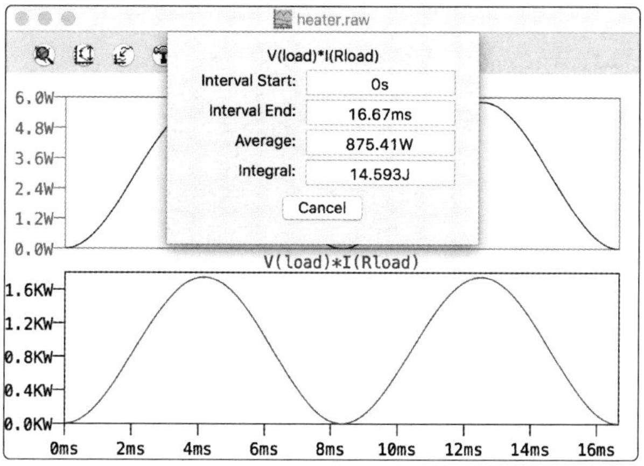


图 11.14　负载电阻上平均功率的窗口指示

## 11.5 视在功率和功率因数

视在功率和功率因数的概念可以追溯到电力工业系统，其大量的电力能源需要从一个地方传输到另一个地方，传输效率将直接关系到最终由用户支付的电费。提供负载的用户在相当低的传输效率下必须以更高的价格支付他们实际接收和使用的每**千瓦时**(kWh)的电费。同样，如果用户要求电力公司在传送和配电设备方面投入更多，也要为每千瓦时付出更多的钱，除非公司是乐善好施的。

我们首先定义**视在功率**和**功率因数**，然后简单说明这些术语如何与前面提到的经济情况相关联。假设正弦电压为

$$v = V_m \cos(\omega t + \theta)$$

将该电压加在网络两端，产生的相应电流为

$$i = I_m \cos(\omega t + \phi)$$

其中电压超前电流的相位是$(\theta - \phi)$。假设在网络输入端的电压和电流符合无源符号规则，则提供给网络的平均功率可用最大值表示为

$$P = \frac{1}{2} V_m I_m \cos(\theta - \phi)$$

或者用有效值表示为

$$P = V_{\text{eff}} I_{\text{eff}} \cos(\theta - \phi)$$

如果施加的电压和电流响应是直流分量，则提供给网络的平均功率可以简单地用电压与电流的乘积表示。把这一方法用于正弦情况就会得到由熟悉的乘积项 $V_{\text{eff}} I_{\text{eff}}$表示的吸收功率值，但这只是“看上去的”，因为电压和电流有效值的乘积并不是平均功率，而被定义为**视在功率**。从量纲上讲，视在功率与实际功率具有相同的单位，因为 $\cos(\theta - \phi)$是无量纲的。但为了避免混淆，视在功率用**伏安**或 VA 表示。由于 $\cos(\theta - \phi)$不可能大于 1，显然实际功率永远不可能大于视在功率值。

说明：视在功率的概念不仅仅局限于正弦激励和响应的电路，它适用于任何电压和电流波形的电路，只要将电压和电流的有效值相乘，即可得到视在功率。

实际或平均功率与视在功率的比值称为**功率因数**，用 PF 表示，即

$$\text{PF} = \frac{\text{平均功率}}{\text{视在功率}} = \frac{P}{V_{\text{eff}} I_{\text{eff}}}$$

对于正弦情况，功率因数是 $\cos(\theta - \phi)$的简单形式，其中$(\theta - \phi)$是电压超前电流的相位，而这也是将角度$(\theta - \phi)$称为 **PF 角**的原因。

对于纯电阻负载，其上的电压和电流是同相的，$(\theta - \phi) = 0$，PF = 1。换句话说，视在功率等于平均功率。当然，如果负载含有电感和电容，那么只要仔细选择元件值和工作频率，使输入阻抗的相角为零，也可使 PF 达到单位值。纯电抗负载(即不含电阻的负载)将使电压与电流之间产生 +90°或 -90°的相角，从而使 PF 等于零。

介于这两种特殊情况之间的一般网络，其 PF 值介于 0 和 1 之间。比如，PF = 0.5 表明网络输入阻抗的相角为 +60°或 -60°，前者表明这是一个感性负载，因为电压超前电流 60°，后

者则为容性负载。因此负载的这种不确定性必须由 PF 的超前或滞后来明确。超前或滞后指的是电流相对于电压的相位，因此感性负载具有滞后 PF，容性负载具有超前 PF。

**例 11.9**　计算图 11.15 所示电路中每一个负载所获得的平均功率、电源所提供的视在功率，以及组合负载的功率因数。

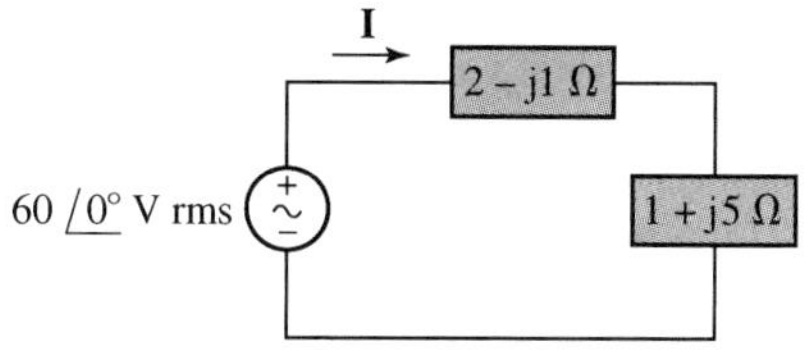


图 11.15　用于求解电源提供给每个元件的平均功率、视在功率，以及组合负载的功率因数的电路

**解：明确题目的要求**

平均功率指的是负载元件中电阻部分吸收的功率，视在功率是组合负载上的电压有效值与电流有效值的乘积。

**收集已知信息**

有效电压是 60 V rms，它是组合负载 2 − j + 1 + j5 = 3 + j4 Ω 电阻上的电压。

**设计方案**

通过简单的相量分析可以求出电流。求出了电压和电流就可以计算平均功率和视在功率了，然后再由这两个量求出功率因数。

**建立一组合适的方程**

电阻上的平均功率由$P = I_{\text{eff}}^2 R$求得，其中 $R$ 是负载阻抗的实部。电源所提供的视在功率为 $V_{\text{eff}} I_{\text{eff}}$，其中 $V_{\text{eff}} = 60$ V rms。

功率因数可以通过这两个量的比值得到：

$$\text{PF} = \frac{\text{平均功率}}{\text{视在功率}} = \frac{P}{V_{\text{eff}} I_{\text{eff}}}$$

**确定是否还需要其他信息**

我们需要参量 $I_{\text{eff}}$：

$$\mathbf{I} = \frac{60\angle 0^\circ}{3 + j4} = 12\angle -53.13^\circ \text{ A rms}$$

所以，$I_{\text{eff}} = 12$ A rms，ang $\mathbf{I} = -53.13°$。

**尝试求解**

提供给上面负载的平均功率为

$$P_{\text{upper}} = I_{\text{eff}}^2 R_{\text{top}} = (12)^2(2) = 288 \text{ W}$$

提供给右面负载的平均功率为

$$P_{\text{lower}} = I_{\text{eff}}^2 R_{\text{right}} = (12)^2(1) = 144 \text{ W}$$

电源提供的视在功率为 $V_{\text{eff}} I_{\text{eff}} = (60)(12) = 720$ VA。

最后，组合负载的功率因数由其上的电压和电流确定。该功率因数等于电源的功率因数：

$$\text{PF} = \frac{P}{V_{\text{eff}} I_{\text{eff}}} = \frac{432}{60(12)} = 0.6 \text{ 滞后}$$

这是因为组合负载是感性的。

**验证结果是否合理或是否与预计结果一致**

负载上获得的所有平均功率等于 288 + 144 = 432 W，电源所提供的平均功率为

$$P = V_{\text{eff}} I_{\text{eff}} \cos(\text{ang } \mathbf{V} - \text{ang } \mathbf{I}) = (60)(12)\cos(0 + 53.13°) = 432 \text{ W}$$

可见能量是守恒的。

此外还可以得到组合负载的等效阻抗为 $5\,\underline{/53.1°}\ \Omega$，表明 PF 角 =53.1°，所以 PF 为cos 53.1° = 0.6(滞后)。

### 练习

11.8 电路如图 11.16 所示，如果 $Z_L = 10\ \Omega$，求组合负载的功率因数。

答案：0.9966(超前)。

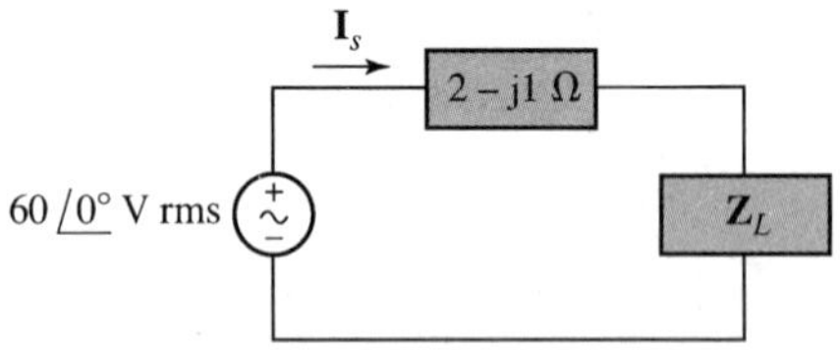


图 11.16

## 11.6 复功率

在第 10 章中，我们看到“复”数并不表示“复杂”分析。相反，复数的引入，允许我们将两部分的信息通过“实部”和“虚部”的组合完成一系列计算，而且大大简化了原本烦琐的计算。对功率而言，这尤其正确，因为一般的负载既可能是电阻性的，也可能是感性的或容性的。本节将定义**复功率**，以清晰、有效地分析各种情况下的功率。复功率的幅值即为视在功率，复功率的实部就是平均功率，而复功率的虚部则是我们要新定义的参量，称为**无功功率**，它描述的是能量进出负载的电抗元件(比如电感或电容)时的速度。

定义复功率时，设一对端点上的正弦电压 $\mathbf{V}_{\text{eff}} = V_{\text{eff}}\,\underline{/\,\theta}$，且流入一个端点的电流 $\mathbf{I}_{\text{eff}} = I_{\text{eff}}\,\underline{/\,\phi}$，它们满足无源符号规则。这时两端网络吸收的平均功率为

$$P = V_{\text{eff}} I_{\text{eff}} \cos(\theta - \phi)$$

正如引入相量概念时所做的，下面利用欧拉公式引入复物理量。将 $P$ 表示为

$$P = V_{\text{eff}} I_{\text{eff}} \operatorname{Re}\{e^{j(\theta-\phi)}\}$$

或

$$P = \operatorname{Re}\{V_{\text{eff}} e^{j\theta} I_{\text{eff}} e^{-j\phi}\}$$

电压相量就是上式括号中的前两个因子，但是后两个因子与电流相量并不对应，因为相角含有负号，因此不表示电流相量。电流相量应该是

$$\mathbf{I}_{\text{eff}} = I_{\text{eff}} e^{j\phi}$$

因此必须利用共轭标记：

$$\mathbf{I}^*_{\text{eff}} = I_{\text{eff}} e^{-j\phi}$$

这样则有

$$P = \operatorname{Re}\{\mathbf{V}_{\text{eff}} \mathbf{I}^*_{\text{eff}}\}$$

现在可以定义**复功率 S** 而使功率成为复数：

$$\mathbf{S} = \mathbf{V}_{\text{eff}} \mathbf{I}^*_{\text{eff}} \qquad [24]$$

首先看复功率的极化形式或指数形式：

$$\mathbf{S} = V_{\text{eff}} I_{\text{eff}}\, e^{j(\theta-\phi)}$$

可见 **S** 的幅度 $V_{\text{eff}}\,I_{\text{eff}}$就是视在功率，而 **S** 的幅角($\theta - \phi$)就是 PF 角(即电压超前电流的角度)。

若写成笛卡儿坐标形式：

$$\mathbf{S} = P + jQ \qquad [25]$$

则 $P$ 是平均功率，同前所述。复功率的虚部用 $Q$ 表示，称为无功功率，量纲与实功率 $P$、复功率 $\mathbf{S}$ 和视在功率 $|\mathbf{S}|$ 相同。为避免参量之间的混淆，$Q$ 的单位定义为乏（volt-ampere-reactive, VAR）。从式[24]和式[25]容易看出

$$Q = V_{\text{eff}} I_{\text{eff}} \sin(\theta - \phi) \qquad [26]$$

无功功率的物理解释是能量在电源（即供电公司）和负载的电抗成分（即电感和电容）之间来回流动的时间速率。电抗成分交替地被充电和放电，导致电流在电源和负载之间流动。

相关物理量的总结见表 11.1。

说明：一旦确定了 $V_{\text{eff}}$ 和 $I_{\text{eff}}$，无功功率的符号就决定了无源负载的性质。如果负载是感性的，则角度 $(\theta - \phi)$ 位于 0°~90°之间，角度的正弦函数是正的，因此无功功率也是正的。容性负载的无功功率是负的。

**表 11.1　与复功率有关的物理量**

| 物理量 | 符号 | 公式 | 单位 |
|---|---|---|---|
| 平均功率 | $P$ | $V_{\text{eff}} I_{\text{eff}} \cos(\theta - \phi)$ | 瓦(W) |
| 无功功率 | $Q$ | $V_{\text{eff}} I_{\text{eff}} \sin(\theta - \phi)$ | 乏(VAR) |
| 复功率 | $\mathbf{S}$ | $P + jQ$ | |
| | | $V_{\text{eff}} I_{\text{eff}} \underline{/(\theta - \phi)}$ | 伏安(VA) |
| | | $\mathbf{V}_{\text{eff}}^{*} \mathbf{I}_{\text{eff}}$ | |
| 视在功率 | $\lvert\mathbf{S}\rvert$ | $V_{\text{eff}} I_{\text{eff}}$ | 伏安(VA) |

## 功率三角形

人们通常会采用图形来表示复功率，该图形称为**功率三角形**（见图 11.17）。该图表明，只要已知 3 个功率量中的任意两个，即可确定第三个量。如果功率三角形位于第一象限 $(\theta - \phi > 0)$，则功率因数是滞后的（对应于感性负载）；如果功率三角形位于第四象限 $(\theta - \phi < 0)$，则功率因数是超前的（对应于容性负载）。有关负载的许多定性信息在图上一目了然。

无功功率的解释参见图 11.18，这是由 $\mathbf{V}_{\text{eff}}$ 和 $\mathbf{I}_{\text{eff}}$ 组成的极坐标图。将电流相量分解成两个相量：一个相量与电压相量同相，幅度为 $\mathbf{I}_{\text{eff}} \cos(\theta - \phi)$；另一个相量与电压相量成 90°角，幅度为 $\mathbf{I}_{\text{eff}} \sin|(\theta - \phi)|$。由此可以清楚地知道，实功率等于电压相量的幅度乘以与之同相的电流相量的幅度，而无功功率 $Q$ 则等于电压相量的幅度乘以与其垂直的电流相量的幅度。通常将与某一相量垂直的部分称为正交部分，所以 $Q$ 也等于 $\mathbf{V}_{\text{eff}}$ 乘以 $\mathbf{I}_{\text{eff}}$ 的**正交分量**，因而 $Q$ 也称为**正交功率**。

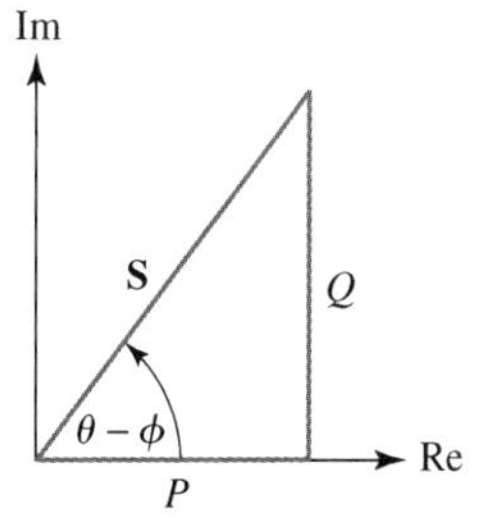

图 11.17　用功率三角形表示的复功率

## 功率测量

严格地说，瓦特表测量的是被负载吸收的平均实功率 $P$，而无功功率表测量的是被负载

吸收的无功功率。然而这两个量通常可以用一个表测量，而且该表还能够测量视在功率和功率因数(见图 11.19)。

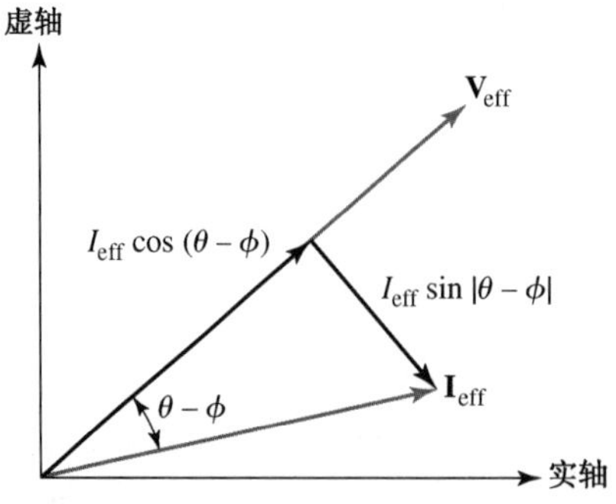


图 11.18 电流相量 $\mathbf{I}_{\text{eff}}$ 被分解成两个分量，一个与电压相量 $\mathbf{V}_{\text{eff}}$ 同相，另一个与电压相量垂直，后者也称为正交分量

图 11.19 钳式数字功率表，可测量交流电流和电压(© Khotenko Volodymyr/Getty Images)

## 实际应用——功率因数的校正

当电力公司向大型工业用户提供电能时，往往在其费率表中包含一个 PF 条款。在此条款下，每当 PF 值低于规定值(一般是 0.85 滞后)，用户就需要支付额外的费用。很少有工业用户的功率因数是超前的，这是由典型工业负载的性质决定的。有几个原因迫使电力公司要对低 PF 值的用户收取额外的费用：首先，为了在低 PF 值时仍能提供恒定的功率和电压，必须把承载大电流的电容包含在发电机中；其次，传输和配电系统的损耗也在增加。

为了补偿损失和鼓励用户工作在高 PF 值下，电力公司根据基准值 0.62 乘以平均功率来计算需求标准，在此基础之上每消耗 1 kVAR 收取罚金 0.22 美元：

$$\begin{aligned}\mathbf{S} &= P + \mathrm{j}Q = P + \mathrm{j}0.62P = P(1+\mathrm{j}0.62)\\ &= P(1.177\underline{/31.8^\circ})\end{aligned}$$

基准目标 PF 为 0.85 滞后，这是因为 $\cos 31.8^\circ = 0.85$ 且 $Q$ 为正值(见图 11.20)。如果用户的 PF 值低于目标值则将面临罚款。

通常，通过安装与负载并联的补偿电容来调整无功功率，电容一般安装在用户设备外面的变电站。正如在 11.3 节讨论的阻抗匹配电路，要求的电容值由下式求得：

$$C = \frac{P(\tan\theta_{\text{old}} - \tan\theta_{\text{new}})}{\omega V_{\text{rms}}^2} \qquad [27]$$

其中，$\omega$ 是角频率，$\theta_{\text{old}}$ 是目前的 PF 角，$\theta_{\text{new}}$ 是目标 PF 角。为方便起见，补偿电容堆是按规定的递增率以 kVAR 容量为单位制造的。图 11.21 所示即为这样的一个安装实例。

下面讨论一个实际的例子。某工业机器厂每月的峰值需求为 5000 kW，无功功率需求为 6000 kVAR，根据上述费率表计算该电力用户与 PF 罚款有关的年支出。如果电力公司提供电容补偿的费用为每增加 1000 kVAR 就会增加 2390 美元，每增加 2000 kVAR 就会增加 3130 美元，那么什么方案对用户来说最为经济有效？

需要补偿的 PF 是复功率 $\mathbf{S}$ 的角度，这里为 5000 + j6000 kVA。角度为 arctan(6000/5000) =

50.19°，PF 为 0.64 滞后。标准无功功率值为 0.62 倍的峰值需求，即 0.62 ×（5000）= 3100 kVAR，因此该厂比电力公司无罚款时多吸收 6000 − 3100 = 2900 kVAR 的无功功率。这表示将比普通电力用户每年多支出 12 ×（2900）×（0.22）= 7656 美元。

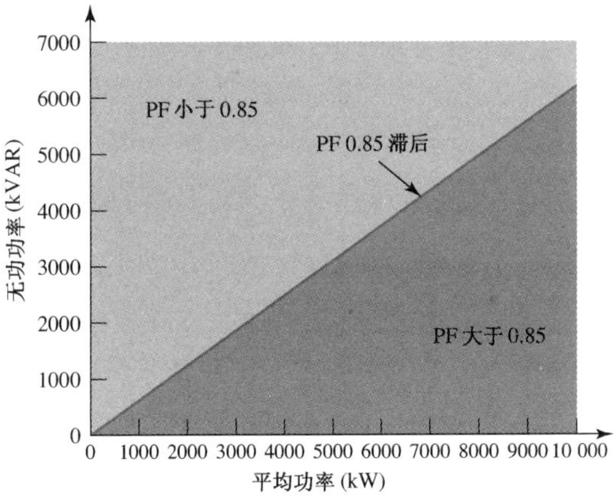


图 11.20　符合功率因数基准为 0.85 滞后的无功功率与平均功率的比值曲线

图 11.21　安装好的补偿电容（© Kitja Chavanavech/123RF）

如果用户选择只安装 1000 kVAR 补偿电容（支出 2390 美元），吸收的过剩无功功率减少到 2900 − 1000 = 1900 kVAR，那么年罚款额为 12 ×（1900）×（0.22）= 5016 美元，因此这年的总支出为 5016 + 2390 = 7406 美元，节省了 250 美元。如果用户选择安装 2000 kVAR 补偿电容（支出 3130 美元），吸收的过剩无功功率减少到 2900 − 2000 = 900 kVAR，那么年罚款额为 12 ×（900）×（0.22）= 2376 美元，因此这年的总支出为 2376 + 3130 = 5506 美元，可见第一年就节省了 2150 美元。如果用户愿意投入成本，以至于安装 3000 kVAR 的补偿电容，那么第一年只比安装 2000 kVAR 电容多花 14 美元，因此不必交罚款了。

---

容易证明：提供给多个相互连接的负载的复功率等于每个负载上得到的复功率之和（不管负载之间是如何连接的）。例如，图 11.22 所示并联连接的两个负载，假设参量为有效值，则组合负载所获得的复功率为

$$\mathbf{S} = \mathbf{V}\mathbf{I}^* = \mathbf{V}(\mathbf{I}_1 + \mathbf{I}_2)^* = \mathbf{V}(\mathbf{I}_1^* + \mathbf{I}_2^*)$$

即

$$\mathbf{S} = \mathbf{V}\mathbf{I}_1^* + \mathbf{V}\mathbf{I}_2^*$$

得证。

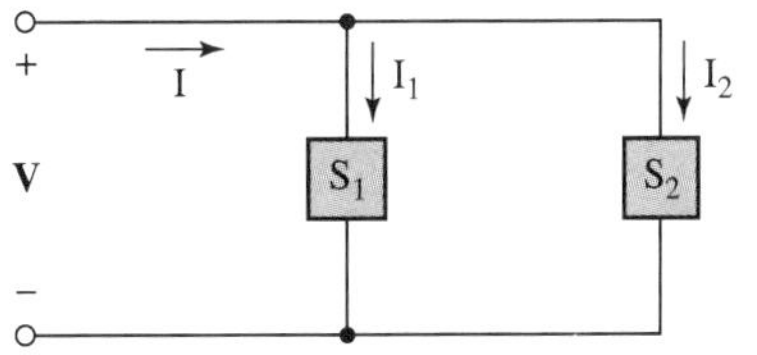


图 11.22　用于证明两个并联负载上的总复功率等于每个负载上的复功率之和的电路

**例 11.10**　某工业用户在滞后 0.8 PF 下运行 50 kW(67.1 hp)的电感电动机。电源电压为 230 V rms。为获得较低的电力费用，用户希望将 PF 提高到 0.95 滞后。试确定一个合适的方案。

**解：**尽管可以在保持一定的无功功率下增加有功功率来提高功率因数，但这不会减少用户的账单支出，因此不会使用户感兴趣。在系统中加入纯电抗负载并且与原负载并联，因为电感电动机上的电压不允许改变，其电路如图 11.23 所示，这样的方案是可行的。这里，$\mathbf{S}_1$ 为电感电动机的复功率，$\mathbf{S}_2$ 为补偿器吸收的复功率。

提供给电感电动机的复功率的实部必然是 50 kW，相角为 arccos(0.8) = 36.9°，所以

$$\mathbf{S}_1 = \frac{50\underline{/36.9^\circ}}{0.8} = 50 + \mathrm{j}37.5\ \mathrm{kVA}$$

为得到 0.95 的 PF 值，总复功率必须为

$$\mathbf{S} = \mathbf{S}_1 + \mathbf{S}_2 = \frac{50}{0.95}\underline{/\arccos(0.95)} = 50 + \mathrm{j}16.43\ \mathrm{kVA}$$

即补偿负载吸收的复功率为

$$\mathbf{S}_2 = -\mathrm{j}21.07\ \mathrm{kVA}$$

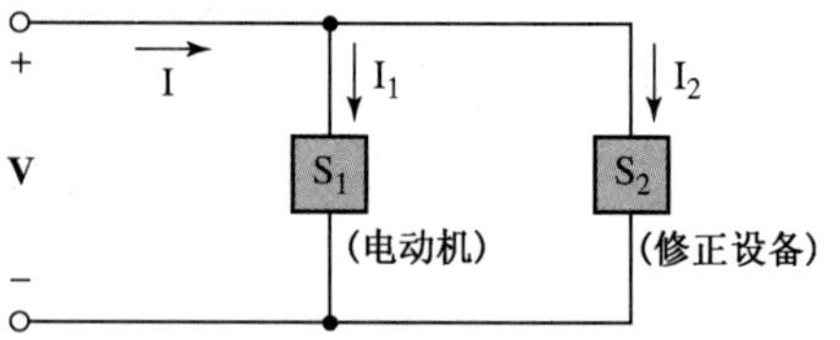


图 11.23

所需负载阻抗 $\mathbf{Z}_2$ 可简单地按下述步骤求得。设电压源的相角为零，则 $\mathbf{Z}_2$ 吸收的电流为

$$\mathbf{I}_2^* = \frac{\mathbf{S}_2}{\mathbf{V}} = \frac{-\mathrm{j}21\,070}{230} = -\mathrm{j}91.6\ \mathrm{A}$$

或者

$$\mathbf{I}_2 = \mathrm{j}91.6\ \mathrm{A}$$

因此，

$$\mathbf{Z}_2 = \frac{\mathbf{V}}{\mathbf{I}_2} = \frac{230}{\mathrm{j}91.6} = -\mathrm{j}2.51\ \Omega$$

如果工作在 60 Hz 频率下，则该阻抗可以由 1056 μF 电容和电感电动机并联实现。但是其初始花费、维护和折旧费用必须用电费账单所节省的经费支付。

## 练习

11.10 电路如图 11.24 所示，求下列元件所吸收的复功率：(a) 1 Ω 电阻；(b) −j10 Ω 电容；(c) 5 + j10 Ω 阻抗；(d) 电源。

答案：(a) 26.6 + j0 VA；(b) 0 − j1331 VA；(c) 532 + j1065 VA；(d) −559 + j266 VA。

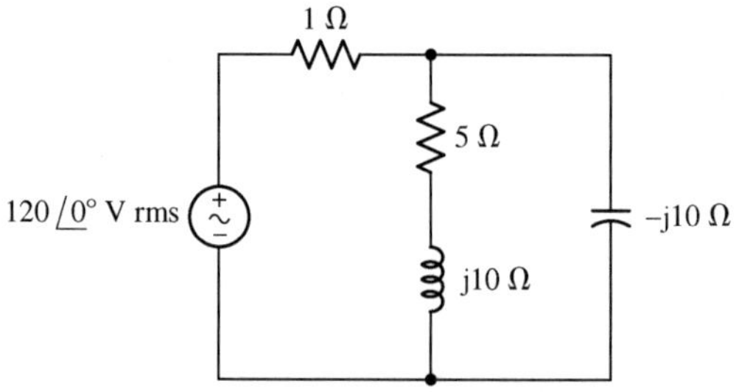


图 11.24

## 练习

11.11 一个 440 V rms 电源通过电力线给一个 $Z_L = 10 + \mathrm{j}2\ \Omega$ 的负载供电，总电阻为 1.5 Ω。分别计算：(a) 提供给负载的平均功率和视在功率；(b) 电力线上损失掉的平均功率和视在功率；(c) 电源提供的平均功率和视在功率；(d) 电源上的功率因数。

答案：(a) 14.21 kW, 14.49 kVA；(b) 2.131 kW, 2.131 kVA；(c) 16.34 kW, 16.59 kVA；(d) 0.985 滞后。

# 总结和复习

本章介绍了许多新的功率术语(总结在表 11.2 中)，相比于已经早已熟悉的瓦特，它们给我们带来了一些惊喜。新术语与交流电力系统关系密切，该系统中的电压和电流通常被假定为正弦形态(广泛应用于众多计算机系统的开关模式的电源可能会改变此状况，此话题将涉及更高级的电力工程内容)。在搞清楚瞬时功率的意义之后，我们讨论了平均功率 $P$。平均功率不是时间的函数，但它与正弦电压和电流之间的相位差密切相关。负载上实现最大功率传输的条件是：负载阻抗与源阻抗之间互为共轭。负载阻抗与源阻抗之间可接入阻抗匹配网络，用于实现该条件。纯电抗元件，如理想电感和电容吸收的平均功率恒等于零。既然电抗元件导致在电源和负载之间流动的电流幅度增加，那么两个新的术语：视在功率和功率因数就有了用武之地。当电压和电流同相(如对于纯电阻负载)时，平均功率等于视在功率。功率因数给我

们提供了一种判断实际负载电抗性质的数值语言，即：功率因数等于 1，表明负载是纯电阻性质的(如果有电感存在，则一定存在合适的电容使电感作用消失)；功率因数等于 0，表明负载是纯电抗性质的，角度的符号表明负载是容性的还是感性的。将这些概念集合在一起，就构成了更复杂的概念——复功率 **S**。**S** 的幅度就是视在功率，平均功率 $P$ 是复功率 **S** 的实部，而 **S** 的虚部则是无功功率 $Q$(对于纯阻负载，$Q$ 为零)。

这里再提一下电压和电流的有效值，它们通常也被称为 rms 值。需要注意的是，一个特定电压和电流究竟是用幅度表示的还是用有效值表示的，两者之间会存在 40% 的误差。另外，我们将第 5 章的最大功率传输定理加以拓展，就得到了本章所介绍的最大平均功率传输定理，即当负载阻抗 $\mathbf{Z}_L$ 等于与其相连网络的戴维南等效阻抗的复共轭时，负载上可以获得最大平均功率。

表 11.2　交流功率术语的总结

| 术语 | 符号 | 单位 | 描述 |
|---|---|---|---|
| 瞬时功率 | $p(t)$ | W | $p(t)=v(t)i(t)$，其值表示在某个时刻的功率，它不等于电压相量和电流相量的乘积！ |
| 平均功率 | $P$ | W | 正弦稳态情况下，$P=\frac{1}{2}V_mI_m\cos(\theta-\phi)$，其中 $\theta$ 为电压的相角，$\phi$ 为电流的相角。电抗对 $P$ 没有贡献 |
| 有效值或 rms 值 | $V_{rms}$ 或 $I_{rms}$ | V 或 A | 定义 $I_{eff}=\sqrt{\frac{1}{T}\int_0^T i^2 dt}$，若 $i(t)$ 是正弦函数，则 $I_{eff}=I_m/\sqrt{2}$ |
| 视在功率 | $\vert\mathbf{S}\vert$ | VA | $\vert\mathbf{S}\vert=V_{eff}I_{eff}$ 是平均功率能够达到的最大值，$P=\vert\mathbf{S}\vert$ 只适用于纯阻负载 |
| 功率因数 | PF | 无 | 平均功率与视在功率的比值：对于纯阻负载，PF = 1；对于纯电抗负载，PF = 0 |
| 无功功率 | $Q$ | VAR | 度量能量流入和流出电抗负载的速率 |
| 复功率 | **S** | VA | 一个极其方便的复数量，包含平均功率 $P$ 和无功功率 $Q$：$\mathbf{S}=P+\mathrm{j}Q$ |

下面是本章的主要内容，以及相关例题的编号。

- 元件吸收的瞬时功率的表达式为 $p(t)=v(t)i(t)$。(例 11.1 和例 11.2)
- 正弦激励源提供给某个阻抗的平均功率为 $\frac{1}{2}V_m I_m\cos(\theta-\phi)$，其中 $\theta$ 为电压的相角，$\phi$ 为电流的相角。(例 11.2)
- 负载的电阻部分具有非零的平均功率，负载的电抗部分的平均功率恒等于零。(例 11.3 至例 11.6)
- 最大平均功率传输的条件是 $\mathbf{Z}_L=\mathbf{Z}_{TH}^*$。(例 11.7)
- 匹配网络有助于提升负载上获得的平均功率。(例 11.8)
- 正弦波形的有效值或 rms 值等于其幅度除以 $\sqrt{2}$。(例 11.9)
- 负载的功率因数(PF)等于其所消耗的平均功率与视在功率的比值。(例 11.9)
- 纯电阻负载的功率因数等于 1，纯电抗负载的功率因数等于 0。(例 11.10)
- 复功率定义为 $\mathbf{S}=P+\mathrm{j}Q$ 或者 $\mathbf{S}=\mathbf{V}_{eff}\mathbf{I}_{eff}^*$。测量时用的单位是伏安(VA)。(例 11.10)
- 无功功率 $Q$ 是复功率的虚部，是能量流入或流出负载电抗部分的速率指标，其单位是乏(VAR)。(例 11.10)
- 电容常用于降低来自电力公司的无功功率，从而提高工业负载的功率因数值。(例 11.10)

## 深入阅读

有关交流功率的回顾可以阅读下列书籍的第 2 章：

B. M. Weedy, B. J. Cory, N. Jenkins, Janaka B. Ekanayake, Goran Strbac, *Electric Power Systems*, 5th ed. Chichester, England: Wiley, 2012.

下面是与交流电力系统有关的文章：

*International Journal of Electrical Power & Energy Systems*. Guildford, England: IPC Science and Technology Press, 1979. ISSN: 0142-0615.

## 习题

### 11.1 瞬时功率

1. 电路如图 11.25 所示，求 $t=0$，1 s 和 2 s 时 1 Ω 电阻上的瞬时功率。其中电压源 $v_s$ 分别为：(a) 9 V；(b) $9\sin 2t$ V；(c) $9\sin(2t+13°)$ V；(d) $9e^{-t}$ V。
2. 电路如图 11.26 所示，求电路中的 3 个元件在 $t=1.5$ ms 时所吸收的瞬时功率，其中电压源 $v_s$ 分别为：(a) $30u(-t)$ V；(b) $10+20u(t)$ V。

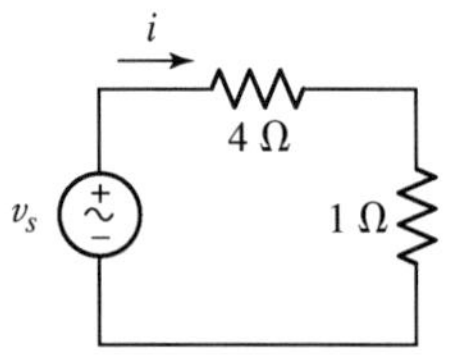


图 11.25

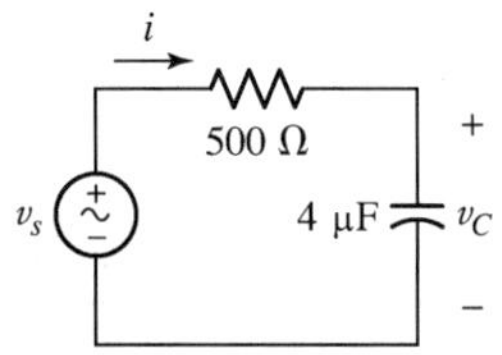


图 11.26

3. 电路如图 11.27 所示，求电路中各元件在 $t=0^-$，$t=0^+$，$t=200$ ms 时所吸收的瞬时功率，其中电压源 $v_s$ 分别为：(a) $-10u(-t)$ V；(b) $20+5u(t)$ V。
4. 由 3 个元件：1 kΩ 电阻、15 mH 电感和 $100\cos(2\times10^5 t)$ mA 的正弦电流源组成一个并联电路，假设瞬态响应已消失，电路处于稳态，求 $t=10$ μs 时各元件所吸收的瞬时功率。
5. 电路如图 11.28 所示，设电流源 $i_s=4u(-t)$ A。(a) 证明 $t>0$ 时，电阻所吸收的瞬时功率在数值上与电容所吸收的瞬时功率相等，但符号相反。(b) 确定 $t=60$ ms 时电阻所吸收的功率。

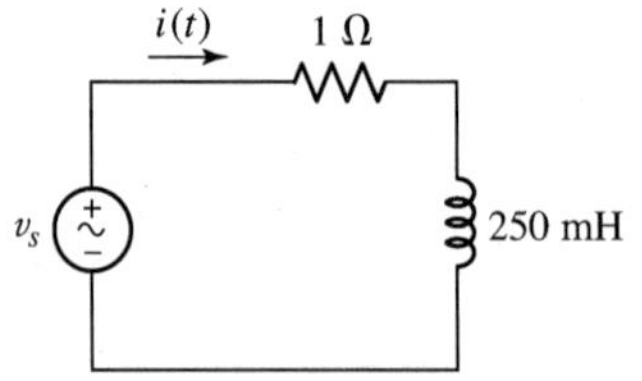


图 11.27

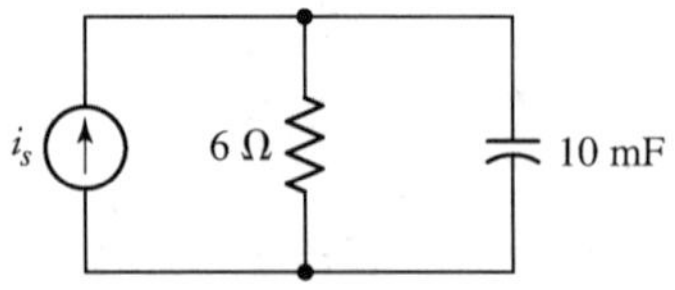


图 11.28

6. 电路如图 11.28 所示，设电流源 $i_s=8-7u(t)$ A。计算电路中 3 个元件在 $t=0^-$，$t=0^+$ 和 $t=75$ ms 时所吸收的功率。
7. 电路如图 11.29 所示，假设电路已不存在瞬态响应，计算电路中各元件在 $t=0$，$t=10$ ms 和 20 ms 时所吸收的功率。
8. 电路如图 11.30 所示，计算电感在 $t=0$ 和 $t=1$ s 时所吸收的功率，设电压源 $v_s=10u(t)$ V。

9. 利用 SPICE 软件画出图 11.30 所示电路中每个电路元件在 0 ~ 10 s 内的功率波形。在电路中，功率是如何传输的？

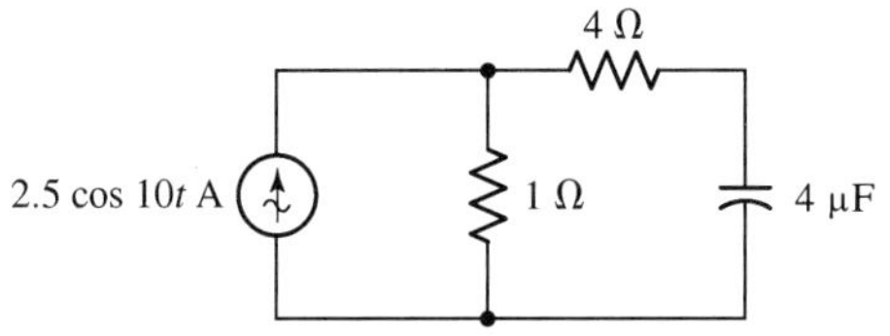


图 11.29

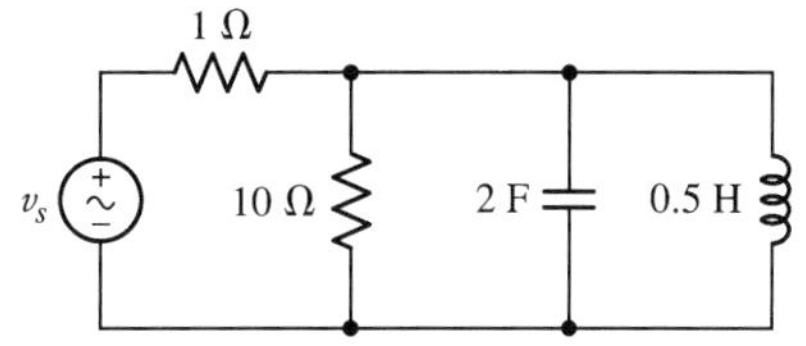


图 11.30

10. 设天地间的闪电可以用持续时间 150 μs，30 kA 的电流表示，计算：(a) 该闪电提供给 1.2 mΩ 的铜棒的瞬时功率；(b) 该闪电提供给铜棒的全部能量。

## 11.2 平均功率

11. 一个 18 kΩ 电阻和一个 1 μF 电容串联在一起，流过的相量电流 $\mathbf{I} = 9\angle 15°$ mA（相应的正弦电流工作频率为 45 rad/s）。求组合负载所吸收的(a) 瞬时功率和(b) 平均功率的表达式。

12. 一个 1 Ω 电阻和一个 1 mH 电感并联在一起，两端的相量电压 $\mathbf{V} = 100\angle 45°$ V（相应的正弦电压工作频率为 155 rad/s）。(a) 写出每个无源元件所吸收的平均功率的表达式。(b) 画出相量电压提供给并联组合的瞬时功率波形，以及每一个无源元件所吸收的瞬时功率波形（画在一个坐标系中）。

13. 分别求电流 4 – j2A 提供给以下阻抗的平均功率：(a) $\mathbf{Z} = 9\ \Omega$；(b) $\mathbf{Z} = -j1000\ \Omega$；(c) $\mathbf{Z} = 1 - j2 + j3\ \Omega$；(d) $\mathbf{Z} = 6\angle 32°\ \Omega$；(e) $\mathbf{Z} = \dfrac{1.5\angle -19°}{2+j}$ kΩ。

14. 双网孔电路如图 11.31 所示，求每个无源元件所吸收的平均功率以及两个激励源所提供的平均功率，并证明两个激励源所提供的平均功率等于所有被吸收的平均功率。

15. 电路如图 11.32 所示，计算每个无源元件的平均功率。

16. (a) 电路如图 11.33 所示，计算每个无源元件所吸收的平均功率，并证明所有被吸收的平均功率等于激励源所提供的平均功率。(b) 用 SPICE 仿真对答案进行验证。

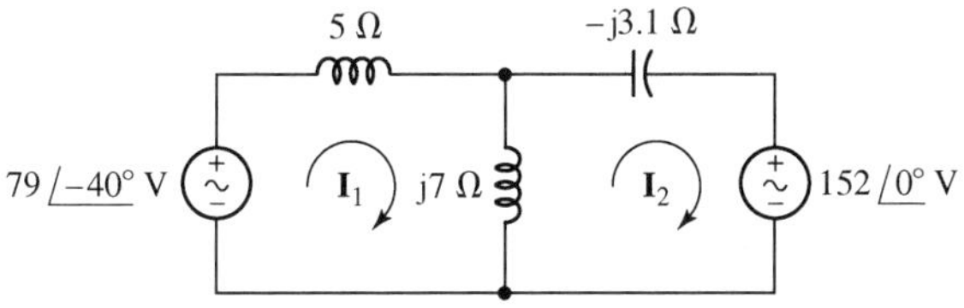


图 11.31

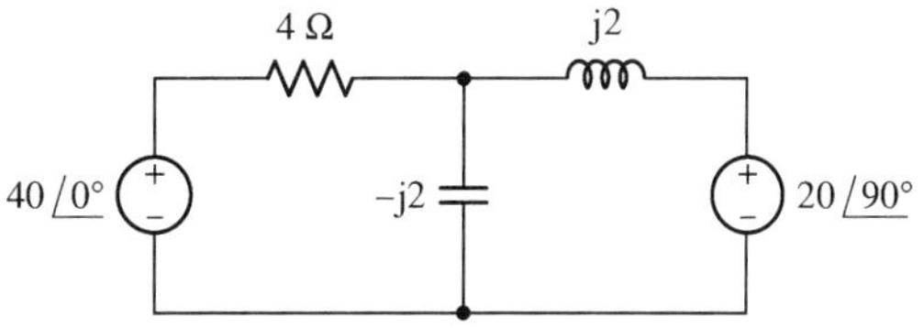


图 11.32

17. 电路如图 11.34 所示，求受控源所提供的平均功率。

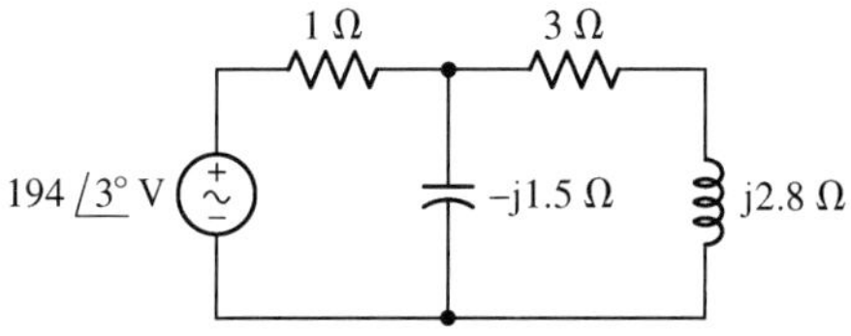


图 11.33

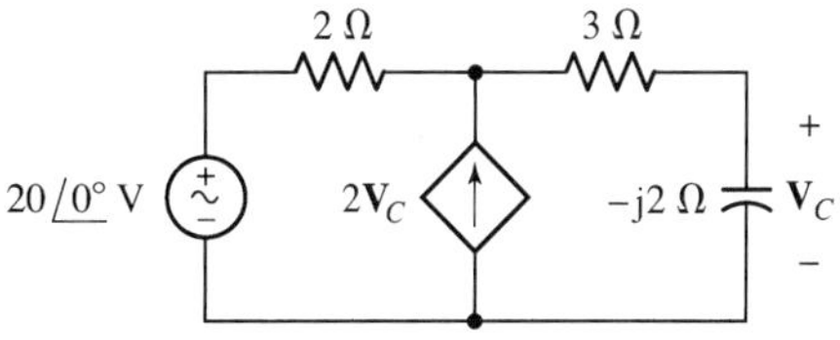


图 11.34

18. (a) 电路如图 11.35 所示，求每个无源元件所获得的平均功率。(b) 求每个电源所提供的平均功率。(c) 将 8 Ω 电阻用一个合适的阻抗代替，使其能够获得剩余电路所提供的最大平均功率。

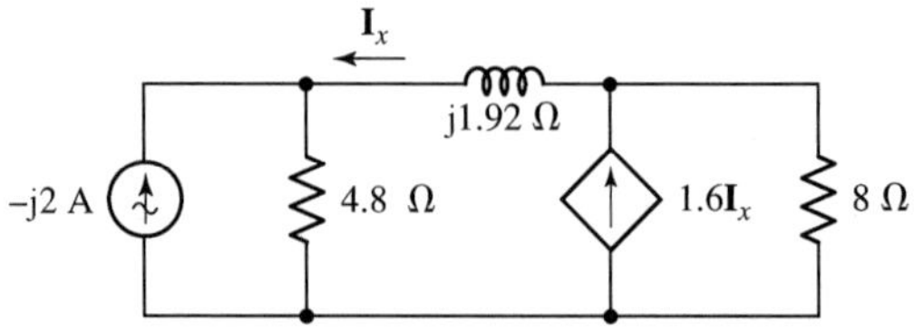


图 11.35

19. 计算电压 $v_S$ 提供给 2.2 Ω 负载的平均功率，其中 $v_S$ 分别为：(a) 5 V；(b) $4\cos 80t - 8\sin 80t$ V；(c) $10\cos 100t + 12.5\cos(100t + 19°)$ V。

## 11.3 最大功率传输

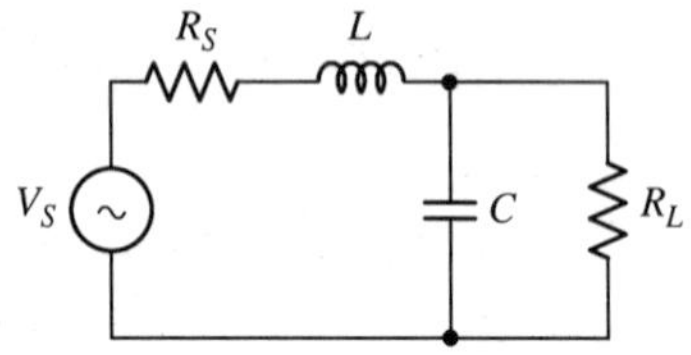


图 11.36

20. 图 11.36 所示电路的串联电阻 $R_S = 50$ Ω，负载电阻 $R_L = 82$ Ω。如果电感的阻抗为 j40Ω，则需要什么样的电容阻抗来保证传输给 $R_L$ 的功率最大？

21. 电路如图 11.36 所示，60 Hz 的电源与 $R_S = 50$ Ω 的电阻串联，为 $R_L = 250$ Ω 的负载传输功率。电源原本含有电感元件 $L = 265.3$ mH，计算并联电容的值，使得电路传输给 $R_L$ 与 $C$ 的并联组合的功率最大。

22. 图 11.37 所示电路用于给一组 8 Ω 的扬声器(即 $R_L = 8$ Ω)提供功率，计算频率 $f$(用 Hz 表示)和电感($L$)的值，使得传输给扬声器的功率最大，其中源电阻 $R_S = 136$ Ω，电容 $C = 936.2$ nF。

23. 图 11.37 所示电路用于给工作在 300 MHz 的天线提供功率，计算电阻 $R_L$ 的值，使得传输给天线的功率最大，已知 $R_S = 400$ Ω，电容 $C = 2.653$ pF，电感 $L = 84.88$ nH。

24. (a) 电路如图 11.38 所示，求负载阻抗 $\mathbf{Z}_L$ 的值，使其能够从电源获得最大的平均功率。(b) 计算负载上获得的最大平均功率。

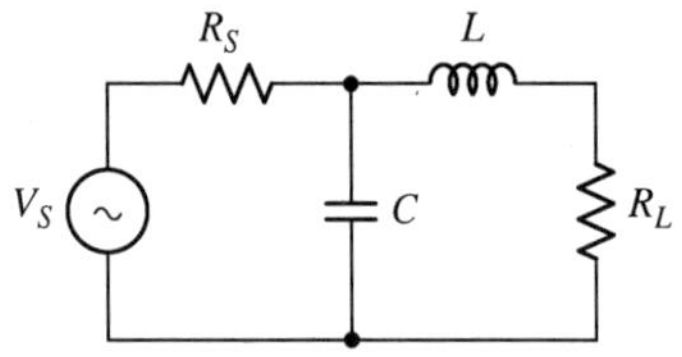


图 11.37

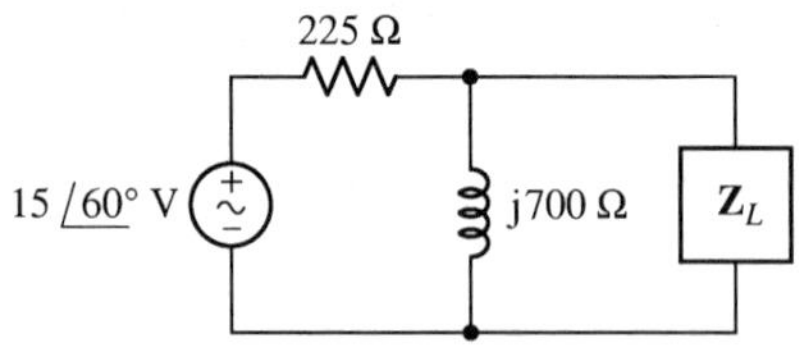


图 11.38

25. 图 11.38 所示电路中的电感被 9 – j8 kΩ 的阻抗所替代，重复求解习题 24。

## 11.4 电压和电流的有效值

26. 计算下列波形的有效值：(a) $7\sin 30t$ V；(b) $100\cos 80t$ mA；(c) $120\sqrt{2}\cos(5000t - 45°)$ V；(d) $\frac{100}{\sqrt{2}}\sin(2t + 72°)$ A。

27. 计算下列波形的有效值：(a) $62.5\cos 100t$ mV；(b) $1.95\cos 2t$ A；(c) $208\sqrt{2}\cos(100\pi t + 29°)$ V；(d) $\frac{400}{\sqrt{2}}\sin(2000t - 14°)$ A。

28. 计算下列波形的有效值：(a) $i(t) = 3\sin 4t$ A；(b) $v(t) = 4\sin 20t\cos 10t$ V；(c) $i(t) = 2 - \sin 10t$ mA；(d) 波形如图 11.39所示。

29. 对图 11.40 所示的每一个波形，确定其频率、周期和有效值。

30. 图 11.29 所示电路中电容的值变为 40 mF。求电路中各元件因此而变化的电压和电流有效值。

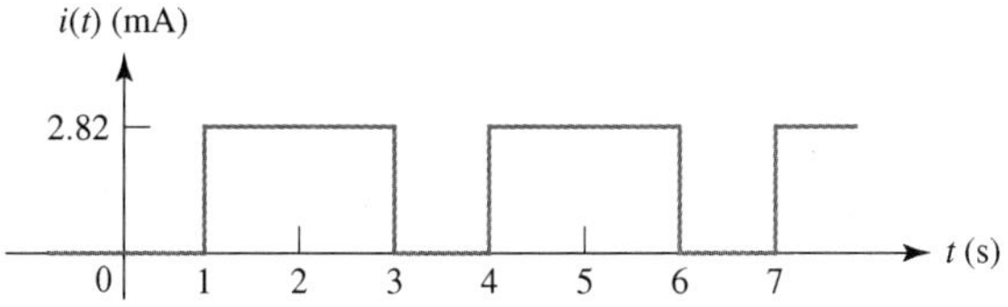


图 11.39

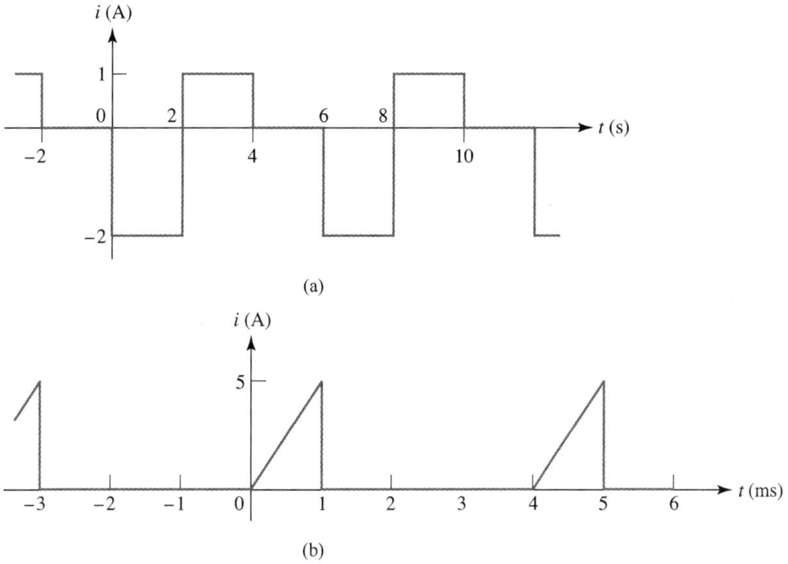


图 11.40

31. 1 kΩ 电阻和 2 H 电感串联在一起，任何时刻该组合能够承受的功率不得超过 250 mW。假设正弦电流的工作频率 $\omega = 500$ rad/s，则允许的最大电流有效值是多少？

32. 对下列各波形，确定其频率、周期和有效值。(a) 5 V；(b) $2\sin 80t - 7\cos 20t + 5$ V；(c) $5\cos 50t + 3\sin 50t$ V；(d) $8\cos^2 90t$ mA。(e) 用合适的仿真对答案进行验证。

33. 电路如图 11.41 所示，确定是否存在纯实数 $R$，使得14 mH电感上的电压有效值等于电阻 $R$ 上的电压有效值。若存在，则计算 $R$ 的值和其上的电压有效值；若不存在，为什么？

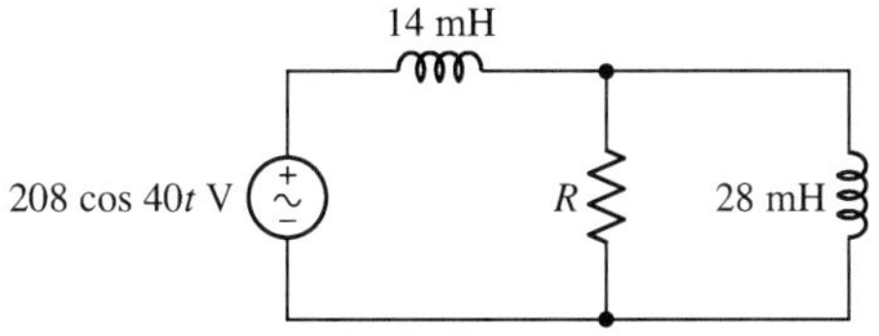


图 11.41

34. (a) 波形如图 11.42 所示，计算该波形的平均值和有效值。(b) 用 SPICE 仿真对答案进行验证(提示：可以利用两个脉冲波形的叠加来求解)。

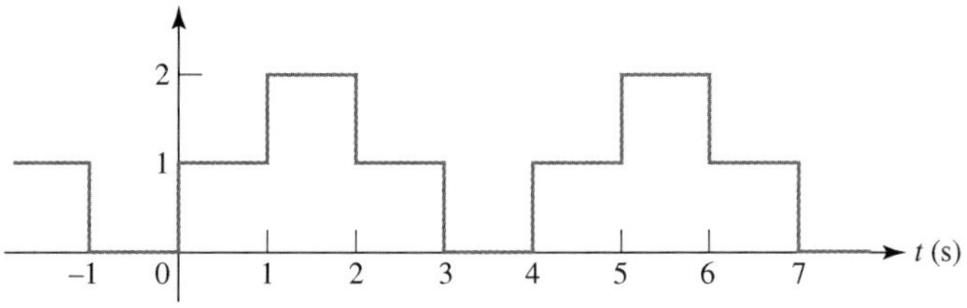


图 11.42

## 11.5 视在功率和功率因数

35. 电路如图 11.43 所示，当负载阻抗分别如下列所示值时，计算每一个负载所消耗的平均功率、电源所提供的视在功率，以及组合负载的功率因数。(a) $\mathbf{Z}_1 = 14\angle 32^\circ\ \Omega$ 和 $\mathbf{Z}_2 = 22\ \Omega$；(b) $\mathbf{Z}_1 = 2\angle 0^\circ\ \Omega$ 和 $\mathbf{Z}_2 = 6 - j\ \Omega$；(c) $\mathbf{Z}_1 = 100\angle 70^\circ\ \Omega$ 和 $\mathbf{Z}_2 = 75\angle 90^\circ\ \Omega$。

36. 电路如图 11.43 所示，当满足下列情况时，计算组合负载的功率因数。(a) 两个负载阻抗均为纯电阻；(b) 两个负载阻抗均为纯电感，且工作频率为 $\omega = 100$ rad/s；(c) 两个负载阻抗均为纯电容，且工作频率为 $\omega = 200$ rad/s；(d) $\mathbf{Z}_1 = 2\mathbf{Z}_2 = 5 - j8\ \Omega$。

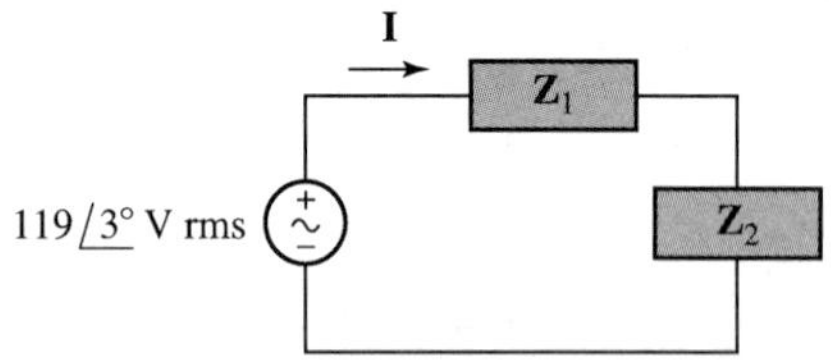

图 11.43

37. 一个已知负载阻抗连接在交流电力系统中，若该负载阻抗的电容和电感或者其中之一有电阻损耗(不同时无损耗)，则当功率因数分别测量出下列值时，该负载阻抗的电抗部分为何种性质的？(a) 1；(b) 0.85 滞后；(c) 0.221 超前；(d) $\cos(-90^\circ)$。

38. 一个未知负载接在欧洲标准家庭插座(240 V rms，50 Hz)上，计算下列情况下的电压和电流之间的相位差，并指出是超前还是滞后的。(a) $\mathbf{V} = 240\angle 243^\circ$ V rms 和 $\mathbf{I} = 3\angle 9^\circ$ A rms；(b) 负载的功率因数等于 0.55 滞后；(c) 负载的功率因数等于 0.685 超前；(d) 容性负载吸收 100 W 的平均功率和 500 VA 的视在功率。

DP 39. (a) 设计一个负载，用于北美地区标准家庭插座(120 V rms，60 Hz)，它能吸收 25 W 的平均功率，功率因数为 0.88 超前。(b) 设计一个无电容负载，要求用于日本家庭中(110 V rms，50 Hz)，能够吸收 150 W 的平均功率和 25 W 的视在功率。

40. 图 11.44 所示电路工作在 40 rad/s 的频率，负载阻抗为 $50\angle -100^\circ\ \Omega$，分别计算：(a) $t = 20$ ms 时负载阻抗和与其并联的 1 kΩ 电阻所消耗的瞬时功率；(b) 无源元件上所获得的平均功率；(c) 提供给负载的视在功率；(d) 电源工作时的功率因数。

41. 计算图 11.44 所示电路中电源的功率因数，其中负载分别为：(a) 纯电阻；(b) $1000 + j900\ \Omega$；(c) $500\angle -5^\circ\ \Omega$。

42. 电路如图 11.44 所示，当电源的功率因数分别为下列值时，确定负载阻抗的值。(a) 0.95 超前；(b) 1；(c) 0.45滞后。

43. 电路如图 11.45 所示，确定每个负载上获得的视在功率以及电源的功率因数。分别假设：(a) $\mathbf{Z}_A = 5 - j2\ \Omega$，$\mathbf{Z}_B = 3\ \Omega$，$\mathbf{Z}_C = 8 + j4\ \Omega$ 和 $\mathbf{Z}_D = 15\angle -30^\circ\ \Omega$；(b) $\mathbf{Z}_A = 2\angle -15^\circ\ \Omega$，$\mathbf{Z}_B = 1\ \Omega$，$\mathbf{Z}_C = 2 + j\ \Omega$ 和 $\mathbf{Z}_D = 4\angle 45^\circ\ \Omega$。

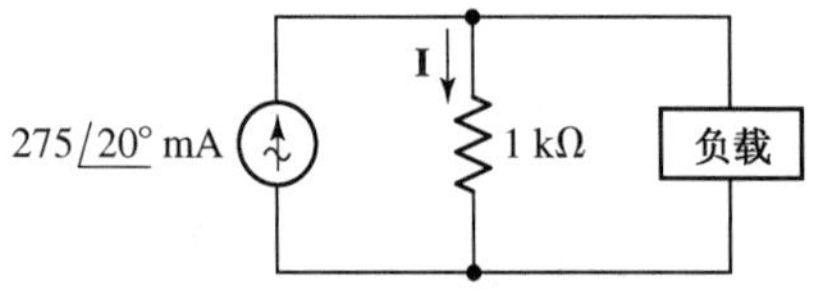

图 11.44

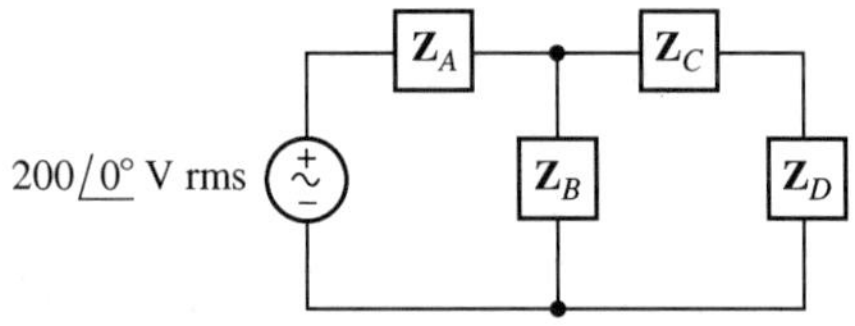

图 11.45

## 11.6 复功率

44. 确定某负载的复功率(用极坐标形式表示)，其中该负载分别为下列情况：(a) 在功率因数等于 0.75 滞后时获得 100 W 的平均功率；(b) 当与电压源 $120\angle 32^\circ$ V rms 相连时，其上的电流为 $\mathbf{I} = 9 + j5$ A rms；(c) 获得 1000 W 的平均功率和 10 VAR 的无功功率，且功率因数超前；(d) 在功率因数等于 0.65 滞后时，获得 450 W的平均功率。

45. 某负载所获得的复功率 **S** 分别为下列值，计算视在功率、功率因数和无功功率。(a) $1 + j0.5$ kVA；(b) 400 VA；(c) $150\angle -21^\circ$ VA；(d) $75\angle 25^\circ$ VA。

46. 功率三角形如图 11.46 所示，分别确定 **S**(极坐标形式)和功率因数。

47. 回到图 11.23 所示的网络，假设电动机获得的复功率为 $150\angle 24^\circ$ VA。(a) 确定电源工作时的功率因数。(b) 确定将电源的功率因数调整至 0.98 滞后时所需的修正器件的阻抗。(c) 在物理上电源是否可能获得超前的功率因数？为什么？

48. 电路如图 11.47 所示，确定每一个无源元件所吸收的复功率以及电源工作时的功率因数。

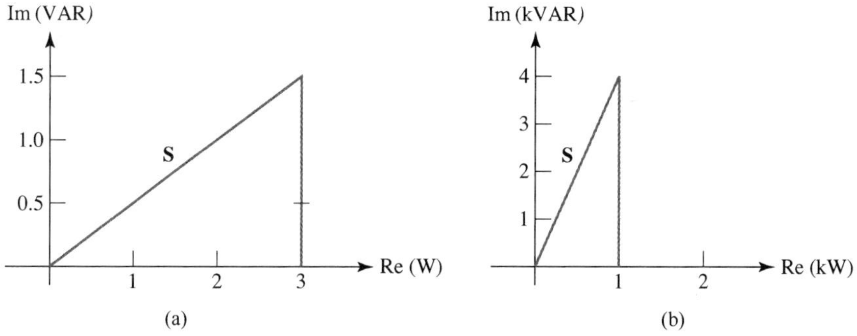


图 11.46

49. 电路如图 11.48 所示，为了将电源的功率因数提高至 0.95，确定与 10 Ω 电阻并联的电容的值，工作频率为 50 Hz。

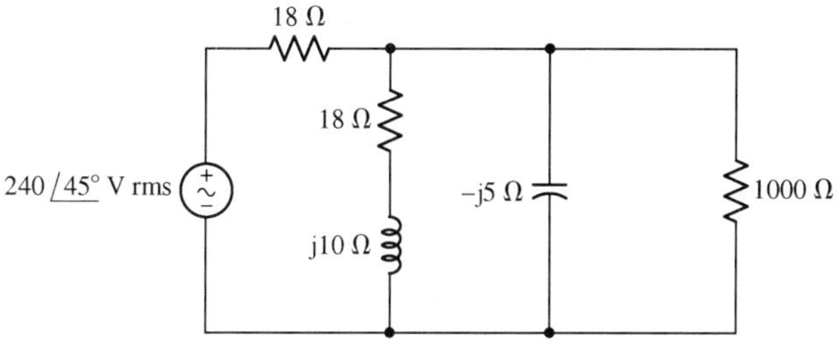


图 11.47

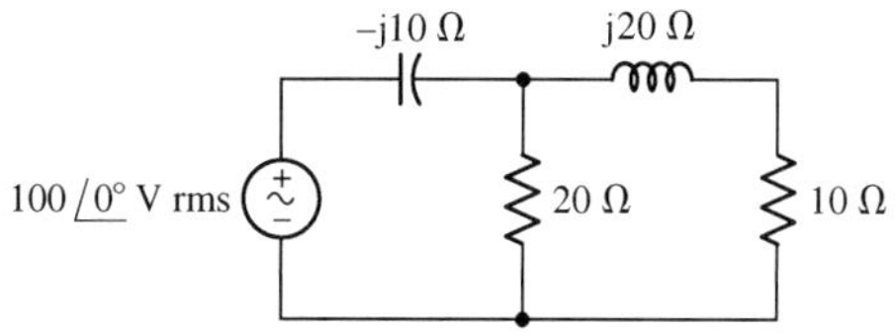


图 11.48

50. 某地一个林木场的窑炉每月消耗的平均功率为 175 kW，但每月带来 205 kVAR 的无功功率。如果超过标准无功功率（平均功率峰值的 0.7 倍）的部分，由电力公司按照 0.15 美元每 kVAR 收取费用。(a) 估算林木场每年用于功率因数罚款的费用。(b) 如果购买 100 kVAR 的补偿电容，每个需要 75 美元（包括安装），分别计算第一年和第二年节省的费用。

51. 电路如图 11.49 所示，计算每一个无源元件所得到的复功率和电源的功率因数。

52. 电路如图 11.49 所示，用一个 200 mH 电感替代 10 Ω 电阻，假设工作频率为 10 rad/s，分别计算：(a) 电源的功率因数；(b) 电源提供的视在功率；(c) 电源提供的无功功率。

53. 电路如图 11.49 所示，电容被误接成电感，使得电路中具有两个相同的电感，阻抗均为 j30 Ω，工作频率是 50 Hz。(a) 计算每一个无源元件的复功率。(b) 通过计算电源所提供的复功率验证答案。(c) 电源工作时的功率因数是多少？

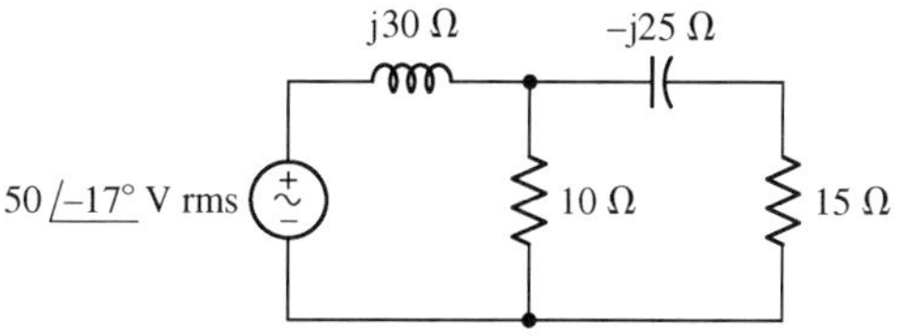


图 11.49

54. 利用例 11.9 所用的基本方法，推导式[27]，这是用于计算通用工作频率下的补偿电容的表达式。

## 综合题

55. 某负载从工作在 50 Hz，1200 V rms 的电源得到 10 A rms 的电流。假设电源工作时的功率因数为 0.9 滞后。分别计算：(a) 电压的幅度；(b) $t = 1$ ms 时负载吸收的瞬时功率；(c) 电源提供的视在功率；(d) 提供给负载的无功功率；(e) 负载阻抗；(f) 电源提供的复功率（用极坐标形式表示）。

56. 电路如图 11.50 所示，工作频率 100 rad/s。分别计算：(a) 电源工作时的功率因数；(b) 3 个无源元件吸收的视在功率；(c) 电源提供的平均功率；(d) 确定从 $a$ 和 $b$ 两端看进去的戴维南等效电路，并计算连接在相同端点的100 Ω电阻上产生的平均功率。

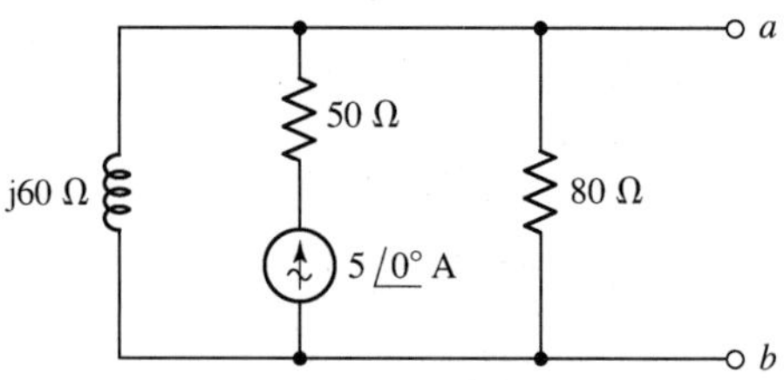


图 11.50

57. 电路如图 11.50 所示，假设工作频率为 50 Hz，移去 50 Ω 的电阻，在端点 $a$ 与 $b$ 之间连接 100 Ω 的电阻。(a) 确定负载工作时的功率因数。(b) 计算电源所提供的平均功率。(c) 计算电感在 $t=2$ ms 时吸收的瞬时功率。(d) 为使电源的功率因数提高至 0.95，连接在 $a$ 和 $b$ 两端的补偿电容值为多少？

58. 45sin 32$t$ V 的电压源与一个 5 Ω 电阻和 20 mH 电感相串联，分别计算：(a) 电源提供的无功功率；(b) 3 个无源元件吸收的视在功率；(c) 每个元件吸收的复功率；(d) 电源工作时的功率因数。

59. 电路如图 11.41 所示。(a) 推导电源提供的复功率的表达式，用未知电阻 $R$ 表示。(b) 为使 PF = 1，需要在 28 mH 电感两端并联一个电容，计算所需电容的数值，已知 $R=2$ Ω。

60. 图 11.51 所示电路使用了 Π 形网络结构来匹配电源与负载之间的阻抗，以实现最大功率传输。一个60 Hz 电源串联一个 50 + j5 Ω 阻抗，求负载阻抗的值，以使由 $C_S=70.1$ μF，$C_L=39.8$ μF，$L=0.225$ H 构成的 Π 形网络实现最大功率传输。

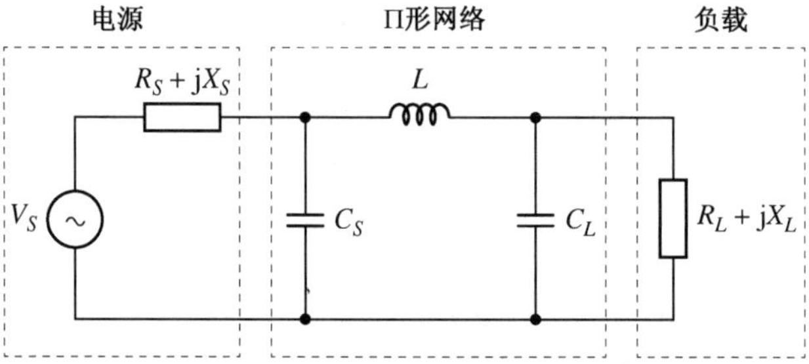


图 11.51

61. 图 11.51 所示电路使用了 Π 形网络结构来匹配电源与负载之间的阻抗，以实现最大功率传输。一个1 kHz 电源串联一个 50 + j4 Ω 阻抗，求电感值，使得由该电感与 $C_S=506$ μF 和 $C_L=970$ μF 构成的 Π 形网络传输给负载 499 + j23 Ω 的功率最大？

62. 图 11.52 所示电路使用了 T 形网络结构来匹配电源与负载之间的阻抗，以实现最大功率传输。一个 60 Hz 电源串联一个 50 + j5 Ω 阻抗，求与 $L_L=0.556$ H 相对应的负载阻抗，使得由 $L_S=0.385$ H 和 $C=25.4$ μF 构成的 T 形网络能够实现最大功率传输。

63. 图 11.52 所示电路使用了 T 形网络结构来匹配电源与负载之间的阻抗，以实现最大功率传输。一个1 kHz电源串联一个 50 + j4 Ω 阻抗，求 T 形网络中电容的值，使得该网络实现与40 − j8 Ω 负载阻抗之间的最大功率传输。已知 $L_S=L_L=$ 20.4 mH。

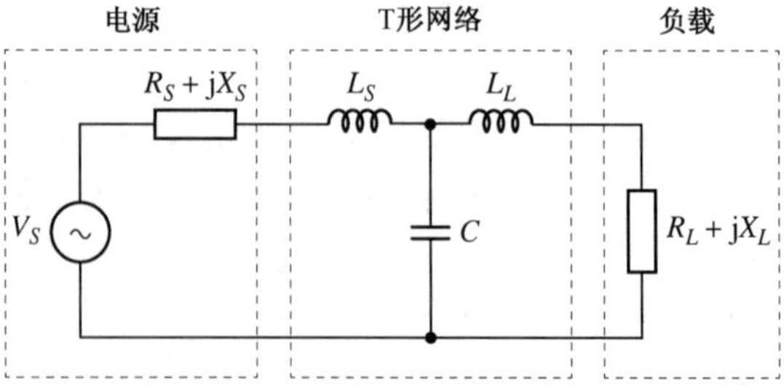


图 11.52

DP 64. 现在需要给 VHF 频段的 50 Ω 天线传输最大的功率，已知工作频率为 100 MHz。电源在此频率上的阻抗为 10 + j5 Ω。设计一个 T 形或 Π 形网络(见图 11.51 和图 11.52)来实现最大功率传输，利用 SPICE 对设计进行仿真，以此作为最大功率传输验证的有力证据。

# 第12章　多相电路

## 主要概念

- 单相电源系统
- 三相电源系统
- 三相电源
- 线电压和相电压
- 线电流和相电流
- Y 形网络
- △形网络
- 平衡负载
- 基于每一相的分析
- 三相系统中的功率测量

## 引言

电力部门向用户提供的基本都是正弦波形式的电流或电压，通常称为交流电，或简称 ac。虽然有例外，但通常大多数的机车电动机和设备都工作在 50 Hz 或 60 Hz 频率，一般 60 Hz 系统的电压是 120 V 的，而 50 Hz 系统的电压是 240 V 的(均为有效值)。实际上，电子设备的工作电压变化范围基本可以覆盖上面提到的两个电压，但电力传输系统通常采用高电压传输，以便减少电流和电缆的尺寸。最初，托马斯·爱迪生提议电力部门采用直流方式来传输电能，因为他偏爱直流系统的简单电路分析，但电力行业的另外两个先驱 Nikola Tesla 和 George Westinghouse 则大力提倡使用交流方式进行传输。他们认为交流传输系统具有非常低的损耗，虽然在某些方面未必比得上爱迪生的观点，但最终他们的观点还是更具说服力。

交流电力传输系统的瞬时响应在确定功率峰值时很有意义，因为很多电气设备在启动时需要的电流大于连续工作时的电流，而且很多情况下稳态响应是首要的关注对象，所以基于相量分析的经验被证明很有用。本章将介绍一种新的电压源——三相电源。该电压源既可以接成三线或四线的 Y 形结构，也可以接成三线的△形结构，负载同样既可以是 Y 形的，也可以是△形的，取决于具体的应用。

## 12.1　多相系统

本章将要介绍的**多相**电源只针对三相电源。与单相电相比，利用旋转发电机产生三相电具有明显的优势，而且三相电传输的经济效益也比较高。大型制冷系统以及机械设备中的电机线圈大多是按三相电要求绕制的。一旦我们熟悉了多相系统的原理，就会发现对于其他的应用，很容易从多相系统的一条“腿”获得单相电。

我们先看一种最常见的多相系统——平衡的三相系统。该系统的电源有 3 个端点[不计**中线**(neutral)端或**地线**(ground)端]，用电压表测量时会发现，任意两个端点之间的电压都是等幅度的正弦波，但是这些电压不同相，每一个电压与其他两个电压的相位都相差 120°，相角符号依赖于电压的读取顺序。图 12.1 所示的是一种可能的电压关系，**平衡负载**从 3 个不同相位的电压中获取相同的功率。总负载获得的瞬时功率在任何时刻均不为零。事实上，总负载上的瞬时功率是常数。这在旋转发电机中是很有利的，因为它保证了转子上的扭距比单相电源中的更稳定，从而可以减少振动。

多相系统(例如六相和十二相系统)大多只限于作为大型**整流器**的电源。整流器将交流电转变成直流电，使得流过负载的电流保持一个方向，因此负载上的电压极性保持不变。整流器输出的是直流量，带有一些脉冲成分或纹波，这些脉冲和纹波随着相数的增多而减弱。

实际使用的多相激励源都可以近似为理想电压源或者理想电压源与一个小内阻串联，但三相电流源在实际中却很少使用。

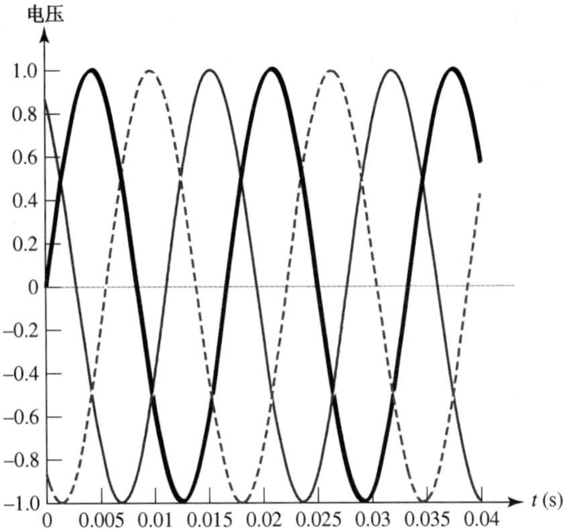


图 12.1 一组三相电的例子，其中两两之间相位相差 120°。可以看出，在某个时刻只可能有一相电压为零

## 双下标符号

使用**双下标**符号表示多相电压和电流比较方便。例如，将电压或电流相量表示为 $\mathbf{V}_{ab}$ 或 $\mathbf{I}_{aA}$ 比简单地描述成 $\mathbf{V}_3$ 或 $\mathbf{I}_x$ 具有更多的含义。根据定义，$a$ 点相对于 $b$ 点的电压为 $\mathbf{V}_{ab}$，即 $a$ 点标为正号，如图 12.2(a)所示。可以认为双下标表示法与正负符号对表示法是等价的，但同时使用两者却是多余的。如图 12.2(b)所示，$\mathbf{V}_{ad}=\mathbf{V}_{ab}+\mathbf{V}_{cd}$。采用双下标符号的好处在于能够反映基尔霍夫电压定律：两点之间不管经过的路径有何不同，它们的电压一定相同，因此 $\mathbf{V}_{ad}=\mathbf{V}_{ab}+\mathbf{V}_{bd}=\mathbf{V}_{ac}+\mathbf{V}_{cd}=\mathbf{V}_{ab}+\mathbf{V}_{bc}+\mathbf{V}_{cd}$，等等。这样做的好处是不必参考电路图就可以满足基尔霍夫电压定律的条件，即使有一个点或下标字母没有在图上标出，我们也可以写出正确的方程。例如，可以写出 $\mathbf{V}_{ad}=\mathbf{V}_{ax}+\mathbf{V}_{xd}$，这里的 $x$ 可以表示任意一个感兴趣的点。

三相系统中电压①的一种可能表示方式如图 12.3 所示。假设电压 $\mathbf{V}_{an}$，$\mathbf{V}_{bn}$ 和 $\mathbf{V}_{cn}$ 为已知电压：

$$\mathbf{V}_{an}=100\underline{/0^\circ}\text{ V}$$
$$\mathbf{V}_{bn}=100\underline{/-120^\circ}\text{ V}$$
$$\mathbf{V}_{cn}=100\underline{/-240^\circ}\text{ V}$$

则根据下标可以用眼睛观察出电压 $\mathbf{V}_{ab}$ 为

$$\begin{aligned}\mathbf{V}_{ab}&=\mathbf{V}_{an}+\mathbf{V}_{nb}=\mathbf{V}_{an}-\mathbf{V}_{bn}\\&=100\underline{/0^\circ}-100\underline{/-120^\circ}\text{ V}\\&=100-(-50-\text{j}86.6)\text{ V}\\&=173.2\underline{/30^\circ}\text{ V}\end{aligned}$$

3 个给定电压及构建的相量电压 $\mathbf{V}_{ab}$ 可在图 12.4 所示的相量图中找到。

① 为与电力系统的表达习惯保持一致，电流和电压在本章中采用的都是有效值。

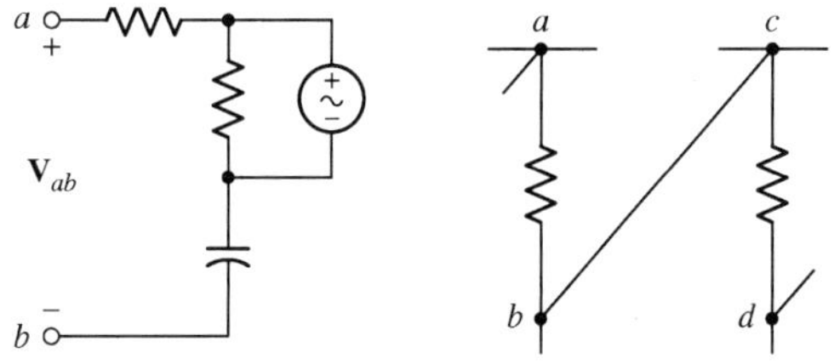


(a) (b)

图 12.2 (a) 电压 $\mathbf{V}_{ab}$的定义;(b) $\mathbf{V}_{ad}=\mathbf{V}_{ab}+\mathbf{V}_{bc}+\mathbf{V}_{cd}=\mathbf{V}_{ab}+\mathbf{V}_{cd}$

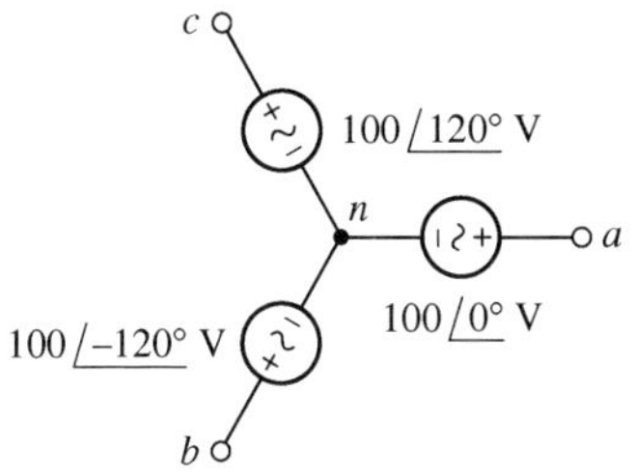


图 12.3 一个用来作为双下标电压符号表示法的数值实例网络

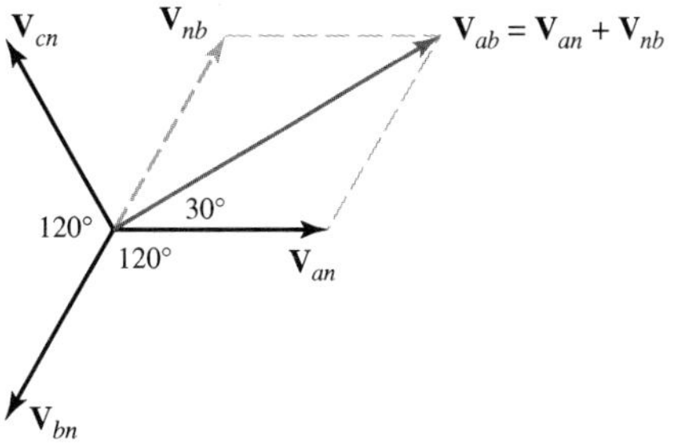


图 12.4 采用双下标电压符号得到的图 12.3 所示网络中 $\mathbf{V}_{ab}$ 的图解相量图

⚠ 双下标表示法同样适用于电流。定义电流 $\mathbf{I}_{ab}$为从 $a$ 流到 $b$ 的最直接路径上的电流。在我们考虑的每一个复杂电路中,如果有至少两种可能的路径位于 $a$ 点和 $b$ 点之间,则只有当其中一条路径比另一条更短或更直接时,才使用双下标表示法。这条路径上通常只有一个元件,所以 $\mathbf{I}_{ab}$在图 12.5 中的表示方法是正确的。事实上,我们提到电流时无须指明箭头方向,因为下标已经表明了其方向。但是,图 12.5 所示的电流 $\mathbf{I}_{cd}$会引起混淆。

## 练习

12.1 设 $\mathbf{V}_{ab}=100\angle 0^\circ$ V,$\mathbf{V}_{bd}=40\angle 80^\circ$ V,$\mathbf{V}_{ca}=70\angle 200^\circ$ V。求:(a) $\mathbf{V}_{ad}$;(b) $\mathbf{V}_{bc}$;(c) $\mathbf{V}_{cd}$。

12.2 电路如图 12.6 所示,设 $\mathbf{I}_{fj}=3$ A,$\mathbf{I}_{de}=2$ A,$\mathbf{I}_{hd}=-6$ A。求:(a) $\mathbf{I}_{cd}$;(b) $\mathbf{I}_{ef}$;(c) $\mathbf{I}_{ij}$。

答案:12.1:(a) $114.0\angle 20.2^\circ$ V;(b) $41.8\angle 145.0^\circ$ V;(c) $44.0\angle 20.6^\circ$ V。

12.2:(a) −3 A;(b) 7 A;(c) 7 A。

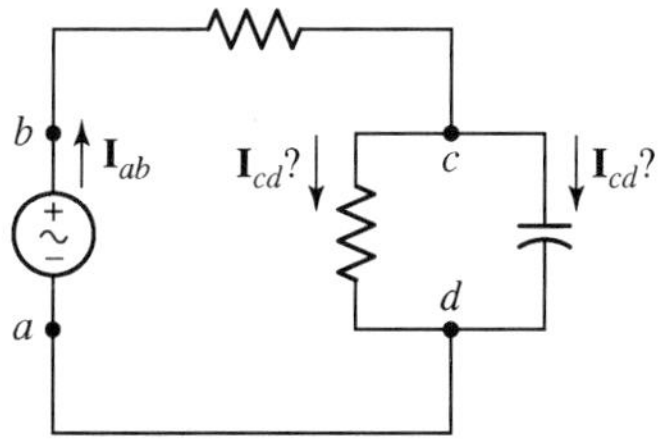


图 12.5 正确使用和错误使用电流双下标符号的例子

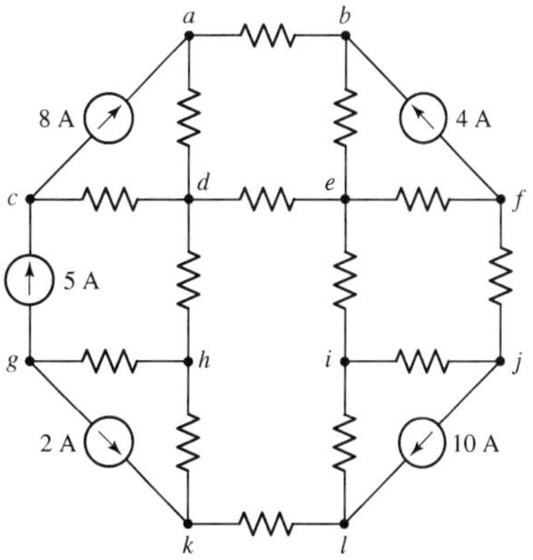


图 12.6

## 12.2 单相三线系统

在详细学习多相系统之前，有必要先了解单相三线系统。单相三线电源有 3 个输出端 $a$，$n$ 和 $b$，如图 12.7(a)所示，其中相量电压 $\mathbf{V}_{an}$和 $\mathbf{V}_{nb}$相等。该电源可以用两个相同电压源的组合来表示，如图 12.7(b)所示，由于 $\mathbf{V}_{an}=\mathbf{V}_{nb}=\mathbf{V}_1$，因此很容易得出 $\mathbf{V}_{ab}=2\mathbf{V}_{an}=2\mathbf{V}_{nb}$，可见电源能给负载提供两种电压。北美家庭中的电力系统通常是单相三线的，允许家用电器工作在 110 V 和 220 V 两种电压下。通常，高电压下工作的电器功率消耗都较大，且功率消耗相同时，高电压工作获得的电流较小。电器、家庭电力布线和电厂的电力分配系统使用较细的电线比较安全，电流较大时使用较粗的电线则可以降低导线电阻产生的热量。

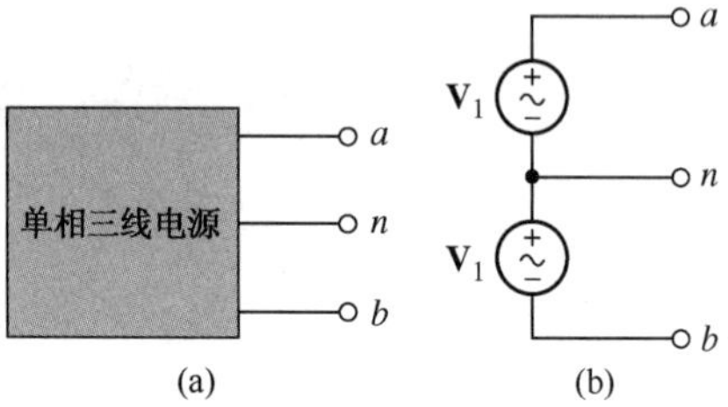


图 12.7 (a) 单相三线电源；(b) 用两个相同的电压源表示一个单相三线电源

名词“**单相**”起源于电压 $\mathbf{V}_{an}$和 $\mathbf{V}_{nb}$相等，因此其相角也必然是相等的。从另一个角度看，两个边线和中线(通常也称为中性线)之间正好有 180°的相差，即 $\mathbf{V}_{an}=-\mathbf{V}_{bn}$或 $\mathbf{V}_{an}+\mathbf{V}_{bn}=0$。后面将会讲到，平衡多相系统由一组幅度相同且相位之和等于零的相量电压组成。从这一点看，单相三线系统其实就是一个平衡的二相系统，然而“二相”这个术语已经预留给了传统意义上由两个相位相差 90°的电压源组成的相对次要的不平衡系统。

现在考虑单相三线系统在边线和中线之间接有相同负载 $\mathbf{Z}_p$ 的情况(见图 12.8)。首先假设连接电源的导线是理想导体，因此

$$\mathbf{V}_{an}=\mathbf{V}_{nb}$$

所以，

$$\mathbf{I}_{aA}=\frac{\mathbf{V}_{an}}{\mathbf{Z}_p}=\mathbf{I}_{Bb}=\frac{\mathbf{V}_{nb}}{\mathbf{Z}_p}$$

即

$$\mathbf{I}_{nN}=\mathbf{I}_{Bb}+\mathbf{I}_{Aa}=\mathbf{I}_{Bb}-\mathbf{I}_{aA}=0$$

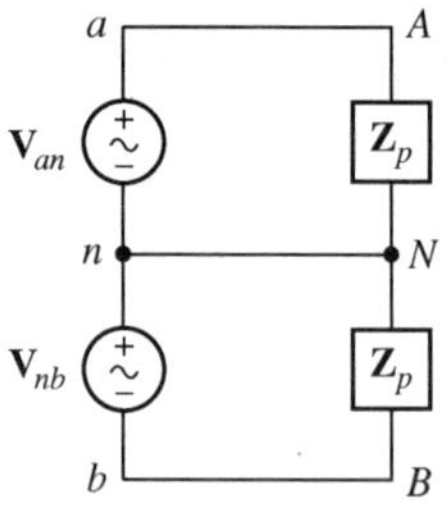


图 12.8 一个简单的单相三线系统。两个负载相同，中线电流为零

上式表明中线上没有电流，因此移去中线对系统的电压和电流没有任何影响。该结论是在等负载、等电源的情况下得到的。

### 有限导线阻抗的影响

接下来考虑导线阻抗为有限值的情况。假如线 $aA$ 和线 $bB$ 的阻抗相同，将其分别加到 $\mathbf{Z}_p$ 中会得到等阻抗的结果，因此中线上没有电流。现在让中线也具有阻抗 $\mathbf{Z}_n$。无须仔细分析，通过叠加定理即可知，由于电路的对称性仍可使中线电流为零。此外，将任何附加的阻抗直接连接在一条边线和另一条边线之间，都会得到对称电路的结果，因此中线仍然没有电流，所以零中线电流是平衡和对称负载的结果，中线上的非零阻抗不会破坏对称性。

最一般的单相三线系统包含 3 个负载，每一条边线和中线之间的负载不相等，另一个负载直接连接在两条边线之间。两条边线的阻抗近似相等，但中线阻抗略大。假设有一个这样的系统，并以此为例讨论流过中线的电流，以及系统将功率传输到非平衡负载上的总效率。

**例 12.1**　分析图 12.9 所示的系统，确定3 个负载上的功率和两条边线以及一条中线上损失的功率。

**解：明确题目的要求**

电路的 3 个负载分别为：50 Ω 电阻、100 Ω电阻和 20 + j10 Ω 阻抗，两条边线电阻均为 1 Ω，中线电阻为 3 Ω。我们需要求出每一条边线上的电流，以便求出功率。

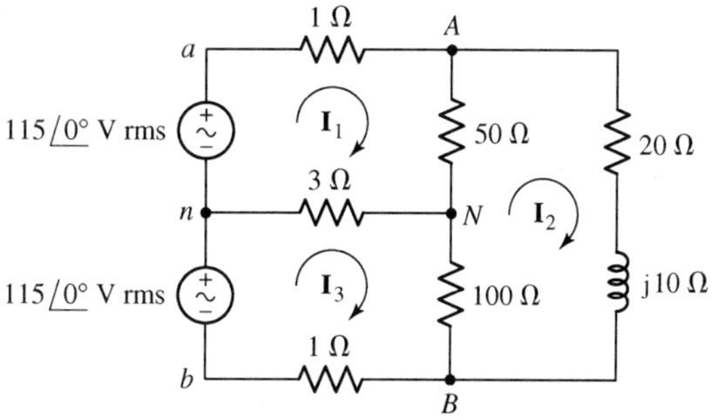


图 12.9　一个典型的单相三线系统

## 收集已知信息

这是一个单相三线系统，图 12.9 所示的电路已经完全标记好。计算得到的电流用有效值表示。

## 设计方案

采用网孔分析比较有利。定义 3 个网孔，并求解每一组网孔电流，然后再用它们分别计算吸收的功率。

## 建立一组合适的方程

建立 3 个网孔方程：

$$-115\underline{/0^\circ} + \mathbf{I}_1 + 50(\mathbf{I}_1 - \mathbf{I}_2) + 3(\mathbf{I}_1 - \mathbf{I}_3) = 0$$
$$(20 + \text{j}10)\mathbf{I}_2 + 100(\mathbf{I}_2 - \mathbf{I}_3) + 50(\mathbf{I}_2 - \mathbf{I}_1) = 0$$
$$-115\underline{/0^\circ} + 3(\mathbf{I}_3 - \mathbf{I}_1) + 100(\mathbf{I}_3 - \mathbf{I}_2) + \mathbf{I}_3 = 0$$

整理后得到以下 3 个方程：

$$\begin{aligned} 54\mathbf{I}_1 \quad & -50\mathbf{I}_2 & -3\mathbf{I}_3 &= 115\underline{/0^\circ} \\ -50\mathbf{I}_1 \quad & +(170 + \text{j}10)\mathbf{I}_2 & -100\mathbf{I}_3 &= 0 \\ -3\mathbf{I}_1 \quad & -100\mathbf{I}_2 & +100\mathbf{I}_3 &= 115\underline{/0^\circ} \end{aligned}$$

## 确定是否还需要其他信息

我们建立了 3 个未知量的 3 个方程，可以求得未知量的解。

## 尝试求解

利用科学计算器求解向量电流 $\mathbf{I}_1$，$\mathbf{I}_2$ 和 $\mathbf{I}_3$，得到

$$\mathbf{I}_1 = 11.24\underline{/-19.83^\circ}\ \text{A}$$
$$\mathbf{I}_2 = 9.389\underline{/-24.47^\circ}\ \text{A}$$
$$\mathbf{I}_3 = 10.37\underline{/-21.80^\circ}\ \text{A}$$

所以边线电流为 $\mathbf{I}_{aA} = \mathbf{I}_1 = 11.24\underline{/-19.83^\circ}\ \text{A}$

和 $\mathbf{I}_{bB} = -\mathbf{I}_3 = 10.37\underline{/158.20^\circ}\ \text{A}$

中线电流比较小，为 $\mathbf{I}_{nN} = \mathbf{I}_3 - \mathbf{I}_1 = 0.9459\underline{/-177.7^\circ}\ \text{A}$

确定每一个负载吸收的平均功率如下：

$$P_{50} = |\mathbf{I}_1 - \mathbf{I}_2|^2 (50) = 206 \text{ W}$$
$$P_{100} = |\mathbf{I}_3 - \mathbf{I}_2|^2 (100) = 117 \text{ W}$$
$$P_{20+j10} = |\mathbf{I}_2|^2 (20) = 1763 \text{ W}$$

说明：注意这里无须添加因子 1/2，因为电流是有效值。

总负载功率为 2086 W。每一条导线上损耗的功率如下：

$$P_{aA} = |\mathbf{I}_1|^2 (1) = 126 \text{ W}$$
$$P_{bB} = |\mathbf{I}_3|^2 (1) = 108 \text{ W}$$
$$P_{nN} = |\mathbf{I}_{nN}|^2 (3) = 3 \text{ W}$$

因此总损耗功率为 237 W。好在导线被证实是相当长的，否则两条边线上损耗的相对较大的功率导致的温度升高是很危险的。

说明：想像两个 100 W 的灯泡产生的热量！电线消耗的是相同的能量，为了降低它们的温度，需要较大的表面积。

**验证结果是否合理或是否与预计结果一致**

被吸收的总功率为 206 + 117 + 1763 + 237 = 2323 W，每一个电压源提供的功率为

$$P_{an} = 115(11.24)\cos 19.83^\circ = 1216 \text{ W}$$
$$P_{bn} = 115(10.37)\cos 21.80^\circ = 1107 \text{ W}$$

即总功率等于 2323 W。系统的传输效率定义为

$$\eta = \frac{\text{传给负载的总功率}}{\text{产生的总功率}} = \frac{2086}{2086 + 237} = 89.8\%$$

该值对蒸汽机和内燃机而言是难以置信的，但对一个设计精良的电力分配系统而言却是相当小的值。如果电压源和负载必须离得很远，那么需要采用线径较粗的导线。

图 12.10 所示是两个电压源电压、两条边线以及中线上的电流的相量图，从图中可知 $\mathbf{I}_{aA} + \mathbf{I}_{bB} + \mathbf{I}_{nN} = 0$。

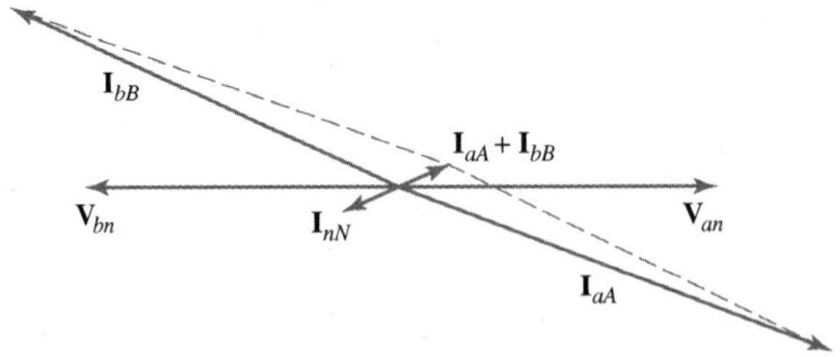


图 12.10 图 12.9 所示电路中的源电压和 3 个电流在本图中以相量形式给出。注意，$\mathbf{I}_{aA} + \mathbf{I}_{bB} + \mathbf{I}_{nN} = 0$

## 练习

12.3 修改图 12.9，每条边线各增加 1.5 Ω 电阻，中线增加 2.5 Ω 电阻。求每个负载上得到的平均功率。
答案：153.1 W；95.8 W；1374 W。

## 12.3 三相 Y-Y 形接法

三相电源有 3 个端点，称为线端，第 4 个端点(即中线端)可以用，也可以不用。我们先讨论使用中线的三相电源。它可以用 3 个理想电源接成 Y 形来表示(见图 12.11)，从而得到 4 个端点：$a$，$b$，$c$ 和 $n$。这里只讨论平衡的三相电源，其定义为

$$|\mathbf{V}_{an}| = |\mathbf{V}_{bn}| = |\mathbf{V}_{cn}|$$

和

$$\mathbf{V}_{an} + \mathbf{V}_{bn} + \mathbf{V}_{cn} = 0$$

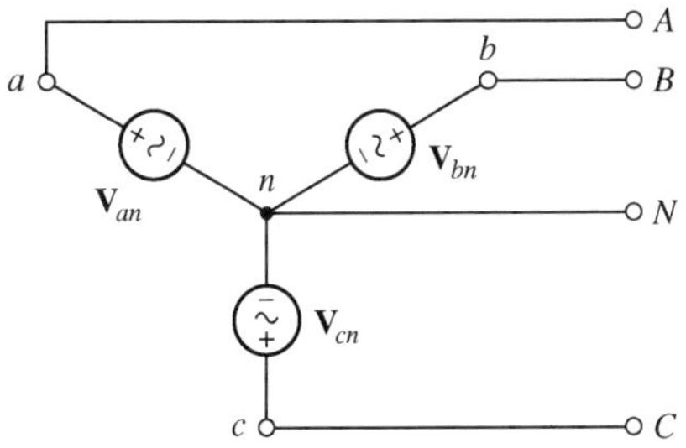


图 12.11 Y 形接法的三相四线电源

在边线和中线之间存在 3 个电压，称为**相电压**。如果任意选取 $\mathbf{V}_{an}$作为参考，或者定义为

$$\mathbf{V}_{an} = V_p\underline{/0^\circ}$$

其中，电压 $V_p$ 表示任何一个相电压有效值的幅度，那么可以定义三相电源的电压为

$$\mathbf{V}_{bn} = V_p\underline{/-120^\circ} \qquad 和 \qquad \mathbf{V}_{cn} = V_p\underline{/-240^\circ}$$

或者

$$\mathbf{V}_{bn} = V_p\underline{/120^\circ} \qquad 和 \qquad \mathbf{V}_{cn} = V_p\underline{/240^\circ}$$

前者称为**正相序列**，或者 ***abc* 相序列**，如图 12.12(a)所示；后者称为**反相序列**，或者 ***cba* 相序列**，如图 12.12(b)所示。三相电源的实际相序列取决于 3 个端点(即 $a$，$b$ 和 $c$)的选择。人们总是按照保持正相序列的要求来选择端点，我们所讨论的大多数系统都假定是正相序列。

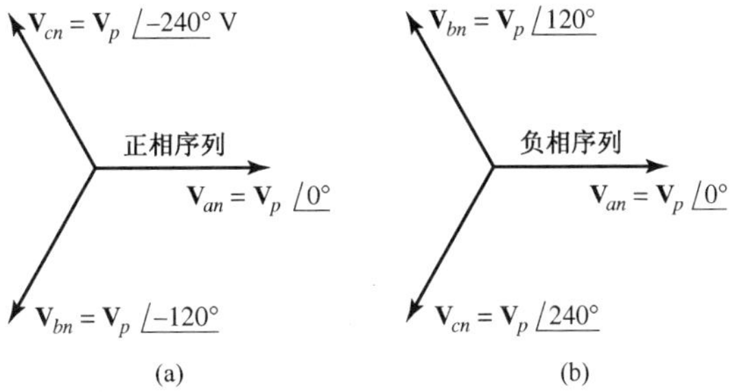


图 12.12 (a) 正相或 *abc* 相序列；(b) 反相或 *cba* 相序列

### 边线与边线间的电压

接下来讨论边线与边线间的电压(经常简称为**线电压**)，已知相电压如图 12.12(a)所示。有了相量图的帮助，可以非常容易地求得线电压，因为所有的角度都是 30°的倍数。通过图 12.13构造的必要结构，可以得到

$$\mathbf{V}_{ab} = \sqrt{3}V_p\underline{/30^\circ} \qquad [1]$$

$$\mathbf{V}_{bc} = \sqrt{3}V_p\underline{/-90^\circ} \qquad [2]$$

$$\mathbf{V}_{ca} = \sqrt{3}V_p\underline{/-210^\circ} \qquad [3]$$

基尔霍夫电压定律要求这 3 个电压之和等于零，读者可以作为练习验证一下。

如果任何线电压的有效值幅度用 $V_L$ 表示，则三相电源在 Y 形接法下有一个很重要的特性，可以表示为

$$\boxed{V_L = \sqrt{3}V_p}$$

注意：在正相序列中，$\mathbf{V}_{an}$超前$\mathbf{V}_{bn}$，$\mathbf{V}_{bn}$超前$\mathbf{V}_{cn}$，而且各超前120°。同样，$\mathbf{V}_{ab}$超前$\mathbf{V}_{bc}$，$\mathbf{V}_{bc}$超前$\mathbf{V}_{ca}$，而且也各超前120°。上述结论同样适合于反相序列，只要用“滞后”取代“超前”即可。

现在把接成Y形的平衡负载和电源相连接，使用3条边线和一条中线，如图12.14所示。位于边线和中线之间的负载用阻抗$\mathbf{Z}_p$表示，很容易得到3条边线上流过的电流，因为三相电路是拥有公共导线①的3个单相电路：

$$\mathbf{I}_{aA} = \frac{\mathbf{V}_{an}}{\mathbf{Z}_p}$$

$$\mathbf{I}_{bB} = \frac{\mathbf{V}_{bn}}{\mathbf{Z}_p} = \frac{\mathbf{V}_{an}\underline{/-120^\circ}}{\mathbf{Z}_p} = \mathbf{I}_{aA}\underline{/-120^\circ}$$

$$\mathbf{I}_{cC} = \mathbf{I}_{aA}\underline{/-240^\circ}$$

即

$$\mathbf{I}_{Nn} = \mathbf{I}_{aA} + \mathbf{I}_{bB} + \mathbf{I}_{cC} = 0$$

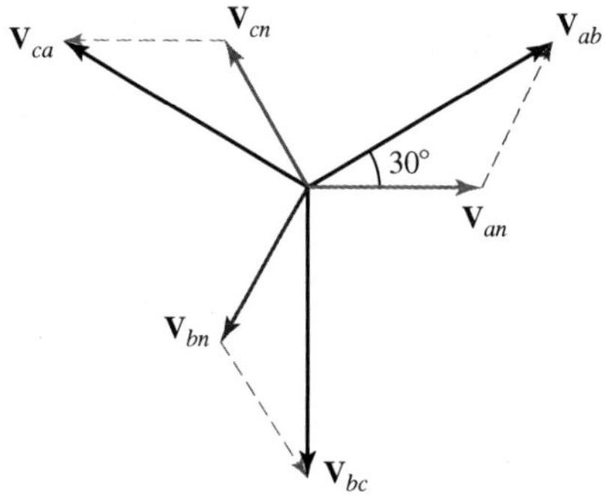


图12.13 由给定相电压确定线电压的相量图，代数式为：$\mathbf{V}_{ab} = \mathbf{V}_{an} - \mathbf{V}_{bn} = V_p\underline{/0^\circ} - V_p\underline{/-120^\circ} = V_p - V_p\cos(-120^\circ) - jV_p\sin(-120^\circ) = \mathbf{V}_p(1 + \frac{1}{2} + j\sqrt{3}/2) = \sqrt{3}V_p\underline{/30^\circ}$

可见，如果负载和电源都是平衡的且导线是零阻抗的，则中线上没有电流。如果阻抗$\mathbf{Z}_L$串接在每一条边线上，阻抗$\mathbf{Z}_n$接在中线上，会有什么改变吗？边线阻抗可以和3个负载阻抗结合在一起，等效阻抗仍然是平衡的，因此导电性能良好的中线可去掉。如果$n$和$N$之间短路或者开路对系统没有任何影响，则中线可加上任何阻抗且中线电流维持为零。

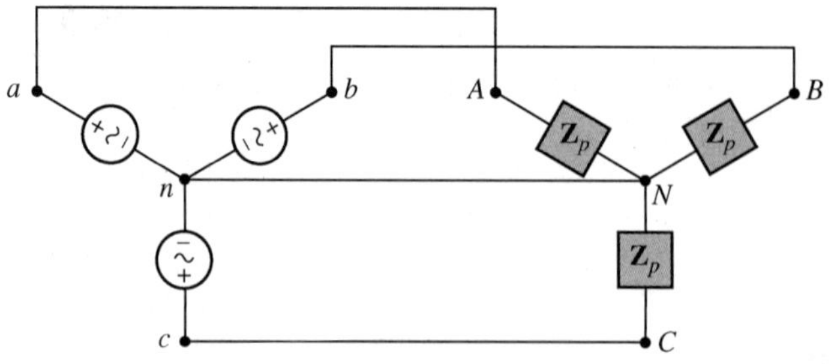


图12.14 一个平衡的三相系统，使用Y-Y形接法，包含中线

① 同时观察每一相并应用叠加定理，即可证明结论是正确的。

综上所述，如果我们有平衡的电源、平衡的负载以及平衡的边线阻抗，那么具有任何阻抗值的中线可以被任何其他阻抗取代，包括短路和开路，这样的替换不影响系统的电压和电流。不管中线是否存在，两个中点间短路是比较直观的方法，这时问题就降级为 3 个单相问题，它们除相位有一致的差异外，其他都一样。我们说这是基于"每一相"来解决实际问题。

**例 12.2**　对图 12.15 所示的电路，求整个电路的电流和电压，并求负载消耗的总功率。

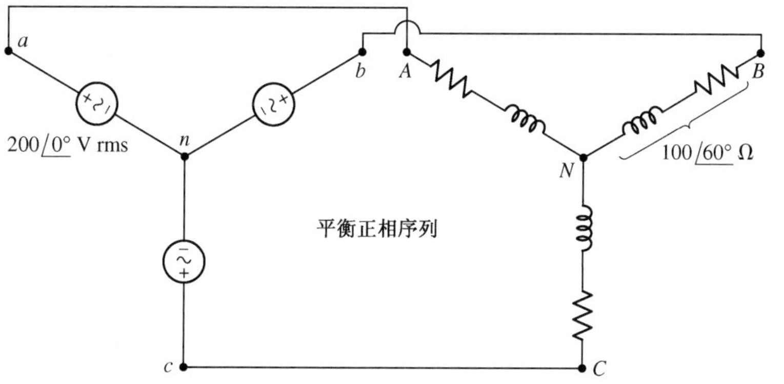


图 12.15　Y-Y 形接法的平衡三相三线系统

**解：**由于已知其中的一相电压且采用正相序列，则三个相电压为

$$\mathbf{V}_{an} = 200\underline{/0^\circ}\ \text{V}, \quad \mathbf{V}_{bn} = 200\underline{/-120^\circ}\ \text{V}, \quad \mathbf{V}_{cn} = 200\underline{/-240^\circ}\ \text{V}$$

线电压等于 $200\sqrt{3} = 346$ V，如同构造图 12.13（事实上图 12.13的相量图也是适用的），得到的相量图可以用来确定线电压的相位，借助科学计算器完成相量的减法运算，或者结合式[1]至式[3]，求得 $\mathbf{V}_{ab} = 346\underline{/30^\circ}$ V，$\mathbf{V}_{bc} = 346\underline{/-90^\circ}$ V，$\mathbf{V}_{ca} = 346\underline{/-210^\circ}$ V。

现在求解 $A$ 相，线电流为

$$\mathbf{I}_{aA} = \frac{\mathbf{V}_{an}}{\mathbf{Z}_p} = \frac{200\underline{/0^\circ}}{100\underline{/60^\circ}} = 2\underline{/-60^\circ}\ \text{A}$$

由于系统是一个平衡三相系统，根据 $\mathbf{I}_{aA}$ 很容易求得剩下的线电流：

$$\mathbf{I}_{bB} = 2\underline{/(-60^\circ - 120^\circ)} = 2\underline{/-180^\circ}\ \text{A}$$
$$\mathbf{I}_{cC} = 2\underline{/(-60^\circ - 240^\circ)} = 2\underline{/-300^\circ}\ \text{A}$$

最后，$A$ 相吸收的功率为 $\text{Re}\{\mathbf{V}_{an}\mathbf{I}_{aA}^*\}$，或

$$P_{AN} = 200(2)\cos(0^\circ + 60^\circ) = 200\ \text{W}$$

因此，被三相负载吸收的总功率等于 600 W。

该电路的相量图如图 12.16 所示。一旦知道任何线电压和线电流的幅度并读懂相量图，就可以求得所有 3 个电压和 3 个电流。

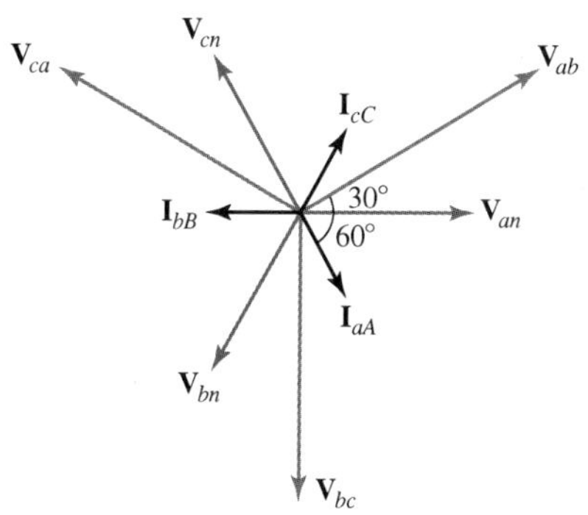


图 12.16　应用于图 12.15 所示电路的相量图

## 练习

12.4　平衡三相三线系统有一个 Y 形接法的负载，每一相负载包含 3 个并联元件：$-j100\ \Omega$、$100\ \Omega$ 和 $50 + j50\ \Omega$。假设正相序列电压 $\mathbf{V}_{ab} = 400\underline{/0^\circ}$ V，求：

(a) $\mathbf{V}_{an}$；(b) $\mathbf{I}_{aA}$；(c) 负载吸收的总功率。

答案：(a) $231\angle -30^\circ$ V；(b) $4.62\angle -30^\circ$ A；(c) 3200 W。

在开始另一个例题之前，我们先对12.1节的结论进行一些深入讨论。例如，即使在特定的时刻(在北美地区为每隔1/120 s)相电压和电流会等于零，输送给总负载的瞬时功率也从不等于零。再一次考虑例12.2中的$A$相电路，在时域重新写出相电压和电流的表达式：

$$v_{AN} = 200\sqrt{2}\cos(120\pi t + 0^\circ)\ \text{V}$$

和

$$i_{AN} = 2\sqrt{2}\cos(120\pi t - 60^\circ)\ \text{A}$$

说明：变换有效值时需要的因子为$\sqrt{2}$。

因此，$A$相吸收的瞬时功率为

$$\begin{aligned} p_A(t) = v_{AN}i_{AN} &= 800\cos(120\pi t)\cos(120\pi t - 60^\circ) \\ &= 400[\cos(-60^\circ) + \cos(240\pi t - 60^\circ)] \\ &= 200 + 400\cos(240\pi t - 60^\circ)\ \text{W} \end{aligned}$$

同样可得

$$p_B(t) = 200 + 400\cos(240\pi t - 300^\circ)\ \text{W}$$

和

$$p_C(t) = 200 + 400\cos(240\pi t - 180^\circ)\ \text{W}$$

总负载吸收的瞬时功率为

$$p(t) = p_A(t) + p_B(t) + p_C(t) = 600\ \text{W}$$

该结果与时间无关，且其值与例12.2计算得到的平均功率值相等。

**例12.3** 平衡三相电源系统给平衡的Y接法负载提供300 V的线电压，1200 W的功率，功率因数为0.8超前，求线电流和每一相的负载阻抗。

**解：** 相电压为$300/\sqrt{3}$ V，每一相的功率为1200/3 = 400 W，因此可以根据功率关系得到线电流：

$$400 = \frac{300}{\sqrt{3}}(I_L)(0.8)$$

即线电流等于2.89 A。相阻抗由下式给出：

$$|\mathbf{Z}_p| = \frac{V_p}{I_L} = \frac{300/\sqrt{3}}{2.89} = 60\ \Omega$$

由于功率因数为0.8超前，所以阻抗的相角为$-36.9^\circ$，即$\mathbf{Z}_p = 60\angle -36.9^\circ\ \Omega$。

## 练习

12.5 平衡三相三线系统的线电压为500 V。现有两个平衡的Y接法阻抗：一个是容性负载，每一相都为$7 - j2\ \Omega$；另一个是感性负载，每一相都为$4 + j2\ \Omega$。求：(a) 相电压；(b) 线电流；(c) 负载获得的总功率；(d) 电源工作时的功率因数。

答案：(a) 289 V；(b) 97.5 A；(c) 83.0 kW；(d) 0.983 滞后。

**例12.4** 一个平衡的600 W照明设备负载加到(并联到)例12.3的系统中，确定现在的线电流。

**解：** 首先画出每一相的电路，如图12.17所示。600 W的负载是平衡的，在三相之间平均分配，结果是每一相都增加200 W的功率消耗。

照明设备上的电流幅度(标为 $\mathbf{I}_1$)由下式确定：

$$200 = \frac{300}{\sqrt{3}}|\mathbf{I}_1|\cos 0^\circ$$

因此，
$$|\mathbf{I}_1| = 1.155\ \text{A}$$

同样，容性负载上的电流幅度(标为 $\mathbf{I}_2$)没有改变，其值与先前的值相同，因为其上的电压没有变化：

$$|\mathbf{I}_2| = 2.89\ \text{A}$$

假设我们讨论的这一相的相电压角度为 0°，由于arccos(0.8) = 36.9°，

$$\mathbf{I}_1 = 1.155\underline{/0^\circ}\ \text{A}, \qquad \mathbf{I}_2 = 2.89\underline{/+36.9^\circ}\ \text{A}$$

因此线电流为　$\mathbf{I}_L = \mathbf{I}_1 + \mathbf{I}_2 = 3.87\underline{/+26.6^\circ}\ \text{A}$

进一步求得这一相的电源产生的功率为

$$P_p = \frac{300}{\sqrt{3}}3.87\cos(+26.6^\circ) = 600\ \text{W}$$

该结果与实际相符，新的照明设备需要各相单独提供 200 W 的功率，原先的负载需要 400 W 的功率，合起来正好是 600 W。

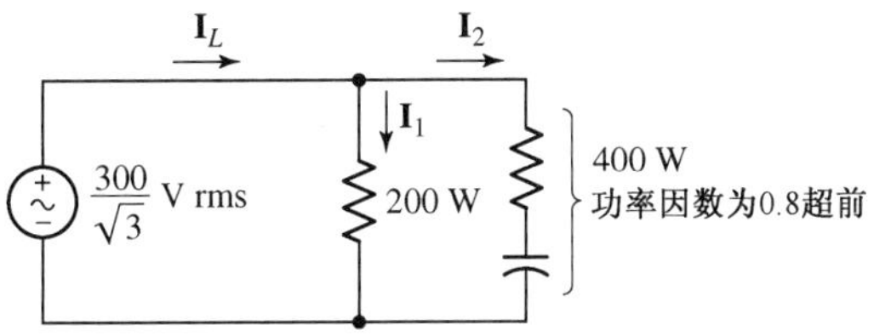


图 12.17　用于分析平衡三相系统的每一相电路的例子

## 练习

12.6　3 个平衡的 Y 接法负载安装在三相四线电源系统中。负载 1 获得的总功率为 6 kW，PF = 1；负载 2 需要的功率为 10 kVA，功率因数为 0.96 滞后；负载 3 需要的功率为 7 kW，功率因数为 0.85 滞后。假设负载上的相电压为 135 V，每一条边线的电阻是 0.1 Ω，中线电阻为 1 Ω。求：(a) 负载吸收的总功率；(b) 负载的总功率因数；(c) 4 条线上损耗的总功率；(d) 电源的相电压；(e) 电源工作时的功率因数。

答案：(a) 22.6 kW；(b) 0.954 滞后；(c) 1027 W；(d) 140.6 V；(e) 0.957 滞后。

如果平衡三相系统上的负载是非平衡的，但是有中线，且中线阻抗等于零，则电路分析仍可以采用基于每一相的分析方法。假如其中有一个条件不满足，则需要采用其他方法，比如网孔分析或节点分析法。然而，长期与非平衡三相系统打交道的工程师发现，对称组件分析法更节省时间。

我们将此内容留给高级课程来阐述。

## 12.4　△形接法

与 Y 形接法相对应的另一种负载连接方式是△形接法(见图 12.18)。这种接法很普遍，而且无须中线。

现在考虑平衡△形接法负载连接在每一对边线之间，阻抗为 $\mathbf{Z}_p$（见图 12.18）。假设已知的线电压为

$$V_L = |\mathbf{V}_{ab}| = |\mathbf{V}_{bc}| = |\mathbf{V}_{ca}|$$

或者假设已知的相电压为 $$V_p = |\mathbf{V}_{an}| = |\mathbf{V}_{bn}| = |\mathbf{V}_{cn}|$$

其中， $$V_L = \sqrt{3}V_p \qquad \text{且} \qquad \mathbf{V}_{ab} = \sqrt{3}V_p\underline{/30^\circ}$$

结果同前所述。由于△形接法中每条支路上的电压是已知的，所以很容易得到相电流：

$$\mathbf{I}_{AB} = \frac{\mathbf{V}_{ab}}{\mathbf{Z}_p} \qquad \mathbf{I}_{BC} = \frac{\mathbf{V}_{bc}}{\mathbf{Z}_p} \qquad \mathbf{I}_{CA} = \frac{\mathbf{V}_{ca}}{\mathbf{Z}_p}$$

它们的差就是线电流，例如 $$\mathbf{I}_{aA} = \mathbf{I}_{AB} - \mathbf{I}_{CA}$$

因为我们讨论的是平衡系统，因此 3 个相电流具有相同的幅度：

$$I_p = |\mathbf{I}_{AB}| = |\mathbf{I}_{BC}| = |\mathbf{I}_{CA}|$$

线电流的幅度也是相等的，而且可以很明显地从图 12.19 所示的相量图中看出对称性，因此

$$I_L = |\mathbf{I}_{aA}| = |\mathbf{I}_{bB}| = |\mathbf{I}_{cC}|$$

即 $$I_L = \sqrt{3}I_p$$

现在暂时忽略电源，仅考虑平衡负载。如果负载采用的是△形接法，则相电压和线电压是没区别的，但线电流是相电流的 $\sqrt{3}$ 倍；对于 Y 形接法的负载，相电流和线电流指的是同一个电流，而线电压则是相电压的 $\sqrt{3}$ 倍。

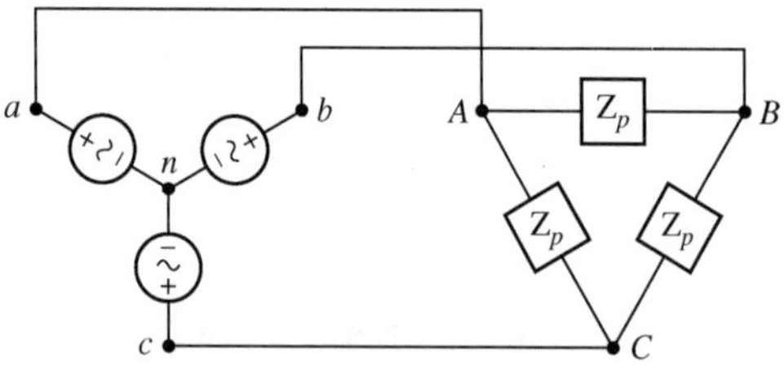


图 12.18　平衡△形接法连接在三线三相系统中，电源是Y形接法

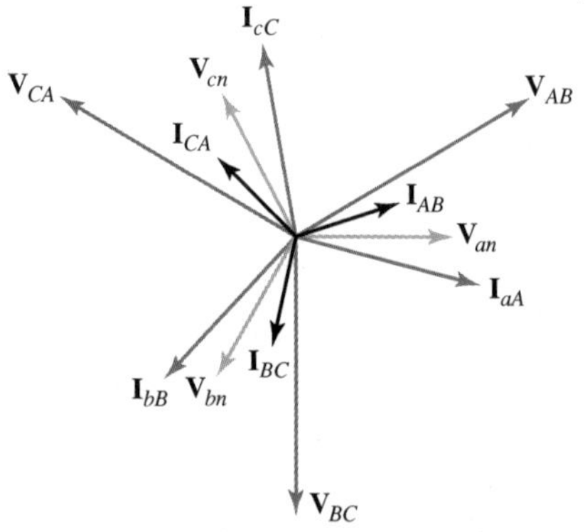


图 12.19　应用于图 12.18 所示电路的相量图，假设 $\mathbf{Z}_p$ 是感性阻抗

**例 12.5**　确定三相系统的线电流幅度，已知线电压为 300 V，电源给△形接法负载提供1200 W功率，功率因数为 0.8 滞后，并求每一相的阻抗。

**解**：再一次考虑单相的情况。由于在线电压为 300 V 且功率因数为 0.8 滞后的条件下，负载得到 400 W 功率，则

$$400 = 300(I_p)(0.8)$$

即 $$I_p = 1.667 \text{ A}$$

根据线电流和相电流的关系，得到

$$I_L = \sqrt{3}(1.667) = 2.89\ \text{A}$$

接下来，负载的相角为 arccos (0.8) = 36.9°，因此每一相的阻抗为

$$\mathbf{Z}_p = \frac{300}{1.667}\underline{/36.9^\circ} = 180\underline{/36.9^\circ}\ \Omega$$

**说明：务必记住，假设所有引用的电压和电流都是有效值。**

## 练习

12.7　某平衡三相系统的△形负载由一个 200 mH 电感串联 5 μF 电容和 200 Ω 电阻的并联组合组成，假设边线电阻等于零，电源电压为 200 V，工作频率 $\omega$ = 400 rad/s。求：(a) 相电流；(b) 线电流；(c) 负载吸收的总功率。

答案：(a) 1.158 A；(b) 2.01 A；(c) 693 W。

**例 12.6**　确定三相系统中线电流的幅度，已知线电压为 300 V，电源提供 1200 W 功率给 Y 形接法的负载，功率因数为 0.8 滞后(与例 12.5 的电路相同，但这里采用的是 Y 形接法的负载)。

**解：**对每一相而言，相电压为 $300/\sqrt{3}$ V，功率为 400 W，功率因数为 0.8 滞后，因此

$$400 = \frac{300}{\sqrt{3}}(I_p)(0.8)$$

即　　$I_p = 2.89$　　(因此 $I_L = 2.89$ A)

负载的相角仍为 36.9°，因此 Y 的每一相阻抗为

$$\mathbf{Z}_p = \frac{300/\sqrt{3}}{2.89}\underline{/36.9^\circ} = 60\underline{/36.9^\circ}\ \Omega$$

因子$\sqrt{3}$不仅是线参数与相参数之间的纽带，也是三相平衡系统中任何负载所吸收的总功率这一表达式中出现的系数。假设 Y 形负载的功率因数的相角为 $\theta$，则任何一相得到的功率为

$$P_p = V_p I_p \cos\theta = V_p I_L \cos\theta = \frac{V_L}{\sqrt{3}} I_L \cos\theta$$

总功率为

$$P = 3P_p = \sqrt{3} V_L I_L \cos\theta$$

同样，△形负载中每一相负载得到的功率为

$$P_p = V_p I_p \cos\theta = V_L I_p \cos\theta = V_L \frac{I_L}{\sqrt{3}} \cos\theta$$

总功率为

$$P = 3P_p = \sqrt{3} V_L I_L \cos\theta \qquad [4]$$

可见，式[4]允许我们在计算平衡负载得到的总功率时只需已知线电压的幅度、线电流的幅度、负载阻抗(导纳)的相角即可，从而不必考虑负载是 Y 形的还是△形的。例 12.5 和例 12.6 中的线电流由以下两步简单得到：

$$1200 = \sqrt{3}(300)(I_L)(0.8)$$

所以

$$I_L = \frac{5}{\sqrt{3}} = 2.89\ \text{A}$$

表 12.1 所示的是相电压、线电压，以及相电流和线电流的简单总结，其中负载包括了 Y 形和△形两种情况，电源为三相 Y 型接法。

## 练习

12.8 平衡三相三线系统端口接有两个并联连接的△形负载，负载 1 需要 40 kVA 功率，功率因数为 0.8 滞后；负载 2 吸收 24 kW 功率，功率因数为 0.9 超前。假设边线电阻等于零，$\mathbf{V}_{ab} = 440\underline{/30^\circ}$ V。求：(a) 负载吸收的总功率；(b) 滞后负载上的线电流 $\mathbf{I}_{AB1}$；(c) $\mathbf{I}_{AB2}$；(d) $\mathbf{i}_{aA}$。

答案：(a) 56.0 kW；(b) $30.3\underline{/-6.87^\circ}$ A；(c) $20.2\underline{/55.8^\circ}$ A；(d) $75.3\underline{/-12.46^\circ}$ A。

**表 12.1 Y 形和△形三相负载的比较。$V_p$ 是 Y 形电源中每一相的电压幅度**

| 负载 | 相电压 | 线电压 | 相电流 | 线电流 | |
|---|---|---|---|---|---|
| Y | $\mathbf{V}_{AN} = V_p\underline{/0^\circ}$<br>$\mathbf{V}_{BN} = V_p\underline{/-120^\circ}$<br>$\mathbf{V}_{CN} = V_p\underline{/-240^\circ}$ | $\mathbf{V}_{AB} = \mathbf{V}_{ab}$<br>$= (\sqrt{3}\underline{/30^\circ})\mathbf{V}_{AN}$<br>$= \sqrt{3}V_p\underline{/30^\circ}$<br>$\mathbf{V}_{BC} = \mathbf{V}_{bc}$<br>$= (\sqrt{3}\underline{/30^\circ})\mathbf{V}_{BN}$<br>$= \sqrt{3}V_p\underline{/-90^\circ}$<br>$\mathbf{V}_{CA} = \mathbf{V}_{ca}$<br>$= (\sqrt{3}\underline{/30^\circ})\mathbf{V}_{CN}$<br>$= \sqrt{3}V_p\underline{/-210^\circ}$ | $\mathbf{I}_{aA} = \mathbf{I}_{AN} = \dfrac{\mathbf{V}_{AN}}{\mathbf{Z}_p}$<br>$\mathbf{I}_{bB} = \mathbf{I}_{BN} = \dfrac{\mathbf{V}_{BN}}{\mathbf{Z}_p}$<br>$\mathbf{I}_{cC} = \mathbf{I}_{CN} = \dfrac{\mathbf{V}_{CN}}{\mathbf{Z}_p}$ | $\mathbf{I}_{aA} = \mathbf{I}_{AN} = \dfrac{\mathbf{V}_{AN}}{\mathbf{Z}_p}$<br>$\mathbf{I}_{bB} = \mathbf{I}_{BN} = \dfrac{\mathbf{V}_{BN}}{\mathbf{Z}_p}$<br>$\mathbf{I}_{cC} = \mathbf{I}_{CN} = \dfrac{\mathbf{V}_{CN}}{\mathbf{Z}_p}$ | $V_L\dfrac{I_L}{\sqrt{3}}\cos\theta$ |
| △ | $\mathbf{V}_{AB} = \mathbf{V}_{ab}$<br>$= \sqrt{3}V_p\underline{/30^\circ}$<br>$\mathbf{V}_{BC} = \mathbf{V}_{bc}$<br>$= \sqrt{3}V_p\underline{/-90^\circ}$<br>$\mathbf{V}_{CA} = \mathbf{V}_{ca}$<br>$= \sqrt{3}V_p\underline{/-210^\circ}$ | $\mathbf{V}_{AB} = \mathbf{V}_{ab}$<br>$= \sqrt{3}V_p\underline{/30^\circ}$<br>$\mathbf{V}_{BC} = \mathbf{V}_{bc}$<br>$= \sqrt{3}V_p\underline{/-90^\circ}$<br>$\mathbf{V}_{CA} = \mathbf{V}_{ca}$<br>$= \sqrt{3}V_p\underline{/-210^\circ}$ | $\mathbf{I}_{AB} = \dfrac{\mathbf{V}_{AB}}{\mathbf{Z}_p}$<br>$\mathbf{I}_{BC} = \dfrac{\mathbf{V}_{BC}}{\mathbf{Z}_p}$<br>$\mathbf{I}_{CA} = \dfrac{\mathbf{V}_{CA}}{\mathbf{Z}_p}$ | $\mathbf{I}_{aA} = (\sqrt{3}\underline{/-30^\circ})\dfrac{\mathbf{V}_{AB}}{\mathbf{Z}_p}$<br>$\mathbf{I}_{bB} = (\sqrt{3}\underline{/-30^\circ})\dfrac{\mathbf{V}_{BC}}{\mathbf{Z}_p}$<br>$\mathbf{I}_{cC} = (\sqrt{3}\underline{/-30^\circ})\dfrac{\mathbf{V}_{CA}}{\mathbf{Z}_p}$ | $V_L\dfrac{I_L}{\sqrt{3}}\cos\theta$ |

## △形接法的电源

电源也可以接成△形接法。这种接法不典型，且当各相之间存在稍许的不平衡时，环路上就会流过大电流。例如，3 个单相电源为 $\mathbf{V}_{ab}$，$\mathbf{V}_{bc}$和 $\mathbf{V}_{cd}$，在连接 $a$ 和 $d$ 从而闭合△形结构之前，可以通过测量电压之和($\mathbf{V}_{ab} + \mathbf{V}_{bc} + \mathbf{V}_{ca}$)来确定非平衡量。假设求和后的幅度是线电压的 1%，则环路电流约为线电压的 1/3 除以电源内阻。这个内阻会有多大呢？它取决于电源在可忽略的端电压下降时提供的电流。假设最大的电流导致端电压下降 1%，那么环路电流将达到最大电流的 1/3！其后果是减小了电源承载有效电流的能力，而且还会增加系统的损耗。

还需要指出的是，平衡的三相电源可以从 Y 形转换成△形，也可以从△形转换成 Y 形，且不影响负载电压和电流。线电压和相电压之间的重要关系如图 12.13 所示，假设电压 $\mathbf{V}_{an}$的参考相角为 0°。不管我们喜欢哪一种接法的电源，该转换关系都表明负载上的关系式是正确的。当然，在电源没有实际接上之前，电源内的电流和电压是不确定的。平衡三相负载在 Y 形和△形之间转换可以采用以下的关系式：

$$Z_Y = \frac{Z_\Delta}{3}$$

建议读者记住该式。

## 实际应用——发电系统

当今时代产生电能的方法相当多。例如，使用光电转换技术（太阳能电池）把太阳能直接转变成电能即可产生直流电。尽管光电转换技术是一项很环保的技术，但是光电转换方法与其他发电方法相比费用太高，而且还需要转换器把直流电转变成交流电。相比之下，风力涡轮发电、地热发电、水力发电、原子能以及燃油发电机发电都是很经济的方法。在这些系统中，一个转动轴在**原动力**［如风力推进器、水力或蒸汽的涡轮片（见图12.20）］的推动下旋转。

图12.20 加州Altamont Pass的风力发电机，包含7000个独立的风车（© Digital Vision/Punch Stock RF）

一旦原动力驱动了轴的旋转，有几种方式能够把机械能转变成电能。一种方式是**同步发电机**，如图12.21所示。这种机械由两个主要部分组成：一个是固定部分，称为**定子**；另一个是转动部分，称为**转子**。直流电流从绕在转子上的线圈里流过，转子在原动力驱动下旋转可产生磁场，绕在定子上的第二组线圈就会感应出一组三相电压。同步发电机的名字来源于产生的交流电的频率与机械转子的转动频率相同。

图12.21 正在向下吊装的24极转子同步发电机（感谢Wade Enright教授）

对单独一个发电机的实际电能需求千变万化，这是因为负载的增加或减少所致。例如，空调机的启动、电灯的开关等。理想情况下，发电机的输出电压应与负载无关，但实际情况并非如此。电压 $\mathbf{E}_A$ 是由给定的定子感应出来的任意一相电压，通常称为**内部产生的电压**，其幅度为

$$E_A = K\phi\omega$$

其中，$K$ 是常数，由机器构造决定；$\phi$ 是围绕着定子的磁场所产生的磁通量（因此与负载无关）；$\omega$ 是转速，它只取决于原动力而与负载无关。因此，改变负载并不影响 $\mathbf{E}_A$ 的幅度。内部产生的电压与相电压 $\mathbf{V}_\phi$ 和相电流 $\mathbf{I}_A$ 具有如下关系：

$$\mathbf{E}_A = \mathbf{V}_\phi + \mathrm{j}X_S\mathbf{I}_A$$

其中，$X_S$ 是发电机的**同步阻抗**。如果负载增加，就需要发电机输出更大的电流 $\mathbf{I}'_A$。如果功率因数不变（即 $\mathbf{V}_\phi$ 和 $\mathbf{I}_A$ 之间的角度不变），则 $\mathbf{V}_\phi$ 将减小，因为 $E_A$ 不能改变。

例如，考虑图 12.22(a)所示的相量图，它描述的是发电机接一个功率因数滞后 cos $\theta$ 的负载后，单相输出电压和电流相量的关系。内部产生的电压 $\mathbf{E}_A$ 也在图中有所表示。如果增加的负载并不改变功率因数，如图 12.22(b)所示，则提供的电流将从 $\mathbf{I}_A$ 增加到 $\mathbf{I}'_A$，然而由相量 $\mathrm{j}X_S\,\mathbf{I}_A'$和 $\mathbf{V}_\phi$相加形成的内部产生的电压幅度必须保持不变，即 $E_A' = E_A$，所以发电机的输出电压 $\mathbf{V}'_\phi$ 将略有减小，如图 12.22(b)所示。

发电机的**电压调整率**定义为

$$\%\text{调整率} = \frac{V_{\text{无负载}} - V_{\text{满负载}}}{V_{\text{满负载}}} \times 100$$

理想情况下，该值应尽可能接近于零，但只有在改变控制磁通量 $\phi$ 的直流电流，以补偿负载条件变化的情况下才能做到这一点，这显然很麻烦。为此，在设计发电设备时，采用几个小的发电机并联比采用一个大的发电机可容纳更大的负载。每一个发电机都可以满负载或接近满负载工作，这样电压的输出基本上就是常数。根据需求，还可以在整个系统中添加或去除单个发电机。

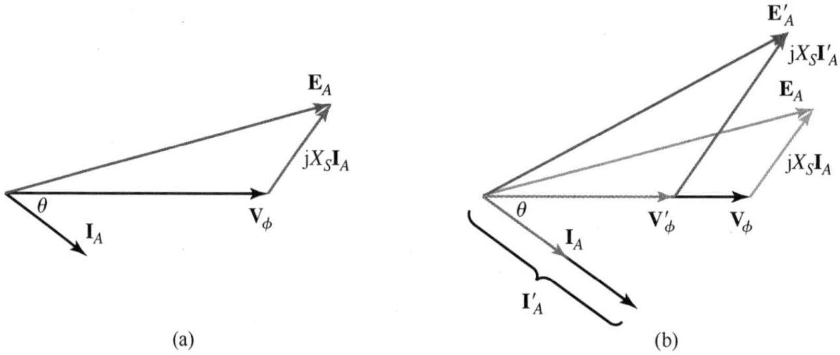


图 12.22　用相量图描述负载对单个同步发电机的影响。(a) 发电机接有滞后功率因数为cos $\theta$的负载；(b) 增加的负载不改变功率因数。内部产生的电压幅度$\mathbf{E}_A$保持不变，但输出电流增加，因此输出电压$\mathbf{V}_\phi$减少

## 12.5 三相系统的功率测量

### 瓦特计的使用

在大型的电力系统中，电压和电流的重要性是不言而喻的。事实上，功率用得更广泛，因此直接测量功率就很有价值。测量功率使用的典型仪器称为**瓦特计**，它能够测量出电源和负载上相关的电压和电流。现代功率计如同数字万用表，能够提供被测量物理量的数字显示形式。在原理上，它们大多利用了电流产生的磁场可以在电流不断开的情况下被测量出来的事实。但是模拟万用表还是存在的，首先是因为模拟的比数字的在某些方面更具优势，比如，不用单独的电源(电池)，模拟万用表照样可以工作；其次，模拟表的指针变动很直观，而数字表的数字跳动是随机的。因此，本节讨论的功率测量内容将集中在传统的模拟仪器上，其实转到数字仪表上也是很直接的。在讨论用专门的技术测量三相系统之前，首先简要地分析如何用**瓦特计**测量单相电路。

功率测量通常利用带有两个线圈的瓦特计在低于几百赫兹的频率下完成。其中一个线圈

非常粗，电阻很低，称为电流线圈；第二个线圈由细线绕成，匝数非常多，电阻相对大一些，该线圈称为电势线圈或电压线圈。附加电阻可以与电势线圈在内部或外部串接在一起，扭矩应用在转动系统上，指针值与流过两个线圈的瞬时电流的乘积成正比。但是，转动系统的惯性导致指针偏转与扭矩的平均值成正比。

瓦特计一般以下面的方法连接在网络中：流入电流线圈的电流就是流入网络的电流，电压线圈两端的电压也就是跨接在网络两端的电压。电压线圈上流过的电流等于输入电压除以电压线圈的电阻。

很显然，瓦特计有 4 个可用的端子，为了得到比较准确的表头读数，必须正确连接这些端子。具体而言，假设需要测量无源网络吸收的功率，则插入的电流线圈与连接负载的两条导线之一串联，而电压线圈连接在两条导线之间，通常位于电流线圈的"负载边"。电压线圈的端子通常由箭头指示，如图 12.23(a)所示。每一个线圈都有两个端子，电压和电流之间的关系必须观察正确。每个线圈的一端标有" + "号，如果正的电流流入电流线圈的" + "端，电压线圈的" + "端相对于未标注的那端是正的，那么指针向高刻度方向偏转。图 12.23(a)所示的瓦特计显示的是向高刻度方向偏转的指针读数，表明右边的负载网络是吸收功率的。如果两个线圈中的一个接反了(但不是全部反了)，那么表头指针将向低刻度方向偏转。只有两个线圈同时接反时，表头读数才不受影响。

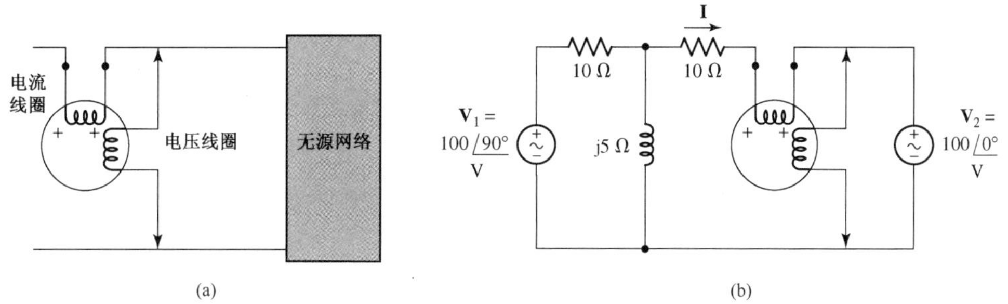


图 12.23　(a) 瓦特计的连接保证测量无源网络吸收功率时读数是偏向高刻度值的；(b) 显示高刻度读数的瓦特计连接的一个例子，反映右边电源吸收的功率

作为瓦特计测量平均功率的例子，现在来考虑图 12.23(b)所示的电路。瓦特计的连接表明指针向高刻度方向偏转，反映了瓦特计右边的网络，即右边电源吸收的功率。电源吸收的功率为

$$P = |\mathbf{V}_2|\,|\mathbf{I}|\cos(\text{ang } \mathbf{V}_2 - \text{ang } \mathbf{I})$$

利用叠加定理或者网孔分析法，求得电流为

$$\mathbf{I} = 11.18\angle 153.4°\ \text{A}$$

则吸收的功率为

$$P = (100)(11.18)\cos(0° - 153.4°) = -1000\ \text{W}$$

因此指针停止在负刻度上。实际上，反接电压线圈要比电流线圈快得多，因此这样的反接得到的读数是 1000 W 的正刻度值。

## 练习

12.9　确定图 12.24 所示电路中瓦特计的读数，说明是否需要反接电压线圈以使指针显示正读数，并确定该功率是被哪个或哪些元件吸收或产生的。瓦特计的" + "分别与下列端点连接：(a) $x$；(b) $y$；(c) $z$。

答案：(a) 1200 W，正接，$P_{6\Omega}$(吸收)；(b) 2200 W，正接，$P_{4\Omega}+P_{6\Omega}$(吸收)；(c) 500 W，反接，被 100 V 吸收。

## 三相系统中的瓦特计

初看起来，测量三相负载吸收的功率似乎是很容易的问题：只需在每一相上接一个瓦特计，然后将测量结果相加。例如，Y 形负载如图 12.25(a)所示，每一个瓦特计的电流线圈与每一相的负载串接，电压线圈接在连接该相负载的边线和中线之间。同样，瓦特计也可以连接成图 12.25(b)所示的形式，用于测量△形负载获得的总功率。从理论上讲，上述方法是正确的，但实际上行不通，因为 Y 形的中线和△形的相未必总能够得到。例如，三相旋转电机只有 3 个可用的端子，称为 $A$、$B$ 和 $C$。

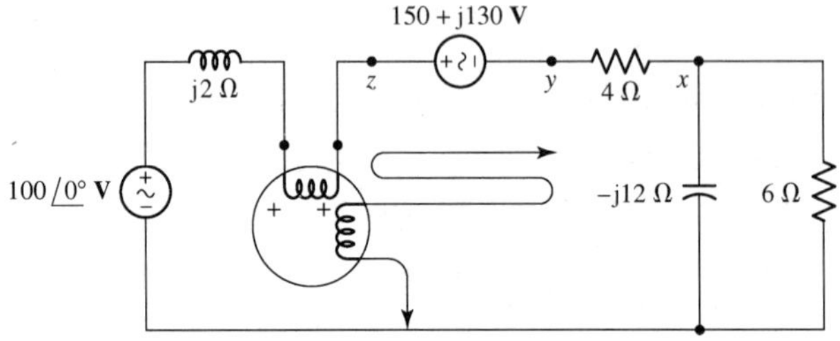


图 12.24

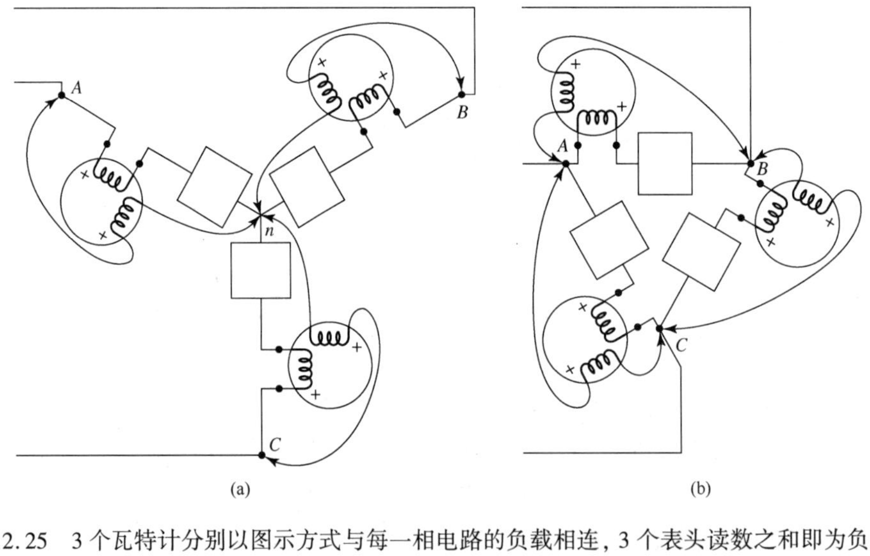


图 12.25　3 个瓦特计分别以图示方式与每一相电路的负载相连，3 个表头读数之和即为负载吸收的总功率。(a) Y形接法的负载；(b) △形接法的负载。负载和电源可以是非平衡的

显然，我们需要一种方法来测量只有 3 个端子可用的三相负载吸收的总功率：测量可以在这些端子的“线”侧而不是在“负载”侧完成。这样的方法还能用来测量非平衡负载从非平衡电源获得的功率。现在将 3 个瓦特计照此连接：每一个电流线圈串接在一条边线上，每一个电压线圈并接在边线和某个公共端点(例如 $x$)之间，如图 12.26 所示。尽管图示的是 Y 形负载，然而下面的结论对△形接法的负载同样正确。点 $x$ 可以是三相系统中不确定的点，也可以只是 3 个电压线圈的公共节点。瓦特计 $A$ 测得的平均功率一定为

$$P_A = \frac{1}{T}\int_0^T v_{Ax} i_{aA}\,\mathrm{d}t$$

其中，$T$ 是所有电压源的周期。其他两个瓦特计的读数有相似的表达式，因此负载吸收的总功率为

$$P = P_A + P_B + P_C = \frac{1}{T}\int_0^T (v_{Ax}i_{aA} + v_{Bx}i_{bB} + v_{Cx}i_{cC})\,\mathrm{d}t$$

上面提到的 3 个电源可以用相电压和点 $x$ 与中线间的电压表示：

$$v_{Ax} = v_{AN} + v_{Nx}$$
$$v_{Bx} = v_{BN} + v_{Nx}$$
$$v_{Cx} = v_{CN} + v_{Nx}$$

因此，

$$P = \frac{1}{T}\int_0^T (v_{AN}i_{aA} + v_{BN}i_{bB} + v_{CN}i_{cC})\,\mathrm{d}t + \frac{1}{T}\int_0^T v_{Nx}(i_{aA} + i_{bB} + i_{cC})\,\mathrm{d}t$$

由于全部的三相负载可以看成一个超节点，因此应用基尔霍夫电流定律可得

$$i_{aA} + i_{bB} + i_{cC} = 0$$

则

$$P = \frac{1}{T}\int_0^T (v_{AN}i_{aA} + v_{BN}i_{bB} + v_{CN}i_{cC})\,\mathrm{d}t$$

参考电流的相量图，可知求和的结果正是每一相的负载吸收的功率之和，3 个瓦特计的读数之和也正好代表了全部负载吸收的总功率。

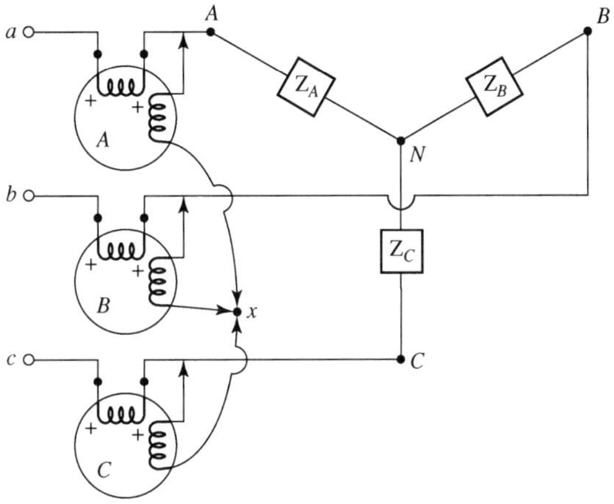


图 12.26　一种用 3 个瓦特计测量三相负载吸收的总功率的方法。负载只有 3 个端子可用

在探讨 3 个瓦特计中的一个是多余的之前，我们用一个例子以数值来复述上面的推导过程。假设电源是平衡的，则

$$\mathbf{V}_{ab} = 100\underline{/0^\circ}\ \mathrm{V}$$
$$\mathbf{V}_{bc} = 100\underline{/-120^\circ}\ \mathrm{V}$$
$$\mathbf{V}_{ca} = 100\underline{/-240^\circ}\ \mathrm{V}$$

或者

$$\mathbf{V}_{an} = \frac{100}{\sqrt{3}}\underline{/-30^\circ}\ \mathrm{V}$$
$$\mathbf{V}_{bn} = \frac{100}{\sqrt{3}}\underline{/-150^\circ}\ \mathrm{V}$$
$$\mathbf{V}_{cn} = \frac{100}{\sqrt{3}}\underline{/-270^\circ}\ \mathrm{V}$$

非平衡负载为

$$\mathbf{Z}_A = -\mathrm{j}10\ \Omega$$
$$\mathbf{Z}_B = \mathrm{j}10\ \Omega$$
$$\mathbf{Z}_C = 10\ \Omega$$

假设瓦特计是理想的并连接成图 12.26 所示的结构，点 $x$ 位于电源的中心 $n$，则可根据网孔分析得到 3 个线电流：

$$\mathbf{I}_{aA} = 19.32\underline{/15^\circ}\ \mathrm{A}$$
$$\mathbf{I}_{bB} = 19.32\underline{/165^\circ}\ \mathrm{A}$$
$$\mathbf{I}_{cC} = 10\underline{/-90^\circ}\ \mathrm{A}$$

中线之间的电压为 $\mathbf{V}_{nN} = \mathbf{V}_{nb} + \mathbf{V}_{BN} = \mathbf{V}_{nb} + \mathbf{I}_{bB}(\mathrm{j}10) = 157.7\underline{/-90^\circ}\ \mathrm{V}$

每一个瓦特计指示的平均功率可以通过计算得到：

$$P_A = V_p I_{aA}\cos(\text{ang }\mathbf{V}_{an} - \text{ang }\mathbf{I}_{aA})$$
$$= \frac{100}{\sqrt{3}}19.32\cos(-30^\circ - 15^\circ) = 788.7\ \mathrm{W}$$
$$P_B = \frac{100}{\sqrt{3}}19.32\cos(-150^\circ - 165^\circ) = 788.7\ \mathrm{W}$$
$$P_C = \frac{100}{\sqrt{3}}10\cos(-270^\circ + 90^\circ) = -577.4\ \mathrm{W}$$

即总功率为 1 kW。由于流过电阻性负载的电流有效值为 10 A，所以被负载吸收的总功率为

$$P = 10^2(10) = 1\ \mathrm{kW}$$

可见，两种方法是相符的。

说明：注意其中的一个瓦特计读数是负的。前面基于一个瓦特计的讨论表明，只有电压线圈或者电流线圈中的一个被反接，才能得到高刻度的读数。

## 双瓦特计方法

我们已经证明了 3 个电压线圈的公共连接点 $x$ 位于任何地方都不会影响 3 个瓦特计读数的代数和。现在考虑 3 个瓦特计的公共连接点 $x$ 直接位于某一条边线上的情况。例如，如果每一个电压线圈的终端都回到 $B$ 点，那么瓦特计 $B$ 电压线圈两端就没有电压，表头读数等于零，从而可以移去瓦特计，剩下的两个瓦特计读数的代数和仍然表示负载吸收的总功率。当点 $x$ 按照这样的方法设置时，这种功率测量方法称为**双瓦特计**方法。在以下 4 种情况下，瓦特计读数的代数和总表示负载吸收的总功率：(1)负载不平衡；(2)电源不平衡；(3)两个瓦特计不同；(4)周期性电源的波形不同。唯一的假设是瓦特计的误差很小以至于可以忽略不计。例如，在图 12.26所示的电路中，每个表的电流线圈流过的电流是负载电流和电压线圈电流之和，只是后者的电流相当小，这可以通过电压线圈上的电压和电阻估算得到。根据这两个量的大小可以对电压线圈的功率损耗做出精确的估计。

在前面讨论的数值计算的例子中，假设现在只使用了两个瓦特计，一个电流线圈串接在边线 $A$ 上，电压线圈并接在线 $A$ 和线 $B$ 之间，另一个电流线圈串接在线 $C$ 上，电压线圈并接在线 $C$和线 $B$ 之间。第一个瓦特计的读数为

$$P_1 = V_{AB}I_{aA}\cos(\text{ang }V_{AB} - \text{ang }I_{aA})$$
$$= 100(19.32)\cos(0^\circ - 15^\circ)$$
$$= 1866\ \mathrm{W}$$

第二个瓦特计的读数为

$$\begin{aligned} P_2 &= V_{CB} I_{cC} \cos(\text{ang } V_{CB} - \text{ang } I_{cC}) \\ &= 100(10)\cos(60^\circ + 90^\circ) \\ &= -866 \text{ W} \end{aligned}$$

则

$$P = P_1 + P_2 = 1866 - 866 = 1000 \text{ W}$$

这与我们刚才分析的结果相吻合。

对于平衡负载，双瓦特计方法不仅能确定负载得到的总功率，而且还能确定 PF 角。假设负载阻抗的相角为 $\theta$，负载既可以采用 Y 形接法也可以采用△形接法。这里采用△形接法(见图 12.27)。构造图 12.19 所示的标准相量图，用于确定线电压和线电流的相角，然后确定读数：

$$\begin{aligned} P_1 &= |\mathbf{V}_{AB}|\,|\mathbf{I}_{aA}| \cos(\text{ang } \mathbf{V}_{AB} - \text{ang } \mathbf{I}_{aA}) \\ &= V_L I_L \cos(30^\circ + \theta) \end{aligned}$$

和

$$\begin{aligned} P_2 &= |\mathbf{V}_{CB}|\,|\mathbf{I}_{cC}| \cos(\text{ang } \mathbf{V}_{CB} - \text{ang } \mathbf{I}_{cC}) \\ &= V_L I_L \cos(30^\circ - \theta) \end{aligned}$$

两个读数的比值为

$$\frac{P_1}{P_2} = \frac{\cos(30^\circ + \theta)}{\cos(30^\circ - \theta)} \qquad [5]$$

展开余弦项，很容易由上式解出 $\tan\theta$：

$$\tan\theta = \sqrt{3}\frac{P_2 - P_1}{P_2 + P_1} \qquad [6]$$

因此，瓦特计读数相等表明负载的 PF 为 1，数值相等而符号相反的读数则表明负载是纯电抗性质的；$P_2$ 的读数(数值)比 $P_1$ 大则表明负载是感性的；$P_2$ 的读数比 $P_1$ 小则表明负载是容性的。如何知道哪一个瓦特计的读数是 $P_1$，哪一个是 $P_2$ 呢？事实上，$P_1$ 在线 $A$ 上，$P_2$ 在线 $C$ 上，正相序列系统使得 $V_{an}$ 滞后于 $V_{cn}$。这些信息足以区分两个瓦特计了，但在实际应用中却并不容易。即使不能区分二者，但至少相角的大小是可以确定的，只是符号无法确定。然而这个信息也已经足够了：如果负载是一个感应式电动机，则相角必定是正的，因此无须做任何测试就可以确定读数是哪一个瓦特计的。如果没有前面关于负载的假设，也有几种方法可以解决这个模糊的问题。最简单的方法是增加一个高阻抗的电抗负载(也称为三相电容)并与未知负载并联，从而使负载变得更显容性。这样，如果 $\tan\theta$ 的幅度(或 $\theta$ 的幅度)减小，那么负载就是感性的；如果 $\tan\theta$ 的幅度增大，则说明原先的负载是容性的。

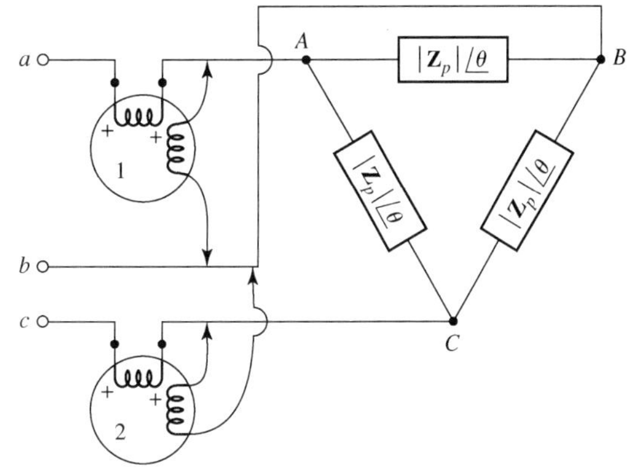

图 12.27　两个瓦特计测量平衡三相负载吸收的总功率

**例 12.7**　图 12.28 所示电路中的平衡负载由平衡三相电源系统供电，电压有效值 $\mathbf{V}_{ab} = 230\,\underline{/0^\circ}$ V，符合正相序列规则，确定每一个瓦特计的读数和负载吸收的总功率。

**解**：#1 瓦特计的电压线圈用于测量电压 $\mathbf{V}_{ac}$，其电流线圈用于测量相电流 $\mathbf{I}_{aA}$，已知这是一个正相序列，所以线电压为

$$\mathbf{V}_{ab} = 230\underline{/0^\circ}\ \text{V}$$
$$\mathbf{V}_{bc} = 230\underline{/-120^\circ}\ \text{V}$$
$$\mathbf{V}_{ca} = 230\underline{/120^\circ}\ \text{V}$$

注意，$\mathbf{V}_{ac} = -\mathbf{V}_{ca} = 230\underline{/-60^\circ}$ V。

相电流 $\mathbf{I}_{aA}$ 由相电压 $\mathbf{V}_{an}$ 除以相阻抗 4 + j15 Ω 得到，即

$$\mathbf{I}_{aA} = \frac{\mathbf{V}_{an}}{4+\text{j}15} = \frac{(230/\sqrt{3})\underline{/-30^\circ}}{4+\text{j}15}\ \text{A}$$
$$= 8.554\underline{/-105.1^\circ}\ \text{A}$$

现在计算#1瓦特计测量出的功率如下：

$$P_1 = |\mathbf{V}_{ac}|\,|\mathbf{I}_{aA}|\cos(\text{ang}\ \mathbf{V}_{ac} - \text{ang}\ \mathbf{I}_{aA})$$
$$= (230)(8.554)\cos(-60^\circ + 105.1^\circ)\ \text{W}$$
$$= 1389\ \text{W}$$

同样，通过计算得到：
$$P_2 = |\mathbf{V}_{bc}|\,|\mathbf{I}_{bB}|\cos(\text{ang}\ \mathbf{V}_{bc} - \text{ang}\ \mathbf{I}_{bB})$$
$$= (230)(8.554)\cos(-120^\circ - 134.9^\circ)\ \text{W}$$
$$= -512.5\ \text{W}$$

负载吸收的总功率为
$$P = P_1 + P_2 = 876.5\ \text{W}$$

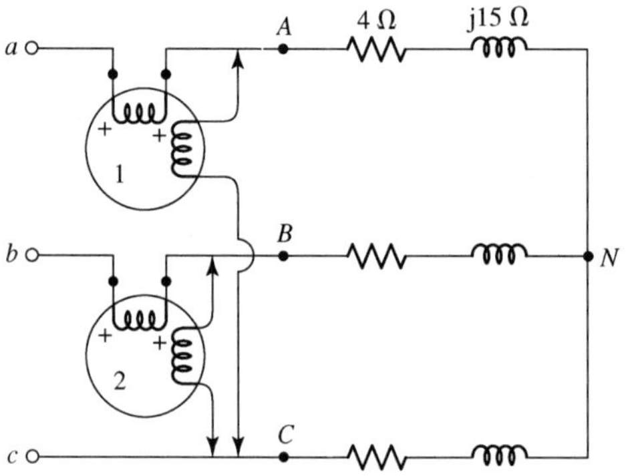


图 12.28 平衡三相系统连接平衡三相负载，利用双瓦特计技术测量功率

说明：由于测量结果将使指针停在低刻度上，因此为得到读数需要把其中的一个线圈反过来。

## 练习

12.10 电路如图 12.26 所示，已知负载 $\mathbf{Z}_A = 25\underline{/60^\circ}\ \Omega$，$\mathbf{Z}_B = 50\underline{/-60^\circ}\ \Omega$，$\mathbf{Z}_C = 50\underline{/60^\circ}\ \Omega$，$\mathbf{V}_{AB} = 600\underline{/0^\circ}$ V rms，符合正相序列规则，点 $x$ 设置在 $C$ 处，求：(a) $P_A$；(b) $P_B$；(c) $P_C$。

答案：(a) 0；(b) 7200 W；(c) 0。

## 总结和复习

多相电路不是每一个人都会遇到的，但却是任何大型建筑的组成部分之一。本章介绍了三个相位之间各相差120°的三个电压，该电压可以由一个发电机产生(因而具有相同的频率)并接有三个负载。为方便起见，我们用两个下标来表示物理量，这在电力系统中很普遍。三相

系统至少有三个端点，中线不强制但至少是电源的公共连接线。如果负载是△形连接的，则可以不用中线。如果有中线存在，则相电压可定义为各相($a$, $b$ 和 $c$)和中线之间的电压 $\mathbf{V}_{an}$, $\mathbf{V}_{bn}$ 和 $\mathbf{V}_{cn}$，基尔霍夫电压定律要求这三者的电压之和为零，无论采用的是正相序列还是反相序列。线电压(各相之间)直接和相电压相关；对于△形负载，线电压等于相电压。同样，线电流和相电流之间也是直接相关的。在Y形连接中，线电流和相电流相等。粗看三相系统比较复杂，但由于对称性的存在，使我们可以基于一个单相问题的分析来简化三相系统的计算。

下面是本章的主要内容，以及相关例题的编号。

- 大多数发电厂提供的都是三相电形式的电能。
- 北美地区的大多数民用电是单相交流电，频率为60 Hz，电压有效值为115 ~ 120 V，其余地方采用得最普遍的是50 Hz，有效值为230 ~ 240 V的电压。在日本，电压为100 V，但两种频率都可能遇到，由所在地区决定。
- 在电源系统中，电压和电流通常都采用双下标的表示方式。(例12.1)
- 三相电源既可以是Y形结构，也可以是△形结构。两种形式的电源都有3个终端，两个终端为一相，Y形接法的电源还有一条中线。(例12.2)
- 平衡三相系统中每一相电压的幅度相同，但相位之间两两相差120°。(例12.2)
- 接在三相系统中的负载也有两种接法：Y形和△形。
- 平衡的Y形三相电源符合正相序列("*abc*")规则，其线电压为

$$\mathbf{V}_{ab} = \sqrt{3}V_p\underline{/30^\circ}, \quad \mathbf{V}_{bc} = \sqrt{3}V_p\underline{/-90^\circ}$$
$$\mathbf{V}_{ca} = \sqrt{3}V_p\underline{/-210^\circ}$$

  相电压为

$$\mathbf{V}_{an} = V_p\underline{/0^\circ}, \quad \mathbf{V}_{bn} = V_p\underline{/-120^\circ}, \quad \mathbf{V}_{cn} = V_p\underline{/-240^\circ} \qquad (例12.2)$$

- 接有Y形负载的电源系统的线电流等于相电流。(例12.3、例12.4和例12.6)
- 接有△形负载的电源系统的线电压等于相电压。(例12.5)
- 符合正相序列规则的平衡系统，接有平衡的△形负载，则线电流为

$$\mathbf{I}_a = \mathbf{I}_{AB}\sqrt{3}\underline{/-30^\circ}, \quad \mathbf{I}_b = \mathbf{I}_{BC}\sqrt{3}\underline{/-150^\circ}, \quad \mathbf{I}_c = \mathbf{I}_{CA}\sqrt{3}\underline{/+90^\circ}$$

  相电流为

$$\mathbf{I}_{AB} = \frac{\mathbf{V}_{AB}}{\mathbf{Z}_\Delta} = \frac{\mathbf{V}_{ab}}{\mathbf{Z}_\Delta}, \quad \mathbf{I}_{BC} = \frac{\mathbf{V}_{BC}}{\mathbf{Z}_\Delta} = \frac{\mathbf{V}_{bc}}{\mathbf{Z}_\Delta}, \quad \mathbf{I}_{CA} = \frac{\mathbf{V}_{CA}}{\mathbf{Z}_\Delta} = \frac{\mathbf{V}_{ca}}{\mathbf{Z}_\Delta} \qquad (例12.5)$$

- 假设系统是平衡的，则大多数功率计算都建立在每一相电路分析的基础上，否则节点分析法/网孔分析法始终是有效的。(例12.3、例12.4和例12.5)
- 可以使用两个瓦特计测量三相系统(平衡或非平衡)的功率。(例12.7)
- 任何平衡三相系统中的瞬时功率都为常数。

## 深入阅读

下面这本书的第2章回顾了交流功率的概念：

B. M. Weedy, B. J. Cory, N. Jenkins, J. B. Ekanayake, and G. Strbac, *Electric Power Systems*, 5th ed. Chichester, England: Wiley, 2012.

关于交流功率系统的文献期刊：

*International Journal of Electrical Power & Energy System*. Elsevier, 1979-, ISSN: 0142-0615.

# 习题

## 12.1 多相系统

1. 一个未知设备的三个端点可以用 $b$, $c$ 和 $e$ 表示，当该设备被安装在一个具体的电路中时，测得电压 $V_{ec} = -9$ V，$V_{eb} = -0.65$ V。(a) 计算电压 $V_{cb}$。(b) 如果流入 $b$ 端的电流 $I_b$ 为 1 μA，确定 $b$ 和 $e$ 之间消耗的功率。
2. 有一种晶体管称为 MESFET，是金属-半导体-场效应管首字母的缩写，它有三个端点，分别称为栅端($g$)、源端($s$)和漏端($d$)。作为例子，假设 MESFET 工作在一个具体的电路中，其中电压 $V_{sg} = 0.2$ V，$V_{ds} = 3$ V。(a) 求电压 $V_{gs}$和 $V_{dg}$。(b) 如果栅极电流 $I_g = 100$ pA 从栅极流入晶体管，计算栅源之间消耗的功率。
3. 已知一个 Y 形结构的三相电源，$\mathbf{V}_{an} = 400\underline{/33^\circ}$ V，$\mathbf{V}_{bn} = 400\underline{/153^\circ}$ V，$\mathbf{V}_{cx} = 160\underline{/208^\circ}$ V，确定：(a) $\mathbf{V}_{cn}$；(b) $\mathbf{V}_{an} - \mathbf{V}_{bn}$；(c) $\mathbf{V}_{ax}$；(d) $\mathbf{V}_{bx}$。
4. 请阐述“多相”电源的含义，并说明多相电源相比于单相电源的一种优势，以弥补它在复杂性方面的不足，再解释“平衡”和“非平衡”电源之间的差别。
5. 已知一个具体电路中的多个电压为 $\mathbf{V}_{12} = 9\underline{/30^\circ}$ V，$\mathbf{V}_{32} = 3\underline{/130^\circ}$ V，$\mathbf{V}_{14} = 2\underline{/10^\circ}$ V 。确定电压 $\mathbf{V}_{21}$，$\mathbf{V}_{13}$，$\mathbf{V}_{34}$ 和 $\mathbf{V}_{24}$。
6. 某电路的节点电压为 $\mathbf{V}_{14} = 9 - \mathrm{j}$ V，$\mathbf{V}_{24} = 3 + \mathrm{j}3$ V 和 $\mathbf{V}_{34} = 8$ V。计算电压 $\mathbf{V}_{21}$，$\mathbf{V}_{32}$和 $\mathbf{V}_{13}$，用相量形式表示。
7. 电路如图 12.29 所示，遗憾的是，电阻上的阻值标记遗失了，但某些电流是已知的：$I_{ad} = 1$ A。(a) 计算电流 $I_{ab}$，$I_{cd}$，$I_{de}$，$I_{fe}$和 $I_{be}$。(b) 如果 $V_{ba} = 125$ V，确定节点 $a$ 和 $b$ 之间电阻的阻值。
8. 电路如图 12.30 所示。(a) 确定电流 $I_{gh}$，$I_{cd}$和 $I_{dh}$。(b) 计算电流 $I_{ed}$，$I_{ei}$和 $I_{jf}$。(c) 如果电路中所有电阻的阻值均为 1 Ω，确定三个顺时针网孔电流。

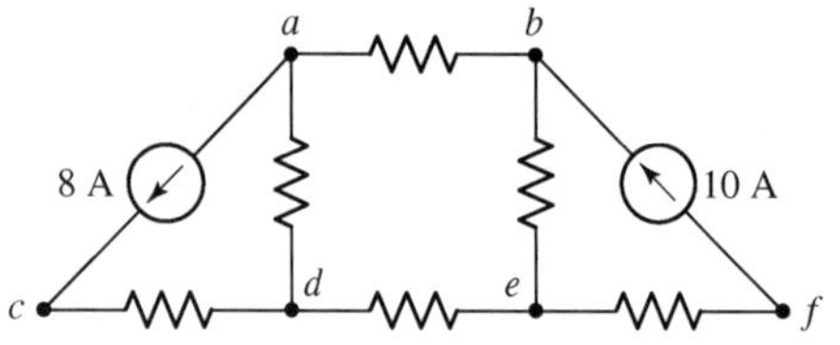


图 12.29

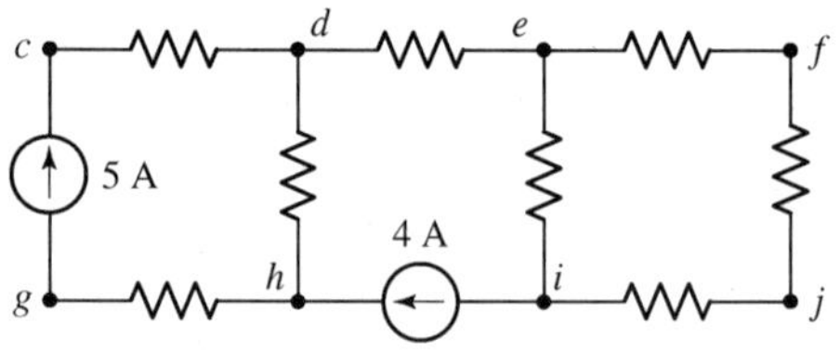


图 12.30

9. 电路如图 12.30 所示，在节点 $d$ 和 $e$，$f$ 和 $j$ 之间分别再并联一个电阻。(a) 哪个电压仍然可以用双下标表示？(b) 哪个电流仍然可以用双下标表示？

## 12.2 单相三线系统

10. 绝大多数电子设备使用的是 110 V 的插座，但也有一些电子设备(如烘干机)使用的是 220 V 的插座。低电压较安全，那么是什么因素刺激了设备制造商要生产这些 220 V 的设备呢？
11. 单相三线系统及 3 个阻抗如图 12.31 所示，假设电源是平衡的，且 $\mathbf{V}_{an} = 110 + \mathrm{j}0$ V。(a) 用相量形式表示电压 $\mathbf{V}_{an}$和 $\mathbf{V}_{bn}$。(b) 确定阻抗 $\mathbf{Z}_3$ 上的相量电压。(c) 确定两个电源所提供的平均功率，其中 $\mathbf{Z}_1 = 50 + \mathrm{j}0$ Ω，$\mathbf{Z}_2 = 100 + \mathrm{j}45$ Ω，$\mathbf{Z}_3 = 100 - \mathrm{j}90$ Ω。(d) 将阻抗 $\mathbf{Z}_3$ 表示成两个元件的串联，分别求这两个元件的值，假设电源的工作频率为 60 Hz。
12. 系统如图 12.32 所示，中线上的电阻损耗很小，可忽略不计并假设为短路。(a) 计算非零电阻的边线所损耗的功率。(b) 计算负载上消耗的平均功率。(c) 确定总负载的功率因数。
13. 如图 12.33 所示的平衡负载接到一个三线平衡电源系统中，工作频率为50 Hz，电压 $V_{AN} = 115$ V。(a) 确定负载的功率因数，假设电容 $C$ 未接入电路。(b) 确定电容 $C$ 的值，使负载的功率因数达到 1。

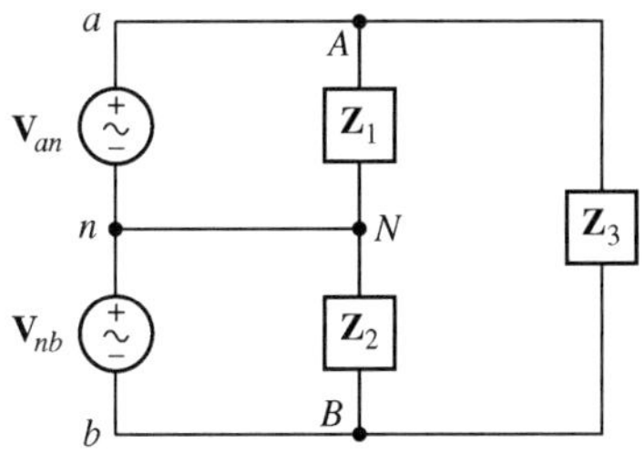


图 12.31

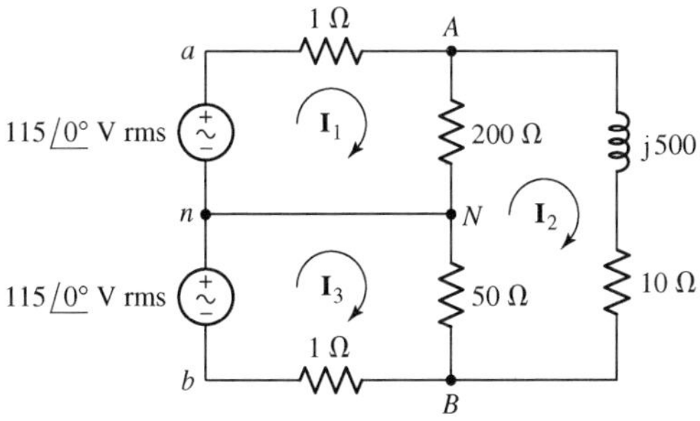


图 12.32

14. 三线系统如图 12.32 所示。(a) 用 200 Ω 的电阻代替 50 Ω 的电阻，计算流过中线的电流。(b) 重新确定 50 Ω 电阻的阻值，使中线电流的幅度达到线电流 $\mathbf{I}_{aA}$ 的 25%。

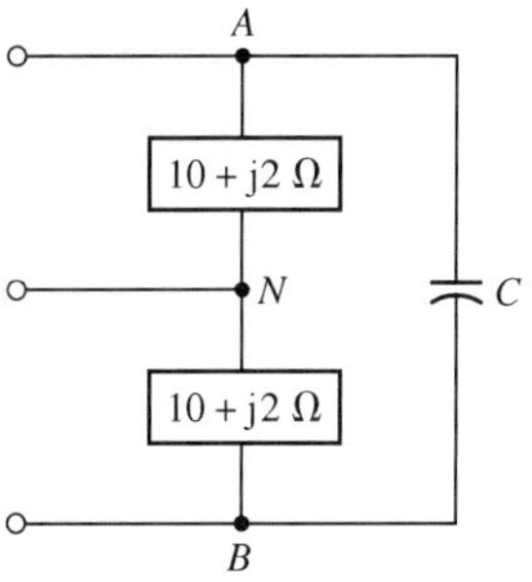


图 12.33

## 12.3　三相 Y-Y 结构

15. (a) 证明：若电压 $\mathbf{V}_{an} = 400\angle 33°$ V，$\mathbf{V}_{bn} = 400\angle -87°$ V，$\mathbf{V}_{bn} = 400\angle -207°$ V，则 $\mathbf{V}_{an} + \mathbf{V}_{bn} + \mathbf{V}_{cn} = 0$。(b) (a)中的电压表示正相序列还是反相序列，为什么？

16. 考虑一个正向三相三线系统，工作频率为 50 Hz，负载是平衡的。每一相的电压为 240 V，接在 50 Ω 电阻串联 500 mH 电感的两端，分别计算：(a) 各线电流；(b) 负载的功率因数；(c) 三相电源所提供的总功率。

17. 假设图 12.34 所示的系统是平衡的，$R_w = 0$，$\mathbf{V}_{an} = 208\angle 0°$ V，为正相序列。计算所有的相电流和线电流、相电压和线电压，假设阻抗 $\mathbf{Z}_p$ 分别为：(a) 1 kΩ；(b) 100 + j48 Ω；(c) 100 − j48 Ω。

18. 设 $R_w = 10$ Ω，重做习题 17 并用合适的仿真对答案进行验证，假设工作频率为 60 Hz。

19. 电路如图 12.34 所示，每一个阻抗 $\mathbf{Z}_p$ 都分别由三个元件并联而成：1 mF 电容、100 mH 电感和 10 Ω 电阻。电压为正相序列，工作频率为 50 Hz。假设 $\mathbf{V}_{ab} = 208\angle 0°$ V，$R_w = 0$，分别计算：(a)所有的相电压；(b)所有的线电压；(c)所有三个线电流；(d) 负载吸收的所有功率。

20. 电路如图 12.34 所示，假设该三相系统的线电压为 100 V，计算线电流和各相的负载阻抗，其中 $R_w = 0$，负载吸收的功率分别为：(a) 1 kW，功率因数 0.85 滞后；(b) 每一相 300 W，功率因数 0.92 超前。

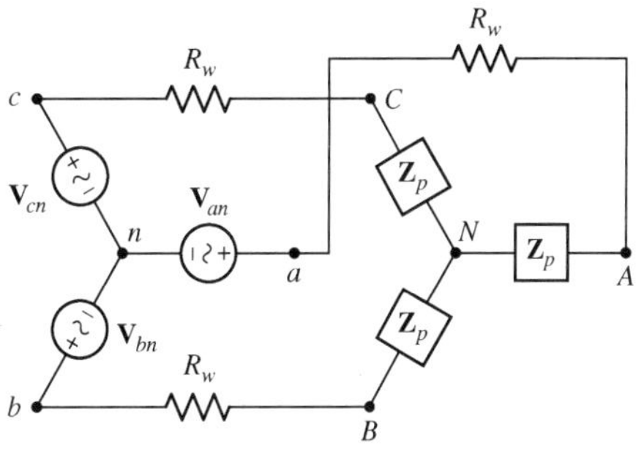


图 12.34

21. 平衡三相系统如图 12.34 所示，系统为正相序列且线电压为 300 V。负载阻抗 $\mathbf{Z}_p$ 由一个 5 − j3 Ω 的容性阻抗和 9 + j2 Ω 的感性阻抗并联而成。假设 $R_w = 0$，分别计算：(a) 电源的功率因数；(b) 电源提供的总功率。(c) 假设 $R_w = 1$ Ω，重做(a)和(b)。

22. 平衡 Y 形负载 100 + j50 Ω 接在平衡三相电源上，假设电流为 42 A，电源提供 12 kW 功率，确定：(a) 线电压；(b) 相电压。

23. 三相系统由平衡 Y 形电源组成，工作频率为 50 Hz，线电压为 210 V，每一相平衡负载吸收的功率为 130 W，功率因数 0.75 超前。(a) 计算线电流和负载获得的总功率。(b) 如果在现有负载的两端再并联一个 1 Ω 电阻，计算新的线电流和负载上获得的总功率。(c) 用合适的仿真对答案进行验证。

24. 参考习题 21 所描述的平衡三相系统，在 $R_w = 0$ 和 $R_w = 1$ Ω 两种情况下，分别确定负载上得到的复功率。

25. 电路如图 12.34 所示，每个负载均由 1.5 H 电感、100 μF 电容和 1 kΩ 电阻并联而成，$R_w = 0$。电压为正相序列且 $\mathbf{V}_{ab} = 115\angle 0°$ V，工作频率 $f$ 为 60 Hz，确定线电流的有效值以及负载上获得的总功率，用合适的仿真对答案进行验证。

## 12.4 △形接法

26. 平衡三相系统为一个△形接法负载提高 10 kW 的功率，功率因数 0.7 超前。如果相电压为 208 V，电源工作频率为 50 Hz，(a) 计算线电流；(b) 确定各相阻抗。(c) 如果负载端每相都再并联一个 2.5 H 电感，计算新的功率因数以及负载上获得的总功率。
27. 平衡△形接法负载的每一相阻抗均由 10 mF 电容并联一个 470 Ω 电阻和 4 mH 电感的串联电路，假设相电压为 400 V，工作频率为 50 Hz，分别计算：(a) 相电流；(b) 线电流；(c) 线电压；(d) 电源的功率因数；(e) 负载上获得的总功率。
28. 三相三线 Y 形接法电源系统为一个三相负载提供 400 V 相电压，工作频率为 50 Hz。每一相的负载均由 500 Ω电阻、10 mH 电感和 1 mF 电容并联而成。(a) 计算线电流、线电压、相电流和负载的功率因数，假设负载也是 Y 形接法。(b) 负载为△形接法，重复(a)的内容。
29. 针对习题 28 提到的两种负载情况，分别计算负载上获得的总功率。
30. 两个△形接法的负载并联在一起，接在一个平衡 Y 形接法的电源系统中，两个较小的负载获得10 kVA的功率，功率因数 0.75 滞后，大一点的负载获得的功率是 25 kVA，功率因数 0.8 超前。线电压为 400 V。分别计算：(a) 电源的功率因数；(b) 两个负载获得的总功率；(c) 每一个负载的相电流。
31. 平衡三相电源系统如图 12.35 所示，已知每一条电线上的损耗功率是 100 W，如果电源的相电压是400 V，负载获得的功率是 12 kW，功率因数 0.83滞后，确定线电阻 $R_w$。
32. 电路如图 12.35 所示，△形接法负载需要 10 kVA 的功率，功率因数 0.91 滞后，假设电线引起的损耗可忽略，电压 $\mathbf{V}_{ca} = 160\,\underline{/30^\circ}$ V，且是正相序列，计算电流 $\mathbf{I}_{bB}$ 和电压 $\mathbf{V}_{an}$。

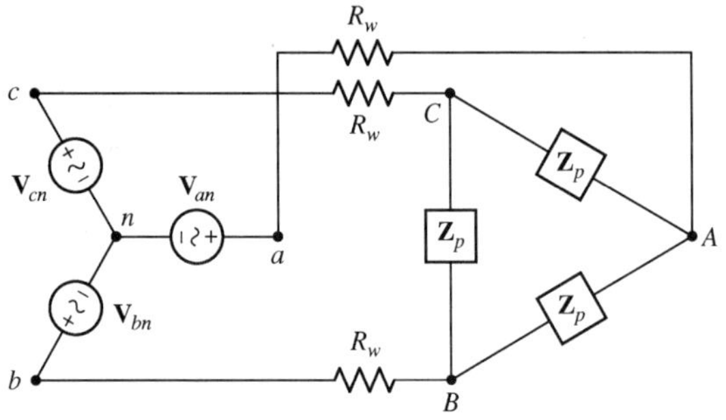

图 12.35

33. 假设 $R_w = 1\ \Omega$，重复习题 32，并用合适的仿真对答案进行验证。
34. 电路如图 12.35 所示，负载为△形接法，获得的复功率为 1800 + j700 W，$R_w = 1.2\ \Omega$，电源提供的复功率为 1850 + j700 W，计算电流 $\mathbf{I}_{aA}$，$\mathbf{I}_{AB}$ 和电压 $\mathbf{V}_{an}$。
35. 平衡三相系统的线电压有效值为 240 V，接有一个△形接法的负载，每一相阻抗均为 12 + j kΩ 和一个 Y 形接法的负载，每一相负载阻抗为 5 + j3 kΩ。求线电流、组合负载获得的功率及负载的功率因数。

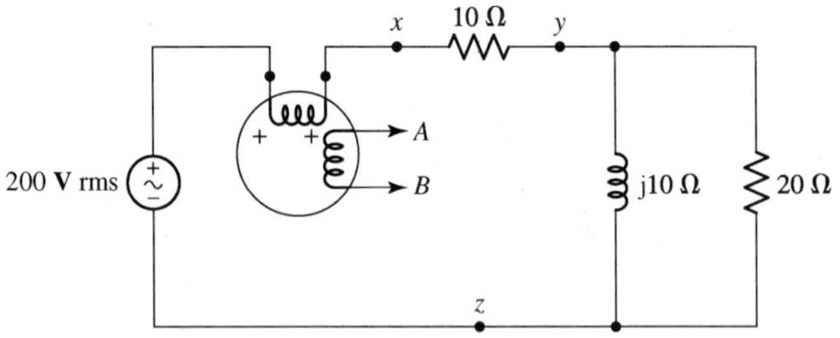

图 12.36

## 12.5 三相系统的功率测量

36. 电路如图 12.36 所示，假设端点 $A$ 和 $B$ 分别接：(a) $x$ 和 $y$；(b) $x$ 和 $z$；(c) $y$ 和 $z$。分别确定瓦特计的读数(指出是否需要反接两个端点)。
37. 将瓦特计连接到图 12.37 所示的电路中，使得电流 $\mathbf{I}_1$ 流入电流线圈的“+”端，电压 $\mathbf{V}_2$ 为跨接在电压线圈上的电压。求瓦特计的读数，并用合适的仿真对答案进行验证。
38. 求连接在图 12.38 所示电路中的瓦特计的读数。
39. (a) 求图 12.39 所示电路中两个瓦特计的读数，假设电压 $\mathbf{V}_A = 100\,\underline{/0^\circ}$ V rms，$\mathbf{V}_B = 50\,\underline{/90^\circ}$ V rms，阻抗 $\mathbf{Z}_A = 10 - \mathrm{j}10\ \Omega$，$\mathbf{Z}_B = 8 + \mathrm{j}6\ \Omega$，$\mathbf{Z}_C = 30 + \mathrm{j}10\ \Omega$。(b) 3 个瓦特计的读数之和等于 3 个负载获得的总功率吗？用合适的仿真对答案进行验证。

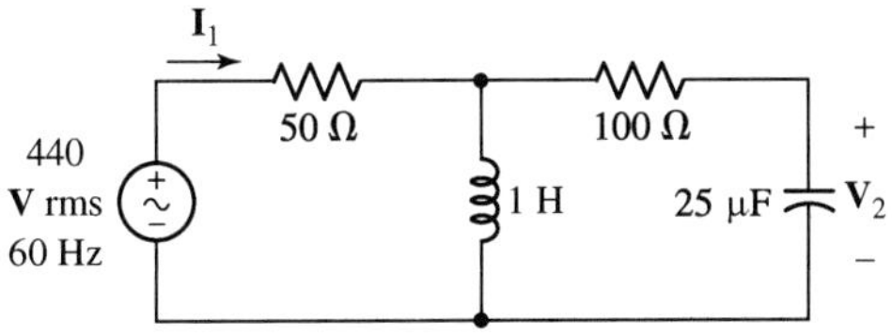


图 12.37

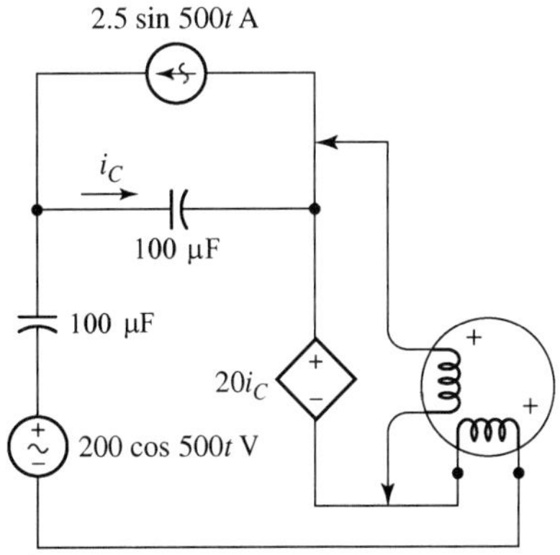


图 12.38

40. 图 12.40 所示电路的参数如下：$\mathbf{V}_{ab}=200\,\underline{/0^\circ}$ V，$\mathbf{V}_{bc}=200\,\underline{/120^\circ}$ V，$\mathbf{V}_{ca}=200\,\underline{/240^\circ}$ V rms，$\mathbf{Z}_4=\mathbf{Z}_5=\mathbf{Z}_6=25\,\underline{/30^\circ}$ Ω，$\mathbf{Z}_1=\mathbf{Z}_2=\mathbf{Z}_3=50\,\underline{/-60^\circ}$ Ω，确定每一个瓦特计的读数。

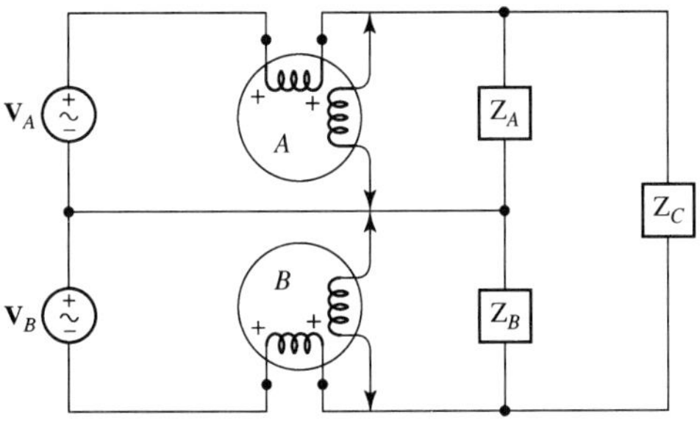


图 12.39

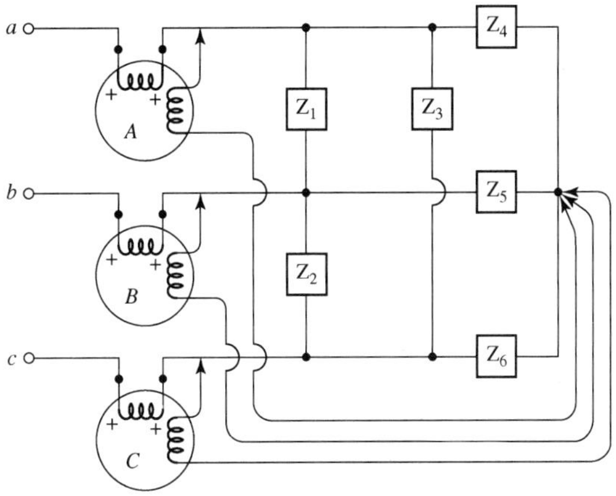


图 12.40

## 综合题

41. 负载为 Y 形和△形接法，如果从电源获得相同的平均功率和复功率，说明哪种接法具有优势。

42. 一个 Y 形接法的三相三线电源系统，正相序列，电源电压 208 V，频率 60 Hz。每一相的线电阻为 0.2 Ω，串联一个 580 mH 电感。(a) 如果负载是△形接法，确定线电压和相电流。(b) 如果负载是 Y 形接法，重复(a)。

43. (a) 电路如图 12.41 所示，确定其负载是否是三相负载？为什么？(b) 如果 $\mathbf{Z}_{AN}=1-\mathrm{j}7$ Ω，$\mathbf{Z}_{BN}=3\,\underline{/22^\circ}$ Ω，$\mathbf{Z}_{AB}=2+\mathrm{j}$ Ω。计算所有的相电流、线电流和相电压、线电压，假设每一相和中线的电压差是 120 VAC（两相之间反相）。(c) 什么情况下中线上有电流？

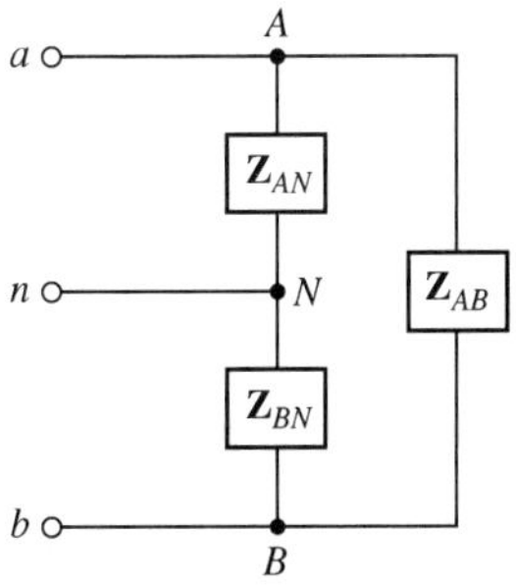


图 12.41

44. 一个小型制造企业的计算机设备的标准工作条件是 120 VAC，但三相电源系统只提供 208 VAC 的电压，请说明如何将此计算机设备连接到电源系统中。

# 第 13 章　磁耦合电路

## 主要概念

- 互感
- 同名端规则
- T 形和 Π 形等效网络
- 理想变压器的匝数比
- 电压调整
- 自感
- 反射阻抗
- 理想变压器
- 阻抗匹配
- 含有变压器电路的 SPICE 分析

## 引言

不管是交流电流还是直流电流，当它们流过导线的时候，就会在导线的周围产生磁场。在电路领域中，通常会将磁场和穿过线圈的磁通量相关联，磁通量等于线圈磁场垂直分量的平均值与线圈截面积的乘积。当一个线圈产生的时变磁场穿过第二个线圈时，第二个线圈两端就会感应出电压。为了把这个现象与我们先前定义的电感区别开来，前者用一个新名词“互感”表示，后者更适合称为“自感”。

虽然不存在“互感”这样的设备，但却有一种源于这个概念的非常重要的设备——变压器。变压器由两个靠得很近的独立线圈组成，通常根据应用完成对交流电压的升压或降压。所有需要在直流电下工作但却使用市电供电的电气设备，在整流之前都会利用变压器变压，以使电压调整到合适的范围。整流功能通常由二极管实现，所有电子学导论的教材都有关于二极管的介绍。

## 13.1　互感

在第 7 章定义电感的时候，我们关注的是端口上的电压和电流关系：

$$v(t) = L\frac{\mathrm{d}i(t)}{\mathrm{d}t}$$

这里假设满足无源符号规则。电压-电流特性建立在以下两个基本物理概念上：

1. 电流产生**磁通量**，磁通量与线性电感上的电流成正比。
2. 时变磁场产生电压，电压与磁场随时间的变化率或者磁通量随时间的变化率成正比。

### 互感系数

互感是在电感的基础上稍做推广而得到的。一个线圈中流过的电流不仅在自己周围产生磁通量，而且也在相邻的第二个线圈中产生磁通量。围绕第二个线圈的时变磁通量将在本线圈两端产生电压，该电压与流过第一个线圈的时变电流成正比。图 13.1(a)所示是线圈 $L_1$ 和 $L_2$ 的简单模型，两个线圈靠得足够近，流过电感 $L_1$ 的电流 $i_1(t)$产生的磁通量在电感 $L_2$ 两端

建立起了开路电压 $v_2(t)$。若不考虑此处关系式中合适的代数符号，可将互感系数(或者简称**互感**)$M_{21}$定义为

$$v_2(t) = M_{21}\frac{\mathrm{d}i_1(t)}{\mathrm{d}t} \qquad [1]$$

$M_{21}$的下标顺序表示 $L_1$ 中的电流源在 $L_2$ 中产生的电压响应。如果系统反接，如图 13.1(b)所示，则

$$v_1(t) = M_{12}\frac{\mathrm{d}i_2(t)}{\mathrm{d}t} \qquad [2]$$

采用两个互感系数是不必要的，稍后利用能量关系可以证明 $M_{12}$和 $M_{21}$是相等的，即 $M_{12} = M_{21} = M$。两个电感之间存在的相互耦合由图 13.1(a)和图 13.1(b)中的双箭头表示。

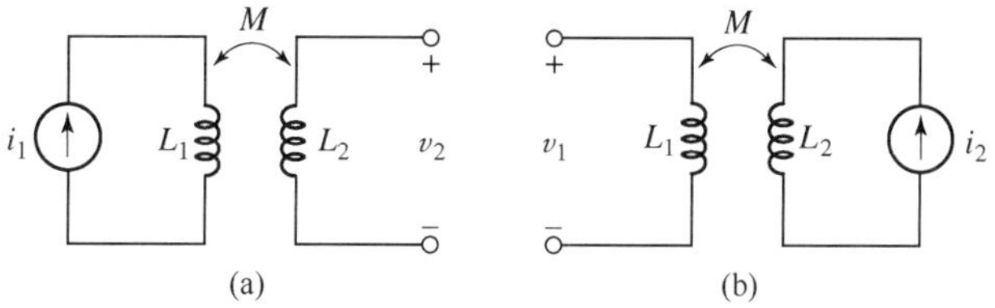


图 13.1 (a) 流过 $L_1$ 的电流 $i_1$ 在 $L_2$ 两端产生开路电压 $v_2$；(b) 流过 $L_2$ 的电流 $i_2$ 在 $L_1$ 两端产生开路电压 $v_1$

互感的单位是亨利(H)，与电阻、电感、电容一样，其值为正①。但是电压 $M\,\mathrm{d}i/\mathrm{d}t$ 既可以是正值也可以是负值，具体取决于某个时刻的电流是增加了还是减少了。

## 同名端规则

电感是两端元件，因此可以利用无源符号规则为电压 $L\,\mathrm{d}i/\mathrm{d}t$ 或者 $\mathrm{j}\omega L\mathbf{I}$ 选择正确的符号。如果流入电流的那端正好也是电压的正参考端，那么选用正号。但是这个方法不适合互感，因为互感有 4 个端点。有几种方法可以为互感选取正确的符号，其中包括同名端规则，或者通过考察每个线圈的缠绕方向来判断。我们经常使用“**同名端**”的方法，极少使用观察线圈物理结构的方法。当只有两个线圈的时候，则无须使用其他的特殊符号。

两个线圈相互耦合，粗黑点表示的同名端置于每一个线圈的一端，我们可以按照以下规则确定感应电压的符号：

> 从一个线圈同名端流入的电流在第二个线圈的同名端产生正的感应电压。

因此，在图 13.2(a) 中，电流 $i_1$ 流入 $L_1$ 的同名端，则 $L_2$ 上产生的电压 $v_2$ 在同名端为正，且 $v_2 = M\,\mathrm{d}i_1/\mathrm{d}t$。以前曾经遇到过这样的情况，即在选取电路中电压和电流的参考极性时，并不总是能满足无源符号规则。在互感中也存在相同的情况。例如，电压 $v_2$ 的正极性选择在非同名端比较方便，如图 13.2(b)所示，这时电压 $v_2 = -M\,\mathrm{d}i_1/\mathrm{d}t$。电流也不是一直流入同名端的，如图 13.2(c)和图 13.2(d)所示。因此我们注意到：

> 从一个线圈的非同名端流入的电流在第二个线圈的非同名端产生正的感应电压。

① 互感不总是假设为正的，当 3 个或更多的线圈相互耦合时，“自带符号”是特别方便的方法，本章只关注最重要也是最简单的两个线圈的情况。

注意，前面的讨论没有涉及自感产生的电压。事实上，当电流 $i_2$ 不等于零时是存在自感电压的。我们要详细讨论这个重要特性，但是在此之前先看一个例题。

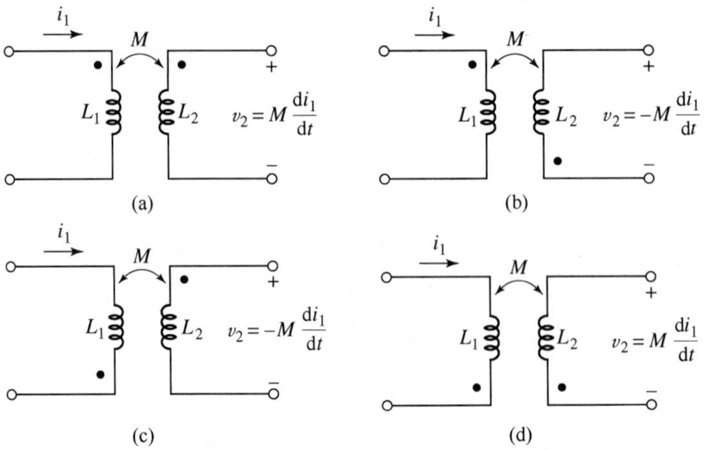


图 13.2 从一个线圈的同名端流入的电流在第二个线圈的同名端产生正的感应电压。从一个线圈的非同名端流入的电流在第二个线圈的非同名端产生正的感应电压

**例 13.1** 电路如图 13.3 所示。(a) 当 $i_2 = 5\sin 45t$ A 且 $i_1 = 0$ 时，确定电压 $v_1$ 的值；(b) 当 $i_1 = -8e^{-t}$ A且 $i_2 = 0$ 时，确定电压 $v_2$ 的值。

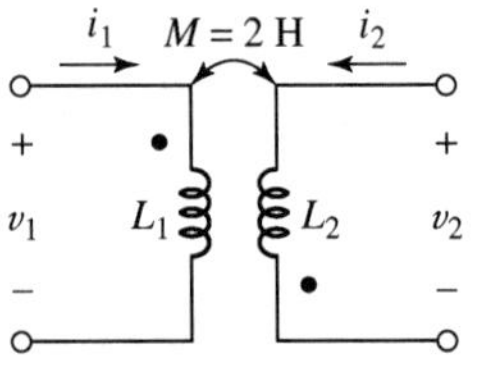


图 13.3 同名端规则提供了流入一个线圈的电流与另一个线圈上的正参考电压之间的关系

**解：**(a) 因为电流 $i_2$ 从右边线圈的非同名端流入，从而在左边线圈感应产生的电压的正端应该位于非同名端，因此开路输出电压为

$$v_1 = -(2)(45)(5\cos 45t) = -450\cos 45t \text{ V}$$

这是右边线圈中的电流 $i_2$ 产生的时变磁通量在左边线圈中产生的电压，由于左边线圈中没有电流，所以自感对电压 $v_1$ 没有贡献。

(b) 同名端有电流流入，但 $v_2$ 的正参考极性位于非同名端，因此，

$$v_2 = -(2)(-1)(-8e^{-t}) = -16e^{-t} \text{ V}$$

## 练习

13.1 假设 $M = 10$ H，线圈 $L_2$ 开路，电流 $i_1 = -2e^{-5t}$ A，求下列两个电路图中的电压 $v_2$：(a) 图 13.2(a) 所示电路；(b) 图 13.2(b)所示电路。

答案：(a) $100e^{-5t}$ V；(b) $-100e^{-5t}$ V。

## 互感和自感电压的组合

至此，我们只考虑了开路线圈上的互感电压。通常情况下，每个线圈上的电流都不等于零，每个线圈上产生的互感电压源于另一个线圈上流过的电流。这个互感电压与自感电压无关，但却要叠加在自感电压上。换句话说，电感 $L_1$ 两端的电压包含两项：$L_1\, di_1/dt$ 和 $M\, di_2/dt$，其中每一项的符号取决于电流的方向、电压的参考方向和两个同名端的位置。假定图 13.4 所示电路中的电流 $i_1$ 和 $i_2$ 均从同名端流入，则 $L_1$ 两端的电压由两部分组成：

$$v_1 = L_1 \frac{di_1}{dt} + M \frac{di_2}{dt}$$

同样，$L_2$ 两端的电压为

$$v_2 = L_2 \frac{di_2}{dt} + M \frac{di_1}{dt}$$

在图 13.5 所示的电路中，标定的电压和电流并不能保证 $v_1$ 和 $v_2$ 的所有各项都为正。观察 $i_1$ 和 $v_1$ 的参考极性，发现其显然不符合无源符号规则，因此 $L_1\ di_1/dt$ 的符号应该是负的。同样的结论对 $L_2\ di_2/dt$ 也同样适用。$v_2$ 的互感项根据 $i_1$ 和 $v_2$ 的方向确定。由于 $i_1$ 流入同名端，$v_2$ 的正参考极性在同名端，因此 $M\ di_1/dt$ 肯定是正的。最后，$i_2$ 流入 $L_2$ 的非同名端，$v_1$ 的正参考极性在 $L_1$ 的非同名端，从而 $v_1$ 的互感部分 $M\ di_2/dt$ 也肯定是正的，由此得到

$$v_1 = -L_1 \frac{di_1}{dt} + M \frac{di_2}{dt}, \qquad v_2 = -L_2 \frac{di_2}{dt} + M \frac{di_1}{dt}$$

当激励源是频率为 $\omega$ 的正弦信号时，采用同样的分析方法可得到一致的符号，即

$$\mathbf{V}_1 = -\mathrm{j}\omega L_1 \mathbf{I}_1 + \mathrm{j}\omega M \mathbf{I}_2, \qquad \mathbf{V}_2 = -\mathrm{j}\omega L_2 \mathbf{I}_2 + \mathrm{j}\omega M \mathbf{I}_1$$

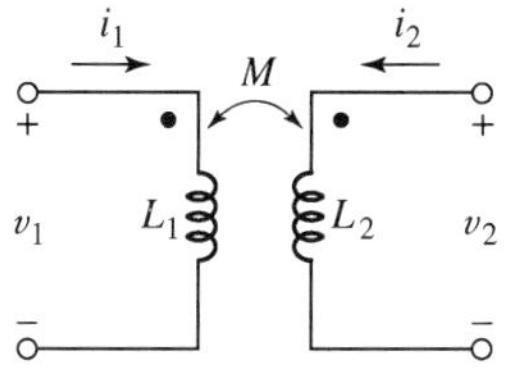


图 13.4　由于 $v_1$，$i_1$ 和 $v_2$，$i_2$ 中的每一对都符合无源符号规则，因此各自的自感电压均为正。而电流 $i_1$ 和 $i_2$ 均流入同名端，$v_1$ 和 $v_2$ 在同名端为正，所以两个互感电压均为正

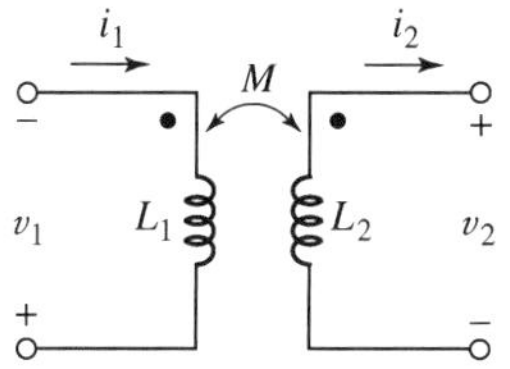


图 13.5　由于 $v_1$，$i_1$ 和 $v_2$，$i_2$ 不符合无源符号规则，所以各自的自感电压均为负。由于电流 $i_1$ 流入同名端，电压 $v_2$ 在同名端为正，所以 $v_2$ 的互感项为正；而 $i_2$ 流入非同名端，$v_1$ 在非同名端为正，因此 $v_1$ 的互感项仍为正

## 同名端的物理依据

现在来看一下同名端的物理依据，从而加深对同名端规则的深入理解。同名端在这里被诠释为磁通量。从图 13.6 可见，圆柱体上绕着两个线圈，电线的缠绕方向清晰可见。假设电流 $i_1$ 为正且随时间增大，根据右手法则可确定 $i_1$ 电流在圆柱体中产生的磁通的方向：用右手握住线圈，手指指向电流方向，则大拇指所指的方向即为线圈内磁通的方向。可见电流 $i_1$ 产生的磁通的方向向下，由于电流随时间增大，磁通量又与电流成正比，所以磁通量也随时间增加。我们再来看第二个线圈，同样假设电流 $i_2$ 为正且随时间增大，利用右手法则同样可知 $i_2$ 产生的磁通的方向向下且随时间增加。换句话说，$i_1$ 和 $i_2$ 产生相加的磁通量。

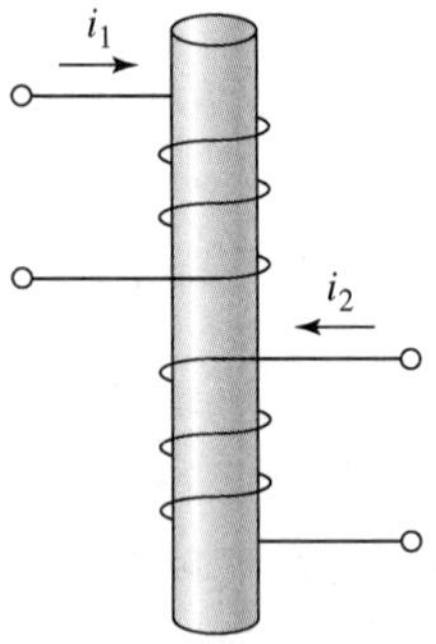


图 13.6 两个线圈相互耦合的物理结构。考虑到两个线圈产生的磁通方向，同名端或者位于每个线圈的上端，或者位于每个线圈的下端

任何线圈两端的电压源于线圈中磁通量随时间的变化率。第一个线圈两端的电压在有 $i_2$ 电流流过时要比 $i_2$ 电流等于零时大，电流 $i_2$ 在第一个线圈感应产生的电压与第一个线圈产生的自感电压具有相同的极性，自感电压符合无源符号规则，因此可以得到互感电压的符号。

同名端规则仅仅忽略了线圈的物理结构，只用一个点分别放置在每个线圈的一端，使得从同名端流入的电流可产生相加的磁通。很显然，总有两种可能的设置同名端的方法，因为可以同时将两个线圈的同名端移到其另一端，而磁通相加关系仍然成立。

**例 13.2** 电路如图 13.7(a)所示，求 400 Ω 电阻上的电压与电压源电压的比值，用相量(phasor)形式表示。

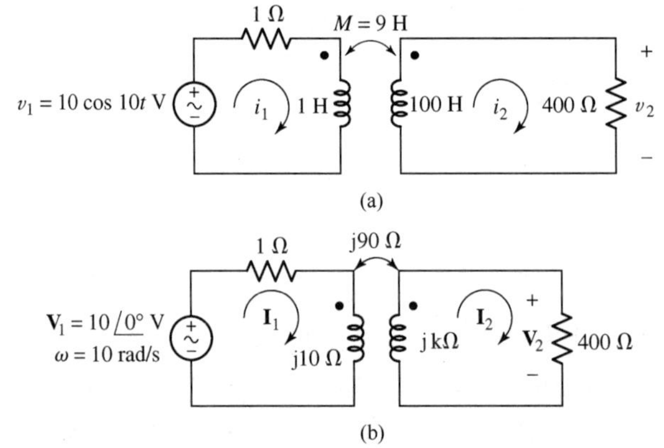


图 13.7 (a) 含有互感的电路，需要求解电压比 $\mathbf{V}_2/\mathbf{V}_1$；(b) 将自感和互感用相应的阻抗替换

**解：明确题目的要求**

我们需要求出 $\mathbf{V}_2$ 的数值，然后除以 $10\angle 0°$ V。

**收集已知信息**

首先将 1 H 和 100 H 的电感分别用相应的阻抗 j10 Ω 和 j kΩ 代入，如图 13.7(b)所示。同样，还需要将 9 H 的互感用阻抗 $j\omega M = j90$ Ω 代入。

**设计方案**

因为有两个定义清晰的网孔，所以网孔分析是比较好的方法。一旦得到 $\mathbf{I}_2$，$\mathbf{V}_2$ 就等于 $400\mathbf{I}_2$。

**建立一组合适的方程**

对于左边的网孔，互感项的符号由同名端确定。由于 $\mathbf{I}_2$ 流入 $L_2$ 的非同名端，因此产生在 $L_1$ 上的互感电压在非同名端的参考极性为正，所以

$$(1+\mathrm{j}10)\mathbf{I}_1-\mathrm{j}90\mathbf{I}_2=10\underline{/0^\circ}$$

由于 $\mathbf{I}_1$ 流入同名端，因此右边互感电压参考极性在 100 H 电感的同名端为正，因此可以写出

$$(400+\mathrm{j}1000)\mathbf{I}_2-\mathrm{j}90\mathbf{I}_1=0$$

**确定是否还需要其他信息**

由于有两个未知变量 $\mathbf{I}_1$ 和 $\mathbf{I}_2$ 以及两个方程，一旦求解得到两个电流，则输出电压 $\mathbf{V}_2$ 为 $\mathbf{I}_2$ 乘以 400 Ω。

**尝试求解**

利用科学计算器求解上述两个方程，得到

$$\mathbf{I}_2=0.172\underline{/-16.70^\circ}\ \mathrm{A}$$

因此，

$$\frac{\mathbf{V}_2}{\mathbf{V}_1}=\frac{400(0.172\underline{/-16.70^\circ})}{10\underline{/0^\circ}}$$

$$=6.880\underline{/-16.70^\circ}$$

**验证结果是否合理或是否与预计结果一致**

我们注意到，输出电压 $\mathbf{V}_2$ 的幅度远大于输入电压 $\mathbf{V}_1$ 的幅度。这是我们预期的吗？答案是否定的。后面会讲到，变压器既可以实现升压，也可以实现降压。现在做一个快速的估计以得到结果的上限和下限。如果 400 Ω 电阻被短路，则 $\mathbf{V}_2=0$；如果 400 Ω 电阻被开路，则 $\mathbf{I}_2=0$。因此，

$$\mathbf{V}_1=(1+\mathrm{j}\omega L_1)\mathbf{I}_1$$

$$\mathbf{V}_2=\mathrm{j}\omega M\mathbf{I}_1$$

求解得到 $\mathbf{V}_2/\mathbf{V}_1$ 的最大值为 $8.955\underline{/5.711^\circ}$。可见，答案是合理的。

由于图 13.7(a)所示的输出电压幅度大于输入电压的幅度，因此这个电路就产生了电压增益。这里值得讨论一下作为 $\omega$ 的函数的电压比。

为求得这个电路的 $\mathbf{I}_2(\mathrm{j}\omega)$，我们写出用未知角频率 $\omega$ 表示的网孔方程：

$$(1+\mathrm{j}\omega)\mathbf{I}_1\qquad\qquad-\mathrm{j}\omega9\mathbf{I}_2=10\underline{/0^\circ}$$

和

$$-\mathrm{j}\omega9\mathbf{I}_1+(400+\mathrm{j}\omega100)\mathbf{I}_2=0$$

代入求解，得到

$$\mathbf{I}_2=\frac{\mathrm{j}90\omega}{400+\mathrm{j}500\omega-19\omega^2}$$

此时可以求出作为频率 $\omega$ 的函数的输出电压与输入电压的比值：

$$\frac{\mathbf{V}_2}{\mathbf{V}_1}=\frac{400\mathbf{I}_2}{10}$$

$$=\frac{\mathrm{j}\omega3600}{400+\mathrm{j}500\omega-19\omega^2}$$

比值的幅度也称为**电路传输函数**，如图 13.8 所示，其峰值出现在频率 4.6 rad/s 处且约等于 7。但在频率很低和很高时，传输函数的幅度值小于 1。

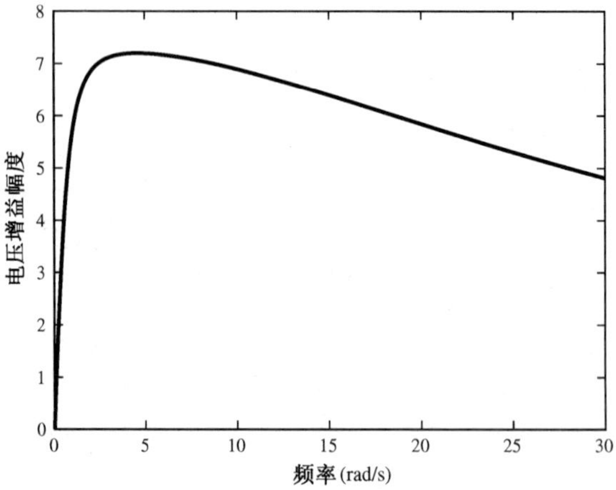


图 13.8 图 13.7(a)所示电路的电压增益 $|\mathbf{V}_2/\mathbf{V}_1|$随着 $\omega$ 变化的曲线

图 13.8 所示曲线由下面的 MATLAB 语句描述：

```
>> w = linspace(0,30,1000);
>> num = j* w* 3600;
>> for indx =1: 1000
den = 400 + j* 500* w(indx) -19* w(indx)* w(indx);
gain(indx) = num(indx)/den;
end
>> plot(w,abs(gain));
>> xlabel('Frequency(rad/s)');
>> ylabel('Magnitude of Voltage Gain');
```

除了电压源，该电路是无源的。此外，不要将电压增益误解为功率增益。在 $\omega = 10$ rad/s 时，电压增益等于6.88，而理想电压源的端口电压是10 V，输出总功率为8.07 W，但是400 Ω 的电阻负载上得到的功率只有5.94 W。输出功率与电源功率的比值也称为**功率增益**，该值只有0.736。

## 练习

13.2 电路如图 13.9 所示，对左边和右边网孔写出正确的网孔方程，设 $v_s = 20e^{-1000t}$ V。

答案：$20e^{-1000t} = 3i_1 + 0.002di_1/dt - 0.003di_2/dt$；$10i_2 + 0.005di_2/dt - 0.003di_1/dt = 0$。

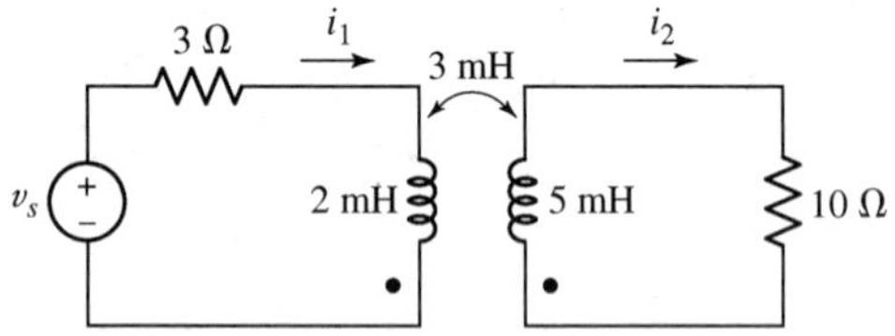


图 13.9

**例 13.3** 电路如图 13.10(a)所示，写出完整的相量方程组。

**解**：第一步还是将两个互感和自感用相应的阻抗代入，如图 13.10(b)所示。对第一个网孔应用基尔霍夫电压定律，选择流过第二个线圈的电流为$(\mathbf{I}_3 - \mathbf{I}_2)$，使得互感项为正，因此

$$5\mathbf{I}_1 + 7j\omega(\mathbf{I}_1 - \mathbf{I}_2) + 2j\omega(\mathbf{I}_3 - \mathbf{I}_2) = \mathbf{V}_1$$

或者

$$(5 + 7j\omega)\mathbf{I}_1 - 9j\omega\mathbf{I}_2 + 2j\omega\mathbf{I}_3 = \mathbf{V}_1 \qquad [3]$$

第二个网孔方程包含两个互感项和两个自感项，注意同名端，写出该方程如下：

$$7\,j\omega(\mathbf{I}_2-\mathbf{I}_1)+2\,j\omega(\mathbf{I}_2-\mathbf{I}_3)+\frac{1}{j\omega}\mathbf{I}_2+6\,j\omega(\mathbf{I}_2-\mathbf{I}_3)+2\,j\omega(\mathbf{I}_2-\mathbf{I}_1)=0$$

或者

$$-9\,j\omega\mathbf{I}_1+\left(17\,j\omega+\frac{1}{j\omega}\right)\mathbf{I}_2-8\,j\omega\mathbf{I}_3=0 \qquad [4]$$

最后写出第三个网孔方程：

$$6\,j\omega(\mathbf{I}_3-\mathbf{I}_2)+2\,j\omega(\mathbf{I}_1-\mathbf{I}_2)+3\mathbf{I}_3=0$$

或者

$$2\,j\omega\mathbf{I}_1-8\,j\omega\mathbf{I}_2+(3+6\,j\omega)\mathbf{I}_3=0 \qquad [5]$$

任何传统的方法都可以求解式[3] ~ 式[5]。

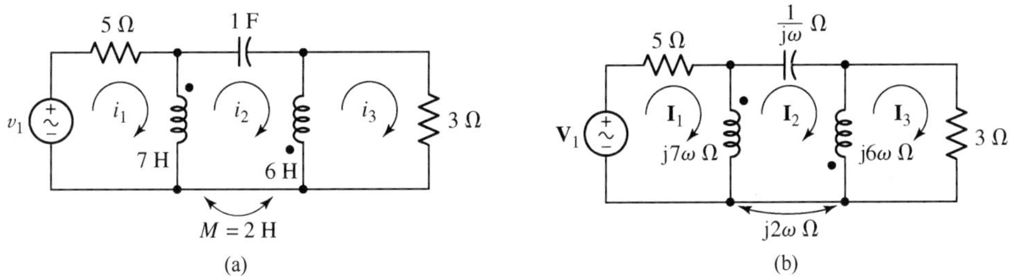


图 13.10　(a) 含有互感的三网孔电路；(b) 1 F 电容以及自感和互感均被相应的阻抗代替

## 练习

13.3　电路如图 13.11 所示，对于下列两个网孔，分别写出以相量电流 $\mathbf{I}_1$ 和 $\mathbf{I}_2$ 为变量的网孔方程：(a) 左网孔；(b) 右网孔。

答案：(a) $\mathbf{V}_s=(3+j10)\mathbf{I}_1-j15\mathbf{I}_2$；(b) $0=-j15\mathbf{I}_1+(10+j25)\mathbf{I}_2$。

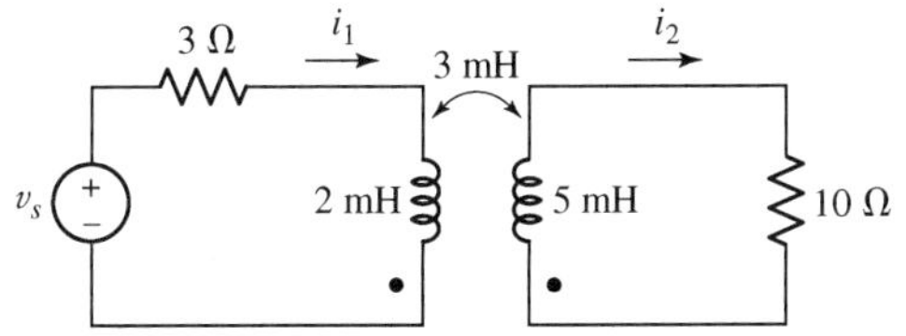


图 13.11

# 13.2　能量考虑

现在考虑一对相互耦合的电感中存储的能量，其结论在几个不同的方面都很有用。首先可以证明我们的假设 $M_{12}=M_{21}$，然后可以推导两个给定电感之间的互感可能存在的最大值。

## $M_{12}$ 和 $M_{21}$ 的等价性

一对耦合线圈如图 13.12 所示，电流、电压和同名端均在图中标出。为了证明 $M_{12}=M_{21}$，首先假设所有电压和电流均为零，即网络中的初始储能等于零。然后令右边的一对端点开路，从零开始增加电流 $i_1$，在 $t=t_1$ 时电流达到恒定(直流)值 $I_1$。任何时刻从左边进入网络的功率为

$$v_1 i_1=L_1\frac{di_1}{dt}i_1$$

从右边进入网络的功率为

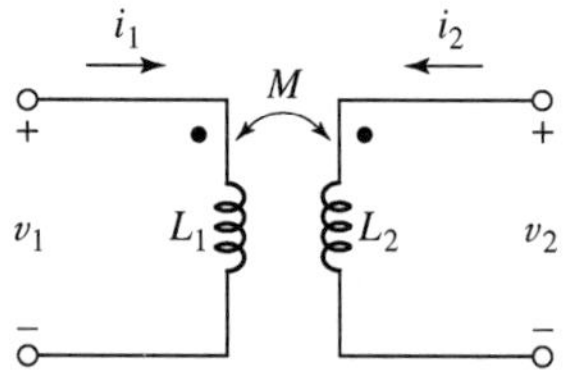

图 13.12 具有互感 $M_{12}=M_{21}=M$ 的一对耦合线圈

$$v_2 i_2 = 0$$

因为电流 $i_2=0$。

当电流 $i_1=I_1$ 时，网络存储的能量由下式求得：

$$\int_0^{t_1} v_1 i_1 \, dt = \int_0^{I_1} L_1 i_1 \, di_1 = \frac{1}{2} L_1 I_1^2$$

现在保持 $i_1$ 恒定($i_1=I_1$)，而令 $i_2$ 在 $t=t_1$ 时从零增加到 $t=t_2$ 时的恒定值 $I_2$，则右边电源提供给网络的能量为

$$\int_{t_1}^{t_2} v_2 i_2 \, dt = \int_0^{I_2} L_2 i_2 \, di_2 = \frac{1}{2} L_2 I_2^2$$

即使电流 $i_1$ 保持恒定，左边的电源仍然在这段时间内向网络提供能量：

$$\int_{t_1}^{t_2} v_1 i_1 \, dt = \int_{t_1}^{t_2} M_{12} \frac{di_2}{dt} i_1 \, dt = M_{12} I_1 \int_0^{I_2} di_2 = M_{12} I_1 I_2$$

当电流 $i_1$ 和 $i_2$ 都达到恒定值时，网络中存储的总能量为

$$W_{\text{total}} = \tfrac{1}{2} L_1 I_1^2 + \tfrac{1}{2} L_2 I_2^2 + M_{12} I_1 I_2$$

现在，我们用相反的顺序在网络中建立相同的电流值，即首先让电流 $i_2$ 从零增加到 $I_2$ 并保持不变，然后再将电流 $i_1$ 从零增加到 $I_1$。这样，计算得到的网络存储的总能量必定为

$$W_{\text{total}} = \tfrac{1}{2} L_1 I_1^2 + \tfrac{1}{2} L_2 I_2^2 + M_{21} I_1 I_2$$

两者唯一的差别是互换了互感量 $M_{12}$ 和 $M_{21}$。由于网络的初始条件和终止条件是相同的，因此这两个存储的能量值必须相等，即

$$M_{12} = M_{21} = M$$

和

$$W = \tfrac{1}{2} L_1 I_1^2 + \tfrac{1}{2} L_2 I_2^2 + M I_1 I_2 \qquad [6]$$

如果一个电流流入同名端，而另一个电流流出同名端，则应改变互感项的符号：

$$W = \tfrac{1}{2} L_1 I_1^2 + \tfrac{1}{2} L_2 I_2^2 - M I_1 I_2 \qquad [7]$$

尽管式[6]和式[7]是在两个电流的终值达到恒定值时推导出来的，但是恒定值可以是任何数值。当瞬时值 $i_1$ 和 $i_2$ 分别达到 $I_1$ 和 $I_2$ 的时候，能量表达式正确反映了存储的能量。换句话说，也可以用小写符号表示能量：

$$w(t) = \tfrac{1}{2} L_1 [i_1(t)]^2 + \tfrac{1}{2} L_2 [i_2(t)]^2 \pm M [i_1(t)][i_2(t)] \qquad [8]$$

式[8]成立的唯一假设是当两个电流都为零时能量为零。

## 建立 $M$ 的上限

式[8]可以用来建立 $M$ 值的上限。因为 $w(t)$ 表示的是无源网络存储的能量，因此对任何 $i_1$，$i_2$，$L_1$，$L_2$ 和 $M$，其值非负。首先假设电流 $i_1$ 和 $i_2$ 同时为正或者为负，则它们的乘积为正。式[8]可能取负值的唯一情况是

$$w = \tfrac{1}{2} L_1 i_1^2 + \tfrac{1}{2} L_2 i_2^2 - M i_1 i_2$$

配方后得到
$$w=\frac{1}{2}\left(\sqrt{L_1}i_1-\sqrt{L_2}i_2\right)^2+\sqrt{L_1L_2}i_1i_2-Mi_1i_2$$

现实情况中，能量不可能为负值，所以上式的右边不能为负。由于第一项的最小值为零，所以得到后两项不为负的约束条件为

$$\sqrt{L_1L_2}\geqslant M$$

或者
$$M\leqslant\sqrt{L_1L_2} \quad [9]$$

互感的幅度存在可能的最大值，该值不超过两个线圈电感量的几何平均值。虽然推导出的不等式建立在两个电流 $i_1$ 和 $i_2$ 具有相同数学符号的假设基础上，但是如果符号相反，则只要在式[8]中选择正号，同样可以推导出上述结论。

根据磁耦合的物理含义，一样可以说明不等式[9]的真实性。如果电流 $i_2$ 保持为零，电流 $i_1$ 产生的磁通量贯穿 $L_1$ 和 $L_2$，那么显然穿过 $L_2$ 的磁通量不可能大于 $L_1$ 中的磁通量，也就是总磁通量。定性地讲，存在于两个给定电感之间的互感受到最大值的限制。

## 耦合系数

$M$ 趋于其最大值的程度由耦合系数来表示，定义为

$$k=\frac{M}{\sqrt{L_1L_2}} \quad [10]$$

因为 $M\leqslant\sqrt{L_1L_2}$，所以

$$0\leqslant k\leqslant 1$$

当两个线圈相距很近或者由于采用某种缠绕方法使它们的公共磁通量较大时，或者由于采用特殊的材料(高导磁率材料)使磁通量集中通过该材料时，得到的耦合系数都很大。由于线圈的耦合系数非常接近于1，因此称其为紧耦合。

**例 13.4**　电路如图 13.13 所示，设 $L_1=0.4$ H，$L_2=2.5$ H，$k=0.6$，电流 $i_1=4i_2=20\cos(500t-20°)$ mA。计算 $t=0$ 时的电压 $v_1(0)$ 以及系统存储的总能量。

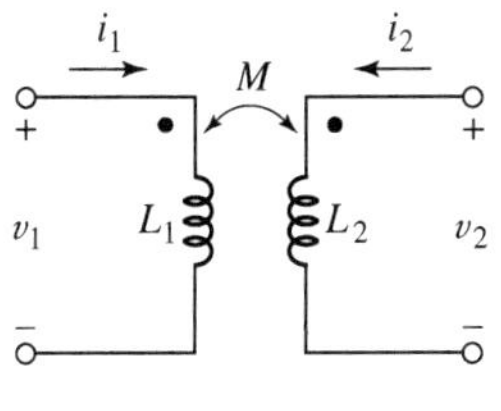

图 13.13　互感系数为 0.6 的两个耦合线圈：$L_1=0.4$ H；$L_2=2.5$ H

**解：** 为了确定电压 $v_1$，既需要考虑线圈 1 的自感，也需要考虑互感，注意同名端的规则：

$$v_1(t)=L_1\frac{\mathrm{d}i_1}{\mathrm{d}t}+M\frac{\mathrm{d}i_2}{\mathrm{d}t}$$

要计算上式，首先需求出 $M$ 的值，利用式[10]：

$$M=k\sqrt{L_1L_2}=0.6\sqrt{(0.4)(2.5)}=0.6\text{ H}$$

从而可得 $v_1(0)=0.4[-10\sin(-20°)]+0.6[-2.5\sin(-20°)]=1.881$ V。

每个电感存储的能量之和即为总能量，它由 3 部分组成。由于已知线圈之间的磁耦合且电流均流入同名端，因此

$$w(t)=\frac{1}{2}L_1[i_1(t)]^2+\frac{1}{2}L_2[i_2(t)]^2+M[i_1(t)][i_2(t)]$$

由于 $i_1(0)=20\cos(-20°)=18.79$ mA，$i_2(0)=0.25i_1(0)=4.698$ mA，求得两个线圈中存储的总能量在 $t=0$ 时为 151.2 μJ。

### 练习

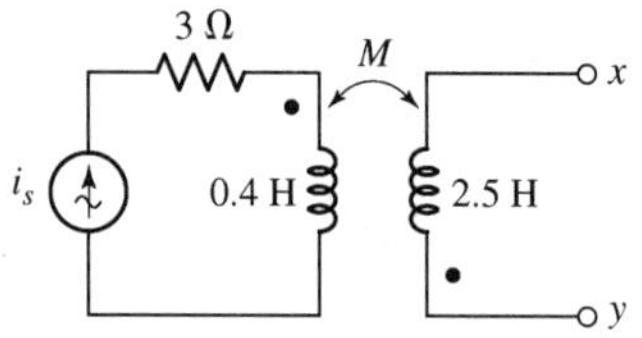

图 13.14

13.4 设 $i_s = 2\cos 10t$ A，电路如图 13.14 所示，在 $t=0$ 时求存储在无源网络中的总能量。假设 $k=0.6$，端点 $x$ 和 $y$ 有两种连接方式：(a) 开路；(b) 短路。

答案：(a) 0.8 J；(b) 0.512 J。

## 13.3 线性变压器

现在利用磁耦合的概念来解释两个实际使用的器件，其中每一个都可以用含有互感的模型来表示。这两个器件都称为变压器，我们用这样的术语来定义含有两个或更多个线圈且实现了精致磁耦合的网络(见图 13.15)。本节讨论的是线性变压器，它是应用在射频波段或更高频段的实际线性变压器的最好模型。13.4 节讨论的是理想变压器，它是实际变压器的理想化模型，耦合系数为 1。

图 13.16 所示的电路有两个网孔电流。第一个网孔通常包含激励源，称为**初级**；第二个网孔通常包含负载，称为**次级**。标记 $L_1$ 和 $L_2$ 的电感分别称为变压器的初级线圈和次级线圈。假设变压器是线性的，也就是说不含磁心材料(它会导致非线性时变磁通关系)。如果没有磁心，则耦合系数要超过零点几都是非常困难的。两个电阻代表初级和次级线圈的导线电阻以及任何损耗。

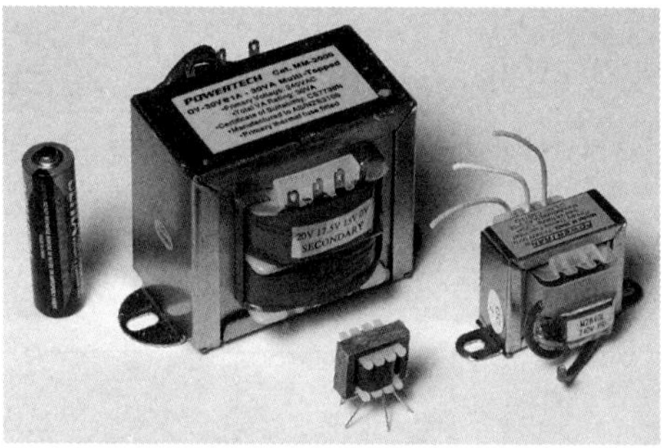

图 13.15 应用于电子设备中的小变压器，AA 电池用于尺寸对比(© Steve Durbin)

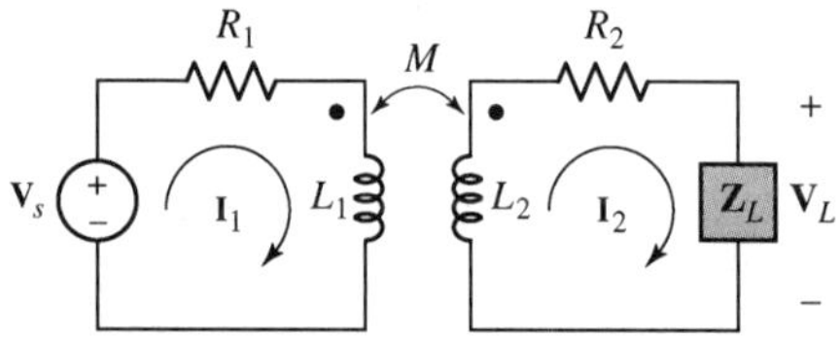


图 13.16 线性变压器的初级线圈接电源，次级线圈接负载，初级和次级回路均含有电阻

### 反射阻抗

考虑初级线圈端口的输入阻抗，写出两个网孔方程：

$$\mathbf{V}_s = (R_1 + j\omega L_1)\mathbf{I}_1 - j\omega M\mathbf{I}_2 \qquad [11]$$

和

$$0 = -j\omega M\mathbf{I}_1 + (R_2 + j\omega L_2 + \mathbf{Z}_L)\mathbf{I}_2 \qquad [12]$$

定义如下阻抗：

$$\mathbf{Z}_{11} = R_1 + j\omega L_1 \quad \text{和} \quad \mathbf{Z}_{22} = R_2 + j\omega L_2 + \mathbf{Z}_L = R_{22} + jX_{22}$$

从而有

$$\mathbf{V}_s = \mathbf{Z}_{11}\mathbf{I}_1 - j\omega M\mathbf{I}_2 \qquad [13]$$

$$0 = -j\omega M\mathbf{I}_1 + \mathbf{Z}_{22}\mathbf{I}_2 \qquad [14]$$

求解第二个方程，得到电流 $\mathbf{I}_2$。将其代入第一个方程，得到输入阻抗为

$$\mathbf{Z}_{in}=\frac{\mathbf{V}_s}{\mathbf{I}_1}=\mathbf{Z}_{11}-\frac{(j\omega)^2M^2}{\mathbf{Z}_{22}} \qquad [15]$$

说明：$\mathbf{Z}_{in}$是从变压器初级线圈两端看进去的阻抗。

展开表达式之前，可以得到几个结论：第一，输入阻抗与同名端的位置无关，即使其中一个线圈的同名端改变了位置，也只是在式[11]～式[15]中含有 $M$ 的项前面改变了符号，而不会改变式[15]。当耦合降低至零时，输入阻抗（见式[15]）将与 $\mathbf{Z}_{11}$ 相同。当耦合从零开始增加时，输入阻抗与 $\mathbf{Z}_{11}$之间相差一项，即 $\omega^2M^2/\mathbf{Z}_{22}$，我们称其为**反射阻抗**。如果展开 $\mathbf{Z}_{in}$，则可以更清楚地理解变化的部分：

$$\mathbf{Z}_{in}=\mathbf{Z}_{11}+\underbrace{\frac{\omega^2M^2}{R_{22}+jX_{22}}}_{\text{反射阻抗}}$$

对反射阻抗进行有理化，得到

$$\mathbf{Z}_{in}=\mathbf{Z}_{11}+\underbrace{\frac{\omega^2M^2R_{22}}{R_{22}^2+X_{22}^2}-j\frac{\omega^2M^2X_{22}}{R_{22}^2+X_{22}^2}}_{\text{反射阻抗}}$$

由于 $\omega^2M^2R_{22}/(R_{22}^2+X_{22}^2)$必定为正，所以次级电路的存在增加了初级电路的损耗。换句话说，次级电路其实是增加了初级电路的电阻 $R_1$ 的值。更进一步讲，次级电抗反射到初级的结果与 $X_{22}$符号相反。这里 $X_{22}$是次级回路的净电抗，它等于 $\omega L_2$ 与 $X_L$ 的和，对感性负载而言是正的；对容性负载而言，可能是正的，也可能是负的。

**例 13.5** 线性变压器的 $R_1=R_2=2\ \Omega$，$L_1=4$ mH，$L_2=8$ mH，$\mathbf{Z}_L=10\ \Omega$。若工作频率 $\omega=5000$ rad/s，求使 $\mathbf{Z}_{in}$为实数的 $M$ 的值。

**解：** 当 $X_{11}$始终等于反射阻抗的虚部时则可将电抗相互抵消，使输入阻抗 $\mathbf{Z}_{in}$为实数，即

$$X_{11}=\omega L_1=\frac{\omega^2M^2X_{22}}{R_{22}^2+X_{22}^2}$$

解出 $M$ 得

$$M=\sqrt{\frac{L_1(R_{22}^2+X_{22}^2)}{\omega X_{22}}}$$

代入数值，其中 $R_{22}=2+10=12\ \Omega$ 且 $X_{22}=\omega L_2=40\ \Omega$，得到

$$M=\sqrt{\frac{(4\times10^{-3})(12^2+40^2)}{(5\times10^3)(40)}}=5.906\text{ mH}$$

## 练习

13.5 线性变压器的元件参数为：$R_1=3\ \Omega$，$R_2=6\ \Omega$，$L_1=2$ mH，$L_2=10$ mH，$M=4$ mH。如果 $\omega=5000$ rad/s，求 $\mathbf{Z}_{in}$，其中 $\mathbf{Z}_L$ 分别为：(a) 10 Ω；(b) j20 Ω；(c) 10 + j20 Ω；(d) −j20 Ω。

答案：(a) 5.32 + j2.74 Ω；(b) 3.49 + j4.33 Ω；(c) 4.24 + j4.57 Ω；(d) 5.56 − j2.82 Ω。

## T 形和 Π 形等效网络

为方便起见，通常需要将变压器变换为 T 形或 Π 形等效网络。如果将初级和次级线圈的电阻从变压器中分离出来，那么剩下的就只有相互耦合的两个电感，如图 13.17 所示。注意，变压器的两个下端点已经连在一起，从而成为一个三端网络。这样做是因为等效网络都是三端的缘故。这里再次写出描述电路特性的微分方程：

$$v_1 = L_1 \frac{di_1}{dt} + M \frac{di_2}{dt} \qquad [16]$$

和

$$v_2 = M \frac{di_1}{dt} + L_2 \frac{di_2}{dt} \qquad [17]$$

我们很熟悉这两个方程，用电流 $i_1$ 与 $i_2$ 进行的网孔分析可以很容易地给出方程的解释，其中两个网孔共享一个共同的自感 $M$。由 $L_1-M$，$M$ 和 $L_2-M$ 组成的等效网络如图 13.18 所示，由这两个网络相关的 $v_1$，$i_1$，$v_2$ 和 $i_2$ 表示的方程对是相同的。

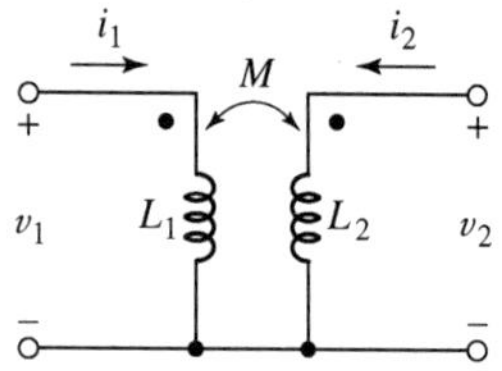


图 13.17　可用 T 形或 Π 形等效网络替换的给定变压器

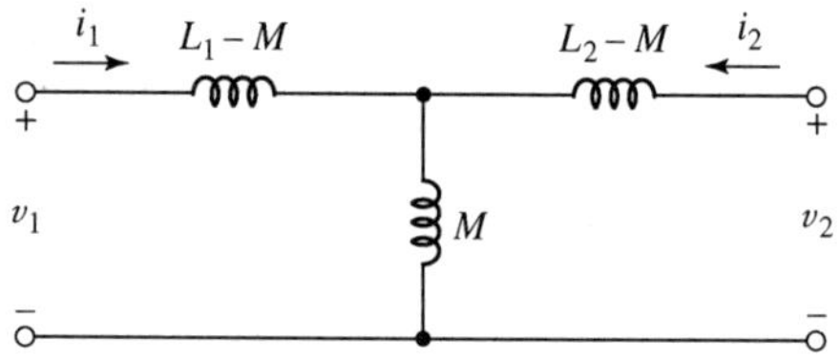


图 13.18　图 13.17 所示变压器的 T 形等效网络

如果给定变压器的一个同名端位置发生了改变且置于线圈的另一端，则式[16]和式[17]的互感项前面改为负号。在图 13.18 中将 $M$ 用 $-M$ 代替可以类推出这种情况下的等效网络（其中 3 个电感值分别为：$L_1+M$，$-M$ 和 $L_2+M$）。

T 形网络中的电感都是自感，不存在互感。电路等效时，可能会得到负值的电感。如果只是进行数学分析，这也不是什么本质问题。然而在构建一个实际的等效网络时，任何形式的负电感都是不允许的。有时候在对给定的传输函数进行网络综合时，会出现含有负电感的 T 形网络，这时必须采用合适的线性变压器来实现该网络。

**例 13.6**　某线性变压器如图 13.19(a)所示，求其等效的 T 形网络。

**解：** 从图 13.19 中可知 $L_1=30$ mH，$L_2=60$ mH，$M=40$ mH，且同名端全部位于上端点，可见与图 13.17所示的基本电路一致。

因此，$L_1-M=-10$ mH 位于左上臂，$L_2-M=20$ mH 位于右上臂，中间的 $M=40$ mH。完整的等效 T 形网络如图 13.19(b)所示。

为了证明这两个网络是等效的，在图 13.19(a) 中令 $C$ 和 $D$ 之间开路，电压 $v_{AB}=10\cos 100t$ V 加在输入端，则有

$$i_1 = \frac{1}{30\times10^{-3}} \int 10\cos(100t)\,dt = 3.33\sin 100t \text{ A}$$

和

$$v_{CD} = M\frac{di_1}{dt} = 40\times10^{-3}\times3.33\times100\cos 100t$$
$$= 13.33\cos 100t \text{ V}$$

在 T 形网络中加入同样的电压，可得

$$i_1 = \frac{1}{(-10+40)\times 10^{-3}} \int 10\cos(100t)\,\mathrm{d}t = 3.33\sin 100t \text{ A}$$

同样，$C$ 和 $D$ 之间的电压等于 40 mH 电感两端的电压，即

$$v_{CD} = 40\times 10^{-3}\times 3.33\times 100\cos 100t = 13.33\cos 100t \text{ V}$$

由此证明两个网络等效。

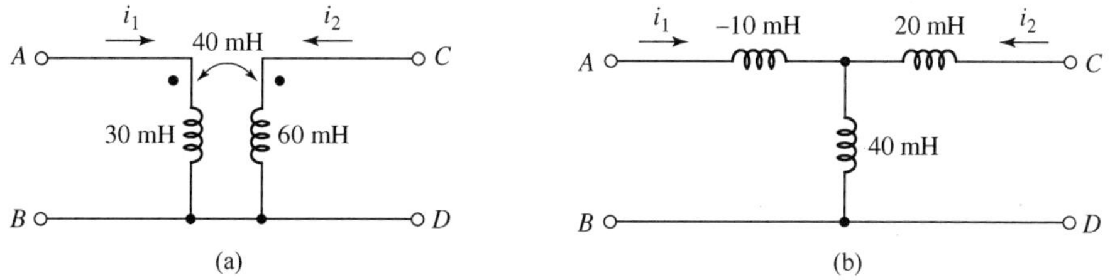


图 13.19　(a) 线性变压器的例子；(b) 变压器的 T 形等效网络

## 练习

13.6　(a) 假如图 13.20 所示的两个网络等效，确定 $L_x$，$L_y$ 和 $L_z$ 的值；(b) 如果图 13.20(b) 中的次级线圈的同名端位于底部，重新确定电感的值。

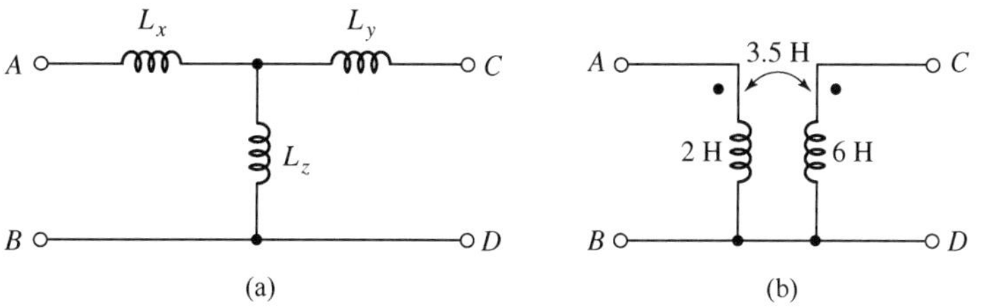


图 13.20

答案：(a) −1.5 H, 2.5 H, 3.5 H；(b) 5.5 H, 9.5 H, −3.5 H。

等效 Π 形网络不太容易得到，过程也比较复杂。等效网络可以由一对节点方程来表示，其中每个节点都需要加入一个阶跃电流源，以保证满足初始条件。每个积分项前面的系数可以写成更一般的形式，即某个等效电感的倒数，由此得到的 Π 形网络如图 13.21 所示。

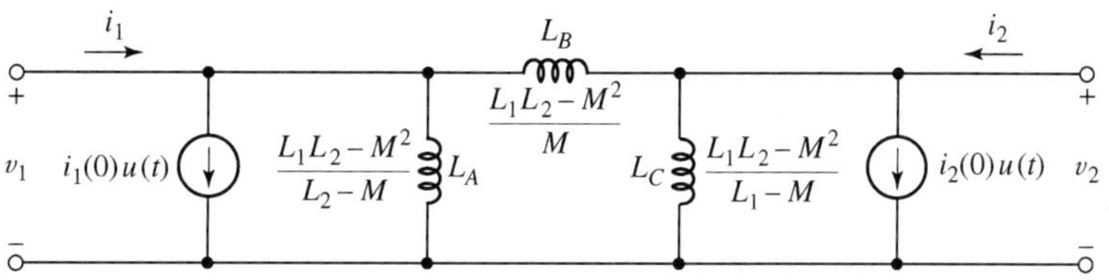


图 13.21　图 13.17 所示变压器的等效 Π 形网络

Π 形等效电路中不存在磁耦合，3 个自感中的初始电流均为零。如果变压器中的一个同名端改变了位置，则只需在等效电路中含有 $M$ 的地方改变符号即可。因此与处理 T 形网络相同，等效 Π 形电路中也可能出现负自感。

**例 13.7**　某变压器如图 13.19(a) 所示，假设初始电流等于零，求等效的 Π 形网络。

**解**：由于 $L_1L_2 - M^2$ 是 $L_A$，$L_B$ 和 $L_C$ 的公共项，所以应先求出这个值：

$$30 \times 10^{-3} \times 60 \times 10^{-3} - (40 \times 10^{-3})^2 = 2 \times 10^{-4}\ \mathrm{H}^2$$

因此，$L_A = \dfrac{L_1L_2 - M^2}{L_2 - M} = \dfrac{2 \times 10^{-4}}{20 \times 10^{-3}} = 10\ \mathrm{mH}$

$$L_C = \frac{L_1L_2 - M^2}{L_1 - M} = -20\ \mathrm{mH}$$

且 $$L_B = \frac{L_1L_2 - M^2}{M} = 5\ \mathrm{mH}$$

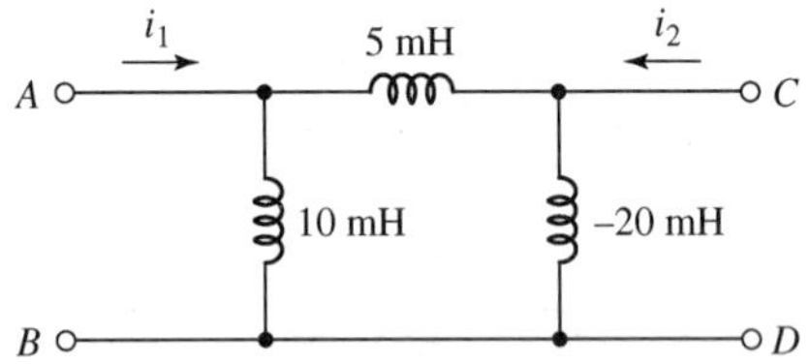


图 13.22 图 13.19(a)所示线性变压器的等效Π形网络。假设 $i_1(0)=0$，$i_2(0)=0$

等效Π形网络如图 13.22 所示。

现在来检验结果，设 $v_{AB} = 10\cos 100t$ V，$C$ 和 $D$ 之间开路，利用分压定理可得开路输出电压：

$$v_{CD} = \frac{-20 \times 10^{-3}}{5 \times 10^{-3} - 20 \times 10^{-3}} 10\cos 100t = 13.33\cos 100t\ \mathrm{V}$$

该结果与前面所得结果相同，从而说明图 13.22 所示网络与图 13.19(a)和图 13.19(b)所示网络在电性能上是等效的。

## 练习

13.7 如果图 13.23 所示的两个网络是等效的，确定 $L_A$，$L_B$ 和 $L_C$ 的值(单位为 mH)。

答案：$L_A = 169.2$ mH，$L_B = 129.4$ mH，$L_C = -314.3$ mH。

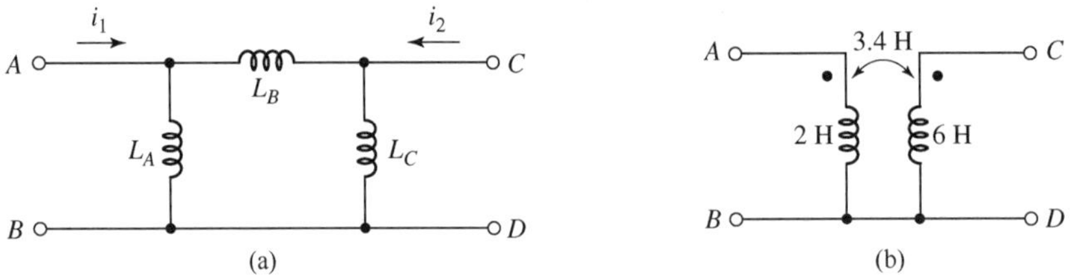


图 13.23

## 计算机辅助分析

对含有磁耦合电感的电路进行仿真是一种很有用的技能，尤其对尺寸持续减小的现代电路更是如此。新的电路设计使得导线回路靠得非常近，各种电路或者子电路之间虽然要求隔离，但是不可避免地会由于寄生磁场耦合而导致相互作用。LTspice 允许通过 SPICE 直接使用 **K statement** 来处理互感，它将原理图中的一对电感的耦合关系用耦合系数 $k$ 表示出来，其中 $0 \leqslant k \leqslant 1$。

例如，对图 13.19(a)所示的电路进行仿真。该电路含有两个线圈，耦合关系由互感 $M$ = 40 mH 体现，相应的耦合系数 $k$ = 0.9428。原理电路如图 13.24(a)所示。两个耦合电感 **L1** 和 **L2** 通过 SPICE 执行 **K1 L1 L2 0.9428** 得到，定义 **K1** 为 **L1** 与 **L2** 之间的耦合系数 $k$ = 0.9428。

电路与一个 100 rad/s(15.92 Hz)的正弦电压源相连，原理图上需要增加两个电阻，从而在使用 TLspice 仿真时可以不出现错误信息。首先用一个小的串联电阻接在电感 **L1** 和电压源之间，电阻值取 1 pΩ，它的影响可忽略；其次，将一个 1000 MΩ(基本上是无限的)电阻接在

**L2** 两端，输出电压的仿真结果是幅度为 13.33 V，相位与输入正弦信号相同，其结果与例 13.6 通过手工计算得到的结果相一致。

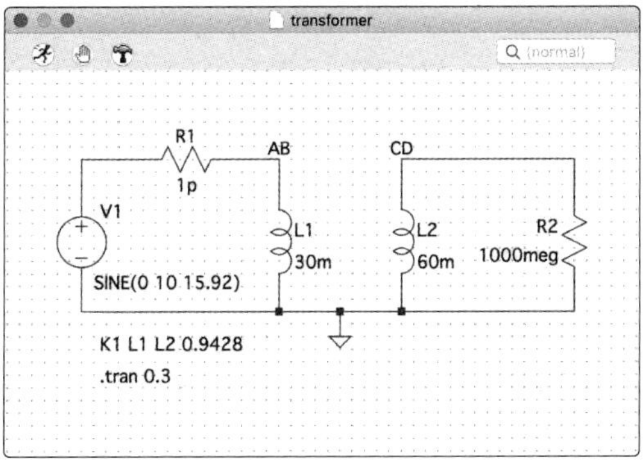


(a)

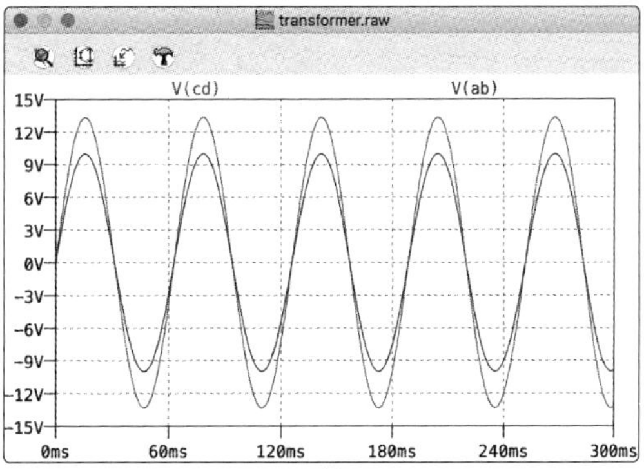


(b)

图 13.24　(a) 基于图 13.19(a)的电路原理图，满足仿真需求；(b) 显示 $V_{AB}$和 $V_{CD}$输出电压的仿真波形

## 13.4　理想变压器

**理想变压器**是对紧耦合线性变压器的有用近似。换句话说，理想变压器不存在任何电阻损耗，磁耦合时没有磁通量的任何泄漏(即 $k=1$)。当耦合系数基本等于 1，初级和次级的感抗和端阻抗相比非常大时，就可以用理想变压器来近似。许多设计得很好的铁心变压器当频率和端阻抗在一定范围内时非常符合这些特性。含有铁心变压器的电路进行近似电路分析时，只需简单地将铁心变压器换成理想变压器即可。

### 理想变压器的匝数比

理想变压器引入了一个新的概念——**匝数比** $a$。线圈的自感和绕成的导线匝数的平方成正比，这个关系只有在流过线圈的电流产生的磁通量穿过所有匝线圈时才有效。为了推导定量的结果，需要用到磁场的概念，然而这不属于电路分析讨论的内容，但是定性讨论还是能做的。假设电流 $i$ 流过 $N$ 匝线圈，产生的磁通量将是单匝线圈产生的 $N$ 倍，如果认为 $N$ 匝线圈是完全一致的，则全部磁通量穿过所有的匝。当电流和磁通量随时间变化时，每一匝感应产生的电压就等于单匝感应产生的电压的 $N$ 倍，那么 $N$ 匝线圈产生的感应电压将是单匝的 $N^2$ 倍，从而得到了电感与匝数平方之间的关系：

$$\frac{L_2}{L_1}=\frac{N_2^2}{N_1^2}=a^2 \qquad [18]$$

或者

$$\boxed{a=\frac{N_2}{N_1}} \qquad [19]$$

图 13.25 所示为次级接有负载的理想变压器。变压器的理想特性由几方面体现：两个线圈之间的垂直线表示大多数铁心变压器的叠片结构；耦合系数为 1；符号 $1:a$ 表示匝数比 $N_1:N_2$。

现在分析正弦稳态情况下的变压器。写出两个网孔方程：

$$\mathbf{V}_1=\mathrm{j}\omega L_1\mathbf{I}_1-\mathrm{j}\omega M\mathbf{I}_2 \qquad [20]$$

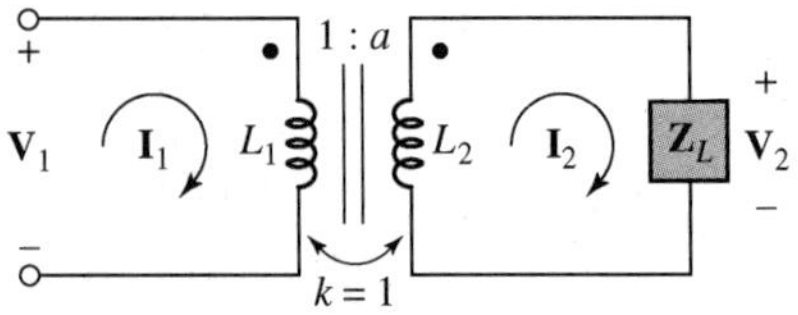


图 13.25 连接一般负载阻抗的理想变压器

和 $$0 = -\mathrm{j}\omega M\mathbf{I}_1 + (\mathbf{Z}_L + \mathrm{j}\omega L_2)\mathbf{I}_2 \qquad [21]$$

首先确定理想变压器的输入阻抗。求解式[21]，得到电流 $\mathbf{I}_2$ 并代入式[20]，则有

$$\mathbf{V}_1 = \mathbf{I}_1\,\mathrm{j}\omega L_1 + \mathbf{I}_1\frac{\omega^2M^2}{\mathbf{Z}_L + \mathrm{j}\omega L_2}$$

和 $$\mathbf{Z}_{\text{in}} = \frac{\mathbf{V}_1}{\mathbf{I}_1} = \mathrm{j}\omega L_1 + \frac{\omega^2M^2}{\mathbf{Z}_L + \mathrm{j}\omega L_2}$$

因为 $k=1$，$M^2=L_1L_2$，所以

$$\mathbf{Z}_{\text{in}} = \mathrm{j}\omega L_1 + \frac{\omega^2L_1L_2}{\mathbf{Z}_L + \mathrm{j}\omega L_2}$$

将 $L_2=a^2L_1$代入上式，得到

$$\mathbf{Z}_{\text{in}} = \mathrm{j}\omega L_1 + \frac{\omega^2a^2L_1^2}{\mathbf{Z}_L + \mathrm{j}\omega a^2L_1}$$

除了耦合系数为1，理想变压器的另一个特性是不管工作频率为多少，初级和次级线圈均有非常大的阻抗。也就是说，理想情况下，电感 $L_1$ 和 $L_2$ 都趋于无限。现在假设 $L_1$ 为无限，则上述表达式右边的两项均趋于无限，其结果无法确定。所以，先把这两项组合起来，将输入阻抗重新写成

$$\mathbf{Z}_{\text{in}} = \frac{\mathrm{j}\omega L_1\mathbf{Z}_L}{\mathbf{Z}_L + \mathrm{j}\omega a^2L_1} = \frac{\mathbf{Z}_L}{\mathbf{Z}_L/\mathrm{j}\omega L_1 + a^2}$$

现在令 $L_1\to\infty$，$\mathbf{Z}_L$ 是有限值，则 $\mathbf{Z}_{\text{in}}$成为

$$\mathbf{Z}_{\text{in}} = \frac{\mathbf{Z}_L}{a^2}$$

理想变压器的第一个重要特性是能够改变阻抗的幅度值或者大小。若理想变压器初级线圈为 100 匝，次级线圈为 10 000 匝，则匝数比为 10 000/100，即 100。任何接在次级线圈两端的负载阻抗呈现在初级端口的幅度值都要降低为原值的 $1/100^2$(即 1/10 000)。比如，一个 20 000 Ω 电阻看起来只有 2 Ω，一个 200 mH 电感看起来只有 20 μH，一个 100 pF 电容看起来只有 1 μF。如果交换初级和次级线圈的匝数，则 $a=0.01$，负载阻抗的幅度将增大。实际上，当 $\mathbf{Z}_L$ 与 $\mathrm{j}\omega L_2$ 相比可以忽略时，结果才是正确的，因为负载阻抗相当大时，理想变压器的模型是无效的。

## 利用变压器实现阻抗变换

利用铁心变压器作为阻抗变换器件的实际例子是功率放大器和扬声器。为了实现最大功率传输，必须要求负载电阻等于信号源内阻。扬声器的阻抗值(通常假设为电阻)只有几欧，而典型的功率放大器具有几千欧的内电阻，这时就需要理想变压器采用 $N_2<N_1$ 的形式。例如，若放大器的内阻为4000 Ω，而扬声器的阻抗只有 8 Ω，则要求

$$\mathbf{Z}_{\text{in}} = 4000 = \frac{\mathbf{Z}_L}{a^2} = \frac{8}{a^2}$$

求解 $a$ 可得

$$a = \frac{N_2}{N_1} = \frac{1}{22.36}$$

## 利用变压器进行电流调整

理想变压器的初级和次级线圈电流 $\mathbf{I}_1$ 和 $\mathbf{I}_2$ 有很简单的关系，由式[21]得到

$$\frac{\mathbf{I}_2}{\mathbf{I}_1}=\frac{\mathrm{j}\omega M}{\mathbf{Z}_L+\mathrm{j}\omega L_2}$$

再假设 $L_2$ 为无限，则

$$\frac{\mathbf{I}_2}{\mathbf{I}_1}=\frac{\mathrm{j}\omega M}{\mathrm{j}\omega L_2}=\sqrt{\frac{L_1}{L_2}}$$

或者

$$\boxed{\frac{\mathbf{I}_2}{\mathbf{I}_1}=\frac{1}{a}}\qquad[22]$$

可见，初级和次级线圈电流之比等于匝数比。如果 $N_2>N_1$，即 $a>1$，那么匝数越少的线圈中流过的电流越大。换句话说，

$$N_1\mathbf{I}_1=N_2\mathbf{I}_2$$

必须注意，当两个电流之一被反向或者两个同名端中的一个改变了位置时，电流比取为匝数比的负值。

在上面这个例子中，理想变压器用于实现扬声器和功率放大器之间的有效匹配，初级线圈中 1000 Hz 的 50 mA rms 电流在次级线圈中为 1000 Hz 的 1.12 A rms 电流。提供给扬声器的功率为 $(1.12)^2(8)=10$ W，而放大器提供给变压器的功率为 $(0.05)^2(4000)=10$ W。该结论是合理的，因为变压器既不包含提供功率的有源器件，也不包含消耗功率的电阻器件。

## 利用变压器进行电压调整

由于传递给理想变压器的功率等于传递给负载的功率，而初级和次级线圈的电流比与匝数比有关，可以想像初级和次级线圈的端口电压也一定与匝数比有关。如果定义次级线圈的电压或负载电压为

$$\mathbf{V}_2=\mathbf{I}_2\mathbf{Z}_L$$

跨接在 $L_1$ 上的初级电压为

$$\mathbf{V}_1=\mathbf{I}_1\mathbf{Z}_{\text{in}}=\mathbf{I}_1\frac{\mathbf{Z}_L}{a^2}$$

则两个电压的比值为

$$\frac{\mathbf{V}_2}{\mathbf{V}_1}=a^2\frac{\mathbf{I}_2}{\mathbf{I}_1}$$

即

$$\boxed{\frac{\mathbf{V}_2}{\mathbf{V}_1}=a=\frac{N_2}{N_1}}\qquad[23]$$

可见，次级和初级电压的比值等于匝数比。注意，该式与式[22]正好相反，很多读者在这里会犯错误。如果两个电压之一被反相或者其中一个同名端改变了位置，则比值取负值。

只要简单地选择匝数比，就能够任意变换交流电压值。例如，当 $a>1$ 时，次级电压将大于初级电压，一般称其为**升压变压器**；如果 $a<1$，则次级电压小于初级电压，一般称其为**降压变压器**。典型的电力公司产生的电力电压一般为 12～25 kV，虽然该电压值已经很大了，但是仍需采用升压变压器[见图 13.26(a)]将其增压至几百千伏，从而可以减小长距离传输的损耗。然后，当地的变电所再利用降压变压器[见图 13.26(b)]将高电压降至几十千伏。另一些降压变压器安装在室外，用于将传输线电压降至 110 V 或者 220 V，从而使机器运转，如图 13.26(c)所示。

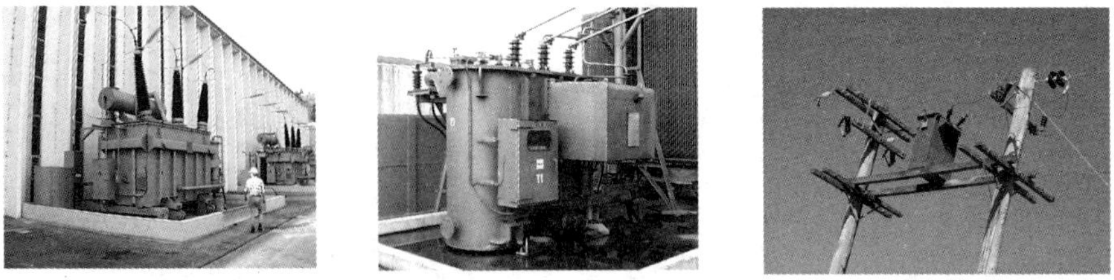

(a) (b) (c)

图 13.26 (a) 升压变压器用于升高发电机产生的电压以便于电力传输;(b)变电站使用的变压器,用于将220 kV的传输电压降到几十千伏以进行区域配电;(c) 降压变压器,用于将配电电压降至240 V以供日常使用(感谢Wade Enright博士)

结合电压与电流比的表达式, 即式[22]和式[23], 可得

$$\mathbf{V}_2\mathbf{I}_2 = \mathbf{V}_1\mathbf{I}_1$$

可见, 初级和次级的复数伏安值相等。上述乘积项的幅度一般称为电力变压器的最大允许值。

**例 13.8** 某电路如图 13.27 所示, 确定 10 kΩ 电阻上获得的平均功率。

**解**: 10 kΩ 电阻上获得的平均功率可简单地由下式得到:

$$P = 10\,000|\mathbf{I}_2|^2$$

从 50 V rms 电源看到的变压器输入阻抗为 $\mathbf{Z}_L/a^2$, 即 100 Ω, 因此

$$\mathbf{I}_1 = \frac{50}{100+100} = 250 \text{ mA rms}$$

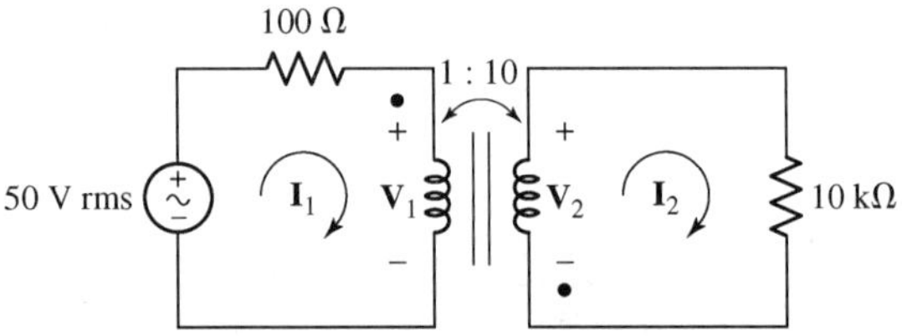


图 13.27 理想变压器的简单电路

由式[22]得到 $\mathbf{I}_2 = (1/a)\mathbf{I}_1 = 25$ mA rms, 由此求得 10 kΩ 电阻上获得 6.25 W 的功率。

## 练习

13.8 采用电压重做例 13.8, 求消耗的功率。

答案: 6.25 W。

## 实际应用——超导变压器

很多时候我们忽略了变压器中可能存在的各种损耗。尽管变压器的典型效率可达97%或者更高, 但是在分析大功率变压器时, 必须特别注意变压器的损耗。如此高的效率看起来近乎理想, 但如果变压器中的电流达到几千安, 其能量损耗将是非常大的。所谓$i^2R$损耗表示热量形式的损耗, 即热量促使变压器线圈温度升高。由于导线的电阻随温度增加, 因此热量只会导致更大的损耗。高温还使得导线的绝缘性下降, 从而缩短变压器的寿命。因此, 许多现代电力变压器都使用液体油浸的方法来消除变压器线圈中产生的热量。然而这种方法有一些缺点, 即长时间腐蚀会导致漏油, 从而产生严重的环境污染以及引发火灾(见图 13.28)。

一种提高变压器性能的方法是用超导导线来替换普通变压器中具有电阻的导线。超导体材

料在高温时具有电阻，但是当低于某个临界温度时其电阻会突然消失。绝大部分材料只在接近热力学零度时呈现超导特性，因此需要用非常昂贵的液态氦来进行冷却。20 世纪 80 年代，人们发现陶瓷的临界温度高达 90 K( -183°C)甚至更高，因此可能制成取代液态氦低温设备的有效且便宜的液态氮低温系统。

图 13.29 所示是一个 15 kVA 超导变压器的原型，由 Canterbury 大学研制。该设计采用环保液态氮而取代了油，与同类型的传统变压器相比，其体积更小。测量得到的传输效率有所提高，这对用户而言降低了运行成本。

图 13.28　2004 年发生在美国印第安那州 Mishawaka 附近 340 kV 变电站的大火(© Greg Swiercz/South Bend Tribune/AP Images)

图 13.29　15 kVA 超导变压器的原型(感谢 Canterbury 大学电气与计算机工程系供图)

当然，任何一种设计都有其不利的一面，超导变压器也不例外，因此必须权衡利弊。目前最大的障碍在于制造几千米长的超导线的价格要比制造同等长度的铜导线的成本高得多。一方面是因为制造长超导线带来的挑战，另一方面是因为包围超导线的银管，万一冷却系统失灵，银管可以为电流提供一条低阻值的通路(虽然铜要比银便宜得多，但是铜和陶瓷会发生反应，因此铜不是可选方案)。综上所述，长远来看(许多变压器工作寿命超过 30 年)，使用超导变压器可以节省开支，但其初期投入要比普通变压器高得多。目前，许多工厂(包括电厂)受短期成本的驱动，不愿意为了长期的成本收益而投入大量资金。

## 时域电压关系

我们得到的理想变压器的特性都是基于相量分析的结果。在正弦稳态时，该结论一定都是正确的，但我们没有理由相信其完全响应也是正确的。实际上，该结论一般都是可适用的，但证明结论的正确性比刚完成的基于相量的分析还是更简单一些。现在讨论理想变压器在时域的电压量 $v_1$ 和 $v_2$ 的关系。回到图 13.17 所示的电路以及式[16]和式[17]，求解第二个方程得到 $\mathrm{d}i_2/\mathrm{d}t$，代入第一个方程：

$$v_1 = L_1\frac{\mathrm{d}i_1}{\mathrm{d}t} + \frac{M}{L_2}v_2 - \frac{M^2}{L_2}\frac{\mathrm{d}i_1}{\mathrm{d}t}$$

对于完全耦合，$M^2=L_1L_2$，因此

$$v_1=\frac{M}{L_2}v_2=\sqrt{\frac{L_1}{L_2}}v_2=\frac{1}{a}v_2$$

于是就得到了初级和次级电压在完全响应下的时域关系。

将式[16]各项除以 $L_1$，很快得到时域中初级和次级电流关系的表达式：

$$\frac{v_1}{L_1}=\frac{\mathrm{d}i_1}{\mathrm{d}t}+\frac{M}{L_1}\frac{\mathrm{d}i_2}{\mathrm{d}t}=\frac{\mathrm{d}i_1}{\mathrm{d}t}+a\frac{\mathrm{d}i_2}{\mathrm{d}t}$$

如果采用理想变压器的一个假定，则 $L_1$ 为无穷大。如果假定 $v_1$ 不是无穷大，则

$$\frac{\mathrm{d}i_1}{\mathrm{d}t}=-a\frac{\mathrm{d}i_2}{\mathrm{d}t}$$

求积分得

$$i_1=-ai_2+A$$

其中，$A$ 是积分常数，与时间无关。如果忽略两个绕组中的直流电流而将注意力放在响应的时变部分，则

$$i_1=-ai_2$$

负号源于图 13.17 中的电流方向以及同名端的位置。

时域中电压和电流的关系与先前在频域中的关系一致，条件是必须忽略直流项。时域结果更一般，但是推导的过程不够正规。

## 等效电路

理想变压器的特性可简化含有理想变压器的电路分析。为了说明问题，假设位于初级线圈端口左边的电路由戴维南等效代替，将次级端口的右边进行同样的处理。然后考虑图 13.30 所示的电路，假设激励信号的频率为 $\omega$。

现在用戴维南定理和诺顿定理来推导不含变压器的等效电路。例如，确定次级线圈左边网络的戴维南等效。令次级端口开路，即 $\mathbf{I}_2=0$，则 $\mathbf{I}_1=0$(记住 $L_1$ 是无限的)。由于 $\mathbf{Z}_{g1}$ 上没有电压，则 $\mathbf{V}_1=\mathbf{V}_{s1}$，$\mathbf{V}_{2oc}=a\mathbf{V}_{s1}$。求戴维南等效阻抗需要令 $\mathbf{V}_{s1}$ 短路，要小心应用匝数比的平方及其倒数，因为现在是从次级线圈的两端看进去，因此得到 $\mathbf{Z}_{TH2}=\mathbf{Z}_{g1}a^2$。

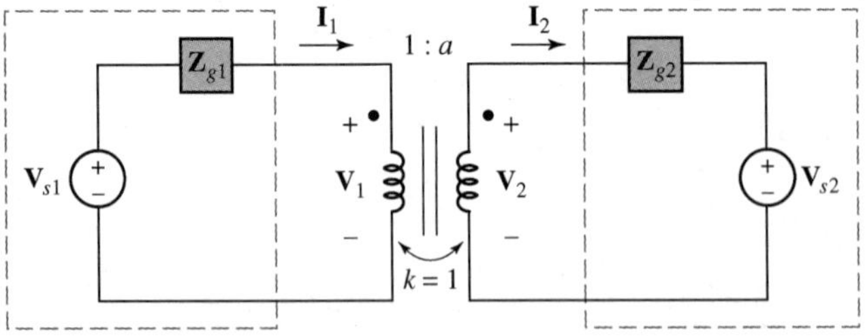


图 13.30 连接理想变压器的初级和次级端口的网络用它们的戴维南等效电路表示

检验等效性。确定次级线圈的短路电流 $\mathbf{I}_{2sc}$。令次级端口短路，初级激励源面对的阻抗是 $\mathbf{Z}_{g1}$，因此 $\mathbf{I}_1=\mathbf{V}_{s1}/\mathbf{Z}_{g1}$，那么 $\mathbf{I}_{2sc}=\mathbf{V}_{s1}/a\mathbf{Z}_{g1}$。开路电压与短路电流的比值等于 $a^2\mathbf{Z}_{g1}$，该结果与前面得到的结果一致。变压器初级电路的戴维南等效如图 13.31 所示。

现在可以把每个初级电压乘以匝数比，电流除以匝数比，阻抗乘以匝数比的平方，然后用

修改后的这些电压、电流和阻抗值代替给定的电压、电流、阻抗，之后再加上变压器。如果任何一个同名端改变了位置，则需要将匝数比取负值之后再进行等效处理。

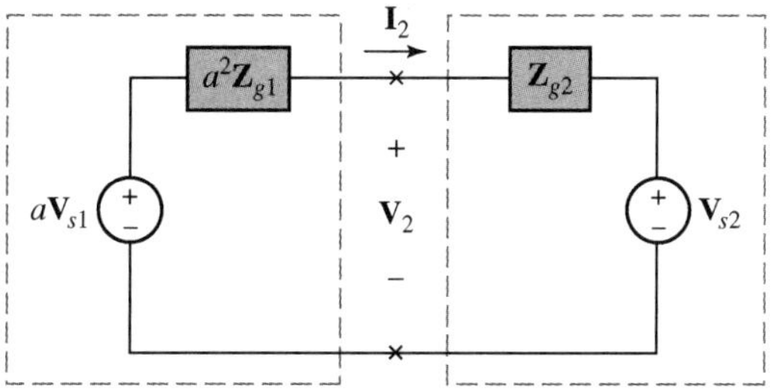


图 13.31　采用戴维南等效简化图 13.30 所示的次级端口左边的网络

需要指出的是，只有当连接到初级和次级的网络可以用其戴维南等效电路表示时，才能得到图 13.31 所示的等效电路。也就是说，每一个网络都必须是二端网络。例如，变压器初级的两个电极断了，电路就被分成了两个独立的网络，其间没有任何元件或者网络将初级和次级连接起来。

采用同样的分析可以得到变压器次级端点右边的网络，网络中没有变压器，其中每个电压为原来的电压除以 $a$，每个电流为原来的电流乘以 $a$，而每个阻抗为原来的阻抗除以 $a^2$。如果其中一个绕组的缠绕方向反了，则将匝数比改为 $-a$ 即可。

**例 13.9**　某电路如图 13.32 所示，确定取代变压器和次级电路的等效电路，同样确定取代变压器和初级电路的等效电路。

**解：** 该电路与例 13.8 分析的电路相同。之前已求得输入阻抗等于 $10\,000/(10)^2$，即 100 Ω，$|\mathbf{I}_1|$ = 250 mA rms。同样可以计算得到初级线圈两端的电压为

$$|\mathbf{V}_1| = |50 - 100\mathbf{I}_1| = 25 \text{ V rms}$$

因此电源提供的功率为 $(25\times10^{-3})(50) = 12.5$ W，其中 $(25\times10^{-3})^2(100) = 6.25$ W 消耗在电源的内阻上，$12.5 - 6.25 = 6.25$ W 消耗在负载上。这是向负载传输最大功率的条件。

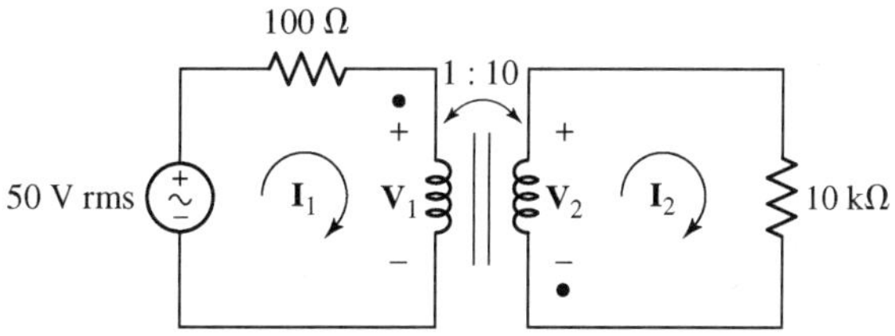


图 13.32　电阻性负载通过理想变压器与电源阻抗相匹配的简单电路

如果用戴维南等效电路取代理想变压器和次级电路，则从 50 V 电源和 100 Ω 电阻看过去就只是 100 Ω 的阻抗，从而可得到图 13.33(a) 所示的简化电路。这时立刻可以求得初级电压和电流。

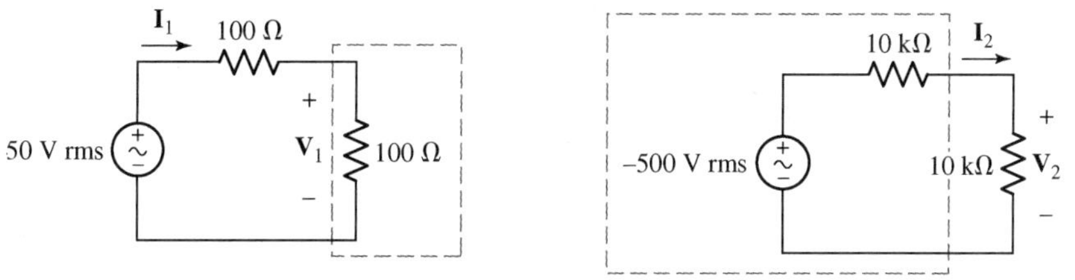


(a)　　(b)

图 13.33　图 13.32 所示电路的简化。(a) 对变压器和次级电路进行戴维南等效的结果；(b) 对变压器和初级电路进行戴维南等效的结果

如果将次级端口左边的电路用戴维南等效电路替换，可以得到(记住同名端的位置) $\mathbf{V}_{TH} = -10 \times (50) = -500$ V rms，$\mathbf{Z}_{TH} = (-10)^2(100) = 10$ kΩ。所求得的等效电路如图 13.33(b)所示。

## 练习

13.9 设理想变压器的 $N_1 = 1000$ 圈，$N_2 = 5000$ 圈，如图 13.34所示。如果 $\mathbf{Z}_L = 500 - j400\ \Omega$，求下列情况下负载 $\mathbf{Z}_L$ 获得的平均功率：(a) $\mathbf{I}_2 = 1.4\,\underline{/20^\circ}$ A rms；(b) $\mathbf{V}_2 = 900\,\underline{/40^\circ}$ V rms；(c) $\mathbf{V}_1 = 80\,\underline{/100^\circ}$ V rms；(d) $\mathbf{I}_1 = 6\,\underline{/45^\circ}$ A rms；(e) $\mathbf{V}_s = 200\,\underline{/0^\circ}$ V rms。

答案：(a) 980 W；(b) 988 W；(c) 195.1 W；(d) 720 W；(e) 692 W。

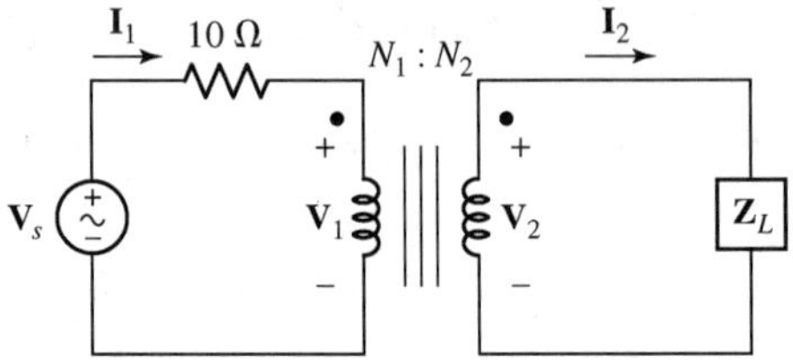


图 13.34

## 总结和复习

变压器在电力系统中起着十分重要的作用，它可以将电压升压，以适应电力传输的需要；也可以将电压降压，以适应电气设备的使用需要。本章对磁耦合电路的变压器进行了广泛的讨论，其中随电流变化的磁通量连接起了两个或者多个电路元件(甚至相邻电路)。将第 7 章的电感的概念扩展一下，很容易理解互感(具有相同的亨利量纲)。互感 $M$ 有最大值的限制，它不会超过两个电感量的几何平均值($M \leqslant \sqrt{L_1L_2}$)，利用同名端规则可以根据电流流入或流出同名端来确定电压的极性。当两个电感不是靠得非常近时，互感的值就比较小。当然，对一些精心设计的变压器，互感可以达到最大值。为描述这种情况，我们引入了耦合系数 $k$ 的概念。在分析线性变压器时，采用 T 形(Π 形用得较少)等效网络有助于电路的分析。实际上，大多数变压器通常被假设成理想变压器。这时，我们的注意力可以不必放在 $M$ 和 $k$ 上，而是关注匝数比 $a$，初级和次级线圈上的电压、电流都与此参数有关。理想化的近似对分析和设计都非常有用。最后，本章对戴维南定理如何应用到理想变压器进行了简要分析讨论。

电感耦合电路其实是一个有趣的重要内容，值得继续研究。由于课时的限制，这里只列出了本章的主要内容，以及相关例题的编号。

- 互感描述的是一个线圈产生的磁场在另一个线圈两端感应出的电压。(例 13.1)
- 同名端规则使得互感项可以带符号。(例 13.1)
- 根据同名端规则，流入同名端的电流在另一个线圈的同名端产生的开路电压的极性为正。(例 13.1 至例 13.3)
- 一对耦合线圈中存储的总能量分成三部分：每一个自感存储的能量($\frac{1}{2}Li^2$)以及互感存储的能量($Mi_1i_2$)。(例 13.4)
- 耦合系数定义为 $k = M/\sqrt{L_1L_2}$，其值限制在 0 ~ 1 范围内。(例 13.4)
- 线性变压器有两个耦合线圈：初级绕组和次级绕组。(例 13.5 至例 13.7)

- 理想变压器是实际使用的铁心变压器的有用近似，耦合系数等于 1，电感量假设为无穷大。（例 13.8 和例 13.9）
- 理想变压器的匝数比 $a = N_1/N_2$ 将初级和次级电压联系在一起：$\mathbf{V}_2 = a\mathbf{V}_1$。（例 13.9）
- 匝数比 $a$ 同样将初级电流和次级电流联系在一起：$\mathbf{I}_1 = a\mathbf{I}_2$。（例 13.8 和例 13.9）

## 深入阅读

几乎所有有关变压器的内容都可以参考下面的书籍：

M. Heathcote, *J & P Transformer Book*, 13th ed. Oxford: Reed Educational and Professional Publishing Ltd., 2007.

另一本关于变压器的综合性书籍是：

W. T. McLyman, *Transformer and Inductor Design Handbook*, 4th ed. New York: Marcel Dekker, 2011.

下面是一本强调经济概念的变压器书籍：

B. K. Kennedy, *Energy Efficient Transformers*. New York: McGraw-Hill, 1998.

## 习题

### 13.1　互感

1. 考虑图 13.35 所示电路的两个电感，设 $L_1 = 10$ mH，$L_2 = 5$ mH，$M = 1$ mH，确定下列参数的稳态表达式：(a) 电压 $v_1$，已知 $i_1 = 0$ 和 $i_2 = 5\cos 8t$ A；(b) 电压 $v_2$，已知 $i_1 = 3\sin 100t$ A 和 $i_2 = 0$；(c) 电压 $v_2$，已知 $i_1 = 5\cos(8t - 40°)$ A和 $i_2 = 4\sin 8t$ A。
2. 参考图 13.36，假设 $L_1 = 500$ mH，$L_2 = 250$ mH，$M = 20$ mH，确定以下参数的稳态表达式：(a) 电压 $v_1$，已知 $i_1 = 0$ 和 $i_2 = 3\cos 80t$ A；(b) 电压 $v_2$，已知 $i_1 = 4\cos(30t - 15°)$ A 和 $i_2 = 0$；(c) 如果互感 $M$ 增加到 200 mH，重复(a)和(b)的内容。

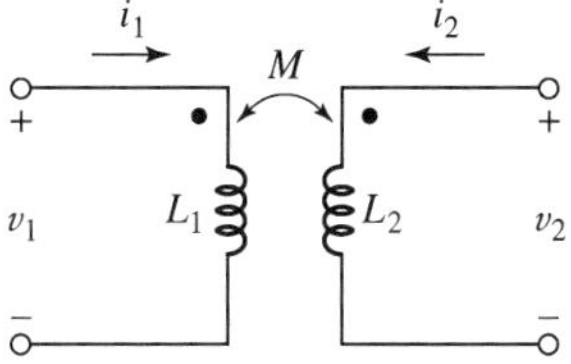

图 13.35

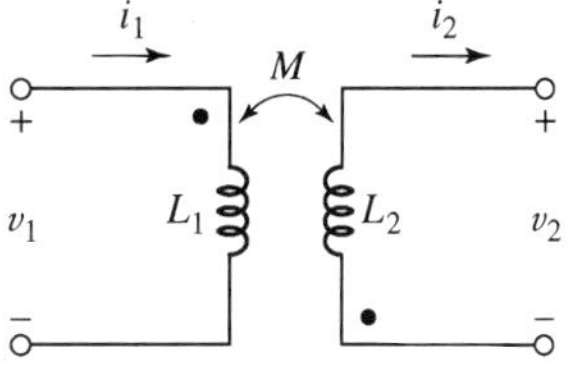

图 13.36

3. 电路如图 13.36 所示，正弦输入信号的 $\omega = 2000$ rad/s，$\mathbf{I}_1 = 2\underline{/30°}$ A，100 Ω 电阻连接在标注为 $v_2$ 的端口上。若 $L_1 = 400$ mH，$L_2 = 100$ mH，$M = 50$ mH，求相量形式表示的 $\mathbf{V}_1$，$\mathbf{I}_2$ 和 $\mathbf{V}_2$。
4. 电路如图 13.37 所示，设 $L_1 = 1$ μH，$L_2 = 2$ μH，$M = 150$ nH。确定以下参数的稳态表达式。(a) 电压 $v_1$，已知 $i_2 = -\cos 70t$ mA 和 $i_1 = 0$；(b) 电压 $v_2$，已知 $i_1 = 55\cos(5t - 30°)$ A；(c) 电压 $v_2$，已知$i_1 = 6\sin 5t$ A和 $i_2 = 3\sin 5t$ A。
5. 电路如图 13.38 所示，设 $L_1 = 0.5L_2 = 1$ mH，$M = 0.85\sqrt{L_1L_2}$。分别计算电压 $v_2(t)$，其中：(a) $i_2 = 0$ 且 $i_2 = 5\,e^{-t}$ mA；(b) $i_2 = 0$ 且 $i_1 = 5\cos 10t$ mA；(c) $i_2 = 5\cos 70t$ mA 且 $i_1 = 0.5i_2$。
6. 电路如图 12.38 所示，正弦输入信号的 $\omega = 1000$ rad/s，$\mathbf{I}_1 = 3\underline{/45°}$ A，100 Ω 电阻连接在标注为 $v_2$ 的端口上。若 $L_1 = 50$ mH，$L_2 = 250$ mH，$M = 0.75\sqrt{L_1L_2}$，求相量形式表示的 $\mathbf{V}_1$，$\mathbf{I}_2$ 和 $\mathbf{V}_2$。

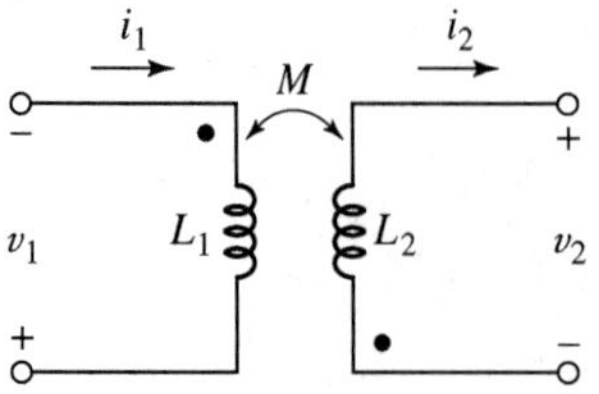


图 13.37

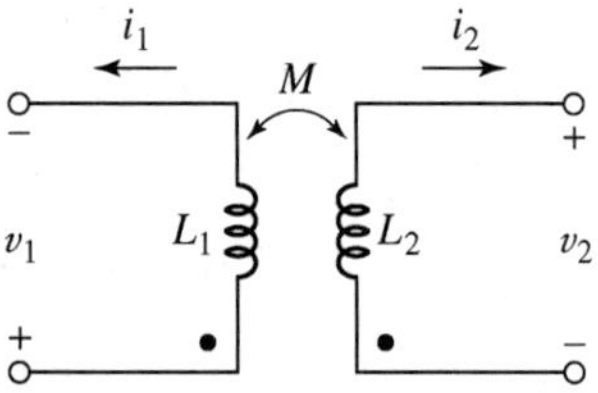


图 13.38

7. 三组耦合线圈如图 13.39 所示，证明每一组线圈都有两种不同的位置放置两个同名端。

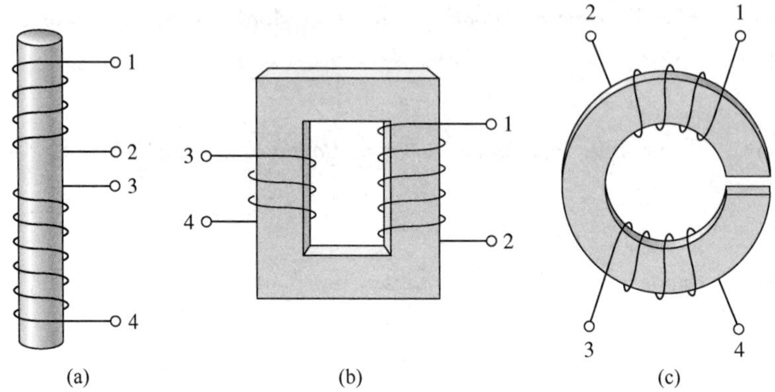


图 13.39

8. 电路如图 13.40 所示，$i_1 = 5\sin(100t - 80°)$ mA，$L_1 = 1$ H，$L_2 = 2$ H，若 $v_2 = 250\sin(100t - 80°)$ mV，计算 $M$ 的值。

9. 电路如图 13.40 所示，若 $v_2(t) = 4\cos 5t$ V，$L_1 = 1$ mH，$L_2 = 4$ mH，$M = 1.5$ mH，确定电流 $i_1$。

10. 设 $i_1 = 5\sin 40t$ mA，$i_2 = 5\cos 40t$ mA，$L_1 = 1$ mH，$L_2 = 3$ mH，$M = 0.5$ mH，确定电压 $v_1$ 和 $v_2$，其中耦合电路分别如(a) 图 13.37 和(b) 图 13.38 所示。

11. 设 $i_1 = 3\cos(2000t + 13°)$ mA，$i_2 = 5\sin 400t$ mA，$L_1 = 1$ mH，$L_2 = 3$ mH，$M = 200$ nH，确定电压 $v_1$ 和 $v_2$，其中耦合电路分别如(a) 图 13.35 和(b) 图 13.36 所示。

12. 电路如图 13.41 所示，计算 $\mathbf{I}_1$，$\mathbf{I}_2$，$\mathbf{V}_2/\mathbf{V}_1$ 和 $\mathbf{I}_2/\mathbf{I}_1$。

13. 电路如图 13.42 所示，画出 $\mathbf{V}_2/\mathbf{V}_1$ 的幅关于频率 $\omega$ 的波形，频率范围为 $0 \leqslant \omega \leqslant 2$ rad/s。

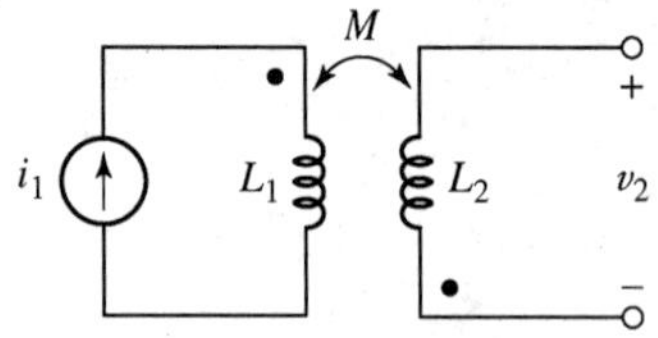


图 13.40

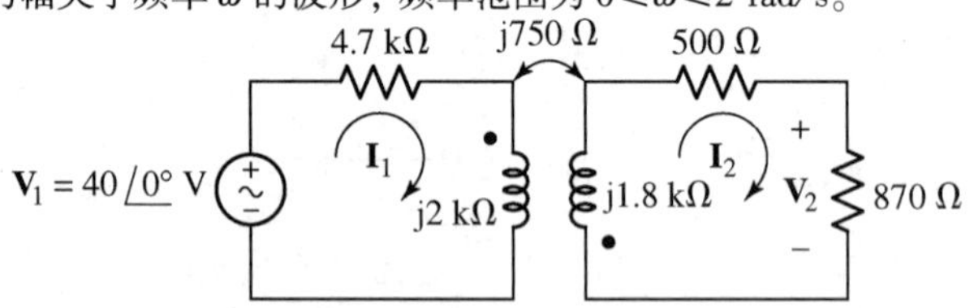


图 13.41

14. 电路如图 13.43 所示。(a) 画出相量表示的电路；(b) 写出完整的网孔方程；(c) 设 $v_1(t) = 8\sin 720t$ V，计算电流 $i_2(t)$。

15. 在图 13.43 所示电路中，$M$ 降低了一个数量级，假设 $v_1 = 10\cos(800t - 20°)$ V，计算电流 $i_3$。

16. 电路如图 13.44 所示，求以下元件吸收的平均功率：(a) 电源；(b) 每一个电阻；(c) 每一个电感；(d) 互感。

17. 电路如图 13.45 所示，电路驱动的负载是一个 8 Ω 的扬声器。求互感 $M$ 的值，使得扬声器可以获得1 W的平均功率。

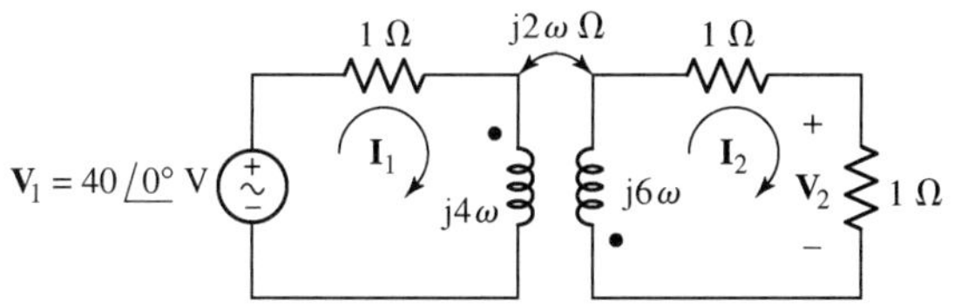


图 13.42

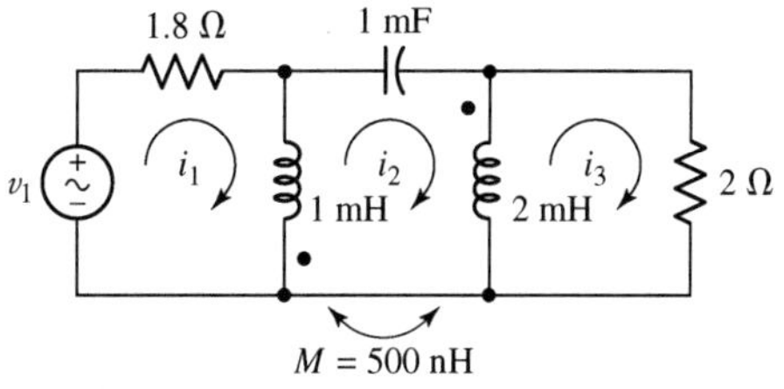


图 13.43

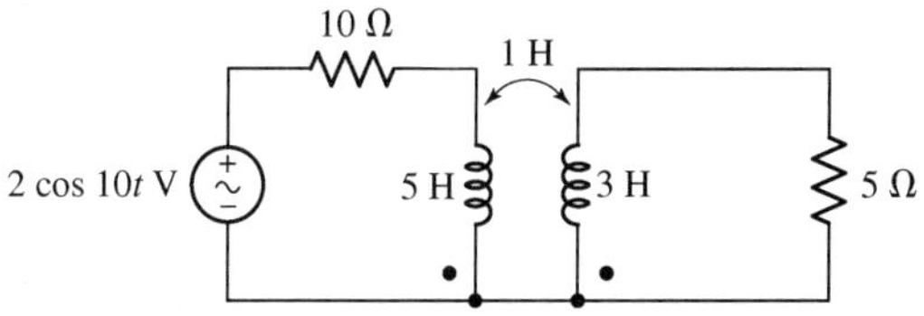


图 13.44

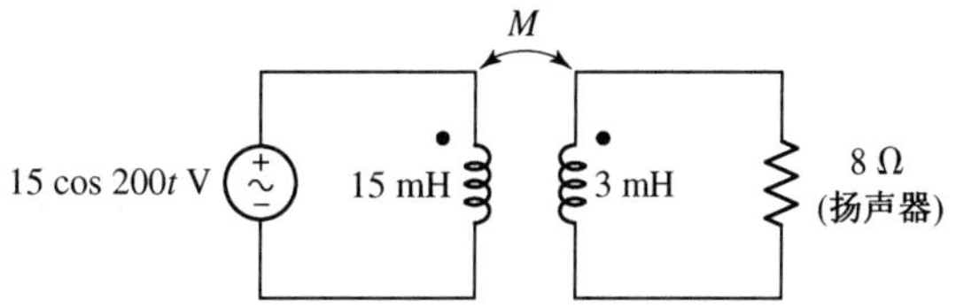


图 13.45

18. 电路如图 13.46 所示，假设 $v_s(t) = 10t^2u(t)/(t^2 + 0.01)$ V，写出电流 $i_C(t)$ 在 $t > 0$ 时的表达式。

19. 耦合电感网络如图 13.47(a) 所示，设 $L_1 = 20$ mH，$L_2 = 30$ mH，$M = 10$ mH，写出下列情况下的电压 $v_A$ 和 $v_B$ 的方程：(a) 设 $i_1 = 0$，$i_2 = 5\sin 10t$；(b) $i_1 = 5\cos 20t$，$i_2 = 2\cos(20t - 100°)$ mA；(c) 将图 13.47(b) 所示网络中的 $\mathbf{V}_1$ 和 $\mathbf{V}_2$ 表示成电流 $\mathbf{I}_A$ 和 $\mathbf{I}_B$ 的函数。

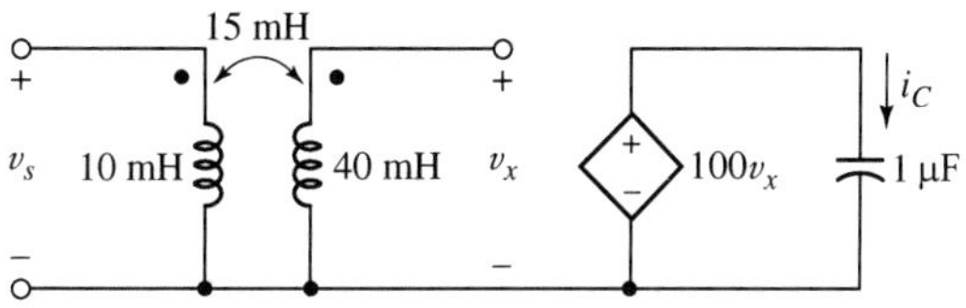


图 13.46

20. 电路如图 13.48 所示，5 H 电感和 6 H 电感之间不存在互感。(a) 写出用 $\mathbf{I}_1(\mathrm{j}\omega)$，$\mathbf{I}_2(\mathrm{j}\omega)$ 和 $\mathbf{I}_3(\mathrm{j}\omega)$ 表示的一组方程；(b) 若 $\omega = 2$ rad/s，求 $\mathbf{I}_3(\mathrm{j}\omega)$。

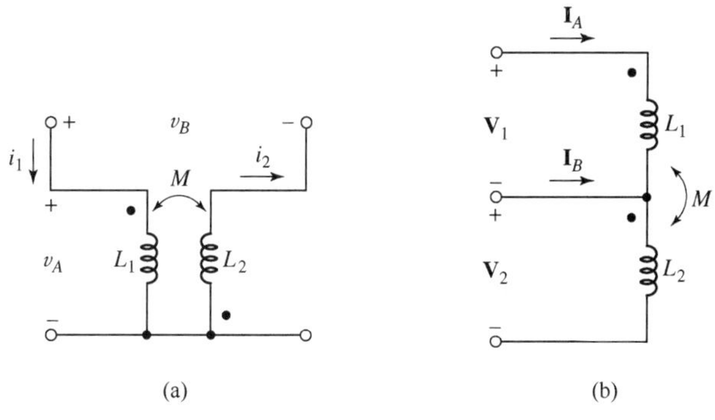


图 13.47

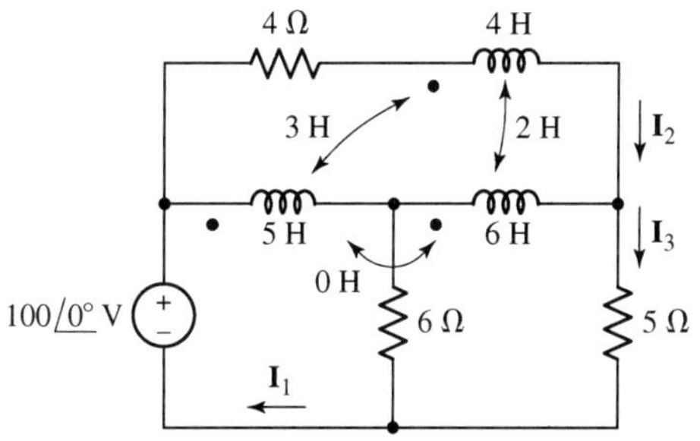


图 13.48

21. 电路如图 13.49 所示，对每一个电路，求用 $\mathbf{I}_1(\mathrm{j}\omega)$ 和 $\mathbf{I}_2(\mathrm{j}\omega)$ 表示的 $\mathbf{V}_1(\mathrm{j}\omega)$ 和 $\mathbf{V}_2(\mathrm{j}\omega)$ 的方程。

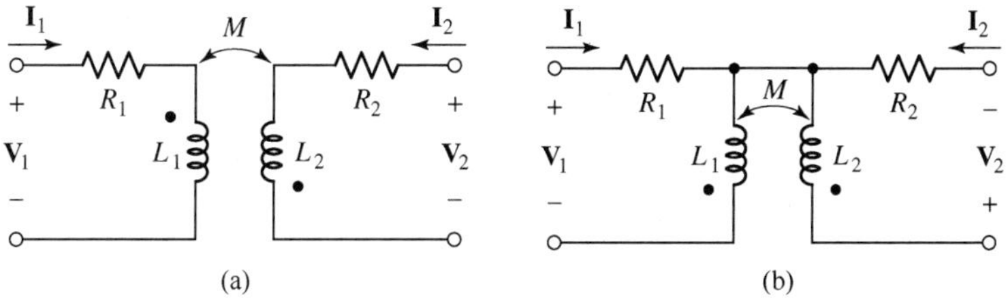


图 13.49

22. (a) 网络如图 13.50 所示，求 $\mathbf{Z}_{in}(j\omega)$。(b) 画出 $\mathbf{Z}_{in}$ 关于 $\omega$ 的函数曲线，频率范围为 $0\leqslant\omega\leqslant1000$ rad/s。(c) 若 $\omega=50$ rad/s，求 $\mathbf{Z}_{in}(j\omega)$。

## 13.2 能量考虑

23. 耦合线圈如图 13.51 所示，$L_1=L_2=10$ H，互感 $M$ 为其可能的最大值。(a) 计算耦合系数 $k$。(b) 若电流 $i_1=10\cos 4t$ mA，$i_2=2\cos 4t$ mA，求 $t=200$ ms 时电场所存储的总能量。

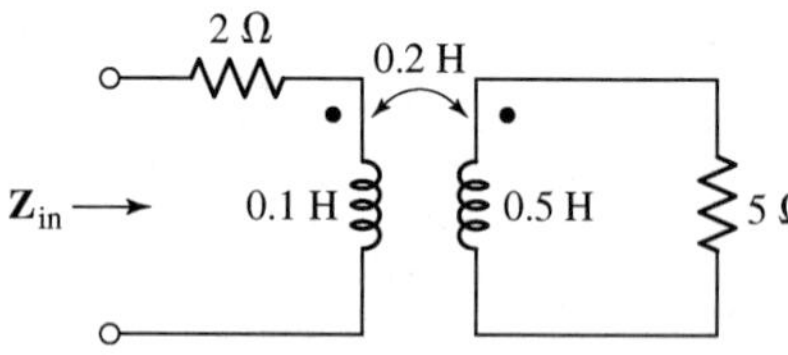


图 13.50

24. 仍然考虑图 13.51 所示的耦合线圈，$L_1=10$ mH，$L_2=5$ mH，$k=0.75$。(a) 计算 $M$。(b) 若 $i_1=100\sin 40t$ mA，$i_2=0$，计算 $t=2$ ms时每个线圈中存储的磁场能量和耦合的磁场能量。(c) 如果 $i_2=75\cos 40t$ mA，重做(b)。

25. 电路如图 13.52 所示，$L_1=4$ mH，$L_2=12$ mH，$R_1=1\ \Omega$，$R_2=10\ \Omega$，$v_1=2\cos 8t$ V，(a) 写出相量 $\mathbf{V}_2$ 用 $k$ 和电路参数表示的方程。(b) 画出 $\mathbf{V}_2$ 的幅度和相角关于 $k$ 的函数曲线。

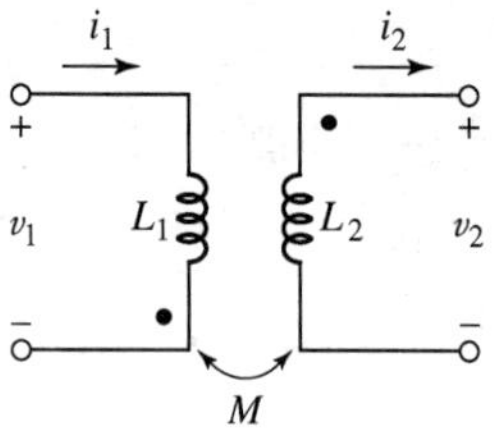


图 13.51

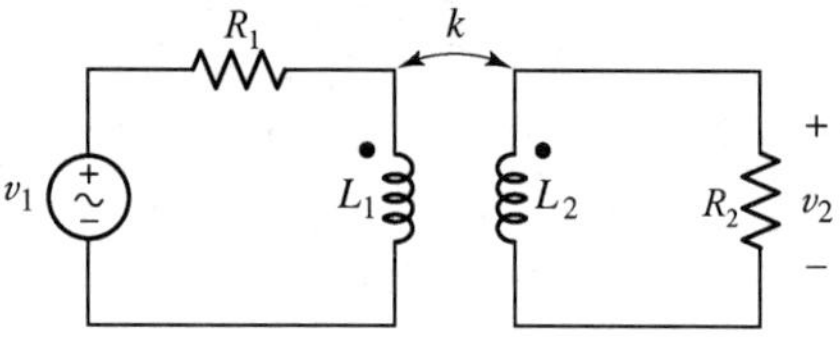


图 13.52

26. 将一个 $\mathbf{Z}_L=5\underline{/33^\circ}\ \Omega$ 的负载接到图 13.51 所示电路的右边端口，确定从左端看进去的输入阻抗表达式，工作频率 $f=100$ Hz，$L_1=1.5$ mH，$L_2=3$ mH，$k=0.55$。

27. 电路如图 13.53 所示，耦合系数 $k=0.75$，设 $i_s=5\cos 200t$ mA，对于下列两种情况，分别计算 $t=0$ 和 $t=5$ ms 时电路存储的总能量：(a) $a$ 和 $b$ 之间开路(见图 13.53)；(b) $a$ 和 $b$ 之间短路。

28. 电路如图 13.54 所示，计算电压 $v_1$，$v_2$ 以及每个电阻上获得的平均功率。

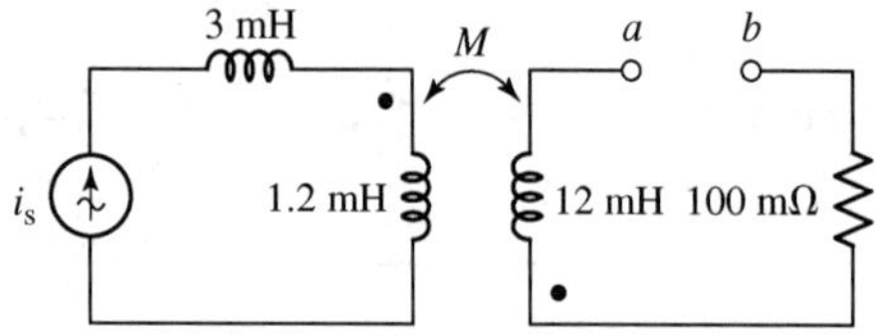


图 13.53

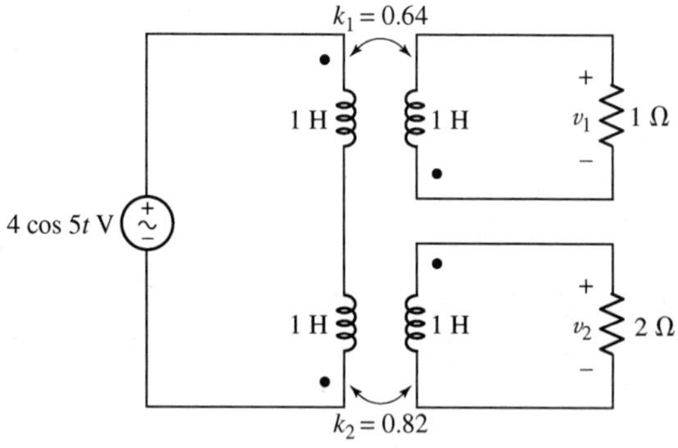


图 13.54

## 13.3 线性变压器

29. 电路如图 13.16 所示，其中的元件参数为：$R_1=R_2=5\ \Omega$，$L_1=2\ \mu$H，$L_2=1\ \mu$H，$M=800$ nH。设 $\omega=10^7$ rad/s，计算负载阻抗 $\mathbf{Z}_L$ 为下列情况时的输入阻抗：(a) 1 Ω；(b) j Ω；(c) −j Ω；(d) $5\underline{/33^\circ}\ \Omega$。

30. 确定图 13.55 所示的线性变压器的等效 T 形网络(画出合适的图形并标注)。

31. (a) 画出图 13.56 所示线性变压器的合适 T 形等效网络。(b) 若 $\mathbf{V}_{AB}=5\underline{/45^\circ}$ V(频率 $f=60$ Hz)，验证两个网络是等效的，并计算开路电压 $\mathbf{V}_{CD}$。

32. 将图 13.57 所示的 T 形网络等效为一个线性变压器，分别假设：(a) $L_x=1$ H，$L_y=2$ H，$L_z=4$ H；(b) $L_x=10$ mH，$L_y=50$ mH，$L_z=22$ mH。

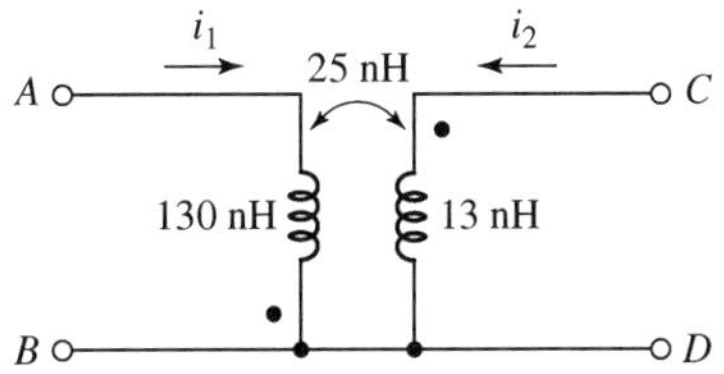


图 13.55

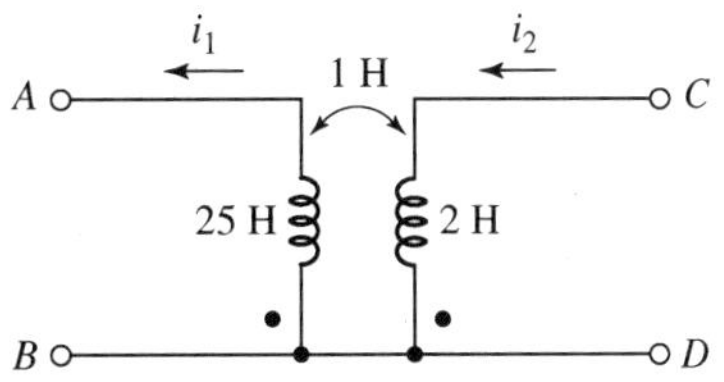


图 13.56

33. 假设初始电流为零，画出图 13.55 所示线性变压器的等效Π形网络。

34. (a) 画出图 13.56 所示线性变压器的等效Π形网络，假设初始电流为零。(b) 用合适的仿真软件对答案进行验证。

35. 将图 13.58 所示的Π形网络等效成一个线性变压器，假设初始电流为零，且分别有：(a) $L_A=1$ H，$L_B=2$ H，$L_C=4$ H；(b) $L_A=10$ mH，$L_B=50$ mH，$L_C=22$ mH。

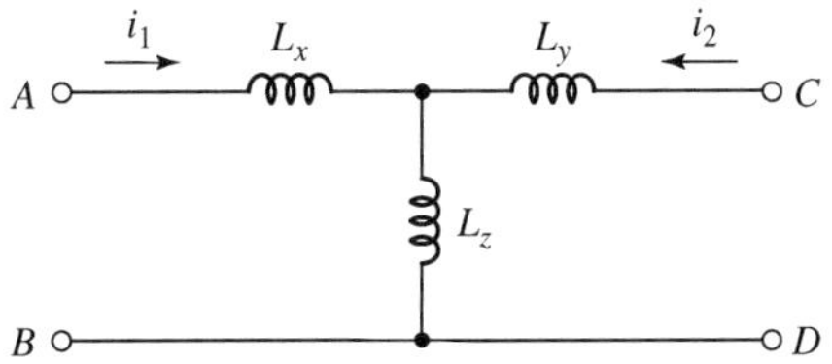


图 13.57

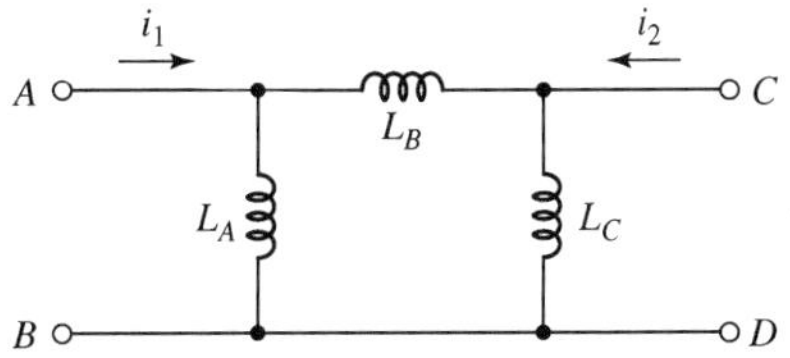


图 13.58

36. 电路如图 13.59 所示，确定以下各表达式：(a) $\mathbf{I}_L/\mathbf{V}_s$；(b) $\mathbf{V}_1/\mathbf{V}_s$。

37. (a) 电路如图 13.60 所示，假设 $v_s=8\cos 1000t$ V，计算 $v_o$。(b) 用 LTspice 仿真对答案进行验证。

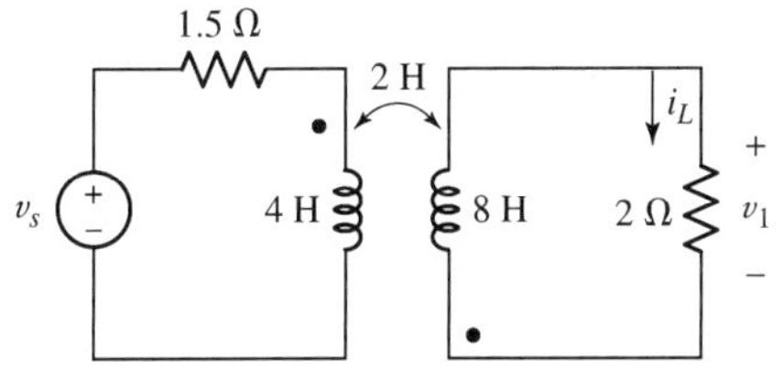


图 13.59

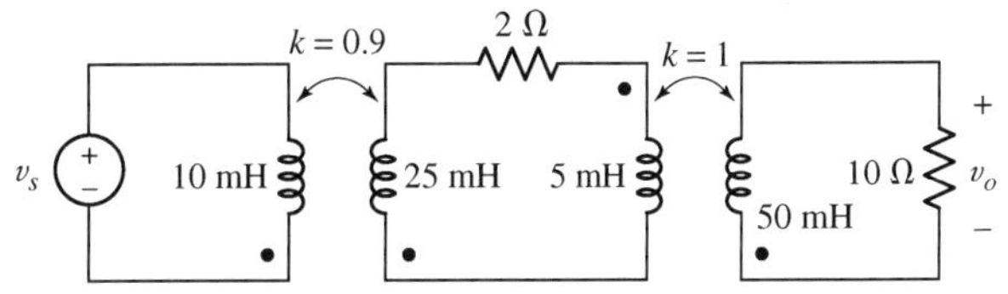


图 13.60

38. 电路如图 13.60 所示，重画其 T 形等效网络。计算 $v_o$ 的值，已知 $v_s=12\sin 500t$ V。

## 13.4　理想变压器

39. 理想变压器如图 13.61 所示，计算下列情况下的电流 $\mathbf{I}_2$ 和电压 $\mathbf{V}_2$：(a) $\mathbf{V}_1=4\angle 32°$ V，$\mathbf{Z}_L=1-\mathrm{j}$ Ω；(b) $\mathbf{V}_1=4\angle 32°$ V，$\mathbf{Z}_L=0$；(c) $\mathbf{V}_1=2\angle 118°$ V，$\mathbf{Z}_L=1.5\angle 10°$ Ω。

40. 理想变压器如图 13.61 所示，计算下列情况下的电流 $\mathbf{I}_2$ 和电压 $\mathbf{V}_2$：(a) $\mathbf{I}_1=244\angle 0°$ mA，$\mathbf{Z}_L=5-\mathrm{j}2$ Ω；(b) $\mathbf{I}_1=100\angle 10°$ mA，$\mathbf{Z}_L=\mathrm{j}2$ Ω。

41. 电路如图 13.62 所示，分别计算 400 mΩ 电阻和 21 Ω 电阻上获得的平均功率。

42. 理想变压器电路如图 13.62 所示，确定下列情况下的等效电路：(a) 变压器和初级线圈被替代，但电压 $\mathbf{V}_2$ 和电流 $\mathbf{I}_2$ 保持不变；(b) 变压器和次级线圈被替代，但电压 $\mathbf{V}_1$ 和电流 $\mathbf{I}_1$ 保持不变。

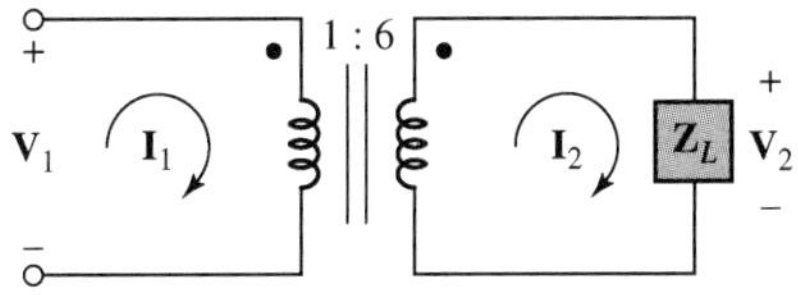


图 13.61

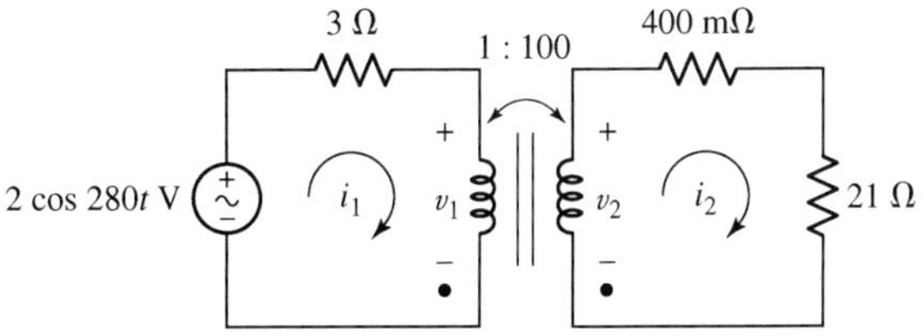


图 13.62

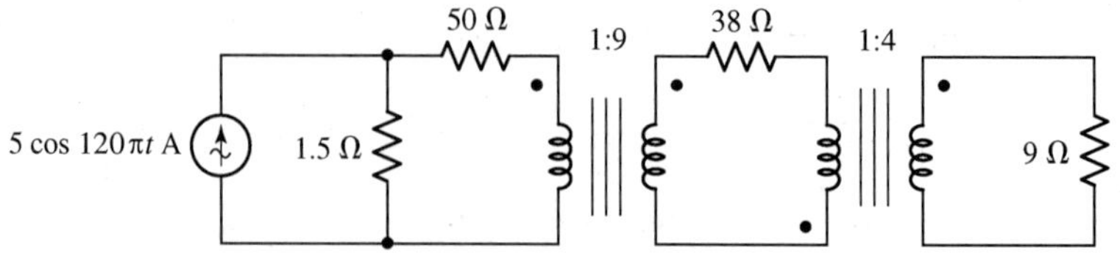


图 13.63

43. 电路如图 13.63 所示，计算每个电阻上获得的平均功率。

44. 电路如图 13.64 所示，计算：(a) 电压 $v_1$ 和 $v_2$；(b) 每一个电阻上获得的平均功率。

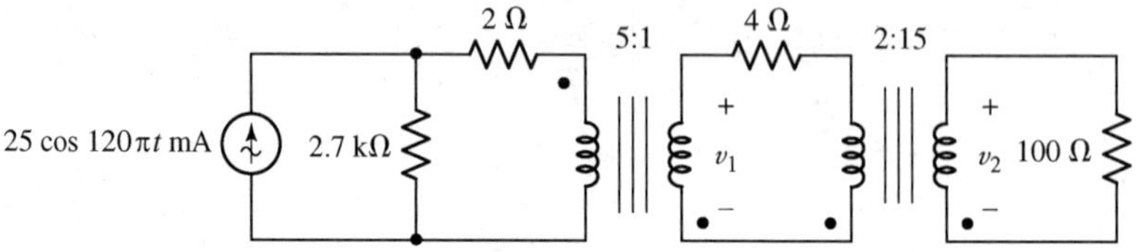


图 13.64

45. 电路如图 13.65 所示，$v_s = 117\sin 500t$ V，计算电压 $v_2$，其中端点 $a$ 和 $b$ 分别按以下方式连接：(a) 开路；(b) 短路；(c) 跨接 2 Ω 电阻。

46. 图 13.65 所示电路中的理想变压器匝数比从 30∶1 改为 1∶3，$v_s = 720\cos 120\pi t$ V，当端点 $a$ 和 $b$ 按照以下方式连接时，计算电压 $v_2$：(a) 短路；(b) 跨接 10 Ω 电阻；(c) 跨接 1 MΩ 电阻。

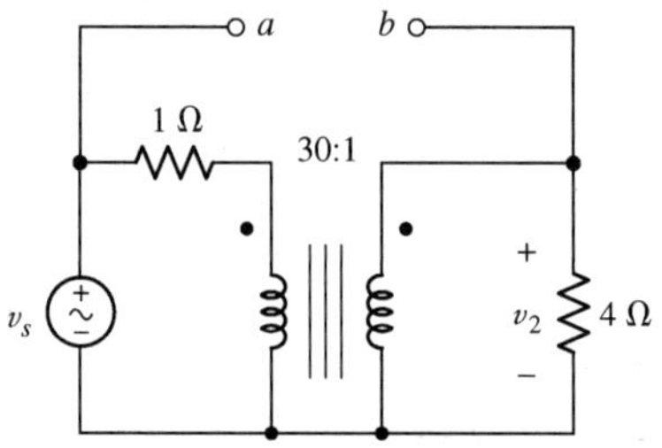


图 13.65

DP 47. 电路如图 13.66 所示，$R_1 = 1$ Ω，$R_2 = 4$ Ω，$R_L = 1$ Ω，选择 $a$ 和 $b$ 的值，使得负载 $R_L$ 上的峰值电压达到200 mV。

48. 电路如图 13.66 所示，如果 $a = 0.01$，$b = 1$，$R_1 = 300$ Ω，$R_2 = 14$ Ω，$R_L = 1$ kΩ，计算电压 $v_x$。

49. (a) 考虑图 13.66 所示电路中的理想变压器，若 $b = 0.25$，$a = 1$，$R_1 = 2.2$ Ω，$R_2 = 3.1$ Ω，$R_L = 200$ Ω，确定负载电流 $i_L$。(b) 用 LTspice 仿真对答案进行验证。

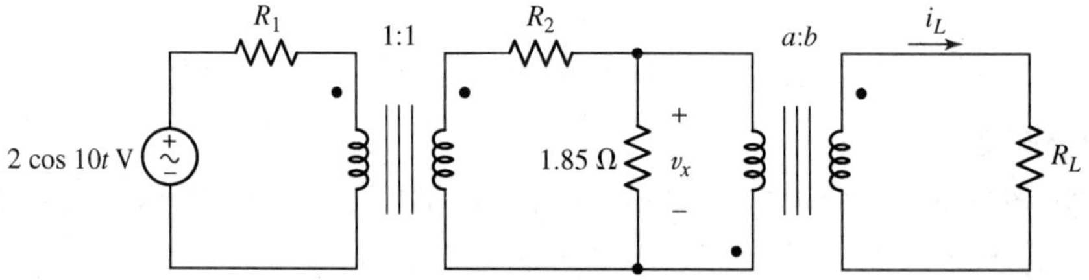


图 13.66

50. 确定图 13.67 所示网络从 $a$ 和 $b$ 端看进去的等效阻抗。如果该网络与墙上 120 V rms/60 Hz 的插座相连，求流入电路的电流。

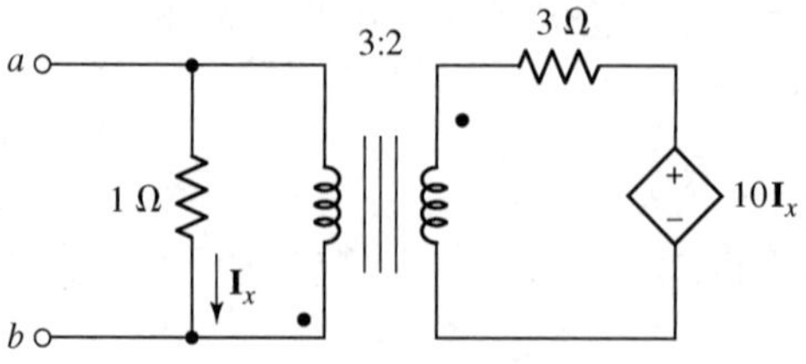


图 13.67

## 综合题

51. 某变压器的铭牌上标有 2300/230 V, 25 kVA，它表明其初级和次级的工作电压分别为 2300 V 和 230 V rms，次级绕组能够提供 25 kVA 的功率。如果变压器获得的电压是 2300 V rms，当功率因数(PF)为 1 时，次级所接的负载需要的功率为 8 kW；当 PF 为 0.8 滞后时，负载需要的功率为 15 kVA，问：(a) 初级电流是多少？(b) 当 PF 为 0.95 滞后时，变压器能提供给负载多少千瓦的功率？

DP 52. 有位朋友最近去 Warnemünde 旅行，购买了一套音响系统，但是他没有注意到这套设备需要工作在 240 VAC 电压，是他美国家中插座电压的两倍。请帮忙设计一个电路，让这位朋友能够在美国的家中欣赏到美妙的音乐，假设频率的差异可以忽略(德国的是 50 Hz，美国的是 60 Hz)。

53. 作为当地摇滚乐队的主唱，你要在当地的春节完成首场现场演出。在搭建音响系统时注意到功率放大器(峰值为 50 V)的输出有一个升压变压器，标注的是 70.7 V rms 和 50 Ω，该输出电压降压后再提供给 3 个并联的扬声器：两个 8 Ω 的和一个 4 Ω 的。(a) 为什么要使用这样的变压器结构？(b) 画出音频电路的电路图，包括所需要的升压变压器和降压变压器的匝数比。

54. 电路如图 13.68 所示，分别求下列情况下 $\mathbf{V}_2/\mathbf{V}_s$ 的表达式：(a) $L_1=100$ mH，$L_2=500$ mH，互感 $M$ 为其可能的最大值；(b) $L_1=5L_2=1.4$ H，$k$ 等于其可能最大值的 87%；(c) 两个绕组线圈可假设为理想变压器，左边线圈 500 匝，右边线圈 10 000 匝。

55. 你的邻居在非常靠近电源线的地方安装了一个很大的线圈，电源线接入你家里(你家附近没有埋在地下的电缆线)。(a) 你的邻居想要做什么？(b) 他的计划能实现吗？为什么；(c) 见面时你的邻居只是耸耸肩说，不会给你增加任何负担，事实上，邻居家也没有任何东西触碰到你们家的任何东西，真的是这样吗？为什么？

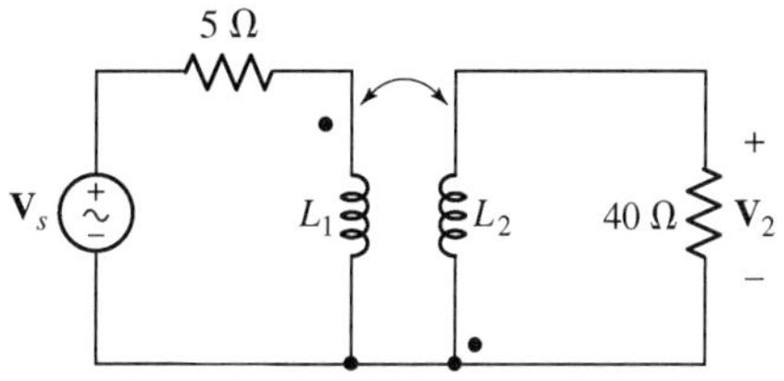


图 13.68

# 第 14 章　s 域电路分析

## 主要概念

- 复频率
- 使用变换表
- 初值定理与终值定理
- 用理想电源模拟初始条件
- 确定电路传输函数的零点和极点
- 利用卷积确定系统响应
- 拉普拉斯变换与逆变换
- 留数法
- s 域中的阻抗
- s 域电路分析
- 电路的冲激响应

## 引言

针对时变电源或者含有开关的电路，其分析方法可以有多种选择。第 7 章至第 9 章都是基于直接的微分方程的求解，这种方法对电路开关特性引起的瞬态响应很有用。第 10 章至第 13 章都是正弦激励情况下的分析，反而对瞬态响应并不关注。遗憾的是，并非所有的电源都是正弦的，而且很多情况下瞬态和稳态响应都是需要仔细分析的。这时，拉普拉斯变换分析法就成为了很有价值的分析工具。

很多教材中直接从积分概念给出完整的拉普拉斯变换，但这种方式不便于理解，所以我们选择的是首先介绍对读者而言一时感觉有些奇怪的概念——复频率，它在数学上是简单的，但可以并行分析周期和非周期时变量，从而极大地简化电路分析。在掌握了基本的方法之后，我们将此作为特定的电路分析工具来介绍。

## 14.1　复频率

为了引入“**复频率**”的概念，考虑一个指数衰减的正弦函数(纯实数)所表示的电压：

$$v(t) = V_m e^{\sigma t}\cos(\omega t + \theta) \qquad [1]$$

其中，$\sigma$ 为实数，且通常为负值。虽然这个函数经常被认为是“衰减”的，但是也存在正弦振荡幅度递增的情况，当 $\sigma > 0$ 时就会产生这种情况(在第 9 章中，*RLC* 电路自由响应的分析也表明指数衰减系数 $\sigma$ 为负值)。

对于式[1]，令 $\sigma = \omega = 0$，可以得到一个常数电压：

$$v(t) = V_m \cos\theta = V_0 \qquad [2]$$

如果只是令 $\sigma = 0$，则得到的是一个普通的正弦电压：

$$v(t) = V_m \cos(\omega t + \theta) \qquad [3]$$

而如果令 $\omega = 0$，则可以得到指数电压：

$$v(t) = V_m \cos\theta\, e^{\sigma t} = V_0 e^{\sigma t} \qquad [4]$$

因此，式[1]中的衰减正弦函数包含这些特例，分别是式[2]的直流、式[3]的正弦函数和式[4]的指数函数。

将式[4]中的指数函数和下面的相位为零的复数表示的正弦函数进行比较，可以进一步看到 $\sigma$ 的重要性：

$$v(t) = V_0 e^{j\omega t} \qquad [5]$$

很显然，式[4]和式[5]这两个函数有许多共同之处，唯一不同的是式[4]的指数因子是实数，而式[5]是虚数。若将 $\sigma$ 称为“频率”，则可以突出它们之间的相似性。下面几节将会对这个术语进行详细讨论，现在只需知道 $\sigma$ 称为复频率的实部，但是不能称为“实频率”，因为这个术语更适合于 $f$(不严谨的情况下，也可以用于 $\omega$)。我们也称 $\sigma$ 为**奈培频率**(neper frequency)，这一名称源于以 e 为底的指数幂的无量纲单位。例如，给定 $e^{7t}$，则 $7t$ 的量纲为**奈培**(Np)，而 7 为奈培频率，单位为奈培/秒。

说明：“奈培”这个单位是以苏格兰哲学家和数学家约翰·奈培(1550—1617)及其奈培算法系统而命名的。历史上对其名字的拼写不是很确定，例如有的称之为 H. A. Wheeler (IRE Transactions on Circuit Theory 2, 1955, p. 219)。

## 一般形式

对于形如式[1]的一般形式的激励函数，采用与基于相量分析法几乎完全相同的方法，很容易求得网络的受迫响应。一旦求出了该衰减正弦函数的受迫响应，就相当于求出了直流电压、指数电压、正弦电压的受迫响应。首先考虑将 $\sigma$ 和 $\omega$ 看成复频率的实部和虚部。

任何函数可以写成下述形式：

$$f(t) = \mathbf{K} e^{\mathbf{s}t} \qquad [6]$$

其中，**K** 和 **s** 是复常数(与时间无关)，由复频率 **s** 表征。复频率 **s** 只是复指数表达式中与时间 $t$ 相乘的因子。为了能够通过观察直接确定其复频率，有必要将一个给定的函数写成式[6]的形式。

## 直流情况

首先将这个定义应用于我们较为熟悉的激励函数，比如常数电压：

$$v(t) = V_0$$

可以将它写为以下形式：

$$v(t) = V_0 e^{(0)t}$$

因此，可以得到结论：直流电压或电流的复频率为零(即 $\mathbf{s} = 0$)。

## 指数情况

下一种简单的情况是指数函数：

$$v(t) = V_0 e^{\sigma t}$$

该式已经是所希望的形式了。因此，电压的复频率为 $\sigma$(即 $\mathbf{s} = \sigma + j0$)。

## 正弦情况

现在考虑可能令人感到惊讶的正弦电压。给定

$$v(t) = V_m \cos(\omega t + \theta)$$

我们希望求出它在复频率下的等效表达式。根据以前的经验，使用欧拉公式：

$$\cos(\omega t+\theta)=\frac{1}{2}[e^{j(\omega t+\theta)}+e^{-j(\omega t+\theta)}]$$

于是得到

$$v(t)=\frac{1}{2}V_m[e^{j(\omega t+\theta)}+e^{-j(\omega t+\theta)}]$$
$$=\left(\frac{1}{2}V_m e^{j\theta}\right)e^{j\omega t}+\left(\frac{1}{2}V_m e^{-j\theta}\right)e^{-j\omega t}$$

或

$$v(t)=\mathbf{K}_1 e^{\mathbf{s}_1 t}+\mathbf{K}_2 e^{\mathbf{s}_2 t}$$

我们得到的是两个复指数函数的和，因此存在两个与之对应的复频率。其中第一项的复频率为 $\mathbf{s}=\mathbf{s}_1=j\omega$，第二项的复频率为 $\mathbf{s}=\mathbf{s}_2=-j\omega$。这两个 **s** 互为**共轭**，即 $\mathbf{s}_2=\mathbf{s}_1^*$；两个 **K** 也互为共轭，即 $\mathbf{K}_1=\dfrac{1}{2}V_m\ e^{j\theta}$和 $\mathbf{K}_2=\mathbf{K}_1^*=\dfrac{1}{2}V_m\ e^{-j\theta}$，因此整个第一项和第二项也是复共轭的。其实该结果早就可以预料到，因为它们的和必须是一个实数 $v(t)$。

说明：因为已经选取 $j=+\sqrt{-1}$，所以通过把所有出现的“j”替换成“$-j$”就可以得到任何复数的复共轭。其实也可以取负根，由此可以得到复共轭的定义。

## 指数衰减的正弦函数情况

最后来求指数衰减的正弦函数式[1]的复频率。再次使用欧拉公式，同样可以得到下面的复指数表达式：

$$v(t)=V_m e^{\sigma t}\cos(\omega t+\theta)$$
$$=\frac{1}{2}V_m e^{\sigma t}[e^{j(\omega t+\theta)}+e^{-j(\omega t+\theta)}]$$

因此，

$$v(t)=\frac{1}{2}V_m e^{j\theta}e^{j(\sigma+j\omega)t}+\frac{1}{2}V_m e^{-j\theta}e^{j(\sigma-j\omega)t}$$

可以看到，为了表示指数衰减的正弦函数，同样也需要一对共轭复频率：$\mathbf{s}_1=\sigma+j\omega$ 和 $\mathbf{s}_2=\mathbf{s}_1^*=\sigma-j\omega$。通常情况下，$\sigma$ 和 $\omega$ 均不为零，也就是说，指数变化的正弦波形是一般情况，而常数、正弦和指数波形是特殊情况。

## s 和实部的关系

**s** 的实部为正实数，例如 $\mathbf{s}=5+j0$ 表示一个指数增长的函数 $\mathbf{K}e^{+5t}$，对于物理可实现的函数，**K** 必须为实数。**s** 的实部为负实数，例如 $\mathbf{s}=-5+j0$ 表示一个指数衰减的函数 $\mathbf{K}e^{-5t}$。

当 **s** 为纯虚数时，例如 $\mathbf{s}=j10$，则无论如何都不能表示实数，其函数形式为 $\mathbf{K}e^{j10t}$，它还可以表示成 $\mathbf{K}(\cos 10t+j\sin 10t)$，很显然它包含实部和虚部，且每一项都是正弦形式。为了构造一个实函数，有必要考虑 **s** 的共轭，比如 $\mathbf{s}_{1,2}=\pm j10$，相应的 **K** 也必须是共轭的。然而不严格地说，可以将 $\mathbf{s}_1=+j10$ 或者 $\mathbf{s}_2=-j10$ 看成角频率为 10 rad/s 的正弦电压。出现共轭复频率是可以理解的。正弦电压的幅度和相位与每个频率的 **K** 的选择有关。因此，如果取$\mathbf{s}_1=j10$ 和 $\mathbf{K}_1=6-j8$，则

$$v(t)=\mathbf{K}_1 e^{\mathbf{s}_1 t}+\mathbf{K}_2 e^{\mathbf{s}_2 t}\qquad \mathbf{s}_2=\mathbf{s}_1^*\qquad \text{和}\qquad \mathbf{K}_2=\mathbf{K}_1^*$$

于是我们得到了实的正弦函数 $20\cos(10t-53.1°)$。

同样，当 **s** 取一般值时，例如 $\mathbf{s}=3-j5$，只有与其共轭$(3+j5)$一起才能表示实函数。同样，不严格地说，这两个表示一个指数增长的正弦函数 $e^{3t}\cos 5t$ 的共轭频率中的任何一个，其幅度和相位与 **K** 的选择有关。

说明：注意，$|6-\mathrm{j}8|=10$，所以 $V_m=2|\mathbf{K}|=20$。同样，$\mathrm{ang}(6-\mathrm{j}8)=-53.13°$。

到目前为止，我们应该对复频率 **s** 的物理意义有所了解了，通常情况下，它表示一个指数变化的正弦波。**s** 的实部与指数变化的特性有关，如果实部为负数，则函数值随着 $t$ 的增加而减小；如果实部为正数，则相应的函数值随着 $t$ 的增加而增加；如果实部等于零，则正弦函数的幅度为常数。**s** 的实部的绝对值越大，指数增长或衰减的速度就越快。**s** 的虚部表示正弦波的变化情况，它实际上就是角频率。**s** 的虚部越大，则函数随时间的变化率就越大。

说明：当 **s** 的实部和虚部很大时，即 **s** 的幅度很大时，则表示一个快速变化的函数。

通常用字母 $\sigma$ 表示 **s** 的实部，用 $\omega$（不是 $\mathrm{j}\omega$）表示虚部：

$$\boxed{\mathbf{s}=\sigma+\mathrm{j}\omega} \qquad [7]$$

角频率有时也称为“实频率”，不过，如果采用这种称呼，则必须说“实频率为复频率的虚部”！这很容易引起混淆。在需要将它们区别开的时候，应称 **s** 为复频率，$\sigma$ 为奈培频率，$\omega$ 为角频率，$f=\omega/2\pi$ 为周期频率；当不会产生混淆时，可以将这 4 个量统称为“频率”。奈培频率的单位为奈培/秒，角频率的单位为弧度/秒，复频率 **s** 的单位有两种，分别为复奈培/秒和复弧度/秒。

### 练习

14.1　求下列实时域函数的复频率：(a) $(2\mathrm{e}^{-100t}+\mathrm{e}^{-200t})\sin 2000t$；(b) $(2-\mathrm{e}^{-10t})\cos(4t+\phi)$；(c) $\mathrm{e}^{-10t}\cos 10t \sin 40t$。

14.2　用实常数 $A$, $B$, $C$ 和 $\phi$ 等构造一个表示电流的实时域函数，使之分别含有以下频率成分：(a) 0，10，$-10\ \mathrm{s}^{-1}$；(b) $-5$，j8，$-5-\mathrm{j}8\ \mathrm{s}^{-1}$；(c) $-20$，20，$-20+\mathrm{j}20$，$20-\mathrm{j}20\ \mathrm{s}^{-1}$。

答案：14.1：(a) $-100+\mathrm{j}2000$，$-100-\mathrm{j}2000$，$-200+\mathrm{j}2000$，$-200-\mathrm{j}2000\ \mathrm{s}^{-1}$；(b) j4，$-$j4，$-10+\mathrm{j}4$，$-10-\mathrm{j}4\ \mathrm{s}^{-1}$；(c) $-10+\mathrm{j}30$，$-10-\mathrm{j}30$，$-10+\mathrm{j}50$，$-10-\mathrm{j}50\ \mathrm{s}^{-1}$。

14.2：(a) $A+B\mathrm{e}^{10t}+C\mathrm{e}^{-10t}$；(b) $A\mathrm{e}^{-5t}+B\cos(8t+\phi_1)+C\mathrm{e}^{-5t}\cos(8t+\phi_2)$；(c) $A\mathrm{e}^{-20t}+B\mathrm{e}^{20t}+C\mathrm{e}^{-20t}\cos(20t+\phi_1)+D\mathrm{e}^{20t}\cos(20t+\phi_2)$。

## 14.2　拉普拉斯变换的定义

开始接触正弦激励函数以后，由于求解微积分方程非常烦琐和复杂，因此需要找到一种比较简单的方法来解决这个问题。相量变换正是我们要寻找的，它是通过考虑形式为 $V_0\mathrm{e}^{\mathrm{j}\theta}\mathrm{e}^{\mathrm{j}\omega t}$ 的复激励函数来得到的。一旦意识到我们并不需要含有 $t$ 的因子，则只剩下了相量 $V_0\mathrm{e}^{\mathrm{j}\theta}$，这时就转入了频域。

历经一系列曲折的问题后，现在考虑形式为 $V_0\mathrm{e}^{\mathrm{j}\theta}\mathrm{e}^{(\sigma+\mathrm{j}\omega)t}$ 的激励函数。可以引入复频率 **s**，以前所讲的各种激励函数的形式现在均成了它的特殊情况：直流（$\mathbf{s}=0$），指数（$\mathbf{s}=\sigma$），正弦（$\mathbf{s}=\mathrm{j}\omega$），指数衰减的正弦（$\mathbf{s}=\sigma+\mathrm{j}\omega$）。通过将其与前面讨论的相量进行对比，可以看到同样能够忽略包含 $t$ 的因子，因此可回到频域分析来得到问题的解。

### 拉普拉斯变换

我们知道，正弦激励函数产生正弦响应，而指数激励函数则产生指数响应。然而，作为一个工程师，在工作中将遇到许多既不是正弦也不是指数的波形，例如方波、锯齿波以及任意时刻的脉冲。当这些激励函数作用于一个线性电路时，得到的响应波形既不是激励函数形式的，也不是指数形式的。因此，不能通过除去含 $t$ 的项而得到频域响应。这令人感到非常遗憾，因为事实已经证明，在频域中进行分析要比在时域中更有用。

不过，有一种解决方法可以用来将任意函数波形展开成为指数波形相加的形式，其中每一项均有其各自的复频率。对于线性电路，已知总响应可以通过将各指数波形的响应叠加起来得到(即应用叠加定理)。而且，在处理每个指数波形时，同样可以忽略含有 $t$ 的项，从而能在频域中进行分析。遗憾的是，为了精确地表示一般形式的时域函数，需要无限多个指数项的叠加，因此如果一定要采用这种方法进行分解再将这些指数项叠加，就显得有点笨。实际上，可以采用积分方法将这些项叠加起来，从而可以得到一个频域函数。

我们将使用称为**拉普拉斯变换**的方法来具体描述。对于一般函数 $f(t)$，其拉普拉斯变换定义为

$$\mathbf{F}(\mathbf{s}) = \int_{-\infty}^{\infty} e^{-\mathbf{s}t} f(t)\,dt \qquad [8]$$

推导这个积分需要用到傅里叶级数和傅里叶变换的知识，这将在第 17 章中讨论。不过，有了对复频率概念、相量处理以及时域和频率互相变换的讨论，就可以理解拉普拉斯变换所蕴含的基本概念了。事实上，这正是拉普拉斯变换通常所做的：将一般形式的时域函数 $f(t)$ 变换为相应的频域函数 $\mathbf{F}(\mathbf{s})$。

式[8]定义了 $f(t)$ 的双边拉普拉斯变换。“双边”这个词用来强调这样一个事实，即正 $t$ 值和负 $t$ 值均被包含在积分区间内。相反的操作(通常被称为**拉普拉斯逆变换**)也用积分形式来定义[①]：

$$f(t) = \frac{1}{2\pi j} \int_{\sigma_0 - j\infty}^{\sigma_0 + j\infty} e^{st} \mathbf{F}(\mathbf{s})\,d\mathbf{s} \qquad [9]$$

其中，实常数 $\sigma_0$ 包含在积分限中是为了保证积分收敛。式[8]和式[9]构成了双边拉普拉斯变换对。幸运的是，在介绍电路分析时从来不会用到复杂的式[9]。下面将介绍一种快速且简单的方法。

## 单边拉普拉斯变换

在许多电路分析的问题中，激励函数和响应函数并不总是永远存在的，而是从某个特定的瞬间开始，通常将这个起始时刻取为 $t=0$。因此，对于那些在 $t<0$ 时不存在的函数，或者不关心 $t<0$ 时的取值的函数，可以将其看成 $v(t)u(t)$。其拉普拉斯变换的下限取为 $0^-$，因此可以将 $t=0$ 时由于函数不连续性带来的影响包含在内，比如冲激或者高阶奇点等。相应的拉普拉斯变换形式为

$$\mathbf{F}(\mathbf{s}) = \int_{-\infty}^{\infty} e^{-\mathbf{s}t} f(t)u(t)\,dt = \int_{0^-}^{\infty} e^{-\mathbf{s}t} f(t)\,dt$$

这就是 $f(t)$ 的单边拉普拉斯变换的定义，简称为 $f(t)$ 的拉普拉斯变换，单边的含义容易理解(式[8]也称为双边拉普拉斯变换)。

逆变换的表达式保持不变，只是在计算时要知道：只有在 $t>0$ 时才有意义。下面是拉普

① 如果忽略因子 $1/2\pi j$ 并将该积分看成相对于所有的频率求和，则 $f(t) \propto \sum[\mathbf{F}(\mathbf{s})\,d\mathbf{s}]e^{st}$，这强调了 $f(t)$ 实际上是幅度与 $\mathbf{F}(\mathbf{s})$ 成比例的复频率项之和。

拉斯变换对的定义，从现在开始就要用到它们：

$$\mathbf{F}(\mathbf{s}) = \int_{0^-}^{\infty} e^{-\mathbf{s}t} f(t)\,dt \qquad [10]$$

$$f(t) = \frac{1}{2\pi j}\int_{\sigma_0 - j\infty}^{\sigma_0 + j\infty} e^{\mathbf{s}t}\mathbf{F}(\mathbf{s})\,d\mathbf{s} \qquad [11]$$

$$f(t) \Leftrightarrow \mathbf{F}(\mathbf{s})$$

也可以用符号$\mathscr{L}$来表示拉普拉斯变换及其逆变换：

$$\mathbf{F}(\mathbf{s}) = \mathscr{L}\{f(t)\} \qquad \text{和} \qquad f(t) = \mathscr{L}^{-1}\{\mathbf{F}(\mathbf{s})\}$$

**例 14.1**　求函数 $f(t) = 2u(t-3)$ 的拉普拉斯变换。

**解**：为了求解 $f(t) = 2u(t-3)$ 的单边拉普拉斯变换，必须计算积分：

$$\begin{aligned}\mathbf{F}(\mathbf{s}) &= \int_{0^-}^{\infty} e^{-\mathbf{s}t} f(t)\,dt \\ &= \int_{0^-}^{\infty} e^{-\mathbf{s}t} 2u(t-3)\,dt \\ &= 2\int_{3}^{\infty} e^{-\mathbf{s}t}\,dt\end{aligned}$$

简化可得

$$\mathbf{F}(\mathbf{s}) = -\frac{2}{\mathbf{s}}e^{-\mathbf{s}t}\bigg|_3^{\infty} = -\frac{2}{\mathbf{s}}(0 - e^{-3\mathbf{s}}) = \frac{2}{\mathbf{s}}e^{-3\mathbf{s}}$$

### 练习

14.3　设 $f(t) = -6e^{-2t}[u(t+3) - u(t-2)]$。求：(a) 双边拉普拉斯变换 $\mathbf{F}(\mathbf{s})$；(b) 单边拉普拉斯变换 $\mathbf{F}(\mathbf{s})$。

答案：(a) $\frac{6}{2+\mathbf{s}}[e^{-4-2\mathbf{s}} - e^{6+3\mathbf{s}}]$；(b) $\frac{6}{2+\mathbf{s}}[e^{-4-2\mathbf{s}} - 1]$。

## 14.3　简单时间函数的拉普拉斯变换

本节将建立电路分析中常用时间函数的拉普拉斯变换表。假设感兴趣的函数为电压(这样的假设看似有些武断)。采用下面的定义来建立拉普拉斯变换表：

$$\mathbf{V}(\mathbf{s}) = \int_{0^-}^{\infty} e^{-\mathbf{s}t} v(t)\,dt = \mathscr{L}\{v(t)\}$$

相应的逆变换为

$$v(t) = \frac{1}{2\pi j}\int_{\sigma_0 - j\infty}^{\sigma_0 + j\infty} e^{\mathbf{s}t}\mathbf{V}(\mathbf{s})\,d\mathbf{s} = \mathscr{L}^{-1}\{\mathbf{V}(\mathbf{s})\}$$

$v(t)$ 与 $\mathbf{V}(\mathbf{s})$ 构成了一一对应的关系。也就是说，对于每一个 $v(t)$，若 $\mathbf{V}(\mathbf{s})$ 存在，则有且仅有一个 $\mathbf{V}(\mathbf{s})$ 与之对应。看到逆变换的这种奇怪的形式，可能使人感到迷惑。不过，我们很快会讲到，初涉拉普拉斯变换理论时无须计算这个积分。通过从时域出发变换到频域，并且利用刚才提到的唯一性，可以得出拉普拉斯变换表，它几乎包含了所有希望进行变换的时域函数。

在继续讨论之前，先考虑一下是否存在这样一种可能，即某些函数 $v(t)$ 根本就不存在拉普拉斯变换。能保证拉普拉斯积分在 $\text{Re}\{\mathbf{s}\} > \sigma_0$ 时绝对收敛的充分条件是：

1. 函数 $v(t)$ 在每一个有限区间 $t_1 < t < t_2$ 内可积，其中 $0 \leq t_1 < t_2 < \infty$。

2. 对于某些 $\sigma_0$，极限 $\lim\limits_{t\to\infty} e^{-\sigma_0 t}|v(t)|$ 存在。

在电路分析中，不满足这两个条件的时域函数非常少①。

## 单位阶跃函数 $u(t)$

现在来看某些特殊函数的变换。首先考察单位阶跃函数 $u(t)$ 的拉普拉斯变换，根据定义：

$$\mathscr{L}\{u(t)\} = \int_{0^-}^{\infty} e^{-\mathbf{s}t} u(t)\,dt = \int_{0}^{\infty} e^{-\mathbf{s}t}\,dt$$

$$= -\frac{1}{\mathbf{s}} e^{-\mathbf{s}t}\Big|_0^{\infty} = \frac{1}{\mathbf{s}}$$

由于 Re{**s**} >0，满足条件 2，因此

$$u(t) \Leftrightarrow \frac{1}{\mathbf{s}} \qquad [12]$$

我们非常容易就得到了第一个拉普拉斯变换对。

说明：通常用双箭头符号表示拉普拉斯变换对。

## 单位冲激函数 $\delta(t-t_0)$

有一个奇异函数的变换非常有意思，这个函数就是单位冲激函数 $\delta(t-t_0)$。图 14.1 所示是其波形，它看起来很奇怪，然而在现实中却非常有用。单位冲激函数定义为包含单位面积的曲线，即

$$\delta(t-t_0) = 0, \qquad t \neq t_0$$

$$\int_{t_0-\varepsilon}^{t_0+\varepsilon} \delta(t-t_0)\,dt = 1$$

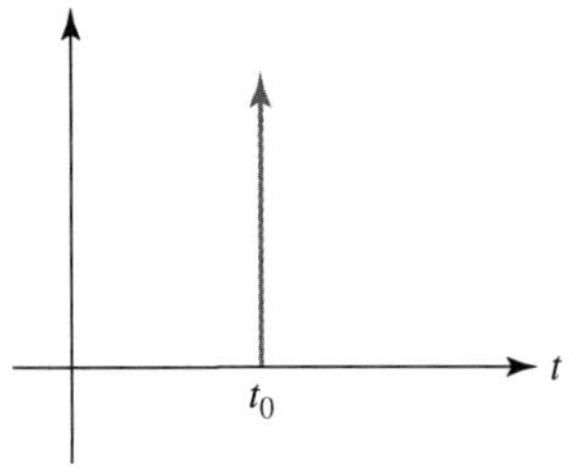


图 14.1 单位冲激函数 $\delta(t-t_0)$。通常用它来表示持续时间相对于电路时间来说非常短的信号

其中，$\varepsilon$ 为一个非常小的常数。因此，这个"函数"(许多纯数学家不敢这样称呼)只在点 $t_0$ 处有非零值。若 $t_0 > 0^-$，则其拉普拉斯变换为

$$\mathscr{L}\{\delta(t-t_0)\} = \int_{0^-}^{\infty} e^{-\mathbf{s}t}\delta(t-t_0)\,dt = e^{-\mathbf{s}t_0}$$

$$\delta(t-t_0) \Leftrightarrow e^{-\mathbf{s}t_0} \qquad [13]$$

特别要注意的是，若 $t_0=0$，则有

$$\delta(t) \Leftrightarrow 1 \qquad [14]$$

单位冲激函数的一个有趣特性是**筛选性**。考虑冲激函数与任意函数 $f(t)$ 乘积的积分：

$$\int_{-\infty}^{\infty} f(t)\delta(t-t_0)\,dt$$

因为除了在 $t_0$ 处，其余各处函数 $\delta(t-t_0)$ 的值均为零，因此该积分的值为 $f(t_0)$。这一特性对于简化含有单位冲激函数的积分表达式非常有用。

## 指数函数 $e^{-\alpha t}$

之前，我们对指数函数一直有很大兴趣，下面就来求解其变换：

① 例如函数 $e^{t^2}$ 和 $e^{e^t}$，不是 $t^n$ 或 $n^t$，有关更详细的拉普拉斯变换及其应用的讨论可参阅 Clare D. McGillem 和 George R. Cooper, *Continuous and Discrete Signal and System Analysis*, 3d ed. Oxford University Press, North Carolina; 1991, Chap. 5。

$$\mathscr{L}\{e^{-\alpha t}u(t)\} = \int_{0^-}^{\infty} e^{-\alpha t}e^{-\mathbf{s}t}\,dt$$
$$= -\frac{1}{\mathbf{s}+\alpha}e^{-(\mathbf{s}+\alpha)t}\Big|_0^{\infty} = \frac{1}{\mathbf{s}+\alpha}$$

因此，

$$e^{-\alpha t}u(t) \Longleftrightarrow \frac{1}{\mathbf{s}+\alpha} \quad [15]$$

容易看出 $\text{Re}\{\mathbf{s}\} > -\alpha$。

### 斜坡函数 $tu(t)$

最后，考虑斜坡函数 $tu(t)$，其变换为

$$\mathscr{L}\{tu(t)\} = \int_{0^-}^{\infty} te^{-\mathbf{s}t}\,dt = \frac{1}{\mathbf{s}^2}$$

$$tu(t) \Leftrightarrow \frac{1}{\mathbf{s}^2} \quad [16]$$

通过分部积分或者查积分表，可以得到上面的结果。

函数 $te^{-\alpha t}u(t)$ 的变换是什么呢？我们把它留给读者证明，其结果为

$$te^{-\alpha t}u(t) \Leftrightarrow \frac{1}{(\mathbf{s}+\alpha)^2} \quad [17]$$

当然，还有很多时域函数值得考虑，不过在此之前先考虑一下拉普拉斯逆变换会更好。

### 练习

14.4　分别求出 $v(t)$ 为下列函数时的 $\mathbf{V}(\mathbf{s})$ 的表达式：(a) $4\delta(t)-3u(t)$；(b) $4\delta(t-2)-3tu(t)$；(c) $[u(t)][u(t-2)]$。

14.5　分别求出 $\mathbf{V}(\mathbf{s})$ 为下列表达式时相应的 $v(t)$：(a) 10；(b) $10/\mathbf{s}$；(c) $10/\mathbf{s}^2$；(d) $10/[\mathbf{s}(\mathbf{s}+10)]$；(e) $10\mathbf{s}/(\mathbf{s}+10)$。

答案：14.4：(a) $(4\mathbf{s}-3)/\mathbf{s}$；(b) $4e^{-2\mathbf{s}}-(3/\mathbf{s}^2)$；(c) $e^{-2\mathbf{s}}/\mathbf{s}$。

14.5：(a) $10\delta(t)$；(b) $10u(t)$；(c) $10tu(t)$；(d) $u(t)-e^{-10t}u(t)$；(e) $10\delta(t)-100e^{-10t}u(t)$。

## 14.4　逆变换方法

### 线性原理

我们提到，运用积分表达式（即式[9]）可以将 s 域表达式转换为时域表达式。当然，我们也暗示过，如果使用拉普拉斯变换对的一些性质，这样的积分方法是可以避免的。为了更好地达到这个目的，首先引入众多非常有用的定理中的一个——最简单的**线性原理**：两个或者多个时域函数之和的拉普拉斯变换等于各时域函数拉普拉斯变换之和。对于两个时域函数的情况，则有

$$\mathscr{L}\{f_1(t)+f_2(t)\} = \int_{0^-}^{\infty} e^{-\mathbf{s}t}[f_1(t)+f_2(t)]\,dt$$
$$= \int_{0^-}^{\infty} e^{-\mathbf{s}t}f_1(t)\,dt + \int_{0^-}^{\infty} e^{-\mathbf{s}t}f_2(t)\,dt$$
$$= \mathbf{F}_1(\mathbf{s}) + \mathbf{F}_2(\mathbf{s})$$

说明：这就是拉普拉斯变换的“叠加性”。

下面举例说明这个原理的应用。假定已知某函数的拉普拉斯变换为 $\mathbf{V}(\mathbf{s})$，求出相应的时域函数 $v(t)$。通常可以将 $\mathbf{V}(\mathbf{s})$ 分解成两个或多个函数相加的形式，比如分解为 $\mathbf{V}_1(\mathbf{s})$ 和 $\mathbf{V}_2(\mathbf{s})$，它们的逆变换 $v_1(t)$ 和 $v_2(t)$ 均可通过查表得到。根据线性原理可得

$$v(t) = \mathscr{L}^{-1}\{\mathbf{V}(\mathbf{s})\} = \mathscr{L}^{-1}\{\mathbf{V}_1(\mathbf{s}) + \mathbf{V}_2(\mathbf{s})\}$$
$$= \mathscr{L}^{-1}\{\mathbf{V}_1(\mathbf{s})\} + \mathscr{L}^{-1}\{\mathbf{V}_2(\mathbf{s})\} = v_1(t) + v_2(t)$$

根据拉普拉斯变换的定义，很容易得到线性原理的另一个重要结论。因为只是求积分，所以一个函数乘以一个常数后的拉普拉斯变换等于该函数的拉普拉斯变换乘以该常数，即

$$\mathscr{L}\{kv(t)\} = k\mathscr{L}\{v(t)\}$$

或

$$kv(t) \Leftrightarrow k\mathbf{V}(\mathbf{s})$$

其中，$k$ 为比例常数。后面将讲到，在许多电路分析中，这个结论非常有用。

说明：这就是拉普拉斯变换的“齐次性”。

**例 14.2** 已知 $\mathbf{G}(\mathbf{s}) = (7/\mathbf{s}) - 31/(\mathbf{s}+17)$，求 $g(t)$。

**解：** 该 $\mathbf{s}$ 域函数由 $7/\mathbf{s}$ 和 $-31/(\mathbf{s}+17)$ 两部分的和组成。通过线性原理可知，$g(t)$ 也将由两部分组成，分别对应 $\mathbf{s}$ 域的两部分的拉普拉斯逆变换：

$$g(t) = \mathscr{L}^{-1}\left\{\frac{7}{\mathbf{s}}\right\} - \mathscr{L}^{-1}\left\{\frac{31}{\mathbf{s}+17}\right\}$$

我们从第一项开始入手。根据拉普拉斯变换的齐次性原理，可得

$$\mathscr{L}^{-1}\left\{\frac{7}{\mathbf{s}}\right\} = 7\mathscr{L}^{-1}\left\{\frac{1}{\mathbf{s}}\right\} = 7u(t)$$

这里利用已知的变换对 $u(t) \Leftrightarrow 1/\mathbf{s}$ 和齐次性得到了 $g(t)$ 的第一项。同样也可以得到 $\mathscr{L}^{-1}\left\{\frac{31}{\mathbf{s}+17}\right\} = 31\mathrm{e}^{-17t}u(t)$。将两项合并可得

$$g(t) = [7 - 31\mathrm{e}^{-17t}]u(t)$$

## 练习

14.6 已知函数 $\mathbf{H}(\mathbf{s}) = \frac{2}{\mathbf{s}} - \frac{4}{\mathbf{s}^2} + \frac{3.5}{(\mathbf{s}+10)(\mathbf{s}+10)}$，求 $h(t)$。

答案：$h(t) = [2 - 4t + 3.5t\mathrm{e}^{-10t}]u(t)$。

## 有理函数的逆变换方法

在分析含有多个储能元件的电路时，常常会遇到 $\mathbf{s}$ 域表达式为 $\mathbf{s}$ 的两个多项式之比的形式：

$$\mathbf{V}(\mathbf{s}) = \frac{\mathbf{N}(\mathbf{s})}{\mathbf{D}(\mathbf{s})}$$

其中，$\mathbf{N}(\mathbf{s})$ 和 $\mathbf{D}(\mathbf{s})$ 都是关于 $\mathbf{s}$ 的多项式。能使 $\mathbf{N}(\mathbf{s}) = 0$ 的 $\mathbf{s}$ 值称为 $\mathbf{V}(\mathbf{s})$ 的**零点**，能使 $\mathbf{D}(\mathbf{s}) = 0$ 的 $\mathbf{s}$ 值称为 $\mathbf{V}(\mathbf{s})$ 的**极点**。

说明：实际上，在电路分析中遇到的函数并不是必须用式[9]来求其逆变换，前提是能够熟练地使用本章中介绍的各种方法。

在求解拉普拉斯逆变换时，用式[9]计算非常麻烦，通常可以采用留数的方法将这些表达式分解成若干简单项，其中每一项的逆变换均可通过查表得到。这样做的前提是 $\mathbf{V}(\mathbf{s})$必须为**有理函数**，并且分子 $\mathbf{N}(\mathbf{s})$的阶数必须小于分母 $\mathbf{D}(\mathbf{s})$的阶数。如果不是这样，则需要先做一个简单的除法运算，就像稍后给出的例子一样。结果将包含一个冲激函数（假设分子和分母多项式的阶数相同）和一个有理函数。第一项的逆变换很简单，剩下的有理函数的逆变换若无法通过查表得到，留数法就成了比较合适的方法。

**例 14.3**　求 $\mathbf{F}(\mathbf{s}) = 2\,\dfrac{\mathbf{s}+2}{\mathbf{s}}$的拉普拉斯逆变换。

**解：**$\mathbf{F}(\mathbf{s})$不是一个有理函数，因为分子的阶数等于分母的阶数，所以必须首先进行长除法：

$$\mathbf{F(s)} = \begin{array}{r|l} & \;\;\;\;\;\;\;\;2 \\ \hline \mathbf{s} & 2\mathbf{s}+4 \\ & \underline{2\mathbf{s}\;\;\;\;\;\;} \\ & \;\;\;\;\;\;\;\;4 \end{array}$$

因此 $\mathbf{F}(\mathbf{s}) = 2 + (4/\mathbf{s})$。根据线性原理可得

$$\mathscr{L}^{-1}\{\mathbf{F(s)}\} = \mathscr{L}^{-1}\{2\} + \mathscr{L}^{-1}\left\{\frac{4}{\mathbf{s}}\right\} = 2\delta(t) + 4u(t)$$

（注意，在不用长除法的情况下，这个特殊的函数可以得到简化。但这里只是为了提供一个解题的基本过程。）

## 练习

14.7　已知函数 $\mathbf{Q}(\mathbf{s}) = \dfrac{3\mathbf{s}^2 - 4}{\mathbf{s}^2}$，求 $q(t)$。

答案：$q(t) = 3\delta(t) - 4tu(t)$。

使用留数法实际上是对 $\mathbf{V}(\mathbf{s})$进行部分分式分解，因此我们将注意力集中到分母的根上。也就是说，首先必须将关于 s 的多项式 $\mathbf{D}(\mathbf{s})$分解成二项式因子相乘的形式。$\mathbf{D}(\mathbf{s})$的根可能由单根和重根组成，而且根既可以是实数，也可以是复数。然而值得注意的是，当 $\mathbf{D}(\mathbf{s})$的系数为实数时，复根必定是成对出现的共轭对。

## 相异极点和留数法

作为一个例子，让我们来求解下式的拉普拉斯逆变换：

$$\mathbf{V(s)} = \frac{1}{(\mathbf{s}+\alpha)(\mathbf{s}+\beta)}$$

分母已经表示为两个不同因子的乘积形式，这两个因子的根分别是 $-\alpha$ 和 $-\beta$。虽然可以将上式代入定义式中以求其逆变换，但是使用线性原理来求解会简单得多。对上式进行部分分式展开，可将其分解为两个简单分式的和：

$$\mathbf{V(s)} = \frac{A}{\mathbf{s}+\alpha} + \frac{B}{\mathbf{s}+\beta}$$

其中，$A$ 和 $B$ 可以由多种方法求得，但最快的方法如下：

$$A = \lim_{\mathbf{s}\to-\alpha}\left[(\mathbf{s}+\alpha)\mathbf{V}(\mathbf{s}) - \frac{(\mathbf{s}+\alpha)}{(\mathbf{s}+\beta)}B\right]$$
$$= \lim_{\mathbf{s}\to-\alpha}\left[\frac{1}{\mathbf{s}+\beta} - 0\right] = \frac{1}{\beta-\alpha}$$

说明：该式使用了 $\mathbf{V}(\mathbf{s})$ 的简分式形式(即没有分解)。

注意，第二项总是为零，所以我们在实际中常把它写成

$$A = (\mathbf{s}+\alpha)\mathbf{V}(\mathbf{s})|_{\mathbf{s}=-\alpha}$$

同样可得

$$B = (\mathbf{s}+\beta)\mathbf{V}(\mathbf{s})|_{\mathbf{s}=-\beta} = \frac{1}{\alpha-\beta}$$

因此，

$$\mathbf{V}(\mathbf{s}) = \frac{1/(\beta-\alpha)}{\mathbf{s}+\alpha} + \frac{1/(\alpha-\beta)}{\mathbf{s}+\beta}$$

前面已经计算过这种形式的逆变换，因此

$$v(t) = \frac{1}{\beta-\alpha}\mathrm{e}^{-\alpha t}u(t) + \frac{1}{\alpha-\beta}\mathrm{e}^{-\beta t}u(t)$$
$$= \frac{1}{\beta-\alpha}(\mathrm{e}^{-\alpha t} - \mathrm{e}^{-\beta t})u(t)$$

如果需要，现在可以将下式加到拉普拉斯变换表中：

$$\frac{1}{\beta-\alpha}(\mathrm{e}^{-\alpha t} - \mathrm{e}^{-\beta t})u(t) \Leftrightarrow \frac{1}{(\mathbf{s}+\alpha)(\mathbf{s}+\beta)}$$

很容易将这种方法推广到分母为 $\mathbf{s}$ 的高阶多项式的情形(虽然有些烦琐)。注意，这里并没有限定常数 $A$ 和 $B$ 必须是实数。但是，在 $\alpha$ 和 $\beta$ 为复数的情况下，将发现 $\alpha$ 和 $\beta$ 互为共轭(这在数学上不是必需的，但对于物理电路而言是必需的)，这时可以得到 $A = B^*$，换句话说，这两个系数也是复共轭的。

**例 14.4** 求 $\mathbf{P}(\mathbf{s}) = \dfrac{7\mathbf{s}+5}{\mathbf{s}^2+\mathbf{s}}$ 的逆变换。

**解：**我们看到 $\mathbf{P}(\mathbf{s})$ 是一个有理函数(分子的阶为 1，分母的阶为 2)，所以首先要进行部分分式展开：

$$\mathbf{P}(\mathbf{s}) = \frac{7\mathbf{s}+5}{\mathbf{s}(\mathbf{s}+1)} = \frac{a}{\mathbf{s}} + \frac{b}{\mathbf{s}+1}$$

随后要确定 $a$ 和 $b$ 的值。我们采用留数法：

$$a = \left.\frac{7\mathbf{s}+5}{\mathbf{s}+1}\right|_{\mathbf{s}=0} = 5 \quad \text{和} \quad b = \left.\frac{7\mathbf{s}+5}{\mathbf{s}}\right|_{\mathbf{s}=-1} = 2$$

$\mathbf{P}(\mathbf{s})$ 可以写成

$$\mathbf{P}(\mathbf{s}) = \frac{5}{\mathbf{s}} + \frac{2}{\mathbf{s}+1}$$

所以，该式的拉普拉斯逆变换为 $p(t) = [5 + 2\mathrm{e}^{-t}]u(t)$。

## 练习

14.8 已知函数 $\mathbf{Q}(\mathbf{s}) = \dfrac{11\mathbf{s}+30}{\mathbf{s}^2+3\mathbf{s}}$，求 $q(t)$。

答案：$q(t) = [10 + \mathrm{e}^{-3t}]u(t)$。

## 重极点

接下来看一看重极点的情况。考虑以下函数：

$$\mathbf{V}(\mathbf{s})=\frac{\mathbf{N}(\mathbf{s})}{(\mathbf{s}-p)^n}$$

将上式展开为

$$\mathbf{V}(\mathbf{s})=\frac{a_n}{(\mathbf{s}-p)^n}+\frac{a_{n-1}}{(\mathbf{s}-p)^{n-1}}+\cdots+\frac{a_1}{(\mathbf{s}-p)}$$

为了求出每个常数，首先将未展开的 $\mathbf{V}(\mathbf{s})$ 乘以 $(\mathbf{s}-p)^n$，令 $\mathbf{s}=p$ 可以得到常数 $a_n$。剩下的常数可以通过对式 $(\mathbf{s}-p)^n\mathbf{V}(\mathbf{s})$ 求若干次微分后再令 $\mathbf{s}=p$，然后除以一个阶乘项得到。微分的目的是为了除去已经求得的常数，而令 $\mathbf{s}=p$ 则是为了除去其他常数。

比如，$a_{n-2}$ 可以通过下式得到：

$$\frac{1}{2!}\frac{\mathrm{d}^2}{\mathrm{d}\mathbf{s}^2}[(\mathbf{s}-p)^n\mathbf{V}(\mathbf{s})]_{\mathbf{s}=p}$$

而 $a_{n-k}$ 可以通过下式得到：

$$\frac{1}{k!}\frac{\mathrm{d}^k}{\mathrm{d}\mathbf{s}^k}[(\mathbf{s}-p)^n\mathbf{V}(\mathbf{s})]_{\mathbf{s}=p}$$

为了说明这一过程，求解一个包含这两种极点的函数：$\mathbf{s}=0$ 的单极点和 $\mathbf{s}=-6$ 的二重极点。

**例 14.5**　求以下函数的逆变换。

$$\mathbf{V}(\mathbf{s})=\frac{2}{\mathbf{s}^3+12\mathbf{s}^2+36\mathbf{s}}$$

**解**：我们注意到分母很容易进行因式分解，因此

$$\mathbf{V}(\mathbf{s})=\frac{2}{\mathbf{s}(\mathbf{s}+6)(\mathbf{s}+6)}=\frac{2}{\mathbf{s}(\mathbf{s}+6)^2}$$

正如前面所说，该函数有 3 个极点，在 $\mathbf{s}=0$ 处有一个，在 $\mathbf{s}=-6$ 处有两个。接下来，将该函数分解为

$$\mathbf{V}(\mathbf{s})=\frac{a_1}{(\mathbf{s}+6)^2}+\frac{a_2}{(\mathbf{s}+6)}+\frac{a_3}{\mathbf{s}}$$

采用刚才介绍的方法求出未知常数 $a_1$ 和 $a_2$，使用以前介绍的方法可以求出 $a_3$，因此

$$a_1=\left[(\mathbf{s}+6)^2\frac{2}{\mathbf{s}(\mathbf{s}+6)^2}\right]_{\mathbf{s}=-6}=\left.\frac{2}{\mathbf{s}}\right|_{\mathbf{s}=-6}=-\frac{1}{3}$$

$$a_2=\frac{\mathrm{d}}{\mathrm{d}\mathbf{s}}\left[(\mathbf{s}+6)^2\frac{2}{\mathbf{s}(\mathbf{s}+6)^2}\right]_{\mathbf{s}=-6}=\left.\frac{\mathrm{d}}{\mathrm{d}\mathbf{s}}\left(\frac{2}{\mathbf{s}}\right)\right|_{\mathbf{s}=-6}=\left.-\frac{2}{\mathbf{s}^2}\right|_{\mathbf{s}=-6}=-\frac{1}{18}$$

采用相异极点的方法求出常数 $a_3$：

$$a_3=\left.\mathbf{s}\frac{2}{\mathbf{s}(\mathbf{s}+6)^2}\right|_{\mathbf{s}=0}=\frac{2}{6^2}=\frac{1}{18}$$

因此，可以将 $\mathbf{V}(\mathbf{s})$ 展开为

$$\mathbf{V}(\mathbf{s})=\frac{-\frac{1}{3}}{(\mathbf{s}+6)^2}+\frac{-\frac{1}{18}}{(\mathbf{s}+6)}+\frac{\frac{1}{18}}{\mathbf{s}}$$

根据线性原理，求出上式等号右边 3 项的逆变换即可得到 $\mathbf{V}(\mathbf{s})$ 的逆变换。可以看到，等号右边第一项的形式为

$$\frac{K}{(\mathbf{s}+\alpha)^2}$$

根据式[17]，得到第一项的逆变换为 $-\frac{1}{3}te^{-6t}u(t)$。用类似的方法得到第二项的逆变换为 $-\frac{1}{18}e^{-6t}u(t)$，第三项的逆变换为$\frac{1}{18}u(t)$。所以，

$$v(t)=-\tfrac{1}{3}te^{-6t}u(t)-\tfrac{1}{18}e^{-6t}u(t)+\tfrac{1}{18}u(t)$$

上式也可以表示为

$$v(t)=\tfrac{1}{18}[1-(1+6t)e^{-6t}]u(t)$$

## 练习

14.9 已知 $\mathbf{G}(\mathbf{s})=\dfrac{3}{\mathbf{s}^3+5\mathbf{s}^2+8\mathbf{s}+4}$，求 $g(t)$。

答案：$g(t)=3[e^{-t}-te^{-2t}-e^{-2t}]u(t)$。

## 计算机辅助分析

MATLAB 作为一个非常有用的数值分析软件包，可以用来求解在不同时变激励下对电路列出的方程组。最直接的方法是使用求解常微分方程(ODE)的函数 ode23()和 ode45()。这两个函数采用了基于微分方程数值解的方法，ode45()的精度相对要高一些。不过这种方法求得的只是一些离散时刻的解，并没有求出所有时刻的解。当取的点足够密时，在许多情况下离散解也足以解决问题了。

拉普拉斯变换提供了求微分方程精确表达式的一种方法，这比用 ODE 函数求得的数值解要好得多。在后面介绍 **s** 域表达式时将讲到拉普拉斯变换的另一个突出的优点，特别是在对分母多项式分解因式之后。

前面讲到，进行拉普拉斯变换时采用查表的方法非常方便(虽然对于那些分母多项式阶数较高的函数来说，在求留数时有些烦琐)。这时，也可以使用 MATLAB 来帮助求解，它有一些有用的函数能够处理多项式。

在 MATLAB 中，多项式

$$p(x)=a_nx^n+a_{n-1}x^{n-1}+\cdots+a_1x+a_0$$

以向量形式[$a_n \quad a_{n-1} \quad \cdots \quad a_1 \quad a_0$]存储。因此，对于多项式 $\mathbf{N}(\mathbf{s})=2$ 和 $\mathbf{D}(\mathbf{s})=\mathbf{s}^3+12\mathbf{s}^2+36\mathbf{s}$，输入：

```
≫N = [2];
≫D = [1  12  36  0];
```

每个多项式的根可以调用函数 roots(**p**)求得，其中 **p** 为向量，包含多项式的系数。例如，

```
≫q = [1  8  16];
≫roots (q)
```

可以得到

```
ans =
  -4
  -4
```

MATLAB 也可以用来求有理函数 $\mathbf{N(s)}/\mathbf{D(s)}$ 的留数，使用的函数是 residue()。例如，

```
>> [r  p  y] = residue(N, D);
```

它返回 3 个向量 **r**，**p** 和 **y**，因此

$$\frac{\mathbf{N(s)}}{\mathbf{D(s)}}=\frac{r_1}{x-p_1}+\frac{r_2}{x-p_2}+\cdots+\frac{r_n}{x-p_n}+\mathbf{y(s)}$$

上式是没有重极点的情况。对于 $n$ 个重极点的情况，则为

$$\frac{\mathbf{N(s)}}{\mathbf{D(s)}}=\frac{r_1}{(x-p)}+\frac{r_2}{(x-p)^2}+\cdots+\frac{r_n}{(x-p)^n}+\mathbf{y(s)}$$

需要注意的是，只要分子多项式的阶数比分母多项式的阶数低，向量 $\mathbf{y(s)}$ 就总是空的。

将上面 MATLAB 命令中的分号去掉并执行，得到的输出为

```
r =
  -0.0556
  -0.3333
  0.0556
p =
  -6
  -6
  0
y =
  [ ]
```

这与例 14.5 求得的结果一致。

## 14.5　拉普拉斯变换的基本定理

现在来看两个定理——微分定理和积分定理，它们被认为是在电路分析中使用拉普拉斯变换的理由。利用这两个定理，可以对电路时域方程中的求导和积分运算进行变换。

### 时域微分定理

首先通过时域函数 $v(t)$ 来看时域微分，已知其拉普拉斯变换存在且为 $\mathbf{V(s)}$，希望求出 $v(t)$ 的一阶导数的变换：

$$\mathscr{L}\left\{\frac{\mathrm{d}v}{\mathrm{d}t}\right\}=\int_{0^-}^{\infty}\mathrm{e}^{-\mathbf{s}t}\frac{\mathrm{d}v}{\mathrm{d}t}\mathrm{d}t$$

采用分部积分的方法：
$$U=\mathrm{e}^{-\mathbf{s}t}\qquad \mathrm{d}V=\frac{\mathrm{d}v}{\mathrm{d}t}\mathrm{d}t$$

从而得到
$$\mathscr{L}\left\{\frac{\mathrm{d}v}{\mathrm{d}t}\right\}=v(t)\mathrm{e}^{-\mathbf{s}t}\Big|_{0^-}^{\infty}+\mathbf{s}\int_{0^-}^{\infty}\mathrm{e}^{-\mathbf{s}t}v(t)\,\mathrm{d}t$$

当 $t$ 趋于无穷大时，等号右边的第一项必定趋于零，否则 $\mathbf{V(s)}$ 不存在，因此

$$\mathscr{L}\left\{\frac{\mathrm{d}v}{\mathrm{d}t}\right\}=0-v(0^-)+\mathbf{sV(s)}$$

即
$$\frac{\mathrm{d}v}{\mathrm{d}t} \Leftrightarrow \mathbf{sV(s)} - v(0^-)$$

对于高阶导数，可以得到类似的关系：

$$\frac{\mathrm{d}^2 v}{\mathrm{d}t^2} \Leftrightarrow \mathbf{s}^2\mathbf{V(s)} - \mathbf{s}v(0^-) - v'(0^-) \qquad [18]$$

$$\frac{\mathrm{d}^3 v}{\mathrm{d}t^3} \Leftrightarrow \mathbf{s}^3\mathbf{V(s)} - \mathbf{s}^2 v(0^-) - \mathbf{s}v'(0^-) - v''(0^-) \qquad [19]$$

其中，$v'(0^-)$是$v(t)$的一阶导数在$t=0^-$时的值，$v''(0^-)$是$v(t)$的二阶导数在初始时刻的值，依次类推。当所有的初始条件为零时可以发现，在时域中对$t$求一次微分对应于在频域中乘以$\mathbf{s}$；在时域中求两次微分对应于在频域中乘以$\mathbf{s}^2$；依次类推。所以，时域微分和频域中的乘法是等价的，这是一个本质上的简化！我们还会看到，初始条件不为零时，上面的结论仍然成立。

**例 14.6** 已知图 14.2 所示的串联 *RL* 电路，求流过 4 Ω 电阻的电流。初始条件如图所示。

**解：明确题目的要求**

需要求出标注电流$i(t)$的表达式。

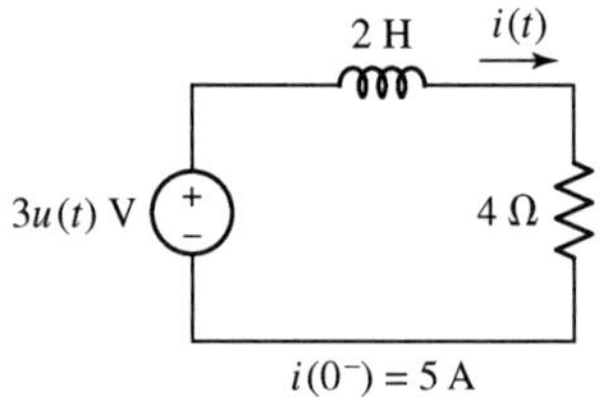


图 14.2 将微分方程 $2\mathrm{d}i/\mathrm{d}t + 4i = 3u(t)$ 变换为$2[\mathbf{sI(s)} - i(0^-)] + 4\mathbf{I(s)} = 3/\mathbf{s}$来分析的电路

**收集已知信息**

网络由一个阶跃电压驱动，并且已知电流的初始值(在$t=0^-$时)为 5 A。

**设计方案**

对该电路运用基尔霍夫电压定律，得到未知函数$i(t)$的微分方程。对方程的两边进行拉普拉斯变换，可以得到一个$\mathbf{s}$域的代数方程。求解该代数方程可以得到$\mathbf{I(s)}$，剩下的任务就是将其进行拉普拉斯逆变换，以得出$i(t)$。

**建立一组合适的方程**

在时域中运用基尔霍夫电压定律，列出单回路方程，可得

$$2\frac{\mathrm{d}i}{\mathrm{d}t} + 4i = 3u(t)$$

对各项分别进行拉普拉斯变换，得到

$$2[\mathbf{sI(s)} - i(0^-)] + 4\mathbf{I(s)} = \frac{3}{\mathbf{s}}$$

**确定是否还需要其他信息**

我们已经得到了一个方程，从中可以解出与待求量$i(t)$对应的频域表示$\mathbf{I(s)}$。

**尝试求解**

然后求解$\mathbf{I(s)}$，代入$i(0^-)=5$：

$$(2\mathbf{s}+4)\mathbf{I(s)} = \frac{3}{\mathbf{s}} + 10$$

于是，
$$\mathbf{I(s)} = \frac{1.5}{\mathbf{s}(\mathbf{s}+2)} + \frac{5}{\mathbf{s}+2}$$

对上式第一项应用留数法：

$$\left.\frac{1.5}{\mathbf{s}+2}\right|_{\mathbf{s}=0}=0.75 \quad 和 \quad \left.\frac{1.5}{\mathbf{s}}\right|_{\mathbf{s}=-2}=-0.75$$

得到

$$\mathbf{I}(\mathbf{s})=\frac{0.75}{\mathbf{s}}+\frac{4.25}{\mathbf{s}+2}$$

然后用已知的变换对进行逆变换，得到

$$\begin{aligned}i(t)&=0.75u(t)+4.25\mathrm{e}^{-2t}u(t)\\&=(0.75+4.25\mathrm{e}^{-2t})u(t)\ \mathrm{A}\end{aligned}$$

**验证结果是否合理或是否与预计结果一致**

基于以前求解这类电路的经验，我们预计得到的结果为一个直流受迫响应叠加上一个指数衰减的自由响应。当 $t=0$ 时，得到 $i(0)=5$ A，这与初始条件一致；当 $t\to\infty$ 时，$i(t)\to 3/4$ A，这也与预期的结果一致。

至此即完成了对 $i(t)$ 求解的全过程。得到的 $i(t)$ 中同时包含受迫响应 $0.75u(t)$ 和自由响应 $4.25\mathrm{e}^{-2t}u(t)$，并且自动满足初始条件。这种方法为我们完整求解微分方程提供了一种十分简便的途径。

## 练习

14.10　在图 14.3 所示电路中，运用拉普拉斯变换的方法求 $i(t)$。

答案：$(0.25+4.75\mathrm{e}^{-20t})u(t)$ A。

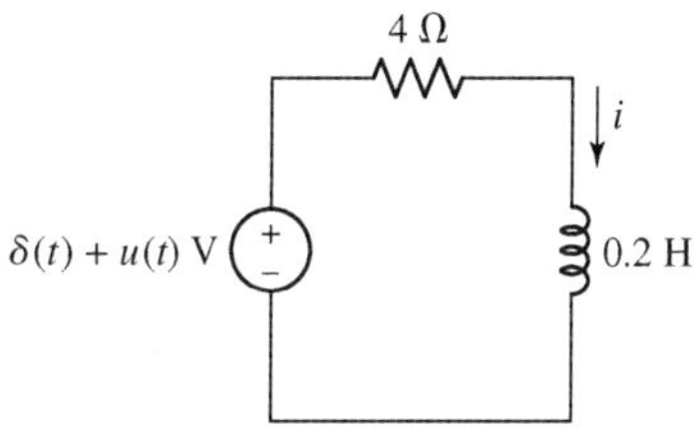

图 14.3

## 时域积分定理

当电路方程中含有时域积分时，也可以使用与上面类似的简化方法加以求解。首先求出时域函数 $\int_{0^-}^{t} v(x)\,\mathrm{d}x$ 的拉普拉斯变换：

$$\mathscr{L}\left\{\int_{0^-}^{t} v(x)\,\mathrm{d}x\right\}=\int_{0^-}^{\infty}\mathrm{e}^{-\mathbf{s}t}\left[\int_{0^-}^{t} v(x)\,\mathrm{d}x\right]\mathrm{d}t$$

应用分部积分，并且令

$$u=\int_{0^-}^{t} v(x)\,\mathrm{d}x,\qquad \mathrm{d}v=\mathrm{e}^{-\mathbf{s}t}\,\mathrm{d}t$$

$$\mathrm{d}u=v(t)\,\mathrm{d}t,\qquad v=-\frac{1}{\mathbf{s}}\mathrm{e}^{-\mathbf{s}t}$$

则

$$\begin{aligned}\mathscr{L}\left\{\int_{0^-}^{t} v(x)\,\mathrm{d}x\right\}&=\left\{\left[\int_{0^-}^{t} v(x)\,\mathrm{d}x\right]\left[-\frac{1}{\mathbf{s}}\mathrm{e}^{-\mathbf{s}t}\right]\right\}_{t=0^-}^{t=\infty}-\int_{0^-}^{\infty}-\frac{1}{\mathbf{s}}\mathrm{e}^{-\mathbf{s}t}v(t)\,\mathrm{d}t\\&=\left[-\frac{1}{\mathbf{s}}\mathrm{e}^{-\mathbf{s}t}\int_{0^-}^{t} v(x)\,\mathrm{d}x\right]_{0^-}^{\infty}+\frac{1}{\mathbf{s}}\mathbf{V}(\mathbf{s})\end{aligned}$$

然而，由于当 $t\to\infty$ 时 $\mathrm{e}^{-\mathbf{s}t}\to 0$，因此右式第一项的值在取积分上限时等于零，而当 $t\to 0^-$ 时，该项在取积分下限时也等于零，因此只剩下 $\mathbf{V}(\mathbf{s})/\mathbf{s}$ 这一项，于是

$$\int_{0^-}^{t} v(x)\,\mathrm{d}x \Leftrightarrow \frac{\mathbf{V}(\mathbf{s})}{\mathbf{s}} \qquad [20]$$

从上式可知，在时域中积分对应于在频域中除以 $\mathbf{s}$。同样，时域中相对复杂的微积分运算可以简化为频域中的代数运算。

**例 14.7** 串联 $RC$ 电路如图 14.4 所示，求 $t>0$ 时的表达式。

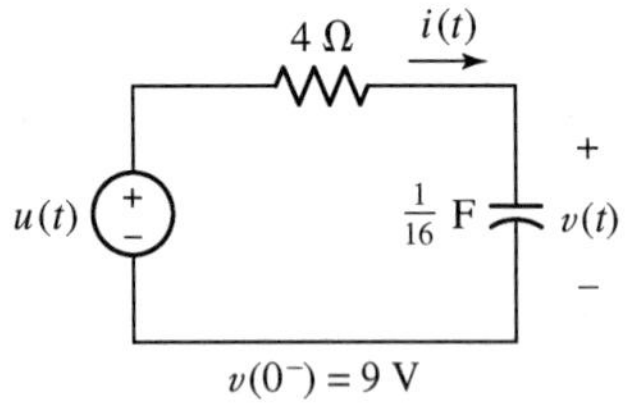


图 14.4 用拉普拉斯变换对 $\int_{0^-}^{t} i(t')\,\mathrm{d}t' \Leftrightarrow \frac{1}{\mathbf{s}}\mathbf{I}(\mathbf{s})$ 来分析电路的例子

**解：** 首先列出单回路方程：

$$u(t) = 4i(t) + 16\int_{-\infty}^{t} i(t')\,\mathrm{d}t'$$

为了应用时域积分定理，需将其整理为积分下限为 $0^-$。因此，进行如下变换：

$$16\int_{-\infty}^{t} i(t')\,\mathrm{d}t' = 16\int_{-\infty}^{0^-} i(t')\,\mathrm{d}t' + 16\int_{0^-}^{t} i(t')\,\mathrm{d}t'$$
$$= v(0^-) + 16\int_{0^-}^{t} i(t')\,\mathrm{d}t'$$

于是，
$$u(t) = 4i(t) + v(0^-) + 16\int_{0^-}^{t} i(t')\,\mathrm{d}t'$$

接下来对方程的两边同时进行拉普拉斯变换。因为我们使用的是单边拉普拉斯变换，所以 $\mathcal{L}\{v(0^-)\}$ 可以简写为 $\mathcal{L}\{v(0^-)u(t)\}$，因此

$$\frac{1}{\mathbf{s}} = 4\mathbf{I}(\mathbf{s}) + \frac{9}{\mathbf{s}} + \frac{16}{\mathbf{s}}\mathbf{I}(\mathbf{s})$$

从而解出 $\mathbf{I}(\mathbf{s})$：
$$\mathbf{I}(\mathbf{s}) = -\frac{2}{\mathbf{s}+4}$$

从上式可以立即得到要求的结果：
$$i(t) = -2e^{-4t}u(t)\ \mathrm{A}$$

**例 14.8** 对于例 14.7 所示的电路，求 $v(t)$。为了方便起见，在图 14.5 中重新画出该电路。

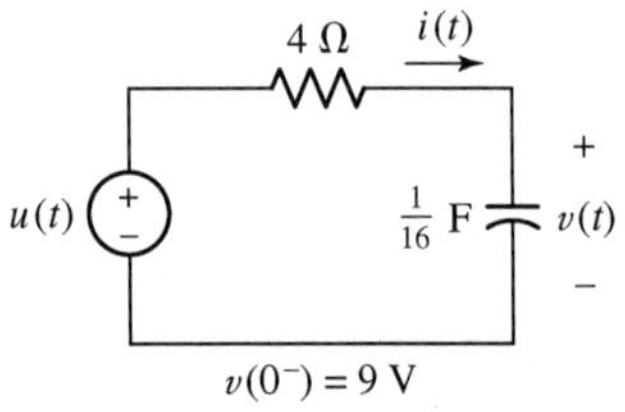


图 14.5 重画图 14.4，求解电压 $v(t)$

**解：** 这次，我们只是简单地列出单节点方程：

$$\frac{v(t)-u(t)}{4} + \frac{1}{16}\frac{\mathrm{d}v}{\mathrm{d}t} = 0$$

对方程两边进行拉普拉斯变换，得到

$$\frac{\mathbf{V}(\mathbf{s})}{4} - \frac{1}{4\mathbf{s}} + \frac{1}{16}\mathbf{s}\mathbf{V}(\mathbf{s}) - \frac{v(0^-)}{16} = 0$$

或者
$$\mathbf{V}(\mathbf{s})\left(1+\frac{\mathbf{s}}{4}\right) = \frac{1}{\mathbf{s}} + \frac{9}{4}$$

因此，
$$\mathbf{V}(\mathbf{s}) = \frac{4}{\mathbf{s}(\mathbf{s}+4)} + \frac{9}{\mathbf{s}+4} = \frac{1}{\mathbf{s}} - \frac{1}{\mathbf{s}+4} + \frac{9}{\mathbf{s}+4} = \frac{1}{\mathbf{s}} + \frac{8}{\mathbf{s}+4}$$

进行逆变换，得到
$$v(t) = (1+8e^{-4t})u(t)\ \mathrm{V}$$

最后检验解的正确性。注意，$(\frac{1}{16})\mathrm{d}v/\mathrm{d}t$ 应等于前面所求得的 $i(t)$ 的表达式。$t>0$ 时有

$$\frac{1}{16}\frac{\mathrm{d}v}{\mathrm{d}t} = \frac{1}{16}(-32)e^{-4t} = -2e^{-4t}$$

这与例 14.7 所得的结果一致。

## 练习

14.11　在图 14.6 所示的电路中，求 $t=800$ ms 时的 $v(t)$。

答案：802 mV。

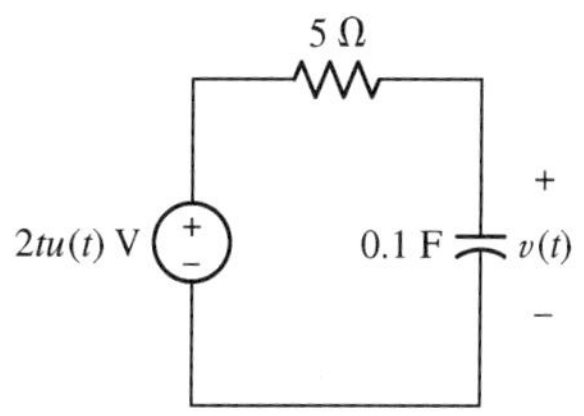


图 14.6

## 正弦函数的拉普拉斯变换

下面将求解 $\sin\omega t\,u(t)$ 的拉普拉斯变换，以进一步说明线性原理和时域微分定理的应用，并将这一最重要的变换对加到拉普拉斯变换表中。当然，可以根据定义式用分部积分法求解其拉普拉斯变换，但其实没有必要这么麻烦。事实上，可以使用如下关系：

$$\sin\omega t=\frac{1}{2\mathrm{j}}(\mathrm{e}^{\mathrm{j}\omega t}-\mathrm{e}^{-\mathrm{j}\omega t})$$

根据线性原理可知，这两项和的变换等于其各自变换的和。并且，已知它们的拉普拉斯变换均为指数函数，因此可以立即得到

$$\mathscr{L}\{\sin\omega t\,u(t)\}=\frac{1}{2\mathrm{j}}\left(\frac{1}{\mathbf{s}-\mathrm{j}\omega}-\frac{1}{\mathbf{s}+\mathrm{j}\omega}\right)=\frac{\omega}{\mathbf{s}^2+\omega^2}$$

$$\sin\omega t\,u(t)\Leftrightarrow\frac{\omega}{\mathbf{s}^2+\omega^2}\qquad[21]$$

接下来应用时域微分定理求出 $\cos\omega t\,u(t)$ 的变换。注意，它与 $\sin\omega t$ 的导数成比例，即

$$\mathscr{L}\{\cos\omega t\,u(t)\}=\mathscr{L}\left\{\frac{1}{\omega}\frac{\mathrm{d}}{\mathrm{d}t}[\sin\omega t\,u(t)]\right\}=\frac{1}{\omega}\mathbf{s}\frac{\omega}{\mathbf{s}^2+\omega^2}$$

$$\cos\omega t\,u(t)\Leftrightarrow\frac{\mathbf{s}}{\mathbf{s}^2+\omega^2}\qquad[22]$$

说明：注意，这里利用了这样一个事实——$\sin\omega t|_{t=0}=0$。

## 时移定理

正如我们在以前求解瞬态问题时看到的，并不是所有激励函数都是从 $t=0$ 时刻开始的。如果时域函数在时间轴上有一个确定的偏移量，那么其拉普拉斯变换会有什么变化呢？特别是假设 $f(t)u(t)$ 的拉普拉斯变换为 $\mathbf{F}(\mathbf{s})$，那么将原时域函数延迟 $a$ 秒（在 $t<a$ 时为 0）后得到的函数 $f(t-a)u(t-a)$ 的变换是什么呢？直接从拉普拉斯变换的定义可以得到

$$\begin{aligned}\mathscr{L}\{f(t-a)u(t-a)\}&=\int_{0^-}^{\infty}\mathrm{e}^{-\mathbf{s}t}f(t-a)u(t-a)\,\mathrm{d}t\\&=\int_{a^-}^{\infty}\mathrm{e}^{-\mathbf{s}t}f(t-a)\,\mathrm{d}t\end{aligned}$$

对于 $t\geqslant a^-$，选择新的积分变量 $\tau=t-a$，得到

$$\mathscr{L}\{f(t-a)u(t-a)\}=\int_{0^-}^{\infty}\mathrm{e}^{-\mathbf{s}(\tau+a)}f(\tau)\,\mathrm{d}\tau=\mathrm{e}^{-a\mathbf{s}}\mathbf{F}(\mathbf{s})$$

因此，

$$f(t-a)u(t-a)\Leftrightarrow\mathrm{e}^{-a\mathbf{s}}\mathbf{F}(\mathbf{s})\qquad(a\geqslant 0)\qquad[23]$$

上式的结果称为时移定理，它表明如果时域函数在时域延迟了 $a$ 秒，则其在频域上相应的拉普拉斯变换将变为原拉普拉斯变换乘以 $\mathrm{e}^{-a\mathbf{s}}$。

**例 14.9** 求矩形脉冲 $v(t)=u(t-2)-u(t-5)$ 的拉普拉斯变换。

**解：** 图 14.7 画出了该脉冲，可以看到在 $2<t<5$ 的区域内其值为 1，而在其他区域内其值为零。已知 $u(t)$ 的变换为 $1/\mathbf{s}$，而 $u(t-2)$ 只是将 $u(t)$ 延迟了 2 s，因此其变换为 $e^{-2s}/\mathbf{s}$，那么 $u(t-5)$ 的变换为 $e^{-5s}/\mathbf{s}$，所求的变换则为

$$\mathbf{V}(\mathbf{s})=\frac{e^{-2s}}{\mathbf{s}}-\frac{e^{-5s}}{\mathbf{s}}=\frac{e^{-2s}-e^{-5s}}{\mathbf{s}}$$

由此例可以看出，没有必要根据拉普拉斯变换的定义式来求解 $\mathbf{V}(\mathbf{s})$。

## 练习

14.12 求图 14.8 所示时域函数的拉普拉斯变换。

答案：$(5/\mathbf{s})(2e^{-2s}-e^{-4s}-e^{-5s})$。

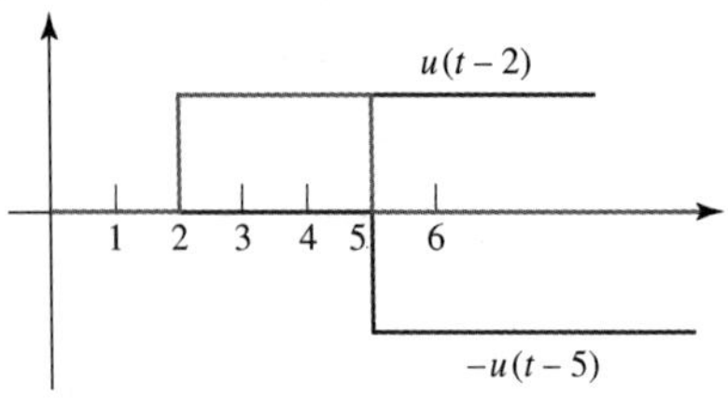


图 14.7 函数 $u(t-2)-u(t-5)$ 的波形

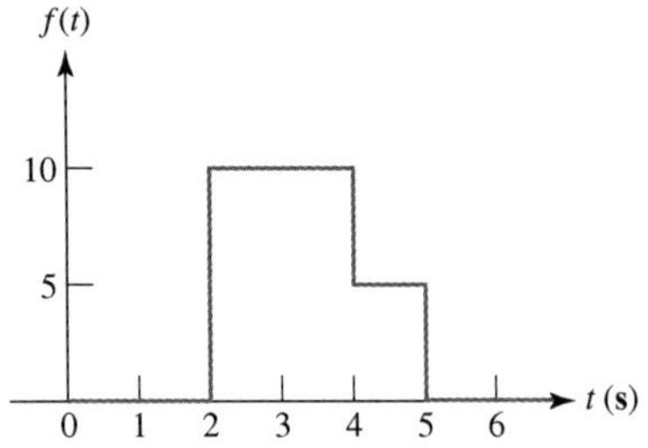


图 14.8

到目前为止，我们已经从前面的论述中得到了拉普拉斯变换表中的许多变换对，其中包括冲激函数、阶跃函数、指数函数、斜坡函数、正弦函数和余弦函数以及两个指数函数和的拉普拉斯变换。另外，我们还知道在时域中相加、乘以常数、微分和积分等运算在 **s** 域中的结果，这些结果也总结在表 14.1 和表 14.2 中。表中还包括了一些附录 7 中的结果。

**表 14.1 拉普拉斯变换对**

| $f(t)=\mathcal{L}^{-1}\{\mathbf{F(s)}\}$ | $\mathbf{F(s)}=\mathcal{L}\{f(t)\}$ | $f(t)=\mathcal{L}^{-1}\{\mathbf{F(s)}\}$ | $\mathbf{F(s)}=\mathcal{L}\{f(t)\}$ |
|---|---|---|---|
| $\delta(t)$ | $1$ | $\frac{1}{\beta-\alpha}(e^{-\alpha t}-e^{-\beta t})u(t)$ | $\frac{1}{(\mathbf{s}+\alpha)(\mathbf{s}+\beta)}$ |
| $u(t)$ | $\frac{1}{\mathbf{s}}$ | $\sin\omega t\,u(t)$ | $\frac{\omega}{\mathbf{s}^2+\omega^2}$ |
| $tu(t)$ | $\frac{1}{\mathbf{s}^2}$ | $\cos\omega t\,u(t)$ | $\frac{\mathbf{s}}{\mathbf{s}^2+\omega^2}$ |
| $\frac{t^{n-1}}{(n-1)!}u(t),\ n=1,2,\cdots$ | $\frac{1}{\mathbf{s}^n}$ | $\sin(\omega t+\theta)\,u(t)$ | $\frac{\mathbf{s}\sin\theta+\omega\cos\theta}{\mathbf{s}^2+\omega^2}$ |
| $e^{-\alpha t}u(t)$ | $\frac{1}{\mathbf{s}+\alpha}$ | $\cos(\omega t+\theta)\,u(t)$ | $\frac{\mathbf{s}\cos\theta-\omega\sin\theta}{\mathbf{s}^2+\omega^2}$ |
| $te^{-\alpha t}u(t)$ | $\frac{1}{(\mathbf{s}+\alpha)^2}$ | $e^{-\alpha t}\sin\omega t\,u(t)$ | $\frac{\omega}{(\mathbf{s}+\alpha)^2+\omega^2}$ |
| $\frac{t^{n-1}}{(n-1)!}e^{-\alpha t}u(t),\ n=1,2,\cdots$ | $\frac{1}{(\mathbf{s}+\alpha)^n}$ | $e^{-\alpha t}\cos\omega t\,u(t)$ | $\frac{\mathbf{s}+\alpha}{(\mathbf{s}+\alpha)^2+\omega^2}$ |

表 14.2　拉普拉斯变换的性质

| 运算 | $f(t)$ | $\mathbf{F(s)}$ |
| --- | --- | --- |
| 相加性 | $f_1(t) \pm f_2(t)$ | $\mathbf{F_1(s)} \pm \mathbf{F_2(s)}$ |
| 尺度变换 | $kf(t)$ | $k\mathbf{F(s)}$ |
| 时域微分 | $\dfrac{df}{dt}$ | $\mathbf{sF(s)} - f(0^-)$ |
| | $\dfrac{d^2f}{dt^2}$ | $\mathbf{s}^2\mathbf{F(s)} - \mathbf{s}f(0^-) - f'(0^-)$ |
| | $\dfrac{d^3f}{dt^3}$ | $\mathbf{s}^3\mathbf{F(s)} - \mathbf{s}^2 f(0^-) - \mathbf{s}f'(0^-) - f''(0^-)$ |
| 时域积分 | $\int_{0^-}^{t} f(t)\,dt$ | $\dfrac{1}{\mathbf{s}}\mathbf{F(s)}$ |
| | $\int_{-\infty}^{t} f(t)\,dt$ | $\dfrac{1}{\mathbf{s}}\mathbf{F(s)} + \dfrac{1}{\mathbf{s}}\int_{-\infty}^{0^-} f(t)\,dt$ |
| 卷积 | $f_1(t) * f_2(t)$ | $\mathbf{F}_1\mathbf{(s)}\mathbf{F}_2\mathbf{(s)}$ |
| 时移 | $f(t-a)u(t-a), a \geqslant 0$ | $e^{-a\mathbf{s}}\mathbf{F(s)}$ |
| 频移 | $f(t)e^{-at}$ | $\mathbf{F(s}+a\mathbf{)}$ |
| 频域微分 | $tf(t)$ | $-\dfrac{d\mathbf{F(s)}}{d\mathbf{s}}$ |
| 频域积分 | $\dfrac{f(t)}{t}$ | $\int_{\mathbf{s}}^{\infty} \mathbf{F(s)}\,d\mathbf{s}$ |
| 缩放 | $f(at), a \geqslant 0$ | $\dfrac{1}{a}\mathbf{F}\left(\dfrac{\mathbf{s}}{a}\right)$ |
| 初值 | $f(0^+)$ | $\lim\limits_{\mathbf{s}\to\infty} \mathbf{sF(s)}$ |
| 终值 | $f(\infty)$ | $\lim\limits_{\mathbf{s}\to 0} \mathbf{sF(s)}$，$\mathbf{sF(s)}$的所有极点在左半**s**平面 |
| 时域周期性 | $f(t) = f(t+nT)$, | $\dfrac{1}{1-e^{-T\mathbf{s}}}\mathbf{F}_1\mathbf{(s)}$, |
| | $n = 1, 2, \cdots$ | 其中 $\mathbf{F}_1\mathbf{(s)} = \int_{0^-}^{T} f(t)e^{-\mathbf{s}t}\,dt$ |

## 14.6　初值定理和终值定理

本章最后将介绍两个定理——初值定理和终值定理。有了这两个定理，就可以通过求$\mathbf{sF(s)}$的极限值来得到$f(0^+)$和$f(\infty)$的值。上述这种特性很有用，例如当只对某一特定函数的初值和终值感兴趣时，并不需要将时间花费在逆变换上，只需运用初值定理和终值定理就可以求解了。

### 初值定理

为了得到初值定理，重新考虑导数的拉普拉斯变换：

$$\mathcal{L}\left\{\frac{df}{dt}\right\} = \mathbf{sF(s)} - f(0^-) = \int_{0^-}^{\infty} e^{-\mathbf{s}t}\frac{df}{dt}\,dt$$

现在令 **s** 趋于无穷，并将积分分解成两部分：

$$\lim_{\mathbf{s}\to\infty}[\mathbf{sF(s)}-f(0^-)]=\lim_{\mathbf{s}\to\infty}\left(\int_{0^-}^{0^+}\mathrm{e}^0\frac{\mathrm{d}f}{\mathrm{d}t}\mathrm{d}t+\int_{0^+}^{\infty}\mathrm{e}^{-\mathbf{s}t}\frac{\mathrm{d}f}{\mathrm{d}t}\mathrm{d}t\right)$$

可以看到，第二个积分在取极限时必定趋于零，因为被积函数本身趋于零。而$f(0^-)$不是 **s** 的函数，因此可以将其从左边的极限式中移出：

$$-f(0^-)+\lim_{\mathbf{s}\to\infty}[\mathbf{sF(s)}]=\lim_{\mathbf{s}\to\infty}\int_{0^-}^{0^+}\mathrm{d}f=\lim_{\mathbf{s}\to\infty}[f(0^+)-f(0^-)]$$
$$=f(0^+)-f(0^-)$$

最后得到

$$f(0^+)=\lim_{\mathbf{s}\to\infty}[\mathbf{sF(s)}]$$

或写成

$$\lim_{t\to0^+}f(t)=\lim_{\mathbf{s}\to\infty}[\mathbf{sF(s)}] \qquad [24]$$

这就是**初值定理**的数学描述。它说明了，时域函数$f(t)$的初值可以通过将其拉普拉斯变换$\mathbf{F(s)}$先乘以 **s**，然后对 **s** 取趋于无穷的极限得到。注意，所得到的$f(t)$的初值是右极限。

初值定理以及下面要介绍的终值定理可以用来检验拉普拉斯变换或者逆变换的结果。例如，我们第一次计算 $\cos(\omega_0 t)u(t)$ 的变换时，得到的结果为 $\mathbf{s}/(\mathbf{s}^2+\omega_0^2)$。注意，$f(0^+)=1$，于是可以利用初值定理来检查这个变换结果的正确性：

$$\lim_{\mathbf{s}\to\infty}\left(\mathbf{s}\frac{\mathbf{s}}{\mathbf{s}^2+\omega_0^2}\right)=1$$

至此验证完成。

## 终值定理

**终值定理**并没有初值定理那样常用，这是因为它只适合于某些特定类型的变换。为了确定一个变换 $\mathbf{F(s)}$是否属于这些类型，必须求出所有使 $\mathbf{F(s)}$的分母多项式为零的 **s** 值，即$\mathbf{F(s)}$的极点。除一个单极点 $\mathbf{s}=0$ 以外，只有那些所有极点完全分布在左半 **s** 平面(即 $\sigma<0$)的变换 $\mathbf{F(s)}$才适用于终值定理。同样，我们仍然考虑 $\mathrm{d}f/\mathrm{d}t$ 的拉普拉斯变换：

$$\int_{0^-}^{\infty}\mathrm{e}^{-\mathbf{s}t}\frac{\mathrm{d}f}{\mathrm{d}t}\mathrm{d}t=\mathbf{sF(s)}-f(0^-)$$

这时，求 **s** 趋于零的极限：

$$\lim_{\mathbf{s}\to0}\int_{0^-}^{\infty}\mathrm{e}^{-\mathbf{s}t}\frac{\mathrm{d}f}{\mathrm{d}t}\mathrm{d}t=\lim_{\mathbf{s}\to0}[\mathbf{sF(s)}-f(0^-)]=\int_{0^-}^{\infty}\frac{\mathrm{d}f}{\mathrm{d}t}\mathrm{d}t$$

假设上式中$f(t)$及其一阶导数的拉普拉斯变换均存在，现在将上式的最后一项表示为极限的形式：

$$\int_{0^-}^{\infty}\frac{\mathrm{d}f}{\mathrm{d}t}\mathrm{d}t=\lim_{t\to\infty}\int_{0^-}^{t}\frac{\mathrm{d}f}{\mathrm{d}t}\mathrm{d}t$$
$$=\lim_{t\to\infty}[f(t)-f(0^-)]$$

考虑到$f(0^-)$为常数，比较上面两个方程，可得

$$\lim_{t\to\infty}f(t)=\lim_{\mathbf{s}\to0}[\mathbf{sF(s)}]$$

上式就是**终值定理**。在使用这个定理时，我们需要知道当$t$趋于无穷时$f(t)$的极限$f(\infty)$

是否存在。上述条件也可以表示为 $\mathbf{F}(\mathbf{s})$ 的所有极点都分布在左半 s 平面，其中在原点的单极点（如果存在）除外。这时，乘积 $\mathbf{sF}(\mathbf{s})$ 的所有极点也分布在左半 s 平面。

**例 14.10**　已知 $f(t)=(1-e^{-at})u(t)$，$a>0$，利用终值定理确定 $f(\infty)$。

**解**：即使不用终值定理，同样可以立即得出结论 $f(\infty)=1$。$f(t)$ 的变换为

$$\mathbf{F}(\mathbf{s})=\frac{1}{\mathbf{s}}-\frac{1}{\mathbf{s}+a}=\frac{a}{\mathbf{s}(\mathbf{s}+a)}$$

$\mathbf{F}(\mathbf{s})$ 的极点为 $\mathbf{s}=0$ 和 $\mathbf{s}=-a$，即不等于零的极点位于左半 s 平面（因为假设 $a>0$），所以可以对该函数应用终值定理。乘以 s 并令 s 趋于零，得到

$$\lim_{\mathbf{s}\to 0}[\mathbf{sF}(\mathbf{s})]=\lim_{\mathbf{s}\to 0}\frac{a}{\mathbf{s}+a}=1$$

可见与开始得到的 $f(\infty)$ 一致。

如果 $f(t)$ 是正弦函数，那么 $\mathbf{F}(\mathbf{s})$ 的极点位于 $j\omega$ 轴上，此时如果盲目地使用终值定理，将导致终值等于零的错误结论。因为无论是 $\sin\omega_0 t$ 还是 $\cos\omega_0 t$，它们的终值都是不确定的，因此要注意 $j\omega$ 轴上的极点。

### 练习

14.13　不必求解 $f(t)$，确定下列各变换的 $f(0^+)$ 和 $f(\infty)$：(a) $4e^{-2\mathbf{s}}(\mathbf{s}+50)/\mathbf{s}$；(b) $(\mathbf{s}^2+6)/(\mathbf{s}^2+7)$；(c) $(5\mathbf{s}^2+10)/[2\mathbf{s}(\mathbf{s}^2+3\mathbf{s}+5)]$。

答案：(a) 0，200；(b) $\infty$，无法确定（极点在 $j\omega$ 轴上！）；(c) 2.5，1。

## 14.7　*Z*(*s*) 与 *Y*(*s*)

在介绍了复频率的概念和拉普拉斯变换技术之后，现在我们可以详细介绍电路分析在 s 域是如何进行的。读者也许会有疑问，第 10 章已经学过正弦稳态分析，尤其是学习了常规分析中用到的捷径分析方法。这里首先介绍分析电容、电感的一种新方法，从而在 s 域中可以直接列写节点方程和网孔方程，但要注意如何表示电抗器件的初始条件；然后讨论电路的传输函数的概念，它是分析电路对各种输入产生响应、电路稳定性甚至频率选择性的基本函数。

在正弦稳态电路分析中，相量非常重要，其关键在于电阻、电容和电感可以转换成阻抗。电路分析从此可以采用最基本的节点分析和网孔分析法、叠加定理、电源变换以及戴维南或者诺顿等效。正如我们早已猜到的，这个概念可以推广到 s 域，因为正弦稳态可以看成 s 域的特殊情况（其中 $\sigma=0$）。

### 频域中的电阻

让我们从最简单的情况开始，电阻和电压源 $v(t)$ 相连，根据欧姆定律：

$$v(t)=Ri(t)$$

对上式两边求拉普拉斯变换：

$$\mathbf{V}(\mathbf{s})=R\mathbf{I}(\mathbf{s})$$

我们发现，频域的电压表达式与频域的电流表达式的比值恰好等于电阻 $R$。由于在频域讨论问题，为清晰起见，上述物理量称为阻抗，但是单位仍然用欧姆（$\Omega$）表示。

$$\mathbf{Z(s)} \equiv \frac{\mathbf{V(s)}}{\mathbf{I(s)}} = R \qquad [25]$$

如同在用相量讨论正弦稳态问题一样，电阻的阻抗与频率无关。电阻的导纳 $\mathbf{Y}(\mathbf{s})$ 定义为 $\mathbf{I}(\mathbf{s})$ 与 $\mathbf{V}(\mathbf{s})$ 之比，简单表示为 $1/R$，导纳的单位是西门子(S)。

## 频域中的电感

接下来考虑电感和时变电压源 $v(t)$ 的串联，如图 14.9(a)所示，我们知道

$$v(t) = L\frac{\mathrm{d}i}{\mathrm{d}t}$$

对方程两边取拉普拉斯变换，可得

$$\mathbf{V(s)} = L[\mathbf{sI(s)} - i(0^-)] \qquad [26]$$

现在有两项：$\mathbf{s}L\mathbf{I}(\mathbf{s})$ 和 $Li(0^-)$。如果电感中的初始储能等于零，即 $i(0^-)=0$，则

$$\mathbf{V(s)} = \mathbf{s}L\mathbf{I(s)}$$

那么

$$\mathbf{Z(s)} \equiv \frac{\mathbf{V(s)}}{\mathbf{I(s)}} = \mathbf{s}L \qquad [27]$$

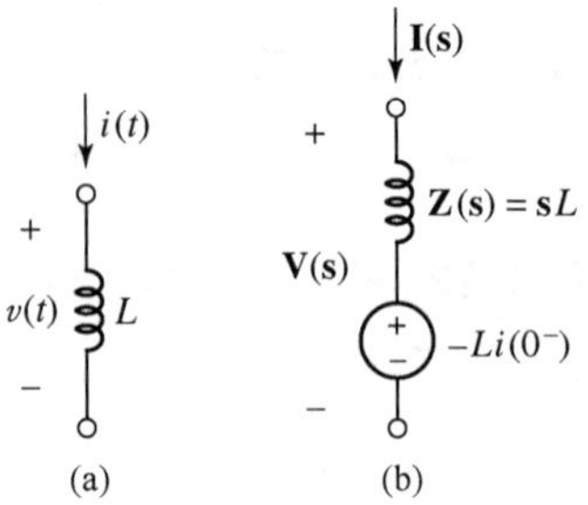


图 14.9 (a) 时域中的电感；(b) 频域中电感的完整模型，包含一个阻抗 $\mathbf{s}L$ 和一个电压源 $Li(0^-)$，电压源反映的是电感上的非零初始条件

如果只对正弦稳态感兴趣，则式[27]还可以进一步简化。初始条件在这种情况下是可以忽略的，因为它只对瞬态响应有影响。因此，将 $\mathbf{s} = \mathrm{j}\omega$ 代入，可得

$$\mathbf{Z}(\mathrm{j}\omega) = \mathrm{j}\omega L$$

该结果与第 10 章得到的结果一致。

## s 域中电感的建模

虽然式[27]是指电感的阻抗，但必须记住这是在假设初始电流等于零时得到的。更一般的情况是 $t=0^-$ 时电路元件存储有能量，这时该式就不足以表示频域中的电感了。所幸的是，给电感建模时可以包含初始条件，即将电感和电压源或电流源组合在一起，合并作为阻抗。为此，将式[26]重新整理为

$$\mathbf{V(s)} = \mathbf{s}L\mathbf{I(s)} - Li(0^-) \qquad [28]$$

上式右边的第二项是常数——用亨利(H)表示的电感 $L$ 乘以用安培(A)表示的初始电流 $i(0^-)$，结果是一个与频率有关的项 $\mathbf{s}L\mathbf{I}(\mathbf{s})$ 减去一个常数电压项。在这一点上，依靠直觉可以帮助我们实现用两个频域的元件来模拟一个电感，如图 14.9(b)所示。

图 14.9(b)所示的频域电感模型包含两个元件：阻抗 $\mathbf{s}L$ 和电压源 $Li(0^-)$。根据欧姆定律，阻抗 $\mathbf{s}L$ 两端的电压为 $\mathbf{s}L\mathbf{I}(\mathbf{s})$。由于图 14.9(b) 中两个元件的组合是线性的，因此前面介绍过的各种电路分析方法都可以应用到 $\mathbf{s}$ 域。比如，可以对模型进行电源变换，从而得到阻抗 $\mathbf{s}L$ 和电流源 $[-Li(0^-)]/\mathbf{s}L = -i(0^-)/\mathbf{s}$ 的并联，这可以通过求解式[28]得到 $\mathbf{I}(\mathbf{s})$ 来验证：

$$\mathbf{I(s)} = \frac{\mathbf{V(s)} + Li(0^-)}{\mathbf{s}L} = \frac{\mathbf{V(s)}}{\mathbf{s}L} + \frac{i(0^-)}{\mathbf{s}} \qquad [29]$$

我们再一次得到了两项。右边的第一项是导纳 $1/\mathbf{s}L$ 乘以电压 $\mathbf{V}(\mathbf{s})$，右边的第二项是电流，但是它的单位是 A·s。因此我们可以用两个独立的元件来模拟该式：一个导纳 $1/\mathbf{s}L$ 和一个电流源

$i(0^-)/\mathbf{s}$ 并联，模型电路如图 14.10 所示。究竟选用图 14.9(b)还是图 14.10所示的模型，取决于所选模型能否令含有电感的电路分析得到更简单的方程。注意，标注 $\mathbf{Y(s)} = 1/\mathbf{s}L$ 的电感也可以采用阻抗 $\mathbf{Z(s)} = \mathbf{s}L$ 表示，究竟选用哪种形式取决于个人喜好以及方便程度。

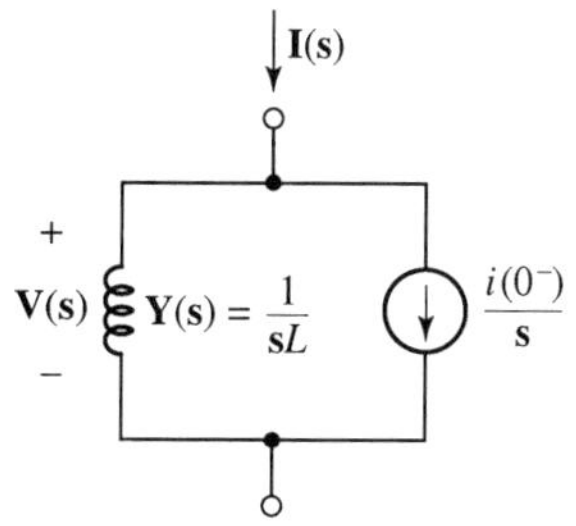


图 14.10　电感在频域的另一种模型，包含一个导纳$1/\mathbf{s}L$和一个电流源$i(0^-)/\mathbf{s}$

接下来对单位进行说明。当我们对 $i(t)$ 进行拉普拉斯变换时，其实是在进行一个时间段上的积分。因此，$\mathbf{I(s)}$ 的单位严格地说应该是安培·秒(A·s)。同样，电压的单位应该是伏特·秒(V·s)。但比较方便的还是省略秒，取电流的单位为安培(A)，电压的单位为伏特(V)。这种约定不会带来任何问题，只是在仔细观察式[29]看到 $i(0^-)/\mathbf{s}$ 项的时候，不要与左边的 $\mathbf{I(s)}$ 冲突。虽然我们将继续用"安培"(A)和"伏特"(V)来测量相量电压和电流，但是在用单位验证代数方程时必须记住其中隐含了单位"秒"(s)。

**例 14.11**　电路如图 14.11(a)所示，初始电流 $i(0^-) = 1$ A，计算电压 $v(t)$。

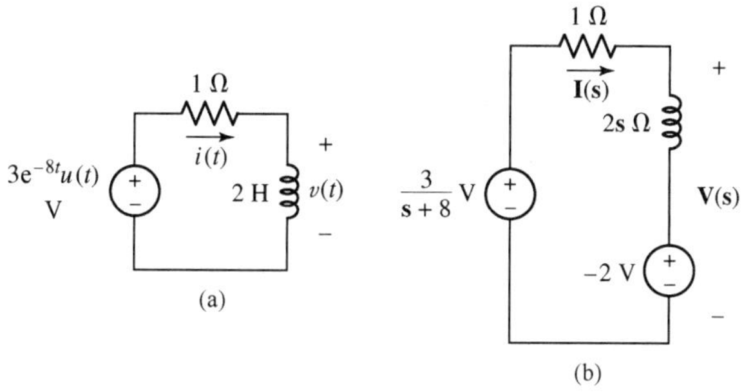


图 14.11　(a) 简单电阻-电感电路，需要求解电压 $v(t)$；(b) 频域等效电路，电感的初始电流由串联电压源$Li(0^-)$表示

**解：** 首先将图 14.11(a)所示电路转化为频域的等效电路，如图 14.11(b)所示，电感用两个元件模型替换：阻抗 $\mathbf{s}L = 2\mathbf{s}\ \Omega$，独立电压源 $Li(0^-) = -2$ V。

求得电压 $\mathbf{V(s)}$，取逆变换即可得到 $v(t)$。注意，$\mathbf{V(s)}$ 是跨接在整个电感模型两端的电压，并不仅仅是电感两端的电压。

直接写回路方程，得到

$$\mathbf{I(s)} = \frac{\dfrac{3}{\mathbf{s}+8}+2}{1+2\mathbf{s}} = \frac{\mathbf{s}+9.5}{(\mathbf{s}+8)(\mathbf{s}+0.5)}$$

和

$$\mathbf{V(s)} = 2\mathbf{s}\,\mathbf{I(s)} - 2$$

因此，

$$\mathbf{V(s)} = \frac{2\mathbf{s}(\mathbf{s}+9.5)}{(\mathbf{s}+8)(\mathbf{s}+0.5)} - 2$$

在准备对该表达式进行逆变换之前，有必要花一点时间先简化表达式：

$$\mathbf{V(s)} = \frac{2\mathbf{s}-8}{(\mathbf{s}+8)(\mathbf{s}+0.5)}$$

采用部分分式展开(手工运算或借助 MATLAB)，可得

$$\mathbf{V(s)} = \frac{3.2}{\mathbf{s}+8} - \frac{1.2}{\mathbf{s}+0.5}$$

参考表 14.1，得到逆变换为

$$v(t) = [3.2e^{-8t} - 1.2e^{-0.5t}]u(t)\ \text{V}$$

## 练习

14.14 确定图 14.12 所示电路中的电流 $i(t)$。

答案：$\frac{1}{3}[1-13e^{-4t}]u(t)$ A。

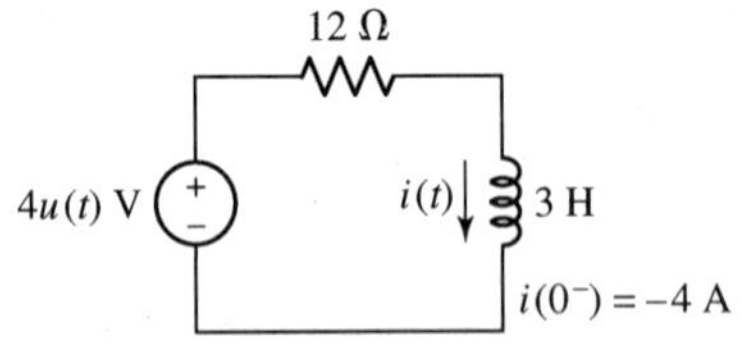


图 14.12

## s 域中电容的建模

将同样的概念应用到 s 域，为电容建模。按照无源符号规则，图 14.13(a)所示电路中的电容具有如下的方程：

$$i = C\frac{dv}{dt}$$

对方程两边取拉普拉斯变换，可得

$$\mathbf{I(s)} = C[\mathbf{sV(s)} - v(0^-)]$$

或者

$$\mathbf{I(s)} = \mathbf{s}C\mathbf{V(s)} - Cv(0^-) \qquad [30]$$

它可以用一个导纳 $\mathbf{s}C$ 和一个电流源 $Cv(0^-)$ 并联表示，如图 14.13(b)所示。对该电路应用电源变换(注意，需满足无源符号规则)，得到的电容等效模型为一个阻抗 $1/\mathbf{s}C$ 和一个电压源 $v(0^-)/\mathbf{s}$ 的串联，如图 14.13(c)所示。

在 s 域分析中必须小心，不要混淆含有初始条件的独立源。电感的初始条件是 $i(0^-)$，这一项既可以电压源的形式出现，也可以电流源的形式出现，具体取决于采用的模型。电容的初始条件是 $v(0^-)$，它既可以电压源的形式出现，也可以电流源的形式出现。读者容易犯的错误是在s 域分析时，第一次总是使用 $v(0^-)$ 作为模型的电压源部分(即使此时处理的元件是电感)。

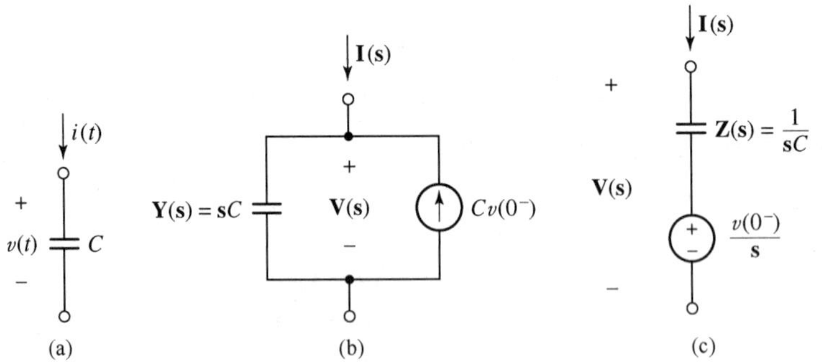


图 14.13 (a) 标注 $v(t)$ 和 $i(t)$ 的电容在时域的表示形式；(b) 电容的频域模型，含初始电压 $v(0^-)$；(c) 利用电源变换得到的等效模型

**例 14.12** 电路如图 14.14(a)所示，假设初始电压 $v_C(0^-) = -2$ V，求 $v_C(t)$。

**解：明确题目的要求**

我们需要求出电容上电压 $v_C(t)$ 的表达式。

**收集已知信息**

题目给定电容的初始电压为 -2 V。

**设计方案**

第一步需要画出 s 域的等效电路，为此需要在电容的两个可能模型中选择一个，但选择任何一个都不具有特别的优势，所以选择了基于电流源的模型，如图 14.14(b) 所示。

**建立一组合适的方程**

为了继续进行分析，写出如下单节点方程：

$$-1=\frac{\mathbf{V}_C}{2/\mathbf{s}}+\frac{\mathbf{V}_C-9/\mathbf{s}}{3}$$

**确定是否还需要其他信息**

一个未知量对应一个方程，可以求得所需要的电容电压在频域的表达式。

**尝试求解**

求 $\mathbf{V}_C$，可见
$$\mathbf{V}_C=\frac{18/\mathbf{s}-6}{3\mathbf{s}+2}=-2\frac{\mathbf{s}-3}{\mathbf{s}(\mathbf{s}+2/3)}$$

通过部分分式分解，得到

$$\mathbf{V}_C=\frac{9}{\mathbf{s}}-\frac{11}{\mathbf{s}+2/3}$$

将上述表达式进行拉普拉斯逆变换，得到

$$v_C(t)=9u(t)-11\mathrm{e}^{-2t/3}u(t)\ \mathrm{V}$$

更简洁的公式为
$$v_C(t)=[9-11\mathrm{e}^{-2t/3}]u(t)\ \mathrm{V}$$

**验证结果是否合理或是否与预计结果一致**

令 $t=0$，立即检验出 $v_C(t)=-2$ V，这与已知的初始条件一致。同样，当 $t\to\infty$ 时，$v_C(t)\to 9$ V，从图 14.14(a) 可知，一旦瞬态响应消失，电压即为该值。

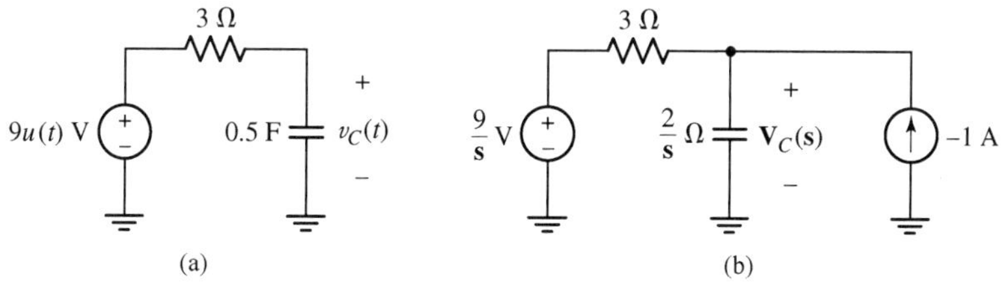


图 14.14　(a) 求电压 $v_C(t)$ 的电路；(b) 频域等效电路，采用基于电流源的电容模型，表示电容的初始条件

## 练习

14.15　采用基于电压源的模型重复例 14.12。

答案：$[9-11\mathrm{e}^{-2t/3}]u(t)$ V。

本节的结论总结在表 14.3 中。注意，假设每一种情况下的电压极性与电流方向之间均符合无源符号规则。

**表 14.3 电路元件在时域和频域的表示**

<table>
<tr><th>时 域</th><th colspan="2">频 域</th></tr>
<tr><td>电阻<br>$v(t) = Ri(t)$<br>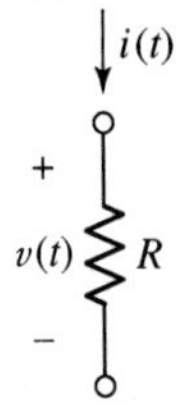
</td><td>$\mathbf{V}(\mathbf{s}) = R\mathbf{I}(\mathbf{s})$<br>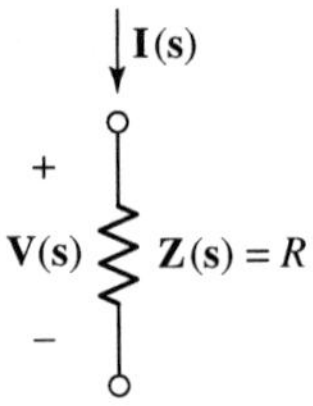
</td><td>$\mathbf{I}(\mathbf{s}) = \frac{1}{R}\mathbf{V}(\mathbf{s})$<br>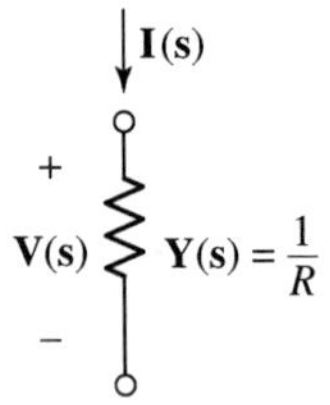
</td></tr>
<tr><td>电感<br>$v(t) = L\frac{\mathrm{d}i}{\mathrm{d}t}$<br>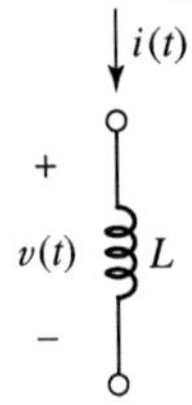
</td><td>$\mathbf{V}(\mathbf{s}) = \mathbf{s}L\mathbf{I}(\mathbf{s}) - Li(0^-)$<br>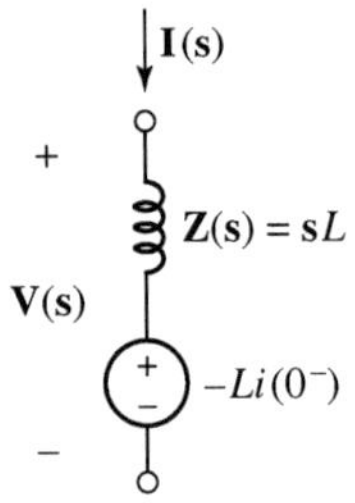
</td><td>$\mathbf{I}(\mathbf{s}) = \frac{\mathbf{V}(\mathbf{s})}{\mathbf{s}L} + \frac{i(0^-)}{\mathbf{s}}$<br>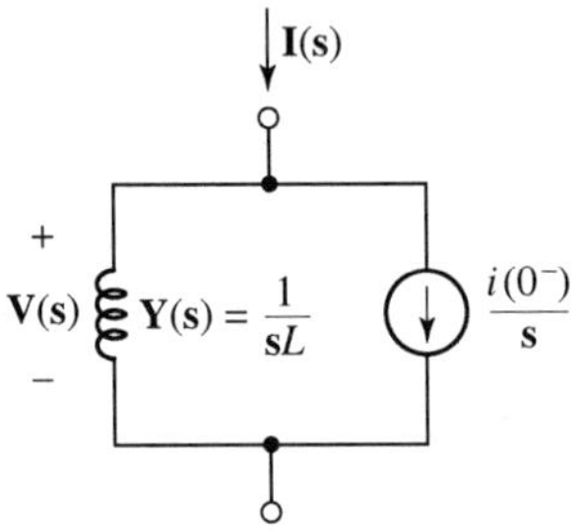
</td></tr>
<tr><td>电容<br>$i(t) = C\frac{\mathrm{d}v}{\mathrm{d}t}$<br>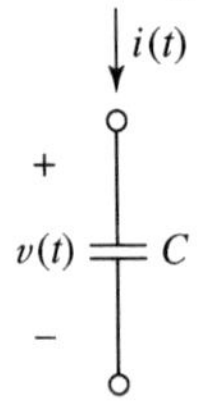
</td><td>$\mathbf{V}(\mathbf{s}) = \frac{\mathbf{I}(\mathbf{s})}{\mathbf{s}C} + \frac{v(0^-)}{\mathbf{s}}$<br>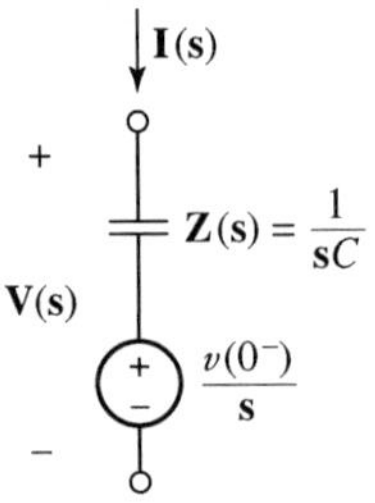
</td><td>$\mathbf{I}(\mathbf{s}) = \mathbf{s}C\mathbf{V}(\mathbf{s}) - Cv(0^-)$<br>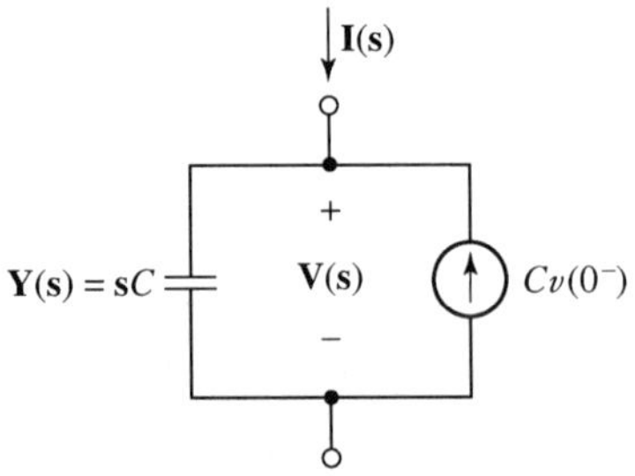
</td></tr>
</table>

## 14.8 s 域节点分析与网孔分析

第 10 章介绍了如何将正弦激励的时域电路变换为频域的等效电路，变换的好处立即就能显现，因为不再需要求解微积分方程了。对这种电路(严格地说只能确定稳态响应)进行节点分析和网孔分析，就能得到关于 j$\omega$ 的代数表达式，$\omega$ 是激励源的频率。

现在我们看到阻抗的概念可以扩展成复频率($\mathbf{s} = \sigma + \mathrm{j}\omega$)的更一般的情况。一旦电路从时域变换到了频域，再应用节点分析或者网孔分析必将得到纯代数表达式，这一次是关于 **s** 的表达式。解方程的时候需要用到变量代换、克拉默法则甚至处理象征代数符号的软件(即 MATLAB)。本节介绍两个相对来说比较复杂的例题，以详细阐述上面提到的内容。不过，在此之前先要介绍一下如何使用 MATLAB，从而使之发挥最大的作用。

## 计算机辅助分析

14.4 节用 MATLAB 确定了 **s** 域中有理函数的留数，从而很容易地进行了拉普拉斯逆变换。其实软件包的功能非常强大，它内置了很多程序，能够处理代数表达式。事实上在例题中已经看到，MATLAB 可以直接对从电路分析得到的有理函数进行拉普拉斯逆变换。

现在看看 MATLAB 是如何处理代数式的。代数式是以字符串的形式存储的，用撇号(')定义表达式。比如，先前曾将多项式 $\mathbf{p}(\mathbf{s}) = \mathbf{s}^3 - 12\mathbf{s} + 6$ 表示为向量：

```
>>p=[1  0  -12  6];
```

当然也可以直接用符号表示为

```
>>p='s^3-12*s+6';
```

这两种表达方式在 MATLAB 中是不同的，代表两个明显不同的概念。当我们只想以符号方式处理代数表达式时，必须采用第二种表达方式。在处理瞬时表达式时，该方式特别有用。

考虑以下方程组：

$$(3\mathbf{s}+10)\mathbf{I}_1 - 10\mathbf{I}_2 = \frac{4}{\mathbf{s}+2}$$

$$-10\mathbf{I}_1 + (4\mathbf{s}+10)\mathbf{I}_2 = -\frac{2}{\mathbf{s}+1}$$

采用 MATLAB 的符号标注定义两个变量：

```
>>eqn1 = '(3* s + 10)* I1 - 10* I2 = 4/(s + 2)';
>>eqn2 = '-10* I1 + (4* s + 10)* I2 = -2/(s + 1)';
```

注意，整个方程分别被包含在每一个语句中，我们的目的是解出变量 I1 和 I2。MATLAB 有一个专门的程序 slove() 可以处理方程。将方程(定义成字符串)列表和未知量列表(同样定义成字符串)作为参数来调用这个函数：

```
>>solution = solve(eqn1, eqn2, 'I1', 'I2');
```

返回的结果保存在变量 solution 中，其格式稍微有点特殊，称为“结构”，C 程序员对此应该比较熟悉。这里需要了解如何从中提取出想要的解。如果输入：

```
>> I1=solution.I1
```

可得到结果：

```
I1 = (2 *  (4 *  s + 9))/((6 *  s + 35) *  (s + 1) *  (s + 2))
```

该结果表明 **s** 域的表达式赋予变量 I1，现在可以直接用 pretty() 函数将结果表示成更友好的形式：

```
>>pretty (I1)
(4 s + 9) 2
-----------------------------------
(6 s + 35) (s + 1) (s + 2)
```

同样的语句用于求解 I2。

按照上述方法，可以利用 ilaplace() 函数确定拉普拉斯逆变换

```
>> i1 = ilaplace (I1)
>> i1 = (10 * exp (-t))/29 - (2 * exp (-2 * t))/23 - (172 * exp (-(35 * t)/6))/
667
```

按照上述方法，可以很快求得用节点分析法或网孔分析法列出的联立方程，也同样可以求得拉普拉斯逆变换。命令语句 ezplot(i1) 可以查看想要的解的形式。但要注意，有时一些复杂的表达式会使 MATLAB 产生错误，这种情况下，ilaplace() 可能无法返回有用的解。

有些相关函数值得注意，因为它们可以用于快速检验手工计算的结果。函数 numden() 可以把有理函数分解为两项：一项是分子，一项是分母。比如：

```
>> [N,D] = numden (I1)
```

返回的两个代数式分别保存在 N 和 D 中：

```
>> [N, D] = numden (I1)
N =
8 * s + 18
D =
(6 * s + 35) * (s + 1) * (s + 2)
```

为了使用以前用过的函数 residue()，需要将每个符号(字符串)表达式转化为以多项式系数为元素的向量，这可以通过函数 sym2poly() 来实现：

```
>> n = sym2poly (N)
n =
8 18
and
>> d = sym2poly (D)
d =
6 53 117 70
```

然后确定留数：

```
>> [r  p  y] = residue (n, d)
r =
-0.2579
-0.0870
0.3448
p =
-5.8333
-2.0000
-1.0000
y =
[ ]
```

这与用 ilaplace() 得到的结果一致。

有了 MATLAB 的新技能(当然也可固执地采用其他方法，如克拉默法则和直接变量代换)，下面准备分析一些电路。

**例 14.13** 电路如图 14.15(a)所示，电路不含初始储能，确定网孔电流 $i_1$ 和 $i_2$。

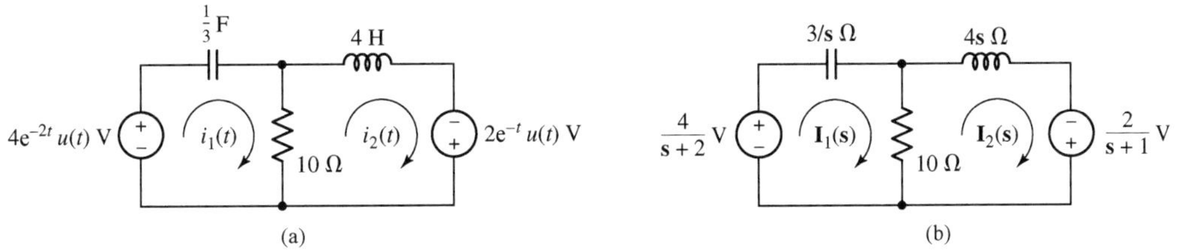


图 14.15 (a) 含有两个网孔的电路，需要求解独立的网孔电流；(b) 频域等效电路

**解**：第一步还是画出频域的等效电路。由于电路在 $t=0^-$ 时的初始储能等于零，因此 1/3 F 电容只用 $3/\mathbf{s}$ Ω 阻抗替代，4 H 电感只用 $4\mathbf{s}$ Ω 阻抗替代，如图 14.15(b)所示。

接下来，与以前一样，写出两个网孔方程：

$$-\frac{4}{\mathbf{s}+2}+\frac{3}{\mathbf{s}}\mathbf{I}_1+10\mathbf{I}_1-10\mathbf{I}_2=0$$

或

$$\left(\frac{3}{\mathbf{s}}+10\right)\mathbf{I}_1-10\mathbf{I}_2=\frac{4}{\mathbf{s}+2} \qquad \text{(网孔1)}$$

和

$$-\frac{2}{\mathbf{s}+1}+10\mathbf{I}_2-10\mathbf{I}_1+4\mathbf{s}\mathbf{I}_2=0$$

或

$$-10\mathbf{I}_1+(4\mathbf{s}+10)\mathbf{I}_2=\frac{2}{\mathbf{s}+1} \qquad \text{(网孔2)}$$

求解 $\mathbf{I}_1$ 和 $\mathbf{I}_2$，可得

$$\mathbf{I}_1=\frac{2\mathbf{s}(4\mathbf{s}^2+19\mathbf{s}+20)}{20\mathbf{s}^4+66\mathbf{s}^3+73\mathbf{s}^2+57\mathbf{s}+30}\ \text{A}$$

和

$$\mathbf{I}_2=\frac{30\mathbf{s}^2+43\mathbf{s}+6}{(\mathbf{s}+2)(20\mathbf{s}^3+26\mathbf{s}^2+21\mathbf{s}+15)}\ \text{A}$$

接下来的工作是对每一项求拉普拉斯逆变换，结果为

$$i_1(t)=-96.39e^{-2t}-344.8e^{-t}+841.2e^{-0.15t}\cos 0.8529t + 197.7e^{-0.15t}\sin 0.8529t\ \text{mA}$$

和

$$i_2(t)=-481.9e^{-2t}-241.4e^{-t}+723.3e^{-0.15t}\cos 0.8529t + 472.8e^{-0.15t}\sin 0.8529t\ \text{mA}$$

说明：已知(间接地)在 $t=0^-$ 时电感中没有电流流过，所以 $i_2(0^-)=0$，因而 $i_2(0^+)$ 也必须等于零。答案能保证上述结论的正确性吗?

## 练习

14.16 电路如图 14.16 所示，假设电路在 $t=0^-$ 时储能等于零，求网孔电流 $i_1$ 和 $i_2$。

答案：$i_1=e^{-2t/3}\cos\left(\frac{4}{3}\sqrt{2}\,t\right)+(\sqrt{2}/8)e^{-2t/3}\sin\left(\frac{4}{3}\sqrt{2}\,t\right)$ A；$i_2=-\frac{2}{3}+\frac{2}{3}e^{-2t/3}\cos\left(\frac{4}{3}\sqrt{2}\,t\right)+(13\sqrt{2}/24)e^{-2t/3}\sin\left(\frac{4}{3}\sqrt{2}t\right)$ A。

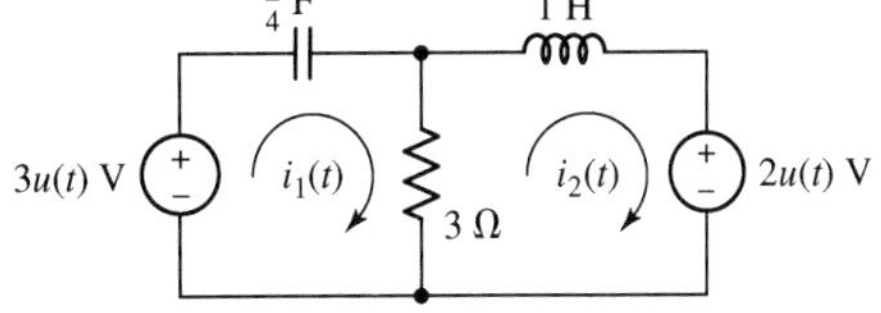


图 14.16

**例 14.14** 电路如图 14.17 所示，采用节点分析法求电压 $v_x$。

**解**：第一步仍然是画 **s** 域的等效电路。可以发现 1/2F 电容在 $t=0^-$ 时具有 2 V 的初始电压，因此需要采用图 14.13 所示的两个模型之一来取代它。因为要求采用节点分析法，所以采用图 14.13(b) 所示的模型比较适合，最终结果电路如图 14.18 所示。

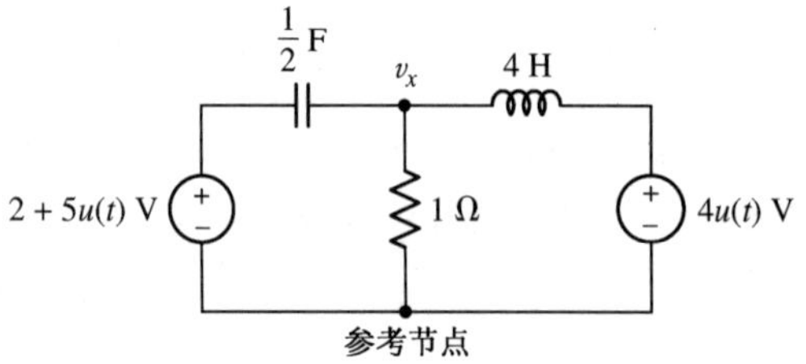

图 14.17 包含两个储能元件的简单 4 节点电路

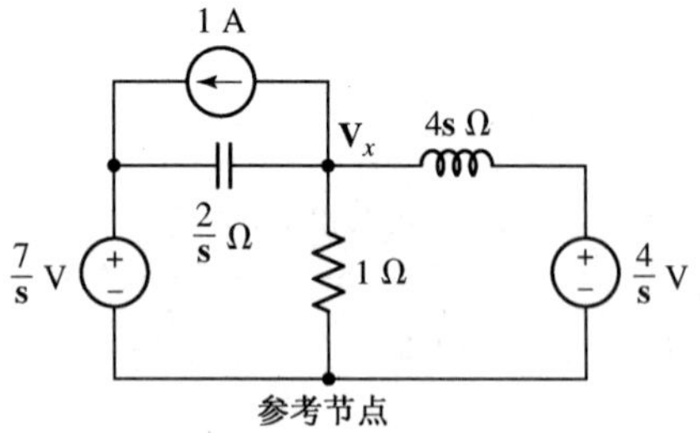

图 14.18 图 14.17 的频域等效电路

3 个节点中有两个是确定的，因此只需要写出一个节点方程：

$$-1=\frac{\mathbf{V}_x-7/\mathbf{s}}{2/\mathbf{s}}+\mathbf{V}_x+\frac{\mathbf{V}_x-\mathbf{4/s}}{4\mathbf{s}}$$

因此，
$$\mathbf{V}_x=\frac{10\mathbf{s}^2+4}{\mathbf{s}(2\mathbf{s}^2+4\mathbf{s}+1)}=\frac{5\mathbf{s}^2+2}{\mathbf{s}\left(\mathbf{s}+1+\dfrac{\sqrt{2}}{2}\right)\left(\mathbf{s}+1-\dfrac{\sqrt{2}}{2}\right)}$$

对上式求拉普拉斯逆变换，得到

$$v_x=[4+6.864\mathrm{e}^{1.707t}-5.864\mathrm{e}^{-0.2929t}]u(t)$$

或者
$$v_x=\left[4-\mathrm{e}^{-t}\left(9\sqrt{2}\sinh\frac{\sqrt{2}}{2}t-\cosh\frac{\sqrt{2}}{2}t\right)\right]u(t)$$

答案正确吗？一种检验方法是计算电容在 $t=0$ 时的电压值，它必须等于 2 V，因为

$$\mathbf{V}_C=\frac{7}{\mathbf{s}}-\mathbf{V}_x=\frac{4\mathbf{s}^2+28\mathbf{s}+3}{\mathbf{s}(2\mathbf{s}^2+4\mathbf{s}+1)}$$

用 **s** 乘以 $\mathbf{V}_C$ 并求 $\mathbf{s}\to\infty$ 时的极限，得到

$$v_C(0^+)=\lim_{\mathbf{s}\to\infty}\left[\frac{4\mathbf{s}^2+28\mathbf{s}+3}{2\mathbf{s}^2+4\mathbf{s}+1}\right]=2\text{ V}$$

该结果与预计相同。

## 练习

14.17 采用节点分析法求图 14.19 所示电路的电压 $v_x(t)$。

答案：$[5+5.657(\mathrm{e}^{-1.707t}-\mathrm{e}^{-0.2929t})]u(t)$。

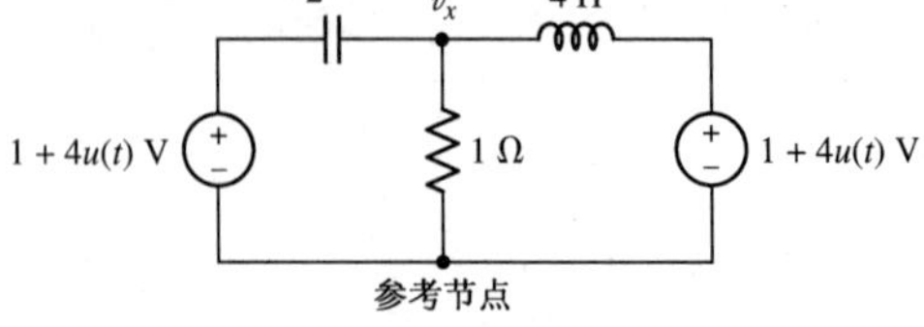

图 14.19 练习 14.17 的电路

**例 14.15** 采用节点分析法确定图 14.20(a) 所示电路中的电压 $v_1$，$v_2$ 和 $v_3$。$t=0^-$ 时电路不含任何能量。

**解**：电路含有 3 个独立的储能元件，在 $t=0^-$ 时，任何一个储能元件均不存储能量，因此每一个元件都可以用图 14.20(b) 所示的阻抗来代替。注意受节点电压 $v_2(t)$ 控制的受控电流源。

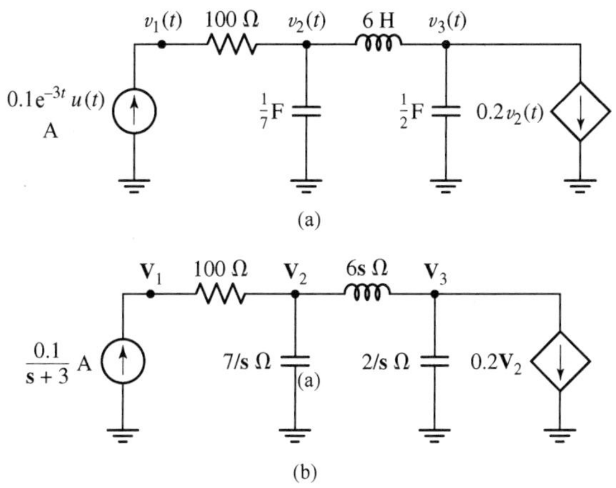


图 14.20 （a）含有两个电容、一个电感的 4 节点电路，在 $t=0^-$ 时所有元件的储能为零；（b）频域的等效电路

先对节点 1 写出如下方程：

$$\frac{0.1}{\mathbf{s}+3}=\frac{\mathbf{V}_1-\mathbf{V}_2}{100}$$

或者

$$\frac{10}{\mathbf{s}+3}=\mathbf{V}_1-\mathbf{V}_2 \qquad \text{(节点1)}$$

对节点 2 有

$$0=\frac{\mathbf{V}_2-\mathbf{V}_1}{100}+\frac{\mathbf{V}_2}{7/\mathbf{s}}+\frac{\mathbf{V}_2-\mathbf{V}_3}{6\mathbf{s}}$$

或者

$$-42\mathbf{s}\mathbf{V}_1+(600\mathbf{s}^2+42\mathbf{s}+700)\mathbf{V}_2-700\mathbf{V}_3=0 \qquad \text{(节点2)}$$

最后是节点 3：

$$-0.2\mathbf{V}_2=\frac{\mathbf{V}_3-\mathbf{V}_2}{6\mathbf{s}}+\frac{\mathbf{V}_3}{2/\mathbf{s}}$$

或

$$(1.2\mathbf{s}-1)\mathbf{V}_2+(3\mathbf{s}^2+1)\mathbf{V}_3=0$$

求解这一组节点方程，得到

$$\mathbf{V}_1=3\frac{100\mathbf{s}^3+7\mathbf{s}^2+150\mathbf{s}+49}{(\mathbf{s}+3)(30\mathbf{s}^3+45\mathbf{s}+14)}$$

$$\mathbf{V}_2=7\frac{3\mathbf{s}^2+1}{(\mathbf{s}+3)(30\mathbf{s}^3+45\mathbf{s}+14)}$$

$$\mathbf{V}_3=-1.4\frac{6\mathbf{s}-5}{(\mathbf{s}+3)(30\mathbf{s}^3+45\mathbf{s}+14)}$$

剩下的一步是对每一项进行拉普拉斯逆变换，从而在 $t>0$ 时，有

$$v_1(t)=9.789e^{-3t}+0.061\,73e^{-0.2941t}+0.1488e^{0.1471t}\cos(1.251t)+0.051\,72e^{0.1471t}\sin(1.251t)\ \text{V}$$

$$v_2(t)=-0.2105e^{-3t}+0.061\,73e^{-0.2941t}+0.1488e^{0.1471t}\cos(1.251t)+0.051\,72e^{0.1471t}\sin(1.251t)\ \text{V}$$

$$v_3(t)=-0.034\,59e^{-3t}+0.066\,31e^{-0.2941t}-0.031\,72e^{0.1471t}\cos(1.251t)-0.063\,62e^{0.1471t}\sin(1.251t)\ \text{V}$$

注意，由于受控电流源的作用，电压响应都是按照指数规律增长的。电路本质上将

变得失控，表明在某个时刻某个元件将会熔化、爆炸或者产生其他类似的不良后果。虽然使用 s 域方法分析这种电路的工作量比较大，但是与时域分析方法相比，其优势还是很明显的。

## 练习

14.18 采用节点分析法确定图 14.21 所示电路中的电压 $v_1$，$v_2$ 和 $v_3$。假设 $t=0^-$ 时电感不存储任何能量。

答案：$v_1(t)=-30\delta(t)-14u(t)$ V，$v_2(t)=-14u(t)$ V，$v_3(t)=24\delta(t)-14u(t)$ V。

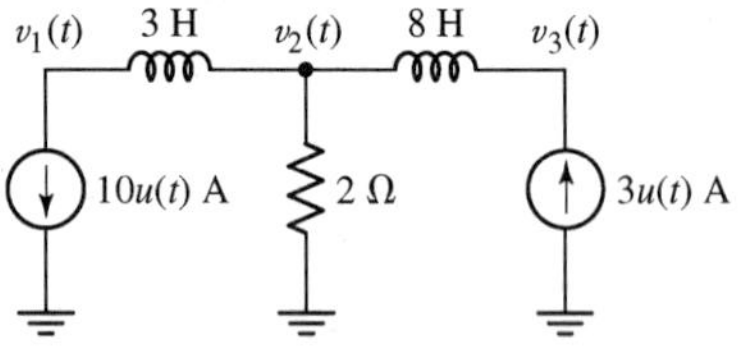


图 14.21

# 14.9 其他电路分析方法

根据电路分析的特定要求，人们通常会发现仔细选择分析方法有助于简化工作。比如，很少对含有 215 个独立源的电路应用叠加定理，因为这种方法需要分析 215 个独立的电路。将诸如电阻、电感、电容这些无源元件看成阻抗，从而可以自由地将第 3 章至第 5 章中讲到的电路分析方法转换到 s 域来。

因此，叠加定理、电源变换、戴维南定理和诺顿定理都可以应用到 s 域中。

**例 14.16** 电路如图 14.22(a)所示，利用电源变换，确定电压 $v(t)$ 的表达式。

**解：**由于没有初始电压和电流且 $u(t)$ 和电压源相乘，所以电路不含有初始储能，因此可以画出如图 14.22(b)所示的频域电路。

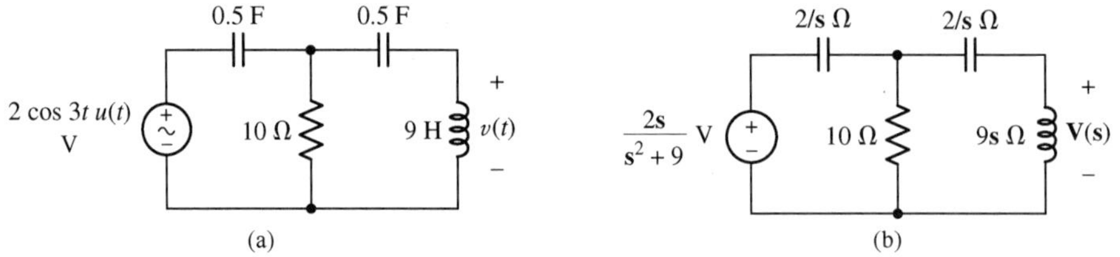


图 14.22 (a) 利用电源变换简化电路；(b) 频域等效表示

我们的方法是连续使用电源变换，从而将两个 2/s Ω 阻抗和 10 Ω 电阻组合在一起，留下 9s Ω 阻抗，因为要求的 $\mathbf{V}(\mathbf{s})$ 就跨接在它的两端。现在将电压源和最左边的 2/s Ω 阻抗变换成以下电流源和 2/s Ω 阻抗并联：

$$\mathbf{I}(\mathbf{s})=\left(\frac{2\mathbf{s}}{\mathbf{s}^2+9}\right)\left(\frac{\mathbf{s}}{2}\right)=\frac{\mathbf{s}^2}{\mathbf{s}^2+9}\ \text{A}$$

如图 14.23(a)所示，在变换完成后，面对电流源的阻抗 $\mathbf{Z}_1\equiv(2/\mathbf{s})\parallel 10=20/(10\mathbf{s}+2)$ Ω，再用一次电源变换，可得电压源 $\mathbf{V}_2(\mathbf{s})$：

$$\mathbf{V}_2(\mathbf{s})=\left(\frac{\mathbf{s}^2}{\mathbf{s}^2+9}\right)\left(\frac{20}{10\mathbf{s}+2}\right)$$

该电压源和阻抗 $\mathbf{Z}_1$ 以及剩下的 2/s 串联，组合 $\mathbf{Z}_1$ 和 2/s 得到新的 $\mathbf{Z}_2$：

$$\mathbf{Z}_2=\frac{20}{10\mathbf{s}+2}+\frac{2}{\mathbf{s}}=\frac{40\mathbf{s}+4}{\mathbf{s}(10\mathbf{s}+2)}\ \Omega$$

相应的电路如图 14.23(b)所示。这时可以用最简单的分压定理得到电压 **V**(**s**)的表达式:

$$\mathbf{V(s)} = \left(\frac{\mathbf{s}^2}{\mathbf{s}^2+9}\right)\left(\frac{20}{10\mathbf{s}+2}\right)\frac{9\mathbf{s}}{9\mathbf{s}+\left[\dfrac{40\mathbf{s}+4}{\mathbf{s}(10\mathbf{s}+2)}\right]}$$

$$= \frac{180\mathbf{s}^4}{(\mathbf{s}^2+9)(90\mathbf{s}^3+18\mathbf{s}^2+40\mathbf{s}+4)}$$

分母的两项因子都含有复数根，利用 MATLAB 展开分母多项式并确定留数，

```
≫syms s;
≫d1 =s^2 + 9;
≫d2 =90* s^3 + 18* s^2 + 40* s + 4;
≫d =d1* d2;
≫denominator =expand(d)
≫den =sym2poly(denom)
den =
90 18 850 166 360 36
≫num =[180  0  0  0  0];
≫[r  p  y] =residue(num,den);
```

因此，

$$\mathbf{V(s)} = \frac{1.047+\mathrm{j}0.0716}{\mathbf{s}-\mathrm{j}3}+\frac{1.047-\mathrm{j}0.0716}{\mathbf{s}+\mathrm{j}3}-\frac{0.0471+\mathrm{j}0.0191}{\mathbf{s}+0.048\,85-\mathrm{j}0.6573}$$
$$-\frac{0.0471-\mathrm{j}0.0191}{\mathbf{s}+0.048\,85+\mathrm{j}0.6573}+\frac{5.590\times10^{-5}}{\mathbf{s}+0.1023}$$

取每一项的拉普拉斯逆变换，并将 $1.047+\mathrm{j}0.0716$ 写成 $1.049\mathrm{e}^{\mathrm{j}3.912^\circ}$，将 $0.0471+\mathrm{j}0.0191$ 写成 $0.050\,83\mathrm{e}^{\mathrm{j}157.9^\circ}$，结果为

$$\begin{aligned}v(t) =&1.049\mathrm{e}^{\mathrm{j}3.912^\circ}\mathrm{e}^{\mathrm{j}3t}u(t)+1.049\mathrm{e}^{-\mathrm{j}3.912^\circ}\mathrm{e}^{-\mathrm{j}3t}u(t)\\&+0.050\,83\mathrm{e}^{-\mathrm{j}157.9^\circ}\mathrm{e}^{-0.048\,85t}\mathrm{e}^{-\mathrm{j}0.6573t}u(t)\\&+0.050\,83\mathrm{e}^{+\mathrm{j}157.9^\circ}\mathrm{e}^{-0.048\,85t}\mathrm{e}^{+\mathrm{j}0.6573t}u(t)\\&+5.590\times10^{-5}\mathrm{e}^{-0.1023t}u(t)\end{aligned}$$

将复数形式转换成三角函数形式，可以得到略微简单的电压形式:

$$\begin{aligned}v(t) =&[5.590\times10^{-5}\mathrm{e}^{-0.1023t}+2.098\cos(3t+3.912^\circ)\\&+0.1017\mathrm{e}^{-0.048\,85t}\cos(0.6573t+157.9^\circ)]u(t)\ \mathrm{V}\end{aligned}$$

说明：含有复数极点的每一项都同时伴随着它的共轭复数项。对于任何物理系统，复数极点一定是成对出现的共轭对。

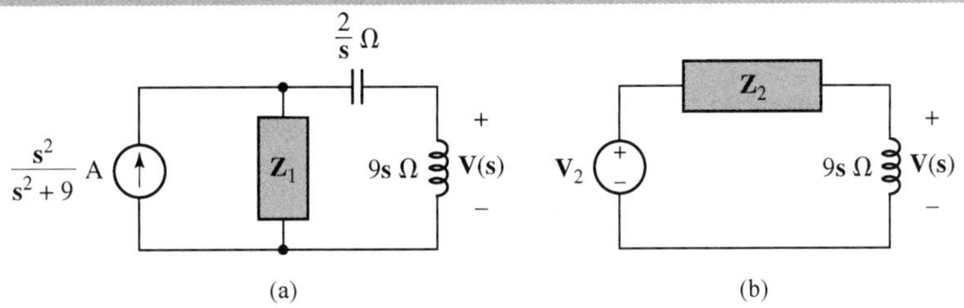


图 14.23　(a) 第一次电源变换后的电路；(b) 用于分析 **V**(**s**)的最后电路

## 练习

14.19 利用电源变换,将图 14.24 所示电路在 s 域简化成单个电流源和单个阻抗并联的电路。

答案:$\mathbf{I}_s = \dfrac{35}{\mathbf{s}^2(18\mathbf{s}+63)}$ A,$\mathbf{Z}_s = \dfrac{72\mathbf{s}^2+252\mathbf{s}}{18\mathbf{s}^3+63\mathbf{s}^2+12\mathbf{s}+28}$ Ω。

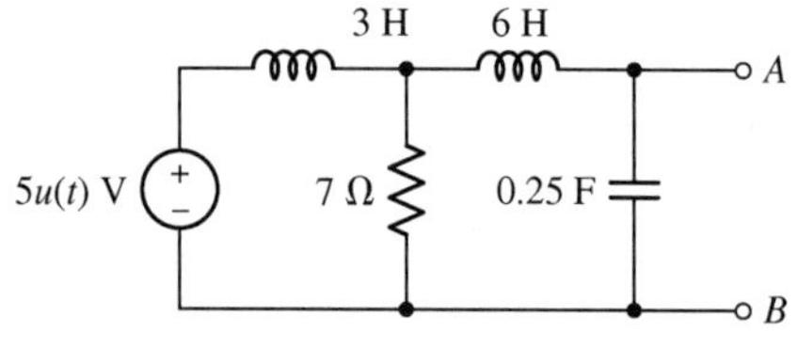


图 14.24

**例 14.17** 电路如图 14.25(a)所示,求虚线框内的网络在频域的戴维南等效电路。

**解:**我们其实要求的是与输入器件相连的戴维南等效电路,它通常被称为放大器网络的**输入阻抗**。在将电路转换成频域的等效电路后,我们将输入器件($v_s$ 和 $R_s$)用 1 A 的“测试”电源代替,如图 14.25(b)所示,等效阻抗 $\mathbf{Z}_{\text{in}}$被定义为

$$\mathbf{Z}_{\text{in}} = \frac{\mathbf{V}_{\text{in}}}{1}$$

或简写为 $\mathbf{V}_{\text{in}}$。我们需要求出用 1 A 电流源、电阻、电容和/或受控源参数 $g$ 表示的公式。

写出如下输入节点方程:

$$1 + g\mathbf{V}_\pi = \frac{\mathbf{V}_{\text{in}}}{\mathbf{Z}_{\text{eq}}}$$

其中,

$$\mathbf{Z}_{\text{eq}} \equiv R_E \left\| \frac{1}{\mathbf{s}C_\pi} \right\| r_\pi = \frac{R_E r_\pi}{r_\pi + R_E + \mathbf{s}R_E r_\pi C_\pi}$$

由于 $\mathbf{V}_\pi = -\mathbf{V}_{\text{in}}$,所以

$$\mathbf{Z}_{\text{in}} = \mathbf{V}_{\text{in}} = \frac{R_E r_\pi}{r_\pi + R_E + sR_E r_\pi C_\pi + gR_E r_\pi}\ \Omega$$

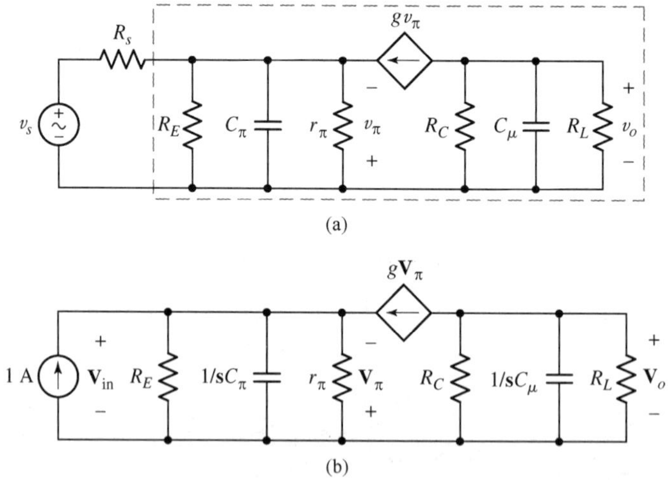


图 14.25 (a)“共基”放大器的等效电路;(b)频域等效电路,其中输入电源 $v_s$ 和 $R_s$ 被 1 A 的测试电源取代

说明:这个具体电路属于“混合 Π 形”模型,是单晶体管电路中的一种称为共基放大器的电路类型。两个电容 $C_\pi$ 和 $C_\mu$ 分别代表晶体管的内部电容,典型值为几皮法(pF)。电路中的电阻 $R_L$ 代表输出设备的戴维南等效电阻,比如扬声器或者激光半导体这些输出设备。电压源 $v_s$ 和 $R_s$ 共同表示输入设备的戴维南等效,它可能是麦克风、光敏电阻,也可能是无线电天线。

## 练习

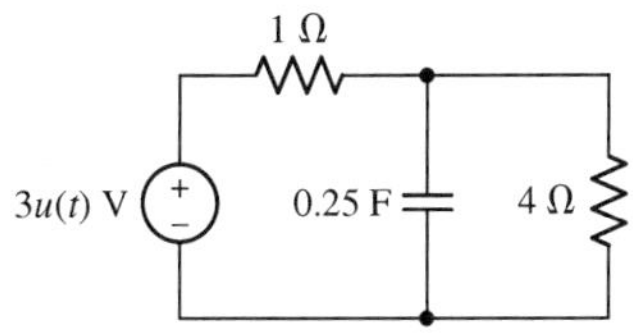


图 14.26

14.20　电路如图 14.26 所示，在 **s** 域求连接 1 Ω 电阻的诺顿等效电路。

答案：$\mathbf{I}_{sc}=3(\mathbf{s}+1)/4\mathbf{s}$ A；$\mathbf{Z}_{TH}=4/(\mathbf{s}+1)$ Ω。

# 14.10　零极点和传输函数

本节将定义在求解系统响应(可应用于电路及其他诸如控制系统的许多领域)时非常有用的专业术语，称为极点、零点和传输函数。

考虑图 14.27(a)所示的简单电路，**s** 域的等效电路如图 14.27(b)所示，根据节点分析法，得到

$$0=\frac{\mathbf{V}_{\text{out}}}{1/\mathbf{s}C}+\frac{\mathbf{V}_{\text{out}}-\mathbf{V}_{\text{in}}}{R}$$

整理并求出 $\mathbf{V}_{\text{out}}$：

$$\mathbf{V}_{\text{out}}=\frac{\mathbf{V}_{\text{in}}}{1+\mathbf{s}RC}$$

或者

$$\mathbf{H}(\mathbf{s})\equiv\frac{\mathbf{V}_{\text{out}}}{\mathbf{V}_{\text{in}}}=\frac{1}{1+\mathbf{s}RC} \qquad [31]$$

这里，$\mathbf{H}(\mathbf{s})$就称为电路的**传输函数**，定义为输出与输入的比值。可以任意指定一个电流是输入量还是输出量，这样，对于同一个电路将有不同的传输函数。在读电路图的时候，一般是从左读到右，因此设计者们总是尽可能地把左边作为电路的输入端，把右边作为电路的输出端。

无论是用于电路分析还是应用在其他工程领域，传输函数始终是一个非常重要的概念。原因有二：第一，一旦知道了电路的传输函数，在任何输入条件下都很容易求出相应的输出，所有要做的工作就是把传输函数 $\mathbf{H}(\mathbf{s})$与输入量相乘，再对结果取逆变换；第二，传输函数的表达式包含很多信息，它们反映的是我们想要了解的电路(或系统)的行为。

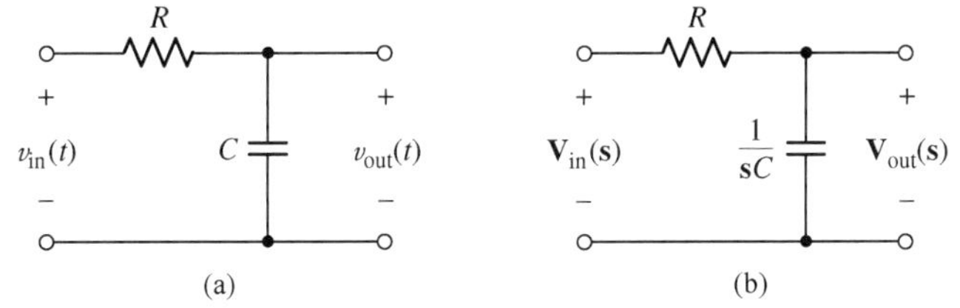


图 14.27　(a) 标注输入电压和输出电压的简单电阻-电容电路；(b) **s** 域等效电路

为了了解系统的稳定性，需要知道传输函数 $\mathbf{H}(\mathbf{s})$的极点和零点。下面对此进行详细的讨论。式[31]可以写成

$$\mathbf{H}(\mathbf{s})=\frac{1/RC}{\mathbf{s}+1/RC} \qquad [32]$$

当 **s** 趋于无穷时，函数的幅度趋于零，表明函数 $\mathbf{H}(\mathbf{s})$含有 $\mathbf{s}=\infty$ 的**零点**。当 $\mathbf{s}=-1/RC$ 时，函数趋于无穷，表明函数 $\mathbf{H}(\mathbf{s})$含有 $\mathbf{s}=-1/RC$ 的**极点**。这些频率称为**临界频率**。

说明：在计算幅度的时候，$+\infty$ 和 $-\infty$ 通常被看成相同的频率，但是相应的相角在 $\omega$ 相当大的正值和负值上却对应两个不同的值。

## 零极点分布图

有一个很有用的方法可以使传输函数的零点和极点可视化，从而评估系统的稳定性。让我们将 **s** 平面抽象成地面，设想有一张弹性的薄层覆盖在上面。现在把注意力集中在响应的所有零点和极点上。每一个零点的响应是零，意味着薄层的高度必定等于零，所以把薄层和地面钉在一起。而在与极点相对应的每一点 **s**，用一根很细的垂直棒顶起薄层。对于无穷远处的零点和极点，则分别用半径很大的圆形夹环或者半径很大且很高的圆形篱笆来处理。如果我们用的薄层无限大，并且没有重量，弹性极佳，即看不见钉子，而且还非常小，支撑棒无限长且没有直径，那么这张弹性薄层的高度则正好与响应的幅度成正比。

上面所描述的情形可以用**零极点分布图**加以阐述。零极点分布图有时也称为零极点图，其中包含所有频域中的临界频率值。例如，阻抗 $\mathbf{Z}(\mathbf{s})$ 的零极点图如图 14.28 所示，图中“×”代表极点，“◦”代表零点。如果想像一个弹性薄层模型，在 $\mathbf{s}=-2+\mathrm{j}0$ 处薄层被“钉住”，在 $\mathbf{s}=-1+\mathrm{j}5$ 和 $\mathbf{s}=-1-\mathrm{j}5$ 处薄层被支撑起来，则呈现出一张地貌图，图上有两个山峰和一个锥形弹坑或下陷。图 14.28(b)所示是位于 LPH 部分的模型。

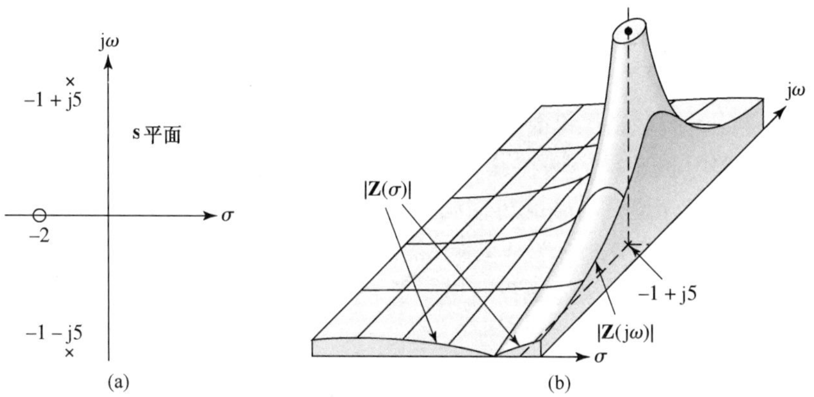


图 14.28　(a) 阻抗 $\mathbf{Z}(\mathbf{s})$ 的零极点图；(b) $\mathbf{Z}(\mathbf{s})$ 幅度的部分弹性薄层模型

现在由零极点图建立 $\mathbf{Z}(\mathbf{s})$ 的表达式。零点是因为分子含有因子 $(\mathbf{s}+2)$，极点是因为分母含有因子 $(\mathbf{s}+1-\mathrm{j}5)$ 和 $(\mathbf{s}+1+\mathrm{j}5)$。除了系数 $k$，可以知道 $\mathbf{Z}(\mathbf{s})$ 的形式为

$$\mathbf{Z}(\mathbf{s})=k\frac{\mathbf{s}+2}{(\mathbf{s}+1-\mathrm{j}5)(\mathbf{s}+1+\mathrm{j}5)}$$

或者

$$\mathbf{Z}(\mathbf{s})=k\frac{\mathbf{s}+2}{\mathbf{s}^2+2\mathbf{s}+26} \qquad [33]$$

为了求得系数 $k$，需要知道 $\mathbf{Z}(\mathbf{s})$ 在非临界频率上的值。为此，假设 $\mathbf{Z}(0)=1$，直接代入式[33]，求得 $k=13$，所以

$$\mathbf{Z}(\mathbf{s})=13\frac{\mathbf{s}+2}{\mathbf{s}^2+2\mathbf{s}+26} \qquad [34]$$

从式[34]可以很精确地求得 $|\mathbf{Z}(\sigma)|$ 随 $\sigma$，以及 $|\mathbf{Z}(\mathrm{j}\omega)|$ 随 $\omega$ 变化的曲线。但是，函数的

一般形式从零极点图和弹性薄层模型还是能够明显看出来的。图 14.28(b)所示就是两组曲线中的部分图形。

## 练习

14.21　0.25 mH 电感和 5 Ω 电阻的并联组合，与 40 μF 电容和 5 Ω 电阻的并联组合串联在一起。(a) 求等效串联组合的 $\mathbf{Z}_{in}(\mathbf{s})$；(b) 确定 $\mathbf{Z}_{in}(\mathbf{s})$ 的所有零点；(c) 确定 $\mathbf{Z}_{in}(\mathbf{s})$ 的所有极点；(d) 画出零极点图。

答案：(a) $5(\mathbf{s}^2+10\,000\mathbf{s}+10^8)/(\mathbf{s}^2+25\,000\mathbf{s}+10^8)$ Ω；(b) −5 ± j8.66 krad/s；(c) −5 krad/s，−20 krad/s。

# 14.11　卷积

至此，s 域方法在确定电路的电压和电流响应方面都很有用，然而实际电路遇到的往往是任意的激励源，因此需要一种有效的方法来确定每一次的新输出。如果能够抽象出基本电路的特性，即传输函数或者**系统函数**，求解就比较容易完成。

尽管频域和时域其实都可以进行分析，但是在频域讨论更具一般性，也更有用。这种情况下的分析过程包含以下 4 个步骤：

1. 确定电路的系统函数(如果未知)；
2. 求出激励函数的拉普拉斯变换；
3. 令此变换和系统函数相乘；
4. 对乘积项进行逆变换，得到输出信号。

通过这种方法，一些比较复杂的积分表达式在 s 域中可以简化成简单形式，积分和微分的数学运算被替换成简单的乘法和除法的代数运算。

## 冲激响应

考虑一个线性电网络 $N$，没有初始储能，激励函数 $x(t)$ 加在网络上。在电路的某个点上，得到输出函数 $y(t)$。图 14.29(a)用框图形式反映了该网络并画出了时间函数波形。激励函数只在区间 $a<t<b$ 存在，因此 $y(t)$ 只存在于 $t>a$ 的时段。

现在的问题是："如果已知 $x(t)$ 的形式，能否描述 $y(t)$ 的形式?"要回答这个问题，需要知道 $N$ 的一些情况。假设知道网络 $N$ 对单位冲激函数 $\delta(t)$ 的响应，即 $h(t)$，它是 $t=0$ 时网络对单位冲激函数的响应函数，如图 14.29(b)所示。函数 $h(t)$ 通常称为单位冲激响应函数或称**冲激响应**。

根据拉普拉斯变换的知识，我们看问题可以略微深入一些。设 $x(t)$ 的变换是 $\mathbf{X}(\mathbf{s})$，$y(t)$ 的变换是 $\mathbf{Y}(\mathbf{s})$，定义系统传输函数 $\mathbf{H}(\mathbf{s})$ 为

$$\mathbf{H}(\mathbf{s}) \equiv \frac{\mathbf{Y}(\mathbf{s})}{\mathbf{X}(\mathbf{s})}$$

如果 $x(t)=\delta(t)$，根据表 14.1 可知 $\mathbf{X}(\mathbf{s})=1$，则 $\mathbf{H}(\mathbf{s})=\mathbf{Y}(\mathbf{s})$，这种情况下 $h(t)=y(t)$。

假定单位冲激不是作用在 $t=0$ 而是作用在 $t=\lambda$ 时刻，可以看到唯一发生变化的是输出有时延。也就是说，当输入为 $\delta(t-\lambda)$ 时，输出为 $h(t-\lambda)$，如图 14.29(c)所示。接下来，假设输入的不是单位脉冲，而是有一定强度的脉冲，假设其强度在数值上等于 $t=\lambda$ 时 $x(t)$ 的值，即等于 $x(\lambda)$，它是一个常数。我们知道，对于线性电路，输入乘以一个常数将导致输出同比发生变化，即如果输入变为 $x(\lambda)\delta(t-\lambda)$，那么输出响应将变为 $x(\lambda)h(t-\lambda)$，如图 14.29(d)所示。

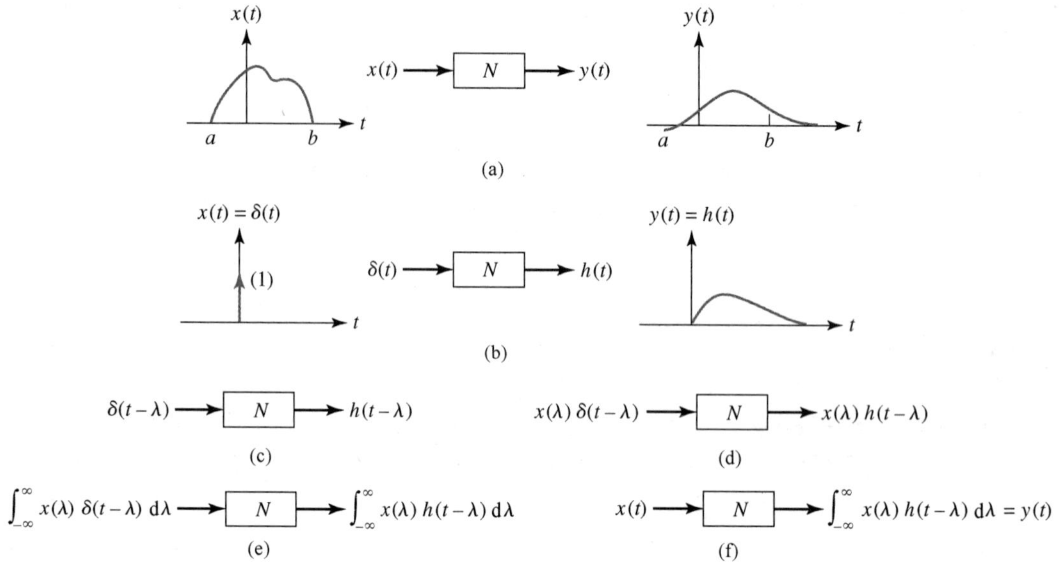


图 14.29 卷积积分概念的演绎过程

现在将最后这个输入，即 $x(\lambda)\delta(t-\lambda)$ 对所有可能的 $\lambda$ 进行累加，并将累加结果作为 $N$ 的激励函数，根据线性原理可知，输出必为 $x(\lambda)h(t-\lambda)$ 对所有可能的 $\lambda$ 进行累加的结果。不严格地说，输入的积分导致了输出的积分，如图 14.29(e)所示。但现在的输入是什么呢？根据单位冲激的位移特性①，可以看到输入正是原来的 $x(t)$。因此，图 14.29(e) 就可以用图 14.29(f)表示了。

## 卷积积分

如果系统 $N$ 的激励函数是 $x(t)$，则输出就是图 14.29(a) 描述的函数 $y(t)$，从图 14.29(f) 得到

$$y(t)=\int_{-\infty}^{\infty} x(\lambda)h(t-\lambda)\,\mathrm{d}\lambda \qquad [35]$$

其中，$h(t)$ 是 $N$ 的冲激响应。上述重要的关系式就是广为人知的**卷积积分**。换句话说，最后的等式表明输出等于输入和冲激函数的卷积。通常用缩写方式表示：

$$y(t)=x(t)*h(t)$$

其中，“ * ”读成“与……卷积”。

> 说明：注意不要将这个新符号和乘法符号相混淆。

式[35]呈现的是略有不同的等效形式。如果设 $z=t-\lambda$，$\mathrm{d}\lambda=-\mathrm{d}z$，$y(t)$ 的表达式就成为

$$y(t)=\int_{\infty}^{-\infty} -x(t-z)h(z)\,\mathrm{d}z=\int_{-\infty}^{\infty} x(t-z)h(z)\,\mathrm{d}z$$

因为积分变量的符号并不重要，所以将式[35]修改为

---

① 冲激响应的位移特性在 14.5 节描述过，表述为 $\int_{-\infty}^{\infty} f(t)\delta(t-t_0)\,\mathrm{d}t=f(t_0)$。

$$y(t)=x(t)*h(t)=\int_{-\infty}^{\infty}x(z)h(t-z)\,\mathrm{d}z =\int_{-\infty}^{\infty}x(t-z)h(z)\,\mathrm{d}z \qquad [36]$$

## 卷积和可实现系统

式[36]的结论是相当普遍的，它可以应用于任何线性系统。但人们感兴趣的通常是**物理可实现系统**，即那些已经存在或者能够存在的系统，这种系统的特性使其卷积积分形式与一般形式略有不同，即系统不可能在激励函数作用之前产生响应。具体而言，$h(t)$为系统在$t=0$时单位冲激作用下产生的响应，那么，当$t<0$时$h(t)$就不存在。因此，当$z<0$时，式[36]的第二个积分的被积函数等于零；当$t-z<0$或者$z>t$时，第一个积分的被积函数也等于零。因此，对于物理可实现系统来说，其卷积积分的积分限将有所改变：

$$\boxed{y(t)=x(t)*h(t)=\int_{-\infty}^{t}x(z)h(t-z)\,\mathrm{d}z =\int_{0}^{\infty}x(t-z)h(z)\,\mathrm{d}z} \qquad [37]$$

式[36]和式[37]都是有效的，但后者对线性可实现系统而言更具体，值得记住。

## 图解法求卷积

在进一步讨论电路的冲激函数的重要性之前先来看一个数值例子，这有助于了解卷积积分的计算过程。虽然积分表达式本身很简单，但有时计算还是很麻烦的，特别是在选取积分区间的时候。

假设输入是一个矩形电压脉冲，起始于$t=0$，脉宽为 1 s，幅度为 1 V：

$$x(t)=v_i(t)=u(t)-u(t-1)$$

再假设输入电路的冲激响应为指数衰减函数：

$$h(t)=2\mathrm{e}^{-t}u(t)$$

需要求解的是输出电压$v_o(t)$。可以立即写出积分形式的结果：

$$y(t)=v_o(t)=v_i(t)*h(t)=\int_{0}^{\infty}v_i(t-z)h(z)\,\mathrm{d}z =\int_{0}^{\infty}[u(t-z)-u(t-z-1)][2\mathrm{e}^{-z}u(z)]\,\mathrm{d}z$$

得到$v_o(t)$的表达式很简单，但是多个单位阶跃函数的存在却使计算变得十分麻烦，所以必须注意被积函数等于零的那些积分区间。

现在借助图形来帮助理解卷积积分的含义。首先画出若干条$z$轴，每条$z$轴画在另一条的上方，如图 14.30 所示。已知$v_i(t)$的形状，因此也就知道了$v_i(z)$的形状，如图 14.30(a)所示。而$v_i(-z)$只是$v_i(z)$相对于变量$z$的翻转，或者说是相对于纵轴的翻转，如图 14.30(b)所示。接下来画出$v_i(t-z)$，即将$v_i(-z)$向右平移$z=t$，如图 14.30(c)所示。下一条$z$轴如图 14.30(d)所示，画出了冲激响应$h(z)=2\mathrm{e}^{-z}u(z)$。

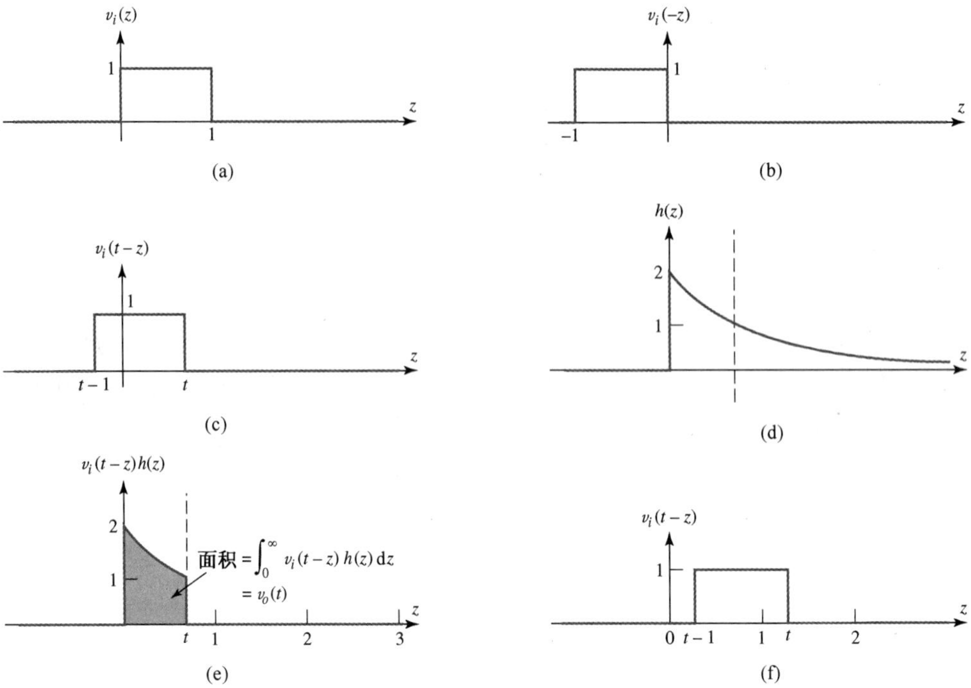


图 14.30 计算卷积积分的图解表示

下一步将 $v_i(t-z)$ 与 $h(z)$ 相乘，$t<1$ 时的结果如图 14.30(e) 所示。输出电压 $v_o(t)$ 的值就是乘积项曲线所包围的面积(图中阴影部分)。

首先考虑 $t<0$ 的情况，这时曲线 $v_i(t-z)$ 和 $h(z)$ 之间不重叠，所以 $v_o=0$。如果 $t$ 增加，则图 14.30(c) 所示的图形向右平移，只要 $t>0$，曲线就会与 $h(z)$ 重叠，图 14.30(e) 所示的相应曲线下包含的面积也在增加，直至 $t=1$。若 $t$ 再继续增加，则会在 $z=0$ 和脉冲的上升沿之间产生缺口，如图 14.30(f) 所示，结果是与 $h(z)$ 重叠的部分在减少。

换句话说，当 $t$ 在 0 和 1 之间取值时，积分区间从 $z=0$ 到 $z=t$；在 $t>1$ 时，积分区间为 $t-1<z<t$，因此得到

$$v_o(t)=\begin{cases}0 & t<0\\ \displaystyle\int_0^t 2e^{-z}\,dz=2(1-e^{-t}) & 0\leqslant t\leqslant 1\\ \displaystyle\int_{t-1}^t 2e^{-z}\,dz=2(e-1)e^{-t} & t>1\end{cases}$$

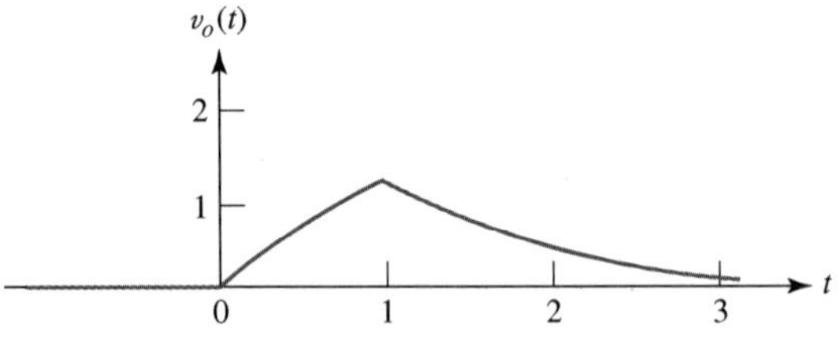

图 14.31 利用卷积的图解法得到的输出函数 $v_o$

输出函数与时间变量 $t$ 的曲线如图 14.31 所示，解答完成。

**例 14.18** 激励是单位阶跃函数 $x(t)=u(t)$，系统的冲激响应是 $h(t)=u(t)-2u(t-1)+u(t-2)$，确定相应的输出电压 $y(t)=x(t)*h(t)$。

**解：** 第一步是画出 $x(t)$ 和 $h(t)$ 的波形，如图 14.32 所示。

选择式[37]的第一个积分进行计算：

$$y(t)=\int_{-\infty}^t x(z)h(t-z)\,dz$$

我们画出一系列草图来帮助确定正确的积分限，图 14.33 顺序给出了下列函数：输入 $x(z)$ 关于 $z$ 的函数、冲激响应 $h(z)$ 和 $h(-z)$ 的曲线，它是 $h(z)$ 关于垂直轴的翻转曲线，将 $h(-z)$ 向右平移单位 $t$ 得到 $h(t-z)$。对于此图，$t$ 的选择范围为 $0<t<1$。

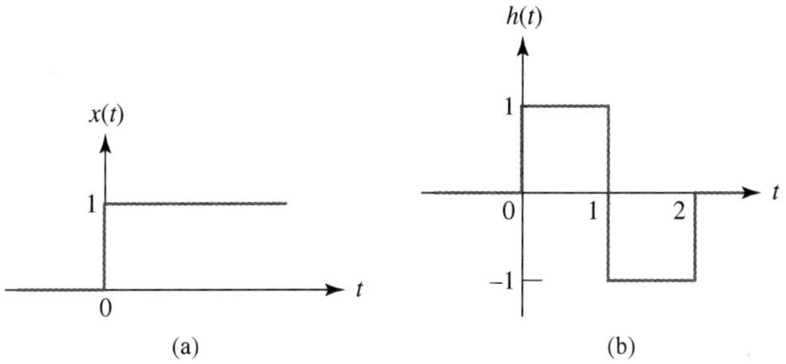


图 14.32　(a) 输入信号 $x(t)=u(t)$ 的波形；(b) 线性系统冲激响应 $h(t)=u(t)-2u(t-1)+u(t-2)$ 的波形

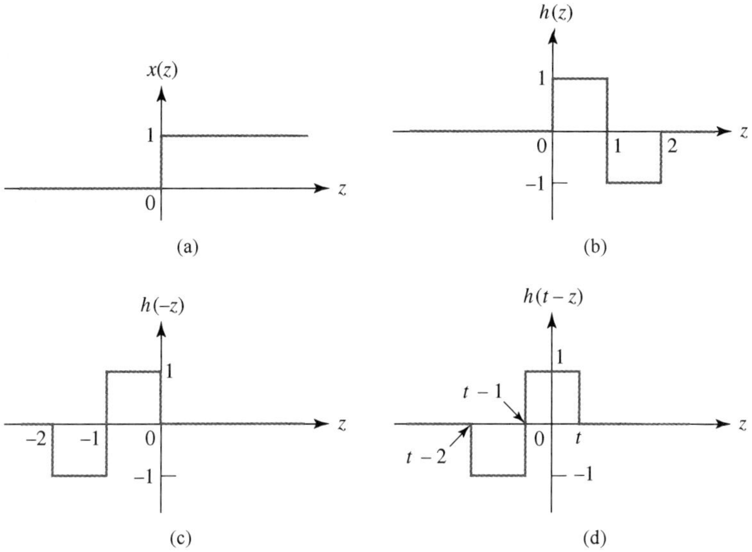


图 14.33　(a) 输入信号；(b) 冲激响应都是 $z$ 的函数；(c) 将 $h(z)$ 沿垂直轴翻转得到 $h(-z)$；(d) 将 $h(-z)$ 向右平移 $t$ 得到 $h(t-z)$

现在从图上很容易看出第一个图 $x(z)$ 和最后一个图 $h(t-z)$ 的乘积在 $t$ 取不同值时有所不同，当 $t$ 小于零时曲线没有重叠，所以

$$y(t)=0, \qquad t<0$$

对于图 14.33(d) 所示的情况，$h(t-z)$ 和 $x(z)$ 有非零的重叠段，范围从 $z=0$ 到 $z=t$，每个函数值均为 1，所以

$$y(t)=\int_0^t (1\times 1)\,\mathrm{d}z=t, \qquad 0<t<1$$

当 $t$ 在 1 和 2 之间取值时 $h(t-z)$ 大部分滑向了右边，从而使得负方波也位于阶跃函数下，其范围从 $z=0$ 到 $z=t-1$，因此

$$y(t)=\int_0^{t-1}[1\times(-1)]\,\mathrm{d}z+\int_{t-1}^{t}(1\times 1)\,\mathrm{d}z=-z\Big|_{z=0}^{z=t-1}+z\Big|_{z=t-1}^{z=t}$$

所以 $y(t) = -(t-1) + t - (t-1) = 2 - t, \quad 1 < t < 2$

最后，当 $t>2$ 之后，$h(t-z)$ 几乎全部滑向了右边，使得 $z=0$ 右边的波形全部位于阶跃函数下，交互是完全的，所以

$$y(t) = \int_{t-2}^{t-1} [1 \times (-1)]\,\mathrm{d}z + \int_{t-1}^{t} (1 \times 1)\,\mathrm{d}z = -z\Big|_{z=t-2}^{z=t-1} + z\Big|_{z=t-1}^{z=t}$$

或者 $y(t) = -(t-1) + (t-2) + t - (t-1) = 0, \quad t > 2$

将这 4 段合并，可得 $y(t)$ 的连续曲线(见图 14.34)。

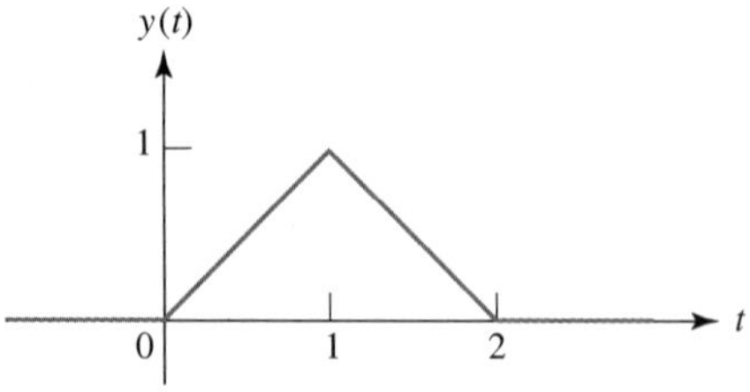


图 14.34 图 14.32 所示的 $x(t)$ 和 $h(t)$ 卷积的结果

## 练习

14.22 采用式[37]的第二个积分式重复例 14.18。

14.23 网络的冲激函数为 $h(t) = 5u(t-1)$。如果输入信号是 $x(t) = 2[u(t) - u(t-3)]$，求 $t$ 等于下列值时的输出 $y(t)$：(a) $-0.5$；(b) 0.5；(c) 2.5；(d) 3.5。

答案：14.23：(a) 0；(b) 0；(c) 15；(d) 25。

## 卷积和拉普拉斯变换

除了线性电路分析，卷积的应用范围涉及多种相当广泛的学科，包括图像处理、通信和半导体传输理论。利用图解直观显现卷积的基本过程通常是很有帮助的，因为式[36]和式[37]并不总是最好的解决方法。另一种有效的方法是利用拉普拉斯变换的性质，所以在本章介绍卷积的概念。

设 $\mathbf{F}_1(\mathbf{s})$ 和 $\mathbf{F}_2(\mathbf{s})$ 分别是 $f_1(t)$ 和 $f_2(t)$ 的拉普拉斯变换，考虑 $f_1(t) * f_2(t)$ 的拉普拉斯变换：

$$\mathscr{L}\{f_1(t) * f_2(t)\} = \mathscr{L}\left\{\int_{-\infty}^{\infty} f_1(\lambda) f_2(t-\lambda)\,\mathrm{d}\lambda\right\}$$

其中一个时间函数一般是加在线性电路输入端的激励函数，而另一个时间函数则是电路的单位冲激响应。

因为现在处理的函数在 $t=0^-$ 之前等于零(拉普拉斯变换的定义要求这样的假定)，因此可将积分的下限取为 $0^-$。根据拉普拉斯变换的定义：

$$\mathscr{L}\{f_1(t) * f_2(t)\} = \int_{0^-}^{\infty} \mathrm{e}^{-\mathbf{s}t} \left[\int_{0^-}^{\infty} f_1(\lambda) f_2(t-\lambda)\,\mathrm{d}\lambda\right] \mathrm{d}t$$

因为 $\mathrm{e}^{-\mathbf{s}t}$ 与 $\lambda$ 无关，因此可以移至里面的积分号之内，并同时交换积分次序，从而得到以下结果：

$$\mathscr{L}\{f_1(t) * f_2(t)\} = \int_{0^-}^{\infty} \left[\int_{0^-}^{\infty} \mathrm{e}^{-\mathbf{s}t} f_1(\lambda) f_2(t-\lambda)\,\mathrm{d}t\right] \mathrm{d}\lambda$$

注意，$f_1(\lambda)$ 与 $t$ 无关，使用同样的技巧可将其移至里面的积分号之外：

$$\mathscr{L}\{f_1(t) * f_2(t)\} = \int_{0^-}^{\infty} f_1(\lambda) \left[\int_{0^-}^{\infty} \mathrm{e}^{-\mathbf{s}t} f_2(t-\lambda)\,\mathrm{d}t\right] \mathrm{d}\lambda$$

再对括号中的积分(其中 $\lambda$ 被视为常数)进行变量替换 $x = t - \lambda$：

$$\begin{aligned}\mathscr{L}\{f_1(t)*f_2(t)\} &= \int_{0^-}^{\infty} f_1(\lambda)\left[\int_{-\lambda}^{\infty} \mathrm{e}^{-\mathbf{s}(x+\lambda)} f_2(x)\,\mathrm{d}x\right]\mathrm{d}\lambda \\ &= \int_{0^-}^{\infty} f_1(\lambda)\mathrm{e}^{-\mathbf{s}\lambda}\left[\int_{-\lambda}^{\infty} \mathrm{e}^{-\mathbf{s}x} f_2(x)\,\mathrm{d}x\right]\mathrm{d}\lambda \\ &= \int_{0^-}^{\infty} f_1(\lambda)\mathrm{e}^{-\mathbf{s}\lambda}[\mathbf{F}_2(\mathbf{s})]\,\mathrm{d}\lambda \\ &= \mathbf{F}_2(\mathbf{s})\int_{0^-}^{\infty} f_1(\lambda)\mathrm{e}^{-\mathbf{s}\lambda}\mathrm{d}\lambda\end{aligned}$$

剩下的积分就是 $\mathbf{F}_1(\mathbf{s})$，所以

$$\boxed{\mathscr{L}\{f_1(t)*f_2(t)\} = \mathbf{F}_1(\mathbf{s})\cdot\mathbf{F}_2(\mathbf{s})} \tag{38}$$

这个表达式可以描述为：两个拉普拉斯变换的乘积的逆变换等于其各自逆变换的卷积。这个结论有时在求逆变换时很有用。

**例 14.19**　运用卷积方法求 $v(t)$，已知 $\mathbf{V}(\mathbf{s}) = 1/[(\mathbf{s}+\alpha)(\mathbf{s}+\beta)]$。

**解**：在 14.4 节利用部分分式展开已经求得了逆变换，现在将 $\mathbf{V}(\mathbf{s})$ 看成两个变换的乘积：

$$\mathbf{V}_1(\mathbf{s}) = \frac{1}{\mathbf{s}+\alpha}, \qquad \mathbf{V}_2(\mathbf{s}) = \frac{1}{\mathbf{s}+\beta}$$

其中，

$$v_1(t) = \mathrm{e}^{-\alpha t}u(t), \qquad v_2(t) = \mathrm{e}^{-\beta t}u(t)$$

要求的 $v(t)$ 立即可以表示为

$$\begin{aligned}v(t) = \mathscr{L}^{-1}\{\mathbf{V}_1(\mathbf{s})\mathbf{V}_2(\mathbf{s})\} &= v_1(t)*v_2(t) = \int_{0^-}^{\infty} v_1(\lambda)v_2(t-\lambda)\,\mathrm{d}\lambda \\ &= \int_{0^-}^{\infty} \mathrm{e}^{-\alpha\lambda}u(\lambda)\mathrm{e}^{-\beta(t-\lambda)}u(t-\lambda)\,\mathrm{d}\lambda = \int_{0^-}^{t} \mathrm{e}^{-\alpha\lambda}\mathrm{e}^{-\beta t}\mathrm{e}^{\beta\lambda}\,\mathrm{d}\lambda \\ &= \mathrm{e}^{-\beta t}\int_{0^-}^{t} \mathrm{e}^{(\beta-\alpha)\lambda}\,\mathrm{d}\lambda = \mathrm{e}^{-\beta t}\frac{\mathrm{e}^{(\beta-\alpha)t}-1}{\beta-\alpha}u(t)\end{aligned}$$

更简洁的公式如下：

$$v(t) = \frac{1}{\beta-\alpha}(\mathrm{e}^{-\alpha t}-\mathrm{e}^{-\beta t})u(t)$$

这与前面用部分分式展开得到的结果一致。注意，需要在结果中加入单位阶跃函数 $u(t)$，因为所有的(单边)拉普拉斯变换只在非负时间段有效。

> 说明：用这个方法很容易得到结果吗？除非有人非常青睐卷积积分。如果展开式本身不太复杂，那么部分分式展开的方法通常很简单，但是在 s 域应用卷积更简单，因为它只需要进行乘法运算。

## 练习

14.24　重复例 14.18，要求在 s 域进行卷积。

## 对传输函数的深入讨论

前面已多次提到，线性电路某点上的输出电压 $v_o(t)$ 等于输入电压 $v_i(t)$ 和单位冲激响应 $h(t)$ 的卷积。但是要记住，单位冲激响应是所有初始条件均等于零时，单位冲激函数在 $t=0$

时激励下的响应。在这些条件下,$v_o(t)$的拉普拉斯变换为

$$\mathcal{L}\{v_o(t)\} = \mathbf{V}_o(\mathbf{s}) = \mathcal{L}\{v_i(t) * h(t)\} = \mathbf{V}_i(\mathbf{s})[\mathcal{L}\{h(t)\}]$$

即比值 $\mathbf{V}_o(\mathbf{s})/\mathbf{V}_i(\mathbf{s})$ 等于冲激函数的拉普拉斯变换,用符号 $\mathbf{H}(\mathbf{s})$ 表示为

$$\mathcal{L}\{h(t)\} = \mathbf{H}(\mathbf{s}) = \frac{\mathbf{V}_o(\mathbf{s})}{\mathbf{V}_i(\mathbf{s})} \tag{39}$$

从式[39]可以看到,单位冲激响应和传输函数构成了一对拉普拉斯变换对:

$$h(t) \Leftrightarrow \mathbf{H}(\mathbf{s})$$

**例 14.20** 确定图 14.35(a)所示电路的冲激响应,并用它计算受迫响应 $v_o(t)$,设输入电压为 $v_{in}(t) = 6e^{-t}u(t)$ V。

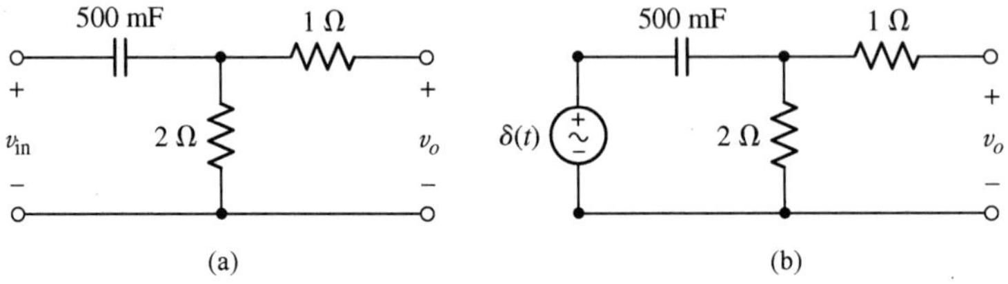


图 14.35 (a) $t=0$ 时电路获得指数输入信号;(b) 用于确定 $h(t)$的电路

**解:** 首先将冲激电压脉冲 $\delta(t)$ V 接到如图 14.35(b)所示的电路中。虽然既可以利用时域中的 $h(t)$,也可以利用 $\mathbf{s}$ 频域中的 $\mathbf{H}(\mathbf{s})$,但这里还是选择了后者,因此接下来的讨论都基于图 14.35(b)所示电路在 $\mathbf{s}$ 域的表示形式,如图 14.36 所示。

冲激响应 $\mathbf{H}(\mathbf{s})$ 由下式求得:

$$\mathbf{H}(\mathbf{s}) = \frac{\mathbf{V}_o}{1}$$

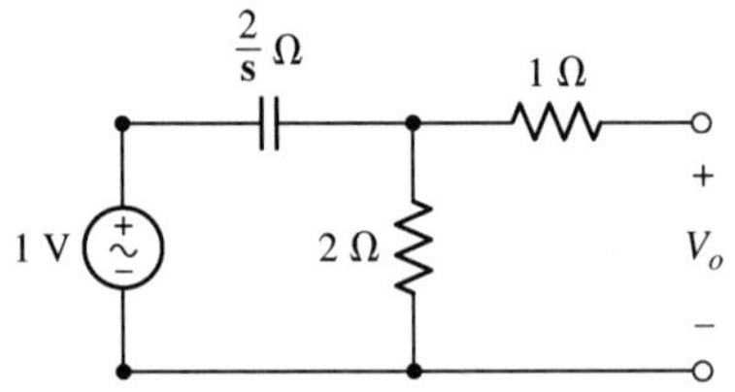


图 14.36 用于求解 $\mathbf{H}(\mathbf{s})$的电路

采用简单分压定理可以很容易地求解 $\mathbf{V}_o$:

$$\mathbf{V}_o\Big|_{v_{in}=\partial(t)} = \frac{2}{2/\mathbf{s}+2} = \frac{\mathbf{s}}{\mathbf{s}+1} = \mathbf{H}(\mathbf{s})$$

现在利用卷积求 $v_o(t)$,此时 $v_{in} = 6e^{-t}u(t)$,因此

$$v_{in} = \mathcal{L}^{-1}\{\mathbf{V}_{in}(\mathbf{s}) \cdot \mathbf{H}(\mathbf{s})\}$$

由于 $\mathbf{V}_{in}(\mathbf{s}) = 6/(\mathbf{s}+1)$,因此

$$\mathbf{V}_o = \frac{6\mathbf{s}}{(\mathbf{s}+1)^2} = \frac{6}{\mathbf{s}+1} - \frac{6}{(\mathbf{s}+1)^2}$$

进行拉普拉斯逆变换,得到 $v_o(t) = 6e^{-t}(1-t)u(t)$ V

## 练习

14.25 电路如图 14.35(a)所示,利用卷积求 $v_o(t)$,设 $v_{in} = tu(t)$ V。

答案:$v_o(t) = (1 - e^{-t})u(t)$ V。

## 14.12 电压比 $H(s) = V_{out}/V_{in}$的综合方法

本章讨论的许多内容都与传输函数的零点和极点有关。

现在要讨论的是如何由要求的传输函数确定网络结构。设传输函数的形式为 $\mathbf{H}(\mathbf{s}) = \mathbf{V}_{out}(\mathbf{s})/\mathbf{V}_{in}(\mathbf{s})$，如图 14.37 所示，我们只讨论问题的一部分。为简单起见，$\mathbf{H}(\mathbf{s})$ 被严格限制为临界频率均位于负 $\sigma$ 轴上(包括原点)，即讨论的传输函数类似于

$$\mathbf{H}_1(\mathbf{s}) = \frac{10(\mathbf{s}+2)}{\mathbf{s}+5}$$

或者

$$\mathbf{H}_2(\mathbf{s}) = \frac{-5\mathbf{s}}{(\mathbf{s}+8)^2}$$

或者

$$\mathbf{H}_3(\mathbf{s}) = 0.1\mathbf{s}(\mathbf{s}+2)$$

为了求得图 14.38 所示的包含理想运算放大器的网络电压增益，位于运算放大器两个输入端之间的电压本质上等于零，运算放大器的输入阻抗等于无穷大，因此流入反相输入端的总电流等于零，即

$$\frac{\mathbf{V}_{in}}{\mathbf{Z}_1} + \frac{\mathbf{V}_{out}}{\mathbf{Z}_f} = 0$$

或者

$$\frac{\mathbf{V}_{out}}{\mathbf{V}_{in}} = -\frac{\mathbf{Z}_f}{\mathbf{Z}_1}$$

如果 $\mathbf{Z}_f$ 和 $\mathbf{Z}_1$ 都是电阻，则电路就是一个反相放大器，或者可能是**衰减器**(如果比值小于 1)。但我们现在感兴趣的是这两个阻抗中有一个是电阻，另一个是 $RC$ 网络。

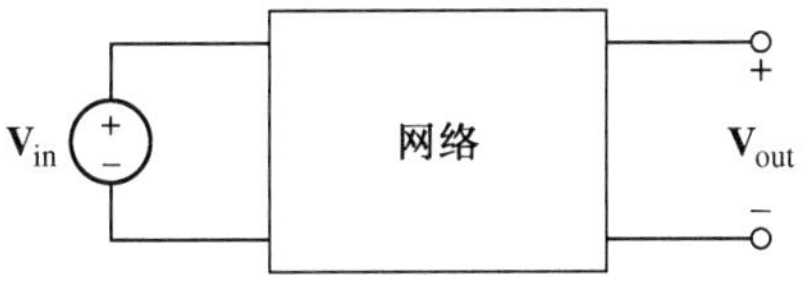


图 14.37　构造网络，使传输函数符合给定的 $\mathbf{H}(\mathbf{s}) = \mathbf{V}_{out}/\mathbf{V}_{in}$

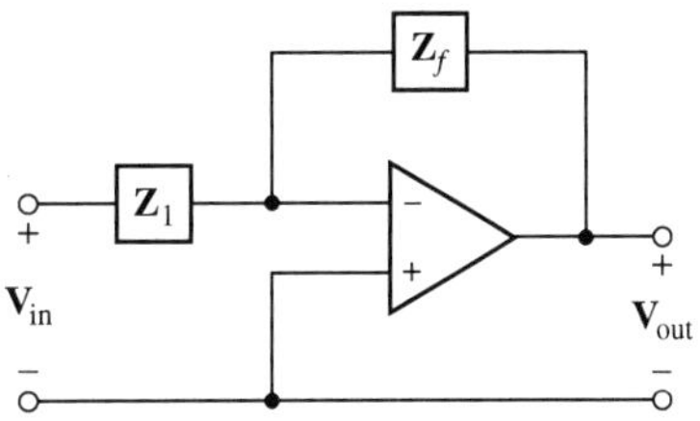


图 14.38　对于理想运算放大器，$\mathbf{H}(\mathbf{s}) = \mathbf{V}_{out}/\mathbf{V}_{in} = -\mathbf{Z}_f/\mathbf{Z}_1$

在图 14.39(a)所示的电路中，令 $\mathbf{Z}_1 = R_1$，而 $\mathbf{Z}_f$ 是 $R_f$ 和 $C_f$ 的并联等效组合，则

$$\mathbf{Z}_f = \frac{R_f/\mathbf{s}C_f}{R_f + (1/\mathbf{s}C_f)} = \frac{R_f}{1+\mathbf{s}C_f R_f} = \frac{1/C_f}{\mathbf{s}+(1/R_f C_f)}$$

且

$$\mathbf{H}(\mathbf{s}) = \frac{\mathbf{V}_{out}}{\mathbf{V}_{in}} = -\frac{\mathbf{Z}_f}{\mathbf{Z}_1} = -\frac{1/R_1 C_f}{\mathbf{s}+(1/R_f C_f)}$$

得到的传输函数只有一个临界频率(有限值)，极点位于 $\mathbf{s} = -1/R_f C_f$。

回到图 14.39(b)，现在令 $\mathbf{Z}_f$ 为电阻，而 $\mathbf{Z}_1$ 为 $RC$ 并联组合：

$$\mathbf{Z}_1 = \frac{1/C_1}{\mathbf{s}+(1/R_1 C_1)}$$

且

$$\mathbf{H}(\mathbf{s}) = \frac{\mathbf{V}_{out}}{\mathbf{V}_{in}} = -\frac{\mathbf{Z}_f}{\mathbf{Z}_1} = -R_f C_1\left(\mathbf{s}+\frac{1}{R_1 C_1}\right)$$

则有限值的临界频率成为位于 $\mathbf{s} = -1/R_1 C_1$ 的零点。

对于理想运算放大器，输出阻抗或戴维南阻抗等于零，所以 $\mathbf{V}_{out}$ 或 $\mathbf{V}_{out}/\mathbf{V}_{in}$ 都不是输出端负载 $\mathbf{Z}_L$ 的函数，这表明可以将运算放大器的输出端直接与下一个运算放大器的输入

端相连，这称为**级联**。指定每个运算放大器的零点和极点，可以得到任何想要的总传输函数。

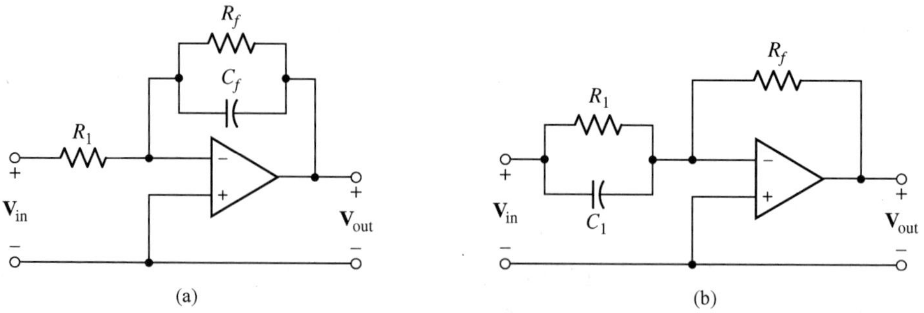


图 14.39 (a) 传输函数 $\mathbf{H}(\mathbf{s}) = \mathbf{V}_{out}/\mathbf{V}_{in}$ 的一个位于 $\mathbf{s} = -1/R_f C_f$ 的极点；(b) 一个位于 $\mathbf{s} = -1/R_1 C_1$ 的零点

**例 14.21** 对电路进行综合，使之产生的传输函数为 $\mathbf{H}(\mathbf{s}) = \mathbf{V}_{out}/\mathbf{V}_{in} = 10(\mathbf{s}+2)/(\mathbf{s}+5)$。

**解**：位于 $\mathbf{s} = -5$ 的极点可以用图 14.39(a) 所示的网络来产生，该网络称为网络 $A$，而且 $1/R_{fA}C_{fA} = 5$。任意选择 $R_{fA} = 100\ \text{k}\Omega$，则 $C_{fA} = 2\ \mu\text{F}$。对于这一部分电路，有

$$\mathbf{H}_A(\mathbf{s}) = -\frac{1/R_{1A}C_{fA}}{\mathbf{s} + (1/R_{fA}C_{fA})} = -\frac{5 \times 10^5/R_{1A}}{\mathbf{s}+5}$$

接下来考虑位于 $\mathbf{s} = -2$ 的零点。由图 14.39(b) 可知，$1/R_{1B}C_{1B} = 2$，取 $R_{1B} = 100\ \text{k}\Omega$，则 $C_{1B} = 5\ \mu\text{F}$。这时，

$$\mathbf{H}_B(\mathbf{s}) = -R_{fB}C_{1B}\left(\mathbf{s} + \frac{1}{R_{1B}C_{1B}}\right)$$
$$= -5 \times 10^{-6} R_{fB}(\mathbf{s}+2)$$

且

$$\mathbf{H}(\mathbf{s}) = \mathbf{H}_A(\mathbf{s})\mathbf{H}_B(\mathbf{s}) = 2.5\frac{R_{fB}}{R_{1A}}\frac{\mathbf{s}+2}{\mathbf{s}+5}$$

通过令 $R_{fB} = 100\ \text{k}\Omega$ 和 $R_{1A} = 25\ \text{k}\Omega$ 来完成设计，结果电路如图 14.40 所示。电路中电容相当大，这是因为 $\mathbf{H}(\mathbf{s})$ 的零点和极点都是低频造成的，如果 $\mathbf{H}(\mathbf{s})$ 改为 $10(\mathbf{s}+2000)/(\mathbf{s}+5000)$，电容就可以取为 2 nF 和 5 nF。

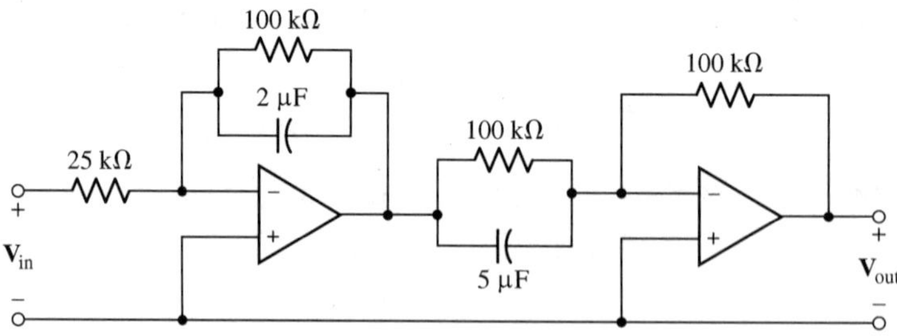


图 14.40 含有两个理想运算放大器的网络，电压传输函数为 $\mathbf{H}(\mathbf{s}) = \mathbf{V}_{out}/\mathbf{V}_{in} = 10(\mathbf{s}+2)/(\mathbf{s}+5)$

## 练习

14.26 为 3 个级联组合中的每一个 $\mathbf{Z}_1$ 和 $\mathbf{Z}_f$ 选择合适的元件值，使其实现 $\mathbf{H}(\mathbf{s}) = -20\mathbf{s}^2/(\mathbf{s}+1000)$ 的传输函数。

答案：1 μF ‖ ∞，1 MΩ；1 μF ‖ ∞，1 MΩ；100 kΩ ‖ 10 nF，5 MΩ。

## 实际应用——振荡器电路的设计

本书许多地方都对各种电路在正弦激励下的响应进行过讨论。但是，产生正弦波形本身也是一件有趣的事情。比如，利用磁铁和旋转线圈可以直接产生幅度很大的正弦电压和电流，但是用这种方法产生正弦小信号却很不容易。典型的低电流应用一般都采用称为**振荡器**的电路，它由合适的放大器电路结合**正反馈**构成。许多消费类电子产品中都集成了振荡器，比如图 14.41所示的全球定位卫星(GPS)接收机。

**文氏电桥振荡器**是一种很直观也很有用的振荡器电路，如图 14.42 所示。

图 14.41　许多消费类电子产品(如 GPS 接收机)都依赖于振荡器电路提供的参考频率(© Aleksandra Suzi / Shutterstock)

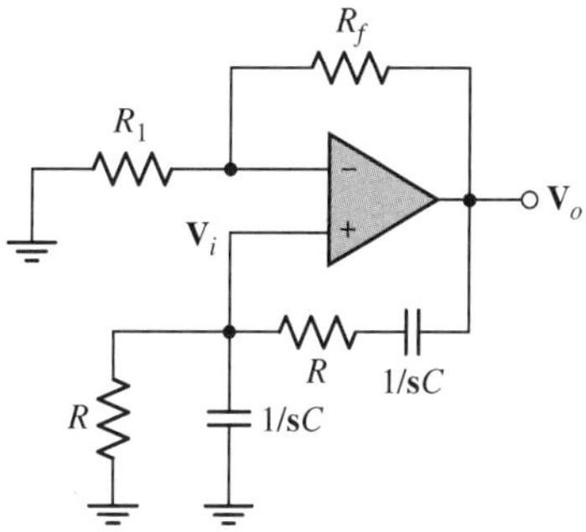


图 14.42　文氏电桥振荡电路

电路中的运算放大器是同相组态，电阻 $R_1$ 接在反相端和地之间，电阻 $R_f$ 接在输出端和反相端之间。电阻 $R_f$ 提供一条**负反馈回路**，因为它连接在放大器的输出端和反相端之间，输出的任何增量 $\Delta\mathbf{V}_o$ 将导致输入的减少，从而引起输出的下降，这个过程增加了输出电压 $\mathbf{V}_o$ 的稳定性。运放的**增益**定义为 $\mathbf{V}_o$ 与 $\mathbf{V}_i$ 的比值，由电阻 $R_1$ 和 $R_f$ 的相对值确定。

正反馈环包含两个独立的电阻-电容组合，定义为$\mathbf{Z}_s = R + 1/\mathbf{s}C$ 和 $\mathbf{Z}_p = R \parallel (1/\mathbf{s}C)$。选择 $R$ 和 $C$ 的值以设计振荡器的振荡频率(运算放大器的内部电容将限制振荡器所能获得的最大频率)。为了得到振荡频率和 $R$, $C$ 之间的关系，我们需要得到放大器电压增益 $\mathbf{V}_o/\mathbf{V}_i$ 的表达式。

回忆第 6 章有关理想运算放大器的两个特性，仔细观察图 14.42 所示的电路，发现 $\mathbf{Z}_p$ 和 $\mathbf{Z}_s$ 组成分压电路，即

$$\mathbf{V}_i = \mathbf{V}_o \frac{\mathbf{Z}_p}{\mathbf{Z}_p + \mathbf{Z}_s} \qquad [40]$$

将 $\mathbf{Z}_p = R \parallel (1/\mathbf{s}C) = R/(1 + \mathbf{s}RC)$，$\mathbf{Z}_s = R + 1/\mathbf{s}C = (1 + \mathbf{s}RC)/\mathbf{s}C$ 代入并简化表达式，可得

$$\frac{\mathbf{V}_i}{\mathbf{V}_o} = \frac{\dfrac{R}{1+\mathbf{s}RC}}{\dfrac{1+\mathbf{s}RC}{\mathbf{s}C} + \dfrac{R}{1+\mathbf{s}RC}} = \frac{\mathbf{s}RC}{1 + 3\mathbf{s}RC + \mathbf{s}^2R^2C^2} \qquad [41]$$

因为只对放大器的正弦稳态感兴趣，所以令 $\mathbf{s} = j\omega$，可得

$$\frac{\mathbf{V}_i}{\mathbf{V}_o}=\frac{\mathrm{j}\omega RC}{1+3\mathrm{j}\omega RC+(\mathrm{j}\omega)^2R^2C^2}=\frac{\mathrm{j}\omega RC}{1-\omega^2R^2C^2+3\mathrm{j}\omega RC} \tag{42}$$

当 $\omega=1/RC$ 时，增益表达式是实数，从而可以选择 $R$ 和 $C$ 的值，使之等于放大器设定的工作频率 $f=\omega/2\pi=1/2\pi RC$。

作为例子，设计一个文氏电桥振荡器电路，要求产生 20 Hz 的正弦信号，这是音频段可接收的低频。需要的频率 $\omega=2\pi f=(6.28)(20)=125.6$ rad/s，一旦选定了电阻值，就可以确定电容值(反之亦然)。假设手上正好有一个 1 μF 电容，则计算得到所需电阻值为 $R=7962\ \Omega$。由于这不是标准电阻值，所以需要利用几个标准电阻的串并联组合来得到需要的值。回到图 14.42，准备用 SPICE 对电路进行仿真，但是发现电阻 $R_1$ 和 $R_f$ 的值还没有确定。

尽管式[40]正确描述了 $\mathbf{V}_o$ 和 $\mathbf{V}_i$ 之间的关系，但还是可以再写出一个表示其关系的方程：

$$0=\frac{\mathbf{V}_i}{R_1}+\frac{\mathbf{V}_i-\mathbf{V}_o}{R_f}$$

重新整理后得到

$$\frac{\mathbf{V}_o}{\mathbf{V}_i}=1+\frac{R_f}{R_1} \tag{43}$$

令式[42]的 $\omega=1/RC$，结果为

$$\frac{\mathbf{V}_i}{\mathbf{V}_o}=\frac{1}{3}$$

也就是在选择电阻 $R_1$ 和 $R_f$ 的数值时必须保证 $R_f/R_1=2$。遗憾的是，如果选择 $R_f=2\ \mathrm{k}\Omega$，$R_1=1\ \mathrm{k}\Omega$，用 SPICE 进行瞬态分析，得到的结果却令人失望。为了保证电路确实是不稳定的(起振有一个必要条件)，比值 $R_f/R_1$ 要略大于 2。此时的仿真($R=7962\ \Omega$，$C=1\ \mu\mathrm{F}$，$R_f=2.01\ \mathrm{k}\Omega$，$R_1=1\ \mathrm{k}\Omega$)结果如图 14.43 所示。注意，振荡的幅度在图中是增长的，实际电路中需要采用非线性电路元件来稳定振荡信号的幅度。

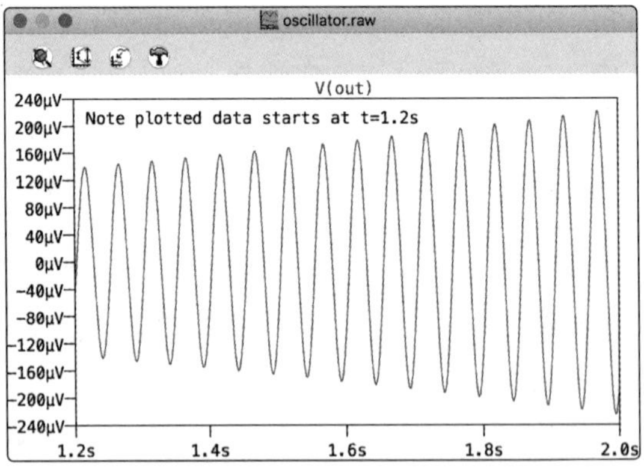


图 14.43 文氏电桥振荡器的仿真输出，设计的工作频率是 20 Hz

## 总结和复习

本章的主要内容是利用拉普拉斯变换来进行电路分析，这是一个有用的数学工具，可以将时间域的完好函数变换到频率域。在介绍变换之前，我们首先讨论了用 $\mathbf{s}$ 表示的复频率，它含有实部($\sigma$)和虚部($\omega$)两部分，也就是可以写成 $\mathbf{s}=\sigma+\mathrm{j}\omega$。

令人吃惊的是，每天都在进行的大量电路分析，并不需要直接对拉普拉斯变换和逆变换的积分定义式做运算！相反，这些变换对是可以通过查表得到的，在 s 域通过电路分析得到的 s 多项式也可以分解成低阶项，成为容易看出的简单项，因为拉普拉斯变换对是唯一的。伴随拉普拉斯变换的一些定理在日常处理电路问题时很有帮助，线性定理、时域微分定理、时域积分定理、时移定理、初值定理和终值定理都是常用的定理。

最后，我们将这些方法应用到 s 域中，将电容和电感用其合适的阻抗替代，同时用正确的方式包含初始条件。阻抗(或导纳)的引入使得电路分析可以直接在 s 域列写节点方程和网孔方程，而无须依靠对微分方程取拉普拉斯变换转到 s 域。

我们还介绍了系统传输函数的概念，利用传输函数可以方便地在输入发生变化的情况下求输出响应。在 s 域进行的分析还表明，两个时域函数的卷积其实就是 s 域这两个函数对应变换的乘积。

在我们的分析中，还阐述了复平面的概念，它的存在使得传输函数多了一种图解表示的方法，同时也使判定零点和极点变得更直观。由于电源作为激励源加到电路中，改变的只是系统瞬态响应的幅度，而不是瞬态响应的波形结构，因此 s 域分析其实揭示了网络的自由响应和受迫响应的很多信息。

上述这些概念在后续信号分析课程中还会被再次提及，尤其是卷积，它可以应用的领域非常广泛。下面是本章的主要内容，以及相关例题的编号。

- 复频率 $\mathbf{s}=\sigma+j\omega$ 为一般情况；直流($\mathbf{s}=0$)、指数($\omega=0$)和正弦函数($\sigma=0$)为特殊情况。
- 对于电路分析的问题，可以使用单边拉普拉斯变换 $\mathbf{F}(\mathbf{s})=\int_{0^-}^{\infty}e^{-\mathbf{s}t}f(t)\,dt$ 将时域函数变换为频域函数。(例 14.1)
- 拉普拉斯逆变换是将频域表达式变换为时域表达式。一般不直接使用定义进行逆变换，通常使用拉普拉斯变换表。(例 14.2 和表 14.1)
- 单位冲激函数是对非常窄的脉冲(指其宽度相对于电路时间常数而言非常窄)的近似，它只在一个点上取非零值，其面积等于 1。
- $\mathcal{L}\{f_1(t)+f_2(t)\}=\mathcal{L}\{f_1(t)\}+\mathcal{L}\{f_2(t)\}$ (叠加性)。
- $\mathcal{L}\{kf(t)\}=k\mathcal{L}\{f(t)\}$，$k$ 为常数(齐次性)。
- 在求拉普拉斯逆变换时，通常使用部分分式展开的方法以及表 14.2 的各种运算，将s 域表达式简化成若干项的组合，而这些项均可以直接从变换表(比如表 14.1)中查到。(例 14.3 至例 14.5，例 14.9)
- 使用微分定理和积分定理可以将时域微积分方程变换为频域简单的代数方程。(例 14.6 至例 14.8)
- 在只需求解 $f(t=0^+)$ 和 $f(t\to\infty)$ 的值时，初值定理和终值定理很有用。(例14.10)
- 电阻在频域中可以用相同数值的阻抗表示。(例 14.11)
- 电感在频域用阻抗 $\mathbf{s}L$ 表示。如果初始电流不等于零，则阻抗必须与电压源 $Li(0^-)$ 串联，或者与电流源 $i(0^-)/\mathbf{s}$ 并联。(例 14.11)
- 电容在频域用阻抗 $1/\mathbf{s}C$ 表示。如果初始电压不等于零，则阻抗必须与电压源 $v(0^-)/\mathbf{s}$ 串联，或者与电流源 $Cv(0^-)$ 并联。(例 14.12)
- 采用 s 域分析方法可以确定电路的瞬态响应。(例 14.11 至例 14.16)
- 通过 s 域的节点分析和网孔分析，可以得到用 s 多项式表示的方程组，MATLAB 是求解

系统方程的有用工具。(例 14.13 至例 14.15)

- 叠加定理、电源变换、戴维南等效和诺顿等效均适用于 s 域分析。(例 14.16 和例 14.17)
- 电路的传输函数 **H**(s) 定义为 s 域的输出与输入的比值，这两个量既可以是电压，也可以是电流。(例 14.18 和例 14.20)
- **H**(s) 的零点是使其幅度等于零的点，**H**(s) 的极点是使其幅度等于无穷大的点。
- 卷积提供了利用冲激响应 $h(t)$ 确定电路输出的解析方法和图解方法。(例 14.18 至例 14.20)
- 有几种用零点和极点表示 s 域表达式的图形方法，这些图形能够用来综合电路，使之满足所要求的响应。(例 14.21)
- 单个运放可以综合含有一个零点或者一个极点的传输函数，复杂传输函数的综合需要用到多个运放的级联。

## 深入阅读

有关拉普拉斯变换的简单易读的推导过程及其性质可以参考以下书籍的第 4 章：

A. Pinkus and S. Zafrany, *Fourier Series and Integral Transforms*, Cambridge, United Kingdom: Cambridge University Press, 1997.

积分变换及其应用在处理科学和工程问题上的详细讨论可查阅以下书籍：

B. Davies, *Integral Transforms and Their Applications*, 3rd ed. New York: Springer-Verlag, 2002.

稳定性和 Routh 测试可参阅以下书籍的第 5 章：

K. Ogata, *Modern Control Engineering*, 4th ed. Englewood Cliffs, N. J.: Prentice-Hall, 2002.

有关 s 域系统分析、拉普拉斯变换、传输函数的性质等详细内容可查阅下面的书籍：

K. Ogata, *Modern Control Engineering*, 4th ed. Englewood Cliffs, N. J.: Prentice-Hall, 2002.

不同类型滤波器电路的讨论可查阅下面的书籍：

R. Mancini, *Op Amps for Everyone*, 2nd ed. Amsterdam: Newnes, 2003.

G. Clayton and S. Winder, *Operational Amplifiers*, 5th ed. Amsterdam: Newnes, 2003.

## 习题

### 14.1 复频率

1. 确定下列各项的共轭项。(a) $8-\mathrm{j}$；(b) $8e^{-9t}$；(c) 22.5；(d) $4e^{\mathrm{j}9}$；(e) $\mathrm{j}2e^{-\mathrm{j}11}$。
2. 计算下列各表达式的复共轭。(a) $-1$；(b) $-\mathrm{j}/5\angle 20°$；(c) $5e^{-\mathrm{j}5}+2e^{\mathrm{j}3}$；(d) $(2+\mathrm{j})(8\angle 30°)e^{\mathrm{j}2t}$。
3. 纸片上记录了一些实电压，不巧的是每个电压表达式都被泼洒在纸上的咖啡污染了一半，假设下列表达式是能够从纸上清晰看到的，请将各表达式补充完整，所有电压的单位都是 V。(a) $5e^{-\mathrm{j}50t}$；(b) $(2+\mathrm{j})e^{\mathrm{j}9t}$；(c) $(1-\mathrm{j})e^{\mathrm{j}78t}$；(d) $-\mathrm{j}e^{-5t}$。
4. 确定下列各表达式的复频率或频率。(a) $f(t)=\sin 100t$；(b) $f(t)=10$；(c) $g(t)=5e^{-7t}\cos 80t$；(d) $f(t)=5e^{8t}$；(e) $g(t)=(4e^{-2t}-e^{-t})\cos(4t-95°)$。
5. 确定以下表达式的复频率 **s** 及其共轭 **s***。(a) $7e^{-9t}\sin(100t+9°)$；(b) $\cos 9t$；(c) $2\sin 45t$；(d) $e^{7t}\cos 7t$。
6. 利用实常数 $A$, $B$, $\theta$ 和 $\phi$ 等，构造一个实数时间域的函数，已知频率分量如下：(a) $10-\mathrm{j}3\mathrm{s}^{-1}$；(b) $0.25\mathrm{s}^{-1}$；(c) 0, 1, $-\mathrm{j}$, $1+\mathrm{j}$(对所有的 $\mathrm{s}^{-1}$)。

7. 电压源 $Ae^{Bt}\cos(Ct+\theta)$ 在某个时刻接在 280 Ω 电阻的两端，计算 $t=0$，0.1 s 和 0.5 s 时的电流值，假设符合无源符号规则。(a) $A=1$ V，$B=0.2$ Hz，$C=0$，$\theta=45°$；(b) $A=285$ mV，$B=-1$ Hz，$C=2$ rad/s，$\theta=-45°$。
8. 只要邻居家的手机接入当地的网络，你的笔记电脑的扬声系统就会受到干扰。用示波器接到笔记本电脑的输出端口，观察到的电压波形复频率为 $\mathbf{s}=-1+\mathrm{j}200\pi\,\mathrm{s}^{-1}$。(a) 从邻居的移动中你可以推断出什么？(b) 假设复频率的虚部突然开始下降，怎样合理地改变你的推断？
9. 计算下列复频率的实部：(a) $\mathbf{v}(t)=9e^{-j4t}$ V；(b) $\mathbf{v}(t)=12-j9$ V；(c) $5\cos 100t-j43\sin 100t$ V；(d) $(2+j)e^{j3t}$ V。
10. 助手测试到来自测试设备的信号为 $v(t)=\mathbf{V}_x e^{(-2+j60)t}$，其中 $\mathbf{V}_x=8-j100$ V。(a) 表达式中缺少了一项，是什么？怎么知道的？(b) 信号的复频率是什么？(c) $\mathrm{Im}\{\mathbf{V}_x\}>\mathrm{Re}\{\mathbf{V}_x\}$ 的意义是什么？(d) $|\mathrm{Re}\{\mathbf{s}\}|<|\mathrm{Im}\{\mathbf{s}\}|$ 的意义又是什么？

## 14.2　拉普拉斯变换的定义

11. 利用式[10]（要有中间步骤），计算下列各式的拉普拉斯变换。(a) $2.1u(t)$；(b) $2u(t-1)$；(c) $5u(t-2)-2u(t)$；(d) $3u(t-b)$，其中 $b>0$。
12. 利用单边拉普拉斯变换的积分式（要有中间步骤）计算下列各式的 s 域表达式：(a) $5u(t-6)$；(b) $2e^{-t}u(t)$；(c) $2e^{-t}u(t-1)$；(d) $e^{-2t}\sin 5t\, u(t)$。
13. 利用式[10]计算以下各式的单边拉普拉斯变换（要有中间步骤）：(a) $(t-1)u(t-1)$；(b) $t^2u(t)$；(c) $\sin 2t\, u(t)$；(d) $\cos 100t\, u(t)$。
14. 设 $\mathscr{L}\{f(t)\}=\mathbf{F}(\mathbf{s})$，则 $tf(t)$ 的拉普拉斯变换为 $-\mathrm{d}\mathbf{F}(\mathbf{s})/\mathrm{d}\mathbf{s}$。直接利用式[10]计算下列各式的拉普拉斯变换，并用上述结论得到的结果进行比较验证。(a) $tu(t)$；(b) $t^2u(t)$；(c) $t^3u(t)$；(d) $te^{-t}u(t)$。

## 14.3　简单时域函数的拉普拉斯变换

15. 对下列函数，确定能够使单边拉普拉斯变换成立的 $\sigma_0$ 的范围。(a) $t+4$；(b) $(t+1)(t-2)$；(c) $e^{-t/2}u(t)$；(d) $\sin 10t\, u(t+1)$。
16. 利用式[10]证明：$\mathscr{L}\{f(t)+g(t)+h(t)\}=\mathscr{L}\{f(t)\}+\mathscr{L}\{g(t)\}+\mathscr{L}\{h(t)\}$。
17. 当 $f(t)$ 为下列各式时，分别求其拉普拉斯变换式 $\mathbf{F}(\mathbf{s})$。(a) $3u(t-2)$；(b) $3e^{-2t}u(t)+5u(t)$；(c) $\delta(t)+u(t)-tu(t)$；(d) $5\delta(t)$。
18. 当 $g(t)$ 为下列各式时，分别求其拉普拉斯变换式 $\mathbf{G}(\mathbf{s})$。(a) $[5u(t)]^2-u(t)$；(b) $2u(t)-2u(t-2)$；(c) $tu(2t)$。
19. 没有式[11]提供的信息，求表达式 $f(t)$，已知其拉普拉斯变换式 $\mathbf{F}(\mathbf{s})$ 分别为：(a) $1/\mathbf{s}$；(b) $1.55-2/\mathbf{s}$；(c) $1/(\mathbf{s}+1.5)$；(d) $\dfrac{1}{\mathbf{s}^2}+\dfrac{5}{\mathbf{s}}+5$。
20. 不用拉普拉斯逆变换的积分式，求 $g(t)$ 的表达式，其中 $\mathbf{G}(\mathbf{s})$ 分别为：(a) $1.5/(\mathbf{s}+9)^2$；(b) $2/\mathbf{s}-0$；(c) $\pi$；(d) $a/(\mathbf{s}+1)^2-a$，$a>0$。
21. 计算下列各式的值。(a) $t=1$ 时的 $\delta(t)$；(b) $t=0$ 时的 $5\delta(t+1)+u(t+1)$；(c) $\int_{-1}^{2}\delta(t)\,\mathrm{d}t$；(d) $3-\int_{-1}^{2}2\delta(t)\,\mathrm{d}t$。
22. 计算下列各式的值。(a) $t=1$ 时的 $[\delta(2t)]^2$；(b) $t=0$ 时的 $2\delta(t-1)+u(-t+1)$；(c) $\dfrac{1}{3}\int_{-0.001}^{0.003}\delta(t)\,\mathrm{d}t$；(d) $\dfrac{1}{2}\left[\int_{-\infty}^{+\infty}\delta(t-1)\,\mathrm{d}t\right]^2$。
23. 计算下列表达式在 $t=0$ 时的值。(a) $\int_{-\infty}^{+\infty}2\delta(t-1)\,\mathrm{d}t$；(b) $\dfrac{\int_{-\infty}^{+\infty}\delta(t+1)\,\mathrm{d}t}{u(t+1)}$；(c) $\dfrac{\sqrt{3\int_{-\infty}^{+\infty}\delta(t-2)\,\mathrm{d}t}}{[u(1-t)]^3}-\sqrt{u(t+2)}$；(d) $\left[\dfrac{\int_{-\infty}^{+\infty}\delta(t-1)\,\mathrm{d}t}{\int_{-\infty}^{+\infty}\delta(t+1)\,\mathrm{d}t}\right]^2$。

24. 计算下列表达式的值。(a) $\int_{-\infty}^{+\infty} e^{-100}\delta\left(t-\frac{1}{5}\right)dt$；(b) $\int_{-\infty}^{+\infty} 4t\delta(t-2)dt$；(c) $\int_{-\infty}^{+\infty} 4t^2\delta(t-1.5)dt$；(d) $\frac{\int_{-\infty}^{+\infty}(4-t)\delta(t-1)dt}{\int_{-\infty}^{+\infty}(4-t)\delta(t+1)dt}$。

## 14.4 逆变换方法

25. 确定下列 $\mathbf{F}(\mathbf{s})$ 的逆变换表达式。(a) $5+\frac{5}{\mathbf{s}^2}-\frac{5}{(\mathbf{s}+1)}$；(b) $\frac{1}{\mathbf{s}}+\frac{5}{(0.1\mathbf{s}+4)}-3$；(c) $-\frac{1}{2\mathbf{s}}+\frac{1}{(0.5\mathbf{s})^2}+\frac{4}{(\mathbf{s}+5)(\mathbf{s}+5)}+2$；(d) $\frac{4}{(\mathbf{s}+5)(\mathbf{s}+5)}+\frac{2}{\mathbf{s}+1}+\frac{1}{\mathbf{s}+3}$。

26. 确定下列 $\mathbf{G}(\mathbf{s})$ 的逆变换表达式 $g(t)$。(a) $\frac{3(\mathbf{s}+1)}{(\mathbf{s}+1)^2}+\frac{2\mathbf{s}}{\mathbf{s}^2}-\frac{1}{(\mathbf{s}+2)^2}$；(b) $-\frac{10}{(\mathbf{s}+3)^3}$；(c) $19-\frac{8}{(\mathbf{s}+3)^2}+\frac{18}{\mathbf{s}^2+6\mathbf{s}+9}$。

27. 确定时域函数，已知其频域变换式分别为：(a) $\frac{\mathbf{s}}{\mathbf{s}(\mathbf{s}+2)}$；(b) 1；(c) $3\frac{\mathbf{s}+2}{(\mathbf{s}^2+2\mathbf{s}+4)}$；(d) $4\frac{\mathbf{s}}{(2\mathbf{s}+3)}$。

28. 确定下列 $\mathbf{V}(\mathbf{s})$ 的逆变换表达式。(a) $\frac{\mathbf{s}+2}{\mathbf{s}}$；(b) $\frac{\mathbf{s}+8}{\mathbf{s}}+\frac{2}{\mathbf{s}^2}$；(c) $\frac{\mathbf{s}+1}{\mathbf{s}(\mathbf{s}+2)}+\frac{2\mathbf{s}^2-1}{\mathbf{s}^2}$；(d) $\frac{\mathbf{s}^2+4\mathbf{s}+4}{\mathbf{s}}$。

29. 各 s 域函数的表达式如下，求相应的时域表达式。(a) $2\frac{3\mathbf{s}+\frac{1}{2}}{\mathbf{s}^2+3\mathbf{s}}$；(b) $7-\frac{\mathbf{s}+\frac{1}{\mathbf{s}}}{\mathbf{s}^2+3\mathbf{s}+1}$；(c) $\frac{2}{\mathbf{s}^2}$；(d) $\frac{2}{(\mathbf{s}+1)(\mathbf{s}+1)}$；(e) $\frac{14}{(\mathbf{s}+1)(\mathbf{s}+4)(\mathbf{s}+5)}$。

30. 求下列函数的拉普拉斯逆变换式：(a) $\frac{1}{\mathbf{s}^2+9\mathbf{s}+20}$；(b) $\frac{4}{\mathbf{s}^3+18\mathbf{s}^2+17\mathbf{s}}$；(c) $\frac{3}{\mathbf{s}(\mathbf{s}+1)(\mathbf{s}+4)(\mathbf{s}+5)(\mathbf{s}+2)}$；(d) 用 MATLAB 仿真对答案进行验证。

31. 求下列 s 域函数的拉普拉斯逆变换式：(a) $\frac{1}{(\mathbf{s}+2)^2(\mathbf{s}+1)}$；(b) $\frac{\mathbf{s}}{(\mathbf{s}^2+4\mathbf{s}+4)(\mathbf{s}+2)}$；(c) $\frac{1}{\mathbf{s}^2+8\mathbf{s}+7}$；(d) 用 MATLAB 仿真对答案进行验证。

32. 已知 s 域的表达式如下，求相应的时域表达式。(a) $\frac{1}{3\mathbf{s}}-\frac{1}{2\mathbf{s}+1}+\frac{3}{\mathbf{s}^3+8\mathbf{s}^2+16\mathbf{s}}-1$；(b) $\frac{1}{(3\mathbf{s}+5)^2}$；(c) $\frac{2\mathbf{s}}{(\mathbf{s}+a)^2}$。

33. 设 $\mathbf{G}(\mathbf{s})$ 为下列各式，求 $\mathscr{L}^{-1}\{\mathbf{G}(\mathbf{s})\}$。(a) $\frac{3\mathbf{s}}{(\mathbf{s}/2+2)^2(\mathbf{s}+2)}$；(b) $3-3\frac{\mathbf{s}}{(2\mathbf{s}^2+24\mathbf{s}+70)(\mathbf{s}+5)}$；(c) $2-\frac{1}{\mathbf{s}+100}+\frac{\mathbf{s}}{\mathbf{s}^2+100}$；(d) $\mathscr{L}\{tu(2t)\}$。

34. 求下列 s 域函数相对应的时域表达式：(a) $\frac{1}{(\mathbf{s}+2)^2}$；(b) $\frac{4}{(\mathbf{s}+1)^2}$；(c) $\frac{1}{\mathbf{s}(\mathbf{s}+4)(\mathbf{s}+6)}$；(d) 用 MATLAB 仿真对答案进行验证。

## 14.5 拉普拉斯变换的基本定理

35. 求下列等式的拉普拉斯变换：(a) $5di/dt-7d^2i/dt^2+9i=4$；(b) $m\frac{d^2p}{dt^2}+\mu_f\frac{dp}{dt}+kp(t)=0$，该式描述的是一个“无源”减震器系统；(c) $\frac{d\Delta n_p}{dt}=-\frac{\Delta n_p}{\tau}+G_L$，其中 $\tau$ 为常数，该式描述的是 $p$ 型硅中的非平衡载流子($\Delta n_p$)在光照下的复合速率($G_L$ 为正比于光照强度的常数)。

36. 电路如图 14.44 所示，电容两端的初始电压 $v(0^-)=1.5$ V，电流源 $\mathbf{i}_s=700u(t)$ mA。(a) 利用基尔霍夫电流

定律，写出电压$v(t)$的微分方程。(b) 对微分方程求拉普拉斯变换。(c) 确定电压在频域中的表达式。(d) 求解时域电压 $v(t)$。

37. 电路如图 14.44 所示，如果 $\mathbf{I}_s=\frac{2}{\mathbf{s}+1}$ mA，(a) 写出频域中的节点电压 $\mathbf{V}(\mathbf{s})$的方程；(b) 求解 $\mathbf{V}(\mathbf{s})$；(c) 求时域电压 $v(t)$。

38. 电路如图 14.3 所示，电压源被等效的频域电源$\frac{2}{\mathbf{s}}-\frac{1}{\mathbf{s}+1}$ V 取代。初始条件未改变。(a) 利用基尔霍夫电压定律写出 $\mathbf{I}(\mathbf{s})$的表达式。(b) 求出 $i(t)$。

39. 电路如图 14.45 所示，$v_s(t)=2u(t)$ V，电容的初始储能等于零。(a) 用电流 $i(t)$写出时域回路方程。(b) 得到微分方程的 s 域表达式。(c) 求电流 $i(t)$。

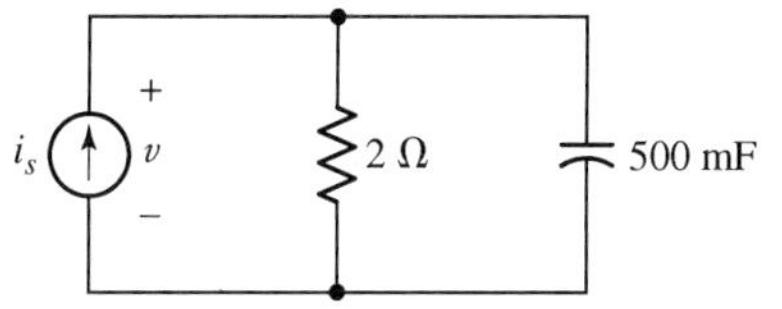


图 14.44

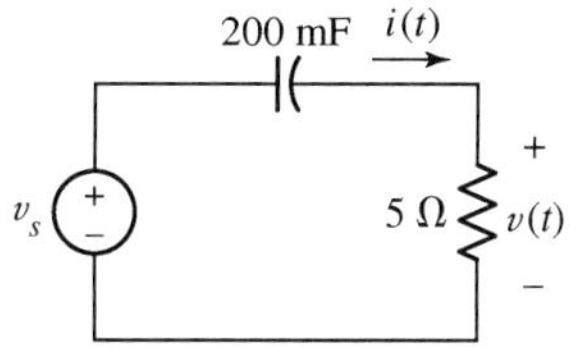


图 14.45

40. 电路如图 14.45 所示，电压源 $\mathbf{V}_\mathbf{S}(\mathbf{s})=\frac{2}{\mathbf{s}+1}$ V。电容两端的初始电压和电流 $i$ 之间符合无源符号规则，为 4.5 V。(a) 利用基尔霍夫电压定律，写出时域的微分方程。(b) 先求 $\mathbf{I}(\mathbf{s})$，再求时域电流 $i(t)$。

41. 电路如图 14.46 所示，设电流源为 $450u(t)$ mA，且 $i_x(0)=150$ mA，先在 s 域中分析电压，然后再确定时域表达式 $v(t)$，$t>0$。

42. 时域波形如图 14.47 所示，用纯粹合理的方法，得到该波形相应的 s 域表达式。

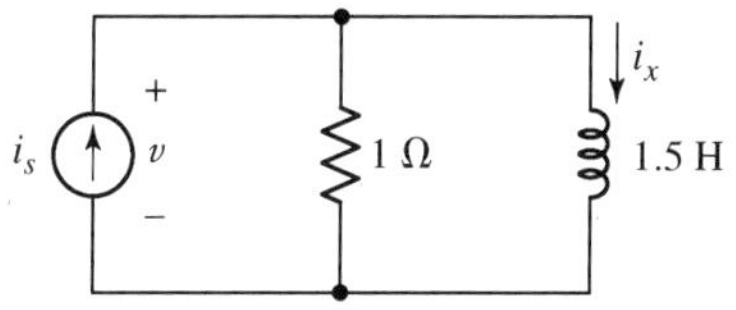


图 14.46

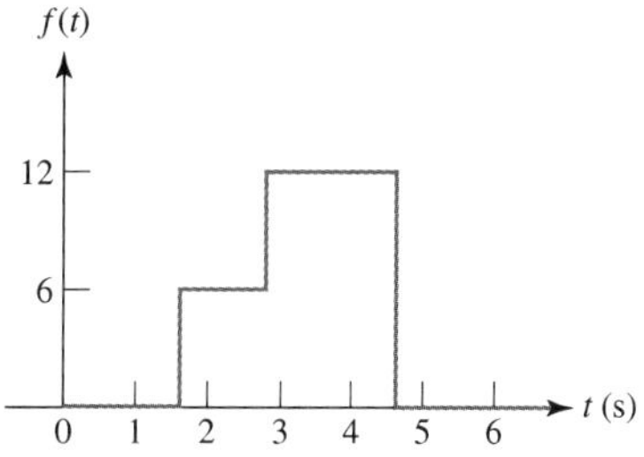


图 14.47

## 14.6　初值定理和终值定理

43. 利用初值定理确定下列时域函数的初始值。(a) $2u(t)$；(b) $2e^{-t}u(t)$；(c) $u(t-6)$；(d) $\cos 5t\, u(t)$。

44. 利用初值定理确定下列时域函数的初始值。(a) $u(t-3)$；(b) $2e^{-(t-2)}u(t-2)$；(c) $\frac{u(t-2)+[u(t)]^2}{2}$；(d) $\sin 5t\ e^{-2t}u(t)$。

45. 利用终值定理确定下列各式的终值 $f(\infty)$(如果有)：(a) $\frac{1}{\mathbf{s}+2}-\frac{2}{\mathbf{s}}$；(b) $\frac{2\mathbf{s}}{(\mathbf{s}+2)(\mathbf{s}+1)}$；(c) $\frac{1}{(\mathbf{s}+2)(\mathbf{s}+4)}+\frac{2}{\mathbf{s}}$；(d) $\frac{1}{(\mathbf{s}^2+\mathbf{s}-6)(\mathbf{s}+9)}$。

46. 对以下各 s 域表达式，求相应时域函数$f(t)$的初值$f(0^+)$和终值$f(\infty)$(如果不存在，请证明)：(a) $\frac{1}{\mathbf{s}+18}$；(b) $10\left(\frac{1}{\mathbf{s}^2}+\frac{3}{\mathbf{s}}\right)$；(c) $\frac{\mathbf{s}^2-4}{\mathbf{s}^2+8\mathbf{s}^2+4\mathbf{s}}$；(d) $\frac{\mathbf{s}^2+2}{\mathbf{s}^3+3\mathbf{s}^2+5\mathbf{s}}$。

47. 应用初值或终值定理(确定是否适合)，确定下列函数的初值 $f(0^+)$和终值 $f(\infty)$。(a) $\frac{\mathbf{s}+2}{\mathbf{s}^2+8\mathbf{s}+4}$；

(b) $\dfrac{1}{\mathbf{s}^2(\mathbf{s}+4)^2(\mathbf{s}+6)^3}$；(c) $\dfrac{4\mathbf{s}^2+1}{(\mathbf{s}+1)^2(\mathbf{s}+2)^2}$。

48. 确定下列函数是否适合应用终值定理：

(a) $\dfrac{1}{(\mathbf{s}-1)}$；(b) $\dfrac{10}{\mathbf{s}^2-4\mathbf{s}+4}$；(c) $\dfrac{13}{\mathbf{s}^3-5\mathbf{s}^2+8\mathbf{s}-6}$；(d) $\dfrac{3}{2\mathbf{s}^3-10\mathbf{s}^2+16\mathbf{s}-12}$。

## 14.7 *Z*(*s*)和 *Y*(*s*)

49. 画出图 14.48 所示电路的 **s** 域等效电路，感兴趣的参数只是 $v(t)$。(提示：去掉电源，但不要忽略它。)

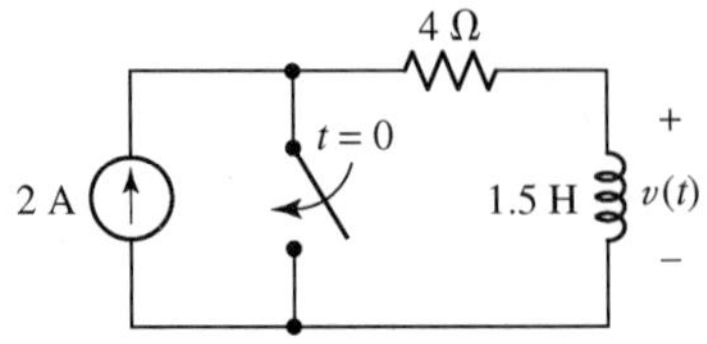


图 14.48

50. 电路如图 14.49 所示，画出 **s** 域的等效电路，并求 $i(t)$，假设 $i(0)$分别为：(a) 0；(b) −2 A。

51. 电路如图 14.49 所示，画出 **s** 域的等效电路，并求 $v(t)$，假设 $i(0)$分别为：(a) 0；(b) 3 A。

52. **s** 域电路如图 14.50 所示。(a) 计算 $\mathbf{V}_C(\mathbf{s})$；(b) 确定 $v_C(t)$，$t>0$；(c) 画出该电路对应的时域电路。

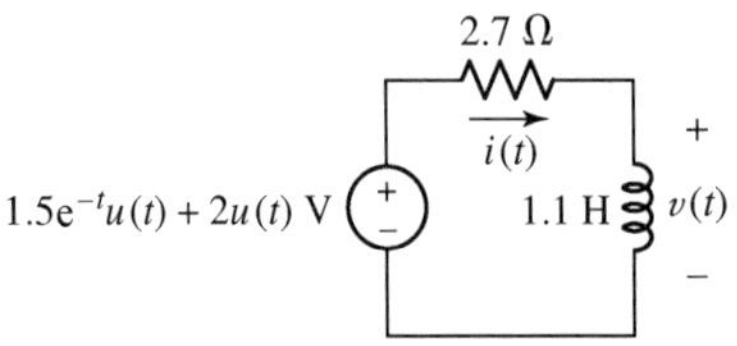


图 14.49

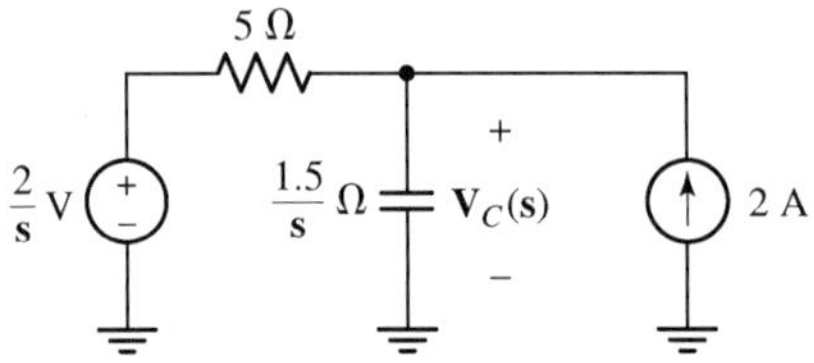


图 14.50

53. 电路如图 14.51 所示，求 $v(t)$，$t>0$。

54. 网络如图 14.52 所示，求从输入端看进去的输入阻抗 $\mathbf{Z}_{in}(\mathbf{s})$，将表达式表示成两个 **s** 多项式的比值。

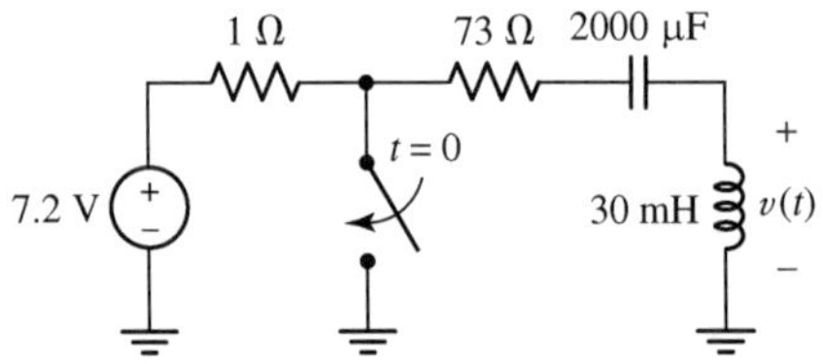


图 14.51

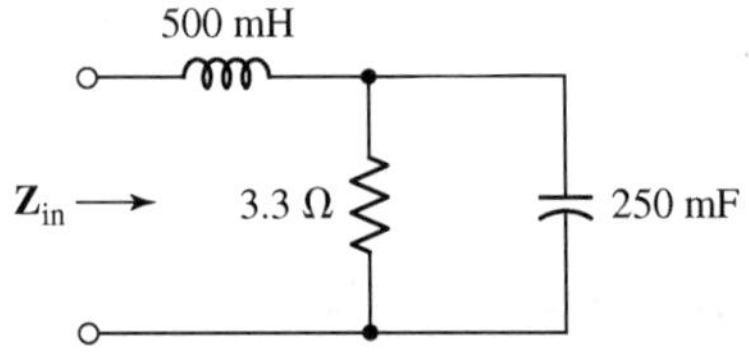


图 14.52

55. 网络如图 14.53 所示，求图中所标注的输入导纳 $\mathbf{Y}(\mathbf{s})$，将表达式表示成两个 **s** 多项式的比值。

56. 电路如图 14.54 所示。(a) 画出 **s** 域的两个等效电路；(b) 取其一求解 $\mathbf{V}(\mathbf{s})$；(c) 确定 $v(t)$。

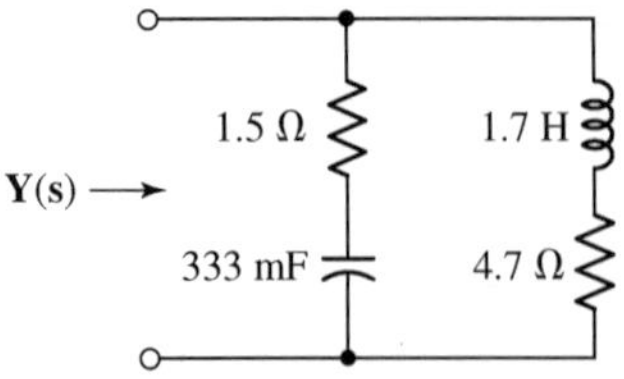


图 14.53

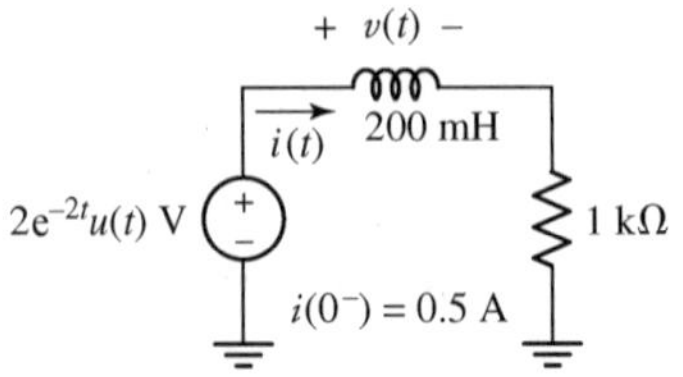


图 14.54

## 14.8　s 域节点和网孔分析

57. 电路如图 14.55 所示。(a) 画出 **s** 域的等效电路；(b) 写出 **s** 域的 3 个网孔方程；(c) 确定电流 $i_1$, $i_2$ 和 $i_3$。

58. 电路如图 14.56 所示。(a) 写出 **s** 域的节点电压 $\mathbf{V}_x(\mathbf{s})$ 的方程；(b) 求解 $v_x(t)$。

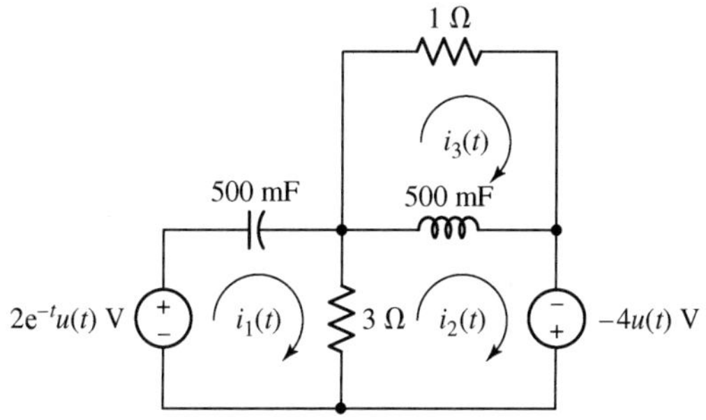


图 14.55

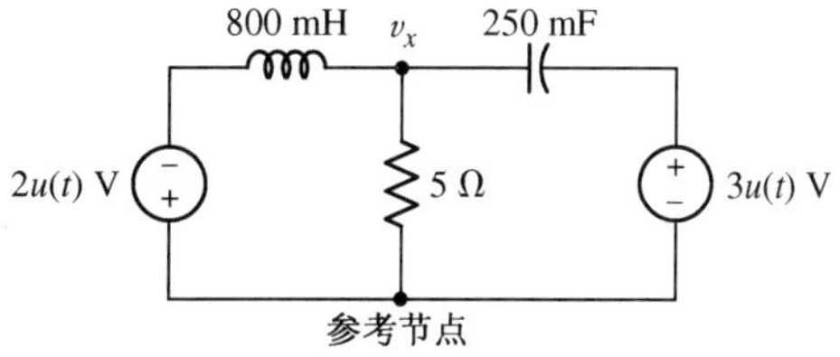


图 14.56

59. 电路如图 14.57 所示，在 **s** 域中用节点分析法求解电路，最终求得电压 $v_1$ 和 $v_2$。

60. 图 14.57 所示电路中的 $2u(t)$ A 电源被 $4e^{-t}u(t)$ A 电源取代，在 **s** 域中进行分析，求 1 Ω 电阻所消耗的功率。

61. 电路如图 14.58 所示，设 $i_{s1}=3u(t)$ A 和 $i_{s2}=5\sin 2t$ A，先在 **s** 域中进行分析，然后求 $v_x(t)$。

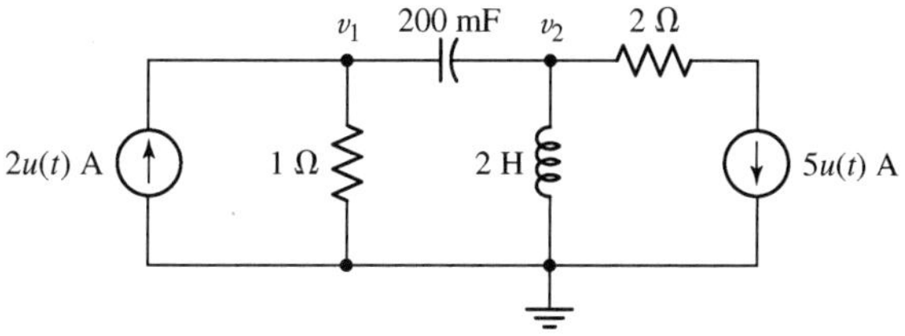


图 14.57

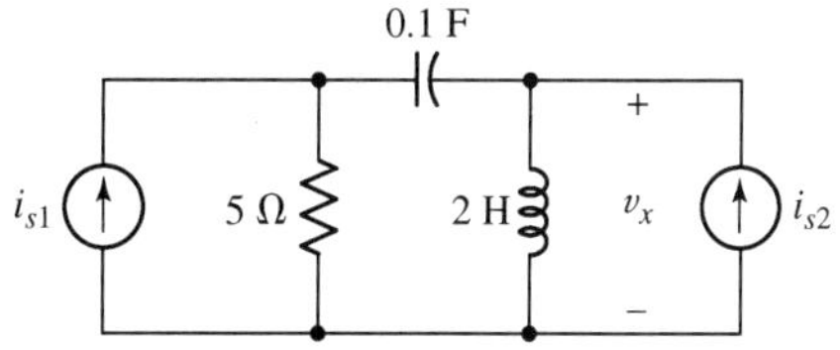


图 14.58

62. 电路如图 14.59 所示，求网孔电流 $i_1(t)$。已知 $t=0^-$ 时流过 1 mH 电感的电流 $(i_2-i_4)$ 为 1 A。

63. 假设图 14.60 所示电路中无初始储能，确定 $t$ 等于下列值时的电压 $v_2$ 的值：(a) 1 ms；(b) 100 ms；(c) 10 s。

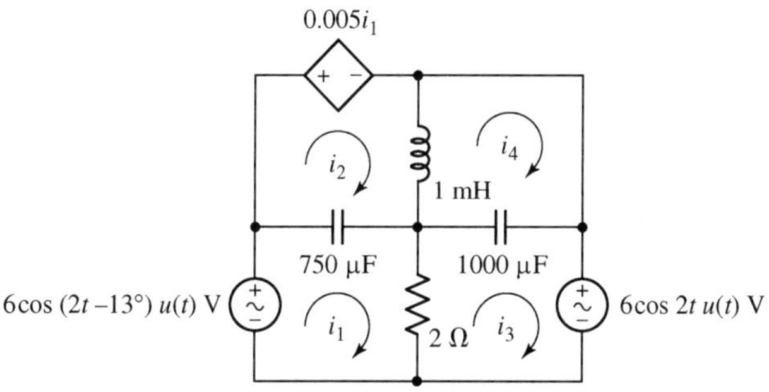


图 14.59

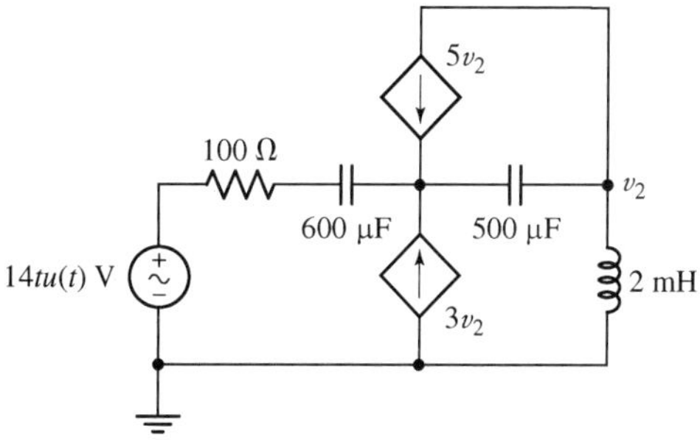


图 14.60

## 14.9　其他电路分析方法

64. 重复利用电源变换的方法，在 **s** 域中求图 14.61 所示电路从 **Z** 两端看进去的戴维南等效表达式。

65. 电路如图 14.62 所示，求从下列元件两端看进去的戴维南等效：(a) 2 Ω 电阻；(b) 4 Ω 电阻；(c) 1.2 F 电容；(d) 电流源。

66. 电路如图 14.62 所示，利用 **s** 域分析方法求流过电容的电流 $i_C(t)$，将结果与利用 MATLAB 中的 residue( ) 和 ilaplace( ) 函数得到的结果进行比较。

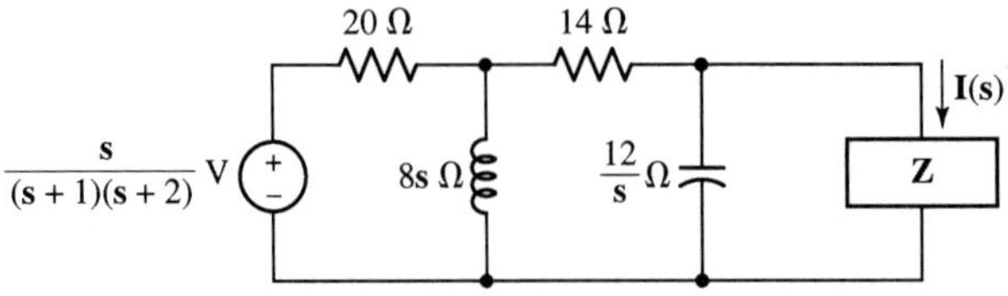


图 14.61

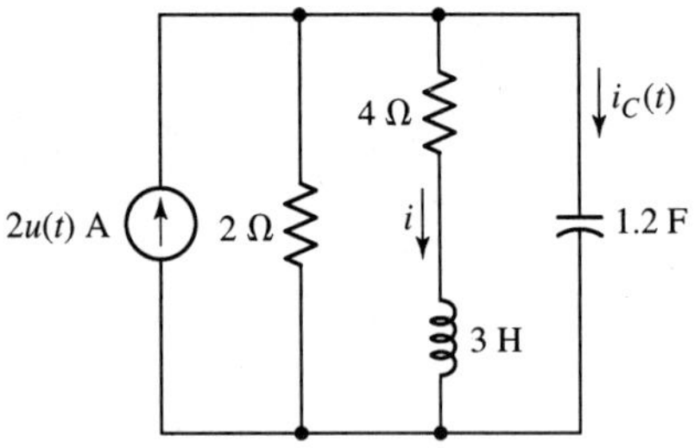


图 14.62

67. 电路如图 14.63 所示，设 $i_s = 5u(t)$ A，求：(a) 从 10 Ω 电阻两端看进去的戴维南等效；(b) 电感电流 $i_L(t)$。

68. s 域电路如图 14.64 所示，求从电路端点 $a$ 和 $b$ 看进去的戴维南等效。

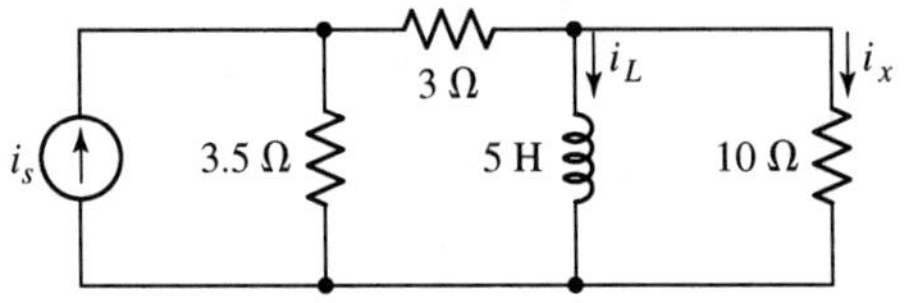


图 14.63

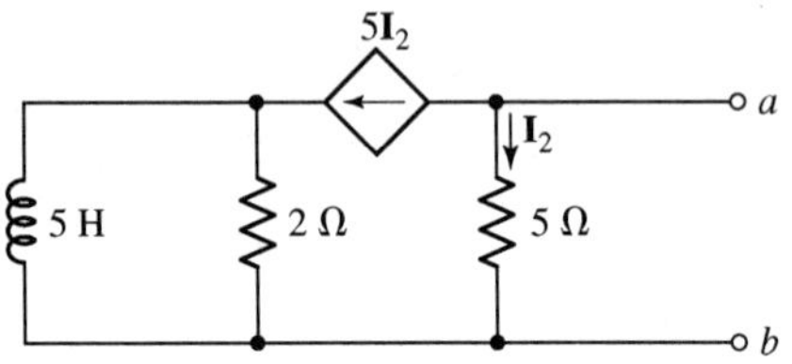


图 14.64

## 14.10 零极点和传输函数

69. 确定下列 s 域函数的零极点。(a) $\frac{\mathbf{s}}{\mathbf{s}+12.5}$；(b) $\frac{\mathbf{s}(\mathbf{s}+1)}{(\mathbf{s}+5)(\mathbf{s}+3)}$；(c) $\frac{\mathbf{s}+4}{\mathbf{s}^2+8\mathbf{s}+7}$；(d) $\frac{\mathbf{s}^2-\mathbf{s}-2}{3\mathbf{s}^3+24\mathbf{s}^2+21\mathbf{s}}$。

70. 用合适的方法求出下列函数的零极点。(a) $\mathbf{s}+4$；(b) $\frac{2\mathbf{s}}{\mathbf{s}^2-8\mathbf{s}+16}$；(c) $\frac{4}{\mathbf{s}^2+8\mathbf{s}+7}$；(d) $\frac{\mathbf{s}-5}{\mathbf{s}^3-7\mathbf{s}+6}$。

71. 考虑以下表达式并确定临界频率。(a) $5+\mathbf{s}^{-1}$；(b) $\frac{\mathbf{s}(\mathbf{s}+1)(\mathbf{s}+4)}{(\mathbf{s}+5)(\mathbf{s}+3)^2}$；(c) $\frac{1}{\mathbf{s}^2+4}$；(d) $\frac{0.5\mathbf{s}^2-18}{\mathbf{s}^2+1}$。

72. 网络由图 14.65 所示的电路图表示。(a) 写出传输函数 $\mathbf{H}(\mathbf{s}) \equiv \mathbf{V}_{out}(\mathbf{s})/\mathbf{V}_{in}(\mathbf{s})$；(b) 确定 $\mathbf{H}(\mathbf{s})$ 的零极点。

73. 图 14.66 给出了两个网络。(a) 分别写出传输函数 $\mathbf{H}(\mathbf{s}) \equiv \mathbf{V}_{out}(\mathbf{s})/\mathbf{V}_{in}(\mathbf{s})$；(b) 确定 $\mathbf{H}(\mathbf{s})$ 的零极点。

74. 确定图 14.53 所示电路中导纳 $\mathbf{Y}(\mathbf{s})$ 的零极点。

75. 已知某网络的传输函数为 $\mathbf{H}(\mathbf{s}) = \frac{\mathbf{s}}{\mathbf{s}^2+8\mathbf{s}+7}$，当输入电压 $v_{in}(t)$ 等于以下表达式时，求 s 域输出电压的表达式。(a) $3u(t)$ V；(b) $25e^{-2t}u(t)$ V；(c) $4u(t+1)$ V；(d) $2\sin 5t\, u(t)$ V。

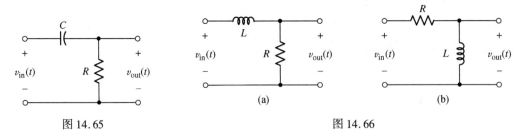

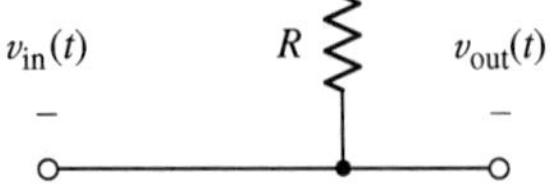


图 14.65

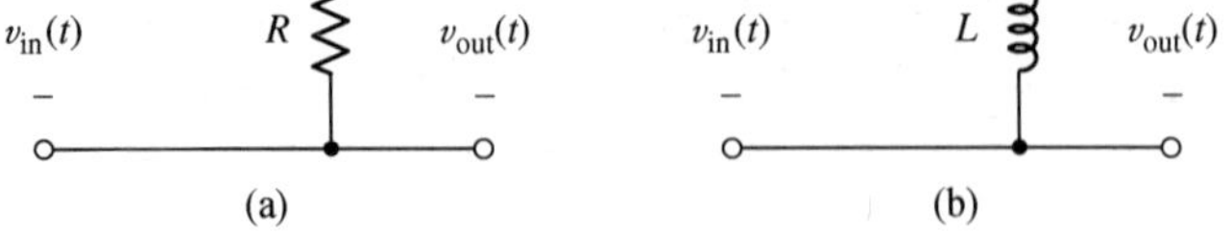


图 14.66

## 14.11 卷积

76. 利用式[36]，求图 14.67 所示波形的卷积 $x(t) * y(t)$。

77. $x(t)$ 和 $y(t)$ 的波形如图 14.67 所示，利用式[36]，分别求卷积：(a) $x(t) * x(t)$；(b) $y(t) * \delta(t)$。

78. 利用卷积的图解方法，求卷积 $f * g$，其中 $f(t) = 5u(t)$，$g(t) = 2u(t) - 2u(t-2) + 2u(t-4) - 2u(t-6)$。

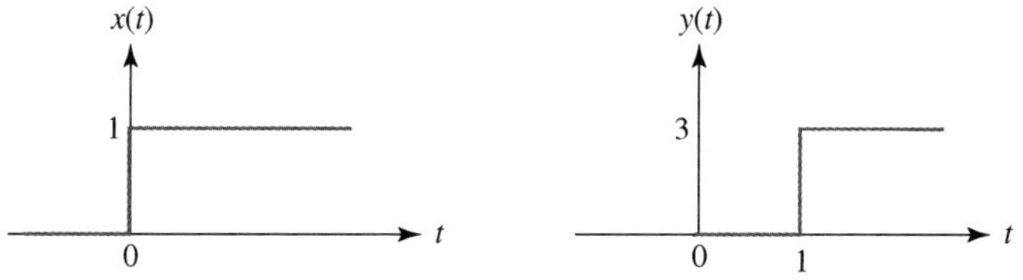


图 14.67

79. 设 $h(t)=2e^{-3t}u(t)$，$x(t)=u(t)-\delta(t)$，求卷积 $y(t)=h(t)*x(t)$。(a) 利用时域卷积概念；(b) 找到 $\mathbf{H}(\mathbf{s})$ 和 $\mathbf{X}(\mathbf{s})$，利用逆变换 $\mathcal{L}^{-1}\{\mathbf{H}(\mathbf{s})\mathbf{X}(\mathbf{s})\}$ 得到。

80. (a) 确定图 14.68 所示网络的冲激响应 $h(t)$。(b) 利用卷积求输出电压 $v_o(t)$，设 $v_{in}(t)=8u(t)$ V。

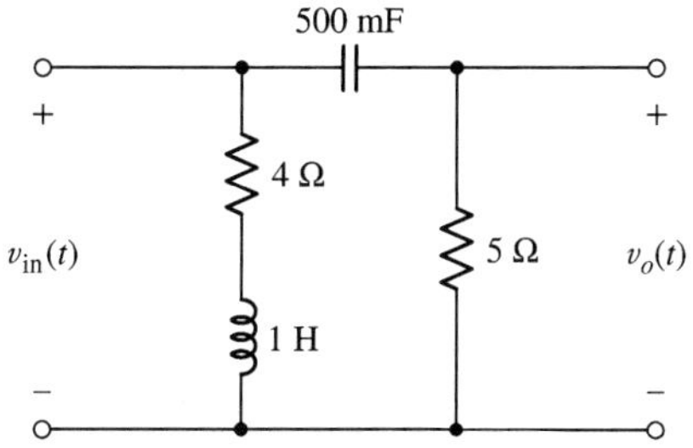


图 14.68

## 14.12　电压比 $H(s)=V_{out}/V_{in}$ 的综合方法

DP 81. 设计一个电路，使得传输函数 $\mathbf{H}(\mathbf{s})=\mathbf{V}_{out}/\mathbf{V}_{in}$ 分别等于以下各式：(a) $5(\mathbf{s}+1)$；(b) $\dfrac{5}{(\mathbf{s}+1)}$；(c) $5\dfrac{\mathbf{s}+1}{\mathbf{s}+2}$。

DP 82. 设计一个电路，使得传输函数 $\mathbf{H}(\mathbf{s})=\mathbf{V}_{out}/\mathbf{V}_{in}$ 分别等于以下各式：(a) $2(\mathbf{s}+1)^2$；(b) $\dfrac{3}{(\mathbf{s}+500)(\mathbf{s}+100)}$。

DP 83. 设计一个电路，使得传输函数 $\mathbf{H}(\mathbf{s})=\mathbf{V}_{out}/\mathbf{V}_{in}$ 为 $\mathbf{H}(\mathbf{s})=\dfrac{\mathbf{V}_{out}}{\mathbf{V}_{in}}=3\dfrac{\mathbf{s}+50}{(\mathbf{s}+75)^2}$。

84. 运放电路如图 14.38 所示，求传输函数 $\mathbf{H}(\mathbf{s})=\mathbf{V}_{out}/\mathbf{V}_{in}$ 的表达式，用 $\mathbf{s}$ 的多项式之比表示，其中的阻抗单位为欧姆(Ω)。(a) $\mathbf{Z}_1(\mathbf{s})=10^3+(10^8/\mathbf{s})$，$\mathbf{Z}_f(\mathbf{s})=5000$；(b) $\mathbf{Z}_1(\mathbf{s})=5000$，$\mathbf{Z}_f(\mathbf{s})=10^3+(10^8/\mathbf{s})$；(c) $\mathbf{Z}_1(\mathbf{s})=10^3+(10^8/\mathbf{s})$，$\mathbf{Z}_f(\mathbf{s})=10^4+(10^8/\mathbf{s})$。

## 综合题

DP 85. 设计一个电路，能够提供 16 Hz 频率，该频率位于人类能听到的频率的下限附近，用合适的仿真对设计结果进行验证。

DP 86. 最简单的吸引人注意力的方法是采用特定频率的双音喇叭！为自制汽车设计一个喇叭，能够提供 1477 Hz 和 852 Hz 的输出电压。

DP 87. 许多听力受损的人，尤其是老年人，难以辨别标准烟雾探测器发出的声音，一种可替代的方法是降低频率至 261.6 Hz。设计一个能提供此信号的电路。

# 第 15 章　频率响应

## 主要概念

- 电容和电感电路的谐振频率
- 伯德图方法
- 带宽
- 低通和高通滤波器
- 有源滤波器
- 传输函数
- 品质因数
- 频率缩放和幅度缩放
- 带通滤波器设计
- 巴特沃思滤波器设计

## 引言

前面几章已经提到了频率响应的基本概念，它描述的是电路的行为变化依赖于信号频率，而这和我们最初了解的直流电路的性能完全不同。本章将此话题提升到一个较高层面，设计一个简单但具有典型的频率特性的电路，该电路可以较广泛地用于日常应用领域。事实上，选频电路在日常生活中经常用到，只是大家并没有意识到。例如，打开收音机选电台的时候，就是在调谐一个窄带放大器，以选择所需要的信号频率；用微波加热爆米花的同时，可以看电视、打电话，因为每个设备的信号工作频率是相互隔离的。另外，学习频率响应和滤波器是很有帮助的，因为它是对之前所学习的电路分析方法的一种总结，对复杂电路的性能设计不再碎片化，而是具有系统性。本章要讨论的内容包括谐振、损耗、品质因数和带宽，这些既是滤波器的重要概念，也是任何含有储能元件的电路(或系统)的重要概念。

## 15.1　传输函数

我们看到，网络在不同频率上会呈现出完全不同的特性。例如，电容对低频信号呈现开路(高阻抗)特性，而对高频信号却呈现短路(低阻抗)特性。描述网络频率响应的重要方法是**传输函数** $\mathbf{H}(\mathbf{s})$，它是网络的输出与输入之比关于复频率 $\mathbf{s}$ 的函数(见第 14 章的讨论)。由于我们只对网络与频率的依赖关系感兴趣，因此只关注 $\mathbf{s}=\mathrm{j}\omega$ 的情况，从而有 $\mathbf{H}(\mathbf{s})=\mathbf{H}(\mathrm{j}\omega)$。网络的输入与输出信号既可以是电压，也可以是电流，因此网络增益可定义为电压增益、电流增益、互阻增益和互导增益。这样，传输函数可以是下列形式中的任意一种：

$$\text{电压增益：}\quad \mathbf{H}(\mathrm{j}\omega)=\frac{\mathbf{V}_{\mathrm{out}}(\mathrm{j}\omega)}{\mathbf{V}_{\mathrm{in}}(\mathrm{j}\omega)}$$

$$\text{电流增益：}\quad \mathbf{H}(\mathrm{j}\omega)=\frac{\mathbf{I}_{\mathrm{out}}(\mathrm{j}\omega)}{\mathbf{I}_{\mathrm{in}}(\mathrm{j}\omega)}$$

$$\text{互阻增益：}\quad \mathbf{H}(\mathrm{j}\omega)=\frac{\mathbf{V}_{\mathrm{out}}(\mathrm{j}\omega)}{\mathbf{I}_{\mathrm{in}}(\mathrm{j}\omega)}$$

$$\text{互导增益：}\quad \mathbf{H}(\mathrm{j}\omega)=\frac{\mathbf{I}_{\mathrm{out}}(\mathrm{j}\omega)}{\mathbf{V}_{\mathrm{in}}(\mathrm{j}\omega)}$$

传输函数极其有用，因为它提供了网络输出对任意输入的一种描述方法。对频率响应而言，传输函数用其相量形式 $\mathbf{H}(\mathrm{j}\omega)=H(\mathrm{j}\omega)\underline{/\ \phi(\mathrm{j}\omega)}$ 表示，则 $H(\mathrm{j}\omega)$ 和 $\phi(\mathrm{j}\omega)$ 分别表示与频率相关的幅度和相角。网络特性由幅频响应和相频响应决定。

**例 15.1**　确定图 15.1 所示 $RC$ 电路的传输函数，定义 $\mathbf{H}=\mathbf{V}_{out}/\mathbf{V}_{in}$。画出幅频响应和相频响应曲线。

**解**：我们在图 14.27 中已经了解到电路的传输函数可以由分压定理求得：

$$\mathbf{H}(\mathrm{j}\omega)=\frac{\mathbf{V}_{out}(\mathrm{j}\omega)}{\mathbf{V}_{in}(\mathrm{j}\omega)}=\frac{\frac{1}{\mathrm{j}\omega C}}{R+\frac{1}{\mathrm{j}\omega C}}=\frac{1}{1+\mathrm{j}\omega CR}$$

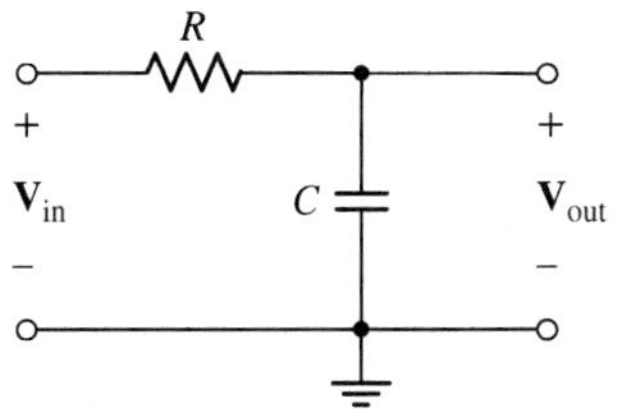


图 15.1　$RC$ 网络实例，要确定的是传输函数

电路的一个极点为 $\omega=\mathrm{j}/CR$，其中自然频率 $\omega_0=1/CR$。因此，可将传输函数用 $\omega_0$ 来表示：

$$\mathbf{H}(\mathrm{j}\omega)=\frac{1}{1+\mathrm{j}\omega/\omega_0}$$

其中幅度和相角分别为

$$H=\frac{1}{\sqrt{1+(\omega/\omega_0)^2}},\qquad \phi=-\arctan\left(\frac{\omega}{\omega_0}\right)$$

画出的曲线如图 15.2 所示，这是在 MATLAB 中执行以下描述幅度和相角的命令实现的：

```
omega=linspace(0,10,100); % define frequency vector omega
for i=1:100;   % step through all points in frequency
  H(i)=1/sqrt(1+omega(i)^2);
  phi(i)=-atan(omega(i))*180/pi;
end
```

观察发现，在频率很低时幅度为 1，相角为零，这是因为电容的阻抗非常大，呈现开路状态。随着频率的增加，电容的阻抗在减少，直至达到短路状态，这时传输函数的幅度降为零，相角达到 $-90°$。自然频率 $\omega_0$ 是一个有意义的点，在该频率点上，传输函数的幅度为 $1/\sqrt{2}$，相角为 $-45°$。

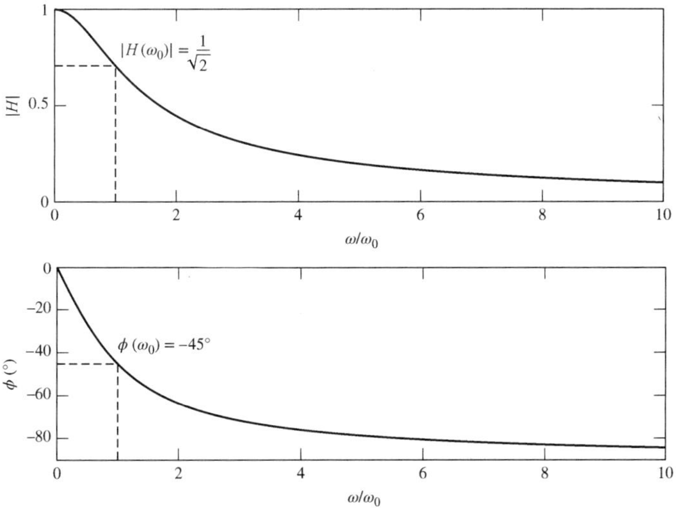


图 15.2　$RC$ 网络的幅频和相频特性曲线

## 练习

15.1 *RC* 网络如图 15.1 所示，将 *R* 与 *C* 互换，现在的输出电压 $\mathbf{V}_{out}$ 取在电阻上，写出传输函数的表达式，并分别计算传输函数在 $\omega=0$，$\omega=\omega_0=1/CR$ 和 $\omega=\infty$ 时的值。

答案：$j\omega CR/(j\omega CR+1)$。当 $\omega=0$ 时，$H=0$ 且 $\phi=90°$；当 $\omega=\omega_0$ 时，$H=1/\sqrt{(2)}$ 且 $\phi=45°$；当 $\omega=\infty$ 时，$H=1$ 且 $\phi=0$。

## 15.2 伯德图

本节将讨论快速得到给定传输函数幅度和相位随频率 $\omega$ 变化的近似关系曲线。精确的曲线关系可以通过可编程计算器或者计算机获得精确值后逐点画出，也可以直接由计算机画出。然而这里要介绍的获得响应曲线的好方法，比起通过零极点图得到响应曲线更好，而且无须借助任何计算工具。

### 分贝(dB)坐标

要构造的近似响应曲线也称为渐近线图，或者称为**伯德图**(Bode diagram)，它是由贝尔实验室的一位电气工程师、数学家 Hendrik W. Bode 发明的。无论是幅度还是相位曲线，其横坐标都是频率坐标，且具有对数刻度。幅度坐标也采用对数刻度单位，称为**分贝**(dB)。定义 $|\mathbf{H}(j\omega)|$ 的分贝值如下：

$$H_{dB}=20\log|\mathbf{H}(j\omega)|$$

其中的对数是常用对数(以 10 为底)(若是功率传输函数，则系数 20 必须替换为 10，这里用不到)。其逆运算为

$$|\mathbf{H}(j\omega)|=10^{H_{dB}/20}$$

说明：以分贝命名是为了表示对 Alexander Graham Bell 的尊敬。

在开始讨论伯德图的详细绘制步骤之前，有必要了解分贝单位的大小，记住一些重要的分贝值，以及回顾对数的一些性质。由于 $\log 1=0$，$\log 2=0.301\ 03$，$\log 10=1$，所以对应关系如下：

$$|\mathbf{H}(j\omega)|=1\Leftrightarrow H_{dB}=0$$
$$|\mathbf{H}(j\omega)|=2\Leftrightarrow H_{dB}\approx 6\text{ dB}$$
$$|\mathbf{H}(j\omega)|=10\Leftrightarrow H_{dB}=20\text{ dB}$$

若 $|\mathbf{H}(j\omega)|$ 增加 10 倍，则对应的 $H_{dB}$ 增加 20 dB。而且由于 $\log 10^n=n$，所以 $10^n\Leftrightarrow 20n$ dB，因此 1000 对应 60 dB，而 0.01 对应 −40 dB。利用这些给定的值，可得 $20\log 5=20\log\frac{10}{2}=20\log 10-20\log 2=20-6=14$ dB，因此 $5\Leftrightarrow 14$ dB。同样，因为 $\log\sqrt{x}=\frac{1}{2}\log x$，所以 $\sqrt{2}\Leftrightarrow 3$ dB，$1/\sqrt{2}\Leftrightarrow -3$ dB①。

① 注意：这里用了 $20\log 2=6$ dB，而没有采用更精确的 6.02 dB，这是习惯用法，$\sqrt{2}$ 表示 3 dB，因为 dB 的尺度是求对数的结果，很小的误差通常不会产生严重影响。

在求解幅度和相角的时候，先将传输函数表示成 $\mathbf{s}$ 的函数，再令 $\mathbf{s}=\mathrm{j}\omega$。如果需要，可将幅度表示为 dB 的形式。

## 练习

15.2　计算 $\omega=146$ rad/s 时 $H_{\mathrm{dB}}$ 的值，其中 $\mathbf{H}(\mathbf{s})$ 分别为：(a) $20/(\mathbf{s}+100)$；(b) $20(\mathbf{s}+100)$；(c) $20\,\mathbf{s}$。当 $H_{\mathrm{dB}}$ 分别为下列值时求 $|\mathbf{H}(\mathrm{j}\omega)|$ 的值：(d) 29.2 dB；(e) −15.6 dB；(f) −0.318 dB。

答案：(a) −18.94 dB；(b) 71.0 dB；(c) 69.3 dB；(d) 28.8；(e) 0.1660；(f) 0.964。

## 求渐近线

下一步是对 $\mathbf{H}(\mathbf{s})$ 进行因式分解并显示零点和极点。首先考虑一个位于 $\mathbf{s}=-a$ 的零点，写出其标准形式为

$$\mathbf{H}(\mathbf{s})=1+\frac{\mathbf{s}}{a} \tag{1}$$

该函数的伯德图由两条渐近线组成，分别是 $\omega$ 很大和很小时 $H_{\mathrm{dB}}$ 趋近的直线，因此首先计算

$$|\mathbf{H}(\mathrm{j}\omega)|=\left|1+\frac{\mathrm{j}\omega}{a}\right|=\sqrt{1+\frac{\omega^2}{a^2}}$$

即

$$H_{\mathrm{dB}}=20\log\left|1+\frac{\mathrm{j}\omega}{a}\right|=20\log\sqrt{1+\frac{\omega^2}{a^2}}$$

当 $\omega \ll a$ 时，

$$H_{\mathrm{dB}}\approx 20\log 1=0$$

渐近线如图 15.3 所示，$\omega<a$ 时画出的是一条实线，$\omega>a$ 时是虚线。

当 $\omega \gg a$ 时，

$$H_{\mathrm{dB}}\approx 20\log\frac{\omega}{a}$$

当 $\omega=a$ 时，$H_{\mathrm{dB}}=0$；当 $\omega=10a$ 时，$H_{\mathrm{dB}}=20$ dB；而当 $\omega=100a$ 时，$H_{\mathrm{dB}}=40$ dB。即频率每增加 10 倍，$H_{\mathrm{dB}}$ 增加 20 dB，因此渐近线的斜率为 20 dB/十倍频程。由于频率 $\omega$ 每增加 1 倍，$H_{\mathrm{dB}}$ 增加 6 dB，所以也就有了另一种表示方法：6 dB/二倍频程。高频时的渐近线如图 15.3 所示，即 $\omega>a$ 时的实线和 $\omega<a$ 时的虚线。注意，两条渐近线相交于 $\omega=a$ 处，即零点频率处。该点的频率也称为**转角频率**、**截止频率**、**3 dB 频率**或者**半功率频率**。

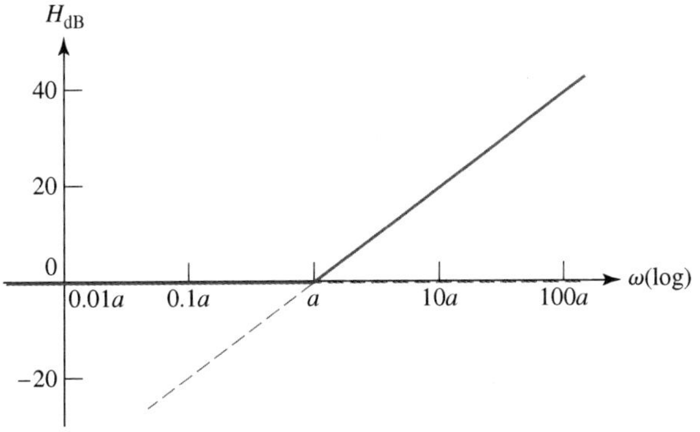


图 15.3　$\mathbf{H}(\mathbf{s})=1+\mathbf{s}/a$ 的幅度伯德图包含低频和高频渐近线，如图中虚线所示。两条虚线在横轴的转角频率处相交。伯德图用两条很容易画的直线渐近线表示频率响应

说明：**十倍频程**指的是频率之间的范围被定义为 10 倍关系，比如 3 ~ 30 Hz，12.5 ~ 125 MHz。**二倍频程**指的是频率之间的范围被定义为 2 倍关系，比如 7 ~ 14 GHz。

## 伯德图的平滑处理

现在来看渐近响应曲线究竟存在多大的误差。在转角频率($\omega = a$)处，其精确值为

$$H_{\mathrm{dB}} = 20\log\sqrt{1+\frac{a^2}{a^2}} = 3\ \mathrm{dB}$$

说明：注意，这里继续遵守约定，将$\sqrt{2}$表示成 3 dB。

而此时相应的渐近线上的值为 0 dB。当 $\omega = 0.5a$ 时，

$$H_{\mathrm{dB}} = 20\log\sqrt{1.25} \approx 1\ \mathrm{dB}$$

可见实际响应曲线为渐近线上方的一条平滑曲线。在 $\omega = a$ 处，有 3 dB 差异，而在 $\omega = 0.5a$ (以及 $\omega = 2a$)处有 1 dB 差异。如果需要画出精确结果，可以根据这些信息对转角处的渐近线进行平滑处理。

## 乘积项

大多数传输函数含有一个以上的零点(或极点)，而用伯德图方法处理起来却很方便，因为是进行对数运算。比如，有这样一个传输函数：

$$\mathbf{H}(\mathbf{s}) = K\left(1+\frac{\mathbf{s}}{s_1}\right)\left(1+\frac{\mathbf{s}}{s_2}\right)$$

其中，$K$ 为常数，$-s_1$ 和 $-s_2$ 是传输函数 $\mathbf{H}(\mathbf{s})$的两个零点，则函数的 $H_{\mathrm{dB}}$可以写为

$$H_{\mathrm{dB}} = 20\log\left|K\left(1+\frac{\mathrm{j}\omega}{s_1}\right)\left(1+\frac{\mathrm{j}\omega}{s_2}\right)\right|$$

$$= 20\log\left[K\sqrt{1+\left(\frac{\omega}{s_1}\right)^2}\sqrt{1+\left(\frac{\omega}{s_2}\right)^2}\right]$$

或者

$$H_{\mathrm{dB}} = 20\log K + 20\log\sqrt{1+\left(\frac{\omega}{s_1}\right)^2} + 20\log\sqrt{1+\left(\frac{\omega}{s_2}\right)^2}$$

可见，它是常数(与频率无关)项 20 log $K$ 与前面讨论的两个单零点项之和。换句话说，在画 $H_{\mathrm{dB}}$时只是把各个单独项的曲线图形叠加。下面用例题来加以说明。

**例 15.2** 画出图 15.4 所示网络输入阻抗的伯德图。

**解：**写出输入阻抗的表达式：

$$\mathbf{Z}_{\mathrm{in}}(\mathbf{s}) = \mathbf{H}(\mathbf{s}) = 20 + 0.2\mathbf{s}$$

将上式写成标准形式：

$$\mathbf{H}(\mathbf{s}) = 20\left(1+\frac{\mathbf{s}}{100}\right)$$

构成 $\mathbf{H}(\mathbf{s})$ 的两项是位于 $\mathbf{s}=-100$ 的零点，即转角频率 $\omega=100$ rad/s，以及常数项 20 log 20 = 26 dB。每一项对应的渐近线均画在图 15.5(a) 中。由于对 $|\mathbf{H}(\mathrm{j}\omega)|$ 进行了对数运算，接下来只需将各单独项相对应的伯德图叠加在一起即可，图 15.5(b) 显示的就是叠加后的幅度伯德图。这里不再对转角频率处 $\omega=100$ rad/s 的渐近线进行 +3 dB 的平滑处理，而是留给读者作为练习。

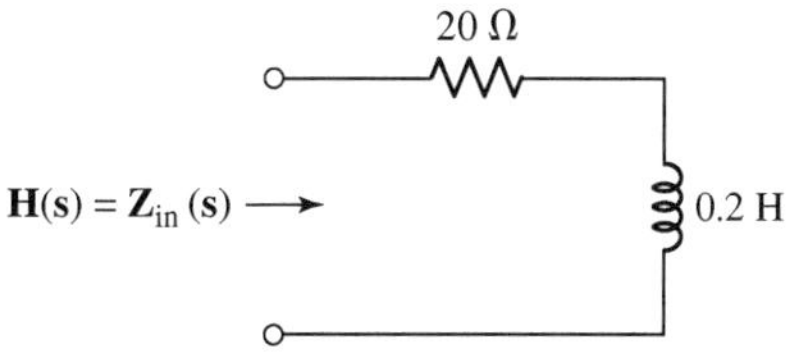


图 15.4　如果选择 $\mathbf{Z}_{in}(\mathbf{s})$ 作为网络的 $\mathbf{H}(\mathbf{s})$，则图 15.5(b) 所示的就是 $H_{dB}$ 的伯德图

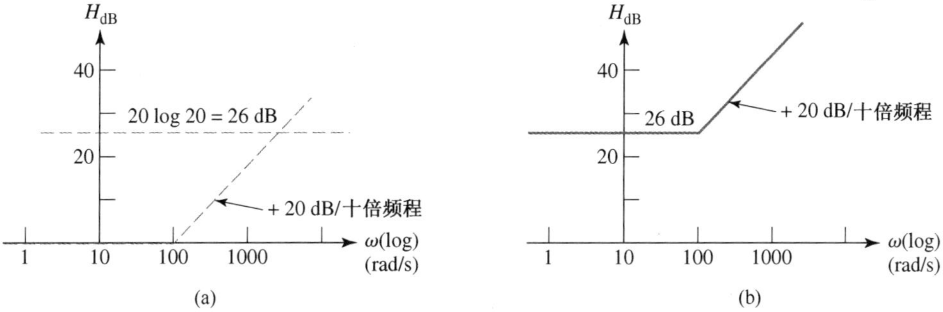


图 15.5　(a) $\mathbf{H}(\mathbf{s})=20(1+\mathbf{s}/100)$ 各因子的伯德图被分别画出；(b) 合成的伯德图是(a)中所示各伯德图的叠加

## 练习

15.3　画出 $\mathbf{H}(\mathbf{s})=50+\mathbf{s}$ 的幅度伯德图。

答案：34 dB，$\omega<50$ rad/s；斜率为 +20 dB/十倍频程，$\omega>50$ rad/s。

## 相位响应

回到传输函数，即式[1]，现在讨论简单零点的**相位响应**：

$$\text{ang}\,\mathbf{H}(\mathrm{j}\omega)=\text{ang}\left(1+\frac{\mathrm{j}\omega}{a}\right)=\arctan\frac{\omega}{a}$$

这个表达式同样可以用渐近线表示，但是需要 3 个直线段来构成。当 $\omega\ll a$ 时，ang $\mathbf{H}(\mathrm{j}\omega)\approx 0°$；我们把它作为 $\omega<0.1a$ 的渐近线：

$$\text{ang}\,\mathbf{H}(\mathrm{j}\omega)=0°,\qquad \omega<0.1a$$

在高频段，即 $\omega\gg a$，有 ang $\mathbf{H}(\mathrm{j}\omega)\approx 90°$，所以把它作为 $\omega=10a$ 以上的渐近线：

$$\text{ang}\,\mathbf{H}(\mathrm{j}\omega)=90°,\qquad \omega>10a$$

由于 $\omega=a$ 时的角度为 45°，所以构造一条从 $\omega=0.1a$ 的 0° 到 $\omega=10a$ 的 90°的线段，直线段的斜率等于 45°/十倍频程，如图 15.6 中实线所示，而虚线则表示实际的响应曲线。渐近线和实际曲线之间存在的最大误差等于 ±5.71°，分别在 $\omega=0.1a$ 和 $\omega=10a$ 处产生。在 $\omega=0.394a$ 和 $\omega=2.54a$ 处，存在的误差为 ∓5.29°，而在 $\omega=0.159a$，$a$ 和 $6.31a$ 处没有误差。虽然用相同的方法也可以得到平滑的曲线，如图 15.6 所示，但是更多时候典型的相位曲线还是用渐近直线表示的。

有必要简单思考一下伯德图究竟告诉了我们什么信息。比如对于 $\mathbf{s}=a$ 的单零点，它表明当频率远低于转角频率时，响应函数的相角等于 0°；而当频率很高($\omega\gg a$)时，相角却等于

90°，在转角频率附近，传输函数的相位变化比较快，通过电路的合理设计(确定 $a$)可以得到实际所需的响应函数的相角。

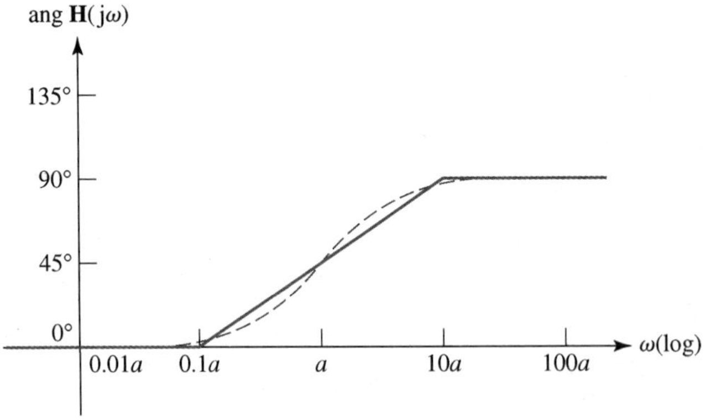


图 15.6 $\mathbf{H}(\mathbf{s}) = 1 + \mathbf{s}/a$ 的相位响应渐近线由 3 条实线表示的直线段组成。斜线的两个端点分别是 $0.1a$ 处的 0° 和 $10a$ 处的 90°。虚线表示精确(平滑)的曲线响应

## 练习

15.4 画出例 15.2 的传输函数的相位伯德图。

答案：0°，$\omega \leqslant 10$；90°，$\omega \geqslant 1000$；45°，$\omega = 100$；斜率为 45°/十倍频程，$10 < \omega < 1000$。$\omega$ 的单位为 rad/s。

## 绘制伯德图的其他考虑

接下来考虑单极点的情况，类似于例 15.1 中的 $RC$ 网络：

$$\mathbf{H}(\mathbf{s}) = \frac{1}{1 + \mathbf{s}/a} \qquad [2]$$

由于这是零点的倒数，因此对数处理的结果是伯德图成为前面所得图形的相反图形。在 $\omega = a$ 之前幅度等于 0 dB；当 $\omega > a$ 时，斜率为 −20 dB/十倍频程，相位伯德图在 $\omega < 0.1a$ 时为 0°，当 $\omega > 10a$ 时为 −90°，当 $\omega = a$ 时为 −45°，而在 $0.1a < \omega < 10a$ 时是斜率为 −45°/十倍频程的直线。我们鼓励读者直接根据式[2]绘制传输函数的伯德图。

另一种情况是传输函数的分子或者分母中出现 $\mathbf{s}$ 项，比如 $\mathbf{H}(\mathbf{s}) = \mathbf{s}$，那么

$$H_{\text{dB}} = 20 \log |\omega|$$

这是一条通过 $\omega = 1$ 对应 0 dB 这一点的无限长的直线，其斜率为 +20 dB/十倍频程，如图 15.7(a)所示。如果 $\mathbf{s}$ 项出现在分母中，则直线的斜率变成 −20 dB/十倍频程，并同样通过 $\omega = 1$ 对应 0 dB 的点，如图 15.7(b)所示。

还有一种情况是 $\mathbf{H}(\mathbf{s})$ 中的常数乘积因子 $K$，它的伯德图是一条位于横轴之上 $20 \log |K|$ dB 的水平线；如果 $|K| < 1$，则水平线位于横轴之下。

**例 15.3** 画出图 15.8 所示电路的电压增益伯德图。

**解：** 从电路的左边往右边计算电压增益：

$$\mathbf{H}(\mathbf{s}) = \frac{\mathbf{V}_{\text{out}}}{\mathbf{V}_{\text{in}}} = \frac{4000}{5000 + 10^6/20\mathbf{s}}\left(-\frac{1}{200}\right)\frac{5000(10^8/\mathbf{s})}{5000 + 10^8/\mathbf{s}}$$

简化后得

$$\mathbf{H}(\mathbf{s})=\frac{-2\mathbf{s}}{(1+\mathbf{s}/10)(1+\mathbf{s}/20\,000)} \qquad [3]$$

可以发现有一个常数项，即 $20\log|-2|=6$ dB，截止频率点在 $\omega=10$ rad/s 和 $\omega=20\,000$ rad/s 处，另外还有一个线性因子 **s**。每一项的伯德图都画在图 15.9(a)中。把这 4 条线段相加，便得到如图 15.9(b)所示的幅度伯德图。

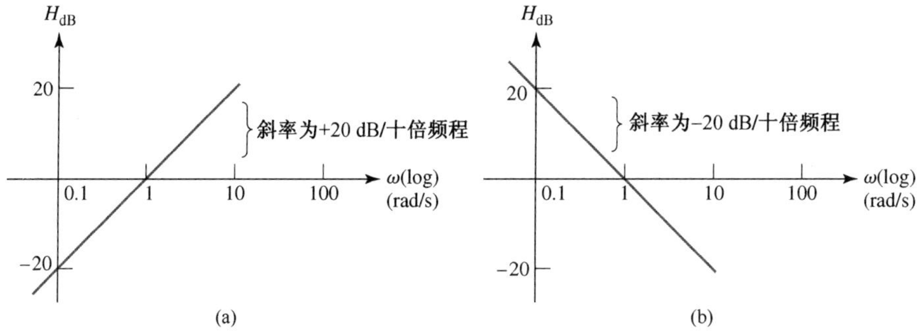


图 15.7　(a) $\mathbf{H}(\mathbf{s})=\mathbf{s}$ 和(b) $\mathbf{H}(\mathbf{s})=1/\mathbf{s}$ 的渐近线，它们均为无限长的直线，并且穿过 $\omega=1$ 时的 0 dB 点，斜率为 ±20 dB/十倍频程

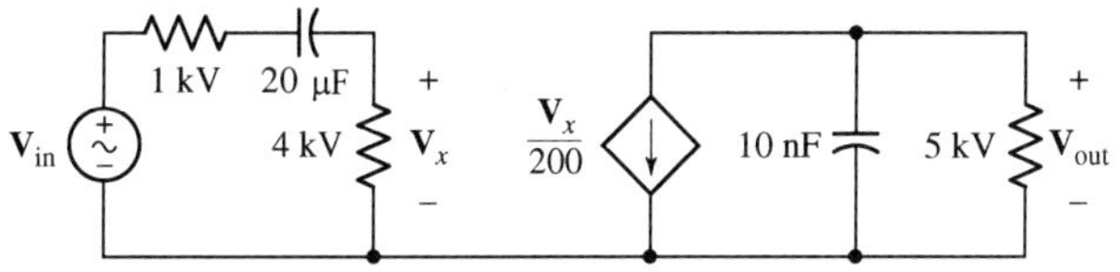


图 15.8　设 $\mathbf{H}(\mathbf{s})=\mathbf{V}_{out}/\mathbf{V}_{in}$，该放大器的幅度伯德图如图 15.9(b)所示，相位伯德图如图 15.10 所示

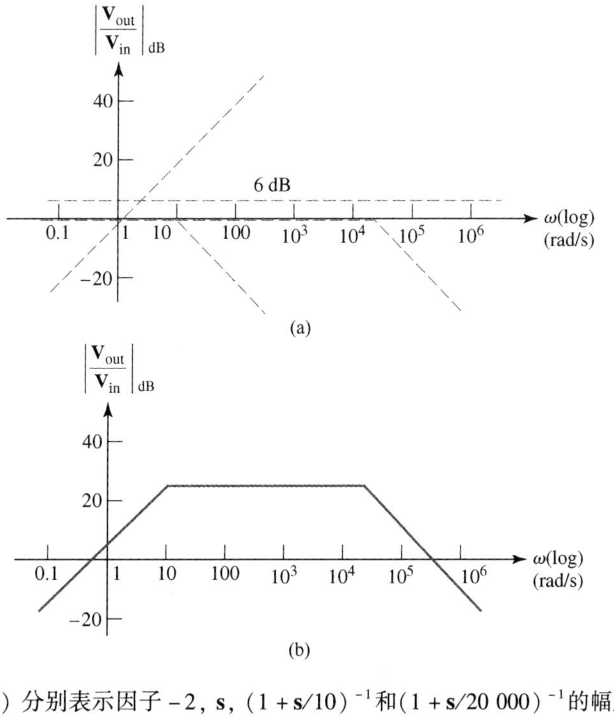


图 15.9　(a) 分别表示因子 −2，**s**，$(1+\mathbf{s}/10)^{-1}$ 和 $(1+\mathbf{s}/20\,000)^{-1}$ 的幅度伯德图；(b) (a)中4个单独的伯德图相加后就是图15.8所示放大器的幅度伯德图

## 练习

15.5 画出**H**(**s**)分别等于下式时的幅度伯德图：(a) 50/(**s**+100)；(b) (**s**+10)/(**s**+100)；(c) (**s**+10)/**s**。

答案：(a) −6 dB，$\omega<100$；−20 dB/十倍频程，$\omega>100$；(b) −20 dB，$\omega<10$；+20 dB/十倍频程，$10<\omega<100$；0 dB，$\omega>100$；(c) 0 dB，$\omega>10$；−20 dB/十倍频程，$\omega<10$。$\omega$ 的单位为 rad/s。

在绘制图 15.8 所示放大器的相位伯德图之前，需要花些时间观察一下幅度伯德图的细节。

首先，不要过分依赖各个幅度曲线的相加结果。相反，通过考虑**H**(**s**)的每个因式在选择的各频率点上的渐近值，很容易求得合并后的幅度曲线在这些点上的正确值。例如，图 15.9(a)所示的曲线在 $\omega=10$ 和 $\omega=20\ 000$ 之间是平坦区域，它低于转角频率 $\omega=20\ 000$，因此可以用 1 表示(1 + **s**/20 000)；而该区域又高于频率 $\omega=10$，因此可以用 $\omega/10$ 表示(1 + **s**/10)，所以有

$$H_{\mathrm{dB}}=20\log\left|\frac{-2\omega}{(\omega/10)(1)}\right|$$
$$=20\log 20=26\ \mathrm{dB},\qquad 10<\omega<20\ 000$$

我们当然也希望得到渐近响应穿过横轴的高频频率，现在这两项被表示成 $\omega/10$ 和$\omega/20\ 000$，则

$$H_{\mathrm{dB}}=20\log\left|\frac{-2\omega}{(\omega/10)(\omega/20\ 000)}\right|=20\log\left|\frac{400\ 000}{\omega}\right|$$

由于与横轴相交时的 $H_{\mathrm{dB}}=0$，即 $400\ 000/\omega=1$，因此 $\omega=400\ 000$ rad/s。

通常不需要在印制的半对数坐标纸上画出精确的伯德图，只要简单地在纸上粗略地画出对数频率坐标即可。选择十倍频程的区间，即从 $\omega=\omega_1$ 延续到 $\omega=10\omega_1$ 的长度 $L$(这里 $\omega_1$ 通常取为 10 的整数次幂)，用 $x$ 表示 $\omega_1$ 右边的点 $\omega$ 到 $\omega_1$ 的距离，则 $x/L=\log(\omega/\omega_1)$。记住下面这些值对画图会有帮助：当 $\omega=2\omega_1$ 时，$x=0.3L$；当 $\omega=4\omega_1$ 时，$x=0.6L$；当 $\omega=5\omega_1$ 时，$x=0.7L$。

**例 15.4** 画出由式[3]给出的传输函数 **H**(**s**) = −2**s**/[(1 + **s**/10)(1 + **s**/20 000)]的相位伯德图。

**解**：从观察**H**(j$\omega$)开始：

$$\mathbf{H}(\mathrm{j}\omega)=\frac{-\mathrm{j}2\omega}{(1+\mathrm{j}\omega/10)(1+\mathrm{j}\omega/20\ 000)}\qquad[4]$$

分子的相角是常数，即 −90°。

剩下的因子由截止频率为 $\omega=10$ 和 $\omega=20\ 000$ 的两项相角相加而成。这 3 项的渐近线如图 15.10 中的虚线所示，它们相加的结果由实线表示。如果曲线向上平移 360°，则结果与原曲线等效。

利用渐近线可以得到相位响应的正确值。比如，在图 15.10 中，$\omega=10^4$ rad/s 处的相角由式[4]的分子和分母多项式给定，分子的相角为 −90°，分母的相角相对于 $\omega=10$ 的极点为 −90°，因为 $\omega$ 比截止频率的 10 倍还要大。位于截止频率的 0.1 倍和 10 倍之间，相角按照 −45°/十倍频程变化，对于截止频率 $\omega=20\ 000$ rad/s，计算出相角为 $-45°\log(\omega/0.1a)=-45°$，$\log[10\ 000/(0.1\times 20\ 000)]=-31.5°$。

这 3 项产生的相角的代数和为 −90° − 90° −31.5° = −211.5°，其值与图 15.10 所示的渐近线上的值很接近。

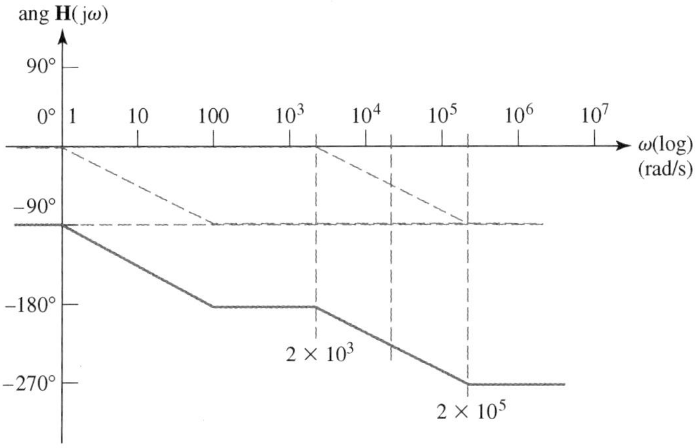


图 15.10 实线表示的曲线代表图 15.8 所示放大器相位响应的渐近曲线

## 练习

15.6 画出传输函数 $\mathbf{H}(\mathbf{s})$ 为下列表达式的相位伯德图：(a) $50/(\mathbf{s}+100)$；(b) $(\mathbf{s}+10)/(\mathbf{s}+100)$；(c) $(\mathbf{s}+10)/\mathbf{s}$。

答案：(a) 0°，$\omega<10$；$-45°$/十倍频程，$10<\omega<1000$；$-90°$，$\omega>1000$。

(b) 0°，$\omega<1$；$+45°$/十倍频程，$1<\omega<10$；45°，$10<\omega<100$；$-45°$/十倍频程，$100<\omega<1000$；0°，$\omega>1000$。

(c) $-90°$，$\omega<1$；$+45°$/十倍频程，$1<\omega<100$；0°，$\omega>100$。

## 高阶项

至此我们所讨论的零点和极点全部都是一阶项，比如 $\mathbf{s}^{\pm1}$，$(1+0.2\mathbf{s})^{\pm1}$，等等。很容易将它们推广到高阶的情况。因式 $\mathbf{s}^{\pm n}$ 对应的幅度响应曲线穿过 $\omega=1$，且斜率为 $\pm20n$ dB/十倍频程，其相位响应曲线为常数相位 $\pm90n°$。对于高阶零点因子 $(1+\mathbf{s}/a)^n$，其对应的幅度响应曲线和相位响应曲线相当于 $n$ 个单零点幅度响应曲线或相位响应曲线的叠加。因此，得到的渐近幅度响应曲线在 $\omega<a$ 时为 0 dB，在 $\omega>a$ 时，斜率为 $20n$ dB/十倍频程，在 $\omega=a$ 时误差为 $-3n$ dB，在 $\omega=0.5a$ 和 $\omega=2a$ 时误差为 $-n$ dB。渐近相位响应曲线在 $\omega<0.1a$ 时为 0°，在 $\omega>10a$ 时为 $90n°$，在 $\omega=a$ 时为 $45n°$，渐近相位响应曲线在 $0.1a<\omega<10a$ 时，斜率为 $45n°$/十倍频程。在两个转角频率处误差为 $\pm5.71n°$。

对于形如 $(1+\mathbf{s}/20)^{-3}$ 的因式，可以很快画出其幅度与相位的渐近曲线，但是要记住：当幂指数比较高时误差也比较大。

## 共轭复数对

最后一种类型的因式是表示共轭复数对的一对零点或者极点。我们采用下面的标准形式表示这对零点：

$$\mathbf{H}(\mathbf{s})=1+2\zeta\left(\frac{\mathbf{s}}{\omega_0}\right)+\left(\frac{\mathbf{s}}{\omega_0}\right)^2$$

复数对的零点和极点定义的是**谐振**电路的特性，下一节将介绍该特性。参数 $\zeta$ 称为**阻尼因子**，而 $\omega_0$ 则为渐近响应的转角频率。阻尼因子与第 9 章介绍的 *RLC* 电路的阻尼系数类似。在系统理论或者自动控制领域，描述阻尼的传统方式是无量纲参数 $\zeta$ 和特征方程：

$$\mathbf{s}^2+2\zeta\omega_0\mathbf{s}+\omega_0^2$$

当 $\zeta=1$ 时，$\mathbf{H}(\mathbf{s})=1+2(\mathbf{s}/\omega_0)+(\mathbf{s}/\omega_0)^2=(1+\mathbf{s}/\omega_0)^2$，这就是前面刚讨论过的二阶零点的情况。如果 $\zeta>1$，则 $\mathbf{H}(\mathbf{s})$ 可以分解为两个一阶零点因子的乘积，比如 $\zeta=1.25$，这时 $\mathbf{H}(\mathbf{s})=1+2.5(\mathbf{s}/\omega_0)+(\mathbf{s}/\omega_0)^2=(1+\mathbf{s}/2\omega_0)(1+\mathbf{s}/0.5\omega_0)$，这也是我们熟悉的情况。

当 $0\leqslant\zeta\leqslant1$ 时，出现的将是新情况。此时不必求解出共轭复数根的数值，这里只考虑低频和高频时幅度和相位响应的渐近数值，然后依据 $\zeta$ 值进行修正。

对于幅度响应：

$$H_{\text{dB}}=20\log|\mathbf{H}(\text{j}\omega)|=20\log\left|1+\text{j}2\zeta\left(\frac{\omega}{\omega_0}\right)-\left(\frac{\omega}{\omega_0}\right)^2\right| \qquad [5]$$

当 $\omega\ll\omega_0$ 时，$\mathbf{H}_{\text{dB}}=20\log|1|=0$ dB，这是低频渐近响应。接下来，当 $\omega\gg\omega_0$ 时，只有平方项起主要作用，因此 $\mathbf{H}_{\text{dB}}=20\log|-(\omega/\omega_0)^2|=40\log(\omega/\omega_0)$。这是一条斜率为 40 dB/十倍频程的直线，是高频时的渐近响应，这两条渐近线相交于 $\omega=\omega_0$ 对应的 0 dB，图 15.11 所示的实线表示幅度响应的渐近曲线。但是，需要在转角频率附近对渐近线进行修正，令式[5]中的 $\omega=\omega_0$，则

$$H_{\text{dB}}=20\log\left|\text{j}2\zeta\left(\frac{\omega}{\omega_0}\right)\right|=20\log(2\zeta) \qquad [6]$$

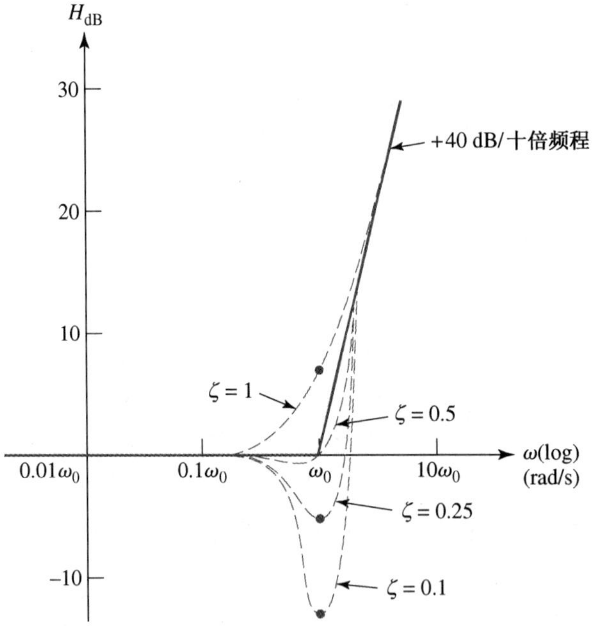


图 15.11 对应不同阻尼系数 $\zeta$ 值的 $\mathbf{H}(\mathbf{s})=1+2\zeta(\mathbf{s}/\omega_0)+(\mathbf{s}/\omega_0)^2$ 的幅度伯德图

当 $\zeta=1$ 时，情况比较简单，修正值为 +6 dB；当 $\zeta=0.5$ 时无须修正；当 $\zeta=0.1$ 时，修正值则为 -14 dB。了解修正值之后，通常可以画出令人比较满意的幅度渐近响应曲线。图 15.11分别给出了 $\zeta=1$，0.5，0.25 和 0.1 时更精确的幅度响应值，它们是根据式[5]计算得到的。比如，$\zeta=0.25$，其准确的 $H_{\text{dB}}$ 值在 $\omega=0.5\omega_0$ 处为

$$H_{dB} = 20\log|1 + j0.25 - 0.25| = 20\log\sqrt{0.75^2 + 0.25^2} = -2.0\ \text{dB}$$

负的峰值并不刚好出现在 $\omega = \omega_0$ 处，它通常稍低于这个频率，从 $\zeta = 0.5$ 时对应的曲线可以看出这一点。

如果 $\zeta = 0$，则 $\mathbf{H}(j\omega_0) = 0$，$H_{dB} = -\infty$。这种情况一般不画在伯德图中。

最后画出 $\mathbf{H}(j\omega) = 1 + j2\zeta(\omega/\omega_0) - (\omega/\omega_0)^2$ 的相位响应渐近曲线。当频率低于 $\omega = 0.1\omega_0$ 时，可以令 ang $\mathbf{H}(j\omega) = 0°$，频率高于 $\omega = 10\omega_0$ 时，则有 ang $\mathbf{H}(j\omega) = \text{ang}[-(\omega/\omega_0)^2] = 180°$，在转角频率处，ang $\mathbf{H}(j\omega_0) = \text{ang}(j2\zeta) = 90°$。在 $0.1\omega_0 < \omega < 10\omega_0$ 区间内，开始用直线表示，如图 15.12 中的实线所示，从点 $(0.1\omega_0, 0°)$ 开始，通过点 $(\omega_0, 90°)$，终止于点 $(10\omega_0, 180°)$，其斜率为 90°/十倍频程。

现在需要对基本曲线在不同 $\zeta$ 值的情况下进行修正，由式[5]得到

$$\text{ang}\ \mathbf{H}(j\omega) = \arctan\frac{2\zeta(\omega/\omega_0)}{1 - (\omega/\omega_0)^2}$$

高于和低于 $\omega = \omega_0$ 的精确值足够用于对曲线形状的近似。比如，取 $\omega = 0.5\omega_0$，则 ang $\mathbf{H}(j0.5\omega_0) = \arctan(4\zeta/3)$，而在 $\omega = 2\omega_0$ 处的相角是 $180° - \arctan(4\zeta/3)$。图 15.12 中的虚线表示 $\zeta = 1, 0.5, 0.25$ 和 $0.1$ 时的相位曲线，实心点表示 $\omega = 0.5\omega_0$ 和 $\omega = 2\omega_0$ 的精确值。

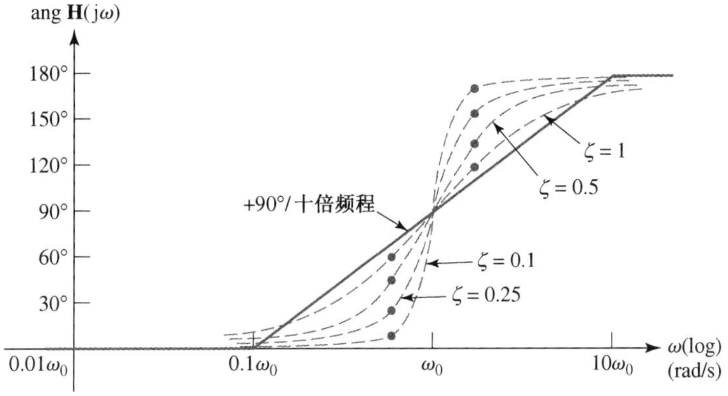


图 15.12　$\mathbf{H}(j\omega) = 1 + j2\zeta(\omega/\omega_0) - (\omega/\omega_0)^2$ 相位特性的直线近似，图中用实线表示，虚线表示 $\zeta = 1, 0.5, 0.25$ 和 $0.1$ 时的精确相位响应曲线

如果二次项位于分母，则将刚讨论的幅度和相位渐近曲线垂直翻转，下面用一个例题作为含有线性项和二次项的传输函数的总结。

**例 15.5**　传输函数为 $\mathbf{H}(\mathbf{s}) = 100\,000\mathbf{s}/[(\mathbf{s}+1)(10\,000 + 20\mathbf{s} + \mathbf{s}^2)]$，画出它的伯德图。

**解：** 首先考虑二次项，将其表示成能看出阻尼系数 $\zeta$ 的形式，所以将二次项除以常数 10 000：

$$\mathbf{H}(\mathbf{s}) = \frac{10\mathbf{s}}{(1+\mathbf{s})(1 + 0.002\mathbf{s} + 0.0001\mathbf{s}^2)}$$

观察 $\mathbf{s}^2$ 项的系数，可求得 $\omega_0 = \sqrt{1/0.0001} = 100$，因此二次项中的线性项改写后出现系数 2，另外两项为因式 $(\mathbf{s}/\omega_0)$ 和最终的因子 $\zeta$：

$$\mathbf{H}(\mathbf{s}) = \frac{10\mathbf{s}}{(1+\mathbf{s})[1 + (2)(0.1)(\mathbf{s}/100) + (\mathbf{s}/100)^2]}$$

可见$\zeta = 0.1$。

幅度响应的渐近曲线如图15.13中的细线所示，其中20 dB代表常数项10，通过横轴上$\omega=1$的点，斜率为+20 dB/十倍频程的无限长直线代表**s**项，转角频率$\omega=1$代表一阶极点，转角频率$\omega=100$，斜率为−40 dB/十倍频程代表分母的二次项。把这4个图形相加，并对二次项进行+14 dB的修正，得到图15.13中粗线表示的幅度响应曲线。

相位响应曲线包含3个部分：代表**s**项的+90°；$\omega<0.1$时的0°，$\omega>10$时的−90°和−45°/十倍频程代表的一阶极点；$\omega<10$时的0°，$\omega>1000$时的−180°和−90°/十倍频程代表的二阶极点。将3条渐近线相加并对$\zeta=0.1$进行修正，得到的响应渐近线如图15.14中的粗线所示。

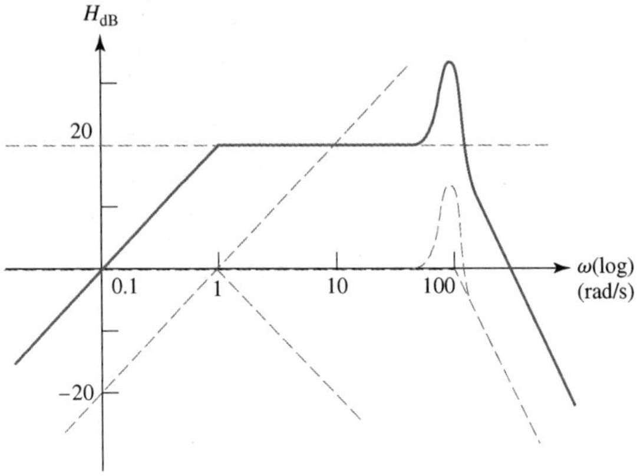


图15.13 传输函数 $\mathbf{H}(\mathbf{s})=\dfrac{100\ 000\mathbf{s}}{(\mathbf{s}+1)(10\ 000+20\mathbf{s}+\mathbf{s}^2)}$的幅度伯德图

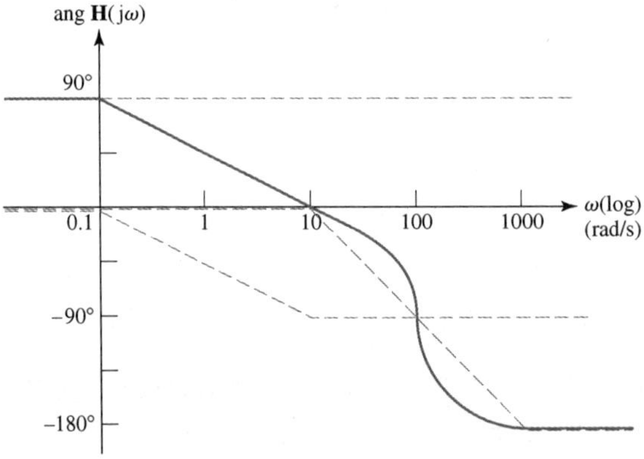


图15.14 传输函数 $\mathbf{H}(\mathbf{s})=\dfrac{100\ 000\mathbf{s}}{(\mathbf{s}+1)(10\ 000+20\mathbf{s}+\mathbf{s}^2)}$的相位伯德图

## 练习

15.7 设传输函数$\mathbf{H}(\mathbf{s})=1000\mathbf{s}^2/(\mathbf{s}^2+5\mathbf{s}+100)$，画出幅度伯德图并计算下列值：(a) $H_{dB}=0$时的$\omega$；(b) $\omega=1$时的$H_{dB}$；(c) $\omega\to\infty$时的$H_{dB}$。

答案：(a) 0.316 rad/s；(b) 20 dB；(c) 60 dB。

## 计算机辅助分析

绘制伯德图的方法很有价值。很多情况下需要快速画出近似的响应曲线(比如考试时，或者在某个特殊应用场合下计算一个特定电路的拓扑结构)，因为这些情况下了解大致的曲线形状已经足够。而且，在滤波器设计中选择因式和系数时，伯德图也具有非常重要的价值。

在需要精确计算响应曲线的情况下(比如对电路设计进行最后的验证)，工程师有多种计算机辅助分析工具可供选择。这里要介绍的第一种方法是利用 MATLAB 得到频率响应曲线。为此，先要分析电路的传输函数，但是不必对表达式进行简化或因式分解。

考虑图 15.8 所示电路，前面已经求得了电路的传输函数表达式为

$$\mathbf{H}(\mathbf{s}) = \frac{-2\mathbf{s}}{(1+\mathbf{s}/10)(1+\mathbf{s}/20\,000)}$$

要求画出频率范围从 100 mrad/s 到 1 Mrad/s 的详细响应曲线。由于最后的曲线是画在对数坐标中的，所以频率间隔不必均匀选取。用 MATLAB 的函数 logspace( )可以产生一个频率向量，它的前两个参数分别表示频率区间的起始频率和终止频率，表示方式是 10 的幂指数(在本例中分别为 -1 和 6)，第 3 个参数为总点数。因此，相应的 MATLAB 程序为

```
>> w = logspace(-1,6,100);
>> denom = (1 + j* w/10) .*  (1 + j* w/20000);
>> H = -2* j* w ./ denom;
>> Hdb = 20* log10(abs(H));
>> semi logx (w,Hdb)
>> xlabel(frequency (rad/s)')
>> ylabel ('|H( jw)| (dB)')
```

得到的曲线见图 15.15。

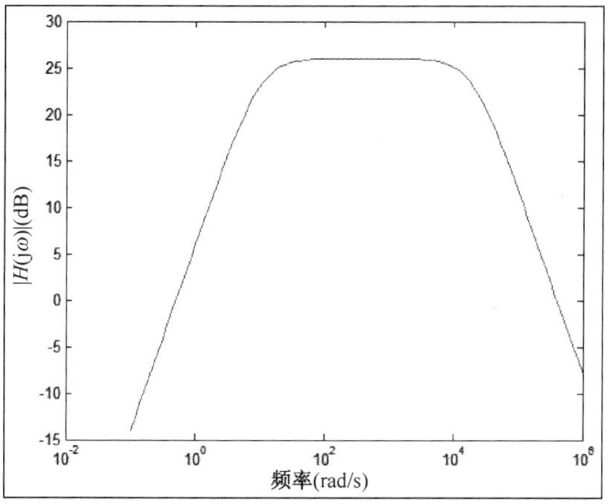


图 15.15 利用 MATLAB 画出的 $H_{\mathrm{dB}}$ 曲线

这里对 MATLAB 程序代码做些解释。首先，在 $\mathbf{H}(\mathbf{s})$的表达式中进行了 $\mathbf{s}=\mathrm{j}\omega$ 的代换，且 MATLAB 认为变量 $\omega$ 是向量或者一维矩阵。该变量将导致分母表达式难以计算，因为 MATLAB 会试图用矩阵运算的规则对表达式进行运算。因此，用单独的一行来计算 $\mathbf{H}(\mathrm{j}\omega)$的分母，为了将两个因子相乘可使用运算符“.*”而不是“*”。这个新的运算符与下面的 MATLAB 语句等效：

```
>> for k = 1:100
denom = (1 + j* w(k)/10) *  (1 + j* w(k)/20000);
end
```

下一行代码中的新运算符“./”具有同样的含义。结果用 dB 表示，因此调用函数 log10( )。在 MATLAB 中，log( )表示自然对数。最后，新的作图命令语句 semilogx( )用于画出对数尺度的以 $x$ 为轴的图形。希望读者回到前面的例题，用现在的方法画出准确的响应曲线，并与相应的伯德图进行比较。

LTspice 也是广泛采用的产生频率响应曲线的一种方法，尤其是在电路设计的最后计算阶段。图 15.16(a)是图 15.8 所示电路的原理电路，图中，电阻 R3 上的电压是输出电压，电源部分 V1 代表交流电压，幅度为 1 V(编辑电压源，定义小信号参数(**.AC**)，设置 1 V 的 AC 幅度)。结果 $V_{out}$ 就因选择 1 V 的幅度而方便地由传输函数得到。利用交流扫描仿真便可得到电路的频率响应，如图 15.16(b)所示。图中用了频率从 10 mHz 到 1 MHz 的 100 个点，在 SPICE 中直接应用命令 **.ac dec 100 10 m 1 meg** 画出图形(注意仿真频率是 Hz，不是 rad/s)。

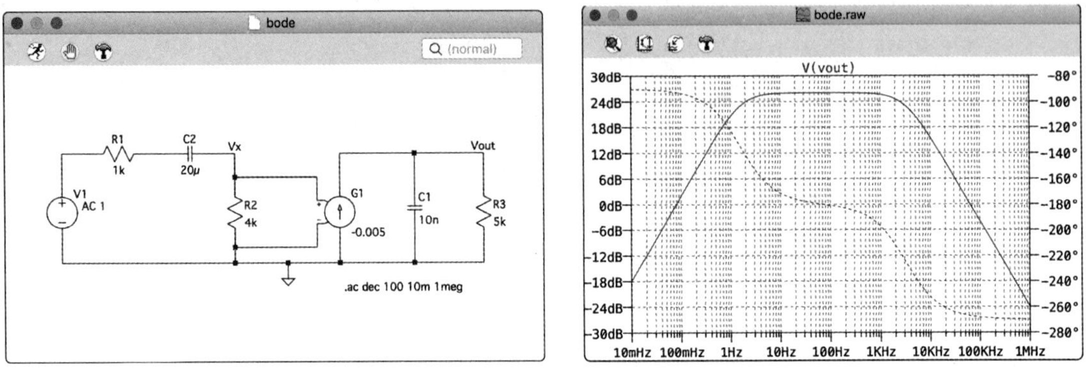


(a) (b)

图 15.16 (a) 图 15.8 所示的电路；(b) 用传输函数的幅度表示的频率响应(实线所示，dB 坐标)以及用相位表示的频率响应(虚线所示，度数坐标)

我们希望读者能够对例题电路进行仿真，并与已得到的伯德图进行比较。

## 15.3 并联谐振

假设一个激励函数含有的正弦分量的频率范围为 10 ~ 100 Hz。现在假设该激励函数通过一个网络，该网络具有这样的特性，即当频率范围在 0 ~ 200 Hz 的输入信号作用于输入端时，网络的输出幅度加倍，相位不变。可见，输出信号是不失真的，它与输入信号形状相似，只是幅度加倍。但是，如果网络的频率响应对输入频率范围在 10 ~ 50 Hz 和 50 ~ 100 Hz 的输入信号，其输出具有不同的幅度放大倍数，输出就会产生失真，即不再是输入波形的简单放大。失真的输出在有些情况下是需要的，在有些情况下却是不需要的，例如无线电收发信机的调谐电路。换句话说，网络的频率响应是可以精心设计成抑制激励函数的某些频率分量，或者放大某些频率分量。

本章介绍的调谐电路和谐振电路都具备这些特性，在讨论谐振的时候，可以应用前面分析频率响应时介绍的所有方法。

### 谐振

本节开始讨论同时含有电感和电容电路的一种重要现象，该现象称为**谐振**，不严格描述的话，也可以看成任何物理系统在固定幅度的正弦激励函数作用下产生最大响应幅度的条件。但是，我们也经常提到激励函数不是正弦的谐振。谐振系统可以是电子的、机械的、水力的、声学的或其他的系统，但是这里只介绍电子系统。

谐振现象并不陌生。比如，汽车上下跳动的频率为某个适当的值(大约每秒跳一次)且减震器有些老化时，上下跳动可以使汽车产生更加剧烈的振动；但是，如果跳动的频率增加或者减少，那么汽车的振动将比先前显著减小。另一个更能说明问题的例子是关于唱歌的，当演唱者唱出的音符正好对应某个特定频率时，这个声音甚至可以震碎玻璃杯。这些例子都是通过调整频率来达到谐振的，当然也可以通过调整振动物体的大小、形状和材料来达到谐振，不过改变这些参数并不容易。

谐振可能是需要的，也可能是不需要的，具体取决于物理系统的作用。比如，以汽车为例，较大幅度的振动可能有助于分开锁住的减震器，但当速度达到 65 英里/小时(105 公里/小时)时，这种现象令人讨厌。

现在来仔细定义谐振。一个二端网络至少含有一个电感和一个电容，定义该网络的输入阻抗为纯电阻时，网络谐振，即

当网络输入端的电压与电流同相时，网络谐振。

同样可以发现，网络谐振时产生的响应幅度最大。

首先将谐振定义应用于并联 $RLC$ 网络，该网络由电流源激励，如图 15.17 所示。现实情况下，这个电路是对实验室构造的实际电感和电容并联而成的电路的很好近似，并联组合的能量由输出阻抗非常高的电源驱动。对理想电流源而言，其正弦稳态导纳为

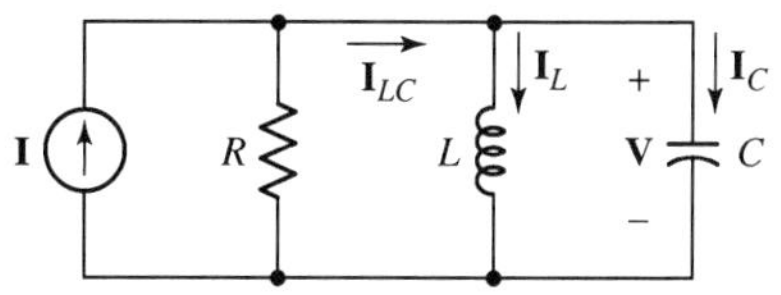

图 15.17　电阻、电容和电感的并联组合通常称为并联谐振电路

$$\mathbf{Y} = \frac{1}{R} + \mathrm{j}\left(\omega C - \frac{1}{\omega L}\right) \qquad [7]$$

当输入端的电压与电流同相时，产生谐振。也就是导纳是实数，因此谐振的必要条件为

$$\omega C - \frac{1}{\omega L} = 0$$

调整 $L$, $C$ 或者 $\omega$，可以满足谐振条件。我们只把注意力集中于以 $\omega$ 为变量的情况，此时谐振频率 $\omega_0$就成为

$$\omega_0 = \frac{1}{\sqrt{LC}} \text{ rad/s} \qquad [8]$$

或者

$$f_0 = \frac{1}{2\pi\sqrt{LC}} \text{ Hz} \qquad [9]$$

这里的谐振频率 $\omega_0$等于第 9 章中式[10]定义的谐振频率。

导纳函数的零极点图在这里非常有用，给定 $\mathbf{Y}(\mathbf{s})$ 如下：

$$\mathbf{Y}(\mathbf{s}) = \frac{1}{R} + \frac{1}{\mathbf{s}L} + \mathbf{s}C$$

或者

$$\mathbf{Y}(\mathbf{s}) = C\frac{\mathbf{s}^2 + \mathbf{s}/RC + 1/LC}{\mathbf{s}} \qquad [10]$$

对分子进行因式分解，得到用零点表示的 $\mathbf{Y}(\mathbf{s})$：

$$\mathbf{Y}(\mathbf{s}) = C\frac{(\mathbf{s}+\alpha-\mathrm{j}\omega_d)(\mathbf{s}+\alpha+\mathrm{j}\omega_d)}{\mathbf{s}}$$

其中，$\alpha$ 和 $\omega_d$ 代表的量与9.4节 *RLC* 并联电路的自由响应中提到的量相同，即 $\alpha$ 是指数衰减系数：

$$\alpha = \frac{1}{2RC}$$

$\omega_d$ 表示自然谐振频率(不是谐振频率 $\omega_0$)：

$$\omega_d = \sqrt{\omega_0^2-\alpha^2}$$

由分式的两个因式可直接得到图15.18(a)所示的零极点图。

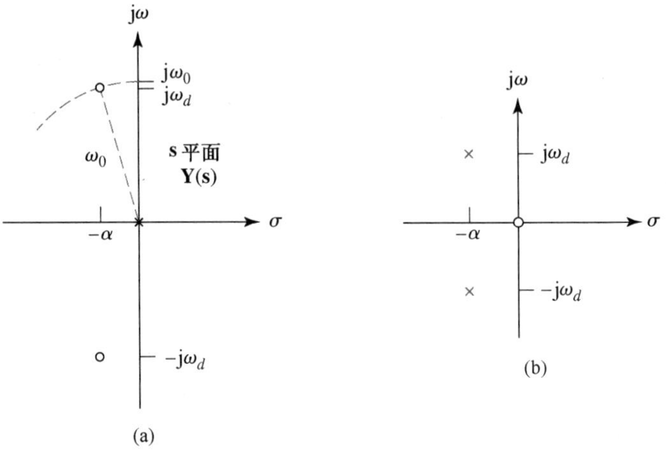


图15.18 (a) 并联谐振电路的输入导纳在 s 平面上的零极点图，$\omega_0^2=\alpha^2+\omega_d^2$；(b) 输入阻抗的零极点图

分析 $\alpha$，$\omega_d$ 和 $\omega_0$ 之间的关系，显而易见，从 s 平面的原点到导纳的一个零点的距离正好等于 $\omega_0$。根据零极点图，可以直接利用图解法得到谐振频率，只要以过零点的弧以 s 平面的原点为圆心旋转，该弧与正 $\mathrm{j}\omega$ 轴的交点对应的就是 $\mathbf{s}=\mathrm{j}\omega_0$。可以证明，$\omega_0$ 比自然谐振频率 $\omega_d$ 略大一些，但它们的比值随着 $\omega_d$ 与 $\alpha$ 比值的增加而接近于1。

## 谐振和电压响应

接下来讨论响应的幅度，电压 $\mathbf{V}(\mathbf{s})$ 如图15.17所示，激励函数的频率 $\omega$ 是变化的。如果假设电流源的幅度是恒定的，则电压响应与输入阻抗成正比。响应可以通过阻抗的零极点图得到：

$$\mathbf{Z}(\mathbf{s}) = \frac{\mathbf{s}/C}{(\mathbf{s}+\alpha-\mathrm{j}\omega_d)(\mathbf{s}+\alpha+\mathrm{j}\omega_d)}$$

如图15.18(b)所示，响应曲线从零开始增加，在自然谐振频率附近达到最大值，然后再下降，当 $\omega$ 趋于无穷大时下降到零。频率响应曲线如图15.19所示。响应的最大值由 $R$ 与电流源的乘积确定，其中隐含着阻抗的最大值等于 $R$，而且图中可见响应的最大值准确地取在谐振频率 $\omega_0$ 上。图中还标定了另外两个频率 $\omega_1$ 和 $\omega_2$，后面在测量带宽时要用到这两个频率。接下来证明阻抗的最大值等于 $R$，并且是在谐振时得到的。

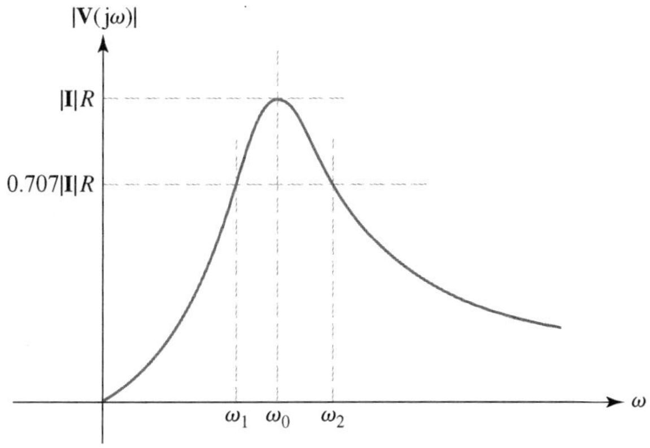


图 15.19 并联谐振电路电压响应的幅度与频率的关系曲线

由式[7]定义的导纳含有一个常数电导和一个电纳，谐振时电纳具有最小幅度(零)，因此电导幅度的最小值在谐振时获得，其值等于 $1/R$，阻抗的最大值等于 $R$，也是在谐振时得到的。

因此谐振时图 15.17 所示的并联谐振的电压就等于 $\mathbf{I}R$，电流源的所有电流都流过电阻。但是，$L$ 和 $C$ 中也一样有电流。谐振时的电感电流为 $\mathbf{I}_{L,0}=\mathbf{V}_{L,0}/\mathrm{j}\omega_0L=\mathbf{I}R/\mathrm{j}\omega_0L$，电容电流为 $\mathbf{I}_{C,0}=(\mathrm{j}\omega_0C)\mathbf{V}_{C,0}=\mathrm{j}\omega_0CR\mathbf{I}$，由于谐振时 $1/\omega_0C=\omega_0L$，因此有

$$\mathbf{I}_{C,0}=-\mathbf{I}_{L,0}=\mathrm{j}\omega_0CR\mathbf{I} \qquad [11]$$

和

$$\mathbf{I}_{C,0}+\mathbf{I}_{L,0}=\mathbf{I}_{LC}=0$$

即流入 $LC$ 组合的净电流等于零。找到响应幅度的最大值和谐振频率并不总是很容易。在略欠标准的谐振电路中，响应幅度的表达式必须具有解析形式，通常等于实部平方加虚部平方再开根，然后对频率求导，再令导数等于零，求得最大响应时的频率，再将该频率代入幅度表达式，求得响应的最大幅度。可以用上面的简单电路作为练习来验证求解过程的正确性。然而前面已经讲到，这个求解步骤并不是必要的。

## 品质因数

这里需要强调的是，虽然图 15.19 所示曲线的高度在激励源幅度恒定时只与电阻 $R$ 的值有关，但是曲线的宽度或者两边的陡峭程度却与另外两个元件的值有关。我们把“响应曲线的宽度”定义为另一个量，称为带宽，它与另一个重要参数有关，这个参数称为品质因数 $Q$。

> 说明：必须十分小心，不要混淆品质因数、电荷和无功功率，因为它们都用相同的字母 $Q$ 表示。

任何谐振电路频率响应曲线的陡峭程度都由电路存储的最大能量与一个完整周期内电路损耗的总能量的比值决定。

所以 $Q$ 被定义如下：

$$Q=\text{品质因数}\equiv 2\pi\ \frac{\text{电路存储的最大能量}}{\text{一个周期内电路损耗的总能量}} \qquad [12]$$

定义式中的比例系数 2π能够将 $Q$ 简化为更有用的表达式。因为能量只能存储在电容和电感中，消耗在电阻上，因此在 $Q$ 的表达式中可以用与电抗元件相关的瞬时能量以及电阻上消耗的平均功率表示：

$$Q = 2\pi \frac{[w_L(t) + w_C(t)]_{\max}}{P_R T}$$

其中，$T$ 是用于计算 $Q$ 的正弦频率的周期。

现在将定义式应用于图 15.17 所示的并联 $RLC$ 电路，确定在谐振频率上的 $Q$ 值。$Q$ 的数值用 $Q_0$ 表示，选择电流激励函数为

$$i(t) = I_m \cos \omega_0 t$$

则谐振时的相应电压为
$$v(t) = Ri(t) = RI_m \cos \omega_0 t$$

电容存储的能量为
$$w_C(t) = \frac{1}{2}Cv^2 = \frac{I_m^2 R^2 C}{2}\cos^2 \omega_0 t$$

电感存储的瞬时能量为
$$w_L(t) = \frac{1}{2}Li_L^2 = \frac{1}{2}L\left(\frac{1}{L}\int v\,\mathrm{d}t\right)^2 = \frac{1}{2L}\left[\frac{RI_m}{\omega_0}\sin \omega_0 t\right]^2$$

因此，
$$w_L(t) = \frac{I_m^2 R^2 C}{2}\sin^2 \omega_0 t$$

可见存储的瞬时总能量为常数：

$$w(t) = w_L(t) + w_C(t) = \frac{I_m^2 R^2 C}{2}$$

该常数值必定也是最大值。为求出电阻在一个周期内消耗的能量，可以利用电阻消耗的平均功率(见 11.2 节)，即

$$P_R = \tfrac{1}{2}I_m^2 R$$

乘以一个周期，得到
$$P_R T = \frac{1}{2f_0}I_m^2 R$$

从而得到谐振时的品质因数：
$$Q_0 = 2\pi \frac{I_m^2 R^2 C/2}{I_m^2 R/2f_0}$$

或
$$Q_0 = 2\pi f_0 RC = \omega_0 RC \qquad [13]$$

上式只针对图 15.17 所示的简单 $RLC$ 并联电路。利用简单的代换，可得 $Q_0$ 的一般表达式：

$$Q_0 = R\sqrt{\frac{C}{L}} = \frac{R}{|X_{C,0}|} = \frac{R}{|X_{L,0}|} \qquad [14]$$

可见，对于具体的电路而言，降低电阻 $R$ 的值会同时降低 $Q_0$ 的值。电阻值越低，电阻上消耗的能量越大。令人感兴趣的是，增加电容值会同时增加 $Q_0$，但增加电感值却会引起 $Q_0$ 值的下降。当然，这些结论只是对谐振频率而言的。

## Q 的其他解释

$Q$ 的另一个有用的解释来自对谐振时流过电感和电容的电流的观察，由式[11]得到

$$\mathbf{I}_{C,0} = -\mathbf{I}_{L,0} = \mathrm{j}\omega_0 CR\mathbf{I} = \mathrm{j}Q_0\mathbf{I} \qquad [15]$$

注意，每一个电流的幅度都等于 $Q_0$ 倍的电流源电流幅度，但是相互之间的相位相差 180°。因此，当谐振频率上的 2 mA 电流输入 $Q_0$ 为 50 的并联谐振电路时，在电阻上得到的仍是2 mA 电流，但电容和电感上的却是 100 mA 电流。并联谐振电路好似电流放大器，但不是

功率放大器，因为它是无源网络。

谐振的定义基本上与受迫响应相关的，因为它是用正弦稳态时的输入阻抗(纯电阻)来定义的。谐振电路的两个最重要的参数应该是谐振频率 $\omega_0$ 和品质因数 $Q_0$。指数衰减系数和自然谐振频率都可以用 $\omega_0$ 和 $Q_0$ 表示，即

$$\alpha = \frac{1}{2RC} = \frac{1}{2(Q_0/\omega_0 C)C}$$

或

$$\alpha = \frac{\omega_0}{2Q_0} \qquad [16]$$

以及

$$\omega_d = \sqrt{\omega_0^2 - \alpha^2}$$

或

$$\omega_d = \omega_0\sqrt{1-\left(\frac{1}{2Q_0}\right)^2} \qquad [17]$$

## 阻尼系数

深入讨论有助于认识联系 $\omega_0$ 和 $Q_0$ 的另一个关系式。式[10]中分母的二次因式为

$$\mathbf{s}^2 + \frac{1}{RC}\mathbf{s} + \frac{1}{LC}$$

用 $\alpha$ 和 $\omega_0$ 可改写成

$$\mathbf{s}^2 + 2\alpha\mathbf{s} + \omega_0^2$$

用阻尼系数 $\zeta$ 可改写成

$$\mathbf{s}^2 + 2\zeta\omega_0\mathbf{s} + \omega_0^2$$

比较这两个公式，可以得到 $\zeta$ 和其他参数的关系：

$$\zeta = \frac{\alpha}{\omega_0} = \frac{1}{2Q_0} \qquad [18]$$

**例 15.6**　并联谐振电路的 $L = 2$ mH，$Q_0 = 5$，$C = 10$ nF，计算 $R$ 的值以及 $0.1\omega_0$，$\omega_0$ 和 $1.1\omega_0$ 频率点上稳态时的导纳幅度值。

**解：**我们推导了 $Q_0$ 的几个表达式，其中有与能量损失直接相关的，因为电路中含有电阻。重新整理式[14]，得到

$$R = Q_0\sqrt{\frac{L}{C}} = 2.236\ \text{k}\Omega$$

现在利用第 9 章的关系式，计算 $\omega_0$：

$$\omega_0 = \frac{1}{\sqrt{LC}} = 223.6\ \text{krad/s}$$

或者利用式[13]，得到相同的结论：

$$\omega_0 = \frac{Q_0}{RC} = 223.6\ \text{krad/s}$$

并联 $RLC$ 网络的导纳为

$$\mathbf{Y} = \frac{1}{R} + \text{j}\omega C + \frac{1}{\text{j}\omega L}$$

因此
$$|\mathbf{Y}| = \frac{1}{R} + \mathrm{j}\omega C + \frac{1}{\mathrm{j}\omega L}$$
分别在三个特定频率点上计算导纳的幅度，得到
$$|\mathbf{Y}(0.9\omega_0)| = 6.504 \times 10^{-4}\ \mathrm{S}$$
$$|\mathbf{Y}(\omega_0)| = 4.472 \times 10^{-4}\ \mathrm{S}$$
$$|\mathbf{Y}(1.1\omega_0)| = 6.182 \times 10^{-4}\ \mathrm{S}$$
我们求得了谐振频率点上的最小导纳值，实际也是对该输入电流的最大电压响应。快速计算三个频率点上的电抗，可得
$$X(0.9\omega_0) = -4.72 \times 10^{-4}\ \mathrm{S}$$
$$X(1.1\omega_0) = 4.72 \times 10^{-4}\ \mathrm{S}$$
$$X(\omega_0) = -1.36 \times 10^{-7}\ \mathrm{S}$$
留给读者证明：$X(\omega_0)$并不等于零，而是一个非常小的舍入误差。

## 练习

15.8 并联谐振电路由下列元件组成：$R = 8\ \mathrm{k\Omega}$，$L = 50\ \mathrm{mH}$，$C = 80\ \mathrm{nF}$。求：(a) $\omega_0$；(b) $Q_0$；(c) $\omega_d$；(d) $\alpha$；(e) $\zeta$。

15.9 已知并联谐振电路的 $\omega_0 = 1000\ \mathrm{rad/s}$，$\omega_d = 998\ \mathrm{rad/s}$，以及谐振时的 $\mathbf{Y}_{\mathrm{in}} = 1\ \mathrm{mS}$，求 $R$，$L$ 和 $C$ 的值。

答案：15.8：(a) 15.811 krad/s；(b) 10.12；(c) 15.792 krad/s；(d) 781 Np/s；(e) 0.0494。
15.9：1000 Ω；126.4 mH；7.91 μF。

现在来解释 $Q_0$ 与并联 $RLC$ 电路输入导纳 $\mathbf{Y}(\mathbf{s})$ 的零极点之间的关系。令 $\omega_0$ 为常数，这是不难做到的。比如，保持 $L$ 和 $C$ 不变，调节 $R$ 的值。当 $Q_0$ 增加时，$\alpha$，$Q_0$和 $\omega_0$ 之间的关系表明两个零点将向 j$\omega$ 轴移动，同时也表明零点远离了 $\sigma$ 轴。移动的内在本质是很清楚的，因为 $\mathbf{s} = \mathrm{j}\omega_0$ 的点一定位于 j$\omega$ 轴上，而且是由中心在原点并经过零点的一条弧与正 j$\omega$ 轴的交点，由于 $\omega_0$ 保持为常数，即半径为定值，所以当 $Q_0$ 增加时，零点将沿着弧向正的 j$\omega$ 轴移动。

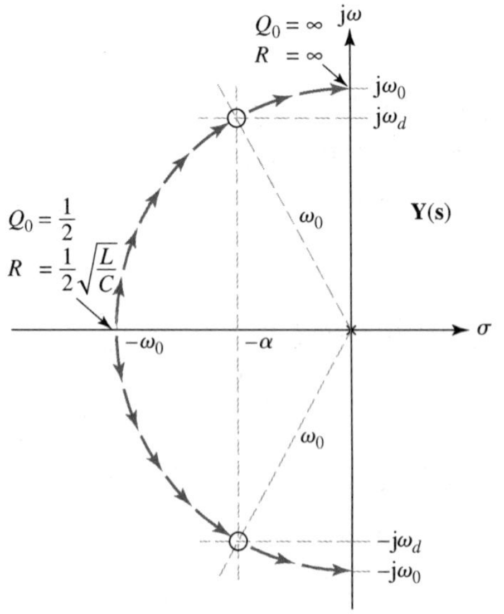


图 15.20 导纳 $\mathbf{Y}(\mathbf{s})$位于 $\mathbf{s} = -\alpha \pm \mathrm{j}\omega_d$ 的两个零点，在$R$从$\frac{1}{2}\sqrt{L/C}$增加到$\infty$时的半圆轨迹

图 15.20 画出了这两个零点，箭头显示的路径对应于 $R$ 的增加。当 $R$ 趋于无限时，$Q_0$ 也趋于无限，两个零点将位于 j$\omega$ 轴上，且为$\mathbf{s} = \pm \mathrm{j}\omega_0$。当 $R$ 下降时，零点沿着圆形路径向 $\sigma$ 轴移动，直至形成$\sigma$ 轴上的二重零点 $\mathbf{s} = -\omega_0$，此时 $R = \frac{1}{2}\sqrt{L/C}$ 或 $Q_0 = 1/2$。这个条件使我们回想起了临界阻尼的情况，即 $\omega_d = 0$，$\alpha = \omega_0$。电阻 $R$ 取更低的数值以及 $Q_0$ 取更低的数值都将导致零点在 $\sigma$ 轴上向相反的方向移动，只

是 $Q_0$ 值太低的谐振电路不具有典型性，所以不对此进行更深入的探讨。

$Q_0 \geqslant 5$ 是用来描述高 $Q$ 值电路的准则，当 $Q_0 = 5$ 时，零点位于 $\mathbf{s} = -0.1\omega_0 \pm \mathrm{j}0.995\omega_0$，此时的 $\omega_0$ 和 $\omega_d$ 只有 0.5% 的误差。

## 15.4 带宽和高 Q 值电路

下面继续讨论并联谐振电路的半功率频率和带宽，然后利用这些新的概念来近似得到高 $Q$ 值电路的响应。谐振响应曲线的“宽度”如图 15.19 所示，现在可以用 $Q_0$ 来更清楚地给予定义。首先定义两个半功率频率 $\omega_1$ 和 $\omega_2$，在这两个频率上，并联谐振电路输入导纳的幅度是谐振幅度的$\sqrt{2}$倍。由于图 15.19 所示的是并联谐振电路在正弦电流源作用下的端口电压随频率的变化关系，因此半功率频率点在图中位于电压响应为其最大值的 $1/\sqrt{2}$（即 0.707）倍的频率点上，可见与输入阻抗有相似的关系。我们将 $\omega_1$ 称为**下半功率频率**，将 $\omega_2$ 称为**上半功率频率**。

说明：之所以称为半功率带宽，原因在于谐振电压的 $1/\sqrt{2}$ 的平方等于谐振电压的 1/2，因此，电阻所吸收的功率正好等于谐振频率处吸收功率的一半。

### 带宽

谐振电路的（半功率）带宽定义为两个半功率频率之差：

$$\mathcal{B} \equiv \omega_2 - \omega_1 \qquad [19]$$

尽管实际的频率响应曲线从 $\omega = 0$ 延伸至 $\omega = \infty$，我们还是认为带宽代表了响应曲线的“宽度”。更精确地说，半功率带宽是在响应曲线所包含的功率占最大值的 70.7% 或者更高时测得的结果，如图 15.21 所示。

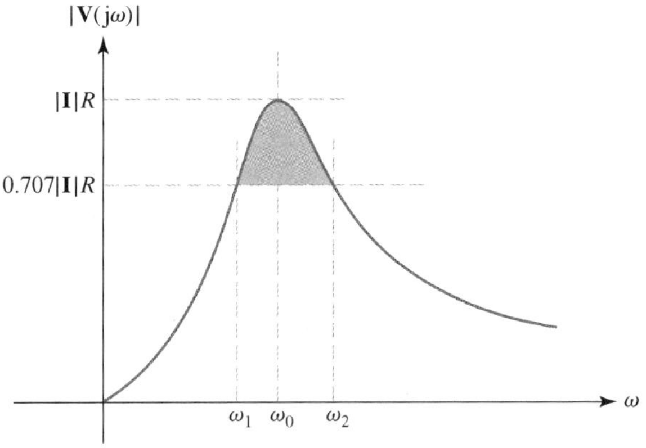

图 15.21　阴影部分表示电路响应的带宽，它代表响应曲线大于最大值70.7% 以上的部分

现在将带宽用 $Q_0$ 和谐振频率来表示。为此，先写出并联 $RLC$ 电路的输入导纳的表达式：

$$\mathbf{Y} = \frac{1}{R} + \mathrm{j}\left(\omega C - \frac{1}{\omega L}\right)$$

用 $Q_0$ 表示为

$$\mathbf{Y} = \frac{1}{R} + \mathrm{j}\frac{1}{R}\left(\frac{\omega\omega_0 CR}{\omega_0} - \frac{\omega_0 R}{\omega\omega_0 L}\right)$$

即

$$\mathbf{Y} = \frac{1}{R}\left[1 + \mathrm{j}Q_0\left(\frac{\omega}{\omega_0} - \frac{\omega_0}{\omega}\right)\right] \qquad [20]$$

再次注意，谐振时导纳的幅度等于 $1/R$，为达到导纳幅度等于 $\sqrt{2}/R$ 的要求，需要选择合适的频率值，使得上式括号内的虚部等于 1，因此有

$$Q_0\left(\frac{\omega_2}{\omega_0} - \frac{\omega_0}{\omega_2}\right) = 1 \qquad \text{和} \qquad Q_0\left(\frac{\omega_1}{\omega_0} - \frac{\omega_0}{\omega_1}\right) = -1$$

**记住**：$\omega_2 > \omega_0$，$\omega_1 < \omega_0$。

联立求解可得

$$\omega_1 = \omega_0\left[\sqrt{1+\left(\frac{1}{2Q_0}\right)^2} - \frac{1}{2Q_0}\right] \quad [21]$$

$$\omega_2 = \omega_0\left[\sqrt{1+\left(\frac{1}{2Q_0}\right)^2} + \frac{1}{2Q_0}\right] \quad [22]$$

虽然这些表达式在某种程度上使用得不够广泛，但是二者的差却给出了非常简单的带宽表达式：

$$\mathcal{B} = \omega_2 - \omega_1 = \frac{\omega_0}{Q_0}$$

将式[21]与式[22]相乘，可以证明 $\omega_0$ 恰好是两个半功率频率的几何平均：

$$\omega_0^2 = \omega_1\omega_2$$

或

$$\omega_0 = \sqrt{\omega_1\omega_2}$$

电路的 $Q_0$ 值越大，带宽就越窄，或者说响应曲线就越陡峭，它们对**频率的选择性**就越高，品质(因数)就越高。

## 高 Q 值电路的近似

设计具备高 $Q_0$ 值的谐振电路是为了利用电路的窄带宽和对频率的高选择性。当 $Q_0 > 5$ 时，可以对上、下半功率频率的表达式进行近似，得到谐振点附近的一般响应表达式。任意考虑一个 $Q_0$ 值等于或大于 5 的高 $Q$ 值电路，图 15.22 所示是 $Q_0 = 5$ 的并联 $RLC$ 电路$\mathbf{Y}(\mathbf{s})$的零极点图。因为

$$\alpha = \frac{\omega_0}{2Q_0}$$

所以

$$\alpha = \tfrac{1}{2}\mathcal{B}$$

两个零点 $\mathbf{s}_1$ 和 $\mathbf{s}_2$ 的位置近似为

$$\mathbf{s}_{1,2} = -\alpha \pm \mathrm{j}\omega_d$$
$$\approx -\tfrac{1}{2}\mathcal{B} \pm \mathrm{j}\omega_0$$

更进一步说，两个半功率频率(位于正的 $\mathrm{j}\omega$ 轴上)的位置也可用以下的简洁形式表示：

$$\omega_{1,2} = \omega_0\left[\sqrt{1+\left(\frac{1}{2Q_0}\right)^2} \mp \frac{1}{2Q_0}\right] \approx \omega_0\left(1 \mp \frac{1}{2Q_0}\right)$$

或者

$$\omega_{1,2} \approx \omega_0 \mp \tfrac{1}{2}\mathcal{B} \quad [23]$$

在高 $Q$ 值电路中，每一个半功率频率位于距谐振频率大约一半的带宽处(见图 15.22)。其中，两个零点位于 $\mathrm{j}\omega$ 轴左边的距离是$\frac{1}{2}\mathcal{B}$ Np/s(或 rad/s)，距离 $\sigma$ 轴上、下约为 $\mathrm{j}\omega_0$ rad/s。上、下半功率频率间的距离为$\mathcal{B}$ rad/s，每一个零点距离谐振频率和自然谐振频率约为$\frac{1}{2}\mathcal{B}$ rad/s。

将式[23]中 $\omega_1$ 和 $\omega_2$ 的近似关系式相加，即可证明高 $Q$ 值电路的 $\omega_0$ 其实是 $\omega_1$ 和 $\omega_2$ 的算术平均值：

$$\omega_0 \approx \frac{1}{2}(\omega_1 + \omega_2)$$

现在直观地令测试点略高于 jω 轴上的 $j\omega_0$，为了确定该频率下并联 *RLC* 网络的导纳，我们构造 3 个从临界频率出发指向测试点的向量。如果测试点非常靠近 $j\omega_0$，则从极点出发的向量近似等于 $j\omega_0$，而从最低的零点出发的向量近似等于 $j2\omega_0$，因此导纳可近似由下式给出：

$$\mathbf{Y}(\mathbf{s}) \approx C\frac{(j2\omega_0)(\mathbf{s}-\mathbf{s}_1)}{j\omega_0} \approx 2C(\mathbf{s}-\mathbf{s}_1) \qquad [24]$$

其中 *C* 是电容，如式[10]所示。为得到向量$(\mathbf{s}-\mathbf{s}_1)$的有用近似，将零点 $\mathbf{s}_1$（见图 15.23）附近的 **s** 平面放大。

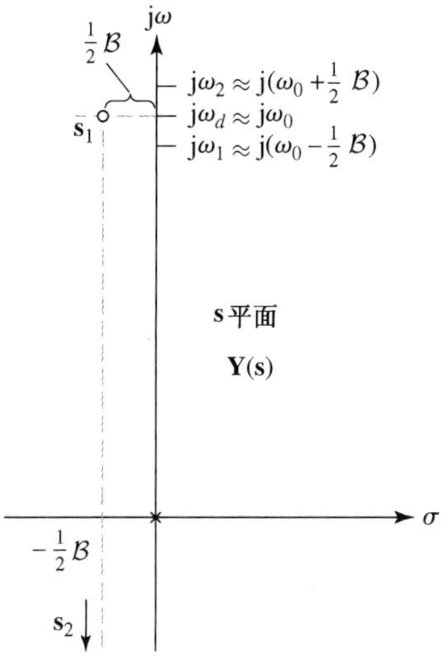


图 15.22　并联 *RLC* 电路 **Y**(**s**)的零极点图

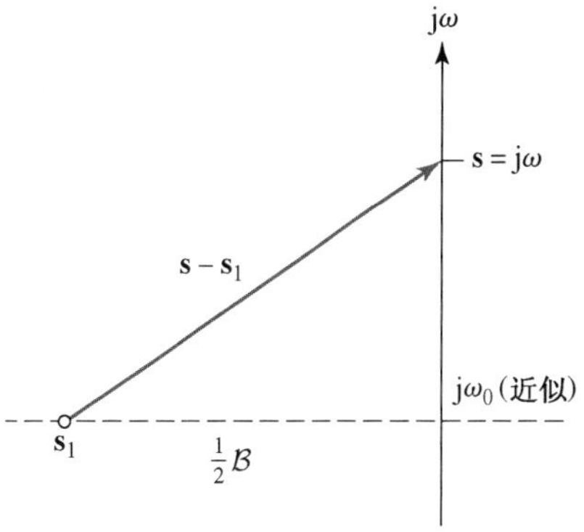


图 15.23　高 $Q_0$ 并联 *RLC* 电路 **Y**(**s**)的放大的零极点图

采用直角分量的表示方式，可得

$$\mathbf{s}-\mathbf{s}_1 \approx \frac{1}{2}\mathcal{B} + j(\omega - \omega_0)$$

如果上式中的 $\omega_0$ 被 $\omega_d$ 代替，则该表达式是精确的。现在将上式代入 **Y**(**s**)的近似式（即式[24]）中并提取出因子$(1/2\,\mathcal{B})$，则有

$$\mathbf{Y}(\mathbf{s}) \approx 2C\left(\frac{1}{2}\mathcal{B}\right)\left(1 + j\frac{\omega-\omega_0}{\frac{1}{2}\mathcal{B}}\right)$$

或者

$$\mathbf{Y}(\mathbf{s}) \approx \frac{1}{R}\left(1 + j\frac{\omega-\omega_0}{\frac{1}{2}\mathcal{B}}\right)$$

分式$(\omega-\omega_0)/\left(\frac{1}{2}\mathcal{B}\right)$可以解释为“距离谐振频率的半带宽数”，用 *N* 表示，则有

$$\mathbf{Y}(\mathbf{s}) \approx \frac{1}{R}(1 + jN) \qquad [25]$$

其中，

$$N = \frac{\omega-\omega_0}{\frac{1}{2}\mathcal{B}} \qquad [26]$$

对于上半功率频率，$\omega_2 \approx \omega_0 + \frac{1}{2}\mathcal{B}$，$N = +1$，表示距离谐振频率上方一个“半带宽数”。对于下

半功率频率，$\omega_1 \approx \omega_0 - \frac{1}{2}\mathcal{B}$，$N=-1$，表示距离谐振频率下方一个“半带宽数”。

式[25]比已推导出的等式简单得多，可以证明导纳的幅度为

$$|\mathbf{Y}(j\omega)| \approx \frac{1}{R}\sqrt{1+N^2}$$

而 $\mathbf{Y}(j\omega)$ 的相角由 $N$ 的反正切求得：

$$\text{ang } \mathbf{Y}(j\omega) \approx \arctan N$$

**例 15.7** 估算并联 $RLC$ 谐振网络电压响应的两个半功率频率点，网络参数为 $R=40\ \text{k}\Omega$，$L=1\ \text{H}$，$C=1/64\ \mu\text{F}$，设电路的工作频率为 $\omega=8200\ \text{rad/s}$，近似计算导纳的值。

**解：明确题目的要求**

题目要求确定电压响应的上、下半功率频率点以及 $\mathbf{Y}(\omega_0)$。因为题目要求的是估算和近似计算，因此隐含了电路为高 $Q$ 值的特性，但该假设需要被验证。

**收集已知信息**

$R$，$L$ 和 $C$ 的值均已知，可以计算 $\omega_0$ 和 $Q_0$。如果 $Q_0 \geq 5$，则可以用近似表达式计算半功率频率和近似谐振的导纳，但如果需要，这些量的精确值也是可以计算得到的。

**设计方案**

为了应用近似表达式，首先需要确定 $Q_0$ 的值(即谐振时的品质因数)以及带宽。

谐振频率由 $1/\sqrt{LC}=8\ \text{krad/s}$ 计算得到，因此 $Q_0=\omega_0 RC=5$，带宽为 $\omega_0/Q_0=1.6\ \text{krad/s}$。电路的 $Q_0$ 值足以满足“高 $Q$ 值电路”的近似条件。

**建立一组合适的方程**

带宽表达式为

$$\mathcal{B}=\frac{\omega_0}{Q_0}=1600\ \text{rad/s}$$

且

$$\omega_1 \approx \omega_0-\frac{\mathcal{B}}{2}=7200\ \text{rad/s},\qquad \omega_1 \approx \omega_0+\frac{\mathcal{B}}{2}=8800\ \text{rad/s}$$

式[25]表明

$$\mathbf{Y}(\mathbf{s}) \approx \frac{1}{R}(1+jN)$$

所以

$$|\mathbf{Y}(j\omega)| \approx \frac{1}{R}\sqrt{1+N^2}\ ,\qquad \text{ang } \mathbf{Y}(j\omega) \approx \arctan N$$

**确定是否还需要其他信息**

需要参数 $N$，以确定离开谐振频率 $\omega_0$ 的半带宽数：

$$N=(8.2-8)/0.8=0.25$$

**尝试求解**

现在利用幅度与相位的近似关系计算网络的导纳：

$$\text{ang } \mathbf{Y} \approx \arctan 0.25 = 14.04^\circ$$

$$|\mathbf{Y}| \approx 25\sqrt{1+(0.25)^2}=25.77\ \mu\text{S}$$

**验证结果是否合理或是否与预计结果一致**

利用式[7]，可以精确求得

$$\mathbf{Y}(\mathrm{j}8200) = 25.75\underline{/13.87^\circ}\ \mu\mathrm{S}$$

用近似方法计算得到的导纳幅度和相角值与精确解非常吻合(误差小于 2%)。关于 $\omega_1$ 和 $\omega_2$ 的精度验证留给读者自己完成。

### 练习

15.10　一个高 $Q$ 值并联谐振电路的 $f_0 = 440$ Hz，$Q_0 = 6$，利用式[21]和式[22]，求下列精确值：(a) $f_1$；(b) $f_2$。利用式[23] 近似计算下列值：(c) $f_1$；(d) $f_2$。

答案：(a) 404.9 Hz；(b) 478.2 Hz；(c) 403.3 Hz；(d) 476.7 Hz。

下面将已经得到的有关并联谐振电路的一些重要结论总结如下：

- 谐振频率 $\omega_0$ 是在输入导纳的虚部等于零或相角等于零时得到的频率。对于并联电路，$\omega_0 = 1/\sqrt{LC}$。
- 反映电路品质的参数 $Q_0$ 定义为 $2\pi$ 乘以电路存储的最大能量与一个周期内电路损耗的总能量之比。对于并联电路，$Q_0 = \omega_0 RC$。
- 定义两个半功率频率 $\omega_1$ 和 $\omega_2$，在这两个频率上，导纳的幅度等于其最小值的$\sqrt{2}$倍。(对应电压响应曲线，这两个频率上的电压响应是最大值响应的 70.7%。)
- $\omega_1$ 和 $\omega_2$ 的精确表达式为

$$\omega_{1,2} = \omega_0\left[\sqrt{1+\left(\frac{1}{2Q_0}\right)^2} \mp \frac{1}{2Q_0}\right]$$

- $\omega_1$ 和 $\omega_2$ 的近似(高 $Q_0$ 值电路)表达式为

$$\omega_{1,2} \approx \omega_0 \mp \tfrac{1}{2}\mathcal{B}$$

- 半功率带宽 $\mathcal{B}$ 由下式给出：

$$\mathcal{B} = \omega_2 - \omega_1 = \frac{\omega_0}{Q_0}$$

- 高 $Q$ 值电路的输入导纳可近似表示为

$$\mathbf{Y} \approx \frac{1}{R}(1+\mathrm{j}N) = \frac{1}{R}\sqrt{1+N^2}\underline{/\arctan N}$$

　其中，$N$ 称为距离谐振的“半带宽数”：

$$N = \frac{\omega - \omega_0}{\frac{1}{2}\mathcal{B}}$$

　当 $0.9\omega_0 \leqslant \omega \leqslant 1.1\omega_0$ 时，上述近似有效。

## 15.5　串联谐振

尽管串联谐振没有并联谐振有用，但是仍然值得关注。考虑图 15.24 所示的电路，注意图中元件暂时用下标 $s$(串联)加以标注，以免与并联电路进行比较时引起混淆。对并联电路的讨论用了两节的篇幅。现在对串联电路进行同样的处理，只是没有必要重复每一个步骤，只需采用对偶的概念即可。为简单起见，可重点关注上一节末尾关于并联谐振电路的一些重要结论。我们利用对偶语言把这些重要结论转换为适用于串联 $RLC$ 电路的结论。

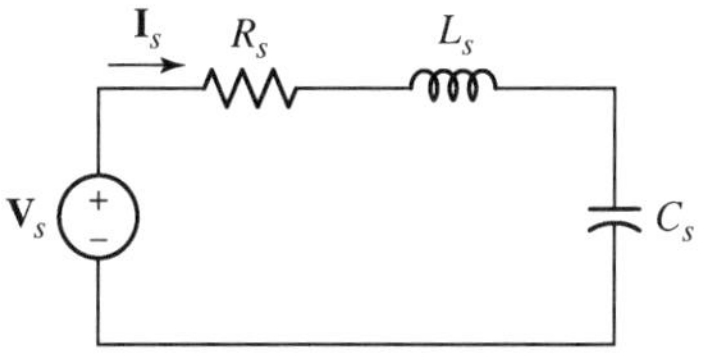


图 15.24　串联谐振电路

说明：下面的内容与15.4节的最后一段相同，采用对偶语言，可以将并联 *RLC* 电路转换成串联 *RLC* 电路。

对前面得到的结论进行回顾，总结出串联谐振电路的结果如下：

- 谐振频率 $\omega_0$ 是在输入阻抗的虚部等于零或者相角等于零时得到的频率。对于串联电路，$\omega_0 = 1/\sqrt{C_S L_S}$。
- 反映电路品质的参数 $Q_0$ 定义为 $2\pi$ 乘以电路存储的最大能量与一个周期内电路损耗的总能量之比。对于串联电路，$Q_0 = \omega_0 L_S / R_S$。
- 定义两个半功率频率 $\omega_1$ 和 $\omega_2$，在这两个频率上，阻抗的幅度等于最小值的 $\sqrt{2}$ 倍。（对应电流响应曲线，这两个频率上的电流响应是最大值响应的70.7%。）
- $\omega_1$ 和 $\omega_2$ 的精确表达式为

$$\omega_{1,2} = \omega_0\left[\sqrt{1+\left(\frac{1}{2Q_0}\right)^2} \mp \frac{1}{2Q_0}\right]$$

- $\omega_1$ 和 $\omega_2$ 的近似(高 $Q_0$ 值电路)表达式为

$$\omega_{1,2} \approx \omega_0 \mp \frac{1}{2}\mathcal{B}$$

- 半功率带宽 $\mathcal{B}$ 由下式给出：

$$\mathcal{B} = \omega_2 - \omega_1 = \frac{\omega_0}{Q_0}$$

- 高 $Q$ 值电路的输入导纳可近似表示为

$$\mathbf{Y} \approx \frac{1}{R}(1 + \mathrm{j}N) = \frac{1}{R}\sqrt{1+N^2}\underline{/\arctan N}$$

  其中，$N$ 称为距离谐振的“半带宽数”：

$$N = \frac{\omega - \omega_0}{\frac{1}{2}\mathcal{B}}$$

  当 $0.9\omega_0 \leqslant \omega \leqslant 1.1\omega_0$ 时，上述近似有效。

至此不再需要对串联电路用下标 $s$ 进行标注了(除非需要更清楚地表示)。

**例15.8** 电压源 $v_s = 100\cos\omega t$ mV 是串联谐振电路的输入，谐振电路由10 Ω电阻、200 nF电容和2 mH电感组成。利用精确解法和近似解法求 $\omega = 48$ krad/s 的电流幅度。

**解：** 电路的谐振频率为

$$\omega_0 = \frac{1}{\sqrt{LC}} = \frac{1}{\sqrt{(2\times10^{-3})(200\times10^{-9})}} = 50 \text{ krad/s}$$

由于工作频率 $\omega = 48$ krad/s，它在谐振频率的10%范围内，因此有理由应用近似关系估算网络的等效阻抗(条件是电路具有高 $Q$ 值)：

$$\mathbf{Z}_{\text{eq}} \approx R\sqrt{1+N^2}\underline{/\arctan N}$$

其中，$N$ 在 $Q_0$ 确定后可以计算得到。这是串联电路，所以

$$Q_0 = \frac{\omega_0 L}{R} = \frac{(50\times10^3)(2\times10^{-3})}{10} = 10$$

该电路可以作为高 $Q$ 值电路考虑：

$$\mathcal{B}=\frac{\omega_0}{Q_0}=\frac{50\times10^3}{10}=5\ \text{krad/s}$$

因此，距离谐振频率的"半带宽数"($N$)为

$$N=\frac{\omega-\omega_0}{\mathcal{B}/2}=\frac{48-50}{2.5}=-0.8$$

所以，

$$\mathbf{Z}_{\text{eq}}\approx R\sqrt{1+N^2}\underline{/\arctan N}=12.81\underline{/-38.66^\circ}\ \Omega$$

电流幅度的近似值为

$$\frac{|\mathbf{V}_s|}{|\mathbf{Z}_{\text{eq}}|}=\frac{100}{12.81}=7.806\ \text{mA}$$

利用精确表达式可得 $\mathbf{I}=7.746\underline{/39.24^\circ}$ mA，因此

$$|\mathbf{I}|=7.746\ \text{mA}$$

## 练习

15.11　串联谐振电路的带宽为 100 Hz，含有一个 20 mH 电感和一个 2 μF 电容，确定：(a) $f_0$；(b) $Q_0$；(c) 谐振时的 $\mathbf{Z}_{\text{in}}$；(d) $f_2$。

答案：(a) 796 Hz；(b) 7.96；(c) 12.57 + j0 Ω；(d) 846 Hz(近似)。

串联谐振电路具有最小的谐振阻抗，而并联谐振电路则具有最大的谐振阻抗。后者提供的谐振时电感电流和电容电流将达到电源电流幅度的 $Q_0$ 倍，而串联谐振电路提供的电感电压和电容电压幅度将达到电源电压幅度的 $Q_{0s}$ 倍。串联电路谐振时具有电压放大能力。

串联和并联谐振电路的结果比较、近似表达式以及精确表达式均总结在表 15.1 中。

**表 15.1　谐振特性的简要总结**

| | |
|---|---|
| 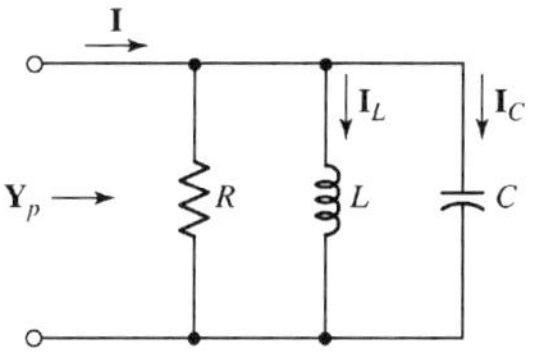<br>$Q_0=\omega_0RC\qquad\alpha=\frac{1}{2RC}$<br>$\lvert\mathbf{I}_L(\mathrm{j}\omega_0)\rvert=\lvert\mathbf{I}_C(\mathrm{j}\omega_0)\rvert=Q_0\lvert\mathbf{I}(\mathrm{j}\omega_0)\rvert$<br>$\mathbf{Y}_p=\frac{1}{R}\left[1+\mathrm{j}Q_0\left(\frac{\omega}{\omega_0}-\frac{\omega_0}{\omega}\right)\right]$ | 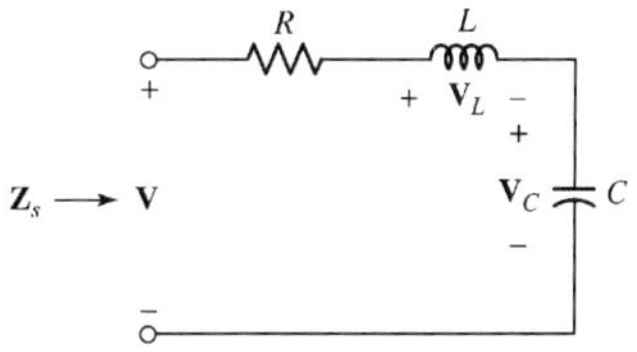<br>$Q_0=\frac{\omega_0L}{R}\qquad\alpha=\frac{R}{2L}$<br>$\lvert\mathbf{V}_L(\mathrm{j}\omega_0)\rvert=\lvert\mathbf{V}_C(\mathrm{j}\omega_0)\rvert=Q_0\lvert\mathbf{V}(\mathrm{j}\omega_0)\rvert$<br>$\mathbf{Z}_s=R\left[1+\mathrm{j}Q_0\left(\frac{\omega}{\omega_0}-\frac{\omega_0}{\omega}\right)\right]$ |
| **精确表达式**<br>$\omega_0=\frac{1}{\sqrt{LC}}=\sqrt{\omega_1\omega_2}$<br>$\omega_d=\sqrt{\omega_0^2-\alpha^2}=\omega_0\sqrt{1-\left(\frac{1}{2Q_0}\right)^2}$<br>$\omega_{1,2}=\omega_0\left[\sqrt{1+\left(\frac{1}{2Q_0}\right)^2}\mp\frac{1}{2Q_0}\right]$<br>$N=\frac{\omega-\omega_0}{\frac{1}{2}\mathcal{B}}$<br>$\mathcal{B}=\omega_2-\omega_1=\frac{\omega_0}{Q_0}=2\alpha$ | **近似表达式**<br>$(Q_0\geqslant5\quad0.9\omega_0\leqslant\omega\leqslant1.1\omega_0)$<br>$\omega_d\approx\omega_0$<br>$\omega_{1,2}\approx\omega_0\mp\frac{1}{2}\mathcal{B}$<br>$\omega_0\approx\frac{1}{2}(\omega_1+\omega_2)$<br>$\mathbf{Y}_p\approx\frac{\sqrt{1+N^2}}{R}\underline{/\arctan N}$<br>$\mathbf{Z}_s\approx R\sqrt{1+N^2}\underline{/\arctan N}$ |

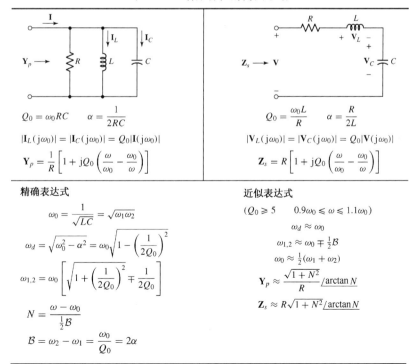

## 15.6 其他谐振形式

前几节讨论的串联和并联 $RLC$ 谐振电路代表理想化的电路，是对实际物理电路的近似。实际电路与近似电路的精度差别主要取决于电路的工作频率、电路的 $Q$ 值、物理元件的材料、元件的尺寸和其他因素。这里不讨论如何确定给定物理电路的最佳模型的方法，因为这需要借助于电磁场理论和材料性质的相关知识，我们关心的问题仍是降低模型的复杂度，使之简化为我们熟悉的两个简单模型之一。

图 15.25(a)所示是一个实际电感、电阻和电容并联构成的相对来说比较精确的模型。$R_1$ 是一个假想的电阻，代表线圈的热损耗、铁心损耗以及辐射损耗所折合成的电阻。电容的电介质损耗以及电路原有的电阻都包含在 $R_2$ 电阻中。对于这个模型，无法通过元件合并使其在任何频率上与原始模型等效。然而可以看到，如果工作频率限制在某个频带以内，则可以得到一个比较简单的等效模型，而且这个频带足以包含所有感兴趣的频率。网络的等效模型如图 15.25(b)所示。

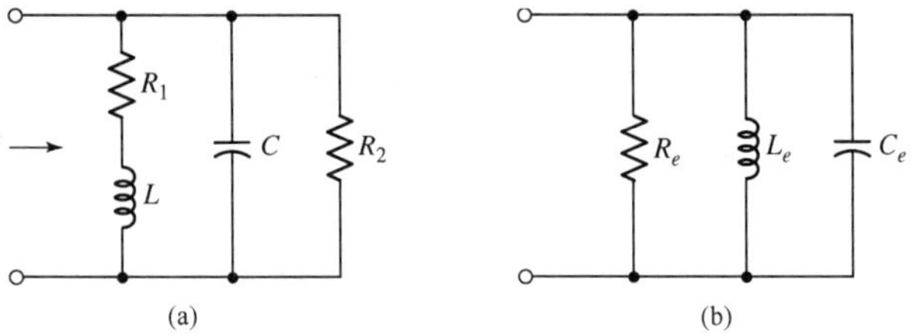


图 15.25 (a) 由实际电感、电容和电阻并联组成的网络模型；(b) 在很窄的频率范围内与(a)等效的网络

在分析这个等效电路之前，首先考虑给定的图 15.25(a)所示的电路。尽管 $R_1$ 电阻的值很小，使得电路的谐振频率很接近 $1/\sqrt{LC}$，但并不等于 $1/\sqrt{LC}$。然而谐振频率的定义不变，因此仍然令输入导纳的虚部等于零，从而可得

$$\operatorname{Im}\{\mathbf{Y}(\mathrm{j}\omega)\} = \operatorname{Im}\left\{\frac{1}{R_2} + \mathrm{j}\omega C + \frac{1}{R_1 + \mathrm{j}\omega L}\right\} = 0$$

或
$$\operatorname{Im}\left\{\frac{1}{R_2} + \mathrm{j}\omega C + \frac{1}{R_1 + \mathrm{j}\omega L}\frac{R_1 - \mathrm{j}\omega L}{R_1 - \mathrm{j}\omega L}\right\} = \operatorname{Im}\left\{\frac{1}{R_2} + \mathrm{j}\omega C + \frac{R_1 - \mathrm{j}\omega L}{R_1^2 + \omega^2 L^2}\right\} = 0$$

所以，谐振条件为

$$C = \frac{L}{R_1^2 + \omega^2 L^2}$$

即
$$\omega_0 = \sqrt{\frac{1}{LC} - \left(\frac{R_1}{L}\right)^2} \qquad [27]$$

注意，$\omega_0$ 小于 $1/\sqrt{LC}$，而且比值 $R_1/L$ 越小，$\omega_0$ 与 $1/\sqrt{LC}$ 的差别就越小。

输入阻抗的最大幅度同样值得关注。其值不等于 $R_2$，也不在谐振频率 $\omega_0$(或者在 $1/\sqrt{LC}$)上获得。这里不对此结论进行证明，因为代数表达式相当烦琐，但是结论却很直观。下面给出一个具体的数值例题。

**例 15.9** 设图 15.25(a)所示电路的元件参数为 $R_1 = 2\ \Omega$，$L = 1\ \mathrm{H}$，$C = 125\ \mathrm{mF}$，$R_2 = 3\ \Omega$，确定谐振频率和谐振时的阻抗值。

**解**：将数值代入式[27]，得到

$$\omega_0=\sqrt{8-2^2}=2\ \text{rad/s}$$

利用该值可以计算输入导纳：

$$\mathbf{Y}=\frac{1}{3}+\text{j}2\left(\frac{1}{8}\right)+\frac{1}{2+\text{j}(2)(1)}=\frac{1}{3}+\frac{1}{4}=0.583\ \text{S}$$

因此，谐振时的阻抗值为

$$\mathbf{Z}(\text{j}2)=\frac{1}{0.583}=1.714\ \Omega$$

当 $R_1$ 等于零时，得到谐振频率为

$$\frac{1}{\sqrt{LC}}=2.83\ \text{rad/s}$$

输入阻抗为

$$\mathbf{Z}(\text{j}2.83)=1.947\underline{/-13.26^\circ}\ \Omega$$

如图 15.26 所示，出现阻抗幅度最大值时的频率标记为 $\omega_m$，可知 $\omega_m=3.26$ rad/s，阻抗幅度的最大值为

$$\mathbf{Z}(\text{j}3.26)=1.980\underline{/-21.4^\circ}\ \Omega$$

谐振时的阻抗幅度值与阻抗幅度最大值之间有 16% 的误差，尽管实际应用中可以忽略误差，但考试时是不能忽略这么大的误差的。本节后面将证明电感-电阻组合在 2 rad/s 时 $Q=1$，如此低的数值才导致了 16% 的误差。

使用下面的 MATLAB 语句可画出 $|\mathbf{Z}|$ 随 $\omega$ 变化的曲线(见图 15.26)：

```
>> omega = linspace(0,10,100);
>> for i = 1:100
Y(i) = 1/3 + j* omega(i)/8 + 1/(2 + j* omega(i));
Z(i) = 1/Y(i);
end
>> plot(omega,abs(Z));
>> xlabel('frequency (rad/s)');
>> ylabel('impedance magnitude (ohms)');
```

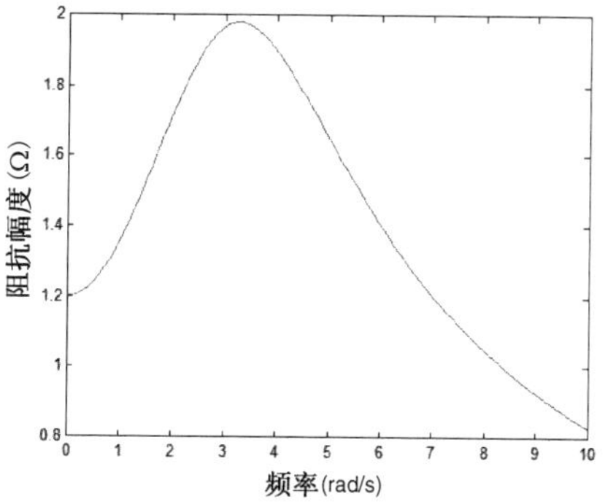


图 15.26　$|z|$ 随 $\omega$ 变化的曲线

## 练习

15.12　电路如图 15.25(a)所示，设 $R_1=1\ \text{k}\Omega$，$C=2.533$ pF，确定电感的值，使得谐振频率等于1 MHz。(提示：注意 $\omega=2\pi f$。)

答案：10 mH。

## 串联和并联组合的等效

为了把给定的图 15.25(a)所示的电路转换成图 15.25(b)所示的形式，需要讨论电阻和电抗(电感或电容)的串联及并联组合的 $Q$ 值。首先考虑图 15.27(a)所示的电路。$Q$ 值的定义仍然为 $2\pi$ 乘以电路存储的最大能量和一个周期内电路损耗的总能量的比值，但是 $Q$ 值可以在任何工作频率上通过计算得到。换句话说，$Q$ 是 $\omega$ 的函数。我们肯定要选择一个计算频率，这个频率显然是网络的谐振频率，然后计算出串联部分的 $Q$ 值。然而，在给出完整电路之前，这个 $Q$ 值是未知的。我们鼓励读者自己证明串联支路的 $Q$ 值为 $|X_S|/R_S$，而图 15.27(b)所示的并联网络的 $Q$ 值为 $R_p/|X_p|$。

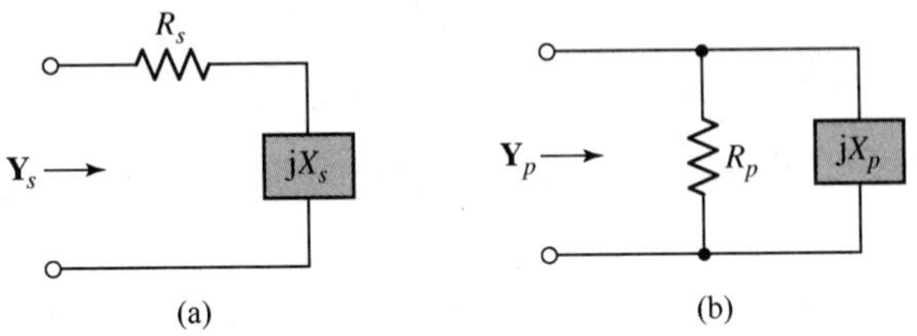


图 15.27　由电阻 $R_S$ 和感性或容性电抗 $X_S$ 组成的串联网络(a) 在某一指定频率下使得 $\mathbf{Y}_S = \mathbf{Y}_p$，则可以转换成(b)所示的并联网络

现在详细推导必要的 $R_p$ 值和 $X_p$ 值，以使图 15.27(b)所示的并联网络与图 15.27(a)所示的串联网络在某些单个频率点上等效。令 $\mathbf{Y}_S$ 和 $\mathbf{Y}_p$ 相等：

$$\mathbf{Y}_s = \frac{1}{R_s + jX_s} = \frac{R_s - jX_s}{R_s^2 + X_s^2} = \mathbf{Y}_p = \frac{1}{R_p} - j\frac{1}{X_p}$$

得到

$$R_p = \frac{R_s^2 + X_s^2}{R_s}$$

$$X_p = \frac{R_s^2 + X_s^2}{X_s}$$

两式相除，得到

$$\frac{R_p}{X_p} = \frac{X_s}{R_s}$$

它要求串联和并联网络的 $Q$ 必须相等：

$$Q_p = Q_s = Q$$

因此，变换式可以简化为

$$R_p = R_s(1 + Q^2) \qquad [28]$$

$$X_p = X_s\left(1 + \frac{1}{Q^2}\right) \qquad [29]$$

当 $R_p$ 和 $X_p$ 给定时，就可以求得 $R_S$ 和 $X_S$。该变换是双向的。

如果 $Q \geqslant 5$，则采用近似关系式带来的误差非常小：

$$R_p \approx Q^2 R_s \qquad [30]$$

$$X_p \approx X_s \qquad (C_p \approx C_s \quad \text{或} \quad L_p \approx L_s) \qquad [31]$$

**例 15.10**　求 100 mH 电感和 5 Ω 电阻的串联组合的并联等效形式，工作频率为 1000 rad/s。与串联组合相连的其他网络结构未知。

**解**：在 $\omega = 1000$ rad/s 的频率上，$X_S = 1000(100 \times 10^{-3}) = 100\ \Omega$。串联组合的 $Q$ 值为

$$Q = \frac{X_s}{R_s} = \frac{100}{5} = 20$$

由于 $Q$ 值相当大($20 \gg 5$)，采用式[30]和式[31]，得到

$$R_p \approx Q^2 R_s = 2000\ \Omega \qquad \text{和} \qquad L_p \approx L_s = 100\ \text{mH}$$

可以这样说，100 mH 电感和 5 Ω 电阻在 1000 rad/s 频率上的串联，与 100 mH 电感和 2000 Ω 电阻的并联，在本质上具有相同的输入阻抗。

为了验证该等效是否正确，计算每一个网络在 1000 rad/s 时的输入阻抗，可得

$$\mathbf{Z}_s(\mathrm{j}1000) = 5 + \mathrm{j}100 = 100.1\underline{/87.1^\circ}\ \Omega$$

$$\mathbf{Z}_p(\mathrm{j}1000) = \frac{2000(\mathrm{j}100)}{2000 + \mathrm{j}100} = 99.9\underline{/87.1^\circ}\ \Omega$$

可见，在转换频率上的近似计算，其结果的精确性相当高。900 rad/s 频率上的精度也很高，因为

$$\mathbf{Z}_s(\mathrm{j}900) = 90.1\underline{/86.8^\circ}\ \Omega$$

$$\mathbf{Z}_p(\mathrm{j}900) = 89.9\underline{/87.4^\circ}\ \Omega$$

## 练习

15.13 在 $\omega = 1000$ rad/s 的频率上，求图 15.28(a)所示串联组合的并联等效形式。

15.14 求图 15.28(b)所示的并联组合的串联等效形式，假设 $\omega = 1000$ rad/s。

答案：15.13：8 H，640 kΩ；

15.14：5 H，250 Ω。

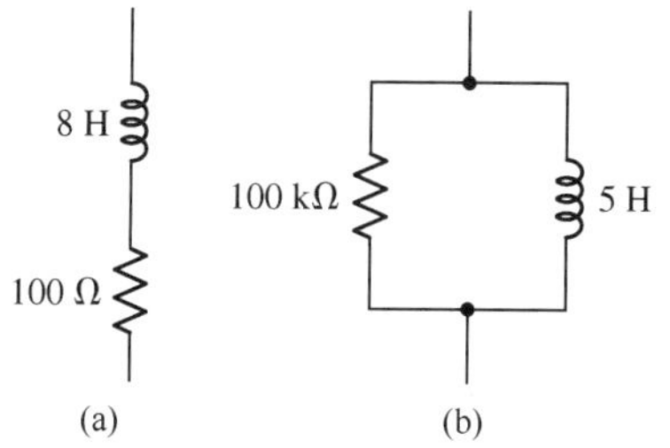


图 15.28 (a) 串联网络需要等效为并联网络(在 $\omega = 1000$ rad/s 时)；
(b) 并联网络需要等效为串联网络(在 $\omega = 1000$ rad/s 时)

作为进行 *RLC* 串联或者并联转换的更复杂的谐振电路例子，在使用电子仪器时需要考虑这类问题。图 15.29(a)所示的简单串联 *RLC* 网络由正弦电压源激励，电源的频率为网络的谐振频率。电源的有效值(rms)是 0.5 V，我们希望用内阻为 100 000 Ω 的电子电压表(VM)测量电容两端的电压，即电压表可以用一个理想电压表和一个 100 kΩ 的并联组合等效表示。

说明："理想"电压表是指对测量电路不会带来任何干扰的用于测量具体物理量的仪器。虽然不太可能，但是现代测量仪器在这方面已经非常接近理想特性了。

在电压表接入之前，计算得到的谐振频率为 $10^5$ rad/s，$Q_0=50$，电流为 25 mA，电容的有效值电压为 25 V(正如 15.5 节最后所述：电压等于输入电压的 $Q_0$ 倍)。因此，假如电压表是理想的，则测量得到电容电压的读数为 25 V。

然而，当接入实际电压表后，得到的电路如图 15.29(b)所示。为得到串联 *RLC* 的电路形式，需要将并联 *RC* 网络转换成串联 *RC* 网络。假设 *RC* 网络的 *Q* 值足够大，以至于串联电容与给定的并联电容相等。这样做的目的是为了接近最终串联 *RLC* 电路的谐振频率。所以，假如串联 *RLC* 电路也含有 0.01 μF 电容，则谐振频率仍然维持 $10^5$ rad/s 不变。我们需要知道估算出来的谐振频率，以便计算并联 *RC* 网络的 *Q* 值，即

$$Q=\frac{R_p}{|X_p|}=\omega R_p C_p=10^5(10^5)(10^{-8})=100$$

由于该值远大于 5，因此验证了前面的循环假定，所以等效串联 *RC* 网络包含的电容 $C_s=0.01$ μF，电阻为

$$R_s\approx\frac{R_p}{Q^2}=10\ \Omega$$

从而得到图 15.29(c)所示的等效电路。现在电路的 *Q* 值只有 33.3，因而图 15.29(c)所示电路中电容两端的电压为 $16\frac{2}{3}$ V。当然，我们要得到跨接在 *RC* 组合两端的 $|\mathbf{V}_C'|$，所以

$$|\mathbf{V}_C'|=\frac{0.5}{30}|10-\mathrm{j}1000|=16.67\ \mathrm{V}$$

电容电压与 $|\mathbf{V}_C'|$ 基本相等，因为 10 Ω 电阻上的电压非常小。

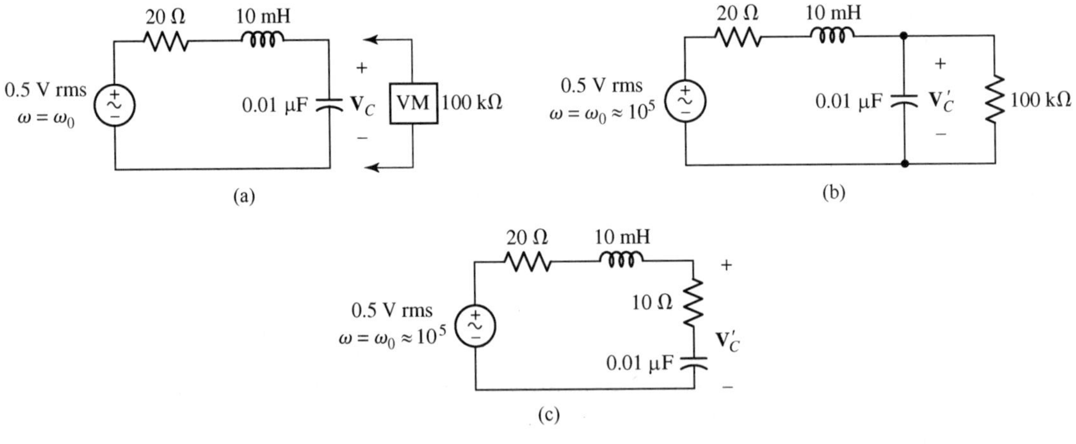


图 15.29 (a) 用非理想的电子电压表测量给定串联谐振电路的电容电压；(b) 考虑电压表影响因素的电路，电压表读数为 $\mathbf{V}_C'$；(c) (b) 中的并联 *RC* 网络在频率为 $10^5$ rad/s 时被其等效的 *RC* 串联网络代替，从而得到串联谐振电路

最后的结论是：即使最好的电压表也会对高 *Q* 值电路产生严重的影响。相同的效应也会出现在电路中串接安培表进行测量的时候。

下面用一个与技术有关的故事结束本节。

从前有个叫 Sean 的学生，他的教授是 Abel 博士。

一天下午，在实验室里，Abel 博士给了 Sean 3 个元器件：一个电阻、一个电感和一个电

容，其标称值分别为 20 Ω，20 mH 和 1 μF。要求把这 3 个元件串联到一个频率可变的电压源上，测量电阻两端随频率变化的电压，然后计算谐振频率的数值、谐振时的 $Q$ 值和半功率带宽。在测量之前，要求先预测实验结果。

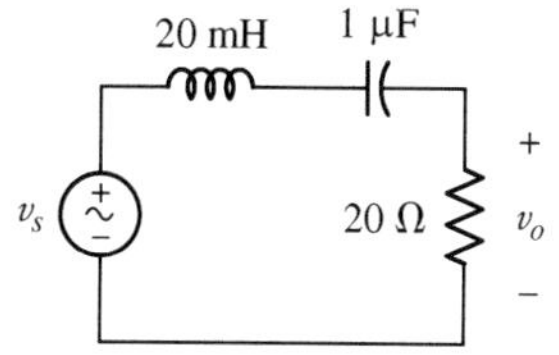


图 15.30　一个 20 mH 的电感、1 μF的电容和20 Ω电阻串联后接至电压源，这是第一个电路模型

Sean 首先为此画出了图 15.30 所示的等效电路，计算得到

$$f_0=\frac{1}{2\pi\sqrt{LC}}=\frac{1}{2\pi\sqrt{20\times10^{-3}\times10^{-6}}}=1125\ \text{Hz}$$

$$Q_0=\frac{\omega_0 L}{R}=7.07$$

$$\mathcal{B}=\frac{f_0}{Q_0}=159\ \text{Hz}$$

接下来，Sean 测量了 Abel 博士要求的参数，并与预测值进行了比较，此时 Sean 有强烈的挫败感，因为测量结果为

$$f_0=1000\ \text{Hz},\qquad Q_0=0.625,\qquad \mathcal{B}=1600\ \text{Hz}$$

Sean 知道如此大的差异绝对不在“工程允许的误差之内”，也不会是因为“电表误差”造成的，不过，他还是沮丧地把结果交给了教授。

Abel 博士了解以前学生们做判断时许多容易犯的错误，其中有些甚至(可能)是人为的，所以，Abel 微笑着告诉 Sean，注意 $Q$ 表(或者称为阻抗桥)，大多数装备良好的实验室都配备 $Q$ 表，不妨用 $Q$ 表去测量谐振频率附近的频率，比如 1000 Hz 处元件的值。

Sean 照做后，发现测量得到的电阻值是 18 Ω，电感是 21.4 mH，$Q$ 是 1.2，而电容的值是 1.41 μF，损耗系数($Q$ 值的倒数)是 0.123。

学工程的大学生内心总有一股追根溯源的劲头，Sean 认为实际电感的模型应该是 21.4 mH电感，它与 $\omega L/Q=112$ Ω 的电阻串联，而合适的电容模型应该是 1.41 μF 电容，它与 $1/\omega CQ=13.9$ Ω 的电阻并联。利用现在的数据，Sean 重新画出了图 15.31 所示的电路模型，从而计算出一组新的预测值：

$$f_0=\frac{1}{2\pi\sqrt{21.4\times10^{-3}\times1.41\times10^{-6}}}=916\ \text{Hz}$$

$$Q_0=\frac{2\pi\times916\times21.4\times10^{-3}}{143.9}=0.856$$

$$\mathcal{B}=916/0.856=1070\ \text{Hz}$$

看到现在的结果和测量值已经相当接近，Sean 非常高兴，但是 Abel 博士对细节的要求也很严格，他对存在于 $Q_0$ 与带宽的预测值和测量值之间的差异仔细思考后，问道：“你考虑过电压源的输出阻抗了吗?”“没有。”Sean 回答，然后一路小跑地坐回实验室的椅子上。

证实了电源的输出阻抗为 50 Ω 后，Sean 便在电路图中加入了这个值，从而得到了图 15.32所示的电路。利用新的等效电阻值 193.9 Ω 修正后的 $Q_0$ 值和 $\mathcal{B}$ 值分别为

$$Q_0=0.635,\qquad \mathcal{B}=1442\ \text{Hz}$$

现在理论值和测量值之间的误差已经在 10% 以内了，Sean 又恢复了以往的热情和自信，他早早地做完了作业，并在上课之前预习了教材内容。Abel 博士欣然点头，并教导说：

当使用实际设备时，
仔细观察所选择的模型；

在计算之前仔细思考，
别忘了 $Z$ 和 $Q$。

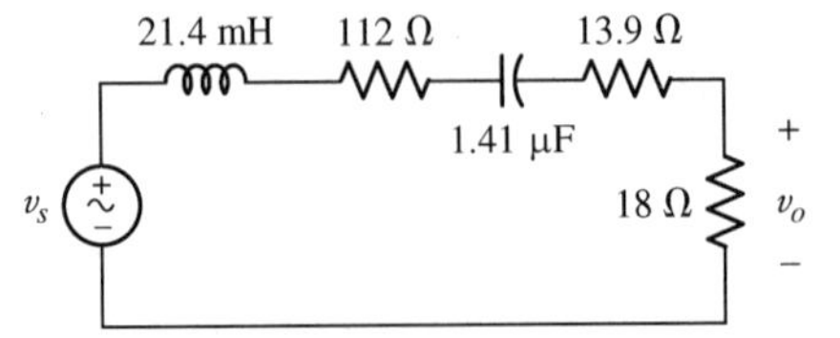


图 15.31 改进后的模型元件的值更精确，并且考虑了电感和电容的损耗

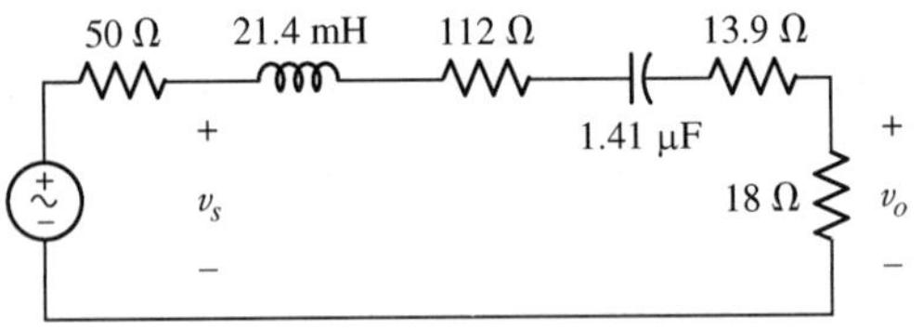


图 15.32 考虑了电压源输出电阻的最终电路模型

## 练习

15.15 10 Ω 电阻和 10 nF 电容的串联组合，与另一个 20 Ω 电阻和 10 mH 电感的串联组合相并联。(a) 求并联网络的近似谐振频率；(b) 求 $RC$ 支路的 $Q$ 值；(c) 求 $RL$ 支路的 $Q$ 值；(d) 求与原网络等效的 3 个元件值。

答案：(a) $10^5$ rad/s；(b) 100；(c) 50；(d) 10 nF ‖ 10 mH ‖ 33.3 kΩ。

## 15.7 缩放

在所求解的例题和习题中，有些电路含有的无源元件的值为几欧姆、几亨利或几法拉，得到的谐振频率也就几弧度每秒。采用这些参数并不是因为实际使用时它们就是这样的数值，而是因为在计算过程中不必处理 10 的幂次方运算，因此计算起来比较简单。本节要讨论的缩放处理在对包含实际尺寸的网络进行分析时只需对元件值进行缩放，从而给计算带来了方便。需要讨论的缩放包括**幅度缩放**和**频率缩放**。

以图 15.33(a)所示的并联谐振电路为例。用非实际尺寸得到的响应曲线如图 15.33(b)所示，最大阻抗值为 2.5 Ω，谐振频率为 1 rad/s，$Q_0$ 值为 5，半功率带宽为0.2 rad/s。这些参数更像某些机械系统的电模拟特性参数，而不像任何基本电子设备的参数。计算时采用这些参数非常方便，但它们不是构造电路的实际参数。

假设我们的目标是按照某种方法对网络进行缩放，使得谐振时的阻抗最大值为 5000 Ω，谐振频率为 $5\times10^6$ rad/s 或 796 kHz。换句话说，采用图 15.33(b)所示的响应曲线，只是纵坐标尺度扩大了 2000 倍，横坐标尺度扩大了 $5\times10^6$ 倍。这里要处理两个问题：(1)幅度的缩放因子是 2000；(2)频率的缩放因子是 $5\times10^6$。

说明：回想一下，“纵坐标”指的是垂直坐标，“横坐标”指的是水平坐标。

幅度缩放定义为这样一个过程：二端口网络的阻抗放大 $K_m$ 倍，但频率维持不变。这里的因子 $K_m$ 是正实数，可以大于 1，也可以小于 1。另一种更简短的表述是“网络在幅度上的缩放因子是 2”，这句话表示新网络的阻抗在任何频率上都是原来网络的两倍。接下来确定如何对每一类无源元件进行缩放。为使网络的输入阻抗增大 $K_m$ 倍，可以令网络的每一个元件值也缩放相同的倍数，即电阻 $R$ 用 $K_mR$ 代替，每个电感在任何频率呈现的阻抗是原来的 $K_m$ 倍。为此，在维持 $\mathbf{s}$ 不变的情况下，阻抗 $sL$ 被增大 $K_m$ 倍，即 $L$ 被 $K_m L$ 取代。同样，每个电容 $C$ 要被

$C/K_m$ 代替。总之，这些变化产生的网络的元件幅度缩放的因子为 $K_m$：

$$\left.\begin{array}{l} R \to K_m R \\ L \to K_m L \\ C \to \dfrac{C}{K_m} \end{array}\right\} \text{幅度缩放}$$

当图 15.33(a)中所有元件的幅度乘以缩放因子 2000 后，得到的网络如图 15.34(a)所示。频率响应曲线如图 15.34(b)所示，它表明了纵坐标除了有尺度缩放，无须对原来的响应曲线进行任何改变。

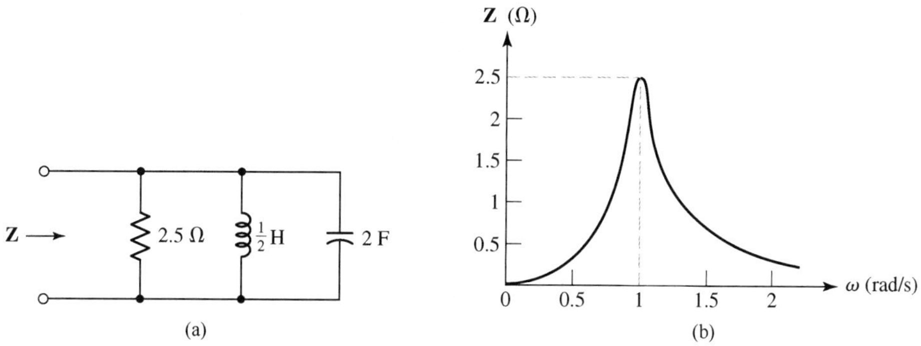


图 15.33　(a) 用于说明幅度和频率缩放的并联谐振电路；(b) 输入阻抗的幅度和频率之间的关系曲线

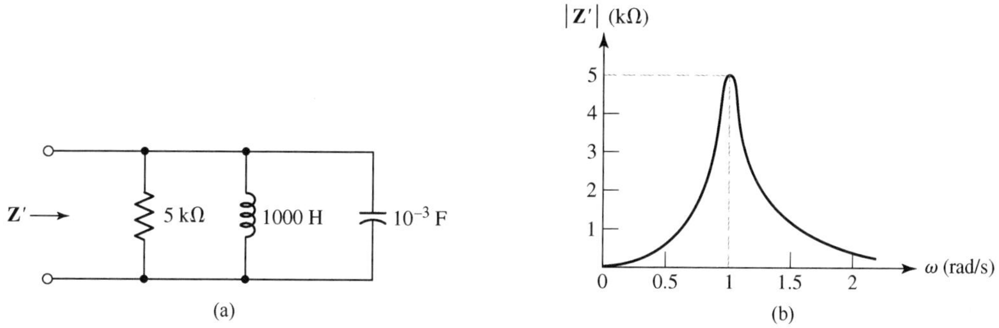


图 15.34　(a) 对图 15.33(a)所示电路的幅度进行 $K_m = 2000$ 缩放后的网络；(b) 相应的响应曲线

现在讨论新网络在频率上的缩放。定义频率的缩放过程如下：保持阻抗值不变，将阻抗值对应的频率乘以因子 $K_f$。再一次采用“网络在频率上的缩放因子是 2”这种表达方法，它表明新网络在频率增大两倍时得到与原网络相同的阻抗。频率缩放伴随着每一个无源元件在频率上的缩放，显然电阻值不会受到影响，当频率增大为 $K_f$ 倍时，任何等于 $sL$ 的阻抗的电感必须由 $L/K_f$ 的电感取代；同样，电容 $C$ 将被 $C/K_f$ 代替。因此，若网络的频率缩放 $K_f$ 倍，则意味着每个无源元件的参数值变为

$$\left.\begin{array}{l} R \to R \\ L \to \dfrac{L}{K_f} \\ C \to \dfrac{C}{K_f} \end{array}\right\} \text{频率缩放}$$

当进行图 15.34(a)所示的幅度缩放后，对每个元件以因子 $5 \times 10^6$ 再进行频率缩放时，可得到图 15.35(a)所示的网络。相应的频率响应曲线如图 15.35(b)所示。

最后这个网络中的电路元件值才是实际物理电路中得到的参数。该网络是真实的、可测试的。它表明，如果图 15.33(a)所示的原始网络确实是一些机械谐振系统的模拟，则可以对模拟的参数进行幅度和频率缩放，以期实现在实验室中能够构造的网络。由于测试机械系统相对于缩放了的电子系统来说既花费大，而且还不方便，所以可对缩放了的电子系统的测量结果进行“反缩放”并转换回机械系统的单位，以便于完成分析。

以 s 为变量的阻抗函数同样可以再对幅度和频率进行缩放，哪怕不清楚组成二端口网络的究竟是哪些元件，也可以进行缩放。为了对幅度进行 $\mathbf{Z}(\mathbf{s})$ 缩放，只需将 $\mathbf{Z}(\mathbf{s})$ 乘以 $K_m$ 便可得到经过幅度缩放的阻抗。因此，幅度缩放后的阻抗 $\mathbf{Z}'(\mathbf{s})$ 为

$$\mathbf{Z}'(\mathbf{s}) = K_m \mathbf{Z}(\mathbf{s})$$

假如现在 $\mathbf{Z}'(\mathbf{s})$ 要以 $5 \times 10^6$ 的因子进行频率缩放，则要求 $\mathbf{Z}'(\mathbf{s})$ 在任何频率上的值要与 $\mathbf{Z}''(\mathbf{s})$ 在频率乘以 $K_f$ 之后得到的值相等。这样就有

$$\mathbf{Z}''(\mathbf{s}) = \mathbf{Z}'\left(\frac{\mathbf{s}}{K_f}\right)$$

⚠虽然通常只对无源元件进行缩放，但是受控源也可以进行幅度和频率缩放。假设任何源的输出都具有 $k_x v_x$ 或 $k_y i_y$ 的形式，其中 $k_x$ 对受控电流源具有导纳的量纲，对受控电压源则没有量纲，而 $k_y$ 对受控电压源具有欧姆的量纲，对受控电流源则没有量纲。如果对包含受控源的网络缩放 $K_m$，那么只需要处理 $k_x$ 或 $k_y$。我们把它们看成与其量纲相应的某种类型的元件，也就是说，如果 $k_x$(或 $k_y$)无量纲，则其值不变；如果具有导纳量纲，则应除以 $K_m$；如果是阻抗，则应乘以 $K_m$。频率缩放对受控源没有影响。

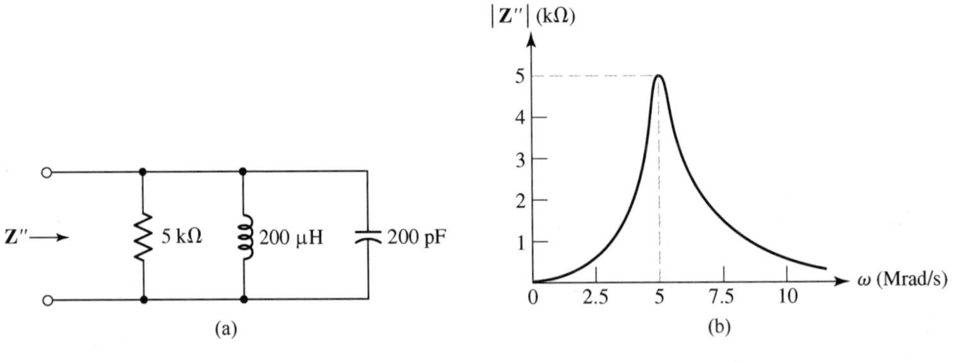


图 15.35 (a) 图 15.34(a)所示电路进行频率 $K_f = 5 \times 10^6$ 缩放后的网络；(b) 相应的响应曲线

**例 15.11** 对图 15.36 所示的网络进行 $K_m = 20$ 和 $K_f = 50$ 的缩放，然后求缩放后网络的 $\mathbf{Z}_{\text{in}}(\mathbf{s})$。

**解：** 电容幅度的缩放过程是 0.05 F 除以缩放因子 $K_m = 20$，频率的缩放过程是除以缩放因子 $K_f = 50$，同时完成这两步操作：

$$C_{\text{scaled}} = \frac{0.05}{(20)(50)} = 50\,\mu\text{F}$$

电感同样可以缩放成

$$L_{\text{scaled}} = \frac{(20)(0.5)}{50} = 200\text{ mH}$$

对受控源的缩放只需考虑幅度，因为频率缩放对受控源没有影响。由于这是一个电压控制的

电流源，系数 0.2 的单位是 A/V 或者 S，具有导纳的量纲，因此需要除以缩放因子 $K_m$。所以，新的一项为 $0.01\mathbf{V}_1$，由此得到的(缩放后的)网络如图 15.36(b)所示。

为求解新网络的阻抗，需要在输入端接入一个 1 A 的测试电源，对两个电路进行分析，首先求图 15.36(a)所示的未缩放网络的阻抗，然后对所得结果进行缩放。

参考图 15.36(c)，有
$$\mathbf{V}_{\text{in}} = \mathbf{V}_1 + 0.5\mathbf{s}(1 - 0.2\mathbf{V}_1)$$

且
$$\mathbf{V}_1 = \frac{20}{\mathbf{s}}(1)$$

进行变量代换及代数处理，得到
$$\mathbf{Z}_{\text{in}} = \frac{\mathbf{V}_{\text{in}}}{1} = \frac{\mathbf{s}^2 - 4\mathbf{s} + 40}{2\mathbf{s}}$$

将结果缩放成与图 15.36(b)所示相应的值，缩放因子为 $K_m = 20$，$\mathbf{s}$ 需用 $\mathbf{s}/\mathbf{K}_f = \mathbf{s}/50$ 代替，因此
$$\mathbf{Z}_{\text{in}_{\text{scaled}}} = \frac{0.2\mathbf{s}^2 - 40\mathbf{s} + 20\,000}{\mathbf{s}}\ \Omega$$

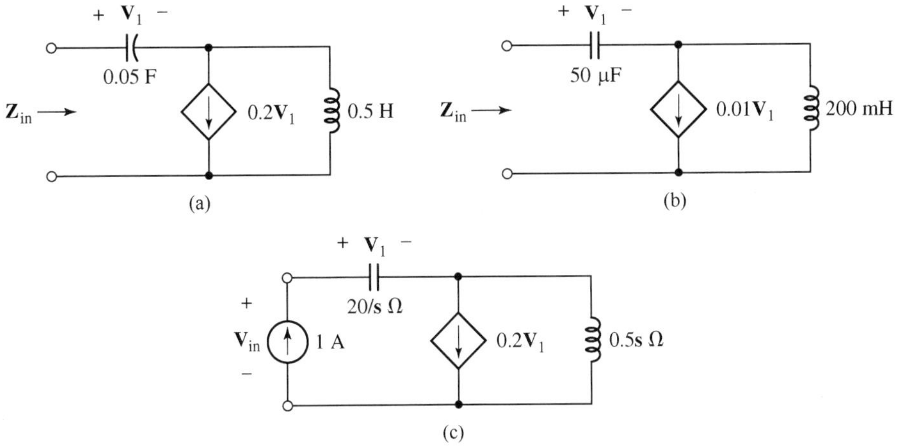


图 15.36　(a) 幅度缩放因子为 20，频率缩放因子为 50 的待缩放网络；(b) 缩放后的网络；(c) 加在网络输入端的1 A的测试电源，用于获得未缩放的(a)所示网络的输入阻抗

### 练习

15.16　并联谐振电路的特性为 $C = 0.01$ F，$\mathcal{B} = 2.5$ rad/s，$\omega_0 = 20$ rad/s。当网络按照下列要求缩放时，分别求 $R$ 和 $L$ 的值：(a) 幅度以 800 的缩放因子进行缩放；(b) 频率以 $10^4$ 的缩放因子进行缩放；(c) 幅度以 800 的缩放因子进行缩放，同时频率以 $10^4$ 的缩放因子进行缩放。

答案：(a) 32 kΩ，200 H；(b) 40 Ω，25 μH；(c) 32 kΩ，20 mH。

## 15.8　简单滤波器设计

滤波器设计是一项很实际(也很有趣)的工作，值得用单独一本教材来阐述它。本节只介绍有关滤波器的最基本的概念，包括有源和无源滤波器电路。这些电路可能相当简单，只包含单个电容或电感，加到给定的网络中以提高性能；也可能相当复杂，包含许多电阻、电容、电感和运放，从而获得具体应用所需的精确的响应曲线。滤波器用在现代电子电路中可以得到电源需要的直流电压，滤除通信信道中的噪声，从天线接收的复用信号中分离出广播信号和电视信号，用于放大汽车立体声系统中的低音信号，这里只列出了一些简单的应用。

滤波器的本质是对通过网络的信号频率进行选择。根据具体应用有几种不同的选择频率的方法。**低通滤波器**的频率响应如图 15.37(a)所示，它允许低于截止频率的信号通过网络，而对高于截止频率的信号则进行衰减。**高通滤波器**的频率响应如图 15.37(b)所示，性能正好与低通滤波器的相反。滤波器频率响应曲线的重要性能体现在曲线在衰减区域是否尖锐，或者在截止频率点附近是否陡峭。一般而言，越陡峭的响应曲线对应的电路越复杂。

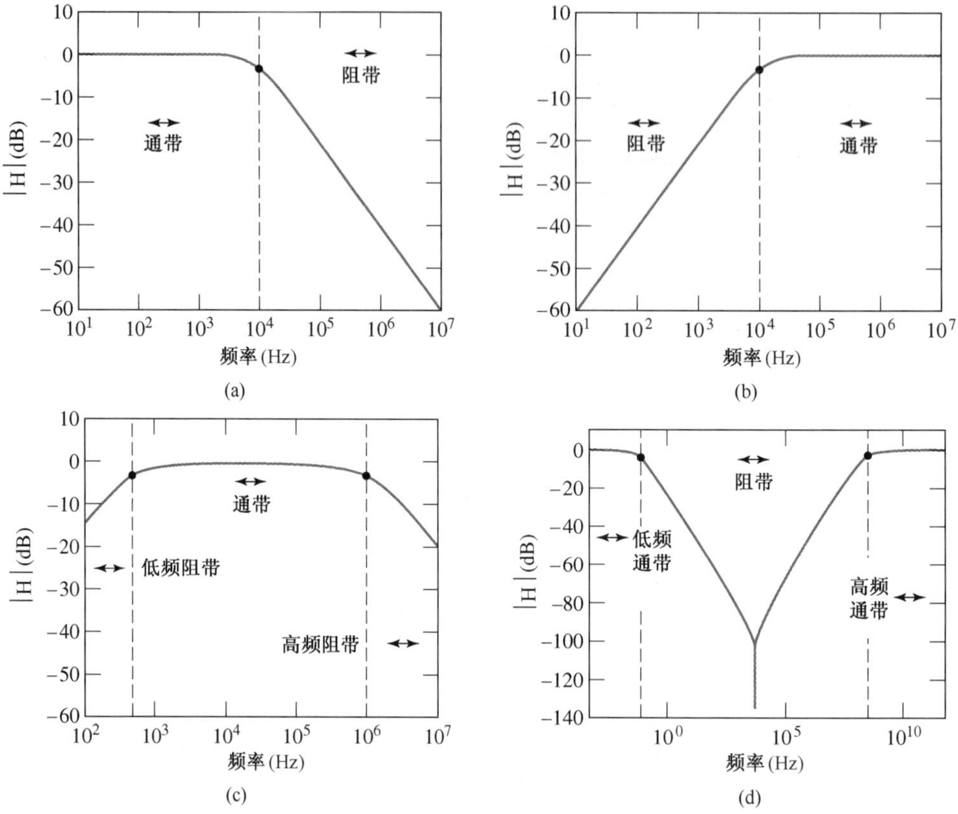


图 15.37 各种滤波器的频率响应曲线。(a) 低通滤波器；(b) 高通滤波器；(c) 带通滤波器；(d) 带阻滤波器。每个图中的实心点对应的幅度是 -3 dB

将低通滤波器和高通滤波器结合在一起可以构成**带通滤波器**，其响应曲线如图 15.37(c)所示。在这类滤波器中，位于两个转角频率之间的区域称为**通带**，通带之外的区域称为**阻带**。这些名词同样适用于图 15.37(a)和图 15.37(b)所示的低通和高通滤波器。当然，也可以构成**带阻滤波器**，即允许低频和高频信号通过，但阻止两个截止频率之间的频率信号通过，如图 15.37(d)所示。

**陷波器**是特殊的带阻滤波器，它具有非常窄的响应特性，只阻止信号的某个频率。**多带滤波器**也是一种可能的滤波器，其电路具有多个通带和阻带。这种滤波器的设计比较直接，但是超出了本书的范围。

## 无源低通和高通滤波器

利用一个电容和一个电阻可以组成一个滤波器，如图 15.38(a)所示。该低通滤波器的传输函数为

$$\mathbf{H(s)} \equiv \frac{\mathbf{V}_{\text{out}}}{\mathbf{V}_{\text{in}}} = \frac{1}{1 + RC\mathbf{s}} \qquad [32]$$

**H**(**s**)有一个单极点，其频率为 $\omega = 1/RC$；它还有一个位于 $\mathbf{s} = \infty$ 的零点，从而导致其具有低通滤波特性。低频($\mathbf{s}\to 0$)导致 $|\mathbf{H(s)}|$ 位于最大值(1 或者 0 dB)附近，高频($\mathbf{s}\to\infty$)导致 $|\mathbf{H(s)}|\to 0$。定性地考虑电容的阻抗，就能理解滤波器的频率特性：当频率增加时，电容对交流信号呈现短路特性，所以输出电压下降。设该电路的 $R = 500\ \Omega$，$C = 2$ nF，则其响应曲线如图 15.38(b)所示。将指针移至 −3 dB，可以发现转角频率为 159 kHz(1 Mrad/s)。在电路中增加电抗元件(比如电容或电感)可以提高响应曲线在截止频率附近的陡峭程度。

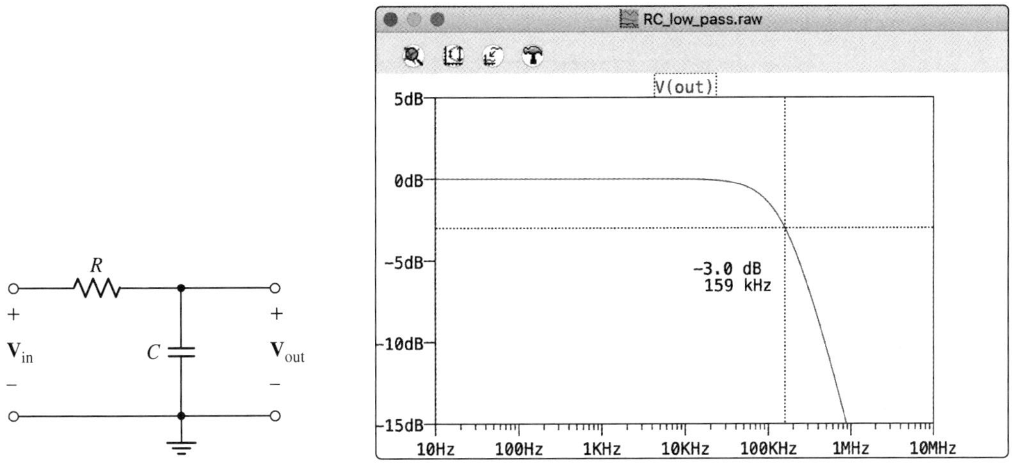


(a)　　(b)

图 15.38　(a) 电阻-电容组合构成的简单低通滤波器；(b) 对 $R = 500\ \Omega$，$C = 2$ nF电路仿真得到的频率响应，可见转角频率等于159 kHz

将图 15.38(a)中元件的位置相互交换，就可以得到高通电路，具体参见下面的例题。

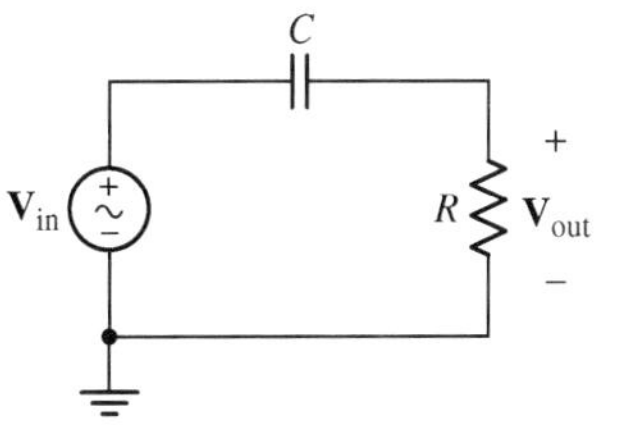


图 15.39　简单的高通滤波器电路，需选择$R$和$C$的值，使截止频率为3 kHz

**例 15.12**　设计一个转角频率为 3 kHz 的高通滤波器。

**解**：首先确定电路的拓扑结构，由于对曲线的陡峭程度没有要求，因此选择最简单的电路结构，如图 15.39 所示。

很容易写出电路的传输函数：

$$\mathbf{H(s)} \equiv \frac{\mathbf{V}_{\text{out}}}{\mathbf{V}_{\text{in}}} = \frac{RC\mathbf{s}}{1 + RC\mathbf{s}}$$

它有一个位于 $\mathbf{s} = 0$ 的零点和一个 $\mathbf{s} = -1/RC$ 的极点，因而具有“高通”(即 $\omega\to\infty$ 时 $|\mathbf{H}|\to 0$)性能。

滤波器的转角频率 $\omega_C = 1/RC$，已知 $\omega_C = 2\pi f_C = 2\pi(3000) = 18.85$ krad/s。需要选择两个参数 $R$ 和 $C$，实际情况通常是根据手头现有的电容和电阻值来选择，这里没有提供这方面的信息，所以可以任意选择参数。

为 $R$ 选取标准参数 4.7 kΩ，则电容 $C$ 必须等于 11.29 nF。

剩下的一步是用 LTspice 来对我们的设计进行仿真，预计的频率响应曲线如图 15.40 所示。

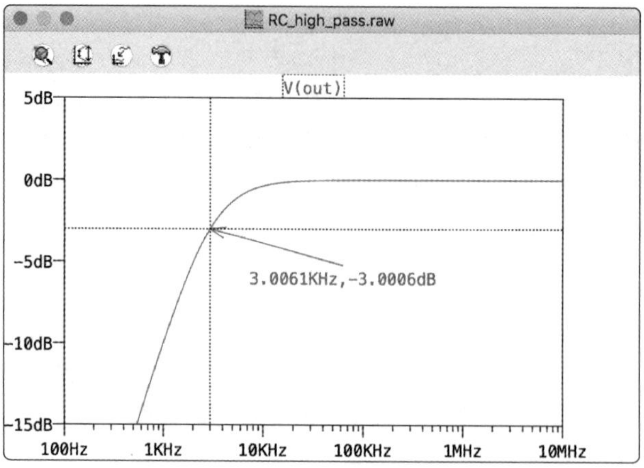


图 15.40　滤波器设计的最后阶段是频率响应的仿真。由图可见截止频率(3 dB)3 kHz与设计要求一致

## 练习

15.17　设计一个截止频率为 13.56 MHz 的高通滤波器，这是射频电源常用的频率。

**答案**：可能的电路如图 15.39 所示，其中 $RC = 1.174\times10^{-8}$ s。示例的值为 $C = 2$ pF，$R = 5.87$ kΩ

## 带通滤波器

本章开始时已经给出了多个“带通”滤波器电路，比如图 15.17 和图 15.24 所示的电路。考虑图 15.41 所示的简单电路，输出为电阻上的电压。很容易得到电路的传输函数如下：

$$\mathbf{A}_V = \frac{\mathbf{s}RC}{LC\mathbf{s}^2 + RC\mathbf{s} + 1} \qquad [33]$$

函数的幅度(经过几步代数演算)为

$$|\mathbf{A}_V| = \frac{\omega RC}{\sqrt{(1-\omega^2 LC)^2 + \omega^2 R^2 C^2}} \qquad [34]$$

对 $\omega\to0$ 取极限，可得　$|\mathbf{A}_V| \approx \omega RC \to 0$

对 $\omega\to\infty$ 取极限，可得　$|\mathbf{A}_V| \approx \dfrac{R}{\omega L} \to 0$

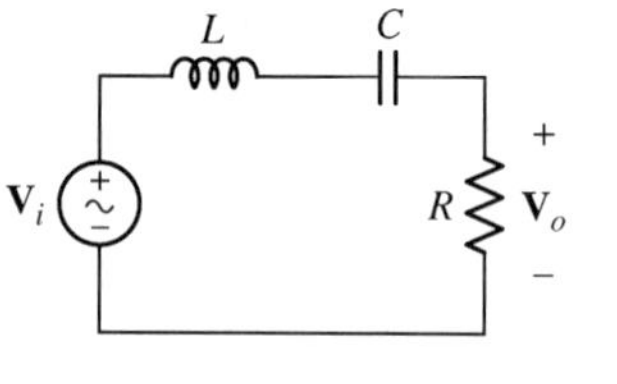


图 15.41　由串联 *RLC* 电路构成的简单带通滤波器

根据从伯德图得出的经验，式[33]有 3 个临界频率：一个零点和两个极点。为了得到带通响应的峰值为 1(0 dB)的结果，两个极点的频率必须大于 1 rad/s，这是零点项的 0 dB 交界频率。通过对式[33]进行因式分解或者令式[34]等于 $1/\sqrt{2}$ ，可得出这两个极点频率。滤波器的中心频率为 $\omega = 1/\sqrt{LC}$。令式[34]等于 $1/\sqrt{2}$，经过少量代数运算，得到

$$\left(1 - LC\omega_c^2\right)^2 = \omega_c^2 R^2 C^2 \qquad [35]$$

两边开方，可得

$$LC\omega_c^2 + RC\omega_c - 1 = 0$$

应用二次方程的求根公式，可得

$$\omega_c = -\frac{R}{2L} \pm \frac{\sqrt{R^2C^2 + 4LC}}{2LC} \qquad [36]$$

负频率的解没有物理意义，只有式[36]的正的平方根才有意义。不过，该求解过程似乎有些

匆忙，式[35]两边同时取了正的平方根，其实两边都取负的平方根也同样有效，因此可得

$$\omega_c = \frac{R}{2L} \pm \frac{\sqrt{R^2C^2 + 4LC}}{2LC} \qquad [37]$$

上式只有正的平方根才有物理意义，因此得到两个频率：一个频率来源于式[36]的 $\omega_L$，另一个频率来源于式[37]的 $\omega_H$。由于 $\omega_H - \omega_L = \mathcal{B}$，可以证明 $\mathcal{B} = R/L$。

**例 15.13**　设计一个带通滤波器，带宽是 1 MHz，高频截止频率为 1.1 MHz。

**解：** 选择如图 15.41 所示的电路结构，先确定转角频率。带宽由 $f_H - f_L$ 决定，

$$f_L = 1.1 \times 10^6 - 1 \times 10^6 = 100 \text{ kHz}$$

且

$$\omega_L = 2\pi f_L = 628.3 \text{ krad/s}$$

高频截止频率（$\omega_H$）等于 6.912 Mrad/s。

为了继续设计符合要求的电路，需要将截止频率与 $R$，$L$ 和 $C$ 关联起来。

令式[37]为 $2\pi(1.1 \times 10^6)$，从而可以求解出 $1/LC$；已知 $\mathcal{B} = 2\pi(f_H - f_L) = 6.283 \times 10^6$，

$$\frac{1}{2}\mathcal{B} + \left[\frac{1}{4}\mathcal{B}^2 + \frac{1}{LC}\right]^{1/2} = 2\pi(1.1 \times 10^6)$$

解得 $1/LC = 4.343 \times 10^{12}$。任意选择 $L = 50$ mH，则 $R = 314$ kΩ，$C = 4.6$ pF。注意，“设计”问题没有唯一的解，$R$，$L$ 和 $C$ 都可以作为最先设定的参数。

LTspice 的仿真结果如图 15.42 所示。

## 练习

15.18　设计一个带通滤波器，其低频截止频率为 100 rad/s，高频截止频率为 10 krad/s。

答案：众多答案中的一种可能结果：$R = 990$ Ω，$L = 100$ mH，$C = 10$ μF。

前面考虑的电路称为**无源滤波器**，因为组成滤波器的元件都是无源元件（即没有晶体管、运放或者其他“有源”器件）。虽然无源滤波器相对比较普遍，但是它们不适合所有的应用，且无源滤波器的增益（定义为输出电压与输入电压的比值）很难设定，而滤波器电路的放大能力通常是必要的指标。

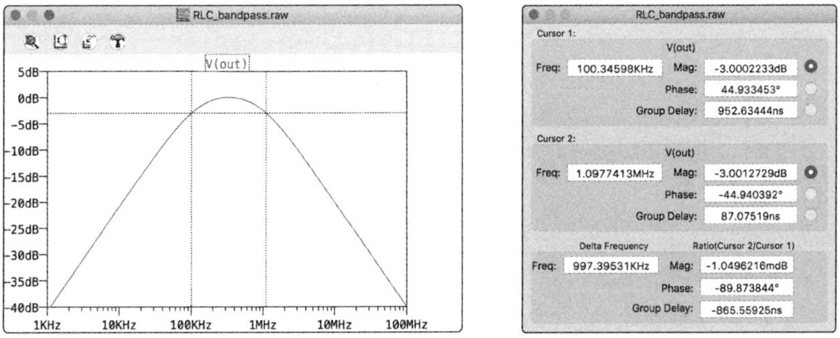


图 15.42　带通滤波器设计时的响应仿真表明，带宽为 1 MHz 且高频截止频率为 1.1 MHz 与设计要求一致

## 有源滤波器

在滤波器电路设计中加入有源器件（比如运算放大器）可以克服无源滤波器电路的很多缺

点。在第6章中曾经讲到，设计运算放大器以提供增益是件很简单的事情，通过有策略地设置电容的位置，运放电路还能够呈现电感的性能。

运放的内部电路通常含有很小的电容(典型值在100 pF数量级)，它们限制了运放发挥作用时的最大频率。因此，任何运放电路如果起到了低通滤波器的作用，对现代电子器件而言，其截止频率一般在20 MHz或更高一些(取决于电路的增益)。

**例15.14** 设计一个有源低通滤波器电路，要求截止频率为10 kHz，电压增益为40 dB。

**解：** 当频率远低于10 kHz时，放大器电路要求能够提供40 dB(即100 V/V)的电压增益。它可以用同相组态的单运放实现，电路如图15.43(a)所示，因此有

$$\frac{R_f}{R_1}+1=100$$

为提供10 kHz的高频截止频率，需要将低通滤波器的输出接至运放的输入端，如图15.43(b)所示。为推导传输函数，先分析运放的同相输入端，有

$$\mathbf{V}_+=\mathbf{V}_i\frac{1/\mathbf{s}C}{R_2+1/\mathbf{s}C}=\mathbf{V}_i\frac{1}{1+\mathbf{s}R_2C}$$

在运放的反相输入端，有

$$\frac{\mathbf{V}_o-\mathbf{V}_+}{R_f}=\frac{\mathbf{V}_+}{R_1}$$

联立这两个等式并求解$\mathbf{V}_o$，得到

$$\mathbf{V}_o=\mathbf{V}_i\left(\frac{1}{1+\mathbf{s}R_2C}\right)\left(1+\frac{R_f}{R_1}\right)$$

增益的最大值$\mathbf{A}_V=\mathbf{V}_o/\mathbf{V}_i$为$1+R_f/R_1$，设定该增益值等于100。由于这两个电阻都没有出现在转角频率的表达式$(R_2C)^{-1}$中，因此任何一个都可以被先设定，我们选择$R_1=1\ \text{k}\Omega$，则$R_f=99\ \text{k}\Omega$。

任意选择$C=1\ \mu\text{F}$，求得

$$R_2=\frac{1}{2\pi(10\times10^3)C}=15.9\ \Omega$$

从这一点看，设计应该算完成了。然而真是这样吗？图15.44(a)所示是电路仿真得到的频率响应。

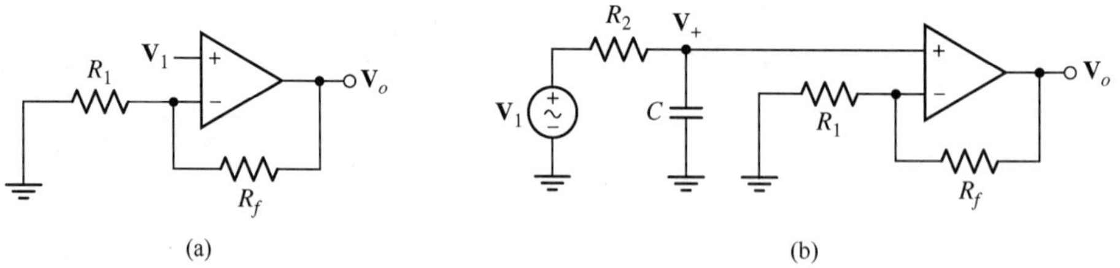


图15.43 (a)简单的同相运算放大器电路；(b)由电阻$R_2$和电容$C$组成的低通滤波器接在输入端

显而易见，设计的结果与10 kHz截止频率的要求不吻合。我们错在哪里了？仔细检查代数运算的结果并未发现有错，看来一定是什么地方使用了错误的假设。仿真用的运放是μA741，它与推导时假设的理想运放恰好不同，这就是产生差异的主要原因。如果使用LT1028运放代替μA741，得到的截止频率就是需要的10 kHz，相应的仿真结果如图15.44(b)所示。

遗憾的是，带有40 dB增益的运放μA741本身的截止频率约为10 kHz，在本设计中不能被忽略；而LT1028的第一个截止频率出现在75 kHz处，远大于10 kHz，因此不会影响我们的设计。

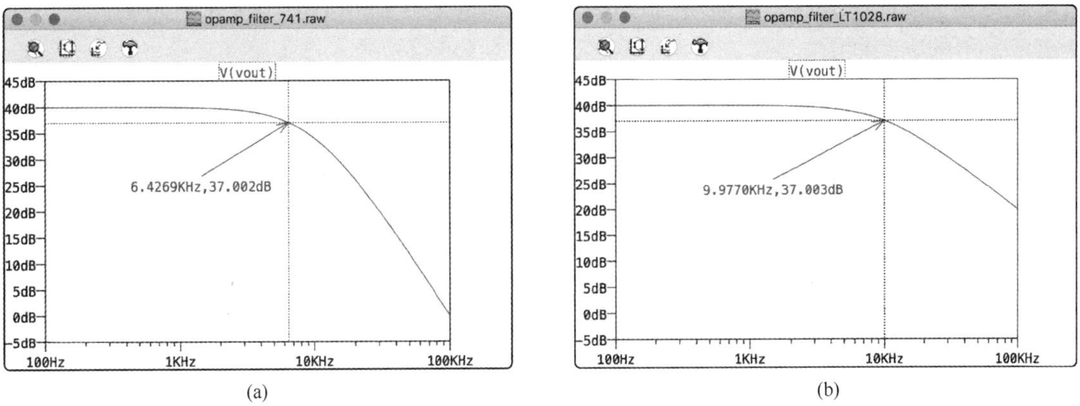


图 15.44　(a) 采用 μA741 运放构成的滤波器电路的频率响应，图中所示的转角频率为6.4 kHz；(b) 相同滤波器电路的频率响应，但是运放被替换成了LT1028，该电路的截止频率正好等于设计要求的10 kHz

## 练习

15.19　设计一个低通滤波器电路，要求增益为 30 dB，截止频率为 1 kHz。

答案：众多答案中的一种可能结果是：$R_1=100\ \text{k}\Omega$，$R_f=3.062\ \text{M}\Omega$，$R_2=79.58\ \Omega$ 和 $C=2\ \mu\text{F}$。

# 实际应用——低音、高音和中音调节

音响系统通常需要独立调节低音、高音和中音，即便对不昂贵的设备来说也是如此。音频(至少人耳能听到的)通常可接受的频率范围是 20 Hz ~ 20 kHz，低音对应的是低频(小于 500 Hz 左右)，高音对应的是高频(大于 5 kHz 左右)。

虽然设计如图 15.45 所示的系统有一些难度，但是设计均衡器的系统框图相对来说比较简单。在许多手持式收音机中都有低音、中音和高音 3 种类型的均衡器，主要的信号(收音机接收电路或 CD 唱机需要的)包含的频率范围比较宽，带宽约为 20 kHz。

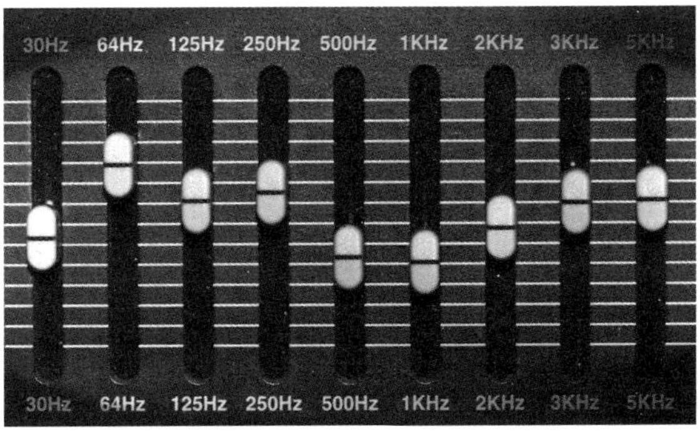


图 15.45　均衡器的例子(© winnond/Shutterstock)

必须将此信号送到 3 个不同的运放电路中进行放大，每个运放的输入端需要接上不同的滤波器。低音调节电路需要一个低通滤波器，高音调节电路需要一个高通滤波器，中音调节电路则需要一个带通滤波器。然后将每个运放电路的输出接到一个加法运放电路中，图 15.46 给出了完整的电路框图。

基本电路模块如图 15.47 所示。电路由同相组态的运算放大器和低通滤波器组成，运放的增益由 $1+R_f/R_1$ 决定，简单的低通滤波器由电阻 $R_2$ 和电容 $C$ 组成。反馈电阻 $R_f$ 的阻值可以改变(因此有时也称为电位器)，通过调节旋钮可以改变运放的增益，人们通常也把它称为音量控制电阻。低通滤波器网络严格限制了进入运算放大器的信号频率，它们是能被放大的信号频率，转角频率可以简单地写成$(R_2C)^{-1}$。如果电路设计者允许用户自己设定滤波器的转角频率，则电阻 $R_2$ 可以用电位器代替，或者电容 $C$ 可以用可变电容代替。剩下的电路按照同样的方法构造，只是输入端的滤波器网络不同。

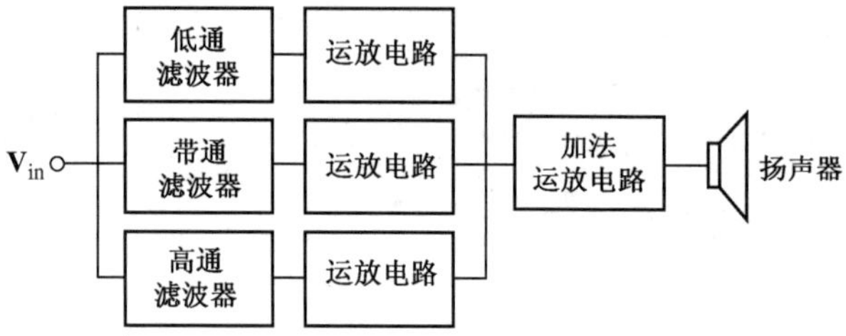


图 15.46 均衡器电路框图

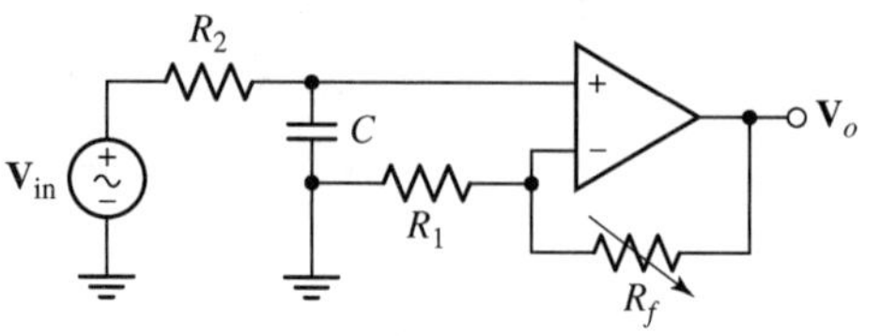


图 15.47 低音调整部分的放大器电路

为了区分不同级的电阻、电容和运算放大器，采用不同的下标表示所属各级的元件($t$，$m$，$b$)。我们从高音级开始。在使用高增益时频率范围为 10～20 kHz 的 μA741 时，曾经遇到过这个问题，因此这里用 LT1028 也许会更好一些。将高音截止频率取为 5 kHz(不同的音频电路设计者的取值可能会不同)，则有

$$\frac{1}{R_{2t}C_t}=2\pi(5\times10^3)=3.142\times10^4$$

取 $C_t=1\ \mu\text{F}$，可得到 $R_{2t}$的值为 31.83 Ω，取低音截止频率为 500 Hz，同样取 $C_b=1\ \mu\text{F}$(可能质量会打折扣)，可得 $R_{2b}$的值为 318.3 Ω。带通滤波器的设计留给读者完成。

下一步设计是选择合适的 $R_{1t}$和 $R_{1b}$的值以及反馈电阻的值。由于没有给出任何具体要求，因此为了简单起见，可以将各级的值取为相同的值，即选择 $R_{1t}$和 $R_{1b}$均为 1 kΩ，选择 $R_{ft}$和 $R_{fb}$为 10 kΩ 的电位器(意味着阻值可以是 0～10 kΩ)。这表明对某一个信号的声音放大倍数是其他信号的 11 倍。

现在滤波器级的设计就完成了，接下来进行加法器级的设计。这里采用反相运算放大器的组态，也就是说，将每个滤波器放大级的输出端直接接到各自的 1 kΩ 电阻上，然后将每个 1 kΩ电阻的另一端加到加法器这一级的反向输入端。为避免出现饱和，加法放大器这级需要选择合适的反馈电位器，当然还需要知道输入电压的范围以及扬声器的功率。为阐述设计结果，图 15.48 给出了高音(高通)和低音(低通)元件(不含中音部分的带通滤波器)电路仿真的结果，加法器输出的电压增益为 10。

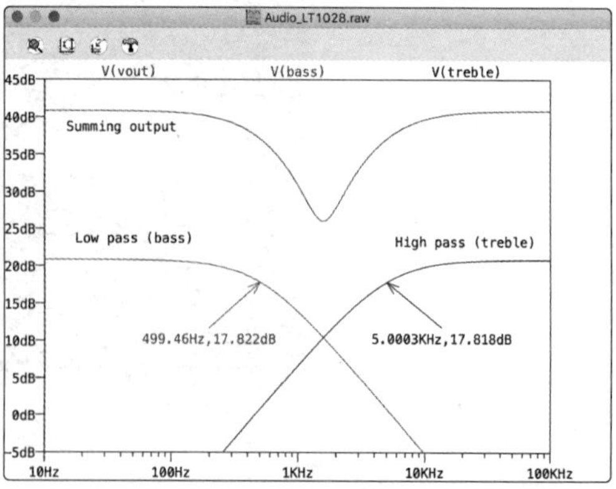


图 15.48 均衡器设计时低通、高通和加法器的频率响应仿真结果

## 15.9 高阶滤波器设计

虽然关于简单滤波器的设计已经介绍了几个例子，但是它们的传输函数的幅度特性和理想“阶跃函数”并不相像，好在我们还有另一种方法——高阶滤波器，它可以提高性能，当然代价是电路的元件数增加，复杂度变大。作为例子，下面分析一个 $n$ 阶低通滤波器，其传输函数为

$$\mathbf{N}(\mathbf{s}) = \frac{Ka_0}{\mathbf{s}^n + a_{n-1}\mathbf{s}^{n-1} + \cdots + a_1\mathbf{s} + a_0}$$

它和高阶($n$ 阶)高通系统传输函数只相差了一点：

$$\mathbf{N}(\mathbf{s}) = \frac{K\mathbf{s}^n}{\mathbf{s}^n + a_{n-1}\mathbf{s}^{n-1} + \cdots + a_1\mathbf{s} + a_0}$$

若要表示带通滤波器，则只需将分子改为 $K\mathbf{s}^{n/2}$。图 15.37(d)所示的带阻滤波器的传输函数为

$$\mathbf{N}(\mathbf{s}) = \frac{K\left(\mathbf{s}^2 + \omega_0^2\right)^{n/2}}{\mathbf{s}^n + a_{n-1}\mathbf{s}^{n-1} + \cdots + a_1\mathbf{s} + a_0}$$

设计一个特定的滤波器，需要选择合适的传输函数，即选择一组合适的多项式系数 $a_1$，$a_2$，⋯等。本节将以**巴特沃思多项式**和**切比雪夫多项式**为例来阐述，这也是在滤波器设计中经常用到的两个多项式。

低通巴特沃思滤波器最为人们所熟悉，它的幅度函数为

$$|\mathbf{H}(\mathrm{j}\omega)| = \frac{K}{\sqrt{1 + (\omega/\omega_c)^{2n}}}, \qquad n = 1, 2, 3, \cdots$$

曲线如图 15.49(a)所示，其中 $n=1$，2 和 3，$K$ 是实常数，$\omega_c$ 是临界频率。正如所看到的，$n$ 越大，幅度曲线就越接近阶跃函数的样子；而切比雪夫低通滤波器在通带内会产生波纹，波纹数与滤波器的阶数有关，如图 15.49(b)所示。其幅度函数为

$$|\mathbf{H}(\mathrm{j}\omega)| = \frac{K}{\sqrt{1 + \beta^2 C_n^2(\omega/\omega_c)}}, \qquad n = 1, 2, 3, \cdots$$

其中，$\beta$ 为实常数，称为**波纹系数**，$C_n(\omega/\omega_c)$ 表示 $n$ 阶 Ⅰ 型切比雪夫多项式。为方便起见，表 15.2中列出了两个不同类型的多项式及其系数。

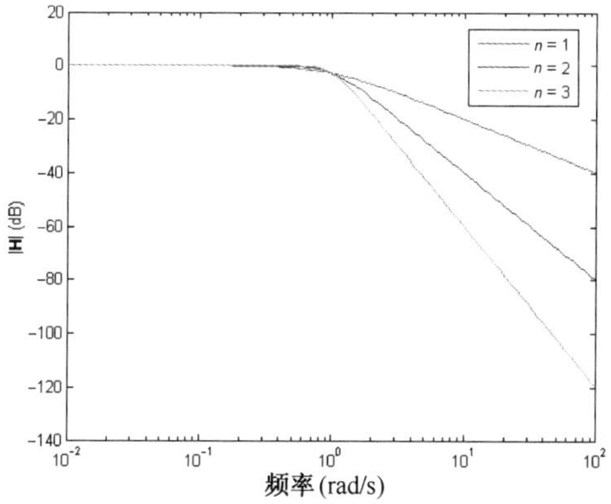


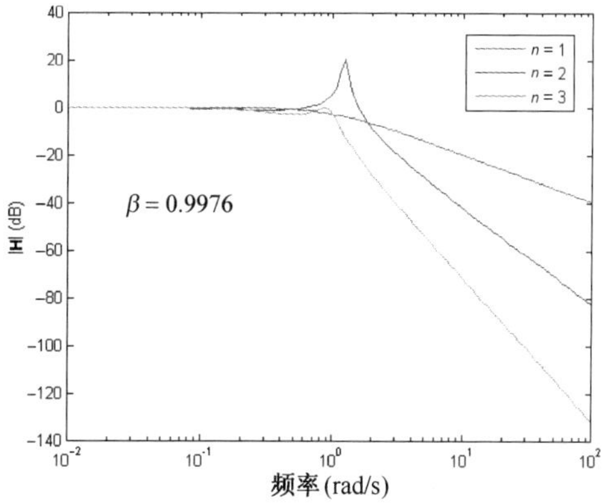


图 15.49　采用一阶、二阶和三阶低通(a) 巴特沃思滤波器和(b) 切比雪夫滤波器的 $|\mathbf{H}(\mathrm{j}\omega)|$ 曲线。所有滤波器都归一化到转角频率为1 rad/s

表 15.2 巴特沃思低通滤波器和切比雪夫低通滤波器的函数系数($\beta=0.9976$,或者3 dB),归一化到$\omega_c=1$

| 巴特沃思 | | | | | |
|---|---|---|---|---|---|
| $n$ | $a_0$ | $a_1$ | $a_2$ | $a_3$ | $a_4$ |
| 1 | 1.0000 | | | | |
| 2 | 1.0000 | 1.4142 | | | |
| 3 | 1.0000 | 2.0000 | 2.0000 | | |
| 4 | 1.0000 | 2.6131 | 3.4142 | 2.6131 | |
| 5 | 1.0000 | 3.2361 | 5.2361 | 5.2361 | 3.2361 |
| 切比雪夫($\beta=0.9976$) | | | | | |
| $n$ | $a_0$ | $a_1$ | $a_2$ | $a_3$ | $a_4$ |
| 1 | 1.0024 | | | | |
| 2 | 0.7080 | 0.6449 | | | |
| 3 | 0.2506 | 0.9284 | 0.5972 | | |
| 4 | 0.1770 | 0.4048 | 1.1691 | 0.5816 | |
| 5 | 0.0626 | 0.4080 | 0.5489 | 1.4150 | 0.5744 |

## Sallen-Key 放大器

14.12 节曾介绍过基于运放实现的二重极点的滤波器电路,采用了两个运放的级联,每一级电路如图 14.39(a)所示,其传输函数为

$$\mathbf{H(s)}=\frac{(1/R_1C_f)^2}{\mathbf{s}^2+2/R_fC_f\mathbf{s}+(1/R_fC_f)^2} \quad [38]$$

若要想提高这一基本滤波器的性能,则图 15.50 所示的 Sallen-Key 电路将是一个不错的选择,这是一个低通滤波器。用节点分析法分析电路,并定义同相放大器的增益 $G$ 为

$$G\equiv\frac{R_A+R_B}{R_B} \quad [39]$$

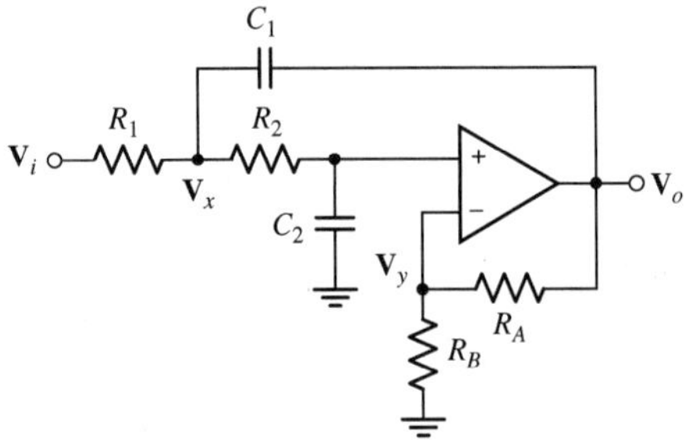


图 15.50 低通 Sallen-Key 滤波器电路原理图

由分压关系得到 $\mathbf{V}_y=\mathbf{V}_x\dfrac{1}{1+R_2C_2\mathbf{s}}$ [40]

写出节点方程

$$0=\frac{\mathbf{V}_x-\mathbf{V}_i}{R_1}+\frac{\mathbf{V}_x-\mathbf{V}_y}{R_2}+\frac{\mathbf{V}_x-\mathbf{V}_o}{1/sC_1} \quad [41]$$

将式[39]和式[40]代入式[41],并进行几步代数运算,可得放大器传输函数的表达式为

$$\frac{\mathbf{V}_o}{\mathbf{V}_i}=\frac{G/R_1R_2C_1C_2}{\mathbf{s}^2+\left[\dfrac{1}{R_1C_1}+\dfrac{1}{R_2C_1}+\dfrac{1-G}{R_2C_2}\right]\mathbf{s}+\dfrac{1}{R_1R_2C_1C_2}} \quad [42]$$

注意表 15.2 中的系数表示的滤波器截止频率是 1 rad/s,所以完成设计之前应采用 15.7 节介绍的缩放规则。现在来设计一个二阶巴特沃思低通滤波器。

**例 15.15** 设计一个二阶巴特沃思低通滤波器,增益为 4,截止频率为 1400 rad/s。

**解:** 首先选择图 15.50 所示的 Sallen-Key 放大器,为简单起见,选择 $R_1=R_2=R$, $C_1=C_2=C$。对二阶巴特沃思滤波器,查表 15.2,得到的多项式为

$$\mathbf{s}^2 + 1.4142\mathbf{s} + 1$$

与式[42]比较

$$RC = 1$$

和

$$\frac{2}{RC} + \frac{1-G}{RC} = 1.414$$

因此

$$G = \frac{R_A + R_B}{R_B} = 1.586$$

首先确定增益网络中两个电阻的值(无须缩放)，任意选择 $R_B = 1\ \text{k}\Omega$，因此 $R_A = 586\ \Omega$。

接着，若选择 $C = 1$ F，则 $R = 1\ \Omega$，这两个值都不是常用数值，因此若选 $C' = 1\ \mu\text{F}$，$R$ 就要乘以缩放因子 $10^6$。频率同样要缩放至 1400 rad/s，即

$$10^{-6}\ \text{F} = \frac{1\ \text{F}}{k_m k_f} = \frac{1\ \text{F}}{1400\ k_m}$$

其中，$k_m = 714\ \Omega$，所以 $R' = k_m R = 714\ \Omega$。

略显不足的是这样的设计无法实现，因为放大器还有一个增益限制条件，1.586 或4 dB，题目要求的增益设计参数是 4 dB 或 12 dB，所以只能采取后接同相放大器的方法，也就是将我们设计的电路输出端接到图 6.7(a)所示的同相放大器输入端，并选择 $R_1 = 1\ \text{k}\Omega$(输出级)，$R_f = 1.52\ \text{k}\Omega$ 来完成设计。

## 练习

15.20　设计一个二阶巴特沃思低通滤波器，增益为 10 dB，截止频率为 1000 Hz。

答案：两级电路，图 15.20 所示电路的输出端接至同相放大器的输入端，元件值为：$C_1 = C_2 = 1\ \mu\text{F}$，$R_1 = R_2 = 159\ \Omega$，$R_A = 586\ \Omega$，$R_B = 1\ \text{k}\Omega$(第 1 级)和 $R_1 = 1\ \text{k}\Omega$，$R_f = 994\ \Omega$(第 2 级)。

设计基于 Sallen-Key 电路的高通滤波器与低通滤波器的设计类似，唯一需要修改的是将 $C_1$，$C_2$ 与 $R_1$，$R_2$ 交换，其余电路不变。利用节点分析法，并设 $R_1 = R_2 = R$，$C_1 = C_2 = C$，得到

$$a_0 = \frac{1}{R^2C^2} \qquad [43]$$

和

$$a_1 = \frac{3-G}{RC} \qquad [44]$$

与低通系统得到的系数相同。

高阶滤波器可以通过级联多个运放来实现。例如，奇数(即 3，5 …)阶的巴特沃思滤波器只需要增加一个额外的 $\mathbf{s} = -1$ 的极点。也就是说，三阶巴特沃思滤波器可以用 Sallen-Key 提供的传输函数的分母多项式：

$$(\mathbf{s}+1)\overline{)\mathbf{s}^3 + 2\mathbf{s}^2 + 2\mathbf{s} + 1}\quad\text{商}\ \mathbf{s}^2 + \mathbf{s} + 1$$

或

$$\mathbf{D}(\mathbf{s}) = \mathbf{s}^2 + \mathbf{s} + 1 \qquad [45]$$

和增加的一级运放电路，比如图 14.39(a)得到的$(\mathbf{s}+1)$项共同组合而成。

**例 15.16**　设计一个三阶巴特沃思低通滤波器，电压增益为 4，转角频率为 2000 rad/s。

**解**：从选择图 15.50 所示的 Sallen-Key 电路开始。为简单起见，设 $R_1 = R_2 = R, C_1 = C_2 = C$。再增加一级图 14.39(a)所示的电路，以得到所需的第 3 个极点。基本的电路设计如图 15.51 所示。

比较式[43]、式[44]和式[45]，我们的设计必须保证：

$$1 = \frac{1}{R^2C^2}$$

和

$$1 = \frac{3-G}{RC}$$

因此，$RC=1$，$G=4$。如果选择 $R_A=3\ \text{k}\Omega$，则 $R_B=1\ \text{k}\Omega$。当设计频率要求为2000 rad/s 时，后续工作就是对参数进行缩放，但是缩放对直流增益而言不是必需的，因为它只是两个电阻的比值。

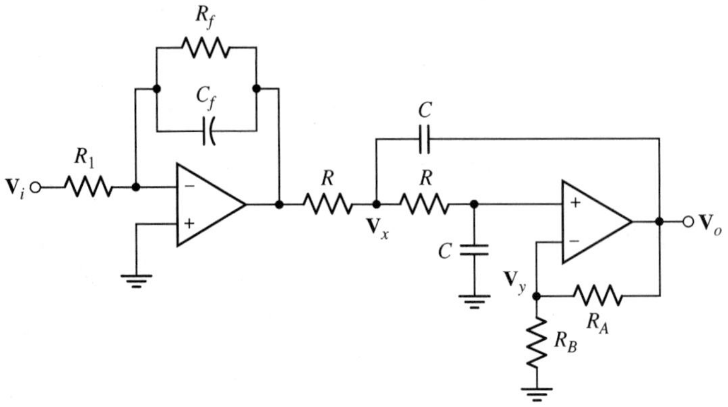


图 15.51 三阶巴特沃思低通滤波器电路，元件参数待定

最初的设计是 $R=1\ \Omega$，$C=1$ F，自动满足 $RC=1$，这两个参数值的元件都容易得到，所以我们选择一个相对合理的电容值0.1 μF，结合频率缩放因子 $k_f=2000$，得到电阻缩放因子 $k_m=5000$。这样，最终设计的 $R$ 为5 kΩ。

其余所有设计工作是确定前一级运放的 $R_1$，$R_f$ 和 $C_f$ 的值。回想本级的传输函数：

$$-\frac{1/R_1C_f}{\mathbf{s}+(1/R_fC_f)}$$

初始设定 $R_f=1\ \Omega$ 和 $C_f=1$ F 就允许极点的工作频率并不是缩放后题目要求的，因此现在的设计值为 $R_f=5\ \text{k}\Omega$，$C_f=0.1\ \mu\text{F}$。最后要选择的 $R_1$ 电阻值要保证增益为4，Sallen-Key 电路已经做到了这一点，所以 $R_1$ 必须等于 $R_f$，即5 kΩ。

设计切比雪夫滤波器的过程等同于巴特沃思滤波器的设计过程，只是多了一个纹波因子的设计。同样，滤波器不存在3 dB的纹波因子，临界频率是通带内纹波终止处的频率，但是与先前定义的截止频率略有不同。高于二阶的滤波器实现时都会用多个 Sallen-Key 级联而构成偶数阶滤波器，而用增加图14.39(a)所示的一级电路级联上述偶数阶滤波器而构成奇数阶滤波器，因为滤波器还有增益的要求，只含有电阻的运放通常会放在电路的最后一级。

## 总结和复习

本章以谐振特性的讨论开始，虽然读者早就熟悉了此概念——荡秋千的孩子踢一下腿；专业女高音的声音震碎了玻璃杯；驾驶在颠簸路面时速度会明显下降。通过对线性电路的分析，我们发现(或许是惊奇地)用电容和电感组成的网络在同相时(网络在特定频率上呈现纯阻特性)可以选择想要的频率。描述“非谐振”电路响应快速变化的参数是电路的品质因数($Q$)。用电路响应的临界频率来定义品质因数之后，我们介绍了带宽的概念，并从高 $Q(Q>5)$ 值电路中推导出了一系列表达式。虽然串联和并联谐振电路有不同之处，但实际网络其实很难按照串/并联来分类。

滤波器设计是本章最后讨论的内容，在此之前我们还讨论了频率和幅度的缩放概念，这是电路设计中常用的工具。我们还介绍了快速描绘滤波器网络传输函数频率特性伯德图的近似方法。有源和无源滤波器设计从最简单的单电容低通、高通滤波器设计开始，由此可组合成带通滤波器。虽然此类基本滤波器的设计直截了当，但在通带外的特性并不理想。本章以巴特沃思和切比雪夫多项式为例设计滤波器，其中高阶滤波器可以改善通带外的性能，但复杂度随之增加。

下面列出了本章的主要内容，以及相关例题的编号。

- 传输函数描述电路输入/输出之间的关系，它可以用输入电流和电压，以及输出电流和电压之间的不同组合来表示。(例 15.1)
- 伯德图是传输函数的有用的表达方式，其幅度(用 dB 表示)和相位画在以频率为对数刻度的坐标系中。基于极点和零点位置的线性近似法可用于快速确定传输函数的特性。(例 15.2至例 15.5)
- 谐振是指这样一种情况：固定幅度的正弦激励函数在谐振时产生最大的幅度响应。谐振特性可以用品质因数、半功率频率和带宽来定义。(例 15.6 至例 15.10)
- 在高 $Q$ 值电路中，每个半功率频率近似位于离开谐振频率一个“半带宽数”的地方。(例 15.7)
- 串联谐振电路的谐振阻抗很低，而并联谐振电路的谐振阻抗很高。(例 15.6 和例15.8)
- 不符合实际应用的元件值通常会使设计容易进行。对网络的传输函数进行幅度缩放和频率缩放可以得到符合实际情况的元件值。(例 15.11)
- 4 种基本滤波器是：低通滤波器、高通滤波器、带通滤波器和带阻滤波器。(例15.12和例 15.13)
- 无源滤波器由电阻、电容和电感组成，有源滤波器通常由运算放大器或者其他有源元件组成。(例 15.14)
- 基于 Sallen-Key 放大器设计的巴特沃思和切比雪夫滤波器，其增益可以通过在输出端接一级纯电阻运放电路来调节。(例 15.15 和例 15.16)

## 深入阅读

关于不同滤波器的讨论可参考：

J. T. Taylor and Q. Huang, eds., *CRC Handbook of Electrical Filters*. Boca Raton, Fla.: CRC Press, 1997.

下面这本著作是各种有源滤波器电路和设计过程的综合汇编：

D. Lancaster, *Lancaster's Active Filter Cookbook*, 2nd ed. Burlington, Mass.: Newnes, 1996.

下面是对读者而言或许有用的滤波器设计参考书籍：

D. E. Johnson and J. L. Hilburn, *Rapid Practical Design of Active Filters*. New York: John Wiley & Sons, Inc., 1975.

J. V. Wait, L. P. Huelsman and G. A. Korn, *Introduction to Operational Amplifier Theory and Applications*, 2nd ed, New York: McGraw-Hill, 1992.

# 习题

## 15.1 传输函数

1. *RL* 电路如图 15.52 所示。(a) 确定传输函数 $\mathbf{H}(j\omega)=v_{out}/v_{in}$。(b) 若 $R=200\ \Omega$, $L=5$ mH, 绘制传输函数的幅频和相频特性图。(c) 估算 10 kHz 频率处的幅度和相位值。
2. 在图 15.52 所示电路中交换电阻和电感的位置, 则电阻上的电压为输出电压 $v_{out}$。(a) 写出传输函数 $\mathbf{H}(j\omega)=v_{out}/v_{in}$ 的表达式。(b) 若 $R=200\ \Omega$, $L=5$ mH, 绘制传输函数的幅频和相频特性图。(c) 估算 10 kHz 频率处的幅度和相位值。

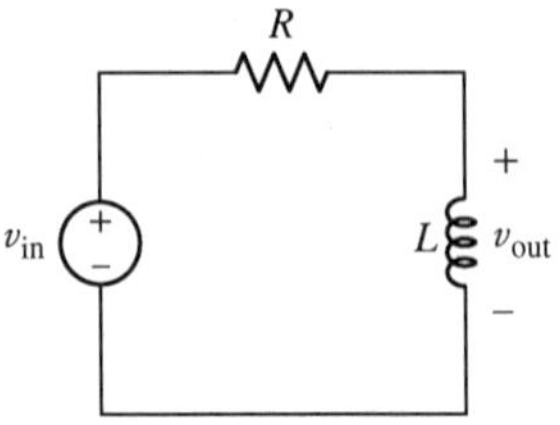


图 15.52

3. *RLC* 电路如图 15.53 所示, 已知 $R=100\ \Omega$, $L=5$ mH, $C=2\ \mu$F。计算下列三种情况下传输函数 $\mathbf{H}(j\omega)=v_{out}/v_{in}$ 在频率为 0, 2 kHz 和∞处的幅度值: (a) $v_{out}=v_R$; (b) $v_{out}=v_L$; (c) $v_{out}=v_C$。
4. 电路如图 15.54 所示。(a) 推导传输函数 $\mathbf{H}(j\omega)=v_{out}/i_{in}$ 的代数表达式, 用电路元件 $R_1$, $R_2$, $C_1$ 和 $C_2$ 表示。(b) 计算幅度 **H** 在频率分别为 100 Hz, 10 kHz 和 1 MHz 处的值, 已知 $R_1=20\ \text{k}\Omega$, $R_2=5\ \text{k}\Omega$, $C_1=10$ nF, $C_2=40$ nF。

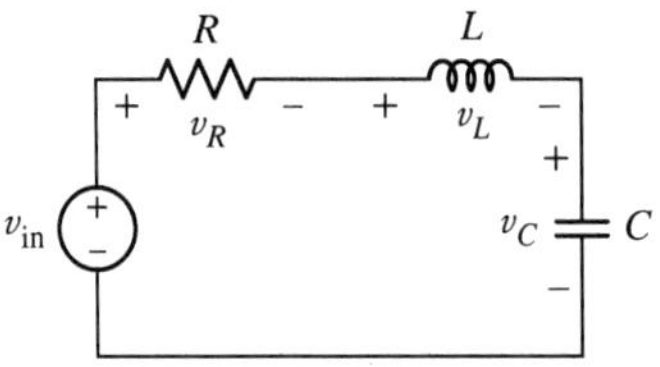


图 15.53

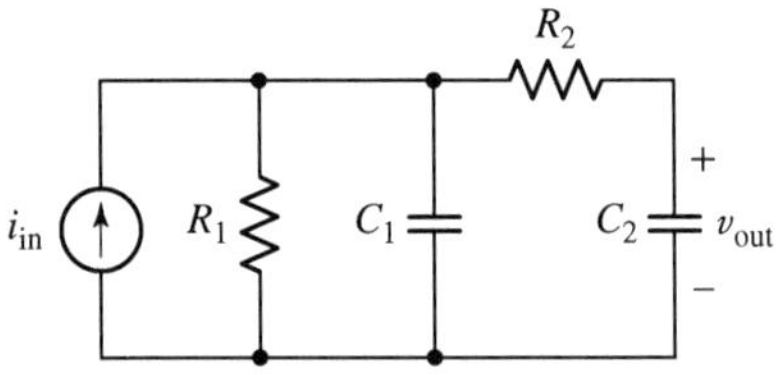


图 15.54

5. 电路如图 15.55 所示。(a) 推导传输函数 $\mathbf{H}(j\omega)=i_{out}/v_{in}$ 的代数表达式, 用电路元件 $R_1$, $R_2$, $L_1$ 和 $L_2$ 表示。(b) 计算 $\mathbf{H}(j\omega)$ 的幅度在频率分别为 10 kHz, 1 MHz 和 100 MHz 处的值, 已知 $R_1=3\ \text{k}\Omega$, $R_2=12\ \text{k}\Omega$, $L_1=5$ mH, $L_2=8$ mH。(c) 定性解释传输函数幅频响应的特点。
6. 电路如图 15.56 所示。(a) 确定传输函数 $\mathbf{H}(j\omega)=v_{out}/v_{in}$, 用电路元件 $R_1$, $R_2$ 和 $C$ 表示。(b) 确定传输函数在 $\omega=0$, $3\times10^4$ rad/s 和 $\omega\to\infty$ 时的幅度和相位值, 其中电路元件参数为 $R_1=500\ \Omega$, $R_2=40\ \text{k}\Omega$, $C=10$ nF。
7. 电路如图 15.57 所示。(a) 确定传输函数 $\mathbf{H}(s)=v_{out}/v_{in}$, 用电路元件 $R_1$, $R_2$, $R_3$, $L_1$ 和 $L_2$ 表示。(b) 确定传输函数在 $\omega=0$, $3\times10^3$ rad/s 和 $\omega\to\infty$ 时的幅度和相位值, 其中电路元件参数为 $R_1=2\ \text{k}\Omega$, $R_2=2\ \text{k}\Omega$, $R_3=20\ \text{k}\Omega$, $L_1=2$ H, $L_2=2$ H。

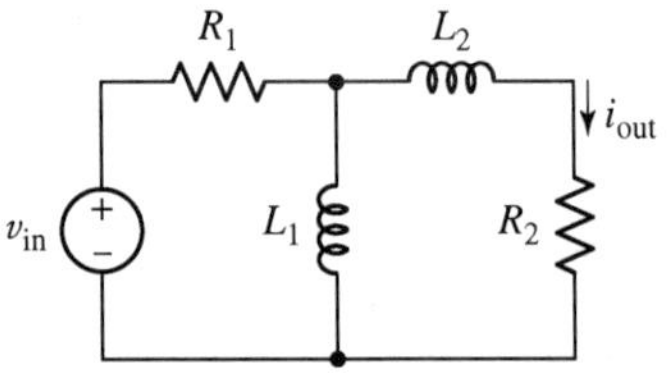


图 15.55

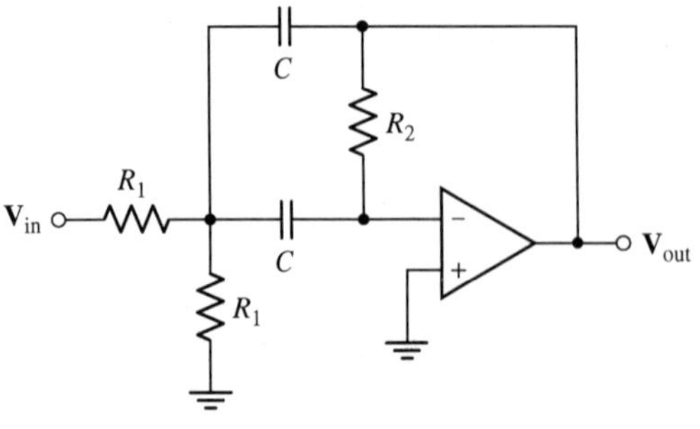


图 15.56

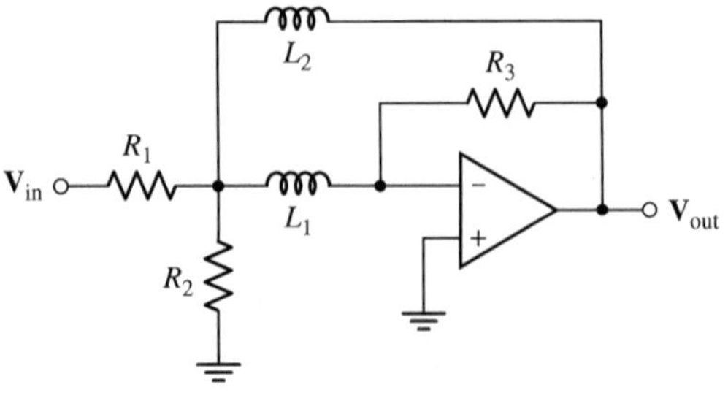


图 15.57

## 15.2 伯德图

8. 画出下列函数的幅度和相位伯德图：(a) $3+4\mathbf{s}$；(b) $1/(3+4\mathbf{s})$。

9. 函数如下所示，画出其幅度和相位伯德图：(a) $25\left(1+\dfrac{\mathbf{s}}{3}\right)(5+\mathbf{s})$；(b) $\dfrac{0.1}{(1+5\mathbf{s})(2+\mathbf{s})}$。

10. 利用伯德图方法画出下列响应的幅度伯德图，并用 MATLAB 仿真对答案进行验证：(a) $3\dfrac{\mathbf{s}}{\mathbf{s}^2+7\mathbf{s}+10}$；(b) $\dfrac{4}{\mathbf{s}^3+7\mathbf{s}^2+12\mathbf{s}}$。

11. 某网络的传输函数 $\mathbf{H}(\mathbf{s})$ 分别由下式描述，利用 MATLAB 画出 $\mathbf{H}(\mathbf{s})$ 的幅度和相位关于频率的曲线：(a) $\dfrac{\mathbf{s}+300}{\mathbf{s}(5\mathbf{s}+8)}$；(b) $\dfrac{\mathbf{s}(\mathbf{s}^2+7\mathbf{s}+7)}{\mathbf{s}(2\mathbf{s}+4)^2}$。

12. 利用 MATLAB 画出下列传输函数的幅度和相位伯德图：(a) $\dfrac{\mathbf{s}+1}{\mathbf{s}(\mathbf{s}+2)^2}$；(b) $5\dfrac{\mathbf{s}^2+\mathbf{s}}{\mathbf{s}+2}$。

13. 确定下列传输函数的幅度伯德图，并与 MATLAB 仿真结果进行比对：(a) $\mathbf{s}^2+0.2\mathbf{s}+1$；(b) $\left(\dfrac{\mathbf{s}}{4}\right)^2+0.1\left(\dfrac{\mathbf{s}}{4}\right)+1$。

14. 确定下列函数的幅度和相位伯德图：(a) $\dfrac{3+0.1\mathbf{s}+\mathbf{s}^2/3}{\mathbf{s}^2+1}$；(b) $2\dfrac{\mathbf{s}^2+9\mathbf{s}+20}{\mathbf{s}^2(\mathbf{s}+1)^3}$。

15. 串联 $RLC$ 电路如图 15.53 所示，传输函数 $\mathbf{H}(\mathbf{s})=v_C/v_{in}$ 可以写成以下形式：

$$\mathbf{H}(\mathbf{s})=\frac{1}{1+2\zeta\left(\dfrac{\mathbf{s}}{\omega_0}\right)+\left(\dfrac{\mathbf{s}}{\omega_0}\right)^2}$$

(a) 求用元件参数 $R$，$L$ 和 $C$ 表示的 $\zeta$ 和 $\omega_0$。(b) $R=50\ \Omega$ 为固定值，选择 $L$ 和 $C$ 的值，使得 $\omega_0=2\times10^3$ rad/s，而 $\zeta$ 分别等于 0.1，0.5 和 1。(c) 利用 MATLAB 画出(b)中三种情况下的幅度伯德图。

16. 重复习题 15 对串联 $RLC$ 电路的分析，其中传输函数 $\mathbf{H}(\mathbf{s})=v_L/v_{in}$。(a) 确定新的传输函数的形式，用 $\zeta$ 和 $\omega_0$ 表示，且这两个参数均与电路元件 $R$，$L$ 和 $C$ 有关。(b) 假设 $R=100\ \Omega$ 为固定值，选择 $L$ 和 $C$ 的值，使得 $\omega_0=5\times10^3$ rad/s，而 $\zeta$ 分别等于 0.1，0.5 和 1。(c) 利用 MATLAB 画出(b)中 3 种情况下的幅度伯德图。

17. 电路如图 15.56 所示，绘制传输函数 $\mathbf{H}(\mathbf{s})=v_{out}/v_{in}$ 的幅度和相位伯德图，电路元件值为 $R_1=500\ \Omega$，$R_2=40\ \mathrm{k}\Omega$，$C_1=10$ nF。

18. 电路如图 15.57 所示，绘制传输函数 $\mathbf{H}(\mathbf{s})=v_{out}/v_{in}$ 的幅度和相位伯德图，电路元件值为 $R_1=R_2=2\ \mathrm{k}\Omega$，$R_3=20\ \mathrm{k}\Omega$，$L_1=L_2=2$ H。

19. 电路如图 15.54 所示，利用 LTspice 绘制频率响应的伯德图，已知 $R_1=20\ \mathrm{k}\Omega$，$R_2=5\ \mathrm{k}\Omega$，$C_1=10$ nF，$C_2=40$ nF。利用伯德图估计极点和零点的位置。

20. 电路如图 15.55 所示，利用 LTspice 绘制频率响应的伯德图，已知 $R_1=3\ \mathrm{k}\Omega$，$R_2=12\ \mathrm{k}\Omega$，$L_1=5$ mH，$L_2=8$ mH。利用伯德图估计极点和零点的位置。

## 15.3 并联谐振

21. 计算简单并联 $RLC$ 网络的 $Q_0$ 和 $\zeta$，分别设：(a) $R=1\ \mathrm{k}\Omega$，$C=10$ mF，$L=1$ H；(b) $R=1\ \Omega$，$C=10$ mF，$L=1$ H；(c) $R=1\ \mathrm{k}\Omega$，$C=1$ F，$L=1$ H；(d) $R=1\ \Omega$，$C=1$ F，$L=1$ H。

22. 假设并联 $RLC$ 电路的 $L=50$ mH，$C=33$ mF，如果 $Q_0=10$，确定电阻 $R$ 的值，并画出稳态时阻抗幅度关于频率的曲线，频率范围为 $2\ \text{rad/s}<\omega<40\ \text{rad/s}$。

23. 并联 $RLC$ 电路由 $R=5\ \Omega$，$L=100$ mH 和 $C=1$ mF 组成。(a) 计算 $Q_0$；(b) 确定阻抗幅度下降到最大值的 90% 时所对应的频率。

24. 确定图 15.58 所示网络的稳态输入阻抗表达式和阻抗幅度取得最大值时的频率。

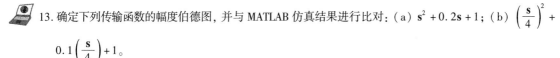

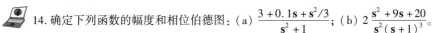

25. 画出图 15.58 所示电路的导纳幅度关于频率(对数坐标)的曲线，频率范围为 $0.01\omega_0 < \omega_0 < 100\omega_0$，并确定网络的谐振频率和带宽。

26. 去掉图 15.58 所示电路中的 2 Ω 电阻，确定：(a) 谐振时的输入阻抗幅度；(b) 谐振频率。

27. 去掉图 15.58 所示电路中的 1 Ω 电阻，确定：(a) 谐振时的输入阻抗幅度；(b) 谐振频率。

28. 变容二极管是一种半导体器件，其电容量随加在器件上的偏置电压而改变，品质因数可表示为①

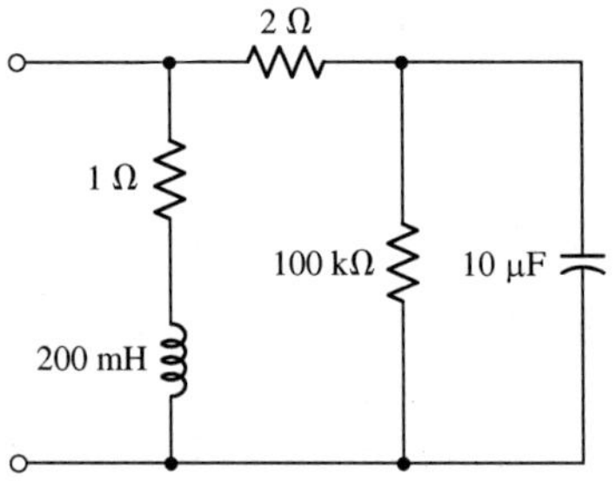


图 15.58

$$Q \approx \frac{\omega C_J R_P}{1+\omega^2 C_J^2 R_P R_S}$$

其中，$C_J$ 是极电容(它与加在器件上的电压相关)，$R_S$ 是器件的串联电阻，$R_p$ 是等效的并联电阻。(a) 如果电压 $V = 1.5$ V 时的 $C_J = 3.77$ pF，$R_p = 1.5$ MΩ，$R_S = 2.8$ Ω，画出品质因数关于频率 $\omega$ 的曲线。(b) 写出 $Q$ 的表达式，并求 $\omega_0$ 和 $Q_{max}$。

## 15.4 带宽和高 $Q$ 值电路

29. 电路如图 15.17 所示，元件参数为 $L = 1$ mH，$C = 100$ μF。如果 $Q_0 = 15$，确定带宽并估算在下列频率点上的输入阻抗的幅度和相角。(a) 3162 rad/s；(b) 3000 rad/s；(c) 3200 rad/s；(d) 2000 rad/s。

30. 并联 $RLC$ 谐振电路的电感为 5 mH，确定其余元件参数，使得 $Q_0 = 6.5$，$\omega_0 = 1000$ rad/s，并估算在下列频率点上输入阻抗的幅度值：(a) 500 rad/s；(b) 750 rad/s；(c) 900 rad/s；(d) 1100 rad/s。(e) 画出估算值和精确值所对应的曲线，频率坐标取线性(rad/s)。

31. 并联 $RLC$ 谐振电路的电感为 200 μH，确定其余元件参数，使得 $Q_0 = 8$，$\omega_0 = 5000$ rad/s，并估算在下列频率点上输入阻抗的相角：(a) 2000 rad/s；(b) 3000 rad/s；(c) 4000 rad/s；(d) 4500 rad/s。(e) 画出估算值和精确值所对应的曲线，频率坐标取线性(rad/s)。

32. 确定图 15.59 所示响应曲线的带宽。

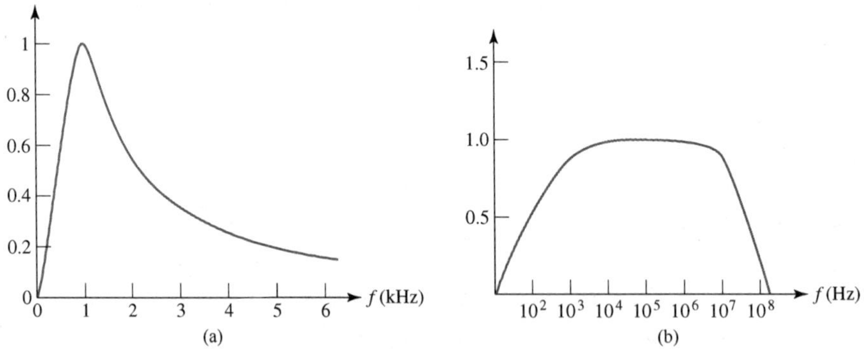


图 15.59

33. 并联 $RLC$ 电路的阻抗幅度特性曲线如图 15.60 所示。(a) 确定电阻值。(b) 如果电感值为 1 H，确定电容值。(c) 确定带宽值，$Q_0$ 和上、下半功率频率。

## 15.5 串联谐振

34. 串联谐振电路与一个电压源 $v_s$ 相串联，电路元件参数为 $R = 100$ Ω，$L = 1.5$ mH，如果 $Q_0 = 7$，确定：(a) 频率为 500 Mrad/s 时的阻抗幅度。(b) 电压源 $v_s = 2.5\cos(425\times10^6 t)$ V 时电路中流过的电流。

35. 串联 $RLC$ 电路如习题 34 所述，调整电阻值，使得 $Q_0$ 降到 5。(a) 估算下列频率点上阻抗的相角：90 krad/s，

① S. M. Sze, *Physics of Semiconductor Devices*, 2ed. New York: Wiley, 1981, p. 116.

100 krad/s, 110 krad/s；(b) 求出估算值与精确值之间的百分比误差。

36. *RLC* 电路的元件值为 $R=5\ \Omega$, $L=20$ mH, $C=1$ mF。分别计算下列连接方式下的 $Q_0$、带宽和对应 $0.95\omega_0$的阻抗幅度值。(a) 并联连接；(b) 串联连接；(c) 用 LTspice 仿真对答案进行验证。

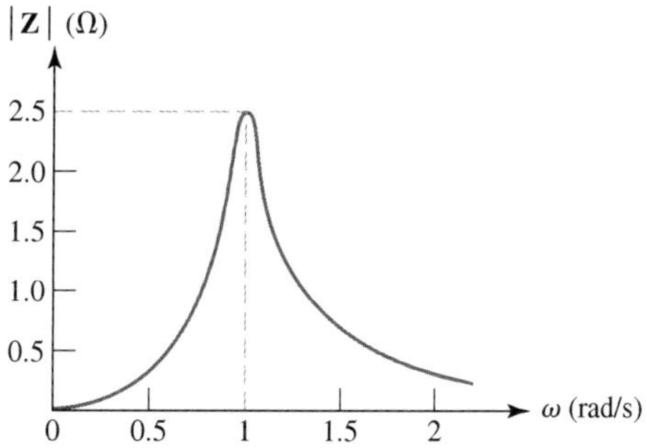


图 15.60

37. 观察图 15.61 所示的电路，注意电压源的幅度。若这是实验室实际搭建的电路，现在请决定是否想把双手接在电容的两端？画出 $|\mathbf{V}_C|$对频率的曲线，对答案进行验证。

38. 推导图 15.62 所示电路的 $\mathbf{Z}_{in}(\mathbf{s})$，求(a) $\omega_0$；(b) $Q_0$。

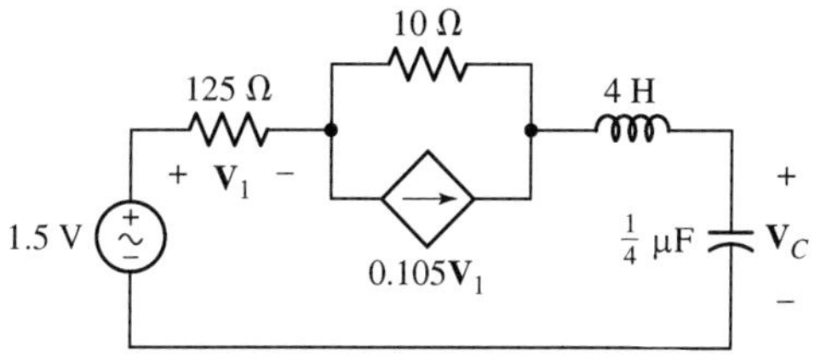


图 15.61

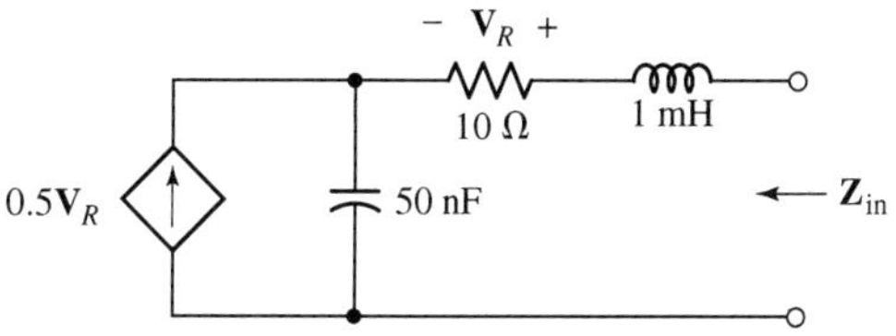


图 15.62

## 15.6　其他谐振形式

39. 网络如图 15.25(a)所示，$R_1=100\ \Omega$，$R_2=150\ \Omega$，$L=30$ mH，确定电容 $C$ 的值，使得 $\omega_0=750$ rad/s，计算下列频率点上的阻抗幅度：(a) $R_1=0$ 的电路谐振频率；(b) 700 rad/s；(c) 800 rad/s。

40. 假设工作频率为 200 rad/s，并联网络由 500 Ω 电阻和下列电抗组成：(a) 1.5 μF 电容；(b) 200 mH 电感，分别求其串联等效网络。

41. 假设工作频率为 40 rad/s 或 80 rad/s，串联网络由 2 Ω 电阻和下列电抗组成：(a) 100 mF 电容；(b) 3 mH 电感，分别求其并联等效网络。

42. 网络如图 15.63 所示，确定谐振频率和相应的阻抗值 $|\mathbf{Z}_{in}|$。

43. 电路如图 15.64 所示，电压源幅度为 1 V，相角为 0°，确定谐振频率 $\omega_0$和 $0.95\omega_0$处的电压 $\mathbf{V}_x$。

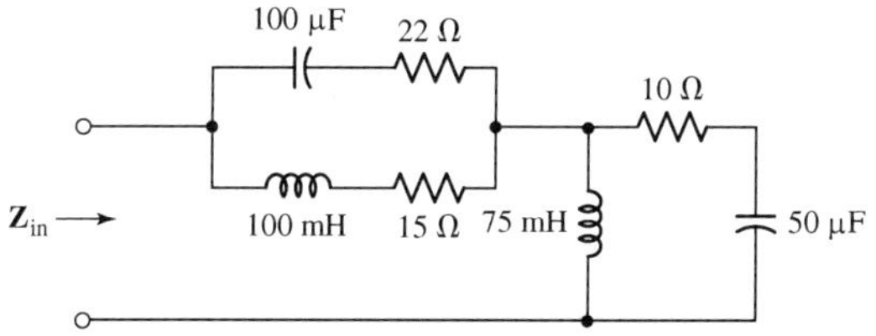


图 15.63

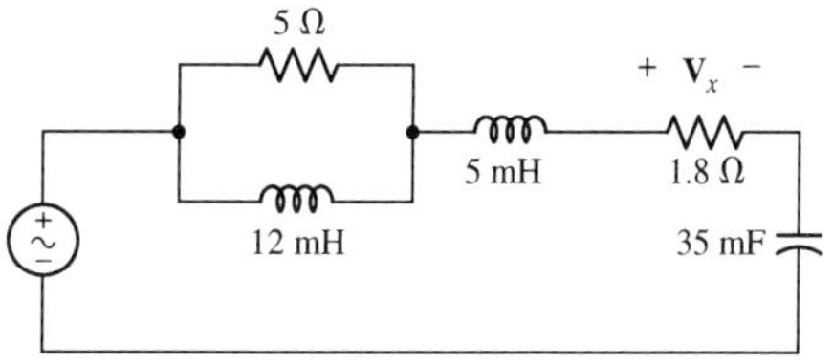


图 15.64

## 15.7　缩放

44. 并联 *RLC* 电路由 $R=1\ \Omega$，$C=3$ F，$L=1/3$ H 组成。确定满足下列情况的元件值：(a) 谐振频率为200 kHz；(b) 阻抗的峰值是 500 kΩ；(c) 谐振频率为 750 kHz，且谐振时的阻抗幅度等于 25 Ω。

45. 串联 *RLC* 电路由 $R=1\ \Omega$，$C=5$ F，$L=1/5$ H 组成。确定满足下列情况的元件值：(a) 谐振频率为 430 Hz；(b) 阻抗的峰值是 100 Ω；(c) 谐振频率为 75 kHz，且谐振时的阻抗幅度等于 15 kΩ。

46. 按照 $K_m=200$ 和 $K_f=700$ 对图 15.65 所示网络进行缩放，并求新网络阻抗 $\mathbf{Z}_{in}(\mathbf{s})$的表达式。

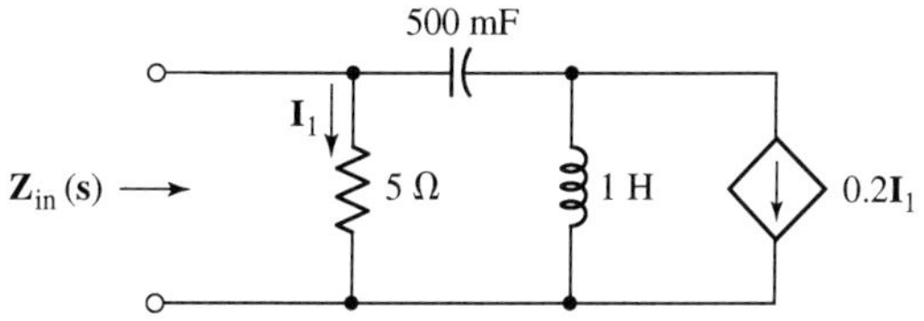


图 15.65

47. 图 15.66(a)所示滤波器的响应曲线如图 15.66(b)所

示。(a) 对该滤波器进行缩放，使得截止频率为20 kHz，电源内阻为 50 Ω，负载电阻也是 50 Ω；(b) 画出新的响应曲线。

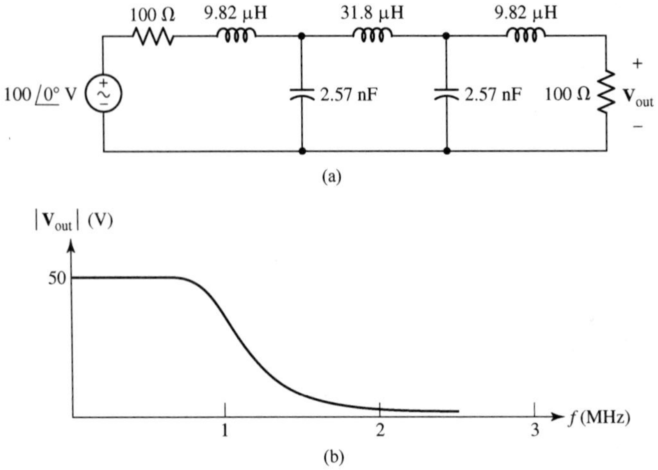


图 15.66

48. (a) 画出图 15.67 所示网络经过 $K_m = 250$ 和 $K_f = 400$ 缩放后的电路。(b) 求缩放后的网络工作在 $\omega = 1$ krad/s时的戴维南等效。

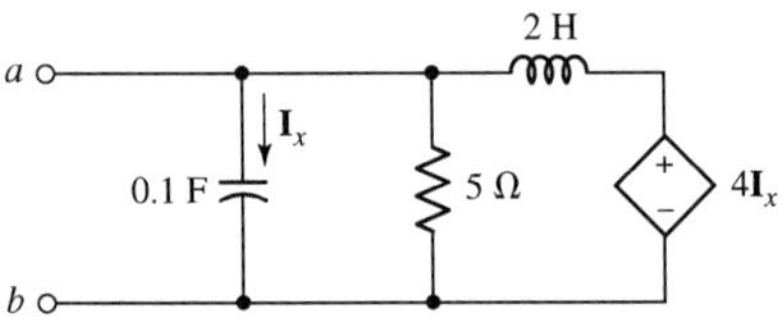


图 15.67

## 15.8 简单滤波器设计

49. 分析图 15.68 所示的滤波器电路。(a) 无须对电路进行完整数学分析，确定滤波器的类型。(b) 确定传输函数 $\mathbf{H}(\mathbf{s}) = v_{out}/v_{in}$ 的表达式。(c) 利用 MATLAB 绘制伯德图(频率用 Hz 表示)，已知 $R_1 = R_2 = 50$ Ω，$C_1 = 50$ nF，$C_2 = 225$ nF，$L_1 = 563$ μH，$L_2 = 125$ μH。

50. 分析图 15.69 所示的滤波器电路。(a) 无须对电路进行完整数学分析，确定滤波器的类型。(b) 确定传输函数 $\mathbf{H}(\mathbf{s}) = v_{out}/v_{in}$ 的表达式。(c) 利用 MATLAB 绘制伯德图(频率用 Hz 表示)，已知 $R_1 = R_2 = 10$ kΩ，$C_1 = 159$ nF，$C_2 = 1.59$ nF。

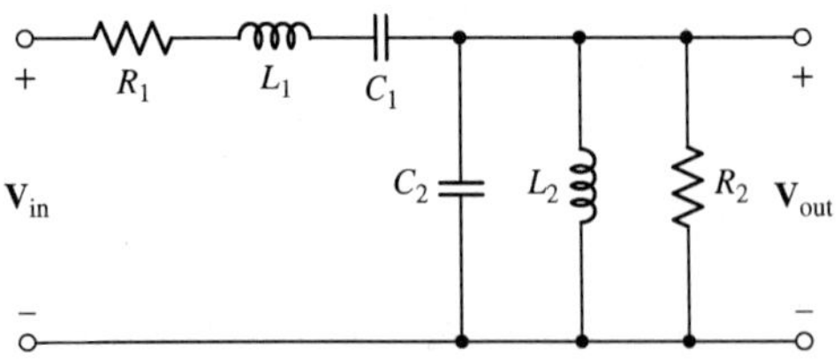


图 15.68

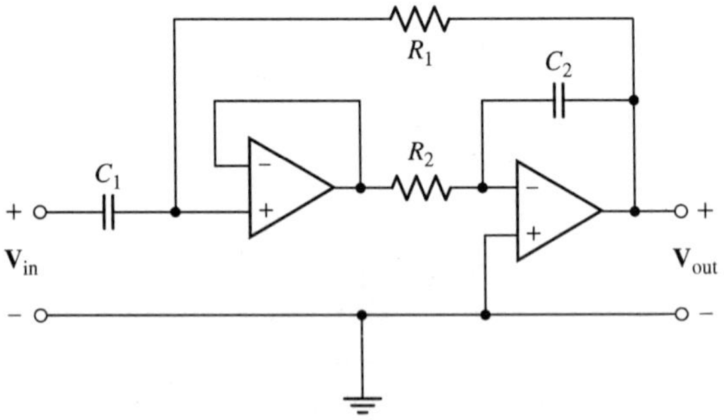


图 15.69

51. (a) 设计一个转角频率为 100 rad/s 的高通滤波器。(b) 用 LTspice 仿真结果对答案进行验证。

52. (a) 设计一个低通滤波器，要求其截止频率为 1450 rad/s；(b) 画出设计结果对应的幅度和相位伯德图；(c) 用合适的仿真结果对滤波器性能进行验证。

53. (a) 设计一个带通滤波器，要求带宽为 1000 rad/s，低频截止频率为 250 Hz。(b) 用 LTspice 仿真结果对答案进行验证。

54. 设计一个陷波滤波器，要求能够滤除 60 Hz 的信号，它对图 15.41 所示电路中电感–电容串联组合输出端上的信号而言是“噪声”。

55. 设计一个低通滤波器，要求其电压增益为 25 dB，转角频率为 5000 rad/s。

56. 设计一个高通滤波器，要求其电压增益为 30 dB，转角频率为 50 rad/s。

57. 图 15.70 所示电路是一个陷波滤波器，用于滤除范围很窄的频率信号(例如不需要的谐振)。(a) 确定该电路的传输函数；(b) 画出滤波器的幅度伯德图；(c) 确定陷波滤波器的中心频率，以及中心频率处幅度下降的值(用 dB 表示)。

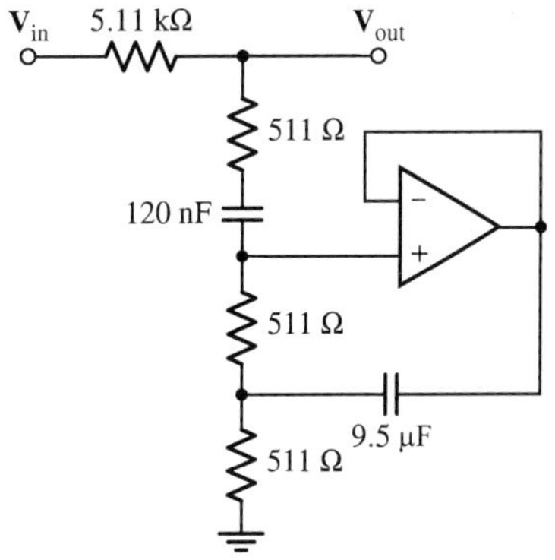


图 15.70

58. (a) 设计一个二级运放滤波器电路，要求带宽为 1000 rad/s，低频截止频率为 100 rad/s，电压增益为 20 dB。(b) 用 LTspice 仿真结果对答案进行验证。

59. 设计一个滤波器电路，要求能够滤除整个音频段(对人耳而言，在 20 Hz ~ 20 kHz 之间)的信号，但对剩余频率的信号能够放大 15 倍。

## 15.9　高阶滤波器设计

60. 图 15.71 所示电路是低通巴特沃思滤波器，其特点是具有极其平坦的通带。(a) 确定传输函数 $\mathbf{H}(\mathbf{s}) = \mathbf{V}_{out}(s)/\mathbf{V}_{in}(s)$；(b) 画出幅度伯德图，频率为 Hz 而不是 rad/s；(c) 确定截止频率，以及滤波器的衰减特性(用 dB/十倍频程表示)。

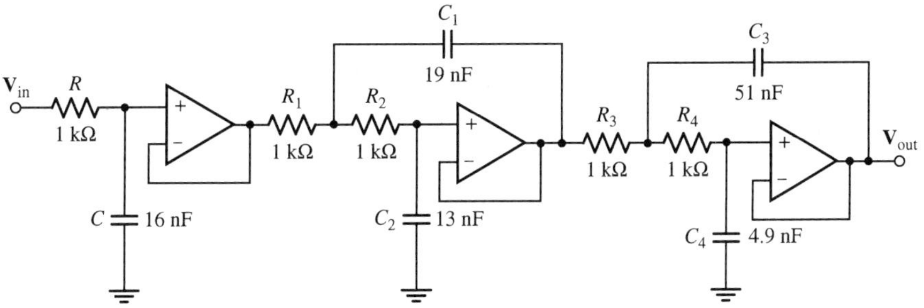


图 15.71

61. 设计一个电压增益为 5 dB、截止频率为 1700 kHz 的二阶低通滤波器，基于以下电路结构：(a) 巴特沃思多项式；(b) 切比雪夫多项式，且纹波因子为 3 dB。

62. 一个高通滤波器要求具有 6 dB 的增益和 350 Hz 的截止频率，请基于巴特沃思方案设计一个合适的二阶滤波器电路。

63. (a) 设计一个二阶高通巴特沃思滤波器，要求截止频率为 2000 Hz，增益为 4.5 dB。(b) 用合适的仿真结果对答案进行验证。

64. (a) 设计一个三阶低通巴特沃思滤波器，要求电压增益为 13 dB，截止频率为 1800 Hz。(b) 用切比雪夫多项式重复设计上述参数描述的滤波器，并与巴特沃思滤波器响应特性进行比较。

65. 设计一个四阶高通巴特沃思滤波器，要求最小增益为 15 dB，转角频率为 1100 rad/s。

66. 对式[36]描述的电路，选择合适的元件参数，使得转角频率为 450 rad/s，并将其性能与二阶巴特沃思滤波器进行比较。

67. (a) 设计一个 Sallen-Key 低通滤波器，要求转角频率为 10 kHz，$Q = 0.5$。(b) 利用 LTspice 对电路进行频率响应的仿真。

68. (a) 设计一个 Sallen-Key 低通滤波器，要求转角频率为 2 kHz，$Q=0.5$。(b) 利用 LTspice 对电路进行频率响应的仿真。

## 综合题

69. 压电传感器的等效电路如图 15.72 所示。确定(a) 传输函数 $\mathbf{H}(\mathbf{s})=\mathbf{V}_{out}(s)/\mathbf{V}_{in}(s)$；(b) 画出频率响应(伯德图)曲线，已知 $C_e=100$ nF，$C_0=200$ nF，$L_m=20$ μH，$R_i=50$ kΩ；(c) 评估传感器能够检测的信号的近似频率范围。

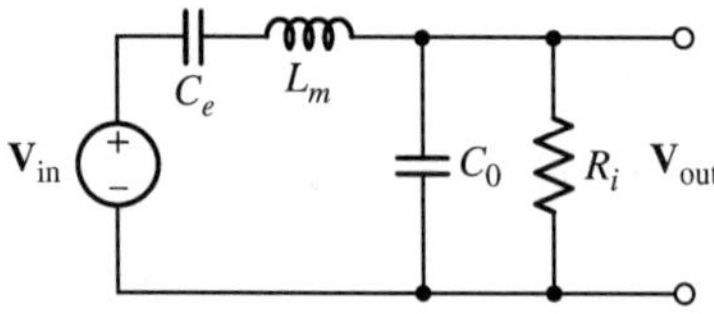


图 15.72

70. 给调幅收音机设计一个并联谐振电路，采用可变电感器进行调谐，调谐范围覆盖调幅中波波段，即 535 Hz ~ 1605 kHz，电路在波段一端的 $Q_0=45$，波段其余频率上的 $Q_0\leqslant 45$。设 $R=20$ kΩ，确定电容 $C$，电感的 $L_{min}$ 和 $L_{max}$ 值。

71. 图 15.72 所示网络可以用一个低通滤波器来实现，其转角频率为 1250 rad/s。它的性能在以下两个方面是不足的：(a) 电压增益至少需要 2 dB；(b) 输出电压的幅度在阻带内衰减不迅速。如果只能再用一个运放和两个 1 μF 电容，请重新设计一个性能更好的电路。

72. 确定例 15.15 中元件的冗余度带来的影响，已知每个元件都有 10% 的标准偏差。

73. 设计一个滤波器电路，要求能够助听 100 Hz 和 18 kHz 音频带的信号，且满足以下的要求：电路对音频带以外的信号衰减至少要达到 20 dB/十倍频程。为了降低传输到输出端的功率，电路在音频带内至少要能提供 60 dB 以上的增益，另外电路还要能额外提供 900 Hz ~ 18 kHz 范围内 12 dB 的增益，以补偿对高音频的选择性听力损失。利用 LTspice 绘制最终的频率响应曲线。

74. 参考 15.8 节描述的低音、高音和中音调节电路。以此为起点，设计一个完整的均衡器电路，包括调节中音的带通滤波器。设计完成后，利用 LTspice(显示每一个滤波器的输出以及加法器的输出)分别对下列情况下的频率响应进行仿真：(a) 所有滤波器为最大值输出；(b) 低音为最大值输出，中音和高音为 50% 输出；(c) 中音为最大值输出，低音和高音为 50% 输出；(d) 高音为最大值输出，低音和中音为 50% 输出。

# 第 16 章　二端口网络

## 主要概念

- 单端口网络和二端口网络
- 导纳(**Y**)参数
- 阻抗(**Z**)参数
- 混合(**h**)参数
- 传输(**t**)参数
- **y** 参数、**z** 参数、**h** 参数和 **t** 参数之间的转换方法
- 利用网络参数进行电路分析

## 引言

一般网络包括两对端子，一对称为“输入端”，另一对称为“输出端”，这是电子系统、通信系统、自动控制系统、传输和分配系统以及其他许多系统中非常重要的结构单元。在这些系统中，电子信号或者能量从输入端进入，经过网络的作用后，由输出端输出。输出端可以和下一个网络的输入端相连。在第 5 章学习戴维南和诺顿等效电路的时候，我们已经知道并不总是需要了解电路的每一部分的工作细节，本章将把这个概念延伸到线性网络，利用得到的网络参数预测网络与网络之间是如何相互作用的。

## 16.1　单端口网络

如果信号进入或者离开网络的一对端子，这对端子就称为**端口**。只有一个端子对的网络称为单端口网络，或者简称为**单端口**。由于不能与单端口内部的任何其他节点进行连接，因此对于图 16.1(a)所示的单端口，显然有 $i_a=i_b$。如果一个网络有不止一个端子对，这样的网络就称为**多端口网络**。图 16.1(b)所示的是本章重点介绍的二端口网络。二端口网络每个端口的两个端子上的电流必须相等，因此对于图 16.1(b)所示的二端口网络，有 $i_a=i_b$ 以及 $i_c=i_d$。如果要使用本章介绍的方法，则必须将电源和负载直接连在端口的两个端子上。换句话说，每个端口只能连接一个单端口网络或者其他多端口网络的一个端口。例如，不能将任何设备连接到图 16.1(b)所示二端口网络的 $a$ 端子和 $c$ 端子之间。如果一定要分析这样的电路，则可以使用一般的回路分析和节点分析方法。

使用附录 2 介绍的通用网络符号和缩写术语，可以非常方便地分析单端口和二端口网络。因此可以列出一个无源网络的回路方程组：

$$
\begin{aligned}
\mathbf{Z}_{11}\mathbf{I}_1+\mathbf{Z}_{12}\mathbf{I}_2+\mathbf{Z}_{13}\mathbf{I}_3+\cdots+\mathbf{Z}_{1N}\mathbf{I}_N&=\mathbf{V}_1\\
\mathbf{Z}_{21}\mathbf{I}_1+\mathbf{Z}_{22}\mathbf{I}_2+\mathbf{Z}_{23}\mathbf{I}_3+\cdots+\mathbf{Z}_{2N}\mathbf{I}_N&=\mathbf{V}_2\\
\mathbf{Z}_{31}\mathbf{I}_1+\mathbf{Z}_{32}\mathbf{I}_2+\mathbf{Z}_{33}\mathbf{I}_3+\cdots+\mathbf{Z}_{3N}\mathbf{I}_N&=\mathbf{V}_3\\
&\ \vdots\\
\mathbf{Z}_{N1}\mathbf{I}_1+\mathbf{Z}_{N2}\mathbf{I}_2+\mathbf{Z}_{N3}\mathbf{I}_3+\cdots+\mathbf{Z}_{NN}\mathbf{I}_N&=\mathbf{V}_N
\end{aligned}
\qquad [1]
$$

可见，每个电流的系数是阻抗 $\mathbf{Z}_{ij}(\mathbf{s})$，而电路的行列式(或者说系数行列式)为

$$\Delta_{\mathbf{Z}} = \begin{vmatrix} \mathbf{Z}_{11} & \mathbf{Z}_{12} & \mathbf{Z}_{13} & \cdots & \mathbf{Z}_{1N} \\ \mathbf{Z}_{21} & \mathbf{Z}_{22} & \mathbf{Z}_{23} & \cdots & \mathbf{Z}_{2N} \\ \mathbf{Z}_{31} & \mathbf{Z}_{32} & \mathbf{Z}_{33} & \cdots & \mathbf{Z}_{3N} \\ \vdots & \vdots & \vdots & \vdots & \vdots \\ \mathbf{Z}_{N1} & \mathbf{Z}_{N2} & \mathbf{Z}_{N3} & \cdots & \mathbf{Z}_{NN} \end{vmatrix} \qquad [2]$$

上式中假设回路的个数为 $N$，在每个方程中电流按下标顺序排列，而方程的顺序与电流的顺序一致。我们同时也假定在方程组中运用了基尔霍夫电压定律，因此每个 $\mathbf{Z}_{ii}$ 项($\mathbf{Z}_{11}$，$\mathbf{Z}_{22}$，…，$\mathbf{Z}_{NN}$)的符号为正，而 $\mathbf{Z}_{ij}(i\neq j)$ 项的符号可正可负，具体取决于 $\mathbf{I}_i$ 和 $\mathbf{I}_j$ 的指定参考方向。

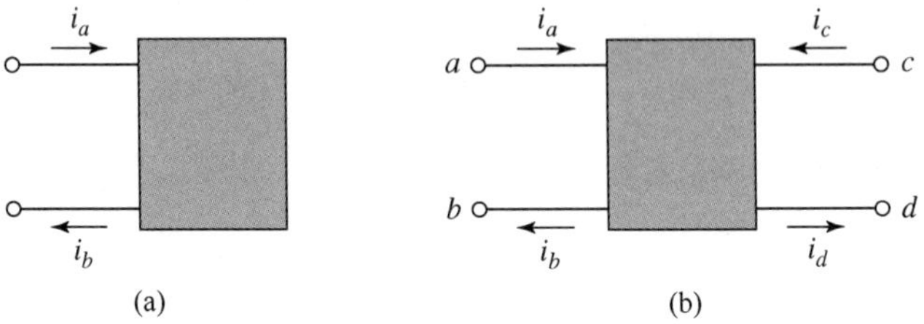


图 16.1 (a) 单端口网络；(b) 二端口网络允许连接 $a$ 与 $b$ 或 $c$ 与 $d$，若需要连接 $a$ 与 $c$，则应采用其他的分析方法

如果网络中有受控源，那么回路方程中的系数可以不全是电阻或阻抗。即使这样，我们仍将电路的行列式记为 $\Delta_{\mathbf{Z}}$。

使用附录 2 中的子行列式符号，可以使单端口网络输入阻抗或者策动点阻抗的表达式更为简练。如果二端口网络的一个端口通过一个无源阻抗连接起来(包括开路和短路的情况)，则上述结果也可以应用到二端口网络中。

假设图 16.2 所示的单端口网络完全由无源元件和受控源组成，同时假设它是线性的。一个理想电压源 $\mathbf{V}_1$ 接在端口处，电压源的电流在回路 1 中标出。应用克拉默法则：

$$\mathbf{I}_1 = \frac{\begin{vmatrix} \mathbf{V}_1 & \mathbf{Z}_{12} & \mathbf{Z}_{13} & \cdots & \mathbf{Z}_{1N} \\ 0 & \mathbf{Z}_{22} & \mathbf{Z}_{23} & \cdots & \mathbf{Z}_{2N} \\ 0 & \mathbf{Z}_{32} & \mathbf{Z}_{33} & \cdots & \mathbf{Z}_{3N} \\ \vdots & \vdots & \vdots & \vdots & \vdots \\ 0 & \mathbf{Z}_{N2} & \mathbf{Z}_{N3} & \cdots & \mathbf{Z}_{NN} \end{vmatrix}}{\begin{vmatrix} \mathbf{Z}_{11} & \mathbf{Z}_{12} & \mathbf{Z}_{13} & \cdots & \mathbf{Z}_{1N} \\ \mathbf{Z}_{21} & \mathbf{Z}_{22} & \mathbf{Z}_{23} & \cdots & \mathbf{Z}_{2N} \\ \mathbf{Z}_{31} & \mathbf{Z}_{32} & \mathbf{Z}_{33} & \cdots & \mathbf{Z}_{3N} \\ \vdots & \vdots & \vdots & \vdots & \vdots \\ \mathbf{Z}_{N1} & \mathbf{Z}_{N2} & \mathbf{Z}_{N3} & \cdots & \mathbf{Z}_{NN} \end{vmatrix}}$$

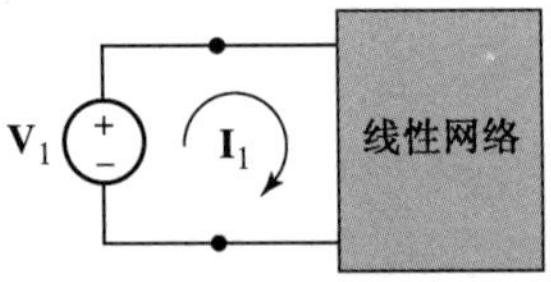


图 16.2 理想电压源 $\mathbf{V}_1$ 与不含独立源的线性单端口网络相连接，$\mathbf{Z}_{\text{in}} = \Delta_{\mathbf{Z}}/\Delta_{11}$

或者，可以更为简洁地表示为

$$\mathbf{I}_1 = \frac{\mathbf{V}_1\Delta_{11}}{\Delta_{\mathbf{Z}}}$$

因此，

$$\mathbf{Z}_{\text{in}} = \frac{\mathbf{V}_1}{\mathbf{I}_1} = \frac{\Delta_{\mathbf{Z}}}{\Delta_{11}} \qquad [3]$$

说明：克拉默法则可参阅附录 2。

**例 16.1**　计算图 16.3 所示单端口电阻性网络的输入阻抗。

**解**：首先指定如图 16.3 所示的网孔电流，并且通过观察写出相应的网孔方程：

$$\begin{aligned}\mathbf{V}_1 &= 10\mathbf{I}_1 - 10\mathbf{I}_2\\ 0 &= -10\mathbf{I}_1 + 17\mathbf{I}_2 - 2\mathbf{I}_3 - 5\mathbf{I}_4\\ 0 &= \quad - 2\mathbf{I}_2 + 7\mathbf{I}_3 - \mathbf{I}_4\\ 0 &= \quad - 5\mathbf{I}_2 - \mathbf{I}_3 + 26\mathbf{I}_4\end{aligned}$$

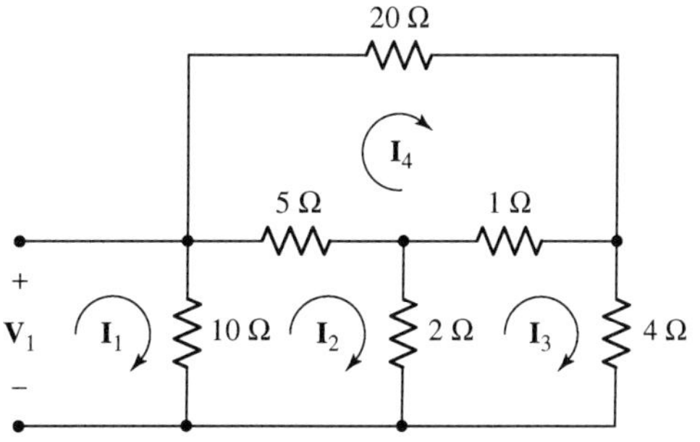


图 16.3　只含有电阻的单端口网络的例子

可以得到电路的行列式为

$$\Delta_\mathbf{Z} = \begin{vmatrix} 10 & -10 & 0 & 0\\ -10 & 17 & -2 & -5\\ 0 & -2 & 7 & -1\\ 0 & -5 & -1 & 26\end{vmatrix}$$

该行列式的值为 9680 $\Omega^4$。除去第一行和第一列

$$\Delta_{11} = \begin{vmatrix} 17 & -2 & -5\\ -2 & 7 & -1\\ -5 & -1 & 26\end{vmatrix} = 2778\ \Omega^3$$

因此，由式[3]可以求出输入阻抗为

$$\mathbf{Z}_{\text{in}} = \frac{9680}{2778} = 3.485\ \Omega$$

## 练习

16.1　将图 16.4 所示的网络在下列端点处断开，使其形成单端口网络，分别求出网络的输入阻抗：(a) $a$ 和 $a'$；(b) $b$ 和 $b'$；(c) $c$ 和 $c'$。

答案：(a) 9.47 Ω；(b) 10.63 Ω；(c) 7.58 Ω。

**例 16.2**　求出图 16.5 所示网络的输入阻抗。

**解**：首先可以列出含有 4 个网孔电流的 4 个网孔方程：

$$\begin{aligned}10\mathbf{I}_1 - 10\mathbf{I}_2 \qquad\qquad\qquad &= \mathbf{V}_1\\ -10\mathbf{I}_1 + 17\mathbf{I}_2 - 2\mathbf{I}_3 - 5\mathbf{I}_4 &= 0\\ - 2\mathbf{I}_2 + 7\mathbf{I}_3 - \mathbf{I}_4 &= 0\end{aligned}$$

以及

$$\mathbf{I}_4 = -0.5\mathbf{I}_a = -0.5(\mathbf{I}_4 - \mathbf{I}_3)$$

或

$$-0.5\mathbf{I}_3 + 1.5\mathbf{I}_4 = 0$$

因此可以写出

$$\Delta_\mathbf{Z} = \begin{vmatrix} 10 & -10 & 0 & 0\\ -10 & 17 & -2 & -5\\ 0 & -2 & 7 & -1\\ 0 & 0 & -0.5 & 1.5\end{vmatrix} = 590\ \Omega^4$$

而

$$\Delta_{11} = \begin{vmatrix} 17 & -2 & -5\\ -2 & 7 & -1\\ 0 & -0.5 & 1.5\end{vmatrix} = 159\ \Omega^3$$

于是得到

$$\mathbf{Z}_{\text{in}} = \frac{590}{159} = 3.711\ \Omega$$

同样可以采用熟悉的节点方程，得到输入导纳：

$$\mathbf{Y}_{\text{in}} = \frac{1}{\mathbf{Z}_{\text{in}}} = \frac{\Delta_{\mathbf{Y}}}{\Delta_{11}}$$

其中 $\Delta_{11}$ 表示 $\Delta_{\mathbf{Y}}$ 的子行列式。

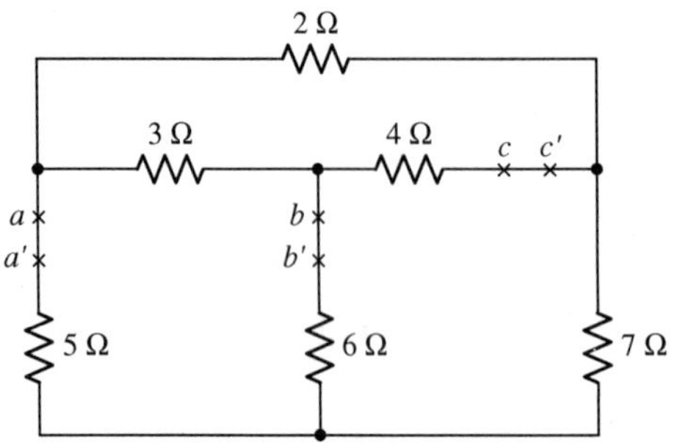


图 16.4

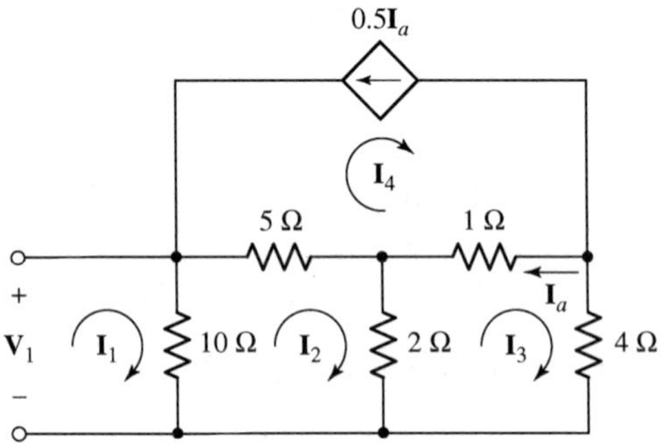


图 16.5 包含受控源的单端口网络

## 练习

16.2 列出图 16.6 所示电路的节点方程组，计算 $\Delta_{\mathbf{Y}}$，然后分别计算从以下两点看进去的输入导纳：(a) 节点 1 和参考节点；(b) 节点 2 和参考节点。

答案：(a) 10.68 S；(b) 13.16 S。

**例 16.3** 再次使用式[4]求图 16.7(即图 16.3)所示网络的输入阻抗。

**解**：首先，在图 16.7 所示的电路中，从左到右依次设定节点电压为 $\mathbf{V}_1$，$\mathbf{V}_2$ 和 $\mathbf{V}_3$，并且取底部的节点为参考节点，然后可以列出系统的导纳矩阵为

$$\Delta_{\mathbf{Y}} = \begin{vmatrix} 0.35 & -0.2 & -0.05 \\ -0.2 & 1.7 & -1 \\ -0.05 & -1 & 1.3 \end{vmatrix} = 0.3473\ \text{S}^3$$

$$\Delta_{11} = \begin{vmatrix} 1.7 & -1 \\ -1 & 1.3 \end{vmatrix} = 1.21\ \text{S}^2$$

因此有

$$\mathbf{Y}_{\text{in}} = \frac{0.3473}{1.21} = 0.2870\ \text{S}$$

相应地可得

$$\mathbf{Z}_{\text{in}} = \frac{1}{0.287} = 3.484\ \Omega$$

这一结果在舍入误差允许的范围内与前面求得的结果一致(在计算过程中只保留 4 位小数)。

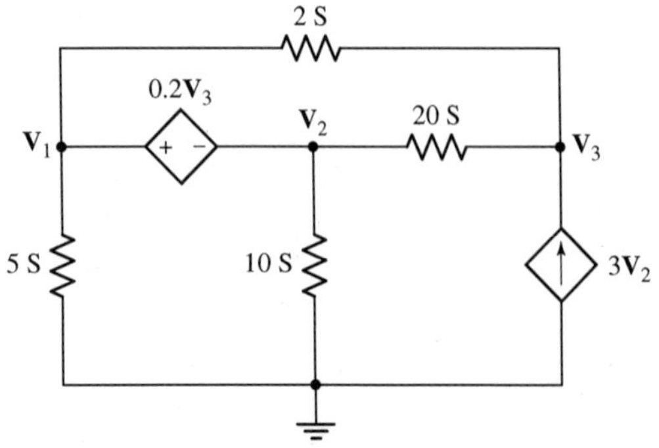


图 16.6

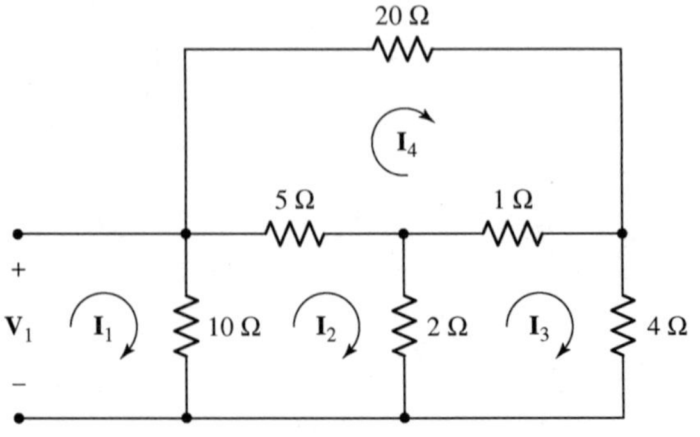


图 16.7 与例 16.1 中的电路相同

本章后面的习题 9 和习题 10 给出了由运放构成的单端口网络的例子。这些习题说明可以从只含有电阻的无源元件中得到负电阻，也可以由电阻和电容来模拟电感。

## 16.2　导纳参数

现在将注意力转移到二端口网络上。假设后面讨论的所有网络均由线性元件组成，并且不含有独立源，但可以含有受控源。对于一些特殊的情况，还将对网络给出进一步的限定条件。

考虑图 16.8 所示的二端口网络，输入端的电压和电流为 $\mathbf{V}_1$ 和 $\mathbf{I}_1$，输出端的电压和电流为 $\mathbf{V}_2$ 和 $\mathbf{I}_2$。上端导线的电流 $\mathbf{I}_1$ 和 $\mathbf{I}_2$ 的方向通常取为流入网络的方向（下端导线的电流方向则取为流出网络的方向）。因为该网络是线性的并且不包含任何独立源，所以 $\mathbf{I}_1$ 可以看成两个分量的叠加，其中一个由 $\mathbf{V}_1$ 引起，另一个由 $\mathbf{V}_2$ 引起。同样可以由两个分量的叠加得到 $\mathbf{I}_2$，于是可以得到下面的方程组：

$$\mathbf{I}_1 = \mathbf{y}_{11}\mathbf{V}_1 + \mathbf{y}_{12}\mathbf{V}_2 \qquad [5]$$

$$\mathbf{I}_2 = \mathbf{y}_{21}\mathbf{V}_1 + \mathbf{y}_{22}\mathbf{V}_2 \qquad [6]$$

其中，$\mathbf{y}$ 只是常数，或者目前为止还是未知系数。但是，必须清楚它们的量纲一定是 A/V 或 S。因此，它们被称为 $\mathbf{y}$（或导纳）参数，并由式[5]和式[6]给出其定义。

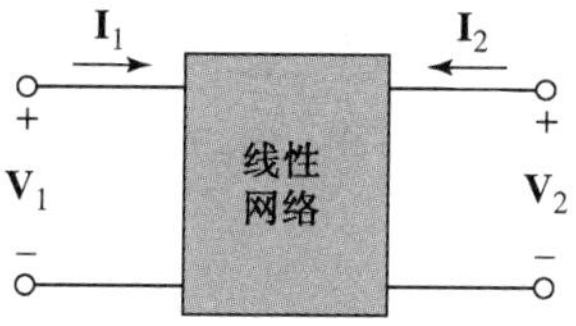


图 16.8　标出了端口电压和电流的一般二端口网络模型，该二端口网络由线性元件组成，可能含有受控源，但不含任何独立源

$\mathbf{y}$ 参数以及本章后续将定义的其他参数用矩阵表示更简洁。定义(2 × 1)的列矩阵 $\mathbf{I}$ 为

$$\mathbf{I} = \begin{bmatrix} \mathbf{I}_1 \\ \mathbf{I}_2 \end{bmatrix} \qquad [7]$$

(2 × 2)的 $\mathbf{y}$ 参数方阵为

$$\mathbf{y} = \begin{bmatrix} \mathbf{y}_{11} & \mathbf{y}_{12} \\ \mathbf{y}_{21} & \mathbf{y}_{22} \end{bmatrix} \qquad [8]$$

(2 × 1)的列矩阵 $\mathbf{V}$ 为

$$\mathbf{V} = \begin{bmatrix} \mathbf{V}_1 \\ \mathbf{V}_2 \end{bmatrix} \qquad [9]$$

于是，可以写出矩阵方程 $\mathbf{I} = \mathbf{yV}$，或者写为

$$\begin{bmatrix} \mathbf{I}_1 \\ \mathbf{I}_2 \end{bmatrix} = \begin{bmatrix} \mathbf{y}_{11} & \mathbf{y}_{12} \\ \mathbf{y}_{21} & \mathbf{y}_{22} \end{bmatrix} \begin{bmatrix} \mathbf{V}_1 \\ \mathbf{V}_2 \end{bmatrix}$$

说明：本书用来表示矩阵的符号是标准的，但也可能容易和前面表示向量或者一般复数量的符号相混淆。但是根据上下文，应该可以清楚地知道这些符号所代表的物理意义。

将上式右边的两个矩阵相乘，得到等价形式为

$$\begin{bmatrix} \mathbf{I}_1 \\ \mathbf{I}_2 \end{bmatrix} = \begin{bmatrix} \mathbf{y}_{11}\mathbf{V}_1 + \mathbf{y}_{12}\mathbf{V}_2 \\ \mathbf{y}_{21}\mathbf{V}_1 + \mathbf{y}_{22}\mathbf{V}_2 \end{bmatrix}$$

上述两个(2×1)的列矩阵必须相等，即各对应元素必须相等，因此得到定义式[5]和式[6]。

直接观察式[5]和式[6]是理解 **y** 参数物理意义的最有用的非正式方法。例如，在式[5]中，如果令 $\mathbf{V}_2=0$，则可以看到 $\mathbf{y}_{11}$ 是 $\mathbf{I}_1$ 与 $\mathbf{V}_1$ 的比值，因此可以将 $\mathbf{y}_{11}$ 看成输出端短路($\mathbf{V}_2=0$)时在输入端测得的导纳。因为很容易做到将输出端短路，所以将 $\mathbf{y}_{11}$ 形象地称为短路导纳。另外，也可以将 $\mathbf{y}_{11}$ 理解为输出端短路时，输入端所测得的阻抗的倒数，但是用导纳来描述显然更直接一些。其实参数的名称并不重要，重要的是式[5]和式[6]应满足的条件以及网络应满足的条件。当加到网络的条件确定以后，可以通过电路分析(或者对实际电路进行实验)直接得到这些参数。令 $\mathbf{V}_1=0$(输入端短路)或者 $\mathbf{V}_2=0$(输出端短路)，可以将每个 **y** 参数表示为电流和电压之比的形式。

$$\mathbf{y}_{11}=\left.\frac{\mathbf{I}_1}{\mathbf{V}_1}\right|_{\mathbf{V}_2=0} \qquad [10]$$

$$\mathbf{y}_{12}=\left.\frac{\mathbf{I}_1}{\mathbf{V}_2}\right|_{\mathbf{V}_1=0} \qquad [11]$$

$$\mathbf{y}_{21}=\left.\frac{\mathbf{I}_2}{\mathbf{V}_1}\right|_{\mathbf{V}_2=0} \qquad [12]$$

$$\mathbf{y}_{22}=\left.\frac{\mathbf{I}_2}{\mathbf{V}_2}\right|_{\mathbf{V}_1=0} \qquad [13]$$

因为每个参数均是通过将输出端或者输入端短路后得到的导纳，所以也将 **y** 参数称为**短路导纳参数**。其中 $\mathbf{y}_{11}$ 的具体名称是**短路输入导纳**，$\mathbf{y}_{22}$ 的具体名称是**短路输出导纳**，$\mathbf{y}_{12}$ 和 $\mathbf{y}_{21}$ 的具体名称是**短路转移导纳**。

**例 16.4** 求图 16.9 所示的电阻性二端口网络的 4 个短路导纳参数。

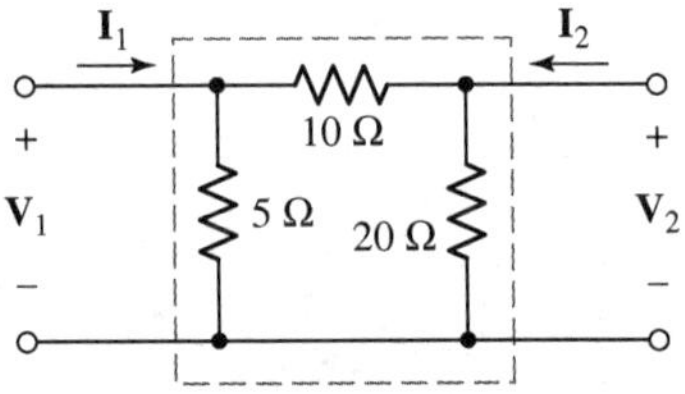


图 16.9 一个电阻性二端口网络

**解：** 运用式[10]至式[13]很容易求得所需的参数，这些公式可以直接从定义式[5]和式[6]得到。为了求出 $\mathbf{y}_{11}$，将输出端短路并求出 $\mathbf{I}_1$ 和 $\mathbf{V}_1$ 的比值。即令 $\mathbf{V}_1=1$ V，那么 $\mathbf{y}_{11}=i_1$。观察图 16.9，显然可以求得当输入端电压为 1 V 且输出端短路时，输入电流为(1/5+1/10)，即 0.3 A。因此，

$$\mathbf{y}_{11}=0.3\ \mathrm{S}$$

为了求出 $\mathbf{y}_{12}$，将输入端短路并在输出端接上 1 V 电压，这时，输入电流流过短路线且有 $\mathbf{I}_1=-1/10$ A。因此，

$$\mathbf{y}_{12}=-0.1\ \mathrm{S}$$

采用类似的方法，可得 $\mathbf{y}_{21}=-0.1\ \mathrm{S} \qquad \mathbf{y}_{22}=0.15\ \mathrm{S}$

因此，描述该二端口网络的导纳参数形式的方程为

$$\mathbf{I}_1 = 0.3\mathbf{V}_1-0.1\mathbf{V}_2 \qquad [14]$$

$$\mathbf{I}_2 = -0.1\mathbf{V}_1+0.15\mathbf{V}_2 \qquad [15]$$

和

$$\mathbf{y}=\begin{bmatrix}0.3 & -0.1\\ -0.1 & 0.15\end{bmatrix} \quad \text{(单位都是S)}$$

由此可以看出，没有必要通过式[10]至式[13]逐个求解这些参数，可以一次性地把它们全部求解出来(看下一个例题)。

**例 16.5**　在图 16.9 所示的网络中指定节点电压 $\mathbf{V}_1$ 和 $\mathbf{V}_2$，并用它们表示电流 $\mathbf{I}_1$ 和 $\mathbf{I}_2$。

**解**：已知：

$$\mathbf{I}_1 = \frac{\mathbf{V}_1}{5} + \frac{\mathbf{V}_1 - \mathbf{V}_2}{10} = 0.3\mathbf{V}_1 - 0.1\mathbf{V}_2$$

以及

$$\mathbf{I}_2 = \frac{\mathbf{V}_2 - \mathbf{V}_1}{10} + \frac{\mathbf{V}_2}{20} = -0.1\mathbf{V}_1 + 0.15\mathbf{V}_2$$

以上两个公式与式[14]和式[15]是相同的，可以从中直接得出 4 个 $\mathbf{y}$ 参数。

## 练习

16.3　电路如图 16.10 所示，通过适当地添加 1 V 电压源和短路线，计算：(a) $\mathbf{y}_{11}$；(b) $\mathbf{y}_{21}$；(c) $\mathbf{y}_{22}$；(d) $\mathbf{y}_{12}$。

答案：(a) 0.1192 S；(b) −0.1115 S；(c) 0.1269 S；(d) −0.1115 S。

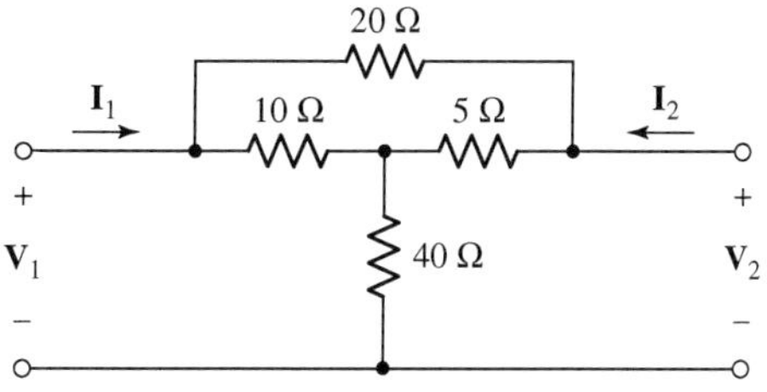


图 16.10

一般来说，当只需要确定一个参数时，使用式[10]、式[11]、式[12]或式[13]会简单一些。但是如果需要确定所有的参数，则更简单的方法是设定输入和输出节点的电压为 $\mathbf{V}_1$ 和 $\mathbf{V}_2$，并且设定其他内部节点相对于参考节点的内部节点电压，然后求出一般解。

为了说明如何应用上述方程组，现在分别在两个端口接上一个单端口网络。考虑例 16.4 所示的二端口网络，现重画在图 16.11 中。将该二端口网络的输入端接上一个实际电流源，输出端与一个电阻性负载相连接。这时，$\mathbf{V}_1$ 和 $\mathbf{I}_1$ 之间必然存在与该二端口网络无关的某种关系，而这个关系可以只根据外部电路求出。如果将基尔霍夫电流定律（或者列出一个节点方程）应用于输入端，则有

$$\mathbf{I}_1 = 15 - 0.1\mathbf{V}_1$$

对于输出端，由欧姆定律可得

$$\mathbf{I}_2 = -0.25\mathbf{V}_2$$

将式[14]和式[15]中的 $\mathbf{I}_1$ 和 $\mathbf{I}_2$ 的表达式代入，可得

$$15 = 0.4\mathbf{V}_1 - 0.1\mathbf{V}_2$$
$$0 = -0.1\mathbf{V}_1 + 0.4\mathbf{V}_2$$

从而得到

$$\mathbf{V}_1 = 40\ \text{V}, \quad \mathbf{V}_2 = 10\ \text{V}$$

同样，可以很容易地得到输入和输出电流：

$$\mathbf{I}_1 = 11\ \text{A}, \quad \mathbf{I}_2 = -2.5\ \text{A}$$

因此便可知道这个电阻性二端口网络完整的端口特性。

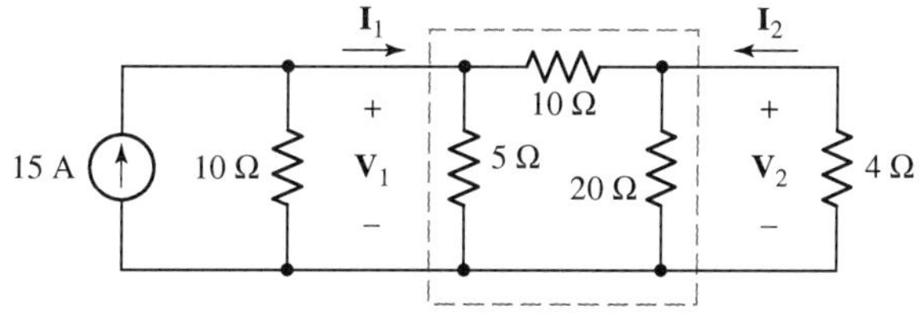


图 16.11　将图 16.9 所示的电阻性二端口网络的两端分别接上单端口网络

对于这样一个简单的例子，并不能很明显地看出二端口网络分析的优点，但是很显然，对于

一个更复杂的二端口网络，可以通过 **y** 参数很容易地得到不同端口条件下的网络响应。因为这时只需将输入端口的 $\mathbf{V}_1$ 和 $\mathbf{I}_1$ 联系起来，同时将输出端口的 $\mathbf{V}_2$ 和 $\mathbf{I}_2$ 联系起来即可。

由前面例题中的结果可以看出，$\mathbf{y}_{12}$和 $\mathbf{y}_{21}$均等于 -0.1 S。对于由 3 个一般的阻抗元件 $\mathbf{Z}_A$，$\mathbf{Z}_B$ 和 $\mathbf{Z}_C$ 组成的 Π 形网络，证明它们相同并不困难。但是对于一般的电路，推导出 $\mathbf{y}_{12}=\mathbf{y}_{21}$的充分条件比较困难，不过可以借助行列式符号来推导。下面将看到能否用阻抗的行列式及其子行列式来表示式[10]至式[13]所示的关系。

因为这里只关心二端口网络，而不关注其所连接的网络，因此可以用两个理想电压源来代表 $\mathbf{V}_1$ 和 $\mathbf{V}_2$。令 $\mathbf{V}_2=0$(即，将输出端短路)并求出输入阻抗，可以得到式[10]。这时，原网络变为一个单端口网络，而单端口网络输入阻抗的求解已经在 16.1 节中进行了介绍。选取回路 **1**，使之包含输入端，并令 $\mathbf{I}_1$ 为该回路的电流，令($-\mathbf{I}_2$)为回路 2 的电流，可以用任何合适的符号表示其他的回路电流。因此，

$$\mathbf{Z}_{\text{in}}\big|_{\mathbf{V}_2=0}=\frac{\Delta_\mathbf{Z}}{\Delta_{11}}$$

从而得出

$$\mathbf{y}_{11}=\frac{\Delta_{11}}{\Delta_\mathbf{Z}}$$

同样，

$$\mathbf{y}_{22}=\frac{\Delta_{22}}{\Delta_\mathbf{Z}}$$

为了求出 $\mathbf{y}_{12}$，令 $\mathbf{V}_1=0$ 并且将 $\mathbf{I}_1$ 表示成 $\mathbf{V}_2$ 的函数。于是 $\mathbf{I}_1$ 可以表示为下面的比值形式：

$$\mathbf{I}_1=\frac{\begin{vmatrix} 0 & \mathbf{Z}_{12} & \cdots & \mathbf{Z}_{1N} \\ -\mathbf{V}_2 & \mathbf{Z}_{22} & \cdots & \mathbf{Z}_{2N} \\ 0 & \mathbf{Z}_{32} & \cdots & \mathbf{Z}_{3N} \\ \vdots & \vdots & \vdots & \vdots \\ 0 & \mathbf{Z}_{N2} & \cdots & \mathbf{Z}_{NN} \end{vmatrix}}{\begin{vmatrix} \mathbf{Z}_{11} & \mathbf{Z}_{12} & \cdots & \mathbf{Z}_{1N} \\ \mathbf{Z}_{21} & \mathbf{Z}_{22} & \cdots & \mathbf{Z}_{2N} \\ \mathbf{Z}_{31} & \mathbf{Z}_{32} & \cdots & \mathbf{Z}_{3N} \\ \vdots & \vdots & \vdots & \vdots \\ \mathbf{Z}_{N1} & \mathbf{Z}_{N2} & \cdots & \mathbf{Z}_{NN} \end{vmatrix}}$$

因此，

$$\mathbf{I}_1=-\frac{(-\mathbf{V}_2)\Delta_{21}}{\Delta_\mathbf{Z}}$$

且

$$\mathbf{y}_{12}=\frac{\Delta_{21}}{\Delta_\mathbf{Z}}$$

运用类似的方法，可以证明

$$\mathbf{y}_{21}=\frac{\Delta_{12}}{\Delta_\mathbf{Z}}$$

可以看出，$\mathbf{y}_{12}$和 $\mathbf{y}_{21}$是否相等取决于 $\Delta_\mathbf{Z}$ 的两个子行列式 $\Delta_{12}$和 $\Delta_{21}$是否相等。这两个子行列式分别为

$$\Delta_{21}=\begin{vmatrix} \mathbf{Z}_{12} & \mathbf{Z}_{13} & \mathbf{Z}_{14} & \cdots & \mathbf{Z}_{1N} \\ \mathbf{Z}_{32} & \mathbf{Z}_{33} & \mathbf{Z}_{34} & \cdots & \mathbf{Z}_{3N} \\ \mathbf{Z}_{42} & \mathbf{Z}_{43} & \mathbf{Z}_{44} & \cdots & \mathbf{Z}_{4N} \\ \vdots & \vdots & \vdots & \vdots & \vdots \\ \mathbf{Z}_{N2} & \mathbf{Z}_{N3} & \mathbf{Z}_{N4} & \cdots & \mathbf{Z}_{NN} \end{vmatrix}$$

和
$$\Delta_{12} = \begin{vmatrix} \mathbf{Z}_{21} & \mathbf{Z}_{23} & \mathbf{Z}_{24} & \cdots & \mathbf{Z}_{2N} \\ \mathbf{Z}_{31} & \mathbf{Z}_{33} & \mathbf{Z}_{34} & \cdots & \mathbf{Z}_{3N} \\ \mathbf{Z}_{41} & \mathbf{Z}_{43} & \mathbf{Z}_{44} & \cdots & \mathbf{Z}_{4N} \\ \vdots & \vdots & \vdots & \vdots & \vdots \\ \mathbf{Z}_{N1} & \mathbf{Z}_{N3} & \mathbf{Z}_{N4} & \cdots & \mathbf{Z}_{NN} \end{vmatrix}$$

首先将其中一个子行列式(例如 $\Delta_{21}$)的行和列互换，这样不会改变行列式的值(任何大学代数教材中都能找到相关的证明过程)，然后将每个互阻抗 $\mathbf{Z}_{ij}$ 替换为 $\mathbf{Z}_{ji}$。即，令

$$\mathbf{Z}_{12} = \mathbf{Z}_{21}, \quad \mathbf{Z}_{23} = \mathbf{Z}_{32}, \quad 等等$$

⚠对于 3 种熟悉的无源元件电阻、电容和电感来说，$\mathbf{Z}_{ij}$ 和 $\mathbf{Z}_{ji}$ 显然是相等的，对于互感而言，它们也是相等的。但是，并不是二端口网络中的所有元件都满足这样的关系。尤其值得一提的是，受控源、回转器(回转器是对霍尔效应器件和含有铁氧体的波导进行建模的有用模型)通常就不满足这个关系。在比较窄的角频率范围内，回转器使输出端向输入端传输的信号比沿相反方向传输的信号附加 180°的相位差，因此 $\mathbf{y}_{12} = -\mathbf{y}_{21}$。而另一类无源元件也会导致 $\mathbf{Z}_{ij}$ 和 $\mathbf{Z}_{ji}$ 不相等，但它们是非线性的元件。

所有满足 $\mathbf{Z}_{ij} = \mathbf{Z}_{ji}$ 的元件称为双向元件，而只包含双向元件的电路称为双向电路。因此，可以看到双向二端口网络的一个重要性质是

$$\mathbf{y}_{12} = \mathbf{y}_{21}$$

根据这个特性，可以得到互易定理：

对于任何线性无源双向网络，如果支路 $x$ 中唯一的电压源 $\mathbf{V}_x$ 在支路 $y$ 中产生的电流响应为 $\mathbf{I}_y$，那么将电压源从支路 $x$ 移到支路 $y$ 后，会在支路 $x$ 中产生电流响应 $\mathbf{I}_y$。

> 说明：这个定理的一种简单描述为：对于任何线性无源双向电路，将理想电源和理想安培表的位置互换之后，安培表的读数不变。

如果考虑的是电路的导纳行列式，并且已经证明了导纳行列式 $\Delta_{\mathbf{Y}}$ 的子行列式 $\Delta_{12}$ 和 $\Delta_{21}$ 相等，那么可以得到互易定理的对偶形式：

对于任何线性无源双向网络，如果节点 $x$ 和 $x'$ 之间唯一的电流源 $\mathbf{I}_x$ 在节点 $y$ 和 $y'$ 之间产生的电压为 $\mathbf{V}_y$，那么将电流源从节点 $x$ 和 $x'$ 之间移到节点 $y$ 和 $y'$ 之间后，将在节点 $x$ 和 $x'$ 之间产生电压响应 $\mathbf{V}_y$。

> 说明：换句话说，对于任何线性无源双向电路，将理想电流源和理想伏特表的位置互换之后，伏特表的读数不变。

## 练习

16.4　在图 16.10 所示的电路中，假设 $\mathbf{I}_1$ 和 $\mathbf{I}_2$ 表示理想电流源，输入端的节点电压为 $\mathbf{V}_1$，输出端的节点电压为 $\mathbf{V}_2$，$\mathbf{V}_x$ 为中间节点相对于参考节点的电压。试列出 3 个节点方程，消去 $\mathbf{V}_x$ 后得到两个方程，然后将这两个方程重新整理为式[5]和式[6]的形式，从而使所有 4 个 $\mathbf{y}$ 参数可以直接从公式中得到。

16.5　求图 16.12 所示的二端口网络的 $\mathbf{y}$ 参数。

答案：16.4：$\begin{bmatrix} 0.1192 & -0.1115 \\ -0.1115 & 0.1269 \end{bmatrix}$(S)。16.5：$\begin{bmatrix} 0.6 & 0 \\ -0.2 & 0.2 \end{bmatrix}$(S)。

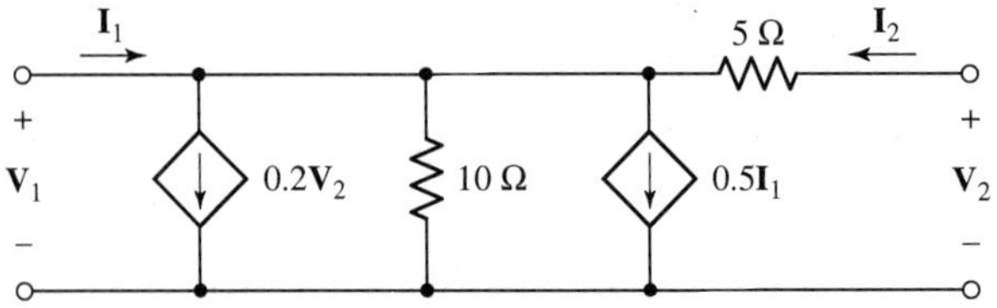


图 16.12

## 16.3 一些等效网络

在分析电子电路时，通常有必要将一些有源设备(可能同时包含和它相关的无源电路)用一个等效的二端口网络来替换，这个二端口网络一般只包含 3 ~4 个阻抗。这里说的等效仅仅局限于小信号并且是单频的情况，或者说在一个有限的频率范围内。这种等效也是非线性电路的线性近似。但是，如果要分析的网络包含很多电阻、电容和电感，以及晶体管(例如 2N3823)，那么将无法运用以前讲过的方法来分析。如果要分析这样的电路，首先必须将晶体管用其线性模型来替换，就像在第 6 章中用线性模型来替换运放那样。$\mathbf{y}$ 参数模型就是这样的一种线性二端口模型，它经常在高频电路中使用。另一种常用的晶体管线性模型将在 16.5 节中介绍。

以下两个公式定义了短路导纳参数：

$$\mathbf{I}_1 = \mathbf{y}_{11}\mathbf{V}_1 + \mathbf{y}_{12}\mathbf{V}_2 \qquad [16]$$

$$\mathbf{I}_2 = \mathbf{y}_{21}\mathbf{V}_1 + \mathbf{y}_{22}\mathbf{V}_2 \qquad [17]$$

式[16]与式[17]的形式与具有两个非参考节点电路的一对节点方程类似。一般来说，当 $\mathbf{y}_{12}$ 和 $\mathbf{y}_{21}$ 不相等时，求解式[16]和式[17]的等效电路比较困难，这时需要运用一些技巧得到一对相等的互系数。在式[17]的右边同时加上和减去 $\mathbf{y}_{21}\mathbf{V}_1$(希望在式[17]的右边看到这一项)，得到

$$\mathbf{I}_2 = \mathbf{y}_{12}\mathbf{V}_1 + \mathbf{y}_{22}\mathbf{V}_2 + (\mathbf{y}_{21} - \mathbf{y}_{12})\mathbf{V}_1 \qquad [18]$$

或

$$\mathbf{I}_2 - (\mathbf{y}_{21} - \mathbf{y}_{12})\mathbf{V}_1 = \mathbf{y}_{12}\mathbf{V}_1 + \mathbf{y}_{22}\mathbf{V}_2 \qquad [19]$$

式[16]和式[19]的右边满足双向电路的对称性。式[19]的左边可以看成两个电流源的代数和，其中一个是流入节点 2 的独立源电流源 $\mathbf{I}_2$，另一个是流出节点 2 的受控源电流源$(\mathbf{y}_{21} - \mathbf{y}_{12})\mathbf{V}_1$。

下面来看式[16]和式[19]所表示的等效网络。首先确定一个参考节点，然后指定节点电压 $\mathbf{V}_1$ 和节点电压 $\mathbf{V}_2$。根据式[16]，假设电流 $\mathbf{I}_1$ 流入节点 1 并在节点 1 和节点 2 之间放置一个互导纳($-\mathbf{y}_{12}$)，在节点 1 和参考节点之间放置导纳($\mathbf{y}_{11} + \mathbf{y}_{12}$)。当 $\mathbf{V}_2 = 0$ 时，$\mathbf{I}_1$ 对 $\mathbf{V}_1$ 的比值的确等于 $\mathbf{y}_{11}$。现在来考虑式[19]，假设电流 $\mathbf{I}_2$ 流入第二个节点，电流$(\mathbf{y}_{21} - \mathbf{y}_{12})\mathbf{V}_1$ 流出该节点，可注意到两个节点之间已经放置了合适的导纳($-\mathbf{y}_{12}$)，然后在节点 2 和参考节点之间放置导纳($\mathbf{y}_{22} + \mathbf{y}_{12}$)。完成后的电路如图 16.13(a)所示。

另一种等效网络可以通过在式[16]的右边同时减去和加上 $\mathbf{y}_{21}\mathbf{V}_2$ 得到，该等效电路如图 16.13(b)所示。如果二端口网络是双向的，那么 $\mathbf{y}_{12} = \mathbf{y}_{21}$，这两个等效网络均可简化为一个简单的无源 Π 形网络，它不含受控源。等效的双向二端口网络如图 16.13(c)所示。

这些等效电路可以在不同的场合运用。前面已经证明了任何复杂的线性二端口网络(无论它含有多少节点和回路)都存在一个与之等效的二端口网络，而且这个等效的二端口网络不会比图 16.13 所示的电路更复杂。如果只对给定网络的端口特性感兴趣，那么使用这些等效电路中的一个可能会比直接使用原网络要简单得多。

图 16.14(a)所示的三端网络通常称为阻抗的△形连接，而图 16.14(b)所示的网络称为阻抗的 Y 形连接。如果这些阻抗之间满足某些特定的条件，则这两种连接形式可以相互转换，并且可以通过使用 **y** 参数得到它们之间相互转换的关系。由此可以得到：

$$\mathbf{y}_{11} = \frac{1}{\mathbf{Z}_A} + \frac{1}{\mathbf{Z}_B} = \frac{1}{\mathbf{Z}_1 + \mathbf{Z}_2\mathbf{Z}_3/(\mathbf{Z}_2 + \mathbf{Z}_3)}$$

$$\mathbf{y}_{12} = \mathbf{y}_{21} = -\frac{1}{\mathbf{Z}_B} = \frac{-\mathbf{Z}_3}{\mathbf{Z}_1\mathbf{Z}_2 + \mathbf{Z}_2\mathbf{Z}_3 + \mathbf{Z}_3\mathbf{Z}_1}$$

$$\mathbf{y}_{22} = \frac{1}{\mathbf{Z}_C} + \frac{1}{\mathbf{Z}_B} = \frac{1}{\mathbf{Z}_2 + \mathbf{Z}_1\mathbf{Z}_3/(\mathbf{Z}_1 + \mathbf{Z}_3)}$$

求解这些方程，可以将 $\mathbf{Z}_A$，$\mathbf{Z}_B$ 和 $\mathbf{Z}_C$ 用 $\mathbf{Z}_1$，$\mathbf{Z}_2$ 和 $\mathbf{Z}_3$ 来表示：

$$\mathbf{Z}_A = \frac{\mathbf{Z}_1\mathbf{Z}_2 + \mathbf{Z}_2\mathbf{Z}_3 + \mathbf{Z}_3\mathbf{Z}_1}{\mathbf{Z}_2} \qquad [20]$$

$$\mathbf{Z}_B = \frac{\mathbf{Z}_1\mathbf{Z}_2 + \mathbf{Z}_2\mathbf{Z}_3 + \mathbf{Z}_3\mathbf{Z}_1}{\mathbf{Z}_3} \qquad [21]$$

$$\mathbf{Z}_C = \frac{\mathbf{Z}_1\mathbf{Z}_2 + \mathbf{Z}_2\mathbf{Z}_3 + \mathbf{Z}_3\mathbf{Z}_1}{\mathbf{Z}_1} \qquad [22]$$

同样也可以将 $\mathbf{Z}_1$，$\mathbf{Z}_2$ 和 $\mathbf{Z}_3$ 用 $\mathbf{Z}_A$，$\mathbf{Z}_B$ 和 $\mathbf{Z}_C$ 来表示：

$$\mathbf{Z}_1 = \frac{\mathbf{Z}_A\mathbf{Z}_B}{\mathbf{Z}_A + \mathbf{Z}_B + \mathbf{Z}_C} \qquad [23]$$

$$\mathbf{Z}_2 = \frac{\mathbf{Z}_B\mathbf{Z}_C}{\mathbf{Z}_A + \mathbf{Z}_B + \mathbf{Z}_C} \qquad [24]$$

$$\mathbf{Z}_3 = \frac{\mathbf{Z}_C\mathbf{Z}_A}{\mathbf{Z}_A + \mathbf{Z}_B + \mathbf{Z}_C} \qquad [25]$$

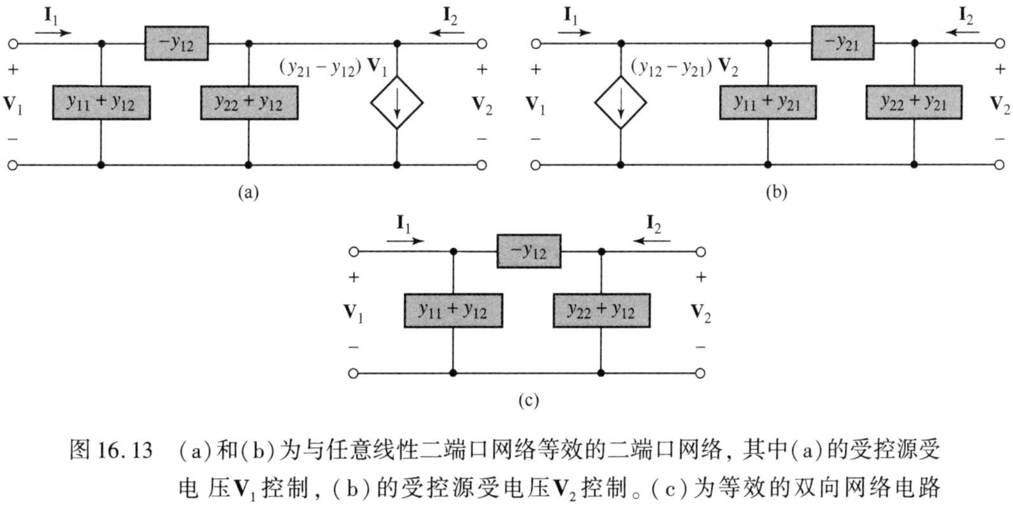


图 16.13　(a)和(b)为与任意线性二端口网络等效的二端口网络，其中(a)的受控源受电压 $\mathbf{V}_1$ 控制，(b)的受控源受电压 $\mathbf{V}_2$ 控制。(c)为等效的双向网络电路

说明：读者应该可以回想起在第 5 章中曾经使用过这些有用的关系式，那里有详细推导。

使用这些公式，可以方便地在Y形和△形网络之间进行转换，这个过程称为Y-△转换(或者可以称为Π-T转换，条件是网络是按照这些字母形状画出的)。从Y形转换为△形网络时，运用式[20]至式[22]，首先求出共同的分子，它等于Y形网络中的阻抗两两相乘然后相加的结果。接着将此分子分别除以与要求的△形网络阻抗没有公共节点的Y形网络阻抗，就可以得到△形网络的各个阻抗。相反，如果给定△形网络，首先将其3个阻抗相加，然后用它除以两个△阻抗的乘积，就可以求得与这两个相乘的△形网络阻抗均有公共节点的Y形网络的阻抗。

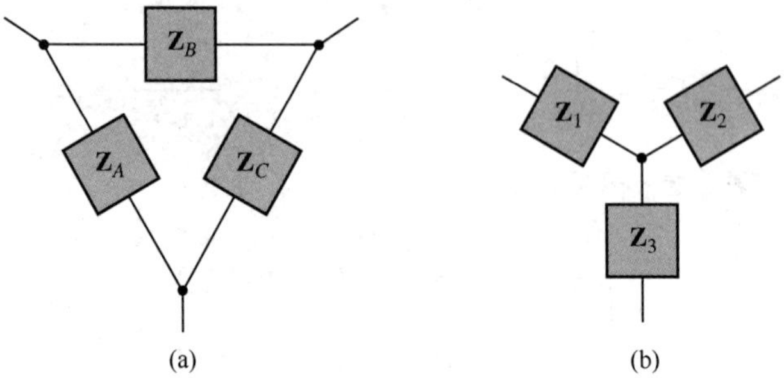


图 16.14 如果图中的6个阻抗满足Y-△(或Π-T)的转换条件，即满足式[20]至式[25]，则(a)所示的三端口△网络和(b)所示的三端口Y网络相互等效

这些变换在简化无源网络特别是在简化电阻性网络时通常很有用，此举可以避免进行网孔分析或节点分析。

**例 16.6** 求图16.15(a)所示电路的输入电阻。

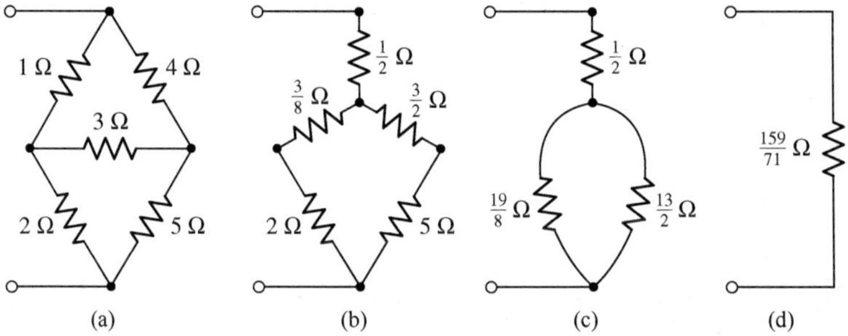


图 16.15 (a) 在第5章中曾经讨论过的电阻网络需要求出其输入电阻；(b) 将上端的△形连接替换为等效的Y形连接；(c)和(d) 将转换后的电路进行串并联连接后，得到的等效输入电阻为(159/71) Ω

**解：** 首先对图16.15(a)上端的△形连接进行△-Y转换。该△形连接的3个电阻之和为 $1+4+3=8\ \Omega$，而与顶端节点相连的两个电阻的乘积为 $1\times4=4\ \Omega^2$。因此，Y形连接的上端的电阻为(4/8) Ω或(1/2) Ω。用同样的方法可以求出另外两个电阻，因此可以得到图16.15(b)所示的网络。

接着将得到的串并联电路组合，可以先后得到图16.15(c)和图16.15(d)所示的网络。因此，图16.15(a)所示的网络的输入电阻为(159/71) Ω或2.24 Ω。

下面来看一个如图16.16所示的略微复杂的例子。注意到该电路含有一个受控源，因此Y-△转换不再适用。

**例 16.7**　图 16.16 所示的电路是晶体管放大电路的近似线性等效电路，其中发射极对应于图中下端的节点，基极对应于输入端上端的节点，而集电极对应于输出端上端的节点。在某些特殊的应用场合下，会在集电极和基极之间连接一个 2000 Ω 电阻，这将使该电路的分析变得更加困难。确定电路的 **y** 参数。

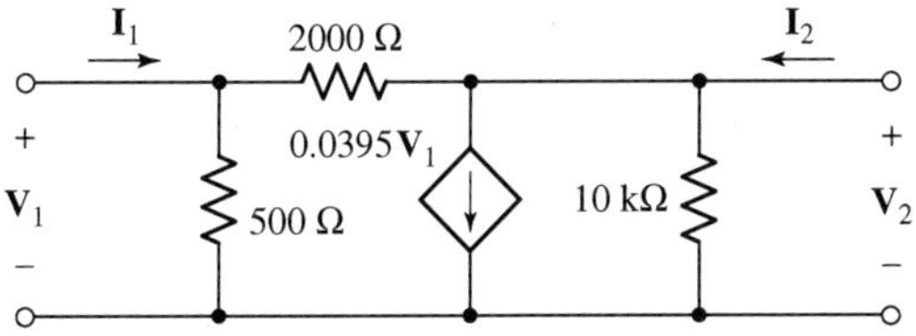


图 16.16　晶体管共发射极电路的线性等效电路，其中集电极和基极之间连接了一个反馈电阻

**解：明确题目的要求**

避开具体的电路术语，可以将该网络看成一个二端口网络，题目要求我们求出其 **y** 参数。

**收集已知信息**

图 16.16 已经标出了该二端口网络的 $\mathbf{V}_1$，$\mathbf{I}_1$，$\mathbf{V}_2$ 和 $\mathbf{I}_2$，并且给出了每个元件的值。

**设计方案**

我们可以想出好几种方法来分析这个电路。如果能够看出它的形式与图 16.13(a)所示的等效电路的形式相同，就可以立即得到它的 **y** 参数。如果不能立刻看出这一点，那么可以通过式[10]至式[13]来求得该二端口网络的 **y** 参数。当然，也可以不使用二端口网络的分析方法，而是直接列出方程组。相比较而言，在这 3 种方法中，第一种方法要更好一些。

**建立一组合适的方程**

通过观察可以发现 $-\mathbf{y}_{21}$ 对应于 2 kΩ 电阻的导纳，$\mathbf{y}_{11}+\mathbf{y}_{12}$ 对应于 500 Ω 电阻的导纳，$\mathbf{y}_{21}-\mathbf{y}_{12}$ 对应于受控电流源的增益，$\mathbf{y}_{22}+\mathbf{y}_{12}$ 对应于 10 kΩ 电阻的导纳。因此可以得到

$$\mathbf{y}_{12} = -\frac{1}{2000}$$

$$\mathbf{y}_{11} = \frac{1}{500} - \mathbf{y}_{12}$$

$$\mathbf{y}_{21} = 0.0395 + \mathbf{y}_{12}$$

$$\mathbf{y}_{22} = \frac{1}{10\,000} - \mathbf{y}_{12}$$

**确定是否还需要其他信息**

从上面列出的方程组可以看出，只要求出了 $\mathbf{y}_{12}$ 的值，就可以求出剩下的 **y** 参数的值。

**尝试求解**

将这些数字输入计算器中，可以得到

$$\mathbf{y}_{12} = -\frac{1}{2000} = -0.5\ \text{mS}$$

$$\mathbf{y}_{11} = \frac{1}{500} - \left(-\frac{1}{2000}\right) = 2.5\ \text{mS}$$

$$\mathbf{y}_{22} = \frac{1}{10\,000} - \left(-\frac{1}{2000}\right) = 0.6\ \text{mS}$$

和

$$\mathbf{y}_{21} = 0.0395 + \left(-\frac{1}{2000}\right) = 39\ \text{mS}$$

最后应用到下面的方程组：

$$\mathbf{I}_1 = 2.5\mathbf{V}_1 - 0.5\mathbf{V}_2 \quad [26]$$

$$\mathbf{I}_2 = 39\mathbf{V}_1 + 0.6\mathbf{V}_2 \quad [27]$$

上述方程中使用的单位是 mA，V，mS 和 kΩ。

**验证结果是否合理或是否与预计结果一致**

直接由电路写出两个节点方程：

$$\mathbf{I}_1 = \frac{\mathbf{V}_1 - \mathbf{V}_2}{2} + \frac{\mathbf{V}_1}{0.5} \quad 或 \quad \mathbf{I}_1 = 2.5\mathbf{V}_1 - 0.5\mathbf{V}_2$$

和

$$-39.5\mathbf{V}_1 + \mathbf{I}_2 = \frac{\mathbf{V}_2 - \mathbf{V}_1}{2} + \frac{\mathbf{V}_2}{10} \quad 或 \quad \mathbf{I}_2 = 39\mathbf{V}_1 + 0.6\mathbf{V}_2$$

以上两式与直接根据 **y** 参数列出的式[26]和式[27]一致。

下面运用式[26]和式[27]来分析在几种不同的工作情况下，图 16.16 所示的二端口网络的特性。首先在输入端接上 $1\,\underline{/0^\circ}$ mA 的电流源，在输出端接上 0.5 kΩ(2 mS)的负载，因此两个端口所连接的网络均为单端口网络，且 $\mathbf{I}_1$ 和 $\mathbf{V}_1$ 以及 $\mathbf{I}_2$ 和 $\mathbf{V}_2$ 之间的关系可以由下式得到：

$$\mathbf{I}_1 = 1\ (对任何\mathbf{V}_1) \qquad \mathbf{I}_2 = -2\mathbf{V}_2$$

现在我们共得到了 4 个方程，它们分别对应于 4 个未知数 $\mathbf{V}_1$，$\mathbf{V}_2$，$\mathbf{I}_1$ 和 $\mathbf{I}_2$。将两个单端口网络的方程代入式[26]和式[27]中，可以得到关于 $\mathbf{V}_1$ 和 $\mathbf{V}_2$ 的方程组：

$$1 = 2.5\mathbf{V}_1 - 0.5\mathbf{V}_2, \qquad 0 = 39\mathbf{V}_1 + 2.6\mathbf{V}_2$$

求解可得

$$\mathbf{V}_1 = 0.1\ \text{V}, \qquad \mathbf{V}_2 = -1.5\ \text{V}$$

$$\mathbf{I}_1 = 1\ \text{mA}, \qquad \mathbf{I}_2 = 3\ \text{mA}$$

这 4 个值是在指定该二端口网络的输入电流($\mathbf{I}_1 = 1$ mA)和特定负载($R_L = 0.5$ kΩ)的情况下得到的。

放大器的性能通常可以用一些具体的数值来描述。下面来计算这个二端口网络的 4 个参数。我们将在下面定义并计算电压增益、电流增益、则功率增益和输入阻抗。

电压增益 $\mathbf{G}_V$ 定义为

$$\mathbf{G}_V = \frac{\mathbf{V}_2}{\mathbf{V}_1}$$

对于上面的数值例子，不难计算出 $\mathbf{G}_V = -15$。

电流增益 $\mathbf{G}_I$ 定义为

$$\mathbf{G}_I = \frac{\mathbf{I}_2}{\mathbf{I}_1}$$

从而可得

$$\mathbf{G}_I = 3$$

下面定义并计算在正弦激励下的功率增益 $\mathbf{G}_P$：

$$\mathbf{G}_P = \frac{P_{\text{out}}}{P_{\text{in}}} = \frac{\text{Re}\left\{-\frac{1}{2}\mathbf{V}_2\mathbf{I}_2^*\right\}}{\text{Re}\left\{\frac{1}{2}\mathbf{V}_1\mathbf{I}_1^*\right\}} = 45$$

因为上述这几个增益均大于 1，因此这个设备可以称为电压放大器，也可以称为电流放大器或者功率放大器。如果将 2 kΩ 电阻去掉，则功率增益将增大至 354。

当放大器与其他设备级联时，为了从前级获得最大的输入功率或者给后级输出最大的功率，通常需要计算其输入阻抗和输出阻抗。输入阻抗 $\mathbf{Z}_{\text{in}}$ 定义为输入电压与输入电流的比值：

$$\mathbf{Z}_{\text{in}} = \frac{\mathbf{V}_1}{\mathbf{I}_1} = 0.1\ \text{k}\Omega$$

这是当输出端接上 500 Ω 负载后网络提供给电流源的阻抗(当输出端短路时，输入阻抗为 $1/\mathbf{y}_{11}$，即 400 Ω)。

需要注意的是，不能同时将每个电源都用其内阻抗替换，然后合并电阻或者电导来求输入电阻。对于上面给出的电路，如果用这样的方法求解，将得到输入阻抗为 416 Ω，这个错误显然是将受控源当成独立源看待而造成的。如果我们认为输入阻抗在数值上等于当输入电流为 1 A 时输入端的电压值，那么这个 1 A 电流源将使得输入电压为 $\mathbf{V}_1$，而受控源 $0.0395\mathbf{V}_1$ 的作用不可能为零。读者应该还记得，在计算含有一个受控源以及一个或多个独立源的戴维南等效阻抗时，必须令独立源短路或者开路，但是不能用同样的方法对待受控源。当然，如果受控源的控制电压或者控制电流为零，受控源本身就不起作用了，出现这种情况有时可以简化电路。

除 $\mathbf{G}_V$，$\mathbf{G}_I$，$\mathbf{G}_P$ 和 $\mathbf{Z}_{in}$ 以外，还有另一个非常有用的性能参数，这就是输出阻抗 $\mathbf{Z}_{out}$，但需要采用不同的电路结构来求解该参数。

输出阻抗是戴维南等效阻抗的另一种形式，它是指从负载看进去的电路的戴维南等效阻抗。在前面讨论的电路中，假设它受到一个 $1\,\underline{/0^\circ}$ mA 电流源的驱动，现在将这个独立电流源开路并保留受控源，然后求出从输出端往左看进去的输入阻抗(移去负载)。因此，我们定义

$$\mathbf{Z}_{out} = \mathbf{V}_2|_{\mathbf{I}_2=1\text{ A}}，\text{移去负载，令所有的独立源等于零}$$

于是，移去负载电阻并在输出端接上 $1\,\underline{/0^\circ}$ mA 的电流源(这里使用的单位是 V，mA 和 kΩ)，然后求 $\mathbf{V}_2$。将这些条件代入式[26]和式[27]，可得

$$0 = 2.5\mathbf{V}_1 - 0.5\mathbf{V}_2, \qquad 1 = 39\mathbf{V}_1 + 0.6\mathbf{V}_2$$

求解可得
$$\mathbf{V}_2 = 0.1190\text{ V}$$
即
$$\mathbf{Z}_{out} = 0.1190\text{ k}\Omega$$

另一种求解输出阻抗的方法是分别求出开路输出电压和短路输出电流，即戴维南阻抗就是输出阻抗：

$$\mathbf{Z}_{out} = \mathbf{Z}_{th} = -\frac{\mathbf{V}_{2oc}}{\mathbf{I}_{2sc}}$$

采用这种方法，首先再次使用 $\mathbf{I}_1 = 1$ mA 的独立源，然后将负载断开，即 $\mathbf{I}_2 = 0$，从而得到

$$1 = 2.5\mathbf{V}_1 - 0.5\mathbf{V}_2, \qquad 0 = 39\mathbf{V}_1 + 0.6\mathbf{V}_2$$

因此，
$$\mathbf{V}_{2oc} = -1.857\text{ V}$$

接下来应用短路条件，令 $\mathbf{V}_2 = 0$ 以及 $\mathbf{I}_1 = 1$ mA，得到

$$\mathbf{I}_1 = 1 = 2.5\mathbf{V}_1 - 0, \qquad \mathbf{I}_2 = 39\mathbf{V}_1 + 0$$

因此，
$$\mathbf{I}_{2sc} = 15.6\text{ mA}$$

由假设的 $\mathbf{V}_2$ 和 $\mathbf{I}_2$ 的参考方向，可以得到戴维南阻抗或者输出阻抗为

$$\mathbf{Z}_{out} = -\frac{\mathbf{V}_{2oc}}{\mathbf{I}_{2sc}} = -\frac{-1.857}{15.6} = 0.1190\text{ k}\Omega$$

这个结果和前面求得的结果一致。

现在我们已经有足够的信息来画出图 16.16 所示电路在 $1\,\underline{/0^\circ}$ mA 电流源驱动下且连接 500 Ω 负载时，二端口网络的戴维南等效电路或者诺顿等效电路。此时，从负载看进去的诺顿等效电路必然包含一个大小等于短路电流 $\mathbf{I}_{2sc}$ 的电流源，它与输出阻抗并联，如图 16.17(a)所示。同样，从 $1\,\underline{/0^\circ}$ mA 电流源看进去的戴维南等效电路必须包含一个单独的输入阻抗，如图 16.17(b)所示。

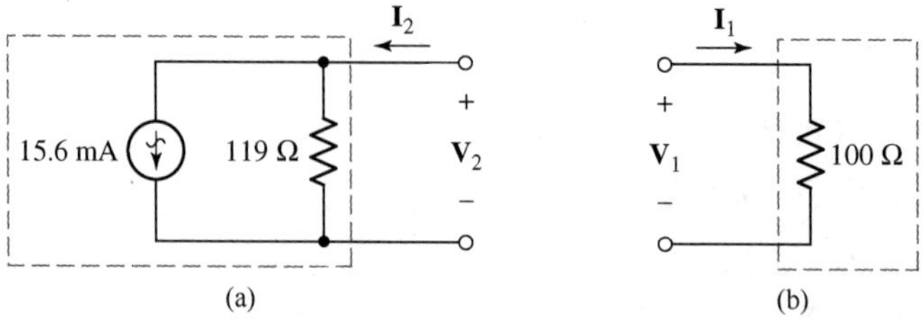


图 16.17 (a) 图 16.16 所示网络中从输出端向左边看过去的诺顿等效电路，$\mathbf{I}_1 = 1\underline{/0°}$ mA；(b) 当 $\mathbf{I}_2 = -2\mathbf{V}_2$ mA 时，图 16.16 所示网络中从输入端向右边看进去的戴维南等效电路

在结束 **y** 参数的讨论之前，我们应该知道 **y** 参数在描述如图 16.18 所示二端口网络并联连接时的作用。当我们在 16.1 节中定义一个端口时，曾经强调过流入和流出一个端口的两个端子的电流必须相等，并且不能在外部将两个端口连接起来。显然，图 16.18 所示的并联连接并不满足这个条件，但如果每个二端口网络的输出端口和输入端口都有公共参考节点，并且它们在并联后仍有公共参考节点，则并联后所有的端口仍然是端口。这时，对于网络 *A*：

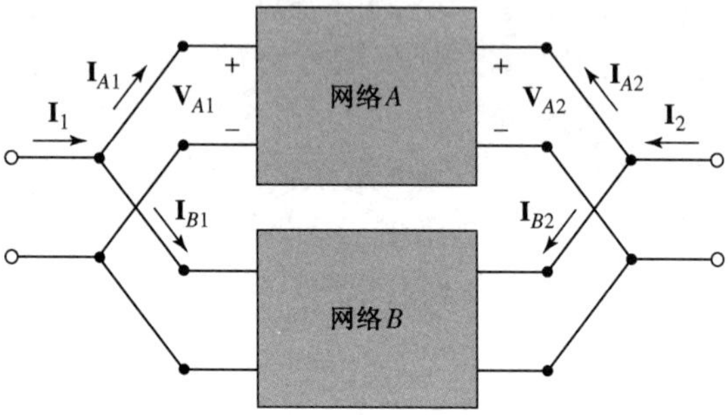


图 16.18 两个并联的二端口网络。如果输入端和输出端具有公共参考节点，则导纳矩阵为 $\mathbf{y} = \mathbf{y}_A + \mathbf{y}_B$

$$\mathbf{I}_A = \mathbf{y}_A\mathbf{V}_A$$

其中，

$$\mathbf{I}_A = \begin{bmatrix} \mathbf{I}_{A1} \\ \mathbf{I}_{A2} \end{bmatrix} \quad \text{和} \quad \mathbf{V}_A = \begin{bmatrix} \mathbf{V}_{A1} \\ \mathbf{V}_{A2} \end{bmatrix}$$

对于网络 *B*：

$$\mathbf{I}_B = \mathbf{y}_B\mathbf{V}_B$$

但是，

$$\mathbf{V}_A = \mathbf{V}_B = \mathbf{V} \quad \text{和} \quad \mathbf{I} = \mathbf{I}_A + \mathbf{I}_B$$

则

$$\mathbf{I} = (\mathbf{y}_A + \mathbf{y}_B)\mathbf{V}$$

可以看到，该并联网络的每个 **y** 参数等于各个子网络相应的 **y** 参数之和，即

$$\mathbf{y} = \mathbf{y}_A + \mathbf{y}_B \qquad [28]$$

可以将该关系式推广到任意多个二端口网络并联的情况。

## 练习

16.6 求图 16.19 所示二端口网络的 **y** 参数和输出阻抗 $\mathbf{Z}_{out}$。

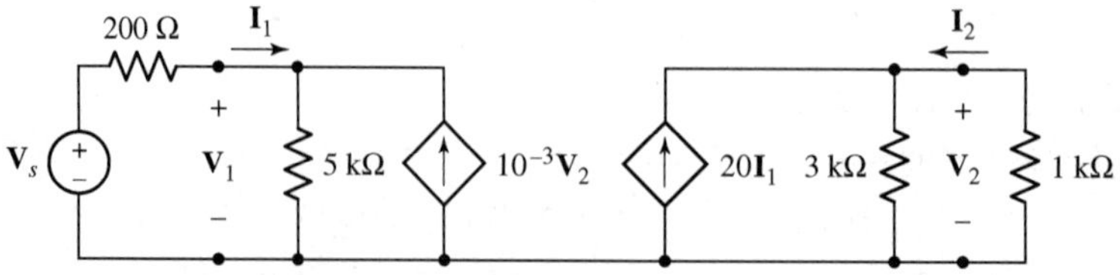


图 16.19

16.7 运用△-Y 和 Y-△变换，分别求出下列电路的 $R_{in}$ 值：(a) 图 16.20(a)所示电路；(b) 图 16.20(b)所示电路。

答案：16.6：$\begin{bmatrix} 2\times10^{-4} & -10^{-3} \\ -4\times10^{-3} & 20.3\times10^{-3} \end{bmatrix}$(S)；51.1 Ω。

16.7：(a) 53.71 Ω；(b) 1.311 Ω。

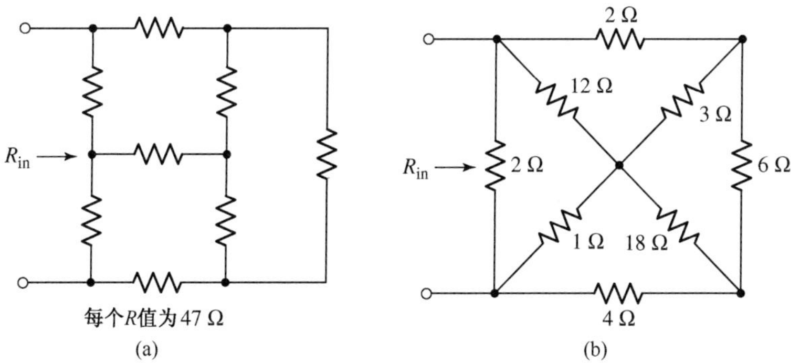


图 16.20

## 16.4　阻抗参数

前面已经用短路导纳参数的形式介绍了二端口网络参数的概念，然而还存在其他一些二端口网络参数，每种参数都与某种特定网络类型相关，并且可以使该类网络的求解最简便。下面将考虑另外 3 种参数，它们分别是本节要讨论的开路阻抗参数以及后面两节要讨论的混合参数和传输参数。

首先对一个不包含任何独立源的线性二端口网络进行分析，电流和电压同前所述，如图 16.8所示。现在将电压 $\mathbf{V}_1$ 看成由两个电流源 $\mathbf{I}_1$ 和 $\mathbf{I}_2$ 共同作用产生的响应，因此可将 $\mathbf{V}_1$ 写为

$$\mathbf{V}_1=\mathbf{z}_{11}\mathbf{I}_1+\mathbf{z}_{12}\mathbf{I}_2 \qquad [29]$$

同样，对于 $\mathbf{V}_2$ 有

$$\mathbf{V}_2=\mathbf{z}_{21}\mathbf{I}_1+\mathbf{z}_{22}\mathbf{I}_2 \qquad [30]$$

以上两式可以写成

$$\mathbf{V}=\begin{bmatrix}\mathbf{V}_1\\\mathbf{V}_2\end{bmatrix}=\mathbf{zI}=\begin{bmatrix}\mathbf{z}_{11}&\mathbf{z}_{12}\\\mathbf{z}_{21}&\mathbf{z}_{22}\end{bmatrix}\begin{bmatrix}\mathbf{I}_1\\\mathbf{I}_2\end{bmatrix} \qquad [31]$$

当然，在使用这两个方程时，并没有要求 $\mathbf{I}_1$ 和 $\mathbf{I}_2$ 一定是电流源，也没有要求 $\mathbf{V}_1$ 和 $\mathbf{V}_2$ 一定是电压源。通常，我们可以在二端口网络的两端连接任何网络。根据上面的公式，也可以认为 $\mathbf{V}_1$ 和 $\mathbf{V}_2$ 是给定的量或者说是自变量，而 $\mathbf{I}_1$ 和 $\mathbf{I}_2$ 是未知量，或者说是因变量。

用两个方程将这 4 个量关联起来的方法一共有 6 种，其中每一种都定义了不同的系统参数，这里只讨论这 6 种参数中最常用的 4 种。

最能体现 $\mathbf{z}$ 参数含义的是式[29]和式[30]。分别令各个电流等于零，可得

$$\mathbf{z}_{11}=\left.\frac{\mathbf{V}_1}{\mathbf{I}_1}\right|_{\mathbf{I}_2=0} \qquad [32]$$

$$\mathbf{z}_{12}=\left.\frac{\mathbf{V}_1}{\mathbf{I}_2}\right|_{\mathbf{I}_1=0} \qquad [33]$$

$$\mathbf{z}_{21}=\left.\frac{\mathbf{V}_2}{\mathbf{I}_1}\right|_{\mathbf{I}_2=0} \qquad [34]$$

$$\mathbf{z}_{22}=\left.\frac{\mathbf{V}_2}{\mathbf{I}_2}\right|_{\mathbf{I}_1=0} \qquad [35]$$

因为电流为零相当于端口开路，因此 $\mathbf{z}$ 参数又称为开路阻抗参数。通过求解式[29]和式[30]中的 $\mathbf{I}_1$ 和 $\mathbf{I}_2$，可以很轻松地得到开路阻抗参数与短路导纳参数之间的关系：

$$\mathbf{I}_1=\frac{\begin{vmatrix}\mathbf{V}_1 & \mathbf{z}_{12}\\ \mathbf{V}_2 & \mathbf{z}_{22}\end{vmatrix}}{\begin{vmatrix}\mathbf{z}_{11} & \mathbf{z}_{12}\\ \mathbf{z}_{21} & \mathbf{z}_{22}\end{vmatrix}}$$

即

$$\mathbf{I}_1=\left(\frac{\mathbf{z}_{22}}{\mathbf{z}_{11}\mathbf{z}_{22}-\mathbf{z}_{12}\mathbf{z}_{21}}\right)\mathbf{V}_1-\left(\frac{\mathbf{z}_{12}}{\mathbf{z}_{11}\mathbf{z}_{22}-\mathbf{z}_{12}\mathbf{z}_{21}}\right)\mathbf{V}_2$$

采用行列式记号，并且注意下标为小写字母 $\mathbf{z}$，同时假设 $\Delta_{\mathbf{z}}\neq 0$，可得

$$\mathbf{y}_{11}=\frac{\Delta_{11}}{\Delta_{\mathbf{z}}}=\frac{\mathbf{z}_{22}}{\Delta_{\mathbf{z}}},\qquad \mathbf{y}_{12}=-\frac{\Delta_{21}}{\Delta_{\mathbf{z}}}=-\frac{\mathbf{z}_{12}}{\Delta_{\mathbf{z}}}$$

通过求解 $\mathbf{I}_2$，可得

$$\mathbf{y}_{21}=-\frac{\Delta_{12}}{\Delta_{\mathbf{z}}}=-\frac{\mathbf{z}_{21}}{\Delta_{\mathbf{z}}},\qquad \mathbf{y}_{22}=\frac{\Delta_{22}}{\Delta_{\mathbf{z}}}=\frac{\mathbf{z}_{11}}{\Delta_{\mathbf{z}}}$$

采用类似的方法，$\mathbf{z}$ 参数也可以用导纳参数来表示。任意两种参数之间均可以相互转换，而且这样的转换公式有许多。作为参考，表 16.1 给出了 $\mathbf{y}$ 参数和 $\mathbf{z}$ 参数(以及后面将要讨论的 $\mathbf{h}$ 参数和 $\mathbf{t}$ 参数)之间的变换公式。

**表 16.1 y，z，h 和 t 参数之间的转换关系表**

| | y | | z | | h | | t | |
|---|---|---|---|---|---|---|---|---|
| **y** | $\mathbf{y}_{11}$ | $\mathbf{y}_{12}$ | $\frac{\mathbf{z}_{22}}{\Delta_{\mathbf{z}}}$ | $\frac{-\mathbf{z}_{12}}{\Delta_{\mathbf{z}}}$ | $\frac{1}{\mathbf{h}_{11}}$ | $\frac{-\mathbf{h}_{12}}{\mathbf{h}_{11}}$ | $\frac{\mathbf{t}_{22}}{\mathbf{t}_{12}}$ | $\frac{-\Delta_{\mathbf{t}}}{\mathbf{t}_{12}}$ |
| | $\mathbf{y}_{21}$ | $\mathbf{y}_{22}$ | $\frac{-\mathbf{z}_{21}}{\Delta_{\mathbf{z}}}$ | $\frac{\mathbf{z}_{11}}{\Delta_{\mathbf{z}}}$ | $\frac{\mathbf{h}_{21}}{\mathbf{h}_{11}}$ | $\frac{\Delta_{\mathbf{h}}}{\mathbf{h}_{11}}$ | $\frac{-1}{\mathbf{t}_{12}}$ | $\frac{\mathbf{t}_{11}}{\mathbf{t}_{12}}$ |
| **z** | $\frac{\mathbf{y}_{22}}{\Delta_{\mathbf{y}}}$ | $\frac{-\mathbf{y}_{12}}{\Delta_{\mathbf{y}}}$ | $\mathbf{z}_{11}$ | $\mathbf{z}_{12}$ | $\frac{\Delta_{\mathbf{h}}}{\mathbf{h}_{22}}$ | $\frac{\mathbf{h}_{12}}{\mathbf{h}_{22}}$ | $\frac{\mathbf{t}_{11}}{\mathbf{t}_{21}}$ | $\frac{\Delta_{\mathbf{t}}}{\mathbf{t}_{21}}$ |
| | $\frac{-\mathbf{y}_{21}}{\Delta_{\mathbf{y}}}$ | $\frac{\mathbf{y}_{11}}{\Delta_{\mathbf{y}}}$ | $\mathbf{z}_{21}$ | $\mathbf{z}_{22}$ | $\frac{-\mathbf{h}_{21}}{\mathbf{h}_{22}}$ | $\frac{1}{\mathbf{h}_{22}}$ | $\frac{1}{\mathbf{t}_{21}}$ | $\frac{\mathbf{t}_{22}}{\mathbf{t}_{21}}$ |
| **h** | $\frac{1}{\mathbf{y}_{11}}$ | $\frac{-\mathbf{y}_{12}}{\mathbf{y}_{11}}$ | $\frac{\Delta_{\mathbf{z}}}{\mathbf{z}_{22}}$ | $\frac{\mathbf{z}_{12}}{\mathbf{z}_{22}}$ | $\mathbf{h}_{11}$ | $\mathbf{h}_{12}$ | $\frac{\mathbf{t}_{12}}{\mathbf{t}_{22}}$ | $\frac{\Delta_{\mathbf{t}}}{\mathbf{t}_{22}}$ |
| | $\frac{\mathbf{y}_{21}}{\mathbf{y}_{11}}$ | $\frac{\Delta_{\mathbf{y}}}{\mathbf{y}_{11}}$ | $\frac{-\mathbf{z}_{21}}{\mathbf{z}_{22}}$ | $\frac{1}{\mathbf{z}_{22}}$ | $\mathbf{h}_{21}$ | $\mathbf{h}_{22}$ | $\frac{-1}{\mathbf{t}_{22}}$ | $\frac{\mathbf{t}_{21}}{\mathbf{t}_{22}}$ |
| **t** | $\frac{-\mathbf{y}_{22}}{\mathbf{y}_{21}}$ | $\frac{-1}{\mathbf{y}_{21}}$ | $\frac{\mathbf{z}_{11}}{\mathbf{z}_{21}}$ | $\frac{\Delta_{\mathbf{z}}}{\mathbf{z}_{21}}$ | $\frac{-\Delta_{\mathbf{h}}}{\mathbf{h}_{21}}$ | $\frac{-\mathbf{h}_{11}}{\mathbf{h}_{21}}$ | $\mathbf{t}_{11}$ | $\mathbf{t}_{12}$ |
| | $\frac{-\Delta_{\mathbf{y}}}{\mathbf{y}_{21}}$ | $\frac{-\mathbf{y}_{11}}{\mathbf{y}_{21}}$ | $\frac{1}{\mathbf{z}_{21}}$ | $\frac{\mathbf{z}_{22}}{\mathbf{z}_{21}}$ | $\frac{-\mathbf{h}_{22}}{\mathbf{h}_{21}}$ | $\frac{-1}{\mathbf{h}_{21}}$ | $\mathbf{t}_{21}$ | $\mathbf{t}_{22}$ |

对所有的参数集：$\Delta_{\mathbf{p}}=\mathbf{p}_{11}\mathbf{p}_{22}-\mathbf{p}_{12}\mathbf{p}_{21}$。

如果二端口网络为双向网络，则它同时具有互易性，此时不难证明 $\mathbf{z}_{12}$ 等于 $\mathbf{z}_{21}$。

通过观察式[29]和式[30]，同样可以得到其等效电路，只需要在式[30]中加上和减去 $\mathbf{z}_{12}\mathbf{I}_1$ 或在式[29]中加上和减去 $\mathbf{z}_{21}\mathbf{I}_2$ 即可。两种等效电路都含有一个受控电压源。

这里不去推导这个等效关系，而是考虑一个更一般的例子。我们能不能构造一个从二端口网络输出端看进去的通用戴维南等效电路呢？首先必须假定一个特定的输入电路，且为输入电路选择一个独立电压源 $\mathbf{V}_s$(上端为正)并与其内阻抗 $\mathbf{Z}_g$ 相串联，因此

$$\mathbf{V}_s=\mathbf{V}_1+\mathbf{I}_1\mathbf{Z}_g$$

将该结果与式[29]和式[30]联立，消去 $\mathbf{V}_1$ 和 $\mathbf{I}_1$ 后得到

$$\mathbf{V}_2 = \frac{\mathbf{z}_{21}}{\mathbf{z}_{11}+\mathbf{Z}_g}\mathbf{V}_s + \left(\mathbf{z}_{22} - \frac{\mathbf{z}_{12}\mathbf{z}_{21}}{\mathbf{z}_{11}+\mathbf{Z}_g}\right)\mathbf{I}_2$$

戴维南等效电路可以直接由上式得到，如图 16.21 所示。将输出阻抗用 **z** 参数表示为

$$\mathbf{Z}_{\text{out}} = \mathbf{z}_{22} - \frac{\mathbf{z}_{12}\mathbf{z}_{21}}{\mathbf{z}_{11}+\mathbf{Z}_g}$$

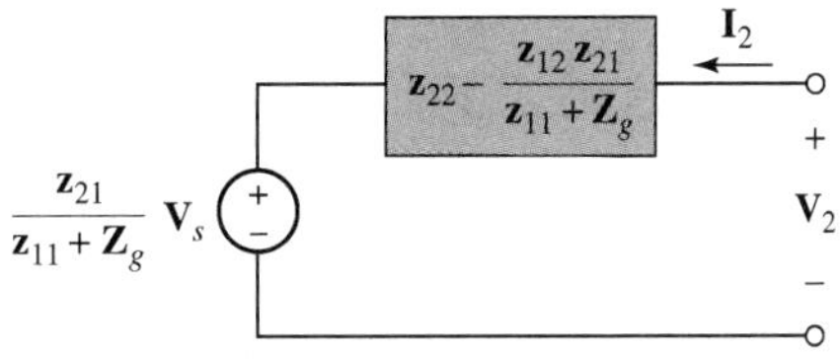


图 16.21　从输出端看进去的二端口网络的戴维南等效电路，用开路阻抗参数表示

如果信号源阻抗为零，则上式可以简化为

$$\mathbf{Z}_{\text{out}} = \frac{\mathbf{z}_{11}\mathbf{z}_{22} - \mathbf{z}_{12}\mathbf{z}_{21}}{\mathbf{z}_{11}} = \frac{\Delta_{\mathbf{z}}}{\Delta_{22}} = \frac{1}{\mathbf{y}_{22}} \qquad (\mathbf{Z}_g = 0)$$

对于这个特定的例子，输出导纳等于 $\mathbf{y}_{22}$，因此满足式[13]的基本关系式。

**例 16.8**　给定下列阻抗参数：

$$\mathbf{z} = \begin{bmatrix} 10^3 & 10 \\ -10^6 & 10^4 \end{bmatrix} \qquad (\text{单位都是}\Omega)$$

该阻抗参数表示三极管共发射极连接时的参数，要求确定电压增益、电流增益、功率增益以及输入和输出阻抗。可以认为这个二端口网络由理想正弦电压源 $\mathbf{V}_S$ 与 500 Ω 内阻串联所激励，且该二端口网络连接的负载为一个 10 kΩ 电阻。

**解：**描述二端口网络的两个方程为

$$\mathbf{V}_1 = 10^3\mathbf{I}_1 + 10\mathbf{I}_2 \qquad [36]$$

$$\mathbf{V}_2 = -10^6\mathbf{I}_1 + 10^4\mathbf{I}_2 \qquad [37]$$

而描述网络输入和输出的特性方程分别为

$$\mathbf{V}_s = 500\mathbf{I}_1 + \mathbf{V}_1 \qquad [38]$$

$$\mathbf{V}_2 = -10^4\mathbf{I}_2 \qquad [39]$$

根据以上 4 个方程，可以很容易地得到用 $\mathbf{V}_s$ 表示的 $\mathbf{V}_1$，$\mathbf{I}_1$，$\mathbf{V}_2$ 和 $\mathbf{I}_2$ 的表达式：

$$\mathbf{V}_1 = 0.75\mathbf{V}_s, \qquad \mathbf{I}_1 = \frac{\mathbf{V}_s}{2000}$$

$$\mathbf{V}_2 = -250\mathbf{V}_s, \qquad \mathbf{I}_2 = \frac{\mathbf{V}_s}{40}$$

根据以上结果，可以容易地求出电压增益为

$$\mathbf{G}_V = \frac{\mathbf{V}_2}{\mathbf{V}_1} = -333$$

电流增益为

$$\mathbf{G}_I = \frac{\mathbf{I}_2}{\mathbf{I}_1} = 50$$

功率增益为

$$\mathbf{G}_P = \frac{\text{Re}\left\{-\frac{1}{2}\mathbf{V}_2\mathbf{I}_2^*\right\}}{\text{Re}\left\{\frac{1}{2}\mathbf{V}_1\mathbf{I}_1^*\right\}} = 16\,670$$

输入阻抗为

$$\mathbf{Z}_{\text{in}} = \frac{\mathbf{V}_1}{\mathbf{I}_1} = 1500\ \Omega$$

参见图 16.21 所示的电路，可以得到输出阻抗为

$$\mathbf{Z}_{\text{out}} = \mathbf{z}_{22} - \frac{\mathbf{z}_{12}\mathbf{z}_{21}}{\mathbf{z}_{11}+\mathbf{Z}_g} = 16.67\ \text{k}\Omega$$

由最大功率传输理论可以预见：当 $\mathbf{Z}_L = \mathbf{Z}_{\text{out}}^* = 16.67\ \text{k}\Omega$ 时，功率增益得到最大值 17 045。

当二端口网络并联时，使用 **y** 参数进行分析十分有效；当网络串联时，使用 **z** 参数可以简化问题，如图 16.22 所示。需要注意的是，串联连接与后面讨论传输参数时将要提到的级联不同。如果每个网络的输入端和输出端具有公共参考节点，并且这些参考节点如图 16.22 所示被连接在一起，那么 $\mathbf{I}_1$ 将流过这两个串联网络的输入端口，$\mathbf{I}_2$ 与之类似。可见，连接以后端口还是端口，因此 $\mathbf{I} = \mathbf{I}_A = \mathbf{I}_B$，并且

$$\mathbf{V} = \mathbf{V}_A + \mathbf{V}_B = \mathbf{z}_A\mathbf{I}_A + \mathbf{z}_B\mathbf{I}_B$$
$$= (\mathbf{z}_A + \mathbf{z}_B)\mathbf{I} = \mathbf{z}\mathbf{I}$$

其中，

$$\mathbf{z} = \mathbf{z}_A + \mathbf{z}_B$$

因此 $\mathbf{z}_{11} = \mathbf{z}_{11A} + \mathbf{z}_{11B}$，以此类推。

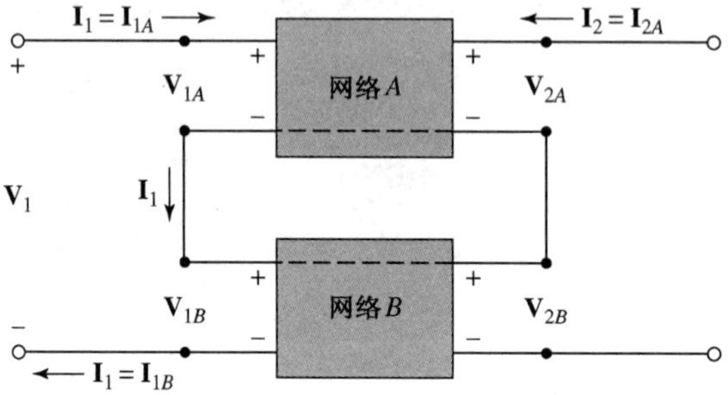


图 16.22 通过将两个二端口网络的 4 个公共参考节点连接起来，可以得到这两个二端口网络的串联连接，其阻抗参数为 $\mathbf{z} = \mathbf{z}_A + \mathbf{z}_B$

## 练习

16.8 求下列图示二端口网络的 **z** 参数：(a) 图 16.23(a)；(b) 图 16.23(b)。

16.9 求图 16.23(c)所示的二端口网络的 **z** 参数。

答案：16.8：(a) $\begin{bmatrix} 45 & 25 \\ 25 & 75 \end{bmatrix}$ (Ω)；(b) $\begin{bmatrix} 21.2 & 11.76 \\ 11.76 & 67.6 \end{bmatrix}$ (Ω)。

16.9：$\begin{bmatrix} 70 & 100 \\ 50 & 150 \end{bmatrix}$ (Ω)。

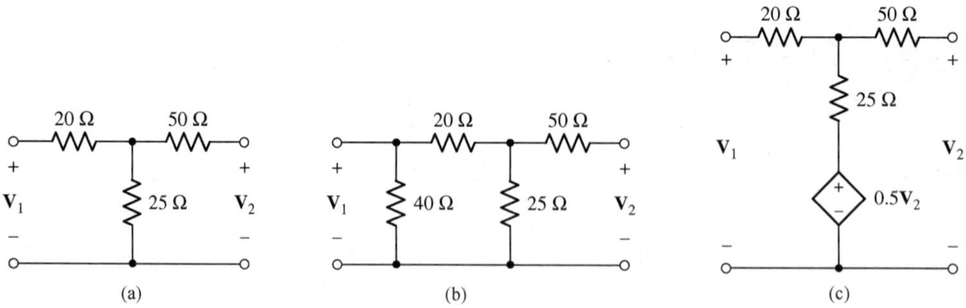


图 16.23

## 16.5 混合参数

在测量二端口网络的某些参数时可能会遇到困难，例如开路阻抗参数 $\mathbf{z}_{21}$ 的测量。对于晶体管电路而言，虽然在输入端接入正弦电流源很容易，但是因为晶体管电路的输出阻抗非常

大，所以在测量输出端的正弦输出电压时，很难做到在提供必要的直流偏置电压的情况下同时使输出端开路。相比而言，测量输出端短路电流更为简单、可行。

混合参数通过两个包含 $\mathbf{V}_1$，$\mathbf{I}_1$，$\mathbf{V}_2$ 和 $\mathbf{I}_2$ 的方程定义，其中 $\mathbf{V}_1$ 和 $\mathbf{I}_2$ 作为自变量：

$$\mathbf{V}_1 = \mathbf{h}_{11}\mathbf{I}_1 + \mathbf{h}_{12}\mathbf{V}_2 \qquad [40]$$

$$\mathbf{I}_2 = \mathbf{h}_{21}\mathbf{I}_1 + \mathbf{h}_{22}\mathbf{V}_2 \qquad [41]$$

或

$$\begin{bmatrix} \mathbf{V}_1 \\ \mathbf{I}_2 \end{bmatrix} = \mathbf{h}\begin{bmatrix} \mathbf{I}_1 \\ \mathbf{V}_2 \end{bmatrix} \qquad [42]$$

首先令 $\mathbf{V}_2 = 0$，从而可以清楚地知道这些参数的意义：

$$\text{短路输入阻抗：} \quad \mathbf{h}_{11} = \left.\frac{\mathbf{V}_1}{\mathbf{I}_1}\right|_{\mathbf{V}_2=0}$$

$$\text{短路正向电流增益：} \quad \mathbf{h}_{21} = \left.\frac{\mathbf{I}_2}{\mathbf{I}_1}\right|_{\mathbf{V}_2=0}$$

再令 $\mathbf{I}_1 = 0$，可以得到

$$\text{开路反向电压增益：} \quad \mathbf{h}_{12} = \left.\frac{\mathbf{V}_1}{\mathbf{V}_2}\right|_{\mathbf{I}_1=0}$$

$$\text{开路输出导纳：} \quad \mathbf{h}_{22} = \left.\frac{\mathbf{I}_2}{\mathbf{V}_2}\right|_{\mathbf{I}_1=0}$$

因为这些参数分别表示阻抗、导纳、电压增益和电流增益，所以称它们为“混合”参数。

将混合参数应用到晶体管上时，它们的下标可以用简单的符号表示。即 $\mathbf{h}_{11}$，$\mathbf{h}_{12}$，$\mathbf{h}_{21}$ 和 $\mathbf{h}_{22}$ 分别表示为 $\mathbf{h}_i$，$\mathbf{h}_r$，$\mathbf{h}_f$ 和 $\mathbf{h}_o$，其中的下标分别表示输入(input)、反向(reverse)、正向(forward)和输出(output)。

**例 16.9**　求图 16.24 所示双向电阻性电路的 **h** 参数。

**解：**令输出端短路($\mathbf{V}_2 = 0$)，在输入端接入 1 A 的电流源($\mathbf{I}_1 = 1$ A)时，产生的输入电压为 3.4 V($\mathbf{V}_1 = 3.4$ V)，因此 $\mathbf{h}_{11} = 3.4\ \Omega$。在同样条件下，根据分流定理，可以很容易地求出输出电流 $\mathbf{I}_2 = -0.4$ A，因此 $\mathbf{h}_{21} = -0.4$。

通过将输入端开路($\mathbf{I}_1 = 0$)可以求得剩下的两个参数。在输出端接入一个 1 V 电压源($\mathbf{V}_2 = 1$ V)，则输入端的响应电压为 0.4 V($\mathbf{V}_1 = 0.4$ V)，因此 $\mathbf{h}_{12} = 0.4$。此时电源在输出端产生的电流为 0.1 A($\mathbf{I}_2 = 0.1$ A)，因此 $\mathbf{h}_{22} = 0.1$ S。

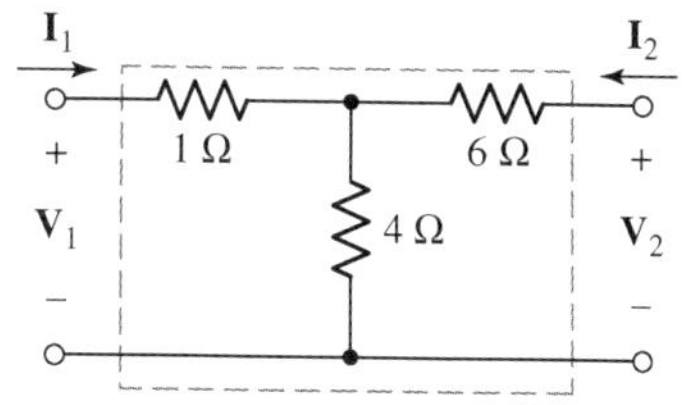

图 16.24　该双向网络的 **h** 参数存在 $\mathbf{h}_{12} = -\mathbf{h}_{21}$

于是我们得到了 $\mathbf{h} = \begin{bmatrix} 3.4\ \Omega & 0.4 \\ -0.4 & 0.1\ \text{S} \end{bmatrix}$，而 $\mathbf{h}_{12} = -\mathbf{h}_{21}$ 是双向网络互易性的结果。

## 练习

16.10　求下列电路图所示二端口网络的 **h** 参数：(a) 图 16.25(a)；(b) 图 16.25(b)。

16.11　如果 $\mathbf{h} = \begin{bmatrix} 5\ \Omega & 2 \\ -0.5 & 0.1\ \text{S} \end{bmatrix}$，求：(a) **y** 参数；(b) **z** 参数。

答案：16.10：(a) $\begin{bmatrix} 20\ \Omega & 1 \\ -1 & 25\ \text{mS} \end{bmatrix}$；(b) $\begin{bmatrix} 8\ \Omega & 0.8 \\ -0.8 & 20\ \text{mS} \end{bmatrix}$。

16.11：(a) $\begin{bmatrix} 0.2 & -0.4 \\ -0.1 & 0.3 \end{bmatrix}$ (S)；(b) $\begin{bmatrix} 15 & 20 \\ 5 & 10 \end{bmatrix}$ (Ω)。

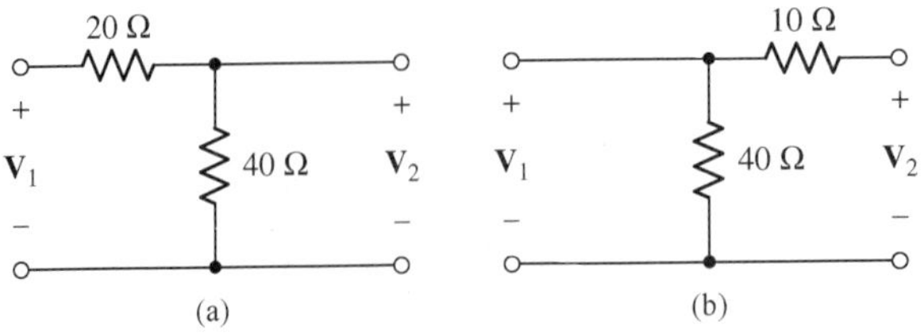


图 16.25

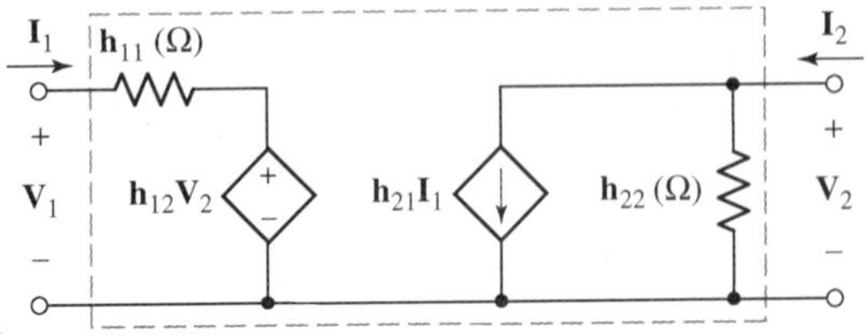


图 16.26 用来表示二端口网络的 4 个 h 参数，相应的方程组为 $\mathbf{V}_1 = \mathbf{h}_{11}\mathbf{I}_1 + \mathbf{h}_{12}\mathbf{V}_2$ 和 $\mathbf{I}_2 = \mathbf{h}_{21}\mathbf{I}_1 + \mathbf{h}_{22}\mathbf{V}_2$

图 16.26 所示电路是根据 **h** 参数的两个定义式，即式[40]和式[41]直接画出的。其中，第一个公式表示输入回路的基尔霍夫电压方程，第二个公式表示输出端上端节点的基尔霍夫电流方程。这个电路也是通用的晶体管的等效电路。我们可以合理地假设这个共发射极连接电路的 **h** 参数为：$\mathbf{h}_{11} = 1200\ \Omega$，$\mathbf{h}_{12} = 2 \times 10^{-4}$，$\mathbf{h}_{21} = 50$，$\mathbf{h}_{22} = 50 \times 10^{-6}$ S，电压源 $1\angle 0^\circ$ mV 与 800 Ω 串联，负载电阻为 5 kΩ。此时，对于输入端：

$$10^{-3} = (1200 + 800)\mathbf{I}_1 + 2 \times 10^{-4}\mathbf{V}_2$$

对于输出端：

$$\mathbf{I}_2 = -2 \times 10^{-4}\mathbf{V}_2 = 50\mathbf{I}_1 + 50 \times 10^{-6}\mathbf{V}_2$$

求解得到

$$\mathbf{I}_1 = 0.510\ \mu\text{A}, \qquad \mathbf{V}_1 = 0.592\ \text{mV}$$
$$\mathbf{I}_2 = 20.4\ \mu\text{A}, \qquad \mathbf{V}_2 = -102\ \text{mV}$$

该晶体管的电流增益为 40，电压增益为 −172，功率增益为 6880，输入阻抗为 1160 Ω，而通过进一步计算可以求出输出阻抗为 22.2 kΩ。

当二端口网络的输入端串联而输出端并联时，其混合参数可以直接相加，这种连接方式称为串-并连接，但使用得比较少。

## 实际应用——晶体管的特性

我们通常用 **h** 参数来描述双极型晶体管的参数。晶体管是一种非线性的三端无源半导体器件，它是由贝尔实验室的研究人员在 20 世纪 40 年代后期发明的(见图 16.27)，可以说晶体管几乎是所有放大器和数字逻辑电路的基础。

晶体管的 3 个端子分别是基极(b)、集电极(c)和发射极(e)，如图 16.28 所示，这些名称是根据端子对器件中载流子传输所起的作用来命名的。通常采用发射极接地(也称为共发射极接法)来测量双极型晶体管的 **h** 参数，此时将基极作为输入，将集电极作为输出。正如前面所述，由于晶体管是非线性器件，因此不可能定义满足所有电压和电流的 **h** 参数。通常，**h** 参数是在特定集电极电流 $I_C$ 和集电极-发射极电压 $V_{CE}$ 的条件下给出的。器件的非线性导致的另一个结果是其交流 **h** 参数和直流 **h** 参数通常在数值上相差甚远。

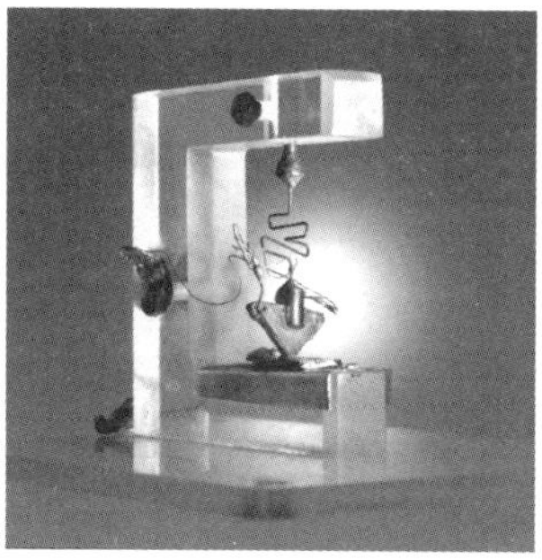

图 16.27 第一次被演示的双极型晶体管(BJT)(© 朗讯公司/贝尔实验室)

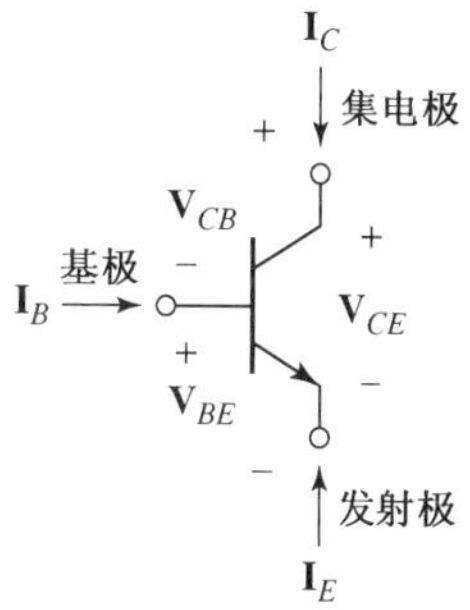


图 16.28 按照 IEEE 惯例定义的双极型晶体管的电流和电压示意图

有许多可以用来测量晶体管 **h** 参数的仪表，其中的一个例子就是半导体参数分析仪，如图 16.29所示。这种仪器可以画出特定电压(用横坐标表示)下的电流值(用纵坐标表示)，通过步进地改变基极电流(第 3 个参数)可以画出一簇曲线。

下面来看一个例子，2N3904 双极型的制造商给出了表 16.2 所示的 **h** 参数，可以注意到，工程师们在表中用到下标($h_{ie}$，$h_{re}$，等等)。表中所示 **h** 参数的测量条件为 $I_C = 1.0$ mA，$V_{CE} = 10$ V(直流)和 $f = 1.0$ kHz。

表 16.2 硅晶体管 2N3904 交流参数的总结

| 参数 | 名称 | 数值范围 | 单位 |
|---|---|---|---|
| $h_{ie}(h_{11})$ | 输入阻抗 | 1.0 ~ 10 | kΩ |
| $h_{re}(h_{12})$ | 电压反馈系数 | $0.5\times10^{-4}$ ~ $8.0\times10^{-4}$ | — |
| $h_{fe}(h_{21})$ | 小信号电流增益 | 100 ~ 400 | — |
| $h_{oe}(h_{22})$ | 输出导纳 | 1.0 ~ 40 | μS |

出于好奇，本书的作者之一和他的一个朋友决定亲自测量一下这些参数。他们使用了图 16.29所示的并不十分昂贵的仪器对这种器件进行测量，测得的结果为

$$h_{oe} = 3.3\ \mu\Omega \qquad h_{fe} = 109$$

$$h_{ie} = 3.02\ \text{k}\Omega \qquad h_{re} = 4\times10^{-3}$$

前 3 个参数的测量值均在制造商给出的范围之内，虽然它们与给出的最小值很接近，然而与最大值相差较远，而 $h_{re}$的测量值比制造商手册中给出的最大值要大一个数量级！这很令人惊讶，因为我们认为在测量时已经做得非常好了。

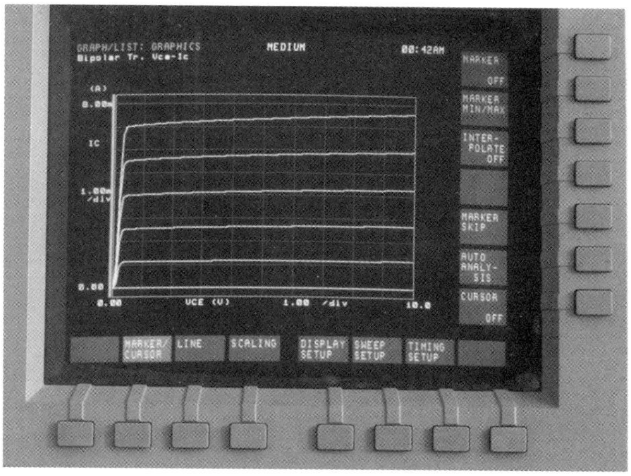


图 16.29 用 HP 4155A 半导体参数分析仪绘制出的 2N3904 双极型晶体管特性曲线，可以由这些曲线测量其**h**参数(© Steve Durbin)

经过仔细考虑我们意识到，在实验过程中为了得到实验轨迹而在 $I_C = 1$ mA 上下扫描了多次，因此器件的温度被升高了。遗憾的是，晶体管的特性随温度的变化非常显著，而制造商给出的是温度为25°C 时的值。通过改变扫描方式可使器件的发热量减到最小，从而测得 $h_{re}$的值为 $2.0 \times 10^{-4}$。线性电路比较容易对付，但是非线性电路却有趣得多!

## 16.6 传输参数

最后要介绍的二端口网络参数称为 **t 参数**、**ABCD 参数**，或简称为**传输参数**，其定义为

$$\mathbf{V}_1 = \mathbf{t}_{11}\mathbf{V}_2 - \mathbf{t}_{12}\mathbf{I}_2 \qquad [43]$$

以及

$$\mathbf{I}_1 = \mathbf{t}_{21}\mathbf{V}_2 - \mathbf{t}_{22}\mathbf{I}_2 \qquad [44]$$

即

$$\begin{bmatrix} \mathbf{V}_1 \\ \mathbf{I}_1 \end{bmatrix} = \mathbf{t}\begin{bmatrix} \mathbf{V}_2 \\ -\mathbf{I}_2 \end{bmatrix} \qquad [45]$$

其中，$\mathbf{V}_1$，$\mathbf{V}_2$，$\mathbf{I}_1$ 和 $\mathbf{I}_2$ 的定义与以前一样(见图 16.8)。式[43]和式[44]中的负号应该与输出电流看成一个整体，即看成($-\mathbf{I}_2$)。于是，$\mathbf{I}_1$ 和 $-\mathbf{I}_2$ 的方向均指向右边，即与能量或者信号的传输方向一致。

另一种广泛应用的传输参数的记法为

$$\begin{bmatrix} \mathbf{t}_{11} & \mathbf{t}_{12} \\ \mathbf{t}_{21} & \mathbf{t}_{22} \end{bmatrix} = \begin{bmatrix} \mathbf{A} & \mathbf{B} \\ \mathbf{C} & \mathbf{D} \end{bmatrix} \qquad [46]$$

注意，上面的 **t** 矩阵或 **ABCD** 矩阵中没有负号。

重新来看式[43] ~ 式[45]，公式左边的变量(即输入电压 $\mathbf{V}_1$ 和输入电流 $\mathbf{I}_1$)通常被认为是已知量或自变量，而因变量为输出量 $\mathbf{V}_2$ 和 $\mathbf{I}_2$。因此，传输参数给出了输入和输出之间的直接关系，所以传输参数主要用于传输线分析和级联网络中。

下面我们来求图 16.30(a)所示双向电阻性二端口网络的 **t** 参数。为了说明如何求得 **t** 参数中的某个参数，假设

$$\mathbf{t}_{12} = \left.\frac{\mathbf{V}_1}{-\mathbf{I}_2}\right|_{\mathbf{V}_2=0}$$

因此，我们将输出短路($\mathbf{V}_2 = 0$)并且令 $\mathbf{V}_1 = 1$ V，如图 16.30(b)所示。注意，不能通过在输出端放置一个 1 A 电流源而使上式分母为 1，因为我们已经将其短路了。从 1 V 电压源看进去的等效阻抗为 $R_{eq} = 2 + (4 \parallel 10)\ \Omega$，根据分流定理可得

$$-\mathbf{I}_2 = \frac{1}{2 + (4\|10)} \times \frac{10}{10+4} = \frac{5}{34}\text{ A}$$

因此，

$$\mathbf{t}_{12} = \frac{1}{-\mathbf{I}_2} = \frac{34}{5} = 6.8\ \Omega$$

如果需要得到所有 4 个 **t** 参数，则可以通过写出任意包含 4 个端点变量 $\mathbf{V}_1$，$\mathbf{V}_2$，$\mathbf{I}_1$ 和 $\mathbf{I}_2$ 的方程组来得到。根据图 16.30(a)所示的网络，可以列出两个网孔方程：

$$\mathbf{V}_1 = 12\mathbf{I}_1 + 10\mathbf{I}_2 \qquad [47]$$

$$\mathbf{V}_2 = 10\mathbf{I}_1 + 14\mathbf{I}_2 \qquad [48]$$

求解式[48]可以得到 $\mathbf{I}_1$：

$$\mathbf{I}_1 = 0.1\mathbf{V}_2 - 1.4\mathbf{I}_2$$

因此 $\mathbf{t}_{21}=0.1$ S 且 $\mathbf{t}_{22}=1.4$。将上述 $\mathbf{I}_1$ 的表达式代入式[47]，得到

$$\mathbf{V}_1 = 12(0.1\mathbf{V}_2 - 1.4\mathbf{I}_2) + 10\mathbf{I}_2 = 1.2\mathbf{V}_2 - 6.8\mathbf{I}_2$$

同样，可以得到 $\mathbf{t}_{11}=1.2$ 且 $\mathbf{t}_{12}=6.8\ \Omega$（这与前面求得的结果一致）。

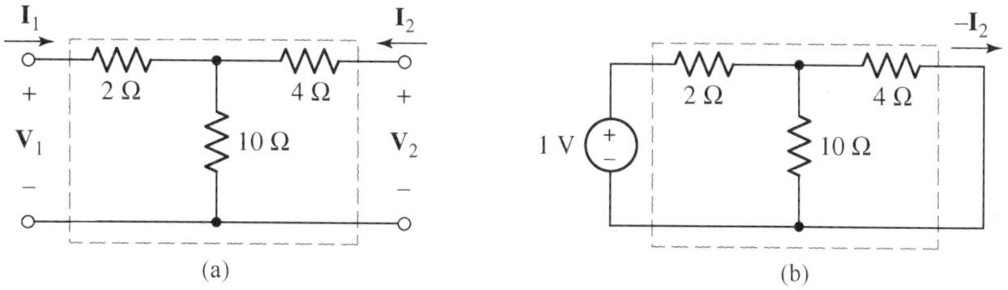


图 16.30　(a) 一个电阻性二端口网络，需要确定 $\mathbf{t}$ 参数；(b) 为求 $\mathbf{t}_{12}$，令 $\mathbf{V}_1=1$ V 以及 $\mathbf{V}_2=0$，从而得到 $\mathbf{t}_{12}=1/(-\mathbf{I}_2)=6.8\ \Omega$

对于互易网络，$\mathbf{t}$ 矩阵行列式的值为 1：

$$\Delta_{\mathbf{t}} = \mathbf{t}_{11}\mathbf{t}_{22} - \mathbf{t}_{12}\mathbf{t}_{21} = 1$$

在图 16.30 所示的电阻性二端口网络中，$\Delta_{\mathbf{t}} = 1.2\times1.4-6.8\times0.1=1$，可见满足上面的结论！

在结束关于二端口网络的讨论之前，我们将考虑两个二端口网络级联的情况，如图 16.31 所示，图中已经标出了每个二端口网络的端口电压和电流。网络 $A$ 对应的 $\mathbf{t}$ 参数为

$$\begin{bmatrix}\mathbf{V}_1\\ \mathbf{I}_1\end{bmatrix} = \mathbf{t}_A\begin{bmatrix}\mathbf{V}_2\\ -\mathbf{I}_2\end{bmatrix} = \mathbf{t}_A\begin{bmatrix}\mathbf{V}_3\\ \mathbf{I}_3\end{bmatrix}$$

网络 $B$ 对应的 $\mathbf{t}$ 参数为

$$\begin{bmatrix}\mathbf{V}_3\\ \mathbf{I}_3\end{bmatrix} = \mathbf{t}_B\begin{bmatrix}\mathbf{V}_4\\ -\mathbf{I}_4\end{bmatrix}$$

将上面的结果合并，得到

$$\begin{bmatrix}\mathbf{V}_1\\ \mathbf{I}_1\end{bmatrix} = \mathbf{t}_A\mathbf{t}_B\begin{bmatrix}\mathbf{V}_4\\ -\mathbf{I}_4\end{bmatrix}$$

因此，级联网络的 $\mathbf{t}$ 参数等于两个矩阵的乘积：

$$\mathbf{t} = \mathbf{t}_A\mathbf{t}_B$$

⚠注意，这里的乘积并不是简单地将矩阵中相应的元素相乘。如果需要，可以参见附录 2 中有关矩阵乘法的介绍。

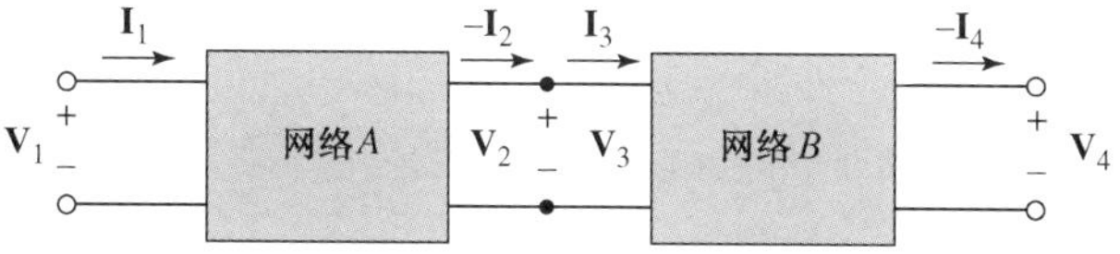


图 16.31　当两个二端口网络 $A$ 和 $B$ 级联时，级联网络的 $\mathbf{t}$ 参数矩阵由各矩阵的乘积确定，即 $\mathbf{t}=\mathbf{t}_A\mathbf{t}_B$

**例 16.10**　求图 16.32 所示级联网络的 $\mathbf{t}$ 参数。

**解：** 网络 $A$ 为图 16.32 所示的二端口网络，因此

$$\mathbf{t}_A = \begin{bmatrix}1.2 & 6.8\ \Omega\\ 0.1\ \text{S} & 1.4\end{bmatrix}$$

网络 $B$ 中所有电阻的阻值均为网络 $A$ 中对应电阻阻值的两倍，因此

$$\mathbf{t}_B = \begin{bmatrix} 1.2 & 13.6\ \Omega \\ 0.05\ \text{S} & 1.4 \end{bmatrix}$$

对于级联网络：

$$\mathbf{t} = \mathbf{t}_A\mathbf{t}_B = \begin{bmatrix} 1.2 & 6.8 \\ 0.1 & 1.4 \end{bmatrix}\begin{bmatrix} 1.2 & 13.6 \\ 0.05 & 1.4 \end{bmatrix}$$
$$= \begin{bmatrix} 1.2 \times 1.2 + 6.8 \times 0.05 & 1.2 \times 13.6 + 6.8 \times 1.4 \\ 0.1 \times 1.2 + 1.4 \times 0.05 & 0.1 \times 13.6 + 1.4 \times 1.4 \end{bmatrix}$$

即

$$\mathbf{t} = \begin{bmatrix} 1.78 & 25.84\ \Omega \\ 0.19\ \text{S} & 3.32 \end{bmatrix}$$

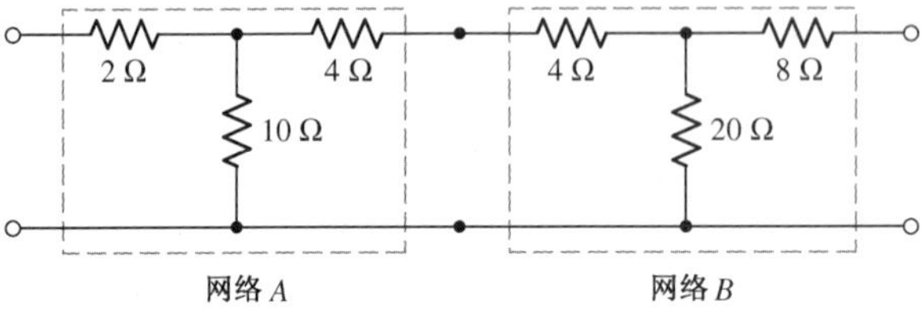


图 16.32 级联连接

## 练习

16.12 已知 $\mathbf{t} = \begin{bmatrix} 3.2 & 8\ \Omega \\ 0.2\ \text{S} & 4 \end{bmatrix}$，求：(a) **z** 参数；(b) 两个相同网络级联后的 **t** 参数；(c) 两个相同网络级联后的 **z** 参数。

答案：(a) $\begin{bmatrix} 16 & 56 \\ 5 & 20 \end{bmatrix}$ (Ω)；(b) $\begin{bmatrix} 11.84 & 57.6\ \Omega \\ 1.44\ \text{S} & 17.6 \end{bmatrix}$；(c) $\begin{bmatrix} 8.22 & 87.1 \\ 0.694 & 12.22 \end{bmatrix}$ (Ω)。

## 计算机辅助分析

对于二端口网络的级联问题，使用 **t** 参数来描述二端口网络的特性可以大大简化分析难度。例如，由本节中的例子可以看到：

$$\mathbf{t}_A = \begin{bmatrix} 1.2 & 6.8\ \Omega \\ 0.1\ \text{S} & 1.4 \end{bmatrix}$$

以及

$$\mathbf{t}_B = \begin{bmatrix} 1.2 & 13.6\ \Omega \\ 0.05\ \text{S} & 1.4 \end{bmatrix}$$

可见，只要将 $\mathbf{t}_A$ 和 $\mathbf{t}_B$ 相乘就可以得到该级联网络的 **t** 参数：

$$\mathbf{t} = \mathbf{t}_A \cdot \mathbf{t}_B$$

使用科学计算器或类似 MATLAB 的软件包可以轻松地完成矩阵运算。例如，MATLAB 的语句如下：

```
>> tA = [1.2  6.8; 0.1  1.4];
>> tB = [1.2  13.6; 0.05  1.4];
>> t = tA * tB

t =
  1.7800  25.8400
  0.1900  3.3200
```

这与例 16.10 中得到的结果一致。

MATLAB 中的矩阵名称区分字母大小写(例如本例中的 tA，tB 和 t)。在 MATLAB 中，矩

阵元素是按行输入的，以第一行为起始行，行与行之间通过分号隔开。需要再次提醒读者，必须时刻注意矩阵运算的顺序，例如，$\mathbf{t}_B \cdot \mathbf{t}_A$ 的结果与我们想像的结果大相径庭：

$$\mathbf{t}_B \cdot \mathbf{t}_A = \begin{bmatrix} 2.8 & 27.2 \\ 0.2 & 2.3 \end{bmatrix}$$

对于与本例类似的简单矩阵相乘来说，如果没有其他工具，则可使用手边的科学计算器算出结果。但是，对于更大的级联网络，使用计算机计算更为简便，因为这时可以非常方便地在屏幕上同时看到所有的矩阵。

## 总结和复习

本章介绍了一种网络抽象的表达方法。这种新方法对无源网络在与其他网络相连或者网络元件参数发生变化时特别有用。我们通过理想的单端口网络引入网络参数的概念，对此网络我们所做的工作就是确定戴维南等效电阻(更一般地说应该是阻抗)。而对二端口网络的(一端是输入端，另一端是输出端)第一种参数抽象表示是导纳参数，又称 **y** 参数。用矩阵表示的 **y** 参数乘以包含端电压的向量，可以得到端电流向量。经过简单运算处理可以得到第 5 章介绍的△-Y 等效转换。与 **y** 参数直接相对应的是 **z** 参数，其中每一个元素都表示电压对电流的比值。有时候，**y** 参数和 **z** 参数处理电路分析并不简单，因此另外又介绍了“混合参数”(或称 **h** 参数)和传输参数(或称 **t** 参数，**ABCD** 参数)。

表 16.1 对 **y**，**z**，**h** 和 **t** 参数进行了总结，任一组参数及其对应的参数矩阵都足以描述一个网络，选择哪一种完全依据个人喜好。

下面是本章的主要内容，以及相关例题的编号。

- 在使用本章介绍的各种分析方法时必须记住，每个端口只能连到一个单端口网络或者一个多端口网络中的一个端口上。
- 单端口(无源)线性输入阻抗可以采用节点分析法或网孔分析法得到；有时也可以通过观察网络直接得到。(例 16.1 至例 16.3)
- 二端口网络导纳(**y**)参数的定义式为

$$\mathbf{I}_1 = \mathbf{y}_{11}\mathbf{V}_1 + \mathbf{y}_{12}\mathbf{V}_2 \qquad \text{和} \qquad \mathbf{I}_2 = \mathbf{y}_{21}\mathbf{V}_1 + \mathbf{y}_{22}\mathbf{V}_2$$

其中，

$$\mathbf{y}_{11} = \left.\frac{\mathbf{I}_1}{\mathbf{V}_1}\right|_{\mathbf{V}_2=0} \qquad \mathbf{y}_{12} = \left.\frac{\mathbf{I}_1}{\mathbf{V}_2}\right|_{\mathbf{V}_1=0}$$
和
$$\mathbf{y}_{21} = \left.\frac{\mathbf{I}_2}{\mathbf{V}_1}\right|_{\mathbf{V}_2=0} \qquad \mathbf{y}_{22} = \left.\frac{\mathbf{I}_2}{\mathbf{V}_2}\right|_{\mathbf{V}_1=0}$$

(例 16.4、例 16.5 和例 16.7)

- 二端口网络阻抗(**z**)参数的定义式为

$$\mathbf{V}_1 = \mathbf{z}_{11}\mathbf{I}_1 + \mathbf{z}_{12}\mathbf{I}_2 \qquad \text{和} \qquad \mathbf{V}_2 = \mathbf{z}_{21}\mathbf{I}_1 + \mathbf{z}_{22}\mathbf{I}_2$$

(例 16.8)

- 二端口网络混合(**h**)参数的定义式为

$$\mathbf{V}_1 = \mathbf{h}_{11}\mathbf{I}_1 + \mathbf{h}_{12}\mathbf{V}_2 \qquad \text{和} \qquad \mathbf{I}_2 = \mathbf{h}_{21}\mathbf{I}_1 + \mathbf{h}_{22}\mathbf{V}_2$$

(例 16.9)

- 二端口网络的传输(**t**)参数(也称 **ABCD** 参数)的定义式为

$$\mathbf{V}_1 = \mathbf{t}_{11}\mathbf{V}_2 - \mathbf{t}_{12}\mathbf{I}_2 \quad \text{和} \quad \mathbf{I}_1 = \mathbf{t}_{21}\mathbf{V}_2 - \mathbf{t}_{22}\mathbf{I}_2 \qquad \text{(例 16.10)}$$

- 根据电路分析的需要，可以在 **h**，**z**，**t** 和 **y** 参数之间互相转换，表 16.1 总结了它们之间的转换公式。(例 16.6)

## 深入阅读

有关电路分析中矩阵方法的详细介绍可参考下列书籍：

R. A. DeCarlo and P. M. Lin, *Linear Circuit Analysis*, 2nd ed. New York: Oxford University Press, 2001.

采用网络参数对晶体管电路进行分析可参考下列书籍：

W. H. Hayt, Jr., and G. W. Neudeck, *Electronic Circuit Analysis and Design*, 2nd ed. New York: Wiley, 1995.

## 习题

### 16.1 单端口网络

1. 考虑下列系统方程组：

$$\begin{aligned} 2\mathbf{I}_1 \qquad\qquad - \mathbf{I}_3 &= 15 \\ -3\mathbf{I}_1 + 2\mathbf{I}_2 + 7\mathbf{I}_3 &= -2 \\ 4\mathbf{I}_1 - 7\mathbf{I}_2 + 2\mathbf{I}_3 &= 0 \end{aligned}$$

(a) 将方程组写成矩阵形式；(b) 求 $\Delta_\mathbf{Z}$ 和 $\Delta_{11}$；(c) 计算 $\mathbf{I}_1$。

2. 系统方程组如下：

$$\begin{aligned} 100\mathbf{V}_1 - 45\mathbf{V}_2 + 30\mathbf{V}_3 &= 0.2 \\ 75\mathbf{V}_1 \qquad\qquad + 80\mathbf{V}_3 &= -0.1 \\ 48\mathbf{V}_1 + 200\mathbf{V}_2 + 42\mathbf{V}_3 &= 0.5 \end{aligned}$$

(a) 将方程组写成矩阵形式；(b) 利用 $\Delta_\mathbf{Y}$ 计算 $\mathbf{V}_2$。

3. 无源网络如图 16.33 所示。(a) 列写 3 个网孔方程；(b) 计算 $\Delta_\mathbf{Z}$；(c) 计算输入阻抗。

4. 首先计算图 16.34 所示网络的 $\Delta_\mathbf{Z}$，然后确定网络的输入阻抗。

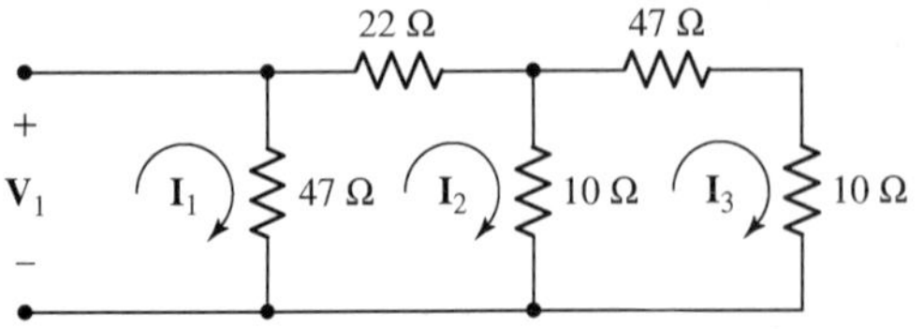


图 16.33

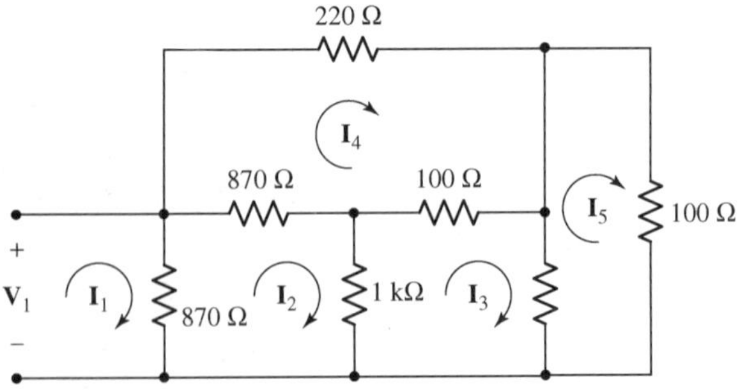


图 16.34

5. 单端口网络如图 16.35 所示，选择最下面的节点为参考节点，3 S，10 S 和 20 S 三个电导相连的节点电压为 $\mathbf{V}_2$，剩下的节点电压为 $\mathbf{V}_3$。(a) 列写 3 个节点方程。(b) 计算 $\Delta_\mathbf{Y}$。(c) 计算输入导纳。

6. 计算图 16.36 所示网络的 $\Delta_\mathbf{Z}$ 和 $\mathbf{Z}_{in}$，假设 $\omega$ 分别为：(a) 1 rad/s；(b) 320 krad/s。

7. 设图 16.36 所示单端口网络的 $\omega = 100\pi$ rad/s。(a) 计算 $\Delta_\mathbf{Y}$ 和在 $\omega$ 处的输入导纳 $\mathbf{Y}_{in}(\omega)$。(b) 连接在网

络上的正弦电流源的幅度为 100 A，频率为 100π rad/s，相角为 0°，计算电流源两端的电压(答案表示成相量形式)。

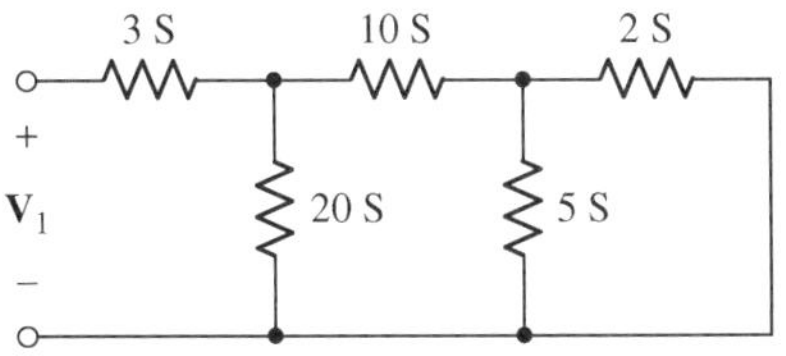


图 16.35

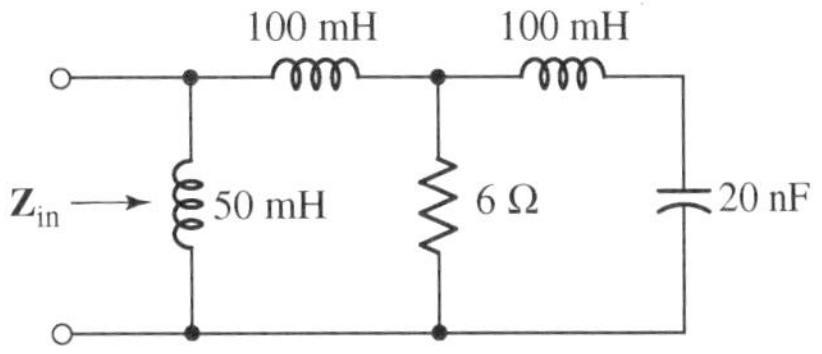


图 16.36

8. 单端口网络如图 16.37 所示，其含有一个受控电流源，控制变量是电阻上的电压。(a) 计算 $\Delta_{\mathbf{Z}}$；(b) 计算 $\mathbf{Z}_{in}$。

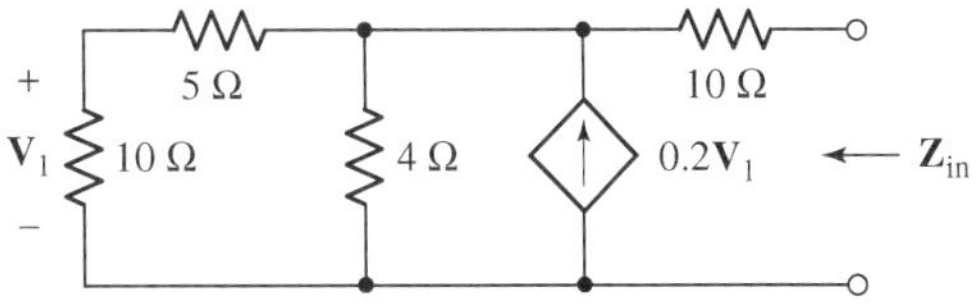


图 16.37

9. 图 16.38 所示电路中的运放是理想的，输入阻抗从同相输入端和地之间看进去。(a) 写出单端口网络的节点方程组。(b) 求 $R_{in}$ 的表达式，答案与你预计的不同吗？为什么？

10. (a) 假设图 16.39 所示电路中的两个运放均是理想的 ($R_i=\infty$，$R_o=0$ 以及 $A=\infty$)，求 $\mathbf{Z}_{in}$；(b) $R_1=4\ \text{k}\Omega$，$R_2=10\ \text{k}\Omega$，$R_3=10\ \text{k}\Omega$，$R_4=1\ \text{k}\Omega$ 和 $C=200\ \text{pF}$，证明 $\mathbf{Z}_{in}=j\omega L_{in}$，其中 $L_{in}=0.8\ \text{mH}$。

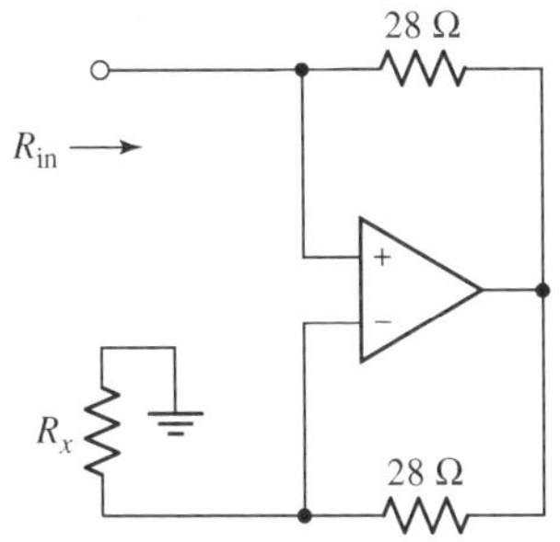


图 16.38

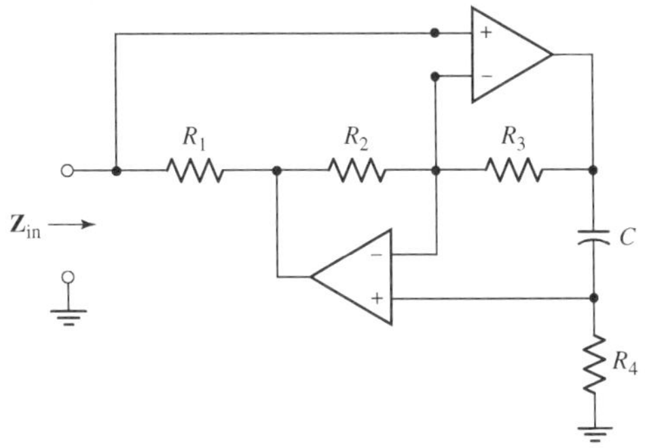


图 16.39

## 16.2　导纳参数

11. 二端口网络如图 16.40 所示，写出描述该网络的完整 **y** 参数。

12. (a) 二端口网络如图 16.41 所示，确定描述该网络的短路导纳参数。(b) 如果 $\mathbf{V}_1=3\ \text{V}$，$\mathbf{V}_2=-2\ \text{V}$，利用 (a) 的答案计算 $\mathbf{I}_1$ 和 $\mathbf{I}_2$。

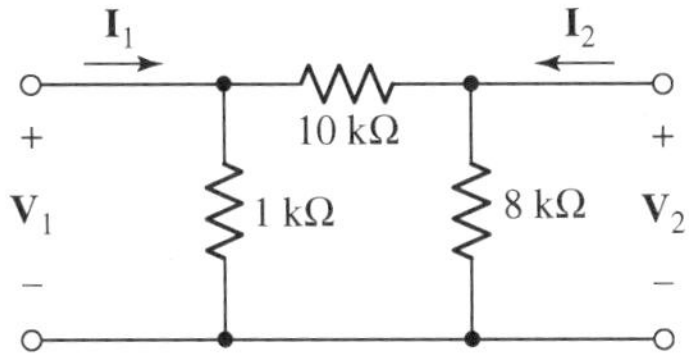


图 16.40

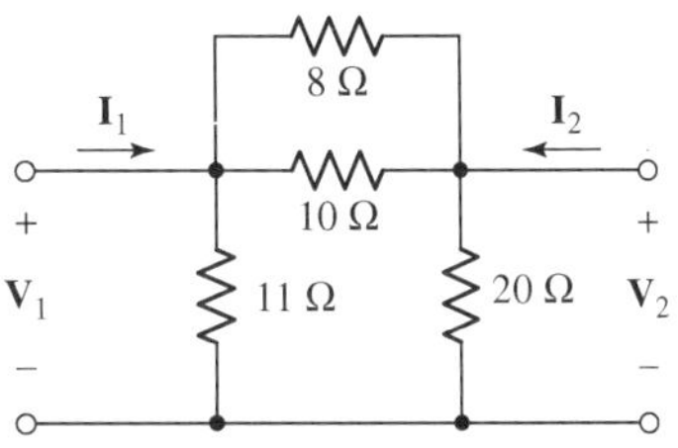


图 16.41

13. (a) 二端口网络如图 16.42 所示，确定该网络的 **y** 参数。(b) 设图 16.42 所示的网络，其底部节点为参考节点，运用节点分析法求用 $\mathbf{V}_1$ 和 $\mathbf{V}_2$ 表示的 $\mathbf{I}_1$ 和 $\mathbf{I}_2$ 方程组，并利用该方程组写出导纳矩阵。(c) 设 $\mathbf{V}_1=2\mathbf{V}_2=10\ \text{V}$，计算 100 mS 电导上消耗的功率。

14. 二端口网络如图 16.43 所示，求描述该网络的完整 **y** 参数。

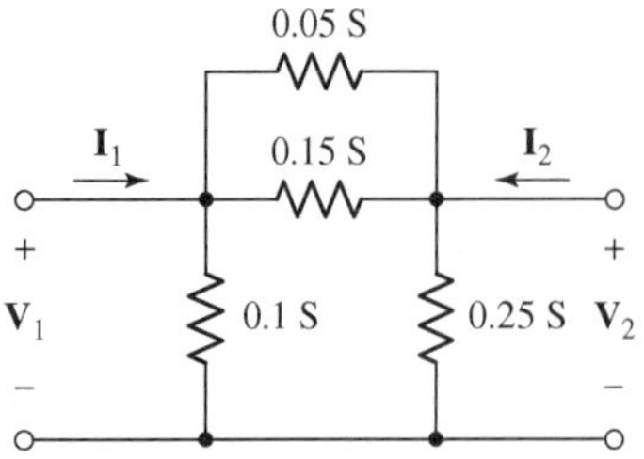


图 16.42

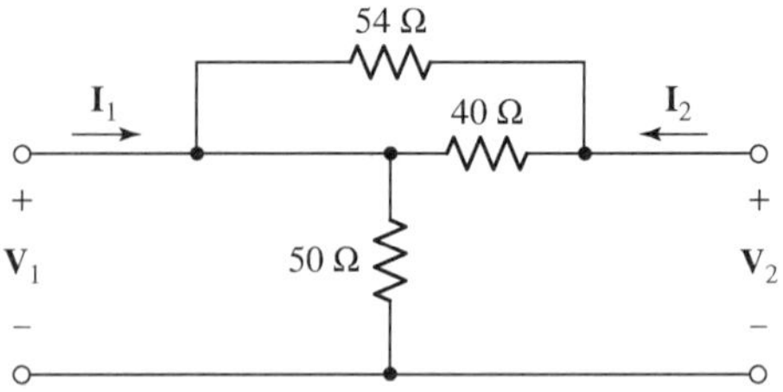


图 16.43

15. 图 16.44 所示二端口网络是图 16.40 所示单端口网络接上电压源和负载电阻后形成的。(a) 写出描述二端口网络的完整导纳参数(提示：画出二端口电路本身，并在每个端口标注电压和电流)。(b) 利用(a)得到的答案，计算无源单端口网络消耗的功率。

16. 将图 16.44 所示电路中的 10 Ω 电阻用 1 kΩ 电阻替换，将 15 V 电源用 9 V 电源替换，将 4 Ω 电阻用 4 kΩ 电阻替换。(a) 确定由 1 kΩ，10 kΩ 和 8 kΩ 电阻组成的二端口网络的导纳参数(提示：画出二端口电路本身，并在每个端口标注电压和电流)。(b) 利用(a)得到的答案，计算无源单端口网络消耗的功率。

17. 确定描述图 16.45 所示二端口网络的导纳参数。

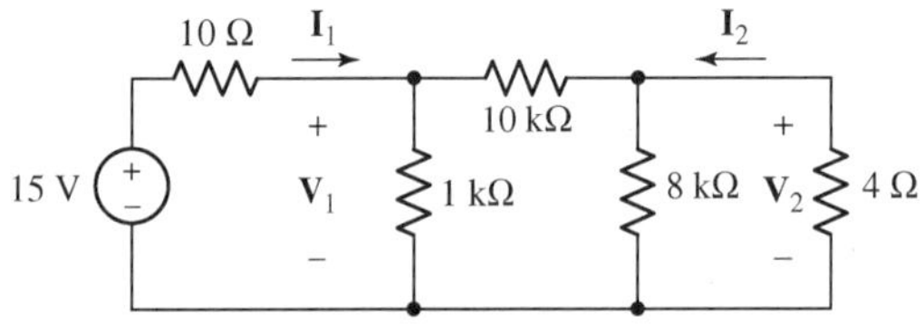


图 16.44

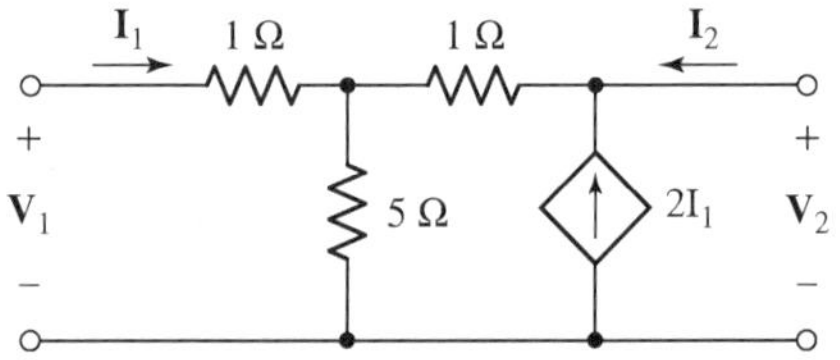


图 16.45

18. 确定图 16.46 所示网络的 **y** 参数，并利用该参数求 $\mathbf{I}_1$ 和 $\mathbf{I}_2$。假设：(a) $\mathbf{V}_1=0$，$\mathbf{V}_2=1$ V；(b) $\mathbf{V}_1=-8$ V，$\mathbf{V}_2=3$ V；(c) $\mathbf{V}_1=\mathbf{V}_2=5$ V。

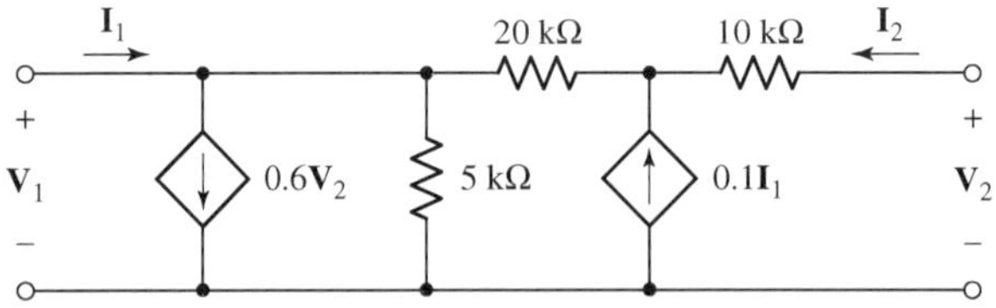


图 16.46

19. 网络如图 16.47 所示，采用合适的方法得到 **y** 参数。

20. 金属-氧化物-半导体场效应管(MOSFET)是三电极的非线性元件，在很多场合有应用，通常可用 **y** 参数描述。其交流参数和测量环境密切相关，通用的参数名称为 $y_{is}$，$y_{rs}$，$y_{fs}$ 和 $y_{os}$，方程组如下：

$$I_g = y_{is}V_{gs} + y_{rs}V_{ds} \qquad [49]$$

$$I_d = y_{fs}V_{gs} + y_{os}V_{ds} \qquad [50]$$

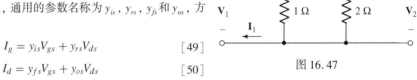

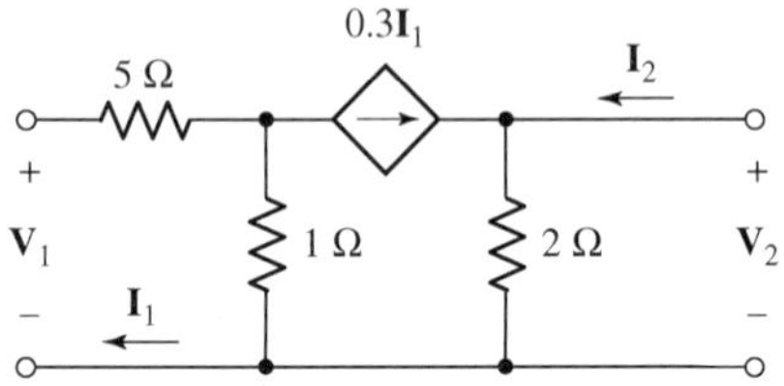


图 16.47

其中，$I_g$ 表示栅极电流，$I_d$ 表示漏极电流，第三个电极(源极)通常是测量时输入和输出的公共端点，因此 $\mathbf{V}_{gs}$ 就是栅极和源极之间的电压，$\mathbf{V}_{ds}$ 就是漏极和源极之间的电压。典型的高频模型如图 16.48 所示，它可以描述 MOSFET 的高频特性。(a) 对上述组态，判断哪个是输入端，哪个是输出端？(b) 根据式[49]和式[50]，推导用 $C_{gs}$，$C_{gd}$，$g_m$，$r_d$ 和 $C_{ds}$ 表示的 $y_{is}$，$y_{rs}$，$y_{fs}$ 和 $y_{os}$。(c) 若 $g_m = 4.7$ mS，$C_{gs} = 3.4$ pF，$C_{gd} = 1.4$ pF，$C_{ds} = 0.4$ pF 和 $r_d = 10$ kΩ，求 $y_{is}$，$y_{rs}$，$y_{fs}$ 和 $y_{os}$ 的值。

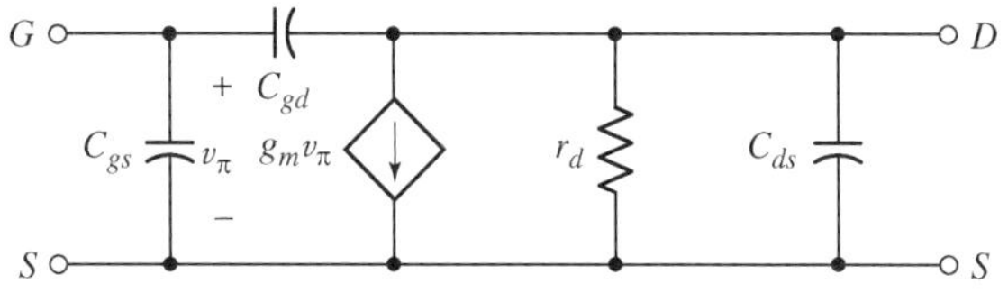


图 16.48

## 16.3　一些等效网络

21. 二端口网络如图 16.49 所示。(a) 确定输入电阻。(b) 如果该网络和一个 1 A 的电流源并联，计算二端口网络消耗的功率。
22. 网络如图 16.50 所示，将△形网络转换为等效的 Y 形网络，反之，将 Y 形网络转换为等效的△形网络。

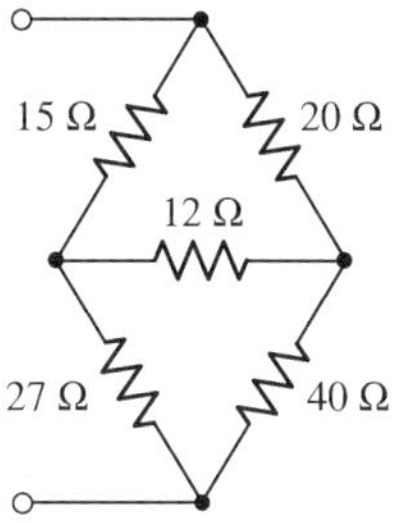


图 16.49

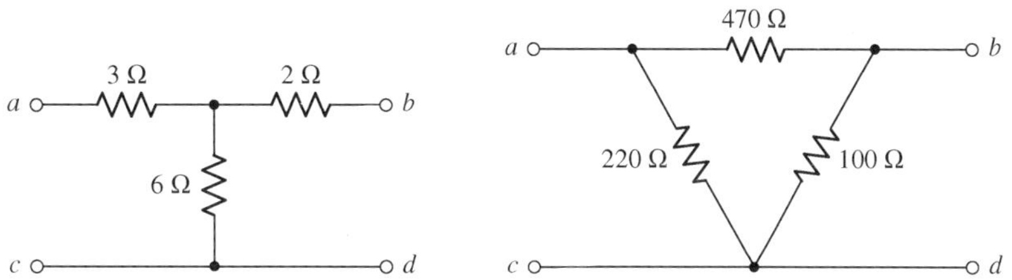


图 16.50

23. 确定图 16.51 所示单端口网络的输入阻抗 $\mathbf{Z}_{in}$，设频率 $\omega$ 分别为：(a) 50 rad/s；(b) 1000 rad/s。
24. 确定图 16.52 所示单端口网络的输入阻抗 $\mathbf{Z}_{in}$，设频率 $\omega$ 分别为：(a) 50 rad/s；(b) 1000 rad/s。
25. 利用△-Y 转换关系，求图 16.53 所示单端口网络的输入电阻 $R_{in}$。
26. 采用合适的方法求图 16.54 所示单端口网络的输入电阻。
27. (a) 用图 16.13(a)所示的网络来等效图 16.43 所示的网络，求所需要的元件参数。(b) 通过计算接在两个网络右端 2 Ω 电阻上消耗的功率相等，验证这两个网络本身是等效的，其中接在左边端口的是 1 A 电流源。

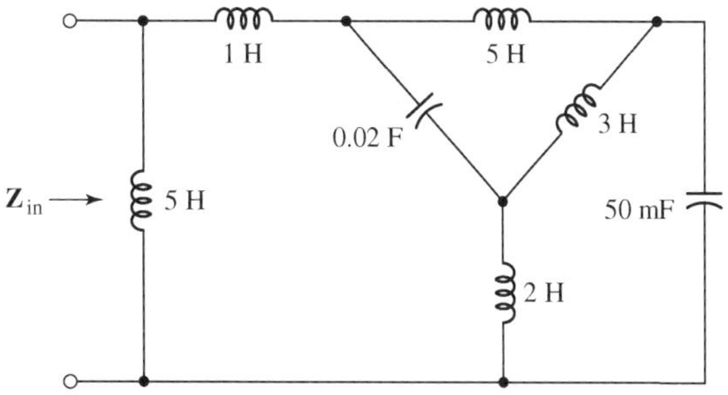


图 16.51

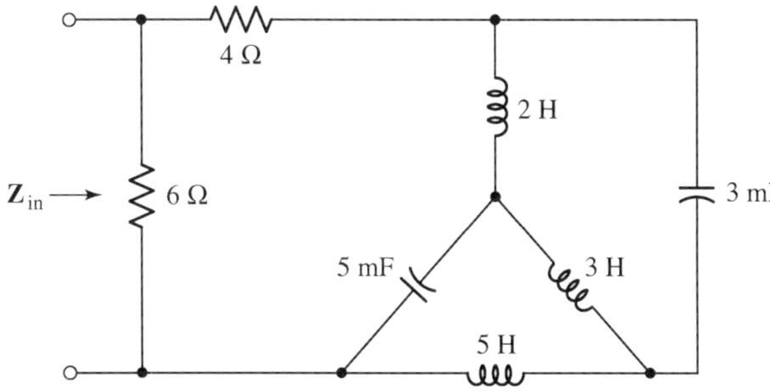


图 16.52

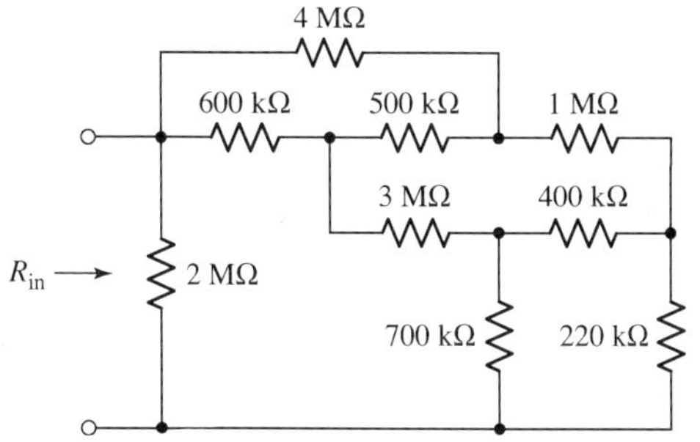


图 16.53

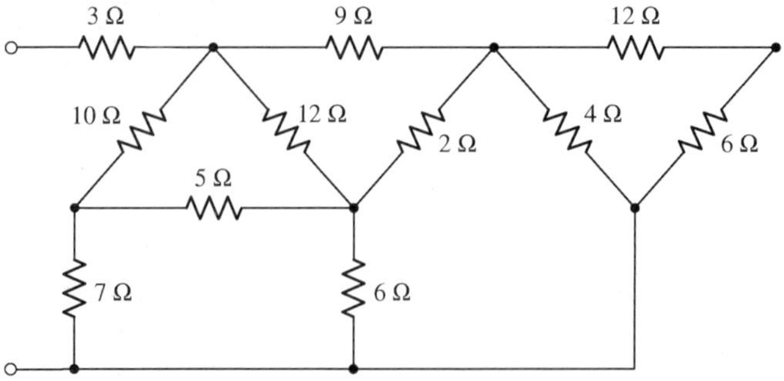


图 16.54

28. (a) 图 16.13(b)所示的网络和图 16.43 所示的网络在选择合适参数的情况下是等效的，求相应的元件参数。(b) 用以下参数验证这两个网络是等效的：将 1 Ω 电阻接在 $\mathbf{V}_2$ 两端，10 mA 电源接在另一端口，这两个网络中的 $\mathbf{I}_1$，$\mathbf{V}_1$，$\mathbf{I}_2$ 和 $\mathbf{V}_2$ 一定对应相等。

29. 用图 16.13(c)所示的网络来等效图 16.43 所示的网络，计算等效情况下所需要的合适参数，并用合适的仿真结果对答案进行验证。(提示：连接合适的电源和负载)

30. 可以找到与图 16.47 所示网络等效的另一个网络，其结构如图 16.13 所示。(a) 构造这样的一个等效网络。(b) 用合适的仿真结果对答案进行验证。(提示：连接合适的电源和负载)

31. 设图 16.55 所示二端口网络可用 $\mathbf{y} = \begin{bmatrix} 0.1 & -0.05 \\ -0.5 & 0.2 \end{bmatrix}$参数描述。求(a) $\mathbf{G}_V$；(b) $\mathbf{G}_I$；(c) $\mathbf{G}_P$；(d) $\mathbf{Z}_{in}$；(e) $\mathbf{Z}_{out}$；(f) 如果定义反相电压增益 $\mathbf{G}_{V,rev}$ 为 $\mathbf{V}_1/\mathbf{V}_2$，但须令 $\mathbf{V}_S = 0$，并移去 $R_L$ 电阻，计算 $\mathbf{G}_{V,rev}$。(g) 插入功率增益 $G_{ins}$ 定义为接入二端口网络时电阻吸收的功率 $P_{5\Omega}$ 与去掉二端口网络并用跳线将输入口的两个端子分别与相应的输出口两端子短接后电阻吸收的功率 $P_{5\Omega}$ 的比值，计算 $G_{ins}$。

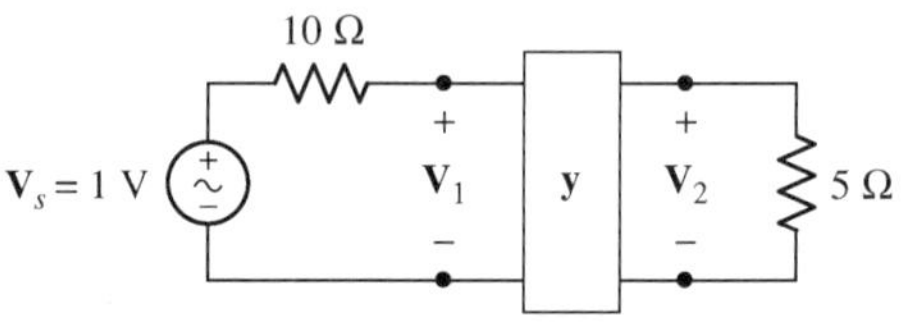


图 16.55

## 16.4 阻抗参数

32. 将下面的 **z** 参数转换成合适的 **y** 参数，或者将 **y** 参数转换成合适的 **z** 参数。

$$\mathbf{z} = \begin{bmatrix} 2 & 3 \\ 5 & 2 \end{bmatrix} (\Omega), \qquad \mathbf{z} = \begin{bmatrix} 100 & 37 \\ 25 & 90 \end{bmatrix} (\Omega)$$

$$\mathbf{y} = \begin{bmatrix} 1 & 5 \\ 6 & 3 \end{bmatrix} (\mathrm{S}), \qquad \mathbf{y} = \begin{bmatrix} 1 & 2 \\ -1 & 3 \end{bmatrix} (\mathrm{S})$$

33. 求图 16.56 所示网络的完整 **z** 参数。

34. 图 16.56 所示网络的 $b$ 端和 $d$ 端之间接有 10 Ω 电阻，$a$ 端和 $c$ 端之间接有一个 6 mA，100 Hz 的电流源以及与之并联的 50 Ω 电阻，分别计算电压、电流和功率增益，以及输入和输出阻抗。

35. 图 16.50 所示二端口网络相串联。(a) 先求各自网络的 **z** 参数，然后求串联网络的阻抗参数。(b) 若两个网络相并联，则先求出各自的 **y** 参数，然后求出并联网络的导纳参数。(c) 用表 16.1 验证由(a)得到的答案而推出的(b)答案。

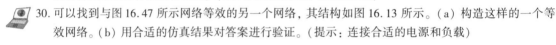

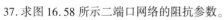

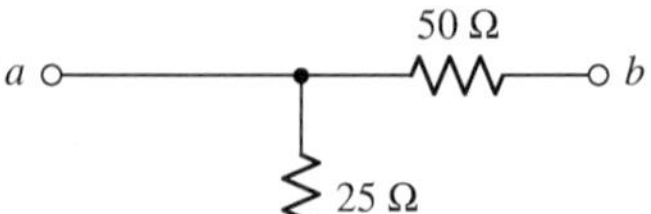

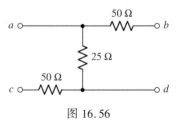

图 16.56

36. (a) 用合适的方法求图 16.57 所示网络的阻抗参数。(b) 设 1 V 电压源串联 1 kΩ 电阻连接在网络左端口，其中负参考极性连在公共端，5 kΩ电阻接在右端口，计算电流、电压和功率增益。

37. 求图 16.58 所示二端口网络的阻抗参数。

38. 求图 16.59 所示二端口网络的阻抗和导纳参数。

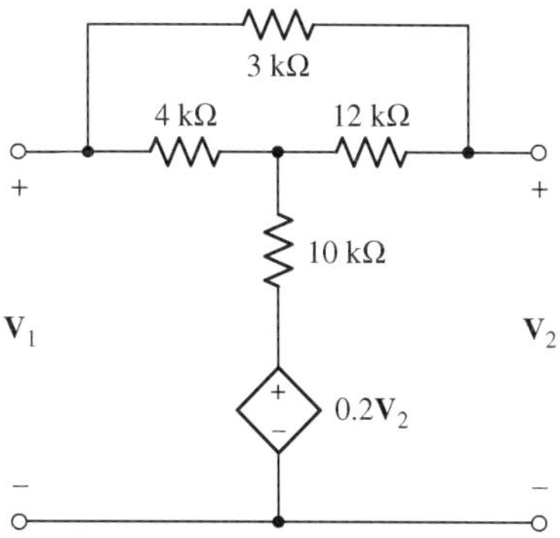


图 16.57

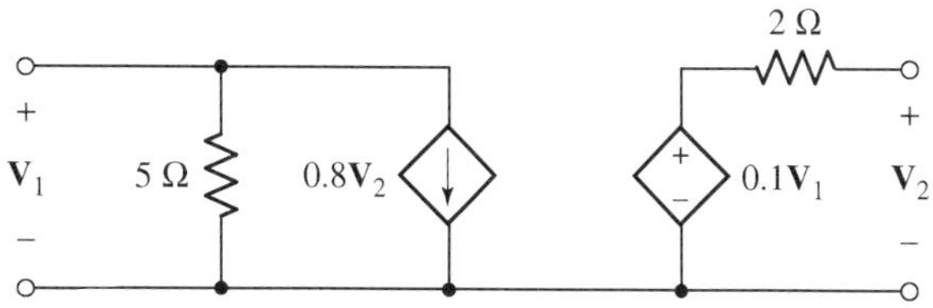


图 16.58

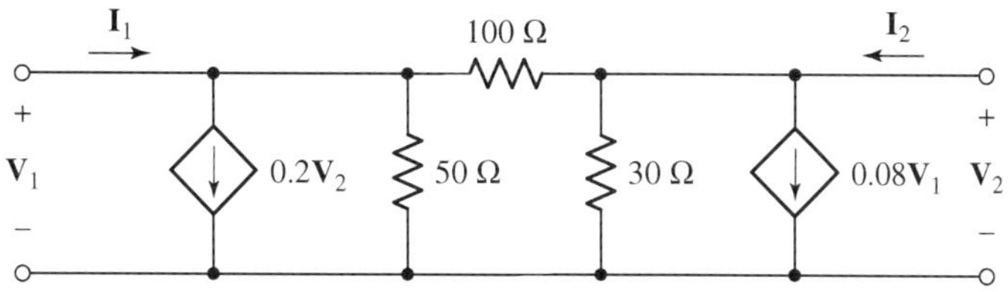


图 16.59

39. 对于图 16.60 所示的晶体管高频等效电路，求 $\omega = 10^8$ rad/s 时的 4 个 **z** 参数。

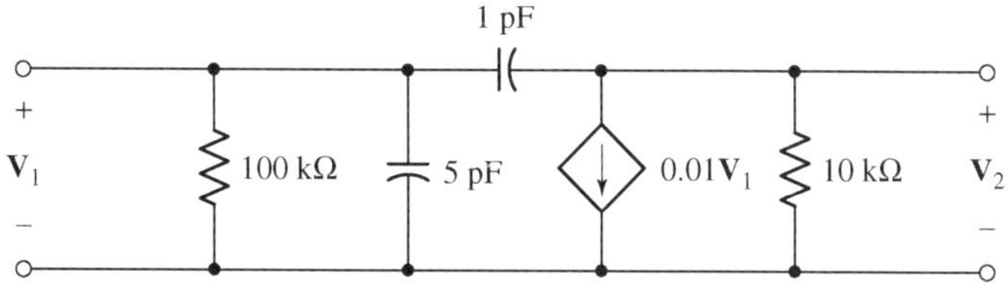


图 16.60

## 16.5 混合参数

40. 纯阻网络如图 16.56 所示，通过连接 1 V、1 A 和短路线至合适的端口来确定 **h** 参数。

41. (a) 确定图 16.61 所示二端口网络的 *h* 参数。(b) 若两个电阻都被 1 Ω 电阻取代，重复分析左边的网络。

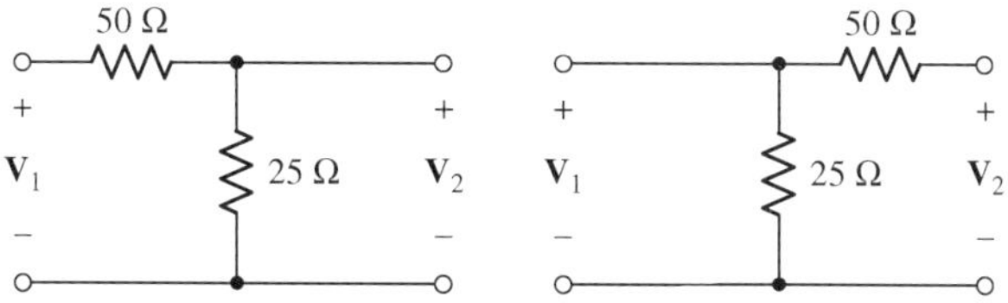


图 16.61

42. 如果某二端口网络的 **h** 参数为 $\begin{bmatrix} 2\ \text{k}\Omega & -3 \\ 5 & 0.01\ \text{S} \end{bmatrix}$，计算：(a) **z** 参数；(b) **y** 参数。

43. 某二端口网络由 **h** 参数描述：$\mathbf{h} = \begin{bmatrix} 75\ \Omega & -2 \\ 5 & 0.1\ \text{S} \end{bmatrix}$，如果一个 17 Ω 电阻分别并接在输入端，求新网络的 **h** 参数。

44. 双极型晶体管在共发射极组态下的 **h** 参数为 $h_{11} = 5$ kΩ，$h_{12} = 0.55 \times 10^{-4}$，$h_{21} = 300$ 和 $h_{22} = 39$ μS。(a) 写出 **h** 参数的矩阵形式。(b) 确定小信号电流增益。(c) 确定输出电阻，用 kΩ 表示。(d) 如果正弦电压源

的工作频率是 100 rad/s,幅度为 5 mV，串联一个 100 Ω 电阻，然后连接在输入端，计算负载端口得到的峰值电压。

45. 在图 16.62 所示电路中起重要作用的二端口网络参数为 $\mathbf{h}=\begin{bmatrix}1\ \Omega & -1\\ 2 & 0.5\ \mathrm{S}\end{bmatrix}$，确定 $\mathbf{I}_1$，$\mathbf{I}_2$，$\mathbf{V}_1$ 和 $\mathbf{V}_2$。

46. 图 16.61 所示的两个网络串联连接，如图 16.22 所示(假设网络 $A$ 为图 16.61 所示的左网络)，确定串联连接之后的网络 **h** 参数。

47. 将图 16.61 所示的两个网络并联起来，即各自的输入端连在一起，各自的输出端连在一起，确定并联之后网络的 **h** 参数。

48. 求图 16.63 所示两个二端口网络的 **y**，**z** 和 **h** 参数。如果某个参数的值为无穷大，则跳过该参数集。

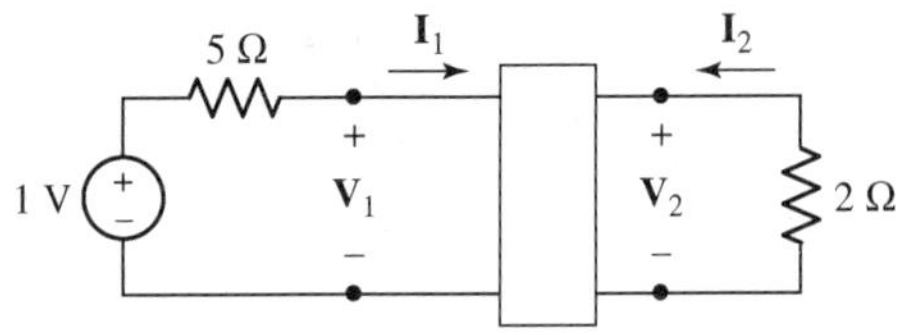


图 16.62

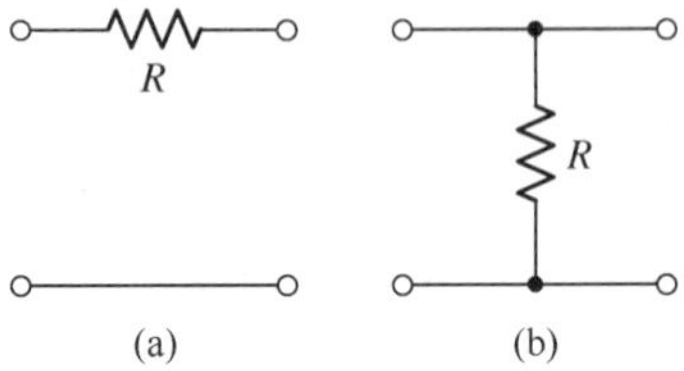


图 16.63

49. (a) 求图 16.64 所示二端口网络的 **h** 参数。(b) 如果输入端接有电源 $\mathbf{V}_s$，串联电阻 $R_s=200\ \Omega$，求 $\mathbf{Z}_{out}$。

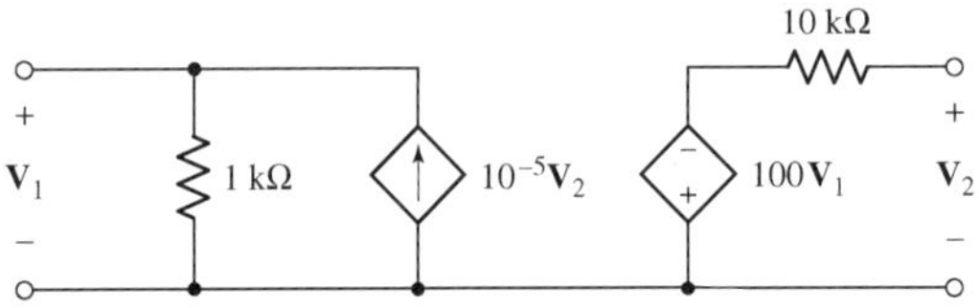


图 16.64

## 16.6 传输参数

50. (a) 借助网孔方程，确定图 16.9 所示网络的 **ABCD** 矩阵。(b) 将 **ABCD** 参数转换成 **h** 参数。

51. (a) 采用合适的网孔方程，确定图 16.57 所示网络的 **t** 参数。(b) 如果电流 $\mathbf{I}_1$ 和 $\mathbf{I}_2$ 都流入电压 $\mathbf{V}_1$ 和 $\mathbf{V}_2$ 的“+”端，且 $\mathbf{I}_1=2\mathbf{I}_2=3$ mA，计算电压值。

52. 考虑以下的矩阵，$\mathbf{a}=\begin{bmatrix}5 & 2\\ 4 & 1\end{bmatrix}$，$\mathbf{b}=\begin{bmatrix}1.5 & 1\\ 1 & 0.5\end{bmatrix}$，$\mathbf{c}=\begin{bmatrix}-4\\ 2\end{bmatrix}$，计算：(a) $\mathbf{a}\cdot\mathbf{b}$；(b) $\mathbf{b}\cdot\mathbf{a}$；(c) $\mathbf{a}\cdot\mathbf{c}$；(d) $\mathbf{b}\cdot\mathbf{c}$；(e) $\mathbf{b}\cdot\mathbf{a}\cdot\mathbf{c}$；(f) $\mathbf{a}\cdot\mathbf{a}$。

53. 表示两个网络的参数分别为 $\mathbf{z}_1=\begin{bmatrix}4 & 5\\ 8 & 1\end{bmatrix}(\Omega)$ 和 $\mathbf{z}_2=\begin{bmatrix}1.1 & 2.2\\ 0.89 & 1.8\end{bmatrix}(\Omega)$。(a) 将网络 2 连至网络 1 的输出端，求级联后的网络参数 **t**，用矩阵表示。(b) 交换连接时的顺序，求新级联网络的 **t** 矩阵。

54. 图 16.65 所示的二端口网络可以看成三个独立的二端口网络 $A$、$B$、$C$ 的级联。(a) 计算每一个网络的 **t**。(b) 求级联网络的 **t**。(c) 设中间两个节点电压为 $V_x$ 和 $V_y$，列写节点方程并从中得到导纳参数，利用表 16.1的转换关系求 **t** 参数，并验证(b)得到的答案。

55. 考虑图 16.61 所示的两个单独的二端口网络，分别完成符合以下要求的级联网络，求级联后的 **ABCD** 参数：(a) 左网络的输出与右网络的输入相连；(b) 右网络的输出与左网络的输入相连。

56. (a) 确定图 16.58 所示二端口网络的 **t** 参数。(b) 如果一个合适的串接 100 Ω 电阻的电压源接在网络的输入端，计算网络的 $\mathbf{Z}_{out}$。

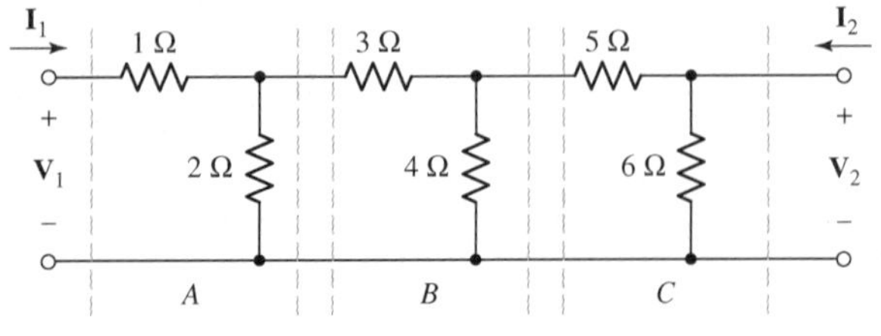


图 16.65

57. 网络如图 16.56 所示，将这样三个相同的网络级联，确定级联后网络的 **t** 参数。

58. (a) 分别求图 16.66(a) 至图 16.66(c) 所示网络对应的 $\mathbf{t}_a$，$\mathbf{t}_b$ 和 $\mathbf{t}_c$。(b) 利用二端口网络级联规则，求图 16.66(d) 所示网络的 **t** 参数。

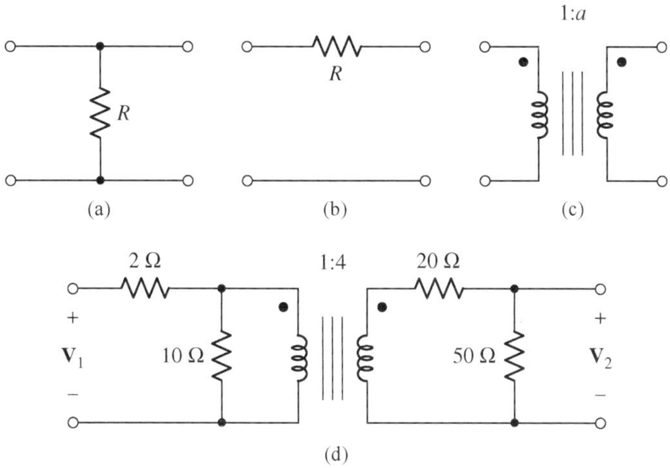


图 16.66

## 综合题

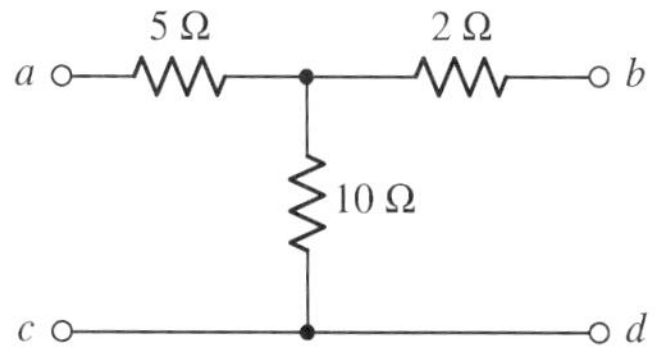


图 16.67

59. (a) 网络如图 16.67 所示，利用定义或者网孔/节点方程，得到 **y**，**z**，**h** 和 **t** 参数。(b) 利用表 16.1 所示的转换关系，对答案进行验证。

60. 将图 16.67 所示的 4 个相同网络并联起来，即标注 $a$ 的端点连在一起，标注 $b$ 的端点连在一起，$c$ 和 $d$ 也如此连接。求并联网络的 **y**，**z**，**h** 和 **t** 参数。

61. 将图 16.67 所示的 4 个相同网络级联起来，得到一个有 12 个元件的网络，分别求级联网络的 **y**，**z**，**h** 和 **t** 参数。

62. **ABCD** 矩阵的概念可以拓展到电路系统之外，例如光学系统中的射线跟踪，想像 $xy$ 平面上有两个平行的输入和输出平面，被一个光轴 $z$ 穿过，一根输入光线在离开 $z$ 轴 $x=r_{\text{in}}$ 的地方穿过输入平面，入射角为 $\theta_{\text{in}}$，相应的参数 $r_{\text{out}}$ 和 $\theta_{\text{out}}$ 是输出射线穿过输出平面形成的参数，用 **ABCD** 矩阵表示为

$$\begin{bmatrix} r_{\text{out}} \\ \theta_{\text{out}} \end{bmatrix} = \begin{bmatrix} \mathbf{A} & \mathbf{B} \\ \mathbf{C} & \mathbf{D} \end{bmatrix} \begin{bmatrix} r_{\text{in}} \\ \theta_{\text{in}} \end{bmatrix}$$

每一种光学元素(比如镜子、透镜，甚至来自由空间的传播射线)都有各自的 **ABCD** 矩阵。如果射线同时穿越几个光学仪器，则其效果可由各自 **ABCD** 矩阵的级联结果得到(顺序合适)。

(a) 得到类似式[32]到式[35]形式的 **A**，**B**，**C**，**D** 的表达式；(b) 假设全反射平面镜的 **ABCD** 矩阵为 $\begin{bmatrix} 1 & 0 \\ 0 & 1 \end{bmatrix}$，画出含有入射线和反射线的系统，注意镜子的原点位置。

63. 继续习题 62，射线从距离 $d$ 处穿越空间的行为可用 **ABCD** 矩阵描述为 $\begin{bmatrix} 1 & d \\ 0 & 1 \end{bmatrix}$。(a) 证明单个距离为 $d$ 的 **ABCD** 矩阵和两个距离为 $d/2$ 的级联 **ABCD** 矩阵得到的结果是一样的。(b) **A**，**B**，**C** 和 **D** 参数的量纲各是什么？(c) 薄透镜可以用 **ABCD** 矩阵 $\begin{bmatrix} 1 & 0 \\ -\frac{1}{f} & 1 \end{bmatrix}$ 表示，若输入射线为 $r_{\text{in}}=1\ \text{cm}$，$\theta_{\text{in}}=12°$，$f=10\ \text{cm}$，计算 $r_{\text{out}}$ 和 $\theta_{\text{out}}$。

# 第 17 章　傅里叶电路分析

## 主要概念

- 用正弦函数与余弦函数之和表示周期函数
- 谐波频率
- 奇、偶对称性
- 半波对称性
- 复数形式的傅里叶级数
- 离散线谱
- 傅里叶变换
- 应用傅里叶级数和傅里叶变换法进行电路分析
- 频域的系统响应和卷积积分

## 引言

本章将通过分析时域和频域的周期函数继续介绍电路分析的方法。特别是将考虑周期激励函数，该函数满足一定的数学限制，而这些限制正是实验室中产生的函数具有的特性。这样的函数可以表示成无穷多个正弦和余弦，以及它们的谐波函数之和的形式。其中，由于每个正弦分量的受迫响应可以通过正弦稳态分析得到，因此整个线性网络对周期激励函数的受迫响应可以将各频率成分的响应线性叠加起来得到。

傅里叶级数在许多领域都有非常重要的意义，尤其是在通信领域。但是，近几年来，借助傅里叶方法进行电路分析的应用已经越来越少。现在，使用脉冲调制方式供能的设备(比如计算机)所消耗的能量占全球总能耗的比例正日益增长，因此对存在于电力系统和电力设备中的谐波的课题研究正迅速成为一个非常严肃且重要的问题，即使是大规模发电厂也同样面临着这样的问题。只有运用傅里叶分析才可能了解这些潜在的问题以及相应的解决办法。

## 17.1　傅里叶级数的三角函数形式

我们已经知道，线性电路对任意激励函数的完全响应由受迫响应和自由响应两部分组成。我们在时域(第 7 章至第 9 章)和频域(第 14 章和第 15 章)中都讨论过自由响应，也从各个方面对受迫响应进行了讨论，包括第 10 章中介绍的基于相量的分析方法。正如我们讨论过的，在某些情况下需要求出一个给定电路的完全响应的两个分量，而在另一些时候只需要求得自由响应或受迫响应中的一个。在本节中，我们将关注正弦性质的激励函数，并且探寻如何将一个一般的周期函数写成上述函数之和的形式，从而探讨一套新的电路分析方法。

### 谐波

为了研究用无穷多个正弦和余弦函数之和来表示一般的周期函数的可行性，下面来考虑一个简单的例子。首先来看一个角频率为 $\omega_0$ 的余弦函数：

$$v_1(t) = 2\cos\omega_0 t$$

其中，

$$\omega_0 = 2\pi f_0$$

其周期 $T$ 为

$$T = \frac{1}{f_0} = \frac{2\pi}{\omega_0}$$

$T$ 表示基频周期，而且通常不带下标 0。该正弦波的**谐波频率**为 $n\omega_0$，其中 $\omega_0$ 为基频，$n = 1, 2, 3, \cdots$，第一个谐波的频率即为**基频**。

接下来考虑一个三次谐波电压：

$$v_3(t) = \cos 3\omega_0 t$$

图 17.1(a)所示是基波 $v_1(t)$、三次谐波 $v_3(t)$ 以及这两个波形叠加后的 3 条曲线。注意，叠加后的波形也具有周期性，其周期为 $T = 2\pi/\omega_0$。

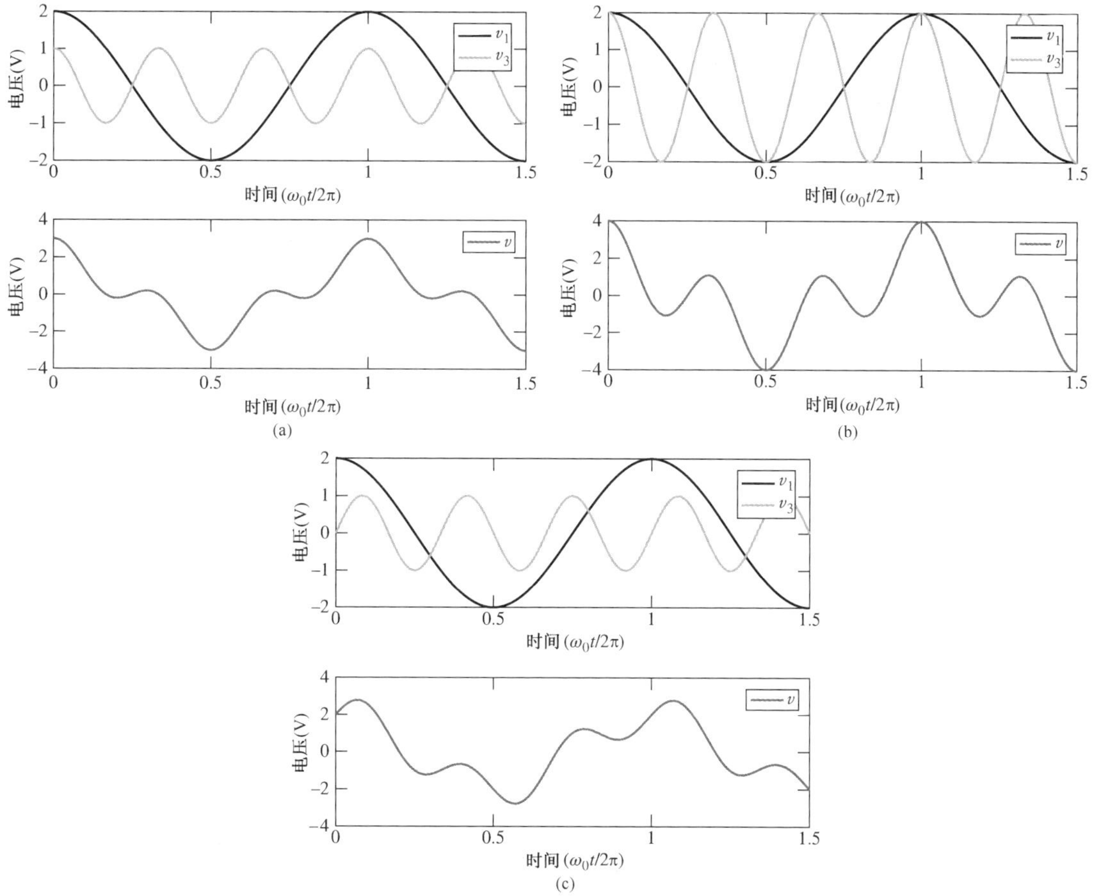


图 17.1　将基波和三次谐波叠加，可以得到无限多种不同的波形。这是其中的几个例子，这里基波 $v_1 = 2\cos\omega_0 t$，而三次谐波分别为：(a) $v_3 = \cos 3\omega_0 t$；(b) $v_3 = 2\cos 3\omega_0 t$；(c) $v_3 = \sin 3\omega_0 t$

当三次谐波分量的相位和幅度发生变化时，它与基波叠加后得到的周期函数的形式也会相应地发生改变。图 17.1(b)所示是 $v_1(t)$ 与幅度稍大一些的三次谐波叠加后的结果：

$$v_3(t) = 2\cos 3\omega_0 t$$

将三次谐波的相位改变 90°，使之变为

$$v_3(t) = \sin 3\omega_0 t$$

图 17.1(c)所示的相应的叠加结果也会发生变化。但上述所有情况下，叠加后波形的周期均等于基波周期，而叠加后波形的特性与每个谐波成分的幅度与相位有关。后面将看到，可以通过正弦函数的适当组合来产生完全不具有正弦特性的波形。

在熟悉了用无穷多个正弦和余弦函数的叠加来表示周期波形之后，下面将用与拉普拉斯变换类似的方法来讨论一般的非周期波形的频域表示。

## 练习

17.1 设一个三次谐波电压和基波电压叠加，得到 $v = 2\cos \omega_0 t + V_{m3}\sin 3\omega_0 t$，其波形如图 17.1(c)所示，$V_{m3} = 1$。(a) 求 $V_{m3}$的值，使得 $v(t)$在 $\omega_0 t = 2\pi/3$ 处的斜率等于零；(b) 计算 $\omega_0 t = 2\pi/3$ 处的$v(t)$值。

答案：(a) 0.577；(b) -1.000。

## 傅里叶级数

首先考虑周期函数$f(t)$，在 11.2 节曾给出了该函数的定义，函数关系如下：

$$f(t) = f(t + T)$$

其中，$T$ 为周期。接下来进一步假设函数$f(t)$满足下面的条件：

1. $f(t)$在定义域内是单值的，即$f(t)$满足数学上关于函数的定义。
2. 对于任意 $t_0$，积分$\int_{t_0}^{t_0+T} |f(t)|\mathrm{d}t$ 都存在(即该积分值有限)。
3. 在任一周期内$f(t)$只有有限个不连续点。
4. 在任一周期内$f(t)$只有有限个极大值和极小值。

说明：$f(t)$可以代表电压或者电流波形，真正能够产生的电压或电流波形都必须满足这 4 个条件。当然需要注意，有些数学函数是存在的，但是可能不满足这些条件。

傅里叶定理指出，对于具有上述特征的周期函数$f(t)$，可以用无穷级数表示为

$$\begin{aligned} f(t) &= a_0 + a_1\cos\omega_0 t + a_2\cos 2\omega_0 t + \cdots \\ &\quad + b_1\sin\omega_0 t + b_2\sin 2\omega_0 t + \cdots \\ &= a_0 + \sum_{n=1}^{\infty}(a_n\cos n\omega_0 t + b_n\sin n\omega_0 t) \end{aligned} \qquad [1]$$

其中，基波频率$\omega_0$ 可以用周期 $T$ 来表示：$\omega_0 = \dfrac{2\pi}{T}$，式[1]中的$a_0$，$a_n$ 和 $b_n$ 为与 $n$ 和$f(t)$有关的常数。式[1]是$f(t)$的**傅里叶级数**的三角函数形式，求解系数 $a_0$，$a_n$ 和 $b_n$ 的过程称为傅里叶分析。我们的目标并不是要证明这个定理，而是简单地推导傅里叶分析过程并验证其正确性。

## 一些有用的三角函数积分

在讨论傅里叶级数的系数求解方法之前，我们先来看一些有用的三角函数积分。令 $n$ 和 $k$ 表示整数下标的集合 1, 2, 3, …。在下面的积分中，将 0 和 $T$ 作为积分限，但必须知道，取任何一个周期区间进行积分都是相同的。

$$\int_0^T \sin n\omega_0 t\,\mathrm{d}t = 0 \qquad [2]$$

$$\int_0^T \cos n\omega_0 t\,\mathrm{d}t = 0 \qquad [3]$$

$$\int_0^T \sin k\omega_0 t \cos n\omega_0 t\,\mathrm{d}t = 0 \qquad [4]$$

$$\int_0^T \sin k\omega_0 t \sin n\omega_0 t\,\mathrm{d}t = 0, \qquad k \neq n \qquad [5]$$

$$\int_0^T \cos k\omega_0 t \cos n\omega_0 t\,\mathrm{d}t = 0, \qquad k \neq n \qquad [6]$$

式[5]和式[6]中的例外情况也很容易求出，因此可得

$$\int_0^T \sin^2 n\omega_0 t\,\mathrm{d}t = \frac{T}{2} \qquad [7]$$

$$\int_0^T \cos^2 n\omega_0 t\,\mathrm{d}t = \frac{T}{2} \qquad [8]$$

## 傅里叶系数的计算

现在我们可以计算傅里叶级数中的待定系数了。首先求 $a_0$，分别将式[1]的两边在一个周期内积分，得到

$$\int_0^T f(t)\,\mathrm{d}t = \int_0^T a_0\,\mathrm{d}t + \int_0^T \sum_{n=1}^{\infty}(a_n \cos n\omega_0 t + b_n \sin n\omega_0 t)\,\mathrm{d}t$$

而和式中的每一项都具有式[2]或式[3]的形式，因此

$$\int_0^T f(t)\,\mathrm{d}t = a_0 T$$

该式也可以表示为

$$a_0 = \frac{1}{T}\int_0^T f(t)\,\mathrm{d}t \qquad [9]$$

上式说明常数 $a_0$ 即为 $f(t)$ 在一个周期内的平均值，因此将其称为 $f(t)$ 的直流成分。

为了计算余弦项的系数，例如 $\cos k\omega_0 t$ 的系数 $a_k$，首先将式[1]的两边同时乘以 $\cos k\omega_0 t$，然后分别对等式两边在一个周期内进行积分，得到

$$\int_0^T f(t)\cos k\omega_0 t\,\mathrm{d}t = \int_0^T a_0 \cos k\omega_0 t\,\mathrm{d}t + \int_0^T \sum_{n=1}^{\infty} a_n \cos k\omega_0 t \cos n\omega_0 t\,\mathrm{d}t + \int_0^T \sum_{n=1}^{\infty} b_n \cos k\omega_0 t \sin n\omega_0 t\,\mathrm{d}t$$

由式[3]、式[4]和式[6]可知，除 $k=n$ 时 $a_n$ 这一项不为 0 外，上式右边的所有项均为 0。利用式[8]，可以求出 $a_k$ 或 $a_n$：

$$a_n = \frac{2}{T}\int_0^T f(t)\cos n\omega_0 t\,\mathrm{d}t \qquad [10]$$

其值等于 $f(t)\cos n\omega_0 t$ 在一个周期内的平均值的两倍。

用类似的方法，通过乘以 $\sin k\omega_0 t$ 并在一个周期上积分，可看到除一项以外，公式等号右边的其他所有项均等于0，再由式[7]可以求出 $b_n$：

$$b_n = \frac{2}{T}\int_0^T f(t)\sin n\omega_0 t\,\mathrm{d}t \qquad [11]$$

其值等于 $f(t)\sin n\omega_0 t$ 在一个周期内的平均值的两倍。

由式[9]到式[11]，可以求出式[1]所示的傅里叶级数中的 $a_0$，以及所有的 $a_n$ 和 $b_n$ 的值：

$$f(t) = a_0 + \sum_{n=1}^{\infty}(a_n \cos n\omega_0 t + b_n \sin n\omega_0 t) \qquad [1]$$

$$\omega_0 = \frac{2\pi}{T} = 2\pi f_0$$

$$a_0 = \frac{1}{T}\int_0^T f(t)\,\mathrm{d}t \qquad [9]$$

$$a_n = \frac{2}{T}\int_0^T f(t)\cos n\omega_0 t\,\mathrm{d}t \qquad [10]$$

$$b_n = \frac{2}{T}\int_0^T f(t)\sin n\omega_0 t\,\mathrm{d}t \qquad [11]$$

**例 17.1** 图 17.2 所示的锯齿波代表积分电路的周期电压响应，例如数字图像中得到的信号。求该波形的傅里叶级数表达式并画出 $n=3$ 和 $n=30$ 时的波形。

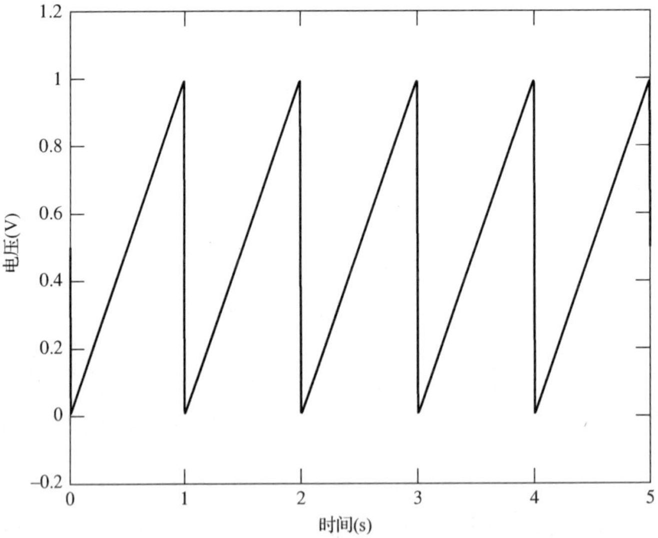


图 17.2 积分电路输出的周期锯齿波

**解：明确题目的要求**

我们需要求出图示波形的傅里叶级数表示式。如果负半部分的电压没有去掉，则波形为一个正弦函数，这是一个非常简单的问题。

**收集已知信息**

为了将此电压波形用傅里叶级数表示，首先必须确定其周期，接着将这个用图形给出的电压波形表示为关于时间的函数形式。从图中可以看出，其周期为

$$T = 1\ \text{s}$$

因此，

$$\omega_0 = 2\pi\ \text{rad/s}$$

**设计方案**

求解本题的最直接的方法是应用式[9]至式[11]来计算系数 $a_0$，$a_n$ 和 $b_n$。因此，我们需要得到 $v(t)$ 的函数表达式，在每一个周期内这是一个线性函数：

$$v(t) = \frac{t}{T}, \quad 0 \leqslant t \leqslant 1$$

**建立一组合适的方程**

我们很容易得到零频率的分量：

$$a_0 = \frac{1}{T}\int_0^T \frac{t}{T}\mathrm{d}t = \frac{1}{T^2}\left(\frac{t^2}{2}\right)\bigg|_0^T = \frac{1}{2}$$

余弦项的幅度为

$$a_n = \frac{2}{T}\int_0^T \frac{t}{T}\cos(n\omega_0 t)\mathrm{d}t$$

$$a_n = \frac{2}{T^2}\left[\frac{1}{(n\omega_0)^2}\cos(n\omega_0 t) + \frac{t}{n\omega_0}\sin(n\omega_0 t)\right]\bigg|_0^T$$

$$a_n = 0!$$

而正弦项的幅度为

$$b_n = \frac{2}{T}\int_0^T \frac{t}{T}\sin(n\omega_0 t)\mathrm{d}t$$

$$b_n = \frac{2}{T^2}\left[-\frac{t}{n\omega_0}\cos(n\omega_0 t) + \frac{1}{(n\omega_0)^2}\sin(n\omega_0 t)\right]\bigg|_0^T$$

$$b_n = -\frac{1}{n\pi}$$

说明：注意，对于分段定义的函数，在一个周期上的积分必须分为几个子区间进行，而每个子区间上 $v(t)$ 的函数形式是已知的。

**确定是否还需要其他信息**

现在已经得到傅里叶级数表达式的系数。

**尝试求解**

合并各项，可得

$$v(t) = \frac{1}{2} - \sum_{n=1}^{\infty}\frac{1}{n\pi}\sin(n\omega_0 t)$$

**验证结果是否合理或是否与预计结果一致**

验证答案的方法是，将所取的级数项增加时得到的函数图形画出，如图 17.3 所示，截取的级数项越多，画出的曲线就越接近于图 17.2 所示的原始曲线。若 $n=3$，则只有几个正弦函数起作用，使得与锯齿波相比明显不匹配，若 $n=30$，则有相当多不同频率的正弦函数叠加在一起，使得合成后的波形与锯齿波非常接近。

```
t = linspace(0,5,1000); % vector for time over 1000 points
T = 1; % Period
w0 = 2* pi/T; % natural frequency
a0 = 0.5; % constant
for i = 1:1000;
  sum = 0; % begin sum
  for k = 1:3; % loop for n = 3
    sum = sum -1/k/pi* sin(k* w0* t(i));
  end
  f3(i) = a0 + sum; % function for n = 3
  sum = 0;
  for k = 1:30; % loop for n = 30
    sum = sum -1/k/pi* sin(k* w0* t(i));
  end
  f30(i) = a0 + sum; % function for n = 30
end
figure(1)
plot(t,f3,t,f30,'LineWidth',1.0)
xlabel('Time (s)')
ylabel('Voltage(V)')
legend('n = 3','n = 30')
```

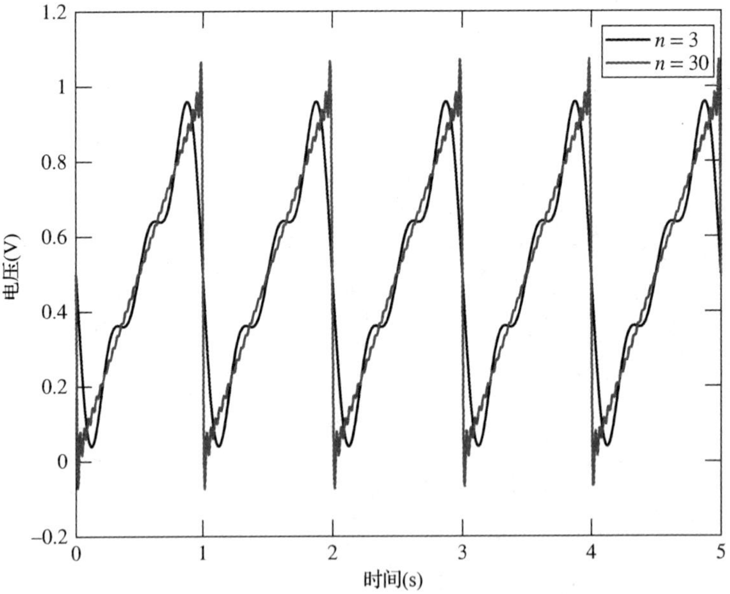


图 17.3 截取 $n=3$ 和 $n=30$ 得到的曲线，表明曲线在向锯齿波 $v(t)$ 收敛

## 练习

17.2 已知一个周期波形 $f(t)$ 由下列各式描述：$f(t) = -4$, $0<t<0.3$; $f(t)=6$, $0.3<t<0.4$; $f(t)=0$, $0.4<t<0.5$; $T=0.5$。计算：(a) $a_0$；(b) $a_3$；(c) $b_1$。

17.3　写出如图 17.4 所示 3 个电压波形的傅里叶级数表达式。

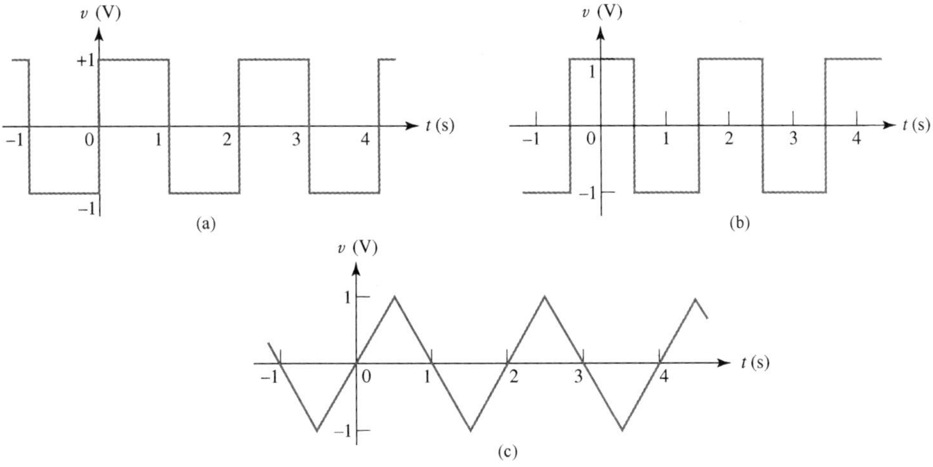


图 17.4

答案：17.2：(a) −1.200；(b) 1.383；(c) −4.44。

17.3：(a) $(4/\pi)(\sin \pi t + \frac{1}{3}\sin 3\pi t + \frac{1}{5}\sin 5\pi t + \cdots)$ V；(b) $(4/\pi)(\cos \pi t - \frac{1}{3}\cos 3\pi t + \frac{1}{5}\cos 5\pi t - \cdots)$ V；$(8/\pi^2)(\sin \pi t - \frac{1}{9}\sin 3\pi t + \frac{1}{25}\sin 5\pi t - \cdots)$ V。

## 线谱和相位谱

我们绘制了例 17.1 中函数 $v(t)$ 的曲线，也分析了它的解析表达式，它们都是时域上的表示形式，但可以将其转化为频域上的表示形式。例如，图 17.5 所示是用**线谱**形式画出的 $v(t)$ 各频率成分的幅度。这里，每个频率成分(即 $|a_0|$，$|b_1|$ 等)的幅值大小是由对应频率点处(即 $\omega_0$，$2\omega_1$ 等)的垂直线段长度来表示的。

这类图形又称为**离散谱**，为我们提供了许多有用的信息。特别是可以从图中看出要合理地近似表示原始波形所需的级数的项数。在图 17.5 所示的线谱中，可以看到 8 次谐波和 10 次谐波(相应的频率为 20 Hz 和 25 Hz)只是一个很小的值。因此，截去该级数 6 次谐波以后的各项是一种合理的近似，这一点读者可以自己通过图 17.3 来判断。

⚠ 这里必须注意，在上例中由于不包含正弦项，因此 $n$ 次谐波的幅度为 $|b_n|$。如果 $a_n$ 不等于零，那么频率为 $n\omega_0$ 的分量的幅度必然为 $\sqrt{a_n^2 + b_n^2}$，这是线谱图中必须标出的量。当我们讨论傅里叶级数的复数形式时，这个幅度将可以更直接地求得。

除幅度谱以外，还可以得到离散**相位谱**。在任意频率 $n\omega_0$ 处，将余弦项和正弦项合并，可以得到相角 $\phi_n$：

$$a_n \cos n\omega_0 t + b_n \sin n\omega_0 t = \sqrt{a_n^2 + b_n^2}\cos\left(n\omega_0 t + \arctan\frac{-b_n}{a_n}\right)$$

$$= \sqrt{a_n^2 + b_n^2}\cos(n\omega_0 t + \phi_n)$$

或者可以写为

$$\phi_n = \arctan\frac{-b_n}{a_n}$$

本例中得到的傅里叶级数不包含余弦项。事实上，通过观察给定时域函数的对称性，在积分之前就可以判断出待求的傅里叶级数缺少哪些项。17.2 节将研究对称性的应用。

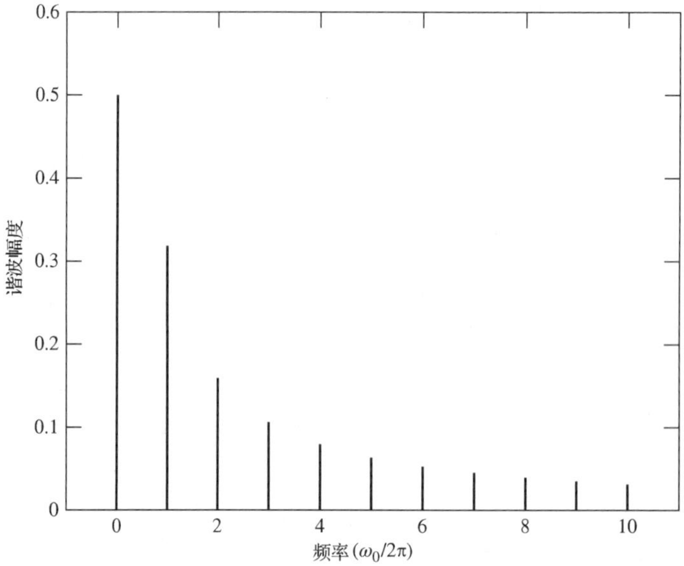


图 17.5 例 17.1 中 $v(t)$的离散线谱，这里只画出了前 10 个频率分量

## 17.2 对称性的应用

### 偶对称和奇对称

两种很容易理解的对称是偶函数对称和奇函数对称，或者简称为偶对称和奇对称。如果 $f(t)$满足：

$$f(t) = f(-t) \qquad [12]$$

则称 $f(t)$具有偶对称性。函数 $t^2$, $\cos 3t$, $\ln(\cos t)$, $\sin^2 7t$ 以及常数 $C$ 等都具有偶对称性。在这样的函数中，将 $t$ 替换为$(-t)$并不会改变函数的值。这种对称性也可以在图形上表现出来，如果 $f(t) = f(-t)$，则关于 $f(t)$轴存在着镜像对称性。图 17.6(a)所示的函数具有偶对称性，如果将该图形沿 $f(t)$轴折叠，则其正时间部分的图像与负时间部分的图像将完全重合，即一个图像位于另一个图像之上。

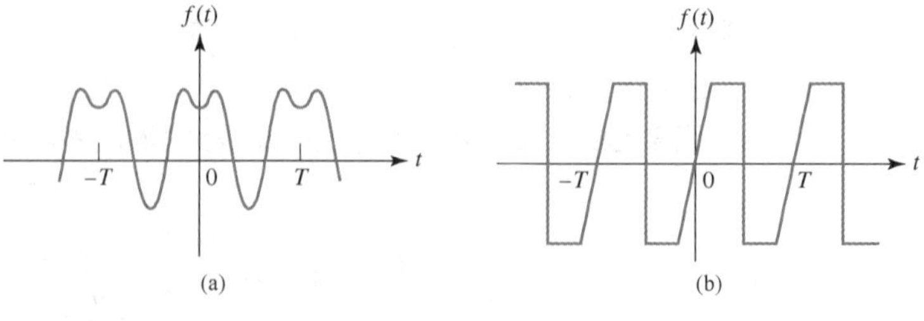


图 17.6 (a) 具有偶对称性的波形；(b) 具有奇对称性的波形

我们将奇对称性定义为：如果 $f(t)$具有奇对称性，则

$$f(t) = -f(-t) \qquad [13]$$

换句话说，如果将 $t$ 替换为$(-t)$，将得到该函数的相反数。例如，函数 $t$, $\sin t$, $t\cos 70t$, $t\sqrt{1+t^2}$ 以及图 17.6(b)所示的函数均为奇函数，具有奇对称性。从图形上看，奇对称函数的特性可以很

明显地得到，如果将$f(t)$在$t>0$部分的图像绕正$t$轴旋转，再将所得结果沿$f(t)$轴对折，那么这两部分曲线($t>0$部分和$t<0$部分)将完全重合。也就是说，不同于偶函数关于$f(t)$轴的轴对称性，我们现在得到的奇函数的对称性是关于原点的对称性。

了解了偶对称和奇对称的定义之后，可以知道：两个偶函数的乘积或者两个奇函数的乘积具有偶对称性，而一个奇函数和一个偶函数的乘积具有奇对称性。

## 对称性和傅里叶级数项

下面来考察一个具有偶对称性的傅里叶级数的性质。假设一个偶函数$f(t)$的表达式等于无穷多个正弦函数与余弦函数的和，显然这些正弦函数与余弦函数的和必须也是偶函数。但是正弦函数是奇函数，除了 0(它既是奇函数也是偶函数)，将任意多个正弦函数相加，结果都不可能是偶函数。因此，具有偶对称性的傅里叶级数只包含常数项和余弦项。下面来详细证明$b_n=0$，已知

$$\begin{aligned}b_n &= \frac{2}{T}\int_{-T/2}^{T/2} f(t)\sin n\omega_0 t\,\mathrm{d}t\\ &= \frac{2}{T}\left[\int_{-T/2}^{0} f(t)\sin n\omega_0 t\,\mathrm{d}t + \int_{0}^{T/2} f(t)\sin n\omega_0 t\,\mathrm{d}t\right]\end{aligned}$$

在第一个积分中将积分变量$t$替换为$-\tau$，或者$\tau=-t$，并利用$f(t)=f(-t)=f(\tau)$，可得

$$\begin{aligned}b_n &= \frac{2}{T}\left[\int_{T/2}^{0} f(-\tau)\sin(-n\omega_0\tau)(-\mathrm{d}\tau) + \int_{0}^{T/2} f(t)\sin n\omega_0 t\,\mathrm{d}t\right]\\ &= \frac{2}{T}\left[-\int_{0}^{T/2} f(\tau)\sin\, n\omega_0\tau\,\mathrm{d}\tau + \int_{0}^{T/2} f(t)\sin n\omega_0 t\,\mathrm{d}t\right]\end{aligned}$$

由于积分变量的名称与积分的结果无关，因此

$$\int_{0}^{T/2} f(\tau)\sin n\omega_0\tau\,\mathrm{d}\tau = \int_{0}^{T/2} f(t)\sin n\omega_0 t\,\mathrm{d}t$$

于是，

$$b_n = 0 \qquad \text{(偶对称)} \qquad [14]$$

即不含正弦项。因此，如果$f(t)$具有偶对称性，那么$b_n=0$；反之，如果$b_n=0$，那么$f(t)$一定具有偶对称性。

采用相同的方法，可以将$a_n$的表达式简化为在半个周期内的积分，即积分限为$t=0$到$t=T/2$：

$$a_n = \frac{4}{T}\int_{0}^{T/2} f(t)\cos n\omega_0 t\,\mathrm{d}t \qquad \text{(偶对称)} \qquad [15]$$

因此，对于偶函数，通过"在半个周期上积分并乘以 2"的方法来求$a_n$是符合逻辑的。

具有奇对称性的函数的傅里叶展开式中不含常数项和余弦项。下面来证明这个命题。已知：

$$\begin{aligned}a_n &= \frac{2}{T}\int_{-T/2}^{T/2} f(t)\cos n\omega_0 t\,\mathrm{d}t\\ &= \frac{2}{T}\left[\int_{-T/2}^{0} f(t)\cos n\omega_0 t\,\mathrm{d}t + \int_{0}^{T/2} f(t)\cos n\omega_0 t\,\mathrm{d}t\right]\end{aligned}$$

对第一个积分做替换$t=-\tau$：

$$a_n = \frac{2}{T}\left[\int_{T/2}^{0} f(-\tau)\cos(-n\omega_0\tau)\,(-\mathrm{d}\tau) + \int_0^{T/2} f(t)\cos n\omega_0 t\,\mathrm{d}t\right]$$

$$= \frac{2}{T}\left[\int_0^{T/2} f(-\tau)\cos n\omega_0\tau\,\mathrm{d}\tau + \int_0^{T/2} f(t)\cos n\omega_0 t\,\mathrm{d}t\right]$$

由于$f(-\tau) = -f(\tau)$，因此， $a_n = 0$ (奇对称) [16]

同样可以证明： $a_0 = 0$ (奇对称)

因此，若函数具有奇对称性，那么 $a_n = 0$ 且 $a_0 = 0$；反之，如果 $a_n = 0$ 且 $a_0 = 0$，则函数具有奇对称性。

同样，在半个周期上进行积分就可以得到 $b_n$：

$$b_n = \frac{4}{T}\int_0^{T/2} f(t)\sin n\omega_0 t\,\mathrm{d}t \qquad \text{(奇对称)} \qquad [17]$$

## 半波对称性

两种方波的傅里叶级数均具有另外一个有趣的特性，即它们都不包含偶次谐波①，亦即级数中的频率成分只包含基频的奇数倍；当 $n$ 为偶数时，$a_n$ 和 $b_n$ 均等于零。该特性是由另一种对称性引起的，称为半波对称。如果

$$f(t) = -f\left(t - \tfrac{1}{2}T\right)$$

或者

$$f(t) = -f\left(t + \tfrac{1}{2}T\right)$$

则称$f(t)$具有半波对称性。除了符号改变，每个半周期与相邻的半周期完全一样。半波对称性与偶对称性和奇对称性不一样，它不是由时间原点 $t = 0$ 所取的位置不同而导致的。因此，可以证明方波[见图 17.4(a)或图 17.4(b)]具有半波对称性。图 17.6 所示的波形均不具有半波对称性，但与它们有些类似的图 17.7 中的波形却具有半波对称性。

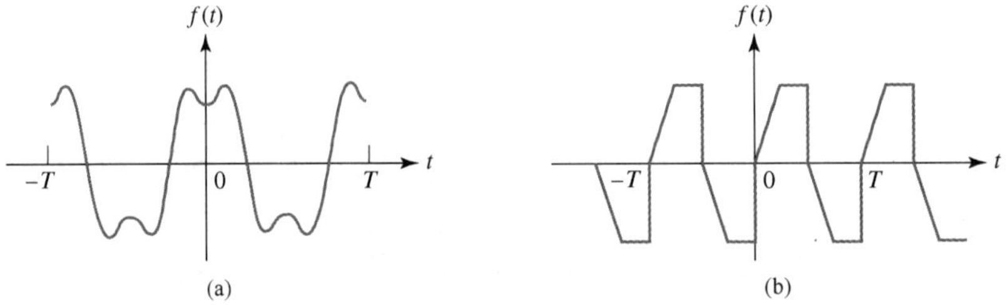


图 17.7 (a) 与图 17.6(a)所示波形类似的波形，但却具有半波对称性；(b) 与图17.6(b)所示波形类似的波形，但却具有半波对称性

可以证明，任何具有半波对称性的函数的傅里叶级数仅包含奇次谐波。下面来考虑系数 $a_n$：

$$a_n = \frac{2}{T}\int_{-T/2}^{T/2} f(t)\cos n\omega_0 t\,\mathrm{d}t$$

$$= \frac{2}{T}\left[\int_{-T/2}^{0} f(t)\cos n\omega_0 t\,\mathrm{d}t + \int_0^{T/2} f(t)\cos n\omega_0 t\,\mathrm{d}t\right]$$

① 必须时常保持警惕，避免在偶函数和偶次谐波以及奇函数和奇次谐波之间产生混淆。例如，$b_{10}$是偶次谐波的系数，当$f(t)$是偶函数时，它等于零。

可以将上式写成
$$a_n = \frac{2}{T}(I_1 + I_2)$$

然后在积分项 $I_1$ 中做变量替换 $\tau = t + \frac{1}{2}T$，得到

$$\begin{aligned} I_1 &= \int_0^{T/2} f\left(\tau - \frac{1}{2}T\right)\cos n\omega_0\left(\tau - \frac{1}{2}T\right)\mathrm{d}\tau \\ &= \int_0^{T/2} -f(\tau)\left(\cos n\omega_0\tau\cos\frac{n\omega_0 T}{2} + \sin n\omega_0\tau\sin\frac{n\omega_0 T}{2}\right)\mathrm{d}\tau \end{aligned}$$

而 $\omega_0 T$ 等于 $2\pi$，于是
$$\sin\frac{n\omega_0 T}{2} = \sin n\pi = 0$$

因此
$$I_1 = -\cos n\pi\int_0^{T/2} f(\tau)\cos n\omega_0\tau\,\mathrm{d}\tau$$

注意，$I_2$ 具有与 $I_1$ 相同的形式，于是可得

$$a_n = \frac{2}{T}(1 - \cos n\pi)\int_0^{T/2} f(t)\cos n\omega_0 t\,\mathrm{d}t$$

因子$(1-\cos n\pi)$表明当 $n$ 为偶数时 $a_n$ 等于零，因此

$$a_n = \begin{cases} \dfrac{4}{T}\displaystyle\int_0^{T/2} f(t)\cos n\omega_0 t\,\mathrm{d}t, & n\text{为奇数} \\ 0, & n\text{为偶数} \end{cases} \quad \text{（半波对称）} \qquad [18]$$

采用类似的分析可以证明，当 $n$ 为偶数时 $b_n$ 也等于零，于是

$$b_n = \begin{cases} \dfrac{4}{T}\displaystyle\int_0^{T/2} f(t)\sin n\omega_0 t\,\mathrm{d}t, & n\text{为奇数} \\ 0, & n\text{为偶数} \end{cases} \quad \text{（半波对称）} \qquad [19]$$

需要注意的是，具有半波对称性的波形也可以具有偶对称性或奇对称性。例如，图 17.7(a)所示的波形既具有偶对称性，又具有半波对称性。当波形同时具有半波对称性以及偶对称性或奇对称性中的一种时，可以根据其 1/4 周期的波形来重构整个波形。$a_n$ 和 $b_n$ 的值也可以通过在任意 1/4 周期上进行积分而求得，即

$$\left.\begin{aligned} &a_n = \frac{8}{T}\int_0^{T/4} f(t)\cos n\omega_0 t\,\mathrm{d}t, && n\text{为奇数} \\ &a_n = 0, && n\text{为偶数} \\ &b_n = 0, && \text{对于所有}n \end{aligned}\right\} \quad \text{（半波对称和偶对称）} \qquad [20]$$

$$\left.\begin{aligned} &a_n = 0, && \text{对于所有}n \\ &b_n = \frac{8}{T}\int_0^{T/4} f(t)\sin n\omega_0 t\,\mathrm{d}t, && n\text{为奇数} \\ &b_n = 0, && n\text{为偶数} \end{aligned}\right\} \quad \text{（半波对称和奇对称）} \qquad [21]$$

**说明：在计算给定函数的傅里叶级数时，花一些时间来考虑其对称性是值得的。**

表 17.1 总结了讨论过的各种傅里叶级数对称性简化。

**表 17.1 傅里叶级数对称性简化的总结**

| 对称性类型 | 特征 | 简化 |
|---|---|---|
| 偶对称 | $f(t)=-f(t)$ | $b_n=0$ |
| 奇对称 | $f(t)=-f(-t)$ | $a_n=0$ |
| 半波对称 | $f(t)=-f\left(t-\dfrac{T}{2}\right)$<br>或<br>$f(t)=-f\left(t+\dfrac{T}{2}\right)$ | $a_n=\begin{cases}\dfrac{4}{T}\displaystyle\int_0^{T/2} f(t)\cos n\omega_0 t\,\mathrm{d}t, & n\text{为奇数}\\ 0, & n\text{为偶数}\end{cases}$<br>$b_n=\begin{cases}\dfrac{4}{T}\displaystyle\int_0^{T/2} f(t)\sin n\omega_0 t\,\mathrm{d}t, & n\text{为奇数}\\ 0, & n\text{为偶数}\end{cases}$ |
| 半波和偶对称 | $f(t)=-f\left(t-\dfrac{T}{2}\right)$ 和<br>$f(t)=-f(t)$<br>或<br>$f(t)=-f\left(t+\dfrac{T}{2}\right)$ 和<br>$f(t)=-f(t)$ | $a_n=\begin{cases}\dfrac{8}{T}\displaystyle\int_0^{T/4} f(t_1)\cos n\omega_0 t\,\mathrm{d}t, & n\text{为奇数}\\ 0, & n\text{为偶数}\end{cases}$<br>$b_n=0,$ 对所有的$n$ |
| 半波和奇对称 | $f(t)=-f\left(t-\dfrac{T}{2}\right)$ 和<br>$f(t)=-f(-t)$<br>或<br>$f(t)=-f\left(t+\dfrac{T}{2}\right)$ 和<br>$f(t)=-f(-t)$ | $a_n=0,$ 对所有的$n$<br>$b_n=\begin{cases}\dfrac{8}{T}\displaystyle\int_0^{T/4} f(t)\sin n\omega_0 t\,\mathrm{d}t, & n\text{为奇数}\\ 0, & n\text{为偶数}\end{cases}$ |

## 练习

17.4 画出下列函数的波形，判断该函数是否具有偶对称性、奇对称性以及半波对称性，然后计算周期：(a) $v=0$，$-2<t<0$ 和 $2<t<4$；$v=5$，$0<t<2$；$v=-5$，$4<t<6$；重复；(b) $v=10$，$1<t<3$；$v=0$，$3<t<7$；$v=-10$，$7<t<9$；重复；(c) $v=8t$，$-1<t<1$；$v=0$，$1<t<3$；重复。

17.5 求练习 17.4 中(a)和(b)的傅里叶级数。

答案：17.4：(a) 否，否，是，8；(b) 否，否，否，8；(c) 否，是，否，4。

17.5：(a) $\displaystyle\sum_{n=1(\text{奇})}^{\infty}\frac{10}{n\pi}\left(\sin\frac{n\pi}{2}\cos\frac{n\pi t}{4}+\sin\frac{n\pi t}{4}\right)$；

(b) $\displaystyle\sum_{n=1}^{\infty}\frac{10}{n\pi}\left[\left(\sin\frac{3n\pi}{4}-3\sin\frac{n\pi}{4}\right)\cos\frac{n\pi t}{4}+\left(\cos\frac{n\pi}{4}-\cos\frac{3n\pi}{4}\right)\sin\frac{n\pi t}{4}\right]$。

## 17.3 周期激励函数的完全响应

使用傅里叶级数可以将任何周期性激励函数表示为无穷多个正弦激励函数之和的形式。通过常规的稳态分析，可以求出每个正弦函数的受迫响应，而网络传输函数的极点决定了自由响应。根据网络的初始条件(包括受迫响应的初始值)，可以求出自由响应的幅度，从而将受迫响应和自由响应相加，得到完全响应。

**例 17.2**　将图 17.8(b)所示的方波信号作用于图 17.8(a)所示的电路，求该电路的周期性电流响应 $i(t)$。假设 $i(0)=0$。

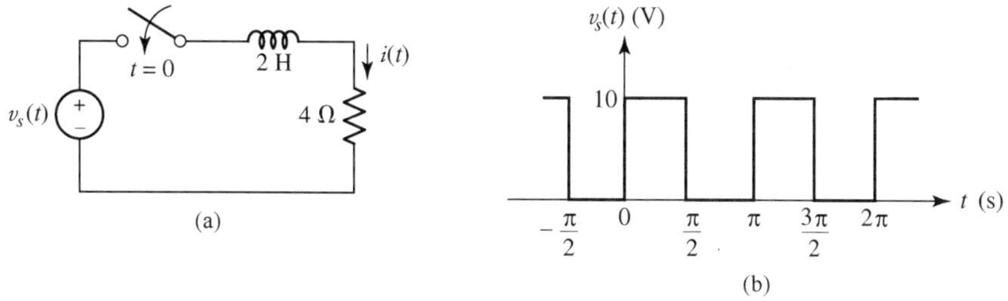


图 17.8　(a) 在周期激励函数 $v_s(t)$ 作用下的简单 *RL* 电路；(b) 激励函数的波形

**解**：该激励函数的基频为 $\omega_0=2$ rad/s，通过与练习 17.3 中解得的如图 17.4(b)所示的波形进行比较，可以写出本题的激励函数的傅里叶级数为

$$v_s(t)=5+\frac{20}{\pi}\sum_{n=1(\text{奇})}^{\infty}\frac{\sin 2nt}{n}$$

在频域中，可以求出第 $n$ 次谐波的受迫响应为

$$v_{sn}(t)=\frac{20}{n\pi}\sin 2nt$$

即

$$\mathbf{V}_{sn}=\frac{20}{n\pi}\angle{-90^\circ}=-\mathrm{j}\frac{20}{n\pi}$$

*RL* 电路在这个频率上的阻抗为　$\mathbf{Z}_n=4+\mathrm{j}(2n)2=4+\mathrm{j}4n$

因此，在这个频率上的受迫响应为

$$\mathbf{I}_{fn}=\frac{\mathbf{V}_{sn}}{\mathbf{Z}_n}=\frac{-\mathrm{j}5}{n\pi(1+\mathrm{j}n)}$$

说明：$V_m\sin\omega t$ 等于 $V_m\cos(\omega t-90^\circ)$，相应地有 $V_m\angle{-90^\circ}=-\mathrm{j}V_m$。

变换到时域中，可得

$$\begin{aligned}i_{fn}&=\frac{5}{n\pi}\frac{1}{\sqrt{1+n^2}}\cos(2nt-90^\circ-\arctan n)\\&=\frac{5}{\pi(1+n^2)}\left(\frac{\sin 2nt}{n}-\cos 2nt\right)\end{aligned}$$

由于直流成分产生的响应为 5 V/4 Ω = 1.25 A，因此总受迫响应可以表示为下面的和式：

$$i_f(t)=1.25+\frac{5}{\pi}\sum_{n=1(\text{奇})}^{\infty}\left[\frac{\sin 2nt}{n(1+n^2)}-\frac{\cos 2nt}{1+n^2}\right]$$

这样一个简单电路的自由响应是熟悉的单个指数项[由传输函数 $\mathbf{I}_f/\mathbf{V}_s=1/(4+2\mathbf{s})$ 只有一个极点决定]：

$$i_n(t)=A\mathrm{e}^{-2t}$$

因此，完全响应等于和式：　$i(t)=i_f(t)+i_n(t)$

当 $t=0$ 时，由 $i(0)=0$，可得

$$A = -1.25 + \frac{5}{\pi}\sum_{n=1(奇)}^{\infty}\frac{1}{1+n^2}$$

虽然该式完全正确，但是计算出这个和式的数值并用它来表示更方便一些。$\sum 1/(1+n^2)$前5项的和为0.671，前10项的和为0.695，前20项的和为0.708，精确的和为0.720(保留3位有效位)。因此，

$$A = -1.25 + \frac{5}{\pi}(0.720) = -0.104$$

于是，

$$i(t) = -0.104e^{-2t} + 1.25 + \frac{5}{\pi}\sum_{n=1(奇)}^{\infty}\left[\frac{\sin 2nt}{n(1+n^2)} - \frac{\cos 2nt}{1+n^2}\right]\text{A}$$

在求解这个问题的过程中，必须用到本章和第16章中介绍的许多基本概念。因为这个具体问题比较简单，因此没有用到其他概念，但是它们对于一般分析的作用是可以肯定的。从这个意义上说，可以把对本问题的解答看成电路分析导论课程学习中的一个重大成就。尽管很有成就感，但是必须指出，例17.2所求出的解析形式的完全响应其实并没有太大意义，因为它没有描绘出响应的本质。而实际上，我们想要得到的是时间函数$i(t)$的曲线。这可以通过对足够多的项进行烦琐的计算而得到，因此台式计算机或者可编程计算器在这里可以提供很大帮助。当然，该曲线也可以通过将自由响应、直流项和前几个谐波项叠加起来近似得到，不过这个工作不值得去做。

综上所述，解决这类问题最有效的方法是采用反复的瞬态分析方法。也就是说，可以通过如下方法求得相应的形式：先算出时间区间$t=0$到$t=\pi/2$内的曲线，这是一个最大值为2.5 A的指数函数。在求出该时间区域末端时刻的函数值之后，相当于知道了下一个$\pi/2$秒时间段的初始值。这样反复进行，直到响应曲线具有周期性为止。这种方法非常适合于本例，因为相邻区间$\pi/2 < t < 3\pi/2$和$3\pi/2 < t < 5\pi/2$的电流波形的差异几乎可以忽略。图17.9所示是电流的完全响应曲线。

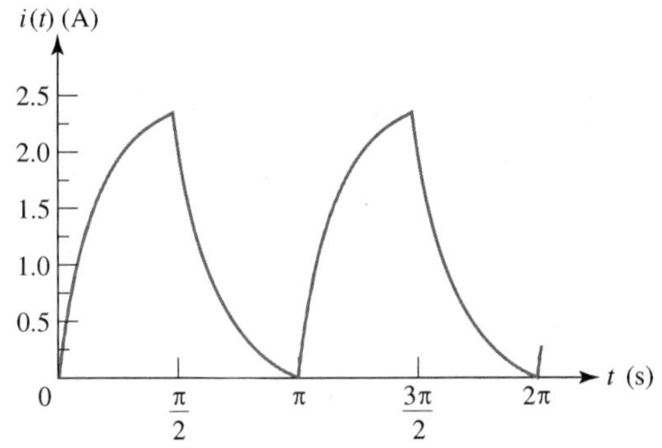


图17.9 在图17.8(b)所示的激励函数作用下，图17.8(a)所示电路的完全响应的初始波形

## 练习

17.6 采用第8章中给出的方法确定图17.9所示的电流值，其中$t$的取值为：(a) $\pi/2$；(b) $\pi$；(c) $3\pi/2$。

答案：(a) 2.392 A；(b) 0.1034 A；(c) 2.396 A。

## 17.4 傅里叶级数的复数形式

在求频谱的过程中，我们已经看到每一个频率成分的幅度与$a_n$和$b_n$均有关，也就是说，正弦项和余弦项均对幅度有影响，幅度的确切表达式为$\sqrt{a_n^2 + b_n^2}$。也可以通过将傅里叶级数的每一项表示成余弦函数及相角的形式，直接得到用$f(t)$和$n$表示的幅度和相角。如果将正

弦项和余弦项均表示为复指数函数乘以常数因子的形式，则可以得到一种更为方便和简洁的傅里叶级数的表示形式。

首先写出傅里叶级数的三角函数形式：

$$f(t)=a_0+\sum_{n=1}^{\infty}(a_n\cos n\omega_0 t+b_n\sin n\omega_0 t)$$

然后将其中的正弦项和余弦项用指数形式替代，整理可得

$$f(t)=a_0+\sum_{n=1}^{\infty}\left(\mathrm{e}^{\mathrm{j}n\omega_0 t}\frac{a_n-\mathrm{j}b_n}{2}+\mathrm{e}^{-\mathrm{j}n\omega_0 t}\frac{a_n+\mathrm{j}b_n}{2}\right)$$

**说明：读者应该可以回忆起等式：**$\sin\alpha=\dfrac{\mathrm{e}^{\mathrm{j}\alpha}-\mathrm{e}^{-\mathrm{j}\alpha}}{\mathrm{j}2}$ **和** $\cos\alpha=\dfrac{\mathrm{e}^{\mathrm{j}\alpha}+\mathrm{e}^{-\mathrm{j}\alpha}}{2}$。

定义复常数 $\mathbf{c}_n$：

$$\mathbf{c}_n=\tfrac{1}{2}(a_n-\mathrm{j}b_n),\qquad n=1,2,3,\cdots \tag{22}$$

$a_n$，$b_n$ 和 $\mathbf{c}_n$ 的值均与 $n$ 和 $f(t)$ 有关。如果将 $n$ 替换为 $(-n)$，那么这些常数将如何变化呢？系数 $a_n$ 和 $b_n$ 的定义参见式[10]和式[11]，显然可以发现

$$a_{-n}=a_n$$

但是，

$$b_{-n}=-b_n$$

由式[22]得到

$$\mathbf{c}_{-n}=\tfrac{1}{2}(a_n+\mathrm{j}b_n),\qquad n=1,2,3,\cdots \tag{23}$$

因此，

$$\mathbf{c}_n=\mathbf{c}_{-n}^{*}$$

另外，令

$$\mathbf{c}_0=a_0$$

因此，$f(t)$ 可表示为

$$f(t)=\mathbf{c}_0+\sum_{n=1}^{\infty}\mathbf{c}_n\mathrm{e}^{\mathrm{j}n\omega_0 t}+\sum_{n=1}^{\infty}\mathbf{c}_{-n}\mathrm{e}^{-\mathrm{j}n\omega_0 t}$$

或

$$f(t)=\sum_{n=0}^{\infty}\mathbf{c}_n\mathrm{e}^{\mathrm{j}n\omega_0 t}+\sum_{n=1}^{\infty}\mathbf{c}_{-n}\mathrm{e}^{-\mathrm{j}n\omega_0 t}$$

最后，无须对上式的第二项级数从 1 到 ∞ 进行求和，而是将其变成从 -1 到 -∞ 进行求和：

$$f(t)=\sum_{n=0}^{\infty}\mathbf{c}_n\mathrm{e}^{\mathrm{j}n\omega_0 t}+\sum_{n=-1}^{-\infty}\mathbf{c}_n\mathrm{e}^{\mathrm{j}n\omega_0 t}$$

即

$$\boxed{f(t)=\sum_{n=-\infty}^{\infty}\mathbf{c}_n\mathrm{e}^{\mathrm{j}n\omega_0 t}} \tag{24}$$

按照约定，从 -∞ 到 +∞ 的求和包含了 $n=0$ 的情况。

式[24]是函数 $f(t)$ 的傅里叶级数的复数形式，简洁性是使用它的最重要原因。为了求出复系数 $\mathbf{c}_n$ 的表达式，将式[10]和式[11]代入式[22]，得到

$$\mathbf{c}_n=\frac{1}{T}\int_{-T/2}^{T/2}f(t)\cos n\omega_0 t\,\mathrm{d}t-\mathrm{j}\frac{1}{T}\int_{-T/2}^{T/2}f(t)\sin n\omega_0 t\,\mathrm{d}t$$

然后，使用正弦和余弦函数的指数表达式，将其简化为

$$\mathbf{c}_n = \frac{1}{T}\int_{-T/2}^{T/2} f(t)e^{-jn\omega_0 t}\,dt \qquad [25]$$

因此，傅里叶级数的三角函数形式中的两个公式就可以用一个简洁的公式来代替了。现在只需要做一次积分就可以求得傅里叶系数，而无须再像以前那样做两次积分，而且这个积分的计算几乎总是更为简单。但需要注意的是，式[25]中积分的乘积因子为 $1/T$，而求解 $a_n$ 和 $b_n$ 的积分公式中的因子均为 $2/T$。

将指数形式的傅里叶级数的两个基本关系式写在一起，可得

$$f(t) = \sum_{n=-\infty}^{\infty} \mathbf{c}_n e^{jn\omega_0 t} \qquad [24]$$

$$\mathbf{c}_n = \frac{1}{T}\int_{-T/2}^{T/2} f(t)e^{-jn\omega_0 t}\,dt \qquad [25]$$

其中，$\omega_0 = 2\pi/T$，可见与以前的一样。

在各频率点 $\omega = n\omega_0$ 处($n = 0, \pm1, \pm2, \cdots$)，指数形式的傅里叶级数的幅度为 $|\mathbf{c}_n|$。可以画出 $|\mathbf{c}_n|$ 关于 $n\omega_0$ 或 $nf_0$ 的离散频谱(横坐标由正轴和负轴组成)，将得到关于原点对称的图像，因为根据式[22]和式[23]可知 $|\mathbf{c}_n| = |\mathbf{c}_{-n}|$。

由式[24]和式[25]，还可以看到在各频率 $\omega = n\omega_0$($n = 1, 2, 3, \cdots$)处的正弦分量的幅度为 $\sqrt{a_n^2 + b_n^2} = 2|\mathbf{c}_n| = 2|\mathbf{c}_{-n}| = |\mathbf{c}_n| + |\mathbf{c}_{-n}|$。对于直流成分，$a_0 = \mathbf{c}_0$。

式[25]给出的指数形式的傅里叶系数也受到 $f(t)$ 对称性的影响，下面给出了各种对称性情况下 $\mathbf{c}_n$ 的表达式：

$$\mathbf{c}_n = \frac{2}{T}\int_0^{T/2} f(t)\cos n\omega_0 t\,dt \qquad \text{(偶对称)} \qquad [26]$$

$$\mathbf{c}_n = \frac{-j2}{T}\int_0^{T/2} f(t)\sin n\omega_0 t\,dt \qquad \text{(奇对称)} \qquad [27]$$

$$\mathbf{c}_n = \begin{cases} \dfrac{2}{T}\displaystyle\int_0^{T/2} f(t)e^{-jn\omega_0 t}\,dt & (n\text{ 为奇数，半波对称}) \quad [28a] \\ 0 & (n\text{ 为偶数，半波对称}) \quad [28b] \end{cases}$$

$$\mathbf{c}_n = \begin{cases} \dfrac{4}{T}\displaystyle\int_0^{T/4} f(t)\cos n\omega_0 t\,dt & (n\text{ 为奇数，半波对称和偶对称}) \quad [29a] \\ 0 & (n\text{ 为偶数，半波对称和偶对称}) \quad [29b] \end{cases}$$

$$\mathbf{c}_n = \begin{cases} \dfrac{-j4}{T}\displaystyle\int_0^{T/4} f(t)\sin n\omega_0 t\,dt & (n\text{ 为偶数，半波对称和奇对称}) \quad [30a] \\ 0 & (n\text{ 为奇数，半波对称和奇对称}) \quad [30b] \end{cases}$$

**例 17.3** 求图 17.10 所示方波的傅里叶系数 $\mathbf{c}_n$。

**解：**这个方波既具有偶对称性，又具有半波对称性。如果忽略这些对称性而使用一般的式[25]来求解，则有 $T = 2$，$\omega_0 = 2\pi/2 = \pi$，从而可得

$$
\begin{aligned}
\mathbf{c}_n &= \frac{1}{T}\int_{-T/2}^{T/2} f(t)\mathrm{e}^{-\mathrm{j}n\omega_0 t}\,\mathrm{d}t \\
&= \frac{1}{2}\left[\int_{-1}^{-0.5} -\mathrm{e}^{-\mathrm{j}n\pi t}\,\mathrm{d}t + \int_{-0.5}^{0.5}\mathrm{e}^{-\mathrm{j}n\pi t}\,\mathrm{d}t - \int_{0.5}^{1}\mathrm{e}^{-\mathrm{j}n\pi t}\,\mathrm{d}t\right] \\
&= \frac{1}{2}\left[\frac{-1}{-\mathrm{j}n\pi}(\mathrm{e}^{-\mathrm{j}n\pi t})\Big|_{-1}^{-0.5} + \frac{1}{-\mathrm{j}n\pi}(\mathrm{e}^{-\mathrm{j}n\pi t})\Big|_{-0.5}^{0.5} + \frac{-1}{-\mathrm{j}n\pi}(\mathrm{e}^{-\mathrm{j}n\pi t})\Big|_{0.5}^{1}\right] \\
&= \frac{1}{\mathrm{j}2n\pi}(\mathrm{e}^{\mathrm{j}n\pi/2} - \mathrm{e}^{\mathrm{j}n\pi} - \mathrm{e}^{-\mathrm{j}n\pi/2} + \mathrm{e}^{\mathrm{j}n\pi/2} + \mathrm{e}^{-\mathrm{j}n\pi} - \mathrm{e}^{-\mathrm{j}n\pi/2}) \\
&= 2\,\frac{\mathrm{e}^{\mathrm{j}n\pi/2} - \mathrm{e}^{-\mathrm{j}n\pi/2}}{\mathrm{j}2n\pi} - \frac{\mathrm{e}^{\mathrm{j}n\pi} - \mathrm{e}^{-\mathrm{j}n\pi}}{\mathrm{j}2n\pi} \\
&= \frac{1}{n\pi}\left[2\sin\frac{n\pi}{2} - \sin n\pi\right]
\end{aligned}
$$

于是可以得到 $\mathbf{c}_0=0$，$\mathbf{c}_1=2/\pi$，$\mathbf{c}_2=0$，$\mathbf{c}_3=-2/3\pi$，$\mathbf{c}_4=0$，$\mathbf{c}_5=2/5\pi$，等等。不过，如果我们还记得当 $b_n=0$ 时 $a_n=2\mathbf{c}_n$，则可以看到，这里求出的结果与练习 17.3 所得的示于图 17.4(b) 中的波形是一致的。

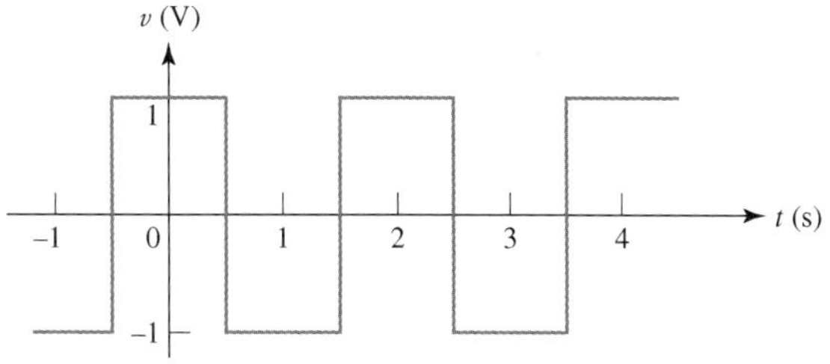

图 17.10　同时具有偶对称性和半波对称性的方波函数

利用波形的对称性(偶对称和半波对称)，应用式[29a]和式[29b]则可以简化问题：

$$
\begin{aligned}
\mathbf{c}_n &= \frac{4}{T}\int_0^{T/4} f(t)\cos n\omega_0 t\,\mathrm{d}t \\
&= \frac{4}{2}\int_0^{0.5}\cos n\pi t\,\mathrm{d}t = \frac{2}{n\pi}(\sin n\pi t)\Big|_0^{0.5} \\
&= \begin{cases} \dfrac{2}{n\pi}\sin\dfrac{n\pi}{2} & (n\text{为奇数}) \\ 0 & (n\text{为偶数}) \end{cases}
\end{aligned}
$$

这与不利用对称性所求得的结果一致。

接下来看一个更复杂也更有趣的例子。

**例 17.4**　如图 17.11 所示，函数 $f(t)$ 是一串幅度为 $V_0$，宽度为 $\tau$ 的矩形脉冲序列，周期为 $T$，求 $f(t)$ 的指数形式的傅里叶级数展开式。

**解：** 可以看到，基频为 $f_0=1/T$，因为没有任何对称性，所以必须利用式[25]来计算一般形式的复系数的值：

$$
\begin{aligned}
\mathbf{c}_n &= \frac{1}{T}\int_{-T/2}^{T/2} f(t)\mathrm{e}^{-\mathrm{j}n\omega_0 t}\,\mathrm{d}t = \frac{V_0}{T}\int_{t_0}^{t_0+\tau}\mathrm{e}^{-\mathrm{j}n\omega_0 t}\,\mathrm{d}t \\
&= \frac{V_0}{-\mathrm{j}n\omega_0 T}(\mathrm{e}^{-\mathrm{j}n\omega_0(t_0+\tau)} - \mathrm{e}^{-\mathrm{j}n\omega_0 t_0}) \\
&= \frac{2V_0}{n\omega_0 T}\mathrm{e}^{-\mathrm{j}n\omega_0(t_0+\tau/2)}\sin\left(\frac{1}{2}n\omega_0\tau\right) \\
&= \frac{V_0\tau}{T}\frac{\sin\left(\frac{1}{2}n\omega_0\tau\right)}{\frac{1}{2}n\omega_0\tau}\mathrm{e}^{-\mathrm{j}n\omega_0(t_0+\tau/2)}
\end{aligned}
$$

因此可以求出 $\mathbf{c}_n$ 的幅度为

$$|\mathbf{c}_n| = \frac{V_0\tau}{T}\left|\frac{\sin\left(\frac{1}{2}n\omega_0\tau\right)}{\frac{1}{2}n\omega_0\tau}\right| \qquad [31]$$

$\mathbf{c}_n$ 的相角为

$$\text{ang }\mathbf{c}_n = -n\omega_0\left(t_0 + \frac{\tau}{2}\right) \quad (\text{可能需要加上}180^\circ) \qquad [32]$$

式[31]和式[32]即为要求的指数形式的傅里叶级数。

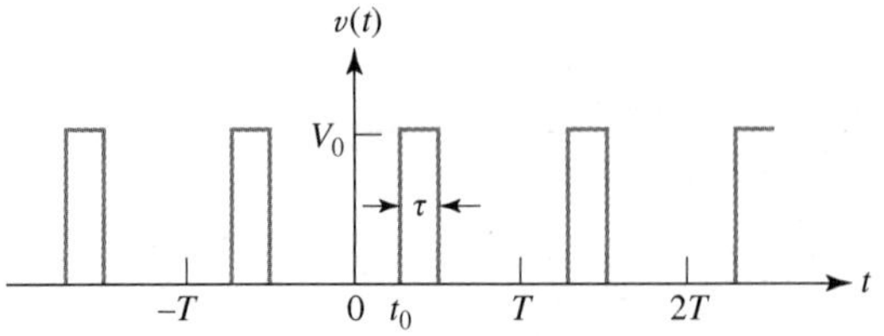


图 17.11 周期性矩形脉冲序列

## 采样函数

在现代通信理论中，经常用到式[31]中绝对值号内的三角函数因子，并称其为**采样函数**。"采样"源于图 17.11 所示的时间函数，并且采样函数也是由此产生的。将该脉冲序列与任何其他函数 $f(t)$ 相乘，如果 $\tau$ 足够小且 $V_0=1$，则将得到 $f(t)$ 的样本，其中采样间隔为 $T$ 秒，定义为

$$\text{Sa}(x) = \frac{\sin x}{x}$$

为了求出 $f(t)$ 中各种频率成分的幅度，我们有必要分析这个函数的一些重要性质。首先，注意到当 $x$ 为π的整数倍时，Sa($x$)的值为 0，即

$$\text{Sa}(n\pi) = 0, \qquad n = 1, 2, 3, \cdots$$

当 $x=0$ 时，该函数的值不确定，但容易证明其值为 1：

$$\text{Sa}(0) = 1$$

因此，Sa($x$)的幅度在 $x=0$ 到 $x=\pi$ 的区间内，由单位值 1 一直递减至零。当 $x$ 从π增加到2π时，|Sa($x$)|的幅度从零增加到一个小于 1 的极大值，然后又一次减小至零。当 $x$ 继续增加时，接下来的各极大值将继续减小，因为 Sa($x$)的分子不可能大于 1 而分母却持续增大。另外，Sa($x$)呈现出偶对称性。

现在来计算其线谱。首先考虑$|\mathbf{c}_n|$，用基频 $f_0$ 作为频率变量，从而将式[31]改写为

$$|\mathbf{c}_n| = \frac{V_0\tau}{T}\left|\frac{\sin(n\pi f_0\tau)}{n\pi f_0\tau}\right| \qquad [33]$$

将已知值 $\tau$ 和 $T=1/f_0$ 代入，并通过选取不同的 $n$ 值($n=0, \pm1, \pm2, \cdots$)，可由式[33]求出任意 $\mathbf{c}_n$ 的幅度。这里通过将频率 $nf_0$ 看成连续的变量画出$|\mathbf{c}_n|$的包络，而不是用式[33]求解这些离散频点处的值。也就是说，虽然频率 $f$，即 $nf_0$ 实际上只能取为离散的谐波频率 0，$\pm f_0$，$\pm 2f_0$，等等，但这时可以将 $n$ 当成一个连续变量来处理。当 $f=0$ 时，$|\mathbf{c}_n|$显然等于 $V_0\tau/T$，而当 $f$ 增加到 $1/\tau$ 时，$|\mathbf{c}_n|$等于零。图 17.12(a)所示就是所求的包络。在每个谐波频率上画一条垂直线，即可得到其线谱，而垂直线的高度即为 $\mathbf{c}_n$ 的幅度。该图画出的是 $\tau/T=1/(1.5\pi)=0.212$ 的曲线。在本例中，不存在包络值为 0 的谐波频率，不过，若取另外的 $\tau$ 或 $T$ 值，则可以产生这样的情况。

图 17.12(b) 画出了正弦成分的幅度随频率变化的曲线，并且应该再次注意 $a_0 = \mathbf{c}_0$ 以及 $\sqrt{a_n^2 + b_n^2} = |\mathbf{c}_n| + |\mathbf{c}_{-n}|$。

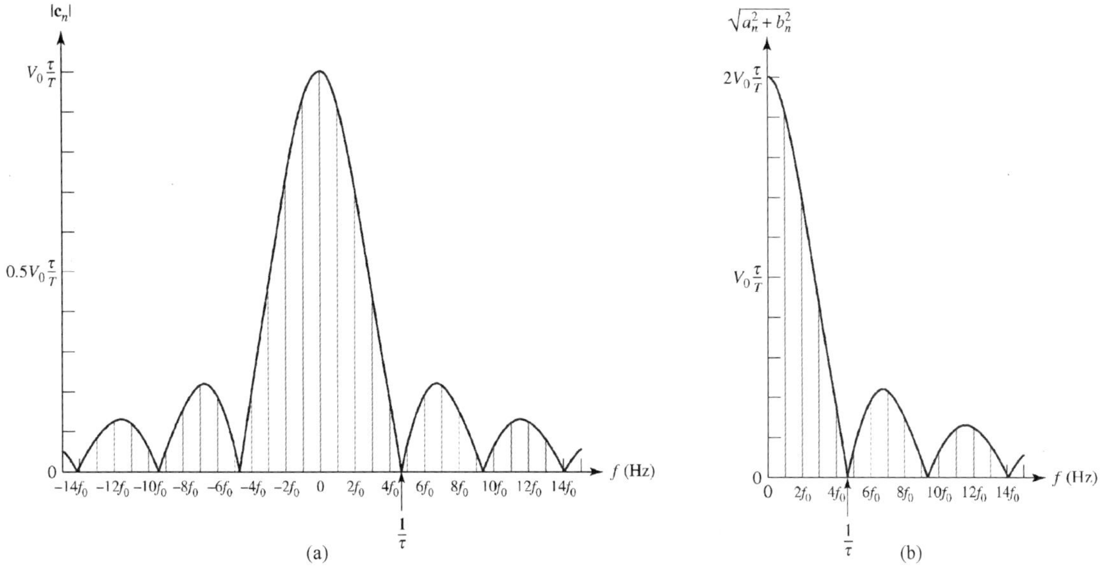


图 17.12　(a) 对应于图 17.11 所示的脉冲串，在 $f = nf_0$ 处 ($n = 0, \pm 1, \pm 2, \cdots$) 对应 $|\mathbf{c}_n|$ 的离散线谱；(b) 对应相同的脉冲串，在 $f = nf_0$ 处 ($n = 0, 1, 2, \cdots$) 对应 $\sqrt{a^2 + b^2}$ 的线谱

观察图 17.12(b) 所示周期性方波序列的线谱可以得到几个结论。显然，离散线谱的包络“宽度”与 $\tau$ 有关，而与 $T$ 无关。事实上，该包络的形状不是 $T$ 的函数。进一步可以得到，可让这种周期性方波通过的滤波器的带宽是脉冲宽度 $\tau$ 的函数，而不是脉冲周期 $T$ 的函数。从图 17.12(b) 可以看出，所需的带宽大约为 $1/\tau$ Hz。如果脉冲的周期 $T$ 增大 (即脉冲的重复频率 $f_0$ 减小)，带宽 $1/\tau$ 不变，则在频率为 0 到频率为 $1/\tau$ Hz 之间的线谱条数增加了，并且还是离散的，但每条线谱的幅度与 $T$ 成反比。最后，时间原点位置的改变不会改变线谱，即 $|\mathbf{c}_n|$ 不是 $t_0$ 的函数。但是频率成分的相对相位会随着 $t_0$ 的改变而改变。

### 练习

17.7　对于如图 17.4(a) 和图 17.4(c) 所示波形，求其复数形式的傅里叶级数的系数 $\mathbf{c}_n$。

答案：图 17.4(a)：$\mathrm{j}2/(n\pi)$，其中 $n$ 为奇数；图 17.4(c)：0，其中 $n$ 为偶数。$-\mathrm{j}[4/(n^2\pi^2)]\sin n\pi/2$，对于所有的 $n$。

## 17.5　傅里叶变换的定义

在熟悉了关于周期性函数的傅里叶级数表示的基本概念之后，接下来我们定义傅里叶变换。首先回忆一下 17.4 节中得到的周期性矩形脉冲序列的频谱。该频谱是一个离散的线谱，并且所有周期性的时域函数都将得到这种形式的频谱。因为该频谱对于频率不是平滑的(或者说不是连续的)，所以被称为离散谱，也就是说，它只在某些特定的频率点处有非零值。

但是，也有许多重要的激励函数并不是周期性的时域函数，例如单个矩形脉冲、阶跃函数、斜坡函数，以及第 14 章中定义的比较特殊的冲激函数等。可以求出这种非周期函数的频谱，但它们是连续的，即通常在任何非零的频率区间内(不管这个区间有多小)总是存在一定的能量。

为了引入傅里叶变换的概念，下面首先从周期函数开始、然后令周期趋于无穷大来进行分析。根据前面分析周期矩形脉冲得到的经验，可以知道随着周期的增大，频谱包络的幅度将减小，但不改变形状，并且在任何给定的频率区间内将出现更多频率成分。可以预计到在极限情况下，即当周期变为无穷大时，包络的幅度将几乎为零，频率的成分将会变成无穷多个，频率之间的间隔将变得趋于零。例如，频率值为 0 ~ 100 Hz 的频率成分变为无穷多，但每个成分的幅度却趋于零。我们首先可能产生疑问，因为幅度为零的频谱的概念非常难以理解。而周期激励函数的线谱表示每个频率成分的幅度，但是非周期激励函数的零幅度的线谱又表示什么含义呢？这个问题将在下一节介绍，现在继续讨论刚才的极限情况。

从指数形式的傅里叶级数开始：

$$f(t)=\sum_{n=-\infty}^{\infty}\mathbf{c}_n e^{jn\omega_0 t} \qquad [34]$$

其中，

$$\mathbf{c}_n=\frac{1}{T}\int_{-T/2}^{T/2}f(t)e^{-jn\omega_0 t}\,dt \qquad [35]$$

且

$$\omega_0=\frac{2\pi}{T} \qquad [36]$$

现在令 $T$ 趋于无穷大，由式[36]可知，这时 $\omega_0$ 将变成无穷小。用微分来表示这个极限：

$$\omega_0\to d\omega$$

因此，

$$\frac{1}{T}=\frac{\omega_0}{2\pi}\to\frac{d\omega}{2\pi} \qquad [37]$$

最后，任意“谐波”频率 $n\omega_0$ 应该与描述连续频谱的一般频率变量相对应。换句话说，当 $\omega_0$ 趋于零时，$n$ 必须趋于无穷大，这样它们的乘积才是有限值：

$$n\omega_0\to\omega \qquad [38]$$

正如我们前面所预期的，将这 4 个极限代入式[35]，可以发现 $\mathbf{c}_n$ 必然趋于零。如果将式[35]的两边同时乘以周期 $T$，然后取极限，则可以得到一个有意义的结果：

$$\mathbf{c}_n T\to\int_{-\infty}^{\infty}f(t)e^{-j\omega t}dt$$

该式的右边为 $\omega$(而不是 $t$)的函数，可以用 $\mathbf{F}(j\omega)$ 来表示：

$$\mathbf{F}(j\omega)=\int_{-\infty}^{\infty}f(t)e^{-j\omega t}dt \qquad [39]$$

下面来看式[34]的极限。将和式同时乘以 $T$ 并除以 $T$，得到

$$f(t)=\sum_{n=-\infty}^{\infty}\mathbf{c}_n T e^{jn\omega_0 t}\frac{1}{T}$$

接下来将 $\mathbf{c}_n T$ 用一个新的量 $\mathbf{F}(j\omega)$ 替代并利用式[37]和式[38]。在取极限之后，求和运算变成了积分运算，于是得到

$$f(t)=\frac{1}{2\pi}\int_{-\infty}^{\infty}\mathbf{F}(j\omega)e^{j\omega t}d\omega \qquad [40]$$

式[39]和式[40]一起称为傅里叶变换对。函数 $\mathbf{F}(\mathrm{j}\omega)$ 称为 $f(t)$ 的傅里叶变换，$f(t)$ 称为 $\mathbf{F}(\mathrm{j}\omega)$ 的傅里叶逆变换。

这一变换对的关系非常重要！读者必须要牢记，并且给予其充分的重视。为了强调其重要性，我们重新将其列在下面的方框中：

$$\mathbf{F}(\mathrm{j}\omega)=\int_{-\infty}^{\infty}\mathrm{e}^{-\mathrm{j}\omega t}f(t)\,\mathrm{d}t \tag{41a}$$

$$f(t)=\frac{1}{2\pi}\int_{-\infty}^{\infty}\mathrm{e}^{\mathrm{j}\omega t}\mathbf{F}(\mathrm{j}\omega)\,\mathrm{d}\omega \tag{41b}$$

在这两个公式中，指数项的指数部分符号相反，为了帮助记忆，可以认为在 $f(t)$ 的表达式中取正号，这与式[34]中复数形式的傅里叶级数相一致。

说明：读者可能已经注意到，傅里叶变换和拉普拉斯变换之间存在一些相似性。两者之间关键的不同在于：电路分析中采用傅里叶变换不容易将初始存储的能量包含进来，而采用拉普拉斯变换则很容易。另外，某些时域函数(比如指数增长函数)并不存在傅里叶变换。但是，如果我们关心的主要是频率信息而不是瞬态响应，因此使用傅里叶变换更合适。

这时需要提问：通过式[41]所示的傅里叶变换对，能否得到任意函数 $f(t)$ 的傅里叶变换？事实上，对于几乎所有实际可以产生的电压和电流，答案是肯定的。$\mathbf{F}(\mathrm{j}\omega)$ 存在的一个充分条件是

$$\int_{-\infty}^{\infty}|f(t)|\,\mathrm{d}t<\infty$$

不过这不是必要条件，因为有些函数虽然不满足这一条件，却仍然存在傅里叶变换，阶跃函数就是其中的一个例子。而且，在后面将讲到，存在傅里叶变换的 $f(t)$ 并不一定是非周期的，周期时间函数的傅里叶级数表示只是更为一般的傅里叶变换表示法的一个特例。

正如前面已经指出的，傅里叶变换对是唯一的。即对于给定的函数 $f(t)$，只存在一个与之对应的 $\mathbf{F}(\mathrm{j}\omega)$；同样，对于给定的 $\mathbf{F}(\mathrm{j}\omega)$，也只存在一个 $f(t)$ 与之对应。

**例 17.5**　用傅里叶变换求图 17.13(a)所示的单个矩形脉冲的连续谱。

**解**：可以将图 17.13(a)中的脉冲看成图 17.11 所示波形的一部分，因此本题的脉冲可以表示为

$$f(t)=\begin{cases}V_0, & t_0<t<t_0+\tau\\ 0, & t<t_0,\ t>t_0+\tau\end{cases}$$

根据式[41a]可以得到 $f(t)$ 的傅里叶变换：

$$\mathbf{F}(\mathrm{j}\omega)=\int_{t_0}^{t_0+\tau}V_0\mathrm{e}^{-\mathrm{j}\omega t}\mathrm{d}t$$

求积分并简化为

$$\mathbf{F}(\mathrm{j}\omega)=V_0\tau\frac{\sin\frac{1}{2}\omega\tau}{\frac{1}{2}\omega\tau}\mathrm{e}^{-\mathrm{j}\omega(t_0+\tau/2)}$$

$\mathbf{F}(\mathrm{j}\omega)$ 的幅度表示连续频谱，而且可以很明显地看出它具有采样函数的形式。其中，$\mathbf{F}(0)$ 的值为 $V_0\tau$。频谱的形状与图 17.12(b)所示的包络一致。我们将 $|\mathbf{F}(\mathrm{j}\omega)|$ 随 $\omega$ 变化的曲线画出

来，但它并不表示在任何给定频率下的电压幅度。那么它表示什么呢？分析式[40]可以发现，如果$f(t)$是电压波形，则$\mathbf{F}(\mathrm{j}\omega)$的量纲为“伏特每单位频率”。

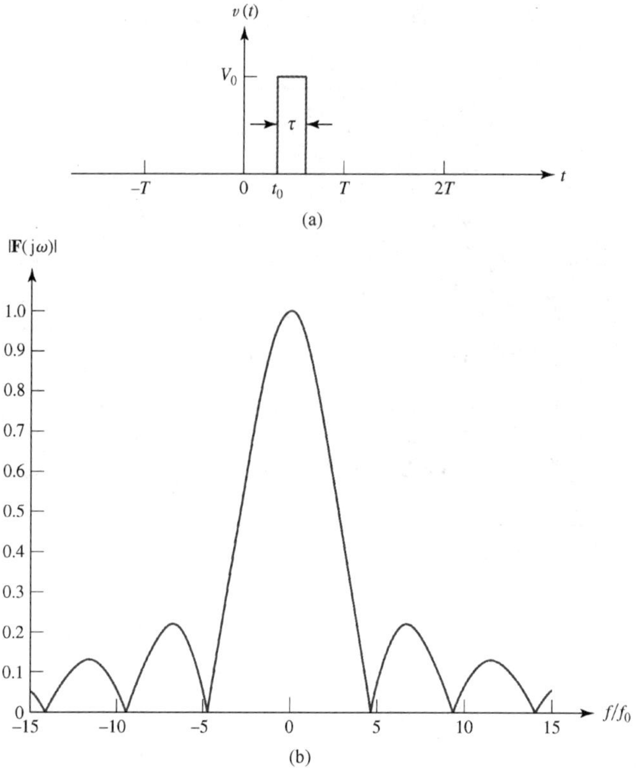


图 17.13 (a) 与图 17.11 所示序列相同的单个矩形脉冲；(b) 与该脉冲对应的$|\mathbf{F}(\mathrm{j}\omega)|$的曲线，其中$V_0=1$，$\tau=1$，$t_0=0$。注意，频率轴被$f_0=1/1.5\pi$进行了归一化，以便与图17.12(a)进行比较，而$f_0$本身与$\mathbf{F}(\mathrm{j}\omega)$无关

## 练习

17.8 若$f(t)=\begin{cases}-10\ \mathrm{V}, & -0.2\ \mathrm{s}<t<-0.1\ \mathrm{s}\\ 10\ \mathrm{V}, & 0.1\ \mathrm{s}<t<0.2\ \mathrm{s}\\ 0, & \text{对于其他的 } t\end{cases}$，计算当$\omega$取下列值时$\mathbf{F}(\mathrm{j}\omega)$的值：

(a) 0；(b) $10\pi$ rad/s；(c) $-10\pi$ rad/s；(d) $15\pi$ rad/s；(e) $-20\pi$ rad/s。

17.9 若$\mathbf{F}(\mathrm{j}\omega)=\begin{cases}-10\ \mathrm{V/(rad/s)}, & -4\ \mathrm{rad/s}<\omega<-2\ \mathrm{rad/s}\\ +10\ \mathrm{V/(rad/s)}, & 2\ \mathrm{rad/s}<\omega<4\ \mathrm{rad/s}\\ 0, & \text{对于所有其他的 } \omega\end{cases}$，求$f(t)$在$t$取如下值时的数值：

(a) $10^{-4}$ s；(b) $10^{-2}$ s；(c) $\pi/4$ s；(d) $\pi/2$ s；(e) $\pi$ s。

答案：17.8：(a) 0；(b) j1.273 V/(rad/s)；(c) −j1.273 V/(rad/s)；(d) −j0.424 V/(rad/s)；(e) 0。
17.9：(a) $\mathrm{j}1.9099\times10^{-3}$ V；(b) j0.1910 V；(c) j4.05 V；(d) −j4.05 V；(e) 0。

## 17.6 傅里叶变换的性质

本节的目标是建立傅里叶变换的若干数学性质，但更加重要的是理解它们的物理含义。首先应用欧拉公式替换式[41a]中的$e^{-\mathrm{j}\omega t}$，可得

$$\mathbf{F}(\mathrm{j}\omega)=\int_{-\infty}^{\infty}f(t)\cos\omega t\,\mathrm{d}t-\mathrm{j}\int_{-\infty}^{\infty}f(t)\sin\omega t\,\mathrm{d}t \qquad [42]$$

因为$f(t)$，$\cos\omega t$ 和 $\sin\omega t$ 均为时域上的实函数，所以式[42]中的两个积分也为 $\omega$ 的实函数。因此，令

$$\mathbf{F}(\mathrm{j}\omega)=A(\omega)+\mathrm{j}B(\omega)=|\mathbf{F}(\mathrm{j}\omega)|\mathrm{e}^{\mathrm{j}\phi(\omega)} \qquad [43]$$

可得

$$A(\omega)=\int_{-\infty}^{\infty}f(t)\cos\omega t\,\mathrm{d}t \qquad [44]$$

$$B(\omega)=-\int_{-\infty}^{\infty}f(t)\sin\omega t\,\mathrm{d}t \qquad [45]$$

$$|\mathbf{F}(\mathrm{j}\omega)|=\sqrt{A^2(\omega)+B^2(\omega)} \qquad [46]$$

以及

$$\phi(\omega)=\arctan\frac{B(\omega)}{A(\omega)} \qquad [47]$$

用 $-\omega$ 替换 $\omega$ 可发现 $A(\omega)$ 和 $|\mathbf{F}(\mathrm{j}\omega)|$ 均为 $\omega$ 的偶函数，而 $B(\omega)$ 和 $\phi(\omega)$ 均为 $\omega$ 的奇函数。

接下来，如果$f(t)$是 $t$ 的偶函数，则式[45]中的被积函数为 $t$ 的奇函数，并且积分区间的对称性要求$B(\omega)=0$。因此，如果$f(t)$为偶函数，则其傅里叶变换 $\mathbf{F}(\mathrm{j}\omega)$ 为关于 $\omega$ 的偶对称实函数，此时对于所有的 $\omega$，相位函数 $\phi(\omega)$ 都为 0 或 π。而如果$f(t)$为 $t$ 的奇函数，则 $A(\omega)=0$，并且 $\mathbf{F}(\mathrm{j}\omega)$ 为关于 $\omega$ 的奇对称纯虚函数，$\phi(\omega)=\pm\pi/2$。一般情况下，$\mathbf{F}(\mathrm{j}\omega)$ 是 $\omega$ 的复函数。

最后，我们注意到在式[42]中用 $-\omega$ 替换 $\omega$ 后将得到 $\mathbf{F}(\mathrm{j}\omega)$ 的共轭，即

$$\mathbf{F}(-\mathrm{j}\omega)=A(\omega)-\mathrm{j}B(\omega)=\mathbf{F}^*(\mathrm{j}\omega)$$

因此，

$$\mathbf{F}(\mathrm{j}\omega)\mathbf{F}(-\mathrm{j}\omega)=\mathbf{F}(\mathrm{j}\omega)\mathbf{F}^*(\mathrm{j}\omega)=A^2(\omega)+B^2(\omega)=|\mathbf{F}(\mathrm{j}\omega)|^2$$

## 傅里叶变换的物理意义

知道了傅里叶变换的数学性质后，现在来考虑其物理意义。假设$f(t)$为 1 Ω 电阻上的电压或者流过该电阻的电流，因此$f(t)$在这 1 Ω 电阻上提供的瞬时功率为$f^2(t)$。将此功率对所有时间进行积分，可以求得$f(t)$提供给 1 Ω 电阻的总能量：

$$W_{1\Omega}=\int_{-\infty}^{\infty}f^2(t)\,\mathrm{d}t \qquad [48]$$

下面采用一点技巧对这个积分进行变换。考虑到式[48]中的被积函数为$f(t)$乘以其自身，因此将其中一个$f(t)$用式[41b]进行替换，可得

$$W_{1\Omega}=\int_{-\infty}^{\infty}f(t)\left[\frac{1}{2\pi}\int_{-\infty}^{\infty}\mathrm{e}^{\mathrm{j}\omega t}\mathbf{F}(\mathrm{j}\omega)\,\mathrm{d}\omega\right]\mathrm{d}t$$

$f(t)$不是积分变量 $\omega$ 的函数，因此可将其放到括号内的积分里，然后改变积分次序：

$$W_{1\Omega}=\frac{1}{2\pi}\int_{-\infty}^{\infty}\left[\int_{-\infty}^{\infty}\mathbf{F}(\mathrm{j}\omega)\mathrm{e}^{\mathrm{j}\omega t}f(t)\,\mathrm{d}t\right]\mathrm{d}\omega$$

再将 $\mathbf{F}(\mathrm{j}\omega)$ 移出内层积分，内层积分变为 $\mathbf{F}(-\mathrm{j}\omega)$：

$$W_{1\Omega}=\frac{1}{2\pi}\int_{-\infty}^{\infty}\mathbf{F}(\mathrm{j}\omega)\mathbf{F}(-\mathrm{j}\omega)\,\mathrm{d}\omega=\frac{1}{2\pi}\int_{-\infty}^{\infty}|\mathbf{F}(\mathrm{j}\omega)|^2\,\mathrm{d}\omega$$

综合上述结果，可得

$$\int_{-\infty}^{\infty}f^2(t)\,\mathrm{d}t=\frac{1}{2\pi}\int_{-\infty}^{\infty}|\mathbf{F}(\mathrm{j}\omega)|^2\,\mathrm{d}\omega \qquad [49]$$

式[49]非常有用，称为帕塞瓦尔(Parseval)定理。该定理连同式[48]告诉我们，在时域中对整个时间范围积分求得的与 $f(t)$ 相关的能量，等同于在频域中对整个频率范围积分然后乘以 $1/(2\pi)$ 求得的能量。

说明：帕塞瓦尔(Marc Antoine Parseval-Deschenes)是一位法国数学家、地理学家，而且还是一位诗人，他在1805年(比傅里叶发表的理论还要早17年)发表了他的这些理论。

帕塞瓦尔定理还能够使我们对傅里叶变换的意义有更深刻的认识和理解。考虑电压 $v(t)$ 及其傅里叶变换 $\mathbf{F}_v(\mathrm{j}\omega)$，该电压在 1 Ω 电阻上产生的能量 $W_{1\Omega}$ 为

$$W_{1\Omega} = \frac{1}{2\pi}\int_{-\infty}^{\infty} \left|\mathbf{F}_v(\mathrm{j}\omega)\right|^2 \mathrm{d}\omega = \frac{1}{\pi}\int_{0}^{\infty} \left|\mathbf{F}_v(\mathrm{j}\omega)\right|^2 \mathrm{d}\omega$$

上式最右边的等号成立是因为 $|\mathbf{F}_v(\mathrm{j}\omega)|^2$ 是关于 $\omega$ 的偶对称函数。又因为 $\omega = 2\pi f$，所以可将上式写成

$$W_{1\Omega} = \int_{-\infty}^{\infty} \left|\mathbf{F}_v(\mathrm{j}\omega)\right|^2 \mathrm{d}f = 2\int_{0}^{\infty} \left|\mathbf{F}_v(\mathrm{j}\omega)\right|^2 \mathrm{d}f \qquad [50]$$

图17.14所示是 $|\mathbf{F}_v(\mathrm{j}\omega)|^2$ 随着 $\omega$ 和 $f$ 变化的一条典型曲线。如果我们将频率轴用非常小的增量 $\mathrm{d}f$ 进行分割，则由式[50]可知，$|\mathbf{F}_v(\mathrm{j}\omega)|^2$ 曲线下方宽度为 $\mathrm{d}f$ 的一个小块的面积为 $|\mathbf{F}_v(\mathrm{j}\omega)|^2\mathrm{d}f$，如图中阴影部分所示。所有这些面积的和(即 $f$ 的范围)是从负无穷到正无穷，也就是 $v(t)$ 提供给 1 Ω 电阻的总能量。因此，$|\mathbf{F}_v(\mathrm{j}\omega)|^2$ 称为(1 Ω)电阻的**能量密度**或者 $v(t)$ 的单位带宽能量(J/Hz)，并且这个能量密度函数总是关于 $\omega$ 偶对称的非负的实函数。可以通过在相应的频率区间内对 $|\mathbf{F}_v(\mathrm{j}\omega)|^2$ 进行积分，计算出该频率区间的能量。注意，该能量密度与 $\mathbf{F}_v(\mathrm{j}\omega)$ 的相位无关，因此有无穷多个时域函数以及傅里叶变换具有相同的能量密度函数。

**例17.6** 将单边[即 $v(t)=0$，$t<0$]指数脉冲

$$v(t) = 4\mathrm{e}^{-3t}u(t)\ \mathrm{V}$$

作为一个理想带通滤波器的输入，如果该滤波器的通带为 $1\ \mathrm{Hz} < |f| < 2\ \mathrm{Hz}$，计算该滤波器输出的总能量。

**解**：令滤波器的输出电压为 $v_o(t)$，则 $v_o(t)$ 的能量等于 $v(t)$ 在频率区间 $1<f<2$ 和 $-2<f<-1$ 上的能量。计算 $v(t)$ 的傅里叶变换，可得

$$\mathbf{F}_v(\mathrm{j}\omega) = 4\int_{-\infty}^{\infty} \mathrm{e}^{-\mathrm{j}\omega t}\mathrm{e}^{-3t}u(t)\,\mathrm{d}t = 4\int_{0}^{\infty} \mathrm{e}^{-(3+\mathrm{j}\omega)t}\mathrm{d}t = \frac{4}{3+\mathrm{j}\omega}$$

然后可以用两种方法来计算输入信号的1 Ω电阻能量：

$$W_{1\Omega} = \frac{1}{2\pi}\int_{-\infty}^{\infty} \left|\mathbf{F}_v(\mathrm{j}\omega)\right|^2 \mathrm{d}\omega = \frac{8}{\pi}\int_{-\infty}^{\infty} \frac{\mathrm{d}\omega}{9+\omega^2} = \frac{16}{\pi}\int_{0}^{\infty} \frac{\mathrm{d}\omega}{9+\omega^2} = \frac{8}{3}\ \mathrm{J}$$

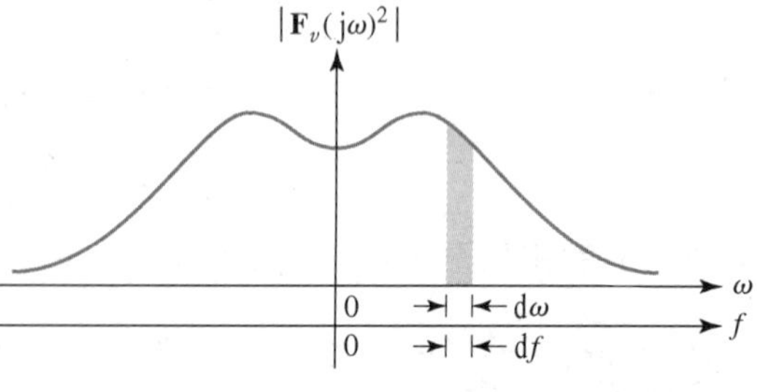


图17.14 $|\mathbf{F}_v(\mathrm{j}\omega)|^2$ 下方的条形区域的面积表示 $v(t)$ 在带宽 $\mathrm{d}f$ 中的1Ω电阻能量

或
$$W_{1\Omega}=\int_{-\infty}^{\infty}v^2(t)\,\mathrm{d}t=16\int_{0}^{\infty}\mathrm{e}^{-6t}\,\mathrm{d}t=\frac{8}{3}\ \mathrm{J}$$

$v_o(t)$的总能量要比这个值稍微小一些：

$$W_{o1}=\frac{1}{2\pi}\int_{-4\pi}^{-2\pi}\frac{16\,\mathrm{d}\omega}{9+\omega^2}+\frac{1}{2\pi}\int_{2\pi}^{4\pi}\frac{16\,\mathrm{d}\omega}{9+\omega^2}$$
$$=\frac{16}{\pi}\int_{2\pi}^{4\pi}\frac{\mathrm{d}\omega}{9+\omega^2}=\frac{16}{3\pi}\left(\arctan\frac{4\pi}{3}-\arctan\frac{2\pi}{3}\right)=358\ \mathrm{mJ}$$

一般来说，理想带通滤波器可以滤除某些频率区间的能量而保留另一些频率区间的能量。虽然在后面的章节中可以根据需要利用傅里叶变换求出 $v_o(t)$的表达式，但是也可以在不真正求出 $v_o(t)$的情况下利用傅里叶变换定量地描述滤波的效果。

## 练习

17.10　设 $i(t)=10\mathrm{e}^{20t}[u(t+0.1)-u(t-0.1)]$ A，求：(a) $\mathbf{F}_i(\mathrm{j}0)$；(b) $\mathbf{F}_i(\mathrm{j}10)$；(c) $A_i(10)$；(d) $B_i(10)$；(e) $\phi_i(10)$。

17.11　求电流 $i(t)=20\mathrm{e}^{-10t}u(t)$在以下时间间隔内提供的 1 Ω 电阻能量：(a) $-0.1\ \mathrm{s}<t<0.1\ \mathrm{s}$；(b) $-10\ \mathrm{rad/s}<\omega<10\ \mathrm{rad/s}$；(c) $10\ \mathrm{rad/s}<\omega<\infty$。

答案：17.10：(a) 3.63 A/(rad/s)；(b) $3.33\angle -31.7^\circ$ A/(rad/s)；(c) 2.83 A/(rad/s)；(d) −1.749 A/(rad/s)；(e) −31.7°。

17.11：(a) 17.29 J；(b) 10 J；(c) 5 J。

# 17.7　一些简单时间函数的傅里叶变换对

## 单位冲激函数

14.3 节已经介绍过冲激函数，下面计算单位冲激函数 $\delta(t-t_0)$的傅里叶变换。也就是说，我们对这个奇异函数的频谱特性或者说频域描述感兴趣。使用符号$\mathcal{F}\{\ \}$来表示“$\{\ \}$的傅里叶变换”，则

$$\mathcal{F}\{\delta(t-t_0)\}=\int_{-\infty}^{\infty}\mathrm{e}^{-\mathrm{j}\omega t}\delta(t-t_0)\,\mathrm{d}t$$

前面已经讨论过这种类型的积分，因此

$$\mathcal{F}\{\delta(t-t_0)\}=\mathrm{e}^{-\mathrm{j}\omega t_0}=\cos\omega t_0-\mathrm{j}\sin\omega t_0$$

由这个关于 $\omega$ 的复函数可以得到 1 Ω 电阻的能量密度函数为

$$|\mathcal{F}\{\delta(t-t_0)\}|^2=\cos^2\omega t_0+\sin^2\omega t_0=1$$

这一结果说明，在所有频率上，单位冲激函数在单位带宽中的(1 Ω)电阻能量为 1，而单位冲激函数的总能量为无穷大。不过我们不应对上面的结论感到奇怪，因为这样的单位冲激是不符合实际的，无法在实验室中产生。而且，即使存在一个这样的单位冲激，由于任何实际的实验仪器的带宽都是有限的，因此也会发生变形。

因为时域函数与其傅里叶变换之间存在着一一对应的关系，因此 $\mathrm{e}^{-\mathrm{j}\omega t_0}$的傅里叶逆变换就是 $\delta(t-t_0)$。用符号$\mathcal{F}^{-1}\{\ \}$表示傅里叶逆变换：

$$\mathcal{F}^{-1}\{e^{-j\omega t_0}\} = \delta(t - t_0)$$

现在可知：
$$\frac{1}{2\pi}\int_{-\infty}^{\infty} e^{j\omega t}e^{-j\omega t_0}\,d\omega = \delta(t - t_0)$$

而直接计算这种奇异积分是无法得到结果的。我们可以将上式表示为

$$\delta(t - t_0) \Leftrightarrow e^{-j\omega t_0} \qquad [51]$$

其中，⇔表示这两个函数构成一个傅里叶变换对。

继续考虑单位冲激函数，考虑如下形式的傅里叶变换：

$$\mathbf{F}(j\omega) = \delta(\omega - \omega_0)$$

这是一个在频率 $\omega = \omega_0$ 处的频域单位冲激。相应的 $f(t)$ 必定是

$$f(t) = \mathcal{F}^{-1}\{\mathbf{F}(j\omega)\} = \frac{1}{2\pi}\int_{-\infty}^{\infty} e^{j\omega t}\delta(\omega - \omega_0)\,d\omega = \frac{1}{2\pi}e^{j\omega_0 t}$$

在上式中用到了单位冲激函数的筛选性质。因此，可以写成

$$\frac{1}{2\pi}e^{j\omega_0 t} \Leftrightarrow \delta(\omega - \omega_0)$$

或

$$e^{j\omega_0 t} \Leftrightarrow 2\pi\delta(\omega - \omega_0) \qquad [52]$$

同样，通过简单地改变符号，可得

$$e^{-j\omega_0 t} \Leftrightarrow 2\pi\delta(\omega + \omega_0) \qquad [53]$$

很显然，式[52]和式[53]中的时域函数均为复函数，而且在现实世界中是不存在的。

然而，我们已知
$$\cos\omega_0 t = \tfrac{1}{2}e^{j\omega_0 t} + \tfrac{1}{2}e^{-j\omega_0 t}$$

由傅里叶变换的定义很容易看出：

$$\mathcal{F}\{f_1(t)\} + \mathcal{F}\{f_2(t)\} = \mathcal{F}\{f_1(t) + f_2(t)\} \qquad [54]$$

因此，
$$\begin{aligned}\mathcal{F}\{\cos\omega_0 t\} &= \mathcal{F}\left\{\tfrac{1}{2}e^{j\omega_0 t}\right\} + \mathcal{F}\left\{\tfrac{1}{2}e^{-j\omega_0 t}\right\}\\ &= \pi\,\delta(\omega - \omega_0) + \pi\delta(\omega + \omega_0)\end{aligned}$$

上式说明 $\cos\omega_0 t$ 的频域描述是一对位于 $\omega = \pm\omega_0$ 处的冲激函数。不过我们不应该对此感到惊讶，因为在第 14 章中讨论复频率时，已经讲过正弦时域函数总是用一对位于 $\mathbf{s} = \pm j\omega_0$ 处的虚部频率来表示的，因此

$$\cos\omega_0 t \Leftrightarrow \pi[\delta(\omega + \omega_0) + \delta(\omega - \omega_0)] \qquad [55]$$

## 常数激励函数

为了求出时域常数函数 $f(t) = K$ 的傅里叶变换，首先想到的是将该常数代入傅里叶变换的定义式中，然后求解这个积分。然而，这么做将会得到一个不确定的表达式。幸运的是，我们实际上已经解决了这个问题，根据式[53]：

$$e^{-j\omega_0 t} \Leftrightarrow 2\pi\delta(\omega + \omega_0)$$

如果令 $\omega_0 = 0$，则所求的傅里叶变换对为

$$1 \Leftrightarrow 2\pi\delta(\omega) \qquad [56]$$

由上式可以得到

$$K \Leftrightarrow 2\pi K\delta(\omega) \qquad [57]$$

至此问题得到了解决。我们得出了早已知道的一个结论：时域上常数函数的频谱只包含一个 $\omega=0$处的频率成分。

## 符号函数

再举一个例子，求一个奇异函数 $\mathrm{sgn}(t)$的傅里叶变换，该函数称为**符号函数**，由下式定义：

$$\mathrm{sgn}(t)=\begin{cases}-1, & t<0\\ 1, & t>0\end{cases} \qquad [58]$$

或

$$\mathrm{sgn}(t)=u(t)-u(-t)$$

同上面一样，如果将这个时域函数代入傅里叶变换的定义式中，在进行积分限代入时，可能也会得到一个不确定的表达式。这种问题在求解$|t|$趋于无穷而函数值却不趋于零的时域函数时总会发生。然而幸运的是，我们可以使用拉普拉斯变换来避免这个问题，因为拉普拉斯变换本身含有一个收敛因子，从而使得一些不方便计算的傅里叶变换变得方便、可行。

上述符号函数可以表示为

$$\mathrm{sgn}(t)=\lim_{a\to 0}[\mathrm{e}^{-at}u(t)-\mathrm{e}^{at}u(-t)]$$

注意，方括号中的表达式在$|t|$趋于无穷时其值趋于零。运用傅里叶变换的定义，得到

$$\begin{aligned}\mathcal{F}\{\mathrm{sgn}(t)\}&=\lim_{a\to 0}\left[\int_0^{\infty}\mathrm{e}^{-\mathrm{j}\omega t}\mathrm{e}^{-at}\mathrm{d}t-\int_{-\infty}^{0}\mathrm{e}^{-\mathrm{j}\omega t}\mathrm{e}^{at}\mathrm{d}t\right]\\&=\lim_{a\to 0}\frac{-\mathrm{j}2\omega}{\omega^2+a^2}=\frac{2}{\mathrm{j}\omega}\end{aligned}$$

其实部为零，由于 $\mathrm{sgn}(t)$是关于 $t$ 的奇函数，因此

$$\mathrm{sgn}(t)\Leftrightarrow\frac{2}{\mathrm{j}\omega} \qquad [59]$$

## 单位阶跃函数

我们将已经熟悉的单位阶跃函数 $u(t)$作为本节的最后一个例子。利用前面得到的符号函数的结果，将单位阶跃函数表示为

$$u(t)=\tfrac{1}{2}+\tfrac{1}{2}\mathrm{sgn}(t)$$

然后得到傅里叶变换对

$$u(t)\Leftrightarrow\left[\pi\delta(\omega)+\frac{1}{\mathrm{j}\omega}\right] \qquad [60]$$

表 17.2 列出了本节讨论过的一些例子的结论，其中也包括这里没有详细讨论的其他一些变换对。

**例 17.7**　利用表 17.2 求时域函数 $3\mathrm{e}^{-t}\cos 4t\ u(t)$的傅里叶变换。

**解：**根据表中的倒数第二行的表项：

$$\mathrm{e}^{-\alpha t}\cos\omega_d t\,u(t)\Leftrightarrow\frac{\alpha+\mathrm{j}\omega}{(\alpha+\mathrm{j}\omega)^2+\omega_d^2}$$

然后令 $\alpha=1$，$\omega_d=4$，得到

$$\mathbf{F}(\mathrm{j}\omega)=3\frac{1+\mathrm{j}\omega}{(1+\mathrm{j}\omega)^2+16}$$

表 17.2 一些常用的傅里叶变换对

| $f(t)$ | $f(t)$ | $\mathscr{F}\{f(t)\} = \mathbf{F}(j\omega)$ | $\lvert\mathbf{F}(j\omega)\rvert$ |
|---|---|---|---|
| 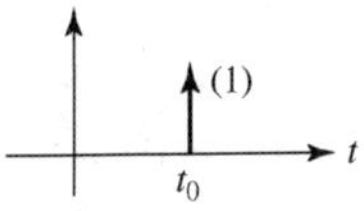 | $\delta(t-t_0)$ | $e^{-j\omega t_0}$ | 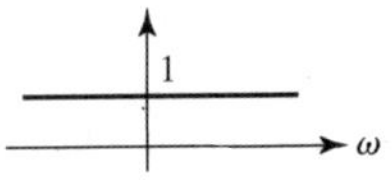 |
| 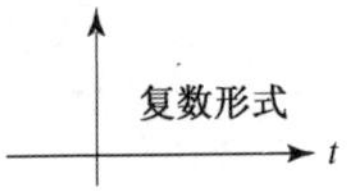 | $e^{j\omega_0 t}$ | $2\pi\,\delta(\omega-\omega_0)$ | 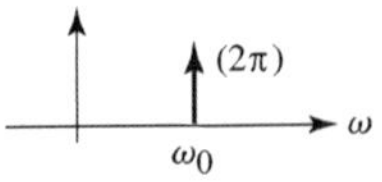 |
| 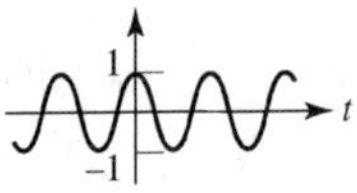 | $\cos\omega_0 t$ | $\pi[\delta(\omega+\omega_0)+\delta(\omega-\omega_0)]$ | 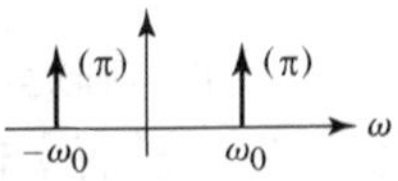 |
| 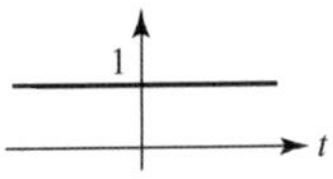 | $1$ | $2\pi\,\delta(\omega)$ | 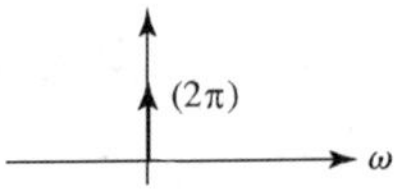 |
| 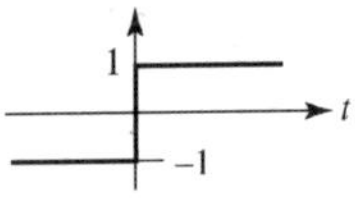 | $\text{sgn}(t)$ | $\dfrac{2}{j\omega}$ | 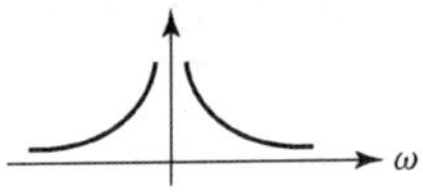 |
| 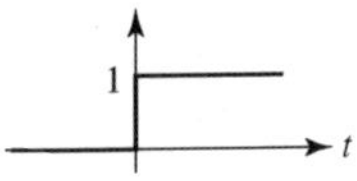 | $u(t)$ | $\pi\,\delta(\omega)+\dfrac{1}{j\omega}$ | 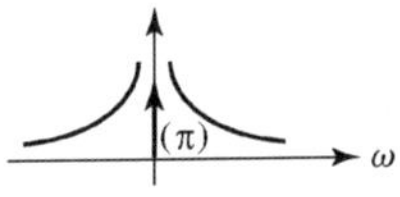 |
| 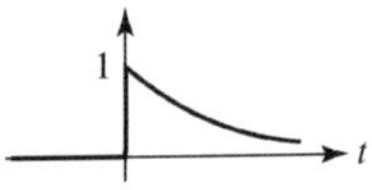 | $e^{-\alpha t}u(t)$ | $\dfrac{1}{\alpha+j\omega}$ | 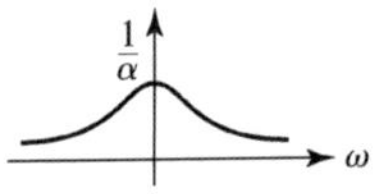 |
| 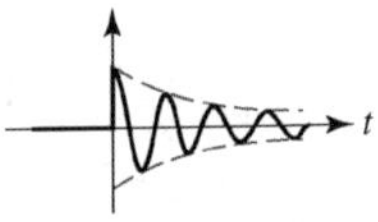 | $[e^{-\alpha t}\cos\omega_d t]u(t)$ | $\dfrac{\alpha+j\omega}{(\alpha+j\omega)^2+\omega_d^2}$ | 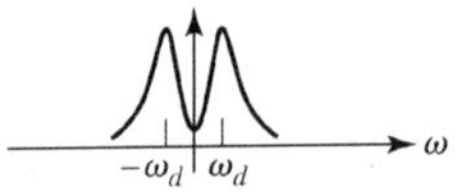 |
| 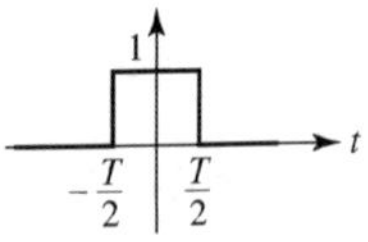 | $u(t+\frac{1}{2}T)-u(t-\frac{1}{2}T)$ | $T\dfrac{\sin\frac{\omega T}{2}}{\frac{\omega T}{2}}$ | 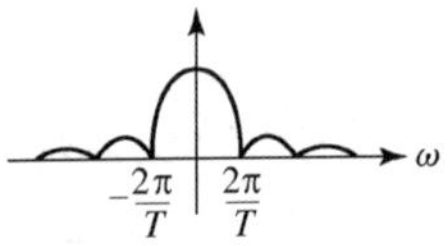 |

## 练习

17.12 求以下时域函数的傅里叶变换在 $\omega = 12$ 时的值：(a) $4u(t) - 10\delta(t)$；(b) $5e^{-8t}u(t)$；(c) $4\cos 8t\ u(t)$；(d) $-4\ \text{sgn}(t)$。

17.13 若 $\mathbf{F}(j\omega)$ 为如下形式，求 $t=2$ 时的 $f(t)$：(a) $5e^{-j3\omega} - j(4/\omega)$；(b) $8[\delta(\omega-3)+\delta(\omega+3)]$；(c) $(8/\omega)\sin 5\omega$。

答案：17.12：(a) $10.01\angle -178.1°$；(b) $0.347\angle -56.3°$；(c) $-j0.6$；(d) $j0.667$。

17.13：(a) 2.00；(b) 2.45；(c) 4.00。

## 17.8　一般周期时间函数的傅里叶变换

我们在 17.5 节中曾经指出，与非周期函数一样，周期函数也具有傅里叶变换。下面我们严格地推导这个结论。考虑周期为 $T$ 的时域周期函数 $f(t)$ 及其傅里叶级数展开式，这可以由式[34]至式[36]得到，这里为了方便起见，再次列出这 3 个公式：

$$f(t)=\sum_{n=-\infty}^{\infty}\mathbf{c}_n\mathrm{e}^{\mathrm{j}n\omega_0 t} \qquad [34]$$

$$\mathbf{c}_n=\frac{1}{T}\int_{-T/2}^{T/2}f(t)\mathrm{e}^{-\mathrm{j}n\omega_0 t}\mathrm{d}t \qquad [35]$$

以及

$$\omega_0=\frac{2\pi}{T} \qquad [36]$$

考虑到和的傅里叶变换等于傅里叶变换的和，并且 $\mathbf{c}_n$ 不是时间的函数，因此可以写成

$$\mathcal{F}\{f(t)\}=\mathcal{F}\left\{\sum_{n=-\infty}^{\infty}\mathbf{c}_n\mathrm{e}^{\mathrm{j}n\omega_0 t}\right\}=\sum_{n=-\infty}^{\infty}\mathbf{c}_n\mathcal{F}\{\mathrm{e}^{\mathrm{j}n\omega_0 t}\}$$

根据式[52]得到 $\mathrm{e}^{\mathrm{j}n\omega_0 t}$ 的傅里叶变换对，有

$$f(t)\Leftrightarrow 2\pi\sum_{n=-\infty}^{\infty}\mathbf{c}_n\delta(\omega-n\omega_0) \qquad [61]$$

这说明 $f(t)$ 的频谱是一个离散谱，该离散谱由位于 $\omega$ 轴上离散频率点 $\omega=n\omega_0$，$n=\cdots$，$-2$，$-1$，0，1，…处的冲激串组成，其中每个冲激的强度等于 $f(t)$ 复数形式的傅里叶级数展开式中相应的系数乘以 $2\pi$。

为了检验上述结果，我们考察式[61]右边表达式的傅里叶逆变换是否等于 $f(t)$。该傅里叶逆变换可以写为

$$\mathcal{F}^{-1}\{\mathbf{F}(\mathrm{j}\omega)\}=\frac{1}{2\pi}\int_{-\infty}^{\infty}\mathrm{e}^{\mathrm{j}\omega t}\left[2\pi\sum_{n=-\infty}^{\infty}\mathbf{c}_n\delta(\omega-n\omega_0)\right]\mathrm{d}\omega\stackrel{?}{=}f(t)$$

因为指数项不包含求和的下标 $n$，因此可以交换积分和求和的顺序，可得

$$\mathcal{F}^{-1}\{\mathbf{F}(\mathrm{j}\omega)\}=\sum_{n=-\infty}^{\infty}\int_{-\infty}^{\infty}\mathbf{c}_n\mathrm{e}^{\mathrm{j}\omega t}\delta(\omega-n\omega_0)\,\mathrm{d}\omega\stackrel{?}{=}f(t)$$

因为 $\mathbf{c}_n$ 与积分变量无关，因此可将其看成常数。于是，根据冲激函数的筛选特性，可得

$$\mathcal{F}^{-1}\{\mathbf{F}(\mathrm{j}\omega)\}=\sum_{n=-\infty}^{\infty}\mathbf{c}_n\mathrm{e}^{\mathrm{j}n\omega_0 t}\stackrel{?}{=}f(t)$$

这与式[34]中 $f(t)$ 的复数形式的傅里叶级数展开式完全一致。因此，现在可以将上式中的问号去掉并证明了周期时域函数存在傅里叶变换。不过，我们不应该对此感到惊讶，其实在上一节中已经计算出余弦函数的傅里叶变换，而余弦函数显然具有周期性，虽然那时我们没有直接指出其周期性。不过应该指出，前面在计算余弦函数的傅里叶变换时采用的是间接办法，而现在我们有了直接求解傅里叶变换的数学工具。为了说明这个过程，再次考虑 $f(t)=\cos\omega_0 t$，首先计算其傅里叶系数 $\mathbf{c}_n$：

$$\mathbf{c}_n=\frac{1}{T}\int_{-T/2}^{T/2}\cos\omega_0 t\,\mathrm{e}^{-\mathrm{j}n\omega_0 t}\mathrm{d}t=\begin{cases}\frac{1}{2}, & n=\pm 1\\ 0, & \text{其他}\end{cases}$$

于是，

$$\mathcal{F}\{f(t)\}=2\pi\sum_{n=-\infty}^{\infty}\mathbf{c}_n\delta(\omega-n\omega_0)$$

上式右边的表达式只有在 $n=\pm1$ 时才有非零值，因此将整个求和式简化后，得到

$$\mathcal{F}\{\cos\omega_0 t\}=\pi[\delta(\omega-\omega_0)+\delta(\omega+\omega_0)]$$

这与前面得到的结果完全一致。对此我们应该感到欣慰！

### 练习

17.14 求：(a) $\mathcal{F}\{5\sin^2 3t\}$；(b) $\mathcal{F}\{A\sin\omega_0 t\}$；(c) $\mathcal{F}\{6\cos(8t+0.1\pi)\}$。

答案：(a) $2.5\pi[2\delta(\omega)-\delta(\omega+6)-\delta(\omega-6)]$；(b) $\mathrm{j}\pi A[\delta(\omega+\omega_0)-\delta(\omega-\omega_0)]$；(c) $[18.85\,\underline{/18^\circ}]\delta(\omega-8)+[18.85\,\underline{/-18^\circ}]\delta(\omega+8)$。

## 17.9 频域的系统函数和响应

14.11 节讲到，给定一个物理系统的输入和冲激响应后，可以通过时域卷积积分求解该物理系统的输出，其中输入、输出以及冲激响应均为时域函数。学习了拉普拉斯变换后，我们发现通常在频域中求解这类问题会更加方便一些，因为两个函数卷积的拉普拉斯变换等于这两个函数的拉普拉斯变换的乘积，对于傅里叶变换也有类似的结果。

为了证明这一点，可以考察系统输出的傅里叶变换。假定输入和输出均为电压，根据傅里叶变换的定义，输出可以表示为卷积积分的形式：

$$\mathcal{F}\{v_0(t)\}=\mathbf{F}_0(\mathrm{j}\omega)=\int_{-\infty}^{\infty}\mathrm{e}^{-\mathrm{j}\omega t}\left[\int_{-\infty}^{\infty}v_i(t-z)h(z)\,\mathrm{d}z\right]\mathrm{d}t$$

这里仍假设没有存储初始能量。这个式子看起来非常复杂，不过可以将其简化为一种极为简单的形式。首先，因为指数项不含积分变量 $z$，所以将它移到积分内部，然后交换积分次序，得到

$$\mathbf{F}_0(\mathrm{j}\omega)=\int_{-\infty}^{\infty}\left[\int_{-\infty}^{\infty}\mathrm{e}^{-\mathrm{j}\omega t}v_i(t-z)h(z)\,\mathrm{d}t\right]\mathrm{d}z$$

因为 $h(z)$ 不是时间 $t$ 的函数，因此可以将其从内层积分中移出，然后进行变量替换 $t-z=x$ 以简化内层积分：

$$\begin{aligned}\mathbf{F}_0(\mathrm{j}\omega)&=\int_{-\infty}^{\infty}h(z)\left[\int_{-\infty}^{\infty}\mathrm{e}^{-\mathrm{j}\omega(x+z)}v_i(x)\,\mathrm{d}x\right]\mathrm{d}z\\&=\int_{-\infty}^{\infty}\mathrm{e}^{-\mathrm{j}\omega z}h(z)\left[\int_{-\infty}^{\infty}\mathrm{e}^{-\mathrm{j}\omega x}v_i(x)\,\mathrm{d}x\right]\mathrm{d}z\end{aligned}$$

现在我们看到了曙光，因为里面的那个积分恰好是 $v_i(t)$ 的傅里叶变换，而且不含 $z$，因此对 $z$ 进行任意的积分时可以将它看成常量。于是，可以将变换 $\mathbf{F}_i(\mathrm{j}\omega)$ 移到所有积分符号的外面：

$$\mathbf{F}_0(\mathrm{j}\omega)=\mathbf{F}_i(\mathrm{j}\omega)\int_{-\infty}^{\infty}\mathrm{e}^{-\mathrm{j}\omega z}h(z)\,\mathrm{d}z$$

最后剩下的积分又是我们非常熟悉的，它也是一个傅里叶变换！这是系统冲激响应的傅里叶

变换，可以用符号 $\mathbf{H}(\mathrm{j}\omega)$ 来表示。因此可以得到下面的简单结果：

$$\mathbf{F}_0(\mathrm{j}\omega)=\mathbf{F}_i(\mathrm{j}\omega)\mathbf{H}(\mathrm{j}\omega)=\mathbf{F}_i(\mathrm{j}\omega)\mathcal{F}\{h(t)\}$$

这又是一个重要的结果：它将系统函数 $\mathbf{H}(\mathrm{j}\omega)$ 定义为响应函数的傅里叶变换与激励函数的傅里叶变换之比。而且，系统函数又与冲激响应构成一个傅里叶变换对：

$$h(t)\Leftrightarrow\mathbf{H}(\mathrm{j}\omega) \qquad [62]$$

上面的推导同时也证明了一个一般的命题，即两个时域函数卷积的傅里叶变换等于其各自傅里叶变换的乘积：

$$\boxed{\mathcal{F}\{f(t)*g(t)\}=\mathbf{F}_f(\mathrm{j}\omega)\mathbf{F}_g(\mathrm{j}\omega)} \qquad [63]$$

前面的说明可能又会让我们感到疑惑，既然在频域中计算要容易一些，为什么还要在时域中求解呢？必须时刻记住，不要做没有意义的事情。一位诗人曾经说过："我们最真诚的笑声中充满了痛楚。"这里的"痛楚"是求响应函数的傅里叶逆变换时的困难，这是由数学上的复杂性造成的。另一方面，用普通台式计算机可以很快计算出两个时域函数的卷积。同样，也可以用计算机迅速计算快速傅里叶变换(Fast Fourier Transformation，FFT)。所以将时域上求解和频域上求解进行比较，发现并没有明显的优劣之分。因此，当我们面对一个新的问题时，必须根据已知信息以及所拥有的计算设备做出选择。

说明：重述一下，如果已知激励函数和冲激响应的傅里叶变换，那么系统响应函数的傅里叶变换等于它们的乘积。这个结果是响应函数的频域描述，而响应函数的时域描述可以简单地通过求解傅里叶逆变换得到。因此，时域卷积的过程等效于相对简单的频域的乘法运算。

考虑下面形式的激励函数：

$$v_i(t)=u(t)-u(t-1)$$

以及单位冲激响应：

$$h(t)=2\mathrm{e}^{-t}u(t)$$

首先求出它们对应的傅里叶变换。可以将激励函数看成两个单位阶跃函数的差，这里的两个阶跃函数除了其中一个比另一个有 1 s 的延迟，其他完全一致。因此，首先计算 $u(t)$ 产生的响应，然后可以用同样的方法求出 $u(t-1)$ 产生的响应，只不过要注意它有 1 s 的延迟。对这两个部分响应求差，将得到 $v_i(t)$ 产生的总响应。

在 17.7 节中已经求出了 $u(t)$ 的傅里叶变换：

$$\mathcal{F}\{u(t)\}=\pi\delta(\omega)+\frac{1}{\mathrm{j}\omega}$$

对 $h(t)$ 求傅里叶变换可以得到系统函数，表 17.2 列出了其傅里叶变换：

$$\mathcal{F}\{h(t)\}=\mathbf{H}(\mathrm{j}\omega)=\mathcal{F}\{2\mathrm{e}^{-t}u(t)\}=\frac{2}{1+\mathrm{j}\omega}$$

将以上两个函数相乘并求解傅里叶逆变换，得到 $v_o(t)$ 中由 $u(t)$ 产生的部分：

$$v_{o1}(t)=\mathcal{F}^{-1}\left\{\frac{2\pi\delta(\omega)}{1+\mathrm{j}\omega}+\frac{2}{\mathrm{j}\omega(1+\mathrm{j}\omega)}\right\}$$

由单位冲激函数的筛选性质可知等号右边第一项的逆变换为常数 1，因此

$$v_{o1}(t)=1+\mathscr{F}^{-1}\left\{\frac{2}{\mathrm{j}\omega(1+\mathrm{j}\omega)}\right\}$$

等号右边第二项的分母中包含了两个形如$(\alpha+\mathrm{j}\omega)$的因子的乘积，使用14.4节中介绍的部分分式法可以很容易地求出其逆变换。这里采用部分分式展开法，虽然在许多情况下还有其他更好的方法，不过该方法有一个最大的好处：总能求出解。将每个分式的分子设为待定常量，这里一共有两个分式：

$$\frac{2}{\mathrm{j}\omega(1+\mathrm{j}\omega)}=\frac{A}{\mathrm{j}\omega}+\frac{B}{1+\mathrm{j}\omega}$$

然后将 $\mathrm{j}\omega$ 用一个简单的数值替代。令 $\mathrm{j}\omega=1$，得到

$$1=A+\frac{B}{2}$$

再令 $\mathrm{j}\omega=-2$，得到

$$1=-\frac{A}{2}-B$$

从而解出 $A=2$，$B=-2$。于是，

$$\mathscr{F}^{-1}\left\{\frac{2}{\mathrm{j}\omega(1+\mathrm{j}\omega)}\right\}=\mathscr{F}^{-1}\left\{\frac{2}{\mathrm{j}\omega}-\frac{2}{1+\mathrm{j}\omega}\right\}=\operatorname{sgn}(t)-2\mathrm{e}^{-t}u(t)$$

因此得到

$$\begin{aligned}v_{o1}(t)&=1+\operatorname{sgn}(t)-2\mathrm{e}^{-t}u(t)\\&=2u(t)-2\mathrm{e}^{-t}u(t)\\&=2(1-\mathrm{e}^{-t})u(t)\end{aligned}$$

采用类似的方法可以得到 $v_o(t)$ 中的分量 $v_{o2}(t)$，即由 $u(t-1)$ 产生的响应分量为

$$v_{o2}(t)=2(1-\mathrm{e}^{-(t-1)})u(t-1)$$

因此，总响应为

$$\begin{aligned}v_o(t)&=v_{o1}(t)-v_{o2}(t)\\&=2(1-\mathrm{e}^{-t})u(t)-2(1-\mathrm{e}^{-t+1})u(t-1)\end{aligned}$$

由于上式在 $t=0$ 和 $t=1$ 处的不连续性，该函数被分成3个时间区间：

$$v_o(t)=\begin{cases}0, & t<0\\ 2(1-\mathrm{e}^{-t}), & 0<t<1\\ 2(\mathrm{e}-1)\mathrm{e}^{-t}, & t>1\end{cases}$$

## 练习

17.15 一个线性网络的冲激响应为 $h(t)=6\mathrm{e}^{-20t}u(t)$，输入信号为 $3\mathrm{e}^{-6t}u(t)$ V，求：(a) $\mathbf{H}(\mathrm{j}\omega)$；(b) $\mathbf{V}_i(\mathrm{j}\omega)$；(c) $\mathbf{V}_o(\mathrm{j}\omega)$；(d) $v_o(0.1)$；(e) $v_o(0.3)$；(f) $v_{o,\max}$。

答案：(a) $6/(20+\mathrm{j}\omega)$；(b) $3/(6+\mathrm{j}\omega)$；(c) $18/[(20+\mathrm{j}\omega)(6+\mathrm{j}\omega)]$；(d) 0.532 V；(e) 0.209 V；(f) 0.5372 V。

## 计算机辅助分析

本章所提供的资料可以为许多更高级专业技术的学习奠定基础，例如信号处理、通信和控制领域等。在本书中，我们只能在一些基本电路的背景下介绍一些最基础的概念，即便如此，仍可看到傅里叶分析的巨大作用。作为第一个例子，考虑图17.15所示的在LTspice中构建的运放电路。

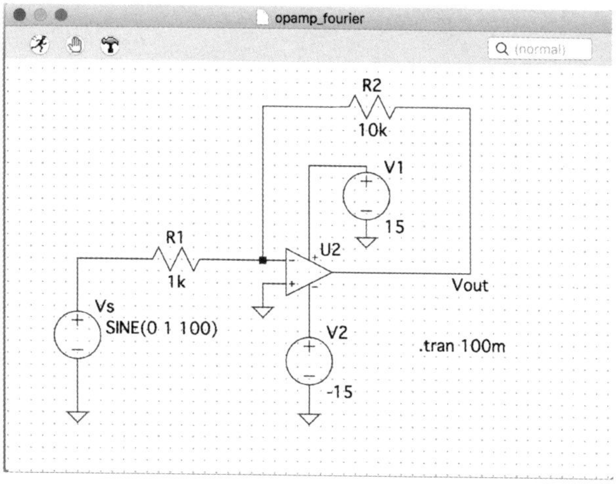


图 17.15　一个电压增益为 -10 的反相运放电路，输入为 100 Hz 的正弦波

电路的电压增益为 -10，而输入正弦波的幅度为 1 V，因此可以预计输出的正弦信号幅度为 10 V。对该电路进行瞬态分析的确可以得到这个结果，如图 17.16 所示。

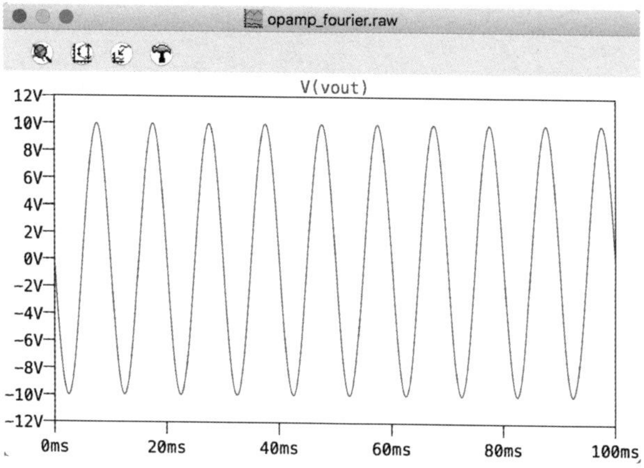


图 17.16　图 17.15 所示运放电路的输出电压仿真结果

LTspice 运用 FFT 技术求出输出电压的频谱，FFT 是对信号的傅里叶变换的离散时间近似。在波形窗口中，选择 **View** 菜单下的 **FFT**，则得到如图 17.17所示的结果。注意，可以有多个画图的选项，包括 dB 刻度和对数频率坐标。选用 dB 刻度和对数频率坐标也是在画伯德图时经常用到的。运放电路输出电压的线谱主要由 100 Hz 频率处的线谱组成，其他的频率成分由数值分析噪声以及运算放大器的 SPICE 模型得到的响应组成。

随着输入峰值电压的增加，输出电压的峰值将逐渐达到饱和，该饱和电压由运放的正负直流电源决定(例如 ±15 V)。比如，当输入电压的幅度为 1.8 V 时，将得到一个顶部被“截平”的输出电压波形，如图 17.18 所示。由图可知，这个输出电压的波形不再是标准的正弦波，因此可以想像，该函数的频谱在谐波频率上具有非零值，结果确实如图 17.19 所示。当运放电路达到饱和以后，输出信号将会失真，如果它与一个扬声器连接，则听到的不再是一个清晰的 100 Hz 的声音，而是 100 Hz 的基波与明显的 300 Hz、500 Hz 谐波的叠加。更进一步的失真将导致谐波分量的能量增加，从而使得高频的谐波分量变得更加显著。以上对失真波形的讨论在图 17.20 和图 17.21 中可以明显看出，其中图 17.20 对应于时域波形，图 17.21对应于频域波形。

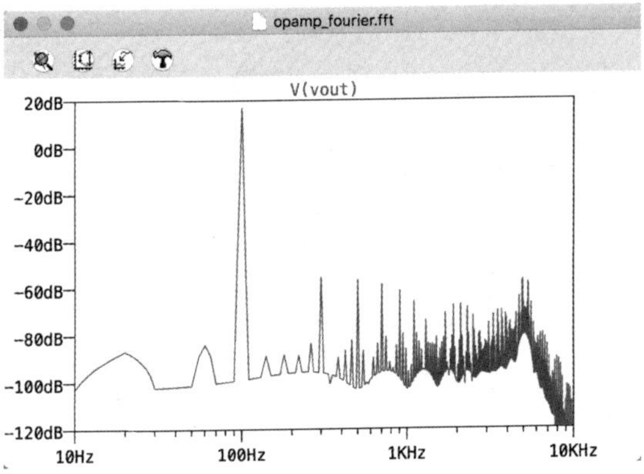


图 17.17　图 17.16 所示波形傅里叶变换的离散近似

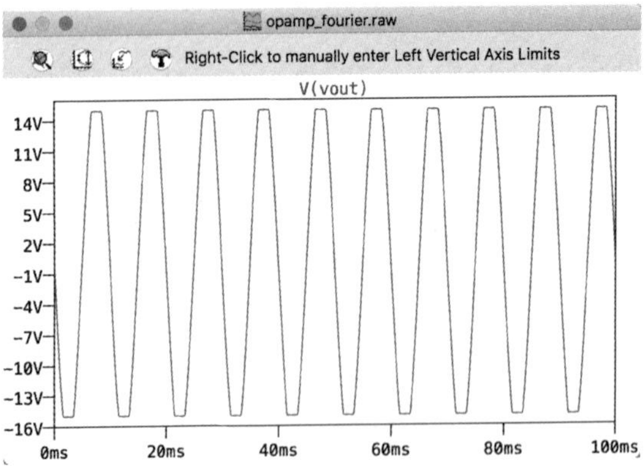


图 17.18　运放电路的输入电压幅度增大到 1.8 V时的输出仿真结果，此时输出波形已经饱和，波形顶部被截平

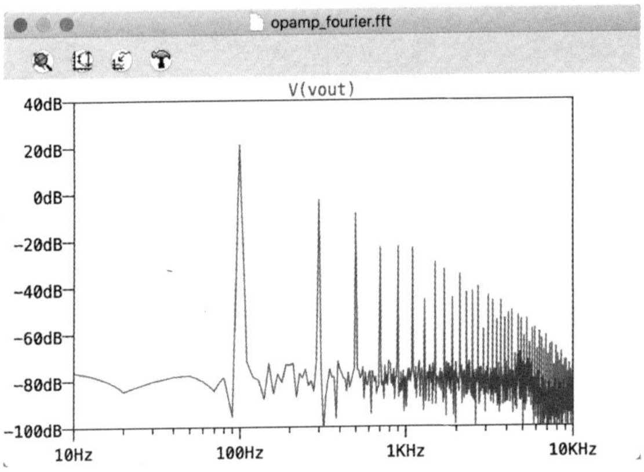


图 17.19　图 17.18 所示波形的频谱，除基波之外出现了几个谐波成分。图中有限带宽的特性是由于数值上的离散化造成的(使用了一系列的离散时间值)

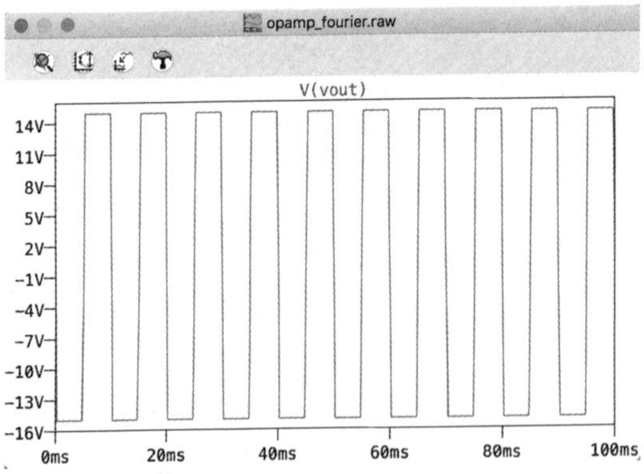


图 17.20　运放电路的输入电压为 15 V 正弦波时，仿真输出结果存在明显的失真

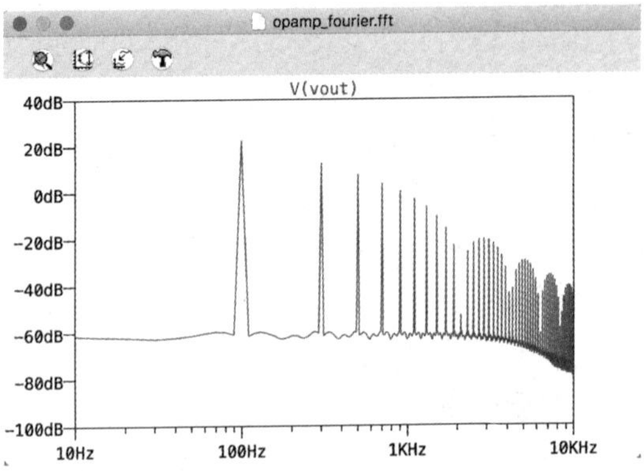


图 17.21　进行快速傅里叶变换后的结果，与 100 Hz 基波频率相比，谐波成分的能量有明显的增加

# 17.10　系统函数的物理意义

本节将试图把傅里叶变换的特点与前面几章介绍的知识联系起来。

如图 17.22 所示，给定一个初始储能为零的一般线性二端口网络 $N$，任意选择正弦激励函数和响应函数为电压。设输入电压为 $A\cos(\omega_x t+\theta)$，因此输出可以表示为 $v_o(t)=B\cos(\omega_x t+\phi)$ 的形式，其中幅度 $B$ 和相角 $\phi$ 是 $\omega_x$ 的函数。若采用相量形式，则可以将激励函数和响应函数分别表示为 $\mathbf{V}_i=A\mathrm{e}^{\mathrm{j}\theta}$ 和 $\mathbf{V}_o=B\mathrm{e}^{\mathrm{j}\phi}$。而相量形式的响应函数与激励函数的比值为关于 $\omega_x$ 的函数：

$$\frac{\mathbf{V}_o}{\mathbf{V}_i}=\mathbf{G}(\omega_x)=\frac{B}{A}\mathrm{e}^{\mathrm{j}(\phi-\theta)}$$

其中，$B/A$ 和 $\phi-\theta$ 分别为 $\mathbf{G}$ 的幅度和相位。传输函数 $\mathbf{G}(\omega_x)$ 可以在实验室中用下面的方法得到，即在一个很大的范围内改变 $\omega_x$，然后对每个 $\omega_x$ 测量幅度 $B/A$ 和相位 $\phi-\theta$，最后将这两个参数随频率变化的曲线画出来。当点数足够多时，得到的两条曲线就可以完整地描述传输函数。

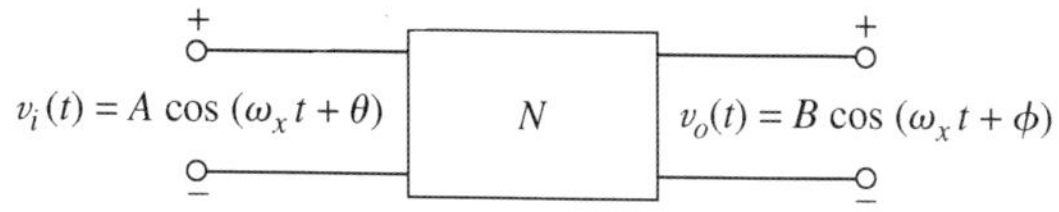


图 17.22　可以用正弦分析来确定传输函数 $\mathbf{H}(\mathrm{j}\omega_x)=(B/A)\mathrm{e}^{\mathrm{j}(\phi-\theta)}$，其中 $B$ 和 $\phi$ 都是关于 $\omega_x$ 的函数

暂时将上面的讨论搁置下来，我们从另一个方面来考虑这个问题。

如图 17.22 所示，若电路的输入和输出均为正弦函数，则系统函数 $\mathbf{H}(\mathrm{j}\omega)$ 是什么呢？为了回答这个问题，首先定义 $\mathbf{H}(\mathrm{j}\omega)$ 为输出的傅里叶变换与输入的傅里叶变换之比。这两个时域函数均具有 $\cos(\omega_x t+\beta)$ 的形式，虽然现在还没有求出其傅里叶变换，但已经求出了 $\cos\omega_x t$ 的变换，这里要求的傅里叶变换为

$$\mathcal{F}\{\cos(\omega_x t+\beta)\}=\int_{-\infty}^{\infty}\mathrm{e}^{-\mathrm{j}\omega t}\cos(\omega_x t+\beta)\,\mathrm{d}t$$

如果以 $\omega_x t+\beta=\omega_x\tau$ 进行替换，则可得

$$\begin{aligned}\mathcal{F}\{\cos(\omega_x t+\beta)\}&=\int_{-\infty}^{\infty}\mathrm{e}^{-\mathrm{j}\omega\tau+\mathrm{j}\omega\beta/\omega_x}\cos\omega_x\tau\,\mathrm{d}\tau\\&=\mathrm{e}^{\mathrm{j}\omega\beta/\omega_x}\mathcal{F}\{\cos\omega_x t\}\\&=\pi\mathrm{e}^{\mathrm{j}\omega\beta/\omega_x}[\delta(\omega-\omega_x)+\delta(\omega+\omega_x)]\end{aligned}$$

这是一个新的傅里叶变换对：

$$\cos(\omega_x t+\beta)\Leftrightarrow\pi\mathrm{e}^{\mathrm{j}\omega\beta/\omega_x}[\delta(\omega-\omega_x)+\delta(\omega+\omega_x)]\qquad[64]$$

现在即可用它来求所需的系统函数了：

$$\begin{aligned}\mathbf{H}(\mathrm{j}\omega)&=\frac{\mathcal{F}\{B\cos(\omega_x t+\phi)\}}{\mathcal{F}\{A\cos(\omega_x t+\theta)\}}\\&=\frac{\pi B\mathrm{e}^{\mathrm{j}\omega\phi/\omega_x}[\delta(\omega-\omega_x)+\delta(\omega+\omega_x)]}{\pi A\mathrm{e}^{\mathrm{j}\omega\theta/\omega_x}[\delta(\omega-\omega_x)+\delta(\omega+\omega_x)]}\\&=\frac{B}{A}\mathrm{e}^{\mathrm{j}\omega(\phi-\theta)/\omega_x}\end{aligned}$$

再来看 $\mathbf{G}(\omega_x)$ 的表达式：

$$\mathbf{G}(\omega_x)=\frac{B}{A}\mathrm{e}^{\mathrm{j}(\phi-\theta)}$$

其中，$B$ 和 $\phi$ 均为 $\omega=\omega_x$ 时的值。当 $\omega=\omega_x$ 时，$\mathbf{H}(\mathrm{j}\omega)$ 的值为

$$\mathbf{H}(\omega_x)=\mathbf{G}(\omega_x)=\frac{B}{A}\mathrm{e}^{\mathrm{j}(\phi-\theta)}$$

因为下标 $x$ 并没有特殊的含义，因此可以认为系统函数与传输函数是一样的，即

$$\mathbf{H}(\mathrm{j}\omega)=\mathbf{G}(\omega) \tag{65}$$

上式中，一个参数为 $\omega$ 而另一个为 $\mathrm{j}\omega$，这在本质上是没有区别的，其中 j 仅为更方便地将傅里叶变换和拉普拉斯变换进行区分。

式[65]表示傅里叶变换的方法与正弦稳态分析之间的直接联系。前面对基于相量的正弦稳态分析的讨论只是更为一般的傅里叶变换的一个特例。这里说的“特例”指的是输入和输出均为正弦函数，而使用傅里叶变换和系统函数则可以处理非正弦激励函数和响应函数的情形。

因此，为了求出网络的系统函数 $\mathbf{H}(\mathrm{j}\omega)$，只需要确定相应的以 $\omega$(或 $\mathrm{j}\omega$)为自变量的正弦传输函数就可以了。

**例 17.8** 电路如图 17.23(a)所示，当输入电压为指数衰减脉冲时，求电感两端的电压。

**解**：为了求解这一问题，需要知道系统函数，但这并不意味着必须使用冲激函数求出冲激响应，然后再求其逆变换。取而代之的是，我们可以利用式[65]来求得系统函数 $\mathbf{H}(\mathrm{j}\omega)$。如图 17.23(b)所示，假设输入和输出均为相量形式的正弦电压。根据分压原理有

$$\mathbf{H}(\mathrm{j}\omega)=\frac{\mathbf{V}_o}{\mathbf{V}_i}=\frac{\mathrm{j}2\omega}{4+\mathrm{j}2\omega}$$

激励函数的傅里叶变换为

$$\mathcal{F}\{v_i(t)\}=\frac{5}{3+\mathrm{j}\omega}$$

因此 $v_o(t)$ 的傅里叶变换可以用下式表示：

$$\begin{aligned}\mathcal{F}\{v_o(t)\}&=\mathbf{H}(\mathrm{j}\omega)\mathcal{F}\{v_i(t)\}\\&=\frac{\mathrm{j}2\omega}{4+\mathrm{j}2\omega}\frac{5}{3+\mathrm{j}\omega}\\&=\frac{15}{3+\mathrm{j}\omega}-\frac{10}{2+\mathrm{j}\omega}\end{aligned}$$

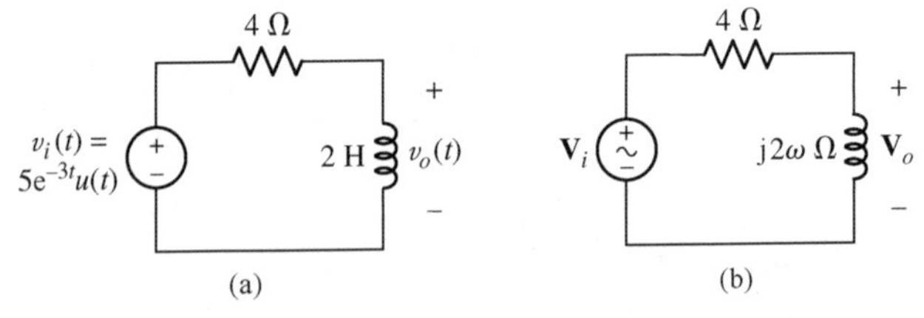


图 17.23 (a) 需要求解 $v_i(t)$激励下的响应 $v_o(t)$；(b) 可通过正弦稳态分析确定系统函数 $\mathbf{H}(\mathrm{j}\omega)=\mathbf{V}_o/\mathbf{V}_i$

最后一步用部分分式展开，可以求出傅里叶逆变换为

$$\begin{aligned}v_o(t)&=\mathcal{F}^{-1}\left\{\frac{15}{3+\mathrm{j}\omega}-\frac{10}{2+\mathrm{j}\omega}\right\}\\&=15\mathrm{e}^{-3t}u(t)-10\mathrm{e}^{-2t}u(t)\\&=5(3\mathrm{e}^{-3t}-2\mathrm{e}^{-2t})u(t)\end{aligned}$$

因此，没有使用卷积和微分方程就很容易地得到了问题的解。

## 练习

17.16　采用傅里叶变换的分析方法，求图 17.24 所示电路在 $t=1.5$ ms 时 $i_1(t)$ 的值，其中 $i_s$ 为：(a) $\delta(t)$ A；(b) $u(t)$ A；(c) $\cos 500t$ A。

答案：(a) $-141.7$ A；(b) 0.683 A；(c) 0.308 A。

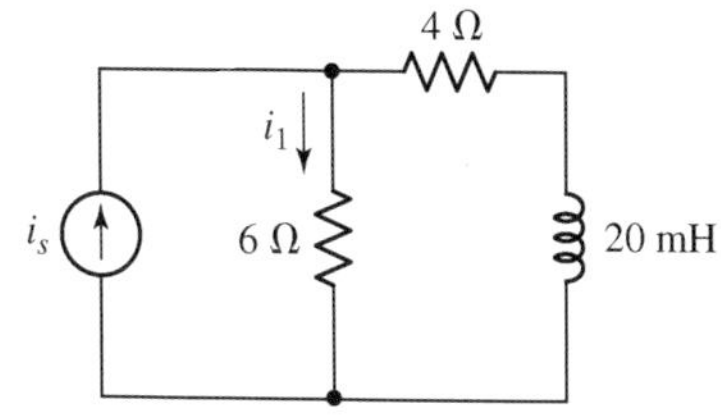

图 17.24

# 实际应用——图像处理

虽然人们对肌肉功能已经进行了大量的研究工作，但是仍然存在着许多疑问。在这一领域中，许多研究都是用脊椎动物的骨骼肌肉来进行的，特别是青蛙的腿部肌肉(见图 17.25)。

在科学家们所采用的众多分析方法中，一种最常用的方法就是使用电子显微镜。图 17.26 显示了青蛙肌肉组织的电子显微镜照片，该照片中突出加亮了一种称为阻凝蛋白的收缩型纤维蛋白的排列。而结构生物学家们感兴趣的是在一大片肌肉组织区域中找出这些蛋白质的周期性和无序性。为了建立一个包含以上特性的模型，人们倾向于采用一种可以自动进行此类图像分析的数字手段。未来我们将看到，这些由电子显微镜得到的图像在被高强度的噪声污染之后仍然可以自动鉴别出容易混淆的阻凝蛋白纤维。

图 17.25　一副只有生物学家才会喜欢的面孔(© IT Stock/PunchStock RF)

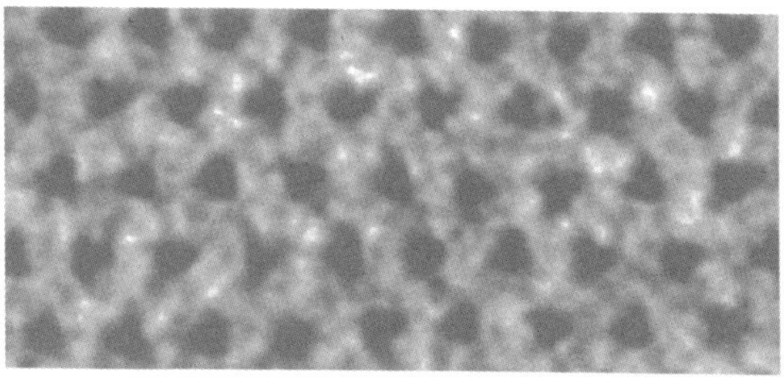
图 17.26　青蛙肌肉组织中一块区域的电子显微镜照片(感谢伦敦帝国理工学院的 John M. Squire 教授供图)

虽然我们是为了帮助分析线性时变电路才在本章中介绍了基于傅里叶变换的分析方法，但其实它在很多其他领域中都是一种有用的方法。其中，图像处理这一领域就经常需要利用傅里叶分析方法，尤其是快速傅里叶变换(FFT)以及相关的数值方法。图 17.26 所示的图像可以表示为一个空间的函数 $f(x,y)$，其中 $f(x,y)=0$ 的点对应于图中的白点，$f(x,y)=1$ 的点对应于图中的深色区，$(x,y)$ 表示图中一个像素点的位置。定义滤波器函数为 $h(x,y)$，如图 17.27(a) 所示。图 17.27(b)给出了卷积积分

$$g(x,y)=f(x,y)*h(x,y)$$

的结果，可以看到其中阻凝蛋白纤维变得更加清晰。

在实际应用中，上述图像处理过程都是在频域上进行的，可以先计算出 $f$ 和 $h$ 的快速傅里叶变换，然后将它们相乘得到结果矩阵。最后，将结果矩阵进行傅里叶逆变换就可以得到如图 17.27(b)所示的滤波后的图像。为什么这个卷积可以表示这样一个滤波过程呢？如同滤波

函数 $h(x,y)$一样，阻凝蛋白纤维的排布也具有六角对称性，从某种意义上说，阻凝蛋白纤维的排布和滤波函数都具有相同的空间频率。$f$ 和 $h$ 的卷积使得原图像的六边形得到了加强，并且除去了噪声点(该噪声点不具有六角对称性)。如果将图 17.26 中的一条水平线建模为正弦函数 $f(x) = \cos\omega_0 t$，那么这一点可以定量地来理解，其中该函数的傅里叶变换如图 17.28(a)所示，是一对间隔为 $2\omega_0$ 的对称的冲激函数。然后将这个函数与滤波函数$h(x) = \cos\omega_1 t$ 进行卷积，$h(x)$的傅里叶变换如图 17.28(b)所示，当 $\omega_1 \neq \omega_0$ 时，卷积的结果为零，此时两个函数的频率(周期)不匹配。如果选择了一个与 $f(x)$具有相同频率的滤波器，则卷积的结果将在 $\omega = \pm\omega_0$ 处有非零值。

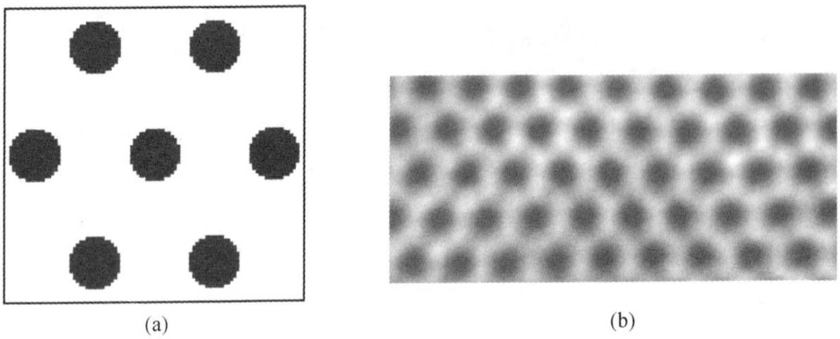

图 17.27 (a) 空间滤波器具有六角对称性；(b) 经过卷积积分和傅里叶逆变换后得到的图像，背景噪声已被消除(感谢伦敦帝国理工学院的John M. Squire教授供图)

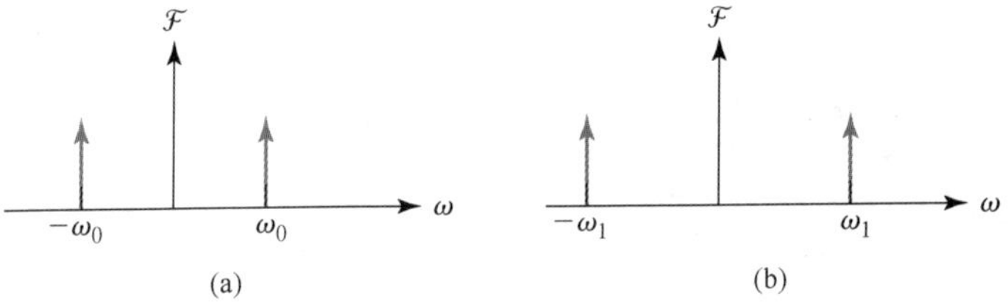


图 17.28 (a) $f(x) = \cos\omega_0 t$ 的傅里叶变换；(b) $h(x) = \cos\omega_1 t$ 的傅里叶变换

## 结语

回到式[65]，它表明系统函数 $\mathbf{H}(j\omega)$与正弦稳态传输函数 $\mathbf{G}(\omega)$是等同的，因此现在可以认为系统函数等于输出相量与输入相量之比。假设输入相量的幅度为 1，相角为零，则输出的相量为 $\mathbf{H}(j\omega)$。这样，如果将所有 $\omega$ 的输出幅度和相位随 $\omega$ 变化的值记录下来，就相当于记录了系统函数 $\mathbf{H}(j\omega)$。这也相当于考察了无穷多个正弦输入下系统的响应，这些正弦输入的幅度均为 1，相位均为零，且为持续输入。现在假设输入为单位冲激函数，然后考察冲激响应 $h(t)$。这种情况与刚才分析过的情况有什么不同吗？我们知道，单位冲激的傅里叶变换为常数 1，也就是说，它包含所有的频率成分，而且这些频率成分的幅度均相同，相位均为零，系统响应为所有这些频率成分产生的响应之和。用阴极射线管示波器来观察其输出，可以明显地看出，就系统的响应而言，系统函数和冲激响应函数包含了相同的信息。

因此，对于一个一般的激励函数，可以用两种不同的方法来描述系统响应，其中一种是时域描述，另一种是频域描述。在时域计算时，将激励函数与系统的冲激响应进行卷积，得到响应函数。在学习卷积的时候，这一过程可以将输入看成不同强度和时间的冲激连续集，而输出则为冲激响应连续集。

然而，在频域计算时，是用系统函数乘以激励函数的傅里叶变换来求得响应的。这时，将激励函数的傅里叶变换看成频率谱，或者是正弦函数的连续集，将其与系统函数相乘可以得到响应函数，它也是正弦函数的连续集。

## 总结和复习

无论我们将输出看成冲激响应的连续集还是正弦响应的连续集，由于网络的线性性质，根据叠加原理，可以通过对所有频率求和（傅里叶逆变换）或者对所有时间求和（傅里叶变换）得到总输出。

遗憾的是，这两种方法都有一定的困难和局限性。进行卷积积分时，如果激励函数和冲激响应函数比较复杂，则卷积积分的计算将很困难。而且，从实验的角度来看，实际上并不能得到系统的冲激响应，因为不能实际产生冲激函数。就算我们可以通过一个幅度很大的窄脉冲来作为冲激函数的近似，也可能导致系统饱和以至于超出线性工作范围。

至于频域分析，一个很大的局限是：有些很容易产生并且在理论上经常使用的激励函数并不存在傅里叶变换；另外，如果希望求出响应函数的时域描述，就必须计算傅里叶逆变换，而有些逆变换很难求出。

最后要说明的是，这两种方法均不能非常方便地处理初始条件。就这一点而言，拉普拉斯变换明显要更胜一筹。

使用傅里叶变换最大的好处在于它给出了有关信号频谱特性的极为丰富的信息，特别是单位带宽内的能量或功率。对于这些信息，有些也很容易用拉普拉斯变换得到。对于这两种变换的各自优点的详细讨论将留给后续的信号与系统课程。

可能有读者会问，为什么直到现在才讨论这些内容呢？这个问题最好的答案可能是，这些功能强大的分析方法会使简单问题复杂化，而且不利于理解简单网络的物理特性。例如，如果我们只对受迫响应感兴趣，则没有必要使用拉普拉斯变换求解受迫响应和自由响应，然后再花很多的时间求其逆变换。

好吧，我们还可以继续讨论，但事情总有个结束，下面是本章的主要内容，以及相关例题的编号。在此祝好运相伴你的学习之路。

- 基波频率为 $\omega_0$ 的正弦波的谐波频率为 $n\omega_0$，其中 $n$ 为整数。（例 17.1 和例 17.2）
- 傅里叶定理指出，如果函数 $f(t)$ 满足某些特性，那么可以将其表示为无穷级数 $a_0 + \sum_{n=1}^{\infty}(a_n\cos n\omega_0 t + b_n\sin n\omega_0 t)$，其中 $a_0 = (1/T)\int_0^T f(t)\mathrm{d}t$，$a_n = (2/T)\int_0^T f(t)\cos n\omega_0 t\ \mathrm{d}t$，$b_n = (2/T)\int_0^T f(t)\sin n\omega_0 t\ \mathrm{d}t$。（例 17.1）
- 如果函数 $f(t)$ 满足 $f(t) = f(-t)$，则它具有偶对称性。

- 如果函数$f(t)$满足$f(t) = -f(-t)$，则它具有奇对称性。
- 如果函数$f(t)$满足$f(t) = -f(t - \frac{1}{2}T)$，则它具有半波对称性。
- 偶函数的傅里叶级数只含有常数项和余弦函数项。
- 奇函数的傅里叶级数只含有正弦函数项。
- 具有半波对称性的函数的傅里叶级数只含有奇次谐波项。
- 函数的傅里叶级数也可以表示为复数或指数形式，其中$f(t) = \sum_{n=-\infty}^{\infty} \mathbf{c}_n e^{jn\omega_0 t}$，$\mathbf{c}_n = (1/T)\int_{-T/2}^{T/2} f(t) e^{-jn\omega_0 t} dt$。(例 17.3 和例 17.4)
- 使用傅里叶变换可以得到时变函数的频域表达形式，这与拉普拉斯变换类似。傅里叶变换的定义式为$\mathbf{F}(j\omega) = \int_{-\infty}^{\infty} e^{-j\omega t} f(t) dt$和$f(t) = (1/2\pi)\int_{-\infty}^{\infty} e^{j\omega t}\mathbf{F}(j\omega) d\omega$。(例 17.5 至例 17.7)
- 与拉普拉斯变换分析电路的方法一样，傅里叶变换分析法也可以分析含有电阻、电感和电容的电路。(例 17.8)

## 深入阅读

下面是有关傅里叶分析的最佳读本：

A. Pinkus and S. Zafrany, *Fourier Series and Integral Transforms*. Cambridge: Cambridge University Press, 1997.

最后，若对肌肉研究感兴趣(包括电子显微镜)，可以参考下列书籍：

J. Squire, *The Structural Basis of Muscular Contraction*. New York: Plenum Press, 1981.

## 习题

### 17.1 傅里叶级数的三角函数形式

1. 确定下列函数的基波频率、基波角频率和周期。(a) $5\sin 9t$; (b) $200\cos 70t$; (c) $4\sin(4t - 10°)$; (d) $4\sin(4t + 10°)$。
2. 画出下列周期波形的一次、三次和五次谐波(三个谐波画在一个坐标系中)：(a) $3\sin t$; (b) $40\cos 100t$; (c) $2\cos(10t - 90°)$。
3. 计算下列函数的系数 $a_0$：(a) $4\sin 4t$; (b) $4\cos 4t$; (c) $4 + \cos 4t$; (d) $4\cos(4t + 40°)$。
4. 计算下列函数的系数 $a_0$，$a_1$ 和 $b_1$：(a) $2\cos 3t$; (b) $3 - \cos 3t$; (c) $4\sin(4t - 35°)$。
5. 计算周期函数$f(t) = 2u(t) - 2u(t+1) + 2u(t+2) + \cdots$的傅里叶系数 $a_0$，$a_1$，$a_2$，$a_3$ 和 $b_1$，$b_2$，$b_3$。
6. (a) 周期函数$g(t)$如图 17.29 所示，求其傅里叶系数$a_0$，$a_1$，$a_2$，$a_3$，$a_4$ 和 $b_1$，$b_2$，$b_3$，$b_4$。(b) 画出$g(t)$和其傅里叶级数波形，$n = 4$ 以后的项被截断。
7. 周期波形$f(t)$如图 17.30 所示，计算 $a_1$，$a_2$，$a_3$ 和 $b_1$，$b_2$，$b_3$。
8. 周期波形如图 17.30 所示，设$g_n(t)$表示截断在 $n$ 的$f(t)$的傅里叶级数。比如，设 $n = 1$，$g_1(t)$有 3 项，分别通过 $a_0$，$a_1$ 和 $b_1$ 来定义。(a) 画出 $g_2(t)$，$g_3(t)$和 $g_5(t)$及$f(t)$的波形。(b) 计算$f(2.5)$，$g_2(2.5)$，$g_3(2.5)$和 $g_5(2.5)$。
9. 周期波形如图 17.29 所示，定义$y_n(t)$为截断在 $n$ 的$g(t)$的傅里叶级数(例如，$y_2(t)$有 5 项，分别由 $a_0$，$a_1$，$a_2$，$b_1$ 和 $b_2$ 定义)。(a) 画出$y_3(t)$和$y_5(t)$及$g(t)$的波形。(b) 计算$y_1(0.5)$，$y_2(0.5)$，$y_3(0.5)$和$g(0.5)$。

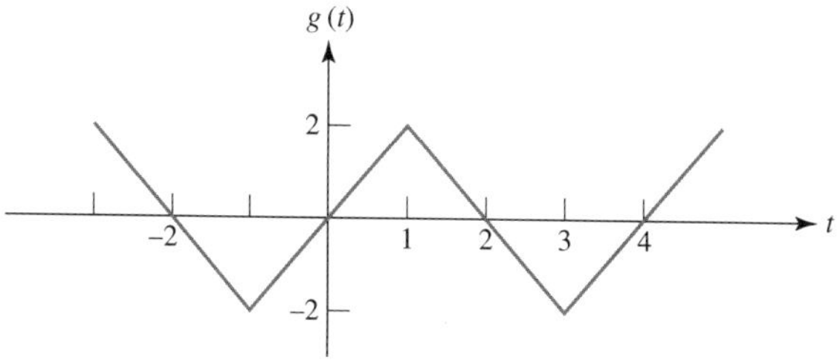


图 17.29

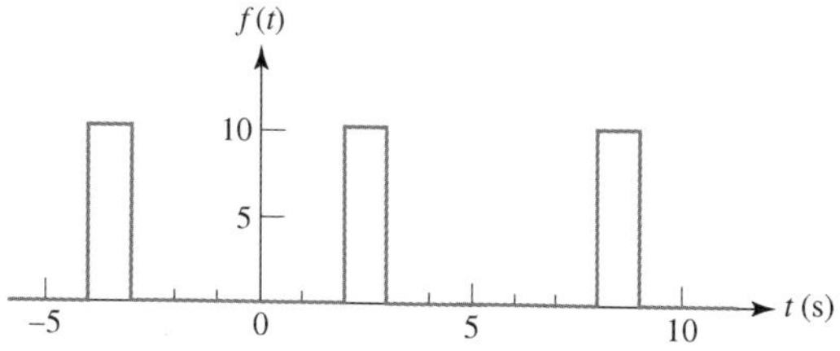


图 17.30

10. 周期函数 $g(t)$ 由图 17.29 所示的波形定义，确定函数 $g(t-1)$ 的系数 $a_n$ 和 $b_n$ 的表达式。

11. 半波正弦波如图 17.31 所示，它是半波整流器的输出，可用于实现正弦信号到直流的转变。求此波形的傅里叶级数表达式，并画出 $n=10$ 的傅里叶级数所表示的波形。

12. 波形如图 17.4(a) 所示，画出其线谱(限定最大的 6 项)。

13. 波形如图 17.4(b) 所示，画出其线谱(限定最大的 5 项)。

14. 波形如图 17.4(c) 所示，画出其线谱(限定最大的 5 项)。

15. 波形如图 17.31 所示，画出其线谱。

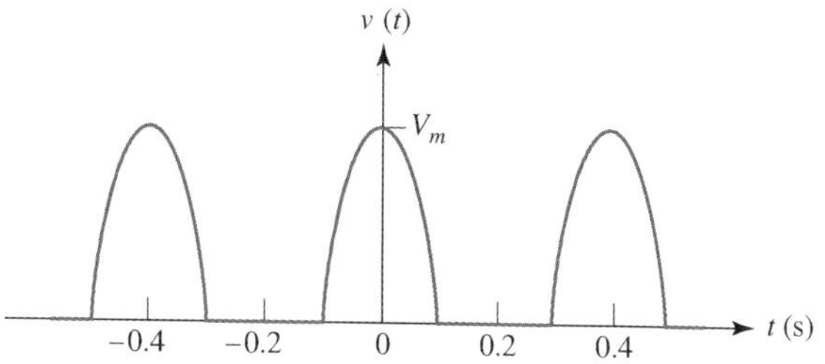


图 17.31

## 17.2　对称性的应用

16. 确定下列函数的奇对称、偶对称和半波对称性：(a) $4\sin 100t$；(b) $4\cos 100t$；(c) $4\cos(4t+70°)$；(d) $4\cos 100t+4$；(e) 图 17.4 所示的每一个波形定义的函数。

17. 确定下列函数的奇对称、偶对称和半波对称性：(a) 图 17.29 所示波形定义的函数；(b) $g(t-1)$，其中 $g(t)$ 由图 17.29所示的波形定义；(c) $g(t+1)$，其中 $g(t)$ 由图 17.29 所示的波形定义；(d) 图 17.30 所示波形定义的函数。

18. 周期函数在 $-\pi<t<\pi$ 内的形式为 $f(t)=t^2$。确定函数的奇偶对称性，计算 $n=1$，2 和 3 时的傅里叶系数。

19. 波形如图 17.32 所示，根据此非周期波形产生一个函数 $y(t)$，要求 $y(t)$ 在 $0<t<4$ 之间和 $g(t)$ 函数一样，周期 $T=8$，且具有(a) 奇对称；(b) 偶对称；(c) 偶对称和半波对称；(d) 奇对称和半波对称。

20. 周期波形 $v(t)$ 如图 17.33 所示，计算 $a_0$，$a_1$，$a_2$，$a_3$ 和 $b_1$，$b_2$，$b_3$。

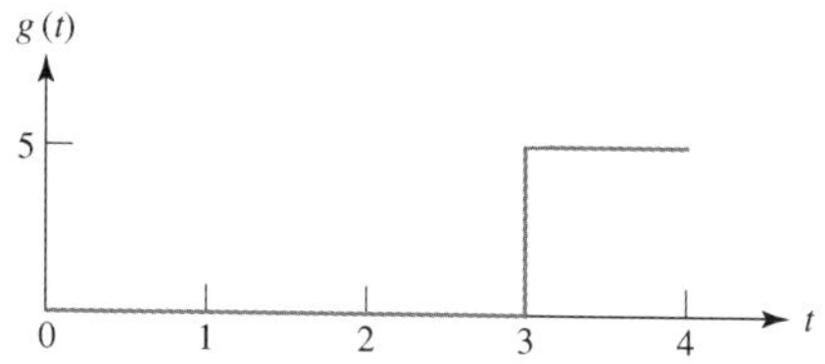


图 17.32

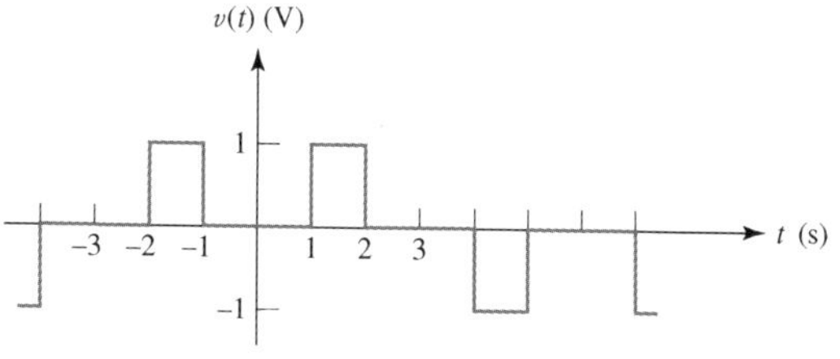


图 17.33

21. 设计一个三角波，峰值为 3，周期 2 s，并具有以下性质：(a) 半波对称和偶对称；(b) 半波对称和奇对称。

22. 尽可能利用对称性质，计算图 17.34 所示波形的 $a_0$，$a_n$ 和 $b_n$ 的值，其中 $1\leqslant n\leqslant 10$。

## 17.3　周期激励函数的完全响应

23. 电路如图 17.35(a)所示，设 $i_s(t)$ 如图 17.35(b)所示，且 $v(0)=0$，求 $v(t)$。

24. 假设图 17.36 所示的信号加在图 17.8(a)所示的电路上，计算用傅里叶级数表示的 $i(t)$。。

25. 电路如图 17.37(a) 所示，其激励信号如图 17.37(b)所示，确定用傅里叶级数表示的稳态电压 $v(t)$。

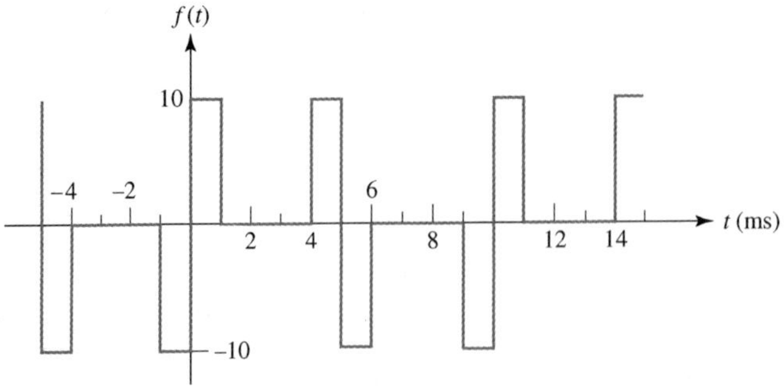


图 17.34

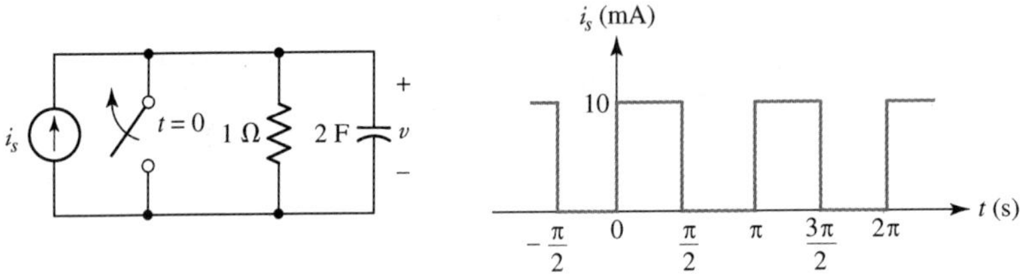


(a) (b)

图 17.35

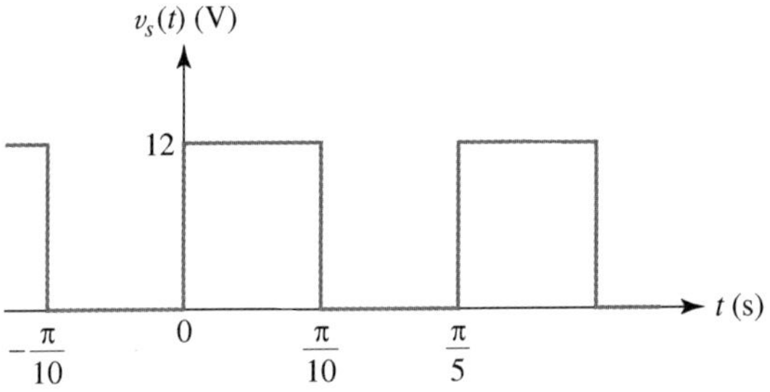


图 17.36

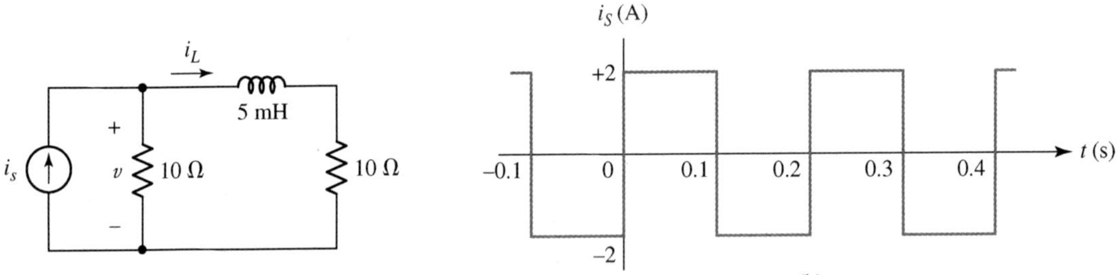


(a) (b)

图 17.37

26. 将图 17.38 所示的信号加在图 17.37(a)所示的电路上，确定用傅里叶级数表示的稳态电流 $i_L(t)$。

## 17.4 傅里叶级数的复数形式

27. 函数 $v(t)$ 由图 17.10 所示的波形定义，求下列函数的 $\mathbf{c}_n$：(a) $v(t+0.5)$；(b) $v(t-0.5)$。

28. 波形如图 17.38 所示，计算 $\mathbf{c}_0$，$\mathbf{c}_{\pm1}$ 和 $\mathbf{c}_{\pm2}$。

29. 波形如图 17.35(b)所示，确定前 5 项的指数傅里叶级数表达式。

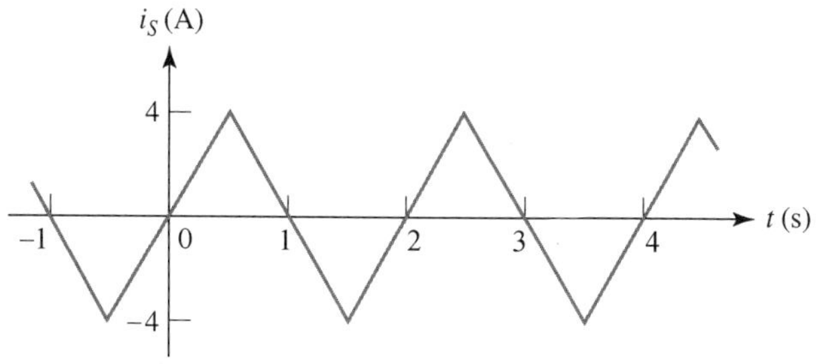


图 17.38

30. 周期波形如图 17.39 所示，确定：(a) 周期 $T$；(b) $\mathbf{c}_0$，$\mathbf{c}_{\pm1}$，$\mathbf{c}_{\pm2}$ 和 $\mathbf{c}_{\pm3}$。

31. 周期波形如图 17.40 所示，确定：(a) 周期 $T$；(b) $\mathbf{c}_1$ 和 $\mathbf{c}_2$。

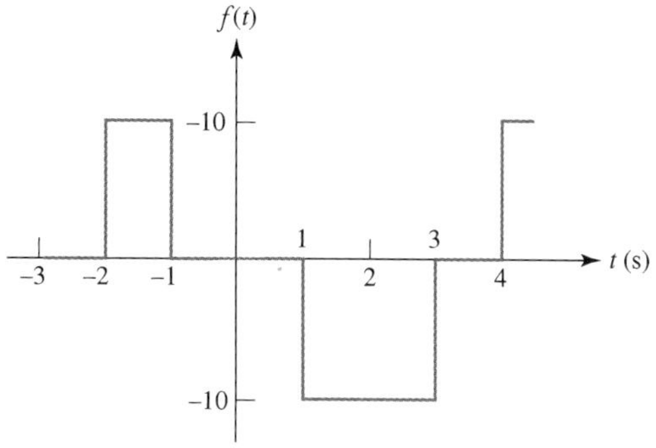


图 17.39

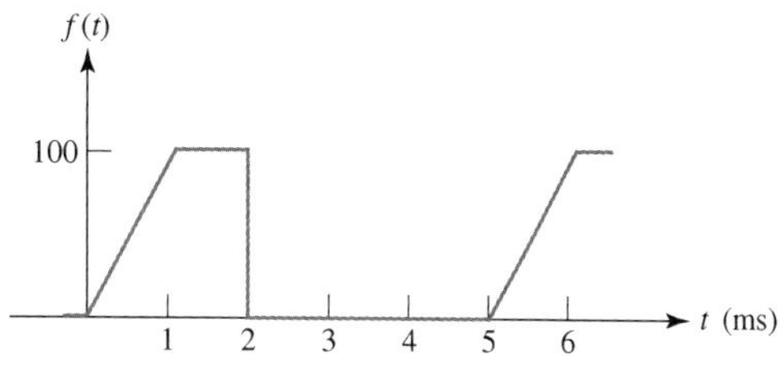


图 17.40

32. 锯齿波信号如例 17.1 中的图 17.2 所示，确定傅里叶系数 $c_i$ 并画出 $n=50$ 的 $v(t)$ 波形。

33. 某脉冲序列的周期为 5 μs，当 $-0.6\ \mu s<t<-0.4\ \mu s$ 和 $0.4\ \mu s<t<0.6\ \mu s$ 时幅度为 1，在一个周期内的其余时刻为 0。这个脉冲序列可以表示数字计算机中用二进制形式传输的十进制数字 3。(a) 求 $\mathbf{c}_n$。(b) 计算 $\mathbf{c}_4$。(c) 求 $\mathbf{c}_0$。(d) 求 $|\mathbf{c}_n|_{max}$。(e) 求 $N$，使得 $|\mathbf{c}_n|\le 0.1|\mathbf{c}_n|_{max}$ 时对所有的 $n>N$ 的情况都成立。(f) 传输这部分频谱需要的带宽是多少？

34. 设某周期电压 $v_s(t)$ 在 $0<t<1/96$ s 内等于 40 V，在 $1/96\text{ s}<t<1/16$ s 内为 0。若 $T=1/16$ s，(a) 求 $\mathbf{c}_3$。(b) 求传输给图 17.41 所示电路中负载的功率。

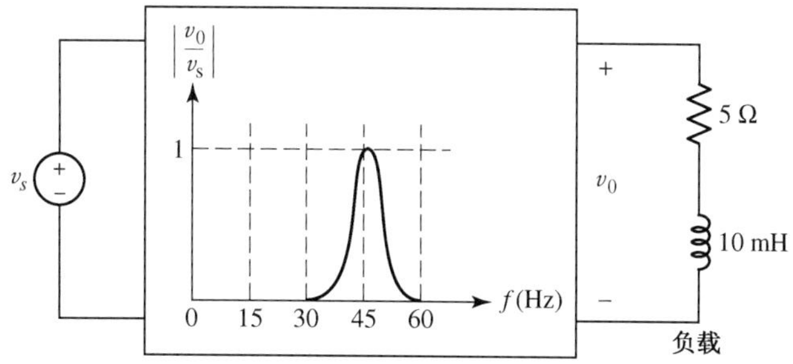


图 17.41

## 17.5 傅里叶变换的定义

35. 已知函数 $g(t)=\begin{cases}5, & -1<t<1,\\ 0 & \text{其他时刻}\end{cases}$，画出：(a) $g(t)$；(b) $\mathbf{G}(j\omega)$ 的波形。

36. 已知函数 $v(t)=2u(t)-2u(t+2)+2u(t+4)-2u(t+6)$ V。画出：(a) $v(t)$ 的波形；(b) $\mathbf{V}(j\omega)$ 的波形。

37. 利用傅里叶变换求周期方波电压 $v(t)=5-10u(t-T/2)$ V，$0<t<T$ 的连续频谱，并画出线谱。

38. 利用式[41a]求 $\mathbf{G}(\mathrm{j}\omega)$，其中 $g(t)$ 分别为：(a) $5\mathrm{e}^{-t}u(t)$；(b) $5t\mathrm{e}^{-t}u(t)$。

39. 求图 17.42 所示单个三角脉冲的傅里叶变换 $\mathbf{F}(\mathrm{j}\omega)$。

40. 求图 17.43 所示单个正弦脉冲的傅里叶变换 $\mathbf{F}(\mathrm{j}\omega)$。

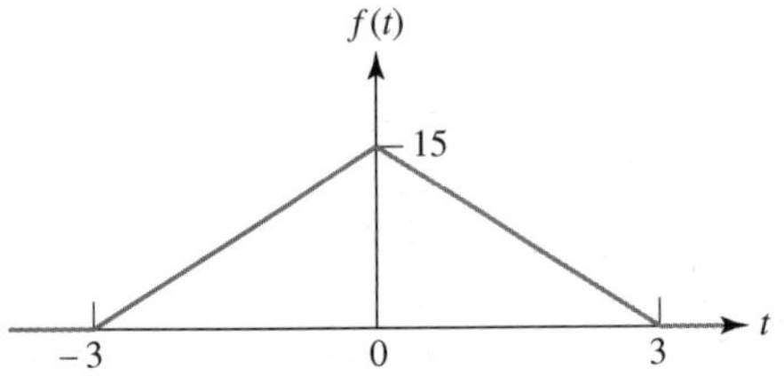


图 17.42

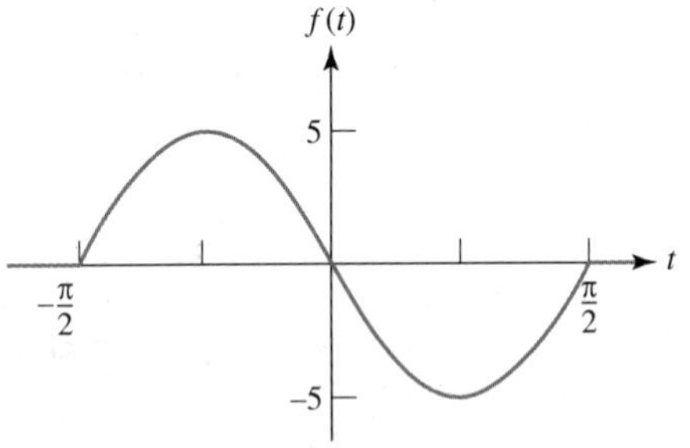


图 17.43

## 17.6　傅里叶变换的性质

41. 已知 $g(t)=3\mathrm{e}^{-t}u(t)$，计算：(a) $\mathbf{G}(\mathrm{j}\omega)$；(b) $\phi(\omega)$。

42. 脉冲电压 $2\mathrm{e}^{-t}u(t)$ V 加在理想带通滤波器上，滤波器的通带为 100 Hz < $|f|$ <500 Hz，计算总输出能量。

43. 若 $v(t)=4\mathrm{e}^{-|t|}$ V，计算包含 85% 的 1 Ω 电阻能量的频率范围。

44. 利用傅里叶变换的定义，证明以下结论，其中 $\mathcal{F}\{f(t)\}=\mathbf{F}(\mathrm{j}\omega)$：(a) $\mathcal{F}\{f(t-t_0)\}=\mathrm{e}^{-\mathrm{j}\omega t_0}\mathcal{F}\{f(t)\}$；(b) $\mathcal{F}\{\mathrm{d}f(t)/\mathrm{d}t\}=\mathrm{j}\omega\mathcal{F}\{f(t)\}$；(c) $\mathcal{F}\{f(kt)\}=(1/|k|)\mathbf{F}(\mathrm{j}\omega/k)$；(d) $\mathcal{F}\{f(-t)\}=\mathbf{F}(-\mathrm{j}\omega)$；(e) $\mathcal{F}\{tf(t)\}=\mathrm{j}\mathrm{d}[\mathbf{F}(\mathrm{j}\omega)]/\mathrm{d}\omega$。

## 17.7　一些简单时间函数的傅里叶变换对

45. 确定以下函数的傅里叶变换：(a) $5u(t)-2\mathrm{sgn}(t)$；(b) $2\cos 3t-2$；(c) $4\mathrm{e}^{-\mathrm{j}3t}+4\mathrm{e}^{\mathrm{j}3t}+5u(t)$。

46. 求以下函数的傅里叶变换：(a) $85u(t+2)-50u(t-2)$；(b) $5\delta(t)-2\cos 4t$。

47. 求下列函数 $f(t)$ 的 $\mathbf{F}(\mathrm{j}\omega)$：(a) $2\cos 10t$；(b) $\mathrm{e}^{-4t}u(t)$；(c) $5\mathrm{sgn}(t)$。

48. 求下列 $\mathbf{F}(\mathrm{j}\omega)$ 的 $f(t)$：(a) $4\delta(\omega)$；(b) $2/(5000+\mathrm{j}\omega)$；(c) $\mathrm{e}^{-\mathrm{j}120\omega}$。

49. 求下列 $\mathbf{F}(\mathrm{j}\omega)$ 的 $f(t)$ 表达式：(a) $-\mathrm{j}\dfrac{231}{\omega}$；(b) $\dfrac{1+\mathrm{j}2}{1+\mathrm{j}4}$；(c) $5\delta(\omega)+\dfrac{1}{2+\mathrm{j}10}$。

## 17.8　一般周期时间函数的傅里叶变换

50. 计算下列函数的傅里叶变换：(a) $2\cos^2 5t$；(b) $7\sin 4t\cos 3t$；(c) $3\sin(4t-40°)$。

51. 周期函数在 $0<t<10$ s 内定义为 $g(t)=2u(t)-3u(t-4)+2u(t-8)$，确定其傅里叶变换。

52. 设 $\mathbf{F}(\mathrm{j}\omega)=20\sum_{n=1}^{\infty}[1/(|n|!+1)]\delta(\omega-20n)$，求 $f(0.05)$ 的值。

53. 求图 17.44 所示周期时间函数的傅里叶变换。

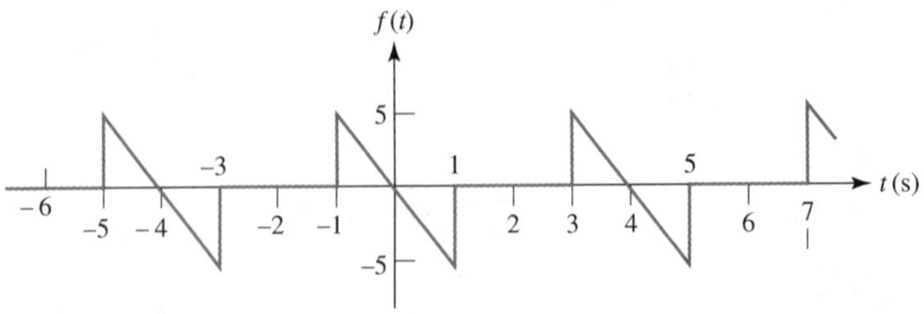


图 17.44

## 17.9　频域的系统函数和响应

54. 某系统函数为 $h(t)=2u(t)+2u(t-1)$，利用卷积计算输出(时域)，其中输入分别为：(a) $2u(t)$；

(b) $2te^{-2t}u(t)$。

55. 已知输入信号 $x(t)=5e^{-5t}u(t)$，利用卷积计算时域的输出，假设系统函数 $h(t)$ 分别为：(a) $3u(t+1)$；(b) $10te^{-t}u(t)$。

56. (a) 设计一个增益为 10 的同相放大器，如果电路采用 ±15 V 供电的运放，利用仿真方法，确定输出的快速傅里叶变换，假设输入电压工作在 1 kHz 上，幅度分别为(b) 10 mV；(c) 1 V；(d) 2 V。

57. (a) 设计一个增益为 5 的反相放大器，如果电路采用 ±10 V 供电的运放，利用仿真方法，确定输出电压的快速傅里叶变换，假设输入电压工作在 10 kHz 上，幅度分别为(b) 500 mV；(c) 1.8 V；(d) 3 V。

## 17.10　系统函数的物理意义

58. 电路如图 17.45 所示，已知 $v_i(t)=2te^{-t}u(t)$ V，利用傅里叶变换方法求输出电压 $v_o(t)$。

59. 如果用一个 2 F 电容替代图 17.45 所示电路中的电感，在输入电压 $v_i(t)$ 分别为下列表达式时，利用傅里叶变换方法求输出电压 $v_o(t)$：(a) $5u(t)$ V；(b) $3e^{-4t}u(t)$ V。

60. 采用傅里叶方法，计算图 17.46 所示电路中的电压 $v_C(t)$，其中电压 $v_i(t)$ 分别为：(a) $2u(t)$ V；(b) $2\delta(t)$ V。

61. 采用傅里叶方法，计算图 17.47 所示电路中的电压 $v_o(t)$，其中电压 $v_i(t)$ 分别为：(a) $5u(t)$ V；(b) $3\delta(t)$ V。

62. 采用傅里叶方法，计算图 17.47 所示电路中的电压 $v_o(t)$，其中电压 $v_i(t)$ 分别为：(a) $5u(t-1)$ V；(b) $2+8e^{-t}u(t)$ V。

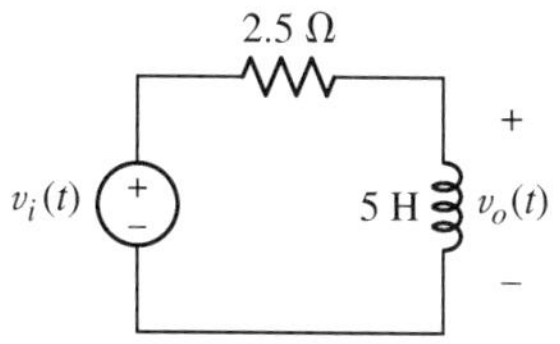


图 17.45

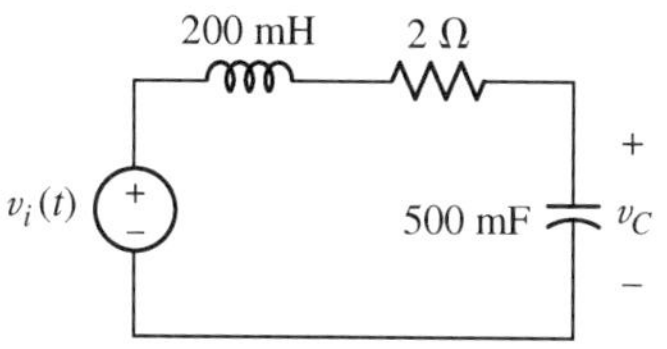


图 17.46

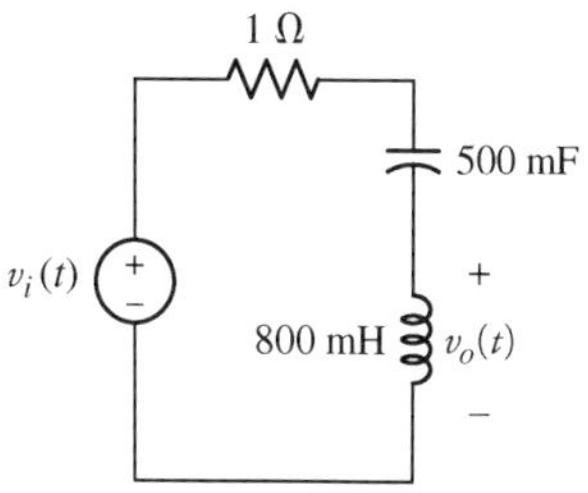


图 17.47

## 综合题

63. 将图 17.48(a)所示的脉冲波形作为图 17.45 所示电路中的输入电压 $v_i(t)$，计算电压 $v_C(t)$。

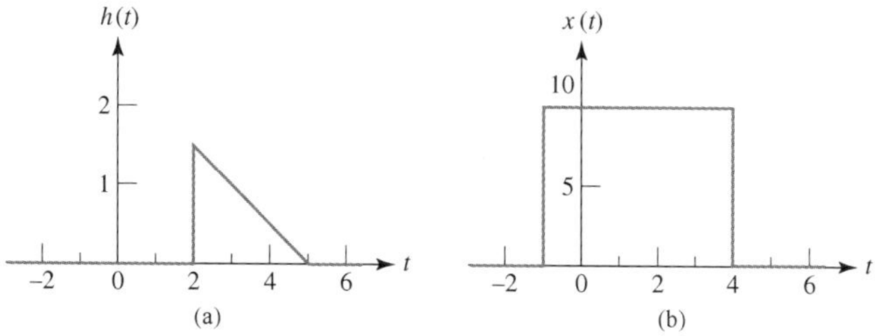


图 17.48

64. 将图 17.48(b)所示的脉冲波形作为图 17.46 所示电路中的输入电压 $v_i(t)$，计算并画出电压 $v_c(t)$。MATLAB 软件对求解习题很有帮助。

65. 将图 17.48(b)所示的脉冲波形作为图 17.47 所示电路中的输入电压 $v_i(t)$，计算并画出电压 $v_o(t)$，MATLAB 软件对求解习题很有帮助。

66. 设计一个音频放大器，要求增益为 10，电源电压 $V_{CC}=\pm 12$ V，选择合适的运算放大器，如 OP27，用于音频放大。利用 SPICE 仿真确定最大的谐波失真，定义为 $P_{HD}=P_{谐波}-P_{基波}$(dB)，此时输入信号的幅度为 1.2 V，频率分别为(a) 250 Hz(低音)；(b) 1 kHz(中音)；(c) 4 kHz(高音)。

# 附录1　网络拓扑简介

在分析了许多电路问题之后逐渐明白，前面讲到的许多电路至少在元件的安排上有很多共性。基于这一事实，可以对电路给出更抽象的概念，即本附录将要介绍的网络拓扑。

## A1.1　树和通用节点分析

下面对前面讲过的常用节点分析法进行归纳。由于节点分析法适用于任何网络，因此即使不能解决更大的一类电路问题，也期望可以找到适用于任何特殊问题的一个通用节点分析法，这样可以少求解几个方程，少花一些时间和精力。

首先需要扩展与网络有关的定义。定义拓扑为几何学的一个分支，它研究了几何图形的性质，当图形受到扭曲、弯折、折叠、伸展、挤压或打结时，只要图形的任何部位没有被割断或连接，其性质就保持不变。球体和四面体在拓扑结构上是等同的，同理，正方形和圆形也是等同的。关于电路，现在不关心电路中出现的是哪种类型的元件，只关心支路和节点之间是怎样连接的。事实上，我们常常有意识地抑制元件的性质，简单地将元件用一条线表示，这样的图形称为线图，或简称图。图 A1.1 就是一个电路及其对应的拓扑图。注意，所有节点都用加粗的小圆点标在拓扑图上。

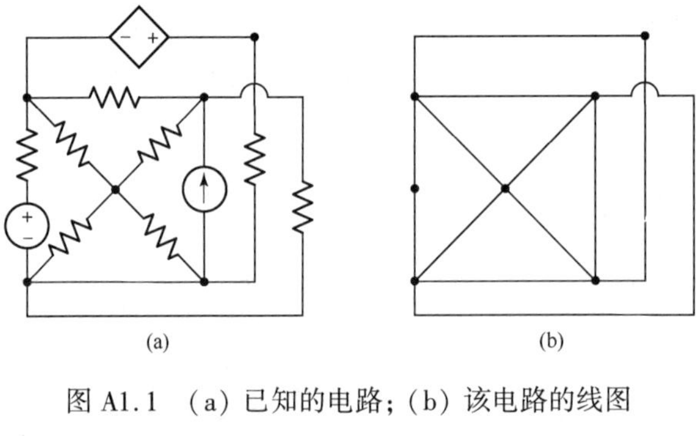

图 A1.1　(a) 已知的电路；(b) 该电路的线图

由于电路或其线图变形的拓扑性质并未改变，所以图 A1.2 中的 3 个图与图 A1.1 中的电路图在拓扑结构上是等同的。

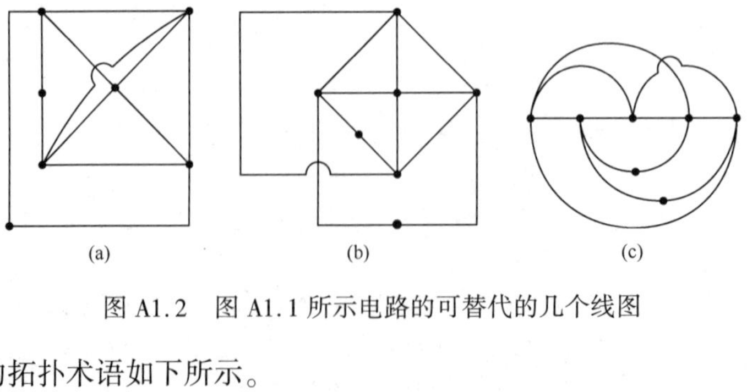

图 A1.2　图 A1.1 所示电路的可替代的几个线图

我们已讲过的拓扑术语如下所示。

- 节点：两个或更多元件的公共连接点。
- 路径：一系列元件的集合，使得通过这些元件时不会两次通过同一节点。
- 支路：只包含一个简单元件的路径，它将一个节点连接到其他节点。
- 回路：闭合的路径。
- 网孔：一个不含任何其他回路的回路。
- 平面电路：可以在平面上画出的电路，其中没有任何支路跨越或穿过其他支路。
- 非平面电路：任何不是平面的电路。

图 A1.2 中的每个图形都含有 12 条支路和 7 个节点。

现在需要定义 3 个新的拓扑术语——树、余树和连枝。树定义为支路的集合，它不含任何回路，但将每个节点连接到其他节点，这里的连接未必是直接的。一个网络通常可以画出许多不同的树，随着网络复杂性的增加，树的数目会迅速增加。图 A1.3(a) 中的简单图形有 8 个可能的树，在图 A1.3(b) 至图 A1.3(e) 中用粗线画出了其中 4 个。

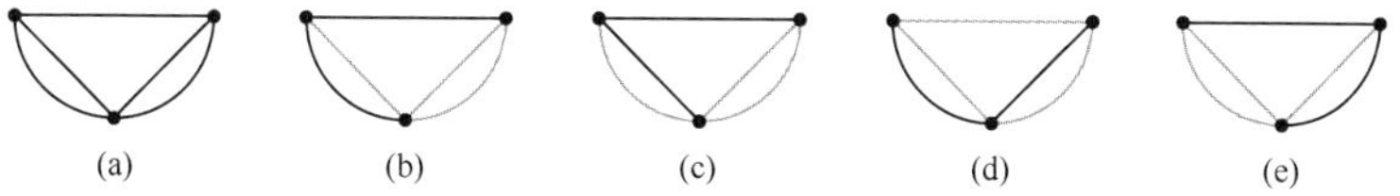


图 A1.3　(a) 3 节点网络的线图；(b) ~(e) 图(a)中图形的 8 个不同树中的 4 个，用粗线画出

图 A1.4(a) 所示是一个更复杂的图形，图 A1.4(b) 所示是一个可能的树，而图 A1.4(c) 和图 A1.4(d) 只是支路的集合，不是树，因为它们都不符合树的定义。

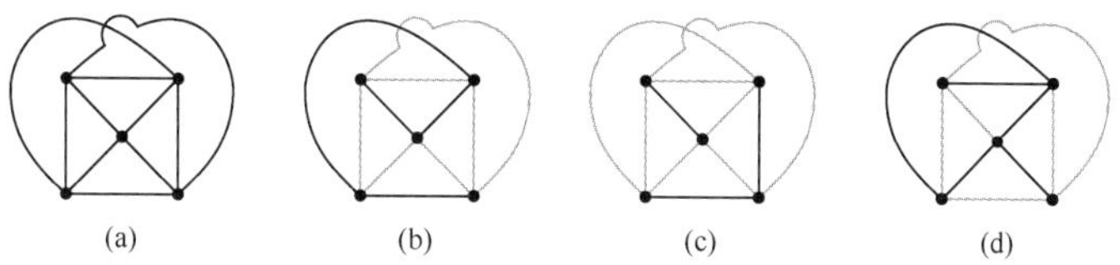


图 A1.4　(a) 线图；(b) 一个可能的树；(c) 和(d) 不符合树定义的支路集合

当树确定之后，那些不属于树的支路就形成了余树，或称为树的补集。在图 A1.3(b) 至图 A1.3(e) 中，用细线画出的支路表示余树，它们与用粗线画出的树相对应。

一旦理解了树及其余树的构造，连枝的概念就变得非常简单了。连枝是属于余树的任何支路。显然，某一支路可以是也可以不是连枝，具体取决于所选择的树。

很容易将连枝的数目与支路和节点数联系起来。假如某图有 $N$ 个节点，则一定需要 $(N-1)$ 条支路来构造一个树，因为第一条支路连接两个节点，其他每条支路连接一个新的节点。因此，给定 $B$ 条支路，连枝数 $L$ 一定是

$$L = B - (N - 1)$$

或

$$L = B - N + 1 \qquad [1]$$

即 $L$ 条支路在余树中，$(N-1)$ 条支路在树中。

对于图 A1.3 中的每个图形都有 $3 = 5 - 3 + 1$，对于图 A1.4(b) 有 $6 = 10 - 5 + 1$。一个网络可以有几个不相连的部分，可以用 $+S$ 替代 $+1$，使得式[1]更通用，其中 $S$ 为分离部分的数目。当然，也可以用一条导线将两个分离部分连接起来，从而使两个节点变成一个节点，在这条导线上没有电流。这一过程可以用于连接任意多个分离的部分，如果严格规定 $S = 1$，就不会降低式[1]的通用性。

现在讨论如何写出数量足够且又互相独立的一组节点方程。利用该方法可从同一网络获得许多不同的方程组，且所有方程组都有效。但是这种方法无法提供所有可能的方程组。下面通过 3 个例子来解释获取方程组的过程，然后指出使方程组数量足够且又互相独立的原因。

对于给定网络，要求：

1. 画出图形并找出它的一个树。
2. 将所有电压源置于树中。
3. 将所有电流源置于余树中。
4. 尽可能将压控电源的控制电压所在的支路置于树中。
5. 尽可能将流控电源的控制电流所在的支路置于余树中。

上述后 4 个步骤将电压和树、电流和余树有效地联系在一起。

对树的$(N-1)$条支路的每一条指定一个对应的电压变量(有一对正负号)，该电压跨接在支路的两端。含有电压源(独立或受控)的支路应该用其电源电压指定，含有控制电压的支路应该用其控制电压来指定。这样，引入的新变量数目应该等于树的支路数目$(N-1)$减去树中的电压源数目，还要减去树中能找到的控制电压的数目。在例 A1.3 中将发现所要求的新变量数目等于零。

有了一组变量后，现在需要写出足够多的方程以确定这些变量。应用基尔霍夫电流定律就可以得到这些方程。对电压源的处理等同于前面介绍节点分析法时采用的方法，每个电压源及其两个节点组成一个超节点或超节点的一部分。然后对参考节点以外的所有节点和超节点应用基尔霍夫电流定律，将所有连接到节点且离开节点的支路电流之和置为零，用前面指定的电压变量将电流表示出来。可以忽略一个节点：先前讨论过的参考节点。最后，当存在电流控制的受控源时，还要写出控制电流的方程，同样将它与电压变量联系起来。这与节点分析法的求解过程完全一样。

下面对图 A1.5(a)所示的电路应用这个过程，其中含有 4 个节点和 5 条支路。

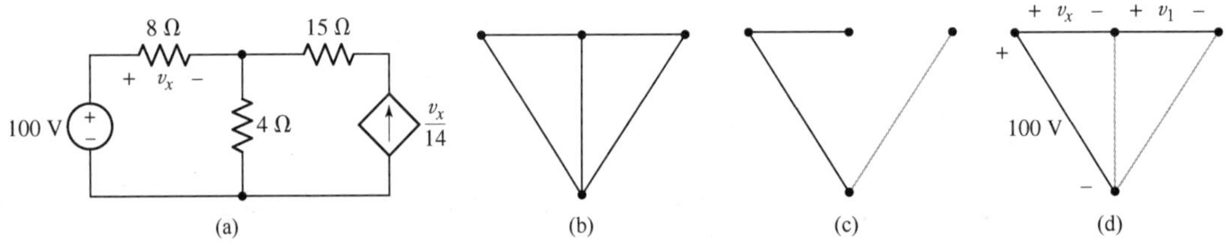


图 A1.5 (a) 通用节点分析法使用的电路例子；(b) 给定电路的图形；(c) 将电压源和控制电压放在树中，而将电流源放在余树中；(d) 将树图标记完整，对每条支路指定一个电压变量

**例 A1.1** 求图 A1.5(a)所示电路中的 $v_x$ 值。

**解：** 按照树的作图步骤 2 和步骤 3，将电压源放在树中，将电流源放在余树中。按照步骤 4，$v_x$ 支路也可以放在树中，因为它并不形成违反树定义的回路。如图 A1.5(c)所示，这时得到含有两个支路和一个连枝的图，但并不存在树，因为右节点没有通过树枝与其他节点相连。唯一可能得到一个树的方法如图 A1.5(d)所示。100 V 电压源、控制电压 $v_x$ 和一个新电压变量 $v_1$ 被分别指派给 3 个树枝。

这样就产生了两个未知量 $v_x$ 和 $v_1$，我们需要写出关于这两个变量的两个方程。一共有 4 个节点，但由于电压源的存在而使其中两个节点变成了一个超节点。对余下的 3 个节点或超节点中的任意两个应用基尔霍夫电流定律。假定首先取右节点，离开右节点流向左节点的电

流为 $-v_1/15$，而流向下面的是 $-v_x/14$，第一个方程为

$$-\frac{v_1}{15}+\frac{-v_x}{14}=0$$

上面位于中心的节点看起来比超节点更容易一些，所以设定流向左边的电流($-v_x/8$)、流向右边的电流($v_1/15$)和向下流过4 Ω电阻的电流，这三者之和等于零。后一个电流为电阻上的端电压除以电阻4 Ω，可是连枝上没有标出电压。当按照定义构造树时，从任一节点到任何其他节点都应该存在一条路径。由于树中的每条支路都赋予了一个电压，因此可将任何连枝上的电压用支路电压表示，所以这个向下的电流就等于($-v_x+100$)/4，从而得到第二个方程：

$$-\frac{v_x}{8}+\frac{v_1}{15}+\frac{-v_x+100}{4}=0$$

两个方程的联立解为

$$v_1=-60\text{ V},\quad v_x=56\text{ V}$$

**例 A1.2**　求图 A1.6(a)所示电路中的 $v_x$ 和 $v_y$。

**解**：画出树图，使得两个电压源和两个控制电压都以树枝电压出现并被指定为电压变量。如图 A1.6(b)所示，4条支路构成了一个树，其中选定树枝电压 $v_x$，1，$v_y$ 和 $4v_y$。

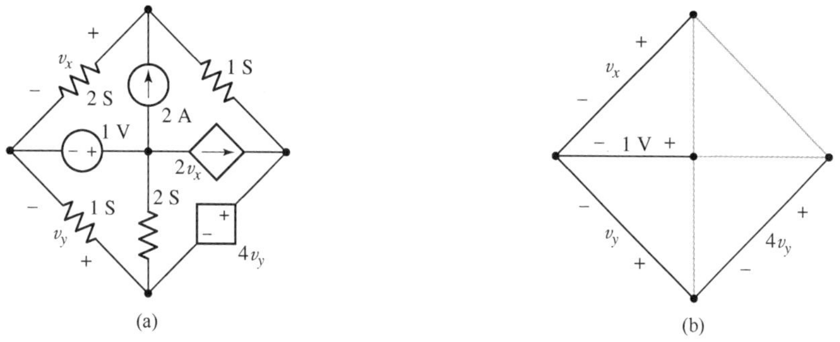


图 A1.6　(a) 含有5个节点的电路；(b) 选出一棵树，使得两个电压源和两个控制电压都成为树枝

两个电压源都定义为超节点，两次应用基尔霍夫电流定律，其中一次针对上面的节点：

$$2v_x+1(v_x-v_y-4v_y)=2$$

另一次针对包含右节点、下面节点和受控电压源的超节点：

$$1v_y+2(v_y-1)+1(4v_y+v_y-v_x)=2v_x$$

不同于采用原来方法所预计的4个方程，现在只有两个方程，因此容易求出：$v_x=26/9$ V 和 $v_y=4/3$ V。

**例 A1.3**　求图 A1.7(a)所示电路中的 $v_x$ 值。

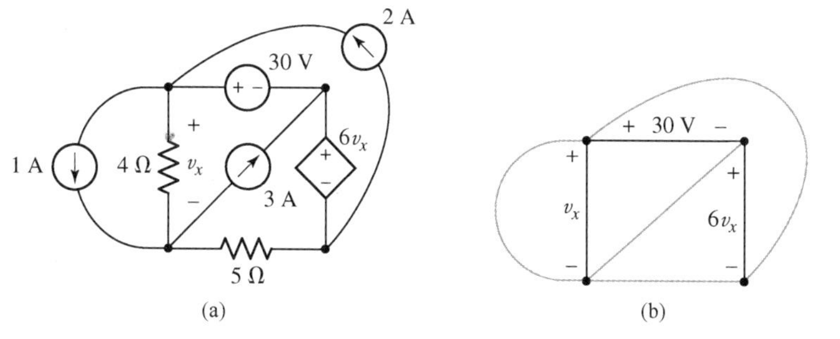


图 A1.7　(a) 只需写出一个通用节点方程的电路；(b) 使用的树和树枝电压

**解**：两个电压源和控制电压构建了一个具有3条支路的树，如图A1.7(b)所示。因为两个上面的节点和右下节点联合构成一个超节点，所以只需写一个基尔霍夫电流方程。选择左下节点：

$$-1-\frac{v_x}{4}+3+\frac{-v_x+30+6v_x}{5}=0$$

求得 $v_x=-32/3$ V。尽管电路看起来很复杂，但利用通用节点分析法很容易得到答案。如果采用网孔分析法或对参考点的节点电压分析法则要写出更多的方程，花费更多时间和精力。

下面将讨论如何找到解决问题的最佳分析方法。

在前面的例题中，如果还需要知道其他电压、电流或功率，则还要进一步分析。例如，3 A电流源提供的功率为

$$3\left(-30-\tfrac{32}{3}\right)=-122\ \mathrm{W}$$

现在来讨论假设的树枝电压与独立节点方程的充分性问题。如果树枝电压数目足够，那么一定能从所有树枝电压的条件中得到每个树枝(无论是树的还是余树的)电压。对于处于树枝中的电压，这肯定是正确的。对于连枝，已知每个连枝连接两个节点，并且按照定义，树也必须连接这两个节点，所以也可以用树枝电压表示每个连枝电压。

只要知道电路中每条支路的电压，就可以求得所有电流。如果支路含有电流源，则电流等于给定电流源的值；如果支路含有电阻，则电流等于支路电压除以电阻；如果支路恰好含有电压源，则电流可用基尔霍夫电流定律求出。这样，所有电压和电流都确定了，节点方程的充分性得以证实。

为证明方程的独立性，首先假定网络中只存在独立电流源。如前所述，独立电压源的存在减少了方程数目，而受控源一般会带来较多方程。在只有独立电流源的情况下，可以用$(N-1)$个树枝电压恰好写出$(N-1)$个节点方程。为了证明这$(N-1)$个方程是独立的，设想将基尔霍夫电流定律应用于这$(N-1)$个不同的节点。每写出一个基尔霍夫电流方程，都涉及一个连接该节点与其他节点的新树枝。由于这个电路元件没有出现在此前的任何方程中，因此这肯定是一个独立方程。依次类推到$(N-1)$个节点中的其他节点，最后得到$(N-1)$个独立方程。

### 练习

A1.1 (a) 按照前面给出的构造树的5条建议，找出图A1.8中有几棵树。(b) 画出一个适当的树，用两个未知量写出两个方程，求 $i_3$。(c) 受控源提供的功率是多少？

答案：(a) 1；(b) 7.2 A；(c) 547 W。

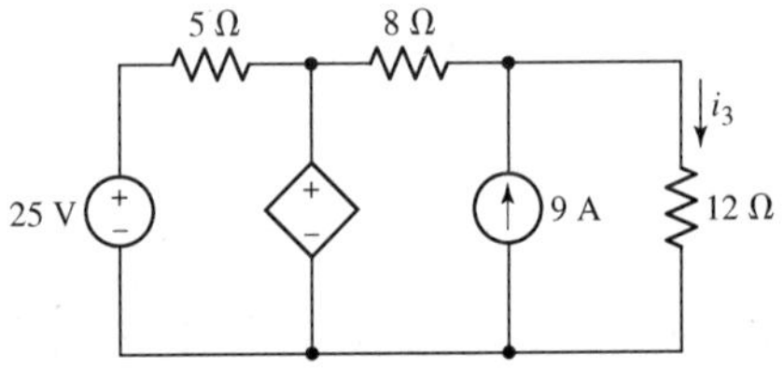


图 A1.8

## A1.2 连枝和回路分析

现在考虑用树来得到一组适当的回路方程。在某些方面，这类似于写节点方程的方法。而且需要指出，尽管可以保证这样得到的任何一组方程既是足够的也是独立的，但却不能肯定利用这种方法可以得到任何可能的方程组。

首先利用通用节点分析的规则构造一棵树。节点和回路分析的目标是将电压源放在树中，将电流源放在余树中，对于电源这是必须遵守的原则，而对于控制变量则是推荐的规则。

然而，现在不是给每个树枝分配一个电压，而是给余树中每个元件或每个连枝分配一个电流(当然包含参考方向)。如果有10个连枝，则正好分配10个连枝电流。任何含有电流源的连枝将分配该电流源的电流作为连枝电流。注意，每个连枝电流也可以想象为回路电流，因为连枝必须伸展

到两个特定的节点上，而且在这两个节点之间必定还存在一条路径通向树，因此每个连枝都与一个唯一的特定回路相联系，该回路包含一个连枝和一个唯一的路径通向树。显然，可以将分配的电流想象为一个回路电流或连枝电流。连枝的概念在定义电流时最有用，因为必须为每个连枝建立一个电流。在写电路方程时回路的概念更方便，因为需要对每个回路应用基尔霍夫电压定律。

下面对图 A1.9(a)所示的电路尝试定义连枝电流的步骤。按照电压源放在树枝上、电流源放在连枝上的方法，从几个可能的树中选出一个树。首先考虑含有电流源的连枝，与其联系的回路是左边的网孔，连枝电流围绕该网孔的周边流动，如图 A1.9(b)所示。显然，可以选择"7 A"作为这个连枝电流的标记。记住，没有其他电流会流过这个特定的连枝，所以连枝电流的大小必定正好等于电流源的大小。

下一步将注意力转移到含有 3 Ω 电阻的连枝上，与其联系的回路是右上角的网孔，这个回路(或网孔)电流定义为 $i_A$，如图 A1.9(b)所示。最后一个连枝是下方的 1 Ω 电阻，其两个端点之间的唯一路径是围绕整个电路的周界。这个连枝电流成为 $i_B$，图 A1.9(b)中 $i_B$ 的箭头表示电流的路径和参考方向，该电流不是一个网孔电流。

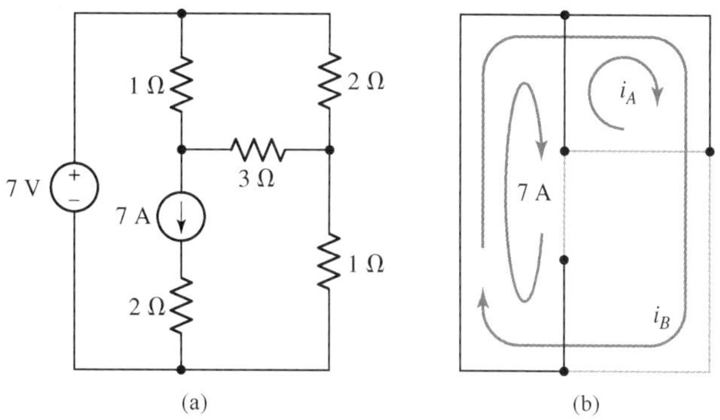


图 A1.9　(a) 简单电路；(b) 选定的树，使得电流源在连枝，电压源在树枝

注意，每个连枝只有一个电流，但每个树枝可以有从 1 到连枝电流总数的任意多个电流通过。使用几乎闭合的长箭头来标记回路，有助于表明哪个回路电流流经哪个树枝以及它们的参考方向。

对每个回路写出一个基尔霍夫电压方程。使用的变量就是分配的连枝电流。因为不可能用电源电流表示电流源上的电压，并且已经使用电源电流的值作为连枝电流，因此应该放弃任何包含电流源的回路。

**例 A1.4**　以图 A1.9 所示的电路为例，求 $i_A$ 和 $i_B$ 的值。

**解：**首先进入 $i_A$ 回路，从它的左下角开始顺时针方向流动。1 Ω 电阻上的电流是($i_A - 7$)，2 Ω 元件上的电流是($i_A + i_B$)，在连枝上为 $i_B$，因此

$$1(i_A - 7) + 2(i_A + i_B) + 3i_A = 0$$

对于 $i_B$ 连枝，从左下角开始顺时针方向流动，得到

$$-7 + 2(i_A + i_B) + 1i_B = 0$$

对于 7 A 连枝所属的回路不要求列出方程。解之，再次得到 $i_A = 0.5$ A，$i_B = 2$ A。这次比原来少用了一个方程。

**例 A1.5**　求图 A1.10(a)所示电路中 $i_1$ 的值。

**解：**电路含有 6 个节点，因此有 5 条支路。由于网络中有 8 个元件，所以余树中有 3 个连枝。如果将 3 个电压源放在树中，将两个电流源以及控制电流放在余树中，可得到图 A1.10(b)所示的树。4 A 电流源定义了一个回路，如图 A1.10(c)所示。受控源建立了围绕右边网孔的 1.5$i_1$ 电流回路，控制电流 $i_1$ 给出围绕电路周边的余下的回路电流。注意，所有 3 个电流都通过 4 Ω 电阻。

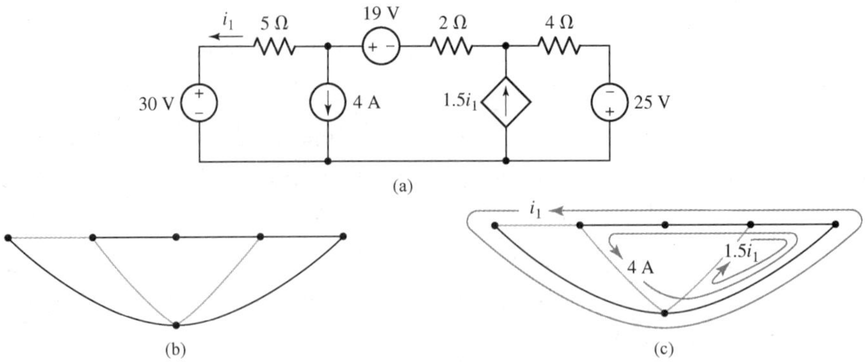


图 A1.10 (a) 利用通用回路分析法，只要列出一个方程就能解出 $i_1$ 的电路；(b) 唯一满足A1.1节给出的规则的树；(c) 用相应回路表示的3个连枝电流

我们只有一个未知量 $i_1$，抛开由两个电流源定义的回路之后，环绕电路外边界应用基尔霍夫电压定律：

$$-30+5(-i_1)+19+2(-i_1-4)+4(-i_1-4+1.5i_1)-25=0$$

除了 3 个电压源，在这个回路中还有 3 个电阻。5 Ω 电阻有一个回路电流经过，因为它也是连枝。2 Ω 电阻上流经两个回路电流，4 Ω 电阻上流经 3 个回路电流。为了避免遗漏或重复使用电流，避免错误引用电流的方向，必须仔细画出一组回路电流。前面的方程是得到保证的，由此得出 $i_1=-12$ A。

如何确认方程数目是充分的呢？设想一棵树，它不含回路，因此至少含有两个节点，每个节点只有一个树枝与其相连。根据已知连枝电流，应用基尔霍夫电流定律很容易求出这两个支路上的电流。如果还有其他节点只与一个树枝相连，则也可以立刻得到这些树枝电流。在图 A1.11 所示的树中，可以求得支路 $a$，$b$，$c$ 和 $d$ 上的电流。现在沿着树枝移动，求得树枝 $e$ 和 $f$ 上的电流。这一过程可以继续，直到所有支路电流都被确定下来，因此有足够多的连枝电流用以确定所有的支路电流。考察一个含有回路的错误树所发生的情况很有益处。即使所有连枝电流为零，仍可有电流环绕这个“树环”。因此，连枝电流不能确定这个电流，因为连枝电流数目不够。按照定义这样的树是不可能存在的。

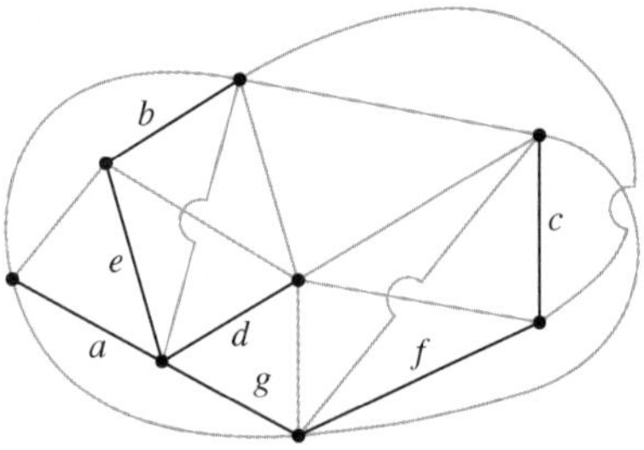


图 A1.11 说明连枝电流数目充分性的有关树的例题

为证明独立性，假定网络中唯一的电源是独立电压源。正如前面看到的，电路中的独立电流源导致较少的方程数目，而受控源通常会产生许多方程。如果只有独立电压源，那么用 $(B-N+1)$ 个连枝电流就正好写出 $(B-N+1)$ 个回路方程。为了证明这 $(B-N+1)$ 个方程的独立性，只需指出其中每个代表环绕一个回路的基尔霍夫电压定律，每个回路含有一个不出现在其他方程中的连枝。可以设想不同的电阻 $R_1$，$R_2$，…，$R_{B-N+1}$ 包含在各个连枝中，显然，每个方程都不可能从其他方程得到，因为每个方程都含有一个不出现在其他方程中的系数。

因此，连枝电流的数目足够得到完整的解，而且用来求连枝电流的回路方程组是一组独立方程。

在考察了通用节点分析法和回路分析法之后，应该知道它们各自的优缺点，从而对给定问题进行处理时可以做出灵活的选择。

节点法一般要求$(N-1)$个方程，但是对于每个树枝中的独立或受控电压源可以减少一个方程，对于每个连枝电压或电流控制的受控源要增加一个方程。

回路法基本上涉及$(B-N+1)$个方程，但是每个连枝中的独立或受控电流源将减少一个方程，而每个树枝电流控制的受控源将增加一个方程。

最后，让我们观察图A1.12所示的晶体管T形等效电路，正弦电源为$4\sin 1000t$ mV，负载电阻为10 kΩ。

**例 A1.6**　在图A1.12所示的电路中，求输入(发射极)电流$i_e$和负载电压$v_L$，假设发射极电阻的典型值为$r_e=50\ \Omega$，基极电阻$r_b=500\ \Omega$，集电极电阻$r_c=20\ \text{k}\Omega$，共基极正向电流传输系数$\alpha=0.99$。

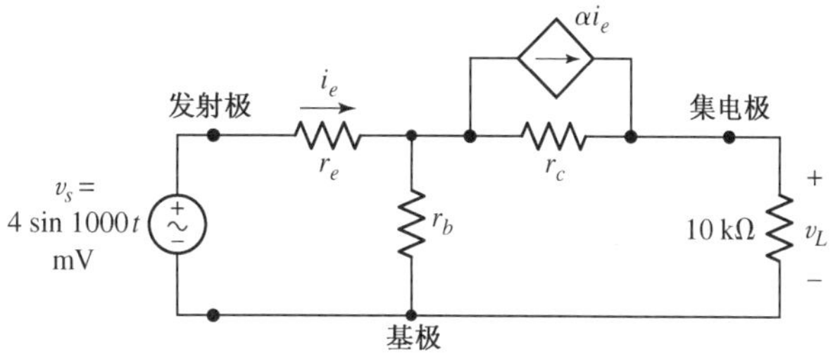


图 A1.12　正弦电压源和10 kΩ负载电阻连接到晶体管T形等效电路，输入和输出的公共连接端是晶体管的基极，这种接法称为共基极接法

**解：**尽管在下面的练习中会遇到一些具体细节，但容易看出这个电路的分析能够通过画出需要的3个通用节点方程$(N-1-1+1)$或两个回路方程$(B-N+1-1)$的树完成。还需要指出，3个方程是节点相对于参考电压的，它们是3个网孔方程。

无论选择哪种解法，对这个特定电路都可以得到如下答案：

$$i_e = 18.42\sin 1000t \quad \mu\text{A}$$
$$v_L = 122.6\sin 1000t \quad \text{mV}$$

由此可知，这个晶体管电路的电压增益$(v_L/v_s)$为30.6，电流增益$(v_L/10\,000i_e)$为0.666，功率增益为$30.6\times0.666=20.4$。让晶体管工作在共发射极接法下可以获得更高的增益。

## 练习

A1.2　(a) 对图A1.13(a)所示电路画出适当的树，并用通用回路分析法写出以$i_{10}$为变量的单个方程，求$i_{10}$。(b) 对图A1.13(b)所示电路画出适当的树，并用通用回路分析法写出以$i_{10}$和$i_3$为变量的两个方程，求$i_{10}$。

A1.3　图A1.12所示是晶体管放大器等效电路，取$r_e=50\ \Omega$，$r_b=500\ \Omega$，$r_c=20\ \text{k}\Omega$以及$\alpha=0.99$。画出适当的树并求$i_e$和$v_L$，分别采用：(a) 两个回路方程；(b) 3个节点方程，其中有一个公共电压参考节点；(c) 3个节点方程，没有公共参考节点。

A1.4　确定图A1.12中10 kΩ负载电阻所连接电路的戴维南和诺顿等效电路，分别采用：(a) $v_L$的开路电压；(b)(向下的)短路电流；(c) 戴维南等效电阻。所有的电路参数已在练习A1.3中给出。

答案：A1.2：(a) −4.00 mA；(b) 4.69 A。

A1.3：(a) $18.42\sin 1000t$ μA；(b) $122.6\sin 1000t$ mV。

A1.4：(a) $147.6\sin 1000t$ mV；(b) $72.2\sin 1000t$ μA；(c) 2.05 kΩ。

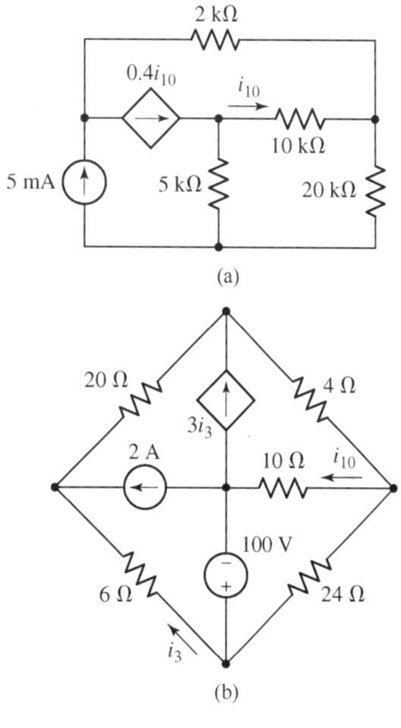


图 A1.13

# 附录 2　联立方程求解

考虑下面表示简单系统的方程：

$$7v_1 - 3v_2 - 4v_3 = -11 \qquad [1]$$

$$-3v_1 + 6v_2 - 2v_3 = 3 \qquad [2]$$

$$-4v_1 - 2v_2 + 11v_3 = 25 \qquad [3]$$

这组方程可以用系统消元法求解。这种方法尽管冗长，但当方程数目很大时，如果不是系统地求解将不可能得到结果。幸好，有很多办法可以做这件事，下面就来分析其中的几种方法。

## 科学计算器

对于形如方程[1]至方程[3]那样的方程组，已知方程的各个系数，如果只对未知量的数值结果（而不是变量的代数关系）感兴趣，最直接的求解方法就是使用市面上出售的各种科学计算器。比如德州仪器公司的 TI-84 型计算器，利用多项式求根和联立方程组求解（你可能需要安装 TI 的应用程序模块）功能即可实现。按 **APPS** 键，下拉找到名为 **PLYSmlt2** 的应用菜单，运行程序并跳过欢迎界面，则会出现如图 A2.1(a)所示的主菜单，选择第 2 个菜单项，得到如图 A2.1(b)所示的界面，其中我们选择了 3 个方程和 3 个未知变量。按 **NEXT** 键之后，得到如图 A2.1(c)所示的界面，等输入所有的系数之后，按 **SOLVE** 键即可得到如图 A2.1(d)所示的结果。虽然没有对变量命名，但稍微变换一下就知道 $X_1 = v_1$，$X_2 = v_2$ 等。

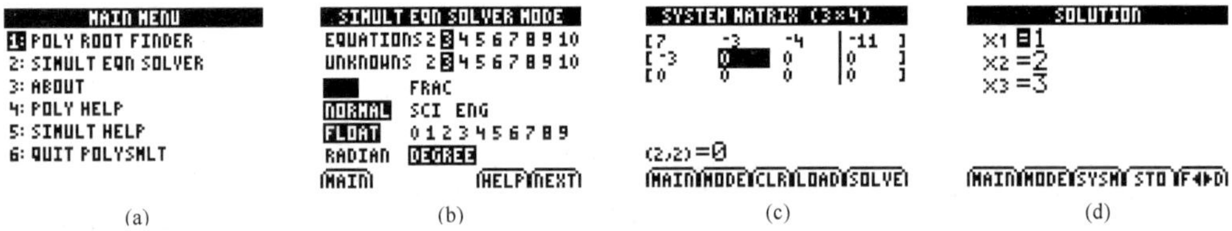


图 A2.1　TI-84 型计算器求解联立方程[1]至方程[3]时的一系列界面

需要指出，每一种能够求解联立方程的计算器对如何输入所要求的信息都有各自的步骤要求，因此在用计算器解方程时，无论如何都不应该将“用户手册”或“用户指南”这样的资料扔在一边。

## 矩阵

另一个求解方程组的有力工具是矩阵。考虑方程[1]、方程[2]和方程[3]，由方程组系数组成的阵列为

$$\mathbf{G} = \begin{bmatrix} 7 & -3 & -4 \\ -3 & 6 & -2 \\ -4 & -2 & 11 \end{bmatrix}$$

该阵列称为矩阵。选择符号 **G** 是因为矩阵的每个元素都是一个电导值。矩阵本身没有值，它只是许多元素组成的阵列。一般用黑体字表示矩阵，用方括号将矩阵元素包含在内。

含有 $m$ 行 $n$ 列的矩阵称为$(m\times n)$阶矩阵，即

$$\mathbf{A}=\begin{bmatrix}2 & 0 & 5\\ -1 & 6 & 3\end{bmatrix}$$

是一个$(2\times3)$阶矩阵。上例中的 **G** 是一个$(3\times3)$阶矩阵。$(n\times n)$阶矩阵又称为 $n$ 阶**方阵**。

一个$(m\times1)$阶矩阵称为列矩阵或列**向量**。以下矩阵是一个$(2\times1)$阶相量电压的列矩阵：

$$\mathbf{V}=\begin{bmatrix}\mathbf{V}_1\\ \mathbf{V}_2\end{bmatrix}$$

下面的矩阵则是一个$(2\times1)$阶相量电流的向量：

$$\mathbf{I}=\begin{bmatrix}\mathbf{I}_1\\ \mathbf{I}_2\end{bmatrix}$$

一个$(1\times n)$阶矩阵称为行向量。

两个$(m\times n)$阶矩阵相等是指它们对应的元素都相等。即如果 $a_{jk}$表示位于 **A** 中第 $j$ 行和第 $k$ 列的元素，$b_{jk}$表示位于 **B** 中第 $j$ 行和第 $k$ 列的元素，当且仅当对于所有 $1\leqslant j\leqslant m$ 和 $1\leqslant k\leqslant n$ 都有 $a_{jk}=b_{jk}$时，则有 $\mathbf{A}=\mathbf{B}$。例如，

$$\begin{bmatrix}\mathbf{V}_1\\ \mathbf{V}_2\end{bmatrix}=\begin{bmatrix}\mathbf{z}_{11}\mathbf{I}_1+\mathbf{z}_{12}\mathbf{I}_2\\ \mathbf{z}_{21}\mathbf{I}_1+\mathbf{z}_{22}\mathbf{I}_2\end{bmatrix}$$

则有 $\mathbf{V}_1=\mathbf{z}_{11}\mathbf{I}_1+\mathbf{z}_{12}\mathbf{I}_2$ 和 $\mathbf{V}_2=\mathbf{z}_{21}\mathbf{I}_1+\mathbf{z}_{22}\mathbf{I}_2$。

两个$(m\times n)$阶矩阵相加就是将它们的对应元素相加，即

$$\begin{bmatrix}2 & 0 & 5\\ -1 & 6 & 3\end{bmatrix}+\begin{bmatrix}1 & 2 & 3\\ -3 & -2 & -1\end{bmatrix}=\begin{bmatrix}3 & 2 & 8\\ -4 & 4 & 2\end{bmatrix}$$

下面考虑矩阵乘积 **AB**，这里 **A** 是$(m\times n)$阶矩阵，**B** 是$(p\times q)$阶矩阵。如果 $n=p$，这两个矩阵就会称为保角(conformal)，它们的乘积存在。仅当第一个矩阵的列数等于第二个矩阵的行数时，才有两个矩阵相乘的定义。

矩阵相乘的正式定义指出：$(m\times n)$阶矩阵 **A** 和$(n\times q)$阶矩阵 **B** 的乘积是一个$(m\times q)$阶矩阵，矩阵元素为 $c_{jk}$，$1\leqslant j\leqslant m$ 和 $1\leqslant k\leqslant q$，其中

$$c_{jk}=a_{j1}b_{1k}+a_{j2}b_{2k}+\cdots+a_{jn}b_{nk}$$

换句话说，乘积的第 2 行、第 3 列元素等于 **A** 中第 2 行所有元素与 **B** 中第 3 列对应元素的乘积之和。例如，给定$(2\times3)$阶矩阵 **A** 和$(3\times2)$阶矩阵 **B**，则

$$\begin{bmatrix}a_{11} & a_{12} & a_{13}\\ a_{21} & a_{22} & a_{23}\end{bmatrix}\begin{bmatrix}b_{11} & b_{12}\\ b_{21} & b_{22}\\ b_{31} & b_{32}\end{bmatrix}=\begin{bmatrix}(a_{11}b_{11}+a_{12}b_{21}+a_{13}b_{31}) & (a_{11}b_{12}+a_{12}b_{22}+a_{13}b_{32})\\ (a_{21}b_{11}+a_{22}b_{21}+a_{23}b_{31}) & (a_{21}b_{12}+a_{22}b_{22}+a_{23}b_{32})\end{bmatrix}$$

结果是一个$(2\times2)$阶矩阵。

下面看一个矩阵相乘的数值例子，令

$$\begin{bmatrix}3 & 2 & 1\\ -2 & -2 & 4\end{bmatrix}\begin{bmatrix}2 & 3\\ -2 & -1\\ 4 & -3\end{bmatrix}=\begin{bmatrix}6 & 4\\ 16 & -16\end{bmatrix}$$

其中，$6=3\times2+2\times(-2)+1\times4$，$4=3\times3+2\times(-1)+1\times(-3)$，等等。

矩阵相乘不符合交换律。例如，给定$(3\times2)$阶矩阵 **C** 和$(2\times1)$阶矩阵 **D**，显然可以求出乘积 **CD**，但乘积 **DC** 却是无定义的。

作为最后一个例子，令

$$\mathbf{t}_A = \begin{bmatrix} 2 & 3 \\ -1 & 4 \end{bmatrix}$$

和

$$\mathbf{t}_B = \begin{bmatrix} 3 & 1 \\ 5 & 0 \end{bmatrix}$$

可见 $\mathbf{t}_A\mathbf{t}_B$ 和 $\mathbf{t}_B\mathbf{t}_A$ 都是有定义的，但是

$$\mathbf{t}_A\mathbf{t}_B = \begin{bmatrix} 21 & 2 \\ 17 & -1 \end{bmatrix}$$

而

$$\mathbf{t}_B\mathbf{t}_A = \begin{bmatrix} 5 & 13 \\ 10 & 15 \end{bmatrix}$$

## 练习

A2.1 已知 $\mathbf{A} = \begin{bmatrix} 1 & -3 \\ 3 & 5 \end{bmatrix}$，$\mathbf{B} = \begin{bmatrix} 4 & -1 \\ -2 & 3 \end{bmatrix}$，$\mathbf{C} = \begin{bmatrix} 50 \\ 30 \end{bmatrix}$和 $\mathbf{V} = \begin{bmatrix} \mathbf{V}_1 \\ \mathbf{V}_2 \end{bmatrix}$，求：(a) $\mathbf{A}+\mathbf{B}$；(b) $\mathbf{AB}$；(c) $\mathbf{BA}$；(d) $\mathbf{AV}+\mathbf{BC}$；(e) $\mathbf{A}^2 = \mathbf{AA}$。

答案：(a) $\begin{bmatrix} 5 & -4 \\ 1 & 8 \end{bmatrix}$；(b) $\begin{bmatrix} 10 & -10 \\ 2 & 12 \end{bmatrix}$；(c) $\begin{bmatrix} 1 & -17 \\ 7 & 21 \end{bmatrix}$；(d) $\begin{bmatrix} V_1 - 3V_2 + 170 \\ 3V_1 + 5V_2 - 10 \end{bmatrix}$；(e) $\begin{bmatrix} -8 & -18 \\ 18 & 16 \end{bmatrix}$。

## 逆矩阵

用矩阵形式表示方程组：

$$\begin{bmatrix} 7 & -3 & -4 \\ -3 & 6 & -2 \\ -4 & -2 & 11 \end{bmatrix} \begin{bmatrix} v_1 \\ v_2 \\ v_3 \end{bmatrix} = \begin{bmatrix} -11 \\ 3 \\ 25 \end{bmatrix} \qquad [4]$$

为了求出电压向量，可以用矩阵 $\mathbf{G}$ 的逆乘以式[4]的两边：

$$\mathbf{G}^{-1} \begin{bmatrix} 7 & -3 & -4 \\ -3 & 6 & -2 \\ -4 & -2 & 11 \end{bmatrix} \begin{bmatrix} v_1 \\ v_2 \\ v_3 \end{bmatrix} = \mathbf{G}^{-1} \begin{bmatrix} -11 \\ 3 \\ 25 \end{bmatrix} \qquad [5]$$

这一过程可用到恒等式 $\mathbf{G}^{-1}\mathbf{G} = \mathbf{I}$，其中 $\mathbf{I}$ 是单位矩阵，它是与 $\mathbf{G}$ 同规模的方阵，除了对角线上的元素，其余元素均为 0。单位矩阵对角线上的每个元素均为 1，因此式[5]变为

$$\begin{bmatrix} 1 & 0 & 0 \\ 0 & 1 & 0 \\ 0 & 0 & 1 \end{bmatrix} \begin{bmatrix} v_1 \\ v_2 \\ v_3 \end{bmatrix} = \mathbf{G}^{-1} \begin{bmatrix} -11 \\ 3 \\ 25 \end{bmatrix}$$

上式可以简化为

$$\begin{bmatrix} v_1 \\ v_2 \\ v_3 \end{bmatrix} = \mathbf{G}^{-1} \begin{bmatrix} -11 \\ 3 \\ 25 \end{bmatrix}$$

由于单位矩阵乘以任何向量就是该向量本身(作为 30 秒的习题留给读者证明)，因此解方程组的问题就转化为求 $\mathbf{G}$ 的逆矩阵问题。许多科学计算器都提供矩阵运算功能。

再次利用 TI-84 型计算器作为例子，按 **2ND** 和 **MATRIX** 键，计算器显示如图 A2.2(a)所示的界面。向下滚动至 **EDIT**，按 **ENTER** 键，选择 3×3 矩阵，得到如图 A2.2(b)所示的类似

界面。一旦完成矩阵的输入，就按 **2ND** 和 **QUIT** 键。回到 **MATRIX** 编辑界面，输入一个 3 × 1 向量，称为 **B**，如图 A2.2(c)所示，现在(最终)可以求解了。按 **2ND** 和 **MATRIX** 键，在 **NAMES** 下选择[**A**]并按 **ENTER** 以及 $x^{-1}$键，接着用同样的方法选择[**B**](可能需要按乘法运算键，也可能不需要)，计算结果如图 A2.2(d)所示，与先前计算结果相同。

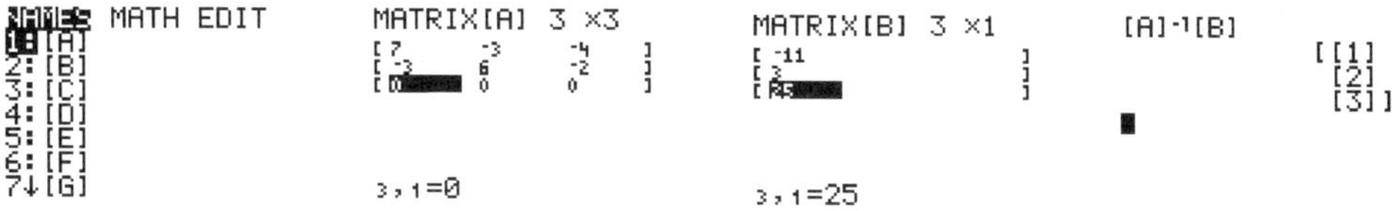


(a)　(b)　(c)　(d)

图 A2.2　矩阵操作顺序显示界面。(a) 矩阵编辑界面；(b) 输入项；(c) 生成右边列向量；(d) 矩阵方程的解

## 行列式

尽管矩阵本身没有“值”，但是一个方阵的**行列式**是有值的。确切地说，行列式是一个值，但一般把行列式阵列和它的值都称为行列式。行列式用符号 Δ 表示，并且用一个适当的下标表示它所指的矩阵，如

$$\Delta_G = \begin{vmatrix} 7 & -3 & -4 \\ -3 & 6 & -2 \\ -4 & -2 & 11 \end{vmatrix}$$

注意，这里用了两条垂线将行列式包围在内。

任何行列式的值可用它的子行列式展开。为此，选出任意行 $j$ 或任意列 $k$，将该行或该列的元素乘以它的子行列式，再乘以$(-1)^{j+k}$，然后将这些乘积项相加。出现在第 $j$ 行、第 $k$ 列的元素的子行列式是除去 $j$ 行 $k$ 列后形成的行列式，用 $\Delta_{jk}$表示。

例如，沿第 3 列将行列式 $\Delta_G$ 展开。首先用$(-4)$乘以$(-1)^{1+3}$(结果为 1)，接着乘以它的子行列式：

$$(-4)(-1)^{1+3}\begin{vmatrix} -3 & 6 \\ -4 & -2 \end{vmatrix}$$

对第 3 列的其余两个元素重复这一过程，将这两个结果再求和：

$$-4\begin{vmatrix} -3 & 6 \\ -4 & -2 \end{vmatrix} + 2\begin{vmatrix} 7 & -3 \\ -4 & -2 \end{vmatrix} + 11\begin{vmatrix} 7 & -3 \\ -3 & 6 \end{vmatrix}$$

这些子行列式只包含两行和两列。它们是 2 阶行列式，其值很容易通过再次用子行列式展开的方法得到，这里给出详细过程。对于第一个行列式，沿第一列展开，$(-3)$乘以$(-1)^{1+1}$，再乘以其子行列式，现在子行列式就是 $-2$。接着用$(-4)$乘以$(-1)^{2+1}$，再乘以 6。因此，

$$\begin{vmatrix} -3 & 6 \\ -4 & -2 \end{vmatrix} = (-3)(-2) - 4(-6) = 30$$

二阶行列式求值的一个容易记住的方法是“左上乘以右下，减去右上乘以左下”。最后，

$$\begin{aligned} \Delta_G &= -4[(-3)(-2) - 6(-4)] \\ &\quad + 2[(7)(-2) - (-3)(-4)] \\ &\quad + 11[(7)(6) - (-3)(-3)] \\ &= -4(30) + 2(-26) + 11(33) \\ &= 191 \end{aligned}$$

作为练习，将同一个行列式沿第一行展开：

$$\Delta_G = 7\begin{vmatrix} 6 & -2 \\ -2 & 11 \end{vmatrix} - (-3)\begin{vmatrix} -3 & -2 \\ -4 & 11 \end{vmatrix} + (-4)\begin{vmatrix} -3 & 6 \\ -4 & -2 \end{vmatrix}$$
$$= 7(62) + 3(-41) - 4(30)$$
$$= 191$$

子行列式展开的方法对任何阶的行列式都适用。

下面重复以上规则，用更一般的形式确定给定行列式 $\mathbf{a}$ 的值：

$$\mathbf{a} = \begin{bmatrix} a_{11} & a_{12} & \ldots & a_{1N} \\ a_{21} & a_{22} & \ldots & a_{2N} \\ \vdots & \vdots & \vdots & \vdots \\ a_{N1} & a_{N2} & \ldots & a_{NN} \end{bmatrix}$$

沿任意行 $j$ 以子行列式展开的形式，可以得到 $\Delta_a$：

$$\Delta_a = a_{j1}(-1)^{j+1}\Delta_{j1} + a_{j2}(-1)^{j+2}\Delta_{j2} + \cdots + a_{jN}(-1)^{j+N}\Delta_{jN}$$
$$= \sum_{n=1}^{N} a_{jn}(-1)^{j+n}\Delta_{jn}$$

或沿任意列 $k$ 展开：

$$\Delta_a = a_{1k}(-1)^{1+k}\Delta_{1k} + a_{2k}(-1)^{2+k}\Delta_{2k} + \cdots + a_{Nk}(-1)^{N+k}\Delta_{Nk}$$
$$= \sum_{n=1}^{N} a_{nk}(-1)^{n+k}\Delta_{nk}$$

出现在 $j$ 行和 $k$ 列的系数 $C_{jk}$ 就是 $(-1)^{j+k}$ 乘以子行列式 $\Delta_{jk}$，所以 $C_{11} = \Delta_{11}$，而 $C_{12} = -\Delta_{12}$。

上式可以写成

$$\Delta_a = \sum_{n=1}^{N} a_{jn}C_{jn} = \sum_{n=1}^{N} a_{nk}C_{nk}$$

例如，考虑 4 阶行列式

$$\Delta = \begin{vmatrix} 2 & -1 & -2 & 0 \\ -1 & 4 & 2 & -3 \\ -2 & -1 & 5 & -1 \\ 0 & -3 & 3 & 2 \end{vmatrix}$$

可得

$$\Delta_{11} = \begin{vmatrix} 4 & 2 & -3 \\ -1 & 5 & -1 \\ -3 & 3 & 2 \end{vmatrix} = 4(10+3) + 1(4+9) - 3(-2+15) = 26$$

$$\Delta_{12} = \begin{vmatrix} -1 & 2 & -3 \\ -2 & 5 & -1 \\ 0 & 3 & 2 \end{vmatrix} = -1(10+3) + 2(4+9) + 0 = 13$$

即 $C_{11} = 26$，$C_{12} = -13$，求得 $\Delta$ 的值为

$$\Delta = 2C_{11} + (-1)C_{12} + (-2)C_{13} + 0$$
$$= 2(26) + (-1)(-13) + (-2)(3) + 0 = 59$$

## 克拉默法则

现在考虑克拉默法则，它可以帮助我们求得未知量的值。在解方程组时，如果数值系数没有给定，计算器就无能为力了，这时可以利用克拉默法则。再次考虑方程[1]、方程[2]和方程[3]。定义行列式 $\Delta_1$ 为方程组右边 3 个常数代替 $\Delta_G$ 后的行列式，所以

$$\Delta_1 = \begin{vmatrix} -11 & -3 & -4 \\ 3 & 6 & -2 \\ 25 & -2 & 11 \end{vmatrix}$$

沿第一列展开：

$$\Delta_1 = -11\begin{vmatrix} 6 & -2 \\ -2 & 11 \end{vmatrix} - 3\begin{vmatrix} -3 & -4 \\ -2 & 11 \end{vmatrix} + 25\begin{vmatrix} -3 & -4 \\ 6 & -2 \end{vmatrix}$$
$$= -682 + 123 + 750 = 191$$

根据克拉默法则，则有

$$v_1 = \frac{\Delta_1}{\Delta_G} = \frac{191}{191} = 1\ \text{V}$$

和

$$v_2 = \frac{\Delta_2}{\Delta_G} = \begin{vmatrix} 7 & -11 & -4 \\ -3 & 3 & -2 \\ -4 & 25 & 11 \end{vmatrix} = \frac{581 - 63 - 136}{191} = 2\ \text{V}$$

最后，

$$v_3 = \frac{\Delta_3}{\Delta_G} = \begin{vmatrix} 7 & -3 & -11 \\ -3 & 6 & 3 \\ -4 & -2 & 25 \end{vmatrix} = \frac{1092 - 291 - 228}{191} = 3\ \text{V}$$

克拉默法则适用于求解包含 $N$ 个未知量的 $N$ 个联立线性方程组，其中第 $i$ 个变量 $v_i$ 为

$$v_i = \frac{\Delta_i}{\Delta_G}$$

## 练习

A2.2 求下列行列式的值：(a) $\begin{vmatrix} 2 & -3 \\ -2 & 5 \end{vmatrix}$；(b) $\begin{vmatrix} 1 & -1 & 0 \\ 4 & 2 & -3 \\ 3 & -2 & 5 \end{vmatrix}$；(c) $\begin{vmatrix} 2 & -3 & 1 & 5 \\ -3 & 1 & -1 & 0 \\ 0 & 4 & 2 & -3 \\ 6 & 3 & -2 & 5 \end{vmatrix}$。

(d) 如果$5i_1-2i_2-i_3=100$，$-2i_1+6i_2-3i_3-i_4=0$，$-i_1-3i_2+4i_3-i_4=0$，$-i_2-i_3=0$，求 $i_2$ 的值。

答案：(a) 4；(b) 33；(c) −411；(d) 1.266。

# 附录3　戴维南定理的证明

为了便于参考，将5.4节给出的戴维南定理重写为

给定任何线性电路，将它重新划分为两个网络 $A$ 和 $B$，它们只用两条导线相连，当 $B$ 断开时，出现在 $A$ 端口的电压定义为开路电压 $v_{oc}$。如果将 $A$ 中的所有独立电流源和独立电压源"置零"，用独立电压源 $v_{oc}$ 以适当的极性与被置零的无源电路相串联，则 $A$ 中的所有电流和电压将保持不变。

下面证明原始网络 $A$ 与它的等效电路将产生同样大小的电流，流入网络 $B$ 的端点。如果电流相同，那么电压也应该相同。换句话说，如果给网络 $B$ 施加一定的电流，可以将其设想为一个电流源，那么这个电流源和网络 $B$ 组成的电路具有一定的输入电压，它是电流的响应。因此，电流决定电压。另一方面，如果愿意，可以证明网络 $B$ 的端电压没有改变，因为电压也唯一地决定了电流。如果网络 $B$ 的输入电压和电流都未改变，就可以得出遍布于网络 $B$ 中的电流和电压都未改变的结论。

首先根据一种简单情况来证明该定理。假定网络 $B$ 无源(不含独立源)，完成证明之后，可以利用叠加定理将现在的定理扩展到包含独立源的情况。每个网络都可以包含受控源，只要受控源的控制变量也在同一个网络中即可。

在图 A3.1(a)中，从网络 $A$ 通过上边的导线流向网络 $B$ 的电流 $i$ 完全由网络 $A$ 中的独立源产生。假定在流过电流 $i$ 的导线中插入一个额外的电压源 $v_x$，该电压源称为戴维南电源，如图 A3.1(b)所示，然后调节 $v_x$ 的幅度和时间变化，直到电流减小到零。按照 $v_{oc}$ 的定义，端口 $A$ 上的电压一定等于 $v_{oc}$，因为 $i=0$。网络 $B$ 不含独立源，没有电流流入其端点，因此网络 $B$ 的端点上没有电压。根据基尔霍夫电压定律，戴维南电源的电压就是 $v_{oc}$，$v_x=v_{oc}$。而且联合在一起的戴维南电源和网络 $A$ 并未向网络 $B$ 提供电流，但因为网络 $A$ 本身提供了电流 $i$，叠加定理要求戴维南电源向网络 $B$ 提供 $-i$ 的电流。将戴维南电源反接并让它单独作用，将会在上边的导线中产生电流 $i$，如图 A3.1(c)所示。这种情况恰好与戴维南定理的结论相同：戴维南电源 $v_{oc}$ 与无源网络 $A$ 串联的结果与给定网络 $A$ 等效。

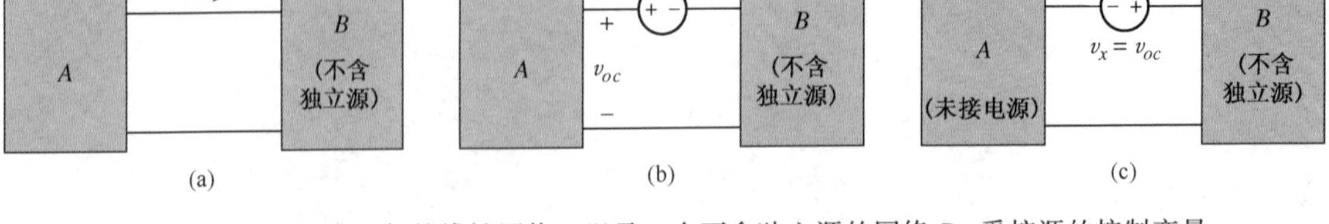


图 A3.1　(a)一个一般的线性网络 $A$ 以及一个不含独立源的网络 $B$，受控源的控制变量必须与受控源同在一个网络中；(b)在电路中插入戴维南电源并进行调节，直到 $i=0$。网络$B$的端点上没有电压，$v_x=v_{oc}$，所以戴维南电源提供的电流为 $-i$，而网络 $A$ 提供的电流为 $i$；(c)将戴维南电源反接，网络$A$未接电源，因此电流为 $i$

现在考虑网络 $B$ 为有源网络的情况。设想经过上边的导线由网络 $A$ 流向网络 $B$ 的电流 $i$，它由 $i_A$ 和 $i_B$ 两部分组成，其中 $i_A$ 是网络 $A$ 单独作用产生的电流，$i_B$ 是网络 $B$ 单独作用产生的电流。对这两个线性网络应用叠加定理，就可以将电流分成两个部分。图 A3.2 所示是完全响应和两个部分响应。

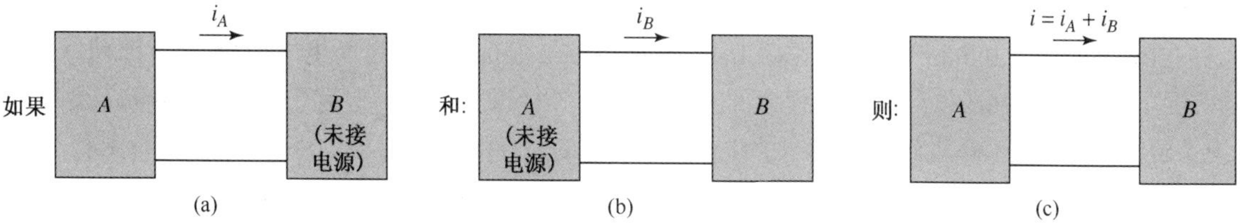


图 A3.2　应用叠加定理可以将电流 $i$ 理解为两个部分响应之和

我们已经分析过部分响应 $i_A$ 的情况，如果网络 $B$ 是无源的，则可以用戴维南电源和无源网络 $A$ 替换原网络 $A$。换句话说，在 $A$ 和 $B$ 中的电源及戴维南电源这 3 个电源中，必须记住，当 $A$ 和 $B$ 中电源被置零且戴维南电源起作用时，将出现部分响应 $i_A$。为了利用叠加定理，现在让 $A$ 保持无源，但是使 $B$ 为有源，置戴维南电源为零，根据定义，就可以得到部分响应 $i_B$。将这些结果叠加，当 $A$ 无源时，让戴维南电源和 $B$ 的电源都起作用，响应为 $i_A + i_B$。它们的和就是原来的电流 $i$。戴维南电源和 $B$ 的电源都起作用，而 $A$ 中电源被置零的情况是戴维南等效电路所要求的。因此，无论网络 $B$ 的状态如何(有源或无源)，都可以将有源网络 $A$ 用其戴维南电源(即网络 $A$ 的开路电压)与无源网络 $A$ 的串联组合来代替。

# 附录 4　LTspice 指南

SPICE 是 Simulation Program with Integrated Circuit Emphasis(侧重集成电路的仿真程序)的缩写。它是一个功能非常强大的程序，也是一个业界标准，在各种电路分析场合有着广泛的应用。SPICE 最早于 20 世纪 70 年代由 Donald O. Peterson 和他的同事们在加州大学伯克利分校完成了早期开发，Peterson 倡导自由地、不受阻碍地共享创造于大学实验室的知识，所以他选择的是一种非营利模式。现在的 SPICE 有多个商用版本，此外还有相互竞争的软件产品。

本附录只简单介绍利用 LTspice(www. linear. com)进行计算机辅助电路分析的基本知识，详细内容可以参考“深入阅读”一节列出的参考书。读者(主讲教师)不必受软件包的约束——作者们选择现在的软件只是用其作为例子，且该软件是免费的，既可用于 Windows 也可用于 Mac OS X 操作系统。参考书中涉及的较深入的内容包括：如何确定输出量对于某个元件值变化的灵敏度、如何画出输出量随输入量变化的曲线、如何确定交流输出随电源频率变化的函数、如何进行噪声和失真分析的方法、非线性器件模型，以及如何对某些类型的电路建立温度效应模型。

## 开始

第 1 步是从官方网站下载和安装软件。网站还包含“Getting Started Guide”和 Mac OS X 的快捷方式。

**Mac OS X 的用户**：用户界面与 Windows 平台的用户界面略有不同，读者需要熟悉快捷方式以及单击右键的方法。单击右键通常也可用“**Ctrl** + 鼠标单击”或者用触控板的双指单击来实现。

计算机辅助电路分析包含 3 个独立的步骤：(1) 画原理图；(2) 电路仿真；(3) 从仿真输出的结果获得需要的信息。从启动 LTspice 开始，选择 **File** 目录下的 **New Schematic** 即可打开空白的图形编辑窗口。可以在窗口中放置元件，用导线连接元件，还可以定义仿真参数，在电路图窗口中单击鼠标右键选择合适的选项，如图 A4.1 所示，可以执行增加、移动、删除元件和导线的操作(在 Windows 版本中可以选择合适的菜单项操作)。

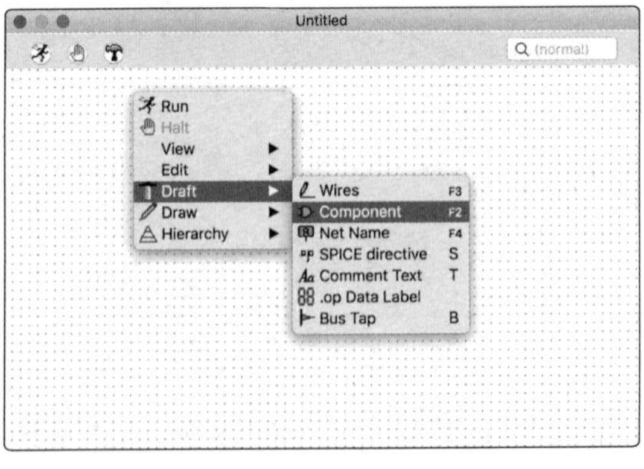


图 A4.1　LTspice 运行在 Mac OS X 上的电路图编辑窗口

我们选用一个简单的串联电路来进行分析，电路由电压源、电阻和灯泡(点亮的灯泡与电阻在电路上是等效的)构成。要求计算出流过灯泡的电流以及灯泡两端的电压。先要生成一个新的电路图，且已用导线把这些元件连接在了一起，步骤如下：

- 利用 **Draft▶Component**(Mac OS X)或者在**Edit** 下选择合适的选项来添加元件。例如，在 Mac OS X 下选择电压源(**voltage**)和电阻(**res**)，在 Windows 中是在上面的**Component** 菜单下输入 **voltage**，然后再单独进行一步 **Resistor** 的选择操作(在**Edit** 下再操作一次)。利用编辑工具可以移动或者删除元件，快捷键 **Ctrl + R** 用于旋转元件。注意电阻元件在第一次出现时上面的(垂直)节点默认是 +，作为器件的参考端点。
- 可使用 **Draft▶Net Name** 增加参考接地节点，然后选择并放置 **GND**(0 参考节点)。在 Windows 中，可以在菜单栏中选择接地符号，或者在**Edit** 下选择 **Place GND**。
- 利用 **Draft▶Wire** 来连接各元件，在 Windows 下，可以在菜单栏中选择铅笔符号或者 **Edit** 下的 **Draw Wire** 来实现。注意不要意外地将导线跨越元件。
- 在每个元件上单击鼠标右键可以定义和改变元件的参数值。

在仿真之前，先在 **File** 菜单中单击 **Save** 保存文件。你的电路应该看起来与图 A4.2 所示的电路图相似，不同的是.op，就是我们现在准备得到的。

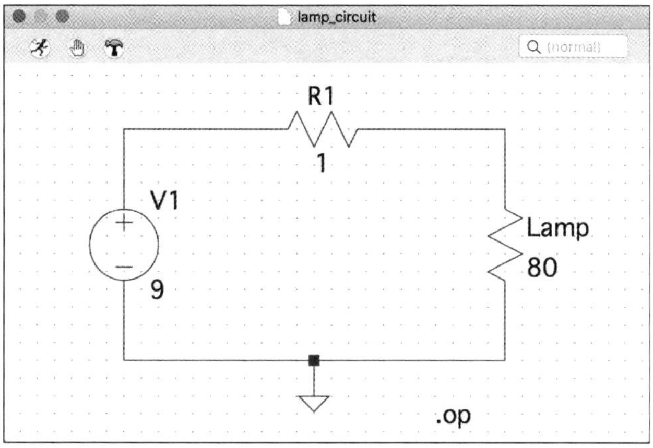


图 A4.2 画在 LTspice 中的包含灯泡(用 80 Ω 电阻表示)的串联电路图。注意元件单位未显示；软件允许使用词头，如k表示kilo，m表示milli，Meg表示mega，也允许使用小数点或科学记数法

首先需要定义仿真类型，才能开始进行仿真。在本例中，我们只对电压和电流感兴趣，因此仿真只是要得到直流量，点击 **Draft▶SPICE Directive**(在 Windows 中可在**Edit** 菜单下找到)，在出现的对话框中，输入.op 命令，表明这是在进行电路的直流工作点分析。可将文本放在电路图的任何位置。软件提供 6 种不同的分析类型，每一种都有不同的命令语句：

- **.tran** 瞬态分析
- **.ac** 小信号交流
- **.dc** 直流扫描
- **.noise** 噪声

- **.tf** 直流传输函数
- **.op** 直流工作点

现在单击 **Run**(左上角的跑步人或者单击右键，选择 **Run**)！在 Windows 下，同样在**Simulate**菜单下选择**Run**。

仿真成功完成后，就可以看到一个显示波形数据的新窗口，仿真得到的结果就显示在这里，但需要选择感兴趣的变量来显示。至少有 3 种指定输出的方法，并且可将结果显示在波形数据窗口中，或者直接显示在电路图中：

1. 在电路图上，使用 **Draft > .op Data Label**。将标签放置在感兴趣的节点上就会出现直流工作点。注意这项工作只针对节点电压，不适用于电流。本例题中的数据标签结果如图 A4.3 所示。
2. 在波形数据窗口中，单击 **Add Trace(s)**。选择要显示在波形数据窗口中的感兴趣的变量。在电路图上移动指针，当指针落在节点上时，就可以显示"电压波形"，当指针落在电路元件上时，就可以显示"电流波形"。点击得到的数值还可以在波形数据窗口中增加显示。注意波形数据窗口中的 *x* 轴表示时间或频率，在瞬态分析和交流分析时会更有意义。
3. 在日志文件(快捷键 **Commond + L**)，所有节点电压和元件上流过的电流都会被记录下来。

利用这 3 种方法得到的结果示于图 A4.3，从中可以得到 $I_{out}=0.1111$ A 以及 $V_{out}=8.8889$ V。

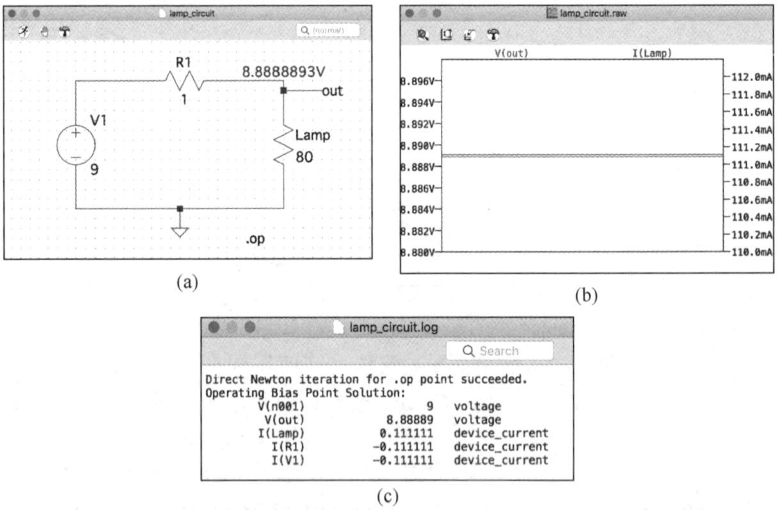


图 A4.3　LTspice 中显示直流工作点的三种不同方式。(a) .op 数据直接显示在电路图上；(b) 波形数据窗口；(c) 日志文件

幸运的是，仿真结果与预计的一致，灯泡从 9 V 电源上获得了绝大部分的电压，而 1 Ω 电阻上只获得了极少的电压。

灯泡电路的仿真例子只是想让读者使用 LTspice 时入门简单些。本书中提供了许多复杂电路分析和函数功能的描述，作为计算机辅助分析的一节内容还引入了许多新的电路概念。

## 深入阅读

对 LTspice 仿真很有帮助的书籍：

LT 维基百科词条：http://ltwiki.org/?title=Main_Page

Gilles Brocard, *The LTspice IV Simulator: Manual, Methods and Applications*, Künzelsau: Swiridoff Verlag, 2013.

A. K. Singh and R. Singh, *Electronics Circuits SPICE Simulations with LTspice: A Schematic Based Approach*, CreateSpace Independent Publishing, 2015.

讲述电路仿真的有趣历史和 Donald Peterson 对此领域所做贡献的书籍：

T. Perry, "Donald O. Peterson [electronic engineering biography]," *IEEE Spectrum* **35**, 1998, pp. 22 – 27。

# 附录5　复　　数

本附录包含复数的定义、复数的基本算术运算、欧拉公式、复数的指数和极坐标形式。

## A5.1　复数

在开始学习数学时只涉及了实数，如4，$-2/7$ 和$\pi$。可是不久便遇到形如 $x^2=-3$ 这样的代数方程。任何实数都不满足该方程，只有通过引入虚数单位(或称虚数算符)才能求解该方程，这里，虚数单位用j表示。根据定义 $j^2=-1$，所以 $j=\sqrt{-1}$，$j^3=-j$，$j^4=1$，等等。实数与虚数运算符的乘积称为虚数，实数与虚数之和称为复数。因此，形如 $a+jb$ 的数(其中 $a$ 和 $b$ 为实数)就是复数。

说明：数学家用符号i表示虚数运算符，但在电气工程领域中，为了避免与电流符号混淆，习惯上用j表示虚数运算符。

下面用某个单字母表示复数，如 $\mathbf{A}=a+jb$。它的复数性质由黑体字母表示。在手写稿中习惯于在字母上加一横杠。前面的复数 **A** 可以用一个实数成分(或实部)$a$ 和一个虚数成分(或虚部)$b$ 来描述，即表示为

$$\mathrm{Re}\{\mathbf{A}\}=a \qquad \mathrm{Im}\{\mathbf{A}\}=b$$

**A** 的虚部不是 $jb$，因为根据定义，虚部必须是实数。

说明：选择"虚"和"复"这两个词是一个误解。在这里和在数学文献中，它们只是作为技术上的术语来表示一类数。将"虚"字解释为"不属于这个现实世界的"，或将"复"解释为"复杂的"既不恰当，也违背初衷。

应该指出，所有实数都可以认为是虚部为零的复数，因此实数包含于复数系统中，可以认为实数是复数的特例。在定义复数的基本算术运算时会想到，如果将每个复数的虚部置零，复数运算应该还原为相应的实数运算。

由于任何复数完全由一对实数表征，如前面提到的 $a$ 和 $b$，因此可以用笛卡儿坐标获得感观上的帮助。如图 A5.1 所示，用一个实轴和一个虚轴可以形成一个复平面，或称 Argand 图，在这个图上，任何一个复数都可以用一个点表示。复数 $\mathbf{M}=3+j1$ 和 $\mathbf{N}=2-j2$ 已经在图中标出。应该意识到，复平面只是一个感观上的工具，它对后面的数学命题完全不是必需的。

当且仅当两个复数的实部相等并且虚部也相等时，则称两个复数相等。参见复平面图，对于每个复平面中的点，只有一个复数与之对应；反过来，对于每个复数只有一个复平面中的点与之对应。这样，给定两个复数：

$$\mathbf{A}=a+jb \qquad \text{和} \qquad \mathbf{B}=c+jd$$

如果

$$\mathbf{A}=\mathbf{B}$$

则 $a = c$ 且 $b = d$

用一个实数和一个虚数的和来表示复数(如 $\mathbf{A} = a + \mathrm{j}b$)称为复数的直角形式或者笛卡儿形式。我们很快将会给出复数的其他形式。

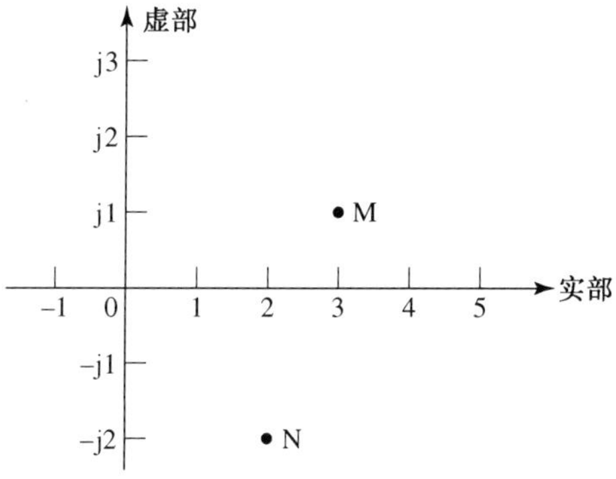


图 A5.1 在复平面上表示的复数 $\mathbf{M} = 3 + \mathrm{j}1$ 和 $\mathbf{N} = 2 - \mathrm{j}2$

现在定义复数的基本运算：加、减、乘、除。两个复数的和定义为另一个复数，其实部是两个复数的实部之和，虚部是两个复数的虚部之和，即

$$(a + \mathrm{j}b) + (c + \mathrm{j}d) = (a + c) + \mathrm{j}(b + d)$$

例如：

$$(3 + \mathrm{j}4) + (4 - \mathrm{j}2) = 7 + \mathrm{j}2$$

同样，可定义两个复数的差，例如：

$$(3 + \mathrm{j}4) - (4 - \mathrm{j}2) = -1 + \mathrm{j}6$$

复数的加减也可以在复平面用作图法完成。每个复数用一个向量或有向线段表示。像图 A5.2(a)那样，绘制一个平行四边形或者像图 A5.2(b)那样将两个向量头尾相连，就能得到两个向量的和。作图法对于检查更为准确的数值解是很有帮助的。

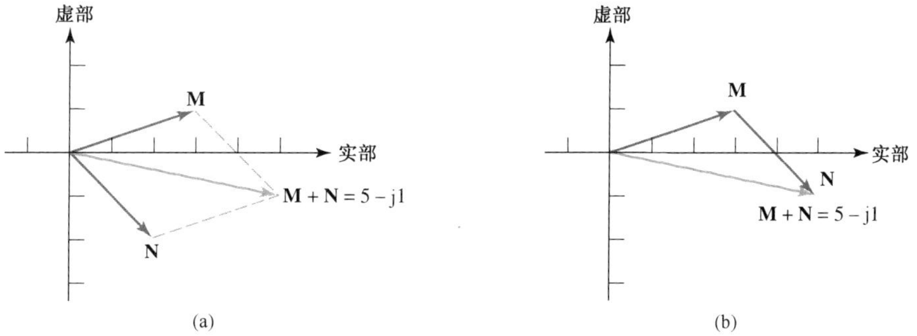


图 A5.2 (a) 通过构造一个平行四边形得到复数 $\mathbf{M} = 3 + \mathrm{j}1$ 与 $\mathbf{N} = 2 - \mathrm{j}2$的和；(b) 将两个向量头尾相连也可以得到它们的和

两个复数相乘的定义为

$$(a + \mathrm{j}b)(c + \mathrm{j}d) = (ac - bd) + \mathrm{j}(bc + ad)$$

上面的结果很容易用两个二项式相乘直接得到，其中用到了实数的代数规则并用 $\mathrm{j}^2 = -1$ 简化了结果。例如：

$$
\begin{aligned}
(3+\mathrm{j}4)(4-\mathrm{j}2) &= 12-\mathrm{j}6+\mathrm{j}16-8\mathrm{j}^2\\
&= 12+\mathrm{j}10+8\\
&= 20+\mathrm{j}10
\end{aligned}
$$

这种方法比采用通用的乘法定义公式更容易，特别是如果直接用 -1 取代 $\mathrm{j}^2$ 更是如此。

在定义复数除法运算之前，应该先定义复数的共轭。复数 $\mathbf{A}=a+\mathrm{j}b$ 的共轭为 $a-\mathrm{j}b$，用 $\mathbf{A}^*$ 表示。由此，只要改变任何复数虚部的符号，就可以得到该复数的共轭。比如，

$$\mathbf{A}=5+\mathrm{j}3$$

则

$$\mathbf{A}^*=5-\mathrm{j}3$$

显然，对于任何复杂的复数表达式，将其中每个复数项替换为它的共轭(即将每个 j 替换为 -j)即可得到复数的共轭表达式。

加、减、乘运算的定义表明：复数与其共轭之和是一个实数；复数与其共轭之差是一个虚数；复数与其共轭之积是一个实数。显而易见的是，如果 $\mathbf{A}^*$ 是 $\mathbf{A}$ 的共轭，则 $\mathbf{A}$ 是 $\mathbf{A}^*$ 的共轭，换句话说，$\mathbf{A}=(\mathbf{A}^*)^*$。一个复数与其共轭称为一对共轭复数。

说明：在物理问题中，一个复数总是伴随着它的共轭。

两个复数的商定义为

$$\frac{\mathbf{A}}{\mathbf{B}}=\frac{(\mathbf{A})(\mathbf{B}^*)}{(\mathbf{B})(\mathbf{B}^*)}$$

因此，

$$\frac{a+\mathrm{j}b}{c+\mathrm{j}d}=\frac{(ac+bd)+\mathrm{j}(bc-ad)}{c^2+d^2}$$

为使分母成为一个实数，用分母的共轭同乘以分子分母，这个过程称为分母有理化。下面看一个数值例子：

$$
\begin{aligned}
\frac{3+\mathrm{j}4}{4-\mathrm{j}2} &= \frac{(3+\mathrm{j}4)(4+\mathrm{j}2)}{(4-\mathrm{j}2)(4+\mathrm{j}2)}\\
&= \frac{4+\mathrm{j}22}{16+4}=0.2+\mathrm{j}1.1
\end{aligned}
$$

两个直角形式的复数相加或相减是很简单的运算，可是两个直角形式的复数相乘或相除却是相当笨拙的过程。我们将会发现，指数或极坐标形式的复数乘除运算是非常简单的。这两种复数形式将在 A5.3 节和 A5.4 节介绍。

### 练习

A5.1 设 $\mathbf{A}=-4+\mathrm{j}5$，$\mathbf{B}=3-\mathrm{j}2$ 和 $\mathbf{C}=-6-\mathrm{j}5$，求：(a) $\mathbf{C}-\mathbf{B}$；(b) $2\mathbf{A}-3\mathbf{B}+5\mathbf{C}$；(c) $\mathrm{j}^5\mathbf{C}^2(\mathbf{A}+\mathbf{B})$；(d) $\mathbf{B}\,\mathrm{Re}\{\mathbf{A}\}+\mathbf{A}\,\mathrm{Re}\{\mathbf{B}\}$。

A5.2 $\mathbf{A}$, $\mathbf{B}$, $\mathbf{C}$ 的值与上题相同，求：(a) $[(\mathbf{A}-\mathbf{A}^*)(\mathbf{B}+\mathbf{B}^*)^*]^*$；(b) $(1/\mathbf{C})-(1/\mathbf{B})^*$；(c) $(\mathbf{B}+\mathbf{C})/(2\mathbf{BC})$。

答案：A5.1：(a) $-9-\mathrm{j}3$；(b) $-47-\mathrm{j}9$；(c) $27-\mathrm{j}191$；(d) $-24+\mathrm{j}23$。
A5.2：(a) $-\mathrm{j}60$；(b) $-0.329+\mathrm{j}0.236$；(c) $0.0662+\mathrm{j}0.1179$。

## A5.2 欧拉公式

在第 9 章中曾经提到含虚数的时间函数，而且关心的是这些函数关于实数 $t$ 的微分和积分。对复函数进行微积分与实函数对 $t$ 的微积分过程完全一样。也就是说，在微积分运算中像

对待实常数那样对待复常数。如果 $\mathbf{f}(t)$ 是一个复时间函数：

$$\mathbf{f}(t) = a\cos ct + \mathrm{j}b\sin ct$$

则

$$\frac{\mathrm{d}\mathbf{f}(t)}{\mathrm{d}t} = -ac\sin ct + \mathrm{j}bc\cos ct$$

及

$$\int \mathbf{f}(t)\,\mathrm{d}t = \frac{a}{c}\sin ct - \mathrm{j}\frac{b}{c}\cos ct + \mathbf{C}$$

其中，积分常数 $\mathbf{C}$ 一般是一个复数。

有时必须对复变量函数做关于该复变量的微分或积分。一般来说，进行微分或积分运算的函数要满足一定条件才能顺利完成运算。这里遇到的所有函数都满足这些条件，采用与实变量相同的方法可以求得关于复变量的微分和积分。

至此，必须利用一个非常重要的基本关系式，称为欧拉公式。因为它在非直角形式的复数表示上极其有用，因此这里给出它的证明。

大学微积分学的教材都给出了这个证明，它基于 $\cos\theta$, $\sin\theta$ 和 $\mathrm{e}^z$ 的幂级数展开：

$$\cos\theta = 1 - \frac{\theta^2}{2!} + \frac{\theta^4}{4!} - \frac{\theta^6}{6!} + \cdots$$

$$\sin\theta = \theta - \frac{\theta^3}{3!} + \frac{\theta^5}{5!} - \frac{\theta^7}{7!} + \cdots$$

或

$$\cos\theta + \mathrm{j}\sin\theta = 1 + \mathrm{j}\theta - \frac{\theta^2}{2!} - \mathrm{j}\frac{\theta^3}{3!} + \frac{\theta^4}{4!} + \mathrm{j}\frac{\theta^5}{5!} - \cdots$$

及

$$\mathrm{e}^z = 1 + z + \frac{z^2}{2!} + \frac{z^3}{3!} + \frac{z^4}{4!} + \frac{z^5}{5!} + \cdots$$

所以，

$$\mathrm{e}^{\mathrm{j}\theta} = 1 + \mathrm{j}\theta - \frac{\theta^2}{2!} - \mathrm{j}\frac{\theta^3}{3!} + \frac{\theta^4}{4!} + \cdots$$

结论为

$$\mathrm{e}^{\mathrm{j}\theta} = \cos\theta + \mathrm{j}\sin\theta \qquad [1]$$

如果取 $z = -\mathrm{j}\theta$，则

$$\mathrm{e}^{-\mathrm{j}\theta} = \cos\theta - \mathrm{j}\sin\theta \qquad [2]$$

将式[1]和式[2]相加或相减即可得到在研究并联和串联 *RLC* 电路的欠阻尼自由响应时未加证明就用过的两个表达式：

$$\cos\theta = \tfrac{1}{2}(\mathrm{e}^{\mathrm{j}\theta} + \mathrm{e}^{-\mathrm{j}\theta}) \qquad [3]$$

$$\sin\theta = -\mathrm{j}\tfrac{1}{2}(\mathrm{e}^{\mathrm{j}\theta} - \mathrm{e}^{-\mathrm{j}\theta}) \qquad [4]$$

## 练习

A5.3 利用式[1]~式[4]，求：(a) $\mathrm{e}^{-\mathrm{j}1}$；(b) $\mathrm{e}^{1-\mathrm{j}1}$；(c) $\cos(-\mathrm{j}1)$；(d) $\sin(-\mathrm{j}1)$。

A5.4 当 $t=0.5$ 时，求：(a) $(\mathrm{d}/\mathrm{d}t)(3\cos 2t - \mathrm{j}2\sin 2t)$；(b) $\int_0^t (3\cos 2t - \mathrm{j}2\sin 2t)\,\mathrm{d}t$。当 $\mathbf{s} = 1 + \mathrm{j}2$ 时，求：(c) $\int_{\mathbf{s}}^{\infty} \mathbf{s}^{-3}\,\mathrm{d}\mathbf{s}$；(d) $(\mathrm{d}/\mathrm{d}\mathbf{s})[3/(\mathbf{s}+2)]$。

答案：A5.3：(a) 0.540 − j0.841；(b) 1.469 − j2.29；(c) 1.543；(d) −j1.175。

A5.4：(a) −5.05 − j2.16；(b) 1.262 − j0.460；(c) −0.06 − j0.08；(d) −0.0888 + j0.213。

## A5.3 指数形式

给定欧拉公式： $$e^{j\theta} = \cos\theta + j\sin\theta$$

用正实数 $C$ 乘以等式两边： $$Ce^{j\theta} = C\cos\theta + jC\sin\theta \qquad [5]$$

式[5]的右边由一个实数与一个虚数之和组成，因此是一个直角形式的复数，我们称其为复数 $\mathbf{A}$，其中 $\mathbf{A}=a+jb$。令两个复数的实部相等：

$$a = C\cos\theta \qquad [6]$$

虚部也相等： $$b = C\sin\theta \qquad [7]$$

然后将式[6]的平方与式[7]的平方相加：

$$a^2 + b^2 = C^2$$

或者 $$C = +\sqrt{a^2+b^2} \qquad [8]$$

用式[7]除以式[6]，可得 $$\frac{b}{a} = \tan\theta$$

即 $$\theta = \arctan\frac{b}{a} \qquad [9]$$

得到式[8]和式[9]之后即可根据已知的 $a$ 和 $b$ 确定 $C$ 和 $\theta$。例如，$\mathbf{A}=4+j2$，令 $a=4$，$b=2$，求得 $C$ 和 $\theta$：

$$C = \sqrt{4^2+2^2} = 4.47$$

$$\theta = \arctan\frac{2}{4} = 26.6^\circ$$

可以用以上结果将 $\mathbf{A}$ 写成如下形式：

$$\mathbf{A} = 4.47\cos 26.6^\circ + j4.47\sin 26.6^\circ$$

但是式[5]等号左边的形式更有用：$\mathbf{A} = Ce^{j\theta} = 4.47e^{j26.6^\circ}$

这种形式的表达式称为复数的指数形式。其中，正实数因子 $C$ 称为幅度，出现在指数部分的实数 $\theta$ 称为幅角。数学家总是以弧度表示 $\theta$，即将其写成

$$\mathbf{A} = 4.47e^{j0.464}$$

但工程师习惯以度(degree)表示。在指数中使用度的符号(°)可以避免混淆。

概括来说，给定一个直角形式的复数：

$$\mathbf{A} = a + jb$$

若希望将它表示成指数形式：

$$\mathbf{A} = Ce^{j\theta}$$

可以利用式[8]和式[9]求得 $C$ 和 $\theta$。如果给定指数形式的复数，则可以利用式[6]和式[7]求得 $a$ 和 $b$。

若 $\mathbf{A}$ 是一个数值表达式，则指数(或极坐标)形式与直角形式之间的转换可以借助于大多数科学计算器的内置运算功能实现。

使用式[9]的反正切函数确定角度 $\theta$ 时会出现疑问。这个函数是多值的，必须从许多可能性中选出一个适当的角度。可以选一个角度，使正弦和余弦的符号与按照式[6]、式[7]得到的 $a$ 和 $b$ 的值相符。例如，将下式转换为指数形式：

$$\mathbf{V} = 4 - \mathrm{j}3$$

幅度为 $$C = \sqrt{4^2 + (-3)^2} = 5$$

角度为 $$\theta = \arctan \frac{-3}{4} \qquad [10]$$

需要选择一个 $\theta$ 值，使 $\cos\theta$ 为正值，因为 $4 = 5\cos\theta$，还要使 $\sin\theta$ 为负值，因为 $-3 = 5\sin\theta$。因此得到 $\theta = -36.9°$，323.1°，$-396.9°$，等等。这些值都是正确的，一般选择最简单的一个，这里是 $-36.9°$。需要指出，式[10]的另一个答案 $\theta = 143.1°$是不对的，因为那样的话，$\cos\theta$ 为负，而 $\sin\theta$ 为正。

正确选择角度的一个简单方法是在复平面中用图示法表示复数。首先给定直角形式的一个复数 $\mathbf{A} = a + \mathrm{j}b$，它位于复平面的第一象限，如图 A5.3 所示。从原点画一条线到表示复数的那一点，即可形成一个直角三角形，其斜边显然就是指数形式的该复数的幅度。换句话说，$C = \sqrt{a^2 + b^2}$。而且，斜线与正实轴形成的逆时针角就是指数形式的幅角 $\theta$，因为 $a = C\cos\theta$，$b = C\sin\theta$。如果现在给定位于另一个象限内的直角形式的复数，比如 $\mathbf{V} = 4 - \mathrm{j}3$，如图 A5.4 所示，图中正确的角显然就应该是 $-36.9°$或 323.1° 只需想像一下这个草图(往往不用画出)即可。

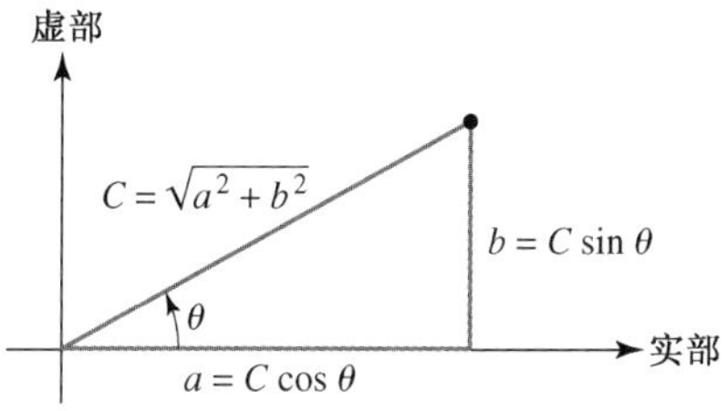


图 A5.3 通过正确选择直角形式的复数的实部和虚部，或者选择指数形式的复数的幅度和幅角，可以在复平面中用一个点表示一个复数

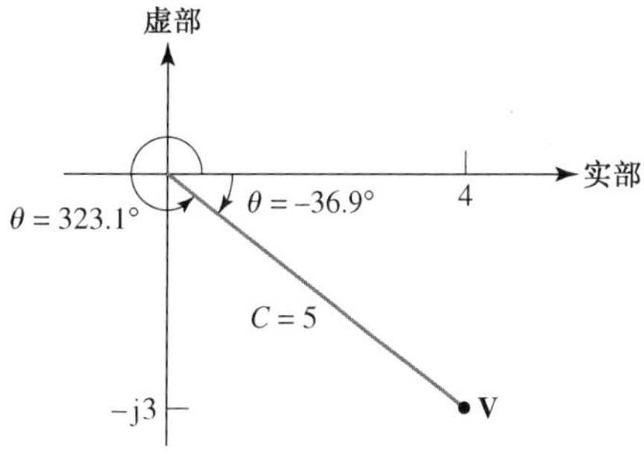


图 A5.4 在复平面中表示复数 $\mathbf{V} = 4 - \mathrm{j}3 = 5\mathrm{e}^{-\mathrm{j}36.9°}$

如果直角形式的复数的实部为负，则处理起来往往更容易些，因为可以避免出现超过 90°的情况。例如，给定 $$\mathbf{I} = -5 + \mathrm{j}2$$

将上式写成 $$\mathbf{I} = -(5 - \mathrm{j}2)$$

将$(5 - \mathrm{j}2)$转换成指数形式，即 $$\mathbf{I} = -C\mathrm{e}^{\mathrm{j}\theta}$$

其中，$$C = \sqrt{29} = 5.39 \quad \text{和} \quad \theta = \arctan\frac{-2}{5} = -21.8°$$

因此得到 $$\mathbf{I} = -5.39\mathrm{e}^{-\mathrm{j}21.8°}$$

前面的负号可以取消，只要将幅角增加或减小 180°即可，参见复平面中的草图。结果可用指数形式表示为

$$\mathbf{I} = 5.39\mathrm{e}^{\mathrm{j}158.2°} \quad \text{或} \quad \mathbf{I} = 5.39\mathrm{e}^{-\mathrm{j}201.8°}$$

注意，从电子计算器反正切模式得到的角度总是小于 90°，所以无论是 $\arctan\left[\frac{-3}{4}\right]$还是 $\arctan\left[\frac{3}{-4}\right]$，结果都是 $-36.9°$。但是具有直角－极坐标转换功能的计算器在任何情况下都会给出正确的角度。

最后，关于复数的指数表示形式还应该指出一点，当且仅当两个指数形式复数的幅度相等且幅角等效时，才称它们相等。角度相差360°倍数的角称为等效角。例如，如果 $\mathbf{A} = Ce^{j\theta}$，$\mathbf{B} = De^{j\phi}$，则当 $\mathbf{A} = \mathbf{B}$ 时 $C = D$，且 $\theta = \phi \pm (360°)n$，其中 $n = 0, 1, 2, 3, \cdots$。

### 练习

A5.5 在角度范围 $-180° < \theta \leq 180°$ 以指数形式表示下列复数：(a) $-18.5 - j26.1$；(b) $17.9 - j12.2$；(c) $-21.6 + j31.2$。

A5.6 以直角形式表示下列复数：(a) $61.2e^{-j111.1°}$；(b) $-36.2e^{j108°}$；(c) $5e^{-j2.5}$。

答案：A5.5：(a) $32.0e^{-j125.3°}$；(b) $21.7e^{-j34.3°}$；(c) $37.9e^{j124.7°}$。

A5.6：(a) $-22.0 - j57.1$；(b) $11.19 - j34.4$；(c) $-4.01 - j2.99$。

## A5.4 极坐标形式

要介绍的第3种(也是最后一种)复数表示形式除符号上的细微差别外，本质上与指数形式相同。用角符号($\underline{/\quad}$)代替组合符号 $e^{j}$。这样，指数形式的复数 $\mathbf{A}$ 为

$$\mathbf{A} = Ce^{j\theta}$$

可以将上式写成更简洁的形式：

$$\mathbf{A} = C\underline{/\theta}$$

我们称这种形式为复数的极坐标形式，它暗示用极坐标表示(复)平面中的一个点。

显然，从笛卡儿坐标到极坐标形式的转换或从极坐标到笛卡儿坐标形式的转换，基本上与笛卡儿坐标形式和指数形式之间的转换相同。对 $C$, $\theta$, $a$ 和 $b$ 存在同样的关系式。

将复数

$$\mathbf{A} = -2 + j5$$

写成指数形式为

$$\mathbf{A} = 5.39e^{j111.8°}$$

写成极坐标形式为

$$\mathbf{A} = 5.39\underline{/111.8°}$$

为看出指数和极坐标形式的优越性，考虑两个指数或极坐标形式的复数相乘和相除。给定

$$\mathbf{A} = 5\underline{/53.1°} \quad 和 \quad \mathbf{B} = 15\underline{/-36.9°}$$

它们的指数形式为

$$\mathbf{A} = 5e^{j53.1°} \quad 和 \quad \mathbf{B} = 15e^{-j36.9°}$$

可以写出两个复数的乘积，其幅度为两个复数的幅度乘积，其幅角为两个复数的幅角的代数和，这个规则与普通指数乘法相同：

$$(\mathbf{A})(\mathbf{B}) = (5)(15)e^{j(53.1°-36.9°)}$$

或

$$\mathbf{AB} = 75e^{j16.2°} = 75\underline{/16.2°}$$

根据极坐标形式的定义，显然有

$$\frac{\mathbf{A}}{\mathbf{B}} = 0.333\underline{/90°}$$

复数的加减以笛卡儿坐标形式进行操作最简单。进行指数或极坐标形式的复数加减运算时，应该先将其转化为笛卡儿坐标形式。反之，进行笛卡儿坐标形式的乘除运算时，应该先将基转化为指数或极坐标形式，除非两个数恰好是很小的整数。例如，若要求 $(1 - j3)$ 乘以 $(2 + j1)$，则直接相乘更容易些，结果得到 $(5 - j5)$。如果数字大小适合心算，那么将它们转换为极坐标形式就浪费时间了。

我们应该努力熟悉复数的3种不同表示形式，并能够迅速从一种形式转换为另一种形式。这3种形式的关系可以用下面这个长长的公式加以总结：

$$\mathbf{A} = a + \mathrm{j}b = \mathrm{Re}\{\mathbf{A}\} + \mathrm{jIm}\{\mathbf{A}\} = C\mathrm{e}^{\mathrm{j}\theta} = \sqrt{a^2+b^2}\,\mathrm{e}^{\mathrm{j}\arctan(b/a)}$$
$$= \sqrt{a^2+b^2}\,\underline{/\arctan(b/a)}$$

从一种形式到另一种形式的转换大多使用计算器就可以很快完成，很多计算器具有求解复数线性方程的能力。

复数是一种方便的数学技巧，便于对实际物理状况进行分析。

## 练习

A5.7　出于纯粹的计算乐趣，请用6位有效数将下列复数运算的结果表示为极坐标形式：(a) $[2-(1\underline{/-41^\circ})]/(0.3\underline{/41^\circ})$；(b) $50/(2.87\underline{/83.6^\circ}+5.16\underline{/63.2^\circ})$；(c) $4\underline{/18^\circ}-6\underline{/-75^\circ}+5\underline{/28^\circ}$。

A5.8　求$\mathbf{Z}$的笛卡儿坐标形式，假定：(a) $\mathbf{Z}+\mathrm{j}2=3/\mathbf{Z}$；(b) $\mathbf{Z}=2\ln(2-\mathrm{j}3)$；(c) $\sin\mathbf{Z}=3$。

答案：A5.7：(a) $4.691\,79\underline{/-13.2183^\circ}$；(b) $6.318\,33\underline{/-70.4626^\circ}$；(c) $11.5066\underline{/54.5969^\circ}$。

A5.8：(a) $\pm1.414-\mathrm{j}1$；(b) $2.56-\mathrm{j}1.966$；(c) $1.571\pm\mathrm{j}1.763$。

# 附录 6　MATLAB 使用简介

MATLAB 是一个功能极其强大的软件包，这里将对使用 MATLAB 所要求的几个基本概念进行简要介绍。本书对使用 MATLAB 完全是任选的，但随着它越来越广泛地成为各种电气工程领域中的常用工具，有必要给学生提供一个机会以开始探索这个软件的某些特点，特别是了解二维和三维函数作图、矩阵运算、解联立方程和处理代数表达式等功能。许多学校为学生提供完全版的 MATLAB，但是在本书写作的时候，MathWorks 公司以非常低的价格推出了一个学生版。

## 开始

一般通过单击程序的图标进入 MATLAB，接着打开一个如图 A6.1 所示的典型窗口。可以从 File 菜单或直接在窗口中输入命令以执行程序。MATLAB 有详细的在线帮助资源，这对于初学者和高级用户都是很有帮助的。典型的 MATLAB 程序很像 C 程序，但这里并不要求读者熟悉 C 程序。

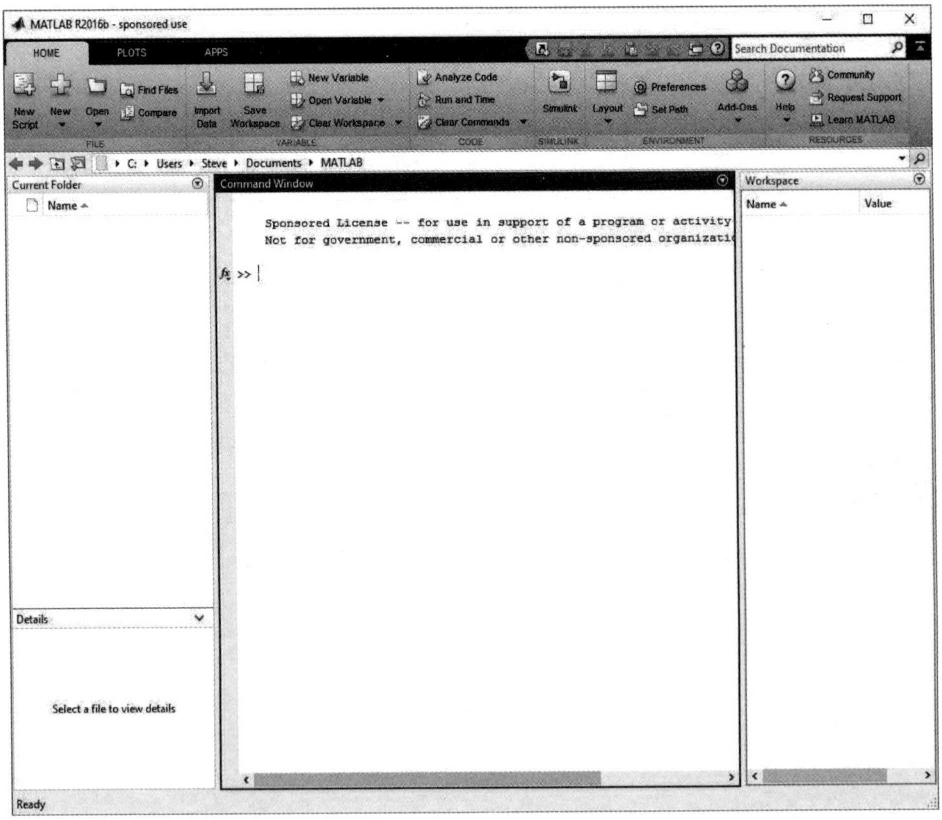


图 A6.1　MATLAB 命令窗口

## 变量和数学运算

用户应该意识到所有的变量都是矩阵，有时不过是简单的 1×1 阶矩阵，只有这样才能深刻地理解 MATLAB。变量名最多可以有 19 个字符长度，这对于编写具有良好可读性的程序非常有益。首字符必须是字母，但后面的字符可以是任何字母或数字，也可以采用下画线(_)。MATLAB 中的变量名是区分字母大小写的。MATLAB 中包括了一些预先定义的变量。本书用到的预定义变量如下：

| | |
|---|---|
| eps | 机器精度 |
| realmin | 计算机处理的最小浮点(正)数 |
| realmax | 计算机处理的最大浮点数 |
| inf | 无穷大(定义为 1/0) |
| NaN | 字面意义“不是一个数”(Not a Number)，包括像 0/0 这样的情况 |
| pi | π(3.141 59...) |
| i, j | 均为虚数单位的定义 $\sqrt{-1}$，用户可以给 i 和 j 赋于其他值 |

利用命令 who 可以得到当前已定义变量的完整列表。用等号(=)给变量赋值。如果语句以分号(;)结束，那么将出现另一个提示符。如果简单地用回车键结束(即按 Enter 键)，则变量会重复出现。例如：

```
>>input_voltage = 5;
>>input_current = 1e-3
input_current =
1.0000e-003
>>
```

在 MATLAB 中很容易定义复变量，例如：

```
>>s = 9 + j* 5;
```

该语句产生一个值为 9+j5 的复变量 **s**。

> 说明：采用第二种颜色以区别程序产生的文本和用户输入的文本，从而便于阅读。我们需要注意最新版本的 MATLAB，它使用不同的字符颜色来区分不同类型的文本(函数、变量等)，并用高亮显示可能的键入错误。

除了 1×1 阶矩阵，其他矩阵都用方括号定义。例如，矩阵 $\mathbf{t}=\begin{bmatrix}2 & -1\\ 3 & 0\end{bmatrix}$ 在 MATLAB 中表示为

```
>>t = [2  -1; 3  0];
```

注意，矩阵元素按行输入，行元素之间用空格隔开，行之间用分号(;)隔开。矩阵的算术运算与普通变量相同，例如，$t+t$ 可表示成

```
>>t + t
ans =
 4  -2
 6  0
```

算术运算包括：

| | | | |
|---|---|---|---|
| ^ | 乘方 | \ | 左除 |
| * | 乘 | + | 加 |
| / | 右(普通)除 | - | 减 |

运算次序很重要。优先次序是乘方、乘除、加减。

```
>>x = 1 + 5 ^2 * 3
 x =
   76
```

读者开始时对左除的概念可能会感到奇怪，但它在矩阵代数中很有用。例如：

```
>>1/5
ans =
  0.2000
>>1 \5
ans =
  5
>>5 \1
ans =
  0.2000
```

同样，在进行矩阵运算时，比如等式 **Ax** = **B**，其中

$$\mathbf{A}=\begin{bmatrix}2 & 4\\ 1 & 6\end{bmatrix} \quad \text{和} \quad \mathbf{B}=\begin{bmatrix}-1\\ 2\end{bmatrix}$$

可求得 **x** 等于

```
>>A = [2  4;1  6];
>>B = [-1;2];
>>x = A\B
x =
   -1.7500
  0.6250
```

上面的语句同样也可以写成

```
>>x = A^ - 1 * B
x =
   -1.7500
  0.6250
```

或者

```
>>inv (A) * B
ans =
   -1.7500
  0.6250
```

在可能产生疑问的地方，可以利用括号帮助解决。

## 一些有用的函数

由于篇幅的限制，不能将 MATLAB 中所有函数都列出。一些比较基本的函数包括：

| | | | | | |
|---|---|---|---|---|---|
| ads(x) | $\|x\|$ | log 10(x) | $\log_{10} x$ | | |
| exp(x) | $e^x$ | sin(x) | $\sin x$ | asin(x) | $\arcsin x$ |
| sqrt(x) | $\sqrt{x}$ | cos(x) | $\cos x$ | acos(x) | $\arccos x$ |
| log(x) | $\ln x$ | tan(x) | $\tan x$ | atan(x) | $\arctan x$ |

有关复变量运算的函数包括：

| | |
|---|---|
| real(s) | Re{s} |
| imag(s) | Im{s} |
| abs(s) | $\sqrt{a^2+b^2}$，其中 $\mathbf{s} \equiv a+\mathrm{j}b$ |
| angle(s) | $\arctan(b/a)$，其中 $\mathbf{s} \equiv a+\mathrm{j}b$ |
| conj(s) | **s** 的复共轭 |

另一个非常有用而又常常被遗忘的命令是 help。

偶尔也会用到向量，比如在作图时。这时命令 linspace(最小值点、最大值点和点数)的价值是无可估量的：

```
>> frequency = linspace (0, 10, 5)
frequency =
  0  2.5000  5.0000  7.5000  10.0000
```

另一个有用的同类命令是 logspace()。

## 作图

用 MATLAB 作图非常容易。例如，执行下列 MATLAB 程序就能得到如图 A6.2 所示的结果：

```
>> x = linspace (0, 2 * pi,100);
>> y = sin (x);
>> plot (x, y);
>> xlabel ('Angle (radians)')
>> ylabel ('f(x)');
```

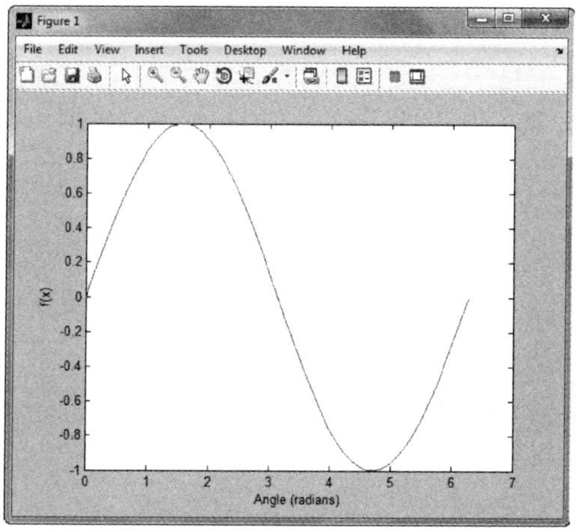


图 A6.2　用 MATALB 绘制 sin(x)，$0<x<2\pi$ 曲线图的例子。变量x定义为100个元素的向量，各元素之间等间距

## 编写程序

虽然本书的 MATLAB 例题形式是在命令窗口中输入命令行，但是通过编写程序来计算可能更方便(重复的时候需要谨慎)。在 MATLAB 中通过编写 m 文件来实现。其实 m 文件就是扩展名为“.m”的文本文件(例如：first_program.m)。例如，在 **Home** 标签下，下拉**New Script**，打开文件编辑器窗口。(注意，如果愿意，也可以使用其他编辑器，例如 WordPad。)

输入

```
r = input(''Hello, Word')
```

如图 A6.3 所示。

接着将文件保存为 first_program 并放到合适的路径，注意在 **File Type** 中 MATLAB 的文件类型( * .m)。在 **Home** 标签下，选择 **Open**，找到 first_program.m，再次打开编辑器窗口(所以前面也可以跳过关闭操作)。在 **Editor** 标签下选择 **Run** 来运行程序，在命令窗口中可以看到问候词，MATLAB 则等待键盘响应，需要按 Enter 键。

将上述方法拓展到前面作图的例子，要求正弦波形的幅度可由用户任意改变，程序如图 A6.4所示。

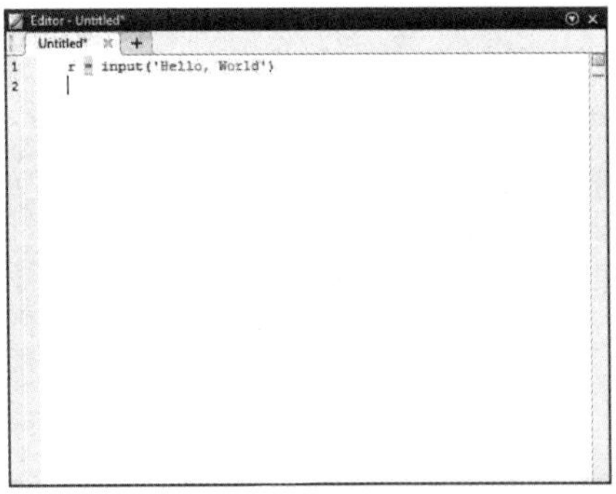


图 A6.3 用 m 文件编辑器产生的文件例子

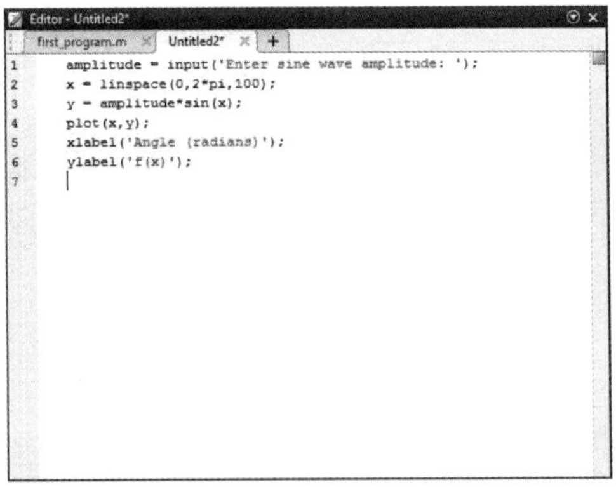


图 A6.4 产生正弦波形的 m 文件例子

读者自己选择何时写程序或 m 文件，何时直接使用 Command 窗口。

希望读者能够直接把本书提供的例子输入到 MATLAB 程序中，但从电子版形式的文件中剪切和粘贴电路图时要小心，因为用于打印的字符未必能被 MATLAB 正确解读(例如，打印时的“负号”字符与 MATLAB 程序中的“横线”字符)。

# 附录 7　拉普拉斯变换补充定理

在第 14 章的基础上，本附录给出了用于解决更高深问题的几个拉普拉斯变换补充定理。

## 周期时间函数的变换

时移定理在估计周期时间函数的变换中非常有用。假设对于 $t>0$，$f(t)$ 的周期为 $T$。我们知道，$t<0$ 时 $f(t)$ 的情况对(单边)拉普拉斯变换没有影响，因此 $f(t)$ 可以写成

$$f(t) = f(t-nT), \qquad n = 0, 1, 2, \cdots$$

如果定义一个新的时间函数，它只在 $f(t)$ 的第一个周期不为零：

$$f_1(t) = [u(t) - u(t-T)]f(t)$$

则原来的 $f(t)$ 可以表示为无穷多个此类函数之和，它们之间具有 $T$ 的整数倍时延，即

$$\begin{aligned} f(t) &= [u(t) - u(t-T)]f(t) + [u(t-T) - u(t-2T)]f(t) \\ &\quad + [u(t-2T) - u(t-3T)]f(t) + \cdots \\ &= f_1(t) + f_1(t-T) + f_1(t-2T) + \cdots \end{aligned}$$

或

$$f(t) = \sum_{n=0}^{\infty} f_1(t-nT)$$

这个求和的拉普拉斯变换正是变换的求和：

$$\mathbf{F}(\mathbf{s}) = \sum_{n=0}^{\infty} \mathscr{L}\{f_1(t-nT)\}$$

所以由时移定理得出

$$\mathbf{F}(\mathbf{s}) = \sum_{n=0}^{\infty} \mathrm{e}^{-nT\mathbf{s}}\mathbf{F}_1(\mathbf{s})$$

其中，

$$\mathbf{F}_1(\mathbf{s}) = \mathscr{L}\{f_1(t)\} = \int_{0^-}^{T} \mathrm{e}^{-\mathbf{s}t} f(t)\,\mathrm{d}t$$

由于 $\mathbf{F}_1(\mathbf{s})$ 不是 $n$ 的函数，因此可从求和式中移出，从而 $\mathbf{F}(\mathbf{s})$ 成为

$$\mathbf{F}(\mathbf{s}) = \mathbf{F}_1(\mathbf{s})[1 + \mathrm{e}^{-T\mathbf{s}} + \mathrm{e}^{-2T\mathbf{s}} + \cdots]$$

对方括号中的表达式应用二项式定理，可将其简化为 $1/(1-\mathrm{e}^{-T\mathbf{s}})$。所以可得出结论：周期为 $T$ 的时间函数 $f(t)$ 的拉普拉斯变换为

$$\mathbf{F}(\mathbf{s}) = \frac{\mathbf{F}_1(\mathbf{s})}{1-\mathrm{e}^{-T\mathbf{s}}} \qquad [1]$$

其中，这个时间函数第一个周期的变换为

$$\mathbf{F}_1(\mathbf{s}) = \mathscr{L}\{[u(t) - u(t-T)]f(t)\} \qquad [2]$$

为了演示这个周期函数变换定理的应用，我们将其用于熟悉的矩形脉冲串(见图 A7.1)。可以将这个周期函数写成解析式：

$$v(t) = \sum_{n=0}^{\infty} V_0[u(t-nT) - u(t-nT-\tau)], \qquad t>0$$

容易算出函数 $\mathbf{V}_1(\mathbf{s})$ 为

$$\mathbf{V}_1(\mathbf{s}) = V_0\int_{0^-}^{\tau} e^{-\mathbf{s}t}\,dt = \frac{V_0}{\mathbf{s}}(1-e^{-\mathbf{s}\tau})$$

为了获得所要求的变换，用其除以 $(1-e^{-\mathbf{s}T})$ 即可：

$$\mathbf{V}(\mathbf{s}) = \frac{V_0(1-e^{-\mathbf{s}\tau})}{\mathbf{s}(1-e^{-\mathbf{s}T})} \qquad [3]$$

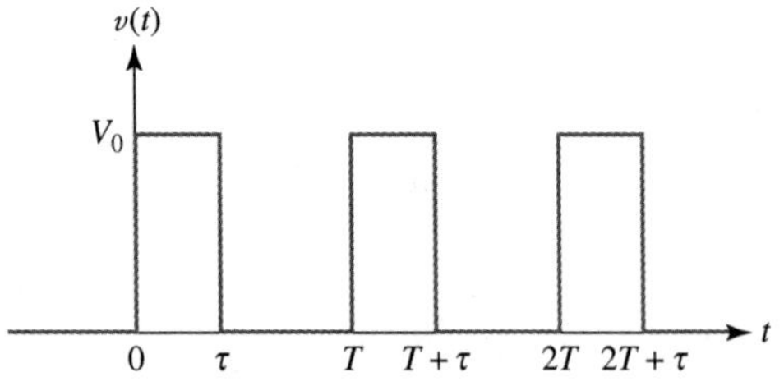


图 A7.1 周期性矩形脉冲串，其变换为 $\mathbf{F}(\mathbf{s}) = (V_0/\mathbf{s})(1-e^{-\mathbf{s}\tau})/(1-e^{-\mathbf{s}T})$

应该注意几个不同的定理是怎样出现在式[3]中的。分母中的系数 $(1-e^{-\mathbf{s}T})$ 表明了函数的周期性，分子中的 $e^{-\mathbf{s}\tau}$ 源于负方波的时延，它关闭了脉冲。系数 $V_0/\mathbf{s}$ 当然是 $v(t)$ 所涉及的阶跃函数 $u(t)$ 的变换。

**例 A7.1** 确定图 A7.2 所示周期函数的变换。

**解：** 首先写出描写 $f(t)$ 的方程，它由交替出现的正负冲激函数组成：

$$f(t) = 2\delta(t-1) - 2\delta(t-3) + 2\delta(t-5) - 2\delta(t-7) + \cdots$$

定义一个新的函数 $f_1$，注意，周期 $T=4$ s：

$$f_1(t) = 2[\delta(t-1) - \delta(t-3)]$$

可利用表 14.2 给出的有关时间周期性的运算求出 $\mathbf{F}(\mathbf{s})$：

$$\mathbf{F}(\mathbf{s}) = \frac{1}{1-e^{-T\mathbf{s}}}\mathbf{F}_1(\mathbf{s}) \qquad [4]$$

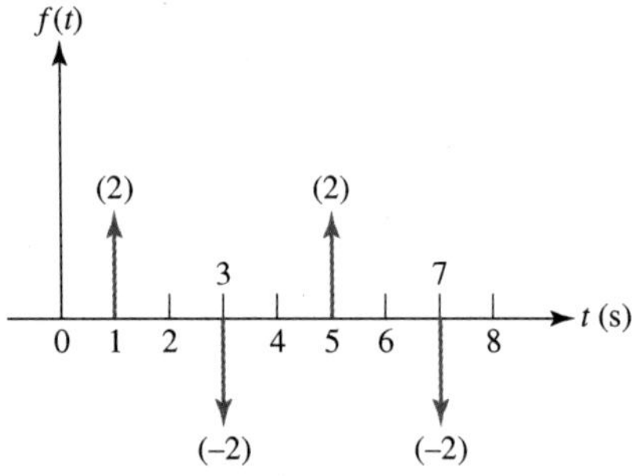


图 A7.2 基于单位冲激函数的周期函数

其中，
$$\mathbf{F}_1(\mathbf{s}) = \int_{0^-}^{T} f(t)e^{-\mathbf{s}t}\,dt = \int_{0^-}^{4} f_1(t)e^{-\mathbf{s}t}\,dt$$

有几种方法求出这个积分。最容易的方法是认识到，积分上限增加到∞时，其值保持不变，因此可以利用时移定理，有

$$\mathbf{F}_1(\mathbf{s}) = 2[e^{-\mathbf{s}} - e^{-3\mathbf{s}}] \qquad [5]$$

用式[4]中的系数乘以式[5]就可以完成此题：

$$\mathbf{F}(\mathbf{s}) = \frac{2}{1-e^{-4\mathbf{s}}}(e^{-\mathbf{s}} - e^{-3\mathbf{s}}) = \frac{2e^{-\mathbf{s}}}{1+e^{-2\mathbf{s}}}$$

## 练习

A7.1 确定图 A7.3 所示周期函数的拉普拉斯变换。

答案：$\left(\dfrac{8}{\mathbf{s}^2+\pi^2/4}\right)\dfrac{\mathbf{s}+(\pi/2)e^{-\mathbf{s}}+(\pi/2)e^{-3\mathbf{s}}-\mathbf{s}e^{-4\mathbf{s}}}{1-e^{-4\mathbf{s}}}$。

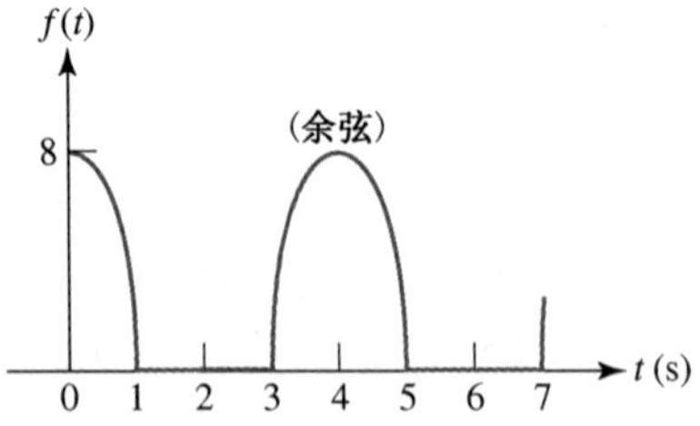


图 A7.3

## 频移

如下定理建立了 $\mathbf{F}(\mathbf{s}) = \mathcal{L}\{f(t)\}$ 和 $\mathbf{F}(\mathbf{s}+a)$ 之间的关系。考虑 $e^{-at}f(t)$ 的拉普拉斯变换：

$$\mathcal{L}\{e^{-at}f(t)\} = \int_{0^-}^{\infty} e^{-\mathbf{s}t}e^{-at}f(t)\,dt = \int_{0^-}^{\infty} e^{-(\mathbf{s}+a)t}f(t)\,dt$$

仔细看一看结果，右边的积分与 $\mathbf{F}(\mathbf{s})$ 的定义相同，只有一点例外：$(\mathbf{s}+a)$ 代替了 $\mathbf{s}$，因此

$$e^{-at}f(t) \Leftrightarrow \mathbf{F}(\mathbf{s}+a) \tag{6}$$

我们得出了这样的结论：频域中用$(\mathbf{s}+a)$代替$\mathbf{s}$，意味着时域中乘以了因子$e^{-at}$。该结论称为**频移**定理。将该定理应用于指数衰减余弦函数，即可得到其变换。根据已知的余弦函数的变换：

$$\mathscr{L}\{\cos\omega_0 t\} = \mathbf{F}(\mathbf{s}) = \frac{\mathbf{s}}{\mathbf{s}^2+\omega_0^2}$$

得到$e^{-at}\cos\omega_0 t$的变换一定是$\mathbf{F}(\mathbf{s}+a)$：

$$\mathscr{L}\{e^{-at}\cos\omega_0 t\} = \mathbf{F}(\mathbf{s}+a) = \frac{\mathbf{s}+a}{(\mathbf{s}+a)^2+\omega_0^2} \tag{7}$$

## 练习

A7.2　求$\mathscr{L}\{e^{-2t}\sin(5t+0.2\pi)u(t)\}$。

答案：$(0.588\mathbf{s}+4.05)/(\mathbf{s}^2+4\mathbf{s}+29)$。

## 频域微分

接下来讨论$\mathbf{F}(\mathbf{s})$对$\mathbf{s}$的微分，其结果为

$$\frac{d}{d\mathbf{s}}\mathbf{F}(\mathbf{s}) = \frac{d}{d\mathbf{s}}\int_{0^-}^{\infty} e^{-\mathbf{s}t}f(t)\,dt$$
$$= \int_{0^-}^{\infty} -te^{-\mathbf{s}t}f(t)\,dt = \int_{0^-}^{\infty} e^{-\mathbf{s}t}[-tf(t)]\,dt$$

它就是$[-tf(t)]$的拉普拉斯变换。因此可以得到结论：在频域对$\mathbf{s}$的微分导致时域函数乘以$-t$，或表示成

$$-tf(t) \Leftrightarrow \frac{d}{d\mathbf{s}}\mathbf{F}(\mathbf{s}) \tag{8}$$

假设$f(t)$是阶跃斜坡函数$tu(t)$，已知其变换为$1/\mathbf{s}^2$。现在用频域微分定理确定$1/\mathbf{s}^3$的逆变换：

$$\frac{d}{d\mathbf{s}}\left(\frac{1}{\mathbf{s}^2}\right) = -\frac{2}{\mathbf{s}^3} \Leftrightarrow -t\mathscr{L}^{-1}\left\{\frac{1}{\mathbf{s}^2}\right\} = -t^2u(t)$$

和

$$\frac{t^2u(t)}{2} \Leftrightarrow \frac{1}{\mathbf{s}^3} \tag{9}$$

继续上述过程，得到

$$\frac{t^3}{3!}u(t) \Leftrightarrow \frac{1}{\mathbf{s}^4} \tag{10}$$

更一般地有

$$\frac{t^{(n-1)}}{(n-1)!}u(t) \Leftrightarrow \frac{1}{\mathbf{s}^n} \tag{11}$$

## 练习

A7.3　求$\mathscr{L}\{t\sin(5t+0.2\pi)u(t)\}$。

答案：$(0.588\mathbf{s}^2+8.09\mathbf{s}-14.69)/(\mathbf{s}^2+25)^2$。

## 频域积分

若频域$\mathbf{F}(\mathbf{s})$对$\mathbf{s}$积分，那么会对$f(t)$造成什么影响呢？我们可以从变换的定义开始讨论：

$$\mathbf{F}(\mathbf{s}) = \int_{0^-}^{\infty} e^{-\mathbf{s}t}f(t)\,dt$$

从 s 到∞进行频域积分： $$\int_{\mathbf{s}}^{\infty}\mathbf{F}(\mathbf{s})\,\mathrm{d}\mathbf{s}=\int_{\mathbf{s}}^{\infty}\left[\int_{0^-}^{\infty}\mathrm{e}^{-\mathbf{s}t}f(t)\,\mathrm{d}t\right]\mathrm{d}\mathbf{s}$$

交换积分次序可得 $$\int_{\mathbf{s}}^{\infty}\mathbf{F}(\mathbf{s})\,\mathrm{d}\mathbf{s}=\int_{0^-}^{\infty}\left[\int_{\mathbf{s}}^{\infty}\mathrm{e}^{-\mathbf{s}t}\,\mathrm{d}\mathbf{s}\right]f(t)\,\mathrm{d}t$$

进行内层积分可得 $$\int_{\mathbf{s}}^{\infty}\mathbf{F}(\mathbf{s})\,\mathrm{d}\mathbf{s}=\int_{0^-}^{\infty}\left[-\frac{1}{t}\mathrm{e}^{-\mathbf{s}t}\right]_{\mathbf{s}}^{\infty}f(t)\,\mathrm{d}t=\int_{0^-}^{\infty}\frac{f(t)}{t}\mathrm{e}^{-\mathbf{s}t}\,\mathrm{d}t$$

然后得到 $$\frac{f(t)}{t}\Leftrightarrow\int_{\mathbf{s}}^{\infty}\mathbf{F}(\mathbf{s})\,\mathrm{d}\mathbf{s}\qquad[12]$$

例如，已经建立了变换对 $$\sin\omega_0 t\,u(t)\Leftrightarrow\frac{\omega_0}{\mathbf{s}^2+\omega_0^2}$$

则 $$\mathscr{L}\left\{\frac{\sin\omega_0 t\,u(t)}{t}\right\}=\int_{\mathbf{s}}^{\infty}\frac{\omega_0\,\mathrm{d}\mathbf{s}}{\mathbf{s}^2+\omega_0^2}=\arctan\frac{\mathbf{s}}{\omega_0}\Big|_{\mathbf{s}}^{\infty}$$

从而得到 $$\frac{\sin\omega_0 t\,u(t)}{t}\Leftrightarrow\frac{\pi}{2}-\arctan\frac{\mathbf{s}}{\omega_0}\qquad[13]$$

### 练习

A7.4 求$\mathscr{L}\{\sin^2 5t\,u(t)/t\}$。

答案：$\ln[(\mathbf{s}^2+100)/\mathbf{s}^2]$。

## 时间尺度变换定理

接下来讨论拉普拉斯变换的时间尺度变换定理，即计算$f(at)$的变换。假设$\mathscr{L}\{f(t)\}$的变换已知，则推导过程很简单：

$$\mathscr{L}\{f(at)\}=\int_{0^-}^{\infty}\mathrm{e}^{-\mathbf{s}t}f(at)\,\mathrm{d}t=\frac{1}{a}\int_{0^-}^{\infty}\mathrm{e}^{-(\mathbf{s}/a)\lambda}f(\lambda)\,\mathrm{d}\lambda$$

其中进行了变量$at=\lambda$的代换。最后的积分项表明：除了 s 被 s/$a$ 代替，还需要用因子 1/$a$ 乘以$f(t)$的拉普拉斯变换，即 $$f(at)\Leftrightarrow\frac{1}{a}\mathbf{F}\left(\frac{\mathbf{s}}{a}\right)\qquad[14]$$

作为对此定理的最基本应用，考虑 1 kHz 余弦函数的变换。假设 1 rad/s 的余弦变换已知

$$\cos t\,u(t)\Leftrightarrow\frac{\mathbf{s}}{\mathbf{s}^2+1}$$

则 $$\mathscr{L}\{\cos 2000\pi t\,u(t)\}=\frac{1}{2000\pi}\frac{\mathbf{s}/2000\pi}{(\mathbf{s}/2000\pi)^2+1}=\frac{\mathbf{s}}{\mathbf{s}^2+(2000\pi)^2}$$

### 练习

A7.5 求$\mathscr{L}\{\sin^2 5t\,u(t)\}$。

答案：$50/[\mathbf{s}(\mathbf{s}^2+100)]$。

# 附录8　复频率平面

即使电路只含有少量的元件，其在 s 域的分析可能并不简单。这种情况下，电路响应或者传输函数的图解表示方式或许更能看透电路本质。本附录介绍的方法基于复频率平面（见图 A8.1）。复频率有两个参数（$\sigma$ 和 $\omega$），因此自然地将函数表示为三维模型。

由于 $\omega$ 描述的是振荡性质，因此其数值上的正负是没有物理差别的。而对于 $\sigma$，它决定的是指数项，正值表示幅度是增加的，负值表示幅度是衰减的。s 平面的原点表示直流（不随时间变化）。图 A8.2 所示的图形总结了以上结论。

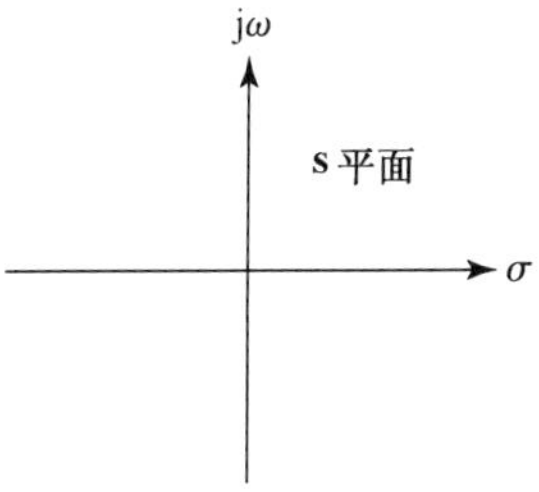


图 A8.1　复频率平面，也称为s平面

为构造函数 $\mathbf{F}(\mathbf{s})$ 的一种合适的三维表示形式，首先讨论该函数的幅度和频率之间的关系，尽管相位和复频率之间的关系也很密切，但可以借鉴幅度分析的结果。所以我们用 $\sigma + j\omega$ 代替 $\mathbf{F}(\mathbf{s})$ 中的 s，然后讨论其模值 $|\mathbf{F}(\mathbf{s})|$，然后对于不同的 $\sigma$ 和 $\omega$ 值，画出模值 $|\mathbf{F}(\mathbf{s})|$ 的图形。基本过程由例 A8.1 阐述。

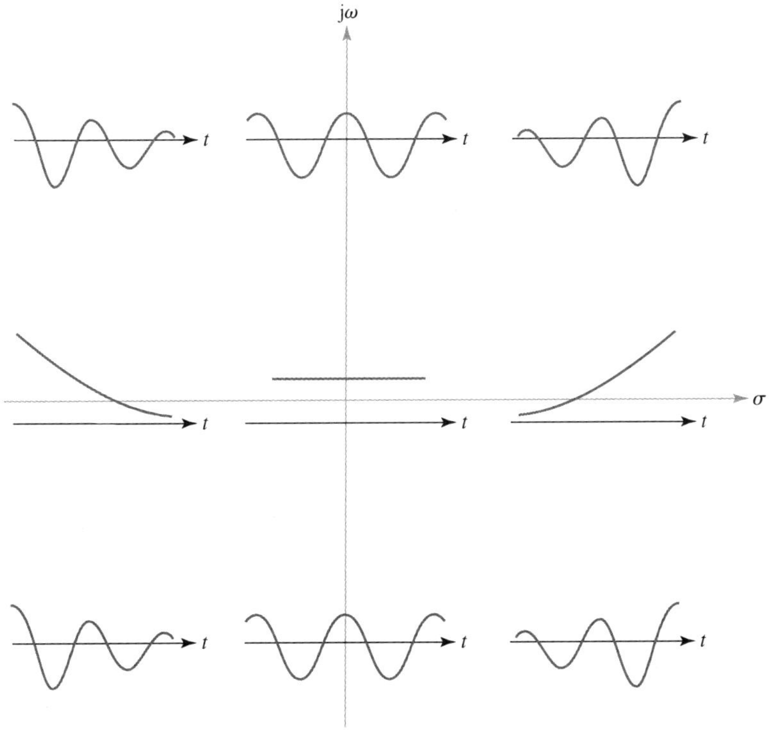


图 A8.2　在复平面上描述 $\sigma$ 和 $\omega$ 取正、负值情况下的物理意义。当 $\omega = 0$ 时，函数不具备振荡特性；当 $\sigma = 0$ 时，函数为纯正弦波，除非 $\omega$ 也等于零

**例 A8.1**　1 H 电感和 3 Ω 电阻串联，画出串联导纳随 $j\omega$ 和 $\sigma$ 变化的草图。

**解**：两个元件串联的导纳由下式求得：

$$\mathbf{Y(s)} = \frac{1}{\mathbf{s}+3}$$

将 $\mathbf{s}=\sigma+j\omega$ 代入，求得幅度函数为

$$|\mathbf{Y(s)}| = \frac{1}{\sqrt{(\sigma+3)^2+\omega^2}}$$

当 $\mathbf{s}=-3+j0$ 时，幅度响应无穷大，当 $\mathbf{s}$ 趋于无限时，$\mathbf{Y(s)}$的幅度等于零，所以模型在点$(-3+j0)$上的高度为无穷大，而在远离原点的无穷远处高度等于零。图 A8.3(a)所示为该模型的截图。

一旦模型构造完成，就可以简单地看出$|\mathbf{Y}|$与$\omega(\sigma=0)$的变化关系，这可以利用包含 $j\omega$ 轴的垂直平面切割模型得到，图 A8.3(a)所示的模型恰好是沿着这个平面切割的，而$|\mathbf{Y}|$随 $\omega$ 变化的曲线如图 A8.3(b)所示 。采用同样的方法，利用包含 $\sigma$ 轴的垂直平面切割模型可得到如图 A8.3(c)所示的$|\mathbf{Y}|$随$\sigma(\omega=0)$变化的曲线。

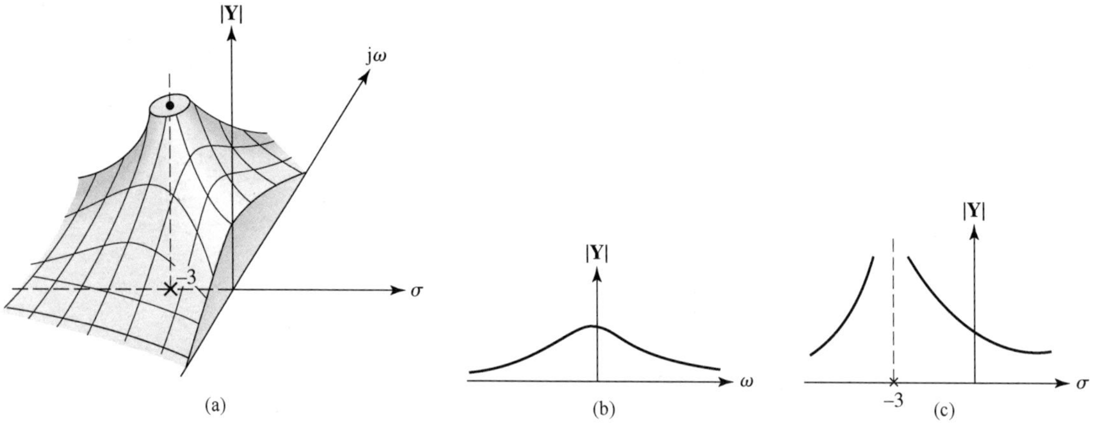


图 A8.3 (a) 黏土模型的切面图，它的顶面表示 1 H 电感和 3 Ω 电阻串联组合的导纳$|\mathbf{Y(s)}|$；(b) 作为$\omega$的函数的$|\mathbf{Y(s)}|$；(c) 作为$\sigma$的函数的$|\mathbf{Y(s)}|$

## 练习

A8.1 画出阻抗 $\mathbf{Z(s)}=2+5\mathbf{s}$ 的幅度随 $\sigma$ 和 $j\omega$ 变化的草图。

答案：见图 A8.4。相应的 MATLAB 代码如下：

```
≫sigma = linspace(-10, 10, 21);
≫omega = linspace(-10, 10,21);
≫[X, Y] = meshgrid(sigma,omega);
≫Z = abs(2 + 5* X + j* 5* Y);
≫colormap(hsv);
≫s = [-5 3 8];
≫surfl(X,Y,Z,s);
≫view (-20,5)
```

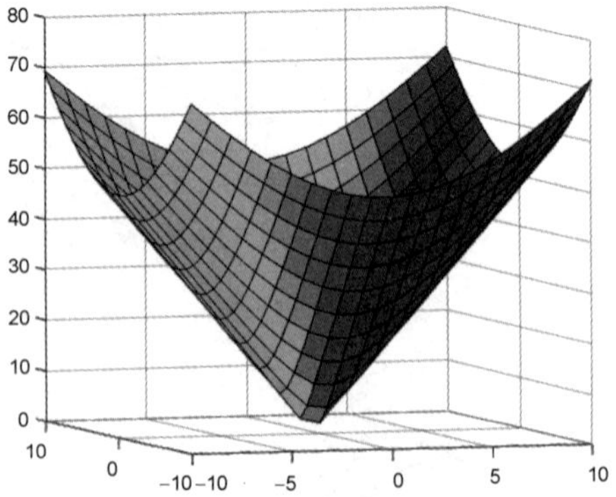


图 A8.4 练习 A8.1 的答案

建立这样的概念：受迫响应的零极点图包含相当多的信息。我们现在要讨论的是如何从这样的分布图中得到电路的完全响应，自由响应加受迫响应(只要初始条件已知)。此方法的优势在于通过可以看到的零极点图，将临界频率与需要的响应更直观地联系起来。

现在通过最简单的例子来介绍该方法，一个串联 *RL* 电路如图 A8.5 所示。开关在 $t=0$ 闭

合，之后普通的电压源 $v_s(t)$ 在电路中产生电流 $i(t)$。当 $t>0$ 以后电流$i(t)$的完全响应由自由响应和受迫响应组成：

$$i(t) = i_n(t) + i_f(t)$$

受迫响应可以通过频域分析得到，假设 $v_s(t)$的函数形式能够变换到频域，比如 $v_s(t) = 1/(1+t^2)$，因此最好从基本的电路微分方程开始分析。对于图 A8.5 所示的电路，

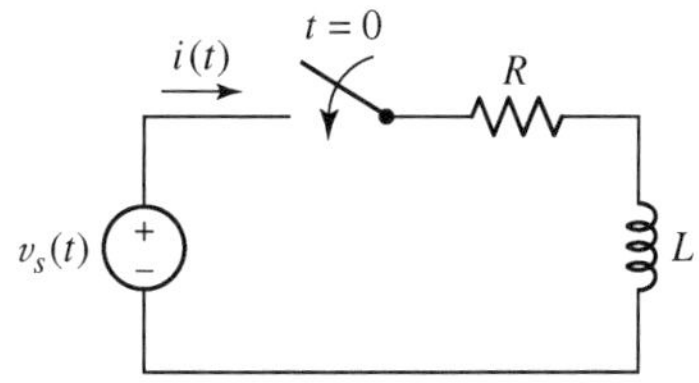


图 A8.5　说明如何确定完全响应的例子，需要用到面向源的阻抗的临界频率等相关知识

$$\mathbf{I}_f(\mathbf{s}) = \frac{\mathbf{V}_s}{R + \mathbf{s}L}$$

或者

$$\mathbf{I}_f(\mathbf{s}) = \frac{1}{L}\frac{\mathbf{V}_s}{\mathbf{s} + R/L} \qquad [1]$$

接下来考虑自由响应。根据先前的经验，响应呈现按时间常数 $L/R$ 衰减的指数形式，然而假设这是第一次发现。依据自由（无源）响应的定义，它与激励函数无关，激励函数只对自由响应的幅度有作用。为找到适当的形式，令所有独立源等于零，这时$v_s(t)$被短接，然后设法得到自由响应，它被看成受迫响应的极限情况。回到频域表达式，即式［1］，令$\mathbf{V}_s = 0$，表面看 $\mathbf{I}(\mathbf{s})$必定等于零，但是如果频率正好等于 $\mathbf{I}(\mathbf{s})$的极点频率，这就不一定正确了，因为分子和分母都等于零，但 $\mathbf{I}(\mathbf{s})$未必等于零。

现在从一个略微不同的角度审视这个新问题，我们把注意力集中于受迫响应函数和激励函数的比值。我们把比值记为 $\mathbf{H}(\mathbf{s})$并定义为电路的传输函数：

$$\frac{\mathbf{I}_f(\mathbf{s})}{\mathbf{V}_s} = \mathbf{H}(\mathbf{s}) = \frac{1}{L(\mathbf{s} + R/L)}$$

在本例中，传输函数实际为从 $\mathbf{V}_s$ 两端看进去的输入导纳。令 $\mathbf{V}_s = 0$，可以求得自由（无源）响应，而一旦 $\mathbf{V}_s = 0$，$\mathbf{I}_f(\mathbf{s}) = \mathbf{V}_s\mathbf{H}(\mathbf{s})$，要得到非零的电流只有一种情况，即工作在 $\mathbf{H}(\mathbf{s})$的极点上，可见传输函数的极点具有特别的意义。

说明：工作在“复频率”究竟具有什么含义呢？在实验室中有可能实现这样的复频率吗？要回答该问题，必须记住复频率是如何被引入的：它是频率 $\omega$ 的正弦函数与指数函数 $e^{\sigma t}$的乘积的一种表示方法。这种信号用实际的（非想象的）实验室设备很容易产生，因此只需设定 $\sigma$ 和 $\omega$ 的值，就可使之工作在频率 $\mathbf{s} = \sigma + j\omega$ 上。

在这个具体例子中，传输函数的极点出现在 $\mathbf{s} = -R/L + j0$ 处，如图 A8.6 所示。如果选择电路工作在特定的复频率上，在 $\mathbf{s}$ 域得到的有限电流必定等于常数值（与频率无关），从而得到自由响应：

$$\mathbf{I}\left(\mathbf{s} = -\frac{R}{L} + j0\right) = A$$

其中，$A$ 是未知常数。接下来要把自由响应变换到时域。下意识的反应肯定是应用拉普拉斯逆变换方法，但这是不可行的，因为 $\mathbf{s}$ 已经被定义了具体的数值。正确的方法是把自由响应看成一般函数 $e^{\mathbf{s}t}$的实部，即

$$i_n(t) = \mathrm{Re}\{A e^{\mathbf{s}t}\} = \mathrm{Re}\{A e^{-Rt/L}\}$$

对于本例：$i_n(t) = Ae^{-Rt/L}$

所以，完全响应为 $i(t) = Ae^{-Rt/L} + i_f(t)$

常数 $A$ 需要由电路的初始条件来确定。受迫响应 $i_f(t)$ 由 $\mathbf{I}_f(\mathbf{s})$ 的拉普拉斯逆变换得到。

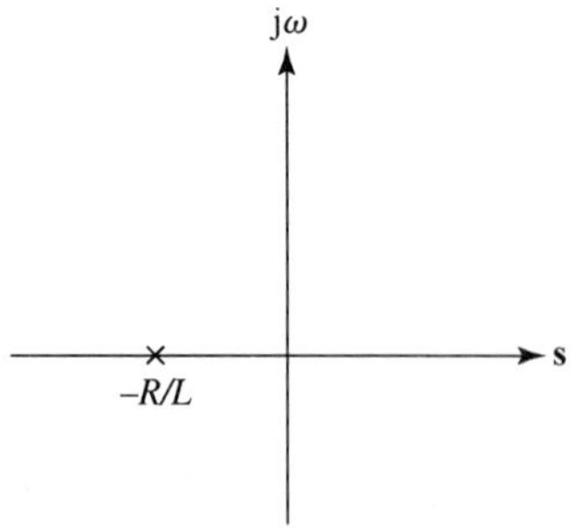


图 A8.6 在 $\mathbf{s} = -R/L$ 处有单极点的传输函数 $\mathbf{H}(\mathbf{s})$ 的零极点图

## 更一般的情况

图 A8.7 所示的网络都只有一个激励源，其中不含受控源。要求解的响应电流 $\mathbf{I}_1(\mathbf{s})$ 或者电压 $\mathbf{V}_2(\mathbf{s})$ 表示成包含所有临界频率的传输函数，具体而言，选择图 A8.7(a)的电压响应 $\mathbf{V}_2(\mathbf{s})$：

$$\frac{\mathbf{V}_2(\mathbf{s})}{\mathbf{V}_s} = \mathbf{H}(\mathbf{s}) = k\frac{(\mathbf{s}-\mathbf{s}_1)(\mathbf{s}-\mathbf{s}_3)\cdots}{(\mathbf{s}-\mathbf{s}_2)(\mathbf{s}-\mathbf{s}_4)\cdots}$$

$\mathbf{H}(\mathbf{s})$ 的极点为 $\mathbf{s} = \mathbf{s}_2, \mathbf{s}_4, \cdots$，可见在这些频率上，电压 $\mathbf{V}_2(\mathbf{s})$ 一定存在可能的自由响应函数形式。考虑一个零电压源(其实就是短路)被加到网络输入端的情况。当输入短路后，出现的自由响应一定具有下列函数形式：

$$v_{2n}(t) = \mathbf{A}_2 e^{\mathbf{s}_2 t} + \mathbf{A}_4 e^{\mathbf{s}_4 t} + \cdots$$

其中，每一个 $\mathbf{A}$ 由网络的初始条件(包括任何加在输入端的初始电压值)计算得到。

为求得图 A8.7(a)所示网络中的电流 $i_{1n}(t)$，需要确定传输函数 $\mathbf{H}(\mathbf{s}) = \mathbf{I}_1(\mathbf{s})/\mathbf{V}_s$ 的所有极点。图 A8.7(b)所示网络的传输函数是 $\mathbf{I}_1(\mathbf{s})/\mathbf{I}_s$ 和 $\mathbf{V}_2(\mathbf{s})/\mathbf{I}_s$，它们的极点可以分别用来确定自由响应 $i_{1n}(t)$ 和 $v_{2n}(t)$。

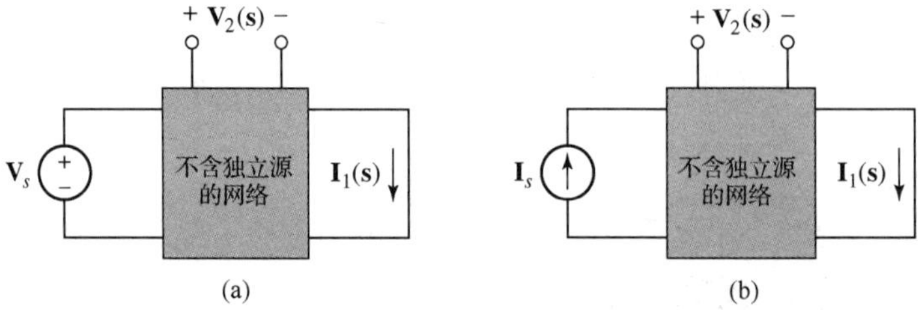


图 A8.7 由(a)电压源 $\mathbf{V}_s$ 和(b)电流源 $\mathbf{I}_s$ 产生的响应 $\mathbf{I}_1(\mathbf{s})$ 和 $\mathbf{V}_2(\mathbf{s})$ 的极点。极点确定了自由响应 $i_{1n}(t)$ 和 $v_{2n}(t)$ 的形式，它们是在 $\mathbf{V}_s$ 被短路、$\mathbf{I}_s$ 被开路并考虑初始储能的情况下得到的

如果要求解的是不含受控源的网络的自由响应，则激励源 $\mathbf{V}_s$ 和 $\mathbf{I}_s$ 可以接在网络中任何方便的节点上，条件是激励源全部等于零时的网络就是原网络。求出的传输函数及其极点确定了自由响应的频率。注意，在任何电源可能出现的地方得到的响应频率必须相同。如果网络原本已经含有电源，则该电源必须置零，而将另一个电源接在更合适的地方。

## 一种特殊情况

在采用例题来说明这种方法之前，我们再介绍一种特殊情况。它出现在图 A8.7(a)或者图 A8.7(b)所示的网络中，网络中含有两个甚至更多相互隔离的独立子网络时。比如，有 3 个网络并联组合在一起，这 3 个网络分别是：$R_1$ 和 $C$ 串联的网络、$R_2$ 和 $L$ 串联的网络，以及一个短接的电路。显然，电压源与 $R_1$ 和 $C$ 串联时无法为 $R_2$ 和 $L$ 提供任何电流，因此传输函数将等于零。为了求得电感电压的自由响应形式，必须在 $R_2L$ 网络中接入电压源，这种情况通常在电源接入网络之前观察得到。如果观察不到，将得到等于零的传输函数。当 $\mathbf{H}(\mathbf{s})=0$ 时，没有任何频率信息能够确定自由响应，这时必须为电源选择一个更合适的位置。

**例 A8.2**　无源电路如图 A8.8 所示，确定 $t>0$ 后的电流 $i_1$ 和 $i_2$ 的表达式，初始条件是 $i_1(0)=i_2(0)=11$ A。

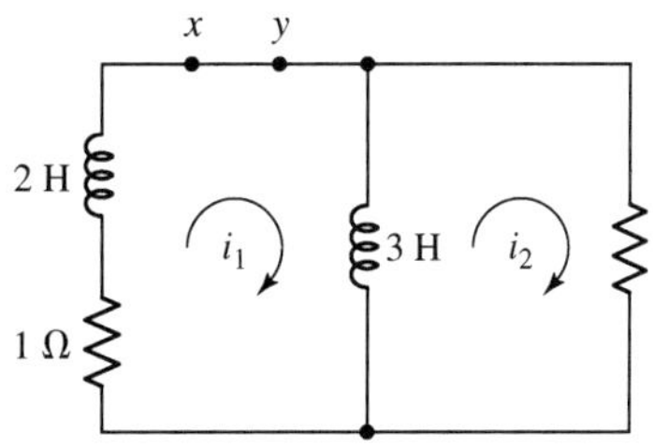

图 A8.8　确定自由响应 $i_1$ 和 $i_2$ 的电路

**解**：首先在点 $x$ 和 $y$ 之间接入电压源 $\mathbf{V}_s$，求传输函数 $\mathbf{H}(\mathbf{s})=\mathbf{I}_1(\mathbf{s})/\mathbf{V}_s$，它其实也是从电压源两端看进去的输入导纳，即

$$\mathbf{I}_1(\mathbf{s})=\frac{\mathbf{V}_s}{2\mathbf{s}+1+6\mathbf{s}/(3\mathbf{s}+2)}=\frac{(3\mathbf{s}+2)\mathbf{V}_s}{6\mathbf{s}^2+13\mathbf{s}+2}$$

或者

$$\mathbf{H}(\mathbf{s})=\frac{\mathbf{I}_1(\mathbf{s})}{\mathbf{V}_s}=\frac{\frac{1}{2}\left(\mathbf{s}+\frac{2}{3}\right)}{(\mathbf{s}+2)\left(\mathbf{s}+\frac{1}{6}\right)}$$

根据刚才的经验，一眼可以看出 $i_1$ 一定具有如下的形式：

$$i_1(t)=A\mathrm{e}^{-2t}+B\mathrm{e}^{-t/6}$$

利用给定的初始条件确定系数 $A$ 和 $B$ 的值。由于 $i_1(0)=11$ A，所以

$$11=A+B$$

另一个附加等式是沿着电路周边写出基尔霍夫电压方程：

$$1i_1+2\frac{\mathrm{d}i_1}{\mathrm{d}t}+2i_2=0$$

推导得出

$$\left.\frac{\mathrm{d}i_1}{\mathrm{d}t}\right|_{t=0}=-\frac{1}{2}[2i_2(0)+1i_1(0)]=-\frac{22+11}{2}=-2A-\frac{1}{6}B$$

因此，$A=8$，$B=3$，所求的电流为

$$i_1(t)=8\mathrm{e}^{-2t}+3\mathrm{e}^{-t/6}\ \mathrm{A}$$

构成 $i_2$ 的自由响应频率与 $i_1$ 完全一致，用同样的方法计算系数，得到

$$i_2(t)=12\mathrm{e}^{-2t}-\mathrm{e}^{-t/6}\ \mathrm{A}$$

## 练习

A8.2　设电流源 $i_1(t)=u(t)$ 接在图 A8.9 所示电路的 $a$，$b$ 两点之间，电流流入节点 $a$，求 $\mathbf{H}(\mathbf{s})=\mathbf{V}_{cd}/\mathbf{I}_1$，并确定 $v_{cd}(t)$ 的自由响应频率。

答案：120 $\mathbf{s}/(\mathbf{s}+20\ 000)$ Ω，$-20\ 000\ \mathrm{s}^{-1}$。

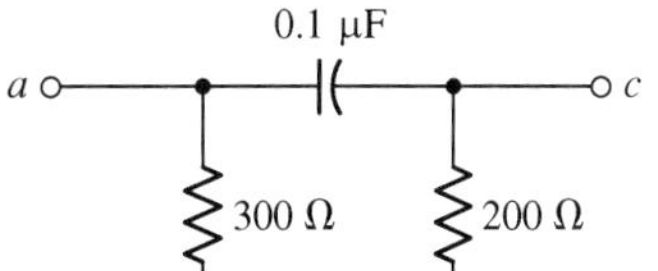

图 A8.9

# 常 用 公 式

## 积分公式

$$\int \sin^2 ax\,\mathrm{d}x = \frac{x}{2} - \frac{\sin 2ax}{4a}$$

$$\int \cos^2 ax\,\mathrm{d}x = \frac{x}{2} + \frac{\sin 2ax}{4a}$$

$$\int x\sin ax\,\mathrm{d}x = \frac{1}{a^2}(\sin ax - ax\cos ax)$$

$$\int x^2\sin ax\,\mathrm{d}x = \frac{1}{a^3}(2ax\sin ax + 2\cos ax - a^2x^2\cos ax)$$

$$\int x\cos ax\,\mathrm{d}x = \frac{1}{a^2}(\cos ax + ax\sin ax)$$

$$\int x^2\cos ax\,\mathrm{d}x = \frac{1}{a^3}(2ax\cos ax - 2\sin ax + a^2x^2\sin ax)$$

$$\int \sin ax\sin bx\,\mathrm{d}x = \frac{\sin(a-b)x}{2(a-b)} - \frac{\sin(a+b)x}{2(a+b)};\ a^2 \neq b^2$$

$$\int \sin ax\cos bx\,\mathrm{d}x = -\frac{\cos(a-b)x}{2(a-b)} - \frac{\cos(a+b)x}{2(a+b)};\ a^2 \neq b^2$$

$$\int \cos ax\cos bx\,\mathrm{d}x = \frac{\sin(a-b)x}{2(a-b)} + \frac{\sin(a+b)x}{2(a+b)};\ a^2 \neq b^2$$

$$\int x\mathrm{e}^{ax}\mathrm{d}x = \frac{\mathrm{e}^{ax}}{a^2}(ax-1)$$

$$\int x^2\mathrm{e}^{ax}\mathrm{d}x = \frac{\mathrm{e}^{ax}}{a^3}(a^2x^2 - 2ax + 2)$$

$$\int \mathrm{e}^{ax}\sin bx\,dx = \frac{\mathrm{e}^{ax}}{a^2+b^2}(a\sin bx - b\cos bx)$$

$$\int \mathrm{e}^{ax}\cos bx\,dx = \frac{\mathrm{e}^{ax}}{a^2+b^2}(a\cos bx + b\sin bx)$$

$$\int \frac{\mathrm{d}x}{a^2+x^2} = \frac{1}{a}\arctan\frac{x}{a}$$

$$\int_0^\infty \frac{\sin ax}{x}\mathrm{d}x = \begin{cases} \frac{1}{2}\pi, & a>0 \\ 0, & a=0 \\ -\frac{1}{2}\pi, & a<0 \end{cases}$$

$$\int_0^\pi \sin^2 x\,\mathrm{d}x = \int_0^\pi \cos^2 x\,\mathrm{d}x = \frac{\pi}{2}$$

$$\int_0^\pi \sin mx\sin nx\,\mathrm{d}x = \int_0^\pi \cos mx\cos nx\,\mathrm{d}x = 0;$$

$m \neq n$, $m$ 和 $n$ 为整数

$$\int_0^\pi \sin mx\cos nx\,\mathrm{d}x = \begin{cases} 0, & m-n\ \text{偶数} \\ \dfrac{2m}{m^2-n^2}, & m-n\ \text{奇数} \end{cases}$$

## 三角恒等式

$\sin(\alpha \pm \beta) = \sin\alpha\cos\beta \pm \cos\alpha\sin\beta$

$\cos(\alpha \pm \beta) = \cos\alpha\cos\beta \mp \sin\alpha\sin\beta$

$\cos(\alpha \pm 90^\circ) = \mp\sin\alpha$

$\sin(\alpha \pm 90^\circ) = \pm\cos\alpha$

$\cos\alpha\cos\beta = \frac{1}{2}\cos(\alpha+\beta) + \frac{1}{2}\cos(\alpha-\beta)$

$\sin\alpha\sin\beta = \frac{1}{2}\cos(\alpha-\beta) - \frac{1}{2}\cos(\alpha+\beta)$

$\sin\alpha\cos\beta = \frac{1}{2}\sin(\alpha+\beta) + \frac{1}{2}\sin(\alpha-\beta)$

$\sin 2\alpha = 2\sin\alpha\cos\alpha$

$\cos 2\alpha = 2\cos^2\alpha - 1 = 1 - 2\sin^2\alpha = \cos^2\alpha - \sin^2\alpha$

$\sin^2\alpha = \frac{1}{2}(1-\cos 2\alpha)$

$\cos^2\alpha = \frac{1}{2}(1+\cos 2\alpha)$

$$\sin\alpha = \frac{\mathrm{e}^{\mathrm{j}\alpha} - \mathrm{e}^{-\mathrm{j}\alpha}}{\mathrm{j}2}$$

$$\cos\alpha = \frac{\mathrm{e}^{\mathrm{j}\alpha} + \mathrm{e}^{-\mathrm{j}\alpha}}{2}$$

$\mathrm{e}^{\pm\mathrm{j}\alpha} = \cos\alpha \pm \mathrm{j}\sin\alpha$

$$A\cos\alpha + B\sin\alpha = \sqrt{A^2+B^2}\cos\left(\alpha + \arctan\frac{-B}{A}\right)$$